牛病快速诊治与高效实用方

Rapid Diagnosis, Treatment and Efficient Practical Prescriptions for Bovine Diseases

丁贺民 编著

化学工业出版社
·北京·

内容简介

《牛病快速诊治与高效实用方》内容实用、规范，理论与实践有效结合。本书共二十章，包括牛基础生理指标、牛场消毒方案、动物疫苗免疫接种系统认知、牛日常保健思路、牛病诊断基础辨识思路、牛病诊断各脏器系统检查与诊断价值、牛病治疗基本概念、牛病兽医临床治疗技术、牛病毒性疾病诊断要点与处方、牛细菌性疾病诊断要点与处方、牛寄生虫病诊断要点与防治方案、牛产科疾病诊断要点与防治方案、牛内科疾病诊断要点与防治方案、牛外科疾病诊断要点与处方、牛营养代谢性疾病诊断要点与处方、牛中毒性疾病诊断要点与处方、犊牛常见病诊断要点与防治方案、兽医临床诊疗用药技巧、牛常用西药基本分类与汇总、牛病鉴别诊断要点总结。

本书内容贴近生产实际，实用性和可操作性强，适合基层兽医技术人员、养殖技术人员及畜牧兽医相关专业学生参考使用。

图书在版编目（CIP）数据

牛病快速诊治与高效实用方 / 丁贺民编著. -- 北京 ：化学工业出版社，2026. 3. -- ISBN 978-7-122-49917-2

Ⅰ. S858. 23

中国国家版本馆 CIP 数据核字第 20265B3Z60 号

责任编辑：邵桂林　　文字编辑：申　莉　药欣荣
责任校对：杜杏然　　装帧设计：史利平

出版发行：化学工业出版社
（北京市东城区青年湖南街 13 号　邮政编码 100011）
印　　装：三河市航远印刷有限公司
880mm×1230mm　1/32　印张 26　字数 751 千字
2026 年 3 月北京第 1 版第 1 次印刷

购书咨询：010-64518888　　售后服务：010-64518899
网　　址：http：//www. cip. com. cn
凡购买本书，如有缺损质量问题，本社销售中心负责调换。

ISBN 978-7-122-49917-2

定　　价：**128. 00 元**

前言

随着生活水平的提高，人们对牛肉、牛奶的需求与日俱增，牛肉和牛奶已经成为众多家庭健康饮食的重要组成部分。牛肉和牛奶的消费也促进了养牛业的发展。

养牛业目前呈现两极分化态势，资金实力雄厚的牛场实现了现代化规模养殖。偏远农村地广人稀、饲草来源丰富，很多养殖户依旧实行半放养或全放养模式，这种模式生命力非常顽强，因为草料成本较低，客观来讲，这样的养牛散户竞争力比规模化养殖场更强。

养牛数量在增加，全国性调运与牛病防治技术欠缺导致的牛病也越来越多，越来越复杂。因此，如何科学认识牛病、如何合理防治牛病就显得十分重要。目前，科学防治牛病的观念深入人心，养牛人自学牛病防治知识的积极性越来越高，这是养牛业可持续发展的重要保障。

本书对牛病诊断技术、预防措施、治疗方案、科学用药等都做了详细的归纳和总结，对养牛人、兽医工作者、相关专业大学生等学习和认识牛病会有所帮助，值得参考。

需要强调的是，兽医临床上，兽药制剂多种多样，品质千差万别，本书所列举的所有兽药使用方法、用量、禁忌仅作为参考，实际临床应用应根据牛的体重、生长阶段、生长状态、病情灵活调整，另外药物应遵循生产厂家说明书和兽医指导来使用。

本书借鉴和吸纳了很多前辈与同行的经验和智慧，在此一并表示感谢。

鉴于时间仓促及本人专业水平有限，书中内容可能会存在遗漏，可能会有观点局限的地方，希望大家批评指正，为日后进一步完善提供更多有价值的内容。

丁贺民

2025. 3

目录

第九章
牛病毒性疾病诊断要点与处方 // 196

第十章
牛细菌性疾病诊断要点与处方 // 230

第十五章 牛营养代谢性疾病诊断要点与处方 // 604

第十六章 牛中毒性疾病诊断要点与处方 // 635

第一章

牛基础生理指标

一、正常牛体温、呼吸频率、心率参考指标

不同种类、不同时期的牛体温、呼吸频率、心率的正常指标有所差异，具体指标参考表 1-1。

表 1-1　牛体温、呼吸频率、心率正常指标参考

项目	牛大概指标	黄牛指标	奶牛指标	水牛指标	牦牛指标
体温/℃	犊牛 38.5～39.5、青年牛 38～39.5、成年牛 38～39	37.5～39	37.5～39.5	36.5～38.5	37.5～38.5
呼吸频率/（次/分）	10～50	10～30	10～30	10～50	10～24
心率/（次/分）	公牛 36～60、母牛 60～80	50～80	60～70	30～50	30～55

二、牛反刍、嗳气基本生理指标

牛反刍、嗳气行为正常的生理指标参考表 1-2。

表 1-2　牛反刍、嗳气正常生理指标参考

生理动作	反刍开始时间	单个食团咀嚼次数/次	单次反刍时间/分	昼夜反刍次数/次	每天反刍总时长/时	每小时嗳气数/次	每天唾液分泌量/升
数据指标	采食后 0.5～1 小时	40～80	15～45	9～18	4～10	20～30	100～200

三、牛胃肠结构与功能特点

牛的胃肠结构划分及各部分的功能特点如表 1-3 所示。

表 1-3　牛胃肠结构及各部分功能特点

<table>
<tr><th colspan="3">胃肠</th><th>功能特点</th></tr>
<tr><td rowspan="4">胃</td><td rowspan="3">前胃</td><td>网胃</td><td>也叫蜂窝胃，主要功能是发酵和过滤分类，有助于嗳气和沉积金属异物等，成年牛网胃占比 5%</td></tr>
<tr><td>瘤胃</td><td>也叫草包或发酵罐，细菌发酵饲料的主要场所，成年牛瘤胃占比 80%，瘤胃内温度 39～41℃、酸碱度 5.5～7.5</td></tr>
<tr><td>瓣胃</td><td>也叫百叶肚，主要功能是榨干食糜中的水分，少量吸收营养，成年牛瓣胃占比 7%</td></tr>
<tr><td>真胃</td><td>皱胃</td><td>产生并容纳胃液、胃酸，也是菌体蛋白和过瘤胃蛋白被消化的部位，成年牛皱胃占比 8%</td></tr>
<tr><td rowspan="2">肠</td><td>小肠</td><td>十二指肠、空肠、回肠</td><td>主要功能是吸收营养，如糖、蛋白质、脂肪、维生素、矿物质等</td></tr>
<tr><td>大肠</td><td>结肠、盲肠、直肠</td><td>主要功能是吸收水分和电解质，并使剩余的食物残渣形成粪便</td></tr>
</table>

四、牛排粪尿特点

牛的排粪、排尿行为的正常指标如表 1-4 所示。

表 1-4　牛排粪、排尿正常指标参考

项目	排粪动作	排尿动作	排粪次数（一昼夜）/次	排尿次数（一昼夜）/次	排粪量（一昼夜）/千克	排尿量（一昼夜）/千克	年排粪量/吨	年排尿量/吨
具体指标	站立或边走边排	站立	10～16	7～14	约 30	约 22	约 11	约 8

五、牛躺卧时间和次数指标

不同时期的牛躺卧时间及次数不同，具体指标参考表 1-5。

表 1-5　牛躺卧时间和次数正常指标参考

项目	犊牛每天躺卧次数/次	犊牛每天躺卧时间/时	成年牛每天躺卧次数/次	成年牛每天躺卧时间/时	成年牛每次躺卧时间/时	成年牛每年躺卧次数/次
具体指标	30～40	16～18	15～20	10～14	0.5～3	5000～7000

六、牛的感觉行为特点

牛的感觉行为有视觉、听觉、嗅觉、触觉等，各感觉行为特点如表1-6所示。

表1-6 牛的各种感觉行为及其特点

感觉行为	具体特点
视觉	视野范围330～360度，双眼视野范围25～30度，可分辨红、黄、绿、蓝，也可区分三角形、圆形、线形等几何图形
听觉	听觉范围和人差不多，而且可准确听见人耳听不到的高音调，牛耳可以探测较远的范围，但有一定的角度限制，偏离角度范围的未必能听到
嗅觉	牛的嗅觉发达，可通过气味寻找食物，也可通过气味与同伴交流，如寻找犊牛或辨别发情的个体
触觉	触觉灵敏，能通过痛苦表情和精神状态反映外在和内在的损伤、疾病等

七、牛繁殖相关的数据参考指标

1. 牛繁殖相关的年龄指标

不同性别的牛初情期、体成熟年龄、性成熟年龄、初配适龄和繁殖年限如表1-7所示。

表1-7 牛繁殖相关的年龄指标参考

类别	初情期	性成熟年龄	体成熟年龄	初配适龄	繁殖年限
公牛	6～12月龄	10～18月龄	24～36月龄	24～36月龄	5～6年
母牛	6～12月龄	10～14月龄	18～24月龄	18～24月龄	11～13年

2. 母牛繁殖过程的重要生理参考指标

母牛繁殖过程的正常生理指标见表1-8。

表1-8 母牛繁殖过程的正常生理指标参考

项目	具体指标
母牛发情周期特点	牛平均发情周期为21天，18～24天属正常，卵泡期一般为5～6天，黄体期14～15天。自然状态下70%的母牛在一个发情周期中有2个卵泡发育波，分别从发情周期第2～3天和第9～10天开始，发情周期时间多为19～21天；约有30%的母牛在一个发情周期中有3个卵泡发育波，分别从发情周期第2天、第8～9天和第15～16天开始，发情周期时间多为22～23天

续表

项目	具体指标
母牛受精与排卵时间差	母牛受精后，精子经数分钟到数十分钟即可到达受精部位壶腹部，母牛排卵后，卵子经8～10小时到达受精部位壶腹部。一般牛的精子存活时间为15～24小时，卵子为8～12小时，所以受精最好赶在母牛排卵前，以便受精时，受精部位有活力旺盛的精子等候卵子
母牛受孕、生产、胎衣排出、子宫复位、发情时间	母牛孕期一般为280天左右，水牛孕期307天左右。母牛在生产时开口期一般为6小时左右，整体在1～12小时之间；胎儿产出期为3～4小时，整体在1～6小时之间；双胎间隔时间多为20～120分钟；母牛产后胎衣排出期为4～6小时，超过12小时还未排出就要考虑胎衣不下了，要采取治疗措施。母牛产后恶露排出期一般为10～12天，如果产后3周还有分泌物排出，要考虑子宫病理性变化。母牛产后子宫复位期为30～45天。母牛产后40～60天开始发情

八、牛生化参考指标

牛的各项生化指标正常参考值范围如表1-9所示。

表1-9 牛生化指标参考

序号	检测项目		单位	参考值范围
	英文缩写	中文名称		
1	ATL	丙氨酸氨基转移酶	U/L	6.9～35.3
2	AST	天冬氨酸氨基转移酶	U/L	45.0～110.0
3	TP	血清总蛋白	g/L	67.0～75.0
4	ALB	清蛋白	g/L	25.0～35.0
5	GLO	球蛋白	g/L	30.0～35.0
6	A/G	清蛋白/球蛋白	—	0.8～0.9
7	ALP	碱性磷酸酶	U/L	18.0～153.0
8	GGT	γ-谷氨酰转肽酶	U/L	4.9～25.7
9	AMs	血清淀粉酶	U/L	41.0～98.0
10	TBil	总胆红素	μmol/L	0.2～17.1
11	DBil	直接胆红素	μmol/L	0.7～7.5
12	Cr	肌酐	mmol/L	56.0～162.0
13	UA	尿酸	μmol/L	0.0～119.0

续表

序号	检测项目		单位	参考值范围
	英文缩写	中文名称		
14	BUN	尿素氮	μmol/L	3.55～7.10
15	Glu	血糖	mmol/L	2.22～4.44
16	LAC	血液乳酸	mmol/L	0.55～2.22
17	TC	血清胆固醇	mmol/L	2.0～3.1
18	CK	肌酸激酶	U/L	4.8～12.1
19	LDH	乳酸脱氢酶	U/L	692.0～1445.0
20	ChE	血清胆碱酯酶	U/L	1270.0～2430.0
21	K^+	血清钾	mmol/L	3.9～5.8
22	Na^+	血清钠	mmol/L	132.0～152.0
23	Cl^-	血清氯	mmol/L	97.0～111.0
24	Ca	血清钙	mmol/L	2.35～3.05
25	P	血清无机磷	mmol/L	0.74～3.10

第二章

牛场消毒方案

第一节 消毒的概念及分类

消毒是指用物理的、化学的或生物的方法清除或杀灭畜禽体表及其生活环境和相关物品中病原微生物的过程。消毒的目的是切断传播途径，预防和控制传染病发生与传播。

一、消毒的种类

1. 预防消毒

指为了预防传染病和寄生虫病的发生，对场地、环境、人员、车辆、用具和饮水、饲料等所进行的消毒。预防消毒应定期、反复进行。

2. 临时消毒

指在发生传染病时，为了及时消灭从患病动物体内排出的病原体而采取的应急性消毒措施。临时消毒是针对疫源地进行的，消毒的对象包括患病畜禽停留的场所，患病畜禽的各种分泌物和排泄物，剩余的饲料，管理用具，以及管理人员的手、鞋、口罩和工作服等。临时消毒应及时进行，通常要进行多次消毒。

3. 终末消毒

指在病畜解除隔离前、痊愈或死亡后，或者在疫区解除封锁之前，为了消灭疫区内可能残留的病原体，对疫区进行的全面彻底的最后一次大消毒。终末消毒的特点是全面彻底。终末消毒后，即可恢复正常的生产和工作程序。

二、消毒的方法

1. 物理消毒

物理消毒法是利用物理因素杀灭或清除病原微生物或其他有害微生物的方法。其特点是作用迅速、消毒物品不遗留有害物质。常用的物理消毒方法有机械清除、热力消毒、日光暴晒消毒、紫外线消毒等。

2. 化学消毒

用化学消毒药物杀灭病原微生物，是最常用的消毒法，也是消毒工作的主要内容。化学消毒法使用方便，不需要复杂的设备，但某些消毒药品有一定的毒性和腐蚀性。常用化学消毒方法有洗刷、浸泡、喷洒、熏蒸、拌和、撒布、擦拭等。

3. 生物消毒

利用动物、植物、微生物及其代谢产物杀灭或去除外环境中的病原微生物。经过污水发酵处理或粪便堆积密封发酵，利用生物发酵产热、产酸杀灭病原微生物。

三、消毒药的选择

消毒药对微生物有一定的选择性，并受环境温度、湿度、酸碱度的影响。在使用消毒剂时，应因地制宜，根据不同的环境特点，针对所要杀灭的病原微生物、消毒对象的特点，环境温度、湿度、酸碱度等来选择。选择对病原体消毒力强、对人畜毒性小、不损坏被消毒物体、易溶于水、在消毒环境中比较稳定、价廉易得、使用方便的消毒剂。

① 杀灭革兰氏阳性菌，应选择季铵盐类等消毒剂；

② 杀灭细菌芽孢，应选择杀菌力强、能杀灭细菌芽孢的消毒剂，如火碱等；

③ 杀灭病毒，应选择对病毒消毒效果好的碱性消毒剂；

④ 消毒地面、墙壁等时，不考虑对组织的刺激性和腐蚀性，选择杀菌力强的烧碱；

⑤ 消毒用具、器械、手指时，选择消毒效果好、毒性低、无局部刺激性的氯己定等；

⑥ 消毒饲养器具时，选择氯制剂或过氧乙酸，以免消毒剂的气味影响饮食或饮水；

⑦ 消毒畜禽体表时选择消毒效果好且对畜禽无害的0.1%新洁尔灭、0.1%过氧乙酸等；

⑧ 室温在16℃以上时可用乳酸、过氧乙酸或甲醛熏蒸消毒，室温在0℃以下时可用2%～4%次氯酸钠加2%碳酸钠熏蒸消毒。

第二节　牛场的消毒

一、空气消毒

1. 物理消毒法

常用的有通风和紫外线照射两种方法。

① 通风消毒：可减少室内空气中微生物的数量，但不能杀死微生物。

② 紫外线照射消毒：紫外线灯一般于空间6～15平方米安装一只，灯管距地面2.5～3米为宜，紫外线灯于室内温度10～15℃、相对湿度40%～60%的环境中使用杀菌效果最佳。照射的时间应不少于30分钟。紫外线对眼黏膜及视神经有损伤作用，对皮肤有刺激作用，所以人员应避免在紫外线灯下工作，必要时须穿防护工作衣帽，并戴有色眼镜进行工作。

2. 化学消毒法

有喷雾和熏蒸两种方法。

化学消毒使用的化学药品需具有迅速杀灭病原微生物、易溶于水、蒸气压低等特点，如甲醛、过氧乙酸等，加热时便迅速挥发为气体，其气体具有杀菌作用，可杀灭空气中的病原微生物。

(1) 喷雾消毒

① 药品、器械与防护用品准备：消毒药品应根据病原微生物的抵抗力、消毒对象特点，选择高效低毒、使用简便、质量可靠、价格便

宜、容易保存的消毒剂。准备喷雾器、天平、量筒、高筒靴、防护服、口罩、护目镜、橡皮手套、毛巾、肥皂等器械与防护用品。

② 配制消毒药：根据消毒药的性质，进行消毒药的配制，将配制的适量消毒药装入喷雾器中，以八成为宜。打气感觉有一定抵抗力（反弹力）时即可喷洒。

③ 喷洒：喷洒时将喷头高举空中，喷嘴向上以画圆圈方式先内后外逐步喷洒，使药液如雾一样缓缓下落。要喷到墙壁、屋顶、地面，以均匀湿润和畜禽体表稍湿为宜，不适用于畜禽消毒的消毒药，不得直喷畜禽。喷出的雾粒直径应控制在80～120微米之间，不要小于50微米。

④ 消毒后处理：喷雾消毒完成后，当喷雾器内压力很大时，先打开旁边的小螺丝放完气，再打开桶盖，倒出剩余的药液，用清水将喷管、喷头和筒体冲干净，晾干或擦干后放在通风、阴凉、干燥处保存，切忌阳光暴晒。

（2）熏蒸消毒

① 药品、器械与防护用品准备：消毒药品可选用福尔马林、高锰酸钾粉、固体甲醛、过氧乙酸等，准备温度计、湿度计、加热器、储药容器、防护服、口罩、手套、护目镜等器械与防护用品。

② 清洗消毒场所：先将需要熏蒸消毒的场所（畜禽舍等）彻底清扫、冲洗干净。有机物的存在会影响熏蒸消毒效果。

③ 分配消毒容器：将盛装消毒剂的容器均匀地摆放在要消毒的场所内，如动物舍长度超过50米，应每隔20米放一个容器。所使用的容器必须是耐燃烧的，常用陶瓷或搪瓷制品。

④ 关闭所有门窗、排气孔。

⑤ 配制消毒药。

⑥ 根据消毒空间大小，计算消毒药用量，进行熏蒸。

举例一：固体甲醛熏蒸按每立方米3.5克用量，置于耐烧容器内，放在热源上加热，当温度达到20℃时即可挥发出甲醛气体。

举例二：部分兽药企业生产的烟熏熏蒸每套（主剂＋副剂）可熏蒸120～160平方米。主剂＋副剂混匀，置于耐烧容器内，点燃。

举例三：使用高锰酸钾与福尔马林混合熏蒸进行畜禽空舍熏蒸消毒时，一般每立方米用福尔马林14～42毫升、高锰酸钾7～21克、水7～21毫升，熏蒸消毒7～24小时。杀灭芽孢时每立方米需福尔马林50毫升。如果反应完全，则只剩下褐色干燥粉渣；如果残渣潮湿说明高锰酸钾用量不足；如果残渣呈紫色说明高锰酸钾加得太多。

举例四：过氧乙酸熏蒸使用浓度是3%～5%，每立方米用2.5毫升，在相对湿度60%～80%条件下，熏蒸1～2小时。

二、粪便污物消毒

1. 生物热消毒法

生物热消毒法是一种最常用的粪便污物消毒法，这种方法能杀灭除细菌芽孢外的所有病原微生物，并且不丧失肥料的应用价值。粪便污物生物热消毒的基本原理是将收集的粪便堆积起来后，粪便中便形成了缺氧环境，粪便中的嗜热厌氧微生物在缺氧环境中大量生长并产生热量，能使粪中温度达60～75℃，这样就可以杀死粪便中的病毒、细菌（不能杀死芽孢）、寄生虫卵等病原体，此种方法通常有发酵池法和堆粪法两种。

（1）发酵池法 适用于动物养殖场，多用于稀粪便的发酵。在距离饲养场200米以外，远离居民、河流、水井等的地方挖两个或两个以上的发酵池（根据粪便的多少而定），池的边缘与池底用砖砌后再抹以水泥，使其不渗漏。先将池底放一层干粪，然后将每天清除出的粪便、垫草等倒入池内，快满时在粪的表面铺层干粪或杂草，上面再用一层泥土封好，如条件许可，可用木板盖上，以利于发酵和保持卫生。经1～3个月，即可出粪清池。在此期间每天清除的粪便可倒入另一个发酵池，如此轮换使用。

（2）堆粪法 适用于干固粪便的发酵消毒处理。在距畜禽饲养场200米以外，远离居民区、河流、水井等的平地上设一个堆粪场，挖一个宽1.5～2.5米、深约20厘米、长度视粪便量的多少而定的浅坑。先在坑底放一层25厘米厚的无传染病污染的粪便或干草，然后在其上再堆放准备要消毒的粪便、垫草等。堆到1～1.5米高时，在欲消毒粪便的外面再铺上10厘米厚的非传染性干粪或谷草（稻草等），最后再覆盖10厘米厚的泥土。密封发酵，夏季2个月，冬季3个月以上，即可出粪清坑。粪便较稀时，应加些杂草，太干时倒入稀粪或加水，使其干湿适当，以促使其迅速发热。

2. 掩埋消毒法

此种方法简便易行，但缺点是粪便和污物中的病原微生物可渗入地下水，污染水源，并且损失肥料。适合于粪便量较少且不含细菌芽孢的情况。掩埋地点要远离学校、公共场所、居民住宅区、村庄、饮用水源地、河流等。消毒前准备漂白粉或新鲜的生石灰、高筒靴、防护服、口罩、橡皮手套、铁锹等，将粪便与漂白粉或新鲜的生石灰均匀混合后深埋在地下2米左右之处。

3. 焚烧消毒法

焚烧法是消灭一切病原微生物最有效的方法，故用于消毒最危险的传染病（如炭疽、牛瘟等）患病畜禽粪便。可用焚烧炉，如无焚烧炉，可以挖掘焚坑，进行焚烧消毒。消毒前准备燃料、高筒靴、防护服、口罩、橡皮手套、铁锹、铁梁等。选择合适地方挖坑，坑宽75～100厘米、深75厘米，长以粪便多少来定，在距底40～50厘米处加一层铁梁（铁梁密度以不使粪便漏下为度），铁梁下放燃料，梁上放预消毒粪便。如粪便太湿，可混一些干草，以便烧毁，焚烧时应注意安全，防止发生火灾，焚烧产生的烟气应采取有效的净化措施，防止一氧化碳、烟尘等对周围大气环境造成污染。

4. 化学药品消毒法

用化学消毒药品如含2%～5%有效氯的漂白粉溶液、20%石灰乳等消毒粪便。这种方法既麻烦，又难达到消毒的目的，故实践中不常用。

三、污水消毒

1. 物理处理法

物理处理法也称机械处理法，是污水的预处理（初级处理或一级处理）过程。物理处理主要是去除可沉淀或上浮的固体物，从而减轻二级处理的负荷。

最常用的处理手段是筛滤、沉淀等。筛滤是用金属筛板、平行金属栅条筛板或金属丝编织的筛网，来阻留悬浮固体碎屑等较大的物体。

经过筛滤处理的污水，再经沉淀池进行沉淀，然后进入生物处理或化学处理阶段。

2. 生物处理法

生物处理法是利用自然界的大量微生物（主要是细菌）氧化分解有机物的能力，处理废水中呈胶体状态的有机污染物质，使其转化为稳定、无害的低分子水溶性物质、低分子气体和无机盐。

根据微生物作用的不同，生物处理法又分为好氧生物处理法和厌氧生物处理法。好氧生物处理法是在有氧的条件下，借助于好氧菌和兼性厌氧菌的作用来净化废水的方法。大部分污水的生物处理都属于好氧处理，如活性污泥法、生物过滤法、生物转盘法。厌氧生物处理法是在无氧条件下，借助于厌氧菌的作用来净化废水的方法，如厌氧消化法。

3. 化学处理法

经过生物处理后的污水一般还含有大量的菌类，特别是屠宰污水含有大量的病原菌，须经消毒药物处理后，方可排出。

化学处理常用的方法是氯化消毒，将液态氯转变为气体，通入消毒池，可杀死99%以上的有害细菌。也可用漂白粉消毒，即每1000升水中加有效氯0.5千克。

四、牛场进出车辆消毒

1. 牛场大门口建消毒池参考标准

消毒池的宽度应该与大门等宽或略宽于大门，长度应为最大车轮周长的1.5倍，深度不得少于10厘米，其上应有遮蔽阳光和防止雨水落入的遮阳棚。

消毒池应配置低压消毒器械，以利于对进场的生产车辆实施喷雾消毒，消毒范围为整个车体（包括车辆底盘、驾驶室地板）和车辆停留处及周围，药液用量以充分湿润为最低限度。

2. 消毒池中消毒药品选择

① 可选用2%～3%的火碱溶液、1%菌毒敌、1%复合酚、1%农福等，最常用的是火碱。

② 冬季可在消毒池中加入适量的食盐，防止消毒液结冰影响消毒。

③ 消毒液每周更换1次，两种不同的消毒药品每月更换1种。

3. 车辆消毒具体要求

① 冬季结冰后，人员和车辆必须出入时可采用过氧乙酸、农福等喷雾消毒。

② 有条件的牛场应设车辆喷淋消毒设施，以便对车辆进行彻底消毒。

③ 车辆装载过致病畜禽及其产品，或从有疫情的地区返回时，在距场区较远处对车辆内外（包括驾驶室）、车底盘进行彻底消毒后，方可进入场区，但7日内不得进入生产区。

五、人员消毒

① 所有人员（包括场内人员和外来人员）进入场内须经过消毒更衣室和消毒通道。

② 人员洗手、消毒，有条件的更换消毒后的衣、裤、鞋、帽，再经消毒通道进入场内。

③ 洗手消毒可选用1∶300碘酸溶液或0.1%新洁尔灭溶液，消毒可采用紫外线灯消毒15～20分钟或戊二醛等体表汽化喷雾消毒。

④ 消毒通道每周喷雾消毒1次，可选用1∶300菌毒灭、0.3%过氧乙酸、3%来苏尔（甲酚）溶液或过硫酸氢钾等。

六、牛舍及场区环境消毒

① 牛舍及场区环境应经常清扫，除杂，每月消毒1～2次。

② 牛舍消毒可选用0.2%～0.3%过氧乙酸，每立方米空间用药20～40毫升，也可用0.2%的次氯酸钠溶液、0.1%新洁尔灭溶液、过

硫酸氢钾等消毒药物消毒。

③ 场区消毒可选用2%～3%火碱、生石灰、3%来苏尔、0.5%强力消毒灵或0.3%过氧乙酸溶液等消毒药物。

④ 封闭式牛舍宜每周消毒1次。发生疫情时宜每天消毒1次。

七、牛场消毒应注意的问题

① 制订详细的消毒计划，并严格执行。

② 选择对病原体消杀作用强、效期长、对人畜毒性小、不损伤物体和器械、易溶于水、价廉、广谱和使用方便的药品，还要考虑牛场的疫病种类、流行情况等选择病原体敏感的消毒药进行消毒。

③ 要使用效果好的消毒剂才能保证消毒质量，不要贪图便宜。

④ 在消毒之前，一定要将环境中的有机物消除干净，彻底打扫。

⑤ 按其使用说明书的规定与要求配制消毒药液，药量与水量的比例要准确，不要随意加大或减小药物的浓度，否则会影响消毒效果，甚至引起不良后果。

⑥ 不要任意将两种不同种类的消毒药品混合使用或同时消毒同一种物品，两种不同的消毒药品混合使用时会因物理性或化学性的配伍禁忌而使消毒药物失效，如酸性制剂会与碱性制剂中和，漂白粉不能与硼酸、盐酸配伍，新洁尔灭不能与碘、碘化钾、过氧化物配伍。

⑦ 不要长时间使用一种消毒药物消毒同一种消毒对象，这样会造成病原菌产生耐药性，影响消毒效果。因此，消毒时一定要定期更换消毒药品，方能保证消毒效果。

⑧ 消毒时消毒药物要现用现配，尽可能在规定的时间内一次用完。

⑨ 消毒时操作人员要戴防护用具，以免消毒药液刺激眼、鼻、口、手、皮肤及黏膜等。

⑩ 消毒后应进行消毒效果的检验，以便发现问题，加以改正，进一步增强消毒效果。

⑪ 做好消毒记录，如入场消毒、空舍消毒、常规消毒等，并及时进行消毒效果评估。

第三章

动物疫苗免疫接种系统认知

第一节　疫苗基础知识

一、疫苗的概念

凡是具有良好免疫原性的微生物（包括寄生虫），经繁殖和处理后制成的制品，用以接种动物使其产生相应的免疫力，并能预防相应疾病的一类生物制剂，均称为疫苗。

二、疫苗的作用

疫苗的作用就是接种动物后可使动物获得针对某种传染病（或寄生虫）的特异抵抗力，防止动物感染和发病。

在动物传染病防治中，疫苗免疫接种是提高动物机体免疫力、预防动物疫病发生和流行的关键措施。好的疫苗免疫保护率可达95%以上，当然疫苗保护率还受免疫时机、动物健康状况、免疫方法、免疫剂量和免疫程序等因素的影响。做好免疫的同时，做好饲养管理和隔离消毒等综合防控措施也是非常重要的。

三、疫苗的种类与特点

由细菌、病毒、立克次体、螺旋体、支原体等完整微生物制成的疫苗，称为常规疫苗。常规疫苗按其病原微生物性质分为活疫苗、灭活疫苗、类毒素。利用分子生物学、生物工程学、免疫化学等技术研制的疫苗，称为新型疫苗。

1. 活疫苗

活疫苗即弱毒疫苗，是指用通过人工诱变获得的弱毒株，或者是自然减弱的天然弱毒株（但仍保持良好的免疫原性），或者是异源弱毒株所制成的疫苗。活疫苗需要低温保存，为延长保存期，常采用冻干保存，因此又称冻干疫苗。

弱毒疫苗的毒力已经不能引起动物发病，但仍然保持着原有的免疫原性，并能在体内繁殖。因此，可用较少的免疫剂量诱导动物产生较强的免疫力。弱毒疫苗具有免疫期长、不影响动物产品品质等优点，但也存在有可能散毒、贮存和运输要求条件较高等缺点。

目前，我国用于预防重大动物疫病的活疫苗有猪瘟疫苗、新城疫疫苗、炭疽疫苗、布鲁氏菌病疫苗等。

2. 灭活疫苗

灭活疫苗是选用免疫原性良好的细菌、病毒等病原微生物经人工培养后，用物理或化学方法将其杀死（灭活），使其传染因子被破坏而仍保留其免疫原性所制成的疫苗。这种疫苗又称为死疫苗，其优点是研制、生产方便，使用安全，易于保存、运输；缺点是接种剂量较大。

灭活疫苗由于所用佐剂不同，有不溶性铝盐胶体佐剂（氢氧化铝胶、明矾等）、油水乳佐剂、蜂胶佐剂等不同剂型。

目前，我国用于预防重大动物疫病的灭活疫苗有高致病性禽流感疫苗、口蹄疫疫苗、高致病性猪蓝耳病疫苗等灭活疫苗。

3. 类毒素

将细菌在生长繁殖中产生的外毒素，用适当浓度（0.3%～0.4%）的甲醛溶液处理后，得到的毒性消失而仍保留其免疫原性的物质，称为类毒素。

类毒素经过盐析并加入适量的磷酸铝或氢氧化铝胶等，即为吸附精制类毒素。注入动物机体后吸收较慢，可较久地刺激机体产生高滴度抗体以增强免疫效果，如破伤风类毒素，注射1次，免疫期1年，第二年再注射1次，免疫期可达4年。

4. 新型疫苗

目前在预防动物疫病中，已广泛使用的新型疫苗主要有：

① 基因工程亚单位疫苗，如仔猪大肠杆菌病*K88*、*K99*双价基因

工程疫苗，仔猪大肠杆菌病 *K88*、*LTB* 双价基因工程疫苗。

② 基因缺失疫苗，如猪伪狂犬病病毒 *TK*/*gG* 双基因缺失活疫苗、猪伪狂犬病病毒 *gG* 基因缺失灭活疫苗。

③ 重组活载体疫苗，如禽流感重组鸡痘病毒载体活疫苗、禽流感新城疫重组二联活疫苗。

④ 合成肽疫苗，如猪口蹄疫 O 型合成肽疫苗。

四、疫苗的贮藏与运输

1. 疫苗的贮藏

(1) 贮藏设备和温度 根据不同疫苗品种的贮藏要求，选择相应的贮藏设备，如低温冰柜、电冰箱、液氮罐、冷藏柜等，按不同疫苗的贮藏温度进行贮藏。所有疫苗都应贮藏于阴暗、干燥处，避免光照直射和受潮。

① 冻干活疫苗：一般要求在－15℃条件下贮藏，温度越低，保存时间越长，如猪瘟活疫苗、鸡新城疫活疫苗等。

② 灭活疫苗：一般要求在 2～8℃条件下贮藏，不能低于 0℃，更不能冻结，如口蹄疫灭活疫苗、禽流感灭活疫苗等。

③ 细胞结合型疫苗：如马立克氏病血清Ⅰ、Ⅱ型疫苗等必须在液氮中（－196℃）贮藏。

(2) 分类存放 按疫苗的品种和有效期分类存放，并标以明显标志，以免混乱而造成差错。在贮藏过程中，应保证疫苗的内、外包装完整无损，避免无法辨认其名称、有效期等。超过有效期的疫苗，必须及时清除并销毁。

(3) 建立疫苗管理台账 详细记录出入库疫苗品种、批准文号、生产批号、规格、生产厂家、有效日期、数量等。应根据说明书要求存放在相应的设备中。

2. 疫苗的运输

运输疫苗时，要妥善包装，防止运输过程中发生损坏，同时采取保温措施。

(1) 冻干活疫苗 应冷藏运输。如果量小，可将疫苗装入保温瓶或保温箱内，再放入适量冰块进行包装运输；如果量大，应用冷藏运输车运输。

(2) 灭活疫苗 宜在2～8℃的温度下运输。夏季运输要采取降温措施，冬季运输要采取防冻措施，避免冻结。运输过程中，要随时检查温度，尽快运达目的地。

(3) 细胞结合型疫苗 如鸡马立克氏病血清Ⅰ、Ⅱ型疫苗，必须用液氮罐冷冻运输。

第二节 动物免疫接种类型与方法

一、免疫接种的类型

1. 预防接种

指在经常发生某类传染病的地区，或有某类传染病潜在的地区，或受到邻近地区某类传染病威胁的地区，为了预防这类传染病发生和流行，平时有组织、有计划地给健康动物进行的免疫接种。

2. 紧急接种

指在发生动物疫病时，为了迅速控制和扑灭疫病的流行，而对疫区和受威胁区尚未发病的动物进行的免疫接种。紧急接种应先从安全地区开始，逐头（只）接种，以形成一个免疫隔离带，然后再到受威胁区，最后再到疫区对假定健康动物进行接种。

3. 临时接种

指在引进或运出动物时，为了避免在运输途中或到达目的地后发生动物疫病而进行的预防免疫接种。临时接种应根据运输途中和目的地疫病流行情况进行免疫接种。

二、免疫接种的方法

1. 肌内注射免疫

(1) 适用范围 猪、牛、马、羊、犬、兔等。

(2) 注射部位 选择肌肉丰满、血管少、远离神经干的部位。大家畜（马、牛、骆驼等）宜在臀部或颈部，猪宜在耳后、臀部、颈部，羊、犬、兔宜在颈部。

(3) 保定动物 根据动物特点选择适当的保定方法保定好动物。

(4) 注射部位消毒 注射部位用碘酊和酒精消毒。注射后，用消毒干棉球按住注射部位，将针头拔出，最后涂以5%碘酊消毒。

(5) 注射技巧

① 对中、小型家畜可左手固定注射部位皮肤，右手持注射器垂直刺入肌肉后，改用左手夹住注射器和针头尾部，右手回抽一下针芯，如无回血，即可慢慢注入药液。

② 要根据注射剂量，选择大小适宜的注射器。禁止打“飞针”。

③ 对大家畜，为防止损坏注射器或折断针头，可用分解动作进行注射，即把注射针头取下，以右手拇指、食指紧持针尾，中指标定刺入深度，对准注射部位用腕力将针头垂直刺入肌肉，然后接上注射器，回抽针芯，如无回血，随即注入药液。

④ 给家畜注射，每次注射必须更换一个针头；给农村散养家禽注射，每注射一户必须更换一个针头；给规模饲养场家禽注射，每注射100只更换一个针头。

2. 皮下注射免疫

(1) 适用范围 牛、马等大家畜。

(2) 注射部位 在颈侧中1/3部位，选择皮薄、毛少、皮肤松弛、皮下血管少的地方。

(3) 保定动物 根据动物特点选择适当的保定方法保定好动物。

(4) 注射部位消毒

① 用2%～5%碘酊棉球由内向外螺旋式消毒接种部位，最后用挤干的75%酒精棉球脱碘。

② 接种活疫苗时不能用碘酊消毒接种部位，应用75%酒精消毒，待干后再接种。

③ 注射完用消毒干棉球按住注射部位，将针头拔出，最后涂以5%

碘酊消毒。

（5）注射技巧

① 左手食指与拇指将皮肤提起呈三角形，右手持注射器，沿三角形基部刺入皮下约 2 厘米，左手放开皮肤（如果针头刺入皮下，则可较自由地拨动）。

② 回抽针芯，如无回血，然后再推动注射器活塞将疫苗徐徐注入。

3. 皮内注射免疫

（1）适用范围 适用于牛、羊、猪等。

（2）注射部位 选择皮内注射部位，宜选择皮肤致密、被毛少的部位。马、牛宜在颈侧、尾根、肩胛中央，猪宜在耳根后，羊宜在颈侧或尾根部，鸡宜在肉髯部位。

（3）保定动物 根据动物特点选择适当的保定方法保定好动物。

（4）注射部位消毒 用碘酊和酒精进行注射部位消毒后再注射。注射完毕，拔出针头，用消毒干棉球轻压针孔，以避免药液外溢，最后涂以 5％碘酊消毒。

（5）注射技巧 用左手将皮肤夹起一皱褶或以左手绷紧固定皮肤，右手持注射器，将针头在皱褶上或皮肤上斜着使针头几乎与皮面平行，轻轻刺入皮内约 0.5 厘米，放松左手。左手在针头和针筒交接处固定针头，右手持注射器，徐徐注入药液。如针头确在皮内，则注射时感觉有较大的阻力，同时注射处形成一个圆丘，突起于皮肤表面。

4. 静脉注射免疫

（1）适用范围 马、牛、羊、猪、犬等。

（2）注射部位 马、牛、羊在颈静脉，猪在耳静脉或前腔静脉，犬在跖背外侧静脉或前臂内侧皮下静脉。

（3）注射技巧

① 保定动物，局部剪毛消毒后，看清静脉，用左手指按压注射部位稍后方，使静脉显露，右手持注射器或注射针头，迅速准确刺入血管，见有血液流出时，放开左手，将针头顺着血管向里略微送深入，固定好针头。

② 连接注射器或输液管，检查有回血后，缓慢注入免疫血清。

③ 注射完毕后，拿消毒干棉球紧压针孔，右手迅速拔出针头。

④ 为防止血肿，继续紧压针孔局部片刻，最后涂布5%碘酊消毒。

5. 其他注射免疫

① 穴位注射免疫，多用于猪，很少用于牛。

② 气雾免疫接种，多用于禽和羊，很少用于牛。

三、建立免疫档案

免疫人员在进行免疫接种后，要及时、准确填写免疫登记表。填写完成后，统一归档建立畜禽免疫档案。

(1) 畜禽养殖场 登记表内容包括名称、地址、畜禽种类、数量、免疫日期、疫苗名称、疫苗厂家、批次、免疫剂量、畜禽标识顺序号、免疫人员及用药记录等。

(2) 畜禽散养户 登记表内容包括户主姓名、地址、畜禽种类、数量、免疫日期、疫苗名称、疫苗厂家、批次、免疫剂量、畜禽标识顺序号、免疫人员及用药记录等。

四、免疫接种的注意事项

① 免疫时机选择：疫苗接种最好在早晨进行，在使用过程中避免阳光照射和高温环境。

② 进出养殖场（户）或动物舍时要严格消毒：免疫人员开始工作前要更换工作服，进出各养殖场（户）或动物舍必须走人行消毒通道，携带物品的外包装要经过喷雾消毒，免疫接种人员用消毒液消毒。

③ 免疫前检查动物健康状况：为了保证免疫动物安全及接种效果，接种前首先观察动物的健康状况，怀疑有传染性疫病或孕畜免疫可能导致流产时，暂缓免疫接种。

④ 及时更换针头：每注射一畜，更换一次针头；家禽注射一户更换一次针头，或注射一笼换一次针头，每个针头使用不超过100次。

⑤ 疫苗使用：活疫苗稀释后2小时内用完，灭活疫苗开瓶后必须在当天用完。

⑥ 观察动物免疫后反应：出现异常及时处置。

⑦ 废弃物无害化处理：用完的疫苗瓶，用过的酒精棉球、碘酊棉球、一次性注射器等废弃物应收集后进行焚烧或深埋等无害化处理。

第三节 免疫副反应

因个体差异，个别动物在进行疫苗免疫后会出现不同程度的变态反应等免疫副反应，有时因抢救不及时或抢救方法不当，会造成动物死亡，给养殖户带来经济损失。因此，疫苗免疫人员应正确认识免疫副反应，并掌握免疫副反应的处理方法和预防措施。

一、免疫副反应的类型

免疫接种后，在免疫反应时间内，要观察免疫动物的饮食、精神状况等，并抽查检测体温，对有异常表现的动物应予登记，严重时应及时救治。

(1) 普通反应 是指疫苗注射后出现的短时间精神不好或食欲稍减等症状，此类反应一般可不做任何处理，可自行消退。

(2) 严重反应 主要表现在反应程度较严重或动物反应超过正常反应，常见的反应有震颤、流涎、流产、瘙痒、皮肤丘疹、注射部位出现肿块和糜烂等，最为严重的可引起免疫动物的急性死亡。

(3) 合并症 个别动物发生综合症状，反应比较严重，需要及时救治。

① 血清病：抗原抗体复合物产生的超敏反应，多发生于一次性大剂量注射动物血清制品后，注射部位出现红肿、体温升高、荨麻疹、关节痛等，需精心护理和注射肾上腺素等。

② 过敏性休克：个别动物于注射疫苗后30分钟内出现不安、呼吸困难、四肢发冷、出汗、大小便失禁等，需立即救治。

③ 全身感染：指活疫苗接种后因机体防御功能较差或遭到破坏时发生的全身感染和诱发潜伏感染，或因免疫器具消毒不彻底致使注射部

位或全身感染。

④ 变态反应：多为荨麻疹。

二、免疫副反应的预防

为减少、避免动物在免疫过程中出现不良反应，应注意以下事项：

① 制定科学的免疫程序，选用适宜毒力或毒株的疫苗。

② 按照使用说明进行免疫接种，注射部位要准确，接种操作要规范，接种剂量要适当。

③ 免疫接种前对动物进行健康检查，掌握动物健康状况。凡发病的，精神、食欲、体温不正常的，体质瘦弱的，幼小的，年老的，妊娠后期的动物均应不予接种或暂缓接种。

④ 对疫苗的质量、保存条件、保存期要认真检查，必要时先做小群动物接种试验，再大群免疫。

⑤ 对曾有过疫苗反应病史的动物，建议在注射疫苗前，先皮下注射0.1%盐酸肾上腺素或盐酸异丙嗪药物后注射疫苗，可以减少不良反应的发生。

⑥ 免疫接种前，避免动物受到寒冷、转群、运输、脱水、突然换料、噪声、惊吓等应激反应。免疫前后3～5天在饮水中添加速溶多维，或维生素C、维生素E等以降低应激反应。

⑦ 免疫前后给动物提供营养丰富、均衡的优质饲料，提高机体非特异免疫力。

⑧ 保持动物舍温度、湿度、光照适宜，通风良好，做好日常消毒工作。

⑨ 免疫接种前准备抗过敏药物，如肾上腺素、地塞米松、苯海拉明等，以备急救使用。

三、免疫副反应的处理

1. 普通反应

个别畜禽注射疫苗后出现轻度精神萎靡或不安、食欲减少和体温稍高等情况，一般不需要治疗，将其置于适宜环境下1～2天，症状即可自行减轻或消失，最好不用任何药物。

2. 急性反应

个别畜禽注射疫苗后可能出现急性过敏反应，气喘、呼吸加快、眼结膜充血、发抖、皮肤发紫、口吐白沫、时常排粪、后肢不稳或倒地抽搐，如抢救不及时很可能死亡。一般需尽快用药，肌内注射盐酸异丙嗪（牛500毫克，猪、羊100毫克），肌内注射地塞米松磷酸钠（牛30毫克，猪、羊10毫克，孕畜不用），皮下注射0.1%盐酸肾上腺素（牛5毫升，猪、羊1毫升）。

对过敏症状严重的，用抗组胺类药物缓解或消除荨麻疹；眼睑水肿，腹泻及支气管痉挛等过敏症状，常用盐酸苯海拉明注射液，肌内注射剂量为每千克体重20～60毫克，每天用药3～4次，直至过敏症状消失。或者肌内注射马来酸氯苯那敏，以降低血管通透性，减轻肿胀、渗出症状。

发生过敏反应的病牛体温超过正常2℃，可注射复方氨基比林、氟尼辛葡甲胺等；发生过敏反应的病牛心力衰竭、皮肤发绀，可注射樟脑磺酸钠，注意保温，给予充足的饮水。

出现最急性反应，可以迅速皮下注射0.1%盐酸肾上腺素（牛5毫升，猪、羊1毫升），20分钟后根据缓解程度，可重复同一剂量再注射一次；肌内注射盐酸异丙嗪（牛500毫克，猪、羊100毫克）；肌内注射地塞米松磷酸钠（牛30毫克，猪、羊10毫克，孕畜不用）。

对休克家畜，除上述方法外，还要迅速针刺耳尖、尾根、蹄头、大脉穴，放少量血；迅速将去甲肾上腺素（牛10毫升，猪、羊2毫升）加入10%葡萄糖注射液（牛1000毫升，猪、羊500毫升），输液。待家畜苏醒、脉律逐渐恢复后，再将维生素C（牛5克，猪、羊1克）、维生素B_6（牛3克，猪、羊0.5克）加入10%葡萄糖注射液（牛2000毫升，猪、羊500毫升），输液，然后再用5%碳酸氢钠注射液（牛500毫升，猪、羊100毫升）输液即可。

对局部出现的炎症反应，应采取消炎、消肿、止痒等处理措施；对神经、肌肉、血管损伤的病例，应采用理疗、药疗和手术等处理方法。

对合并感染的病例用抗生素治疗。

第四节 牛场常用疫苗参考

牛场常使用的疫苗种类很多，各疫苗的免疫期、免疫时间和用法用量见表 3-1。

表 3-1 常见疫苗及其用法

疫苗名称	免疫期	免疫时间	用法用量
气肿疽灭活苗	6 个月	犊牛 1～2 月龄或 6 月龄各免疫一次	颈部或肩胛骨后缘皮下注射 5 毫升/头，14 天产生有效抗体
口蹄疫疫苗	6 个月	犊牛 4～5 月龄首免，以后 4～6 个月免疫一次	皮下或肌内注射，犊牛 0.5～1 毫升，成年牛 2 毫升/头，14 天产生有效抗体
出血性败血病氢氧化铝菌苗	9 个月	犊牛 4～5 月龄首免，以后每年春、秋各一次	皮下或肌内注射，犊牛 4 毫升/头，成年牛 6 毫升/头，21 天产生有效抗体
炭疽芽孢苗	2 年	每年 5 月份或 10 月份全群免疫一次	皮下注射，成牛 1～2 毫升/头，犊牛 0.5 毫升/头，14 天产生有效抗体，孕畜和 3 月龄内幼畜慎用
布鲁氏菌猪型 2 号苗	1 年	一年一次，3～4 月份或 8～9 月份接种	皮下或肌内注射，5 毫升/头，30 天产生有效抗体
传染性胸膜肺炎疫苗	1 年	一年一次，3～4 月份或 8～9 月份接种	臀部肌内注射，成年牛 2 毫升/头，犊牛 1 毫升/头，21～28 天产生有效抗体
牛环型泰勒虫病活疫苗	1 年	一年一次，3～4 月份接种	肌内注射 1～2 毫升/头(100 万～200 万个活细胞)，30 天产生有效抗体
结节病灭活苗	6 个月	春秋各一次，母牛妊娠后期接种，犊牛 3 个月首免，母牛妊娠后期未接种，犊牛 1 个月首免	肌内注射 2 毫升/头，28 天产生有效抗体
山羊痘弱毒苗	12 个月	一年一次，3～5 月份接种为宜	尾根皮内注射，5 毫升稀释液稀释 50 头份，每头牛 0.5 毫升，4～5 天产生有效抗体
黏膜病和牛传染性鼻气管炎二联疫苗	4 个月	2 月龄以上的牛可接种，首免后 21 天再免疫一次，以后 4 个月免疫一次	肌内注射，2 毫升/头，14 天产生有效抗体

第四章

牛日常保健思路

第一节 牛群驱虫保健思路

一、牛群寄生虫种类

1. 外寄生虫

如螨虫、虱子、蜱虫、皮蝇虫、鼻蝇虫等。

2. 内寄生虫

（1）蠕虫

① 线虫：犊牛弓首蛔虫、毛圆线虫、仰口线虫、食道口线虫、夏伯特线虫、毛首线虫、牛肺丝虫、牛吸吮线虫、牛丝状线虫、牛网尾线虫、牛副丝虫等。

② 绦虫：囊尾蚴、棘球蚴、多头蚴、莫尼茨绦虫、曲子宫绦虫、无卵黄腺绦虫等。

③ 吸虫：血吸虫、东毕吸虫、片形吸虫、双腔吸虫、前后盘吸虫、阔盘吸虫等。

（2）原虫 如伊氏锥虫、毛滴虫、牛双芽巴贝斯虫、牛巴贝斯虫、牛环型泰勒虫、瑟氏泰勒虫、球虫、隐孢子虫、弓形虫、贝诺孢子虫、住肉孢子虫、新孢子虫等。

3. 日常驱虫的目标

主要是体表或体外的寄生虫、体内的蠕虫，体内的原虫具有很强的季节性和生长阶段性，一般仅在发病季节进行预防性驱虫。

二、牛规律驱虫设计方案

1. 驱虫时间及频率

引进牛进场后第7～14天要进行体内、外驱虫一次。个别养殖户在牛进场当天就驱虫，各有利弊，从应激角度建议进场后休整一段时间再驱虫。

传统驱虫是每年春秋两季进行全群驱虫，饲养环境较差、寄生虫病发病率较高的牛场，每年在5～6月增加驱虫一次。原则上每年驱四次，三个月驱一次是比较科学严谨的。

犊牛在1月龄和5月龄进行体内、外驱虫一次。成年母牛在配种前、临产前2周进行体内、外驱虫一次。育成牛在配种前驱虫一次。

2. 驱虫药的选择

外寄生虫驱虫可选择马拉硫磷、二嗪农、蝇毒磷、蝇必净、倍硫磷、溴氰菊酯、氰戊菊酯、氯氰菊酯、氯芬新、升华硫、非泼罗尼、呋虫胺、敌百虫、双甲脒、阿维菌素、伊维菌素、多拉菌素、塞拉菌素等药物。

体内蠕虫驱虫可选择左旋咪唑、丙硫苯咪唑、敌百虫、阿维菌素、伊维菌素、多拉菌素、莫西菌素、芬苯达唑、奥芬达唑、吡喹酮、氯硝柳胺、硫双二氯酚、碘醚柳胺、氯氰碘柳胺钠、三氯苯达唑、硝氯酚、溴酚磷等。

三、牛群驱虫注意事项

① 根据寄生虫的种类选择安全、高效的驱虫药。小型牛场要坚持定期预防性驱虫，大型牛场及有条件的牛场应通过粪便检查等方法进行寄生虫及虫卵检查，根据检查结果有针对性地制定预防性驱虫方案，并更加合理地选择理想的驱虫药物。

② 大群牛驱虫前，先选用2～3头牛进行小群药效试验。证实药物安全、有效后，再大群用药。

③ 严格按照说明书规定的剂量、方法使用，注意配伍禁忌，不可盲目加量，以防中毒。

第二节　牛长途运输抗应激方案

一、牛长途运输前抗应激参考方案

① 运输前 7 天内：打一次口蹄疫疫苗和传染性胸膜肺炎疫苗。

② 运输当天：打一次泰拉霉素。

③ 运输前：口服电解多维，益生菌拌料。

④ 运输中：饮水加电解多维，每头牛 10 克。

二、牛进场保健方案

① 到场后休息 4 小时，少量多次饮水，冬季给温水，添加电解多维、板青颗粒、红糖等。

② 到场后，1～3 天肌内注射多西环素、土霉素或替米考星配氟苯尼考。

③ 到场后，连续 7 天，拌料添加电解多维、益生菌、酵母粉、黄连解毒散或清瘟败毒散或大黄苏打片。

④ 到场后，第 7～14 天驱虫一次，5 天后再驱虫一次。

⑤ 到场后，牛群整体稳定后开展疫苗有序接种。

⑥ 牛到场当天少喂或不喂草，精料坚决不喂；第二天开始逐渐增加草的饲喂，5～7 天开始逐渐增加精料饲喂。

第三节　产后母牛和新生犊牛保健方案

一、产后母牛保健方案

为了促使母牛生殖器官恢复正常，体力恢复，防止产后疾病的发生，使母牛重新发情、配种，有足够的奶水来哺育犊牛，使犊牛健康生长发育，必须加强对母牛的饲养和护理。

1. 补充水分

在分娩过程中，母体丧失很多水分，产后要及时饮用温热麸皮盐水汤（麸皮 1.5～2 千克、盐 100～150 克、红糖 300～500 克、酵母粉 50～100 克、益母草 300 克）用 10 千克温水调匀饮用，以补充母牛分娩时体内损耗的水分，恢复母牛的体力。

2. 清洗消毒

用 0.1%～0.5%高锰酸钾水溶液或其他消毒液清洗母牛的外阴部、尾巴及后躯。因为胎儿娩出过程中会造成产道浅表层创伤，娩出胎儿后子宫颈口仍张开，子宫内积存大量恶露，极易受微生物的侵入，引发产后疾病，因此要做好清洗消毒工作。

3. 观察母牛努责情况

产后数小时内，母牛如果依然出现强烈努责、尾根举起、食欲减退及反刍减少，应注意检查子宫内是否还有胎儿或是否有子宫内翻脱出、产道异常出血的情况。

4. 检查排出的胎衣

胎儿娩出后，要及时检查胎衣的排出情况。胎衣排出后，应检查是否完整，并注意将胎衣及时从产房移出，防止母牛吞食胎衣。产后胎衣排出时间一般在 4～6 小时，不应超过 12 小时。若超过 12 小时胎衣仍不能排出，应按胎衣不下及时进行处理。

胎衣不下又叫胎衣停滞，胎衣脱落时间超过 12 小时，存在于子宫内的胎衣会自溶，遇到微生物还会腐败，尤其是夏季，滞留物会刺激子宫内膜发炎。

5. 做好胎衣不下的治疗

(1) 促进子宫收缩 一次肌内注射催产素或垂体后叶素 100 单位或麦角新碱 20 毫克，2 小时后重复用药。促进子宫收缩的药物必须早使用，产后 8～12 小时效果最好，产后 24～48 小时，必须先补注类雌激素（已烯雌酚 10～30 毫克）或氯前列烯醇，0.5～1 小时后再使用子宫收缩药物。灌服无病牛的羊水 3000 毫升或静脉注射 10%的氯化钠 300

毫升，也可促进子宫收缩。

(2) 预防胎衣腐败及子宫感染 将土霉素3克或金霉素3克，溶于250毫升蒸馏水中，一次性灌入子宫，或将土霉素粉干撒于子宫角，隔天1次，经2～3次，胎衣会自行分离脱落，效果良好。药液也可一直灌至子宫阴道分泌物清亮为止。如果子宫颈口已缩小，可先注射己烯雌酚10～30毫克或氯前列醇钠，隔日1次，以开放子宫颈口，增强子宫血液循环，提高子宫抵抗力。也可以肌内注射青链霉素或头孢噻呋。

(3) 促进胎儿胎盘与母体胎盘分离 向子宫内一次性灌入10%的灭菌高渗盐水1000毫升，其作用是促使胎盘绒毛膜脱水收缩，从子宫阜中脱落，刺激子宫收缩。

(4) 中药治疗 用酒（市售白酒或75%酒精）将车前子（250～330克）拌湿，搅匀后用火烤黄，放凉碾成粉面，加水灌服。也可用中药补气养血，增加子宫活力：党参60克、黄芪45克、当归90克、川芎25克、桃仁30克、红花25克、炮姜20克、甘草15克，用黄酒150克做引。体温高者加黄芩、连翘、金银花，腹胀者加莱菔子，混合粉碎，开水冲泡，连渣服用。

(5) 手术治疗 手术治疗即胎衣剥离。进行剥离手术的原则是，只可对胎衣易剥离的牛进行剥离，不可强行剥离，以免损伤母体子叶，引起感染。剥离后可隔天投放金霉素或土霉素，同时配合中药治疗效果更好。黄芪30克、党参30克、生蒲黄30克、五灵脂30克、当归60克、川芎30克、益母草30克，腹痛、瘀血者加醋香附25克、泽兰叶15克、生牛膝30克，混合粉碎，开水冲服。

6. 观察恶露排出情况

恶露最初呈红褐色，以后变为淡黄色，最后为无色透明，正常恶露排出的时间为10～12天。如果恶露排出时间较长，或恶露颜色变暗、有异味，母牛有全身反应，则说明子宫内可能有病变，应及时检查处理。

7. 母牛产后12小时内三针保健

① 促进子宫收缩、复位，促进胎衣排出：催产素。

② 抗菌消炎：头孢噻呋配鱼腥草或林可霉素配氟尼辛葡甲胺。

③ 预防破伤风：破伤风抗毒素。

二、新生犊牛的护理方案

为了使犊牛逐渐适应外界环境，除要注意避免新生犊牛发生窒息外，还必须做好护理工作。

1. 保证呼吸顺畅

犊牛产出后，应再一次彻底清除口鼻的黏液，利于犊牛呼吸。当犊牛已吸入黏液而呼吸困难时，可握住犊牛的后肢，将犊牛倒挂起来并拍打其胸部，使之吐出黏液，并擦干净。如犊牛产出时已无呼吸，但尚有心跳，可在清理其口腔及鼻孔黏液后将犊牛在地面摆成仰卧姿势，头侧转，按压与放松犊牛胸部进行人工呼吸，每 6～8 秒按压一次。

2. 擦净犊牛身上的黏液

如正常产犊，母牛会立即舔食犊牛身上的黏液，无须人工擦拭，这样既增强母牛的恋仔、护仔心理，又有助于刺激犊牛呼吸，加强血液循环。如母牛不愿意舔，可将麸皮擦在犊牛的身上，来诱导母牛舔净黏液。

奶牛的犊牛，一般采用人工哺乳，不让母牛舔黏液，而是用软干草或干布擦净犊牛身上的黏液。这是为了不让母牛有恋仔心理，免得增加挤奶的困难。

3. 断脐

犊牛产出后，脐带往往自然扯断，要立即用 5％碘酊充分消毒拉断的脐带。如果脐带未扯断，应将脐血管中的血液捋向胎儿，以增加胎儿体内的血液。在距犊牛腹部 10～12 厘米处剪断，挤出脐带中的黏液，用 5％碘酊充分消毒，以免发生脐炎。在卫生条件好的环境里，断脐后可以不进行包扎，每天用 5％的碘酊处理 1 次，以促进其干缩脱落。

新生犊牛断脐在出生后 1 周左右干缩脱落，在脐带干缩脱落前后，注意观察脐带的变化，出现滴血或排液现象可能是由脐血管或脐尿管闭锁不全引起，应及时治疗和结扎。

4. 尽早喂初乳

初乳是母牛产犊后5天或7天内所分泌的乳汁，色深黄而黏稠。初乳中有较多的镁盐，有助于犊牛胎粪的排出。初乳中干物质含量高，营养丰富而全面。干物质中蛋白质的含量比常乳多4～5倍，白蛋白比常乳高几十倍，免疫球蛋白高约100倍。白蛋白是极易消化的，对新生犊牛特别有利。犊牛在出生5周内不能获得主动免疫，初乳中的免疫球蛋白是唯一的抗体来源，可保护犊牛出生后即免受传染病的影响。

初乳所含的营养物质常随母牛产后时间的增加而逐渐减少。分娩后30分钟之内第1次所挤的初乳质量最好，第2次、第3次所挤初乳中抗体的浓度就会降低30%～40%。犊牛刚出生时能较好地吸收初乳中的免疫球蛋白，出生后24～36小时，对免疫球蛋白就基本不能再吸收了。

如果犊牛出生后24小时内吃不上初乳，犊牛对许多病原丧失抵抗力，易患引起腹泻甚至死亡的犊牛大肠杆菌病。

犊牛出生后应尽早哺喂初乳，最好在出生1小时内吃到初乳。第一次初乳的喂量不可低于1千克，日喂一般不少于3次，日喂量应高于常乳，可喂体重1/6的量。如果乳温下降应水浴加热至35～38℃。温度过高初乳会凝固，过低犊牛吃了会腹泻。

如果母牛产后患病或死亡，可用同期分娩母牛的初乳喂犊牛。如果没有同期分娩的母牛初乳，可用常乳加20毫升鱼肝油、50毫升泻油和250毫克土霉素，连喂5天，5天以后土霉素喂量降至每日125毫克。

三、牛日常基础保健方案

1. 定期驱虫健胃

① 坚持半年或3个月驱虫一次，驱虫完要饲喂健胃药，如山楂酵母粉、健胃散、大黄苏打片、加酶益生菌等。

② 日常健胃可以坚持半个月或一个月喂一次，常以加酶益生菌和酵母粉为主。

2. 长期或定期添加脱霉剂

① 尤其是饲料品质差，有霉变或者长期饲喂糟渣类食物时要添加。

② 繁殖母牛建议添加，有助于母牛与犊牛的健康，有利于胎儿发育。

3. 牛四季中药保健方案

① 春季处方：茵陈 60 克、黄连 60 克、防风 60 克、甘草 60 克、生姜 100 克，以上诸药研碎混合后加蜂蜜 100 克，开水冲调后微温时灌服，每日 1 剂，连服 3 剂。

② 夏季处方：黄药子、贝母、知母、大黄、白药子、黄芩、甘草、郁金各 60 克，蜂蜜 100 克，开水冲调后微温时灌服，每日 1 剂，连服 3 剂。

③ 秋季处方：蛤蚧、知母、贝母、秦艽、紫苏子、百合、山药、天门冬、马兜铃、枇杷叶、防己、白药子、栀子、瓜蒌根、麦门冬、升麻各 50 克，蜂蜜 100 克，糯米粥 2 碗，开水冲调后微温时灌服，每日 1 剂，连服 3 天。

④ 冬季处方：茴香、川楝、青皮、陈皮、当归、芍药、荷叶、厚朴、玄胡、牵牛、木通、益智仁各 50 克，黄酒 2 碗，葱一把，煎好后放温加童便半碗，空腹灌服，每日 1 剂，连服 3 天。

第五章

牛病诊断基础辨识思路

第一节　问诊思路

一、发病经过及其治疗情况

问病牛的发病经过，如生病的时间、病牛的数量、起初的症状、以后的转变，以及现在的病情，包括病牛的精神、食欲、饮水、大小便、反刍等，可初步了解是新病还是旧病，是外科还是内科。如果同时发病的牛较多，而且症状相似，就应从传染病或中毒等方面考虑。还应了解病畜进行过的预防注射及来诊前的诊治经过，可作为诊断和治疗的参考。

二、饲养管理和使役情况

在饲养管理方面，应了解病前草料，包括草料种类、来源、品质、调制方法、配合比例、饲养方法及最近有无改变等。如草料调配过于单纯，牛容易患营养代谢性疾病；草料质量不好、突然饲喂大量精料或饮喂不及时，则易患胃肠疾病；放牧途经有污染的区域、喂霉坏的饲料或饲料处理不当，最易引起中毒。同时，还应了解病牛的棚圈环境设备和管理等方面的情况。舍饲的牛，如遇气候骤变，就易受风寒侵袭而发生寒证；如棚圈通风不好，阴暗潮湿，就容易患风湿病。在使役方面，应了解劳役种类、劳役强度、气候条件等。如牛在炎热季节劳役过重，易患热证；长途负重奔走过急，易患劳伤咳嗽、气喘或筋骨疼痛等症。

三、病牛的来源及疫病流行情况

如果病牛是新购进的，应问明来自什么地方，运输抗应激做得如何，来源地区有无疫病流行、有无类似的疾病发生，结合检查，可以考虑是否为传染病并判断病因。

四、过去和现在的病情及母畜的妊娠情况

问过去的病情，就是了解病畜曾经患过什么病，经过情况怎样，有些现症可能是旧病复发如牛的风湿病，也可能是由其他疾病继发引起（如急性支气管炎可由感冒继发），应予考虑。了解母畜的妊娠情况，以及生产的时间、胎次、曾否流产等，对产科或营养代谢性疾病的诊断和治疗有重大意义。

第二节　牛精神状态兽医临床诊断价值

一、健康牛神态

吃喝不减、拉撒顺畅、呼吸平稳、头耳灵活、目光明亮、反应迅速、行动自如，犊牛活泼好动。

二、患病牛神态

牛抑制状态：一般表现为低头耷耳、两眼半闭、行动迟缓或离群呆然站立、对周围事物或声响反应迟钝，重者嗜睡甚至昏迷。主要见于患热性病的牛、垂危病牛及患某些脑病与中毒的牛。

牛兴奋状态：轻者转圈、左顾右盼、惊恐不安、竖耳刨地，重者不顾障碍前冲、后退、狂躁不安或摇头乱跑，严重的可见攀越饲槽、跳越障碍，甚至攻击人畜，有时伴有痉挛抽搐。一般多见于患脑病、中毒、营养缺乏如维生素 B 缺乏、患低镁血症等的牛。对于有攻击行为或嘴咬自身的病牛，应注意狂犬病。

第三节 牛营养、发育与躯体结构兽医临床诊断价值

一、牛营养状态

营养良好的牛：肌肉丰满，皮下脂肪充盈，被毛光顺，皮肤富有弹性，躯体轮廓圆润，骨骼棱角不突出。

营养不良的牛：身体消瘦，被毛粗乱无光，皮肤缺乏弹性。躯体各部位轮廓明显，骨骼棱角显露，多半表现精神差、行走无力。多见于营养缺乏及代谢紊乱性疾病，长期消化不良如慢性胃肠卡他，慢性消耗性疾病如牛副结核、寄生虫病等。

二、牛发育状态

发育良好的牛：身体发育与年龄相称、肌肉丰满、体格健壮，给人以强壮有力、外形完美的印象。

发育不良的牛：多表现体形矮小、发育程度与年龄不相称、结构不匀称、瘦弱无力。犊牛多表现发育缓慢甚至发育停滞。牛发育不良多由代谢异常因素（如矿物质、维生素缺乏，草料品质差等）、寄生虫病（尤其疥螨、线虫病等）或慢性消耗性疾病如肿瘤等引起。

三、牛躯体结构状态

健康牛的躯体结构：紧实匀称，各部分比例适当。

患病牛的躯体结构：牛在病理情况下会出现各种异常情况。例如，头面歪斜多为面神经麻痹的表现；头大颈粗、面骨膨隆、胸廓扁平、四肢弯曲、关节粗大，多为骨软化症或佝偻病的特征；鼻、唇、面部水肿像河马头样，为血斑病的特征；关节肿大积液多由链球菌关节炎或犊牛先天肾阳不足导致；牛下颌肿硬、病程较长多由放线菌感染导致；牛颈静脉怒张，前胸水肿等多由创伤性网胃心包炎导致。

第四节　牛姿态兽医临床诊断价值

一、健康牛姿态

站立或趴窝自然，牛站立时头常低下，卧时四肢集于腹下。起立时先起后肢，动作较缓慢。

二、患病牛姿态

病牛两耳竖立、全身僵硬、尾部挺起、四肢强直呈木马状，多为破伤风的表现，亦见于士的宁中毒。

病牛站立或运动时共济失调，多为中枢神经系统（特别是脑部）疾病或因其他疾病如中毒而致中枢神经系统功能紊乱的表现。

病牛前肢刨地、后肢踢腹、回顾腹部、起卧不安，多为腹痛的表现。

病牛站立时，某肢免负体重，行进时步态异常，呈跛行，为肢蹄患病的表现。常有“敢抬不敢踏，病痛在脚下；敢踏不敢抬，病痛在肩胯”的说法。

病牛肩关节外展、不愿卧下、愿走上坡路、走下坡路时呻吟、颈静脉怒张、胸部皮下积液等多为创伤性网胃心包炎。

犊牛产后衰弱、瘫软无法站立多为先天性营养不足导致的瘫软症。

第五节　牛鼻镜、被毛及皮肤检查兽医临床诊断价值

一、牛鼻镜的检查

健康牛的鼻镜：湿润，并附有少许水珠，分布均匀，触之有凉感。

患病牛的鼻镜：干燥，温度偏高，多为热性病或前胃弛缓；严重时出现龟裂，如瓣胃阻塞、牛出血性败血症等；鼻镜黏膜充血糜烂，并伴有腹泻，多为牛黏膜病。

二、牛被毛的检查

检查被毛时，要注意被毛的污染情况。当病牛腹泻时，肛门附近、尾部及后肢等处可被粪便污染。

健康牛的被毛：整洁、平顺有光泽。换毛有一定的季节性，牛多于每年春秋脱换毛。

患病牛的被毛：被毛粗乱、失去光泽、易脱落或换毛季节推迟，多由营养不良和慢性消耗性疾病导致。局部被毛脱落，多见于寄生虫感染、真菌感染、湿疹、疥癣等皮肤病。犊牛先天被毛缺失多由基因突变、毛囊发育不良或某种营养物质缺乏导致。

三、牛皮肤的检查

1. 牛皮肤颜色检查

牛无毛、皮肤黄染多为巴贝斯虫病。

2. 牛皮肤温度检查

用手背触诊躯干部测定，为确定末梢部位皮温的分布均匀性，可触摸角根或耳根、鼻镜、胸侧及四肢下部。

① 皮温升高：全身性皮温普遍升高，多见于所有热性病及日（热）射病。局部皮肤温度升高，多是局部炎症所致。

② 皮温降低：全身性皮温过低多见于大失血、脏器衰竭、营养不良、重症贫血、生产瘫痪、酮血症、严重脑病、中毒等；局部皮温下降多见于非炎性水肿、局部血液循环障碍及外周神经麻痹。皮温不整，见于热性病初期、虚脱、休克等。

3. 牛皮肤湿度检查

① 全身出汗：主要见于高热性疾病，如日射病、热射病、败血症、脓毒血症、剧烈疼痛性疾病；严重呼吸困难的疾病，如呼吸道狭窄、弥漫性支气管肺炎、肺气肿等。

② 局部出汗：指被毛某部位湿润或有汗珠，出汗区的界限往往很明显，经一定时间消失。主要见于外周神经损伤及局部炎症。

③ 冷汗：正常出汗时，皮肤充血、发热，皮肤与汗液俱热时称为

热汗；而冷汗则指畏寒、肢冷而出汗，冷汗主要见于内脏破裂、虚脱、休克及严重的心力衰竭，多预后不良。

④ 少汗：在正常情况下，牛的鼻镜上面附有水珠，触诊凉而湿润。如果鼻镜发干则是患病及发热的特征，如果鼻镜发生龟裂或形成痂皮，则表示病程长久。见于牛瘟、瓣胃阻塞和恶性卡他热等。

⑤ 自汗：病牛在白天出汗较多，轻度使役大汗不止。体质虚弱的病牛，产后虚弱的母牛，或缺钙营养不良的牛多发，多是卫气不固的虚证。

⑥ 盗汗：病牛多在夜间出汗较多，多是由卫气不固、阴精亏虚所致。

4. 牛皮肤弹性检查

在牛最后肋骨部，手指捏起皮肤。健康牛的皮肤皱褶在放手后立即恢复原状；放手后复原缓慢，表现为皮肤弹性低，多见于营养不良、长期慢性消耗性疾病、腹泻或呕吐所致的严重失水、皮肤的慢性炎症、螨病、湿疹等。

5. 皮肤的肿瘤、丘疹、水疱及脓疱检查

在检查皮肤时，要注意观察眼、口、唇及趾间等被毛稀疏部位的疱疹性病变，如口蹄溃烂多为牛口蹄疫病，皮肤菜花样凸起多为乳头瘤。

6. 牛皮下组织检查

① 炎性肿：皮肤表面隆起，触之有热有痛，无指压痕，见于蜂窝织炎等。

② 气肿：肿部边缘轮廓不清，触诊时有捻发音，压之有向周围皮下组织窜动的感觉，无热无痛，多见于皮肤的创伤或食管、气管的破裂和恶性水肿或气肿疽。

③ 水肿：肿部表面扁平，压之如生面团样，留有指压痕，触诊无热无痛，多发生在下颌间隙、颈下、胸垂、胸下及腹下等处。

④ 血肿：肿胀迅速，触诊有波动感，穿刺有血液流出。

⑤ 脓肿：多由炎性肿胀发展而来。触诊有波动感，穿刺有脓汁流出。

⑥ 淋巴外渗：逐渐肿大，触诊有波动感，无热无痛，穿刺有淋巴液流出。

⑦ 疝肿：一般触诊柔软，也有波动感，可通过查到疝环及整复试验与其他肿胀相区别。大牛多发腹壁疝，常因创伤引起；犊牛常发脐疝，多由脐带感染愈合不良导致。

第六节　牛眼结膜检查兽医临床诊断价值

一、检查具体操作

可一手握牛鼻中隔，一手握牛角，并用力扭转其头部，即可使巩膜露出；或用两手握住牛角向一侧扭转，使牛头偏向侧方，巩膜即可露出；或用手指将上、下眼睑拨开观察。

二、眼结膜健康与患病鉴别

1. 牛健康的眼结膜

多呈淡红色，水牛的则较深。

2. 牛病态的眼结膜

① 潮红：是充血的表现。单侧潮红是局部炎症所致，见于外伤、结膜炎、角膜炎等；两侧均潮红，除可见眼病外，则可能是全身性的血液循环障碍，见于各种发热性疾病、疼痛性疾病、中毒性疾病等。弥漫性潮红见于热性病、肺炎、肠胀气等；树枝状充血，见于伴有血液循环障碍的疾病或由心功能障碍导致。

② 苍白：是贫血的表现，见于各种类型的贫血及贫血性疾病。如果结膜迅速苍白，多见于大失血、肝脾破裂内出血；如果结膜逐渐苍白，多见于慢性消耗性疾病和传染病，如结核病、寄生虫病、牛血红蛋白尿病等。溶血性贫血在结膜苍白的同时伴有不同程度黄染，如各种血虫病等。

③ 发黄：是胆色素代谢障碍的结果，见于肝脏疾病、胆管阻塞及溶血性疾病、血液寄生虫病等，如新生幼畜溶血病、血孢子虫病、巴贝

斯虫病等。

④ 发绀：结膜呈不同程度的蓝紫色。为全身缺氧的表现，见于缺氧、循环障碍及某些中毒病等。

⑤ 出血：出血性素质的特征，眼结膜上出现出血点或血斑。见于巴贝斯虫病、血斑病等。

第七节 牛浅表淋巴结检查兽医临床诊断价值

一、牛常见淋巴结位置及特点

1. 颌下淋巴结

位于下颌间隙皮下，左右两侧前端相连呈 V 形。与下颌血管切迹相对，与颌下腺前端相邻，因牛有较厚的皮肤和相当发达的蜂窝组织，健康牛往往摸不到。检查颌下淋巴结时，一手握牛角，另一手插入下颌间，左侧用右手，右侧用左手较为方便。插入下颌间的四指，用力按压组织并滑动。使手指靠近下颌骨的内表面，此时可摸到位于疏松蜂窝组织中不太坚实而滑动的淋巴结。

2. 肩前淋巴结

牛位于肩关节上方，在臂头肌下面，被肩胛横突肌盖着。检查时，先判定冈上肌的前缘。手指在肩关节的上方，沿着此肌的边缘，用力压入组织中，手指向后移动，可摸到圆而坚实的淋巴结。

3. 膝上淋巴结

位于股阔筋膜张肌前缘的疏松组织中，大约在髋结节与膝盖骨的中间，位置较浅。检查时先确定髋结节和膝关节的中点。检查右侧膝上淋巴结时，检查者站于动物右侧，右手放在动物的腰部，左手置于股阔筋膜张肌部，以手指滑动的方法，前后移动此肌，可摸到较坚实由上而下伸展的圆形淋巴结。检查左侧时，用左手固定于背腰部。

4. 乳房上淋巴结

位于乳房基部的后方皮下。检查时先必须判定乳房基部，然后在乳房基部附近。用手指把皮肤及皮下的疏松蜂窝组织捏提成皱褶状，可摸到稍坚实的淋巴结在手下滑动。

二、牛淋巴结病态诊断

淋巴结急性肿胀：有热痛反应、质地较硬，多见于急性传染病或周围组织器官炎症，如急性鼻疽、鼻卡他、流感、传染性胸膜肺炎、乳腺炎、咽喉炎等。

淋巴结慢性肿胀：无热痛、质地坚实、不能移动，见于慢性鼻炎、慢性鼻窦炎、牛结核、牛淋巴细胞白血病及泰勒虫病等。

淋巴结化脓：淋巴结高度肿胀，皮肤紧张，有波动感，表面被毛脱落，光亮，最后破溃流脓，多见于伪结核病，链球菌、葡萄球菌、化脓棒状杆菌感染等。

第八节　牛体温、脉率及呼吸频率测定

一、牛体温的测定与异常分析

1. 牛体温的测量方法

(1) 牛体温测量的准备　牛通常都用直肠测温，测温时应先甩动体温计，使水银柱下降为36℃以下，用酒精棉球擦净消毒，并涂以润滑剂后再行使用。被检家畜应适当保定，测量者要注意自身安全。

(2) 牛体温测定的具体步骤　检查者站于牛的正后方，用左手将尾根提起，右手将体温计经肛门稍向前下方旋转插入直肠内，注意不要插在牛粪中。再将体温计的夹子夹在尾毛或背毛上，经3～5分钟取出擦净，读取结果。

(3) 牛正常体温的参考指标　肉牛38～39℃，水牛36.5～38.5℃，黄牛37.5～39℃，奶牛37.5～39.5℃，牦牛37.5～38.5℃。

2. 牛体温变化的因素

(1) 生理因素　健康牛的体温，常受年龄、性别、外界温度、使役等的影响而有一定程度的变动。例如，犊牛比成年牛体温高；妊娠牛分娩前

体温可增高；动物在兴奋、紧张、运动与使役时，体温可暂时轻微升高；在一天之中，早上体温略低，而午后体温略高，昼夜温差在1℃以上。

(2) 病理因素

① 体温高：多见于急性传染病、某些炎症过程和日射病等引起的内分泌代谢障碍性疾病。

② 体温低：多见于贫血、寄生虫感染、休克、大失血、生产瘫痪、严重营养不良、心力衰竭及某些中毒病等。

二、牛脉率的测定与异常分析

1. 牛脉率的测定

(1) 牛脉率测定标准 脉率是每分钟脉搏的次数，以次/分表示，检测脉率应在牛只安静时进行。

(2) 牛的脉搏检查方法 通常检查尾动脉，也可检查咬肌下缘的颌外动脉，检查者站于牛的正后方，左手将尾略微起，右手拇指置于尾根部的背面，食指、中指和无名指三指的指尖轻压于尾腹面正中的尾动脉，仔细体会其频率，记录脉率。

(3) 牛的脉率参考指标 水牛30～50次/分、奶牛60～70次/分、黄牛50～80次/分、牦牛30～55次/分。

2. 牛脉率变化的因素

(1) 生理因素 牛正常脉率，受年龄、运动、采食、兴奋、妊娠、分娩等各种因素的影响而变快。检查时应注意与病理因素相区分。

(2) 病理因素

① 脉率加快：常见于热性病、传染病、剧痛性疾病、某些中毒病、营养代谢病、心脏疾病、肺部疾病和严重贫血疾病。

② 脉率减慢：见于某些脑病、败血症、脏器衰竭、濒死期及某些中毒病。

三、牛呼吸频率的测定与异常分析

1. 牛呼吸频率测定标准

呼吸频率是指每分钟呼吸的次数，以次/分表示。在牛骚动不安时，为避免错误，须记数 2～3 分钟，求其每分钟的平均次数。

2. 牛呼吸频率测定方法

检查呼吸频率应在牛休息、安静时进行。检查者站于牛体侧观察胸、腹部的起伏动作，每起伏一次为一次呼吸。在冬季气温降低时，也可以通过观察牛呼出气流来测定。

3. 牛呼吸频率变化因素

（1）生理因素 常受年龄、运动、兴奋、空气质量、外界气温等因素的影响而引起变动，检查时应注意与病理因素区别。

（2）病理因素

① 呼吸频率加快：多见于呼吸器官疾病，尤其是支气管、肺、胸膜的疾病；发热性疾病；心力衰竭及心功能不全；剧烈疼痛性疾病；中神经系统疾病及某些中毒性疾病等。

② 呼吸频率减慢：多见于脑部疾病和中毒性疾病后期引起的颅内压增高及濒死期，亦见于引起喉和气管狭窄，以及细支气管狭窄性疾病的初期。呼吸频率减慢并伴有呼吸方式与节律的改变多预后不良。

四、总结说明

牛的体温、脉率、呼吸频率三者指标多是同升或同降的，三者变化不一致时，多预后不良。例如，体温低、脉率高，多是机体代谢功能急剧下降所致；脉率显著升高，多是心脏功能进一步恶化的表现；体温升高是机体代谢加快的表现，低温症是机体脏器衰竭、代谢水平下降的表现。

第六章

牛病诊断各脏器系统检查与诊断价值

第一节　牛心脏血管系统检查与兽医临床诊断价值

牛心脏3/5位于胸腔左侧，心基在胸高1/2处水平线上，心尖位于左侧抵于第3～5肋间，紧贴胸壁，距胸骨6厘米左右。

一、牛心搏动的检查

1. 检查具体方法

先将牛站立保定，使其左前肢稍向前牵引或伸展半步，充分暴露心区，此时能见到4～5肋间胸壁下1/3肘后心区被毛颤动及胸壁的振动情况。营养好的牛其胸壁较厚而心搏动较弱；而营养不良的牛、消瘦的个体，则心搏动相对较强。运动后、环境温度高、兴奋或受惊吓时心搏动也会增强。

2. 心搏动病理变化及其临床意义

（1）心搏动增强　其特征为心区振动明显，甚至引起全身的震动，称为心悸，见于热性病初期、疼痛性疾病、中毒性疾病、贫血、病理性心肌肥大、心脏病的代偿期等。

（2）心搏动减弱　其特征为心区振动微弱，甚至难于感知，见于心力衰竭，病理性的胸壁肥厚如纤维素胸膜炎、胸壁结核等，胸腔积液，肺气肿、创伤性心包炎、心包积水等。

二、心区的叩诊

1. 叩诊方法

牛采取板锤叩诊法。牛临床诊断应用有限。

2. 心浊音区的变化及其临床意义

① 心浊音区扩大，见于心肥大、心扩张、心包炎、肺萎缩、肺实变等，尤其是患创伤性心包炎时最为显著；心浊音区缩小，见于肺气肿、肺水肿或胸腔积气等。

② 心区叩诊时疼痛：见于心包炎、胸膜炎等。

③ 心区叩诊时呈鼓音：多见于心包蓄积气体，如牛创伤性心包炎，因渗出液在心包腐败分解产生气体而呈鼓音。

三、心脏的听诊

1. 牛心脏听诊的方法

最常用的听诊方法是借助于听诊器的间接听诊。听诊时，应将牛的左前肢前移半步，充分暴露心区。检查者戴好听诊器，将听诊器的听头放于心区部位，使之与体壁紧密接触，从而判断心音的频率及节律、强弱及性质，以及有无心音分裂及心杂音，依此推断心脏的功能。在临床上，选择牛心音最佳听取点进行听诊。

2. 心音及其最佳听取点确定

第一心音：持续时间长、音调低、声音的末尾拖长，心尖部最响，与心尖搏动同时出现。

第二心音：音调高而短促、清脆，末尾突然终止，心基部最清楚，出现于心尖搏动之后。

第一心音与第二心音之间的间隔期较短，第二心音与下次第一心音之间有较长的休止期。第一心音与第二心音的最佳听取点见表 6-1。

表 6-1　牛心音最佳听取点

第一心音区		第二心音区	
二尖瓣口	三尖瓣口	主动脉口	肺动脉口
左侧第 4 肋间，主动脉瓣口听取点的下方	右侧第 3 肋间，胸廓下 1/3 的中央水平线上	左侧第 4 肋间，肩关节水平线下 2～3 厘米	左侧第 3 肋间，胸廓下 1/3 中央水平线下方

3. 心音病理性变化及其临床意义

(1) 心音增强和减弱 牛在正常情况下，第一心音在心尖部较强，第二心音在心基部较强。临床中判断心音增强或减弱，必须在心尖部和心基部比较听诊，两处心音都增强或都减弱时，才认为心音增强或减弱。

心音强弱取决于两点：第一点是心音本身的强度，如心肌的收缩力、瓣膜状态、血容量等；第二点是向外传递的介质状态，如胸壁厚度、胸膜腔状态、心包腔状态等。第一心音的强弱主要取决于心室的收缩力量，第二心音的强弱主要取决于动脉根部的血压。营养良好、胸廓丰满、胸壁肥厚的牛，两心音相对都比较弱；反之，两心音相对增强。

① 两心音同时增强：当胸壁薄及心肌收缩力增强、循环血量增多、血液在心脏收缩和舒张时冲击瓣膜的力量同时增强时，两心音都增强。

生理情况下，可见于动物兴奋、恐惧时及运动、使役之后；消瘦、胸腔狭扁的牛也常听到两心音都比较强。

病理情况下，两心音增强多见于热性病初期、剧烈疼痛性疾病、轻度贫血与失血、应用强心剂、肺萎缩、心脏肥大及心脏的代偿功能亢进时。

② 第一心音增强：主要因心脏收缩力加强和瓣膜的紧张度增高，听诊时第一心音强大而有力，音响震耳。在心尖部最为清楚。严重者胸壁震颤很明显，常见于发热性疾病、贫血、脱水、心脏肥大、心内膜炎及某些中毒性疾病。

第一心音增强除心室收缩力代偿性增强外，与心室充盈度和瓣膜的位置也有关系，如当房室口狭窄时，首先，心室充盈度减少，舒张期房室瓣的位置较低。其次，心室血容量较少，收缩期相应缩短，这时心室内压力迅速上升，致低位的房室瓣突然紧张地关闭，因而第一心音增强。另外，当其贫血时，血液稀薄，血流速度加快，心室收缩时，房室瓣紧张地关闭，也会导致第一心音增强。

代偿性第一心音增强，往往见于心率过快而第二心音减弱的疾病，这时第一心音明显增强，第二心音减弱，几乎听不到，是疾病危重的迹象。

③ 第二心音增强：主要是主动脉压或肺动脉压升高所致。所有能导致主动脉压或肺动脉压升高的疾病都可引起第二心音增强，见于急性肾炎及左心室肥大等（可导致主动脉压升高），肺淤血、慢性肺泡气肿、肺炎等（可导致肺动脉压升高）。

发现第二心音增强时，只有区别是主动脉第二心音增强，还是肺动脉第二心音增强，才能区分是大循环的血压升高，还是小循环的血压升高。

④ 第一心音与第二心音同时减弱：两音同时减弱可见于心肌收缩力减弱、心包积液、胸腔积液、重度贫血、胸壁水肿、渗出性胸膜肺炎及肺气肿等。

⑤ 第一心音减弱：单纯的第一心音减弱很少见到，但在心肌炎、心扩张后期也可见到。

⑥ 第二心音减弱（甚至消失）：临床上较为多见，是每次压出的血量减少、心舒张时血液回击动脉瓣的力量微弱所致，表明动脉根部血压显著降低。

第二心音减弱多见于贫血、心力衰竭；第二心音消失多见于大失血、重度心力衰竭、休克与虚脱等，多预后不良。

⑦ 心音混浊：是指心音低浊或含糊不清，多由心肌变性引起，见于重度营养不良、重度贫血、心肌炎后期、高热疾病等。

⑧ 心音分裂与重复：当一个心音分为两个音响，中间有较长间隔时，称为心音重复；中间没有或较短间隔时，称为心音分裂。二者的临床意义不同。

第一心音分裂与重复是左右心室收缩有先有后或收缩时间有长有短，左、右房室瓣关闭不同步所造成的，多见于一侧心室衰弱或肥大及一侧房室束传导受阻。

第二心音分裂与重复是两心室驱血期有长有短，使肺动脉瓣和主动脉瓣不同步关闭，两动脉根部血压有悬殊的差异所造成的，见于主动脉压或肺动脉压升高的疾病及二尖瓣口狭窄等。例如，左心房室瓣口狭窄时，左心室血量减少，主动脉压降低，则左心室驱血期短，主动脉瓣先期闭锁；肺部淤血时，肺动脉压升高，则右心室驱血期延长，肺动脉瓣闭锁较晚，出现第二心音分裂或重复；肾炎时因主动脉压升高也会出现第二心音分裂或重复。因此，第二心音分裂或重复多见于重度肺充血和肾炎。

⑨ 心脏杂音：听诊牛心脏时，除了听到第一心音、第二心音外，夹杂的其他音响称为心脏杂音，按其发声部位可分为心内杂音和心外杂音。

心内杂音多由心内膜及其相应的瓣膜口发生形态改变，或血液性质发生变化引起，常伴随第一心音或第二心音之后或同时产生。其特点是杂音从远处而来，加压听诊器音量无变化。其音性如笛声、吱吱声、嗞嗞声、嗡嗡声、飞箭声或风吹声。

按其发生时期，分为收缩期杂音和舒张期杂音。收缩期杂音发生于心收缩期，伴随第一心音之后或同时出现；舒张期杂音发生于舒张期，伴随第二心音之后或同时出现。按其瓣膜或瓣膜口有无形态改变可分为器质性心内杂音和非器质性心内杂音。

心内杂音临床较多见，但只出现杂音，而无其他心脏症状，使役能力也不降低，就不能认为是病理现象，如出现全身淤血、水肿、易疲劳出汗，则是患病的表现。

心外杂音多由心包或靠近心区的胸膜发生病变引起。心外杂音的特点是杂音似来自耳下，仅局部可听到，加压听诊器其音增强，杂音与心跳一致，杂音比较固定，并且可长时间存在。按杂音性质分为心包拍水音、心包摩擦音和心包胸膜摩擦音。

心包拍水音：是心包发生腐败性炎症时，心包内积存大量液体与气体，当心脏活动时，所产生的一种类似振动半满玻璃瓶水的声音或似河水击打河岸的声音，见于渗出性心包炎和心包积液。

心包摩擦音：是心包发炎的特征。由于心包发炎，纤维素沉着于心包，心包两层变得粗糙。当心脏活动时，粗糙的心包两叶互相摩擦产生杂音。其音性如两层粗糙的皮革相互摩擦的音响。其特点是杂音与心跳一致，常呈局限性，但在心尖部明显，心脏收缩期及舒张期均可听到，但以收缩期明显，主要见于纤维素性心包炎及创伤性心包炎。

心包胸膜摩擦音：是胸膜发生纤维素性胸膜炎时，当心脏活动时，心包与粗糙的胸面发生摩擦所产生的音响。此音与呼吸运动同时发生，呼吸运动停止时，即减弱或消失。心包胸膜摩擦音除心区部能听到外，肺区各部也出现。

（2）心律不齐 正常情况下，每次心音的间隔时间相等，强弱一致。每次心音的间隔时间不等、强弱不一致时，称为心律不齐。心律不齐多为心肌的兴奋性改变或其传导功能障碍的结果，并与植物神经的兴奋性有关。轻度及一时性心律不齐，一般无重要诊断意义。重症及顽固性的心律不齐，多是由心肌损害引起，常见于心肌炎、心肌变性、心肌硬化等。

造成心肌损害的这些变化可由营养代谢紊乱（如犊牛白肌病）、贫血、长期发热、中毒所引起。感染某些传染病时，由于心肌受细菌、病毒的侵害而常有不同程度的损伤，也有表现明显的心律不齐。牛表现心律不齐的同时，伴有心血管系统的明显改变及整体状态变化，则是疾病的表现。

心律不齐的表现形式很多，但按照其发生原因可分为窦性节律和异位节律。

窦性节律：窦房结兴奋起源发生紊乱称窦性节律，如窦性心动过速、窦性心动过缓、窦性心律不齐。异位节律：窦房结以外的异位兴奋灶所引起的心律失常，称异位节律，如期外收缩（过早搏动）、阵发性心动过速等。传导系统功能障碍所引起的心律失常，如传导阻滞等。

心律不齐的临床表现：过快而规则的心律如窦性心动过速、阵发性心动过速；过慢而规则的心律如窦性心动过缓、心传导阻滞（呈有规律性变化者）等；不规则的心率，如窦性心律不齐、期外收缩、心传导阻滞、心房颤动等。

四、牛脉管检查

1. 牛动脉检查

通常用触诊的方法，主要检查动脉的脉搏，判定其频率、节律、性质，以此来推断心功能及血液循环状态，这对疾病的诊断、预后很重要。应在牛安静状态下进行。

(1) 牛脉搏检查部位 检查尾中动脉，检查者站于牛的正后方，左手将尾略上举，用右手食指、中指轻压于尾腹面正中的尾动脉上即可。

(2) 牛脉搏检查方法 一般用右手食指及中指压于血管上，左右动，即可感知一富有弹性的管状物在手下滑动。此时可根据脉搏大小(振幅的大小)、强弱和软硬（脉管的紧张度），分别施以轻压、中压或重压，计算其数，并体会其性质，如脉搏大小和脉管紧张度、血液充盈度（血管内容血量）、脉搏形态和节律等。

(3) 牛脉搏正常次数 就是健康牛每分钟脉搏的次数，水牛 30～50 次，奶牛 60～70 次，黄牛 50～80 次，牦牛 30～55 次。临床上最好检查 2～3 次，取其平均数较为准确。

(4) 牛病理性脉搏 有浮脉、沉脉、迟脉、数脉、虚脉、实脉、洪脉、细脉、滑脉、涩脉、跳脉、徐脉等。临床上应注意脉搏大小、强弱。大而强的脉搏，说明心收缩力强，血量充盈，脉管较弛缓，是心功能良好的表现；小而弱的脉搏，表示心收缩力弱，血量不足，脉管紧张，是心力衰竭的表现。

2. 牛静脉检查

主要是检查静脉的淤血程度和颈静脉的搏动，了解心脏活动及全身的血液循环状态。这为诊断某些疾病和推断预后提供依据。

(1) 静脉淤血程度的检查 对被毛短细、皮肤较薄的牛，主要检查体表静脉；对于长毛和皮肤较厚的牛，主要检查可视黏膜。病理情况下表现为全身静脉淤血和局部静脉淤血两种状态。

① 全身静脉淤血：体表静脉、可视黏膜的静脉，尤其是四肢的静脉、乳房静脉，均明显扩张，突出如索状；可视黏膜发绀，并伴有浮肿，是心脏功能衰弱、静脉血液回流障碍、全身静脉淤血的结果。多见于三尖瓣闭锁不全、肺动脉狭窄和心力衰竭。

② 局部静脉淤血：是局部静脉受肿瘤或外力压迫的结果，常常在淤血的静脉周围发生水肿。

(2) 颈静脉的检查 检查颈静脉主要是应用视诊和触诊的方法。检查颈静脉的充盈状态和颈静脉波动。

① 颈静脉充盈面隆起：颈静脉明显扩张或极度隆起，似绳索状，可视黏膜发绀，可见于各种原因引起的心力衰竭及导致胸膜腔内压升高的疾病，如渗出性胸膜炎、肺气肿、胃肠内容物过度充盈等。牛的颈静脉高度充盈，也称静脉怒张，甚至呈绳索状，并伴有胸前皮下水肿和行动异常，常提示创伤性心包炎。

② 颈静脉萎缩：颈静脉不显露，即使压迫静脉，其远心端也不膨隆，将针头插入静脉，也不见血液流出。这是血管衰竭、大量血液淤积在毛细血管内的缘故，见于休克、严重败血症等。

③ 颈静脉波动的检查：检查颈静脉时可见随心脏活动而由颈根部向颈上部的逆行性波动，称颈静脉波动。在正常情况下，颈静脉波动是当右心房收缩时，由腔静脉血液回流入心时受阻及部分静脉血液逆流并波及前腔静脉所引起，故此种波动出现于心房收缩与心室舒张的时期，并且逆行性波动的高度一般不超过颈部的下 1/3 处。

病理性的颈静脉波动有阳性波动（心室性颈静脉波动）、阴性波动（心房性颈静脉波动）、伪性波动。

（3）颈静脉沟检查 主要检查颈静脉沟有无肿胀等异常。

① 静脉注射引发的肿胀：颈静脉沟处出现肿胀、硬结，并伴有热、痛反应，是颈静脉及其周围炎症的特征。多有静脉注射时消毒不全或刺激性药液（如钙的制剂等）渗漏于脉管外的病史。

② 颈部垂皮继发性肿胀：当牛颈部垂皮肿胀较严重时，也可引起颈静脉沟处的肿胀，一般无热痛反应，常见于创伤性心包炎。

第二节 牛呼吸系统检查与兽医临床诊断价值

一、牛呼吸动作的检查

1. 检查方法

牛在安静站立条件下，检查者离动物 2 米左右，观察胸、腹壁的起伏动作及其协调性，以判定呼吸类型，注意观察呼气和吸气时间的比例，呼吸的均匀性，以判定呼吸节律和有无呼吸困难，然后在正后方对照观察两侧胸壁起伏运动是否一致。

2. 检查内容

(1) 呼吸频率的测定 对照正常牛每分钟呼吸频率鉴别，水牛 10～50 次，奶牛 10～30 次，黄牛 10～30 次，牦牛 10～24 次。呼吸频率增快常见于呼吸系统疾病、热性病、贫血、某些中毒病等；呼吸频率减慢常见于各种脑病、脑肿瘤、脑积水、重症濒死期等。

(2) 呼吸类型及呼吸方式 健康牛均呈胸腹式呼吸。其特征是呼吸时胸、腹壁动作协调，强度大致相等，又称为混合式呼吸。

胸式呼吸：特征就是呼吸时胸壁的起伏运动特别明显，而腹壁运动轻微。见于急性腹膜炎、急性胃扩张、瘤胃臌气、膈肌麻痹、肠胀气、腹腔大量积液、腹壁外伤与腹壁疝等。

腹式呼吸：特征就是呼吸时腹壁的起伏运动特别明显，而胸壁运动则轻微。提示病变在胸部，见于急性胸膜炎、胸膜肺炎、胸腔大量积液、肺气肿与肋骨骨折等。

(3) 呼吸节律 健牛的吸气与呼气所持的时间有一定比例，每次呼吸的强度一致，间隔时间相同，称为节律性呼吸。呼吸节律可因兴奋和劳役、紧张等因素而发生改变。呼吸节律显著、长期的改变是一种病理状态，临床上常见的有以下几种。

① 吸气延长：吸气时间较正常显著延长，是气体进入肺部受阻的表现，牛呈现头颈平伸、鼻翼张开、四肢广踏、胸廓扩展，严重者张口吸气，常伴发特异的吸入性狭窄音，如口哨音、拉风箱音。见于上呼吸道狭窄性疾病，如鼻炎、喉水肿等。

② 呼气延长：呼气时间较正常显著延长，是肺内气体呼出障碍的表现，高度呼气困难可表现为肋骨弓凹陷、喘气，肛门一出一入形成特征性肛门运动。见于急性细支气管炎、慢性肺泡气肿、胸膜肺炎等。

③ 陈-施呼吸：特点是呼吸逐渐加强、加深、加快，直达高峰后，又逐渐减弱、变浅，变慢，停止数秒至数十秒后，又重复上述过程。这种呼吸节律的变化为呼吸中枢功能衰竭的表现。见于脑病、重症肾脏疾

病、心力衰竭、大失血和某些中毒性疾病等。

④ 库氏呼吸：呼吸的特点为连续的深长呼吸，呼吸过程没有间断或停顿，呼吸次数明显减少，并伴有明显的呼吸杂音，提示呼吸中枢衰竭的晚期，是病危的象征。见于颅内压升高性疾病（如脑水肿、脑肿瘤等）、尿毒症、重症酸中毒、大失血、流行性脑脊髓炎（沉郁型）及濒死期等。

⑤ 毕氏呼吸：特点为数次连续、深度大体相同的呼吸之后，出现数秒至半分钟的暂停。这种暂停的出现是定期的。提示呼吸中枢兴奋性显著降低。病情较陈-施呼吸严重。提示预后不良。见于各型脑膜炎、脑水肿、中毒性疾病（如尿毒症、重症酸中毒等）、大失血及病重濒死期。

(4) 呼吸困难 健康的牛呼吸不需要特殊用力，如果需要用力呼吸，如呼吸频率、呼吸方式、呼吸节律发生改变的都属于呼吸困难范畴。因表现形式的差异，呼吸困难分以下三种。

① 吸气性呼吸困难：特征为吸气显著延长，病牛头颈伸展，鼻翼开张，肘头外展，肋骨上举，肛门内陷，并伴有吸入性狭窄音。见于鼻炎、喉头水肿、喉炎等。

② 呼气性呼吸困难：特征为呼气显著延长，病牛背拱起、肷窝变平、腹部收缩、肋骨弓出现回陷、肛门外突，呈明显的二段呼气，形成喘沟（又称喘线、息劳沟）。见于细支气管区肺泡弹力降低的疾病，如急性细支气管狭窄、慢性肺气肿、胸膜肺炎等。

③ 混合性呼吸困难：特征为吸气和呼气均发生困难，伴有呼吸频率增加。混合性呼吸困难是由于呼吸面积减少，气体交换不全，血中二氧化碳浓度增高，引起呼吸中枢兴奋。见于呼吸器官疾病如支气管炎、肺病、胸膜疾病等，循环器官疾病如心肌炎、心内膜炎、创伤性心包炎、心力衰竭等，消化器官疾病如严重胃肠炎等，血液疾病如各种贫血、巴贝斯虫病等，中毒如亚硝酸盐中毒、氢氰酸中毒、有机磷中毒、尿毒症、酮血症、酸中毒等；发热、脑疾病等。

二、牛鼻液、呼气和咳嗽的检查

1. 鼻液的检查

通过视诊观察鼻液的有无、鼻液的量、鼻液的性质、一侧性或两侧性及有无混杂物。健康牛一般无鼻液，除寒冷季节个别牛有少量浆液性鼻液外，其他健康情况下均无鼻液，少量鼻液也会被牛自己舔食。如果鼻液明显，多为病理表现。

(1) 鼻液的性状

① 浆液性鼻液：无色透明，水样，含有少量白细胞、上皮样细胞和黏液。见于急性鼻卡他、感冒的初期。

② 黏液性鼻液：黏稠，呈蛋清样或粥样，白色或灰白色，含大量黏液、脱落的上皮细胞和白细胞。多见于呼吸道卡他性炎症的中期。

③ 黏脓性鼻液：黏稠浑浊，呈奶油状。黄色、灰黄色和绿色等，含大量中性粒细胞和黏液。见于呼吸道的炎症中后期、鼻旁窦炎、肺脓肿破裂等。

④ 血性鼻液：混有血丝、血凝块或直接为血液流出，表示呼吸道破损。血鲜红为鼻腔出血，血鲜红带气泡为肺出血；血淡红带气泡为肺水肿、肺充血；血暗红见于出血性败血症、肺坏疽、中毒性疾病等。

⑤ 铁锈色鼻液：糊状，黏稠呈铁锈色。见于大叶性肺炎、传染性胸膜肺炎等。

⑥ 腐败性鼻液：污秽不洁，糊状，呈灰色或暗褐色，含腐败坏死组织，具有腐败性的臭味。见于坏疽性鼻炎，腐败性支气管炎、肺坏疽等。

(2) 鼻液的数量

① 一侧性鼻液：单鼻孔流鼻液。见于一侧鼻炎、一侧鼻旁窦炎、一侧喉囊炎等。

② 两侧性鼻液：双鼻孔流鼻液。见于双侧性鼻炎、喉气管以下呼吸道的炎症等。

③ 少量鼻液：鼻孔流出少量鼻液。见于呼吸道炎症的前期和慢性呼吸道疾病，如上呼吸道炎症、急性支气管炎、肺炎初期，慢性支气管炎，鼻疽，肺结核等。

④ 大量鼻液：鼻孔流出大量鼻液。主要见于急性呼吸道感染中后期，如急性鼻炎、急性咽炎、急性支气管炎、急性支气管肺炎、肺坏疽、大叶性肺炎的溶解期、部分侵害呼吸道的传染病等。

⑤ 鼻液时少时多：牛低头或运动时，突然从一侧鼻腔流出大量鼻液，以后终日不见或有少量鼻液，是额窦、颌窦、喉囊炎的主要症状；从两侧鼻腔流出大量鼻液，见于肺坏疽等。

⑥ 鼻液中有现杂物：鼻液中混有大量唾液、饲料碎片及其他异物，酸臭，出现“食物反流”现象。见于咽炎、咽麻痹、食管异物、食道梗塞等。鼻液中混有寄生虫，如肺线虫等。

2. 呼气的检查

（1）呼气气流检查 检查者一手固定头部，一手以手背贴近鼻端感受气流大小，并左右对比。正常时，左右气流一致；左右不等，见于一侧鼻腔狭窄。

（2）呼气气味的检查 检查者一手固定头部，一手以高风速将呼出气流扇向术者，嗅闻其气味。腐败气味，见于呼吸道组织的坏死性病变，如上呼吸道或肺化脓性、腐败性炎症，肺坏疽，霉菌性肺炎等。尿味，见于尿毒症。酮臭味或烂苹果味，见于酮血症。

3. 咳嗽的检查

咳嗽是牛的一种保护性反射动作，借助咳嗽将呼吸道异物或分泌物排出体外。当呼吸道发生炎症时，由炎性渗出物或外来刺激而引起咳嗽。

（1）检查方法 听取自发性咳嗽或人工诱咳。人工诱咳法，牛可用毛巾短暂捂鼻法，导致其深吸气诱发咳嗽。健康牛一般不发生咳嗽，或仅发生一两声咳嗽。

（2）检查内容 检查咳嗽时，应注意其频率、性质、强度及有无疼痛等。

（3）咳嗽的分类

① 按咳嗽的性质，可分为干咳、湿咳、痛咳。

干咳：声音清脆、干而短，是呼吸道有少量黏稠分泌物存在或炎症的初期所发生的咳嗽，多见于喉、气管中有异物，胸膜炎，急性喉气管炎初期，慢性支气管炎，肺结核等。

湿咳：声音钝浊、湿而长，是呼吸道内存有大量稀薄的渗出物时所发生的咳嗽，见于咽喉炎、气管炎、支气管炎、肺炎、肺脓肿、肺坏疽等。

痛咳：咳嗽伴有疼痛感，其特征是咳嗽短而弱，患牛伸颈摇头、前肢刨地、尽力抑制咳嗽幅度，并且有呻吟和惊慌状态，多见于急性喉头炎、胸膜炎、异物性肺炎等。

② 按咳嗽的频率：分为单发性咳嗽、连续性咳嗽、经常性咳嗽和发作性咳嗽。

单发性咳嗽：每次仅咳 1～2 声，一般也称为稀咳。常反复发作，带有周期性，故又称为周期性咳嗽，见于感冒、慢性支气管炎、肺结核、鼻疽、肺丝虫病等。

连续性咳嗽：又称频咳或痉挛性咳嗽，咳嗽频繁、连续不断。每次咳嗽多达 30～60 声之多，见于急性肺炎、传染性上呼吸道卡他、弥漫性支气管炎、急性喉头炎、气管炎、幼畜肺炎等。

经常性咳嗽：咳嗽持续较长时间，数周或数月之久，见于慢性支气管炎、慢性肺气肿、肺结核、支原体肺炎、肺丝虫病等。

发作性咳嗽：特征为突然发作，咳嗽剧烈而痛苦，提示呼吸道受到了刺激，见于呼吸道异物和异物性肺炎等。

③ 按咳嗽的强度：分为强咳和弱咳。

强咳：多见于肺组织弹性正常且分泌物黏稠，咳嗽无痛时发生。强咳为咳嗽声音强而有力，表示病在喉头、气管。

弱咳：多见于肺组织弹性降低、呼吸肌无力、咳嗽疼痛时发生。弱咳为咳嗽声音弱而无力，表示病变发生在肺部及胸部，如细支气管炎、支气管肺炎、胸膜炎、肺气肿、胸腔积液等。

三、牛上呼吸道的检查

1. 鼻的外部观察

正常情况下，健康的牛鼻黏膜为淡红色，表面湿润、富有光泽、略有颗粒，牛鼻孔附近黏膜上常有色素沉积。主要观察鼻周围组织的状态，有无肿胀、变形、脓肿、溃疡、结节及损伤等，并左右对比。

2. 鼻黏膜的检查

(1) 检查方法

① 单手检查法：检查者一手托住牛下颌，高举头部，另一手拇指

与中指捏住鼻翼软骨并向上翻，同时食指插入鼻孔挑起外侧鼻翼，在阳光或人工光线照射下观察。

② 双手检查法：助手固定牛头部，检查者用双手拇指与食指分别捏住内侧、外侧鼻翼软骨并向外拉开，在光线照射下观察。

(2) 鼻黏膜正常与异常辨别

① 正常鼻黏膜：稍湿润、有光泽、呈淡红色。

② 异常鼻黏膜：潮红、肿胀，见于鼻卡他、流行性感冒、急性鼻炎等。鼻黏膜苍白是贫血的表现。鼻黏膜上呈现灰黄色、米粒大或扁豆大、周围呈红色、与健康黏膜界限分明的结节，喷火口状，边缘不整，并覆以黄白色油样膜的深层溃疡，或星芒状瘢痕者，多为鼻疽的病变。鼻黏膜呈现出血斑点，见于巴贝斯虫病、败血症等。鼻黏膜水疱，多见于口蹄疫、水疱性口炎等。

3. 鼻旁窦的检查

(1) 鼻旁窦检查要点 包括额窦、上颌窦、蝶窦和筛窦，临床主要检查额窦和上颌窦，视诊时检查者站在牛正前方，注意额窦、上颌窦区有无变形、肿胀。

(2) 鼻旁窦病理表现 肿胀变形见于鼻旁窦炎。用触诊判定其知觉、温度、硬度。温度，敏感度增高见于急性鼻窦炎，局部凹陷见于外伤，变形或变软见于骨软化症。用叩诊锤或手指直接叩击其窦区，健康者发出鼓音，有渗出物蓄积时为浊音，骨软化症时为朽木音。必要时做穿刺检查，检查部位剪毛消毒，以三棱针或6号注射针头垂直穿刺。正常时穿刺困难，有坚硬感，如穿刺容易，有变软的感觉，见于鼻窦炎、骨软化症。

4. 喉及气管的检查

(1) 视诊 直接观察喉及气管部的状态，注意有无肿胀、变形及头颈姿势异常。牛喉部肿胀见于咽喉炎、牛肺疫、恶性水肿、创伤性心包炎、肝片吸虫病等。

(2) 触诊 检查者于牛颈部一侧，一手扶颈背侧部，一手摸喉头部并轻轻用力按压。感知其温度、敏感度及有无颤动现象。

（3）听诊 健康牛喉部听诊，可听到一种类似“赫”的声音，称为喉呼吸音，在气管部出现的称为气管呼吸音，在胸廓支气管区出现的称为支气管呼吸音。如果喉和气管发生炎症或因肿瘤等发生狭窄时，则此音增强，如口哨音、拉锯音，有时在远处也能听到，见于喉水肿、咽喉炎、气管炎等。当喉和气管有分泌物时，可出现啰音，如分泌物黏稠可听到干啰音，分泌物稀薄时可听到湿啰音。

四、牛胸肺部的检查

1. 牛胸廓的视诊

让牛在安静站立的情况下，检查者于牛头前、尾后及左右对比观察牛胸廓状态。注意其外形与皮肤变化。

（1）牛桶状胸 特征为胸廓向两侧扩大，左右横径显著增大，肋骨的斜度变小，肋间隙变宽，呈圆桶状。见于严重肺气肿。

（2）牛扁平胸 特征为胸廓窄而扁平，左右横径显著缩小，呈扁平状。见于骨软化症、骨营养不良、慢性消耗性疾病等。

（3）牛鸡胸 特征为胸骨柄明显向前突出，肋骨和肋软骨结合部肿胀呈一串珠状，并伴有四肢弯曲、生长发育受阻等。见于牛佝偻病或慢性氟中毒等。

（4）牛胸廓两侧不对称 特征为患侧胸壁平坦而下陷，对侧常呈代偿性扩大，导致两侧胸壁明显不对称。见于一侧肋骨骨折、单侧性胸膜炎、胸膜粘连等。

（5）胸廓皮肤的检查 主要看有无创伤、脓肿、皮下气肿、丘疹、溃疡、结节、胸前或胸下水肿。胸廓皮肤异常常见于牛创伤性心包炎、营养不良、贫血及心力衰竭等。

2. 牛胸肺部触诊

主要检查该部位的温度，有无疼痛、变形、震颤等，检查者于胸部一侧，用手掌平放于胸壁，轻轻触压，感知其温度、敏感度及胸膜摩擦感等。

（1）胸壁的温度 胸壁局部温度增高，见于局部炎症；胸壁整体温度增高，见于胸膜炎初期、胸壁损伤性炎症，检查时应左右对照。

（2）胸壁的疼痛 触诊胸壁时，病牛表现骚动不安、回顾、躲闪、反抗或呻吟，为胸壁敏感、疼痛的表现。见于胸膜炎，肋骨骨折、肋间肌肉风湿等。

（3）胸膜摩擦感 当触诊胸壁时，有时感觉手触部位有胸膜摩擦感。见于气管炎、纤维素性胸膜炎等。

（4）胸壁震颤 见于胸膜炎初期与后期、广泛性支气管炎等。

（5）肿胀结节 在肋骨和胸软骨结合部位能够触摸到肿胀变性的结节。见于骨软化症、佝偻病等。

3. 牛肺区的叩诊

（1）叩诊的方法 牛叩诊采用锤板叩诊，叩击时一手持叩诊板，顺着肋间隙密贴纵放，另一手持叩诊锤，以腕关节作轴，垂直地向叩诊板中心做短促的叩击，每点可叩 2～3 次，叩诊时可由上至下、由前至后逐肋叩诊。注意不要遗漏，左右对比，使诊点与耳保持水平，力量适当，保持一致。在叩诊的过程中，注意叩诊区域的音响变化。

（2）牛肺叩诊区 肺叩诊区仅表示肺检查的部分，即肺的体表投影区域，并不完全与肺的解剖界限相吻合。健康动物的肺叩诊区比肺本身小约 1/3，肺叩诊区一般是根据三条假定水平线（髋结节、坐骨结节、肩端三条水平线）与肋间交点的连线来确定动物肺诊区的界限。

上界为一条距背中线约为 10 厘米与脊柱平行的直线；后界为自第 12 肋骨与脊柱交接处开始，向下、向前经髋结节水平线与第 11 肋间的交点、肩端水平线与第 8 肋间的交点，最终止于第 4 肋间的弧线。

（3）肺叩诊区的病理变化

① 肺叩诊区扩大：表现出肺叩诊区后界后移。见于肺气肿、气胸等。

② 肺叩诊区缩小：表现出肺叩诊区后界前移。见于急性胃扩张、急性肠胀气、急性瘤胃臌气、急性瘤胃积食、胸腔积液等。

③ 肺叩诊区下界上移：见于牛创伤性心包炎、心包积液等。

④ 叩诊疼痛：多见于胸膜炎。

⑤ 叩诊呈散在性浊音：提示小叶性肺炎。

⑥ 叩诊呈成片浊音：提示大叶性肺炎。

⑦ 叩诊呈水平浊音：提示渗出性胸膜肺炎或胸腔积液。

⑧ 叩诊呈过清音：提示小叶性肺炎实变区边缘、大叶性肺炎充血期和吸收期、肺疾患代偿区。

⑨ 叩诊呈鼓音：提示肺泡气肿、气胸等。

4. 牛胸肺部听诊

（1）听诊方法 一般用听诊器进行间接听诊。听诊时宜先从肺部的中 1/3 开始，由前向后逐渐听取，其次为上 1/3，最后为下 1/3，每一听诊点的距离为 3～4 厘米。每一听诊点应听取 2～3 次呼吸音，如发现异常呼吸音，应在附近及对侧相应部位进行比较，以确定其性质。如呼吸微弱，呼吸音响不清，可使牛做短暂的运动或短时间闭塞鼻孔后，引起深呼吸，再进行听诊。听诊时应在室内安静条件下进行，避免受到外界因素的影响。

（2）生理性呼吸音

① 肺泡呼吸音：健康牛胸部可听到类似轻读“呋”的肺泡呼吸音，是由空气通过毛细支气管及肺泡入口处狭窄部而产生的狭窄音与空气在肺泡内的漩涡流动时所产生的音响构成。其特征是吸气时明显，尤以吸气末期显著，呼气时由于肺泡由紧张转为弛缓，故肺泡呼吸音短而弱，仅在呼气初期可以听到，肺泡呼吸音在肺区中 1/3 最为明显。

② 支气管呼吸音：是一种类似将舌抬高而呼气时所发出的“赫”音，是空气通过声门裂隙时产生气流漩涡所致。此音沿气管、支气管传入，健康牛在颈部喉、气管处明显。牛肺区前部，接近较大支气管的体表处，可听到支气管呼吸音，但并非纯粹的支气管呼吸音，而是带有肺泡呼吸音的混合性呼吸音。

（3）病理性呼吸音

① 肺泡呼吸音增强：肺泡呼吸音普遍性增强是呼吸中枢兴奋，呼吸运动和肺换气加强的结果，多见于发热性病。肺泡呼吸音局部性增

强，是病原体侵害一侧或部分肺组织，使其呼吸功能减退或消失，健侧肺或无病变的部分启动代偿性呼吸而功能亢奋的结果，多见于支气管肺炎和大叶性肺炎。肺泡呼吸音粗粝，是因为支气管黏膜充血肿胀，使肺泡入口处狭窄，肺泡呼吸音异常增强，常见于支气管炎、肺炎等。

② 肺泡呼吸音减弱或消失：由肺泡弹力降低引起时，常见于肺气肿等；由支气管、肺泡被异物或炎性渗出物阻塞引起时，多见于细支气管炎、肺炎等；由胸壁肥厚，呼吸音传导受阻引起时，多见于胸腔积水、胸膜炎、胸壁水肿和纤维素性胸膜炎等；由胸疼导致呼吸运动障碍而引起时，多见于胸膜炎、肋骨骨折等；由支气管和肺泡被完全阻塞，气体交换障碍引起时，多见于大叶性肺炎、传染性胸膜肺炎等。

③ 病理性支气管呼吸音：牛在正常范围外的其他部位出现支气管呼吸音属病理表现，这多是肺实变的结果，由肺组织的密度增加、传音效果良好所致。多见于各型肺炎（传染性胸膜肺炎、广泛性胸膜肺炎等）、广泛性肺结核、牛肺疫等。

④ 病理性混合性呼吸音：当较深部的肺组织有炎性病灶而周围被正常肺组织遮盖，或浸润实变区和正常肺组织掺杂存在时，则肺泡音和支气管呼吸音混合出现，称为病理性混合性呼吸音。多见于小叶性肺炎、大叶性肺炎的初期和散在性肺结核，在胸腔积液的上方有时可听到混合性呼吸音。

⑤ 啰音：是伴随呼吸而出现的附加音响，是一种重要的病理特征，按其渗出物性质分为干啰音和湿啰音。

干啰音是支气管炎的典型症状，是由支气管黏膜发炎、肿胀、管腔狭窄并附有少量黏稠分泌物所引起，干啰音在吸气和呼气时均能听到，但吸气时最清楚。干啰音易发生变动，可因咳嗽、深呼吸而明显减少、增多或移位，以时而出现、时而消失为特征。其音性类似蜂鸣、笛音、哨音。广泛性干啰音见于弥漫性支气管炎、支气管肺炎、慢性肺气肿及牛的肺线虫病等；局限性干啰音见于慢性支气管炎、肺结核、间质性肺炎等。

湿啰音（又叫水泡音）是支气管炎的表现。按其发生部位不同分为大、中、小水泡音三种。湿啰音是因呼吸道和肺泡内存在稀薄分泌物，呼吸气流冲动时，引起液体移位或水泡破裂，或气流冲击形成泡浪，或气流与液体混合而形成泡沫状移动而产生。湿啰音在呼气和吸气时均可听到，但在吸气末期明显，似含漱音。由于稀薄分泌物可随纤毛上皮运动及呼吸道气流冲动和咳嗽活动而移位或被排除，故咳嗽后可暂时消失，但经短时间之后又重新出现，见于支气管炎及支气管肺炎等。

⑥ 捻发音：当支气管黏膜肿胀和积有黏稠的分泌物时，细支气管壁黏着在一起，吸气时气流通过使其急剧分开所产生的一种爆裂音，类似捻发丝的声音。一般出现于吸气末期，在吸气顶点最明显，大小一致，稳定且长期存在，不因咳嗽而消失。捻发音的出现，提示肺实变，主要见于细支气管炎、大叶性肺炎的充血期及溶解期、肺充血和肺水肿的初期。

⑦ 胸膜摩擦音：正常胸膜壁层和脏层之间湿润而有光泽，呼吸运动时不产生声音。当胸膜发炎时，胸膜表面变粗糙，并且有纤维素附着，呼吸时两层胸膜摩擦会产生一种类似两粗糙物摩擦的声音。胸膜摩擦音是纤维素性胸膜炎的特征性症状，主要见于牛肺疫。

⑧ 拍水音：类似拍击半满的热水袋或振荡半瓶水发出的声音。当胸腔积液时，牛突然改变体位或心搏动冲击液体所产生的声音。主要见于渗出性胸膜炎和胸腔积水等。

第三节 牛消化系统检查与兽医临床诊断价值

一、牛消化功能检查

1. 食欲

食欲的检查，是按采食量、采食速度和咀嚼的力气与日常情况进行比较而判定的。

(1) 食欲减退 牛表现不愿吃、吃得少或仅挑选喜爱吃的饲料，是很多疾病的共性表现。常见于消化器官原发性疾病、各类发热性疾病、疼痛性疾病等。

（2）食欲废绝 牛完全不采食，是病情严重的表现。主要见于重症的消化道疾病、急性热性病、某些烈性传染病等。

（3）食欲亢进 牛的采食量突然显著增加，超过正常。多见于糖尿病、寄生虫病、早期妊娠和重病恢复期。

（4）食欲不定 牛的食欲时好时坏，不稳定。多见于慢性消化不良，如胃溃疡、胃肠卡他、异物性胃肠功能紊乱等。

（5）异食癖 牛喜食平时不应吃的或不喜爱吃的异物、脏物，如泥土、煤渣、垫草、粪尿、脏水、被毛等，是矿物质、维生素、微量元素、蛋白质等的缺乏引发的代谢紊乱或神经功能异常的表现。多见于矿物质维生素缺乏症、蛋白质摄入不足、消化吸收异常、体内有寄生虫等。

2. 饮欲

饮欲就是牛喝水多少的状态，其异常表现有饮欲降低或增强。

（1）饮欲增强 牛表现口渴喜饮，多见于发热性病、脱水、剧烈腹泻、失血、大量出汗、食盐中毒、慢性肾炎、渗出性胸膜炎、腹膜炎、皱胃阻塞等。

（2）饮欲降低 牛表现不愿饮水或饮水量减少，多见于腹痛初期、消化道疾病初期，或伴有昏迷的脑病等，在饮欲减退的同时，往往伴有食欲的降低甚至废绝。

（3）饮欲废绝 牛不喝水，是病情危重的表现，常见于重症传染病、重症内科疾病等。

3. 采食、咀嚼、吞咽

（1）采食异常 牛采食异常主要表现采食不灵活，或不能用唇舌采食等，多见于各种口腔炎症、舌和牙齿的病变。

（2）咀嚼障碍 健康牛咀嚼时表现得很有生气，有一定的节律，似津津有味的样子。病理表现依据程度不同可分为咀嚼无力、咀嚼缓慢、咀嚼困难、咀嚼疼痛、空口咀嚼磨牙齿等。多见于牙齿疾病、口腔炎、舌体疾病、骨软化症、慢性氟中毒、面部神经麻痹、下颌骨骨折等；空口咀嚼多见于胃肠卡他、前胃弛缓、皱胃疾病、创伤性网胃炎等。

(3) 吞咽困难 吞咽的异常表现中，轻者在吞咽时表现不安、伸颈摇头、有明显的病理反应，多见咽炎、咽麻痹、咽痉挛、食管炎、食管狭窄及咽部的其他疾病等；严重者可出现咳嗽、大量流涎、唾液从鼻孔中溢出，见于严重的咽炎、咽阻塞，食道梗塞等。

4. 反刍

(1) 牛正常的反刍状态 反刍是牛的正常消化反射活动，通常在安静或休息状态下进行检查。检查时，应注意观察其采食后出现反刍的时间。一般在饲后 0.5～1 小时即开始反刍，每次反刍持续的时间一般是 20 分钟至 1 小时不等；一昼夜反刍的次数，通常为 4～10 次，每个食团返回口中咀嚼 40～60 次，每次反刍咀嚼 30～50 分钟。

(2) 牛病态的反刍状态 牛在病理情况下可能出现反刍功能减弱，主要是前胃功能障碍的结果，常见于前胃弛缓、胃积食、瘤胃臌气、创伤性网胃炎、瓣胃及皱胃阻塞或扭转、引起前胃功能障碍的全身性疾病（如高热性疾病、代谢紊乱、中毒及多种传染病、神经系统疾病等）；严重时表现反刍痛苦，甚至反刍停止。反刍完全停止，是病情严重的标志之一，若反刍逐渐恢复，则表示病情趋向好转。反刍疼痛主要是牛反刍有呻吟表现，重点考虑创伤性网胃炎等。

5. 嗳气

(1) 牛正常的嗳气状态 嗳气是牛消化过程中的一种生理现象，借以排出胃内发酵积存的气体，健康牛每小时嗳气 20～30 次，可用视诊、听诊方法检查。当牛嗳气时，于左侧颈部沿食管沟处可看到由颈基部向上移动的气体波动，同时可听到嗳气时的特有声响。

(2) 牛病态的嗳气状态

① 嗳气减少：见于前胃弛缓、瘤胃积食、瓣胃阻塞、皱胃疾病、创伤性网胃炎、发热性疾病和某些传染病等。

② 嗳气增多：见于瘤胃臌气初期。

③ 嗳气停止：见于食管完全阻塞和瘤胃臌气后期，应采取紧急措施，防止动物窒息死亡。

6. 吐草

牛吐草是一种病理性的反射活动，当牛出现吐草时，应该注意吐草发作的时间、频率与特点，吐草的量、性质及混杂物，并详细了解饲养管理情况。

牛吐草多是由于饲养管理不当，过食精料或饲喂霉败、易发酵和难以消化的草料，积滞胃中，脾胃及运化失常，传导失常，胃气不得下行，上逆而成吐草；久卧湿地、夜露风霜、过饮冷水、饲喂冰冻草料等，导致脾胃虚寒；或久病之后脾阳受损、胃不纳谷、难以运化、清气不升、浊气不降、阴寒浊气奔冲于上导致的。

7. 排粪

(1) 排粪动作

① 排粪次数减少（便秘）：是肠蠕动及分泌功能降低的结果，其特点是粪色深、干而小，外面附有黏液。牛表现排粪吃力、次数减少。见于各种热性病、慢性胃肠卡他、肠梗阻、牛前胃弛缓、瘤胃积食、瓣胃阻塞等。

② 排粪次数增多（腹泻）：是肠蠕动及分泌功能亢进的结果。其特点是粪便呈粥样或水样。牛频繁排粪。见于各种类型的肠炎和伴发肠炎的各种传染病，如牛副结核及某些肠道寄生虫病等。

③ 排粪失禁：表现为不自主地排出粪便，主要是肛门括约肌松弛或麻痹的结果。多见于腰荐部脊髓损伤或脑病、急性胃肠炎、长期顽固性腹泻疾病等。

④ 里急后重：牛频呈排粪动作，每次仅排出少量的粪便或黏液。见于直肠炎、子宫内膜炎和阴道炎等。

⑤ 排粪疼痛：牛排粪时表现疼痛、不安、惊恐、努责、呻吟。主要见于腹膜炎、直肠炎、胃肠炎和创伤性网胃炎等。

(2) 粪便的感官检查

① 粪便气味：粪便有特殊腐败或酸臭味，见于肠炎、消化不良。

② 粪便颜色：粪便呈灰白稀便，见于牛大肠杆菌病；粪便呈灰绿色稀便，见于重症小肠炎、胆管炎、胆道梗阻和蛔虫病；粪便呈褐色和

黑色，见于胃和前部肠管出血；粪便呈红色，即粪球表面附有鲜红血液或稀便中含有鲜红血液，见于后部肠管出血、球虫病等；粪便呈黄色或黄绿色，见于病毒性或重症腹泻及肝胆疾病。

③ 粪便含有混杂物：粪便混有未消化的饲料，见于消化不良、骨软化症和牙齿疾病；粪便混有血液，见于出血性肠炎、犊牛球虫病等；粪便混有呈块状、絮状或筒状纤维素，见于纤维素性肠炎；粪便混有多量黏液，见于肠卡他；粪便混有脓汁，见于化脓性肠炎；粪便混有灰白色、成片状的伪膜，见于伪膜性肠炎和坏死性肠炎；粪便混有虫卵，见于各种肠道寄生虫病。

二、消化道检查

1. 口腔检查

当发现牛消化功能障碍并流涎时，必须重视口腔的检查。检查者位于牛头侧方，一手握住牛鼻中隔的同时向上提起，另一手从口角处伸入并握住舌体向侧方拉出，即可使口腔打开，若牛骚动不安，可用开口器开口。在徒手开口时，应防止其咬伤手指；拉出舌时不要用力过大，以免造成系带的损伤；用开口器时应注意牛的头部保定。对骨软症的病牛应防止开口过大，以免造成颌骨骨折。

（1）口唇状态

① 健康口唇状态：除了部分老年牛外，健康的牛两唇紧闭、对合良好。

② 病理口唇状态：唇下垂不能闭合，见于面神经麻痹、脾气不足；口唇向健侧歪斜，见于一侧性面神经麻痹；口唇紧张性闭锁，见于脑膜炎、破伤风等；唇肿胀，多见于口黏膜深层次炎症；唇部疱疹，多见于口蹄疫；唇部结节溃疡、瘢痕，多见于口蹄疫、黏膜病等。

（2）口腔温度与湿润度 口温升高而体温正常，多见于口炎；口温降低，可见于肠痉挛；口腔流涎，多见于各类型口炎、唾液腺炎、食道梗塞，牛群多个牛大量流涎，应注意口蹄疫或中毒等；口腔干燥，多见发热性病或脱水。

（3）口腔气味 牛在健康状态下，除了采食后会有某种草料的气味外，一般无特殊臭味。

当牛口腔出现甘臭味，多见于消化不良、口腔炎、热性病及胃肠道疾病；当牛口腔出现腐败臭味时，多见于齿槽骨膜疾病；当牛口腔出现蒜臭、丙酮或氯仿味，多见牛酮血症。

（4）口腔黏膜 口腔黏膜检查主要侧重温度、湿度、色泽及完整性。口腔黏膜潮红、肿胀，多为口炎的特征；口腔黏膜苍白，多见于各种类型贫血；口腔黏膜黄色，提示各种类型黄疸；口腔黏膜发绀，提示缺氧、中毒、败血症等；口腔黏膜破溃表现为疱疹、结节、溃疡，多见于口蹄疫、黏膜病、恶性卡他、维生素缺乏等。

（5）舌头 健康牛舌头转动灵活有光泽，颜色与口腔黏膜相似，呈粉红色，舌表面附着一层灰白、灰黄、灰绿色的上皮细胞沉淀物，也叫舌苔。舌苔灰白见于热性病初期或感冒等；舌苔灰黄多见于胃肠炎；舌苔黄厚多见于病情严重或病程长久等；舌质深红或青紫，提示牛循环高度障碍或缺氧；舌色青紫、舌软如绵，提示病情危重、预后不良；舌硬如木、体积增大，多见于牛放线菌感染；舌麻痹，多见于脑炎等神经系统疾病、霉菌毒素中毒、肉毒梭菌毒素中毒；舌体横断性裂伤，多见于衔勒所致的外伤。

（6）牙齿 牙齿的检查主要注意齿列是否整齐，有无松动、龋齿、过长齿、波形齿、赘生齿、磨灭情况等，常见于骨软化症、慢性氟中毒等。

2. 咽部检查

常用外部视诊、触诊方法进行检查。当牛表现吞咽障碍，尤其伴随着吞咽动作有饲料或饮水从鼻孔流出时，应做咽部检查。

（1）外部视诊 检查者站在牛头颈稍后方，注意观察牛头颈姿势及咽部有无肿胀等。

（2）触诊检查 检查者用两手指腹同时在两侧下颌骨后角，喉头的上方，颈沟的上缘施以触压，注意有无增温、敏感和出现吞咽动作来判定咽的功能，局部肿胀、增温、敏感，见于急性咽炎、放线菌病、牛结核病等。

3. 食管检查

当牛出现吞咽障碍并怀疑食道梗塞时，应做食管检查。

（1）视诊、触诊食管沟 当吞咽或吸气时，可在左侧颈沟处看到食管波移动情况，触诊时用手指沿食管沟触压，判定有无肿胀、阻塞物及疼痛反应等。如食管呈局部膨隆，多见于食道梗塞、食管狭窄、食管憩室；如食管呈腊肠样肿大，多见于食管扩张；如食管触诊有疼痛反应或痉挛收缩，多见食管炎；如食管触诊紧缩呈索状，多见食管痉挛；当颈部食道梗塞时，可触摸到阻塞物的大小、形状、性质；当胸部食道梗塞时，整个食管膨胀如腊肠，触诊呈捏粉状。

（2）探诊 用胃导管经口腔或鼻腔插入食管，或经灌服造影剂X射线透视检查，以判定其畅通性、有无疼痛及管壁状态。食道梗塞时，胃管到达阻塞部位不能前进；食管憩室时，胃管插入憩室内则不能前进，反复提插胃管有时可从憩室上通过；食管扩张或狭窄时，插入胃管困难，但饮水正常通过；食管痉挛时，插入胃管阻力增大，如缓慢操作有时可以通过；食管发炎时，胃管探诊牛有不安、咳嗽、空嚼等表现；急性胃扩张，胃管插入胃时，有大量酸臭难闻气体或黄绿色稀薄胃内容物从胃管排出。

4. 腹部检查

（1）视诊腹围 从牛的后方观察腹部的轮廓、腹围大小、形状、肷部的充满程度、左右侧的对称性。一般母畜妊娠后期和长期放牧的牛腹围会有生理性膨大。

（2）触诊腹壁 检查者站牛腹侧，一手放于动物背部作支撑，另一手以手掌触压或用拳头作间断性冲击。自左右两侧缓慢用力压迫，以感知腹壁及腹腔器官的状态。

（3）病理情况下牛的6种表现

① 腹围增大：牛左侧腹围增大，多见于瘤胃臌气、瘤胃积食；牛右侧腹围增大，多见于皱胃阻塞、瓣胃阻塞等；两侧腹围增大，多见于腹腔积液等；腹壁局部肿胀，多见于血肿、脓肿、腹壁疝、淋巴外渗等。

② 腹围缩小：牛腹围缩小瘪肚，多见于长期草料不足、食欲紊乱、顽固性腹泻、慢性消耗性疾病等，如贫血、结核、副结核、消化功能衰弱、寄生虫等。

③ 腹壁敏感：触诊牛腹壁时，牛回顾腹部、躲闪，甚至抗拒，多见于腹膜炎、胃肠炎等。

④ 腹壁紧张：多见于破伤风、脑炎、重症胃肠炎等。

⑤ 腹下水肿：触诊如捏粉状，指压留痕，多见于肾脏疾病、营养不良、肝片吸虫病、心力衰竭、各种应激等。

⑥ 疝肿：牛腹壁或脐部呈局限性肿大或凸出，听诊可听到肠音，触诊可发现疝环，内容物可还纳。

5. 腹腔器官检查

(1) 瘤胃检查 成年牛的瘤胃容积为全胃总容积的80%，占据左侧腹腔的绝大部分，与左腹壁紧贴。可以用手指或叩诊器于左肷部进行叩诊，以判定其内容物性质；用右手握拳或手掌触压左肷部，感知其内容物性状、蠕动强弱及频率，用听诊器于左肷部听诊，以判定瘤胃蠕动音的次数、强度、性质及持续时间。

正常状态瘤胃上部叩诊呈鼓音，触诊内容物呈面团状，蠕动力量强，可随胃壁蠕动将检查者的触压手抬起；听诊瘤胃随着每次蠕动波可出现逐渐增强又逐渐减弱的沙沙音。似吹风样或远雷声，牛瘤胃蠕动每2分钟2～3次。

瘤胃病理变化：视诊左肷部膨隆，触诊有弹性，叩诊呈鼓音，是瘤胃臌气的特征；触诊内容物坚实，见于瘤胃积食；触诊内容物稀软，见于前胃弛缓；听诊瘤胃蠕动频率、蠕动音增强，可见于瘤胃臌气的初期；蠕动次数稀少、蠕动音微弱，见于瘤胃积食和前胃弛缓。

(2) 网胃检查 网胃位于腹腔的下方到剑状软骨突起的后方稍偏左，体表投影与6～7肋间相对，前缘紧贴膈肌而靠近心脏，常见病有创伤性网胃炎、创伤性网胃心包炎。

视诊网胃：异物非穿孔型病例表现前胃弛缓症状，但采用前胃弛缓治疗方法长时间不易治愈；穿孔型病例表现磨牙、精神沉郁、弓背站立、左侧肘头外展、肘后肌肉颤抖、颈静脉怒张呈绳索状；患创伤性网胃心包炎的病牛喜欢站立呈前高后低姿势，严重时牛呈两前肢跨槽、两后肢下蹲的特殊姿势。

创伤性网胃炎临床诊断方法：在网胃区行强力叩诊或用拳轻击；或采用蹲位姿势，将右肘支于右膝，右手握拳并抵在剑状软骨突起部，然后用力抬腿以拳顶网胃区；或用一木棒横放在剑突下，由二人用力上抬，然后迅速放下。通过以上三种检查方法观察牛的表现，正常牛用上述方法检查时无明显反应，相反若牛表现不安、痛苦、呻吟、抗拒或企图卧地时，常为创伤性网胃炎的特征。运动试验诊断时，驱赶病牛上坡、下坡、急转弯等以观察牛的反应。特殊检查可应用X线机、金属探测仪、血液学检查等。

(3) 瓣胃检查 瓣胃位于右侧7～10肋间，肩关节水平线上下3厘米，在瓣胃听诊区，正常情况下瓣胃蠕动时发出细弱的捻发音，常在瘤胃蠕动之后出现，在采食后较为明显。对瓣胃区进行强力触诊或冲击式触诊，观察牛的反应，还可进行穿刺检查。如果瓣胃蠕动音减弱甚至消失，见于瓣胃阻塞、各种热性病等；如果触诊疼痛、抗拒、不安，见于创伤性网胃炎、瓣胃阻塞；如果瓣胃穿刺阻力大，穿刺针停滞不动（正常时做圆周运动），可确诊瓣胃阻塞。

(4) 皱胃检查 皱胃位于右侧第9～11肋间的肋骨弓区，在皱胃区可听诊皱胃蠕动音，类似肠音，呈流水音或含漱音。

皱胃病理表现：皱胃区向外凸出，左右腹壁不对称。听诊蠕动音减弱或消失，可见于皱胃阻塞；皱胃触诊区呈敏感反应，见于皱胃炎、皱胃溃疡等；皱胃蠕动音和肠蠕动音亢进，见于胃肠炎；如果出现左腹肋弓区膨大，在此区听诊可听到与瘤胃蠕动音不一致的皱胃蠕动音，在左侧最后3肋的上1/3处叩诊或听诊，可听到明显的钢管音，冲击触诊可听到明显的液体振荡音。见于皱胃左方变位；如果出现右肋骨弓部膨大，冲击触诊可听到液体振荡音，在右侧肷窝内听诊，同时叩打最后两个肋骨，可听到明显的钢管音，见于皱胃右方变位。

(5) 肠管检查 牛的肠管位于腹腔右侧的后半部，所以在右侧腹壁听诊，可听到短而稀的流水音或鸽鸣样蠕动音。常用的检查方法，有听诊和触诊。肠音亢进见于各种类型的肠炎、胃肠炎、某些伴有肠炎的传染病和中毒病等；肠音减弱见于肠便秘、肠梗阻、中毒和重症肠炎；肠音消失见于肠变位、肠胀气和重症肠梗阻；肠音不整见于慢性胃肠卡他；金属音见于肠痉挛和肠胀气。

6. 直肠检查

（1）直肠检查价值 手伸入直肠内，隔着肠壁对腹腔及骨盆腔器官进行触诊的一种方法，简称直检。直检对牛发情鉴定、妊娠诊断、腹痛病、母牛生殖器官疾病、泌尿器官疾病具有一定的诊断价值，同时对某些疾病具有重要的治疗作用。

（2）准备工作 对牛采用六柱栏站立保定，左右后肢应分别以夹套固定于栏柱下端，以防后踢；为防卧下及跳跃，要加腹带及肩部压绳；尾部向上或一侧吊起。术者剪短并磨光指甲，戴上一次性长臂薄膜手套，涂肥皂水或石蜡油润滑。对腹围增大的牛，应先行盲肠穿刺术或瘤胃穿刺术放气或胃管放气，否则腹压过高，不宜检查。对腹痛剧烈的牛应先注射镇静剂，然后检查。对心力衰竭的牛应先给予强心剂，然后检查。一般先用适量温肥皂水灌肠，排除积粪，松弛润滑肠壁，便于检查。

（3）操作方法 术者站于牛的左后方，以右手检查。检查时五指并拢呈圆锥形，旋转插入肛门并向前深入直肠，如遇粪便可纳入手心取出。如膀胱充满尿液，可手臂下压膀胱、促进尿液排出。牛表现骚动努责时，需停止前进或稍后退，等待其安静后再继续深入，直至将手伸到直肠窄部后，即可进行检查，坚持努则退、缩则停、缓则进的原则。如牛努责剧烈，可用1%普鲁卡因10～30毫升进行后海穴封闭，使直肠及肛门括约肌松弛。

（4）直肠检查顺序

① 肛门及直肠检查：检查肛门的紧张程度及其附近有无寄生虫、黏液、血液、积粪、异物肿瘤等。并注意直肠内容物的多少与性状，黏膜的温度及湿润度等。

② 骨盆腔内部检查：术者的手稍向前下方即可摸到膀胱、子宫等器官。膀胱空虚，可感知如梨形的软物体；膀胱过度充盈，感觉似一球形囊状物，有弹性和波动感。触诊骨盆壁时光滑，有脏器充塞和粘连现象。如后肢出现跛行，须检查有无骨盆骨折。

③ 腹腔内部检查：分别按肛门、直肠、骨盆、耻骨前缘、膀胱、子宫、卵巢、瘤胃、盲肠、结肠袢、左肾、输尿管、腹主动脉、子宫中动脉、骨盆部尿道的顺序检查。

耻骨前缘左侧是瘤胃上下后盲囊，感觉如捏粉样，如瘤胃上后盲囊抵至骨盆入口甚至进入骨盆内，多为瘤胃臌气或瘤胃积食。当皱胃扩张或瓣胃阻塞，有时于骨盆腔入口的前下方，可摸到其后缘。肠位于腹腔后半部，盲肠在骨盆口前方，其尖端的一部分达骨盆腔内，结肠在右肷部上方。

空肠及回肠位于结肠袢及盲肠的下方。第 3～6 腰椎下方，可触到左肾，右肾稍前面不易摸到。如肾体积增大，触之敏感，见于肾炎。母畜可触诊子宫及卵巢的形态、大小和性状，公畜触诊其骨盆部尿道的变化。育肠、十二指肠等部位发现较硬的积粪，提示各部位的肠便秘。结肠及盲肠内充满气体，腹内压过高，提示肠臌气。如果发现异常硬实肠段，触诊敏感，并有部分肠管臌气者，多疑为肠套叠或肠变位。如果右侧腹腔触之异常空虚，可怀疑皱胃左方变位。

7. 肝脏检查

由于肝脏的生理位置关系，在临床上施以叩诊、触诊，均难以获得较满意的效果，不过可以通过肝功能试验和其他方面的检查得到弥补。牛的肝脏主要位于右季肋部、最前方达第 6 肋间，其长轴向后向上倾斜，达最后肋间的背端。正常肝脏的浊音区在第 10～11 肋间的上部，浊音区呈长方形，当肝脏肿大时，浊音区扩大。在坐骨结节水平线上侧达第 12 肋间，向下可抵达肩关节水平线下方，见于急性实质性肝炎、肝硬化初期、肝脏结核、棘球蚴病、肝片吸虫病、肝癌等。

第四节 牛泌尿生殖系统检查与兽医临床诊断价值

一、排尿动作及尿液的感官检查

1. 排尿姿势检查

牛正常排尿呈站立姿势，母畜排尿时，停止采食及行动，后肢向后侧方展开，后躯稍下沉，尾上举。公牛在行走及采食中均可排尿，静止时排尿也不改变姿势。

排尿姿势的病理变化主要有：

① 排尿淋漓：牛排尿不畅，排尿困难，尿呈点滴状、线状或断续排出，见于尿闭、尿失禁及排尿疼痛的疾病。

② 排尿疼痛：牛排尿时拱腰，腹肌强烈收缩，反复用力，前肢刨地，后肢踢腹，头不断后盼或摇尾、呻吟，呈排尿姿势，但无尿液排出，或尿液呈点滴状、线状排出。排尿后，仍较长时间保持排尿姿势。见于膀胱炎、尿道炎、尿道阻塞、阴道炎等。

2. 排尿次数及尿量检查

排尿次数和尿量多少与肾脏的分泌功能、尿路状态、饲料含水量、牛饮水量、气温、季节及使役程度等因素有密切的关系，牛在一般情况下排尿次数和排尿量分别为5～10次/日和6～12升/日。

病理情况下，常见于以下几种现象：

(1) 多尿

① 排尿次数增多，而且每次尿量多或不减少。是肾小球滤过功能增强或肾小管重吸收能力减退的结果。见于慢性肾炎初期，因肾小管上皮受损，重吸收能力减退；渗出性胸膜炎，腹膜炎的吸收期，因尿液中溶质浓度增高超过肾小管重吸收能力；糖尿病，因尿糖增多影响水的重吸收。

② 排尿次数增多，每次尿量减少。又称尿频，尿液不断呈点状排出，是由膀胱、尿道、阴门黏膜敏感性增高引起，见于膀胱炎、尿道炎

及阴道炎。

(2) 少尿 少尿表现为排尿次数减少，尿量也少，是肾泌尿功能降低或机体脱水引起的，见于急性肾炎、心力衰竭、胸腹膜炎、渗出性炎症、剧烈腹泻等。直肠检查时，膀胱无尿液，导尿也无尿液排出或排出量很少。

(3) 无尿 即不见排尿，主要是由肾泌尿功能衰竭，输尿管、膀胱、尿道阻塞及膀胱破裂引起。见于急性肾小球炎症的初期或慢性肾炎的后期，因肾小球不能滤过尿液；尿道及输尿管阻塞、膀胱破裂或麻痹等。临床上常分为肾前性无尿、肾源性无尿、肾后性无尿。

(4) 尿闭 肾脏泌尿功能正常，而膀胱充满尿液不能排出的称为尿闭，此时或完全不能排尿或尿液呈点滴状流出。这多是由尿路受阻引起，见于尿道阻塞、膀胱麻痹、膀胱括约肌痉挛或腰荐部脊髓损伤等。直检可确定诊断。

(5) 尿失禁 不受控制地排尿，称为尿失禁。主要见于腰部脊髓受损、膀胱括约肌麻痹及脑部疾病等。

3. 尿液的颜色检查

尿液颜色正常情况下，黄牛及奶牛尿呈淡黄色，水牛尿呈水样。

尿液颜色病理情况下常见于以下几种状态：

(1) 红尿 见于尿中含有血液、血红蛋白、肌红蛋白或某些药物等。

血尿：是指尿中混有血液，在牛中较多见。血尿的诊断首先应确定是否为血尿和出血部位及病变性质。若为全程血尿，则表示肾出血，尿呈洗肉样均匀色；若为初始血尿，则表示尿道出血，见于重症尿道炎；若为终末血尿，则表示膀胱出血，见于重症膀胱炎。

血红蛋白尿：是指尿内含有游离的血红蛋白，尿呈葡萄酒红色，透明。见于溶血性疾病，如犊牛水中毒、巴贝斯虫病及败血症等。

肌红蛋白尿：是指尿内含有肌红蛋白，尿呈红色或茶色，由于肌红蛋白分子小，容易从肾小球滤出，血浆不呈红色，见于麻痹性肌红蛋白尿。

(2) 黄褐色尿 当尿内含有一定量胆红素或尿胆原时，尿呈黄褐色或绿色。主要见于实质性肝炎及阻塞性黄疸。另外，服用呋喃类药物、核黄素、四环素和土霉素时也呈黄色。

(3) 蓝色尿 服用某些药物时出现，如美蓝、溶石素等。

(4) 黑色尿 注射石炭酸和酚类制剂时出现。

(5) 白色尿 主要因为尿液中有脂肪，见于泌尿系统的化脓性炎症。

4. 尿液的气味检查

正常生理状况下，牛的尿液呈厩舍味。

氨臭味：尿液在膀胱内停留时间过久造成氨发酵，主要见于尿道结石、膀胱括约肌痉挛和膀胱平滑肌麻痹。

腐臭味：主要见于尿路、膀胱的坏死性炎症和溃疡及尿毒症。

酮臭味：主要见于酮血症和生产瘫痪等。

5. 尿液的透明度与黏稠度检查

正常情况下，牛的尿液透明不浑浊且黏稠度低，静置后不沉淀，如果牛的尿液变得浑浊不透明，主要见于肾和尿路的病变。

二、泌尿器官检查

1. 肾脏及输尿管检查

(1) 牛肾脏的位置 牛肾脏具有分叶结构。左肾位于第3～5腰椎横突的下面，略垂于腹腔中，当胃充满时，可完全移向右侧，右肾呈长椭圆形，位于第12肋间及第2～3腰椎横突的下面。

(2) 肾脏检查方法

① 视诊：某些肾脏疾病，如急性肾炎、化脓性肾炎等，由于肾脏的敏感性增强，肾区疼痛明显。牛常表现出腰背硬、拱起，迈步小心，后肢向前移动迟缓，有时在腰区呈膨隆状。此外，应特别注意肾性水肿，通常发生于眼睑、腹下、阴囊及四肢下部。

② 触诊：外部触诊或叩诊时，注意观察有无压痛反应。肾脏的敏感度增强则可能表现出不安、拱背、摇尾和躲避压迫等反应。

直肠触诊应检查肾脏的大小、形状、硬度、有无压痛、活动性、表面是否光滑等。

肾脏的压痛可见于急性肾炎、肾脏及其周围组织发生化脓性感染、肾肿胀等，在急性期压痛更为明显。直肠触诊如感到肾脏肿胀、增大，压之敏感，并有波动感，提示肾盂肾炎、肾盂积水、化脓性肾炎等。肾质地坚硬，体积增大，表面粗糙不平，可提示肾硬变、肾肿瘤、肾结核、肾结石及肾盂结石。肾脏肿瘤时，触诊常呈菜花状。肾萎缩时，其体积显著缩小，多提示为先天性肾发育不全、萎缩性肾盂肾炎及慢性间质性肾炎。

(3) 肾盂及输尿管检查 肾盂位于肾窦之中。输尿管是一细长、可压扁的管道，起自肾盂，终至膀胱。健康牛的输尿管很细，经直肠难以触及。

在肾积水时，可能发现一侧或两侧肾脏增大，呈现波动，有时还可发现输尿管扩张。在牛肾盂肾炎时，直肠触诊可出现疼痛反应。输尿管严重发炎时，由肾脏至膀胱的通路上可感到输尿管如手指、呈紧张而有压痛的索状物。严重的肾盂或输尿管结石的病例，当直肠触诊时，可发现肾脏的触痛，有时还能在肾盂中触摸到坚硬的石块和感到石块相互之间的摩擦，或经直肠触诊到停留于输尿管中的豌豆大至蚕豆大，坚硬的结石，同时牛呈疼痛反应。

2. 膀胱检查

膀胱为贮尿器官，上接输尿管，下和尿道相连。膀胱具有承上启下的连接作用，膀胱疾病除本身原发外，还可继发于肾脏、尿道及前列腺疾病等。

(1) 牛膀胱解剖位置 位于骨盆腔的底部。膀胱空虚时触之柔软，大如梨状；中度充满时，轮廓明显，其壁紧张，并且有波动感；高度充盈时，可占据整个骨盆腔，甚至垂入腹腔，手入直肠即可触知。

(2) 牛膀胱检查方法 只能进行直肠触诊，检查膀胱时，应注意其位置、大小、充满度、壁厚度及有无压痛等。

(3) 膀胱在病理情况下特点 膀胱疾患所引起的症状表现有尿频、

尿痛、膀胱压痛、排尿困难，以及尿潴留和膀胱膨胀等。直肠触诊时，膀胱可能增大、空虚、有压痛，其中也可能含有结石块、瘤体或血凝块等。

膀胱增大：多继发于尿道结石、膀胱括约肌痉挛、膀胱麻痹、前列腺肥大、膀胱肿瘤及尿道的瘢痕和狭窄等，有时也可由直肠便秘压迫而引起，此时触诊膀胱高度膨胀。当膀胱麻痹时，在膀胱壁上施加压力，可有尿液被动地流出，随着压力停止，排尿也立即停止。

膀胱空虚：除肾源性无尿外，临床上常见于膀胱破裂。膀胱破裂多为外伤引起，或为膀胱壁坏死炎症，如溃疡性破溃等所致，表现为长期停止排尿，腹部逐渐增大，下腹侧向下、向外膨大，腹腔积尿。直肠检查时，膀胱完全空虚，膀胱呈现浮动感，腹腔穿刺时，可排出大量淡黄、微浑浊、有尿臭味的液体，或为红色浑浊的液体。

膀胱压痛：见于急性膀胱炎、尿潴留或膀胱结石等。当患膀胱结石时，在膀胱过度充盈的情况下触诊，可触摸到坚硬如石的硬块物或沉积于膀胱底部的砂石状结石。

3. 尿道检查

可通过外部触诊、直肠内触诊和导管探诊进行检查；公牛位于骨盆腔部分的尿道可通过直肠内触诊，位于骨盆腔及会阴以下的部分，可进行外部触诊。公牛的尿道有 S 形弯曲，导尿管探查较为困难。

牛急性尿道炎，呈现尿频和尿痛，尿道外口肿胀，常有黏液或脓性分泌物排出；公牛尿道结石，表现为尿淋或无尿，触诊结石部位膨大坚硬并有疼痛反应，导管探查会遇到梗阻。

三、外生殖器检查

1. 公牛外生殖器检查

观察牛的阴囊和阴茎有无变化，并配合触诊进行检查。

阴茎包皮肿胀，触诊留痕，多为皮下水肿的表现。阴囊肿大，触诊睾丸肿胀并有热痛反应，提示睾丸炎；单侧阴囊肿大，触诊内容物柔软并有疼痛不安反应时，应注意阴囊疝。

2. 母牛外生殖器检查

观察分泌物及外阴部有无变化，必要时可用开膣器进行阴道深部检查，观察黏膜颜色，有无疹疱、溃疡等病变，同时注意子宫口状态。

阴道分泌物增多，流出黏液或脓性液体，阴道黏膜潮红、肿胀、溃疡，多见于阴道炎、子宫炎等；阴户肿胀，多见于镰刀菌病、赤霉菌毒素中毒病；阴道或子宫脱出时，在阴门外有脱垂的阴道或子宫体；母牛胎衣不下时，阴门外吊着部分胎衣。

四、乳房检查

1. 视诊

应该注意乳房大小、形状、颜色，以及有无外伤、水疱、结节、脓肿。如果乳房上出现水疱、结节和脓疱，多为痘疹、口蹄疫等。

2. 触诊

可确定乳房皮肤的薄厚、温度、软硬度，乳房淋巴结的状态，有无肿胀及其硬结部位的大小和疼痛程度。

3. 病理变化

当发生乳腺炎时，炎症部位肿胀、发硬，皮肤呈紫红色，有热痛反应，有时乳房淋巴结肿大，挤奶不畅，炎症可发生于整个乳区或某一乳区。发生乳房结核时，乳房淋巴结显著肿大，形成硬结，触诊常无热痛。除隐性乳腺炎外，临床型乳腺炎乳汁性状都有变化，检查时可将各乳区的乳汁分别挤在手心或盛于器具内进行观察，注意乳汁颜色、黏稠度等性状的变化。如果乳汁黏稠且内含絮状物或纤维素性凝块，或脓汁、带血，可为乳腺炎的重要特征。

第五节　牛神经系统检查与兽医临床诊断价值

一、中枢神经系统功能检查

中枢神经系统功能检查是牛精神状态的检查，观察牛对外界刺激是否有反应及如何反应。临床诊断方法有问诊、现场观察和检查牛的面部表情，眼、耳、尾、四肢及皮肌的动作，身体姿态，行走时的异常。主要表现为精神兴奋或抑制。

1. 精神兴奋

精神兴奋是中枢神经功能亢进的结果。

牛表现不安、易惊、轻微刺激可产生强烈反应，甚至挣扎脱缰绳、前冲、后撞、暴眼凝视，乃至攻击人、畜、物品，有时癫狂、抽搐、跌倒、骚动不安，兴奋发作时常伴有心率增快、节律不齐、呼吸粗粝并加快等症状。多提示脑膜充血或炎症、颅内压升高、代谢障碍、中毒等。多见于日射病、热射病、流行性脑炎、酮病、狂犬病等。

2. 精神抑制

精神抑制是中枢神经系统功能障碍表现。

① 精神沉郁：为轻度的抑制现象，多见于各种热性病、缺氧等多种疾病过程中。

② 昏睡：为中度抑制现象，多见于脑膜脑炎、脑室积水及中毒病后期等。

③ 昏迷：为高度抑制现象，多见于各种热射病、脑水肿、脑损伤、贫血、出血、脑炎、流行性脑炎、细菌或病毒感染，以及酒精中毒等，营养代谢疾病如酮血病、低血糖、生产瘫痪等。

二、头颅和脊柱检查

1. 头颅检查

① 局部隆突：多见于局部外伤、脑肿瘤、脑棘球蚴病及鼻旁窦蓄脓。

② 异常增大：多见于先天性脑室积水、骨软化症和佝偻病。

③ 骨骼变形：多因骨质疏松、软化、肥厚所致，常提示某些骨质代谢疾病，如骨软化症，佝偻病、纤维性骨营养不良等。

④ 局部增温：除局部外伤、炎症所致外，常提示热射病、脑充血、脑膜炎或脑炎，如牛结核性脑膜炎，恶性卡他热等。

⑤ 头颅部压痛：多见于外伤、炎症、肿瘤及多头蚴病等。

⑥ 头盖部变软：多为多头蚴病、颅壁肿瘤、鼻旁窦炎或蓄脓等。

⑦ 头颅叩诊浊音或半浊音：多见于脑肿瘤、多头蚴病和骨软化症等。

2. 脊柱检查

牛脊柱变形是临床上较为重要的症状，脊柱变形主要有脊柱上弯、下弯和侧弯，是由支配脊柱的上、下或左、右肌肉不协引起，或骨质代谢障碍疾病及骨质剧烈疼痛性疾病所致。

① 脊柱下弯：主要见于骨软化症，是骨质疏松变软所致。

② 脊柱侧弯：常见脊髓炎、脊髓脱臼等。

③ 颈部脊柱向后弯曲：表现角弓反张，多见脊髓疾病、脑炎、部分中毒疾病。

④ 脊柱局部肿胀疼痛：多见骨质疾病、外伤等。

⑤ 脊柱僵硬：多由椎间隙骨质增生或硬化、肌肉痉挛导致，多见于破伤风、士的宁中毒、腰肌风湿病、肾炎、肾虫病等。

三、感觉障碍检查

1. 浅感觉

浅感觉是指皮肤和黏膜感觉，轻微刺激或触摸即可引起强烈反应。除起因于局部炎症外，多提示脊髓膜炎、脊髓根损伤、视丘损伤、神经末梢发炎或受压、牛神经型酮血症、牛低磷血症等。感觉能力降低或感觉程度减弱。见于各种不同疾病所引起的植物神经抑制和昏迷。

2. 深感觉

深感觉是指位于皮下深处的肌肉、关节、骨、腱和韧带等，将关于肢体的位置、状态和运动等情况的冲动传到大脑，产生深部感觉，即本体感觉。深感觉障碍多同时伴有意识障碍，提示大脑或脊髓被侵害，如慢性脑室积水、脑炎、脊髓损伤、严重肝脏疾病和中毒等。

3. 特殊感觉

(1) 视觉　牛视力减弱甚至完全消失即所谓的目盲，除因为某些眼病所致外，也可由视神经异常引起，见于维生素 A 缺乏、犊牛先天性发育不良、山道年及野萱草根等中毒。牛视觉异常除发生于结膜炎、角膜炎等眼科疾病外，还可见于颅内压升高、脑膜炎、日射病、热射病、牛恶性卡他热、牛瘟等。视觉异常的牛有时出现“捕蝇样动作”，如狂犬病、脑炎、眼炎初期等。

（2）听觉 听觉迟钝或完全缺失，除因耳病所致外，也见于延脑或大脑皮层颞叶损伤。听觉过敏可见于脑和脑膜疾病，酮病有时可见。

（3）嗅觉 当发生嗅神经或鼻黏膜疾病时，则引起嗅觉迟钝甚至缺失。

四、运动功能检查

（1）回转运动 牛按同一方向做圆圈运动，以一肢为中心，其余三肢围绕此肢在原地转圈者称时针运动。多见于牛多头蚴病、脑脓肿、脑肿瘤等。

（2）盲目运动 牛无目的地徘徊，表现不注意周围事物，对外界刺激缺乏反应或不断前进，或遇障碍物不动。盲目运动是因脑部炎症、大脑皮层额叶或小脑等局部病变或功能障碍所致，如狂犬病等。

（3）暴进暴退 牛将头高举或下沉，以常步或快步踉跄地向前狂进，见于纹状体或视丘损伤、视神经中枢被侵害而视野缩小。牛头颈后仰，颈肌痉挛而连续后退，后退时常颠颤，甚至倒地。多见于小脑疾病、颈肌痉挛而角弓反张，如流行性脑炎。

（4）滚转运动 牛向一侧冲挤、倾倒、强制卧伏打滚时，称为滚转运动。多伴有头部扭转和脊柱向打滚方向弯曲。常提示迷路、听神经、小脑脚周围的病变，使一侧前庭神经受损，迷路紧张性消失，以致身体一侧肌肉松弛。

（5）共济失调 牛各个肌肉收缩力正常，但在运动时肌群动作不协调，导致体位和各种运动异常，站立时呈现平衡失调，如站立不稳、四肢叉开、倚墙靠壁、似醉酒状，运动时步态失调、后躯摇摆、行走如醉、高抬肢体似涉水状。见于小脑和前庭神经疾患、中毒病、某些寄生虫病如脑脊髓丝虫病等。

（6）痉挛 是指横纹肌不随意地急剧收缩。阵发性痉挛，多见于脑炎、脑脊髓炎、膈肌痉挛、中毒和低钙血症等；强直性痉挛，多见于脑炎、脑脊髓炎、破伤风、有机磷农药或士的宁中毒等；癫痫，见于脑炎、脑肿瘤、尿毒症等。

（7）麻痹性瘫痪 是指牛的随意运动减弱或消失。中枢性麻痹，多常见于狂犬病、某些中毒病等；末梢性麻痹，多见于面神经麻痹、坐骨神经麻痹、桡神经麻痹等。单瘫是麻痹只侵及某一肌群或某一肢体，偏瘫是麻痹侵及躯体的半侧，截瘫是躯体两侧对称部分发生麻痹。

五、反射功能检查

（1）反射减退或消失 是反射弧的传导路径受损所致。常提示脊髓背根、腹根（动），脑，脊髓灰质的病变，多见于脑积水、多头蚴病等。极度衰弱的牛反射亦减弱。

（2）反射亢进 是反射弧或中枢兴奋性增强或刺激过强所致。见于脊髓根、腹根的病变，外周神经炎症、受压和脊髓炎等。多见于破伤风、士的宁中毒、有机磷中毒、狂犬病等。

六、植物性神经功能检查

（1）交感神经紧张性亢进 交感神经异常兴奋，可表现心搏动亢进，外周血管收缩，血压升高，口腔干燥，肠蠕动减弱，瞳孔散大，出汗增加和高血糖等症状。

（2）副交感神经紧张性亢进 可呈现与前者相拮抗的症状，即心动徐缓，外周血管紧张性降低，血压下降，腺体分泌功能亢进，口内过湿，胃肠蠕动增强，瞳孔缩小，低血糖等。

（3）交感、副交感神经紧张性均亢进 此时牛出现恐怖感，精神抑制，眩晕，心搏动亢进，呼吸加快或呼吸困难，排粪与排尿障碍，子宫痉挛，发情减退等症状。

第七章

牛病治疗基本概念

第一节　牛疾病、处方、兽药的概念认知

一、疾病的概念认知

疾病是与健康相对的概念，健康，健是有力的意思，康是通达的意思，简单说健康就是通达有力量，用中医的思维就是气血通畅且充足，也就是说各个脏腑都能获得充足的滋养，功能平衡且强劲。疾病就是外源性的致病因素破坏了机体的内在平衡，或内在脏腑功能减退，打破了机体与外界、机体内部的平衡，引发机体发生一系列代谢紊乱的状态。

二、处方的概念认知

处方简单说就是疾病的处置方案，不仅仅包括药物手段，还包括非药物手段、给药方式等。非药物手段比如针灸、按摩、饲喂方式、手术等。

处方的另一层意思就是明确支持哪一方的问题，处方本质是帮助机体抵抗病邪，帮助机体康复。比如中医讲究热者寒之、虚者补之、寒者热之、实者泻之等，不能站错队，比如本来是寒证，你却用寒凉的药物就帮了倒忙了。

处方最重要的前提是病情诊断清晰，治疗原则明确，必须建立在这两个基础之上，否则就是乱开方。当然开方的主旋律是不变的：对因治疗与对症治疗兼顾、治疗用药与精心护理兼顾、急则治其标与缓则治其本的抉择、保守疗法与手术疗法的抉择、中药与西药结合的考量等。

三、兽药的概念认知

兽药是指用于预防、治疗和诊断动物疾病，或有目的地调节动物生理功能，促进动物生长、繁殖和提高动物生产效能的物质。

兽药包括血清制品、疫苗、诊断液等生物制品，微生态制剂，中药材及制剂，化学原料及制剂，放射性药品等，目前饲料添加剂也成了广义上的兽药。

第二节　牛疾病发生的原因分析

疾病发生通常有三种因素：外因、内因、诱因。只有清楚这三种因素，才能更好地预防疾病的发生。

一、疾病发生的四大外因

1. 物理性致病因素

① 各种机械力作用致病：创伤、挫伤、骨折、关节错位、脑震荡、顶架伤等。

② 电离辐射作用致病：致畸、致癌等放射病。

③ 高温作用致病：烧伤、日射病、热射病等。

④ 低温作用致病：低温症、冻伤、风湿骨痛、风湿肌肉僵直等。

⑤ 其他作用致病：大气压改变、噪声、红外线、紫外线等引起应激或损伤。

2. 化学性致病因素

① 无机化合物作用致病：强酸、强碱、氧化砷、氧化汞等。

② 有机化合物作用致病：有机磷、有机氯、氰化物、醇、醚、酚等。

③ 生物化合物作用致病：蛇毒、蜂毒、斑蝥毒等。

④ 军用毒物作用致病：芥子气、光气、沙林等。

3. 生物性致病因素

① 细菌：大肠埃希菌、沙门菌、布鲁氏菌、葡萄球菌、魏氏梭菌等。

② 真菌：黄曲霉菌、白色念珠菌等。

③ 病毒：口蹄疫病毒、轮状病毒、冠状病毒、痘病毒等。

④ 寄生虫：线虫、疥螨、虱子、绦虫、吸虫、肺丝虫、球虫、巴贝斯虫、弓形虫等。

⑤ 其他病原体：支原体、钩端螺旋体、密螺旋体、立克次体、衣原体等。

4. 营养缺乏与过量

① 营养缺乏：白肌病、佝偻病、骨软化症、异食癖、产后瘫痪、夜盲症等。

② 营养过量：食盐中毒、尿素中毒、铜中毒等。

二、疾病发生的内因

1. 机体防御能力降低

(1) 外部屏障结构破坏或功能障碍 皮肤和黏膜受损或功能减退、肌肉骨骼受损或功能减退、结缔组织受损或功能减退，这些组织对机体及内脏都起到保护作用。

(2) 内部屏障结构破坏或功能障碍 淋巴系统异常、吞噬细胞异常、特异性免疫细胞异常、血管屏障异常、血脑屏障异常、胎盘屏障异常、解毒排毒器官异常等。

2. 机体的适应能力降低

机体的适应能力是通过神经-体液活动实现的，一般认为垂体-肾上腺系统在机体适应性调节过程中起着重要作用。当机体遭受强烈刺激时，引起交感神经兴奋，垂体前叶分泌促肾上腺皮质激素增多，使肾上腺素分泌增多，进而引起心脏、肺脏功能增强，能量代谢提高，维持体内环境稳定，这就是常说的应激反应。当垂体-肾上腺系统功能障碍时，机体就不能对有害的外界刺激产生适应性反应而发病。

3. 体质与机体反应性改变

体质是机体在遗传基础上与外界环境条件相互作用形成的比较稳定的功能、代谢、形态结构特性的总和。

在一定条件下，机体的遗传性对疾病的发生有重要影响，同样机体的反应性与机体的遗传基础也有关系，机体反应性因种属、性别、年龄、个体等不同而有较大差异。

三、疾病发生的诱因

诱因，顾名思义就是诱导疾病发生的原因，很多疾病的发生都有一定的诱发因素，也就是我们常说的条件性致病。比如圈舍通风不好容易诱发呼吸道疾病、圈舍阴冷潮湿容易诱发肠道性疾病、圈舍潮湿闷热容易诱发球虫病、突然换料容易诱发肠道疾病等。避免诱发疾病，重要的是做好日常的基础管理工作。

四、疾病发展的一般规律

1. 疾病发展四个阶段

（1）潜伏期 从致病因素作用于机体开始，到疾病一般症状开始出现的时期，此时牛看起来并无明显异常。

（2）前驱期 从出现疾病最初的一般症状，到主要症状开始出现的时期，此时牛会表现采食下降、精神沉郁等一般症状。

（3）临床明显期 紧接前驱期之后，所发疾病的典型症状已经开始充分暴露出来的时期，此时牛表现出某种疾病特有的一些临床病症。

（4）转归期 是疾病的最后阶段，或向康复方向发展，或引起疾病进一步恶化。转归期一般有三种结果：完全康复、不完全康复、死亡。

2. 疾病发展过程的具体特点

（1）正邪斗争的过程 疾病发展过程本质是致病因素损伤机体与机体抗损伤的斗争，我们临床治疗用药也是帮助机体抗损伤的过程，但是机体抗损伤过程中也有矛盾的地方。比如机体抗感染会发生炎症反应，一般炎症反应的初期是对机体有利的，但是持续大量的炎性渗出会影响机体抗损伤的能力，如肺部感染，严重的炎性渗出会堵塞肺泡，影响肺的正常呼吸，有时候需要配合抗炎药物治疗；再比如我们给动物用药是为了治疗疾病，但是有的药物长期大量使用会损害肝肾功能，甚至会加重病情。

（2）疾病发生存在转变问题 我们经常说“既病防变”，也就是说牛发生某种疾病，我们要及时治疗，并且要防止病情进一步恶化，或者说引发新的问题。比如牛发生口蹄疫，口蹄疫是病毒性疾病，但我们不能仅仅抗病毒，我们也要密切观察防止继发肺炎、心肌炎、酸中毒等。

（3）疾病发生的局部与整体的关系 任何疾病的发生其实在治疗过程中都必须考虑局部和整体的关系，特别是按中医的思维来说是讲究整体观念和辨证论治的，所谓整体观念就是看似是局部的问题，其背后都有整体的问题存在。比如牛结膜炎，如果按西医思维那就是眼部的细菌或病毒感染，通常会选择盐水冲洗，之后用青霉素、地塞米松配利巴韦林滴眼，或者用氯霉素或氧氟沙星眼药水滴眼。中医就会考虑肝有积热问题，因为中医认为肝开窍于目，另外也可能是其他疾病的并发病而已。

第三节 牛疾病治疗的总体原则

一、疾病治疗的手段分类

1. 西药疗法

应用化学药物或制剂治疗牛病的方法。细菌感染可以选择对应的敏感抗生素，如青霉素、头孢噻呋、替米考星、安普霉素等；寄生虫病可以选择对应的敏感药物，如吡喹酮、阿苯达唑、多拉菌素、氯氰碘柳胺钠、地克珠利、三氮脒等；病毒病可以选择利巴韦林、阿昔洛韦、干扰素等；出现水肿病时可以选择呋塞米、甘露醇等。

2. 物理疗法

应用冷、热、光、电、磁场、放射线、机械刺激等物理方法治疗疾病。比如常用火疗治疗风湿骨病瘫痪，用瘤胃按摩辅助治疗瘤胃积食，犊牛低温症采用热水浴或电热毯保温等。

3. 手术疗法

比如一些创伤性疾病或骨折、难产、瘤胃异物、腹壁疝等，通过保守治疗无效或无法进行保守治疗时，必须采取手术治疗。

4. 中医疗法

中医疗法是兽医临床常用的，主要是中兽药疗法及针灸疗法等，中兽药在抗病毒、改善脏腑功能、提高免疫方面有很大的优势。

二、疾病治疗作用机制分类

1. 病因疗法

病因疗法也叫病原疗法或对因治疗，用药目的就是消除致病的原因，治疗疾病，具有根本的治疗作用，尤其是疾病确定了明确的致病因素时，并且持续发挥着致病作用，病因疗法是必须做出的选择。

病因疗法常用的手段有：特异性生物制剂疗法，如特异性血清、特异性抗毒素等；对病原的化学疗法，如大肠埃希菌选用庆大霉素、头孢噻呋、氟苯尼考等；营养疗法，如佝偻病、骨软化症补充钙磷等；替代疗法，如动物胰岛素分泌不足补充胰岛素等；手术疗法，如严重肠扭转、肠梗阻或食道梗塞等；中兽医疗法，如风、寒、暑、湿、燥、火、疫疠等外邪的去除等。

2. 对症疗法

对症疗法也叫症状疗法，是针对牛发生的疾病所引发的症状进行治疗。对症治疗往往无法解决疾病的根本问题，但可以缓解或消除主要症状，防止因症状的失控引发锁链式恶性循环，使疾病变得更糟糕，为疾病的治疗赢得时间。因此，临床常说“急则治其标、缓则治其本”，也是对因治疗和对症治疗各自价值和时机的概括。

对症治疗除了药物疗法，还包括手术疗法、营养疗法、物理疗法、针灸疗法等。

3. 病理机制疗法

① 非特异性刺激疗法：自家血疗法等。

② 调节神经及营养功能疗法：保护性抑制疗法，如麻醉、镇痛、镇静、催眠等；封闭疗法，如关节封闭疗法、乳房封闭疗法等；饥饿疗法：如瘤胃积食、消化不良等。

③ 免疫疗法：紧急疫苗接种，如结节病紧急疫苗接种等。

④ 穴位疗法：比如后海穴给药治疗腹泻、百会穴给药治疗瘫痪等。

⑤ 放血疗法：比如脑炎、中毒、热射病、日射病、急性过敏性休克等采用耳尖、蹄头、尾尖、静脉放血可以改善微循环、降低颅内压等。

4. 替代疗法

主要是补充机体缺乏或流失的物质，达到治疗牛病的目的，包括补液疗法、补糖疗法、输血疗法、补钙疗法、激素疗法、维生素疗法等。

三、疾病治疗需要把握的原则

1. 放弃治疗也是一种选择

很多牛出现重症濒死期，没有治疗价值，甚至治疗也是“死马当活马医”，康复概率极低；还有就是久治不愈的慢性病，比如肿瘤、副结核性腹泻等，当时死不了，但也没有投药治疗的价值。

治疗成本超过牛本身的价值，很多人经常为了一个3000元的牛犊花5000元去治疗，请问治好了养大了能挣5000元吗？问题是有的最终还未必能治好。

2. 标本兼治，务求根本

明确病因的疾病一定要力求消除病因，达到根本治疗疾病的目的，但是临床中无法确切病因，就需要重视兼顾用药和对症治疗。

有的疾病虽然明确了具体的病原，但是针对病原尚无特效药物可以选择，此时外围治疗或对症治疗就尤为关键；另外就是病因明确，也有针对性的药物，但是症状非常明显，就要考虑标本兼治。

3. 早发现，早治疗

很多疾病发生都是有规律可循的，因此日常饲养过程中要随时观察牛的吃喝拉撒及精神状态，可以及时发现牛病的征兆，及早采取措施，才能避免病情恶化、避免传染病蔓延，才能尽早消除病因，使病牛康复。

日常管理中要具备预防的思维，勤消毒、做好日常管理、科学营养、做好疫苗、定期驱虫保健等，预防永远重于治疗。

疾病早期治疗必须快速诊断、精选兽药、合理处方、充足剂量、足够疗程，兽医常说的三字法则“稳、准、狠”，因为发病初期正气未衰、邪气未盛，机体对药物代谢耐受完全正常，可以更好地吸收和代谢。

4. 治疗手段和措施要丰富

① 牛病治疗必须根据疾病特点和病情采取综合治疗的原则，各种方法相辅相成、优势互补，可以达到更好地治疗疾病的目的。

② 对因治疗与对症治疗结合，如脑炎治疗，打磺胺嘧啶钠就是对因治疗，打呋塞米或输甘露醇降低颅内压、地塞米松抗炎、氯丙嗪镇静等就是对症治疗。

③ 局部疗法与全身疗法相结合，如子宫炎治疗，注射头孢噻呋或磺胺间甲氧嘧啶、鱼腥草就是全身疗法，子宫冲洗或子宫灌注就是局部疗法。

④ 手术疗法与药物疗法相结合，比如脐疝治疗，手术修复缝合，药物防治感染。

⑤ 物理疗法与营养疗法相结合：比如母牛产后瘫痪，可以针灸、火疗、人工辅助站立，同时补钙、补磷、补维生素、补钾、补葡萄糖等。

⑥ 其他疗法还有很多，如中西结合疗法，疾病治疗要灵活组合，以确保达到最佳疗效。

5. 群体治疗与个体治疗相结合

群体治疗多发生于传染病、寄生虫病、中毒性疾病、营养代谢性疾病，因为这些疾病通常有共性的致病因素；个体治疗适用于个体病情较重或偶发普通病，牛的价值比较大，个体治疗的意义很大。临床中多是个体发病个体治疗，未发病的群体有针对性地预防。

四、疾病有效治疗的基础

1. 明确的诊断

兽医临床一定要利用各种诊断手段，明确动物发生疾病的原因、症状，只有明确诊断才能合理用药、有的放矢。

2. 康复计划合理

任何疾病都有最适合的处置方案，因此根据诊断制定合理的康复计划很重要，其中包括饲喂要求、环境要求、处方用药原则、用药疗程、人为辅助康复等。有计划才能更好地落实。

3. 丰富保质的药品

巧妇难为无米之炊，处方开药必须有更多药物可供选择，因此药品要丰富全面；同时要确保药品质量，包括厂家工艺、有效期等都要注意。

第八章

牛病兽医临床治疗技术

第一节　消毒与灭菌

一、消毒与灭菌方法

兽医临床在处理伤口时一定要尽可能做到无菌手术处理，防止发生感染。无菌具体包括灭菌和抗菌，也就是我们常说的消毒，一般意义上把物理消毒称为灭菌术，把化学消毒称为抗菌术，手术过程中两者通常结合应用，实现抗感染的目标。

1. 物理消毒方法

(1) 煮沸消毒法　适用于手术器械、物品消毒，可选用铁锅、铝锅或特制煮沸消毒器。

具体操作要求：清洗干净消毒用具，锅盖应严密。适量常水加热，水沸 3～5 分钟后，放入金属器械，待第二次水沸时开始计时，15 分钟可杀死细菌繁殖体，60 分钟以上可杀灭芽孢，煮沸器的盖子必须严密。如果消毒的是玻璃器具，应在冷水时放入，防止玻璃突然遇热而破裂。

(2) 高压蒸汽灭菌法　高压蒸汽灭菌需要特制的灭菌器，如手提高压蒸汽灭菌器、立式高压蒸汽灭菌器、卧式高压蒸汽灭菌器等。

具体使用注意事项：严格按设备使用说明书操作，注意安全。压力表必须准确，要定期检查核验。灭菌器内加水不宜过多，以免沸腾后水向桶内溢流，使消毒物品被水浸泡。放气阀门下连接的金属软管不能折损，否则放气不充分，冷空气滞留桶内会影响温度上升，影响灭菌效果。灭菌后应立即间断缓慢放气，待气压表指示至0处，旋开盖及时取出内容物，不可待其自然冷却后再取出，否则物品变湿，妨碍使用。如果是消毒液体药物或试剂，则应自然降温，不可放气，否则液体会猛然溢出。

(3）人工紫外线灯照射消毒 此消毒法对空气消毒效果好，可以明显减少空气中微生物的数量，同时对物体表面附着的微生物也有杀灭作用，一般室内开灯2小时，可以具备明显杀菌效果，尤其照射距离在1米以内的效果好，光线照不到的地方则无杀菌效果。

2. 化学药剂消毒法

(1）醛类消毒剂 最常用的是甲醛和戊二醛。40%的甲醛溶液称为福尔马林，2%的福尔马林可用于器械消毒，浸泡1～2小时；每立方米空间用福尔马林14～42毫升加7～21克高锰酸钾可用于手术室、牛舍等熏蒸消毒，密闭7小时以上可达到消毒效果，然后敞开门窗通风换气，排放残余气味。甲醛消毒时，操作人员应穿戴防护用具，消毒时人员不要停留在消毒空间。戊二醛广谱、高效杀菌，灭菌浓度为2%以上，适用于不耐热的医疗器械、精密仪器的消毒，戊二醛对碳钢制品有腐蚀性，使用前应先加入0.5%亚硝酸钠防锈。

(2）酚类消毒剂 最常用的是煤酚皂，又叫来苏尔。来苏尔溶于水可杀细菌繁殖体和某些亲脂病毒。衣物、被单消毒，可用1%～5%的溶液浸泡30～60分钟，再用清水洗净。环境消毒，可用3%的溶液喷洒或擦拭。器械消毒，可用5%溶液浸泡30分钟，使用前用生理盐水冲洗干净，可应用于手术区内。

(3）酸类消毒剂 常用乳酸、醋酸、硼酸消毒。乳酸和醋酸适用于空气消毒，能杀灭流感、流脑病毒及部分革兰氏阳性菌；乳酸熏蒸消毒时，可按每100立方米空间6～12毫升用量，用水稀释为20%浓度，放在加热器皿中蒸发，消毒时密闭门窗。硼酸消毒力弱，仅对部分细菌繁殖体有作用，适合普通的皮肤和黏膜消毒。

(4）碱类消毒剂 常用的消毒药有氢氧化钠、生石灰、碳酸钠等。氢氧化钠主要用于场地、栏舍消毒，2%～4%溶液可以杀死病毒和繁殖型细菌，30%溶液10分钟杀死芽孢，4%溶液45分钟杀死芽孢，如加入10%食盐能增强杀芽孢能力。生产实践中常用2%～5%溶液消毒，消毒1～2小时后，用清水冲洗干净。生石灰加水即成氢氧化钙，又叫熟石灰或消石灰，生产实践中常用20%石灰乳涂刷墙体、栏舍、地面等，或直接洒在阴湿地面、粪池周围、污水沟等处消毒。

(5) 醇类消毒剂 常用消毒药有乙醇等。75%酒精杀菌力最强，但对芽孢无作用，浓度超过75%杀菌能力反而降低。乙醇对组织有刺激作用，涂擦皮肤能扩张局部毛细血管，增强血液循环，促进炎性渗出物的吸收，减轻疼痛。75%酒精常用于皮肤、手臂、注射部位、注射针头及小件医疗器械消毒。

(6) 氧化剂类消毒剂 此类对厌氧菌杀菌力强，对细菌、螺旋体、病毒也有一定作用。

过氧化氢又叫双氧水，具有消毒、防腐、除臭功能，主要用于清洗创面、窦道、瘘管等。1%～3%溶液可清洗化脓创面，0.3%～1%溶液可冲洗口腔黏膜，3%以上浓度对组织有刺激性和腐蚀性。

高锰酸钾溶水呈粉红色至暗紫色，与还原剂如甘油，研合可发生爆炸、燃烧，0.1%浓度可杀死多数细菌，2%～5%可杀死细菌芽孢，酸性环境下可提高其杀菌能力，如1%高锰酸钾溶液加入1%盐酸，30秒可以杀死许多细菌芽孢。

过硫酸氢钾为浅红色粉末，可用于畜禽舍、空气、饮用水消毒，浸泡、喷雾消毒可用（1∶200)～(1∶400）倍浓度稀释。

(7) 卤素类消毒剂 常用的消毒药有碘制剂、聚维酮碘、碘伏、漂白粉、三氯异氰尿酸钠、次氯酸钠、二氧化氯等。

碘制剂可杀死细菌、芽孢、真菌、病毒等，碘对黏膜和皮肤有强烈的刺激作用，可使局部充血，促进炎性产物的吸收。5%碘酊主要用于手术部位与注射部位消毒；10%浓碘酊主要作为皮肤刺激药，用于皮肤脓肿、慢性腱炎、关节炎等；1%碘甘油用于痘斑的局部涂擦；5%碘甘油治疗黏膜的各种炎症；复方碘溶液用于治疗黏膜各种炎症，或向关节腔、瘘管内注入。

聚维酮碘对细菌、病毒、芽孢均有杀灭作用，除环境消毒外，可用于手术部位、皮肤、黏膜消毒。5%溶液用于皮肤消毒，0.5%～1%溶液用于奶牛乳头浸泡消毒，0.1%溶液用于黏膜及创面冲洗。

碘伏能杀死病毒、细菌、芽孢、真菌、原虫等，可用于畜禽舍、饲槽、饮水、皮肤、器械消毒等。5%溶液喷洒消毒畜禽舍，每立方米3～9毫升；5%～10%溶液刷洗或浸泡消毒室内用具、孵化用具、手术器械、种蛋等；每一升水加原药液15～20毫升，应用1～2天，可防治禽类肠道疾病。

漂白粉是次氯酸钙、氯化钙、氢氧化钙的混合物，对细菌、芽孢、真菌都有杀灭作用，主要用于畜禽舍、饮水、用具、车辆、排泄物消毒。饮水消毒1000千克水添加6～20克，30分钟后可饮用；1%～3%澄清液可用于饲槽、饮水槽、金属用具的消毒；10%～20%乳剂可用于畜禽舍、排泄物消毒。

三氯异氰尿酸钠对病毒、细菌、芽孢、真菌、球虫卵囊等都有杀灭作用。饮水消毒每升水4～6毫克，喷洒消毒每升水200～400毫克。

次氯酸钠杀菌力强，对组织有较大腐蚀性，不用作创伤消毒，常用于畜禽用具、畜禽舍、环境消毒。0.01%～0.02%溶液用于畜禽用具、器械浸泡消毒；0.3%水溶液每立方米30～50毫升用于畜禽舍内气雾消毒；1%水溶液每立方米空间200毫升用于畜禽舍及周围环境喷洒消毒。

(8) 染料类消毒剂 常用的消毒剂有甲紫、乳酸依沙吖啶、亚甲蓝等。

甲紫又叫龙胆紫、紫药水，对革兰氏阳性菌、霉菌有作用，1%～3%溶液主要用于皮肤、黏膜及溃疡消毒。

乳酸依沙吖啶又叫利凡诺、雷佛奴尔，对革兰氏阳性菌、革兰氏阴性菌都有作用，对魏氏梭菌芽孢、化脓链球菌最敏感，作用时间可达24小时。0.1%～0.3%水溶液冲洗或湿敷感染创面；1%软膏用于小面积化脓创伤。

亚甲蓝又叫美蓝，可用于防治鱼的寄生虫，也可作为动物亚硝酸盐中毒的解毒药。有刺激性，不能肌内注射或皮下注射，只能输液给药。

(9) 表面活性剂消毒药 消毒药有新洁尔灭、氯己定、癸甲溴铵、葡萄糖酸氯己定等。

新洁尔灭对细菌作用好，对病毒效果差，对结核分枝杆菌、真菌、炭疽芽孢无效。0.1%溶液可用于手臂、手指、手术器械、玻璃、搪瓷等消毒，浸泡5～30分钟；0.1%溶液可以喷雾或洗涤的形式用于蛋壳消毒，药液温度40～43℃，浸泡3分钟；0.15%～2%溶液可用于禽舍空间的喷雾消毒；0.01%～0.05%溶液用于黏膜及深部感染伤口消毒。

洗必泰又叫氯己定，对细菌、真菌均有杀灭作用。0.02%溶液用于术前泡手，3分钟可达消毒目的；0.05%溶液用于冲洗创伤；0.1%溶液浸泡器械，其中应加入0.1%亚硝酸钠，一般浸泡10分钟以上；0.5%溶液用于喷雾或擦拭无菌室、手术室、畜禽舍、用具等。

葡萄糖酸氯己定，可用于奶牛挤奶后乳头消毒，将泌乳牛乳头的3/4用该溶液浸蘸，连用3～4天，下次挤奶前彻底洗干净乳房和乳头。

癸甲溴铵对细菌、真菌、病毒、藻类等有杀灭作用，广泛用于厩舍、饲喂用具、孵化室、种蛋、饮水、环境消毒。场区、器械、车辆消毒，1升水加0.5毫升，完全浸湿消毒物件；饮水消毒，100升水加入10毫升；毛巾、盛奶罐、挤奶器消毒，15升水加入10毫升。

(10) 其他类消毒剂 常用的有鱼石脂、氧化锌、松馏油等。

鱼石脂有温和刺激性，具有消炎防腐作用，多用于皮肤炎症、痤疮、疖肿、鱼制酵等。外用时制成10%鱼石脂软膏涂抹患处；制酵时牛一次10～30克，用酒精溶解，再加水稀释成3%～5%溶液灌服。

氧化锌具有收敛和抗菌作用，用于皮炎、湿疹、溃疡等治疗。

松馏油主要用于治疗蹄病，如蹄叉腐烂等。

二、手术人员的准备与消毒

1. 更换衣服

手术人员在术前应穿着清洁的衣服和套鞋，上衣最好是超短袖衫以充分裸露手臂。

戴好手术帽和口罩、手术帽应把头发全部遮住，要求帽的下缘应达到眉毛上方和耳根顶端，手术口罩应完全遮住口和鼻。

2. 手和臂的消毒

(1) 手、臂的洗刷　用肥皂、指刷反复擦刷和用流水充分冲洗，以对手臂进行初步的机械性清洁处理，擦刷顺序为先对指甲缝、指端进行仔细地擦刷，然后按手指端、指间、手掌、掌背、腕背、前臂、肘部顺序擦刷，刷洗 5～10min，然后用流水将肥皂沫充分洗去。

(2) 手、臂的消毒　将擦刷过的手臂浸泡在以下的化学药品内，可选用其中之一进行浸泡。

70%酒精：浸泡或拭洗 5min，浸泡前应将手、臂上的水分用无菌毛巾拭干，以免冲淡酒精浓度。

0.1%新洁尔灭溶液：浸泡 5min，也可用同样浓度的洗必泰或杜米芬溶液进行手、臂的消毒，浸泡完毕后，用无菌毛巾拭干。

用酒精浸泡消毒后，用 2%碘酊涂擦甲缘、指端后，再用 70%酒精脱碘戴灭菌手套；用新洁尔灭浸泡消毒后的手臂，自然干燥即可。

(3) 穿着无菌手术衣　手术衣以后开身系带的长罩衫为好，长袖紧口，用纯棉材料制成。手术衣应是干净而又经过高压灭菌的（现在多用一次性使用的成品）。

手术人员在洗手并消毒手臂之后，取出高压灭菌的手术衣自己穿好，这时应小心手臂不可接触未经消毒的其他部位。由助手协助在其背后，将衣带或腰带系好。应避免其他任何部分（主要指衣服的外表面）触及未经灭菌的物体，尤其要注意保护手术衣前面的前胸部分，严格防止受到污染，应保持无菌状态。

(4) 戴手套　有干戴（经高压灭菌，或一次性包装好的灭菌手套）和湿戴（用化学药液浸泡消毒的手套）两种方法。前者在清洗消毒处理手臂后，用灭菌的干纱布擦干（或涂布少量灭菌的滑石粉）后穿戴。后者则需在手套内灌注一些无菌的药液（如 0.1%新洁尔灭溶液），在溶液的滑润下容易穿戴。也可选用一次性手套，打开包装即可使用。

三、手术部位准备与消毒

1. 术部除毛

牛的被毛浓密，容易沾染污物，滋生大量病原微生物。术前用肥皂水刷洗术部及周围大面积的被毛，然后剃毛。剃毛范围要超出切口周围20～25厘米，犊牛10～15厘米，剃完毛后，用肥皂水反复刷洗并用清水冲净，最后用灭菌纱布拭干。

2. 术部消毒

术部皮肤消毒常用5%碘酊和75%酒精，无菌手术应由术部中心向四周涂擦，如是已感染创口，应由四周向患处涂擦，消毒范围要相当于剃毛区，碘酊消毒待完全干后，再用75%酒精将碘酊擦去，以免带入伤口引发不必要的刺激。

对口腔、鼻腔、阴道、肛门处黏膜消毒一般不用碘酊，可用0.1%新洁尔灭、高锰酸钾、利凡诺等；眼结膜多用2%～4%硼酸溶液消毒；蹄部手术用2%煤酚皂蹄浴。

3. 术部隔离

术部采用大块有孔手术巾覆盖手术区，仅在中间露出切口部位，使术部与周围完全隔离，减少不必要的污染。

第二节　牛病注射给药方法

一、注射操作注意事项

注射给药是药物不经过消化道直接进入体内，不受消化液影响，减少了药物变化，提高了吸收率，增强了效力。

1. 注射部位消毒

注射部位毛长的要剪毛，用碘酊消毒后，用75%酒精脱碘。

2. 器械和药品准备

① 根据注射的实际需要选择注射器规格，并进行性能检查，使用

前应严格消毒。

② 注射药液要仔细查看药品名称、用途、剂量、性状、不良反应及是否过期等。

③ 如同时注射两种以上药品时，应注意有无配伍禁忌，不能混用的要分开分点注射。

④ 静脉注射大量药液时，药液应加温至接近体温。注射前排净输液管或注射器内的气泡。

⑤ 给动物注射用药时，要常备肾上腺素或地塞米松等，防止个别牛出现过敏问题。

3. 静脉注射时注意事项

① 静脉注射时确保注射针头在静脉血管内。

② 对于有强烈刺激性的药液外漏，应立即采取措施清除漏出的药液，如用注射器从外漏部位将药液抽回一部分，也可用5%硫酸镁溶液热敷，以加速漏出液的吸收消散。如果大量药液外漏，应尽早切开并用高渗液冲洗或引流。

③ 及时观察牛状态，发现异常要第一时间停止输液。

二、皮内注射法

皮内注射法常用于牛结核菌素变态反应试验、羊痘疫苗接种预防牛结节病等。

(1) 注射部位 一般在肩胛部、颈侧中部1/3处或尾内侧皮肤。

(2) 注射方法 注射部应先剃毛，用75%酒精消毒后，左手食指和拇指绷紧注射部皮肤，右手持注射器将注射针头刺入真皮内，推动针栓，注入药液，使注射部位呈现圆形隆起，拔出针头。拔针时切记要按压住注射针眼处，防止药液流出。

三、皮下注射法

皮下注射法是将药液注射于皮下结缔组织内，注药后经5～10分钟呈现作用。凡是易溶解、无刺激性的药品及疫苗均可做皮下注射。

(1) 注射部位 选取皮肤松弛、皮下组织发达的部位，牛多在颈侧。

（2）注射方法 毛长处局部剪毛，碘酊与酒精消毒后，左手食指、中指和拇指将注射部皮肤捏起形成一近似三角形皱褶，右手持注射器将针头刺入皱褶处皮下，深 1.5～2 厘米，避免刺穿皮肤，左手拇指和食指在注射部将皮肤和针头一起捏住，右手将注射器内药液注入皮下，注药完毕，拔出针头，局部用碘酊消毒。

四、肌内注射法

肌内注射法是将药液直接注射到肌肉内。由于肌肉内血管多，药液注入后吸收较快，仅次于静脉注射；又因感觉神经较皮下少，疼痛较轻。一般用于刺激性较强的和较难吸收的药液，但刺激性很强的药液，如氯化钙、水合氯醛、浓盐水等，都不能做肌内注射。

（1）注射部位 选择臀部肌肉和颈侧部肌肉。注射疫苗时，一般注射部位多为后肢肌肉。

（2）注射方法 将牛确实保定后，注射部位剪毛、碘酊酒精消毒，右手持连接针头的注射器，将针头刺入肌肉内，回抽注射器针栓，针头无回血时，将药液注入肌肉内。

五、静脉注射法

静脉注射法是将药液直接注射到静脉血管内的方法，是给药最直接的方法。

1. 注射部位

在颈部上 1/3 与中 1/3 交界处的颈静脉上，也可在胸外静脉及乳静脉。

2. 注射方法

牛静脉注射时，先压迫静脉的近心端，阻断血液回流，使静脉怒张；耳静脉注射时压耳根部；乳静脉注射时压迫远离乳房的一端血管。

手持注射针头顺血管方向与皮肤呈 45°角，刺入血管，刺入正确时可见到回血，调整针头与血管的角度，继续将注射针头送入血管，解除对静脉近心端的压迫或松去弹力结扎带，打开连接输液瓶上的控制开关即可点滴输液，用胶布或夹子固定针头，以防止针头从血管内移出。

在注射过程中要经常观察是否漏针，若发现漏针，应立即停止注射，重新调整针头，待正确刺入血管后再继续注入药液。

注药完毕，拔下针头，用酒精棉球压迫片刻后可松解保定。

六、腹膜腔内注射法

腹膜是一层光滑的浆膜，分为壁层和脏层，两层之间是一个密闭的空腔，即腹膜腔。腹膜面积很大，大约等于体表皮肤的总面积。腹膜毛细血管和淋巴管多，吸收力强。当腹膜腔内有少量积液、积气时，可被完全吸收。利用腹膜这一特性，将药液注入腹膜腔内，经腹膜吸收进入血液循环，其药物作用的速度，仅次于静脉注射。

（1）注射部位 右肷部。

（2）注射方法 注射部位剪毛消毒后，16～18 号针头垂直皮肤刺入，依次穿透皮肤、腹肌和腹膜。当针头透过腹膜后，其阻力降低，有落空感。针头内不出现气泡及血液，也无空腔脏器内容物溢出，经针头注入生理盐水无阻力，说明刺入正确。连接注射器或连接输液吊瓶上的输液管接头向腹腔内注入药液，注药完毕，拔下针头，局部消毒后松解保定。

（3）注意事项 向腹膜腔内注入药液应加温至 37～38℃，药液过凉，会引起胃肠痉挛产生腹痛。注入的药液应为等渗溶液且无刺激性。当膀胱积尿时，应轻轻压迫腹部，强迫排尿，待膀胱排空后再进行腹腔注射。注射过程中应防止针头退出腹腔，必要时用胶布粘贴固定针头。1 次注药量为 200～1500 毫升。

七、球后注射法

球后注射法是将药液注射到眼球后方，使药液与眼球后方的睫状神经节相接触，以消除角膜、脉络膜及巩膜的炎症，如球后注射麻醉药，可使眼球进入麻醉状态，广泛地用于内眼手术。

(1) 操作方法 牛的球后注射部位在颞窝口腹侧角，于颞突背侧1.5～2厘米处刺入，向对侧额骨的颞突由水平面向下倾斜刺入达骨，深约6厘米即可注药。

(2) 常用药物 以治疗眼病为目的常用处方为：青霉素80万～160万单位，氢化可的松125～250毫克，2%盐酸普鲁卡因2.0毫升，注射用水5～10毫升。以麻醉眼球为目的，应注入2%盐酸普鲁卡因6～8毫升。注药完毕后退针，退针时用棉球紧压针旁皮肤，针头拔出后继续压迫片刻。

八、气管内注射法

气管内注射法是将药液直接注射到气管内，以治疗支气管炎、肺炎，以及驱除肺脏内寄生虫。

(1) 注射部位 注射部位因治疗目的而异。治疗支气管炎，应在第3～4气管环间进行注射；治疗肺炎，应在接近胸腔入口处的气管环间注射；犊牛在气管的下1/3处软骨环间注射。

(2) 注射方法 将牛的头抬高，使颈部处于伸展状态。注射部剪毛消毒后，将16～18号针头经皮肤垂直刺入气管内，当针头刺入气管内后有落空感，此时可缓慢将药液注入气管。注射过程中要牢牢保定好动物头部，以防动物头颈部活动而使针头脱出或折断针头。注射的药液应加温至动物体温，刺激性强的药物禁忌做气管内注射。常用的药物有青霉素、链霉素等。注射过程中若病牛剧烈咳嗽，可配合注入2%盐酸普鲁卡因4～8毫升，以降低气管的敏感性。

九、乳池内注射法

乳池内注射法是用通乳针（乳导管）或用磨去针尖的秃针头插入乳头管内，把药液注入乳池。常用于治疗乳腺炎。

(1) 注射方法 牛站立保定，洗净乳房外部并擦干，挤净乳池内的乳汁，用酒精棉球消毒乳头。左手握住乳头，使乳头管与乳头孔成一直线将乳导管从乳头孔插入乳池，左手固定乳头和乳导管，右手将注射器接上，缓缓注入药液。注射完毕拔出乳导管，轻轻捏住乳头孔，并按摩乳房，使药液散开。

（2）注意事项 数个乳室需同时注射时，先注射健康乳室，后注射患病乳室。一般每天注射1次，本次注射至下次注射之间停止挤奶。

十、关节内注射法

牛患某些关节疾病时，如关节炎、关节扭伤、关节内化脓感染，可采用关节内直接穿刺注射法。一般只在较大的关节或关节腔较大时采用。于皮肤凹陷处进针，进针正确与否的标志是有无关节液流出。正常的关节液是淡黄色透明液体，当感染、损伤、出血时，则关节液黏度、色泽、透明度、气味都发生变化。大关节注射药液5～10毫升，小关节3～5毫升。

十一、瓣胃内注射法

（1）注射部位 在右侧第8、第9肋间与肩端水平线交点的上方或下方2厘米范围内，一般以第9肋间为好。

（2）注射方法 牛站立保定，术部剪毛消毒。用长15～20厘米的瓣胃穿刺针，与皮肤垂直并稍向前下方刺入10～12厘米（针头透过肋间后再向左侧肘头的方向刺入），刺入胃后有硬、实的感觉。连接注射器，先注入30～50毫升生理盐水，并迅速回抽，如回抽的液体浑浊并带有草渣，证明刺入正确，即可进行瓣胃内注射药物。用注射器将针体内液体全部推入瓣胃后迅速拔针，术部用碘酊消毒。

十二、瘤胃内注射法

（1）注射部位 在左侧肷窝部，即左侧髋结节向最后肋骨所引的水平线中点，距腰椎横突10～12厘米处。严重的瘤胃臌气可在肷窝臌胀明显处进行穿刺。

（2）注射方法 穿刺部位剪毛消毒。用手术刀在穿刺部的皮肤上切0.5厘米的皮肤小切口，然后用穿刺针经小切口，向右侧肘头方向迅速刺入10～12厘米，固定针头，气体可经针头放出来，直至将瘤胃内过多气体排净。为防止复发，可向瘤胃内注入5%克辽林200毫升或15%～20%的鱼石脂酒精150～200毫升。注射完毕，拔针时紧压穿刺处皮肤，迅速拔针。间隔一定时间需第二次穿刺时，不可在第一次穿刺孔中进行。

十三、胸腔注射法

（1）注射部位 右侧第 5 肋间或左侧第 6 肋间，胸外静脉上方 2 厘米处。

（2）注射方法 病牛站立保定，注射部位剪毛消毒。用左手将注射部位皮肤前推 1～2 厘米，右手持连接针头的注射器，沿肋骨前缘垂直刺入 3～5 厘米，注入药液。拔出针头，局部皮肤复位，常规消毒，整个过程要防止空气进入胸腔。

十四、皱胃注射法

（1）注射部位 皱胃位于右侧第 12、第 13 肋骨后下缘，若右侧肋骨弓或最后三个肋间显著膨大，呈现叩击钢管清朗的铿锵音，也可选此处作为注射点。

（2）注射方法 病牛站立保定，消毒注射部位。取 15 厘米 6～18 号针头，朝向对侧肘突刺入 5～8 厘米，有坚实感即表明刺入皱胃。先注入生理盐水 50～100 毫升，立即回抽，其中混有胃内容物（pH 1～4），即可注入事先准备好的治疗药物，注射完常规消毒。

十五、腹主动脉注射法

主要用于治疗牛子宫内膜炎、阴道炎、乳腺炎、后肢滑膜炎、后肢腱炎、腱鞘炎等。

（1）注射部位 第三与第四或第四与第五腰椎横突之间，离背中线 6 厘米处，左右均可。

（2）注射方法 站立或横卧保定，注射部位剪毛消毒，用 15～20 厘米的封闭针头与背中线呈 25 度角向背中线方向刺穿皮肤，到椎体后稍退针头，略缩小角度再向椎体下刺入 3～4 厘米，针管内会喷出搏动的动脉血，迅速装上有药液的注射器，缓慢注入药液。注射完毕，拔出针头，术部消毒。

十六、眼球结膜下注射法

主要用于治疗家畜慢性、顽固性角膜混浊。

（1）注射部位 患眼球结膜下。

（2）注射方法 大牛站立保定，小牛站立或侧卧保定。大牛用静松灵，小牛用安定或氯丙嗪镇静。先用盐水冲洗患眼结膜，再用3%硼酸溶液或2%红汞液冲洗消毒，向患眼滴0.5%～1%丁卡因、2%利多卡因或4%普鲁卡因进行眼表面麻醉，需连续滴药数次，每次滴药后，立即闭合上下眼睑1～2分钟，直到达到眼球麻醉效果。

助手用眼睑拉钩拉起上眼睑，充分暴露眼球上的巩膜，术者右手持装好药液的注射器，针头的斜口向上，针体与眼球成15度角，先用针尖将球结膜轻轻挑起，再顺势轻捷地刺入巩膜表面的结膜下，紧接着推压注射器内的药液，如立即隆起一泡，证明已刺到球结膜下，若无液泡出现，可稍稍增大角度再刺，确认针尖已到达球结膜下后，将针体稍向前推进，边推进边注射药液，最后退出针头，术后不需特殊处理。

（3）治疗药物 地塞米松、氢化可的松、青霉素、链霉素、庆大霉素、氧氟沙星、卡那霉素等，大牛3毫升，小牛1毫升，选1～3毫升注射器，大牛用6号针头，小牛用4号针头。

十七、眼睑结膜下注射法

主要治疗角膜翳。

（1）注射部位 云翳在眼球上方注射上眼睑，云翳在眼球下方注射下眼睑，整个眼球都有云翳，上下眼睑都可注射。

（2）注射方法 病牛在诊疗架内保定。用10毫升注射器配12号针头，吸取地塞米松2毫升、普鲁卡因2毫升，再从静脉采血2～3毫升，混合均匀，做病眼眼睑结膜下或结膜囊黏膜下注射。如重复注射，需5～6天后，等注射形成的水疱消散后再进行。术后用红霉素眼膏涂眼。

十八、后海穴注射法

主要用于松弛肛门括约肌，便于直肠检查；治疗肠炎；减缓牛努责；治疗乳腺炎等。

(1) 注射部位　牛尾根与肛门连线中点凹陷处。

(2) 注射方法　病牛在诊疗架内保定，尾上提；后海穴皮肤消毒；取封闭针头，从后海穴向前上方刺入 9～12 厘米。

为松弛肛门可注射静松灵或 2%普鲁卡因 10 毫升，经针头注入。治疗乳腺炎可注射青霉素、链霉素、2%普鲁卡因 10 毫升。治疗肠炎可注射庆大霉素、2%普鲁卡因或阿托品。

第三节　牛病诊疗兽医临床穿刺术

一、腹腔穿刺术

用于诊断胃肠破裂、内脏出血、肠变位、膀胱破裂。利用穿刺术检查判断是渗出液还是漏出液，经穿刺放出腹水或向腹腔内注入药液治疗某些疾病。

(1) 穿刺部位　牛在右侧膝与最后肋骨之间水平连线的中点处。

(2) 穿刺方法　穿刺部剪毛、消毒。用 14～20 号针头垂直皮肤刺入，当针透过皮肤后，应慢慢向腹腔内推进针头，当针头出现阻力骤然减退时，说明针已进入腹腔，腹水经针头流出。用于诊断性穿刺，当腹水流出后立即用注射器抽吸。用于放出腹水时，使用针体上有 2～3 个侧孔的针头穿刺，可防止大网膜堵塞针孔。抽吸完毕，拔下针头用碘酊消毒术部。

二、瘤胃穿刺术

用于治疗急性瘤胃臌气和向瘤胃内注射药液。

(1) 穿刺部位　在牛左侧肷窝部，即左侧髋结节向最后肋骨所引的水平线中点，距腰椎横突 10～12 厘米处。严重的瘤胃臌气可在肷窝臌胀明显处进行穿刺。

(2) 穿刺方法　穿刺部剪毛消毒。用手术刀在穿刺部的皮肤上切 0.5 厘米的皮肤小切口，然后用穿刺针经小切口，向右侧肘头方向刺入 10～12 厘米，固定针头，气体可经针头放出来，直至将瘤胃内过多气体排净。

为防止复发，可向瘤胃内注入5%克辽林200毫升或15%～20%的鱼石脂酒精150～200毫升。穿刺过程中如果穿刺针发生阻塞，可用套管针芯插入疏通。

穿刺完毕，拔针时紧压穿刺处皮肤，迅速拔针。间隔一定时间需第二次穿刺时，不可在第一次穿刺孔中进行穿刺。

三、瓣胃穿刺术

主要用于瓣胃阻塞（百叶干）时的注药治疗。

1. 穿刺部位　在牛右侧第8～10肋骨前缘与肩端水平线交点的上方或下方2厘米范围内，一般以第9肋间为好。

2. 穿刺方法

① 站立保定，术部剪毛消毒。用长15～20厘米长的瓣胃穿刺针，与皮肤垂直并稍向前下方刺入10～12厘米，针头透过肋间后再向左侧肘头的方向刺入，刺入瓣胃后有硬、实的感觉。

② 连接注射器，先注入30～50毫升生理盐水，并迅速回抽，如回抽的液体浑浊并带有草渣，证明刺入正确，即可进行瓣胃内注射下列药物：25%～30%硫酸钠溶液2000～3000毫升或10%温盐水2000毫升或石蜡油500～1000毫升，普鲁卡因2克，土霉素3～5克。

③ 注药完毕后迅速拔针，术部用碘酊消毒。

四、血肿、脓肿、淋巴外渗的穿刺诊断

1. 血肿的穿刺诊断

血肿是因皮下组织、肌肉组织内血管破裂所形成。形成得很快，肿胀迅速增大，呈现明显的波动感或饱满有弹性，4～5天后肿胀周围呈坚实感且有捻发音，中央有波动，局部增温，穿刺可排出血液。

在穿刺前局部剪毛、消毒，用14～16号穿刺针于肿胀最明显处刺入血肿深部，针头内可流出血液。新发生的血肿可流出鲜红色新鲜血液，4～5天后，血肿流出污黑色血液，陈旧性血肿穿刺仅能流出淡黄色血清或抽不出液体。

2. 脓肿的穿刺诊断

脓肿应在成熟后穿刺。穿刺之前对术部剪毛、消毒，用灭菌 14～16 号注射针头，于脓肿肿胀最明显处穿刺，已成熟的脓肿于波动最明显处穿刺，深在性脓肿于皮肤最紧张、敏感处穿刺。

已成熟的脓肿当针头进入脓腔后即可从针头内流出脓汁，当脓汁过分黏稠时穿刺排不出脓汁，此时应拔出穿刺针观察针孔内有无脓汁附着。脓肿尚未成熟时禁忌穿刺，以防感染扩散。

3. 淋巴外渗的穿刺诊断

穿刺部位为淋巴外渗隆起最明显处。局部剪毛、消毒后，用 14～16 号针头经皮肤刺入囊腔内，即可从针孔内流出橙黄色稍透明液体，或混有少量的血液，有时混有纤维素块。穿刺完毕，拔下针头，消毒穿刺孔以防感染。

五、膀胱穿刺术

对因尿道阻塞引起的急性尿潴留，经膀胱穿刺可暂时缓解膀胱的内压，防止内压过大而继发膀胱破裂。另外，膀胱穿刺可采集尿液进行检验。

(1) 穿刺部位　牛在直肠内进行穿刺，首先温水灌肠排净直肠内蓄粪，用带有 30～40 厘米长胶管的针头进行穿刺。针头在膀胱体穿刺，而不在膀胱顶部穿刺。

(2) 穿刺方法　牛在六柱栏内站立保定，术者右手持针头带入直肠，手感觉膀胱的轮廓，于膀胱体部进行穿刺，穿刺针经直肠壁、膀胱壁进入膀胱，手在直肠内固定针头，以防针头随肠蠕动而脱出，连接针头的胶管在肛门外，即可见到尿液排出，穿刺完毕拔下针头，消毒术部。

六、心包穿刺术

用于诊断创伤性心包炎、放出心包内渗出液和向心包内注入药物以控制心包内感染。

(1) 保定　牛六柱栏内站立保定，左前肢向前方牵引伸展，充分暴露肘头内侧心区。

(2) 穿刺部位 在肘头水平线与第4肋间隙交点处。局部剪毛、消毒。

(3) 穿刺针及药品准备 采血针、直径1.0～1.5毫米聚乙烯塑料管、0.1%新洁尔灭、生理盐水、青霉素等。

(4) 穿刺方法 在穿刺部位用手术刀切一个0.5厘米的皮肤小切口，穿刺针经皮肤小切口垂直刺入，经肋间肌、胸膜、心包壁面刺入心包腔，针头一旦进入心包腔，即可经针头向外排出心包积液，采集心包积液进行检验。

若牛患创伤性心包炎，可在心包腔内留置引流管。操作方法：针头进入心包腔，固定针头，用聚乙烯塑料管经针头向心包腔内插入15～20厘米，此时腐败性心包积液可经塑料管端流出；术者用左手固定塑料管，右手拔出穿刺针头，塑料管即留置在心包腔内，心包腔长期引流和向心包腔内注入药物都可经塑料管完成，这样减少了反复对心包穿刺的操作。

七、关节腔穿刺术

关节腔穿刺术用于诊断和治疗关节疾病，如排出关节积液，冲洗关节腔或注入药液等。穿刺时必须严格消毒防止感染，并确实保定病牛。关节腔积液时，可于膨隆最明显的部位穿刺。针头正确刺入关节腔时，可见有液体流出，如不流出可压迫关节囊或用注射器抽吸，但不可过深地刺入关节腔，以防损伤关节软骨。

(1) 蹄关节滑膜囊穿刺 在蹄冠背侧面，蹄匣边缘上方1～2厘米，中线内、外1.5～2厘米处，从侧面自上而下将针头刺入伸腱突下1.5～2厘米深。

(2) 冠关节滑膜囊穿刺 在系骨远端后面与屈腱之间的凹陷处，从上向下将针头刺入1.5～2厘米深。

(3) 球关节滑膜囊穿刺 在掌骨远端后面，系韧带前面和上籽骨前上方三者之间的凹陷处，针头从外侧（或内侧）由上向下与掌骨侧面呈45°角刺入2.5～4厘米深。

(4) 桡腕关节滑膜囊穿刺 在副腕骨上缘，腕外屈肌腱分支与桡骨远端后方的凹陷处，针头由上向下刺入 2.5～4 厘米，抵达桡骨为止。

(5) 肘关节滑膜囊穿刺 在桡骨外侧韧带结节和肘突之间凹陷处，针头向前下方刺入 2.5～3 厘米深。

(6) 肩关节滑膜囊穿刺 在肩胛冈下端、冈下肌腱前缘、臂骨大结节上方的凹陷处，针头由前向后稍偏内与牛体表面呈 35～45°角刺入 4～5 厘米深。

(7) 胫距关节滑膜囊穿刺 一般在前内关节盲囊进行，位于趾长伸肌腱和跗关节内侧长韧带之间的凹陷处，在关节的屈面，胫骨内的下方刺入 1.5～3 厘米深。

(8) 股膝关节滑膜囊穿刺 在膝外直韧带与膝中直韧带之间的凹陷处，针头稍向上方刺入 3～4 厘米深。

(9) 髋关节膜囊穿刺 牛倒卧保定，用 10～15 厘米长的针头，在股骨大转子和中转子之间的切迹处中央刺入，然后将针头向前内方呈水平方向刺入 8～12 厘米。

第四节 牛病治疗投药、导胃与洗胃、灌肠技术

一、灌服给药技术

1. 经口投药法

此种投药法是用药瓶将碾压粉碎的调成粥剂的药经口投入。

将牛保定在单桩或六柱栏内，抬高牛的头部，用灌药瓶或灌角装上需投入的粥剂药物，自口角齿间隙处向口腔内插入灌药瓶嘴，并向舌背面舌根部灌入，待牛咽下一口后，再向口腔内灌入第二口。

灌药时严禁牵拉牛舌头，以防影响吞咽而造成误咽，每一次灌入口腔的药量不可过大，灌入量过大容易从口腔中吐出而造成浪费。灌药过程中若出现牛咳嗽，应立即放低牛头部，待恢复正常后再灌药。

2. 胃导管投药法

将牛牵至六柱栏内，确实保定好牛头部，投药者一只手抓住牛的鼻

翼，另一只手持涂上润滑油的胃导管，将胃导管一端沿动物下鼻道缓缓插入或通过开口器从口腔插入。当管端到达咽部时感觉有抵抗，此时不要强行推进，待牛有吞咽动作时，趁机向食管内插入。当动物无吞咽动作时，可揉捏咽部或用胃导管端轻轻刺激咽部而诱发吞咽动作。

当胃导管进入食管后要判断是否正确插入。其判断方法有：①用橡皮球向胃导管内打气，在打气的同时可观察到左侧颈静脉沟处出现波动；②将球压瘪后不再鼓起来。

胃导管末端连接漏斗把药液倒入漏斗内，举高漏斗超过牛头部将药液灌进胃内。药液灌完后去掉漏斗，用橡皮球再向胃导管内打气，以排净残留在胃管内的药液，然后将胃导管末端折叠，缓缓抽出胃导管。

二、拌料给药技术

(1) 使用条件 牛在健康状态下保健用药，如拌料驱虫、脱霉、改善胃肠菌群等。

(2) 注意要点

① 拌料给药一般只适用于非抗生素类药物，因为长期大量口服抗菌药会破坏瘤胃菌群，引起消化功能障碍。

② 拌料给药要确保拌料均匀，防止有的牛吃得多，有的牛吃得少，引发中毒问题；另外在饲喂的时候也要把拌好的料均匀添入饲槽，确保每个牛都能吃到。

三、饮水给药技术

(1) 使用条件 是在牛饮水正常的情况下用药。

(2) 注意要点

① 药物本身要溶于水，不溶于水的药物一般不建议饮水给药，容易浪费或引发中毒。

② 必须确保所有动物都能充足饮水，这样每个牛才能都喝上药物，要计算好用水量。

③ 抗菌药禁止使用，长期大量饮用抗生素，会破坏瘤胃菌群，引发消化功能紊乱。

四、导胃与洗胃技术

(1) 适应证 牛的导胃用于前胃炎的治疗和清除食入的毒物。

(2) 导胃方法 牛在六柱栏内站立保定，利用开口器打开口腔，通过口腔向胃内插入胃导管，当导管进入胃后，瘤胃内液体和气体会自行涌流而出。插入胃导管后要压低牛头，以利于液体外流，压低牛头也可避免胃内流出的液体和草渣呛入气管和肺。

在向体外导出胃内液体和草渣时，速度不要太快。当有草团堵塞胃导管时，可向胃导管内注入清水，然后前后抽动胃导管，并将胃导管另一端放低，以利于排出胃内容物；也可经胃导管灌入温水疏通后再向外导出胃内容物。

(3) 洗胃方法 按导胃法插入胃导管后，用 0.1%高锰酸钾溶液、淡盐水、1%小苏打等灌进胃内，每次灌入量为 5～15 升水，然后放低牛头，使药液再从胃导管放出。如此反复进行，直至洗净胃内的有害液体和物质为止。

五、灌肠技术

(1) 适应证 通过灌肠清除直肠内的蓄粪，治疗肠便秘。

(2) 保定 站立或柱栏内保定，将尾巴拉向体侧或用绳子吊起尾巴。

(3) 深部灌肠法 首先装上塞肠器，采用木质塞肠器和球胆塞肠器。木质塞肠器呈圆锥形，长 12～15 厘米，中央有一直径 2 厘米的孔，塞肠器前端直径 8 厘米，后端直径 10 厘米，将塞肠器前端经肛门塞入直肠。用直径 1～2 厘米的橡胶管经塞肠器的中央孔插入直肠，胶管另一端连接吊桶、灌肠器等，缓慢灌入 1%温盐水 10000～15000 毫升。通过较大的压力，使药液达到深部肠管（结肠），这种灌肠法可治疗结肠的便秘。

(4) 浅部灌肠法 用于清除直肠内蓄粪，其方法是将胶管经肛门插入直肠 10～15 厘米，胶管另一端连接漏斗，灌入温水 500～2000 毫升，要用手将胶管和肛门一起捏住，以防水流出。温水在直肠内停留片刻后，放松对肛门和胶管的压迫，此时直肠内蓄粪和水一起流出。如此反复进行数次，可将直肠内蓄粪全部排出。

六、皮肤给药技术

（1）适应证 多是用于局部感染处理或者透皮给药驱虫。

（2）注意事项

① 皮肤给药必须进行局部处理，比如剃毛、扒开牛毛用药，确保药物能充分接触皮肤，否则只是涂在牛毛上没有效果。

② 皮肤给药要注意尽量避免牛舔舐，如果被牛舔舐了也就失去了局部给药的意义；另外就是透皮给药驱虫需要计算好药量，剂量过大可能会引发中毒反应。

七、黏膜给药技术

（1）适应证 用于局部的黏膜用药，比如眼结膜炎、口炎、鼻腔黏膜给药、阴道黏膜给药等。

（2）注意事项 要尽量选择刺激性小的药物，用药也要注意浓度。适用于局部治疗，如果是其他疾病继发引起的黏膜炎症，要结合全身用药。

第五节 牛病治疗导尿、膀胱冲洗与子宫冲洗技术

一、导尿与膀胱冲洗术

用于排空膀胱内积尿和采集尿样进行尿液检验。膀胱冲洗术主要用于膀胱炎症的治疗。

1. 母牛导尿术

导尿管有金属导尿管和医用乳胶导尿管。

导尿前清洗母牛外阴部，并用75%酒精棉球消毒阴门。导尿管用75%酒精或0.1%新洁尔灭溶液消毒后，外表涂灭菌液状石蜡。

导尿时右手持导尿管送入母牛阴道内，导尿管前端与右手食指并齐，拇指和食指捏住导管，中指探查尿道外口。尿道外口位于阴道前庭的腹面，一个黏膜皱褶稍前方的凹陷处，其底部有一个稍隆起的尿道外

口。中指探查到尿道外口后，拇指和食指将导管插入到尿道外口，并缓慢向里推送。遇有阻力，不可硬插，应将导尿管向后倒退一下或改变一下导尿管的方向再试图插入，一旦导尿管经尿道外口进入尿道后，就会容易地插入膀胱内，尿液也就随之流出来了。

2. 公牛导尿术

公牛可用 2～2.5 毫米的绢丝导尿管或聚乙烯导尿管进行导尿。

采尿前应对导尿管进行消毒，将公畜的阴茎从包皮口牵引出来，用 0.1%新洁尔灭溶液清洗，用 75%酒精消毒尿道外口，然后导尿管端涂灭菌液状石蜡或抗生素软膏后，经尿道外口插入尿道。公牛阴茎有乙状弯曲部，故应将阴茎向外牵引使乙状弯曲部拉直，导尿管才能通过乙状弯曲部。待导尿管插入尿道骨盆部时，助手用手在坐骨弓处隔皮肤向里按压导尿管端，术者顺势将导尿管向里推送入膀胱内，此时尿液从导尿管内流出。

3. 膀胱冲洗术

用消毒液或收敛药冲洗膀胱。先用导尿管排出膀胱内的积尿，用微温盐水反复冲洗后，再用药液冲洗。消毒用 0.05%高锰酸钾溶液、0.1%雷佛奴尔溶液，收敛用 1%～3%硼酸溶液、0.5%鞣酸溶液、1%～2%明矾溶液等。

严重的膀胱炎在冲洗膀胱后，用青霉素 200 万～400 万单位溶于 200～300 毫升蒸馏水灌注于膀胱中，并全身应用青霉素、链霉素或头孢噻呋等其他抗生素。

二、子宫冲洗术

用于治疗子宫内膜炎、子宫积脓、牛胎衣不下、胎衣腐败等疾病。

1. 器械与药品

冲洗子宫的器械有子宫冲洗器或普通橡胶管、塑料管；药品有 0.05%～0.1%雷佛奴尔溶液、0.1%碘溶液、0.05%～0.1%高锰酸钾溶液、生理盐水、青霉素、链霉素等。

2. 冲洗方法

先清洗和消毒母牛的外阴部。术者持导管插入母畜阴道，触摸到子宫颈后，将导管经子宫颈口插入子宫，导管另一端连接漏斗或注射器向子宫内灌注消毒药液。然后放低导管，用虹吸法导引出灌入的药液，如此反复几次地灌入和吸出，可使子宫内的蓄脓、胎衣碎片等物质清洗干净。最后用青霉素 160 万～400 万单位、链霉素 200 万单位、生理盐水 150～200 毫升灌入子宫，不再放出，以控制和消除子宫的炎症。灌注的药物也可以用土霉素、氨苄西林、头孢噻呋等。

第六节　牛病治疗麻醉技术

一、局部麻醉

局部麻醉是利用局部麻醉药有选择性地暂时阻断神经末梢、神经纤维及神经干的冲动传导，从而使其分布或支配的相应局部组织暂时丧失痛觉的一种麻醉方法。

简单的小手术、常见的大手术，如剖腹术、瘤胃切开术等也可在局部麻醉下进行。局部麻醉牛仍保持神志清醒状态，手术时应注意保定，或配合应用镇静剂、肌肉松弛剂。

1. 表面麻醉

用滴入、涂抹、喷雾和填塞等方法，将药液直接作用于黏膜，如眼结膜、角膜、鼻黏膜、口腔黏膜、直肠和生殖道黏膜、浆膜、滑膜的表面，使黏膜下的感觉神经末梢麻醉，称表面麻醉。将药液滴眼、涂布或喷雾于黏膜表面，使其透过黏膜达到感觉神经末梢而发挥局部麻醉作用。这种方法所用的药物必须穿透力强、麻醉作用强，但作用时间短、作用范围窄，如丁卡因、可卡因、利多卡因等。

眼、耳、鼻、口腔、泌尿道手术均可用此法麻醉。眼结膜和角膜表面麻醉应选用 1%～2%丁卡因、2%～5%利多卡因或 5%～10%普鲁卡因 5～6 滴，滴入结膜囊，经过 2～5 分钟开始麻醉，维持 10～15 分钟。口、鼻和喉黏膜表面麻醉用 1%～2%丁卡因或 10%～15%普鲁卡因，以涂抹和喷雾方法进行麻醉。直肠、阴道黏膜表面麻醉可用上述药涂抹或用棉花浸药填塞。关节、腱鞘、黏液囊、滑膜用 3%～5%普鲁卡因穿刺注入腔体。胸腔手术常用3%～5%普鲁卡因溶液喷洒麻醉。

2. 局部浸润麻醉

将局部麻醉药注射到手术部位的各层组织中，使这些组织内的感觉神经末梢麻醉，阻断疼痛刺激向中枢的传导，是局部麻醉中最常用的方法。最常用的药物为0.25%～1%的普鲁卡因溶液，其次为0.25%～0.5%的利多卡因溶液。为了延缓药物的吸收、降低毒性、延长麻醉时间，可在溶液中加入少量肾上腺素。

局部麻醉的方式有多种，如直线浸润、菱形浸润、扇形浸润、基部浸润和分层浸润等，可根据手术需要选用。

(1) 直接分层浸润麻醉 用5～8厘米的长针把麻醉药液沿着手术切开线的皮下组织浸润，然后逐步深入到筋膜、筋膜下、肌肉层和腹膜壁层等。一般是先将针头插至所需深度，然后边后退针头边注射药液，注射时应左、右摆动针头以扩大麻醉范围，注射药液前应做抽吸试验，证实针尖不在血管内方可注射药液，在注射过程中还要反复抽吸。

(2) 菱形、扇形与锥形浸润麻醉 将麻醉药注入手术区四周，形成一个麻醉包围区，使区内组织暂时失去痛觉，手术区可得到完善的麻醉效果。

菱形浸润麻醉是在手术区周围选定2点或数点，由该点向邻近皮下组织及深层组织呈菱形注入药液，使相互连接，包围整个手术区以达麻醉目的。

扇形和锥形浸润麻醉是在局部皮肤上选1点或2点刺入针头，均匀地向手术区皮下组织、筋膜、肌肉及骨膜等注射麻醉药做扇形或锥形扩散。

3. 神经传导麻醉

神经传导麻醉是把局部麻醉药液注射到支配某一区域的神经干周围，暂时阻断该神经干的传导功能，使其支配的区域失去痛觉而产生麻醉，这种麻醉方法如注射准确，仅用少量局部麻醉药和极少数穿刺点，即可获得比较满意和范围较广的局部痛觉消失和肌肉松弛的效果。

(1) 角神经传导麻醉 角神经为三叉神经泪腺神经外支，在行至额骨外侧嵴中部之后分为6～7支，分布于角突基部皮肤。阻断角神经可以达到角麻醉的目的。

麻醉方法：牛头部保定后，在眶上突和角突基部之间的中点，于额骨外侧嵴之下，角动脉的上方为注射点，垂直进针1～2厘米，注射3%～4%盐酸普鲁卡因注射液10毫升，10分钟后出现麻醉。

注意事项：注射部位一定要在眶上突和角突基部之间的中点，若距眶上突太近则角神经位置较深，注射不易准确，若距角根太近，因为此处角神经已形成分支，麻醉效果会受影响。

用途：角神经麻醉可用于断角术和角折修补术。

(2) 眼神经传导麻醉 三叉神经分为眼神经、上颌神经和下颌神经。眼神经为三支中最小的一支，属于感觉神经。眼神经入眶上裂后分为泪腺神经、额神经及鼻睫神经。鼻睫神经出感觉根到睫状神经节，睫状神经节位于动眼神经腹支起始部。睫状神经节感觉纤维来自鼻睫神经，运动纤维来自动眼神经，交感纤维来自蝶腭神经丛。由睫状神经节分出许多细神经支构成睫状神经丛。神经丛分出睫状短神经穿入巩膜与脉络膜之间，在瞳孔周围。睫状神经丛还有分支到睫状体、瞳孔及角膜。

眼神经传导麻醉也就是麻醉睫状神经节，亦简称为球后麻醉。通过睫状神经节的麻醉，以达到对角膜、脉络膜及巩膜的麻醉目的，同时减少眼肌张力，降低眼压，广泛应用于大多数内眼手术，是一项很重要的基本操作技术。

麻醉方法：位置在颞窝口腹侧角，于颞突背侧1.5～2厘米处刺入，向对侧额骨的颞角突由水平面向下倾斜刺入，先用8厘米长的细针头刺入皮下，注入2%盐酸普鲁卡因注射液1毫升。继续沿眶壁垂直入针约2厘米深，然后将针头略向上方前进，当针至直肌间筋膜时有少许阻力，穿过此筋膜进入球后时有落空感，再继续进针3厘米深，回抽注射器观察有无回血，然后注入3%盐酸普鲁卡因注射液20毫升。退针时用棉球紧压针旁皮肤，针头拔出后继续压迫片刻，以防出血。注射完毕用手心轻轻按摩眼球5分钟，使局部麻醉药液扩散，防止眼压升高。

此麻醉可使同侧上颌的齿龈、骨膜、硬腭及上唇全部麻醉，用于上臼齿的拔除术、眼球摘除术及其他眼科手术。

(3) 眶下神经传导麻醉 眶下神经为上颌神经的最大分支，它进入上颌孔经眶下管出下孔后，在上唇固有提肌的深面分为 3 支，背侧支分布于鼻背侧皮肤，中支分布于鼻翼外侧部和鼻前庭的皮肤，腹侧支分布于上唇的皮肤和黏膜。眶下神经在蝶腭窝和眶下管内还发出侧支分布于上颌窦、上颌的牙齿和齿龈。

麻醉方法：由眼眶外角平行鼻背画一直线为眶线，再由上颌第 1 前臼齿的齿前线画一垂直于眶线的齿槽线，在上述两线的交点处可触摸到一凹陷，即为眶下孔，另外，也可由上颌第 1 前臼齿前缘垂直向上 2～3 厘米处触摸，确定眶下孔的位置。针头刺入眶下孔时向外略向上方刺入 3～4 厘米，注射 3%盐酸普鲁卡因注射液 10 毫升。

用此法麻醉的部位有前臼齿、面部侧面的肌肉与皮肤、鼻镜及上唇等部。麻醉时间长达 1～1.5 小时。临床上常用于牛的豁鼻修补术。

(4) 下颌齿槽神经传导麻醉 下颌齿槽神经来自第 5 对脑神经三叉神经的下颌神经分支。下颌齿槽神经入下颌孔，在下颌骨内向前延伸，自颏孔穿出，分布于颏部和下唇，在下颌骨中还分出侧支分布于下颌的牙齿和齿龈。

麻醉方法：寻找下颌孔的位置也需要画两条假想线，一条线是在下颌侧面，与上颌臼齿咀嚼面平行向后延续的线；另一条线叫眼眶线，是由额骨颧突前缘引出与上述平行线垂直交叉。这两条线的交叉点和下颌孔的位置相符合。将眼线延长至下颌腹侧缘，由腹侧缘至两线交叉点为针头刺入的深度和方向。针在下颌腹侧缘内面及翼状肌内面之间刺入，注射 3%盐酸普鲁卡因注射液 10 毫升，经过 10～15 分钟，同侧的下颌臼齿、齿槽、皮肤、黏膜、下唇的肌肉及颏部均被麻醉。

此麻醉法用于下臼齿拔出术、下颌放线菌肿清创术及其他下颌手术。

(5) 舌神经、舌下神经传导麻醉 舌受舌神经、舌下神经、舌咽神经 3 对神经支配，其中前两对神经与麻醉有关，麻醉这两对神经可使舌的感觉及运动功能丧失。

麻醉方法：舌神经、舌下神经传导麻醉，在舌骨突起前方 2～3 厘米处，将长 5～10 厘米的针头垂直向口腔底部刺入，深达 5 厘米。随着针头的前进，不断注射 3%盐酸普鲁卡因注射液 20 毫升。然后将针头退至皮下，针头向一侧倾斜呈 45～60°角，将针头推向一侧下颌骨内侧面，使针尖达骨骼。然后退针 0.5 厘米，并注射 3%盐酸普鲁卡因注射液 20 毫升，用同样方法向另侧下颌骨内面注射 20 毫升。经 10～20 分钟后产生麻醉作用，舌可自动由口腔向外垂出。

此麻醉法可用于舌损伤的缝合与修补术。

(6) 肋间神经传导麻醉 各肋间神经自相应的椎间孔分出。

麻醉方法：麻醉时针头刺入点在相应的肋骨后缘，在髂肋肌上缘的水平线上。如触摸髂肋肌有困难，也可从结节上缘引一条与脊柱平行的线，在此线的骨后缘刺入针头。当针尖触及骨后，向后退针少许再深入 0.5～0.75 厘米，回抽注射器如无回血，即可注射 3%盐酸普鲁卡因注射液 10 毫升，然后将针头拔至皮下，再注射同等量的药液。经 10～15 分钟，沿该肋骨定向的皮肤、肌肉、骨膜均出现麻醉。

此麻醉法适用于肋骨切除术。

(7) 腰旁神经传导麻醉 牛腹腔手术的主要术部是左髂部。此部的前界是最后肋骨，后界为髋结节前缘，上界是腰椎横突。左髂部主要由三条较大的神经分布，即最后肋间神经（最后胸神经的腹支）、髂腹下神经（第 1 腰神经的腹支）、腹股沟神经（第 2 腰神经的腹支），牛的腰旁神经传导麻醉就是麻醉上述三条神经。

① 最后肋间神经：刺入点用手触摸第 1 腰椎横突游离端前角，垂直皮肤进针，深达腰椎横突前角骨面，将针尖沿前角骨缘，再向前下方刺入 0.5～0.7 厘米，注射 3%盐酸普鲁卡因注射液 10 毫升，以麻醉最后肋间神经的腹支。注射时应左右摆动针头，使药液扩散面扩大。然后提针至皮下，再注入 10 毫升药液，以麻醉最后肋间神经的腹支。营养良好的动物也可在最后肋骨后缘 2.5 厘米距脊中线 12 厘米处进针。

② 髂腹下神经：刺入点用手触摸第 2 腰椎横突游离端后角，垂直皮肤刺入进针，深达横突骨面，将针沿横突后角骨缘，再向下刺入 0.5～1 厘米注射药液 10 毫升，然后将针退至皮下注射 10 厘米，以麻

醉第一腰神经浅支。

③ 腹股沟神经：刺入点在第 4 腰椎横突游离端前角进针，其操作方法和药液注入量同上，以上三根神经传导麻醉后，经 10～15 分钟开始麻醉。

此麻醉法适用于剖腹术。

(8) 椎旁神经传导麻醉 是麻醉最后胸神经（牛为第 13 胸神经）和第 1、第 2 腰神经。因麻醉点是在胸、腰神经自椎管的椎间孔出口处，麻醉药浸润该神经及交感神经的交通支连接处，所以椎旁神经传导麻醉后，不但腹壁感觉消失，同时使相应的内脏器官传导暂停，麻醉时间一般维持 2～3 小时。

① 第 13 胸神经传导麻醉：先用手触摸第 13 肋骨的后缘，距背中线 5～7 厘米处垂直进针。在刺入皮下后，先注射 3%盐酸普鲁卡因注射液 3～5 毫升，使针刺点麻醉，并可避免在刺针时折断针头。然后将针斜向前刺达第 13 肋骨后缘的肋骨与脊椎结合处，针刺达 6～8 厘米深，针尖达肋骨结节。再把针退出 0.5～1 厘米，使针尖后移 0.5～1 厘米，针尖推进 2 厘米穿过腰椎横突间韧带，抵达神经干，注射局麻药液 15～20 毫升。

② 第 1 腰神经（髂腹下神经）传导麻醉：先摸到第 1 腰椎横突后缘，由此向背中线引一垂直线，在此垂直线距背中线 5 厘米处即为插入点，针头垂直进入 7 厘米，当针头遇到横突基部后，略向后稍移动再推进 0.5 厘米，注射 15～20 毫升麻醉药。

③ 第 2 腰神经（髂腹股沟神经）传导麻醉：在第 2 腰椎横突的后缘进行，确定刺入点与操作方法同第 1 腰神经。营养良好的牛，确定腰椎横突游离端比较困难。此时，可触摸相应的椎体棘突，在其后缘向旁侧距背中线 5 厘米处为刺入点，操作方法同上。

(9) 牛精索内神经传导麻醉 阴囊皮肤、总鞘膜和外提肌，分布有髂腹下神经，腹股沟神经及精索外神经。这些神经起始于腰神经的腹侧支，并分出许多分支走向腹后部与腹股沟部，睾丸和精索分布有精索内神经。精索内神经是由肠系膜后神经节发出，并分布于睾丸、附睾和精索。

麻醉方法：于睾丸上方8～10厘米处的精索上刺入针头，当针刺入精索内，用注射器回抽无血时，注射4%盐酸普鲁卡因注射液10毫升，用同样方法对另一侧精索进行麻醉。经10～15分钟，睾丸脱垂，可行去势术。

(10) 牛阴茎背神经传导麻醉　术者左手于阴囊基部后上方，用手将阴茎乙状弯曲部向后外方牵引，在会阴部中线上用6～10厘米针头刺入皮下，然后将针头自阴囊右侧向乙状弯曲第1弯曲部的背侧面刺入，必须将针尖刺入阴茎背侧面白膜上的结缔组织内，注射3%盐酸普鲁卡因注射液25～30毫升，将针头退回皮下，用同样方法自阴茎左侧注入同等量药液，经15分钟后阴茎可自然脱出。此法用于尿道结石取出术和尿道口再造术。

4. 椎管内麻醉

椎管内麻醉是蛛网膜下腔麻醉和硬脊膜外腔麻醉的总称。

(1) 蛛网膜下腔麻醉　简称蛛膜下麻醉，缩写为“脊麻”，有的也称为“脊椎麻醉”“脊髓麻醉”或简称“腰麻”。

① 适应证：脊麻的适应手术为腹腔或盆腔内手术、肛门或会阴部手术、需要骨骼肌高度松弛的后肢手术等。对妊娠期母牛进行脊麻，随胎儿的不断增长而减少用药量。对肝、肾功能不全的病牛，脊麻阻断平面不应超过最后胸神经，否则血压难免急剧下降。

② 禁忌证：脊髓有各种病变者，全身化脓性或脓毒性感染的脓毒血症、败血症等，均禁用脊麻。出于各种原因的休克，在低血容量情况下，血压的维持在很大程度上依靠周围血管强烈收缩，此代偿性作用在脊麻时遭到抑制，血压急降，有生命危险。在脊麻前使用氯丙嗪等吩噻嗪类药，神经节阻滞作用明显，脊麻中血压可剧烈降低，因此，在脊麻前应立即停药，脊麻中亦禁止使用。

③ 麻醉前用具与局麻药的准备如下。

器具准备：先将下列用具集中包扎成包，高压消毒备用。脊麻包中备有消毒巾、蛛网下腔穿刺针、10毫升和100毫升注射器、皮下注射用针头、镊子，还要准备好安瓿砂轮。

药品准备：2%盐酸普鲁卡因注射液（10毫升），1支，供皮下浸润用；盐酸普鲁卡因粉剂针数支，供脊麻用；0.1%肾上腺素水剂若干支；5%～10%葡萄糖注射液（50毫升）2支，供配制同密度局麻药用。普鲁卡因的选择，最好用专供脊麻用的粉剂，每支为150毫克。锯开时不可有玻璃碎屑漏入，用5%葡萄糖注射液或脑脊液溶解，溶解后应清晰无浑浊。一般调整为2%～3%的浓度，牛用30～50毫升为宜。浓度不超过5%，容量则可根据情况适量增减。

④ 蛛网膜下腔穿刺术要点如下。

保定与体位姿势：蛛网膜下腔穿刺时，以侧卧保定最常用，荐尾麻醉多用站立保定，犊牛和青年牛也可用仰卧保定。蛛网膜下腔麻醉后，由于需要调整体位或调整阻滞平面范围，常应给以适量镇静全麻药，以防因脊麻动物剧烈骚动，局麻药在脑脊液内对流、弥散加速，而使阻滞范围向前过度扩散。调整脊麻阻滞平面范围的方法，多用改变手术台平面，使麻醉奶牛体躯前高后低或前低后高。

穿刺点定位：最常用的是腰荐间隙蛛网膜下腔阻滞麻醉。牛是在最后腰椎棘突和第1荐椎棘突的直线，与两结节连线的交叉点后方两指处的凹陷内刺入，牛还可做腰部蛛网膜下腔麻醉，其刺入点在第1、第2腰椎棘突的直线，与第2腰椎两侧横突游离端前缘的连线交叉点，向后1厘米处刺入。穿刺前检查心跳、脉搏和呼吸，有条件应测血压。如做高位蛛网膜下腔麻醉，应备升压药和人工呼吸装置等。

穿刺点消毒：穿刺点周围大面积剪毛消毒，尽量使用隔离洞巾，用5%碘酊进行皮肤消毒，并用酒精脱碘。

术前准备复查：术者手严格消毒后，打开脊麻包，检查各种针头与注射器。核对水剂、粉剂普鲁卡因，肾上腺素，5%～10%葡萄糖注射液，安瓿砂轮是否齐备。如用粉剂普鲁卡因，应事先锯开安瓿待用。

穿刺前局麻与切口：术者用左手摸清棘突与棘突间隙，确定穿刺点。用1%普鲁卡因注射液做小剂量皮下浸润，使穿刺时无痛无挛缩。牛的背部皮肤过厚，可先做皮肤小切口后再行穿刺。

穿刺进针要领：左手食指和拇指固定穿刺点皮肤，右手持脊麻穿刺针（10～15厘米），自皮肤旋转进针。穿刺点应在背部正中纵线上，在间隙的正中或略偏近尾椎方向，当穿刺针穿过皮肤全层后，左手即可放开。

进针具体感知：进针时应密切注意针干方向，如遇有阻力或骨质阻挡，可稍后退，把针干略做调整再刺入，但切不可偏离正中纵线。进针中可有 2～3 次明确的阻力改变，首先遇到的阻力是棘上韧带与棘间韧带，当继续穿入黄韧带时仍有阻力，当穿过黄韧带时，可有落空感觉，则指示针尖已进至硬膜外腔，针头此时已深达 8～10 厘米；再向深部推进穿过硬膜常会有“噗”的一声，突然落空感更加明显，指示针头已达蛛网膜下腔。如进针较快，两次落空的感觉可合并成一次。

位置确认并注入药液：针尖既已到达蛛网膜下腔，拔出针芯即可见脑脊液流出，如加压于两侧颈静脉，使滴出更加增快，指示蛛网膜下腔畅通无阻。注入局麻药液时，针蒂要保持稳定，不可随注入力量使针尖再深入或有所移位，脊麻中局麻药液推入的速度，每秒钟注入 1 毫升为较快的速度，每 5 秒注入 1 毫升是较慢的速度，以每 3 秒注入 1 毫升的速度较合适。药液注射完毕和注药过程中，可回抽脑脊液是否通畅，以证明针头固定良好。每次回抽脑脊液量，以 2～4 毫升为宜，随后立即重新注入。注药完毕不要卸下注射器，应连同穿刺针一起拔出。

(2) 硬脊膜外腔麻醉（硬外麻醉） 将药液注射于椎骨管壁与硬膜间的硬膜外腔，以阻断由硬膜外出的脊神经，从而引起后躯丧失感觉和运动麻痹。根据手术需要，把硬膜外腔麻醉又分为尾椎硬外麻醉（从第 1、第 2 尾椎间注入局麻药，以麻醉盆腔）和腰椎硬膜外麻醉（从腰椎与荐椎间注入药液，以麻醉腹腔后段和盆腔）两种。兽医临床上进行乳房、阴茎、后躯手术时要用此种麻醉方法。

① 穿刺点的选择：一般可在站立保定或侧卧保定下进行，牛最常用的穿刺点有腰荐间硬膜外腔阻滞麻醉，荐部硬膜外腔阻滞麻醉和腰部硬膜外腔阻滞麻醉。

腰荐间隙的穿刺点定位方法与腰荐间隙蛛网膜下腔的穿刺部位相同，可阻滞腰神经的神经根。

牛的荐部硬膜外腔阻滞麻醉的刺入点是在第 1～2 尾椎间的弓间间隙，也可在荐骨与第 1 尾椎间刺入。牛以两侧坐骨结节前缘做一连线，在尾中线的交叉点上，即为第 1、第 2 尾椎弓间间隙处，在此处稍向后较易确立一凹陷，此处为第 1、第 2 尾椎间间隙。也可提起尾部向上活动，在尾根背侧出现一皱褶横沟，此处为第 1、第 2 尾椎间间隙。

牛腰部硬膜外腔麻醉的刺入点在第 1、第 2 腰椎间的弓间间隙，并将局麻药注入腔内，在硬膜外腔麻醉了相应的胸、腰部脊神经根，使支配胸腹部知觉消失。阻滞范围取决于注入局麻药的量和药液扩散范围。局麻药如不扩散至最后腰神经与第 1、第 2 荐神经处，则不会出现后躯麻痹，而能在站立保定情况下进行腹部手术。

牛站立保定，在第 1、第 2 腰椎棘突间背中线与第 2 腰椎两横突游离端前缘的连线交叉点上，向后 1 厘米处，将 10 厘米的腰椎穿刺针经皮肤切口于中线右侧或左侧刺入，视麻醉右侧或左侧腹壁而定，针头于棘突中线旁侧 2.5 厘米处呈 13°角，向下刺入。

② 具体穿刺方法如下。

腰荐部硬膜外腔的穿刺：穿刺时进针的方向和针刺通过各层组织的感觉与脊麻完全一样。穿过皮肤后，最先遇到的是棘上韧带，其次是棘间韧带，最后为坚韧的黄韧带。硬膜外腔阻滞操作时，更应强调穿过黄韧带的感觉。在穿刺中针尖如遇有骨质感觉，当改变方向避开骨质阻挡。

腰部硬膜外腔的穿刺：常用正中旁穿刺法。确定第 1～2 腰椎间隙刺入点后，距正中线 2.5 厘米处，经皮下、肌肉组织直到板骨膜，针尖向正中线探索和寻找椎弓后缘根部骨质间隙。正中旁穿刺的要点在于重视进针方向和深度，一般针干应略偏向对侧和头侧，进针深度则应较正中刺入再增加 2 厘米，而且要掌握针尖在黄韧带正中线上穿破，进入硬膜外腔，遇有椎板间隙较窄，或遇有骨质阻挡，应把穿刺针退出少许，调整针刺方向。

荐部硬膜外腔的穿刺：确定第 1～2 尾椎间隙，在其凹陷中穿刺。针尖垂直刺向皮肤，刺破皮肤后，针尖稍向前方呈 45～60°角倾斜，而后将针推向棘间韧带，刺透该韧带可感到似突破坚固障碍，刺入 2～4 厘米。

③ 不同穿刺点麻醉剂量如下。

腰荐部硬膜外腔注射量：一般用2%～3%盐酸普鲁卡因注射液，其总量在1.5～2克，低于1克则麻醉不确实。

低荐尾硬膜外腔注射量：以坐骨结节与髋结节顶点间距离（臀部长度，一般为45厘米）数除以3，就是局部麻醉药液用量（毫升）。

高荐尾硬膜外腔注射量：以坐骨结节与髋结节顶点间距离数（臀部长度）作为计算局部麻醉药用量的依据，如臀长45厘米，即应使用局部麻醉药45毫升。如想达到更广泛的阻滞范围，则可加倍局部麻醉药的剂量。荐尾硬膜外腔所用的盐酸普鲁卡因注射液的浓度为2%。

牛腰部硬膜外腔注射量：使用3%盐酸普鲁卡因注射液10～15毫升。

④ 注意事项：向硬膜外腔注射药物时，一定要注意药液温度、注射速度与压力，以防产生全身性反应。药液应加温至与体温相同，以0.3～0.4毫升/秒的速度注入硬膜外腔中。

二、全身麻醉

利用某些药物对中枢神经系统产生广泛性的抑制作用，从而暂时地使机体的意识、感觉、反射和肌肉张力部分或完全消失的一种麻醉方法称为全身麻醉。全身麻醉有两类：一类是吸入麻醉，另一类是非吸入麻醉。吸入麻醉需要一定设备，目前兽医临床上尚未广泛应用，而非吸入麻醉已广泛应用于外科手术中。

1. 牛全麻注意事项

牛作为施行手术的对象有许多有利条件，如能在站立保定和施行局部麻醉的情况下进行多种手术（如瘤胃切开等大手术），即使在需要全身麻醉的手术，一般也可在中、浅麻醉情况下，配合局部麻醉进行，故牛需要深麻醉的情况并不多。

牛在全身麻醉时，因其解剖、生理上的特点，有其不利的一面，如牛的肺活量小，腹腔中又有特大的瘤胃，在卧倒时腹压更增大，容易压迫膈，造成呼吸困难，这就加重了在麻醉时就已被抑制了的呼吸功能障碍。

多数的全身麻醉药都能引起牛的大量流涎。加上深麻醉时，贲门括约肌松弛导致瘤胃液状内容物有从口鼻滑出的可能性，有造成吸入性肺炎的危险。在麻醉时胃肠运动功能受抑制和长时间卧倒的不利体位的影响下，大量发酵的瘤胃内容物容易发生膨胀。所有这些因素都要求术者对牛全身麻醉可能发生的危险性保持应有的警惕。

为了克服这些不利因素，施行全身麻醉的牛应该绝食 24 小时，为了减少液腺和支气管腺体的分泌，常采用小剂量 0.48 毫克每千克的阿托品做麻醉前用药，为了预防瘤胃臌胀，可在麻醉前 30 分钟服食食醋 0.5～1 升或灌服适量的鱼石脂酒精，同时也应备有胃管和瘤胃放气套管针及预防吸入异物的气管插管。为了减少麻醉剂的副作用和用药量，可以采用复合麻醉的方法。

2. 麻醉前用药（根据手术目的和麻醉剂的种类，选择麻醉前用药）

（1）愈创木酚甘油醚 本剂作用时间短、肌肉松弛作用强，便于向气管插管或向食管插内窥镜的理想肌肉松弛药。

将此药 50 克溶解在 5%葡萄糖注射液 1000 毫升内，配成 5%愈创木酚甘油醚溶液。牛按 100 毫克每千克剂量静脉注射。一般用到全量的 1/3～2/3，牛便可俯卧，咽喉部可持续松弛 5 分钟。如果静脉注射全量，牛可镇静持续 10 分钟左右。必要时可追加剂量。此药对成年牛有明显的一过性抑制呼吸作用，有时可能发生逆呕。对犊牛即便用每千克体重 0.025 毫克每千克的剂量，有时也可使呼吸麻痹、逆呕等。

（2）愈创木酚甘油醚溶液＋硫喷妥钠 愈创木酚甘油醚溶液按 5～7 毫克每千克剂量混合硫喷妥钠静脉注射，效果出现更为迅速。而愈创木酚甘油醚的用药量可减少到 1/3，在气管插管完成后，即可转为吸入麻醉。

100 毫克每千克愈创木酚甘油醚葡萄糖溶液中加入 5 毫克每千克硫喷妥钠。按 100 毫升每分钟快速注射 1/5～1/4 量即可达镇静，1/3 量可毫不勉强地俯卧，2/3 量可以插管。如将全量静脉注射，可达外科麻醉期，此时角膜反射迟钝，结膜反射阴性，体表、肛门反射阴性，可做小手术，约经 40 分钟才开始起立。

一般此药在静脉注射 5 分钟后，呼吸、心跳加快，体温稍下降，瘤胃蠕动减弱，不发生逆呕，20 分钟后恢复常态。

(3) 硫喷妥钠 本药虽然无肌肉松弛作用，但可做气管插管用。牛用药量为 10～15 毫克每千克，犊牛用药量为 15～20 毫克每千克，因抑制呼吸与咽部刺激，可发生逆呕。

主要用作静脉麻醉药，可单独使用，也可作基础麻醉，或麻醉前用药。其麻醉作用迅速，维持时间短。先用它达到浅麻醉，再用其他麻醉药维持麻醉深度。

(4) 硫酸阿托品 牛在全身麻醉时，麻醉剂常可使唾液和支气管内分泌物增多，并误入呼吸道引起阻塞，因此用本剂作为麻醉前给药较安全。

牛麻醉前 20～30 分钟皮下或肌内注射本药 20～50 毫克，也可在麻醉前 5～10 分钟静脉注射 0.5～2 毫克每千克。

(5) 隆朋和静松灵 隆朋用小剂量作为镇静性保定药，使兴奋、强拗、不易控制的牛安定，便于诊疗或运输、称重、拆线、换药，以及进行子宫复位、食道梗塞、穿鼻等小手术。作为麻醉前用药与水合氯醛、硫喷妥钠或戊巴比妥钠等合用，可减少麻醉药的用量，增强麻醉效果。隆朋对牛的镇静性保定剂量，肌内注射，0.2～0.3 毫克每千克。

静松灵与隆朋相似，对牛的镇静性保定剂量，肌内注射，0.1～0.2 毫克每千克。

3. 非吸入麻醉

非吸入麻醉有许多优点，操作简便，一般不需要特殊的麻醉装置，不出现兴奋期，也不严格要求掌握麻醉的深度等，故目前仍为重要的麻醉方法。

非吸入麻醉剂的输入途径有多种，如静脉注射、皮下注射、肌内注射、腹腔注射，口服及直肠灌注等，其中静脉注射麻醉法因作用迅速、确实，在兽医临床上占重要地位，但在静脉注射有困难时，也可根据药物的性质，选择其他投药途径。

(1) 水合氯醛 牛的水合氯醛麻醉，一般采用静脉注射法较多，虽然必要时也可灌服或灌肠投药，但灌服法因瘤胃内容物量大，影响药物吸收，故效果不甚确实。为了克服水合氯醛所引起的较长时间的嗜睡状态，加快麻醉牛术后苏醒，可于术后注射樟脑磺酸钠。

目前市售水合氯醛制剂有水合氯醛酒精注射液（含水合氯醛 5%，酒精 12.5%）和水合氯醛硫酸镁注射液（含水合氯醛 8%，硫酸镁 5%），使用时可参照其含量计算各种牛的需要量。

(2) 巴比妥类 巴比妥类药物很多，根据作用的时限可分成四大类，即长、中、短和超短效作用型的巴比妥类药物。在兽医临床上常与安定药或麻醉药协同进行复合麻醉的有硫喷妥钠、硫戊巴比妥和戊巴比妥钠等，其中硫喷妥钠最为常用。

硫喷妥钠属超短效巴比妥类药物，主要用作静脉麻醉药，既可单独使用，也可用作基础麻醉，即先用它达到浅麻醉，再用其他麻醉药维持麻醉深度。其麻醉作用迅速（静脉注射后 1 分钟内牛即麻醉），维持时间短（牛 10～20 分钟）。重复给药可增强麻醉深度，延长麻醉时间。

硫喷妥钠使用时用注射用水或生理盐水配制成 2.5%～10%的溶液。静脉麻醉用量：成年牛 10～15 毫克每千克，犊牛 15～20 毫克每千克。

(3) 隆朋 化学名为二甲苯胺噻嗪，是国外广泛应用于兽医临床上的一种较新的镇静催眠药。

此药对动物，特别是反刍动物能产生较好的镇静效果，并且具有用量小、作用迅速、应用简便、使用安全等特点，已广泛应用于牛等多种动物。同时也有效地用于各种临床检查，各种外科、产科手术，以及对动物的保定、运输等。

牛静脉注射麻醉用量 0.03～0.1 毫克每千克，肌内注射 0.1～0.2 毫克每千克，并可视麻醉深度酌情增加剂量。

(4) 静松灵 本品有与隆朋相同的作用和特点，临床上静脉注射时出现呼吸增快，心搏减缓，血压一度上升，后逐渐下降到低于注射前值，中心静脉压上升，用药时能看到房室阻滞，心排量降低，红细胞比容及血红蛋白减少，血容量和血浆容量有一定程度增加。本品的使用方法和剂量与隆朋基本相同。肌内注射用量为0.2～0.6毫克每千克。

(5) 保定宁 保定宁是在静松灵基础上的复合剂，每100毫升含静松灵5克和乙二胺四乙酸（EDTA）10克。用于手术麻醉，临床止痛效果优于单独应用静松灵。使用方法同静松灵。

(6) 氯胺酮 本品根据使用剂量大小不同可产生镇静、催眠到麻醉作用。由于氯胺酮对循环系统具有兴奋作用，心率增快38%，心排量增加74%，血压升高26%，中心静脉压升高66%，外周阻力降低26%。因此，静脉注射时速度要缓慢。本品对唾液分泌有增强现象，事先注入少量阿托品可加以抑制。

应用本品于麻醉前停食半天至1天，可防止瘤胃容积过大影响呼吸或因反流造成异物性肺炎。为了防止分泌液阻塞呼吸道，宜于麻醉前应用少量的阿托品。

本品对牛常和隆朋配合使用。在给牛注射有效剂量至出现药效时，要经过5～20分钟，肌肉松弛期可维持20分钟以上。静脉注射麻醉用量为2毫克每千克，作用消失后可再注射相同剂量。

(7) 复方氯胺酮 又称噻胺酮注射液，由15%氯胺酮和15%隆朋为主，配成15%的溶液。肌内注射5分钟可平稳地进入麻醉状态，并且无挣扎和兴奋，痛觉消失，肌肉松弛。按5毫克每千克肌内注射，有效麻醉期60～80分钟；注射7.5毫克每千克，可维持80～100分钟；用量达10毫克每千克，可维持130～150分钟。

催醒可用0.5%的育亨宾或苯噁唑，临床上将15%氯胺酮溶液稀释为5%浓度以0.1毫升每千克肌内注射。

(8) 846合剂 按0.01～0.015毫升/千克肌内注射，镇静效果好，麻醉维持1小时左右，但在应用中可出现呕吐，肌肉松弛效果不太理想。苏醒药为1∶1的苏醒灵4号。

(9) 其他较新的麻醉药 舒泰，静脉注射5～10毫升/千克体重，麻醉20～30分钟；肌内注射15毫升/千克体重，可麻醉30～45分钟；二异丙酚，5毫升/千克体重静脉注射；氟哌啶芬太尼合剂，每毫升含氟哌啶10毫克、芬太尼0.4毫克，按0.05～0.08毫升/千克体重肌内注射；γ-羟基丁酸钠与硫喷妥钠合剂，用γ-羟基丁酸钠50毫克可麻醉

2～4 小时；三碘季铵酚等。

第七节 牛病治疗输液与输血技术

一、静脉输液

1. 输液目的

补充水和电解质，以调节或维持牛体内水、电解质及酸碱的平衡。纠正血容量不足，维持血压和改善微循环的灌注量。解毒、控制感染和治疗疾病。供给营养物质，促进机体组织修复，维持牛机体正常生理活动。

2. 常用注射液

(1) 晶体注射液

① 等渗盐水（生理盐水）：0.9%氯化钠注射液。

② 低渗盐水：钠离子和氯离子浓度较等渗盐水低一半，用于缺水多于缺盐的病例。

③ 高渗盐水 10%氯化钠：用于缺盐多于缺水的病例，但用量不宜过大，速度不能过快。

④ 乳酸林格氏液：每 1000 毫升溶液中含氯化钠 8.0 克、氯化钾 0.33 克、氯化钙 0.28 克、乳酸钠 4.0 克。与等渗盐水有相似之处，但氯离子较血浆含量高，还含少量钾和钙。在酸中毒时，牛钾和钙都可能缺乏，所以用乳酸林格氏液较等渗盐水优越。

⑤ 氯化钾溶液：10%氯化钾溶液，应用时需稀释到 0.3%浓度以下，用于低钾血症。

⑥ 碳酸氢钠：常用 5%碳酸氢钠溶液，用于酸中毒。

(2) 胶体溶液 分子量大，在血管内存留时间长，对维持血浆胶体渗透压、增加血容量、升高血压效果显著。

① 右旋糖酐：有高分子右旋糖酐（分子量 10 万～20 万）、中分子右旋糖酐（分子量 6 万～8 万）、低分子右旋糖酐（分子量 2 万～4 万）

和小分子右旋糖酐（分子量 1 万～2 万）。为血容量扩充药，有提高血浆胶体渗透压、增加血浆容量和维持血压的作用，能阻止红细胞及血小板聚集，降低血液黏滞性，从而有改善微循环的作用。

② 羟乙基淀粉（706 代血浆）：血容量补充药。有抑制血管内红细胞聚集作用，用于改善微循环障碍。临床用于低血容量性休克，如失血性、烧伤性及手术中休克等，以及血栓闭塞性疾患。

③ 血液制品，有 5%白蛋白和血浆蛋白等。

根据临床症状和红细胞比容（HCT），计算出缺水总量（已失量）。已认为 HCT 每增加 1%，血浆缺水 1%，细胞间液缺水 3%。也可用 HCT、总蛋白（TP）和皮肤弹性判断缺水程度：轻度缺水（6%），HCT 43%～47%，TP7.0～8.0，皮肤弹性正常；中度缺水（8%），HCT 47%～55%，TP8.0～9.5，皮肤弹性降低；重度缺水（10%），HCT＞55%，TP＞9.5，皮肤无弹性。

一般遵循“先晶后胶”“先盐后糖”“宁酸勿碱”的原则。输液后，当尿量增加到 40 毫升/小时，需适当补钾，并注意补钾的“四不宜”原则，即：不宜过浓、不宜过快、不宜过多、不宜过早。

3. 输液的方法

根据计算的“已失量”，一般先用一定量的胶体溶液补充血容量，然后输电解质溶液，最后输葡萄糖；或用生理盐水和 5%葡萄糖溶液交替使用；或用生理盐水、葡萄糖、碳酸氢钠配的混合液。

输液的速度根据输液的目的、心脏功能和液体种类而定。

① 脱水严重，血容量低，外周循环衰竭者，开始补液宜快，待症状改善后改用慢速或点滴输入。

② 心、肺、肾功能障碍者宜缓慢，防止发生心力衰竭和肺水肿。

③ 输钾溶液宜缓慢或滴注，而输入甘露醇、山梨醇则宜快速。

④ 补葡萄糖溶液需根据葡萄糖在体内的氧化速度，以 0.5 克/(千克·小时）为宜。

⑤ 慢速输液，一般以 50 毫升/分或更慢；快速输液，可达 100～130 毫升/分；点滴输液每分钟 100～200 滴。

二、输血

输血是利用输入保持正常生理功能的血液进行补血、止血、解毒等的一种有效治疗措施，但是输血不当，会引起输血反应，甚至死亡。因此，只有掌握输血的规律，才能保证输血疗法顺利进行，达到预期效果。

1. 输血的作用

① 在创伤和手术等急性失血时输血可及时补充失血量以维持血容量，提高血压，防止休克，增强机体各器官的功能。

② 抢救休克：出血性、创伤性和感染性休克等，应立即输给足够的血液。

③ 预防性止血：凝血功能障碍时，经小剂量反复输血，以补充各种凝血因子，提高血液凝固能力，常用于不能进行其他止血方法时的出血。

④ 治疗重度感染：败血症、脓毒血症等，少量多次输血，增强机体抵抗力。

⑤ 补充蛋白提高免疫力：输血可给病牛补充各种特异性与非特异性的蛋白质等，以提高抵抗力和免疫力。

2. 适应证与禁忌证

（1）输全血适应证 全血是指加有抗凝剂的血液。其适应证是大失血、外伤性休克、血友病或营养性贫血、一氧化碳或其他的化学品中毒（此时因血液变质，血红蛋白丧失了携带氧的能力或血红蛋白对组织不能及时释放一定量氧）和新生犊牛的溶血性疾病。

（2）输红细胞适应证 溶血性贫血时若血浆蛋白仍属正常范围，贫血的治疗可仅靠输注红细胞。如机体内红细胞的破坏加速，造血功能代偿不足，败血症或脓毒血症时，因红细胞破坏过多和造血功能降低，可考虑输注红细胞。

（3）输血浆适应证 除大失血外的休克，严重烧伤，急性或持久的腹泻。

（4）输血的禁忌证 严重的心血管系统疾病、严重的肾脏疾病、肺炎、肺水肿、肺气肿、脑水肿、严重的支气管炎、血栓性静脉炎、脑出血等情况下，禁忌输血。

3. 血型与输血的关系

牛红细胞型有 11 个血型系统被国际输血协会正式确认（部分文献有认为 12 个血型系统），而血清蛋白型有 7 个系统。在这 11 个系统中 B 系和 J 系特别重要，B 系至少有 200 个等位基因，在这些系统中可能的组合极多，以致大多数动物都具有独特的血型。

异型血液的血清和红细胞相混合，迅速凝集成团，随后发生溶血。导致凝集的原因是在红细胞表面有一种特异抗原，称之为凝集原。在血清中含有一种相应的特异性抗体，称为凝集素。当不同血型的血液混合时，凝集原在凝集素的作用下，先凝集而后溶血。因而，当病牛接受了不同血型的血液以后，就会发生输血反应。

无论何种家畜，当从某一供体采血并注射到另一同种受体内，受体能在 1 周内产生免疫性抗体，如还用同一供体血液给同一受体第二次输血时，就可发生输血反应。

牛一般第一次输血时不做血液相合性检查，输血通常是安全的，输血后大约 1 周才产生特异性抗体，故在第一次输血后 24h 内重复 3～4 次输血是较安全的。

临床实践表明，牛血清中凝集素之间的抗原抗体反应不像人医那么严格，但是输血前进行血液相合性检验仍是十分必要的。

4. 血液相合性检验

（1）玻璃管试验法 分别从供体和受体颈静脉采血各 5～10 毫升，分别置于贴有标签的试管内，静置分离血清，也可在试管中预先加入 1 份 4%柠檬酸钠溶液，再加入 9 份血液，分离出血浆备用。

把血清或血浆分别移至贴有标签的试管中备用。取各试管内的血凝块少许，分别置于含有生理盐水的试管内混匀，使红细胞的颜色如番茄汁样。每组供体与受体牛的血样需用离心管 2 个，进行主要试验和次要试验。主要试验管内先滴加受体牛血清 1 滴，然后加入供体牛红细胞悬液 2 滴；次要试验管内先加受体牛红细胞悬液 1 滴，再加入供体牛血清

2 滴。

把试管置于 37℃水浴 5～8 分钟，或置于室温 30 分钟。将试管以 1000 转/分的转速离心 1 分钟，取出试管振荡并仔细观察凝集反应。

阳性反应：试管内有明显红细胞凝集现象，出现血凝块，轻度振荡不易分散。

阴性反应：红细胞仅沉于管底，轻度振摇即可重新浑浊。

（2）玻片凝集试验法 从供体牛采血 1～2 毫升，用红细胞时，用生理盐水稀释 10 倍；用全血时，用生理盐水稀释 5 倍。从受体牛采血 5～10 毫升，置室温下分离血清，或于试管内加入 4%柠檬酸钠溶液（9 份血加 1 份 4%柠檬酸钠溶液），分离血浆。

用吸管取受体牛血清或血浆于一张玻片上滴 2 滴，立即用另一吸管吸取供体牛血液混悬液或红细胞混悬液，加 1 滴于上述玻片上。使供体血与受体血混匀，置室温下 10～15 分钟，观察凝集反应的结果。

阴性反应：即为相合血液，玻片上的液体均匀红染，无任何红细胞凝集现象。显微镜下观察，每个红细胞界限清楚。表明供体牛血可作输血之用。

阳性反应：玻片上的红细胞呈沙粒状凝块，液体透明，显微镜下红细胞彼此黏集一起，分辨不清其界限。

判定凝集试验要注意以下几点。

假凝集：红细胞呈絮状、均匀细沙粒状。可能因血浆中球蛋白和纤维蛋白原增多的缘故。鉴别时可滴入生理盐水，假凝集可散开，而真凝集仍呈块状。

冷凝集：一般在 0～5℃最明显，在玻片上易出现。对此先将血清与红细胞混悬液在 35～37℃水浴中加温，再行操作。

蒸发凝集：放置过久，水分蒸发，血清浓缩而红细胞凝集。

（3）生物学试验法 在紧急情况下来不及做凝集试验时，可进行生物学试验。

方法是先对受体牛进行体温、呼吸、脉搏、黏膜色泽等项目检查，然后经颈静脉输入供体牛血 200～300 毫升，10 分钟后观察受体牛的反应。若上述指标无异常，说明供体牛和受体牛的血液是相合的，可继续进行输血；若10分钟后受体牛出现不安、前肢刨地、呼吸和脉搏增快、黏膜紫绀、肌肉震颤、胃肠蠕动亢进、频频排尿排便、全身出汗，说明血液不相合，应更换供体牛。

生物学试验出现的输血反应一般经20～30分钟消失，通常不需处理。

5. 供体牛的选择

应挑选年轻、体壮、健康无病（包括传染病和血液寄生虫病）的牛为宜。通常采血2～3升，对其健康无影响，也可用屠场健康牛的血液用来输血。

6. 血液的收集与贮存

输血的先决条件是离体的血液依然保持着一种混悬的状态，输入动物机体后可进行其正常的生理功能。因此，怎样保持离体血液的活力，使血细胞的形态结构无变化，钾、钠和磷酸盐等电解质基本变化不大，红细胞和血浆的渗透压无变化，血浆中无游离的血红蛋白（Hb）出现，都是血液贮存中必须解决的问题。

（1）抗凝剂

① 3.8%～4%柠檬酸钠溶液：这是最常用的一种抗凝剂，它的浓度和血液正好等渗，抗凝时间长，在无菌条件下血液保持在4℃，7天内不丧失其理化及生物学特性。应用时与血液的比例为1∶9。

② 10%氯化钙溶液：由于增高血液中钙离子的含量，制止血浆中纤维蛋白原脱出，而呈现抗凝作用。应用时它与血液的比例为1∶9。此外，该液还有抗休克和降低机体反应性的作用。因此，有人认为用10%氯化钙溶液作为抗凝剂，可以不考虑血液是否相合而进行输血。其缺点是抗凝时间短，必须在2小时内用完。

③ 10%水杨酸钠溶液：抗凝作用可以保持2天，应用时与血液按1∶5的比例混合。

（2）血液保养液 血液如需贮存，必须用血液保养液，以供给血细胞能量和保持一定的pH，从而维持血细胞的生命活性。

常用的血液保养液为ACD液，其配方为：柠檬酸0.47克，柠檬酸钠1.33克，无水葡萄糖3.5克，重蒸馏水加到100毫升，灭菌后备用。此液pH为5.0，与血液混合后pH为7.0～7.2，使用时每100毫升血液加入本液25毫升。该保养液不但能抗凝，而且能供给能量。红细胞在ACD液中于4℃下可保存约29天，存活率可达70%。

(3) 血液的采集 在严格无菌操作下，用12或16号针头准确地插入供体牛的颈静脉，血液流出必须有力，并使其顺着加有抗凝剂的集血瓶边缘流进瓶内，以减少泡沫形成。收集血液时应轻轻晃动集血瓶，以保证血液与抗凝剂充分混合。

血液收集后，就应尽快地输血，若要保存30分钟及以上时，最好将集血瓶保存在4～6℃的冰箱内冷藏。

7. 输血的方法、速度与剂量

(1) 输血方法 一般静脉输入。将采集的血液轻轻摇动，使血浆与红细胞充分混合，如有血凝块，在倒入输血瓶时用3～4层灭菌纱布过滤后再输入。在输血过程中，要多次轻摇输血瓶，防止红细胞沉淀堵塞输入管道。

如病牛因失血过多或其他原因导致血容量严重下降，体表静脉塌陷，经压迫后仍不能充盈，特别是新生犊牛等幼小牛不能刺入静脉时，可找一条大静脉的分支或末梢（如股静脉），做静脉切开术后输血。输完后，将切开的静脉予以结扎。

(2) 输血的速度 输血的速度与疾病的种类、性质，病牛的心、肺功能状况有密切关系。一般以20～25毫升每分为宜。大失血时速度要快，可达50～100毫升每分，心力衰竭、肺水肿、肺充血时，速度宜缓。

(3) 输血量 一般以病牛体重的1%～2%来计算。在重复输血时，为避免输血反应，可采用更换供体牛的方法。如用同一供体牛重复输血，应在3～4天内进行，即在受体病牛尚未形成一定的特异性抗体前输入。

8. 输血反应的抢救

(1) 发热反应 输血后15～30分钟，受体牛出现寒战和体温升高及出汗。

若在输血期间发生反应，可在每 100 毫升血液中加入 2%普鲁卡因注射液 5 毫升或氢化可的松 50 毫克，并减缓输血速度，若反应剧烈应立即停止输血。

输血后出现的发热反应一般可自行消退，若持续时间久，可静脉输入葡萄糖注射液。

(2) 溶血反应 受体牛在输血过程中突然出现不安，呼吸脉搏增快，肌肉震颤，不时排尿、排便，高热，可视黏膜紫绀，并出现休克症状。此时应立即停止输血，改注糖盐水，然后再注射 5%碳酸氢钠注射液，还应当使用强心利尿剂。

(3) 变态反应 出现呼吸急促，痉挛，皮肤上出现块状荨麻疹等症状，应停止输血。肌内注射苯海拉明，或皮下注射 0.1%肾上腺素注射液 5～10 毫升。必要时需做对症治疗。

9. 输血中需注意的事项

① 一定要严格无菌操作，一切输血器具都应严格地清洗和消毒。

② 输血过程中要密切观察病牛的全身变化，出现异常反应立即停止输血。

③ 输血速度宜慢，1 升血需要 20 分钟输完。普遍认为血液输入的速度愈慢，对保证心血管系统和增加血量的适应性就愈好。

④ 不应使用贮存较久的血液，贮存 10 天以上的血液不要再用。血液保存越久，血细胞在受体动物的体内生存时间就越短。最好是输入新鲜血液，或者是保存在 4℃不超过 10 天的血液。

⑤ 不得用公牛的血液给即将进行交配的母牛输血，以免产生同族免疫，使新生犊牛发生溶血。

⑥ 不得给妊娠母牛输血，以免发生流产。

第八节 牛病治疗炎症疗法

一、炎症的原因和特点

炎症是机体对各种致病刺激所发生的一种应答性反应，包括血管方面的反应和细胞方面的反应。其病理表现为局部组织的变质、渗出、增生，重症有全身性反应。

炎症的四大病因：机械性刺激，如打击、切割、扎刺、踢顶等；物理性刺激，如低温、高温、紫外线、X 线等作用；化学性刺激，如酸、碱、有害气体刺激，以及其他化学腐蚀性物质的作用；生物性因素，如病毒、细菌、真菌、支原体、寄生虫等病原的侵袭及其毒素的影响。

在临床上，炎症局部表现为红、肿、热、痛和功能障碍。按病程炎症可分为急性炎症、亚急性炎症和慢性炎症；按渗出物的性质，临床上又将炎症分为浆液性炎症、纤维素性炎症和化脓性炎症等。

炎症的治疗应从消除病原、除去病因、改善机体的内部平衡、改变机体的局部反应性、控制症状和促进功能恢复着手。

二、炎症的冷疗与热疗

1. 冷疗（冷却疗法）

冷疗是用低温作用于炎症部位以发挥治疗作用的一种方法。冷疗可使局部血管收缩，血液流入减少，渗出作用降低；冷刺激还降低了神经的兴奋性与传导性而产生镇痛效果。

(1) 适应证 用于急性炎症，特别是渗出性炎症的最早期，以减少炎性渗出，制止炎症发展，制止溢血。挫伤、关节扭伤、腱鞘炎、蹄叶炎等的初期常用冷疗。有外伤时不宜用湿的冷疗。

(2) 冷疗方法

① 冷敷：用冷水浸湿的毛巾（稍拧干）或装有冷水的胶袋等敷于患部。冷敷常需要换水以维持低温。1 天治疗数次，每次约 30 分钟，连续 1～2 天。

② 冷蹄浴：用于治疗蹄、指、趾关节的疾患。方法是直接让病牛的患肢站在冷水中数分钟。

(3) 禁忌证 化脓性炎症过程、炎症后期及淋巴外渗禁用冷却疗法。

2. 热疗（温热疗法）

温热疗法是用稍高于体温的温度刺激局部，以促使炎症消除的治疗方法。热疗的作用是使局部的血管（主要是毛细管和小静脉）扩张，促进血液循环，改善局部营养，使细胞膜的通透性增加，有利于组织内淋巴液和血液渗出物的吸收；增进局部组织的新陈代谢和酶的作用，加强白细胞的吞噬能力；使机体产生舒适感，降低疼痛因子的刺激，具有镇痛作用。试验证明，40℃左右的温度镇痛作用最好。

(1) 适应证 急性炎症后期、亚急性和慢性炎症，如肌炎、腱炎、腱鞘炎、术后粘连、瘢痕引起的强直、愈合缓慢的营养性溃疡、关节扭伤、退行性关节炎和慢性或亚急性关节炎等。

(2) 热疗方法

① 温敷：用温热水浸湿的毛巾，或装有温热水的胶皮袋敷于患部。为了加强热敷的效果，可把普通水换成10%～25%硫酸镁溶液或食醋。还可使用舒筋活血、止疼散淤的方剂煎汤趁热洗烫患部，或把中药碾末，用适量的开水或热醋，调成糊状，摊在纱布上包在患部。

② 温蹄浴：与冷蹄浴方法相似，只是以温热水代替冷水。

③ 石蜡疗法：利用加热的石蜡为温热介质，将热传导至机体以达到治疗作用的方法。

石蜡具有较大的比热和较小的导热性，其熔化时吸收大量的热量，热石蜡缓慢地向四周传散热量，可使热透入较深层的组织内，作用持久。石蜡可使局部皮肤耐受较高的温度。石蜡具有良好的可塑性，治疗时与皮肤紧密接触，随着蜡温的逐渐冷却，石蜡的体积缩小，加压于皮肤及皮肤下组织，产生柔和的机械压迫作用，可减轻组织的肿胀。

治疗用的石蜡最好是熔点在52～55℃的白色石蜡。治疗时，先将石蜡在水浴中加热到100℃，然后冷却到所需的温度。第一次使用一般为65℃，以后逐渐提高温度，但最高不要超过85℃。若石蜡中混有水分，或使用旧的石蜡，或作为创伤治疗用，应该将石蜡加热到100℃并维持15分钟，以达到除去水分和消毒的目的。

治疗时患部剪毛，然后根据患部的不同可采用下列方法。

刷蜡法：将石蜡加热至65℃，用平毛刷在治疗部位皮肤上迅速、均匀涂抹几层，冷却后形成导热性低的保护层，再反复涂刷，直至蜡膜厚1～2厘米。

蜡袋法：塑料袋装蜡，使其加热至 55～60℃熔化，放于治疗部位，即可进行治疗。

石蜡热浴法：适用于四肢游离部。先采用刷蜡法将石蜡涂于皮肤上（约 0.5 厘米厚），作为“防烫层”，然后从蹄下面套上一个胶皮套，用绷带把胶皮套的下口绑在腿上固定，再从上口把熔化好的温度为 65℃左右的蜡注入，让石蜡包围在肢的四周，上口用绷带绑紧，外面包上保温棉花，最后在外面用细带固定。

石蜡棉纱热敷法：是用于四肢游离部以外地方的常用方法。做好防烫层以后，用 4～8 层纱布，按患部大小叠好浸于熔化好的温度适合的石蜡液中，取出后轻挤去多余的石蜡，立即敷于患部，外面也可以加棉垫保温，并设法固定之，热疗应每日或隔日 1 次，每次治疗 20～30 分钟。

（3）禁忌证 高热、肿瘤、急性感染期、急性炎症早期、出血性疾病和出血性倾向、心功能不全、肾功能衰竭等禁用。

三、炎症普鲁卡因封闭疗法

1. 封闭疗法的定义

将药液注射于患部周围或与患部有关的神经通路，以封闭病灶对中枢的异常刺激，从而改善组织的神经营养功能和减轻疼痛，此法在兽医临床上多用于急性炎症。根据机体各部位的不同，封闭疗法又可分为静脉内封闭疗法、四肢环状封闭疗法、病灶周围封闭疗法、穴位封闭疗法等几种。

2. 封闭疗法常用药物

临床上常用 0.25%～0.5%盐酸普鲁卡因注射液。其配制方法：盐酸普鲁卡因 2.5～5.0 克，氯化钠 5.0 克，氯化钙 0.075 克，氯化钾 0.125 克，蒸馏水 1000 毫升，充分溶解，灭菌后使用。

盐酸普鲁卡因封闭疗法常用的处方有两个。

处方一：0.5%盐酸普鲁卡因 100 毫升，青霉素 160 万～400 万单位，溶解后注射。

处方二：0.5%盐酸普鲁卡因注射液 100 毫升，青霉素 160 万～400

万单位，醋酸可的松125～250毫克，混合后使用。

3. 病灶周围封闭

病灶周围剪毛消毒，分多次将处方一药液进行皮下、肌内或基底部注射。剂量与病灶大小成正比，但总量不得超过2克，以免引起中毒。

4. 盐酸普鲁卡因环状封闭

此法用于四肢，在四肢部病灶的上方进行环状分层注射，其高度在前臂部（前肢）、胫部（后肢）中1/3处。剪毛消毒后，分数点分层注射处方二药液或处方一药液的0.5%盐酸普鲁卡因注射液100～200毫升。

5. 盐酸普鲁卡因静脉封闭

此法是将盐酸普鲁卡因注射液缓慢注入静脉，使药物作用于血管内壁感受器，引起封闭作用。1次注射0.25%盐酸普鲁卡因注射液200～300毫升，隔1～2日注射1次。

6. 眼底封闭

注射部位为牛的颞窝部，在颞突背侧1.5～2厘米处，针端指向对侧的角突刺入，深度为6～10厘米。用0.25%～1%盐酸普鲁卡因注射液20～40毫米，加青霉素40万～80万单位，或加醋酸可的松50～100毫克，隔日1次，3～4次为1个疗程。

7. 尾骶封闭

在尾下方肛门上方凹陷处（后海穴）用封闭针头平行荐骨椎体向深部刺入。边进针边注射1%盐酸普鲁卡因注射液，推至8～10厘米时，注完60～80毫升药液。每天1次，4～5次为1个疗程。

8. 肾区封闭（肾脂肪囊封闭）

牛站立保定或侧卧保定。左侧注射部位是在第1腰椎横突与最后肋骨间，距背中线8～10厘米处。刺入深度8～9厘米。右侧注射部位是在最后肋骨前面距背中线10～12厘米处，刺入深度同左侧。

术部剪毛消毒，用15厘米针头，垂直皮肤刺入皮下，继续推进过程中，手感抵抗力消失，并有落空感时，即已刺入肾脂肪囊内，如再深刺，容易损伤肾脏，则可感觉肉样抵抗。或从针头内流出血液，应将针头退回0.5～1厘米，注射0.25%～0.5%盐酸普鲁卡因注射液200～300毫升，拔出针头后，用碘酊消毒针孔，每周1次，两侧应交替进行。

9. 腹腔内脏神经节封闭

腹腔内脏神经节封闭使用的药物是0.25%～0.5%盐酸普鲁卡因注射液150～200毫升，并在其中加入青霉素400万～800万单位，必要时再加入樟脑油30～50毫升。

方法是在倒数第2肋间隙向上触摸到背最长肌下缘，用10厘米长的针头按照35度角向胸椎体方向刺入，抵椎体后稍退出，再向下推进针头到椎体横突下方，注射30～50毫升药液，让其自然滴下，若不能自然滴下，说明是在胸腔内（因为胸腔内有负压），若能缓慢滴下则证明是在胸膜外，然后再注入150毫升左右。此为一种良性刺激，多用于防治腹膜炎，促进创伤愈合，而且有一定的镇痛作用。

四、自家血液疗法

自家血液疗法是将病畜自身的血液注入皮下或肌肉治疗疾病的方法。自家血液注入皮下或肌肉后，红细胞遭到破坏，受破坏的红细胞被网状内皮系统细胞吞噬，使其受到刺激，以增强其吞噬作用，提高机体的抗病能力。

1. 适应证

自家血液疗法常用于皮肤病、某些眼病、淋巴结炎、睾丸炎、精索炎、肌肉风湿、腺疫等疾病。

2. 操作方法

（1）颈部皮下注射法　用100毫升注射器于颈静脉采血50毫升，迅速注射于消毒好的颈部皮下，并迅速冲洗干净注射器。

（2）眼睑皮下注射法　先在上眼睑皮下刺入针头，用10毫升或20毫升注射器于颈静脉采血6～8毫升，迅速注入眼皮下，迅速冲洗干净注射器。

临床上常用递增量的方法进行注射，即第一次注射 50 毫升，以后每次增加 20 毫升，隔 2 天 1 次，共注射 4～5 次。

3. 注意事项

① 第一次注射后，体温可稍有升高，但很快可恢复正常。

② 对高温病牛，网状内皮系统有明显抑制时，不要应用此法。

③ 自家血液疗法应配合其他疗法应用，效果更好。

4. 禁忌证

自家血液疗法没有严格的禁忌证，但对高热或网状内皮系统功能受到明显抑制的病牛不要应用。

五、刺激疗法

1. 刺激疗法的原理

刺激疗法是利用对组织有刺激性甚至有腐蚀性的药物作用于局部，直接或反射性改善血液循环，以促使炎症消散的一种治疗方法。刺激疗法是治疗外科炎症特别是治疗跛行的常用方法。

刺激疗法所用刺激剂分为温和刺激剂和强刺激剂。温和刺激剂可多次应用于局部皮肤，其作用随使用次数增加而增强。强刺激剂又叫发疱剂，涂于患部 24～48 小时后局部发生肿胀、水疱。3～4 天后肿胀消退，水疱逐渐干燥、结痂。数周后痂皮脱落。还可采用注射的方法，将某些刺激剂注射到皮下，几天后能见到局部肿胀，一般经过 7～10 天肿胀逐渐平息。温和刺激剂用于亚急性炎症，强刺激剂用于慢性炎症。

2. 温和刺激剂

浓碘：10％碘酊；鱼石脂软膏：10％～30％鱼石脂软膏；氨擦剂：氨水 25.0％，植物油 75.0％；四三一擦剂：10％樟脑酒精 4 份，氨剂 3 份，松节油 1 份。

3. 强刺激剂

① 红色碘化汞软膏：红色碘化汞 20.0％，凡士林 80.0％。患部 1 次应用，外用绷带包扎，每日更换绷带 1 次。牛对汞剂过敏，可用重铬酸钾软膏代替。

② 斑蝥素软膏：斑蝥末 10.0 克，黄蜡 70.0 克，橄榄油 90.0 毫升，松节油 30.0 毫升。患部 1 次应用，外用绷带包扎，每日更换绷带 1 次。

③ 巴豆搽剂：松节油 30.0 毫升，巴豆油 15 滴，10%碘酊 120.0 毫升。每日刷 1 次，根据需要刷 1～3 次，术后用绷带包扎。

4. 注射用刺激剂

① 碘植物油：碘 10 克，橄榄油 500 毫升，混合后皮下注射 10～20 毫升。

② 碘醚：碘酊、乙醚等分混合，在患部分 2～3 点皮下注射，每点 1 毫升。

③ 5%灭菌高渗盐水分数点皮下注射 10～30 毫升。

第九节　牛病外科手术基本操作技术

一、术前准备与术后护理

1. 术前准备

(1) 对病牛的检查　首先应了解牛的病史，并对牛进行必要的临床检查，以便了解施术牛的心血管系统，呼吸系统，胃、肠、肝、肾的状态和全身状况及现症。

做出尽可能正确的诊断：考虑病牛机体抵抗力、修复能力，能否经受麻醉或手术刺激，是否为手术适应证等，还应考虑牛的利用价值和经济价值。

对于妊娠牛要考虑到保定和麻醉的影响，产奶牛若非紧急手术应避开高产期，如可能时应延至干奶期再进行手术。

根据上述了解和检查的结果，作为制订手术计划的重要依据。

(2) 手术计划的制订　根据术前病牛检查的结果，事先深入考虑手术过程可能遇到的一切细节，提出手术做法的设想。通过和畜主充分沟通，说清潜在的风险，充分考虑畜主的意见，制订出尽可能合乎实际的手术计划。这不仅是手术工作中的一项良好习惯，也是保证手术合理和顺利进行的一个重要措施。

遇到紧急情况，不可能有时间制订完整的书面手术计划。在这种情况下，如果能争取由术者召集有关人员，进行简短而必要的交换意见，以求统一认识，分工协作，对于顺利去完成手术任务，也将是很有帮助的。

这对于一些未能确诊或比较复杂的非常规手术尤属必要。以免术后不良而产生纠纷。

手术计划通常可包括下列基本内容：

① 手术人员的分工。

② 手术所需药械、缝合材料、敷料等的种类和数量（还应包括某些可能出现的情况需要备用的器械，如某些疝手术可能出现肠管截除情况所需的药械）。

③ 牛保定和麻醉方法的选择。

④ 术前应做出的注意事项（例如禁食、胃肠减压、术前给药、膀胱减压导尿等）。

⑤ 手术方法及术中应注意的事项。

⑥ 可能发生的手术并发病（如虚脱、休克、窒息、大出血等）的预防和急救措施。

⑦ 术后的治疗和护理及饲养管理注意事项。

⑧ 在手术计划的后面，最好能附上一项“手术总结”。在每次手术后认真总结经验，通过不断地实践和总结，就能更有效地提高外科手术水平。

对于手术日程的安排，除紧急手术外，大手术最好安排在上午进行，以便日间有较长的时间对病情进行观察。污染手术一般均安排在无菌手术之后，以减少污染机会。

对于农、牧场大批家畜的去势、断尾、采血等手术的日程安排，除了考虑季节、气候对手术的影响外，还应了解当地流行病的情况。疫病流行地区一般不能进行大批手术，有些可能要在术前采取必要的预防措施，或将手术推迟至疫病控制以后再进行。

手术完成后，并不等于治疗的任务已完成。所谓“三分治疗，七分护理”，其含义就在于强调一般易于疏忽的术后护理的重要性。

为了贯彻落实术后应注意的措施，也应该将护理方法及有关注意事项告诉直接负责的护理人员（或饲养员），并说明如果疏忽可能造成的后果，以引起重视，并做到共同切实贯彻。

2. 术后护理和治疗

（1）术后护理的一般注意事项 术后的病牛如果是经全身麻醉的，在未完全苏醒前，应有专人看管，以免摔伤。全麻后半天之内，因吞咽功能未完全恢复，不可饮水或饲喂。全麻后，体温往往偏低，应该注意牛体保温。

术后一段时间内应对病牛加以细致观察，特别注意有无术后出血或其他并发病，以便及时处理。在术后每天最少检测体温1～2次，并注意观察脉搏、呼吸、精神、食欲、排便及切口的局部变化，根据病情需要还应做临床或实验室的检查，并将检查结果详细记录，以便及时采取相应的措施。

（2）合理饲养病牛 病牛在手术（尤其是大手术）中都经受了一定程度的组织损伤、出血和体液的丧失，术后往往又影响食欲、饮欲，使营养摄入减少，而需要量相反有所增加。因此，需饲喂容易消化且富有蛋白质和维生素的饲料。术后饮水除全麻后规定的禁饮时间外一般不加限制。

对于非消化道手术，如果术后病牛精神、食欲良好的，一般并不需要限制喂饮；但术后机体衰弱或消化道功能未完全恢复的病牛，则仍应以递增的方式逐渐恢复至正常饲喂量，避免一次食入过量或粗糙的饲料，造成消化功能紊乱。术后病牛食欲的递进，营养的改善，对于创伤的愈合和机体的恢复是有利的。

（3）输液 是手术后治疗中常用的措施之一。如果病牛在术前因疾病造成水、电解质流失和酸、碱平衡失调，应尽可能在术前即加以纠正。

病牛在术后是否需要输液则视术后病牛的病情而定。输液的目的在于补充必要的水分、热量，纠正电解质和酸碱平衡的紊乱，维持术后病牛的循环血量和血压等。

术后病牛如出现上述输液的适应证而未能采取措施并得到及时的纠正，可延迟伤口愈合和健康的恢复，甚至可发展为酸中毒、碱中毒、循环衰竭或休克，以致死亡；

(4) 术后感染的预防和控制 手术的感染率与手术时无菌操作的执行情况、清创是否彻底及病牛的全身抵抗力等密切相关，并且和术后的护理情况往往也有很大关系。

术后对牛体（尤其是术部）应尽量保持清洁。为了预防或控制术后感染，提高手术治愈率，适当配合应用抗感染药物，可获得良好效果。

二、手术基本器械及其使用方法

兽医临床常用的基本器械有：刀类（普通手术刀、高频电刀、二氧化碳手术刀）、剪类（剪毛剪、剪线剪、手术剪）、钳类（持针钳、止血钳、舌钳、肠钳、巾钳）、拉钩、缝针、缝线、手术镊、探针等。

1. 手术刀

兽医临床多用普通手术刀，主要用于软组织的切开和分离。有固定刀柄和活动刀柄两种。前者多用于小动物的解剖，后者由刀柄和刀片两部分构成。

兽医临床上，由于手术部位和性质的不同，所用刀柄和刀片的规格、型号也不同。常用的刀柄规格为 4 号、6 号、8 号，与之配套的刀片为 19～24 号；3 号、5 号、7 号刀柄安装 15 号小刀片，不能混装于不同型号的刀柄上。刀片按形状分为圆刃、尖刃、弯刃等。

装刀的方法，一般是左手持刀柄，右手用持针钳夹持刀片前部，将刀片安装槽套在刀柄前端，前后推拉，装配而成；拆下时，只需用持针钳夹住刀片尾背角，轻抬前推即可。

正确的执刀方法有以下 5 种。

① 抓持式：动作幅度大、灵活，在做较大的皮肤切口时多用此法，特别是在做体躯较大的牛瘤胃手术时比较省力。

② 全握式：其特点与姿势和抓持式相似，执刀姿势为“满把抓”，

二者区别在于掌握刀柄时掌心虚实与否，虚则称为抓持式，实则为全握式。

③ 指压式：又称提刀式，是较常用的执刀法。用力较大，切割范围广，多用于皮肤的切开。

④ 执笔式：动作轻巧精细，适用于短小切口，血管、神经等重要组织的分离及一些精细手术的操作。

⑤ 反挑式：用于切开管道器官，在浅表组织脓肿处切开引流，能避免邻近组织的损伤。执刀姿势与执笔式相似，区别在于刀刃向上，运刀时刀尖先刺入组织，再向上反挑。

2. 手术剪

手术剪有组织剪和线剪两大类。组织剪刃薄，锋利，是沿组织间隙分离和剪断组织的；线剪用于剪断缝线。

为了适应不同性质和部位的手术，组织剪分大小、长短和弯直几种，可根据手术部位、剪割组织的不同选用。直剪用于浅部手术操作，弯剪用于深部组织的分离，使手和剪柄不妨碍视线，以便手术的安全操作。线剪又分为剪线剪、拆线剪，分别用于剪断缝线、敷料和拆线。

正确的执剪法是以拇指和第 4 指伸入柄环内，但不宜过深，食指轻压在剪柄和剪刃交界处的关节处，中指放在第 4 指的前外方柄上，这样具有三角形的稳定性，能够准确控制剪的方向和剪开的长度。

3. 手术镊

手术镊用于夹持缝针、敷料等物品，也可用来提起组织以利于切开和缝合。

手术镊分为有齿、无齿，又有长短、粗细、尖头、钝头之别。有齿镊用于夹持较硬的组织，如筋膜、软骨。无齿镊损伤性小，用于夹持较脆弱的组织，如肠管、血管、神经、黏膜。长镊、短镊则分别用于深部和浅部手术操作。

正确执镊方法是用拇指对食指和中指执拿，持夹力量应轻重适中，避免引起组织损伤。

4. 止血钳

止血钳又叫血管钳，有直、弯两类，各类有大、中、小之分。

主要用钳夹止血，也可用于组织的分离，还可协助术者拔针，手术时可以视手术的种类、部位、切口深浅而选用所需的形状、规格的止血钳。

执钳方法与执剪方法基本相同。用右手松钳时，将拇指与第 4 指伸入柄环内，提紧挤压脱开锁扣，再旋开；左手松钳时，用拇指与食指持一柄环，第 3 和 4 指顶住另一柄环并向前推动柄环即可松开。

5. 持针钳

持针钳或称持针器，用于夹持缝针缝合组织，也可用于器械打结。

其外形和结构与止血钳相似，但前端较粗。普遍有两种形式，即钳式持针钳和握式持针钳，兽医临床多用握式持针钳。

使用持针钳夹持缝针时，缝针应夹在持针钳的近尖端，若夹在齿槽床中间，易将缝针折弯或折断。一般应夹在缝针的后 1/3 处或后 2/5 处，缝线重叠 1/3，以便于手术操作。

6. 缝合针

缝合针用于闭合组织或贯穿结扎。分直针、半弯针、弯针、圆针和三棱针等。每一类缝合针根据长短、粗细不同，又有多种不同的规格。

直针较长，缝合时直来直去，操作方便、费时少，并且所需的空间大，适于表面组织及游离性较大的器官缝合。弯针则与之相反，适合深部组织的缝合，如腹膜的缝合。圆针用于缝合质地较软的组织，如黏膜、筋膜等，对组织的损伤也较小。三棱针前半部为三棱形，较锋利，用于缝合质地较韧的组织，如皮肤、软骨、韧带及瘢痕较多的坚韧组织，对组织损伤较大。还有一种缝针称为无损伤缝针，即在制作时缝线已包在尾部的缝针，针尾较细，缝线亦为单线，穿过组织后留下的针孔最小，用于血管、神经外膜等纤细组织的缝合。

7. 拉钩

拉钩又称牵开器，用于拉开术部表面组织，显露术野，方便术者的操作。临床常用手持拉钩和固定拉钩。

使用拉钩时，拉力一定要均匀轻缓，避免刺激术部，引起牛骚动而损伤组织或影响手术的正常进行。若手术时间过长，可以用纱布隔开拉钩与组织。

固定拉钩，省力，在人员缺少的情况下亦可进行手术。不足之处是固定拉钩体积大，有时会影响手术的操作。

8. 巾钳

巾钳又称创巾钳，亦有数种样式，其头端为弯曲的相互重叠的两个尖齿。主要用于夹持固定手术单、手术巾，并同手术巾一起夹住皮肤，防止手术巾移动，避免在手术过程中手或器械与术部接触。

9. 肠钳

肠钳用于肠管手术，以阻断肠内容物的移动、溢出或肠壁出血。

肠钳结构上的特点是齿槽薄，弹性好，对组织损伤小。使用时一般外套一乳胶管，以减少对组织的损伤。

10. 器械的保养

刀、剪、缝针等属于利刃器械，使用时需要的是锋利。保管和消毒时一定要与普通器械分开，以免相互破撞使利刃变钝而影响手术，或在取放器械时伤及器械助手。

每次术后必须认真洗刷清理器械，洗刷时不可粗心大意。止血钳的清洗，主要是注意洗净齿床内的血凝块和组织碎片，不允许用止血钳夹持坚、厚物品，以免钳头过度反张而无法使用，也不能用止血钳夹持碘酊棉球等消毒药棉。

术后要及时将所用器械用清水洗净，擦干保存。不常用或库存器械要涂油，置于干燥处，并要定期检查涂油。胶制品应晾干，敷以适量滑石粉，防止粘连老化。

在非紧急情况，金属器械禁止用火焰烧灼灭菌，以免高温退火，失去必要的强度而影响使用寿命。

三、组织切开、止血与缝合

1. 组织切开与组织分离

组织切开是显露手术的重要步骤。浅表部位手术切口可直接位于病变部位上或其附近。深部切口，应根据局部解剖特点，在尽量减少组织损伤的前提下做到充分显露术野。

组织分离是显露深部组织和游离病变组织的重要步骤。分离的范围应根据手术需要进行。分离的操作方法分为锐性分离和钝性分离。锐性分离用刀或剪进行。用刀分离时，以刀沿组织间隙做垂直的切开。用剪刀时应将剪刀伸入组织间隙进行短距离的剪开。钝性分离是指用刀柄、止血钳、剥离器或手指等进行，通常用于肌肉、筋膜和良性肿瘤的分离。

(1) 软组织切开

① 皮肤切开：有紧张切开和皱襞切开两种。

紧张切开：如皮肤活动性比较大，切皮时易造成皮肤切口和皮下组织切口不一致。为了防止上述现象的发生，较大的皮肤切口应由术者和助手用手在切口两边或上、下将皮肤固定，或由术者用拇指及食指在切口两旁将皮肤撑紧并固定，手术刀刃与皮肤垂直，用力均匀地一刀切开皮肤所需长度。切开时可以补充运刀，但要避免多次切割，重复刀痕，以免切口边缘参差不齐，影响切口缘对合和愈合。

皱襞切开：在切口的下面有大血管、大神经、分泌管和重要脏器，而皮下组织甚为疏松，为了使皮肤切口位置正确且不误伤其下部组织，术者与助手应在预定切开线两侧，用手指或镊子提拉皮肤呈垂直皱襞，并进行垂直切开。

在手术过程中，皮肤切口通常为直线形，也可根据手术需要，做梭形、“n”形或“U”形、“T”形、“十”字形切开。

② 皮下组织分离：多采用钝性分离。

③ 筋膜和腱膜的分离：用刀在其中央切一小口，然后用弯止血钳在此切口上、下将筋膜下组织分开，沿分开线剪开筋膜。

④ 肌肉的分离：沿肌纤维钝性分离。当钝性分离切口不能充分显

露时也可进行锐性切开。

⑤ 腹膜的分离：用镊子或止血钳提起腹膜做一小切口，利用食指和中指或镊子插入切口，在其引导下用手术刀或手术剪切开。

⑥ 肠管切开：一般在肠管的纵带上或肠系膜对侧纵行切开。

（2）硬组织切开

① 骨组织：首先切开骨膜，然后再分离骨膜，尽可能完整地保存健康部分，以利于骨组织愈合，骨膜切开可做成“十”字形、“T”形，骨膜分离后的骨组织可用骨剪或骨锯锯断。

② 蹄和角质分离：可用蹄刀、蹄刮挖除，截断牛羊的角时可用骨锯或断角器。

2. 止血

（1）压迫止血 是用纱布或泡沫塑料压迫出血部位，以清除术部血液，辨清出血点，从而进行止血。在毛细血管渗血和小血管出血时，经压迫片刻，出血即可停止。在压迫止血时，必须是按压，不可用擦拭，以免损伤组织或使血栓脱落。

（2）钳夹止血 用止血钳夹住血管的断端，钳夹的方向应与血管垂直。夹的组织要少，切不可做大面积钳夹。

（3）钳夹捻转止血 用止血钳夹住血管断端，扭转止血钳 1～2 周，松开止血钳，折断端血管闭合止血。

（4）钳夹结扎止血 分为单纯结扎止血法和贯穿结扎止血法。

（5）创内留钳止血 用止血钳夹住创伤深部血管断端，并将止血钳留在创伤内一段时间，从几个小时至几十个小时。

（6）填塞止血 适用于深部大血管出血，一时找不到血管断端，钳夹或结扎止血困难时，用灭菌纱布紧塞于出血的手术创腔内，压迫出血部以达止血目的。

3. 缝合

（1）缝合作用 是将已切开、切断或因外伤而分离的组织、器官进行对合或重建其通道，保证良好愈合的基本操作技术。愈合是否良好与缝合的方法及操作技术关系密切。

(2) 缝合时应掌握下列原则

① 应严格遵守无菌操作；

② 缝合前必须彻底止血，清除血凝块、异物及无生机的组织；

③ 缝合针刺入与穿出应彼此相对，针距相等；

④ 无菌手术创口应密闭缝合，化脓创口不可缝合；

⑤ 打结时要适当收紧，创缘、创壁应互相对合，皮肤创缘不得内翻，经缝合后的创口内不得留有无效腔，缝合后的创口若出现感染化脓应及时拆除部分缝线，以便排出创液。

(3) 打结 结的种类常用的有方结、三叠结和外科结。打结方法有左手单手打结和器械打结。

(4) 缝合种类与方法

① 单纯间断缝合或结节缝合：每缝合一针，打一个结，缝合要求创缘要密切对合。常用于皮肤及张力较大的肌肉或腱膜的缝合。

② 单纯连续缝合：是用一条长的缝线自始至终连续地缝合 1 个切口，最后打结，常用于空腔脏器、腹膜及肌肉等的缝合。

③ 内翻缝合（用于胃肠、子宫、膀胱等空腔器官的缝合）

伦勃特氏缝合：是胃肠手术缝合的常用方法，分为间断和连续两种，常用间断伦勃特氏缝合。间断伦勃特氏缝合，是缝线分别穿过切口两侧浆膜及肌层进行打结，使部分浆膜内翻对合，用于胃肠道外层缝合。连续伦勃特氏缝合，于切口的一端开始，先做一浆膜肌层间断内翻缝合，再用同一缝线做浆膜肌层连续缝合至切口另一端，适用于胃、子宫浆膜肌层缝合。

康乃尔氏缝合：又称为全层连续水平（或垂直）褥式内翻缝合，针要穿透全层组织，当将缝线拉紧时，则被缝合的组织切面翻向腔内，多用于胃、肠、子宫壁的缝合。

④ 荷包缝合：即做环状的浆膜肌层连续缝合，用于胃、肠壁小范围内翻缝合，还用于胃、肠、膀胱、胆囊造瘘插管的引流固定缝合。

⑤ 水平纽扣缝合：常用于腹壁疝疝轮的缝合，针从创口一侧进针，创口另一侧出针，在出针旁 0.5～1.0 厘米处进针，返回到原进针侧创口外出针，拉紧打结后暴露于创口外两边的缝线呈平行状态，创缘对合

良好。

4. 拆线

（1）拆线正常时间 缝线拆除的时间，一般是在术后7～8天进行。

（2）延迟拆线情况 凡营养不良、贫血、老龄奶牛、缝合部位活动性较大、创缘呈紧张状态等，应适当延长拆线时间。

（3）不得已拆线情况 创伤已化脓或创缘已被缝线撕断不起缝合作用时，可根据创伤治疗需要随时拆除全部或部分缝线。

（4）拆线方法 用碘酊消毒创口、缝线及创口周围皮肤后，用手术镊将线结轻轻提起，剪线剪插入线结下，紧贴针眼将线剪断。拉出缝线，拉线方向应向剪线的一侧，动作要轻巧，如强行向对侧硬拉，则可能将伤口拉开。再次用碘消毒创口及周围皮肤。

第十节 牛病治疗常用外科手术

一、角截断术与犊牛去角术

牛的角由额骨的角突和角鞘构成。角突外面由紧贴的骨膜和角基膜（角真皮）所覆盖，最外层为角鞘（又称角壳），角鞘外面有环形线状隆起——角轮。角突腔与额窦相通，腔移向角尖则逐渐变小。角突（骨质部分）裂开或尖部断裂后，能按骨折的愈合过程重新闭合，但如在角基部折断，则由于角突腔很大，就难自行闭合。

1. 角截断术

（1）适应证 犊牛、成年牛角不正常弯曲并有损害眼球及附近软组织危险的，角的复杂性骨折及角突因伤而须全截除的，防止抵伤。凡上颈夹采食的牛建议进行角截断术，方便牛进出采食。

（2）保定 柱栏内站立保定，并将头部固定于一侧的立柱上使欲截断的角根保持向上方倾斜的姿势。对于凶猛的牛采取侧卧保定。

（3）麻醉 应用角神经传导麻醉，其部位在额骨外缘稍下方，眶上突的基部与角根之间为注射点。先将针头刺入1厘米深，注入3%～

4%盐酸普鲁卡因注射液10～15毫升。5～8分钟后开始麻醉，可用针头靠角根皮肤处检验效果。有时尽管对角神经进行了麻醉，仍有疼痛，建议使用乙酰丙嗪、氯丙嗪或静松灵，可使疼痛减轻。

(4) 高位断角 角截断的位置在上角轮和角尖之间，截断后暴露少部分角突腔，术中有出血，术后角突腔也易自然闭合。

(5) 低位断角 断角的位置靠近角根部，术后角突腔暴露甚大，不能自行闭合，一旦局部感染就有继发额窦炎的危险。因此，此处断角仅在角折后不得已而采用之。

(6) 手术方法 手术可分为有血断角术和无血断角术，前者在有生命的组织范围内施行手术。

麻醉后局部涂碘酊，用断角器或锯迅速截断角的全部组织，为了避免血液流入额窦，可用灭菌纱布压迫角根断端或用手指压迫角基动脉进行止血。骨蜡涂抹对断角有良好止血作用；或用磺胺粉或碘硼合剂撒布在灭菌纱布上，再覆盖在角的断面；或使用“8”字形角绷带，能起止血和保护的双重作用，角绷带外涂抹松馏油，以防雨水浸湿；或用烧烙止血或高锰酸钾止血。

无血断角因没有破坏角突，不用止血和装绷带。

(7) 术后护理 要防止角绷带松脱。1～2个月后断端角突腔被新生角质填充。术后6～8天若绷带被酸液浸透，可能是角突腔断端感染化脓，易继发化脓性额窦炎，应及时治疗，并预防破伤风的发生。

2. 犊牛去角术

应用化学或物理方法杀死角的生长点细胞，让角失去生长基础，而达到去角目的。

(1) 化学方法 用苛性钾（KOH）或苛性钠（NaOH）等强腐蚀性化学物质破坏角的生长点细胞，适用于1～3周龄犊牛。把棒状苛性钾（或苛性钠）用纸包裹其大部分，仅露出一端或将其固定在竹管内，先在角基部周围皮肤涂抹凡士林，中部留一直径2～3厘米的角胚，角胚都用水湿润后，再用苛性钾（或苛性钠）棒擦，直到皮肤发滑及有微量血丝渗出为止。处理后2小时牛表现不安，经6～8天局部形成干痂，

2～3 周后脱落。

有人推荐对 7～8 日龄的犊牛，向角突部注入 8～10 毫升盐酸普鲁卡因酒精液（普鲁卡因 2.0 克，酒精 80.0 毫升，蒸馏水 20.0 毫升）即可达到去角之目的。

用化学法去角，个别犊牛在角突部可发生溃疡，这是饲料中缺少某些矿物质所致，必须给予补充。

（2）烧烙法 用于热破坏角胚的一种方法，本法适用于 1～3 周龄的牛。把烙铁烧成黄白色，在角突部对其组织充分按压和旋转 1 秒钟。烧烙部位很快变成光亮深褐色凹陷，局部有组织液渗出。随后烙铁已变成黑暗红色，在角突部用力按压和旋转约 2 秒钟。术后形成干痂，2～3 周后自然脱落。

二、牛脑多头蚴摘除术

1. 孢囊寄生部位与临床特征

多头蚴孢囊大多数寄生在大脑皮层的浅层，据调查统计，2/3 以上在大脑右半球。少数病例也可占据侧脑室上方的白质中，病初症状不明显，在寄生 1～2 个月后，当压迫脑部组织局部萎缩形成囊腔，颅内压增高，便出现一系列神经症状。

主要临床症状是向寄生侧脑半球做转圈运动。随着虫体增大，病程延长，则转圈运动持续时间也延长，转圈的直径也越小，同时，对侧眼视力减退，甚至失明，病的后期双眼失明。

用检眼镜做眼底检查，眼底中央血管怒张淤血，视神经乳头水肿。寄生侧脑半球的对侧肢的蹄冠反射迟钝或消失。X 线检查时有一个月牙形或三角形的透亮区位于颅骨下方，超声波探查时有液平段和囊壁的进出波。由于虫体寄生部位的不同，其临床症状也不一致。

（1）寄生在大脑额叶 病牛盲目前行，遇到障碍物不避让，将头抵在上面呆立不动。

（2）寄生在颞顶叶 此部位发病多。初期向寄生侧做较大的转圈运动，随虫体增大，转圈直径逐渐变小，后期往往以患侧肢为支点做转圈运动。对侧视力障碍，蹄冠反射消失。

(3) 寄生在枕叶 运动时头高举后仰，身体倾斜，摇摇欲倒，跌倒时向后仰，颈部肌肉强直性痉挛。

(4) 寄生在小脑 运动失调，不能保持平衡，卧地后不起或角弓反张。

2. 术前准备

禁食 12～24 小时，防止瘤胃臌气，可给予止酵剂。增强血液凝固性，静脉注射 10%氯化钙 100～150 毫升。

除常用外科器械外，应准备圆锯、颅骨环钻、咬骨钳、骨膜剥离器、眼科剪、腰椎穿刺针及玻璃注射器。

3. 保定与麻醉

牛侧卧保定或六柱栏内保定，局部浸润麻醉，为减少出血，可在盐酸普鲁卡因注射液中加入 0.1%肾上腺素注射液 1～3 毫升。对于兴奋不安的牛，给予镇静安定剂。

4. 手术切口

皮肤做“匚”形切口，后界为两角根连线，前界为两眼眶突连线，前后界切口线向头部正中线延伸的交叉点连线为近中侧切开线。这种“匚”形皮肤切口的优点是充分暴露额骨，可较主动选择对额叶、颞顶叶及枕叶多头蚴孢囊寄生部位探查时所需的圆锯定位点，增加手术操作的主动性与灵活性。

5. 手术方法

(1) 软组织分离 作“匚”形皮肤切口，要求一刀切透皮肤、筋膜与骨膜。充分止血后，用骨膜剥离器将骨膜完整剥离。然后将切口内皮肤，筋膜及骨膜一起向外翻转，并用生理盐水纱布覆盖固定，以显露额骨外骨板。如果虫体在青年病牛的脑皮质浅在部位，则发现额骨外骨板呈现暗蓝紫色阴影，甚至骨板变软。

(2) 额骨做圆锯孔暴露颅腔 通常在暴露骨板的中央部位做圆锯孔，以显露额窦腔。2～5 岁的病牛，额窦尚未发育完全，将此骨板打开，脑硬膜臌出。臌出的脑硬膜是内压甚高所致，这是硬膜下脑皮层内有虫体的明显标志。如发现脑硬膜下内压不明显，硬膜不膨出，往往部位判断错误。病牛年龄较大，额窦发育完全，在打开外骨板后，显露有大量板障的窦腔，用咬骨钳将外骨板圆孔扩大为4厘米×6厘米，随后用咬骨钳将窦腔内板障除去，再用颅骨钻的穿孔钻头，在内骨板上钻出孔坑，更换球头钻头，直至钻通内骨板。用生理盐水冲掉骨屑，以小块纱布压迫止血。

(3) 孢囊部位的确定 圆锯孔内脑硬膜膨出时，内压甚高，呈紧张性波动，这是脑硬膜下有孢囊的迹象。用有芯腰椎穿刺针（或16～18号针头）在脑硬膜与脑皮质选一无血管区，向孢囊部位由浅入深徐徐进针。针头刺入孢囊后拔出针芯，由针孔内呈喷射状涌出无色透明液体，以后流速变慢，呈点滴状流出。一般常用玻璃注射器抽出囊液，抽出量为50～100毫升，经穿刺放液后的颅内压明显下降，脑硬膜膨出情况减退。若一次穿刺未见囊液，可改变刺针方向与深度，直至出现囊液为止。

(4) 取出孢囊 若虫体位于脑硬膜下大脑皮质浅层，由于脑内压力向圆锯孔处集中，有时孢囊自行涌出。虫体位于皮质深部不能自行排出，可用下述方法取出。

① 止血钳夹取法：在穿刺抽液后内压降低的情况下，将脑硬膜做一横向或“十”字形切口，以穿刺针放液时所测的位置距离为依据，用蚊式止血钳，沿皮层穿刺孔，缓慢而慎重地将钳推进到孢囊所在的位置夹取。一旦夹住孢囊，应捻转钳身，随即缓缓后退，使孢囊形成索状膜带，由狭窄的脑皮层创口中引出。夹取孢囊尽量不要使之破碎，以防多头蚴孢囊内的大量头节散播在脑腔内造成污染，甚至发生过敏性休克。

② 吸出法：当穿刺排液后，在穿刺针拔出时，更换鼻窦洗涤针，也可用细塑料管按原穿刺方向缓缓插入，接上100毫升玻璃注射器，回抽活塞，使孢囊膜吸附在插入针头或塑料管上。此时用力回抽并固定活塞，轻轻拔出带有囊膜的针头，立即用止血钳夹住孢囊，一边捻转一边轻轻向外拉，直至孢囊全部取出。

③ 深部孢囊取出法：若虫体位于脑深部，经上述方法无效时，还可用止血钳或手术镊沿穿刺标记的方向和深度探查，助手将两侧鼻孔暂

时性堵塞，此时颅内压升高，孢囊可自动涌出。

④ 孢囊内药物注射法：孢囊寄生部位较深不易手术摘除时，在穿刺抽出部分流体后，向囊内注射1%碘化钾注射液10毫升，即可将虫体杀死，虫体无须取出。

⑤ 多个孢囊寄生：当第一个孢囊摘除后脑内压仍无明显降低，必要时再做孢囊穿刺，力求彻底摘除虫体。

(5) 创口处理 孢囊取出后，用玻璃注射器吸取生理盐水青霉素，向脑皮质内缓慢冲洗，并将冲洗液彻底排出，用细丝线缝合脑硬膜。

筋膜与骨膜经冲洗后，将其覆盖在额骨上，窦内注入油剂青霉素。皮肤、筋膜及骨膜做一次间断缝合，外用圆垫结系绷带固定。圆锯孔不做任何填充。

6. 术后护理

病牛颅脑内压骤降，病牛术前出现的转圈运动反而加剧，日夜不停转圈，个别病牛狂暴不安。转圈运动在术后2～4天内逐渐消失，反刍与视力逐渐恢复。因此，术后护理是手术成败的重要因素，对转圈运动加剧的病牛，一定要把缰绳做一活固定结，拴系在木桩上，使其任意转动。

三、牙齿修整术

牙齿嵌于颌前骨和上、下颌骨的齿槽内，上、下齿均排列成弓状，称为齿弓。齿按形态，位置和功能可分为切齿、犬齿和臼齿3种。

牛无上切齿，下切齿有4对，由内向外依次是门齿、内中间齿、外中间齿和隅齿。牛亦无上下犬齿。齿通常分为3部分，即埋于齿槽内的齿根，露于齿龈外的齿冠及两者之间并被齿龈所覆盖的齿颈。齿由齿质、釉质和齿骨质构成，其中齿质是构成齿的主体，在齿冠部包以釉质，呈乳白色，在齿根部包以齿骨质。

1. 锉牙术

(1) 适应证 臼齿异常磨灭时，其锐缘损伤齿龈、颊黏膜和舌，或使咀嚼功能受到妨碍，应施锉牙术。

（2）保定与麻醉 柱栏内站立保定，高吊牛头并用绳固定，通常不需麻醉，但体型较大的烈性牛或性情狂躁的牛需全身浅麻醉。

（3）器械 大家畜开口器、齿锉、电动齿锉、洗涤用具等。

（4）手术方法 先装好开口器，助手将舌拉至预修整齿的对侧，并加以固定，术者仔细检查口腔和异常齿。先用粗面齿锉对准异常齿的侧缘，做前后锉动，再用细面齿锉补充锉平，一般上臼齿锉外缘，下臼齿锉内缘，不得过多地锉臼齿的咀嚼面。之后用 1∶3000 高锰酸钾溶液冲洗，黏膜若有损伤，涂以碘甘油。

（5）注意事项

① 事先做好临床检查，对有骨质疏松症者，尤其要妥善保定，不要由于安装开口器造成颌骨骨折。

② 锉动时不得损伤臼齿咀嚼面的釉质，否则会造成其他齿病。

③ 手术操作要仔细，动作先慢后快，快速的动作能使牛保持安静。

④ 上臼齿操作比下臼齿困难，习惯上先难后易，即先上臼齿再下臼齿。

⑤ 洗涤口腔时放低牛头，防止误咽。

⑥ 波状齿、阶状齿不适用于本手术。

2. 牙截断术

（1）适应证 过长齿或斜齿影响齿的咬合或引起口腔黏膜损伤时，可进行牙截断术。

（2）器械 齿剪、齿凿、齿刨和锉牙器械等。

（3）手术方法 安装开口器，将舌拉至拟手术齿的对侧，用半开齿剪，在邻齿的咀嚼面上夹住突出于齿冠的部分，但不要夹住整个齿冠，以 1/3 为限，有步骤地分次将牙剪断，然后放低头部，使剪掉的断齿碎片从口腔脱出，再用齿锉磨平残留的锐缘，对较小较细的齿尖，可用齿凿击断。

术前要洗涤口腔，以利于检查和操作，剪齿时一定要把舌固定好，以免吞咽齿碎片。若没有齿剪可用齿凿分区将异常部分凿掉。最后臼齿的剪断要用人工光源，如用手电筒或术者头戴额镜，使视野明亮，便于操作。

四、眼睑腺增生物切除术

1. 眼睑肿瘤切除术

牛眼睑所发生的肿瘤 80%属于恶性，一部分病例是由良性病变（如皮样瘤、乳头状瘤）恶变而来。皮肤恶性肿瘤属鳞状细胞癌，或称鳞状上皮癌，发生于眼的下睑或上睑，常见于第三眼睑（瞬膜）。

（1）保定与麻醉 病牛横卧保定，结膜及角膜表面麻醉。可用 5%盐酸普鲁卡因溶液或 2%可卡因溶液滴入结膜囊，每 2 分钟 1 次，每次 1～2 滴，连滴 3 次。

上、下眼睑的麻醉，在眼外角和眼内角外侧 1 厘米处进针，皮下注射 2%盐酸普鲁卡因注射液 1 毫升，然后针头沿上睑和下睑皮下推进针头，随推随注射 5～10 毫升。

第三眼睑的麻醉方法是用镊子或止血钳夹持固定第三眼睑，针头在其外侧面的基部进针 1 厘米，注射 2%盐酸普鲁卡因注射液 2～3 毫升。必要时全身麻醉。

（2）手术方法 用 2 把止血钳或巾钳分别夹持上、下眼睑，或用眼睑开张器张开睑裂，用组织钳夹持第三眼睑的游离端，并向外牵引，充分显露第三眼睑。

用手术剪分别剪开第三眼睑的基部上、下缘，再沿第三眼睑基部做半圆形切口，分离周围的疏松结缔组织及脂肪，显露第三眼睑，然后将其与软骨周围和基部的淋巴结及第三眼睑腺全部切除。切除范围要相应扩大，才能把癌组织切除干净，但要注意经切除后所剩余眼睑能充分闭合。在剥离摘除第三眼睑时，勿伤及眼球内直肌及眼球下斜肌。

2. 翼状胬肉切除术

翼状胬肉是牛常见眼病，多是一侧发病，也有双眼患病者，以夏季或初秋多发。初期结膜充血潮红，羞明流泪，有大量黄色黏性分泌物，病变发展较快，多在睑裂内角发炎充血，肥厚并形成胬肉，呈三角形，逐渐向角膜方向生长，伸展如翼，故名翼状胬肉。

可在进行性发展阶段施行手术切除，用1%～2%盐酸普鲁卡因注射液表面麻醉，开睑器扩大眼睑，在胬体内部注射少量麻醉药，用齿镊提起胬肉体部，如果其深层与巩膜粘连或其浅层与结膜粘连，应仔细分离。

用尖刃刀从胬肉颈部的一侧边缘刺入至对侧穿出后，改用斜钩套入，刀尖背向内，刃向外，沿体部把胬肉剖切下来，注意勿损伤巩膜、角膜、直肌或结膜，胬肉切除应彻底干净勿留残迹。

术后结膜下注射氢化可的松，涂抗生素眼膏，眼罩包扎。

五、气管切开术

当牛上部呼吸道急性炎性水肿、鼻骨骨折、鼻腔有肿瘤和异物、双侧喉返神经麻痹，或由于某些原因引起气管狭窄等，使牛产生完全或不完全呼吸道闭塞且窒息而有生命危险时，切开气管常为紧急救治手术。

1. 保定与麻醉

牛柱栏内站立保定，吊高牛头部，使头颈抬高，颈部腹侧充分显露，如病牛已昏迷，应在其原有位置立即进行紧急快速切开。预防性气管切开术多用局部浸润麻醉，而紧急手术往往省略剪毛、剃毛、消毒和局部麻醉等环节，在0.5～1分钟内切开气管，使之通气。

2. 切口定位

气管上切口（高位气管切开）多用于呼吸道阻塞。在颈腹侧上1/3与中1/3交界的正中线上，或该部位皮肤皱襞的一侧做切口，但其位置仍应在颈正中线上。

气管下切口（低位气管切开）对于下呼吸道分泌物严重阻塞和已发生异物性肺炎的牛，可做此切口。在颈腹侧中1/3与下1/3交界处的正中线上，此切口内的气管位置较深。

3. 预防性气管切开术

（1）切口 术者站立于病牛的左肩前方，以拇指和中指固定于颈腹侧中线第3～5气管环皮肤，在该处做6～8厘米的切口，切开皮肤、皮下组织和颈皮肌。

(2) 分离颈腹侧组织 分离浅筋膜、颈皮肌及胸骨甲状舌骨肌，显露气管。用创钩将两侧创缘用均等力量牵开，保持气管位于切口正中，充分止血。

(3) 切开气管方法

① 在邻近两个气管环上各做一半圆形切口（宽度不超过气管环宽度的1/2），合成1个近圆形的孔。切软骨时要用镊子牢固夹住，避免软骨片落入气管中。

② 在气管环中央纵向切开2～3个气管环，在同一环的切口两侧各缝一线圈，把线圈挂在预制好的横木两端，使气管保持开放。其缺点是软骨环边缘易向气管内凹陷，造成气管狭窄。

③ 切除1～2个软骨环的一部分，造成方形“天窗”，间断缝合黏膜与皮肤，形成永久性的气管瘘，是一种永久性气管切开。

(4) 安放气管导管 气管切开后，用特制的金属气管导管慢慢插入气管。具体步骤是将气管导管外管向气管腔上方插入，将内管向下方插入，扣上锁扣，检查气流畅通情况。套管两侧用带缚于颈部固定。如皮肤切口较长，在上、下方创角做几针缝合。如无金属导管，也可用一条10～15厘米长的胶管或塑料管插入气管腔的下方。露出端要牢固而慎重地做数个纽孔缝合，固定在皮肤。

4. 紧急快速气管切开术

此种手术对上呼吸道严重的阻塞性呼吸困难，能起到挽救病牛生命的作用，应当机立断，争分夺秒，立即进行。

根据病牛原有的卧倒姿势，将头部后仰并牢固保定，局部涂碘酊，于颈腹侧中线上1/3与中1/3交界处，确定第3～5软骨环部，一次急速切开皮肤、皮下筋膜与两侧胸骨甲状舌骨肌的连线中部，并显露气管环。

第2刀横向切开第4～5软骨环的环间韧带，随即旋转刀刃90度，横断其上、下方的软骨环，并用刀向一侧撑开软骨环，使空气迅速进入气管。

当气流进出气管创口的频率与强度基本缓和后，以止血钳夹持软骨环断缘，用手术刀在相邻的两个软骨环做椭圆形切口，待将气管创口修整止血后，即可插入气管导管。

5. 术后护理

术后气管内分泌物多而黏稠，或干燥结痰不易咳出时，可给予熏气吸入，定时滴入 1%碘化钾溶液，可防止管内干燥结痰并有助于稀释分泌物。

随时调节套管系带的松紧。密切观察呼吸状况，使气流畅通。术后每隔 12～24 小时将气管导管内管取出清洗。

6. 注意事项

① 切开气管时要一次切透软骨环，勿使黏膜剥离防止带来并发病影响气管软骨再生。

② 气管的切口应与气管导管的大小一致，过紧会压迫组织，过松容易脱落。

③ 气管导管的位置必须装置正确，否则不利于空气流通。

④ 在切开气管的瞬间，病牛可发生咳嗽和短时间呼吸困难，为一时性现象，不必惊慌。

⑤ 在紧急情况下为挽救病牛生命，可以不经剪毛消毒。

六、食管切开术

食道梗塞、食管憩室及食管创伤等均需施行食管切开术。牛的食道梗塞多见于吞食块根饲料，发生部位多在颈上 1/3 与中 1/3 交界处，食管异物刺伤多发生于此处。

食道梗塞时，梗阻部前方食管腔内积存大量唾液，手术可增加创口污染机会。术前应注射硫酸阿托品以抑制唾液分泌，并用胃管吸出积存的唾液。

牛发生食道梗塞时，还由于瘤胃吸气排出受阻，而造成持续性严重瘤胃臌气。瘤胃放气是术前必不可少的预防措施。

1. 保定与麻醉

多采用右侧卧保定或站立保定，确实固定头部，充分伸张颈部。用速眠新全身麻醉，术部用盐酸普鲁卡因局部浸润麻醉。

2. 颈部食管手术方法

(1) 切口定位 确定颈部食道梗塞位置后，用手指压迫颈静脉，沿静脉做上切口通路或下切口通路。

上切口通路在梗阻部距颈静脉上缘 2 厘米处，于臂头肌下缘之间做 15～20 厘米与颈静脉平行的切口。

下切口通路在梗阻部距颈静脉下缘 2～3 厘米处与胸头肌上缘之间做 15～20 厘米与颈静脉平行的切口。此切口用于食管壁梗阻物严重压迫面有坏死趋势的病例。术后一旦切口感染或形成食管穿孔，可防止颈静脉感染。

(2) 术部分离与显露 在上述切口通路上，皱襞切开皮肤和含有皮肌的两层筋膜，以钝性方法分离颈静脉和肌肉（臂头肌或胸头肌）之间的筋膜，在不破坏颈静脉周围的结缔组织腱鞘的前提下，用剪刀剪开纤维性腱膜，在颈下 1/3 处剪开肩胛舌骨肌筋膜及脏筋膜，而在上 1/3 与中 1/3 交界处必须钝性分离肩舌骨肌后再剪开深筋膜，根据解剖位置寻找食管。有梗阻的食管呈淡红色，易辨认。

除用上述方法外，还有人提出以胸头肌和气管之间作为手术通路，沿胸头肌下缘做切口，切开皮肤和浅筋膜之后，用创钩将胸头肌向上拉，再切开深筋膜，用止血钳向食管方向分离气管和肌膜间的结缔组织，再用剪刀剪开脏筋膜，即发现食管，此手术通路更有利于创液排出。

(3) 食管切开与缝合 食管暴露后，小心将食管拉出，注意不得破坏周围结缔组织，并用灭菌纱布使食管与其他部分隔离，切开食管全层，擦去唾液，谨慎地取出异物。取出异物后用 0.1%新洁尔灭溶液浸湿的灭菌纱布轻拭术部。用细丝线连续缝合食管黏膜层，再将食管肌层与外膜做间断或连续内翻缝合。食管缝合必须在确认局部无严重血液循环障碍的情况下方可进行。异物在食管内保留 48 小时以上，管壁有坏死的倾向时，食管切口不须缝合，保持开放，皮肤可部分缝合，用浸有消毒液的棉纱填塞。

（4）皮肤切口缝合　皮肤切口的处理，取决于食管的状态。如管壁有坏死趋势，食管壁周围呈化脓性浸润，则将皮肤切口开放，按二期愈合伤处理。

3. 颈部食管憩室切除

颈部食管憩室是食管腔内压力将黏膜自管壁的薄弱点向外高度扩张而形成。憩室壁主要是由食管黏膜和黏膜下层结缔组织所构成。直径可达15～20厘米，能压迫食管，淤积饲料，甚至发生炎症、溃疡及穿孔。

（1）切口部位　左侧颈静脉沟的稍上方憩室部做切口，切口长度须超过憩室纵径的1/3。

（2）切除憩室　用前述方法切开皮肤，并分离食管与周围组织，直到憩室的颈基部，尽量使憩室壁全部暴露。膨出过大的憩室可用肠钳将憩室基部稍上方夹住，在肠钳外侧方切开憩室黏膜，边切边用缝线做一层连续缝合，直至全部憩室被切除，再做第二层间断内翻缝合。切除时注意不宜过度用力牵引肠钳，以免切除过多憩室黏膜，造成术后食管狭窄。

4. 术后护理

① 术后第1～2天不给饮水和食物，以减少对食管创口的刺激，以后给柔软饲料和流体食物。可静脉注射葡萄糖和生理盐水，也可进行营养灌肠。

② 术后十几天内禁使用胃导管探诊，食管创口一般10～12天愈合，于10～14天拆线。

③ 如发现手术切口感染，应拆除少量缝线，行开放疗法。

④ 若创口内发现黏液或饲料，表明食管创口有形成食管瘘的可能。应立即停止一切饲喂，使食管部创口安静，食管创口尚可二期愈合。

七、牛腹壁切开术

牛的腹壁肌层较薄，在做腹壁切开时，要善于区别腹膜与瘤胃壁，以免过早切开瘤胃壁，造成术部污染。在右部切开分离时，要注意腹膜和大网膜浅层的鉴别，以免误伤网膜。

1. 皮肤切开

牛站立六柱栏保定。左手在切口预定部位固定皮肤，右手持刀使刀刃与皮肤垂直，一次切开皮肤及皮下组织，结扎出血点。切口两侧创缘用两块消毒巾覆盖，并用巾钳或缝线将其固定于切口边缘以隔离切口。

2. 分离腹外斜肌

锐性横断或按肌纤维方向钝性分离腹外斜肌。前者切断腹外斜肌，手术通路宽广；而后者按肌纤维方向分离，切口通常窄小，肠管不易涌出。

3. 钝性分离腹内斜肌

用刀柄沿腹内斜肌方向钝性分离肌层。如果肷部中切口定位过高，并以锐性分离此层肌肉时，往往切断旋髂深动脉，造成深部出血。腹内斜肌的肌层越向上，其肌层越厚。因此，切口过高的另一缺点是切口创腔过深，给结扎和止血及腹膜缝合带来困难。

4. 分离腹肌

沿腹横肌的肌纤维方向，由上向下用刀柄分离肌纤维，分离时注意腹横肌与其筋膜上的髂腹下神经与髂腹股沟神经。对营养较差的牛要注意区别此肌层与腹膜的不同。

5. 剪除腹膜外脂肪

对营养良好的牛，腹横肌切开后，用手术弯剪剪除腹膜外脂肪，以显露足够的腹膜面积，彻底止血。同时，将切口内止血钳、止血纱布等全部清理无遗。

6. 切开腹膜

腹膜显露之后，术者左手持有齿镊夹住腹膜，助手用弯止血钳距其2厘米处，同样夹住腹膜。切开腹膜前，术者必须确定钳、镊未夹住腹膜下的肠管。然后用手术刀在钳、镊之间切一小口，向腹腔插入2个手指或有沟探针，稍抬腹膜，以手术剪扩大腹膜切口。

7. 腹壁各层缝合

腹壁缝合前，检查腹腔内确无积血、无线头、无纱布、无其他手术器械及敷料等。

按与腹壁切开相反的方向由内向外依次缝合。首先连续缝合腹膜与腹横肌。缝合腹膜时，可用压肠板或手指将腹膜垫起，以隔离保护腹腔内器官，避免误缝内脏，腹内压较大的情况下尤其需要这样做。缝合最后1针时，向腹腔内注入0.5%普鲁卡因青霉素溶液。用10号丝线间断或连续缝合腹内斜肌。皮肤和腹外斜肌分别间断缝合。装置结系绷带。

八、腹腔探查术

牛腹腔探查分为右侧腹腔探查和左侧腹腔探查，前者多用于以肠管手术为目的进行的探查，后者用于以瘤胃手术为主的探查。

1. 右侧腹腔探查术

该探查术临床上使用较多，对肠道、网胃、瓣胃、皱胃及肝脏的病变均可通过右侧探查进行诊断和治疗。对膀胱、卵巢的病变也有辅助诊断价值。站立或侧卧保定，进行腹腔切开，然后分别探查和观察不同的组织器官。

(1) 腹腔内气体与腹水探查 腹膜切开后，有粪臭味气体向外喷出，常为胃肠穿孔尤其是网胃穿孔的指征。若有大量淡红色腹水，表示可能有肠扭转、肠套叠与肠绞窄等；有大量淡黄色带尿味的液体，往往是膀胱破裂；如有鲜红色液体并有外伤史，很可能内脏出血，如肝、脾或肠系膜血管损伤。

(2) 网膜探查 网膜显露后要仔细查看其色泽，若有点状或斑块状出血，有纤维素形成，指示网膜邻近有炎性变化。陈旧性炎性病变，往往网膜与腹膜或周围组织粘连。

(3) 十二指肠探查 通常在切口内可看到十二指肠的髂弯曲，如果该段肠管臌胀积液，表明十二指肠第三段或空肠袢梗阻。术者左手自臌胀的弯曲向后转入网膜上隐窝间口上部，再向前即为十二指肠第三段。若十二指肠髂弯曲空虚而乙状弯曲膨胀积液，则可能是乙状弯曲梗阻。手沿着十二指肠弯曲向前下方，在肝右叶胆囊下面可检查乙状弯曲，沿乙状弯曲继续检查，在右侧第12肋骨末端下腹壁处，可以摸到皱胃幽门部及皱胃。

(4) 皱胃探查 皱胃在瓣胃之后，易于摸到，正常时皱胃内容物为适量粥状物，皱胃积食时，胃内充满食物，有坚实感，并因充满大量未消化的坚硬粗纤维饲料，而向后上方扩张，严重时可达耻骨前缘。摸到皱胃幽门部时，常因幽门括约肌发达，探查时容易误认为病变。皱胃前上方与肝脏下方，在右侧第8～10肋间隙处为瓣胃，呈圆球状，硬度类似生面团。瓣胃阻塞时，可扩张至最后肋骨后方15厘米处，触之坚硬。

(5) 空肠与回肠探查 自总肠系膜结肠袢的周缘，沿空肠前、腹后缘的顺序探查，空肠闭结点仅为鸡蛋大小，阻塞部的前方必然臌胀、积液。术者的手在肠袢内浮游摇摆，撞击到闭结处，即有所感觉而被发现。

(6) 盲肠探查 术者左手移向骨盆方向，自网膜上隐窝间口进入网膜上隐窝内，在总肠系膜后上方摸到有一盲端比较粗大的肠管即盲肠。盲肠尖朝向盆腔方向，游离性颇大，正常情况下有适量半液状内容物。腹腔探查时，盲肠明显臌气是结肠闭结的标志，如盲肠不臌气，梗阻部则在小肠。臌气的盲肠游离性甚大，可向背侧或腹侧弯曲，有时盲肠可转向前方。

盲肠积粪时体积增大，肠腔内充满大量粪便，盲肠尖下垂。回盲口阻塞时，盲肠不臌气，但全部小肠袢明显积液肿胀。

(7) 结肠袢探查 术者左手在网膜上隐窝内，手背沿瘤胃的右侧面，手心向着结肠的左侧面触摸，自旋袢的外围依次向中央部触摸，可发现鸭蛋至拳头大小的结肠闭结点，阻塞的前方有臌气与积液。结肠的闭结点因较大易摸到，也可在结肠袢的右侧面与大网膜深层之间进行探查。两种探查途径相比较，前一种更为清晰明显。

(8) 肠变位探查 肠套叠多发生于空肠、梗阻前方肠管臌胀积液。套叠部呈香肠状肉样感，局部淤血、水肿。有时部分空肠自身扭转360度，扭转部也会淤血、水肿，时间长者甚至发生坏死，公牛还可见到回肠部与生殖褶附近纤维性索状物缠绕，局部肠高度臌胀积液。

2. 左侧腹腔探查术

术者左手从肷部切口伸入腹腔，仔细触摸瘤胃全貌，正常的瘤胃浆膜光滑，与腹膜无粘连。触诊瘤胃内容物上 1/3 为气体，中 1/3 为草团，下 1/3 为液体。手自瘤胃背囊探查，斜向前下方为脾脏的位置，其紧贴于瘤网胃壁上。

在瘤胃前背盲囊的前下方，可摸到紧贴膈肌的网胃，并能感到心脏搏动。网胃前壁浆膜光滑，与周围组织无粘连。网胃内若有较大的异物（如钉子、针、铁丝）或网胃壁脓肿、胃壁瘘管等时，探查中可感觉并发现。如果异物穿出网胃，可引起局限性腹膜炎、网胃与膈粘连或形成索状瘘管。若异物穿入心包腔，可引起创伤性心包炎，触摸膈肌患部，心脏搏动感遥远不清。

术者右手自瘤胃后背盲囊后方，经过直肠下方，进入右侧腹腔，在大网膜浅层和右侧腹膜之间探查，可摸到十二指肠髂弯曲、乙状弯曲、瓣胃后部及皱胃大部分。

术者右手于网膜上隐窝间口进入网膜上隐窝，可探查盲肠、结肠袢上部和空肠袢的腹缘与后缘，探查寻找到病部的方法与右侧腹腔探查术相同。

九、瘤胃切开术

严重的瘤胃积食，经保守疗法无效者要施行瘤胃切开术。创伤性网胃炎或创伤性网胃心包炎，瘤胃切开取出异物。误食了有毒饲料、饲草，并尚在瘤胃中滞留，手术取出毒物并进行胃冲洗。瓣胃梗死、皱胃积食时，也可通过瘤胃切开及胃冲洗来治疗。网瓣胃孔角质爪状乳头异常生长者，可经瘤胃切开拔除。前胃炎、迷走神经性消化不良的病牛，经保守疗法不能治愈的，亦可选用本手术治疗。

1. 保定与麻醉

一般采用站立保定，或右侧卧保定。局部浸润麻醉，也常用腰旁神经干传导麻醉。

2. 手术通路

瘤胃切开术经常以左侧肷部作手术通路。左肷部前切口适用于体型很大病牛的网胃探查与胃冲洗；左肷部中切口用于正常体型牛，兼用于网胃探查、胃冲洗及右侧腹腔部分探查术；左肷部后切口常作为瘤胃积食手术或右侧腹腔大部分探查术的手术通路。

3. 手术方法

常规术前准备，打开腹腔，充分暴露瘤胃。

(1) 瘤胃固定

① 瘤胃浆膜肌层与切口皮缘连续缝合固定法：显露瘤胃后，用三棱针做瘤胃浆膜肌层与腹壁切口皮缘之间的环绕1周连续缝合，针间距1.5～2厘米。胃壁显露宽度6～8厘米，上、下角间距离为25～30厘米。缝毕检查切口下角是否严密，必要时应做补充缝合并加纱布垫。

② 瘤胃六针固定舌钳夹持外翻法：显露瘤胃后，在切口上、下角与边缘，做6针钮孔状缝合将胃壁固定在皮肤或肌肉上。打结前应在瘤胃与腹腔之间，填入浸有青霉素普鲁卡因溶液的纱布，纱布一端在腹腔内，另一端置于腹壁切口外，打结后胃壁紧贴在腹壁切口上，使瘤胃术部充分暴露。瘤胃壁固定之后，在突出的瘤胃壁周围和切口之间，均填以浸有普鲁卡因青霉素溶液的纱布，外盖一小块创布，并用巾钳固定在皮肤上。最后在小创布孔周围填以浸有青霉素普鲁卡因溶液的纱布，以便在切开胃壁外翻时，胃壁的浆膜层能贴在纱布上，减少对浆膜的刺激和损伤。

③ 瘤胃四角吊线固定法：将胃壁预定切口部分牵引至腹壁切口外，在胃壁与腹壁切口间填塞大块无菌纱布，并保证大纱布牢固地固定在局部。在瘤胃壁切口的左上角与右上角，左下角与右下角依次用缝合线穿入胃壁浆膜肌层，做成预置缝线。每个预置缝线相距5～8厘米。切开胃壁后，再由助手牵引预置缝线使胃壁浆膜紧贴术部皮肤，并将其缝合固定于皮肤上。

④ 瘤胃缝合胶布固定法：瘤胃暴露后，用1块长、宽各70厘米，中央部带有6厘米×12厘米长方形孔的塑料布或橡胶洞巾，将瘤胃壁与中央长方形四周连续浆膜肌层缝合，使塑料布或橡胶洞巾的长方形孔紧贴胃壁，形成一隔离区。在瘤胃壁和洞巾之间填塞大块灭菌纱布，并保证纱布牢固，不易掉落，再将洞巾四角展平固定在切口周围，即可在

长方形孔中央切开瘤胃。

（2）瘤胃切开 此阶段为污染手术，所用器械、敷料应与无菌器械分类放置。不同瘤胃固定法固定后的瘤胃切开操作稍有差异，但切口长度一般均为15～20厘米。

瘤胃浆膜肌层与切口皮缘连续缝合固定后，用浸有普鲁卡因青霉素溶液的大块纱布隔离创围，在切开线上方用手术刀先将瘤胃壁做一小切口，缓慢放出气体，然后由上向下逐渐扩大切口至15～20厘米，胃壁切口上下角距缝合处2～3厘米。胃壁切口缘两侧各做3个钮孔状缝合，以牵引外翻胃壁黏膜，外翻的胃壁浆膜与皮肤间仔细地填塞纱布垫，钮孔状缝合线端用巾钳固定在皮肤隔离巾上，胃壁黏膜外翻，可防止胃内容物污染胃壁浆膜，并减轻手臂频繁进出对切口的机械性刺激。

瘤胃六针固定后，先在瘤胃切开线的上1/3处，用手术刀刺透胃壁（约1个舌钳头的宽度），并立即用舌钳夹住胃壁的创缘，向上向外拉起，防止胃内容物外溢。然后用手术剪向上、向下扩大胃壁切口，分别用舌钳固定提起胃壁创缘，将胃壁拉出腹壁切口向外翻，随即用巾钳把舌钳柄环夹住，固定在皮肤和创布上，以便胃内容物流出，然后再套入橡胶洞巾。

瘤胃四角吊线固定后，在显露的胃壁中央切开瘤胃壁，由助手牵引预置缝线使胃壁浆膜紧贴术部皮肤，并将其缝合固定于皮肤。

瘤胃缝合胶布固定后，在长方形孔中央切开瘤胃。

（3）放置洞巾 在15厘米的胃壁切口内，放入橡胶洞巾。橡胶洞巾是由边长70厘米正方形的防水材料制成（橡胶布、油布、塑料布等）。洞孔直径为15厘米，洞孔弹性环是用弹性胶管或弹性钢丝缝于防水洞孔边缘制成的。应用时将洞巾弹性环压成椭圆形，把环的一端塞入胃壁切口下缘，另一端塞入胃壁切口的上缘，将洞巾四周拉紧展开，并用巾钳固定在隔离巾上，准备掏取瘤胃内容物和进行网胃探查。

4. 胃腔内探查与各病区的处理

瘤胃切开后便可对瘤胃、网胃、网瓣胃孔、瓣胃、皱胃及贲门进行探查，并对各型病区进行相应的处理。

(1) 瘤胃内探查与处理

① 由麦秸、花生秧、甘薯藤等粗纤维类饲草料引起的瘤胃积食，可掏出胃内容物总量的 1/2～2/3。缠结成团的应尽量取出，剩余部分也要掏松并分散在瘤胃各部。

② 对饲料中毒（如有毒饲料、黑斑病甘薯、农药、灭鼠药等）宜在早期施行手术，将有毒胃内容物取出，并用大量盐水冲洗，放入相应的解毒药物，为加速毒物的排除，可采用胃冲洗法，将瓣胃、皱胃内容物尽早洗出。

③ 对泡沫性臌气要在取出部分胃内容物后，用等渗温生理盐水灌入瘤胃，冲洗胃腔，清除发酵的胃内容物。

(2) 网胃的探查与处理 术者手臂进入瘤胃后，自瘤胃前背盲囊向前下方，经瘤网胃孔进入网胃。首先检查网胃前壁和胃底部每个多角形黏膜隆起褶，即网胃小房，确定有无针、钉、铁丝、木片、竹片等异物刺入胃壁，或胃壁是否有硬结和脓肿。已刺入网胃壁上及游离于网胃底部的异物要全部取出，尤其对小铁钉、图钉等较小的异物更应仔细探查。胃壁上的脓肿可用手术刀片小心切开，排出脓汁，检查脓腔内有无异物，一并取出。网胃壁上的硬结往往是异物刺入点，应注意检查异物是否已穿出胃壁，向网胃腔方向提胃壁，可确定网胃是否与周围组织器官粘连。

若自网胃硬结处附近组织形成索状瘘管，可判断其异物穿出后所损伤器官的位置，网胃底部常存有大量泥沙、石粒及铁屑，探查时可用手或磁铁吸附取出，也可用金属探测器做一次最后的彻底复查。

(3) 网瓣胃孔的探查与处理 网瓣胃孔位于网胃右方，是通往瓣胃的孔口，口径有 3～4 指宽，在开张状态下可通过一拳头。探查时可发现网瓣口角质状乳头增生，增生的乳头似鸟爪状，呈棕色而硬如皮革，约有 3 厘米，其上半部粗硬，下半部稍软，易于用手拔出，乳头根部呈淡白色，异常生长的角质爪状乳头一般有 15～20 根，能引起网瓣口狭窄或堵塞，使瘤胃内容物通过时受阻，临床常表现为慢性瘤胃弛缓的症状，保守疗法很难治愈。对此增生的角质爪状乳头应拔除，手术效果良好。

(4) 瓣胃阻塞的探查与处理 牛瓣胃阻塞时，在瘤胃腔前柱肌下部，隔着瘤胃壁触摸瓣胃，其体积较正常增大2～3倍，并且坚实、指压无痕。网瓣口常呈张开状态，口内与瓣胃沟中充满干涸胃内容物。瓣胃叶间嵌入大量干燥如豆饼样物质。

瓣胃冲洗前，先将瘤胃内容物基本掏空，然后术者左手进入网瓣口，取出干涸内容物。将双列弹性环的橡胶排水袖筒洞巾放入瘤胃腔内，再插入胶管，并用漏斗灌注大量温盐水，泡软瓣胃沟内干涸内容物。一面灌水，一面用手指松动瓣胃沟及瓣胃叶间的内容物。泡软冲碎的内容物，随水反流至网胃和瘤胃腔内，在瓣胃叶间干涸的内容物未全部泡软冲散之前，切不可将瓣皱胃口阻塞部冲开，以免灌注的水大量涌入皱胃并进入肠腔造成不良后果。

通常瓣胃左上方叶间干涸物最难泡软冲散，手指的松解动作也难以触及该部。应把手退回至瘤胃腔内，在前柱肌下部隔胃按压瓣胃的左上角，促使瓣叶间干涸物松散脱落。这样反复地灌注温盐水及手指松动干涸内容物和隔胃按压相结合的方法，可将瓣胃内容物全部冲散除尽，大量冲洗瓣胃反流到瘤胃的液体，不断地经瘤胃壁的切口排出。冲洗用水量为250～400升。手指松动瓣胃叶间干涸物时，切勿损伤叶片，以免造成叶片血肿或出血，影响手术效果。

(5) 皱胃积食的处理 皱胃积食常继发于瓣胃阻塞，因此皱胃冲洗的步骤首先应为冲洗瓣胃。当瓣胃沟和大部分瓣胃叶间干涸内容物已松软冲散后，手持胶管进入瓣皱胃口内冲洗皱胃内干硬内容物。

对皱胃前半部的干硬物经边灌注边用手指松动的方法冲开，随水反流至瘤网胃腔内，并从切口排出，反流的冲洗液混有胃酸味。皱胃后半部的干硬物，手难以直接触及松动，主要依靠温盐水浸泡冲洗与体外按摩的方法松动解除，也可在瘤胃腹囊处，隔瘤胃壁对皱胃进行按摩。皱胃内干涸内容物比瓣胃内容物易于泡软冲散。在皱胃幽门部阻塞物冲开前，一定要确定瓣胃与皱胃的干涸阻塞物已基本冲散解除，方可将皱胃幽门部冲开，至此皱胃积食的胃冲洗术即完成。

(6) 瘤胃网胃内液体的排出 胃冲洗后将瘤胃网胃内过多的液体经胶皮管虹吸至体外，胃内液体水平面保持在瘤胃的下1/3处即可。向胃内填入 1.5～2.5 千克青干草或健康牛的瘤胃内容物，以刺激胃壁恢复收缩能力，促进反刍。

5. 清理瘤胃壁切口与缝合

① 病区处理结束后，除去橡胶洞巾，用温生理盐水冲洗干净附着在胃壁上的胃内容物和血凝块，拆除钮孔状缝合线。

② 对胃壁切口进行自下而上的连续全层缝合，缝合要求平整、严密，针间距离要均匀。用温生理盐水再次冲净胃壁浆膜上的血凝块，并用浸有盐酸普鲁卡因青霉素溶液的纱布覆盖在缝合创缘上，拆除瘤胃皮肤连续缝合线，清理局部。

③ 此后手术过程则由污染手术转变为无菌手术。因此，手术人员应重新洗手消毒，去掉污染器械物品和敷料，用灭菌器械清理纱布。

④ 对瘤胃进行连续水平褥式内翻缝合或连续垂直褥式内翻缝合。局部涂以抗生素软膏，腹腔注入普鲁卡因青霉素溶液 100 毫升，常规闭合腹腔。

十、皱胃切开术

本手术适用于牛的皱胃阻塞、皱胃溃疡及皱胃穿孔的修补，皱胃阻塞（又称真胃积食）主要是由于迷走神经功能紊乱，皱胃内容物滞积，胃壁扩张，体积增大，形成阻塞。

皱胃阻塞常继发瓣胃阻塞，引起消化功能极度障碍、瘤胃积液、自体中毒和脱水的严重病理过程，常导致死亡。原发性皱胃阻塞，犊牛有的因大量乳凝块滞积而发生，成年奶牛因误食胎盘、毛球或麻线而发生。

皱胃溃疡是由于急性消化不良与胃出血，引起局部胃黏膜组织糜烂和坏死，或自体消失，形成圆形溃疡面，甚至胃穿孔所致。

1. 保定与麻醉

侧卧保定或站立保定，静松灵全身镇静麻醉并配合局部麻醉。

2. 手术通路

皱胃切开术主要用于真胃积食。手术通路有两个，一是右肷部手术通路，另一个是右侧肋弓下斜切口的手术通路。前者手术治愈率较高，操作方便，易于推广；而右侧肋弓下斜切口的手术通路临床实践表明，其治愈率并不理想，操作也较困难，后遗症多。

皱胃切开术用的右侧肋弓下斜切口，一般距右侧最后肋骨末端25～30厘米处，定为平行肋弓斜切口的中点，在此中点上做20～25厘米平行肋弓的切口，也可在右侧下腹壁触诊皱胃轮廓明显处，确定切口位置。

3. 手术方法（在术部常规切开腹壁，显露皱胃之后具体操作）

（1）皱胃显露与隔离 将皱胃尽量移至腹壁切口处，在腹壁切口和皱胃之间填塞用普鲁卡因青霉素溶液浸湿的大块灭菌纱布，以防切开皱胃时污染腹腔。

（2）皱胃切开 先将50厘米×50厘米的橡胶洞巾，连续缝合在皱胃壁切口周围，并将橡胶洞巾固定于皮肤上。然后在洞巾中央避开血管切开皱胃，切口约20厘米，尽量防止皱胃内容物落入腹腔。

（3）掏出胃内容物 先用手指将皱胃内干涸内容物取一部分，随后用温水进行皱胃冲洗，将接在漏斗上的胶管引入胃内，手指边松动干硬胃内容物，边用温水冲洗。这样大量的松散液状胃内容物从切口排出，直到全部排出为止。真胃积食的病牛往往继发瓣胃阻塞，由于皱胃内容物已全部取出，阻塞的瓣胃就下沉压低空虚的皱胃，术后可造成皱胃压迫性阻塞。因此，对有瓣胃阻塞的病牛，在皱胃掏空之后，经瓣皱胃口冲洗瓣胃内的阻塞物。

（4）溃疡面与穿孔的修整 对皱胃溃疡应进行手术修整，尤其是穿孔时要修整穿孔的创缘，使其良好对合，进行缝合。

（5）胃壁切口缝合 对受损伤的胃壁创缘做部分切除术，这是防止胃瘘发生的有效措施。胃壁切口的缝合法同前节瘤胃切口缝合。

（6）关腹 常规关闭腹腔。

十一、皱胃变位整复术

皱胃在腹腔剑状软骨部，位于网胃后方的腹底壁上，可分为胃底部、胃体部和幽门部。幽门部在瓣胃后方沿右肋弓转而向后向上，在肝的脏面与十二指肠相连接。皱胃左侧（脏面）与瘤胃隐窝接触，充盈时可从瘤胃房下方越至左侧面与左腹壁接触；右侧（壁面）与右腹壁接触。

皱胃变位可分为左方变位与右方变位两种。皱胃通过腹底部移入左侧腹腔，置于瘤胃及左腹壁之间并相对固定不能恢复原位时，称为皱胃左方变位。若皱胃位置仍在右腹腔，但可向后方呈顺时针方向扭转至瓣胃的后上方，皱胃位于肝脏和右腹壁之间，也可向右前方呈逆时针方向扭转到瓣胃前上方，而将瓣胃置于网胃与膈肌之间，此病实际上是皱胃扭转，因其皱胃位置还在右腹部，故被称为皱胃右方变位，本病在母牛较多发。

1. 保定与麻醉

牛六柱栏内站立保定，速眠新浅麻醉，结合术部局部浸润麻醉或腰旁神经传导麻醉。

2. 皱胃左方变位整复方法

(1) 左侧部切开整复皱胃、右侧腹底壁固定法

① 术前准备：对瘤胃积液过多的牛应先进行导胃减压，对有脱水和电解质紊乱的牛应进行补液和纠正代谢性碱中毒。

② 保定与麻醉：牛六柱栏内站立保定，3%盐酸普鲁卡因注射液腰旁神经传导麻醉和用0.5%盐酸普鲁卡因注射液进行术部浸润麻醉。

③ 切口定位：左肷部前切口。

④ 手术方法：

第一步，切开左侧腹壁显露皱胃。切开皮肤20～25厘米，依次切开皮肌、腹外斜肌、腹内斜肌、腹横肌和腹膜。用牵开器打开创口，于创口稍前方可显露臌气积液的皱胃，手经左肷部切口进入腹腔内探查皱胃的轮廓，有无严重积气，若皱胃严重积气，术者持带针头的长硅胶管进入腹腔，于皱胃积气最明显处穿刺入皱胃，硅胶管另一端在切口外抬高，排出皱胃内气体后，拔下针头用酒精棉球压迫穿刺针孔后，将皱胃拉出切口。向切口外牵引皱胃时应缓慢用力，必要时用生理盐水纱布隔离，隔着纱布抓持皱胃，将皱胃牵引至腹壁切口处。

第二步，做皱胃预置固定线。用长 2 米的 10 号缝合线于皱胃的大弯上做第 1 个浆肌层水平纽扣缝合，距第 1 个水平纽扣缝合线 4～5 厘米处再缝合第 2 个、第 3 个水平纽扣。3 个水平纽扣缝合线的线尾用止血钳暂时固定在创巾上。

第三步，整复皱胃。将皱胃还纳回腹腔内。术者右手伸入腹腔，用手掌和手腕下压皱胃至腹腔底部，并用手掌推动皱胃，经瘤胃下方进入右侧腹腔。皱胃进入右侧腹腔后须用手展平皱胃，使皱胃进入正常的位置。如果没能正常复位，手一离开皱胃，则皱胃又进入左侧腹腔，因此必须正确复位。

第四步，在右侧腹壁上穿系皱胃固定线。术者手持皱胃壁上的预置固定线线尾，经瘤胃下方绕到右侧腹腔，确定该预置缝线与右侧腹壁相对应位置后，用手指在腹内向外推顶，指示助手在右腹壁的对应处剃毛、消毒和局部浸润麻醉，并对皮肤做一个 1 厘米小切口。助手用止血钳经皮肤小切口向腹腔内戳入，使止血钳端进入腹腔，与此同时，术者手指在腹腔内保护腹内的止血钳钳端，以防损伤腹内脏器。术者指示助手打开止血钳，在助手打开止血钳的同时，术者将线尾送到止血钳的钳嘴内，并命令助手钳夹缝合线，一旦正确夹上缝合线后，命令助手缓缓牵引，将缝合线拉出体外，但暂不拉紧，然后在距第一根固定线皮肤出口处的 4～5 厘米处再做第 2 个皮肤小切口，并按同法引出第 2 根固定线及第 3 根固定线。

三根固定线都引出体外后，术者用手推送皱胃和检查皱胃的位置是否正常，待正确复位后告诉助手提起 3 根固定线，同时用力向腹外牵拉，使皱胃在推送和牵拉的配合下复位。助手缓缓牵拉固定线，直至固定线拉不动为止，表明皱胃大弯处的大网膜已与右腹壁紧贴。术者用手检查 3 根固定线拉紧后是否有异常情况，皱胃复位是否正常。

总之，在确信皱胃复位正常、固定线对内脏无结的情况下，指示助手拉紧 3 根固定线，在 3 个皮肤小切口内打结。打结方法是：先在皮肤小切口内各放入一根长 1.5 厘米烟卷粗的无菌纱布卷，将线结打在纱布卷上，剪去线尾，皮肤小切口缝合 1～2 针，将纱布卷埋在皮下。到此皱胃已牢固地固定在右侧腹壁上。

第五步，闭合左肷部前切口。腹膜、腹横肌连续缝合，腹内斜肌、腹外斜肌间断缝合，皮肤结节缝合，外打结系绷带。

⑤ 术后护理：术后4～6天内，使用抗生素，纠正脱水、电解质紊乱和代谢性碱中毒，使用抗生素和氢化可的松以控制炎症的发展。使用兴奋胃肠蠕动药，以恢复胃肠蠕动，可适当应用缓泻剂，以清除胃肠内滞留的腐败内容物。只要精心护理其手术治愈率很高。

(2) 左右肷部双切口手术复位法

① 保定与麻醉：牛站立保定，两侧腰旁神经传导麻醉和两侧切口局部浸润麻醉。

② 切口定位：左肷部中切口，右肷部前下切口。

③ 手术方法：

第一步，首先打开左侧腹腔，探明是否为皱胃变位，确诊后再打开右侧腹腔。

第二步，右侧术者经右肷部切口进手，寻找网膜上隐窝的双层大网膜，并将其拉至腹壁切口之外，此时应注意分辨十二指肠，避免牵拉十二指肠，在左侧术者向下向右按压皱胃壁的同时，右侧术者向切口后上方牵引网膜。

第三步，左、右两侧术者互相配合，将皱胃整复。尽量向后、向上牵引网膜，直到牵引不动为止。将皱胃幽门部、大网膜的皱胃附着部和部分皱胃壁显露在腹壁切口内。右侧术者将双层网膜做成皱襞，丝线贯穿缝合网膜后打结，并与腹膜、腹壁肌肉牢固缝合在一起，固定在腹壁切口的下角。间隔一定距离固定2～3针。

(3) 右侧腹底部切口复位法 该方法采用左侧横卧保定，不需六柱栏，在各类牛场均可施术，更易推广。

① 保定与麻醉：肌内注射速眠新进行全身麻醉，待进入麻醉后进行左侧横卧保定，将两前肢和两后肢分别捆绑在一根长木头上，以限制前、后肢的活动。牛头下和前肢下方垫以草垫，以防肢体长时间与硬地面接触，造成压迫性的神经损伤。

② 切口定位：右侧乳静脉上方，平行乳静脉的切口，术部剃毛、清洗、消毒后装置灭菌隔离创巾。

③ 手术方法：

第一步，手术部切开皮肤与皮肌，对出血点进行结扎止血，切开腹黄膜，切开腹直肌与腹横筋膜，显露腹膜，剪开腹膜后，术者手臂经切口伸入腹腔，探查皱胃。

第二步，术者手抓住皱胃壁，与此同时保定人员将木头抬起并逐渐抬高，使牛四肢朝天，并向对侧倾斜 45°角，而牵拉皱胃的手臂一直保持在紧张状态，不准随牛体的仰卧而放松牵拉，随着牛体的仰卧和向对侧的 45°角转移，皱胃随之进入右侧腹腔而复位。然后将牛恢复原来的左侧卧保定姿势。

第三步，术者将皱胃向切口外牵引，若皱胃内有较多的气体，可以用带长硅胶管的针头穿刺放气减压，后恢复皱胃正常位置。然后将皱胃小弯处的网膜显露于切口外，并展开网膜，将网膜与腹壁切口上缘的腹膜肌层做水平纽扣缝合。

第四步，用弯圆针系 12 号丝线，在腹壁切口的上缘，针经腹黄膜、腹直肌、腹横肌和腹膜进入腹腔，然后针经网膜（避开血管）二层穿出，针再经腹膜、腹横肌和腹黄膜穿出，这样将网膜用水平纽扣缝合法缝合在腹壁切口的上缘，但缝线暂不拉紧打结，然后再缝合第 2 个和第 3 个水平纽扣固定线，待缝合固定线都穿系好后再拉紧打结，将皱胃小弯处网膜固定在切口上缘的腹肌上。将网膜还纳回腹腔中。

第五步，腹膜、腹横肌、腹直肌和腹黄膜进行间断缝合，打结要紧，使切口对合严密。

第六步，缝毕，用生理盐水冲洗切口，清除创内血凝块后，创内撒入青霉素 160 万单位，连续缝合皮肌，间断缝合皮肤切口，外打结系绷带。

④ 术后护理：术后牛很快出现反刍，出现反刍后饲喂优质饲草，暂不喂料。术后用 10%氯化钠注射液 1000 毫升、5%葡萄糖氧化钠注射液 2500～3000 毫升、青霉素 3200 万单位、维生素 C1.5～3 克、樟脑磺酸钠 20 毫升静脉注射，1 天 1 次，连用 3～4 天。

若手术中发现瓣胃较硬而充满时，术后可用液状石蜡油 1000～1500 毫升、四消丸 180～240 克、胃复安 200～250 毫克，1 次灌服。术后让牛自由运动，以促进胃肠功能的恢复。

(4) 总结 以上 3 种皱胃左方变位的手术复位与固定方法都可使皱胃复位，通过附着在皱胃上的大网膜与腹壁的固定可以防止本病的复发。若仅复位而不采取固定时，常常在术后又发生皱胃左方变位。

十二、肠管部分切除与吻合术

适用于各种类型肠变位（肠扭转、肠缠绕、肠钳闭、肠套叠），肠粘连，去势后的肠脱出，肠系膜血管栓塞，腹壁穿透创肠管脱出且严重损伤，不宜修复的广泛性肠损伤等所引起的肠坏死，肠道肿瘤的根治手术，各种原因的肠瘘。新生犊牛先天性肠道畸形。

1. 保定、麻醉、腹切开的方法

同其他腹部探查术。

2. 肠管部分切除术

将病部肠管引至腹壁切口外，用温生理盐水纱布垫保护肠管，隔离术部，肠切除线须在距病变部位两侧 5～10 厘米的健康肠管上，事先将这一段肠管内容物挤向两边，在欲切断处用 2 把肠钳相对且在相距 3～4 厘米处夹住肠管，并以同样方法夹住另一端肠管，接着在预定做扇形肠系膜切除的通路上双重结扎血管。

展开肠系膜，在肠管切除范围内对相应肠系膜做“V”形或扇形切除线，然后在双重结扎线结之间切断血管与肠系膜。

肠系膜由双层浆膜组成，肠系膜血管位于其间，缝针刺破血管，易造成肠系膜血肿，扇形肠系膜切断后，应特别注意肠断端的肠系膜侧无浆膜三角区出血的结扎。

坏死肠管的切除方法是在预定切除线上与肠管纵轴呈 45°角在两肠钳之间切断或剪断肠管，以保证吻合端供血良好，并可防止吻合口狭窄。

3. 肠管吻合术

肠管吻合的方法有端端吻合、侧侧吻合与端侧吻合 3 种。端端吻合符合解剖学与生理学要求，临床上常用，但在肠管较细和技术不熟练的情况下，吻合后易发生肠腔狭窄。侧侧吻合适于较细肠管的吻合，能排除肠腔狭窄之虑。端侧吻合在兽医临床上仅在两肠管口径相差悬殊时使用。

(1) 端端吻合术 助手手持并合拢两肠钳，使两肠断端对齐靠近，检查拟吻合的肠管有无扭转，方向是否正确，肠系膜侧应对另一端的肠系膜侧，首先在两肠断端肠系膜侧距肠断端缘 0.5～1 厘米处，用 4～6 号丝线将两肠壁浆膜肌层或全层做 25 厘米长的牵引线，在肠系膜对侧用同样方法也做一牵引线，紧张固定两肠断端便于缝合。

然后用直圆针自两肠端的后壁在肠腔内由下而上地做连续全层缝合，连续缝合接近肠系膜侧向前壁折转处时，将缝针自一侧肠腔黏膜向肠壁浆膜刺出，而后缝针从另侧管前壁浆膜刺入，再次从同侧肠腔内黏膜穿出，自此，采用连续全层水平褥式内翻缝合（康乃尔氏缝合法）缝合前壁，至肠系膜对侧，与后壁缝合起始的线尾打结于肠腔内。

完成第一层缝合后，用温生理盐水冲洗肠管，手术人员重新消毒，更换手术巾与器械，转入无菌手术。第二层采用伦勃特氏缝合法缝合前后壁，肠系膜侧和肠系膜对侧两折转处要做补充缝合。撤除肠钳，检查吻合口是否符合要求，最后间断缝合肠系膜游离缘。

(2) 侧侧吻合 肠管吻合前，用 2 把肠钳分别将两肠管断端夹住，用连续全层缝合法缝合第一层，抽出肠钳，拉紧缝线，紧接着用伦勃特氏缝合法缝合第二层，两肠管断端闭合后，开始进行侧侧吻合。

先将远近两肠段盲端以相对方向使肠侧壁交错重叠接近，用 2 把肠钳各在近盲端处，沿纵轴方向钳夹盲端肠管。钳夹的水平位置要靠近肠系膜侧。检查两重叠肠段有无扭转或方向不正，然后将两肠钳并列靠拢，交由助手固定，灭菌纱布垫隔离术部。

继续靠近肠系膜侧做间断或连续伦勃特氏缝合，缝合长度应略超过切口长度，距此缝合下方 1～1.5 厘米处，位于两侧肠侧壁中央部，各做 1 个 4～6 厘米切口，形成肠吻合口，吻合口后壁做连续全层缝合，缝至前、后壁折转处，按端端吻合的方法转入前壁，进行康乃尔氏缝合。

缝至最后 1 针，缝线与开始缝合的第 1 针线尾打结，检查薄弱点做加强补充缝合。最后，在前壁浆膜上做间断或连续伦勃特氏缝合。撤除肠钳，重叠肠系膜游离缘做间断缝合。

（3）端侧吻合 可用于牛的回肠末端肠套叠手术，将坏死回肠切除后，做回盲肠端侧吻合术。确定患部两侧回盲口与回肠预定切除线，并用肠钳闭合肠腔。

将回盲系膜切除数厘米后，截断患部肠管，闭合回盲口残端。更换肠钳，在回盲口后右侧方钳夹新吻口的肠壁。助手将两肠钳靠近，做两肠管后壁外层的伦勃特氏缝合，然后用刀在盲肠新吻合口上切开肠壁，对吻合口前、后壁做连续全层缝合，缝合方法与端端吻合前后壁相同。两肠管前壁外层再进行伦勃特氏缝合。

吻合后用手指检查吻合口，对肠系膜游离缘做间断缝合。

十三、牛肠套叠的手术治疗

肠套叠是一段肠管连同肠系膜套入与之相连续的另一段肠管肠腔内，形成双层肠壁重叠现象，导致套叠部肠腔闭塞、肠壁及肠系膜血管血液循环不良、水肿及缺血性坏死，由此产生毒血症、休克而死亡。本病是牛的一种严重的急腹症，若诊断失误、治疗不当常常引起死亡。

肠套叠的初期，在不完全套叠时，可试用温水高压灌肠法进行复位，但由于肠套叠部肠管都有不同程度的淤血与水肿，温水灌肠复位法多不能奏效。因此，只要确诊发生肠套叠就应进行紧急手术救治。

1. 术前准备

术前脱水严重的病牛应进行补液、强心、防感染等，提高牛的抵抗力。

2. 保定与麻醉

牛六柱栏内站立保定，腰旁神经传导麻醉，术部进行局部浸润麻醉。

3. 切口定位

切口可选择右肷部中切口，也可选择左肷部后切口。选择右肷部中切口，可以对空肠、回肠及结肠的套叠进行手术；选择左肷部后切口，除可解除牛空、回肠的套叠手术外，还可进行左侧腹腔探查，以确定瘤胃、网胃有无并发的疾病，可以一并解除。

4. 手术方法

于术部切开皮肤、皮肌、腹外斜肌后，钝性分离腹内斜肌、腹横肌，剪开腹膜，显露腹腔，然后先进行左侧腹腔探查，以检查腹腔内有无异常，在网膜上隐窝内若发现有手臂粗、光滑而呈肉样感的肠段即可判定为肠套叠肠段。

在套叠的前方肠管高度积液，术者可用手掌托住套叠部缓缓向切口搬移，当套叠肠段一只手无法托动时，术者两只手都进入腹腔将肠管向切口外搬移。切忌用手指直接抓掐肠壁向外猛拉，以防套叠部已坏死的肠管破裂而严重污染腹腔，在向外搬移套叠肠管时，由于肠系膜变紧张，患病牛可能有痛感。

要求做好保定，防止牛突然卧地而使已托出腹腔的肠管严重污染。这在术前六柱栏保定时就应考虑到术中牛是否会突然卧地，可以在牛的腹下用粗绳系好腹吊绳。

一旦肠套叠部肠管显露于腹壁切口外后，为了减少肠系膜的牵拉痛，可以用2%盐酸利多卡因注射液对套叠肠管肠系膜根部进行肠系膜神经的传导麻醉，也可用2%盐酸利多卡因注射液对肠系膜喷雾，进行表面麻醉。

套叠肠段搬移到腹壁切口外后要妥善保护肠管，并仔细检查套叠肠管的范围、套叠肠段是否存活，以确定切除范围。

判定套叠肠管坏死要点：肠管蓝紫色、黑红色或灰白色；肠壁菲薄、变软、无弹性，肠管浆膜失去光泽；肠系膜血管无搏动；肠管失去蠕动能力。若判定可疑，可用温生理盐水纱布热敷5～10分钟，若肠管颜色无改变，肠蠕动不出现，肠系膜血管仍无搏动时，可判定套叠部肠管确实已经坏死，进行坏死肠管切除、肠吻合术。

术者将套叠部近心端和远心端健康肠管向切口外牵引，显露出健康肠管后，于两端健康肠管上夹持肠钳。观察并判定拟切除肠管上的肠系膜血管走向，并做双重结扎，剪断坏死肠管肠系膜血管后，切除坏死肠管，进行端端吻合术。

由于肠套叠部肠管水肿淤血严重，套叠部近心端肠腔内严重积液扩张，大段肠管盘曲在一起，难以看清肠系膜血管走向，很难正确地双重结扎坏死肠管上的肠系膜血管。为此，可先在套叠肠管两端的健康肠管上切断肠管。从两端向上切断肠系膜，对肠系膜血管的出血立即用止血钳钳夹，再逐个地对钳夹出血点进行贯穿结扎或单纯结扎。这样的操作方法，可能在切断肠管与肠系膜时出血较多，但不会过多地结扎血管，保证了吻合后的肠管有足够的血液供应。

坏死肠管切除，对坏死肠管的肠系膜血管进行结扎止血后，用生理盐水冲洗两健康的肠管端，清除肠管上的血凝块和肠腔内容物后进行肠管的端端吻合术。

吻合完毕，用生理盐水冲洗肠管，再将肠系膜连续缝合，最后用含青霉素的生理盐水冲洗吻合好的肠管，肠壁上涂红霉素软膏后，将肠管还纳回腹腔内。

对腹壁切口进行闭合。生理盐水纱布清拭除去切口内血凝块后，用 7 号丝线对腹膜、腹横肌自下而上地进行连续缝合，待缝到切口上缘时，向腹腔灌入含有 400 万～800 万单位青霉素的生理盐水溶液 500 毫升，然后缝合，抽紧创口上缘缝合线打结。生理盐水再次冲洗创内，清除创内的血凝块后，向创口内撒青霉素 160 万单位，再用 7 号丝线连续缝合腹内斜肌和腹外斜肌，缝毕，再次用生理盐水冲洗创内，皮肤创缘用碘酊消毒后，用 10 号缝线对皮肤进行间断缝合，外打结系绷带。

5. 术后护理

(1) 术后护理的原则 抗菌、抗炎、解毒、通肠润便、防止粘连。

(2) 术后 4～5 天内使用处方 10%氯化钠注射液 500～1000 毫升、5%葡萄糖氯化钠注射液 2500～3000 毫升、头孢噻呋 5～10 克（成年牛）、氧氟沙星注射液 1000 毫升、维生素 C 注射液 1.5～3.0、地塞米松 30～50 毫克（非妊娠牛）、樟脑磺酸钠注射液 20～30 毫升，静脉注射，1 天 1 次。

(3) 补充说明 根据牛的具体情况，还可用 5%碳酸氢钠 1000 毫升，5%～10%葡萄糖酸钙注射液 300～500 毫升，静脉注射，每天 1 次，连用 2 天，以减少腹腔内的炎性渗出和解除代谢性酸中毒。地塞米松具有很强的抗炎作用，在用药 3～4 天后可减量再应用 1～2 天停药，妊娠牛禁用，以防流产，地塞米松也影响产奶，停药后很快恢复产奶量。术后为了加速胃肠功能的恢复，可用液状石蜡 1000～1500 毫升、磺胺嘧啶片 120～150 片、小苏打 200 克、干酵母 300 片，1 次灌服。术后注意让牛适当运动，术后禁饲 24 小时以上，当牛出现排粪和反刍后可以适当饲喂优质易消化的饲草饲料，不限饮水。

十四、牛子宫扭转的滚转整复与手术治疗

子宫扭转是指整个子宫，一侧子宫角或子宫角的一部分围绕自己的纵轴发生的扭转。子宫扭转的治疗原则是早期诊断早期纠正。临产扭转，首先将子宫复位再拉出胎儿。若产前扭转，主要是子宫复位。

1. 子宫扭转复位的方法

(1) 产道内矫正 借助胎儿矫正扭转的子宫，先给母牛进行后海穴麻醉，保定于前低后高的保定架内。术者手进入母牛的子宫颈内抓住胎儿的两眼眶，在掐压两眼眶的同时，向扭转的对侧扭转胎儿，通过胎动，可使扭转的子宫复位。

(2) 直肠内矫正 若子宫向右侧扭转，术者手经直肠进入右侧子宫下侧方，向上向左侧翻转，助手用肩或背部顶住右侧腹下部向上抬，另一个助手在右部由上向下施加压力，对扭转较轻的病例有时可得到矫正。

(3) 翻转母体 可以使牛子宫扭转得到矫正。

直接翻转法在翻转母体前，要做全身检查，对性情不安、不好翻转的母牛，可进行全身浅麻醉，每 100 千克体重肌内注射速眠新注射液 1 毫升，10 分钟后，使病牛倒卧于扭转的一侧，即右侧扭转就右侧卧，左侧扭转就左侧卧。

将病牛的两前肢和两后肢分别捆绑，由 2 个人保定牛头，4 个人分

别保定两前肢和两后肢，并使牛倒卧于后高前低的路面上，保定人员协调一致，先使牛仰卧位，四肢向上，稍停片刻，然后猛然使头颈和四肢倒向左或右侧。若为妊娠母牛，由于胎儿重量大，子宫不随母体的转动而复位。

复位成功通过阴道检查，阴道前端变宽大，阴道内皱褶消失。无效时则无变化，可将母牛慢慢翻回原位，再翻动母牛，如果翻转方向错误，软产道会变得更加狭窄。因此，每翻动一次均需做阴道或直肠的检查，以验证是否成功。

（4）产道固定胎儿翻转法 如果分娩时子宫发生扭转，手能伸入子宫颈，从产道内抓住胎儿的一条腿，固定住胎儿，手抓住不动，再翻转母体，这样子宫扭转得以复位。

（5）剖宫产 当用上述方法不能纠正时，可用剖宫产术。

2. 术后护理

① 矫正术后均需要进行良好的护理工作，如止痛、抗炎、补液、强心等。

② 术后使用子宫收缩药尽快使子宫复旧，全身使用抗生素预防子宫及腹腔内的感染。

十五、牛剖宫产术

牛分娩时，胎儿娩出受阻，在产道助产或药物助产都无效的情况下，应尽早施行剖宫产术。剖宫产术是成功救治难产母牛生命或同时救治母牛和犊牛生命的可靠方法，只要掌握好剖宫产术的关键性操作，手术成功率很高，术后牛仍可正常泌乳，正常发情与受胎。

1. 适应证

① 子宫扭转的难产牛，经滚转整复不能复位者，均应进行剖宫产手术。

② 产道过于狭窄、胎儿过大、子宫颈口不开张或开张不全的母牛应尽早进行剖宫产。

③ 胎儿横向、竖向、裂体畸形、子宫破裂、胎儿严重气肿、阴道

脱出等病牛。

2. 术前检查

（1）一般检查 体温、脉搏、呼吸、可视黏膜色泽、毛细血管充盈度、皮肤弹性和皮肤温度，以判定母牛是否发生严重脱水。

（2）检查有无休克 通过检查母牛精神状态、可视黏膜色泽、心率、呼吸状态、皮肤温度特别是肢端和耳部的皮肤温度是否降低、是否还存在努责表现等，以判定母牛是否发生休克。对于发生休克的母牛均应进行抗休克疗法。

（3）检查引起难产的病因 通过直肠检查和产道检查以确定母牛难产是由子宫扭转引起的还是因胎位异常、胎势异常、产道狭窄、子宫颈开张不全等原因引起的，为选择保定姿势和手术途径提供参考材料。

（4）检查胎儿在腹腔内的位置 通过腹部触诊以确定胎儿是在右侧腹腔还是在左侧腹腔，是在腹底部还是胎儿已上升至腹腔上部，为确定手术方法提供依据。

（5）检查难产病牛的瘤胃是否臌气、有无瘤胃积液 瘤胃臌气和积液的病牛在术前应导出瘤胃内积气和积液，并投服20%鱼石脂酒精150～200毫升，以减轻术中的臌气。还应备有瘤胃穿刺针，以便对术中发生的瘤胃臌气进行穿刺放气减压。

3. 保定

侧卧保定下进行手术。

在牛场进行手术时，可选择洁净的牛棚或露天场地进行手术，牛体前肢和颈部下面垫以草垫，并将两前肢和两后肢分别捆绑在地面上的立柱上，也可将两前肢和两后肢分别捆绑在一根长3.5～4米、粗10厘米以上的木棍上，这样可限制四肢的活动，有利于手术的进行。

若手术切口选择在腹白线或选择腹白线与乳静脉之间时，最好采取前躯侧卧、后半仰卧姿势的保定方法，这样有利于手术操作。凡切口在腹白线右侧腹壁上，均应采取左侧卧；凡切口在腹白线左侧的，均应采取右侧卧；凡切口在腹白线上的，均应采取前躯右侧卧后躯半仰卧；凡采取左肷部或右肷部切口的，建议站立保定。

4. 麻醉

速眠新全身麻醉，每 100 千克体重 1 毫升，肌内注射，术部配合局部浸润麻醉。

5. 切口定位

手术切口的选择根据胎儿在腹腔内的位置所决定。首先应确定在腹腔哪一侧做切口，当胎儿位于右侧腹腔内，切口应在右侧，胎儿在腹底部偏左侧时，切口应在左侧腹壁上。常用的手术切口有下列几种。

（1）脐后腹白线切口　适用于胎儿在腹底部者，此切口手术切开腹壁和闭合腹壁切口均好操作，特别是在闭合腹白线切口时不会发生缝合线结处的组织撕裂。缺点是在侧卧保定下切口位置低，在没有手术台保定条件下施术时，术者操作不方便。另外，切口在腹下易受污染，应当妥善护理。

（2）腹白线与左（右）乳静脉之间的平行乳静脉的切口　凡胎儿在右侧腹腔下部者应采取右乳静脉与腹白线之间的切口，胎儿在腹底部偏左侧者应采取左乳静脉与腹白线之间的切口，此切口下的手术通路为皮肤—皮下组织—皮肌—腹黄膜—腹直肌—腹横筋膜—腹膜。

腹内压较大的牛，或术中瘤胃臌气的牛，在连续缝合腹膜、腹横肌时，常常将缝合处的腹膜及腹横肌撕裂，这是导致手术后腹壁疝的主要原因。在遇到这种情况时，应首先采取措施降低腹内压，再将腹膜、腹横肌、腹直肌及腹黄膜全层间断缝合，这样可减少其因腹压大导致缝合处易撕裂的情况。

（3）左（右）乳静脉外侧（背侧）的平行乳静脉的切口　隔腹壁触诊胎儿，当胎儿的位置在乳静脉上方时，可采用此切口。凡胎儿在左侧腹腔内乳静脉上方时就采用左侧切口，胎儿在右侧腹腔就做右侧切口。

（4）右（左）肷部斜切口　乳静脉背面的后上前下的斜切口，此切口适用于胎儿位于腹腔中 1/2 高度以上的难产牛。

6. 手术方法

腹部乳静脉与腹白线之间的切口，于术部切开皮肤、皮下组织、腹部皮肌、腹黄膜、腹横筋膜和腹膜。腹白线切口的切开层次为皮肤、皮下组织、腹白线和腹膜。右（左）肷部后斜切口的切开层次为皮肤、皮下组织、腹部皮肌、腹黄膜、腹横肌及腹膜，显露大网膜，切口长度30～35厘米，手术通路上的出血采用钳夹止血、结扎止血。

(1) 显露子宫 术者手伸入腹腔内探查子宫，检查子宫与大网膜的关系，子宫是否仍在网膜上隐窝内，若在网膜上隐窝内，应将双层网膜推移到腹腔前部才能显露子宫。术者手经腹壁切口伸入骨盆腔处，探查网膜上隐窝间口及双层网膜吻合缘，用手拉着双层网膜吻合缘缓缓向前牵拉，与此同时，助手在腹壁切口内隔着大网膜向对侧推动子宫及胎儿，以减少子宫与大网膜之间的紧张度使大网膜松弛，有利于将大网膜向前方牵引以充分显露子宫。

在二者的相互配合下，大网膜吻合缘即可向前牵引至切口处。继续向前牵引，连同网膜上隐窝内的肠管一齐推向腹壁切口前方的腹腔内，并用大块灭菌生理盐水纱布填塞以防网膜和肠管涌出。若在腹壁左侧做切口，也应将大网膜向前缓缓牵拉才能显露子宫，但大多数情况下不会有肠管涌出，这是左侧切口显露子宫的优点。有时因胎儿过大或腹内压过高，将大网膜向前牵拉时十分困难，大网膜的吻合缘及大网膜紧紧贴附在子宫壁上无移动性时，对此种情况不能强力牵拉。否则，会导致网膜撕裂出血，并且由于撕裂的部位常常在腹腔深部，很难找到破裂血管进行止血。

对于大网膜牵拉不动的病牛，显露子宫的方法是切开大网膜深、浅两层。切开前在大网膜预定切开线的两侧系牵引线，并贯穿结扎网膜切开线上的血管后切开大网膜浅层，将两侧的牵引线用止血钳固定在创巾上，然后再在大网膜深层预定切开线的两侧穿系牵引线和贯穿结扎切开线上的血管后，再切开大网膜深层。用大块生理盐水纱布将网膜上隐窝内的肠管推向肋骨弓内侧的腹腔前方，以防肠管从大网膜切口内涌出妨碍手术操作。

术者双手伸入腹腔内，将子宫及胎儿向腹壁切口处搬动，使子宫与切口靠近，并将子宫大弯显露在腹壁切口处。

有些病例的子宫壁还可牵引显露到切口外，在子宫壁和腹壁切口之间用大块生理盐水纱布隔离，以防子宫切开后羊水污染腹腔及腹壁切口。

（2）切开子宫，拉出胎儿 在切开子宫前应再进一步确认显露在腹壁切口内的子宫是否是子宫大弯，在子宫大弯上切开可减少子宫壁的出血。还应对胎儿姿势进行调整，尽可能使胎儿的前肢或后肢靠近子宫切口，这样便于拉出胎儿，可减少在拉出胎儿时引起子宫壁的撕裂。切开子宫时应避开母体胎盘（子叶），子宫壁切口要够长，原则上是宁大勿小，一般不能少于25厘米。在切开子宫时，仅仅切开子宫壁，而不切开胎膜，为此应仔细而准确。子宫一旦切开后，胎膜即从子宫壁切口内向外膨出，若不能向外膨出，可用手对胎膜进行剥离，使胎膜向切口外膨出。若切开子宫壁后胎膜不向切口外膨出，可能因在分娩过程中胎膜已破裂，胎水经产道已排出体外，在这种情况下也应剥离胎膜，使胎膜充分显露。

切开胎膜拉出胎儿，助手立即用双手将胎膜向切口外牵引，类似翻衣领的动作将胎膜向外翻转，术者手臂伸入子宫腔，抓住胎儿的前肢或抓住胎儿的一后肢经子宫切口拉出，在拉出一个肢后再伸入子宫拉出另一个前肢或拉出另一个后肢，具体先拉前肢还是先拉后肢，应以哪一个肢与切口最近为原则。

在拉出时，术者手心要保护蹄尖部，防止因拉出胎儿将子宫壁划破。拉胎儿需要术者与助手的密切配合，严防在拉出胎儿时导致子宫撕裂，还要严防肠管随之脱出，防止羊水流入腹腔内。在拉出胎儿的瞬间，在场的保定人员立即用双手掌压迫牛的腹壁以增大腹内压，以防因拉出胎儿后腹内压的急剧降低而导致脑贫血、虚脱等意外情况的发生。

拉出的胎儿若还存活，要让畜主进行护理。取出胎衣、冲洗子宫。助手立即用舌钳夹持子宫壁切口或用手抓住子宫壁切口，将子宫向腹壁切口外轻轻拉出。

术者重新洗手消毒后，手进入子宫腔内将胎膜完整地剥离下来，若剥离胎膜时有出血，也可不剥离，以防因剥离出血引起出血过多或发生感染，用生理盐水反复冲洗子宫腔，在冲洗完毕后向子宫腔内撒布青霉素粉 800 万～1200 万单位或向子宫腔内撒布氨苄西林或土霉素粉 5～10 克，以减少术后子宫内膜炎的发生。

(3) 子宫切口的缝合 术者与助手再次清洗和消毒手臂，更换灭菌手套，对子宫壁切口用可吸收的 1～2 号肠线进行康乃尔氏缝合或全层连续缝合。

对胎衣尚未剥离的子宫壁，缝合时切忌缝上胎衣。缝合子宫壁时一定缝上子宫黏膜层，每缝一针都要拉紧缝线，使切口对合严密。缝合时切忌使用不吸收的丝线。因难产时间长并经过产道助产的母牛子宫内已视为污染，不吸收的缝线可能成为引起子宫炎的病因，成为手术后不孕的主要原因。

子宫第一层缝合完毕后，用生理盐水冲洗子宫壁，然后用可吸收的缝合线对子宫壁进行伦勃特氏缝合，缝合操作应快捷迅速，以防子宫的快速收缩而导致第二层缝合困难。缝合完毕，用生理盐水冲洗子宫壁，并取出填塞入腹腔内的隔离纱布，用生理盐水青霉素溶液冲洗腹腔后，将子宫还纳回腹腔内。

对于子宫扭转的病例，术者手臂要伸入腹腔检查子宫扭转的方向，并按扭转的反方向进行矫正，展平后才可进行腹壁切口的缝合。

(4) 腹壁切口的缝合 拉出胎儿后，牛的腹内压减小了，腹壁切口都比较好缝合，但也有一些病例因瘤胃内容物较多，又因较长时间的侧卧保定，常常发生不同程度的瘤胃臌气，给缝合腹壁切口带来困难，为防止此情况的发生，可在术前导胃，并灌服制酵药，如鱼石脂酒精。若在术中出现瘤胃臌气而影响腹壁切口的闭合时，可用套管针进行穿刺放气减压。

在左侧卧保定下的瘤胃穿刺放气，因左肷部已压在牛体下，其穿刺放气不能在左肷部。在腹壁切口内可触及臌气的瘤胃，在瘤胃壁上做一个荷包缝合线，在线圈内用套管针刺透瘤胃壁，立即抽紧缝合线，放气减压。放气时应用灭菌纱布隔离针头及周围，防止从针头内喷出来的气体和胃内容物污染腹壁切口。放气减压后拔下套管针，拉紧缝线打结。经放气减压后再缝合腹壁切口。

凡已切开大网膜的病例，均需对已切开的2层大网膜分别进行连续缝合。凡平行乳静脉的切口，在缝合腹壁切口时，第一层缝合将腹膜、腹横肌、腹直肌与腹黄膜间断缝合，皮肌连续缝合，皮肤进行间断缝合。而肷部斜切口的腹壁第一层缝合是将腹膜进行连续缝合，腹横肌、腹内斜肌连续缝合，腹外斜肌连续缝合，皮肤间断缝合，每缝完一层均用生理盐水青霉素溶液冲洗后才转入下一层的缝合。

对腹内压过大的病例，缝合腹膜、腹横肌、腹直肌和腹黄膜时，可用18号丝线将四层进行间断缝合，每缝一针都要求打结要紧，使切口闭合严密，防止留有间隙。为此，在打第1个结扣时，助手用止血钳夹线结部，待第2个结扣接近打紧时立即松去止血钳，以保证结扣牢固。

凡术后发生切口疝者，都是因腹膜、肌肉未完全闭合好，应当引起重视。

皮肤缝合前要用2%碘酊消毒皮肤创缘，缝合后再用2%碘酊消毒，并打结系绷带。

7. 术中观察与术后护理

① 术中要密切观察出血量和全身状态，在切开子宫、拉出胎儿和剥离胎衣过程中的出血量有多少，是否会引起出血性休克，是否需要补液、强心和使用全身性止血药。

② 对术中出血量较多的母牛，都应当补液、强心并使用全身性止血药。常用处方为：5%葡萄糖氯化钠4000～5000毫升，10%葡萄糖酸钙500～600毫升，维生素C2～4克，青霉素160万单位×20支，樟脑磺酸钠20毫升，静脉注射。

③ 术后5～6天内，使用青霉素、庆大霉素以控制弥漫性腹膜炎或局限性腹膜炎的发生。对有脱水的病牛，应当进行补液。

④ 术后1～3天全身使用10%葡萄糖酸钙静脉注射，以减轻腹腔内的渗出，有利于母牛的恢复。

⑤ 为促进子宫的复旧，术后使用催产素，并灌服益母草膏。

⑥ 当出现反刍后给予牛易消化的优质饲草和精料，逐日增多，6～7 天后恢复正常的饲喂量。

⑦ 术后 10～11 天拆除皮肤缝线。

⑧ 有一些病例在皮肤拆线后的一段时间，腹壁切口处又发生了化脓，脓汁从原皮肤切口内流出。化脓的原因是缝合肌肉的丝线引起的植入感染。治疗这种化脓创的方法是用止血钳经排脓口伸入，钳夹肌肉内的缝线将其拉出，拉不出来的缝线，可用手术剪拆除。只要把缝线拆除了，化脓就会很快停止。

⑨ 只要坚持剖宫产手术的操作规程和术后正确的护理，手术牛都会恢复良好。

第九章

牛病毒性疾病诊断要点与处方

一、牛口蹄疫

【诊断要点】

牛口蹄疫是由口蹄疫病毒引起的偶蹄动物共患的病毒性疾病，是急性、热性、高度接触性传染病，具有多发和群发的特点。

临床主要表现体温升高达40～41℃，食欲不振，精神沉郁，跛行，流涎；1～2天后，口腔黏膜、蹄部、乳头皮肤发生水疱；然后水疱破溃、形成烂斑，体温下降，症状好转。

哺乳犊牛症状不明显，主要表现出血性肠炎和心肌麻痹，病死率高；常突然死亡，死后剖检可见心内外膜出血，心肌质地松软，有淡黄色、白色或不规则条纹，俗称“虎斑心”。

牛口蹄疫一年四季均可发生，但以春秋季高发。

牛口蹄疫如无严重并发病，多呈良性经过，一般7～10天即可痊愈，如蹄部有病变，病程可达2～3周甚至更久。

【预防措施】

隔离病牛，单独饲喂，单独治疗，加强消毒，对假定健康牛可紧急接种疫苗。圈舍每天用过硫酸氢钾或戊二醛进行喷雾消毒。全群饮水添加电解多维、黄芪多糖、清瘟解毒口服液或板青颗粒，提高免疫力。

【西药方案】

1. 口腔处理

0.1%高锰酸钾，或1%明矾，或2%醋酸，或2%～5%硼酸，或食醋，或10%盐水彻底冲洗口腔。然后涂布碘甘油，或冰硼散（冰片1.2克、硼砂15克、玄明粉15克、朱砂1.8克，打粉吹涂），或青黛散（青黛9克、黄连6克、黄柏9克、薄荷3克、桔梗6克、儿茶6

克，打粉，装纱布袋，口噙)，或3%紫药水。

2. 蹄部处理

(1) 个体处理 先用3%来苏尔或10%硫酸铜或过氧乙酸或10%甲醛等彻底清洗患蹄，然后涂抹10%碘酊或松馏油或鱼石脂软膏，病变严重的，可包扎蹄绷带，每隔两天处理一次。

(2) 群体处理 可以蹄部药浴，使用蹄浴盆，也可以制作长1.5～2米、宽1～1.5米、高20～25厘米的暂时蹄浴池，内盛10%甲醛或10%硫酸铜，每天使病牛通过蹄浴池药浴1～2次，连续5～6天。

3. 乳房处理

先用0.1%高锰酸钾或3%来苏尔或1%明矾水或2%～3%硼酸清洗患部乳区，挤出积乳，擦干，可涂布红霉素软膏或鱼石脂软膏或紫药水或磺胺软膏等。

4. 重症全身给药

① 抗病毒：抗口蹄疫血清，犊牛每千克体重1～1.5毫升；利巴韦林与板蓝根注射液。

② 抗感染：头孢噻呋等。

③ 退烧：柴胡或氟尼辛葡甲胺等。

④ 强心补养：樟脑磺酸钠注射液，10%葡萄糖注射液，维生素C注射液，维生素B_1注射液，丹参注射液。

⑤ 纠酸：5%碳酸氢钠注射液。

【中药方案】

处方一：贯众20克、山豆根20克、甘草15克、桔梗20克、赤芍10克、生地黄10克、花粉10克、大黄15克、荆芥10克、连翘15克，打粉，加蜂蜜150克，绿豆粉30克，开水冲服。每天一剂，连用5天。

处方二：天花粉25克、桔梗25克、木通45克、猪苓45克、牛蒡子45克、黄连30克、连翘30克、黄柏30克、栀子30克、白芷15克。打粉，开水冲调，候温一次灌服，每天一剂，连用5天。

处方三：大黄24克、知母18克、朴硝60克、黄柏60克、栀子18克、黄芩20克、连翘15克、花粉18克、薄荷12克，打粉，开水冲调，候温灌服。每天一剂，连用3～5天。

处方四：青黛3克、雄黄6克、冰片9克、枯矾9克、硼砂15克。打粉吹入口内，每天两次，治疗口炎。

处方五：黄连10克、明矾20克、青黛10克、儿茶30克、高锰酸钾30克。打粉，分10包，每包加水500毫升，每次灌入口腔100毫升，每天两次，治疗口腔溃疡。

【用药解读】

① 利巴韦林广谱抗病毒，用量10～15毫克/千克。

② 板蓝根注射液，清热解毒，一次量，40～80毫升。

③ 头孢噻呋，广谱抗菌，用量3～5毫克/千克，根据病情与耐药情况可适当加量。

④ 氟尼辛葡甲胺，解热镇痛抗炎，用量5%含量0.04毫升/千克。

⑤ 柴胡，解热，一次量，20～40毫升。

⑥ 樟脑磺酸钠，兴奋呼吸中枢和血管运动中枢，增强心肺功能，一次量1～2克，犊牛0.2～1克。

⑦ 葡萄糖注射液，补充能量、解毒，一次量，50～250克，犊牛10～50克。

⑧ 维生素C，提高免疫力、抗渗出，一次量2～4克，犊牛0.2～0.5克。

⑨ 维生素B_1，辅助治疗神经炎、心肌炎、酮血症等，一次量100～500毫克，犊牛25～50毫克。

⑩ 丹参注射液，活血化瘀，通脉养心，一次量40～60毫升，犊牛10～15毫升。

⑪ 碳酸氢钠，纠正酸中毒，一次量15～30克，犊牛5～10克。

二、牛狂犬病

【诊断要点】

狂犬病又叫“恐水症”“疯狗病”，是由狂犬病病毒引起的多种动物和人共患的一种接触性传染病。人及所有温血动物都能感染，尤其是犬科野生动物最易感，另外某些蝙蝠也可能成为该病毒的自然宿主。

狂犬病病毒主要存在于患病动物的中枢神经组织、唾液腺、唾液中，其他脏器、血液、乳汁中也少量存在。

狂犬病临床典型特征是极度神经兴奋、狂暴、意识障碍，甚至具有攻击性，最后全身麻痹而死。

狂犬病潜伏期差异很大，短则 7 天，长则 3 个月甚至数年不等，与咬伤部位、程度、唾液含毒量有关，咬伤部位越靠近头部，发病率越高、症状越严重。病牛多急性经过，出现症状后 5 天左右死亡。

牛患狂犬病的具体表现。前驱期表现精神沉郁、食欲下降、瘤胃积食、受刺激后反应迟钝或兴奋，持续几天。狂暴期表现体温升高、哞叫不止、频繁起卧、空口磨牙、感觉过敏、目光凶恶、两耳直立、对人或动物有攻击性、盲目转圈、挣脱缰绳、头撞饲槽或墙壁、大量流涎、异嗜、剧烈蹭痒、性欲旺盛，持续 2～4 天。麻痹期表现站立不稳、行走无力、后躯瘫痪呈犬坐、粪尿失禁、舌悬垂嘴边、流涎、叫声嘶哑、哀鸣，最后麻痹死亡。

【预防措施】

捕杀野犬和野猫。养殖场饲养的犬猫要每年接种狂犬病疫苗。

【紧急处理】

① 牛被患病动物咬伤后，不要急于止血，让伤口局部流些血，以冲出进入伤口的部分狂犬病病毒。

② 用 20%肥皂水或 0.1%新洁尔灭、75%酒精、3%双氧水等溶液，反复冲洗伤口后用生理盐水洗净，再涂布 5%碘酊消毒，或用烧烙伤口进行消毒。

③ 创口小的可用消毒刀片进行“十”字形扩创，挤压排出积存污血，局部进行 5%碘酊和 75%酒精先后消毒。

④ 若伤口较深，可用注射器或导管插进创口内部，彻底冲洗和消毒，创口不必缝合。

⑤ 有条件的可以在牛被咬伤后，用狂犬病血清在伤口周围做浸润注射，并尽早注射狂犬病疫苗 20～50 毫升，间隔 3～5 天重复注射一次。

⑥ 污染场地、用具用 3%火碱水或 20%福尔马林溶液彻底消毒。

⑦ 对与病牛有暴露接触的人员要立即接种狂犬病疫苗。

【发病牛处置】

牛一旦发病没有有效药物治疗。对患病牛应尽快采取不放血的方法捕杀深埋、化制销毁，不得屠宰利用，防止攻击人和其他动物而造成本病再次传播。

三、牛传染性鼻气管炎

【诊断要点】

牛传染性鼻气管炎又称牛传染性坏死性鼻炎、红鼻病、牛媾疫，是由Ⅰ型牛疱疹病毒引起的牛呼吸道接触性传染病。

各种年龄、品种的牛均可感染发病，肉牛更易感染，其中20～60日龄犊牛最易感。

本病主要在秋冬季节流行，舍饲和集约化饲养可促进本病的传播。

呼吸道型：表现高热，体温达39.5～42℃；精神极度沉郁、不食；鼻腔有大量黏液或脓性分泌物、鼻镜发红、鼻黏膜高度充血、浅溃疡、重症鼻黏膜坏死；眼流泪、结膜炎、咳嗽、呼吸困难。有时腹泻带血。剖检呼吸道黏膜有浅表白色烂斑和溃疡，并覆以灰色腐臭黏液脓性渗出物，皱胃黏膜发炎或溃疡。

生殖道型：表现为尿频，阴道发炎红肿，从阴道流出黏液脓性分泌物，外阴部肿胀，有散在多量脓疱颗粒，阴道黏膜出现白色病灶、脓疱或灰色坏死假膜；公牛龟头、包皮、阴茎上发生脓疱，包皮肿胀及水肿。

流产型：主要以母牛流产为特征，多见初产母牛妊娠的各个阶段，也可发生于经产母牛。妊娠母牛感染后，可能于3～6周潜伏期后流产，流产多发生在妊娠5～8个月。剖检流产胎儿肝、脾、肾、淋巴结有灰白色坏死灶，有时皮肤水肿。

眼炎型：一般无明显全身症状，有时与呼吸道型一同出现。主要表现结膜炎、角膜炎，如结膜充血、水肿、坏死，角膜轻度混浊；眼鼻流浆液脓性分泌物，很少引起死亡。重症可于结膜形成灰黄色针头大的小脓疱。

脑膜炎型：主要发生于4～6月龄犊牛，体温40℃以上，共济失调，沉郁，随后兴奋、惊厥，口吐白沫，角弓反张，磨牙，四肢滑动，病程短促，5～7天死亡，发病率低，但死亡率可高达50%。剖检多表现非化脓性感觉神经炎和脑脊髓炎。

肠炎型：多见于犊牛，表现呼吸困难、拉稀腹泻、排血便。

【预防措施】

① 加强管理，保持圈舍干净整洁，定期消毒，饲养密度合理。

② 做好疫苗接种，可以选择病毒性腹泻～传染性鼻气管炎二联苗接种，2月龄以上的牛，每头2毫升，首免后21天再免疫一次，以后每四个月免疫一次。

【西药方案】

① 退热：30%安乃近或柴胡或氟尼辛葡甲胺等。

② 抗菌：头孢噻呋＋恩诺沙星，或氨苄西林＋庆大霉素，或多西环素＋氟苯尼考，或替米考星＋氟苯尼考，或阿奇霉素＋卡那霉素，或林可霉素＋氧氟沙星（或马波沙星），或复方磺胺间甲氧嘧啶＋青霉素＋磺胺脒等。

③ 抗病毒：阿昔洛韦＋板蓝根或双黄连。

④ 止血：维生素K或止血敏（酚磺乙胺）。

⑤ 补液：5%葡萄糖氯化钠注射液，复方氯化钠注射液，维生素B_1，维生素C，肌苷，ATP，辅酶A，20%葡萄糖注射液等。

⑥ 抗炎：地塞米松（孕畜禁用）或氢化可的松。

【中药方案】

处方一：荆芥45克，防风40克，羌活25克，独活25克，柴胡25克，前胡25克，枳壳25克，桔梗25克，茯苓30克，川芎25克，甘草20克，党参30克，薄荷15克，枳实25克，炒山楂60克，神曲60克。打粉开水冲调，一次灌服，连用3天。

处方二：马勃18克，升麻18克，薄荷20克，桔梗20克，黄连20克，黄芩30克，柴胡30克，连翘30克，玄参30克，甘草30克，牛蒡子30克，板蓝根120克。打粉开水冲调或加水1.5升熬至500毫升，分两份每天早晚灌服，直至痊愈。

处方三：水牛角50克，生地黄50克，芍药35克，丹皮35克，金银花30克，连翘30克，黄连30克。打粉，开水冲调，每天一剂。

处方四：

基础方：马勃18克，牛蒡子30克，玄参30克，柴胡30克，板蓝根120克，升麻18克，黄芩30克，黄连20克，桔梗20克，连翘30克，薄荷20克，甘草30克。

呼吸道型：基础方加荆芥穗30克、麻黄18克、葛根20克。

眼炎型：基础方加桑白皮30克、蒲公英30克、薏苡仁90克。

生殖道型：基础方加大血藤30克、败酱草60克、土茯苓30克、萹蓄20克，去掉升麻、桔梗、薄荷。

流产型：在基础方加桃仁30克、红花30克、川芎20克、当归45克、赤芍30克、熟地黄60克，去掉升麻、薄荷、桔梗、黄连。

脑膜炎型：在基础方加生牡蛎240克、代赭石90克、生石膏90克。

肠炎型：在基础方加猪苓20克、草果20克、炒白术20克，去掉薄荷、升麻。

【用药解读】

① 阿昔洛韦注射液，广谱抗病毒，用量5～10毫克/千克。

② 板蓝根注射液，清热解毒，一次量，40～80毫升。

③ 头孢噻呋，广谱抗菌，用量3～5毫克/千克，根据病情与耐药情况可适当加量。

④ 氟尼辛葡甲胺，解热镇痛抗炎，用量5%含量0.04毫升/千克。

⑤ 柴胡，解热，一次量，20～40毫升。

⑥ 葡萄糖注射液，补充能量、解毒，一次量，50～250毫升，犊牛10～50毫升。

⑦ 维生素C，提高免疫力、抗渗出，一次量2～4克，犊牛0.2～0.5克。

⑧ 维生素B_1，辅助治疗神经炎、心肌炎、酮血症等，一次量100～500毫克，犊牛25～50毫克。

⑨ 双黄连，清热解毒、疏风解表，一次量20～40毫升，犊牛10～20毫升。

⑩ 维生素 K，止血药，一次量 0.1～0.3 克，犊牛 0.03～0.05 克。

⑪ 止血敏，止血药，一次量 1.25～2.5 克，犊牛 0.25～0.75 克。

⑫ 复方氯化钠注射液，补充电解质，一次量 1000～3000 毫升，犊牛 250～500 毫升。

⑬ 5%葡萄糖氯化钠注射液，补充糖、电解质，一次量 1000～3000 毫升，犊牛 250～500 毫升。

⑭ 地塞米松，抗炎药，一次量 5～20 毫克，犊牛 4～12 毫克；氢化可的松，抗炎药，一次量 200～500 毫克，犊牛 20～80 毫克。

⑮ 肌苷，改善代谢，提供免疫力，血液、肝病、营养神经常用，一次量 2～6 克，犊牛 0.2～0.6 克；ATP，提供营养、改善代谢、辅助治疗各种重症疾病，一次量 100～200 毫克，犊牛 40 毫克；辅酶 A，改善代谢，辅助治疗各种重症疾病，一次量 500～2000 单位，犊牛 50～200 单位。

⑯ 恩诺沙星，广谱抗菌，对各种细菌、支原体有效。一次量，每千克体重 2.5 毫克。

四、牛病毒性腹泻-黏膜病

【诊断要点】

本病是由牛病毒性腹泻-黏膜病病毒引起。各种牛均易感，多发于 6～8 月的犊牛。冬春季节多发，老疫区隐性感染和慢性病例居多，新疫区突然发病、传播快、发病率和病死率较高。

病牛病初体温升高到 40～42℃，鼻和眼睛有浆液性分泌物，口流涎、呼吸有臭味，腹泻，排泄物中带有胶冻样黏液和血液，跛行；孕牛易发生流产，或产下先天缺陷的犊牛，因小脑发育不全而表现盲目运动和共济失调。

病理检查，可见鼻镜、齿龈、上腭、舌面、颊部黏膜糜烂，食管黏膜糜烂成条线形排列，胃黏膜糜烂、水肿，肠黏膜水肿、增厚，集合淋巴结肿胀、出血，小肠黏膜特别是空肠、回肠黏膜肿胀、出血、溃疡、坏死，黏膜脱落，蹄冠和趾间糜烂、溃疡。运动失调的犊牛小脑发育不全、两侧脑室积水。

【预防措施】

① 加强管理、做好消毒工作，流行病期间兽医进门诊疗必须严格消毒。

② 做好疫苗接种，可以选择病毒性腹泻～传染性鼻气管炎二联苗接种，2 月龄以上的牛，每头 2 毫升，首免后 21 天再免疫一次，以后每四个月免疫一次。

【西药方案】

(1) 口服给药 碱式碳酸铋或活性炭或蒙脱石散或鞣酸蛋白等、磺胺甲基异噁唑或磺胺脒片或盐酸小檗碱或恩诺沙星等。每天两次，磺胺类药首次加倍。

(2) 输液给药

① 抗菌：环丙沙星或恩诺沙星或庆大霉素＋头孢噻呋或氨苄西林＋替硝唑或甲硝唑。

② 清热抗病毒：板蓝根或穿心莲或博落回，利巴韦林或干扰素或免疫球蛋白等。

③ 补液：5%葡萄糖生理盐水，1000～3000 毫升；维生素 C，2～4 克；维生素 B_1；氯化钾；10%葡萄糖注射液等。

④ 强心：樟脑磺酸钠、丹参注射液。

⑤ 止血：止血敏或维生素 K。

⑥ 纠酸：5%碳酸氢钠注射液，200～400 毫升。

【中药方案】

处方一：葛根 60 克、黄芩 60 克、党参 45 克、白术 45 克、茯苓 45 克、山药 45 克、莲肉 30 克、桔梗 30 克、薏苡仁 30 克、砂仁 30 克、黄连 20 克、丹参 20 克、地榆 20 克、炙甘草 45 克。煎汤去渣或打粉开水冲调，候温灌服，连用 3～5 天，本方适用于湿热泄泻。

处方二：炙黄芪 90 克、党参 60 克、白术 60 克、当归 60 克、陈皮 60 克、升麻 30 克、柴胡 30 克、神曲 30 克、炙甘草 45 克。煎汤去渣或打粉开水冲调，候温灌服，连用 3～5 天，本方适用于脾虚泄泻。

处方三：冰片 12 克、青黛 9 克、芒硝 30 克、薄荷 6 克、滑石 60 克、蜂蜜适量。中药打粉，蜂蜜调匀，涂抹治疗口腔溃烂。

处方四：大黄 10 克、丹皮 10 克、生地黄 10 克、栀子 10 克、秦皮 15 克、枳壳 8 克、厚朴 7 克、石榴皮 5 克、黄芩 20 克。成年牛 300～500 克，犊牛 100～150 克，打粉冲调或煎汤去渣，候温灌服，连用 5 天。

处方五：白芍 24 克、车前子 21 克、地榆炭 18 克、金银花 30 克、滑石 30 克、大黄 24 克、白头翁 30 克、茯苓 21 克、甘草 9 克。打粉开水冲调，候温灌服。连用 3～5 天。

处方六：芍药 100 克、枳壳 80 克、厚朴 80 克、陈皮 80 克、柴胡 50 克、板蓝根 100 克、细辛 15 克。打粉开水冲调，候温灌服，连用三天。

处方七：白头翁 60 克、黄连 60 克、黄芩 60 克、黄柏 60 克、秦皮 60 克、茵陈 60 克、苦参 60 克、穿心莲 60 克、白扁豆 60 克、玄参 50 克、生地黄 50 克、泽泻 50 克、椿白皮 50 克、诃子 50 克、乌梅 50 克、木香 50 克、白术 50 克、陈皮 50 克。煎汤去渣或打粉开水冲调，候温灌服，连用 3～5 天。

五、牛流行热

【诊断要点】

牛流行热又叫牛流行性感冒、三日热、暂时热，是牛的一种急性、热性、高度接触性传染病。

本病是由牛流行热病毒引起的，主要侵害黄牛、奶牛，多发生于蚊蝇活动频繁的季节，也就是 6～9 月多发。

病牛突然高热，体温 40℃以上，一般持续 2～3 天，流泪，眼睑和结膜充血、水肿，呼吸急促，发出哼哼声，流鼻液；食欲废绝，反刍停止，大量流涎，粪干或腹泻；四肢关节肿痛，呆立不动，呈跛行；孕牛可流产；奶牛泌乳量下降或停止。发病率高、病死率低，2～3 天可恢复正常。

剖检病变主要在呼吸系统，有明显的肺间质气肿，部分病例有肺水肿和肺充血，肺体积增大。严重病例肺膨胀充满腹腔。在肺的心叶、尖叶、膈叶出现局限性暗红色乃至红褐色小叶肝变区，气管和支气管内有泡沫状液体。全身淋巴结不同程度肿大、充血和水肿，实质器官多呈明显混浊肿胀。此外，还出现关节、腱鞘、肌膜的炎症变化。

鉴别诊断：类蓝舌病，不出现肌肉和四肢关节痛症状；牛呼吸道合胞体流行季节在晚秋，以支气管炎为主，病程长；牛鼻气管炎多发生在寒冷季节，症状以呼吸道症状为主，少见全身症状。

【预防措施】

① 加强饲养管理，规范消毒，全面补充营养。

② 多发区域也可考虑疫苗接种，牛流行热灭活疫苗，颈部皮下注射 4 毫升，间隔 21 天再注射一次，6 月龄以内的犊牛注射 2 毫升，黄牛、奶牛、孕牛可用，少数牛接种部位会出现肿胀，3 周后基本消退。疫苗接种应在每年 6 月前完成。

【西药方案】

对于暴发区域，可对假定健康牛或牛场进行紧急疫苗接种。

(1) 肌内注射

① 抗菌：青霉素＋链霉素；或青霉素＋磺胺嘧啶钠；或青霉素＋磺胺间甲氧嘧啶；或头孢噻呋＋恩诺沙星；或泰乐菌素＋卡那霉素等。

② 清热解毒、抗病毒：利巴韦林＋板蓝根或双黄连等。

③ 退烧：安乃近或安痛定或氨基比林或柴胡或氟尼辛葡甲胺等。

④ 呼吸困难缓解：6%麻黄素 10～20 毫升，一次肌内注射，每 4 小时一次。

⑤ 有神经症状的镇静：氯丙嗪每千克体重 0.5～1 毫升。

(2) 输液给药

① 抗病毒：利巴韦林、板蓝根等。

② 抗菌：头孢噻呋、恩诺沙星或青霉素、链霉素等。

③ 补液：5%葡萄糖氯化钠溶液 2000～4000 毫升；50%葡萄糖注射液 200 毫升；樟脑磺酸钠 20 毫升；维生素 C；维生素 B_1 等。

④ 抗炎渗出：5%氯化钙注射液、氢化可的松或地塞米松（孕畜禁用）。

⑤ 关节肌肉疼：可输液水杨酸钠注射液。

⑥ 呼吸困难缓解：25%氨茶碱 20～40 毫升，或 6%麻黄碱 10～20

毫升，4 小时一次，肌内注射。

⑦ 有神经症状的镇静：甘露醇 300～500 毫升，静脉注射；或硫酸镁每千克体重 25～50 毫克，缓慢静脉注射。

【中药方案】

处方一：金银花 45 克，连翘 45 克，桔梗 30 克，薄荷 30 克，竹叶 30 克，荆芥 30 克，牛蒡子 30 克，淡豆豉 30 克，芦根 45 克，甘草 30 克。打粉冲调或水煎去渣，候温灌服，连用 2～3 天。适用于外感风热病例。

处方二：桑叶 25 克，杏仁 20 克，芦根 20 克，桔梗 20 克，菊花 20 克，连翘 15 克，薄荷 10 克，甘草 10 克。打粉冲调或水煎去渣，候温灌服，连用 2～3 天。适用于肺热咳重病例。

处方三：羌活 50 克，防风 50 克，苍术 50 克，黄芩 45 克，白芷 45 克，川芎 45 克，生姜 45 克，细辛 30 克，甘草 45 克，大葱 3 根。水煎去渣或打粉冲调，候温灌服，连用 2～3 天。发热配柴胡；跛行配木瓜、牛膝、千年健；腹胀加青皮、枳壳、青果；咳重加杏仁、瓜蒌；粪便干加大黄、芒硝。

处方四：柴胡 50 克，黄芩 50 克，苏叶 60 克，知母 40 克，麻黄 35 克，桂枝 50 克，葛根 50 克，炒枳实 50 克，川芎 50 克，生姜 100 克，甘草 25 克。打粉冲调或水煎取汁，候温灌服，每天一剂，连用 2～3 天。热盛配板蓝根、金银花、连翘；跛行配木瓜、防己、独活。

处方五：金银花 45 克，连翘 45 克，生地黄 45 克，玄参 45 克，蚕沙 90 克，土茯苓 90 克，黄芩 45 克，木瓜 30 克，生甘草 30 克。打粉冲调或水煎去渣，候温灌服。跛行配独活、秦艽、威灵仙；食欲废绝配茯苓、砂仁、白豆蔻；病情重配黄连、赤芍、紫草、豨莶草。

处方六：羌活 60 克，防风 60 克，苍术 60 克，川芎 30 克，白芷 45 克，黄芩 60 克，大青叶 100 克，蒲公英 100 克，金银花 60 克，连翘 60 克，桔梗 45 克，贝母 30 克，甘草 30 克，大葱 120 克，生姜 120 克。水煎取汁，候温灌服，连用 3 天。

处方七：金银花 40 克，连翘 40 克，薄荷 40 克，大青叶 40 克，板蓝根 40 克，桔梗 30 克，竹叶 30 克，夜交藤 30 克，甘草 30 克。打粉冲调或水煎去渣，候温灌服，连用 3 天。跛行配羌活 35 克，独活 35 克，川芎 30 克；泄泻腹胀配藿香 30 克，白扁豆 30 克，大腹皮 30 克，厚朴 25 克，茯苓 30 克。

六、牛恶性卡他热

【诊断要点】

牛恶性卡他热又称恶性头卡他、坏疽性头卡他，是由恶性卡他热病毒引起的急性、热性、非接触性传染病。

各个年龄的牛均易感，2 岁左右的小牛最易感，绵羊和鹿呈隐性感染，牛发病与接触绵羊有关，一年四季均可发病，但以冬季、早春、秋季多发。

病牛突然高热稽留，体温达 41～42℃，全身迅速虚弱，不久口、鼻、眼出现炎症，口腔流出带臭味的涎液，鼻腔流出脓样鼻液，双目羞明、眼睑肿胀、流泪、有脓性分泌物，角膜混浊甚至溃疡，最终导致失明，额窦、角窦、鼻窦发炎，角根松动或脱落，鼻镜干裂、糜烂或坏死。少数病例伴发神经症状，沉郁或昏迷，有时兴奋，鸣叫，磨牙，攻击人和动物。

剖检可见鼻腔、喉头、气管、支气管、口腔、食管、皱胃、小肠等部位的黏膜充血、水肿、糜烂或溃疡；肝、脾、肾肿胀变性；心包及心外膜出血，心肌变性；全身淋巴结充血、出血、水肿。

【预防措施】

加强管理，做好日常消毒，提高免疫力。禁止牛与绵羊、鹿等混养。

【西药方案】

本病没有特效治疗方案，轻症多采取隔离病牛、单独对症治疗。

(1) 西药方案一

① 局部用药：0.1%高锰酸钾溶液冲洗口腔，然后涂红霉素软膏或碘甘油等；2%硼酸溶液冲洗眼睛，然后涂红霉素软膏或青霉素配地塞米松滴眼。

② 静脉给药。

抗菌：头孢噻呋或四环素或土霉素或氨苄西林。

抗炎：地塞米松。

强心：樟脑磺酸钠。

补液：维生素 C、5%葡萄糖生理盐水、25%葡萄糖注射液。

③ 角膜混浊侧太阳穴注射：氢化可的松或地塞米松。

(2) 西药方案二

① 注射用美兰 2 克，5%葡萄糖生理盐水 2000 毫升，50%葡萄糖注射液 1000 毫升，一次静脉输液。

② 复方磺胺间甲氧嘧啶钠 100 毫升，首次加倍，肌内注射或配 0.9%生理盐水静脉输液。

【中药方案】

处方一：石膏 150 克，生地黄 60 克，水牛角 90 克，川黄连 20 克，栀子 30 克，黄芩 30 克，桔梗 20 克，知母 30 克，赤芍 30 克，玄参 30 克，连翘 30 克，甘草 15 克，丹皮 30 克，鲜竹叶 30 克。打粉开水冲调，一次灌服，连用 3～5 天。

处方二：龙胆草 60 克，黄芩 60 克，薄荷 30 克，茵陈 120 克，柴胡 60 克，僵蚕 30 克，牛蒡子 30 克，板蓝根 30 克，栀子 45 克，金银花 30 克，连翘 30 克，玄参 30 克，车前草 60 克，淡竹叶 60 克，地骨皮 60 克。煎汤去渣或打粉冲调，一次灌服，连用 3～5 天。

处方三：黄芩 30 克，黄连 25 克，牛蒡子 25 克，桔梗 25 克，马勃 25 克，僵蚕 25 克，薄荷 25 克，玄参 40 克，板蓝根 40 克，柴胡 40 克，连翘 40 克，金银花 40 克，甘草 20 克，陈皮 20 克，木香 20 克，知母 45 克，黄柏 45 克。水煎取汁或打粉开水冲调，一次灌服，连用三天。

处方四：大青叶 200 克，金银花 120 克，连翘 120 克，黄芩 120 克，栀子 120 克，柴胡 120 克，生地黄 120 克，玄参 150 克，麦冬 150 克，生石膏 500 克，知母 100 克，白芍 100 克，石斛 100 克，菊花 90 克，木贼 90 克，青葙子 90 克，龙胆草 90 克，鲜芦根 500 克。水煎取汁，一次灌服，连用 3 天。

七、牛副流感

【诊断要点】

牛副流感又叫牛副流行性感冒，是由副流感病毒Ⅲ型引起的牛急性接触性呼吸道传染病，主要通过接触和飞沫传播，感染部位主要在呼吸道。本病一旦发生，其病毒可在牛群长期存活不易清除。

多发生于运输后的牛群，也称为“运输热”或“运输性肺炎”。另外牛群饲养密度过大、圈舍通风不良或应激等因素也会诱发本病，单独发病较少，常与其他呼吸道疾病混合感染。

本病多发生于舍饲育肥牛，放牧牛较少发生。本病多发于晚秋和冬季，发病率是春季和夏季的2～3倍。牛群发病率在60%～90%之间，单一感染的病程为3～4天，与其他病混合感染则病情复杂，预后不良。

本病潜伏期2～5天，病牛体温升高41℃以上，精神沉郁、厌食、咳嗽、流黏液性鼻液、流泪、有脓性结膜炎、呼吸困难、发出呼噜音，听诊可见湿啰音，肺脏实变时则肺泡音消失，有时听到胸膜摩擦音，有的病牛出现黏液性腹泻，妊娠牛可能流产。

病例剖检主要病变在呼吸道，在肺的尖叶、心叶、膈叶的下侧部常见严重的损害，肺炎病灶呈灰色或深红色，叶间结缔组织增生，切面有特有的斑状；气管和支气管内充满浆液，肺门淋巴结肿大或坏死；胸腔积聚浆液性纤维素性渗出液，胸膜有纤维素附着；心内外膜、胸腺、胃肠黏膜有出血斑点；有的大骨骼肌会发生数厘米大小的灰黄色坏死灶。

【预防措施】

① 加强管理，定期消毒，保持圈舍环境卫生，空气新鲜，避免饲养密度过大。

② 牛长途运输时，不要太拥挤，保证途中不受热、不受冻，同时给予充足的多种维生素和电解多维。如果运输时间过长，超过24小时，中途应该给予适当饮水和饲喂少量干草。有条件的上车或落地及时注射抗菌药和清热解毒药。

【西药方案】

无特异疗法，广谱抗病毒、对症治疗、防继发感染、营养支持、中药疗法等。

(1) 轻症方案

① 抗病毒：肌内注射利巴韦林或干扰素或免疫球蛋白等＋双黄连或鱼腥草或板蓝根等。

② 防继发感染：肌内注射多西环素＋氟苯尼考，或泰乐菌素＋卡那霉素，或头孢噻呋＋恩诺沙星，或替米考星＋氟苯尼考等。

③ 退烧：柴胡、安乃近、氨基比林、安痛定、氟尼辛葡甲胺等。

④ 抗炎：地塞米松或氢化可的松等。

(2) 重症方案

① 抗病毒：肌内注射利巴韦林或干扰素或免疫球蛋白等＋双黄连或鱼腥草或板蓝根等。

② 防继发感染。

输液：头孢噻呋＋马波沙星，或替米考星＋卡那霉素，配“水乌钙”。

肌内注射其他类抗菌药：多西环素、氟苯尼考、泰乐菌素、泰拉霉素、加米霉素、磺胺间甲氧嘧啶等。

③ 退烧：柴胡、安乃近、氨基比林、安痛定、氟尼辛葡甲胺等。

④ 抗炎：地塞米松或氢化可的松等。

⑤ 利尿化痰强心：呋塞米（利尿），氨溴索（化痰），樟脑磺酸钠（强心）等。

【中药方案】

处方一：金银花 45 克、薄荷 25 克、桔梗 30 克、黄芪 70 克、连翘 40 克、柴胡 30 克、防风 30 克、川芎 25 克、白芷 25 克、牛蒡子 25 克、荆芥 30 克、贝母 30 克、石膏 60 克、甘草 25 克。食少者加焦三仙。咳嗽并喘粗气者减少防风和荆芥用量，加瓜蒌和葶苈子。打粉开水冲调，连用 3～5 天。

处方二：防风 45 克、羌活 45 克、苍术 45 克、川芎 30 克、白芷 30 克、黄芩 30 克、生地黄 30 克、甘草 30 克、柴胡 30 克、生姜 30 克、细辛 25 克、葱白 1 根。水煎去渣，候温灌服，连用 3 天。

处方三：麻黄 60 克、桂枝 50 克、防风 40 克、荆芥 50 克、金银花 60 克、茯苓 50 克、黄芩 50 克、柴胡 60 克、黄柏 50 克、远志 40 克、车前草 40 克、泽泻 40 克、葶苈子 50 克、桔梗 40 克、连翘 50 克、生姜 50 克。有咳者加陈皮、杏仁、款冬花各 60 克。发喘者加瓜蒌仁 60 克。臌气者加青皮、枳壳各 60 克。大便干燥者加大黄 100 克、枳实 40

克、芒硝 80 克。体弱者加党参、黄芪各 60 克。水煎取汁，候温灌服，白酒为引，连用三天。

处方四：葱白 200 克，生姜 200 克，大蒜 200 克，萝卜 200 克，橘子皮 200 克，杏仁 200 克，胡椒 20 克。加水煮 10 分钟，取汁温服，每天一剂，连用 5 天。适用于风寒感冒发病初期。

处方五：羌活 50 克、防风 50 克、生地黄 35 克、黄芩 40 克、川芎 35 克、白芷 35 克、细辛 25 克、甘草 40 克。体温稽留不退者，加大青叶、金银花。四肢拘谨者加桑寄生、独活。咳嗽者加半夏、杏仁。无食欲者加麦芽、山楂。大葱为饮，水煎一次灌服。适用风寒体虚证。

处方六：麻黄 50 克、杏仁 50 克、石膏 50 克、桔梗 40 克、知母 40 克、黄芩 30 克、甘草 30 克。水煎候温灌服。适用于咳嗽气喘重的牛。

八、新生犊牛病毒性腹泻

【诊断要点】

新生犊牛病毒性腹泻是由多种病毒混合感染导致的急性腹泻综合征，主要病毒为轮状病毒和冠状病毒，此外还有细小病毒、杯状病毒、星状病毒、腺病毒、肠病毒等。

本病发病初期主要以轮状病毒和冠状病毒为主，随着犊牛免疫力的下降，很容易继发大肠埃希菌、沙门菌等细菌感染，加重病情。

本病主要感染产后 7 天内的犊牛，可以通过消化道感染，也可以通过胎盘垂直传播，病牛和隐性感染的牛是主要传染源。本病多发于冬季、早春季节，尤其是初乳不足、气候骤变、环境卫生条件差的牛群更易发生。控制不及时病死率可达 50%。

本病潜伏期 12～96 小时，最早出生 12 小时发病，表现精神沉郁、吃乳减少或废绝，体温正常或略高。严重腹泻，初期灰白色或黄白色水样或粥样粪便，粪中有未消化的乳凝块，后期粪中混有多量黏液和血液，呈褐色，酸臭或恶臭约 1 天后，犊牛背腰拱起、肛门外翻、哞叫、严重脱水、眼凹陷、四肢无力、卧地、衰竭而死，病程 1～8 天。

剖检肠壁变薄、呈半透明，肠黏膜脱落，肠内容物液状呈黄褐色或红色，小肠黏膜广泛性出血，肠系膜淋巴结肿大，胆囊肿大，全身淋巴结肿大。

【预防措施】

① 加强饲养管理，对产房、犊牛舍、饲养用具等进行严格消毒，保持圈舍干燥清洁。

② 犊牛出生后及时让犊牛吃上充足的初乳。

③ 高发牛场可以考虑接种轮状病毒和冠状病毒疫苗。

④ 犊牛出生后 12 小时内，可以给犊牛口服抗生素预防，如土霉素、磺胺脒片、盐酸小檗碱、诺氟沙星等。

【西药方案】

(1) 禁饲 立即停止哺乳，通过输液维持机体生理功能。

(2) 清理胃肠 可以用 0.5%高锰酸钾 800～1000 毫升灌服或灌肠，每天 1～2 次。

(3) 抗菌 口服氟哌酸 2.5 克，每天 2～3 次。或磺胺脒片 10～20 克，每天 2～3 次。或输液氨苄西林、庆大霉素或恩诺沙星、替硝唑等。

(4) 补液、纠正酸中毒

① 口服补液：氯化钠 3.5 克、氯化钾 1.5 克、碳酸氢钠 2.5 克、葡萄糖 20 克，加水 1000 毫升，供犊牛自由饮用。或按每千克体重 100 毫升，每天分 3～4 次灌服。

② 输液补液：犊牛饮欲废绝，体质虚弱，用 50%葡萄糖注射液 50 毫升、生理盐水 200 毫升、5%碳酸氢钠 100 毫升，樟脑磺酸钠、维生素 C、维生素 B_1、布他磷等输液。每天两次。

(5) 止泻收敛 腹泻不止口服次硝酸铋 5～10 克，或活性炭 10～20 克，或鞣酸蛋白 5 克。

(6) 抗病毒 穿心莲、板蓝根、博落回、黄芪多糖等；利巴韦林、阿昔洛韦、干扰素、免疫球蛋白等。

【中药方案】

处方一：苍术 25 克，葛根 15 克，黄芩 15 克，白术 15 克，黄连 10 克，茯苓 10 克，泽泻 10 克，车前子 10 克，金银花 10 克，金樱子 10 克，升麻 10 克，甘草 10 克，木香 6 克，槟榔 6 克，神曲 30 克。水煎候温灌服，每天 1 次，连用 3 天。

处方二：郁金40克，黄芩40克，黄连40克，黄柏40克，栀子40克，白头翁25克，秦皮25克，连翘25克，金银花30克，木香15克，车前子15克。水煎候温灌服，分三次，连用三天。适用于湿热证。

处方三：山楂15克，麦芽15克，生六曲15克，半夏10克，陈皮10克，茯苓10克，连翘10克，白术10克。水煎一次灌服，连用3天，适用于消化不良。里寒证加干姜、厚朴；口色发红，有热证加黄连、木香。

处方四：葛根15克，黄连15克，黄芩15克，乌梅10克，煨诃子10克，姜黄10克，甘草5克。水煎候温灌服，连用3天，适用于湿热证。泻下带血者加银花炭、地榆炭、白头翁；腹痛重者加白芍；津液耗伤、口渴不安、眼球下陷者加石斛、麦冬、芦根；神疲乏力、脉象虚弱者加党参、黄芪。

处方五：党参15克，白术15克，茯苓15克，白扁豆15克，煨诃子10克，炮姜10克，砂仁5克。水煎一次灌服，适用于脾虚泄泻。腹痛重者加木香、白芍；形寒肢冷、口色苍白，里寒者加肉桂；滑泄不止，增加煨诃子用量，同时加五味子、肉豆蔻。

处方六：淡附片75克，干姜50克，炙甘草75克。煎汤240毫升，每天60毫升，连用4天，适用于四肢厥冷、脉微欲绝、亡阳虚脱等寒证。

九、牛结节性皮肤病

【诊断要点】

牛结节性皮肤病又称“牛疙瘩皮肤病”“牛结节疹”“牛肿块皮肤病”。是由痘病毒科山羊痘病毒属牛结节性皮肤病病毒引起的牛全身性感染疾病。只感染牛，发病率2%～45%，病死率1%～10%之间，发病牛可以导致不育、流产，奶牛产乳量显著下降，肉牛生产性能下降，严重的继发细菌感染而死亡。

传染源是感染牛结节性皮肤病的病牛，病牛恢复后可带毒3周以上。传播途径有蚊虫叮咬传播、牛与牛接触传播、物料污染传播、病公牛交配或输精等。潜伏期可达4～5周。

病初体温升高，可达41℃，高热可达一周；浅表淋巴结肿大，特别是肩前淋巴结肿大；有的表现结膜炎、流鼻涕、流涎；发病后48小时皮肤出现结节，呈疙瘩样，起初可能是局部较明显，严重的全身都出现明显结节，后期结节可能破溃，引发细菌感染，恢复缓慢，有的可达数月；严重的会导致四肢、腹部、胸前、会阴等水肿，导致牛不愿活动。公牛可导致暂时或永久不育，母牛可能会流产或延迟发情。

病死牛剖检可见呼吸道和消化道有结节病变，淋巴结肿大出血；心脏肥大，心肌出血、充血；肺脏肿大，有出血点；肾脏有出血点；肝脏肿大，边缘钝圆；胆囊肿大，囊壁有结节或出血点；脾肿大变硬，有出血点；胃黏膜出血、小肠弥漫性出血。

【预防措施】

① 加强管理，定期驱杀蚊虫。最好不从疫病流行区引进牛。

② 疫苗接种，可以选择山羊痘疫苗5倍量尾根无毛处皮内注射。或用牛结节病疫苗。

【西药方案】

① 抗病毒：利巴韦林或干扰素或免疫球蛋白配板蓝根或双黄连等。

② 防继发感染：氨苄西林或磺胺间甲氧嘧啶或头孢噻呋或阿莫西林或青链霉素等。

③ 退热：发热严重的可以选择氟尼辛葡甲胺或柴胡注射液等。

④ 营养支持：补液盐或电解多维或葡萄糖等，严重的输液给药，配合樟脑磺酸钠强心。

⑤ 大群可以饮水或拌料预防：

饮水：板青颗粒、清瘟败毒口服液等。

拌料：清瘟败毒散、扶正解毒散、黄连解毒散等。

【中药方案】

处方一：蒲公英60克，金银花60克，连翘60克，丝瓜络30克，通草25克，芙蓉叶25克，浙贝母30克。打粉开水冲调灌服，成年牛一次500～600克，连用5～7天。

处方二：龙胆草180克，野菊花160克，板蓝根120克，升麻100克，甘草40克。打粉开水冲调一次灌服，连用5～7天。

处方三：荆芥 27 克，防风 27 克，薄荷 27 克，黄芩 36 克，蒲公英 45 克，栀子 36 克，大黄 30 克，川芎 27 克，赤芍 27 克，甘草 30 克。打粉开水冲调一次灌服，连用 5～7 天。

处方四：黄芪 90 克，肉桂 45 克，槟榔 90 克，党参 90 克，贯众 90 克，何首乌 90 克，山楂 30 克。打粉开水冲调或煎汤去渣，一次灌服，连用 5～7 天。

处方五：龙胆草 90 克，板蓝根 60 克，升麻 50 克，金银花 40 克，野菊花 40 克，连翘 30 克，甘草 30 克。打粉开水冲调或煎汤取汁，一次灌服，连用 5～7 天，成年牛一次 300～500 克。

处方六：栀子 100 克，丹皮 50 克，黄芩 50 克，金银花 80 克，黄柏 80 克，板蓝根 80 克，山豆根 50 克，苦参 50 克，白芷 50 克，皂角 50 克，防风 50 克，甘草 100 克。打粉开水冲调或煎汤取汁，一次灌服，连用 5～7 天，成年牛一次 500 克。

处方七：金银花 60 克，连翘 60 克，板蓝根 60 克，赤芍 60 克，葛根 60 克，蝉蜕 30 克，甘草 30 克，桔梗 30 克，竹叶 30 克。打粉开水冲调或煎汤取汁，一次灌服。

十、牛丘疹性口炎

【诊断要点】

牛丘疹性口炎是由牛丘疹口炎病毒引起的高度接触性人兽共患传染病，临床表现以口唇和鼻周围发生红色丘疹性及口腔黏膜增生性、糜烂性、溃疡性病变为主要特征。6 月龄以内的犊牛最易感。

本病潜伏期 3～8 天或更长时间，病牛体温稍高或正常，精神不振，食欲减少。病牛流清涎或泡沫性涎，不愿吮乳或采食，病变多局限在口腔黏膜，出现直径 1～2 厘米的圆形丘疹，偶有水疱或脓疱。丘疹周围明显充血，一些丘疹周围隆起，中央坏死、发白，呈凹陷形状，脱落后在隆起处形成火山口状溃疡。口腔丘疹可能有痂皮，呈棕黄色，边缘粗糙。结节形成痂皮后脱落自愈。

病牛多呈良性经过，多无全身症状，病程 30 天左右。

人接触牛感染本病，病变主要在手和手指上，与病毒侵入部位一致，病变由丘疹或直径3～8毫米的疣状结节组成，结节2周后开始减少，30天内消失。个别病例会发热，手臂出现红斑性疹或腋下腺病和肌肉痛。

【预防措施】

① 严格消毒，对圈舍、饲槽、饮水槽、运动场、病牛接触的草料等进行消毒。

② 对病牛及时隔离治疗，有条件的可以把健康牛转移至新的草场或圈舍。

【西药方案】

① 抗病毒提高免疫力：利巴韦林、干扰素、免疫球蛋白；板蓝根、双黄连等。

② 防继发感染：头孢噻呋或青链霉素或恩诺沙星或氨苄西林或土霉素或磺胺间甲氧嘧啶等。

③ 退热：发热重的可以用柴胡或氟尼辛葡甲胺或氨基比林或安乃近或安痛定等。

④ 补养：体弱的牛可以配合葡萄糖、生理盐水、维生素C、维生素B等输液。

⑤ 局部处理：先用生理盐水或0.1%高锰酸钾水溶液冲洗消毒，创面涂敷冰硼散（冰片30克、硼砂100克、青黛50克）。

【中药方案】

处方一：黄连30克，黄柏45克，栀子40克，天花粉40克，黄芩30克，金银花30克，连翘30克，木通30克，白芷30克，甘草30克。打粉开水冲调一次灌服，连用3天。

处方二：知母24克，熟地黄24克，黄柏24克，山茱萸18克，山药30克，茯苓24克，泽泻18克，丹皮18克。打粉开水冲调，每天一剂，连用3天。适用于虚火上浮型。

处方三：当归30克，黄连24克，丹皮30克，生地黄30克，升麻18克，石膏60克，大黄30克，芒硝30克。打粉开水冲调，连用三天。适用于胃火熏蒸型。

十一、牛腺病毒感染

【诊断要点】

牛腺病毒感染主要是由牛腺病毒3型引起犊牛和成年牛的呼吸道疾病。

临床表现为体温升高、呼吸困难、鼻腔和眼周围有脓性分泌物。成年牛多呈隐性感染，犊牛常发生肺炎、肠炎、结膜炎或角膜炎，并伴有虚弱犊牛综合征。

发病牛咳嗽、气喘、呼吸加快，容易发生肺炎、支气管炎、轻度或重度卡他性肠炎。病理变化主要在肺部，有增生和坏死性细支气管炎、支气管炎阻塞性坏死、肺气肿、肺实变、肺泡萎缩、肺膨胀不全等。

本病常诱发混合感染和继发感染，仅凭临床症状很难确诊，需要实验室诊断。

【预防措施】

目前没有专业的疫苗可用。加强饲养管理，做好环境消毒，减少应激，提高牛群免疫力。

【西药方案】

① 抗病毒：利巴韦林或干扰素或免疫球蛋白；板蓝根、鱼腥草、双黄连、黄芪多糖等。

② 防继发感染：头孢噻呋联合恩诺沙星或多西环素联合氟苯尼考或泰乐菌素联合卡那霉素或替米考星联合氟苯尼考等，另外泰拉霉素、加米霉素、泰地罗新等也可以。

③ 缓解呼吸道症状：氨茶碱（平喘），氨溴索（化痰），樟脑磺酸钠（强心），呋塞米（利尿消肿）等。

④ 补养：严重营养不良，虚弱牛可以少量补液，如葡萄糖、维生素等，多量补液会加重心肺压力。

【中药方案】

处方一：浙贝母15克，泡半夏15克，桔梗15克，桑白皮15克，紫菀15克，荆芥15克，炙甘草15克，细辛10克，金银花100克，苦杏仁20克，连翘30克。水煎取汁，每天一剂，分两次灌服，连用

3天。

处方二：炙麻黄25克，炒杏仁30克，半夏25克，陈皮30克，茯苓25克，炙紫菀30克，炙百部30克，前胡30克，桔梗30克，知母25克，黄芩30克，苏子40克，五味子25克，炙甘草20克。打粉开水冲调，一次灌服，连用3天。

十二、牛轮状病毒感染

【诊断要点】

牛轮状病毒感染是由牛轮状病毒引起的急性肠道传染病，牛轮状病毒又称犊牛腹泻病毒，属呼肠孤病毒科轮状病毒属。轮状病毒主要通过“粪—口”或“口—口”传播，主要感染小肠下三分之二处。

本病多突然发生，潜伏期很短，病程10天左右，病死率约8%。自然发病的牛多为1～10日龄，病牛临床表现精神沉郁、食欲废绝、体温正常或微升高；吮乳减少，随后很快出现严重腹泻，粪便呈水样，黄白或绿色，混有黏液，偶见血便；犊牛脱水，眼凹陷，四肢无力，卧地；病重者经4～7天，由于严重脱水，酸碱平衡破坏，心脏衰竭而死亡。本病多发生于1～8周龄犊牛。

病理变化主要在小肠和肠系膜淋巴结，剖检常见肠壁变薄，肠内容物变稀，呈黄褐色、红色，甚至灰黑色，黏膜脱落，肠系膜淋巴结肿大；小肠黏膜条状或弥漫性出血，其他脏器一般没有病变。

【预防措施】

① 对于高发牛群，可以在母牛产前60天和30天接种牛轮状病毒灭活苗或减毒疫苗，提高牛原有的抗体水平，所产犊牛通过初乳可获得较高水平的母源抗体。另外美国研制出弱毒疫苗在犊牛吃初乳前口服接种，2～3天可产生坚强免疫。

② 犊牛产后应在1小时内吃足2升初乳。

③ 病牛及时隔离治疗并对圈舍全面消毒。营养要全面，保持圈舍干燥、卫生、温暖。

【西药方案】

(1) 抗病毒　利巴韦林或免疫球蛋白或干扰素；黄芪多糖或板蓝根

或穿心莲或博落回等。

(2) 防继发感染 氨苄西林、庆大霉素、甲硝唑等；或头孢噻呋、恩诺沙星、替硝唑等；或盐酸小檗碱、磺胺脒、氟苯尼考、土霉素、多黏菌素 E 等。

(3) 补液防脱水（说明：输液具体用量根据体重、病情灵活调整）

① 轻度脱水：口服补液盐，1000 毫升水加入氯化钠 3.5 克、碳酸氢钠 2.5 克、氯化钾 1.5 克、葡萄糖 20 克；或米汤加糖盐，500 毫升小米汤，白糖 10 克，食盐 1.8 克，灌服或自饮，500～1500 毫升。

② 中度脱水：有食欲可饮者口服补液盐，如发现眼睑水肿要停止补充；无食饮欲者输液，5%葡萄糖和 0.9%生理盐水。

③ 重度脱水：

等渗钠液：0.9%生理盐水和 5%碳酸氢钠溶液，比例 6∶1。

2/3 张液：0.9%生理盐水、10%葡萄糖、5%碳酸氢钠溶液，比例 12∶9∶2。

常规补液：0.9%生理盐水、10%葡萄糖、5%碳酸氢钠溶液，比例 10∶10∶1。

④ 极度虚弱体温低：樟脑磺酸钠、能量合剂（三磷酸腺苷、辅酶 A、肌苷、细胞色素 c）或布他磷等。

⑤ 补充维生素：维生素 C、维生素 B_1 等。

⑥ 缺钾补钾：10%氯化钾 5～10 毫升，遵循见尿补钾原则。

⑦ 抗炎：氢化可的松 10～20 毫升。

【中药方案】

处方一：葛根 15 克，黄芩 15 克，黄连 15 克，白头翁 15 克，马齿苋 15 克，秦皮 6 克，甘草 6 克，木香 6 克，白芍 6 克。适用于湿热证。

处方二：党参 8 克，白术 10 克，茯苓 6 克，鸡内金 6 克，黄芩 6 克，甘草 5 克。适用于脾虚泄泻证。

处方三：山楂 6 克，神曲 6 克，半夏 6 克，茯苓 10 克，陈皮 10 克，连翘 10 克，莱菔子 6 克，白术 6 克，藿香 6 克，滑石 10 克，车前子 10 克。适用于伤食泻证。

处方四：黄芩 20 克，黄连 20 克，黄柏 20 克，穿心莲 5 克，炒槐米 30 克，焦山楂 60 克，地榆炭 30 克，白芍 20 克，陈皮 25 克。适用于湿热带血泻证。

处方五：党参 60 克，干姜 30 克，甘草 30 克，白术 60 克。适用于虚寒泄泻证。

【简单方案】

① 口服：4 克高锰酸钾配成 0.5%溶液灌服，每天两次；呋喃西林 0.2 克或磺胺脒 10～20 片或土霉素 4～6 片，小苏打 5 克，附子理中丸 16 粒，酵母片 4～8 片，胃蛋白酶 2 克，次硝酸铋 10 片或东莨菪碱 0.4～0.6 克，健胃消食片 4～5 片，一次内服，每天 1～2 次。

② 肌内注射：利巴韦林或干扰素，丁胺卡那或庆大霉素或盐酸小檗碱或痢菌净或安普霉素或氟苯尼考等。

十三、牛冠状病毒感染

【诊断要点】

牛冠状病毒感染是由冠状病毒引起的牛消化道疾病，新生犊牛和成年牛多发。

病牛是主要传染源，粪便污染环境、饲料、饮水，经消化道传染，犊牛感染日龄为 1～90 日龄，腹泻常发生在 1～2 周，冬季更为严重，常因冷应激、初乳不足、混合感染而死亡率增加，通常与轮状病毒、隐孢子虫、大肠埃希菌等混感。腹泻通常会在同一牛场连年发生。

新生犊牛潜伏期 1～2 天，成年牛 2～3 天，10 日龄以内的犊牛更易感染发病。感染 48 小时后出现黄色或黄绿色稀便，后期出现肠黏膜和血液，严重的呈喷射水样，最终脱水和酸中毒而衰竭死亡。慢性多发 2～6 周龄犊牛，是由急性腹泻转化而来。成年牛多突然发病，腹泻呈喷射状，粪便为淡褐色，粪中有黏液和血液，泌乳牛泌乳量下降或停止。部分犊牛，尤其是 2～16 周龄的犊牛多伴发呼吸道感染，如鼻炎、喷嚏、咳嗽等。

病理剖检病变多出现在小肠和大肠，小肠肠壁菲薄、松弛，肠黏膜条状或弥漫性出血，肠内容物灰黄色，肠系膜淋巴结水肿。

【预防措施】

① 加强饲养管理，定期消毒，保持圈舍干燥、通风、温度适宜，提高牛只免疫力。

② 个别国家有采取口服疫苗免疫的，但效果也不能完全控制腹泻发生。

【治疗方案】

① 隔离腹泻病牛，对圈舍彻底清扫消毒。

② 采取抗病毒、防继发感染、强心、补液等治疗措施，具体参照牛轮状病毒治疗方案。

十四、牛赤羽病

【诊断要点】

本病是由赤羽病病毒引起的牛、羊胎儿的感染症，吸血昆虫是本病的传播媒介，多发于热带、温热带地区，一般8～9月份呈地方性流行。

受感染的妊娠牛一般没有特别临床表现，主要是发生异常分娩。流行初期主要是发生流产、早产、死胎，中期常产出异常的胎儿，后期产出大脑缺损的犊牛。早产和死胎的胎儿表现肢体异常、四肢明显弯曲、脊柱呈侧弯状或向背侧反弓，或关节不能弯曲而强直，或后肢可活动，前肢不能伸直。很容易发生难产。顺产的犊牛也不能正常站立，多无生活能力。有的犊牛双目失明，眼反射消失，角膜混浊或溃疡。

病理剖检主要是关节、脊柱弯曲，大脑缺损或发育不全，脑室积水，脑内形成囊泡状空腔，躯干肌肉萎缩变白。

【预防措施】

① 加强管理，消杀吸血昆虫。

② 日本和澳大利亚用灭活疫苗给妊娠母牛和计划配种牛接种两次，免疫效果较好；另外日本研发的弱毒变异株制成的疫苗，比灭活疫苗免疫效果更好。

【治疗方案】

① 难产的牛，可以考虑犊牛截胎术或剖宫产。

② 产出的异常胎儿，轻症可以人为矫正保守处理，重症没有任何

治疗价值。

十五、牛茨城病

【诊断要点】

本病是由茨城病病毒引起的。病牛和带毒牛是本病的主要传染源，本病是由库蠓传播的，多在夏秋季流行，易感动物是牛，但1岁以下的牛一般不发病。

本病潜伏期为3～5天，突然发高热，可达40℃以上，持续2～3天，少数可达10天，精神沉郁，厌食，反刍停止，泡沫样流涎，结膜充血水肿。

病情轻的，2～3天完全康复；重症的，口腔、黏膜、鼻镜、唇上发生糜烂或溃疡，易出血；病牛腿部常有疼痛的关节肿胀；有20%～30%的病牛咽喉麻痹。由于饮水逆出而引起脱水和消瘦，常引发吸入性肺炎。

病死牛可见黏膜充血、糜烂等病变，皱胃明显出现黏膜充血、出血、水肿，有时黏膜下水肿致胃壁增厚。

【预防措施】

加强饲养管理，勤消毒。有条件的高发地区，可考虑做好疫苗。可选择的有单价活疫苗和牛流行热二联灭活苗，每年7月份之前做一次。

【治疗方案】

① 预防吞咽困难，注意补水补营养。

② 补水：用胃导管补水；或用套管针在牛左侧肷部直接刺入瘤胃补水；或静脉输液补水，如生理盐水或林格氏液、葡萄糖、维生素等。

③ 急救时，可考虑右侧肷部腹腔注射补液，根据临床症状可以加入樟脑磺酸钠、葡萄糖、生理盐水、维生素等。

④ 严重病例可配合退热、防感染；如柴胡、氟尼辛葡甲胺、头孢噻呋或氨苄西林或青霉素等配合磺胺间甲氧嘧啶。

⑤ 本病只要不出现吞咽障碍，一般预后良好；发生吞咽困难，容易引发脱水或异物性肺炎，从而导致死亡。

十六、牛细小病毒病

【诊断要点】

本病是由牛细小病毒引起的，主要经口和空气传播。

犊牛表现体温升高，达40℃，鼻黏膜充血，咳嗽；消化器官初期呈轻度障碍，继之剧烈腹泻，2～8天粪便呈浅灰色并含有多量黏液。妊娠母牛感染后多在3～8周发生流产。

犊牛病理表现鼻腔黏膜充血，气管黏膜充血，小肠有弥漫性充血和出血，黏膜水肿，肠内有不同数量浅色黏液，浆膜血管渗出，肠系膜血管严重充血；流产母牛胎盘水肿，胎盘子叶坏死。

【预防措施】

尚无疫苗，做好检疫，不从疫区引进牛只。加强饲养管理，定期消毒，提高免疫力。

【西药方案】

① 抗病毒提高免疫力：黄芪多糖、利巴韦林、干扰素、免疫球蛋白等。

② 防继发感染：氨苄西林配庆大霉素，或头孢噻呋配恩诺沙星，或盐酸小檗碱、磺胺脒、痢特灵等。

③ 强心补液：樟脑磺酸钠；维生素C、维生素B族等；生理盐水、5%葡萄糖、5%碳酸氢钠、氯化钾等。

④ 水泻不止的要配合止泻药：次硝酸铋、活性炭、蒙脱石散、鞣酸蛋白、山莨菪碱等。

【中药方案】

处方一：茯苓150克，薏苡仁150克，泽泻60克，车前子150克，藿香100克，炒苍术150克，炒白扁豆150克，葛根100克，黄柏100克，穿心莲150克，石榴皮50克，赤石脂150克，山楂90克，麦芽100克，木香100克。犊牛一次60～100克，煎汤去渣，灌服。

处方二：苍术300克，泽泻200克，白术100克，白芍100克，沸石300克。犊牛一次60～100克，煎汤去渣，一次灌服。

处方三：猪苓30克，干姜30克，青皮30克，陈皮30克，茯苓30克，肉桂20克，车前子30克，厚朴30克，苍术40克，甘草30克，泽泻50克。犊牛一次60～100克，煎汤去渣，一次灌服。

处方四：白头翁40克，黄连10克，黄柏20克，秦皮20克，厚朴

10克，山药40克，煨诃子20克，山楂炭60克，地锦草40克，辣蓼20克，马齿苋40克，穿心莲40克，金樱子40克，石榴皮20克，地榆60克，苍术20克，赤石脂40克。犊牛一次60～80克，煎汤取汁，一次灌服，适用于湿热证。

十七、牛乳头状瘤病

【诊断要点】

牛乳头状瘤病是由牛乳头状瘤病毒引起的，牛乳头状瘤是牛皮肤或黏膜常发生的良性肿瘤。本病具有自限性，可在发生后的一定时期内脱落，病愈牛能获得一定的免疫力。一般不影响吃喝。

本病不同性别和年龄的牛均可发生，也可以感染人、犬、兔，但是犊牛发病较多，肉牛比奶牛发病多。

【预防措施】

加强管理，注意环境卫生，科学驱虫，全面补充营养，定期消毒。目前无有效疫苗可以预防。

【治疗方案】

① 结扎法：适用于较大的瘤，用皮筋或细绳绑缚疣基底部数月即可脱落，残存病灶可涂布冰醋酸或氢氧化钾溶液。

② 切除法：即从瘤基底部用外科刀切除，创面涂布10%碘酊消毒或烧烙消毒止血，或用高锰酸钾塞入切除的疣基部，直至变黑为止。

③ 淘汰处理：如果牛全身长满了无数大大小小的瘤体，影响到吃喝或行走，从经济角度考量，治疗比较费时费力，可以考虑淘汰处理。

十八、牛呼吸道合胞病毒病

【诊断要点】

牛呼吸道合胞病毒病是由牛呼吸道合胞病毒引起的，牛是自然宿主，羊也可以感染。

本病感染 1～5 月龄犊牛病情最严重，成年牛也可以感染，成年牛中母牛易感。本病一年四季都可发病，在气温剧变的冬季多见。本病主要是通过飞沫传播，经呼吸道感染。本病病程 10～14 天，常散发，暴发多见于犊牛和成年母牛。发病率高，但单一感染死亡率低，如果继发细菌感染则会加重病情出现死亡。

本病临床表现潜伏期 2～8 天，体温升高达 40～42℃，稽留 5～7 天。精神沉郁、食欲减退，产乳量急剧下降，妊娠母牛可能会流产。湿咳，呼吸促迫，喘鸣，鼻漏，呈泡沫样流涎，流浆液乃至黏液性鼻液，流泪。呼吸加快，背部皮肤出现皮下气肿。

病死剖检为间质性或肺泡性肺气肿，肺出现肝变，气管和支气管黏膜充血、出血，气管内有黏稠或泡沫样黏液。肺中隔淋巴结肿大。

多由于发生混合感染或气温变化、长途运输、管理不当等应激因素，引起病情加重。

【预防措施】

① 加强管理，定期消毒，降低或减少应激。

② 日本研发出四联或五联灭活苗可以预防本病。四联苗包括牛传染性支气管炎、牛黏膜病、牛副流感、牛呼吸道合胞病毒病。五联苗在四联苗的基础上增加牛腺病毒。

【西药方案】

(1) 抗病毒 利巴韦林、干扰素、免疫球蛋白，黄芪多糖、板蓝根、鱼腥草、双黄连等。

(2) 防继发感染

① 头孢菌素＋恩诺沙星，或多西环素＋氟苯尼考，或泰乐菌素＋卡那霉素，或青霉素＋磺胺间甲氧嘧啶等。

② 其他的如替米考星、泰拉霉素、加米霉素、泰地罗新、马波沙星、氧氟沙星、土霉素等也可以选用，但一般建议两种不同类别的抗生素联合使用。可以配合水乌钙组合联用。

(3) 对症用药

① 退热：安乃近、氟尼辛葡甲胺、氨基比林、安痛定、柴胡等。

② 强心：樟脑磺酸钠。

③ 肺水肿利尿：呋塞米。

④ 痰多化痰：氨溴索。

⑤ 气喘平喘：氨茶碱、麻黄碱等。

⑥ 抗过敏：氢化可的松或盐酸扑敏宁或异丙嗪等。

⑦ 脱水补液：注意剂量，防止加重心肺负担。

⑧ 补维生素：维生素 C、维生素 B_1 等。

【中药方案】

处方一：知母 30 克，浙贝母 30 克，款冬花 30 克，桔梗 35 克，苦杏仁 20 克，马兜铃 20 克，黄芩 25 克，桑白皮 25 克，白药子 25 克，金银花 30 克，郁金 20 克。成牛一次 300～500 克，犊牛 60～80 克。打粉开水冲调，一次灌服。连用 3 天。适用于肺热咳嗽。

处方二：洋金花 300 克，麻黄 100 克，苦杏仁 150 克，石膏 400 克，明矾 150 克。成年牛 150～200 克，犊牛 20～30 克。打粉开水冲调，一次灌服，连用 3 天，适用于气喘咳嗽。

处方三：麻黄 30 克，苦杏仁 30 克，石膏 30 克，浙贝母 30 克，金银花 60 克，桔梗 30 克，大青叶 90 克，连翘 30 克，黄芩 50 克，白花蛇舌草 30 克，枇杷叶 30 克，山豆根 30 克，甘草 30 克。成年牛 300～500 克，犊牛 50～80 克。打粉开水冲调，一次灌服，连用 3 天，适用于肺热咳喘。

处方四：桑白皮 25 克，炒苦杏仁 20 克，莱菔子 30 克，葶苈子 30 克，紫苏子 20 克，党参 30 克，炒白术 20 克，关木通 20 克，大黄 30 克，郁金 25 克，黄芩 25 克，栀子 25 克。成年牛 300～500 克，犊牛 50～60 克。打粉开水冲调，一次灌服，连用 3 天，适用于肺热咳嗽气喘。

处方五：板蓝根 90 克，葶苈子 50 克，浙贝母 50 克，桔梗 30 克，甘草 25 克。成年牛一次 300～500 克，犊牛 50～60 克。打粉开水冲调，一次灌服，适用于肺热咳喘，咽喉肿痛。

处方六：百合 45 克，麦冬 30 克，清半夏 25 克，紫菀 30 克，甘草 15 克，远志 25 克，知母 25 克，北沙参 30 克，陈皮 25 克，茯苓 25 克，浮石 20 克。成年牛一次 300～500 克，犊牛 50～60 克。打粉开水冲调，一次灌服，适用于劳伤久咳、阴虚咳嗽。

十九、牛海绵状脑病

【诊断要点】

牛海绵状脑病俗称疯牛病，是由朊病毒引起的。主要经口感染，随后通过肠道派尔集合淋巴结进入牛体，再侵入末梢神经，经内脏神经到达腰部脊髓，或经迷走神经侵入延髓。被含病毒的肉或骨粉污染的饲料是主要传染源。

本病潜伏期为2.5～8年，可水平或垂直传播。发病牛年龄为3～11岁，4～6岁的青壮年牛多发，病死率可达100%。

本病与季节、气温、性别、品系、遗传因素、母乳期、妊娠期、管理因素无关。

病程多为数月或数年，最终死亡。临床表现惊恐不安、异常兴奋或沉郁，不自主磨牙、震颤，不愿接触水泥地面或进入畜栏；反应过敏，触觉、视觉、听觉过于敏感，对颈部触摸、光线明暗变化及外部声响过度敏感；步态呈企鹅步，共济失调，四肢伸展过度，有时倒地难以站立；体重和体况均下降，最终消耗衰竭而死。

【防治方案】

① 本病尚无疫苗和治疗方法。

② 为阻止本病蔓延，严禁感染牛产品进入食物链，严格限制从疫区购买牛用或动物用饲料，禁止使用动物性饲料喂牛。发现病牛无须治疗，及时消毒、无害化处理。

二十、牛伪狂犬病

【诊断要点】

牛伪狂犬病是由伪狂犬病毒引起的，牛常因接触猪而发病，但病牛不会传染给其他牛。传播途径为消化道、皮肤创伤。猪、牛、羊、兔等都可感染，冬春两季多发，我国多发在3～7月份。牛感染病死率可达80%以上。

病初精神沉郁，食欲减退，前胃弛缓，泌乳减少，头颈肌肉痉挛，头、颈、肩、后腿等皮肤有强烈的痒感，病牛持续地舔舐患部，使皮肤变红，因发痒而疯狂地摩擦患处，引发擦伤感染。

当病情发展到延髓时，表现为咽麻痹、流涎、用力呼吸、磨牙、吼叫、痉挛而死，常于发病后 48 小时内死亡。

剖检肉眼可见病变少，脑膜充血，伴有过量的脑脊髓液。

【预防措施】

① 疫苗预防为主，可以接种伪狂犬氢氧化铝灭活苗。

② 尽量不和猪混养，牛场远离养猪场，同时做好灭鼠工作。

【治疗方案】

本病目前没有有效治疗措施，一旦发病无须治疗，直接淘汰处理。

第十章

牛细菌性疾病诊断要点与处方

一、牛炭疽

【诊断要点】

牛炭疽是由炭疽杆菌引起的一种人兽共患的急性、热性、败血性传染病。炭疽杆菌为革兰氏阳性杆菌，菌体粗大，在体内能形成芽孢，而在活体中不形成芽孢，炭疽杆菌具有很强的抵抗力，在自然界能存活20～30年。

病畜是本病的主要传染源，病原体通过粪尿、唾液排出，污染周围环境，被污染的饲草、饲料、饮水经消化道感染，也可经呼吸道和吸血昆虫叮咬而感染。另外，也可通过皮肤创口感染。

羊、马、牛等草食动物最易感，水牛和鹿也易感，猪对本病有较强的抵抗力。本病没有明显的季节性，但夏季雨水多、洪水泛滥、吸血昆虫繁殖多的季节更易发生，常呈地方性流行。

最急性型：牛很少发生，个别病牛突然发病倒地，全身战栗，结膜发绀，呼吸高度困难，濒死期口腔、鼻腔流血样泡沫，肛门、阴门流凝固不全的血液，最后昏迷死亡。最急性型病程较短，数分钟到数小时。

急性型：牛多呈急性型，体温升高可达40～42℃，精神委顿，食欲减退或废绝，常伴有寒战，心悸亢进，脉搏快而细，可视黏膜发绀，并有出血点，呼吸困难；病初便秘，后期腹泻并带有血液，甚至排出大量血块；尿呈暗红色，有时带有血液；妊娠母牛多数流产；濒死期体温迅速下降，高度呼吸困难而窒息死亡。病程1～2天。

亚急性型：病牛症状较轻，体温升高，食欲减退，在颈部、胸前、下腹、肩胛部、口腔黏膜、直肠黏膜等处出现炎性水肿，初期有热痛，后期转变为无热无痛，最后中心部位发生坏死，形成“炭疽痈”。病程2～5天。

病理剖检表现尸体迅速腐败而膨胀，尸僵不全，天然孔流出暗红色凝固不全的血液，黏稠似煤焦油样，全身浆膜、皮下、肌间、咽喉及肾周围结缔组织有黄色胶冻样浸润，并有出血点。脾脏除最急性型外，显著肿大，为正常的2～5倍，软化如泥。心肌呈灰红色，脆弱。呼吸道黏膜及肺脏充血、水肿。全身淋巴结肿大，尤其胶冻样浸润的淋巴结处更为明显，切面呈黑红色并有出血点。消化道黏膜有出血性坏死性炎症变化。

【预防措施】

① 常发本病的地区，可以考虑每年定期接种疫苗，常用无毒炭疽芽孢苗，牛皮下注射，十四天产生免疫力，免疫期为一年。

② 发现病死畜应严格无害化处理，不得食用炭疽病死动物肉。

③ 与家畜及其畜产品频繁接触的从业人员，近2～3年内发生过炭疽疫情的地区常住居民，畜牧兽医人员，应在每年4～5月前接种“人用皮上划痕炭疽减毒活菌苗”，连续3年接种。

【治疗方案】

① 发现病牛，应早诊断，立即上报，划定疫区，采取隔离封锁。避免向更大范围扩散。

② 对有治疗价值的牛，应严密隔离，专业兽医护理的条件下治疗，治疗可用抗炭疽血清和青霉素等药物。

③ 对发病牛群全群体温测量，发现体温高可疑病牛，严格隔离条件下采取治疗措施。

④ 对假定健康牛群用无毒炭疽芽孢苗进行紧急疫苗接种。

⑤ 对污染的土壤铲除15～20厘米，并与20%漂白粉液混合后深埋。牛舍及环境用20%漂白粉液或10%火碱水喷洒3次，每次间隔一小时。

⑥ 病牛的垫草、粪便要焚烧处理，尸体焚烧或深埋。

⑦ 最后一头病牛死后或康复后经15天，如再无病牛出现，可解除封锁，解除封锁前必须进行一次彻底的终末消毒。

二、牛结核病

【诊断要点】

牛结核病是由牛型结核分枝杆菌引起的人兽共患的慢性传染病。

结核分枝杆菌为革兰氏阳性微弯细长杆菌，对干燥和湿冷的抵抗力很强，对热抵抗力很差。

病牛是传染源，多种哺乳性动物均是结核病的宿主。病原随粪便、乳汁、尿、气管分泌物排出，污染周围环境、饲料、饮水、空气，经呼吸道和消化道传播，交配也可能感染。不分品种和年龄均可感染发病。

本病潜伏期 16～45 天，长者可达数月或数年，牛结核病中肺结核最为常见，还有乳房结核、犊牛肠结核、生殖器官结核、结核性脑膜炎等。

病牛初期食欲正常，主要是顽固性咳嗽，尤其是清晨易出现。后期肺部严重病变，表现呼吸困难、鼻孔有干酪样鼻汁，咳嗽加重，肺部听诊干性或湿性啰音，有时有摩擦音。病畜日渐消瘦、贫血，常见淋巴结肿大，如肩前、股前、腹股沟、颌下、咽及颈淋巴结肿大。

剖检病变常见于肺及淋巴结，主要表现结核结节和干酪样坏死。

【预防措施】

① 疫苗接种：犊牛出生后 30 天接种，以后每年接种一次。

② 检疫选淘：对无结核病史的，连续检疫 3 次均为阴性反应的健康牛群，每年春秋两季进行一次检疫；对曾经检出结核阳性牛，每年检疫阳性率在 3%以下的假定健康牛群，每年检疫 4 次；对阳性检出率在 3%以上的结核污染牛群，每年检疫 4 次以上或反复多次检疫，每次间隔 30～45 天，直至检净为止。对犊牛群，于生后 20～30 天、100～120 天、6 月龄各检疫一次。

③ 定期消毒，用 3%氢氧化钠或 0.5%过氧乙酸或过硫酸氢钾等对场区和圈舍进行消毒。注意火碱不能带牛消毒，只能用于场区或空舍消毒。

【治疗方案】

① 对有临床症状的重症病例，不建议用药治疗，应及时捕杀，肉

经高温处理可食用，内脏要无害化处理。

② 结核分枝杆菌属于兼性胞内寄生菌，即使用敏感抗生素也很难根除本菌，因此对发病牛不予治疗。

③ 对结核分枝杆菌有效的药物有链霉素、利福平、异烟肼、吡嗪酰胺、乙胺丁醇，还有卡那霉素、丁胺卡那、左旋氧氟沙星、莫西沙星、对氨基水杨酸等。

三、牛布鲁氏菌病

【诊断要点】

牛布鲁氏菌病是由布鲁氏菌引起的急性或慢性人兽共患传染病，家畜中牛、羊、猪等经常发生，还可传给人和其他动物。

布鲁氏菌为革兰氏阴性菌，对环境抵抗力强，但对消毒剂和湿热的抵抗力不强，常规消毒药都可以杀灭。

布鲁氏菌病经口、皮肤、配种、黏膜等途径感染，牛感染后，可致流产、不孕、睾丸炎、关节炎和脓肿、乳腺炎等，牛流产以妊娠后 7～8 个月多发。

本病病理表现为胎衣水肿，呈胶冻样浸润，有些部位覆有纤维素絮片和脓液，有的伴有出血点。绒毛叶部分覆有灰色或黄绿色纤维素、脓液絮片或脂肪状渗出物。胎儿皮下水肿，关节腔积液，胸腔积液，腹水，胎儿淋巴结、脾、肝肿大，肾呈紫葡萄样。胎儿胃内有淡黄色或白色黏液絮状物，皱胃最明显。胃肠和膀胱的浆膜下可见点状或线状出血点，脐带呈浆液性浸润、肥厚。皮下呈出血性浆液性浸润。公牛生殖器官精囊内可能有出血点或坏死灶，睾丸和附睾可能有炎性坏死灶和化脓灶。

【预防措施】

① 自繁自养，引种需对引进牛隔离饲养 2 个月，其间检疫 2 次，如均为阴性可混群。

② 对舍饲牛群应定期检疫，一年至少一次，检出阳性牛应隔离饲养或淘汰；对牧区没有隔离条件的牛群不检疫，一律进行免疫接种。

【治疗方案】

① 布鲁氏菌是兼性胞内寄生菌，致使药物不易生效，一旦发病一

般不采取治疗措施，而是采取检疫、淘汰病牛来防止本病流行和扩散。

② 一旦发病应及时隔离病牛或淘汰流产母牛，彻底进行环境消毒，流产胎儿和胎衣深埋无害化处理。对发病牛群每隔 2～3 月进行一次检疫，将检出的牛隔离或淘汰，直至全群连续两次检疫为阴性结果后，在 6 个月内再检疫两次均为阴性结果，而且牛群不再发生流产，方可认为已清除本病。如牛群多次检疫仍不断出现阳性牛，可用疫苗进行免疫接种。

③ 由犊牛培育健康牛群，也是根除本病的一种措施，疾病牛所生的犊牛立即隔离，以母牛初乳人工哺乳 5～10 天，以后喂健康牛乳和灭菌乳，待 5 月龄和 9 月龄各检疫一次，全部阴性时，可认定为健康牛犊。

④ 针对布鲁氏菌病常用的药物有多西环素、利福平、复方磺胺甲噁唑、头孢曲松、链霉素、氧氟沙星等，同时配合解热镇痛药、提高免疫力药物。

四、副结核病

【诊断要点】

副结核病又叫副结核性肠炎，是由副结核分枝杆菌引起的反刍动物的一种慢性传染病。副结核分枝杆菌是革兰氏阳性小杆菌，自然环境抵抗力较强，外界环境中能存活 11 个月，常规消毒剂可杀灭。

病牛和带菌牛是主要传染源，病菌随同粪便排出，污染饲料、饮水、牧草，经消化道传播。犊牛吮乳可以通过母乳传播，也可经子宫内感染胎儿。牛最易感，特别是 6 月龄以内的犊牛感染后发病的可能性高。

本病潜伏期数月到 2 年以上，主要表现腹泻。病初体温、食欲无异常，起初间断性腹泻，以后顽固性腹泻，有的呈喷射状，粪稀薄，恶臭，带气泡黏液、血凝块等。随着病程持续，食欲减退，脱水，眼窝下陷，消瘦，被毛粗乱，下颌及胸前可见水肿。有时腹泻暂时停止，粪便恢复正常，体重有所增加，然后再次腹泻，一般 3～4 个月衰竭而死，感染牛群病死率可达 10%左右。

剖检病变在肠和肠系膜淋巴结，病变常限于空肠、回肠、结肠前段，肠壁增厚，比正常增厚3～30倍，呈硬而弯曲的皱褶。

【预防措施】

① 加强日常管理，做好定期消毒。尚无有效疫苗，加强检疫，不从疫区引进新牛，如需外购新牛，应在严格隔离条件下进行变态反应检疫，确认健康方可购进或混群。

② 发生过本病的牛群，每年实行4次检疫，如3次以上无阳性牛，可视为健康牛群。对变态反应阳性母牛、病牛或粪便菌检阳性母牛所生的犊牛应立即与母牛分开，人工喂健康母牛初乳三天后，集中隔离饲养，待1、3、6月龄各做一次变态反应检测，如均为阴性可按健康牛处理。对变态反应检测疑似牛每隔15～30天检疫1次，连续3次呈疑似牛，应酌情处理。

【治疗方案】

① 目前没有有效治疗药物，多数采取对症治疗，如补液、抗菌等，停药后多会复发。

② 一旦发现有明显症状，检疫变态反应呈阳性，应该及时淘汰，没有治疗价值并且还传播病原。

③ 被污染的牛舍、场地、用具等用生石灰、火碱、漂白粉、过硫酸氢钾、戊二醛等彻底消毒。粪便污物应发酵或焚烧处理。

五、牛沙门菌病

【诊断要点】

牛沙门菌病是由多种血清型的沙门菌引起的急性或慢性传染病。属革兰氏阴性小杆菌，属于兼性胞内菌，一般消毒药均可杀灭。

病牛和带菌牛是主要传染源。病菌随粪便、尿、乳汁、流产的胎儿、胎衣、羊水而排出，污染饲料和水，经消化道感染，亦可通过交配及人工授精感染。环境卫生不良、潮湿、牛舍拥挤、长途运输、气候骤变、饲养管理不当等因素可促进本病发生。

成年牛呈散发性，常发地区新生犊牛可发病，但一般以出生30～40天以后的犊牛最易感，犊牛发病后传播迅速，往往呈流行性。

犊牛发病以肠炎型为最多，6 月龄以内的犊牛感染后，具有流行性特点。1～4 周龄犊牛感染后，表现重度症状且死亡率也高。一般表现体温升高达 40.5～42℃，食欲不振，排恶臭黄色腹泻便，甚至排黏液带血便，消瘦脱水，时而表现肺炎。急性病牛数日内死于败血症。恢复后也可能出现预后不良。慢性病例可出现关节肿胀与神经症状。腹泻便中带有大量沙门菌，康复后可长期带菌，并间歇性排菌而污染环境，从而传播给其他犊牛。

成年牛很少发病，多数为 1～3 岁牛，病初高热、精神高度沉郁、食欲废绝、呼吸困难、脉搏加快、体力迅速衰竭、继而腹泻、粪便中带血块和纤维素絮片且有恶臭、迅速脱水消瘦。有的病牛表现腹痛，腹泻开始后体温降到正常或略高。病程长的牛脱水消瘦，结膜充血、出血、发黄，发生关节炎，孕母牛多数发生流产。

成年牛主要是急性出血性肠炎病变。病死牛天然孔出血，小肠黏膜充血、出血，大肠黏膜出血，有局灶性坏死区，肠系膜淋巴结水肿、出血，肝脂肪变性或有坏死灶。胆囊肿大，胆汁浑浊，脾常有充血肿胀、出血，心内膜出血，病程长者有肺部病变。

急性病犊牛在心内外膜、腹膜、皱胃、小肠、结肠、膀胱黏膜有出血点斑，脾充血肿大，有时见出血点，肠系膜淋巴结水肿，有时出血。病程长的肝肾有坏死灶。有时肺部有局灶性实变区。关节受损时，腱鞘和关节腔内含有胶样液体。

【预防措施】

① 加强日常饲养管理，注意环境卫生，定期消毒圈舍、用具、环境。

② 常发本病地区，可以用当地分离毒株制成灭活苗进行预防。

【西药方案】

① 发病牛应及时隔离治疗，并对污染区全面消毒。

② 抗菌：丁胺卡那霉素、氟苯尼考、庆大霉素、安普霉素、头孢噻呋、恩诺沙星、磺胺间甲氧嘧啶等。可以考虑注射与口服同时给药。口服可以用磺胺脒、盐酸小檗碱、土霉素等。

③ 补液防脱水：0.9%氯化钠、5%葡萄糖生理盐水、复方氯化钠、

5%碳酸氢钠等。

④ 强心：樟脑磺酸钠、丹参注射液，严重衰竭、体温低的使用。

⑤ 抗炎抗休克：地塞米松或氢化可的松。

⑥ 补充维生素：维生素 C、维生素 B 族等。

⑦ 止血：维生素 K 或止血敏，用于粪中带血的牛。

【中药方案】

处方一：白芍 40 克，黄芩 40 克，胡黄连 60 克，大黄 80 克，金银花 30 克，木香 35 克，槟榔 35 克，甘草 15 克。热重于湿即黏液中混有血液者，加地榆炭 40 克、鲜侧柏叶 500 克。湿重于热即黏液中未混有血液者加茯苓 40 克、车前子 30 克、木通 35 克。成年牛一次灌服，犊牛分 5 次灌服，每天 1 次。适用于湿热型病例。

处方二：白头翁 50 克、秦皮 50 克、黄连 50 克、黄柏 40 克、大黄 40 克、连翘 40 克、金银花 40 克、鲜地黄 40 克、槐花 30 克、槟榔 30 克、枳壳 30 克、地榆 30 克、甘草 30 克。成年牛一次灌服，犊牛分 5 次灌服，一天一次。适用于热毒炽盛型病例。

处方三：茯苓 40 克、炒苍术 40 克、猪苓 40 克、泽泻 30 克、肉桂 30 克、小茴香 30 克、炒白术 40 克、炮干姜 40 克、附子 10 克。脾虚加党参、山药、炙甘草；消化不良加焦山楂、炒麦芽、神曲、陈皮；水泻重加乌梅、诃子肉；腹痛者加元胡、五灵脂。成年牛一次灌服，犊牛分三次灌服，一天一次。适用于寒湿泄泻。

处方四：党参 60 克、白术 50 克、茯苓 40 克、猪苓 40 克、山药 40 克、薏苡仁 40 克、白扁豆 40 克、莲子肉 30 克、砂仁 20 克、桔梗 20 克、炙甘草 10 克，重症加石榴皮、诃子、姜黄。成年牛一次灌服，犊牛分 4 次灌服，每天一次。适用于脾虚泄泻。

六、牛巴氏杆菌病

【诊断要点】

牛巴氏杆菌病又叫牛出血性败血症，是由多杀性巴氏杆菌引起的传染病，多杀性巴氏杆菌为革兰氏阴性小杆菌，本菌对干燥和阳光抵抗力弱。本病通过呼吸道和消化道感染，通过与病牛或带菌牛直接接触或通过被污染的垫料、地面等间接接触感染。本病一年四季均可发病，由干燥季节向多雨季节转变时多发。健康牛上呼吸道带菌率为1.5%～44.3%。

牛巴氏杆菌病有败血型和肺炎型两种，败血型发病牛几乎均以死亡告终，肺炎型病死率也很高。

牛巴氏杆菌病败血型特点：潜伏期2～5天，病程很短为12～24小时，最急性型无任何症状而突然死亡。一般可见体温达41～42℃，心跳加快，精神委顿，反刍也停止，食欲减少或废绝，随后开始腹泻，呈粥样或水样，粪中混有黏液或血液，并有腹痛，濒死牛眼结膜出血，天然孔出血，也出现流涎、流泪、流黏液性鼻液等症状。下颌和颈部肿胀，咳嗽、呼吸促迫，继而呼吸困难、侧卧，最后体温下降而死亡。最急性病例无明显病理变化，急性病例可见下颌、胸部、胸前皮下有胶冻样水肿，胃壁、肠道、浆膜、黏膜及心脏表面可见充血和出血点，脾有出血点，但不肿胀，病程长的可见肺充血、水肿、纤维素性心外膜炎。

牛巴氏杆菌病肺炎型特点：主要是纤维素性胸膜肺炎，表现体温升高达41～42℃，精神不振，食欲减退或废绝，呼吸促迫，继而呼吸困难，黏膜发绀，咳嗽，流泡沫样鼻液，有时带血，后变黏液脓性，胸部听诊有啰音，有时有摩擦音，触诊有痛感。病程3～7天，病死率可达80%。临床上以肺炎型为主的混合型最为常见。剖检表现大叶性纤维素性胸膜肺炎，胸腔内积有大量浆液性纤维素性渗出物，肺和胸膜覆有一层纤维素膜，心包与胸膜粘连，双侧肺前腹侧病变部位质地坚实，切面有大理石样外观，并有不同肝变期变化和弥漫性出血变化，不同肝变期还有坏死灶或脓肿。病程长者见有肺充血、水肿、肺间质增宽。有时还有纤维素性腹膜炎、胃肠卡他，脾脏基本无变化。

【预防措施】

① 加强饲养管理，饲养密度合理，保持圈舍通风、干燥、温度适宜，营养全价。及时清理粪尿，降低圈舍湿度。

② 可用牛巴氏杆菌灭活疫苗接种预防，接种后1～2周产生抗体，免疫期可达6个月。

【西药方案】

① 最急性型与急性败血型，多数没有治疗时间，便衰竭死亡。发

病牛需隔离单独治疗。

② 抗菌。头孢噻呋、马波沙星、恩诺沙星、丁胺卡那霉素、磺胺间甲氧嘧啶钠、替米考星、氟苯尼考、泰地罗新、加米霉素、泰拉菌素等。可以考虑两种或三种不同类别抗生素同时给药，如头孢噻呋＋马波沙星，或恩诺沙星＋水乌钙；肌内注射泰地罗新或加米霉素或氟苯尼考；胸腔注射青霉素链霉素＋普鲁卡因等。

③ 清热解毒：双黄连、鱼腥草、板蓝根等。

④ 抗炎：地塞米松或氢化可的松等。

⑤ 降低肺水肿：呋塞米等。

⑥ 平喘化痰：氨溴索、氨茶碱等。

⑦ 强心：樟脑磺酸钠。

⑧ 止血：止血敏，适合有出血倾向病例。

⑨ 补营养：维生素 C、葡萄糖、生理盐水、碳酸氢钠、氯化钾等，注意液体数量与输液速度，避免给心肺增加负担。

【中药方案】

处方一：白花蛇舌草 60 克、鱼腥草 50 克、穿心莲 50 克、虎杖 30 克、当归 30 克、生地黄 30 克、黄芩 30 克、白茅根 30 克、赤芍 30 克、川芎 30 克、桃仁 30 克、甘草 15 克。适用于肺热咳喘，成年牛一次灌服。

处方二：苇茎 45 克、生薏苡仁 45 克、冬瓜仁 30 克、桃仁 25 克、桔梗 25 克、黄芩 25 克、甘草 20 克。热毒重加金银花 45 克、鱼腥草 45 克；血痰多加白茅根 30 克、白及 45 克、茜草 45 克、侧柏叶 45 克；湿咳加百部 30 克、前胡 30 克、浙贝母 30 克；粪便干结加大黄 100 克（后下）。成年牛一次灌服。

处方三：生白及 50 克，炒白果 50 克，银花 50 克、连翘 50 克、白矾 50 克、白芷 50 克、甘草 30 克、黄芩 40 克、栀子 40 克、贝母 40 克、沙参 40 克、百合 40 克、紫菀 40 克。适用于肺热脓肿。成年牛一次灌服。

处方四：金银花 50 克、连翘 30 克、桔梗 40 克、牛蒡子 30 克、薄荷 40 克、花粉 40 克、板蓝根 40 克、山栀子 30 克、桑白皮 30 克、马兜铃 30 克、葶苈子 50 克、芦根 30 克、贝母 30 克、杏仁 30 克、黄芩 30 克。蜂蜜 100 克为引，成年牛一次灌服。适用于肺热咳喘。

七、牛生殖道弯曲菌病

【诊断要点】

牛生殖道弯曲菌病是由胎儿弯曲菌引起的牛繁殖障碍性传染病，胎儿弯曲菌为螺旋状弯曲的革兰氏阴性杆菌，对生殖器官和胎盘的亲和力强，公牛感染后可终身定植其包皮囊内，导致传染性的受胎率降低，偶尔可导致散发性流产。胎儿弯曲菌的抵抗力不强，干燥、直射阳光及一般性的消毒剂均可将其杀死。

本病宿主是牛，病母牛、带菌公牛及康复后的母牛。自然宿主是健康带菌公牛，可带菌数月或更长时间。病菌可通过自然交配和人工授精传播，成年母牛和公牛大多数有易感性，未成年者稍有抵抗力。

自然交配的繁殖母牛群受胎率低、发情不规则及妊娠中期流产时，或者使用某头公牛的精液所配的母牛群的受胎率降低时，可怀疑本病。

公牛一般无明显症状，精液也正常，但带菌，包皮可能发生暂时性潮红。本菌定植于阴茎上皮和包皮囊的腺窝及尿道顶端的黏膜中，射精时混入精液。

母牛在交配感染后，病菌在阴道和子宫颈繁殖，引起阴道卡他性炎症，黏膜发红，特别是子宫颈部位，黏液分泌增加，可持续 3～4 个月，黏液常清澈，偶尔稍浑浊。妊娠期病菌侵入子宫和输卵管，引起子宫内膜炎和输卵管炎，可持续数周或数月。母牛生殖道病变致使胎儿早期死亡并吸收，从而不断虚情。有些牛发情周期不规则，至感染后 6 个月，大多数牛才可再次妊娠。感染牛受胎率降低 10%～20%，流产集中在妊娠中期。

母牛感染后病理表现子宫内膜炎及淋巴细胞浸润，胎盘水肿并伴有巨噬细胞浸润而不透明，呈皮革样，胎盘绒毛膜坏死呈黄色。流产胎儿皮下和体腔内有血样浸润，肝脏表面有黄色坏死灶，胎盘呈黄色或土黄色，覆有一层褐色渗出物。

【预防措施】

① 加强管理，提高牛群抵抗力，加强消毒。

② 注意引种和购买精液的检疫工作，避免引进带菌牛。

③ 多发牛群可进行氢氧化铝甲醛灭活苗接种，间隔4～6周连续两次免疫接种。

【西药方案】

① 本病是交配传染，淘汰有病种公牛、选用健康种公牛进行配种或人工授精。

② 牛群暴发本病时，应停止配种3个月，流产胎儿和胎衣要深埋处理，产房和污染的环境要进行彻底消毒，在严格隔离条件下，对流产母牛用敏感抗生素治疗。全身用药与局部用药相结合。

③ 流产母牛可用0.2%高锰酸钾溶液反复冲洗子宫，最后注入青链霉素或头孢噻呋或氨苄西林或土霉素或林可大观霉素等。注射头孢噻呋＋恩诺沙星，或林可大观霉素，或氨苄西林＋庆大霉素，或土霉素＋磺胺间甲氧嘧啶钠等，连用5天。

④ 公牛治疗，首先进行硬脊膜轻度麻醉，将阴茎拉出，先用0.2%高锰酸钾冲洗，然后用抗生素软膏或抗生素溶液冲洗包皮，每天一次，连用5天。同时可肌内注射抗生素同母牛。

⑤ 带菌公牛精液常用抗生素处理，但很难达到100%净化，因此带菌公牛精液严格来讲不应用于受精。

【中药方案】

处方一：金银花40克，连翘40克，大血藤40克，败酱草40克，当归30克，熟地黄30克，黄连20克，党参30克，白术20克，茯苓20克，甘草15克。一次灌服，适用于母牛湿热型病症。

处方二：益母草300克，丹参200克，当归150克，菟丝子100克，加红糖250克为引，一次灌服，适用于母牛体虚瘀滞型病症。

处方三：淫羊藿90克，阳起石60克，当归60克，赤芍50克，白芍50克，川芎60克，三棱70克，莪术80克，香附60克，青皮50克。一次灌服。适用于母牛肾阳虚寒证。

处方四：萆薢40克，苦参35克，黄柏35克，土茯苓35克，白鲜皮30克，萹蓄30克，薏苡仁30克，车前子30克，通草25克，瞿麦25克，滑石25克，丹皮25克，蒲公英40克，紫花地丁40克，金银花 40 克，金钱草 40 克。一次灌服，适用于公牛尿道炎症。

八、牛空肠弯曲菌腹泻

【诊断要点】

牛空肠弯曲菌腹泻是由空肠弯曲菌引起的人兽共患病，空肠弯曲菌为革兰氏阴性菌，抵抗力不强，常规消毒剂均对其有效。

本病主要传染源是病牛和带菌牛，通过粪便排出，污染环境、饲草、饮水等，经消化道感染。本病多发生于冬季，因此又叫牛冬痢。流行期大小牛都可发病，多为地方性流行。

本病潜伏期 3 天左右，突然发病，之后 1～2 天内大牛和小牛均发生腹泻，排出水样棕色稀粪，有时带有血液，恶臭，母牛产乳量下降，但体温、呼吸、脉搏、食欲等生理指标基本正常。个别病情重的，出现精神沉郁、食欲减少，病程 2～3 天，一般治疗及时很少死亡。患牛有的还发生乳腺炎。

剖检主要表现胃肠黏膜肿胀、充血、出血等急性卡他性胃肠炎。

【预防措施】

目前无有效的疫苗。加强饲养管理，保持圈舍环境卫生，定期消毒圈舍和周围环境卫生。

【西药方案】

① 发现病牛，立即隔离治疗，并对粪便、垫草及被污染的物品进行清理和消毒，对整个圈舍进行彻底消毒，并空舍一周以上。

② 选择敏感抗生素：庆大霉素、复方磺胺甲噁唑、磺胺脒片、痢特灵、恩诺沙星、氨苄西林、痢菌净、盐酸小檗碱、安普霉素等选择两种到三种一起用，也可以配合穿心莲注射。

③ 注意脱水补液：5%葡萄糖生理盐水、复方氯化钠、5%碳酸氢钠等。

④ 水泻严重需适当止泻：鞣酸蛋白、活性炭、次硝酸铋、山莨菪碱、蒙脱石散等。

⑤ 有便血适当止血：止血敏或维生素 K 等。

⑥ 补充维生素：维生素 C、维生素 B 等。

⑦ 体温低的适当强心：樟脑磺酸钠、丹参及能量合剂等。

说明：也可以考虑后海穴注射局部给药与全身给药结合。

【中药方案】

处方一：黄连50克、黄柏50克、郁金50克、秦皮50克、龙胆草50克、白头翁60克、木香40克、苦参40克、白芍40克。腹痛剧烈、努责频繁、里急后重者加姜黄、赤芍，重用木香、郁金；热毒盛者加金银花、连翘，重用黄连、黄柏；腹痛肚胀、粪恶臭者加生大黄、枳实、山楂；粪如水、津伤神疲者加诃子、乌梅。水煎取汁灌服。

处方二：藿香60克、厚朴50克、苍术50克、木香50克、半夏40克、陈皮40克、焦地榆40克、茯苓40克、肉桂30克、罂粟壳20克、甘草20克、生姜20克、大枣15枚，体温高者去肉桂。煎汤取汁灌服。

处方三：郁金45克、黄芩30克、黄柏30克、黄连30克、赤芍30克、白术30克、木香25克、枳壳25克、厚朴25克、玄参25克、甘草15克。气虚者加黄芪25克、党参25克；不食者加神曲30克、麦芽30克、山楂30克；有脓血者加地榆炭25克、炒蒲黄25克。打粉冲调灌服。

处方四：当归20克，白术30克，青皮20克，陈皮25克，厚朴30克，肉桂30克，干姜30克，茯苓30克，五味子25克，石菖蒲25克，砂仁20克，泽泻30克，甘草20克。成年牛一次灌服。适用于脾虚寒湿证。

九、牛钩端螺旋体病

【诊断要点】

牛钩端螺旋体病是由致病性钩端螺旋体引起的人兽共患病，可引起多种家畜、皮毛兽、家禽、人发病。

钩端螺旋体属于革兰氏阴性菌，但很难着色，在干燥或低酸环境中易死亡，对消毒药和部分抗生素敏感，啮齿动物和猪带菌率很高，并成为自然宿主。钩端螺旋体侵袭力强，主要通过破损的皮肤、黏膜、消化道侵入机体，也可通过交配、人工授精、蚊蝇传播。任何年龄牛都可发生，但幼年牛多发。

犊牛感染多表现为急性败血症、高热、精神沉郁、厌食、黄疸、血红蛋白尿、皮肤与黏膜溃疡等，个别出现呼吸困难、腹泻、结膜炎、脑膜炎等，后期表现嗜睡、尿毒症；成年牛出现血红蛋白尿，亦可在败血症期间流产。成年牛中亚急性和慢性感染最常见，如不出现发热、血红蛋白尿、黄疸、乳腺炎，很难发现发病，直到发生流产，特别是胎儿流产主要发生在妊娠3个月以后。子宫内胎儿在妊娠末期受感染，可能产出弱胎或死胎。

病理变化表现为急性病例可见脏器、皮下组织及黏膜等处出现黄疸或斑点状出血，肾小球和肾小管高度变性和坏死，肝小叶中心坏死，胆汁淤滞；慢性病例的病变局限于肾脏，皮质多见小白斑，肾皮质可见大量淋巴细胞浸润和纤维化。

本病一年四季都可发生，7～10月份为流行高峰，呈散发或地方性流行。管理差的牛群更易发病。

【预防措施】

加强饲养管理，定期消毒，全价营养，提高牛免疫力。做好牛圈灭鼠等啮齿动物工作。常发地区可以考虑钩端螺旋体疫苗接种。

【西药方案】

① 抗菌：土霉素、青霉素、链霉素、红霉素、庆大霉素、氨苄西林、阿莫西林、头孢噻呋等。

② 出血配合止血：止血敏或维生素K等。

③ 退热：柴胡或氟尼辛葡甲胺等。

④ 黄疸：茵栀黄口服液等。

【中药方案】

处方一：龙胆草60克，黄芩30克，栀子30克，木通30克，大黄30克，生地黄30克，泽泻25克，柴胡25克，当归25克，板蓝根50克，茵陈100克，车前子20克，炙甘草15克。打粉开水冲调，一次灌服。适用于湿热证。

处方二：党参80克，黄芪60克，白术60克，当归60克，熟地黄60克，茯苓60克，茵陈60克，车前子50克，甘草40克。水煎灌服。适用于虚寒证。

十、牛产气荚膜梭菌病

【诊断要点】

牛产气荚膜梭菌病是由产气荚膜梭菌引起的，以肠毒血症和坏死性肠炎为主要特征，导致感染牛猝死的一种传染病。产气荚膜梭菌为革兰氏阳性菌、厌氧菌。

产气荚膜梭菌主要存在于十二指肠和回肠内容物、粪便、土壤中。病牛因饲喂单一饲料或采食被污染的饮水和饲草经消化道感染，尤其是妊娠牛和犊牛，春季和深秋采食多汁绿色草易多发。另外饲料突然改变、胃肠消化不良、环境高温高湿等易诱发本病。

传染源主要是病牛和带菌牛，呈零星散发或区域流行，常流行于低洼、潮湿地区，一年四季均可发生。

各日龄均可感染，10 日龄以内对 B 型菌易感，10 日龄以上或稍大犊牛对 C 型菌易感，6 周龄以上犊牛对 D 型易感，6～10 周龄犊牛和成年牛对 A 型菌易感。

耕牛 4～6 月多发，奶牛和犊牛 4～5 月和 10～11 月多发，牦牛 7～8 月发病较多。

最急性型：无任何前驱期症状，在正常饲养中突然发病死亡，有的前一天晚上正常，第二天早上死亡。死后腹部迅速膨大。生前表现精神高度紧张，头颈伸长，张口呼吸，肌肉颤抖抽搐，肩臀肌肉明显；共济失调，时而盲目前冲，时而后退倒地呈犬坐，口流带红色泡沫的红色液体。舌脱口外，肛门外翻。

急性型：体温升高或正常，呼吸急促、精神沉郁或不安，全身肌肉震颤，步态不稳，口流白沫，最后倒地死亡。

亚急性型：表现阵发性不安，两耳竖直，两眼瞪圆，表现高度紧张，后转为安静。

慢性型：发病缓和，初期病牛精神良好，仅见呼吸加快、呈腹式呼吸，其他症状不明显。

病理特征主要是表现肺气肿，心肌和小肠黏膜出血、坏死脱落，多处实质器官广泛性出血、胸腔积液和腹水。瓣胃和肠管出血、黏膜脱落最为明显。肺气肿，肺呈鲜红色，有出血斑。心脏质地变软，心耳表面及心外膜有大量出血点。部分牛出现严重的小肠炎，肠管大面积出血，特别是空肠段，内容物为红棕色黏稠液体，肠黏膜脱落，弥漫性出血，肠系膜树枝状出血。肝肿大，呈黑紫色，表面有出血斑。胆囊肿大，腹水。淋巴结肿大，呈大理石状，切面黑褐色。脾肿大出血，呈紫黑色。肾脏肿大，有出血点。

【预防措施】

① 加强牛舍管理，保持卫生整洁，定期消毒，通风，温度、湿度适宜。

② 科学饲喂，避免突然更换饲料，减少应激因素，定期用益生菌调节肠道。

③ 高发区可以接种疫苗预防，春秋各接种一次产气荚膜梭菌浓缩苗。

【西药方案】

① 最急性型没有治疗时间，发病快死亡快。

② 抗菌：青霉素、林可霉素、多西环素、氨苄西林、头孢噻呋、盐酸小檗碱、痢菌净等配合替硝唑、甲硝唑等。

③ 脱水补液：5%生理盐水、5%葡萄糖氯化钠注射液、5%葡萄糖注射液、5%碳酸氢钠等。

④ 强心抗炎：樟脑磺酸钠、丹参注射液，地塞米松或氢化可的松。

⑤ 补养：维生素 C、维生素 B_1、5%氯化钙、维生素 A 等。

⑥ 清肠：灌服石蜡油 500～1500 毫升或 0.1%高锰酸钾。

【中药方案】

处方一：苦参 40 克、厚朴 40 克、车前子 40 克、秦皮 30 克、枳壳 30 克、黄连 30 克、白芍 35 克、木香 25 克、槟榔 20 克、黄柏 50 克、滑石 50 克。打粉灌服。适用于湿热证。

处方二：广藿香 60 克、紫苏叶 45 克、茯苓 30 克、白芷 15 克、大腹皮 30 克、陈皮 30 克、桔梗 25 克、炒白术 30 克、厚朴 30 克、法半夏 20 克、甘草 15 克。成牛 500 克灌服。

十一、牛大肠杆菌病

【诊断要点】

牛大肠杆菌病是由致病性大肠埃希菌引起的新生犊牛的急性传染病，大肠埃希菌又称大肠杆菌。革兰氏染色为阴性，常用消毒药数分钟可杀灭，寒冷干燥环境存活较久。

本病主要发生于20日龄的犊牛，最常见10日龄以内的犊牛，吃过初乳和20日龄以上的犊牛很少发生。患病犊牛和带菌牛是主要传染源，主要经消化道传染，有时也可通过产道和脐带垂直感染。一年四季均可发生，但冬、春舍饲季节多发生，放牧季节很少发生，呈散发和地方性流行。可分为败血型、中毒型、肠炎型。

败血型：常发于2～3日龄的新生犊牛，呈急性败血症症状，有些无任何临床症状就出现死亡。急性病例的主要特征为体温升高至40℃左右，精神萎靡，数小时后出现死亡。厌食或拒食，有些并发关节炎、肺炎、胸膜炎，或卧地不起，伴有神经症状和呼吸困难，不及时治疗，自然死亡率可达80%。耐过犊牛发育不良，生长缓慢。

中毒型：发病率较低，是由大肠埃希菌产生毒素所致，部分牛未出现典型症状就急性死亡。病程长者会出现中毒症状，先兴奋不安，接着沉郁、昏迷，甚至死亡。

肠炎型：多发生于1～2周龄的犊牛，典型症状为腹泻，体温略有升高。发病初期粪便呈淡黄色水样，有恶臭味；后呈淡灰白色水样，混有血丝、气泡、血凝块等。严重的卧地不起、脱水，治疗不及时会虚脱而死。后期肛门失禁，常有腹痛。

病理剖检急性死亡病牛看不到明显病理变化。腹泻病例可见牛消瘦，皱胃中可见血凝块和乳凝块，胃黏膜有水肿、充血、出血现象，并有胶状黏液。在肠内容物常混有气泡和血液，有恶臭味。肝和肾呈苍白色，肾乳头有针尖大小出血和坏死灶，气管有出血性炎症。肠系膜淋巴结肿大，切面多汁，有些病例充血。胸腔、腹腔、心包多积液，有些病例胸腔内出现纤维素样物质沉积。心肌变性有出血点。有些病例肺肿大或关节肿大。

【预防措施】

1. 加强妊娠母牛的饲养管理

饲喂全价的饲料营养，保证蛋白质、维生素、矿物质的充足供给，并搭配优质干草。搞好产房卫生和消毒，保持通风、干燥、宽敞、光线充足，及时清除污物并规范消毒。母牛要有适量的运动时间，保持强健体质。场区、过道、地面、水槽、饲槽、护栏、运动场等要全面消毒，勤换垫草。

2. 加强犊牛管理

给犊牛提供一个干净、干燥、保暖、没有贼风的环境。接产时要对器械、手臂、母牛外阴有效消毒，断脐后用碘酊浸泡消毒。乳房乳头要保证洁净并消毒，防止粪尿污染。出生后的犊牛要在 1 小时内及时吃上充足的初乳。断奶期要逐渐过渡，不可突然更换饲料。发现犊牛患病，立即隔离治疗，地面、垫草全面消毒。

【西药方案】

(1) 抗菌 庆大霉素、丁胺卡那、头孢噻呋、氨苄西林、盐酸小檗碱、链霉素、磺胺脒、氟苯尼考、恩诺沙星、诺氟沙星、马波沙星、安普霉素等。

(2) 补液

① 口服：补液盐，配方氯化钠 3.5 克、氯化钾 1.5 克、碳酸氢钠 2.5 克、葡萄糖 20 克，加水 1000 毫升，自由饮水，适用于有食欲能自吮的犊牛。

② 输液：5%葡萄糖生理盐水或复方氯化钠，5%碳酸氢钠。

(3) 强心 樟脑磺酸钠，体温低重症适用。

(4) 补养 维生素 C、维生素 B、能量合剂、葡萄糖酸钙等，适用体质虚弱不食的。

(5) 抗炎 地塞米松或氢化可的松。

(6) 停食调整胃肠

① 葡萄糖 67.53%、氯化钠 14.34%、甘氨酸 10.3%、柠檬酸 0.81%、柠檬酸钾 0.21%、磷酸二氢钾 6.8%混合，取 67 克加水 2000 毫升，停乳 2 天，每天灌服 1000 毫升，分两次。

② 乳酸 2 克、鱼石脂 20 克、加水 90 毫升，调匀，每次灌服 5 毫升，每天 3 次。

③ 次硝酸铋或白陶土或活性炭或鞣酸蛋白、大黄苏打片、乳酸菌素片、抗生素灌服。

(7) 恢复肠道菌群 病情控制住以后，可以停用抗生素，口服促菌生 6～12 片、乳酶生 5～10 片等，优化恢复肠道菌群。

【中药方案】

处方一：地榆 150 克、辣蓼 150 克、翻白草 150 克、马齿苋 150 克、凤尾草 150 克、黄柏 150 克、陈皮 25 克、山楂 25 克、仙鹤草 25 克、金银花 100 克、黄连 400 克、神曲 400 克。水煎两次，浓缩至 1500 毫升，犊牛每次 50～100 毫升。每天 1～2 次。

处方二：白头翁 20 克、黄连 20 克、秦皮 24 克、生山药 60 克、山茱萸 24 克、诃子 20 克、茯苓 20 克、白术 30 克、白芍 20 克、干姜 10 克、甘草 10 克。煎汤 1000 毫升，每次 100 毫升，一天两次。

处方三：黄芩 20 克、黄柏 20 克、黄连 15 克、白头翁 15 克、枳壳 10 克、砂仁 10 克、泽泻 10 克、猪苓 10 克。煎汤一次灌服，每天一次。

十二、牛气肿疽

【诊断要点】

气肿疽又叫黑腿病或鸣疽，是由气肿疽梭菌引起的反刍动物急性、败血性传染病，气肿疽梭菌又叫肖氏梭菌、费氏梭菌，属于芽孢杆菌科、梭菌属，专性厌氧，新鲜培养物中为革兰氏阳性菌。该菌在适当培养基中培养可产生四种毒素：耐氧溶血素（神经毒素）、透明质酸酶、脱氧核糖核酸酶、对氧敏感溶血素。该菌繁殖体对理化因素抵抗力不强，但芽孢抵抗力很强，芽孢对消毒药、湿热、寒冷等都具有较强抵抗力。泥土中存活 5 年、干燥病料室温存活 10 年以上、液体中可耐热 20 分钟煮沸、盐腌肉可存活 2 年以上、在腐败肉中可存活 6 个月。毒素不耐热，52℃ 30 分钟可破坏。

芽孢被牛吞食后进入含有腐败物质的无氧肠腺中繁殖，经淋巴和血液循环到达肌肉和结缔组织，在受损部位繁殖引起病变。气肿疽梭菌在肌肉组织繁殖过程中不断产生毒素、透明质酸酶、DNA 酶，使局部发生高度充血、出血、溶血、浆液渗出、肌肉变性坏死。肌肉组织蛋白质和糖原被分解，产生酸臭气味的有机酸和气体，形成气性坏疽。由于蛋白质分解产生大量毒素和有毒物质，故可引起毒血症，病牛常因中毒和休克而死亡。少数康复牛产生保护性抗体。

本病可发生于各种牛，常见 3 个月到 4 岁的牛，黄牛最易感，黄牛发病年龄 0.5～5 岁，1～2 岁较普遍。猪偶见，人可感染。羊、鹿、骆驼很少发生，马属动物、肉食动物不感染。

本病主要是通过病畜的分泌物、排泄物、尸体处理不当，使病原污染饲料、水源、土壤，芽孢在土壤中长期生存，将成为长期的疫源地。本病主要通过口腔、食管、胃、肠黏膜传染，也可经伤口传染，与蚊、虫、蛇叮咬也有一定关系。

本病潜伏期 2～7 天，黄牛多急性经过，病程 1～3 天。体温升高、不吃、反刍停止、呼吸困难、脉搏快而弱，体温 41～42℃，轻度跛行。肌肉丰满处肿胀、疼痛。病变也可发生于腮部、颊部、舌部等，局部组织肿胀，有捻发音。肿胀部位皮肤干硬，呈暗黑色，按压有捻发音，叩之有鼓音，穿刺或切面有黑色液体流出，内含气泡，有特殊臭味，周围组织水肿，局部淋巴结肿大。

病理变化表现为尸体因迅速腐败而高度膨胀，口、鼻、肛门、阴道天然孔常有带泡沫血样液体流出，患部肌肉呈黑红色，有血样胶冻样浸润，肌肉间充满气体，呈疏松多孔海绵状，有酸败气味。胸腔和腹腔积有血样渗出物；局部淋巴结充血、出血或水肿；肝、肾暗黑色或充血稍肿大，还可见豆粒大至核桃大的坏死灶，切面有带气泡的血液流出，呈多孔海绵状；心内外膜有出血点，心肌变性；膀胱有出血点，脾不肿大。

【预防措施】

① 在流行地区及周围，每年春秋两季进行气肿疽甲醛或明矾疫苗预防接种。不论大小牛均皮下接种，6 月龄以下的小牛待长到 6 月龄时再接种一次。注射 14 天后产生免疫力。

② 划定疫区，严禁疫区牛外流；隔离病牛；病死牛和病种牛严禁剖检，应焚烧或深埋。

③ 在疫区进行灭厩蝇和牛虻，可用80%敌敌畏乳油1∶400配制成溶液喷雾环境，牛体表用灭害灵、溴氰菊酯、氯氰菊酯等喷雾，无害化处理粪便、垫草，3%煤酚皂溶液、10%氢氧化钠溶液、碘伏或20%漂白粉溶液定期消毒牛舍、地面、墙壁、饲养用具。

【西药方案】

① 血清疗法：抗气肿疽血清150～200毫升，早期静注，必要时12小时后再注射一次。

② 抗菌：青霉素、磺胺间甲氧嘧啶、甲硝唑等。

③ 强心补液：5%葡萄糖氯化钠注射液2000～3000毫升，樟脑磺酸钠20毫升，5%碳酸氢钠500～800毫升。

④ 发热退热：安痛定或氟尼辛葡甲胺等。

⑤ 抗炎：地塞米松或氢化可的松。

⑥ 补充维生素：维生素C、维生素B_1等。

⑦ 局部用药：肿胀部位早期，在肿胀部位周围皮下或肌内注射3%过氧化氢，或0.25%～0.5%普鲁卡因+青霉素+地塞米松；肿胀部位中后期，做好防扩散的条件下切开，除去坏死组织，用2%高锰酸钾溶液或3%过氧化氢充分冲洗。

【中药方案】

处方一：当归40克，赤芍40克，连翘45克，金银花60克，蒲公英120克，甘草15克。打粉开水冲调，一次灌服，连用3天 。

处方二：蒲公英120克、金银花120克、地丁100克、生地黄100克、甘草50克、牡丹皮50克、赤芍50克、防风50克、山豆根50克、板蓝根50克、苦参50克、远志50克、连翘60克、黄连60克、黄柏60克、栀子60克、黄芩60克。打粉开水冲调，一次灌服，连用3天。

处方三：三颗针100克、甘草30克、黄连80克、紫草70克、夏枯草50克、金钱草50克、栀子30克、马鞭草50克、土大黄50克、苦胆草50克、刺黄连80克、生姜20克。打粉开水冲调，一次灌服，连用3天。

十三、牛肺炎链球菌病

【诊断要点】

牛肺炎链球菌病是由肺炎链球菌引起的急性、热性呼吸道传染病，肺炎链球菌为革兰氏阳性球菌。该菌抵抗力不强，56℃作用15～30分钟即被杀灭，一般消毒液都可杀灭。

各品种、各年龄的牛均可感染，1～60日龄犊牛最易感，30日龄左右犊牛发病率高。发病牛和带菌牛是主要传染源，细菌可通过排泄物排出。本病主要是内源性感染，当抵抗力下降时，病菌在呼吸道中大量繁殖而发病；也可外源感染，主要通过呼吸道、脐带、消化道感染。

本病多呈散发或地方性流行，冬春季节多发，饲养管理不良、环境卫生差、寒冷潮湿、患寄生虫病、各种外伤等，均可诱发本病。

最急性型：突然发作、数小时内死亡，体温升高、脉搏快而细、精神委顿、虚弱、不愿吮乳、呼吸困难，有抽搐、痉挛等神经症状。

急性型：虚弱无力、精神沉郁、食欲减少或废绝，呆卧圈舍角落、不愿活动，结膜发绀、体温升高至40℃以上、弛张热、呼吸频率达80～100次/分，病情发展后可出现呼吸困难、头颈伸展、张口呼吸、舌伸出口外，初期干咳、后期湿咳，腹式呼吸。

亚急性型：初期表现为咳嗽、流涎、流出浆液性或脓性鼻液、可视黏膜发绀；肺部听诊，肺泡呼吸音粗粝、肺前下部啰音、气管触诊敏感；少数病例后期腹泻、排恶臭褐色黏液粪便、食少或废绝、消瘦；后期表现口腔有白沫、走路不稳、目光呆滞、发育迟滞、被毛粗乱、眼窝下陷；末期严重呼吸困难、吞咽困难。

剖检表现急性败血症变化，可见黏膜、浆膜、心包出血；肺充血，呈暗紫色，质地坚硬，切面流出淡红色液体，膈叶有不同程度肺炎灶；有病变的肺叶质地不均，切面散在大小不等脓肿，有的出现大面积坏死灶；脾充血肿大，脾髓黑红色，质韧如硬橡皮，又称橡皮脾；肝肾充血、出血，有脓肿；胸腔渗出液增加并有血液；伴有肠炎的肠黏膜脱落、黏膜下血管扩张。

【预防措施】

① 加强新生犊牛护理，尽早吃初乳，体质弱的注意保温，补充硒、

矿物质、维生素，提高免疫力。给妊娠母牛补充蛋白质、矿物质、微量元素、维生素饲料，适度户外活动，圈舍通风干燥。

② 加强日常巡检，早发现、早隔离、早治疗。严格日常消毒，病死牛、污染的圈舍、污染的垫草、环境、用具等进行消毒、清扫、无害化处理。

③ 多发牛群，可以给犊牛接种肺炎链球菌疫苗。

【西药方案】

① 抗菌：青霉素、林可霉素、磺胺间甲氧嘧啶、泰乐菌素、多西环素、替米考星、泰地罗新、加米霉素、泰拉霉素、氟苯尼考、“水乌钙”、马波沙星等，选择2～3种联合用药。

② 抗炎：地塞米松或氢化可的松。

③ 强心：樟脑磺酸钠、丹参注射液。

④ 化痰平喘：氨溴索、氨茶碱、阿托品等。

⑤ 脱水补液：5%葡萄糖注射液、5%葡萄糖生理盐水、5%碳酸氢钠。

⑥ 补养解毒：维生素C、10%葡萄糖注射液。

⑦ 发热退热：氟尼辛葡甲胺等。

⑧ 肺水肿出血：呋塞米、止血敏等。

⑨ 清热：双黄连或板蓝根等。

说明：重症可以考虑配合胸腔注射封闭给药。

【中药方案】

处方一：板蓝根150克、金银花50克、连翘70克、黄芪100克、山豆根100克、知母90克、百部50克、桔梗80克、葶苈子100克、玄参50克、紫菀70克、浙贝母50克、黄柏100克、陈皮50克、苍术70克、泽泻100克。成年牛一次500克，犊牛一次60～100克，打粉开水冲调。

处方二：金银花50克、板蓝根50克、连翘50克、黄芪50克、山豆根50克。打粉开水冲调，犊牛一次灌服，连用3天。

处方三：蒲公英80克、桔梗80克、甘草50克、桂枝50克、麻黄50克、板蓝根50克、野菊花50克、苦杏仁35克、冰片5克、穿心莲

100克、鱼腥草120克、辛夷50克、金荞麦100克、黄芩80克。成年牛一次500克，犊牛一次80～100克，打粉开水冲调，连用3天。

十四、牛恶性水肿

【诊断要点】

牛恶性水肿病是由以腐败梭菌为主的多种梭菌引起的急性传染病，多种家畜均可通过创伤感染，临床以局部发生炎性水肿并伴有产酸产气为特征，还伴有发热、全身性毒血症。

恶性水肿的病原主要是腐败梭菌，以及产气荚膜梭菌、诺维梭菌等。腐败梭菌为革兰氏阳性菌。腐败梭菌产生4种毒素：卵磷脂酶、脱氧核糖核酸酶、透明质酸酶、不耐氧溶血素。细菌毒素和坏死组织有毒产物被吸收进入血液后，2～3天内引起致死性毒血症。

恶性水肿主要病原均能在体内外形成芽孢，芽孢抵抗力强，腐败尸体中存活3个月，土壤中保持活力20年。

本病潜伏期12～72小时，临床表现采食减少，体温升高，伤口周围炎性水肿，迅速弥散扩大，皮下疏松结缔组织最明显；病变部位坚实、灼热、疼痛，后期无热、无痛，手压柔软、有捻发音；切开病灶，皮下与肌间结缔组织内有多量淡黄色或红褐色液体浸润并流出，有少量气泡，有腥臭味，创面苍白色，肌肉暗红色。全身症状加重时，出现高热稽留、呼吸困难、脉细数、眼结膜充血发绀、偶有腹泻，多1～3天死亡。

母牛分娩感染，2～3天阴道流出红褐色恶臭污浊液体，阴道黏膜潮红、发热，会阴水肿蔓延腹下、股部，运动障碍等。

公牛去势后感染，2～5天内阴囊、腹下弥漫性气性炎性水肿，疝痛，腹壁知觉过敏等。

剖检可发现局部弥漫性水肿，皮下和肌肉间结缔组织有污黄色液体浸润，含气泡，酸臭；肌肉如白色煮肉或暗褐色，易于撕裂；肝气性肿胀；肾混浊变性，被膜下有气泡，呈海绵状；心包、胸腔、腹腔有多量血样积液；脾、淋巴结肿胀，偶有气泡；急性死亡病例可见天然孔出血。

【预防措施】

梭菌病常发区域，注射疫苗预防。加强管理，避免外伤，发生外伤或手术操作时必须严格消毒处理。病死牛不可利用，要进行深埋或焚烧等无害化处理。

【西药方案】

(1) 清创消毒

① 对于有明显外伤的病牛，扩创冲洗，防感染治疗。

② 0.2%高锰酸钾溶液或3%过氧化氢冲洗，冲洗后涂布碘仿磺胺合剂或碘酊。病灶周围青霉素、链霉素、地塞米松混合分点注射。

(2) 全身抗菌

① 可以肌内注射青霉素配链霉素，或土霉素，或林可霉素，或青霉素配磺胺间甲氧嘧啶，或泰乐菌素配磺胺嘧啶等。

② 输液可以用青霉素、磺胺嘧啶、甲硝唑，或头孢喹肟、克林霉素、替硝唑，或土霉素、替硝唑、氟苯尼考等。

(3) 抗炎 地塞米松或氢化可的松。

(4) 纠酸 5%碳酸氢钠注射液。

(5) 补养解毒 维生素C、维生素B_1、25%葡萄糖溶液。

【中药方案】

处方一：蒲公英120克、金银花60克、当归30克、赤芍30克、连翘30克。打粉开水冲调，一次灌服。

处方二：猪苓30克、茯苓30克、泽泻30克、白术30克、黄芩30克、金银花30克、黄柏30克、桂枝15克。打粉开水冲调，一次灌服。

处方三：天花粉60克，黄柏30克，大黄30克，姜黄30克，白芷30克，厚朴12克，苍术12克，甘草12克，陈皮12克，生天南星12克。成年牛500克，犊牛80～100克，打粉开水冲调，一次灌服。

处方四：金银花60克，炒皂角刺30克，白芷25克，天花粉30克，当归30克，甘草15克，赤芍25克，乳香25克，没药25克，防风25克，浙贝母30克，陈皮60克。成年牛500克，犊牛80～100克，打粉开水冲调，一次灌服。

十五、牛李斯特菌病

【诊断要点】

牛李斯特菌病是由单核细胞增多性李斯特菌引起的人兽共患散发传

染病，家畜和人以脑膜脑炎、败血症、流产为特征。本菌革兰氏染色为阳性，兼性胞内菌，属于食源性疾病致病菌。

该菌在37℃生长良好，在冷藏条件下生长也很好，因此又称“冰箱菌”。该菌生存力较强，在青贮饲料、干草、干燥土壤、粪便中能较长时间存活。对热和一般消毒药抵抗力不强；该菌侵入机体后，先在入侵部位上皮细胞增殖破坏，再突破屏障进入血液，引发菌血症；该菌寄居于吞噬细胞进而被带到机体各部位，产生类似溶血素的外毒素，导致血液中单核细胞增多，同时可使内脏发生细小坏死灶，引发隐性败血症；病原随血液突破血脑屏障或通过口腔黏膜损伤入侵三叉神经到达延髓引发脑膜炎。该菌还可经胎盘到达胎儿肝脏增殖，导致胎儿死亡。

家畜绵羊、猪、兔最易感，牛和山羊次之，马、犬、猫很少；家禽鸡、火鸡、鹅发病较多，鸭较少；野兽、野禽、鼠类、人也易感。

患病动物和带菌动物是主要传染源，细菌主要存在于粪尿、乳汁、流产胎儿、子宫分泌物、精液、眼鼻分泌物中；广泛存在于土壤和腐烂植物中，也存在于牧草、青贮饲料、污泥、河流中。

本病主要经消化道感染，也可通过呼吸道、眼结膜、损伤皮肤感染，吸血昆虫是重要媒介，污染的食品、饲料、水源是主要传播媒介。

本病多冬春散发，偶尔地方性流行，病死率高；幼龄牛发病急，妊娠牛常流产。天气骤变、缺乏营养、内寄生虫、沙门菌常诱发本病。

潜伏期数天到2个月不等，成年牛可发生脑膜脑炎症状，病初轻度发热，舌头麻痹，采食、咀嚼、吞咽困难，流涎，头颈一侧性麻痹，弯向对侧，该侧耳下垂，眼半闭。沿头的方向旋转，或做圆圈运动，遇障碍物以头抵靠而不动。颈项强硬，背部肌肉抽搐，角弓反张。后期卧地，呈昏迷状，以致死亡。病程短则2～3天，长则1～3周或更长。

犊牛多发生败血症，体温升高1～2℃，不久降至常温，精神沉郁，低头耷耳，流涎，流泪，不愿走动，不听呼唤，咀嚼吞咽障碍，病后期出现神经症状。妊娠母牛流产，无脑炎症状。

剖检主要表现脑膜和脑实质炎性水肿，脑脊液增加或稍浑浊；败血症牛可出现肝脾肿大、肝有坏死灶；流产母牛子宫内膜出血、广泛坏死，胎盘子叶出血坏死。

【预防措施】

① 加强饲养管理，保持圈舍干净卫生，定期消毒，定期驱虫，彻底消灭传染源，切断传播途径。

② 不从疫区引种，发现病牛立即隔离治疗；重症没有治疗价值，及时淘汰；污染场地严格消毒，工作人员必须做好自身防护；假定健康牛可注射磺胺嘧啶钠进行预防。

【西药方案】

① 抗菌：青霉素或阿莫西林或氨苄西林，配合磺胺嘧啶钠等。

② 抗炎：地塞米松或氢化可的松等。

③ 脑炎降压：甘露醇或呋塞米。

④ 镇静：氯丙嗪或硫酸镁或低剂量速眠新。

⑤ 补充营养、维生素：10%或25%葡萄糖注射液、三磷酸腺苷、辅酶A、维生素C、维生素B_1等。

【中医方案】

处方一：党参50克，薄荷30克，甘草30克，菖蒲30克，天竺黄30克，防风30克，黄连40克，虫衣20克、荆芥30克，郁金30克，天麻30克，朱砂10克，川芎30克，栀子30克。打粉开水冲调，一次灌服。

处方二：天麻30克，党参45克，防风25克，荆芥30克，薄荷30克，制何首乌30克，茯苓45克，甘草25克，川芎25克，蝉蜕30克。打粉开水冲调，一次灌服。

十六、牛传染性角膜结膜炎

【诊断要点】

牛传染性角膜结膜炎又叫牛红眼病，是危害牛的急性高度接触性传染病。本病通常是多病原传染病，如牛摩勒氏菌、立克次体、支原体、衣原体、某些病毒均可导致，最近报道认为牛摩勒氏菌是主要病原。本菌为革兰氏阴性菌。

牛、山羊、骆驼等为易感种群，2岁以下的幼畜感染机会更大，病牛和带菌牛是传染源，该菌在外界环境中可存活数月。传播途径以接触传播为主，蝇虫、飞蛾等也可以带菌传播。

本病多发于高温高湿的夏秋季节，多表现为地方性流行，养殖密度大、通风不好、强光照射、粉尘飞扬等环境易诱发本病。

本病潜伏期 3～7 天，病初患眼羞明流泪、眼睑肿胀、疼痛，随后角膜凸起，角膜周围血管充血、舒张，结膜和瞬膜红肿，或角膜发生白色或灰色小点。严重者角膜增厚，并发生溃疡，形成角膜瘢痕。有时形成眼前房积脓或角膜破裂，晶状体可能脱落；多数病例初期一侧眼患病，之后双眼患病。病程 20～30 天。病牛无全身症状。眼球化脓时伴有体温升高、食欲减退、精神沉郁、乳量减少等症状。多数牛可自愈，但都会形成角膜白斑或失明。

病理变化集中在眼部，如结膜高度充血水肿，呈白色混浊或白斑状，角膜可呈突出型、白色混浊型、白斑型、凹陷或隆起型等。

【预防措施】

① 慎重引种，杜绝引进带菌牛，不从疫区引进牛、饲料、动物制品等；引进牛应先隔离观察 7～10 天，严格日常圈舍和饲槽消毒，确认无异常再混群。

② 牛场应该建立严格的消毒规范，每天圈舍清扫，定期消毒，每周消毒 1～2 次，加强吸血昆虫的消杀。减少牛群强光刺激。

③ 多发牛群，有条件的可以研发自家多价苗，用于犊牛免疫注射，30 天后可产生很好的免疫效力。

④ 日常发生病牛，应立即隔离治疗，对污染区进行彻底消毒。

【西药方案】

（1）眼部清洗　10%浓盐水或 2%～4%硼酸溶液或 3%过氧化氢彻底清洗消毒，去掉眼屎污物。

（2）药物滴眼或软膏涂抹　氯霉素或氧氟沙星眼药水滴眼；或 3%～5%弱蛋白银溶液滴眼；或 160 万单位青霉素、100 万单位链霉素、5 毫升生理盐水稀释，加 1～2 毫升地塞米松，混合后滴眼；或 1%～2%黄降汞软膏角膜涂抹。

（3）局部封闭给药

① 自家血疗法：抽取患牛血液 5～8 毫升，迅速眼睑皮下注射。

② 结膜注射：沿眼裂从外眼角向内眼角方向刺入皮下 1 厘米，边退针边注射，每次注射 10 毫升（青霉素 400 万单位、链霉素 1 克，溶于 12 毫升生理盐水，后加入 3%普鲁卡因 5 毫升、地塞米松 3 毫升），孕畜禁用地塞米松。

【中药方案】

处方一：硼砂 6 克，白矾 6 克，荆芥 6 克，防风 6 克，郁金 3 克。煎汤取汁，眼部清洗。

处方二：菊花 30 克，连翘 30 克，栀子 30 克，柴胡 30 克，车前子 30 克，泽泻 30 克，生地黄 30 克，甘草 15 克，防风 6 克。打粉开水冲调，一次灌服。

处方三：炉甘石 30 克，硼砂 30 克，食盐 30 克 ，黄连 30 克，铜绿 30 克，硇砂 10 克，冰片 10 克。研末，每次 5～10 克，用塑料管吹入眼中。

处方四：龙胆草（酒炒）45 克，黄芩（炒）30 克，栀子（酒炒）30 克，泽泻 30 克，木通 30 克，车前子 30 克，当归（酒炒）25 克，柴胡 30 克，甘草 15 克，生地黄 45 克。煎汤取汁，一次灌服。

处方五：蝉蜕 35 克，龙胆 35 克，生地黄 25 克，菊花 25 克，珍珠母 50 克，决明子 30 克，栀子 25 克，黄芩 40 克，白芷 25 克，防风 25 克，苍术 35 克，蒺藜 25 克，青葙子 25 克，木贼 35 克，旋覆花 25 克。打粉开水冲调灌服。成年牛 300～500 克，犊牛 80～100 克。

十七、牛放线菌病

【诊断要点】

牛放线菌病又称牛大颌病，是由牛放线菌和林氏放线杆菌引起的亚急性、慢性、非接触性传染病。牛放线菌主要引起牛体内骨骼产生病变，林氏放线杆菌主要造成牛皮肤和体内软组织发生病变，金黄色葡萄球菌多在以上病原菌基础上继发感染，加重病情。

牛放线菌为革兰氏阳性菌，林氏放线杆菌为革兰氏阴性菌，牛放线菌对外界环境抵抗力较弱，一般消毒液可将其杀灭。

本病 2～6 岁牛最易感，病牛是主要传染源，病牛口腔、鼻腔、气管、破溃发病部位均有该菌存在；病菌也可存在于污染的土壤、饲料、垫料、饮水、用具中，也可长期寄生于牛口腔、鼻腔、气管内；牛换牙或有外伤时容易感染。本病潜伏期3～21个月，各个季节均可发生，呈散发状态。

临床常见上下颌肿大，颌骨形成坚实的硬块，初期有痛感，后期无痛感；病变进展缓慢，一般经过6～18个月；个别病例进展快，牵连头、颈、下颌等部软组织。重症牙齿变形、咬合不齐、牙齿松动或脱落、吃料困难。肉芽肿发生在咽喉和舌部，舌变硬，活动不便，又称“木舌病”。严重的出现呼吸困难、咀嚼吞咽困难、流涎、营养不良消瘦。有的皮肤肿块坏死、化脓形成脓肿，脓肿破溃形成瘘管，有含硫黄样颗粒的黏稠的黄绿色脓液，久治不愈。乳房感染时呈弥漫性肿大或局灶硬结，乳汁黏稠有脓液。

病理变化主要是头颈、颌下等局部脓肿或肉芽肿，切开有乳黄色脓液和硫黄样颗粒；骨骼感染时，骨质疏松和骨质增生，呈蜂窝状；舌感染时，舌上出现圆形、质地柔软呈黄褐色的疣状赘生物，病久者肿块钙化。

【预防措施】

① 加强饲养管理，做好日常消毒工作，提高牛群免疫力。

② 做好饲料管理，清除饲料中的金属异物、硬的谷物芒刺等，避免口腔黏膜损伤。

③ 防止皮肤和黏膜非必要损伤，打针输液及外科手术必须做好消毒。

④ 发现病牛立即隔离治疗，对污染区进行彻底消毒。

【外科疗法】

对软组织游离肿块可以采取手术切除方法，切除后对创面用3%过氧化氢溶液清洗消毒，创腔用碘酊或碘甘油浸泡过的纱布填塞引流，1～2天换一次。肌内注射青链霉素抗菌、止血敏止血，连用3～5天。手术治疗要避开大血管，如果肿块长在颈静脉等大血管上，宜采取药物保守治疗。

【西药方案】

1. 局部封闭疗法

青霉素、普鲁卡因、地塞米松混合在肿块周围4～6点分点注射；或者脓肿后期用高锰酸钾浸泡纱布填塞；或者脓肿初期皮肤涂抹鱼石脂软膏；或者无脓肿块注射5%～7%氢氧化钠溶液，每个病灶10～20毫升，肿块内部注射，避免外漏烧伤正常组织。

2. 抗感染

① 肌注青霉素链霉素或头孢喹肟或土霉素或林可大观霉素等，连用5天。

② 口服碘化钾，成年牛5～10克，犊牛2～4克，连用15天。重症可以静脉注射10%碘化钠溶液50～100毫升，隔日一次，连用5次。如果出现皮肤发疹、流泪、脱毛、消瘦、食欲减退等碘中毒现象，应暂停用药或减量用药。

3. 脱水消瘦补液

对于消瘦脱水的牛应该给予补液支持，5%葡萄糖生理盐水、10%葡萄糖注射液各1000～1500毫升，同时补充维生素C、维生素B_1等辅助治疗。

【中药方案】

处方一：石蒜5颗、生石灰250克、白酒250克。制成糊，涂于放线菌肿块皮肤上，每天一次。

处方二：黄连40克、黄芩40克、大黄40克、连翘40克、郁金40克、玄参40克、栀子40克、生地黄40克、甘草20克、芒硝50克。打粉开水冲调，一次灌服。

处方三：鸦胆子40克、白矾60克、硼砂30克、雄黄30克。打粉，与石蜡油混合，涂在纱布条上，塞入创口。

十八、牛嗜皮菌病

【诊断要点】

牛嗜皮菌病是由刚果嗜皮菌引起的人兽共患的皮肤性传染病。刚果嗜皮菌为革兰氏阳性菌，本菌对理化因素抵抗力较强，分离物可存活2～5年，孢子抗干燥，干燥病痂中可存活42个月。刚果嗜皮菌的致病性取决于寄生于皮肤的游动孢子能否侵入表皮的深层组织，雨水浸渍和皮肤创伤为病菌侵入提供了重要途径。

带菌动物是本病传染源，不同年龄动物均可发病，牛、羊、马、骆驼、鹿及其他食草动物是自然宿主。动物长期缺锌易感染。直接或间接接触是传播的主要途径，蜱和咬蝇叮咬为牛、马传播提供途径。人感染主要是接触病畜组织或污染的畜产品导致。

本病呈季节性和地方性流行，多发生于炎热、多雨、潮湿的季节，长期雨淋、被毛潮湿更容易发病。

成年牛潜伏期1个月，犊牛2～14天。临床表现早期不明显，起初皮肤出现小丘疹，波及几个毛囊及周围表皮；分泌浆液性渗出物与被毛粘在一起，如油漆刷子状；被毛与细胞碎屑凝结在一起，形成灰色或黄褐色的痂皮，高出皮肤，呈大小不等的圆形。皮肤损害通常从背部开始，从鬐甲到臀并蔓延至中间肋骨外部，有的可波及颈、前躯、胸下、乳房后部、腋部、肉垂、腹股沟、阴囊、四肢弯曲部等。

犊牛常始于鼻镜，而后蔓延头颈，造成被毛脱落、皮肤潮湿红，厚2毫米、大小如同噬菌斑样，当嗜皮菌感染超过体表50%，容易导致虚弱、营养不良、衰竭、败血症而死亡。

病理变化主要表现为初期毛囊扩张性病变和海绵样病变，而后发生不全角质化、毛囊炎、黑棘皮病、微化脓灶等，慢性表现以皮肤硬化和表皮增生旺盛为特征。

【预防措施】

① 加强饲养管理，搞好牛舍卫生、牛体表清洁，定期清理杂物、定期圈舍消毒。

② 避免外伤，日常打针要做好消毒，一旦发现外伤要严格消毒处理。

③ 做好杀灭吸血昆虫工作，防止牛经常被雨淋。

④ 发现病牛应立即隔离治疗，并对污染区进行彻底消毒。

【西药方案】

① 局部治疗：病变部位剃毛，用肥皂水或生理盐水湿润并去除痂皮和渗出污物，然后用紫药水或碘酊或石灰硫黄合剂（1∶2∶10）涂抹患处。

② 注射给药：青霉素、链霉素、地塞米松肌内注射，或土霉素、氟苯尼考肌内注射，或林可霉素、大观霉素肌内注射，或复方肿节风注射液配合碘化钾口服或静脉注射，或鱼腥草注射液配合红霉素注射。

【中药方案】

处方一：栀子 60 克、连翘 60 克、牡丹皮 60 克、金银花 60 克、蒲公英 60 克、地丁 60 克、牛蒡子 60 克、薄荷 60 克、白术 60 克、芒硝 60 克、玄参 40 克、山豆根 40 克、天花粉 40 克、红花 40 克、乳香 40 克、没药 40 克、甘草 40 克。水煎灌服。

处方二：金银花 60 克、炒皂角刺 30 克、白芷 25 克、天花粉 30 克、当归 30 克、甘草 15 克、赤芍 25 克、乳香 25 克、没药 25 克、防风 25 克、浙贝母 30 克、陈皮 60 克。打粉开水冲调灌服，成年牛 500 克，犊牛 80～100 克。

十九、牛传染性胸膜肺炎

【诊断要点】

牛传染性胸膜肺炎又称牛肺疫，是由丝状支原体引起的牛的一种急性或慢性、高度接触性传染病。

传染源是病牛或带菌牛，病牛康复后 15 个月甚至 2～3 年还具有感染性，主要是通过飞沫呼吸道传播，消化道和生殖道也可感染。一年四季均可发生，冬春高发，各种牛都可发生。带菌牛可以引起暴发或地方性流行。饲养管理不当、密度过大、卫生条件差的牛群易发。

本病潜伏期 2～4 周，长的可达 4 个月，临床表现有急性和慢性之分。

急性型：多发于流行初期，体温高达 40～42℃，稽留热、干咳、呼吸加快、鼻孔扩张、呼吸极度困难、腹式呼吸、黏膜发绀，喜站立、不愿躺卧，咳嗽逐渐频繁、流浆液性或脓性鼻液，叩诊胸部有实音、疼痛，听诊肺泡呼吸音减弱。如肺脏病变面积大并有大量积水时，叩诊有浊音和水平浊音。病牛食欲废绝，尿量减少，便秘或腹泻或交替出现。病后期高度呼吸困难、极度衰竭、体温下降，多因窒息而死。犊牛可见典型呼吸道症状和关节炎。

慢性型：多表现为轻微咳嗽，或在冷应激或运动后发生干咳，咳嗽次数逐渐增加，食欲减退，反刍减少，泌乳减少，颈、胸、腹下水肿，叩诊胸区有实音区，按压胸廓敏感。

剖检初期小叶性肺炎，肺炎灶充血水肿，呈鲜红色或紫红色；中期浆液性纤维素性胸膜肺炎，多一次性明显，肺肿大变硬，呈紫红色、红色、灰白色、黄白或灰色等肝变，肺切面呈大理石状，肺间质变宽，淋巴管高度扩张呈蜂窝状，胸膜增厚，表面有纤维素附着，与肺部粘连，胸腔积有数量不等的黄色兼有纤维素凝块的渗出物，肺门淋巴结和纵隔淋巴结肿大出血，心包积液增多且浑浊；后期肺脏病灶坏死、液化，并形成脓腔、空洞、瘢痕化，犊牛出现渗出性腹膜炎、关节炎、心内膜炎、心肌炎等，有时有颈下淋巴结肿大。

【预防措施】

① 加强饲养管理，保持环境卫生，定期消毒，加强通风，饲喂要科学营养，提高抗病力。

② 科学引进外来牛只，减少应激、做好检疫、隔离观察，防止外源性感染整个牛群。

③ 流行区域或高发牛场最好把传染性胸膜肺炎疫苗做好。

【西药方案】（急性病例或中后期病例建议淘汰而非治疗）

① 抗支原体：土霉素、多西环素、泰乐菌素、卡那霉素、恩诺沙星、马波沙星、泰拉霉素、泰地罗新、加米霉素、林可霉素等。

② 防治并发细菌感染：头孢噻呋、氟苯尼考、大观霉素、磺胺间甲氧嘧啶等。

③ 抗炎：地塞米松、氯化钙、维生素 C 等。

④ 止血：止血敏或维生素 K。

⑤ 清热抗病毒：鱼腥草、双黄连、利巴韦林、干扰素等。

⑥ 辅助抗菌：乌洛托品。

⑦ 强心肺利水：强心肺用樟脑磺酸钠，肺水肿用呋塞米。

⑧ 化痰平喘：痰多用氨溴索，喘剧用氨茶碱。

⑨ 重症可以辅助胸腔封闭注射：青霉素、链霉素、普鲁卡因、地塞米松等。

【中药方案】

处方一：金银花 50 克、连翘 50 克、射干 50 克、黄芩 50 克、大黄 50 克、生石膏 100 克、黄连 20 克、山豆根 30 克、僵蚕 30 克、蝉蜕 30 克、木通 30 克、桔梗 30 克、甘草 30 克。水煎或打粉开水冲调，成年牛一次灌服。

处方二：苏子 50 克、当归 50 克、前胡 50 克、葶苈子 50 克、桑白皮 50 克、黄芩 50 克、陈皮 60 克、桂枝 30 克、厚朴 30 克、半夏 30 克、甘草 30 克。煎汤或打粉开水冲调，成年牛一次灌服。

处方三：黄连 40 克、黄芩 40 克、知母 40 克、白术 40 克、白芍 40 克、厚朴 40 克、白蔹 40 克、五味子 25 克、贝母 25 克、阿胶 25 克、泽泻 25 克、云苓 25 克、火麻仁 13 克。打粉开水冲调，成年牛一次灌服。

处方四：

病初期：甘草 30 克、薄荷 30 克、淡豆豉 40 克、桔梗 40 克、金银花 60 克、连翘 60 克、牛蒡子 60 克、淡竹叶 60 克、芦根 100 克。水煎或打粉开水冲调，一次灌服。

病中后期：木通 40 克、桔梗 40 克、贝母 40 克、当归 50 克、白芍 50 克、白及 50 克、麦冬 50 克、百合 50 克、黄芩 50 克、花粉 50 克、滑石 50 克。水煎或打粉开水冲调，一次灌服。

二十、牛衣原体病

【诊断要点】

牛衣原体病是由鹦鹉热衣原体和家畜衣原体等引起的传染病，临床特征是流产、肺炎、肠炎、结膜炎、多关节炎、脑炎等。

衣原体是一类严格在真核细胞内寄生的原核细胞型微生物，常见的有四种：鹦鹉热衣原体、沙眼衣原体、肺炎衣原体、家畜衣原体。

许多野生动物和禽类是本病的自然贮存宿主，患病动物和带菌动物是主要传染源，病原体可通过粪便、尿液、乳汁、泪液、鼻分泌物、流产排出物等散播，污染水源、饲草、环境等。主要通过呼吸道、消化道、损伤皮肤、黏膜等感染，另外交配、人工授精、吸血昆虫等亦可能发生感染。

肠炎和肺炎型：多见 6 月龄以内的犊牛，潜伏期 1～10 天。病犊精神沉郁，排黏液性、水样、带血腹泻便，体温高达 40.6℃，流泪，流浆液性鼻液，进而出现咳嗽和支气管肺炎症状。一般呈急性、亚急性、慢性、隐性等不同表现经过。病理表现有结膜炎、浆液性卡他性鼻炎、急性或亚急性卡他性胃肠炎，肠系膜和纵隔淋巴结肿胀充血，肺有灰红色病灶，常膨胀不全，个别表现胸膜炎。肝脏、肾脏和心肌营养不良，心内外膜、肾包膜下有出血，大脑血管充血。有时可见纤维素性腹膜炎，脏器粘连。脾肿大，肢体关节浆液性炎症。

关节炎型：多发生于 3 月龄以内的犊牛，病犊体温高达 40℃以上，厌食，轻度腹泻，不愿站立，不愿走动，步态僵硬，肢体和关节肿胀，后肢关节症状较重，个别重者有神经症状，60％的病犊在出现症状后 2～12 天死亡，病死率高。病变主要在关节，关节囊内积聚大量琥珀色炎性渗出物，滑膜附有疏松的纤维素性絮片，从纤维层直到邻近的肌肉出现水肿、充血、出血点等。久病的犊牛关节滑膜层由于绒毛样增生而变粗糙。肝脏、脾脏、淋巴结肿胀，肺脏有粉红色萎陷区和轻度实变区，双眼呈滤泡性结膜炎。

脑脊髓炎型：2 岁以内的牛容易发病，集中感染多是 6 月龄以下的犊牛，潜伏期 4～27 天，体温高达 40.5～41.5℃，病牛食欲下降或绝食，流涎、咳嗽、消瘦、衰竭、走路摇摆如踩高跷，有的牛转圈或头抵硬物，四肢关节肿痛，部分出现鼻漏或腹泻，末期角弓反张或痉挛，出现症状的牛 30％会死亡。剖检腹腔、胸腔、心包浆液性渗出，浆膜面纤维素性膜覆盖，与脏器粘连。淋巴结、脾肿大，脑膜血管充血，弥漫性脑脊髓炎或脑膜炎。

流产型：多发于妊娠 7～9 个月，流产多无前兆，偶尔产出死胎或弱胎，胎盘滞留，泌乳力下降，有的体温高，有的发生子宫内膜炎和阴道炎，公牛常发精囊炎综合征及睾丸炎等。病理表现为生殖系统炎症或出血，胎膜水肿，绒毛叶充血出血，上有灰白色病灶。流产不足6个月的胎儿皮下水肿，体腔出现微红色透明液体。7～8个月流产，胎儿苍白，皮肤和皮下组织水肿，口腔黏膜和舌上有出血点，脏器、淋巴结、黏膜、浆膜上有淤血状出血。腹腔充满大量腹水，肝肿大坚实，表面粗糙，并有灰黄色结节状病灶。胎儿皱胃、小肠黏膜、肝、脾、肾、胎盘中可检出衣原体和胞浆内包涵体。

【预防措施】

① 加强饲养管理，消除各种诱发因素，如饲养密度过大、营养缺乏、各种应激、寄生虫等。

② 隔离治疗，流产胎儿、胎盘、污物等要及时无害化处理，污染牛舍场地要严格消毒。

【西药方案】

(1) 抗衣原体 多西环素、土霉素、替米考星、红霉素、泰乐菌素等。

(2) 对症治疗

① 退烧：氟尼辛葡甲胺、安乃近、氨基比林等。

② 关节封闭：青霉素、链霉素、地塞米松、普鲁卡因等。

③ 肠炎：庆大霉素、恩诺沙星、甲硝唑、氨苄西林等。

④ 结膜炎：红霉素软膏、氧氟沙星眼药水等。

⑤ 子宫炎：0.2%高锰酸钾水溶液清宫，并灌注土霉素等。

⑥ 营养支持：葡萄糖注射液、生理盐水、布他磷、维生素C、维生素B等。

【中药方案】

肠炎型：白头翁60克、黄连30克、黄柏45克、秦皮60克、地锦草60克、木香30克、藿香20克。成年牛一次500克，犊牛80～120克，打粉开水冲调，一次灌服。

肺炎型：金银花60克，连翘45克，薄荷30克，荆芥30克，淡豆豉30克，牛蒡子45克，桔梗25克，淡竹叶20克，甘草20克，芦根30克。成牛一次500克，犊牛80～120克。

关节炎型：茯苓 100 克，泽泻 200 克，猪苓 100 克，肉桂 50 克，炒白术 100 克。打粉开水冲调灌服，成年牛 300～500 克，犊牛 60～100 克。

流产型：党参 40 克、黄芪 50 克、当归 50 克、川芎 30 克、桃仁 30 克、红花 20 克、炮姜 20 克、炙甘草 20 克、益母草 100 克、白芍 30 克、柴胡 30 克、三棱 25 克。成年牛一次 300～500 克。

二十一、牛皮肤真菌病

【诊断要点】

牛皮肤真菌病又叫牛钱癣、脱毛癣、秃毛癣、皮肤霉菌病、匐行疹，特征就是皮肤、角质、被毛发生皮炎和秃毛，形成界限明显的圆形、不规则圆形或轮状癣斑，属于人兽共患病。

牛皮肤真菌病主要感染菌有疣状毛癣菌、须毛癣菌、马毛癣菌等，存在于被侵害的表皮内外及毛根周围，病原菌可产生抵抗力很强的孢子，室温下可存活 3～4 年，10%福尔马林等可将其杀灭。

舍饲牛冬季常发本病，其他季节偶发。幼龄牛比成年牛容易感染，2 月龄到 1 岁的牛最易感，发生过本病的牛场，犊牛容易每年发病。本病主要是健康牛与病牛直接接触感染，也可通过厩舍、用具间接感染发病，尤其是颈枷、颈带、笼头、挤奶器、刷子、饲槽等。潮湿、污秽、阴暗的厩舍有利于本病的传播。

临床特征为潜伏期 2～4 周，成年牛病变多发生在头、颈、肛门周围，偶发胸部、臀部、乳房等部位。犊牛多发生在口腔周围、眼、耳、颈、躯干等部位，病情发展全身各处均可出现。发病初期病灶仅为米粒至豆粒大小的结节，表现真皮充血、水肿、局部炎症，并形成痘疹、小水疱或脓疱，有大量的皮屑或硬痂，毛发脱落。逐渐向四周扩展，发展成为界限明显的隆起的秃毛圆斑，形如古钱币，癣斑上被覆灰白色或灰黄色鳞屑，最大直径可达 7～8 厘米，治疗不及时，可波及全身。患牛瘙痒不安，逐渐消瘦，仅局限在面部发病时，看上去像贴着面团，故常称面团脸，本病病程较长，可持续一年以上。

【预防措施】

① 加强饲养管理，搞好牛体和环境卫生，定期驱虫，通风换气，

合理饲养密度，科学饲养。

② 病牛隔离治疗，对污染的圈舍环境进行彻底消毒处理，如3%福尔马林、2%火碱水等。

【西药方案】

(1) 局部处理 剃去病变部位皮肤的被毛，温肥皂水浸泡并清除痂皮，双氧水或高锰酸钾水溶液或碘伏对病变部位消毒，皮面干燥后涂布抗真菌药。

① 10%水杨酸酒精或10%硫酸铜或10%碘酊，隔一天一次。

② 5%克辽林溶液或松馏油涂擦。

③ 松节油250毫升、植物油250毫升、胡桃醌20～30毫克，混合为涂擦剂，加热至50℃以上，每天涂一次。

④ 5%克霉唑软膏或酮康唑软膏涂抹。

⑤ 2%～5%硫黄石灰涂擦。

(2) 全身疗法 如果大面积感染，就需要全身用药治疗。

① 每450千克体重，可静脉注射20%碘化钾150毫升。3～4天重复一次

② 灰黄霉素，口服，每1千克体重10毫克，连用一周。

③ 克霉唑，口服，一次量，牛5～10克，每天两次，连用一周。

④ 制霉菌素，口服，一次量，牛250～500万单位，每天两次，连用一周。

【中药方案】

处方一：巴豆24克、斑蝥9克、硫黄12克、红矾0.3克、狼毒15克、豆油600～800克。中药打粉与豆油混合煮沸30分钟，冷却至60℃，加入硫黄，局部涂抹。

处方二：斑蝥酊30毫升、樟脑精100毫升。混合涂擦患部，每天1～2次。

二十二、牛附红细胞体病

【诊断要点】

牛附红细胞体病是由牛附红细胞体引起的人兽共患病。附红细胞体

又称嗜血支原体，简称附红体，也叫血虫体，是立克次体目无浆体科的成员，常寄生于红细胞和血浆中。

牛附红细胞体主要感染牛，各阶段的牛都可感染，6～9 月份夏秋季节流行，主要传播方式有吸血昆虫传播和子宫内感染，也可通过针头、手术器械、交配传播。

病初患牛食欲不振、异嗜沙石土块、喜喝水，进而精神沉郁、食欲骤减或绝食、反刍减少或停止，体温高达 40～42℃，呼吸加快 60 次每分钟，脉率增至 100～120 次/分，腹泻、粪便恶臭，四肢无力、走路摇晃、出虚汗，眼结膜、乳房、阴户黏膜黄染，孕牛可流产，严重卧地不起、排红褐色尿液、流涎、流泪、肌肉震颤、黄疸严重，热骤退后死亡。

剖检变化主要是消瘦、可视黏膜苍白或黄染、血液稀薄、凝固不良；皮下、浆膜、黏膜、多脏器有点状出血；胸腔积液、腹水多；腹膜、网膜黄染；肝肿大、质软、土黄色；胆囊肿大、胆汁浓稠、呈胶冻样；脾肿大、质软；肾肿大，皮质出血，土黄色；心冠脂肪黄染、心外膜出血；脑出血；肺炎、肺水肿。

【预防措施】

① 杀灭吸血昆虫预防，发病季节，加强消灭蚊、蝇、蜱等吸血昆虫，夏初定期用 1%～2%敌百虫溶液、0.12%蝇毒磷、0.15%敌杀磷、0.5%马拉硫磷等对牛体表和圈舍进行喷洒。

② 药物预防，发病牛场，可在每年发病季节（5 月份）前药物注射，三氮脒，每千克体重 3～7 毫克，生理盐水配成 5%～7%溶液，深部肌肉分点注射，间隔 10～15 天再注射一次。另外，新胂凡纳明、多西环素、土霉素、四环素等注射也可以阻止感染。

【西药方案】

(1) 抗附红体

① 三氮脒，每千克体重 3～7 毫克，以生理盐水配成 5%～7%的溶液，分点深部肌内注射，每日一次，连用两次。

② 新胂凡纳明，每千克体重 10 毫克，用生理盐水或 5%葡萄糖，制成 5%～10%注射液，一次静脉注射。

③ 四环素，每千克体重7～15毫克，溶于5%葡萄糖生理盐水制成0.5%以下的注射液，每天分1～2次静脉注射，连续3～5天。

④ 多西环素，每千克体重2毫克，溶于生理盐水，静脉注射，连用3～5天。

⑤ 土霉素、磺胺间甲氧嘧啶也有作用。

（2）支持疗法

① 退热：柴胡、氟尼辛葡甲胺等。

② 止血：止血敏、维生素K等。

③ 补血：右旋糖酐铁、维生素 B_{12} 等。

④ 补能量：葡萄糖、布他磷等。

⑤ 补维生素：维生素C、维生素 B_1 等。

⑥ 强心：樟脑磺酸钠。

【中药方案】

处方一：党参40克、当归40克、炒白术50克、芍药30克、茯苓30克、五味子30克、远志30克、陈皮30克、甘草30克、熟地黄25克、生姜20克、大枣20枚、厚朴40克、山楂40克、建曲50克、苍术30克、升麻25克。每天一剂，连用4～5剂。

处方二：青蒿50克、常山50克、柴胡40克、槟榔30克、乌梅60克、甘草15克、黄芪30克、白术30克、当归30克、川芎30克、白芍30克。每天一剂，连服3～5天。

第十一章

牛寄生虫病诊断要点与防治方案

第一节 牛原虫病诊断要点与防治方案

一、牛巴贝斯虫病

【诊断要点】

牛巴贝斯虫病又叫牛焦虫病，是由寄生于动物红细胞或网状内皮细胞内的巴贝斯属的原虫引起的蜱传性血液原虫病。

牛巴贝斯虫病的病原主要有牛巴贝斯虫、卵形巴贝斯虫、双芽巴贝斯虫、大巴贝斯虫、东方巴贝斯虫等。

牛巴贝斯虫病传播媒介为硬蜱，含牛巴贝斯虫子孢子的蜱叮咬牛时，子孢子随蜱的唾液进入牛体内，在牛的红细胞内以成对出芽的方式繁殖，当红细胞破裂后，虫体逸出，侵入新的红细胞，反复分裂，最后形成配子体。当蜱在牛体吸血时，牛巴贝斯虫连同牛的红细胞进入蜱体内，在蜱肠内进行配子生殖，以后再进入蜱和下一代幼蜱的肠壁、血淋巴、马氏管等处反复进行孢子生殖，最后进入子代若蜱的唾液腺产生许多子孢子。

牛是巴贝斯虫的中间宿主，蜱是传播媒介，蜱也是终末宿主。

牛巴贝斯虫致病具有两种作用，一种是毒素作用，毒素是巴贝斯虫生活活动的产物，毒素可以扰乱牛机体的反应性，引发功能失调、物质代谢异常；另一种是虫体作用，虫体对牛红细胞造成破坏，引起溶血性贫血、血凝时间延长，一部分血红蛋白经肝脏变为胆红素引起可视黏膜黄染，一部分经肾脏随尿液排出形成血红蛋白尿。同时引起机体供氧不足和代谢障碍。

各个年龄、品种的牛均易感，由双芽巴贝斯虫致病的1岁小牛发病率较高，症状轻，致死率低，成年牛则死亡率高；由牛巴贝斯虫致病的90日龄至1岁内的小牛病情重，死亡率高，成年牛则致死率低。良种肉牛易发本病。

病牛和带虫牛是本病主要传染源，主要经过蜱虫媒介感染，双芽巴贝斯虫可经胎盘传播。春夏秋季多发，主要集中在5～10月份。放牧牛发病高，舍饲牛发病少。犊牛相对易发，青壮年牛发病率低。若不及时诊治，发病牛死亡率也很高，病愈带虫牛可抵抗蜱的再度侵袭。

巴贝斯虫病潜伏期8～15天。病初发热至40～42℃，稽留热。随病情发展体温下降，多为间歇热。病牛精神沉郁、喜卧，食欲减退，反刍停止，呼吸心率加快，肌肉震颤，产乳量下降，妊娠牛可能会流产；便秘腹泻交替，有的牛粪中有黏液、血液，粪便恶臭。发病后数天出现血红蛋白尿，尿液中蛋白质比例增高，尿色由淡红色变为茶水色或酱油色。病程持续久了，病牛会出现消瘦贫血，黏膜苍白、发黄，严重的4～6小时死亡。病情好转牛，体温可恢复正常，食欲渐渐恢复，尿色逐渐正常，贫血、黄疸、消瘦需要几周甚至几月才可以恢复正常，本病病死率一般为20%。

病例剖检表现尸体消瘦，黏膜贫血黄染、血液稀薄、凝固不良，皮下组织、肌间结缔组织、脂肪组织呈胶冻样水肿；各器官被膜黄染；脾肿大，甚至破裂，脾髓色暗，脾细胞突出；肝肿大，黄褐色，切面似豆蔻花纹，被膜少许出血点；胆囊肿大，胆汁浓稠，色暗；肾肿大，淤血，红黄色；心肌松软，黄红色，内外膜有出血斑；皱胃溃疡，胃及小肠呈卡他性炎症；膀胱黏膜出血，积酱油色尿液。

【预防措施】

① 消灭传播媒介蜱虫。

② 肌内注射或背部浇泼伊维菌素或阿维菌素或多拉菌素等。体表喷洒溴氰菊酯或氯氰菊酯等低毒杀虫剂，或者双甲脒、辛硫磷、马拉硫磷、敌百虫等，用含磷杀虫剂应备好解磷定、阿托品等解毒药。墙壁、圈舍周围也要喷洒杀虫剂，生石灰抛洒牛舍地面，石灰乳粉刷牛舍周围

树桩，预防蚊虫滋生。

③ 牛只购买应错开蜱繁殖活跃季节，牛群出现临诊病例或向非疫区送牛时，可以用三氮脒或咪唑苯脲进行预防给药。

【西药方案】

（1）抗巴贝斯虫

① 咪唑苯脲，每千克体重1～3毫克，配成10%溶液，皮下或肌内注射，每天1～2次，连用2～4次。

② 三氮脒又叫贝尼尔、血虫净，成年牛每千克体重3～7毫克，奶牛每千克体重2～5毫克，蒸馏水配成5%～7%的溶液深部肌肉分点注射，连用3次，每次间隔24小时再注射。或用5%或10%葡萄糖配成0.1%溶液静脉注射。出现副作用可服茶叶、绿豆水或肌内注射阿托品。

③ 吖啶黄又叫锥黄素、黄色素，牛每千克体重3～5毫克，配成0.5%～1%溶液，加温溶解过滤，水浴锅煮30分钟，药温保持30℃左右，静脉输液。症状未减轻，24～48小时后再静脉注射一次。病牛治疗后数日内，避免烈日暴晒。

④ 阿卡普林又叫硫酸喹啉脲，每千克体重0.6～1毫克，配成5%溶液皮下或肌内注射，48小时后再注射一次。

（2）止血　维生素K或止血敏、氯化钙等。

（3）改善贫血　右旋糖酐铁、维生素B_{12}等。

（4）防继发感染　磺胺嘧啶钠或林可霉素或头孢喹肟。

（5）补养补液　5%葡萄糖生理盐水、10%葡萄糖注射液、5%碳酸氢钠注射液；维生素C、维生素B_1；重症可以输健康牛血。

（6）强心　樟脑磺酸钠。

（7）健胃　口服大黄苏打片、酵母片、四胃动力等；不反刍可以肌内注射比赛可灵（氯化氨甲酰甲胆碱）或输液10%氯化钠。

【中药方案】

处方一：党参20克、麦冬20克、玄参20克、白术15克、茯苓15克、当归15克、川芎15克、熟地黄15克、白芍15克、陈皮15克、木香15克、甘草15克、肉桂10克、黄芪10克、青皮5克。补血为主加大白芍、熟地黄用量，血虚有热加丹皮、栀子、黄芩，阴虚发热熟地黄换生地黄。打粉开水冲调，一次灌服。

处方二：党参60克、白芍50克、茯苓30克、当归30克、川芎30克、白术30克、生地黄30克、肉桂30克、黄芪100克、甘草100克。体温高加金银花、柴胡，黄染重加龙胆草、茵陈蒿，食欲不振加焦三仙，粪干加大黄、人工盐，尿血加仙鹤草、瞿麦。打粉开水冲调，一次灌服。

处方三：木通35克、瞿麦35克、萹蓄35克、车前子35克、滑石70克、甘草30克、炒栀子35克、酒大黄30克、灯心草18克。打粉开水冲调，一次灌服。

二、牛伊氏锥虫病

【诊断要点】

牛伊氏锥虫病又叫苏拉病，是由锥体属的伊氏锥虫寄生于牛的血液和造血器官中而引起的疾病。伊氏锥虫主要寄生在血液、淋巴液中，靠渗透作用直接吸取营养。

伊氏锥虫可寄生于各种家畜，包括部分野生动物，对马的易感性最强，牛对锥虫的易感性比马属动物、犬等弱。多数动物感染后不发病而长期带虫。

患病动物和带虫动物是传染源，犬、猪、部分野生动物、啮齿动物等都可作为保虫者。虻、吸血蝇是机械传播媒介，也可通过胎盘感染胎儿。

伊氏锥虫病多发热带、亚热带地区，春夏多发；家畜免疫低时也可诱发；平原、丘陵地区发病率高于山区；水牛发病率高于黄牛；老疫区多慢性经过或隐性感染，新疫区多急性经过、发病率高、死亡严重。

急性型：多发于春夏季节的肥壮牛，体温高达40～42℃，持续1～2天后恢复正常，经一定间歇时间后，体温再度升高，表现贫血、黄疸、精神萎靡、呼吸快、心跳快，治疗不及时，少则几天多则数周内死亡。

慢性型：体温升高1～2天后下降，经1～2天后再度升高，不规则的间歇热。病牛日渐消瘦、营养不良、被毛粗乱无光、精神不振、四肢无力、喜卧昏睡、肌肉萎缩。发生水肿时，皮肤干裂、流出黄色或血色液体，后成痂皮，痂皮脱落、被毛脱落后，形成无毛区。眼结膜有出血点、出血斑、苍白黄染。体表淋巴结肿胀、四肢下部肿胀。耳尖、尾尖干枯坏死，严重的病牛，部分或全部干僵脱落，俗称焦尾症。角和蹄匣也有脱落的。妊娠母牛常流产或产死胎，犊牛生下2～3周发生死亡。病牛后期多麻痹，无法站立，衰竭而死。

病例剖检表现皮下水肿、胶样浸润；胸腹腔积有大量液体，心包积液，心肌变性发炎，心室扩张；淋巴结肿大出血；血液稀薄，凝固不良；肝肿大、淤血、脆弱，硬度增加；肾肿大、被膜易剥离、有出血点、肿胀；脾肿大、质硬、色淡、有出血点，急性病例脾髓如软泥；瓣胃、皱胃、小肠、直肠等有出血点或条状出血。

【预防措施】

① 对圈舍和运动场地加强清洁，保持卫生，定位消毒，及时清除粪便污物，铲除栏舍附近的杂草，可用溴氰菊酯或氯氰菊酯等，消灭或减少虻和蝇的侵袭。

② 定期巡查，每年春秋和夏季对牛群进行普查，病牛和疑似牛隔离治疗。

③ 谨慎引进外来牛，必须引进时应该从非疫区购进，并进行严格检查和隔离过渡，防止引进带虫牛。

④ 对未发病的牛可以药物预防，喹嘧胺皮下注射，50千克以内的牛，每千克体重0.05毫升；150～200千克的牛，10毫升每头；200～350千克的牛，15毫升每头；体重350千克以上的牛，20毫升每头。

【西药方案】

(1) 抗锥虫

① 萘磺苯酰脲，生理盐水配成10%的溶液，每千克体重10～20毫克，静脉注射；重症可与新胂凡纳明交替使用，如第1天、12天用萘磺苯酰脲，第4天、8天用新胂凡纳明。萘磺苯酰脲注射后，偶有眼睑肿、体躯下部水肿、口炎、跛行、荨麻疹、肛门糜烂、蹄部糜烂等，轻则7天自愈，重则需要对症用药。

② 喹嘧胺，生理盐水稀释成10%溶液，每千克体重4～5毫克，分

2～3 点皮下或肌内注射，隔日注射一次，连用 2～3 次，也可与萘磺苯酰脲交替使用。

③ 三氮脒，生理盐水稀释配成 7%溶液，每千克体重 3～5 毫克，臀部肌内注射，每天一次，连用 2～3 天。

(2) 防感染 土霉素或青链霉素或头孢喹肟或恩诺沙星或磺胺间甲氧嘧啶。

(3) 退热 柴胡或氟尼辛葡甲胺。

(4) 补养补液 5%葡萄糖生理盐水。

(5) 强心 樟脑磺酸钠。

(6) 补维生素 维生素 C、维生素 B_1、维生素 B_{12} 等。

(7) 止血 止血敏。

【中药方案】

处方一：党参 60 克、炒白术 60 克、茯苓 60 克、白芍 45 克、当归 45 克、熟地黄 45 克、川芎 30 克、炙甘草 30 克。打粉开水冲调，一次灌服。

处方二：黄芪 80 克、甘草 30 克、党参 60 克、当归 50 克、陈皮 30 克、升麻 20 克、柴胡 20 克、白术 60 克。打粉开水冲调，一次灌服。

处方三：熟地黄 40 克、当归 40 克、马鞭草 40 克、肿节风 40 克、苍术 50 克、威灵仙 50 克、茯苓 30 克、黄柏 30 克、党参 30 克、羌活 25 克、独活 25 克、牛膝 20 克、甘草 15 克。打粉开水冲调，一次灌服，连用 3 天。

三、牛泰勒虫病

【诊断要点】

牛泰勒虫病是由泰勒属原虫寄生于牛巨噬细胞、淋巴细胞、红细胞内的一种血液寄生原虫病。国外公认的目前有五种：小泰勒虫、环形泰勒虫、突变泰勒虫、斑铃泰勒虫、附膜泰勒虫。国内认同的有三种：环形泰勒虫、瑟氏泰勒虫、中华泰勒虫。

牛泰勒虫病分为恶性泰勒虫病和良性泰勒虫病，恶性泰勒虫病如环形泰勒虫、小泰勒虫，具有较强致病性，常大面积暴发，家畜迅速死亡；良性泰勒虫病如瑟氏泰勒虫，致病性低，感染后多处于带虫状态，应激条件下，免疫力降低才发病。

各年龄、品种的牛均易感本病，羊也易感。本病主要通过蜱传播，还有胎盘传播。一般是6月份开始多发，7月份达高峰，9月份逐渐减少。如不及时治疗病死率可达16%～60%，1～3岁牛发病较多，患过本病的牛可成为带虫者，不再发病，带虫免疫可达3～6年。

环形泰勒虫潜伏期9～25天，一般为15天。多急性发作，大部分4～20天趋于死亡，一般为10天。病牛高热至40～42℃，稽留热，4～10天维持41℃，少数病例弛张热或间歇热；病牛精神萎靡、行动无力、离群落后、多卧少起、脉弱数、心悸亢进有杂音、呼吸快、咳嗽、肺泡音粗粝、流鼻液；眼结膜初期充血，流浆液性眼泪，之后黄染贫血，出现绿豆大出血斑；可视黏膜、尾根、肛门四周、阴囊皮肤薄处有深红色结节样血斑；有的颌下、胸前、腹下、四肢发生水肿。

牛病初食欲减退，中后期喜啃泥土和其他异物，反刍减少或停止，磨牙，流涎，粪少而干、常带黏液和血液，病牛前胃弛缓。病初或重病的牛可见肘部肌肉震颤，体表淋巴结肿胀，多数病牛一侧肩前或腹股沟淋巴结肿大，初期硬有痛感，后期软，常不易推动。病牛快速消瘦，血液稀薄。病的后期，牛食欲与反刍完全停止，出血点变大、变多，濒死前出现低温症，卧地不起，衰竭而死。

瑟氏泰勒虫病症与环形泰勒虫相似，病程长、症状缓和、死亡率低，过度使役、饲养管理不当、长途运输应激可加重病情。

环形泰勒虫病牛剖检变化可见全身皮下、肌间、黏膜、浆膜等有大量出血点和出血斑；全身淋巴结肿大、切面多渗出、有暗红或灰白不一的结节；皱胃黏膜肿胀、有大小不一的暗红色或黄白色结节，结节部上皮坏死形成溃疡灶；小肠和膀胱黏膜有时也见到结节和溃疡；脾肿大、被膜出血、脾髓质软如黑泥糊状；肾肿大、质软、有粟粒大暗红色病灶；肺脏水肿或气肿，被膜有出血点，肺门淋巴结肿大。

患瑟氏泰勒虫病的牛剖检可见消瘦、可视黏膜与皮肤苍白黄染；皮下组织和浆膜黄染，有出血点，血液稀薄，凝血不全；肝肿大，土黄色，胆囊充满黄绿色油状胆汁；脾肿大；心肌肥大，土黄色，脂肪黄色胶样浸润；皱胃有出血点和溃疡，小肠有出血点，肠系膜淋巴结出血。

【预防措施】

① 做好蜱虫消杀工作，使用有机磷或溴氰菊酯类杀虫剂喷洒牛体表和牛舍环境，特别是墙壁缝隙喷洒。对外购牛要进行灭蜱处理，防止传播病原。

② 高发疫区，有条件的可以考虑环形泰勒虫裂殖体胶冻疫苗接种，接种后 20 天产生免疫力，免疫期 13 个月。

【西药疗法】（目前没有针对泰勒虫病特效药）

（1）抗泰勒虫

① 磷酸伯氨喹，每千克体重 0.75～1.5 毫克，口服，每天一次，连用 3 天。

② 三氮脒，每千克体重 7～10 毫克，配成 7%溶液，分点肌内注射，每日一次，连用 3～5 天，如果静脉注射每千克体重 5 毫克，用 5%葡萄糖配成 0.1%溶液，缓慢注入，每天一次，连用两天。

③ 阿卡普林，每千克体重 0.6～1 毫克，配成 5%溶液皮下注射，一般一次即可，必要时隔日再注射一次。

④ 咪唑苯脲，每千克体重 1～3 毫克，配成 10%溶液，皮下或肌内注射，每天 1～2 次，连用 2～4 次。

（2）防感染 土霉素或磺胺间甲氧嘧啶或头孢喹肟或青链霉素。

（3）止血 止血敏。

（4）补液补养 维生素 C、维生素 B_{12}、右旋糖酐铁、葡萄糖、布他磷、5%碳酸氢钠等。

（5）强心 樟脑磺酸钠。

（6）抗炎 氢化可的松或地塞米松。

（7）健胃促反刍 比赛可灵或新斯的明或 10%氯化钠、健胃散或四胃动力。

【中药方案】

处方一：党参 60 克、白芍 50 克、茯苓 30 克、当归 30 克、川芎 30 克、白术 30 克、生地黄 30 克、肉桂 30 克、黄芪 100 克、甘草 100 克。体温高加金银花、柴胡，黄染重加龙胆草、茵陈蒿，食欲不振加焦三仙，粪干加大黄、人工盐。

处方二：当归 30 克、红花 25 克、牡丹皮 20 克、没药 25 克、赤芍 20 克、大黄 30 克、天花粉 25 克、枇杷叶 20 克、黄药子 25 克、白药子 25 克、桔梗 25 克、甘草 15 克。每天一剂，连用三天。

四、牛隐孢子虫病

【诊断要点】

牛隐孢子虫病是由隐孢子虫寄生于肠道引起的以严重腹泻为特征的一种人兽共患寄生虫病，隐孢子虫是寄生性原虫。寄生于牛的主要隐孢子虫有四个有效种，分别为微小隐孢子虫、安氏隐孢子虫、牛隐孢子虫、瑞氏隐孢子虫等。

牛隐孢子虫病任何年龄的牛都可感染，常发于 3～30 日龄的犊牛；微小隐孢子虫主要感染断奶前犊牛；安氏隐孢子虫主要感染青壮年牛和成年牛；牛隐孢子虫和瑞氏隐孢子虫主要感染断奶后犊牛。

病牛和带虫牛是主要传染源，“粪—口”是主要传播途径，人和畜禽粪便中有大量卵囊，粪便污染环境、饮水、食物后，可经口进入消化道感染，也可通过空气感染。

本病多发生于温暖潮湿季节，但是四个季节发病率差异不显著。

牛隐孢子虫病潜伏期 3～7 天、病程 2～14 天、死亡率 16%～40%。病牛精神萎靡、食欲减退、有时体温略高、拉稀腹泻、体弱无力、被毛粗乱、逐渐消瘦、步态失调，重者排灰白色或黄褐色粪便，粪便混有纤维素、血液、黏液，后多呈水样透明稀便。

病理变化主要集中在空肠后端和回肠，向后端发展可至盲肠、结肠袢、直肠，表现为免疫细胞增生浸润，肠黏膜绒毛变性、萎缩、坏死等。

【预防措施】

① 牛隐孢子虫寄生于肠黏膜表面，体液免疫不能起完全保护作用，但对预防再次感染可起一定作用。

② 对犊牛而言，吃足初乳是最好的预防犊牛腹泻的方法之一，犊牛出生后半小时到一小时，喂足初乳很关键。

③ 做好圈舍的清扫消毒，每天早起把牛舍粪便污物彻底清扫，并

用消毒液彻底消毒，如10%福尔马林、5%氨水、氯制剂、过硫酸氢钾等。

④ 犊牛出生后可以口服磺胺类药物预防，如磺胺喹噁啉、磺胺脒、磺胺氯吡嗪、磺胺二甲嘧啶、复方磺胺甲噁唑、磺胺间甲氧嘧啶等。

⑤ 母牛和犊牛可以口服鱼肝油，提高免疫力，保护胃肠黏膜。

【西药方案】

① 抗隐孢子虫：口服磺胺脒片、磺胺喹噁啉、磺胺氯吡嗪等，或注射磺胺嘧啶、磺胺间甲氧嘧啶等。

② 防继发细菌感染：大观霉素配林可霉素，或氨苄西林配卡那霉素，或青霉素配链霉素，或土霉素，或螺旋霉素，或阿奇霉素等。

③ 补液防脱水：5%葡萄糖生理盐水，25%葡萄糖注射液，5%碳酸氢钠注射液。

④ 补充维生素：维生素C、维生素B_1或复合维生素B。

⑤ 止血：粪便带血明显的可以配合止血敏。

⑥ 强心：体温低，严重衰竭的配合樟脑磺酸钠。

⑦ 止泻：腹泻严重不止的，可以配合次碳酸铋、白陶土、活性炭、鞣酸蛋白、蒙脱石、山莨菪碱等。

【中药方案】

处方一：常山200克、青蒿150克、苦参50克、黄芪50克、仙鹤草50克。成年牛一次500克，犊牛一次100克。打粉开水冲调，一次灌服，连用3天。

处方二：常山70克、白头翁70克、仙鹤草40克、苦参70克、马齿苋40克、地锦草10克、青蒿35克、墨旱莲35克。成年牛一次灌服，犊牛一次100克，打粉开水冲调灌服。

处方三：青蒿30克、常山30克、白头翁20克、黄芪20克。打粉开水冲调，一次灌服，犊牛80～100克，成年牛300～500克。

五、牛贝诺孢子虫病

【诊断要点】

牛贝诺孢子虫病又叫球孢子虫病、肉孢子虫病、象皮病，是由牛贝氏贝诺孢子虫寄生于牛眼、皮肤、生殖系统等部位引起的一种原虫病。

贝氏贝诺孢子虫主要寄生于牛，各种品种、年龄均可感染，外地引进牛、杂交牛比本地牛易感，公牛比母牛易感，2～4岁牛多发，中间宿主多为牛、羊，终末宿主是猫。

病牛是主要传染源，主要经口接触传播和吸血昆虫机械传播，常见的吸血昆虫如蜱、虻、厩螯蝇等。夏秋季传播活跃，冬春临诊症状明显。

贝氏贝诺孢子虫是细胞内寄生虫，可导致细胞损伤、变性。在组织中形成包囊，释放毒素，引发组织肉芽肿。虫体在真皮中繁殖，引起皮脂腺、汗腺、毛囊、结缔组织萎缩或消失，导致脱毛、皮肤增厚、变硬、龟裂等，也可以导致母牛流产、公牛不育。

牛贝诺孢子虫病临床可分为三期：发热期、脱毛期、干性皮脂溢出期。

① 发热期：牛体温40～41℃，持续2～10天，病牛畏光、流泪、流鼻液，皮肤没有光泽、腹下及四肢水肿、步态僵硬、有的全身水肿、反刍无力或停止、呼吸快、脉搏快，巩膜充血、布有白色隆起的虫体包囊，5～10天进入脱毛期。

② 脱毛期：体温正常或略高，淋巴结肿大；病牛不愿活动，皮肤增厚无弹性；乳腺增生堵塞，乳腺皮肤变硬增厚如同废旧胶皮；公牛睾丸肿大，引发不育；部分病牛会死亡，未死亡牛经15～30天，进入干性皮脂溢出期。

③ 干性皮脂溢出期：牛被毛脱落，甚至出现局部秃毛现象，病变皮肤出现厚厚的痂皮，外观类似患有疥癣的症状，呈现大象皮肤症状，又称“象皮病”。淋巴结肿大，病牛精神倦怠，行动缓慢，不愿活动，病牛后期极度消瘦，多提前淘汰或死亡。慢性病例多出现皮肤厚痂龟裂，乳头肿胀，乳管堵塞，病变部位出现包囊。

病例剖检多见真皮和皮下结缔组织出现大量包囊型虫体；淋巴结肿大；皮下结缔组织黄色胶样浸润，少数有针尖大出血点；心内外膜、冠状沟有出血点，心肌色淡；肺淤血，支气管有泡沫样液体；肝微肿；质脆、土黄色，胆囊肿大；脾微肿；肾皮质有出血点，肾盂充血淤血；空肠、盲肠浆膜有出血点，膀胱黏膜有出血点；牛两眼巩膜及全身结缔组织上有针尖大的圆形包囊。

【预防措施】

① 发现病牛，早隔离，早捕杀，消灭传染源。加强管理，定期给牛体表喷洒驱虫，消灭吸血昆虫机械传播媒介。

② 牛场杜绝养猫，猫是本病的终末宿主，容易散播病原。高发疫区最有效的还是考虑研发相关疫苗。

【西药方案】(目前尚无特异性的治疗药物)

① 抗贝氏贝诺孢子虫：1%锑制剂有一定作用，或阿苯达唑配合氯苯胍有一定作用。

② 防继发感染：长效土霉素或磺胺间甲氧嘧啶。

③ 抗炎：氢化可的松或地塞米松。

④ 营养支持：维生素 C、维生素 B、葡萄糖、生理盐水等。

⑤ 止血：止血敏。

【中药方案】

处方一：地锦草 160 克、墨旱莲 80 克、常山 100 克、青蒿 80 克、槟榔 60 克、仙鹤草 60 克、鸦胆子 20 克、柴胡 80 克、黄柏 90 克、黄芩 60 克、白芍 60 克、木香 30 克、山楂 60 克、甘草 60 克。犊牛每次 80～100 克，成年牛每次 300～500 克。

处方二：常山 250 克，柴胡 90 克，苦参 185 克，青蒿 100 克，地榆炭 90 克，白茅根 90 克。成年牛 300～500 克，犊牛 80～100 克。

六、牛住肉孢子虫病

【诊断要点】

牛住肉孢子虫病是由多种住肉孢子虫寄生于牛的肌肉组织而引起的人兽共患原虫病，住肉孢子虫的中间宿主是草食动物或杂食动物，终末宿主是肉食动物。住肉孢子虫的孢子囊和卵囊对外界抵抗力极强，4℃以下保存 1 年仍有活力。对高温、冷冻、腌渍敏感。

本病各年龄、各品种牛均易感，传染源为被终末宿主粪便污染的草料和饮水，终末宿主一旦感染，可持续排出孢子囊和卵囊十几天，甚至数月，也可以通过胎盘传给胎儿。本病感染率随动物年龄增长而呈增高的趋势，成年家畜感染率高于幼龄家畜。

急性住肉孢子虫病表现外周淋巴结肿大、贫血、跛行、虚弱、瘫痪，甚至死亡；犊牛感染多高热、食欲减退、虚弱、贫血、腹泻、肌无力、流涎、肌肉震颤、脱毛等，严重会死亡；母牛流产或产死胎。慢性住肉孢子虫病表现采食量下降、消瘦、贫血、被毛干枯、生产性能下降。

病例剖检表现血液稀薄，冠状沟、肾盂、肾门部分脂肪萎缩，心包、腹腔、胸腔内有多量淡黄色液体，心、心包、胃肠道浆膜、肠系膜、膈、膀胱有点状出血；个别肾上腺、胰、小肠、脑有出血点；内脏淋巴结，肠系膜和纵隔淋巴结肿大、水肿、有出血点；心肌、骨骼肌，特别是后肢、腹侧、腰部肌肉发生病变，严重时可见肌纤维处出现白色条纹。

【预防措施】

① 规范养殖尽可能不饲养猫、犬，避免家畜与猫、犬接触，避免家畜饲草、饮水被猫、犬粪便污染。避免给猫、犬饲喂被住肉孢子虫感染的牛羊肉，肉类最好煮熟再饲喂。

② 对感染住肉孢子虫的动物，应该无害化处理，－22℃冷冻 24 小时，高温煮沸 2 小时，均可杀灭住肉孢子虫包囊。

③ 加强肉类检疫，避免被住肉孢子虫感染的肉、内脏及其他组织流向市场，要及时无害化处理。

④ 搞好圈舍环境卫生，保持干燥通风，定期清理粪污，规范消毒。

【西药方案】（目前没有特效药物治疗，重在预防）

（1）抗住肉孢子虫

① 氨丙啉、氯苯胍、磺胺氯吡嗪钠、地克珠利、妥曲珠利等有一定作用。

② 急性病例，每千克体重 1.5 毫克伯氨喹和 1.5 毫克氯喹治疗，病情稳定后用每千克体重 1.25 毫克伯氨喹和 1 毫克乙胺嘧啶交替治疗。30～40 天可治愈。

③ 2 岁以内，慢性病例可用每千克体重 2 毫克莫能菌素防治，连用 3 个月。

(2) 健脾胃　大黄苏打片、酵母粉等。

(3) 补液　葡萄糖、电解多维、碳酸氢钠注射液、0.9%生理盐水。

(4) 补维生素　维生素 C、维生素 B 族等。

(5) 补铁补血　维生素 K 或止血敏；右旋糖酐铁；维生素 B_{12}；重症可以输康复牛或带虫牛的血液。

(6) 抗菌消炎　土霉素或磺胺间甲氧嘧啶钠。

【中药方案】

处方一：青蒿 100 克、仙鹤草 40 克、何首乌 50 克、肉桂 25 克、丹皮 50 克、黄柏 10 克、柴胡 15 克、生黄芪 15 克、大黄 15 克、茵陈 10 克、甘草 10 克。成年牛 300～500 克，犊牛 80～100 克。

处方二：白术 15 克、茯苓 15 克、猪苓 15 克、桂枝 15 克、泽泻 15 克、桃仁 25 克、生大黄 25 克、地鳖 25 克、白僵蚕 50 克。成年牛 300～500 克，犊牛 80～100 克。

处方三：薏苡仁 60 克、芡实 60 克、白薇 60 克、莲子 60 克、栀子 30 克、龙胆草 30 克、百部 30 克、柴胡 30 克、白术 30 克、黄芩 20 克。成年牛 300～500 克，犊牛 80～120 克。

七、牛新孢子虫病

【诊断要点】

牛新孢子虫病是由犬新孢子虫寄生于牛细胞内引起的一种原虫病。犬和郊狼是犬新孢子虫的终末宿主，牛、羊、马、鹿等是主要的中间宿主。

本病传染源是被孢子化卵囊污染的饲料和水。本病可以垂直传播和水平传播，牛群中主要是垂直传播，母牛可经胎盘传染给胎儿。

牛新孢子虫病四季均可发生，高峰期在夏季，妊娠 6 个月以前的流产阳性率很高，引起流产多呈散发性和地方性流行。

病牛四肢无力、弯曲，关节不灵活，后肢麻痹，运动失调，头颈震颤明显，头盖骨变形，眼睑反射迟钝，角膜轻度混浊。

妊娠牛流产或产死胎，就算产下活胎，胎儿体质也较弱。胎儿期间感染犬新孢子虫后，犊牛成年时，这种感染可能消除，也可能恶化，也可能转为隐性带虫，当妊娠时可经胎盘传给胎儿。牛妊娠3个月之后均可发生流产，大部分发生在妊娠5～6个月时，可见胎儿死在子宫形成木乃伊，或产出死胎或早产。

同一母牛可反复流产，先天感染犊牛比正常犊牛轻且生长缓慢，感染犊牛一生下来就有神经症状，严重的不能站立，四肢虚弱或僵直，有些临床表现正常，但一周后出现神经症状。

病理变化主要出现在中枢神经系统、肌肉、肝脏。中枢神经系统多灶性胶样变性，小脑发育不全；肌肉发生多灶性肌炎；肝、肺、肾、胰腺等发生炎性坏死。

【预防措施】

① 禁止犬进入牛场、草料场，禁止接触饮水池，禁止给犬饲喂牛胎盘和流产的胎儿。

② 加强犊牛管理，补充全价营养，提高犊牛自身抵抗力。

③ 定期监测，净化牛群，对患病动物的乳、胎衣等进行无害化处理，对圈舍彻底清扫消毒。

④ 目前国外有相关的疫苗研发和使用，高发区域可以考虑疫苗研发和使用。

【西药方案】（目前尚无特别有效的药物）

（1）抗犬新孢子虫

① 磺胺类药：磺胺间甲氧嘧啶、复方磺胺甲噁唑、磺胺喹噁啉、磺胺氯吡嗪钠等。

② 其他类：马杜拉霉素、莫能菌素、盐霉素、地克珠利、妥曲珠利、土霉素、四环素、多西环素等。

（2）抗菌 青霉素、氨苄西林、头孢噻呋、林可霉素等。

（3）补养，提高免疫力 鱼肝油、维生素C、黄芪多糖、葡萄糖、维生素B、维生素E等。

【中药方案】

处方一：青蒿30克、常山30克、松萝20克、苦参20克、黄芪40

克、仙鹤草20克、熟地黄30克、甘草10克。犊牛80～120克，成年牛300～500克。

处方二：薏苡仁60克、芡实60克、白薇60克、莲子60克、栀子30克、龙胆草30克、百部30克、柴胡30克、白术30克、黄芩20克。成年牛300～500克，犊牛80～120克。

处方三：白头翁50克、马齿苋75克、石榴皮75克、墨旱莲80克、地锦草50克。犊牛80～120克，成年牛300～500克。

八、牛球虫病

【诊断要点】

牛球虫病是由艾美耳属的多种球虫寄生于牛肠道黏膜上皮样细胞内引起的一种原虫病。各品种的牛均易感，2岁以内的犊牛发病率高。病牛和带虫牛是主要传染源，被具有感染性的卵囊污染的饲料、饮水、用具也可成为传染源。牛常因摄入被卵囊污染的饲料或饮水而感染，刚出生的牛常因吸入被卵囊污染的母乳而感染。

牛球虫病呈散发或地方性流行，多发生于温暖的春季、夏季、秋季，尤其是圈舍闷热潮湿时更容易发生。冬季也可发生，相对较少。

球虫感染潜伏期2～3周，犊牛患病多急性经过，成年牛多隐性感染，病程10～15天。

急性型：10～20日龄多发，发病快，初期排大量血水样粪便，食欲差，体温变化不大；次日里急后重，努出少量血水，精神不振，头低耳耷，结膜苍白，喜卧，站立不稳，体温偏低，呼吸困难，严重的致死率很高。

慢性型：30日龄以上的犊牛多发，初期犊牛食欲、饮欲均无异常，体温基本正常，只是粪中混有血丝或少量血水；中期排大量血水并带有肠黏膜，排粪次数增加，精神略差，体温升高至39.5～41℃；后期犊牛精神沉郁，食欲废绝，体温下降，心跳加快，贫血明显，频努责，排少量血水，气味恶臭，被毛粗乱无光，虚弱不起，不及时治疗，死亡率很高。

剖检病变主要在肠道，一般表现消瘦，黏膜苍白，肛门松弛、外翻，后肢和肛门附近被血粪污染；直肠出血、溃疡、炎症明显，可见黏膜上散布有点状或索状出血点、白点或灰白点，直肠内容物呈褐色、有纤维素性薄膜和黏膜碎片；淋巴小结肿大等。

【预防措施】

加强饲养管理，保持圈舍干净、干燥、卫生，提供充足营养，减少应激反应，产后对乳房进行消毒，圈舍定期消毒。犊牛可以进行预防性驱虫。

【西药方案】

① 抗球虫：地克珠利、妥曲珠利、磺胺喹噁啉、磺胺氯吡嗪、磺胺嘧啶、磺胺间甲氧嘧啶、氨丙啉、盐霉素等。

② 止血：维生素 K 或止血敏。

③ 防止继发肠炎：氨苄西林、甲硝唑、恩诺沙星、庆大霉素、盐酸小檗碱等。

④ 修复肠黏膜：鱼肝油等。

⑤ 止泻：鞣酸蛋白、次碳酸铋、活性炭、白陶土、蒙脱石等。

⑥ 防脱水：生理盐水、葡萄糖、碳酸氢钠、维生素 C、维生素 B_1 等。

⑦ 强心：樟脑磺酸钠等。

【中药方案】

处方一：算盘子 50 克、青蒿 50 克、金樱子 30 克、墨旱莲 20 克、地耳草 15 克、车前草 30 克、鱼腥草 30 克、青木香 7 克。犊牛一次 80～120 克，成年牛 300～500 克。

处方二：槐花 70 克、马齿苋 70 克、地榆炭 80 克、诃子 80 克、白头翁 70 克、五倍子 80 克、磺胺脒 50 克。犊牛 80～120 克，成年牛 500 克。

处方三：苦参 45 克，仙鹤草 30 克，钩藤 30 克。犊牛一次 80～120 克，成年牛 500 克。

处方四：常山 48 克，白头翁 40 克，仙鹤草 40 克，马齿苋 40 克，地锦草 35 克。犊牛一次 80～120 克，成年牛 300～500 克。

处方五：常山 50 克，柴胡 20 克，苦参 40 克，青蒿 20 克，地榆 20

克，白茅根 20 克。犊牛一次 80～120 克，成年牛 300～500 克。

处方六：青蒿 30 克、常山 30 克、白头翁 20 克、黄芪 20 克。犊牛 80～120 克，成年牛 300～500 克。

九、牛弓形虫病

【诊断要点】

因弓形虫卵囊孵育受气温和湿度等条件影响，故此病多发于夏、秋两季。弓形虫病具有明显的季节性，多为每年 6 月份左右。相较于成年牛，幼龄牛更为敏感。牛弓形虫病大多为隐性感染；呈现高热、呼吸困难、中枢神经功能障碍、早产和流产等临床特征的，则为显性感染。实质器官灶性坏死、间质性肺炎为剖检呈现的特征。

弓形虫可长时间在环境中存在，弓形虫包囊在大量中间宿主或隐性感染牛的脑、肌肉内都有存留。先天感染和后天感染是它的两大传播途径。

① 先天感染的主要渠道有胎盘感染、子宫感染、产道感染等。

② 后天感染主要通过消化道吞食能耐胃酸的卵囊或包囊，最常见的传染媒介为饲料、饮水及屠宰残渣，另外，还有一些接触途径能导致感染，如输血、呼吸道感染、皮肤划痕、同栖及交配等。

人工感染发病迅速，体温高，精神萎靡，厌食，腹泻，呼吸困难，共济失调，角弓反张等；自然感染多为隐性感染，症状不明显，少数出现呼吸困难、鼻卡他、神经症状，可诱发流产。

猫是本病的终末宿主，其他动物都是中间宿主，因此养殖场尽量不要饲养猫科动物，如果必须饲养，建议定期驱虫。

【预防措施】

养殖场不养猫。加强环境卫生，定期清扫与消毒。

【治疗方案】

磺胺类药是首选，如磺胺-5-甲氧嘧啶、磺胺嘧啶、磺胺间甲氧嘧啶等，配合甲氧苄啶的复方制剂效果更好。

第二节 牛蠕虫病诊断要点与防治方案

一、牛日本血吸虫病

【诊断要点】

牛日本血吸虫病是由日本分体吸虫寄生于牛的门静脉和肠系膜静脉内引起的人兽共患吸虫病。

日本血吸虫病的中间宿主是钉螺，尾蚴通过皮肤、口腔黏膜、胎盘侵入人、畜而发生感染。本病流行需要三个因素：虫卵从家畜或其他宿主体内随粪便排出，在水中孵出毛蚴；毛蚴感染钉螺，形成尾蚴；尾蚴经人、畜皮肤、口腔、胎盘侵入易感动物。

本病发生与畜别、年龄、感染程度、免疫性、饲养管理情况有关。黄牛比水牛症状明显，小牛比大牛明显，低洼潮湿地区比平原山地感染率高。

临床症状主要包括急性型、慢性型、无明显症状型。

① 急性型：黄牛或水牛犊大量感染时，多呈急性经过。表现食欲不振，精神不好，体温高至40～41℃，行动迟缓或呆立不动，感染20天后发生腹泻，粪中含有血液和黏稠团块，贫血、消瘦、虚弱，严重可以致死。

② 慢性型：病牛表现消化不良，发育缓慢，食欲不振，腹泻，粪中含有黏液、血液、块状黏膜，有腥臭味和里急后重现象，严重的脱肛、肝硬化、腹水，母牛不孕或流产。

③ 无明显症状型：少量感染时，一般症状不明显，特别是成年水牛，诊断为阳性牛，但外观并无明显表现，成为带虫者。

病例剖检多见病死牛消瘦，贫血，皮下脂肪萎缩；肝脾肿大，被膜增厚呈灰白色，肝脏有沙粒状灰白颗粒，实为虫卵；肠壁肥厚，浆膜面粗糙，并有淡黄色黄豆样结节，直肠最为严重，黏膜形成瘢痕组织和乳头样结节，其内多含有虫卵，肠系膜淋巴结肿大，门静脉血管肥厚，其内可见虫体。

【预防措施】

① 认真管理粪便，尤其是本病高发区，牛粪必须进行消杀或发酵等无害处理后方可用于农业生产。加强用水管理，避免家畜饮用被污染的水源，考虑用井水或泉水。

② 通过消灭钉螺等，消灭中间宿主，阻断日本分体吸虫幼虫发育，防止尾蚴感染人、畜。

③ 放牧尽量避开低洼处，避开带虫卵的疫水，到高燥的丘陵、山地、山坡放牧。

④ 外购牛要做好检疫工作，避免引入带虫牛或病牛。

【西药方案】

① 吡喹酮，口服，每千克体重 30 毫克，最大安全计算剂量黄牛 300 千克为限，水牛 350 千克为限。

② 硝硫氰胺，口服，每千克体重 60 毫克，最大安全计算药量黄牛 300 千克为限，水牛 400 千克为限。静脉注射，黄牛每千克体重 2 毫克，水牛每千克体重 1.5 毫克。

【中药方案】

处方一：陈皮 15 克，连翘 25 克，防风 25 克，知母 25 克，玄明粉 30 克，黄芩 25 克，玄参 25 克，黄连 13 克，荆芥 25 克，大黄 25 克，桔梗 25 克，生地黄 25 克。犊牛 80～120 克，成年牛 300～500 克。

处方二：枣槟榔 75 克，炼制雄黄 5 克，榧子肉 15 克，茜草 150 克，大血藤 15 克。犊牛 40～50 克，成年牛 200～250 克。

处方三：柴胡 30 克，当归 30 克，白芍 30 克，白术 30 克，茯苓 30 克，甘草 15 克。犊牛 80～120 克，成年牛 300～500 克。

二、牛东毕吸虫病

【诊断要点】

牛东毕吸虫病是由各种东毕吸虫寄生于牛的门静脉和肠系膜静脉内引起的一种血吸虫病。

东毕吸虫中间宿主为多种淡水螺，羊、马、猫等可为其终末宿主。南方 5～10 月份、北方 6～9 月份、个别气温较低区域 7～8 月份感染率最高，降雨时间早、雨量充足，发病越早越严重。各个品种和年龄的牛均可感染，成年牛发病率高于幼年牛，外地引进的牛发病率和感染强度高于本地品种。

本病多慢性经过，表现贫血、消瘦、生长发育不良、个小体轻、黄疸，颌下和腹下水肿，排稀便，粪中带血和黏膜，有腥臭味。发病后期，患牛精神不振，食欲废绝，反刍停止，消瘦，可视黏膜苍白、黄染，心音亢进、节律不齐、有时出现心动间歇，呼吸加快，腹式呼吸，肺泡音粗粝，胃肠蠕动音弱或消失，母牛多流产。

重症牛卧地不起，伸颈呼吸，有呻吟声，鼻孔流出少量黏液；濒死时，张口呼吸，瘫痪伸颈，鼻孔和口角流出带泡沫的粉红色液体，呻吟不停，最后哞叫，痛苦而死。

病死牛剖检多见消瘦，贫血，腹腔积有大量液体，肠系膜淋巴结肿大。肝表面凹凸不平，散有黄白色虫卵结节，肝萎缩、质硬。小肠壁肥厚，黏膜有出血点或坏死灶，肠系膜静脉和肝门静脉含大量虫体。

【预防措施】

① 认真管理粪便，尤其是本病高发区，牛粪必须进行消杀或发酵等无害处理后方可用于农业生产。加强用水管理，避免家畜饮用被污染的水源，考虑用井水或泉水。

② 杀灭各种淡水螺等，消灭中间宿主，阻断东毕吸虫幼虫发育，防止尾蚴感染人、畜。

③ 放牧尽量避开低洼处，避开带虫卵的疫水，到高燥的丘陵、山地、山坡放牧。

④ 外购牛要做好检疫工作，避免引入带虫牛或病牛。

【西药方案】

① 吡喹酮，口服，每千克体重 30 毫克，严重感染或流行季节，为彻底驱虫，7 天后再喂一次。

② 硝硫氰胺，黄牛 2 毫克每千克，水牛 1.5 毫克每千克，蒸馏水稀释成 2%水溶液，静脉注射，最高限量黄牛 300 千克，水牛 400 千克体重计算。

③ 酒石酸锑钾，用 20%葡萄糖配制成 1%浓度，静脉注射，每千

克体重 10 毫克，分两日注射。

【中药方案】

处方一：党参 36 克，茯苓 36 克，白术 30 克，扁豆 36 克，山药 45 克，郁金 30 克，枣槟榔 75 克，使君子 30 克，甘草 15 克。犊牛 80～120 克，成年牛 250～500 克。

处方二：榧子肉 50 克，枣槟榔 50 克，郁金 20 克，苦楝根白皮 30 克。犊牛 80～120 克，成年牛 250～500 克。

三、牛片形吸虫病

【诊断要点】

牛片形吸虫病是由肝片吸虫或大片吸虫寄生于牛的肝脏、胆管、胆囊中所引起的一种吸虫病。

本病除感染牛，羊、马、骆驼、鹿等均可成为其终末宿主，中间宿主主要是小土蜗螺、截口土蜗、椭圆萝卜螺、耳萝卜螺、青海萝卜螺等。童虫穿过肠壁进入腹腔，后经肝包膜钻入肝脏，在肝实质中的童虫，到达胆管，在肝脏 2～3 个月可发育成成虫。成虫在动物体内可存活 3～5 年。

患病动物和带虫动物不断向外界排出大量虫卵，污染环境，成为本病的感染源。本病的发生和流行与当地的地理气候环境有密切相关性。

牛感染本病多慢性经过，寄生虫产期侵害，牛抵抗力降低，体质虚弱，逐渐消瘦，皮毛粗乱无光易脱落，常发生腹泻，常反复瘤胃弛缓，周期性鼓胀，可视黏膜苍白黄疸，贫血，肝脏浊音区扩大，下颌、胸下水肿，触诊有波动感，有捏粉团样感觉。病后期牛体下垂部水肿，最后极度消瘦衰竭而死。

剖检可见黏膜苍白、黄染，血液稀薄；肝硬化、体积缩小，表现慢性肝炎；胆管壁结缔组织增生、肥厚、钙化，胆管形成索状物突出肝表面；肝脏和胆管内可见大量肝片吸虫。犊牛因肝片吸虫死亡后，黏膜苍白，肝肿大充血，表现急性肝炎，腹腔有大量出血和幼小虫体。

【预防措施】

① 定期预防性驱虫，北方一年至少驱两次，南方多发区域一年至

少驱三次，严格预防应该三个月驱一次；急性病例发作时，应该随时全群驱虫。

② 牛粪便要进行堆积发酵，彻底杀死虫卵，特别是驱完虫的粪便或发病期间的粪便更要严格处理。

③ 灭螺是预防肝片吸虫的重要措施，如填平无用的低洼积水处，或者施用 1∶50000 的硫酸铜，或者对于面积不大的区域，饲养家鸭也可以灭螺。

④ 有条件的牧场可以采取轮牧方式，特别是在低洼牧地放牧 1～2 个月后，应将牛群转移到无污染的牧地。

⑤ 加强饲养管理，选择高燥处放牧，最好饮用自来水、井水或流动的河水，保持水源清洁。从流行区运来的牧草，须经处理再喂舍饲动物。

【西药方案】

（1）抗片形吸虫

① 溴酚磷：对成虫、童虫有效，口服，每千克体重 12 毫克。

② 碘醚柳胺：对成虫、童虫有效，口服，每千克体重 7.5 毫克。

③ 三氯苯达唑：对各阶段肝片吸虫有效，口服，每千克体重 12 毫克。

④ 硝氯酚：对童虫无效，口服，每千克体重 3～4 毫克。深部肌内注射，每千克体重 0.5～1 毫克。

⑤ 阿苯达唑：对成虫、童虫有效，口服，每千克体重 20～30 毫克。

⑥ 氯氰碘柳胺钠：口服，每千克体重 5 毫克；皮下或肌内注射，每千克体重 2.5～5 毫克。

（2）防继发感染　土霉素、磺胺间甲氧嘧啶、青链霉素、头孢噻呋、氨苄西林、林可大观霉素、马波沙星等。

（3）止血　维生素 K_3 或止血敏。

（4）补铁补血　右旋糖酐铁、维生素 B_{12}、复方氨基酸等。

（5）强心利水　樟脑磺酸钠、呋塞米。

（6）补液补能量　葡萄糖注射液、生理盐水、布他磷等。

(7) 改善消化功能 复合维生素B、健胃散、益生菌、新斯的明、比赛可灵、10%氯化钠促反刍等。

(8) 退热 柴胡、氟尼辛葡甲胺、安乃近、安痛定、氨基比林等。

【中药方案】

处方一：贯众50克、神曲30克、龙胆草30克、槟榔25克、雄黄20克、白术20克、陈皮15克。犊牛60～80克，成年牛200～300克。

处方二：炙黄芪90克、党参60克、白术60克、当归60克、白芍60克、陈皮60克、大枣45克、炙甘草45克、升麻30克、柴胡30克、黄疸加茵陈45克。犊牛80～120克，成年牛一次灌服。

处方三：炙黄芪80克、党参60克、金银花60克、白术45克、柴胡45克、醋香附45克、蒲公英45克、陈皮30克、制乳香30克、没药30克、木香30克、桔梗30克、青皮25克、荆芥25克、防风25克、炙甘草15克。成年牛一次灌服，犊牛80～120克。

处方四：生黄芪150克、当归30克、乳香30克、没药30克、僵蚕30克、防风30克、泽兰叶30克、蝉蜕30克、龙胆草30克、桔梗30克、茯苓30克、天花粉30克、香附25克、木香15克、甘草10克。成年牛一次灌服，犊牛80～120克。

四、牛双腔吸虫病

【诊断要点】

牛双腔吸虫病是由矛形双腔吸虫和中华双腔吸虫寄生于牛的肝脏、胆管、胆囊内引起的一种吸虫病。

牛可感染本病，羊、骆驼、鹿等反刍动物均可成为终末宿主。蜗牛是第一中间宿主，蚂蚁是第二中间宿主。牛羊吃了含有囊蚴的蚂蚁而感染，囊蚴在宿主肠内脱囊，由十二指肠经胆总管到达肝脏和胆管中寄生，经72～85天发育为成虫，成虫在宿主体内可存活6年。

本病多发于温暖潮湿的南方，一年四季均可感染；北方动物感染主要集中在夏秋两季，发病多在冬春。虫卵抵抗力强，在土壤和粪便中可存活数月，18～20℃干燥一周仍能存活，50℃能存活一昼夜，－50℃仍能存活。

感染牛黏膜黄染，逐渐消瘦，颌下与胸前水肿，腹泻，严重可致死亡；剖检胆管卡他性炎、管壁增厚，肝肿大、硬化、被膜肥厚。

【预防措施】

① 定期预防性驱虫，北方一年至少驱两次，南方多发区域一年至少驱三次，严格预防应该三个月驱一次；急性病例发作时，应该随时全群驱虫。

② 牛粪便要进行堆积发酵，彻底杀死虫卵，特别是驱完虫的粪便或发病期间的粪便更要严格处理。

③ 灭蜗牛和蚂蚁是预防双腔吸虫的重要措施，如填平无用的低洼积水处；或者施用 1∶50000 的硫酸铜；或者对于面积不大的区域，饲养家鸭也可以灭蜗牛。

④ 有条件的牧场可以采取轮牧方式，特别是在低洼牧地放牧 1～2 个月后，应将牛群转移到无污染的牧地。

⑤ 加强饲养管理，选择高燥处放牧，最好饮用自来水、井水或流动的河水，保持水源清洁。从流行区运来的牧草，须经处理再喂舍饲动物。

【西药方案】

(1) 抗双腔吸虫

① 六氯对二甲苯，口服，每千克体重 200～300 毫克，连用两次。

② 吡喹酮，口服，每千克体重 35～45 毫克。

③ 阿苯达唑，口服，每千克体重 10～15 毫克。

(2) 防继发感染 土霉素、磺胺间甲氧嘧啶、氨苄西林、青链霉素、头孢噻呋、恩诺沙星、林可大观霉素等。

(3) 强心利水 樟脑磺酸钠、呋塞米。

(4) 补铁补血 右旋糖酐铁、维生素 B_{12}、复方氨基酸等。

(5) 补液补能量 葡萄糖、生理盐水、布他磷等。

(6) 改善消化功能 复合维生素 B、健胃散、益生菌、新斯的明、比赛可灵、10%氯化钠促反刍等。

【中药方案】

处方一：贯众 50 克、神曲 30 克、龙胆草 30 克、槟榔 25 克、雄黄

20克、白术20克、陈皮15克。犊牛60～80克，成年牛200～300克。

处方二：炙黄芪90克、党参60克、白术60克、当归60克、白芍60克、陈皮60克、大枣45克、炙甘草45克、升麻30克、柴胡30克、黄疸加茵陈45克。犊牛80～120克，成年牛一次灌服。

处方三：炙黄芪80克、党参60克、金银花60克、白术45克、柴胡45克、醋香附45克、蒲公英45克、陈皮30克、制乳香30克、没药30克、木香30克、桔梗30克、青皮25克、荆芥25克、防风25克、炙甘草15克。成年牛一次灌服，犊牛80～120克。

处方四：生黄芪150克、当归30克、乳香30克、没药30克、僵蚕30克、防风30克、泽兰叶30克、蝉蜕30克、龙胆草30克、桔梗30克、茯苓30克、天花粉30克、香附25克、木香15克、甘草10克。成年牛一次灌服，犊牛80～120克。

五、牛前后盘吸虫病

【诊断要点】

牛前后盘吸虫病是由前后盘科的各属吸虫寄生于牛的前胃内引起的一种吸虫病。

前后盘吸虫发育需要中间宿主扁卷螺；前后盘吸虫虫卵抵抗力很强，在－8℃至－4℃，经一两次冰冻，依旧保持生命力。

本病流行与当地气温和中间宿主活跃季节有关，南方可常年感染，北方主要在5～10月份感染，多发于放牧牛群或者收割青草饲喂的牛群。

成虫寄生牛危害较轻，大量虫体寄生时也会有明显的临床症状，患牛表现消瘦、下颌水肿、贫血等症状。童虫危害大，童虫移行期间可引起小肠、真胃黏膜水肿、出血，发生出血性胃肠炎，或导致肠黏膜坏死或纤维素性炎症。表现顽固腹泻，粥样或水样粪便，有腥臭味。体温有时升高，食欲减退，精神不振，消瘦贫血，下颌水肿，黏膜苍白，卧地不起，衰弱而死。

剖检可见尸体消瘦，可视黏膜苍白，血液稀薄，全身水肿，高度衰竭；瘤胃、网胃、食管沟等有大量虫体附着，真胃黏膜水肿、有出血点；肠腔充满稀便、腥臭味；脾稍肿或萎缩；胆囊膨大，充满黄褐色较稀薄胆汁，含有童虫；心脏扩张、心包积液增多、心肌松软，心内膜有出血点；肾周围组织和肾盂脂肪胶样浸润，实质性萎缩。

【预防措施】

① 定期预防性驱虫，北方一年至少驱两次，南方多发区域一年至少驱三次，严格预防应该三个月驱一次；急性病例发作时，应该随时全群驱虫。

② 牛粪便要进行堆积发酵，彻底杀死虫卵，特别是驱完虫的粪便或发病期间的粪便更要严格处理。

③ 灭扁卷螺是预防前后盘吸虫的重要措施，如填平无用的低洼积水处；或者施用 1∶50000 的硫酸铜；或者对于面积不大的区域，饲养家鸭也可以灭螺。

④ 有条件的牧场可以采取轮牧方式，特别是在低洼牧地放牧 1～2 个月后，应将牛群转移到无污染的牧地。

⑤ 加强饲养管理，选择高燥处放牧，最好饮用自来水、井水或流动的河水，保持水源清洁。从流行区运来的牧草，须经处理再喂舍饲动物。

【西药方案】

（1）抗前后盘吸虫

① 硫双二氯酚，口服，每千克体重 40～50 毫克。

② 氯硝柳胺，口服，每千克体重 60～70 毫克。

③ 硝氯酚，口服，每千克体重 3～6 毫克。

（2）防继发感染 土霉素、磺胺间甲氧嘧啶、氨苄西林、青链霉素、头孢噻呋、恩诺沙星、林可大观霉素等。

（3）强心利水 樟脑磺酸钠、呋塞米。

（4）补铁补血 右旋糖酐铁、维生素 B_{12}、复方氨基酸等。

（5）补液补能量 葡萄糖、生理盐水、布他磷等。

（6）改善消化功能 复合维生素 B、健胃散、益生菌、新斯的明、比赛可灵、10%氯化钠促反刍等。

【中药方案】

处方一：贯众 400 克，苦楝皮 400 克。水煎取汁加蜂蜜 250 克，灌服，犊牛 80～120 克，成年牛每千克体重 1～2 克。

处方二：苏木 50 克，贯众 90 克，槟榔 120 克，加白酒 60 毫升。犊牛一次 40～60 克，成年牛一次 200～300 克。

处方三：苏木 20 克，贯众 15 克，槟榔 30 克，木通 18 克，泽泻 12 克，厚朴 15 克，豆蔻 12 克，龙胆草 30 克，甘草 15 克。犊牛一次 40～60 克，成年牛一次 200～300 克。

六、牛阔盘吸虫病

【诊断要点】

牛阔盘吸虫病是由胰阔盘吸虫寄生于牛的胰管内引起的一种吸虫病。

阔盘吸虫发育有两个中间宿主，第一中间宿主为陆地螺，第二中间宿主为中华草螽和针蟀。

本病发生与中间宿主分布和放牧习惯密切相关，主要感染季节在 8～9 月份，受感染的牛多发病在 2～3 月份。

牛临床表现消化不良，消瘦衰弱，腹泻，贫血，下颌与胸前水肿，粪中有黏液，毛干无光易脱落，严重可导致死亡。

剖检可见胰脏肿大、胰脏出现紫色斑块或条索，切开胰脏可见大量虫体，胰管增厚，呈增生性炎症，管腔狭小，甚至阻塞。

【预防措施】

流行区域的牛要定期驱虫；加强粪便管理，堆积发酵，杀死虫卵。采取措施消灭中间宿主。

【西药方案】

(1) 抗阔盘吸虫

① 吡喹酮，口服，每千克体重，35～45 毫克。

② 六氯对二甲苯，口服，每千克体重 200 毫克。

(2) 防继发感染 土霉素、磺胺间甲氧嘧啶、氨苄西林、青链霉素、头孢噻呋、恩诺沙星、林可大观霉素等。

(3) 强心利水 樟脑磺酸钠、呋塞米。

(4) 补铁补血 右旋糖酐铁、维生素 B_{12}、复方氨基酸等。

(5) 补液补能量 葡萄糖、生理盐水、布他磷等。

(6) 改善消化功能 复合维生素 B、健胃散、益生菌、新斯的明、比赛可灵、10%氯化钠促反刍等。

【中药方案】

处方一：贯众 400 克，苦楝皮 400 克。水煎取汁，加蜂蜜 250 克，灌服，犊牛 80～120 克，成年牛每千克体重 1～2 克。

处方二：苏木 50 克，贯众 90 克，槟榔 120 克，加白酒 60 毫升。犊牛一次 40～60 克，成年牛一次 200～300 克。

处方三：苏木 20 克，贯众 15 克，槟榔 30 克，木通 18 克，泽泻 12 克，厚朴 15 克，豆蔻 12 克，龙胆草 30 克，甘草 15 克。犊牛一次 40～60 克，成年牛一次 200～300 克。

七、牛囊尾蚴病

【诊断要点】

牛囊尾蚴病是由寄生在人体内的带科带吻属的牛带绦虫的中绦期即牛囊尾蚴，寄生于牛肌肉中而引起的绦虫蚴病，俗称牛囊虫病。

成虫寄生在人的小肠中，食入带囊虫的牛肉而感染的，人是唯一的终末宿主，牛是中间宿主，另外羊、长颈鹿、美洲貂等也可以感染。生吃牛、羊肉要小心。

运动性强的肌肉中囊尾蚴寄生的数量多，中绦期发育慢，3～6 个月才发育为成熟的囊尾蚴。囊尾蚴在牛体内可存活 7～9 个月，也有人认为可以长期存在。牛感染后可产生免疫力。

牛感染囊尾蚴后，初期体温可达 40～41℃，身体虚弱、腹泻，甚至反刍消失、长时间躺卧，严重会导致死亡。病牛感染 8～10 天，如能耐过这段时间，囊尾蚴到达肌肉后症状消失。

剖检主要病变在肌肉，咬肌、舌肌、心肌、骨骼肌中均可检出虫体，大量感染时，偶尔会在肝脏、肾脏、肺脏检出虫体。

【预防措施】

① 开展牛带绦虫病的普查工作，对已查出的患者进行规范治疗，无害化处理其排泄物，防止污染环境。

② 养成良好的卫生习惯，饭前便后要洗手，管理好人的粪便，杜绝牛采食人粪便，防止人粪便污染牧地、饲料、饮水。

③ 避免牛囊尾蚴病畜肉上市销售，对宰后胴体、头蹄、脏器进行认真检验，发现带虫肉必须立即进行无害化处理。

【西药方案】

① 驱虫：吡喹酮，或阿苯达唑，或甲苯咪唑，口服。

② 防感染：土霉素、磺胺间甲氧嘧啶、氨苄西林、头孢噻呋、青链霉素等。

③ 抗炎：地塞米松或氢化可的松。

④ 止血：维生素 K 或止血敏。

⑤ 退热：氟尼辛葡甲胺或安乃近或柴胡等。

⑥ 补养补液：葡萄糖、生理盐水、维生素 C、维生素 B 族等。

⑦ 改善消化功能：酵母、健胃散、新斯的明、比赛可灵、10%氯化钠促反刍等。

【中药方案】

处方一：槟榔 50 克、芒硝 50 克、石榴根皮 50 克、南瓜子 50 克、红糖 50 克。犊牛一次灌服，成年牛 500～800 克一次灌服。

处方二：槟榔 120 克，炒南瓜子 250 克。打粉开水冲调，成牛一次灌服，犊牛 80～120 克。

处方三：贯众 50 克、鹤虱 50 克、大黄 40 克、党参 40 克、白术 40 克、神曲 35 克。打粉开水冲调，灌服。

八、牛棘球蚴病

【诊断要点】

牛棘球蚴病是由带科、棘球属绦虫的中绦期即棘球蚴，寄生于牛的肝、肺及其他器官中而引起的绦虫蚴病。

犬、狼、狐狸等肉食兽是终末宿主，成虫寄生在小肠中，孕卵节片随粪便排出体外，节片破裂，虫卵逸出，污染草料和饮水，牛吞食虫卵后而感染。虫卵在牛体内经 6～12 个月生长为棘球蚴，犬食入含棘球蚴的牛肝或肺而感染，棘球蚴在犬肠道 2.5～3 个月发育为成虫，在犬体内寿命为 5～6 个月。

细粒棘球绦虫的虫卵在外界环境中可长期生存，0℃生存 116 天，50℃生存 1 小时，对化学消毒剂也有相当抵抗力，直射日光易使其致死。

牛在感染寄生数量少或囊体较小时，症状基本不明显。只有严重感染时才表现消瘦，被毛粗乱无光，衰弱，呼吸困难或轻度咳嗽，剧烈运动时加重，奶牛产乳量下降，有时囊泡破裂引发严重过敏反应，突然死亡。成虫对犬的致病作用不明显，通常无症状，但是粪便中的虫卵对牛等危害巨大，牛场最好不养犬，如果必须养要定期给犬驱虫。

剖检病变主要在肝和肺，受感染的肝和肺等器官有粟粒到足球大，甚至更大的棘球蚴寄生。

【预防措施】

① 对养殖场的犬进行规范驱虫，同时无害化处理犬排出的粪便，防止病原扩散，同时捕杀野犬。

② 在流行区域定期对牛、羊等中间宿主进行检疫或定期预防性驱虫，发现病畜要及时治疗。屠宰牛、羊要严格检疫，发现棘球蚴要及时销毁，内脏不得喂犬，防止本病进一步传播。

③ 加强饲养管理，经常保持畜舍、饲草料、饮水卫生，防止被犬粪便污染。

【西药方案】

① 驱虫：吡喹酮，或阿苯达唑，口服。

② 防继发感染：土霉素、磺胺间甲氧嘧啶、氨苄西林、恩诺沙星、头孢噻呋等。

③ 保肝解毒：葡萄糖、维生素 C、葡醛内酯等。

【中药方案】

处方一：槟榔 50 克、芒硝 50 克、石榴根皮 50 克、南瓜子 50 克、红糖 50 克。犊牛一次灌服，成年牛 500～800 克一次灌服。

处方二：槟榔 120 克，炒南瓜子 250 克。打粉开水冲调，成年牛一次灌服，犊牛 80～120 克。

处方三：贯众 50 克、鹤虱 50 克、大黄 40 克、党参 40 克、白术 40 克、神曲 35 克。打粉开水冲调，灌服。

九、牛多头蚴病

【诊断要点】

牛多头蚴病是由带科带属的多头带绦虫的中绦期幼虫，即脑多头蚴寄生于牛脑内而引起的一种绦虫蚴病。有时会在延髓或脊髓内发现。

本病多呈地方性流行，成虫寄生于犬、狼等终末宿主的小肠内，脱落的孕节随粪便排出，虫卵逸出污染饲料和饮水。中间宿主牛、羊等吞食虫卵而感染，六钩蚴钻入肠壁血管，随血流到达脑和脊髓中，2～3 月发育为感染性的脑多头蚴。犬、狼吞食含脑多头蚴的脑、脊髓而感染，在肠壁发育成成虫。犬是牛多头蚴的主要传播来源。

在感染初期，六钩蚴钻入血管移行到脑部，损伤脑组织，引起脑炎症状，体温升高，呼吸心跳加快，出现兴奋或抑郁，有前冲、后退或躺卧等神经症状，严重的会死亡。初期耐过后转为慢性，病牛精神沉郁、日渐消瘦、食欲不振，反刍减少。数月后，虫体发育压迫一侧大脑半球，出现向有虫体的一侧做转圈运动，严重者对侧或双侧失明。虫体寄生脑前部多表现头后仰、只向前奔、前肢蹬空表现；虫体寄生在脑组织表面，局部的颅骨可能萎缩并变薄，手触局部有隆起或凹陷；寄生于脊髓，脊髓压力大，会出现后躯麻痹，有时会引发小便失禁。

病理变化主要集中在脑部，牛采食大量多头带绦虫虫卵时，可急性致死。剖检可见脑膜炎和脑炎病变，有时可见六钩蚴移行留下的痕迹，有时肌肉里也可以发现。慢性病例，在脑部可见鸡蛋大小不等的脑多头蚴。与囊体接触的头骨变软，表皮隆起，严重的甚至穿孔。

【预防措施】

① 牛必须坚持预防性驱虫，尤其是放牧的牛，至少每年驱两次，

有条件的可以三个月驱一次虫；如果养犬，必须同步给犬定期驱虫；当然牛场不要让犬乱跑，最好不养犬。

② 患有多头蚴病的牛、羊的脑和脊髓不要喂犬，应该及时无害化处理，最好焚烧处理更彻底。

【手术方案】

脑多头蚴寄生于头部前方表层的可以手术摘除，深部或后部的手术操作比较困难，后期或晚期寄生牛脑部浅表的用手摸即可确定，较深或早期定位相对困难。

具体操作步骤：定位寄生部位，局部剪毛消毒，可以局部浸润麻醉，切开皮肤，分离骨膜，然后用圆锯在头骨开一圆口，用注射器吸出囊内液体，用止血钳夹住虫体，缓慢旋转将包囊取出。青霉素用生理盐水稀释后冲洗伤口，后缝合。

【药物方案】

重症需要手术，轻症可以采取药物保守疗法。

① 驱虫：吡喹酮，每千克体重 20～30 毫克，连用 3 次，隔天用药 1 次，共用 3 次药物。

② 防感染：注射磺胺嘧啶、头孢噻呋、土霉素等。

③ 降低颅内压：严重神经症状可以耳尖放血或肌内注射呋塞米。

十、牛莫尼茨绦虫病

【诊断要点】

牛莫尼茨绦虫病是由裸头科莫尼茨属的扩展莫尼茨绦虫和贝氏莫尼茨绦虫寄生于牛的小肠内而引起的一种绦虫病。

莫尼茨绦虫发育的中间宿主是地螨，寄生于牛小肠的莫尼茨绦虫成熟后，孕卵节片不断脱落，随宿主粪便排出体外，被地螨吞食六钩蚴发育成似囊尾蚴，牛吞食含有似囊尾蚴的地螨而感染，似囊尾蚴在牛肠壁吸附，经 45～60 天发育为成虫。

本病流行与地螨活跃月份匹配，南方 4～6 月份，北方 5～8 月份是感染的高峰；本病对犊牛危害较大，随着年龄增长，感染强度和感染率会下降。

成年牛一般无临床症状，主要感染犊牛。犊牛初期表现精神不振、消瘦、离群、粪便变软，后期发展为拉稀腹泻，粪中含有黏液、孕节，严重的会表现贫血、衰弱，有时有神经症状，运动无目的、步样蹒跚、身体震颤等。

剖检表现消瘦、肌肉颜色淡、胸腹腔有渗出液，严重的可见肠梗阻或肠扭转，肠黏膜受损出血，小肠内可见大量白色绦虫成虫。

临床诊断的特征性病变就是粪便中可见黄白色孕卵节片，形似煮熟的大米粒。

【预防措施】

① 流行区域定期驱虫是预防的重要措施，尤其是放牧的牛群。犊牛放牧后一个月内进行驱虫，成年牛同步驱虫，驱虫后有条件的可以转场放牧。圈舍饲养的要及时清理粪便，无害化处理。规范驱虫每年至少驱两次，有条件的 3 个月驱一次更好。

② 改造牧场，降低地螨污染程度，避免在低湿牧地放牧，尽量避免清晨、黄昏、雨天放牧，可以减少发病概率。

【西药方案】

① 驱虫：口服，硫双二氯酚，每千克体重 50 毫克；氯硝柳胺，每千克体重 60～70 毫克；阿苯达唑，每千克体重 10～15 毫克；吡喹酮，每千克体重 10～15 毫克。

② 防感染：土霉素、氨苄西林、恩诺沙星、头孢噻呋、林可大观霉素等。

③ 修复肠黏膜：鱼肝油、益生菌等。

【中药方案】

处方一：槟榔 50 克、芒硝 50 克、石榴根皮 50 克、南瓜子 50 克、红糖 50 克。犊牛一次灌服，成年牛 500～800 克一次灌服。

处方二：槟榔 120 克，炒南瓜子 250 克。打粉开水冲调，成年牛一次灌服，犊牛 80～120 克。

处方三：贯众 50 克、鹤虱 50 克、大黄 40 克、党参 40 克、白术 40 克、神曲 35 克。打粉开水冲调，灌服。

十一、曲子宫绦虫病和无卵黄腺绦虫病

【诊断要点】

牛的曲子宫绦虫病和无卵黄腺绦虫病是由裸头科曲子宫属的曲子宫绦虫和无卵黄腺属的无卵黄腺绦虫寄生于牛的小肠中引发的绦虫病。

曲子宫绦虫中间宿主是甲螨，当年生犊牛很少感染，多见老龄动物；无卵黄腺绦虫中间宿主多数认为是弹尾目昆虫。牛吃草时食入甲螨和弹尾目昆虫而感染。在牛体内1～5个月发育成成虫。

临床的一般症状类似莫尼茨绦虫，临床诊断的特征性病变就是粪便中可见黄白色孕卵节片，形似煮熟的大米粒。

【预防措施】

① 流行区域定期驱虫是预防的重要措施，尤其是放牧的牛群。犊牛放牧后一个月内进行驱虫，成年牛同步驱虫，驱虫后有条件的可以转场放牧。圈舍饲养的要及时清理粪便，无害化处理。规范驱虫每年至少驱两次，有条件的3个月驱一次更好。

② 改造牧场，降低甲螨和弹尾目昆虫污染程度，避免在低湿牧地放牧，尽量避免清晨、黄昏、雨天放牧，可以减少发病概率。

【西药方案】

① 驱虫：口服，硫双二氯酚，每千克体重50毫克；氯硝柳胺，每千克体重60～70毫克；阿苯达唑，每千克体重10～15毫克；吡喹酮，每千克体重10～15毫克。

② 防感染：土霉素、氨苄西林、恩诺沙星、头孢噻呋、林可大观霉素等。

③ 修复肠黏膜：鱼肝油、益生菌等。

【中药方案】

处方一：槟榔50克、芒硝50克、石榴根皮50克、南瓜子50克、红糖50克。犊牛一次灌服，成年牛500～800克一次灌服。

处方二：槟榔120克，炒南瓜子250克。打粉开水冲调，成年牛一次灌服，犊牛80～120克。

处方三：贯众50克、鹤虱50克、大黄40克、党参40克、白术40

克、神曲35克。打粉开水冲调，灌服。

十二、犊牛弓首蛔虫病

【诊断要点】

犊牛弓首蛔虫病又叫犊新蛔虫病，是由弓首科弓回属的犊弓首蛔虫寄生于新生犊牛的小肠内引起的线虫病。

犊弓首蛔虫的雌虫在宿主小肠排卵，卵随粪便排出，经3天左右发育为第一期幼虫，再经14天左右第一期幼虫发育成第二期幼虫，第二期幼虫为具有感染性的虫卵，当牛采食被感染性虫卵污染的草或水后，幼虫在小肠逸出，穿过肠壁，进入血管，经血液循环到达肝、肺、胃等器官组织，在此发育为第三期幼虫，并停留于此。待母牛妊娠到八个半月左右时，幼虫行至子宫进入胎盘羊膜液中，发育成第四期幼虫，幼虫被胎牛吞食，进入小肠进行发育。犊牛出生后，幼虫在小肠中蜕化后长大，经25～31天发育为成虫，成虫在小肠可存活2～5个月。

本病多发于5月龄以内的犊牛，自然感染情况下，2～4周龄的犊牛在小肠中即有成虫寄生，成年牛体内只有在组织或器官中寄生有移行阶段的幼虫，目前没有成虫在成年牛体内寄生的报道。

本病危害最严重的是犊牛出生2周后，临床表现精神沉郁，后肢无力，不愿活动，嗜睡，消化不良；吮乳无力或停止吮乳，消瘦，肚胀，有疝痛；腹泻，排出稀糊样灰白色腥臭味粪便，有时粪中带血；呼出刺鼻酸臭味气体。

病理变化主要是肠黏膜破坏，有肠出血或溃疡表现，幼虫移行肺部时，肺会有点状出血，有肺炎症状，大量寄生时，可造成肠梗阻或肠穿孔。

【预防措施】

① 加强饲养管理，对牛舍和运动场地经常清洁打扫，垫草勤更换，粪便勤清理，并做到集中发酵无害化处理，防止污染草料和饮水。

② 对于常发牛场，要做好妊娠母牛的驱虫，尤其是妊娠中后期可以用多拉菌素或阿维菌素或伊维菌素驱虫。

③ 高发牛场，犊牛出生后在15～30日龄进行预防性驱虫，可以用

阿苯达唑、左旋咪唑、伊维菌素等，为了确保彻底消除隐患，可以在一个月后再驱虫一次。

【西药方案】

① 驱虫：柠檬酸哌嗪，每千克体重 250 毫克；或阿苯达唑，每千克体重 10～15 毫克；或伊维菌素，每千克体重 0.2 毫克；或左旋咪唑；或阿苯达唑；或阿维菌素；或多拉菌素；或莫西菌素。

② 预防肠炎：土霉素、盐酸小檗碱、磺胺脒片、恩诺沙星、庆大霉素等。

③ 修复肠黏膜：鱼肝油。

④ 改善胃肠功能：大黄苏打片、健胃消食片、益生菌等。

【中药方案】

处方一：鹤虱 30 克、使君子 30 克、槟榔 30 克、芜荑 30 克、雷丸 30 克、绵马贯众 60 克、炒干姜 15 克、淡附片 15 克、乌梅 30 克、诃子 30 克、大黄 30 克、百部 30 克、木香 15 克、榧子 30 克。犊牛 60～80 克，成年牛 250～350 克。

处方二：绵马贯众 350 克、苦楝皮 250 克、山楂 50 克、金银花 30 克、榧子 180 克、芒硝 120 克、青盐 30 克。犊牛 40～60 克，成年牛 300～500 克。

十三、牛毛圆线虫病

【诊断要点】

毛圆线虫病是由毛圆科的多种线虫寄生于牛的皱胃、小肠、大肠等消化道引起的一类线虫寄生虫病，是一类人兽共患寄生虫病。血矛属的捻转血矛线虫致病力最强。

血矛属线虫主要寄生在牛的皱胃，偶见于小肠，呈淡红色；长刺属线虫主要寄生在真胃，虫体淡红色；奥斯特属线虫主要寄生于牛的皱胃和小肠，虫体呈棕色；马歇尔属线虫主要寄生于皱胃，偶见于小肠；毛圆属线虫主要寄生于小肠前部，偶见于皱胃和胰脏，虫体淡红色或褐色；古柏属线虫主要寄生于牛小肠和胰脏，虫体红色或淡黄色；细颈属线虫主要寄生于牛小肠；似细颈属线虫寄生于牛小肠。

捻转血矛线虫寄生于皱胃，偶见于小肠，致病力最强；虫卵随粪便排出，24 小时孵出幼虫，7 天左右发育为感染性带囊鞘幼虫。牛采食被感染性幼虫污染的饲草或饮水而感染，幼虫进入瘤胃脱鞘，之后钻入真胃黏膜，感染 36 小时后，形成第四期幼虫，并返回黏膜表面。感染 3 天后，虫体出现口囊，吸附于胃黏膜上。感染 12 天左右，发育进入第五期。感染 18 天发育为成虫。成虫游离于皱胃内。感染 18～21 天，牛粪便中出现虫卵。感染 25～35 天，产卵达高峰。成虫在牛体内寿命约 1 年。

捻转血矛线虫在 0℃不能发育，37℃时虫卵发育到第三期感染性幼虫仅需 3～4 天，感染前期的幼虫在 40℃以上时迅速死亡。感染性幼虫带有鞘膜，干燥环境，保持休眠状态可存活一年半。

毛圆线虫病多为慢性消耗过程，临床表现为病牛日渐消瘦，精神不振。随着病情发展，严重的会卧地不起，贫血，下颌及头部水肿，呼吸和脉搏加快，体重减轻。犊牛发育生长缓慢，食欲不佳，饮欲正常，腹泻便秘交替，贫血。犊牛感染严重的短时间内死亡，排带血粪便，膘情尚可，死于快速贫血。

剖检主要表现为消瘦、贫血，胸腹腔内有淡黄色渗出液，大网膜、肠系膜胶样浸润，皱胃黏膜水肿，胃黏膜偶见虫咬痕迹或针尖至粟粒大小的结节，大量虫体寄生在皱胃和小肠中。

【预防措施】

① 预防性驱虫，至少春秋各驱虫一次，有条件的可以三个月驱一次虫。

② 加强管理，注意饲草和饮水卫生，避免吃露水草，避免在低洼牧地放牧，避免清晨、傍晚、雨后放牧，禁饮低洼积水或死水，可降低感染机会。有条件的应采取定期轮牧方式。

③ 养殖场加强粪便管理，及时清扫，及时发酵无害化处理，防止污染饲草和饮水。

④ 科学饲喂，适当补充精料，提高抵抗力。

【西药方案】

① 驱虫：阿苯达唑，每千克体重 5～10 毫克；左旋咪唑，每千克体重 7～8 毫克；伊维菌素，皮下注射或口服，每千克体重 0.2 毫克；

氯氰碘柳胺钠，口服每千克体重 5 毫克，注射每千克体重 2.5 毫克。

② 防胃肠感染：氨苄西林、恩诺沙星、庆大霉素、盐酸小檗碱等。

③ 健胃、改善消化功能：大黄苏打片、健胃消食片、酵母片、益生菌、健胃散等。

④ 止血：止血敏或云南白药，适用于粪中带血的病例。

【中药方案】

处方一：鹤虱 30 克、使君子 30 克、槟榔 30 克、芜荑 30 克、雷丸 30 克、绵马贯众 60 克、炒干姜 15 克、淡附片 15 克、乌梅 30 克、诃子 30 克、大黄 30 克、百部 30 克、木香 15 克、榧子 30 克。犊牛 60～80 克，成年牛 250～350 克。

处方二：绵马贯众 350 克、苦楝皮 250 克、山楂 50 克、金银花 30 克、榧子 180 克、芒硝 120 克、青盐 30 克。犊牛 40～60 克，成年牛 300～500 克。

十四、牛仰口线虫病

【诊断要点】

牛仰口线虫病是由钩口科仰口属的牛仰口线虫寄生于牛的小肠引起的一种消化道线虫病，对犊牛危害大。

牛仰口线虫可经口和皮肤感染，牛仰口线虫虫卵随粪便排出，4～8 天形成幼虫，幼虫两次蜕变成感染性幼虫，牛吞食被感染性幼虫污染的草料或饮水感染，或感染性幼虫钻进牛皮肤而感染。

牛仰口线虫感染性幼虫经皮肤感染时，侵入皮肤脱去皮鞘，沿血液到达肺脏，发育成第四期幼虫，上行至咽，重返小肠，发育成第五期幼虫，在侵入皮肤后 50～60 天发育为成虫。经口感染的幼虫在小肠内直接发育成成虫。

本病虫卵和幼虫发育与环境温度、湿度密切相关，最佳环境是潮湿且温度为 14～31℃，低于 8℃幼虫不发育，35～38℃仅发育到第一期幼虫，感染性幼虫夏季可存活 2～3 个月，虫卵和感染性幼虫不能在北方越冬。

病牛临床表现为渐进性贫血，消瘦，下颌水肿，顽固腹泻，粪中带血；犊牛发育受阻，还有神经症状，后躯痿弱，慢性麻痹，致死率增高。

剖检变化表现消瘦、贫血、水肿、皮下浆液性浸润，血色淡、凝固不全，肺有淤血性出血点，心肌软化，肝淡灰质脆，十二指肠、空肠有虫体，肠黏膜发炎、有出血点，肠内容物呈褐色或血红色。

【预防措施】

① 预防性驱虫，至少春秋各驱虫一次，有条件的可以三个月驱一次虫。

② 加强管理，注意饲草和饮水卫生，避免吃露水草，避免在低洼牧地放牧，避免清晨、傍晚、雨后放牧，禁饮低洼积水或死水，可降低感染机会。

③ 有条件的应采取定期轮牧方式。

④ 养殖场加强粪便管理，及时清扫，及时发酵无害化处理，防止污染饲草和饮水。

⑤ 科学饲喂，适当补充精料，提高抵抗力。

【西药方案】

① 驱虫：阿苯达唑，每千克体重 5～10 毫克；左旋咪唑，每千克体重 7～8 毫克；伊维菌素，皮下注射或口服，每千克体重 0.2 毫克；氯氰碘柳胺钠，口服每千克体重 5 毫克，注射每千克体重 2.5 毫克。

② 防胃肠感染：氨苄西林、恩诺沙星、庆大霉素、盐酸小檗碱等。

③ 健胃、改善消化功能：大黄苏打片、健胃消食片、酵母片、益生菌、健胃散等。

④ 止血：止血敏或云南白药，适用于粪中带血的病例。

【中药方案】

处方一：鹤虱 30 克、使君子 30 克、槟榔 30 克、芜荑 30 克、雷丸 30 克、绵马贯众 60 克、炒干姜 15 克、淡附片 15 克、乌梅 30 克、诃子 30 克、大黄 30 克、百部 30 克、木香 15 克、榧子 30 克。犊牛 60～80 克，成年牛 250～350 克。

处方二：绵马贯众 350 克、苦楝皮 250 克、山楂 50 克、金银花 30 克、榧子 180 克、芒硝 120 克、青盐 30 克。犊牛 40～60 克，成年牛

300～500 克。

十五、牛食道口线虫病

【诊断要点】

牛食道口线虫病是由盅口科食道口属的几种线虫的幼虫和成虫寄生于牛的肠壁和肠腔引起的线虫病，由于有些食道口线虫的幼虫阶段可使肠壁发生结节，又名结节虫病。

食道口线虫发育不需要中间宿主，成虫在寄生部位产卵，虫卵随粪便排出，虫卵在温湿度适合的条件下发育成感染性幼虫，牛采食被感染性幼虫污染的草料或饮水而感染，幼虫在胃肠脱鞘，钻入小结肠和大结肠固有膜的深处，并形成包囊和结节，幼虫在结节停留 6～8 天，两次蜕化后，回到回肠，发育为成虫，自然感染到排出虫卵需要 30～41 天。

虫体抵抗力很强，48%～50%湿度，11～12℃时，可生存 2 个月以上；低于 9℃不发育，一期、二期幼虫不耐干燥，三期幼虫有鞘，条件适宜就可存活几个月；冰冻可使其死亡。35℃以上，所有幼虫均迅速死亡。

临床轻度感染无明显症状，重度感染时，才会出现顽固性腹泻，粪便暗绿色、含有黏液、有时带血，牛犊可因机体脱水、消瘦而死亡。

剖检变化主要是肠结节病变，结节在浆膜破溃时，可引起腹膜炎；肠黏膜破溃时，可引发溃疡性和化脓性结肠炎。

【预防措施】

① 预防性驱虫，至少春秋各驱虫一次，有条件的可以三个月驱一次虫。

② 加强管理，注意饲草和饮水卫生，避免吃露水草，避免在低洼牧地放牧，避免清晨、傍晚、雨后放牧，禁饮低洼积水或死水，可降低感染机会。

③ 有条件的应采取定期轮牧方式。

④ 养殖场加强粪便管理，及时清扫，及时发酵无害化处理，防止污染饲草和饮水。

⑤ 科学饲喂，适当补充精料，提高抵抗力。

【西药方案】

① 驱虫：阿苯达唑，口服，每千克体重 5～10 毫克；左旋咪唑，口服，每千克体重 7～8 毫克；伊维菌素，皮下注射或口服，每千克体重 0.2 毫克；氯氰碘柳胺钠，口服每千克体重 5 毫克，注射每千克体重 2.5 毫克。

② 防胃肠感染：氨苄西林、恩诺沙星、庆大霉素、盐酸小檗碱等。

③ 健胃、改善消化功能：大黄苏打片、健胃消食片、酵母片、益生菌、健胃散等。

④ 止血：止血敏或云南白药，适用于粪中带血的病例。

【中药方案】

处方一：鹤虱 30 克、使君子 30 克、槟榔 30 克、芜荑 30 克、雷丸 30 克、绵马贯众 60 克、炒干姜 15 克、淡附片 15 克、乌梅 30 克、诃子 30 克、大黄 30 克、百部 30 克、木香 15 克、榧子 30 克。犊牛 60～80 克，成年牛 250～350 克。

处方二：绵马贯众 350 克、苦楝皮 250 克、山楂 50 克、金银花 30 克、榧子 180 克、芒硝 120 克、青盐 30 克。犊牛 40～60 克，成年牛 300～500 克。

十六、牛毛首线虫病

【诊断要点】

牛毛首线虫病是由毛首科毛首线虫属的线虫寄生于牛盲肠、结肠引起的线虫病。虫体前部似毛发状，故称毛首线虫，整个外形又像鞭子又称鞭虫。

虫体呈乳白色，发育过程不需要中间宿主参与，虫卵随粪便排出，条件适宜 15～20 天发育成感染性幼虫卵，牛采食被污染的草料或饮水感染，感染性虫卵在胃肠液作用下，幼虫逸出，附着小肠黏膜上，而后移行至盲肠，经 40～85 天发育成成虫。南方常年可发生，北方冬季较少发生。

虫卵在 30℃时，经 16 天可发育成感染性幼虫虫卵，15～16℃经 3 个月才能发育成感染性幼虫虫卵，14℃以下或 50℃以上虫卵停止发育，虫卵在20%石灰水中1小时死亡。

临床轻度感染时，表现消化功能紊乱，有时间歇腹泻、轻度贫血，因而引起犊牛生长发育受阻；严重感染时，患牛食欲减退，表现消瘦、腹泻、贫血，临死前几日，排水样带黏液的血便。

病理剖检主要是盲肠、结肠黏膜损伤，继发细菌感染导致盲肠和结肠卡他性炎症，有时有出血性炎症。严重时盲肠和结肠有出血性坏死、水肿、溃疡，有的还有结节。虫体排出的毒素对牛也有毒害作用。

【预防措施】

① 预防性驱虫，至少春秋各驱虫一次，有条件的可以三个月驱一次虫。

② 加强管理，注意饲草和饮水卫生，避免吃露水草，避免在低洼牧地放牧，避免清晨、傍晚、雨后放牧，禁饮低洼积水或死水，可降低感染机会。

③ 有条件的应采取定期轮牧方式。

④ 养殖场加强粪便管理，及时清扫，及时发酵无害化处理，防止污染饲草和饮水。

⑤ 科学饲喂，适当补充精料，提高抵抗力。

【西药方案】

① 驱虫：阿苯达唑，口服，每千克体重5～10毫克；左旋咪唑，口服，每千克体重7～8毫克；伊维菌素，皮下注射或口服，每千克体重0.2毫克；氯氰碘柳胺钠，口服，每千克体重5毫克，注射每千克体重2.5毫克。

② 防胃肠感染：氨苄西林、恩诺沙星、庆大霉素、盐酸小檗碱等。

③ 健胃、改善消化功能：大黄苏打片、健胃消食片、酵母片、益生菌、健胃散等。

④ 止血：止血敏或云南白药，适用于粪中带血的病例。

【中药方案】

处方一：鹤虱30克、使君子30克、槟榔30克、芜荑30克、雷丸30克、绵马贯众60克、炒干姜15克、淡附片15克、乌梅30克、诃子30克、大黄30克、百部30克、木香15克、榧子30克。犊牛60～

80 克，成年牛 250～350 克。

处方二：绵马贯众 350 克、苦楝皮 250 克、山楂 50 克、金银花 30 克、榧子 180 克、芒硝 120 克、青盐 30 克。犊牛 40～60 克，成年牛 300～500 克。

十七、牛夏伯特线虫病

【诊断要点】

牛夏伯特线虫病是由夏伯特科夏伯特属的多种夏伯特线虫寄生于牛大肠内引起的线虫病。

成虫寄生在牛的盲肠和大肠内，虫卵随粪便排出，在环境适宜条件下，经 38～40 小时发育成幼虫，两次蜕变后，5～7 天发育为感染性幼虫，当牛采食被感染性幼虫污染的饲料和饮水时感染。进入牛体的幼虫经 32～60 天发育为成虫。成虫在牛体内寄生 9 个月以内。

夏伯特线虫虫卵和感染性幼虫对外界抵抗力较强，虫卵在－12℃至－8℃长期存活，感染性幼虫在－23℃的荫蔽处可长期耐干燥，条件适宜可存活一年。

严重感染的牛表现消瘦、黏膜苍白、粪便带黏液和血液、腹泻，犊牛生长迟缓，被毛干枯，食欲减退，下颌水肿，有时死亡。

剖检主要表现肠黏膜水肿、溃疡、贫血、血液稀薄、肠黏液分泌增多，可见虫体附着在肠壁上。

【预防措施】

① 预防性驱虫，至少春秋各驱虫一次，有条件的可以三个月驱一次虫。

② 加强管理，注意饲草和饮水卫生，避免吃露水草，避免在低洼牧地放牧，避免清晨、傍晚、雨后放牧，禁饮低洼积水或死水，可降低感染机会。

③ 有条件的应采取定期轮牧方式。

④ 养殖场加强粪便管理，及时清扫，及时发酵无害化处理，防止污染饲草和饮水。

⑤ 科学饲喂，适当补充精料，提高抵抗力。

【西药方案】

① 驱虫：阿苯达唑，口服，每千克体重 5～10 毫克；左旋咪唑，口服，每千克体重 7～8 毫克；伊维菌素，皮下注射或口服，每千克体重 0.2 毫克；氯氰碘柳胺钠，口服每千克体重 5 毫克，注射每千克体重 2.5 毫克。

② 防胃肠感染：氨苄西林、恩诺沙星、庆大霉素、盐酸小檗碱等。

③ 健胃、改善消化功能：大黄苏打片、健胃消食片、酵母片、益生菌、健胃散等。

④ 止血：止血敏或云南白药，适用于粪中带血的病例。

【中药方案】

处方一：鹤虱 30 克、使君子 30 克、槟榔 30 克、芜荑 30 克、雷丸 30 克、绵马贯众 60 克、炒干姜 15 克、淡附片 15 克、乌梅 30 克、诃子 30 克、大黄 30 克、百部 30 克、木香 15 克、榧子 30 克。犊牛 60～80 克，成年牛 250～350 克。

处方二：绵马贯众 350 克、苦楝皮 250 克、山楂 50 克、金银花 30 克、榧子 180 克、芒硝 120 克、青盐 30 克。犊牛 40～60 克，成年牛 300～500 克。

十八、牛肺丝虫病

【诊断要点】

牛肺丝虫病是网尾科网尾属的胎生网尾线虫寄生于牛的肺、气管、支气管内引起的一种线虫病。犊牛症状最严重。

胎生网尾线虫在牛的气管和支气管内产出含有幼虫的卵，并同时有幼虫孵出，卵和幼虫被牛咳嗽作用咳入口腔，少部分咳出体外，大部分咽入胃肠，幼虫从卵内逸出，随粪便排出，经两次蜕化变为第三期幼虫，成为感染期幼虫。当牛采食被感染期幼虫污染的草料或饮水时感染，幼虫进入小肠脱鞘，穿过小肠进入淋巴系统，在淋巴系统蜕化为第四期幼虫，再经淋巴管进入心脏，随血流到达肺脏，穿过毛细血管进入肺泡，上行至支气管及气管，经第四次蜕变发育为成虫。由感染到发育为成虫需要 22 天左右。胎生网尾线虫幼虫在适宜条件下发育为感染性幼虫只需 3 天。温度低时需要 11 天左右。低于 10℃或高于 30℃不能发育到感染期。

本病发病季节主要在夏秋，但其他季节舍饲条件也可发生。

牛肺丝虫病最初的症状为咳嗽，起初为干咳，后变为湿咳，咳嗽次数逐渐频繁，有时气喘或阵发性咳嗽。流淡黄色黏液性鼻液，消瘦贫血，呼吸困难，听诊有湿啰音，可导致肺泡性或间质性肺气肿，引起死亡。犊牛症状明显，成年牛多慢性经过，症状不明显。

剖检牛消瘦贫血，皮下水肿，胸腔积液；支气管中黏液性、黏液脓性混有血丝的分泌物团块，团块中可见成虫、幼虫、虫卵；支气管黏膜混浊、肿胀、充血，有出血点，支气管周围发炎，肺泡膨胀不全和肺气肿；虫体寄生部位肺泡表面隆起，呈灰白色，触诊坚硬感，切开可见虫体。

【预防措施】

① 本病高发区，要做好预防性驱虫，至少春秋各驱一次虫，有条件的可以 3 个月驱一次虫，放牧的驱虫后最好圈养一周，防止草场扩散。驱虫后及时清理粪便，无害化处理。

② 注意饮水和饲草卫生，避免喝死水，应该喝自来水、井水或流动的河水。

③ 加强饲养管理，保持圈舍通风，空气新鲜，合理饲养密度，科学饲养，提高牛群的免疫力。

【西药方案】

① 驱虫：左旋咪唑，口服或注射，每千克体重 8～10 毫克，流行季节间隔一个月可再驱一次；阿苯达唑，口服，每千克体重 10 毫克；伊维菌素，皮下注射或口服，每千克体重 0.2 毫克；多拉菌素；阿维菌素；莫西菌素。

② 防止肺部感染：头孢噻呋、恩诺沙星、多西环素、氟苯尼考、泰乐菌素、卡那霉素、土霉素、替米考星、磺胺间甲氧嘧啶、加米霉素、泰拉霉素、林可大观霉素等。

③ 清肺化痰平喘：化痰用氨溴索，平喘用氨茶碱，清肺热用双黄连、鱼腥草等。

④ 肺水肿：呋塞米等。

【中药方案】

处方一：鹤虱30克、使君子30克、槟榔30克、芜荑30克、雷丸30克、绵马贯众60克、炒干姜15克、淡附片15克、乌梅30克、诃子30克、大黄30克、百部30克、木香15克、榧子30克。犊牛60～80克，成年牛250～350克。

处方二：绵马贯众350克、苦楝皮250克、山楂50克、金银花30克、榧子180克、芒硝120克、青盐30克。犊牛40～60克，成年牛300～500克。

十九、牛吸吮线虫病

【诊断要点】

牛吸吮线虫病是由吸吮科吸吮属的多种吸吮线虫寄生于牛的结膜囊、第三眼睑和泪管内所致的线虫病。

吸吮线虫的中间宿主为家蝇属的各种蝇类，如胎生蝇、秋蝇。结膜囊内的雌虫产生幼虫，幼虫在泪腺中活动，蝇类在眼部舔舐时，幼虫被蝇类食入，在蝇的卵滤泡发育，经30天左右，发育为感染性幼虫，离开蝇卵滤泡进入腹腔，再进入蝇的口器，含感染性幼虫的蝇到牛眼部舔食时，幼虫从口器钻出，进入牛的眼结膜囊而使牛感染，在牛眼内经15～20天发育为成虫。

本病多发于温暖湿润的夏秋季，各年龄的牛均可发病，一般5～6月开始发病，8～9月份达到发病高峰。

吸吮线虫的致病作用主要是机械性损伤结膜和角膜，引起结膜炎和角膜炎，继发细菌感染，可能导致失明。病牛临床表现羞明流泪，结膜潮红肿胀，角膜混浊；严重炎性期，眼内脓性分泌物增多并流出，黏合上下眼睑；角膜炎严重时，可导致角膜糜烂和溃疡，角膜穿孔，最终导致失明。虫体寄生刺激，可使牛摇头不安，将眼部在物体上摩擦，食欲下降，产乳减少。

用洗耳球吸取3%硼酸溶液，冲洗第三眼睑内侧和结膜囊，用弧形盘接取冲洗液，可发现虫体。

【预防措施】

加强饲养管理，做好灭蝇、防蝇工作。流行区域在冬春及蝇类出现之前对牛群进行全面驱一次虫。发现病牛要及时治疗，防止进一步传播。

【西药方案】

① 口服或注射驱虫：左旋咪唑，每千克体重 8 毫克，连喂 2 次；阿苯达唑；多拉菌素；阿维菌素；伊维菌素等。

② 局部疗法：1%敌百虫溶液，直接滴入眼中杀死虫体。或者用 3%硼酸溶液强力冲洗结膜囊和第三眼睑，以杀死或冲出虫体。同时配合青霉素软膏或氧氟沙星眼药水治疗结膜炎或角膜炎。

【中药方案】

处方一：鹤虱 30 克、使君子 30 克、槟榔 30 克、芜荑 30 克、雷丸 30 克、绵马贯众 60 克、炒干姜 15 克、淡附片 15 克、乌梅 30 克、诃子 30 克、大黄 30 克、百部 30 克、木香 15 克、榧子 30 克。犊牛 60～80 克，成年牛 250～350 克。

处方二：绵马贯众 350 克、苦楝皮 250 克、山楂 50 克、金银花 30 克、榧子 180 克、芒硝 120 克、青盐 30 克。犊牛 40～60 克，成年牛 300～500 克。

二十、牛丝状线虫病

【诊断要点】

牛丝状线虫病是由丝状科丝状属的丝状线虫寄生于牛的腹腔内引起的线虫病，又称腹腔丝虫病。

牛丝状线虫病的病原主要有鹿丝状线虫和指形丝状线虫两种，中间宿主为吸血昆虫，如蚊子和厩螫蝇等。成虫寄生于腹腔，成虫产的微丝蚴进入宿主血液循环，中间宿主刺吸宿主血液时，微丝蚴进入中间宿主体内，经 15 天左右发育为感染性幼虫，并移行蚊蝇的口器，当蚊蝇再次刺吸宿主血液时，感染性幼虫进入终末宿主，经 8～10 个月，发育成成虫。

当吸血蚊蝇刺吸非固有宿主马和羊，由于宿主不适，幼虫会进入脑脊髓和眼前房，停留在童虫阶段，引起马或羊的脑脊髓丝虫病或马浑睛虫病。

牛腹腔内的成虫致病性不强，一般无明显的临床症状和病理变化，只是剖检时可见腹腔有一定量的丝状线虫；反而马和羊感染症状明显，侵入马骡眼前房引发角膜炎、虹膜炎、白内障，侵入马和绵羊脑脊髓引发运动无力、共济失调、跛行、眼睑低垂、耷拉耳朵、腰部麻痹。

【预防措施】

搞好环境卫生，消灭吸血昆虫，蚊虫、蝇等。定期规范给牛进行预防性驱虫。

【西药方案】

柠檬酸乙胺嗪，每千克体重 10 毫克，每天一次，连喂七天；左旋咪唑；伊维菌素。

【中药方案】

处方一：鹤虱 30 克、使君子 30 克、槟榔 30 克、芜荑 30 克、雷丸 30 克、绵马贯众 60 克、炒干姜 15 克、淡附片 15 克、乌梅 30 克、诃子 30 克、大黄 30 克、百部 30 克、木香 15 克、榧子 30 克。犊牛 60～80 克，成年牛 250～350 克。

处方二：绵马贯众 350 克、苦楝皮 250 克、山楂 50 克、金银花 30 克、榧子 180 克、芒硝 120 克、青盐 30 克。犊牛 40～60 克，成年牛 300～500 克。

二十一、牛盘尾丝虫病

【诊断要点】

牛盘尾丝虫病是由盘尾科盘尾丝虫属的数种线虫寄生于牛的皮下、韧带、动脉壁内膜下等处引起的线虫病。

牛盘尾丝虫主要有三种：吉氏盘尾丝虫、喉瘤盘尾丝虫、圈形盘尾丝虫，中间宿主为吸血昆虫库蠓和蚋。虫体产的微丝蚴分布于皮下淋巴液中，吸血昆虫刺吸牛血液时将幼虫带进体内，经 21～24 天后，发育为感染性的幼虫，然后转移至中间宿主的喙内，当吸血昆虫再叮咬健康牛时，造成感染。

牛盘尾丝虫临床症状不明显，吉氏盘尾丝虫在牛的肩部、肋部、后肢皮下形成硬结；喉瘤盘尾丝虫在牛的项韧带和股胫韧带寄生，幼虫常见皮下，引发皮炎，皮肤增厚，形成橡皮病；圈形盘尾丝虫在牛的主动脉壁内膜下寄生，主动脉内膜粗糙、增厚，管壁内充满胶冻样或干酪样结节。

【预防措施】

吸血昆虫活跃季节应做好消杀工作，消除吸血昆虫滋生地。定期给牛群做好预防性驱虫。

【西药方案】

① 驱虫：柠檬酸乙胺嗪，口服，每千克体重 10 毫克，每天 1 次，连喂七天；左旋咪唑；伊维菌素。

② 抗感染：皮肤如有局部肿胀，配合碘酊或鱼石脂消肿，或青霉素、土霉素、磺胺间甲氧嘧啶等抗生素抗感染。

【中药方案】

处方一：鹤虱 30 克、使君子 30 克、槟榔 30 克、芜荑 30 克、雷丸 30 克、绵马贯众 60 克、炒干姜 15 克、淡附片 15 克、乌梅 30 克、诃子 30 克、大黄 30 克、百部 30 克、木香 15 克、榧子 30 克。犊牛 60～80 克，成年牛 250～350 克。

处方二：绵马贯众 350 克、苦楝皮 250 克、山楂 50 克、金银花 30 克、榧子 180 克、芒硝 120 克、青盐 30 克。犊牛 40～60 克，成年牛 300～500 克。

二十二、牛副丝虫病

【诊断要点】

牛副丝虫病是由丝虫科副丝虫属的牛副丝虫寄生于牛皮下组织和肌间结缔组织内引起的一种线虫病。常发生于夏秋季，俗称血汗病。

虫体在皮肤真皮层寄生，形成皮肤结节，虫体成熟期时，雌虫在其头部结节中心开一小孔并产卵，在皮肤形成条带状出血现象。含幼虫的虫卵随血液排出，中间宿主蝇类吸食血液，将含有幼虫的虫卵吸进体内，虫卵在蝇体内发育成感染性幼虫，牛感染感染性幼虫后 8～10 个月发育为成虫，寄生长达 17 个月。

本病多出现在 6～10 月份，7～8 月份是发病高峰，秋末至冬季自行停止。发病率水牛多于黄牛，健壮牛多于体弱多病牛，膘肥毛稀牛多于体瘦毛密牛，4 岁以上成年牛多发，犊牛很少发生。

临床表现为体表出现针尖大到绿豆大小不等的、散在或片状渗出性出血，在腰部、背部、肩胛部、肋部、颈部等形成微突起的结节。常突然出现，数小时后结节破溃，流出血液，然后结节消失，20～30 天后其他部位又出现结节，反复发生，直至天气变冷。流出的血液与汗液混合恰似局部大面积出血，无汗或少汗时，流出的血液顺毛淌下，形成暗红色的凝结血污线。

病牛除皮肤局部出血外，短期无明显其他症状，很少造成死亡。严重感染会影响牛休息采食，长期失血会导致贫血、生长迟缓，体力下降，继发严重细菌感染时可能会导致死亡。

【预防措施】

消灭蚊蝇，铲除蚊蝇滋生地，及时疏通水沟，清除粪便、垃圾、杂草等，并进行掩埋发酵无害化处理。对蚊蝇滋生的地方和圈舍进行蚊蝇驱杀，可以用氯氰菊酯、溴氰菊酯、蝇毒磷等喷洒。发病季节做好牛群预防性驱虫。

【西药方案】

① 驱虫：伊维菌素；多拉菌素；阿维菌素；双甲脒或氯氰菊酯等药浴或体表喷洒。

② 止血：维生素 K 或止血敏。

③ 防细菌感染：青霉素、土霉素、磺胺间甲氧嘧啶、恩诺沙星等。

【中药方案】

处方一：鹤虱 30 克、使君子 30 克、槟榔 30 克、芜荑 30 克、雷丸 30 克、绵马贯众 60 克、炒干姜 15 克、淡附片 15 克、乌梅 30 克、诃子 30 克、大黄 30 克、百部 30 克、木香 15 克、榧子 30 克。犊牛 60～80 克，成年牛 250～350 克。

处方二：绵马贯众 350 克、苦楝皮 250 克、山楂 50 克、金银花 30 克、榧子 180 克、芒硝 120 克、青盐 30 克。犊牛 40～60 克，成年牛

300～500 克。

第三节 牛蜘蛛昆虫病诊断要点与防治方案

一、牛螨虫病

【诊断要点】

螨虫病又叫疥癣病，俗称癞病，是由疥螨科或痒螨科的螨虫寄生牛体表而引起的慢性寄生虫性皮肤病。与牛螨虫病有关的螨虫有牛疥螨、牛痒螨、牛足螨。

疥螨的口器为咀嚼式，在宿主表皮挖凿隧道，以角质层组织和渗出的淋巴液为食，在隧道内发育和繁殖。雌螨在表皮隧道中产卵，卵经3～8 天孵出幼螨，幼螨爬出表皮隧道，从皮肤表面钻进表皮浅层，蜕变为若螨，小型若螨一期蜕化为雄螨，大型若螨二期蜕化为雌螨。雄螨和雌螨在宿主表皮交配，交配后雄螨不久死亡，雌螨在宿主表皮挖掘虫道，经 2～3 天后开始产卵，产完卵后死亡，寿命 28～35 天。螨发育的过程平均为 15 天。体外 10～30 天依旧具备侵袭力。

痒螨的口器为刺吸式，寄生于皮肤表面，吸取渗出液为食。雌螨在皮肤上产卵，3 天孵出幼螨，24～36 小时幼螨蜕变为一期若螨，24 小时蜕变为雄螨或二期若螨，雄螨经 48 小时以其肛吸盘抓住二期若螨，二期若螨蜕变为雌螨，雄螨和雌螨交配，雌螨 1～2 天开始产卵，寿命约 42 天。痒螨的发育过程为 10～12 天，通常痒螨在牛舍能存活 60 天，放牧场可以存活 35 天。

牛足螨寄生于牛尾根、肛门附近、蹄部，采食脱落的皮屑、痂皮为生，生活史与痒螨类似。

螨虫病主要是通过与病畜直接接触或通过被螨和螨卵污染的厩舍、用具、饲养人员等间接感染。螨虫病主要发生于冬季和秋末，厩舍潮湿、卫生条件差等环境最易滋生，夏季螨常潜伏于耳、系凹、蹄踵、腹股沟等处，秋季开始泛滥。

螨虫病主要有三大特征：皮肤剧烈瘙痒，皮肤结痂、脱毛、皮肤增厚，消瘦。牛痒螨初见于颈部两侧、垂肉、肩胛两侧，严重蔓延全身，常在墙头、木桩、栏杆上摩擦，或舌舔患部。牛疥螨初见面部、颈部、背部、尾根等处，严重的蔓延全身。牛足螨主要侵害牛的尾根、肛门、臀部、四肢，有时发生在背部、胸腹、鼻孔周围。

【预防措施】

① 牛舍要宽敞、干燥、透光、通风、饲养密度合理。

② 牛舍要经常清扫，定期消毒，至少每月 2～4 次，用具也要定期清洗消毒。

③ 发现病牛及时隔离治疗，治愈后方可混群，最好有 20 天观察期。

④ 牛场要做好日常规范预防性驱虫，至少春秋各一次，有条件的可以 3 个月一次。

【西药方案】

(1) 注射或口服给药

① 伊维菌素，每千克体重 0.2 毫克，间隔 7～10 天再用一次。

② 阿维菌素、多拉菌素、莫西菌素等。

(2) 局部涂药法

① 克辽林搽剂：克辽林 1 份、软肥皂 1 份、酒精 8 份，调和即成，清洗感染灶，然后涂药。

② 5%敌百虫溶液：来苏尔 5 份，溶于温水 100 份中，加入敌百虫 5 份。

③ 其他的如双甲脒、溴氰菊酯、氯氰菊酯等也可以。

(3) 药浴疗法

① 药浴疗法适用于温暖的季节，饲养动物数量巨大的牧场。

② 药浴使用药物，如 0.05%辛硫磷、0.05%双甲脒等。

【中药方案】

处方一：硫黄软膏或废机油涂擦患处。

处方二：烟叶 1 份，加水 20 份。煮水一小时涂擦患处。

处方三：硫黄粉 6 份、烟叶末 4 份、植物油 90 份。调匀涂擦患处。

处方四：百部 9 克、狼毒 12 克、大枫子 9 克、苦楝皮 9 克、马钱子 6 克、当归 9 克、苦参 9 克、黄蜡 6 克、植物油 500 克。除黄蜡外其余药物装入纱布袋，放入油炸至红赤色，提出药包，加入黄蜡收膏装瓶，涂擦患部。

处方五：艾叶 60 克、花椒 250 克 、紫荆皮 120 克、硫黄 60 克、明矾 60 克、石灰 120 克。水煎，洗患处。

【驱虫治疗注意事项】

① 局部涂擦药物时，要尽可能剪去涂擦部位及周围的被毛，彻底用肥皂水或双氧水或高锰酸钾水溶液清洗干净，去除痂皮和污物，待干燥后再涂药。

② 药浴的水温要合理，降低应激。药浴时间应在 1 分钟左右，药浴要保证头部浸浴。

③ 群体药物可以做小范围实验，药浴前要充足饮水，防止牛误饮药液，工作人员要做好个人防护。

④ 大部分药物对虫卵效果较差，治疗时可重复用药 2～3 次，每次间隔 7～10 天。

⑤ 辛硫磷中毒可用解磷定或阿托品解毒。

⑥ 预防性驱虫时要注射或口服伊维菌素等，同时体外、圈舍喷洒双甲脒或敌百虫或辛硫磷等。

二、牛蠕形螨病

【诊断要点】

牛蠕形螨病是由蠕形螨科、蠕形螨属的牛蠕形螨寄生于牛的皮脂腺或毛囊而引起的一种常见又顽固的皮肤病。

蠕形螨寄生在牛的毛囊和皮脂腺内，雌虫在寄生部位产卵，孵化出幼虫，然后变为若虫，最后蜕化成成虫。本病多是与病牛直接接触感染或与被病畜污染的物体接触而感染，也可通过虫媒感染。

蠕形螨初发于头部、颈部、肩部、臀部等，形成针尖至核桃的白色小囊瘤，黄豆粒大的多见，内含粉状物或脓状稠液，也有病牛只出现皮鳞屑而无疮疖的。

【预防措施】

① 牛舍要宽敞、干燥、透光、通风、饲养密度合理。

② 牛舍要经常清扫，定期消毒，每月 2～4 次，用具也要定期清洗消毒。

③ 发现病牛及时隔离治疗，治愈后方可混群，最好有 20 天观察期。

④ 牛场要做好日常规范预防性驱虫，至少春秋各一次，有条件的可以 3 个月一次。

【西药方案】

(1) 口服或注射或浇泼给药 伊维菌素、多拉菌素、阿维菌素。

(2) 局部涂擦给药

① 患部剃毛，用双氧水或高锰酸钾水溶液或呋喃西林溶液清洗患处，然后再涂药。

② 患部可涂擦双甲脒、敌百虫、辛硫磷等。

【中药方案】

处方一：硫黄软膏或废机油涂擦患处。

处方二：烟叶 1 份，加水 20 份。煮水一小时涂擦患处。

处方三：硫黄粉 6 份、烟叶末 4 份、植物油 90 份。调匀涂擦患处。

处方四：百部 9 克、狼毒 12 克、大枫子 9 克、苦楝皮 9 克、马钱子 6 克、当归 9 克、苦参 9 克、黄蜡 6 克、植物油 500 克。除黄蜡外其余药物装入纱布袋，放入油炸至红赤色，提出药包，加入黄蜡收膏装瓶，涂擦患部。

处方五：艾叶 60 克、花椒 250 克 、紫荆皮 120 克、硫黄 60 克、明矾 60 克、石灰 120 克。水煎，洗患处。

【治疗说明】

① 发现病牛最好隔离治疗，对圈舍彻底清扫、消毒，全群可预防性驱虫

② 多数药物对虫卵无效，一般间隔 7～10 天再用一次，感染严重的需 3～4 次才可以治愈。

三、牛虱病

【诊断要点】

牛虱病是由血虱科血虱属的牛血虱、水牛血虱及毛虱科的毛虱属的牛毛虱寄生于牛体表引起的一种外寄生虫病。

牛毛虱具有咀嚼式口器，以牛毛和皮屑为食，常寄生牛的头顶部、颈部、肩胛部；牛血虱具有刺吸式口器，以牛血为食，常寄生牛背、前胸、头顶、尾根周围。

牛虱发育有卵、若虫、成虫三个阶段，终生在宿主身上度过。从卵到成虫需30～40天，每年繁殖6～15代，雌虱产完卵后死亡，雄虱交配完死亡。牛虱离开宿主可存活1～10天。虱子都有特定宿主。

虱可以通过直接接触传播，也可借助管理用具、垫草传播。饲养管理和卫生条件差的牛群虱病比较严重，秋冬季节有利于虱的生存繁殖。

血虱吸血时，分泌毒素；毛虱爬行、食毛、食屑时均可刺激牛的神经末梢，引起皮肤发痒，病畜不安，啃咬或蹭痒，皮肤损伤甚至感染，犊牛舔舐过度可引发食毛症，胃内有毛球。牛休息与采食均受虱的影响，患牛消瘦，幼畜发育不良，降低对其他疾病的抵抗力。

【预防措施】

① 加强管理，搞好环境卫生，勤打扫圈舍粪尿污物，定期消毒，每月2～4次。

② 做好预防性驱虫，至少春秋各一次，有条件的3～4个月驱一次虫。

【西药方案】

① 采用0.5%～1%敌百虫或0.05%双甲脒对牛体表和圈舍环境进行喷洒。

② 注射或口服伊维菌素，每千克体重0.2毫克，亦可使用多拉菌素、阿维菌素等。

③ 间隔7～10天再驱一次，更彻底。

【中药方案】

处方一：百部60克、烟叶末60克、苦楝皮30克。石榴皮30克。

混合打粉，撒于患畜皮毛上，每天一次。

处方二：红辣椒煮水，洗牛身也有作用。

四、牛皮蝇蛆病

【诊断要点】

牛皮蝇蛆病是由狂蝇科皮蝇属的牛皮蝇和纹皮蝇的幼虫寄生于牛或牦牛的背部皮下组织引起的一种慢性寄生虫病。

寄生于牛体的皮蝇蛆有牛皮蝇和纹皮蝇，以及寄生牦牛的中华皮蝇。牛皮蝇与纹皮蝇发育经历卵、幼虫、蛹、成虫四个阶段。成蝇一般多在夏季出现，阴雨天气隐蔽，晴朗炎热无风的白天，则飞翔交配或侵袭牛只产卵。成蝇在外界只能生活 5～6 天，雌虫产完卵后死亡。牛皮蝇产卵于牛四肢上部、腹部、乳房、体侧的被毛上。纹皮蝇产卵于牛后腿球节附近和前腿部。卵经 4～7 天孵出第一期幼虫，第一期幼虫沿着毛孔钻入皮肤，在体内深部组织移行蜕化，大约 75 天，纹皮蝇的二期幼虫可在食管浆膜或黏膜下发现，停留 5 个月，顺着膈肌向背部移行，牛皮蝇一期幼虫不经过食管，直接向背部移行。皮蝇幼虫到达背部皮下后，皮肤表面出现瘤状隆起。纹皮蝇幼虫在皮下停留 2 个月，牛皮蝇幼虫在皮下停留两个半月。第三期幼虫成熟后便自皮孔逸出，落在地上或厩肥内变成蛹，蛹经过 1～2 个月，羽化为成蝇。幼虫在体内寄生 10～11 个月，整个发育过程需要一年。

皮蝇成虫不叮咬牛体，但追着牛产卵，会影响牛休息和进食，导致生产能力下降，甚至母牛流产，牛的免疫力下降。幼虫在牛深部组织移行，造成组织损伤及炎症反应。幼虫寄生皮下导致感染化脓，分泌毒性物质对血液和血管壁有损害。感染牛消瘦、犊牛发育受阻、肉牛肉质下降、母牛产乳量下降、皮肤穿孔导致皮革利用率下降。

临床主要通过皮肤呈瘤样隆起，隆起皮肤穿孔，孔中含有幼虫而确诊。

【预防措施】

牛皮蝇活动季节，可用 0.5%溴氰菊酯对牛体表进行喷洒，每隔十天喷一次，可以杀死产卵的雌蝇和幼虫。坚持定期预防性驱虫，可以每三个月驱一次虫。

【治疗方案】

① 倍硫磷，每千克体重 4～6 毫克，臀部肌内注射，可以杀死皮蝇的 1～2 期幼虫，可以在 11 月份注射。

② 蝇毒磷，每千克体重 10 毫克，臀部肌内注射，对纹皮蝇一期幼虫有杀灭作用。

③ 伊维菌素，口服或皮下注射，每千克体重 0.2 毫克。

④ 养的牛比较少，发现病例可以手动挤出隆起皮肤皮下的幼虫，间隔 10 天重复操作。

⑤ 60 度白酒注入虫体寄生的牛背皮下。

⑥ 乐果，每千克体重的牛臀部肌内注射 5～10 毫克。

⑦ 盐水注入皮肤破口处的结节中。

⑧ 多拉菌素，皮下或肌内注射，每千克体重 0.2 毫克。

⑨ 阿维菌素，口服或皮下注射，每千克体重 0.2～0.3 毫克。

⑩ 莫西菌素，皮下注射，每千克体重 0.2 毫克。

五、牛蜱虫

【诊断要点】

自然界一直存在蜱虫，尤其是温暖季节放牧容易感染，另外圈舍、墙缝也时常存在，蜱虫感染严重的会影响动物生长发育，导致贫血，皮毛质量下降等，更大的危害是传播血源性疾病，如巴贝斯虫、病毒、血孢子虫等。

蜱虫分硬蜱和软蜱，主要吸食动物的血液获得营养。多数硬蜱发育中的幼虫、若虫期寄生在小哺乳动物体表，成虫寄生在家畜体表，硬蜱雌雄交配后，雌蜱落地产卵，产卵可达千余至上万，卵发育成成蜱需 3～12 个月，有的可达一年以上。软蜱雌蜱每次产卵几个到几十个，从卵发育到成虫需 4～12 个月。

软蜱寿命长，一般为 6～7 年，多则可达 15～25 年，具有较好的耐饥饿、耐干燥的适应能力。

【预防措施】

定期清扫圈舍犄角旮旯，用水泥或石灰等堵塞缝隙和孔洞，定期清扫圈舍并杀虫，有条件的可以实行圈舍轮换制。消灭自然界的蜱虫理论可行，实际根本无法实现。

【治疗方案】

（1）人工捕捉法 适合感染牛比较少，人手比较多的养殖场。

（2）药物杀灭

① 伊维菌素等，皮下注射或口服，每千克体重0.2～0.3毫克。

② 双甲脒、溴氰菊酯（0.0025%～0.005%浓度），药浴、喷淋、涂擦。

③ 二嗪农（0.025%～0.075%）药浴或喷淋，也可用巴胺磷（0.005%～0.025%）。

第十二章

牛产科疾病诊断要点与防治方案

第一节　牛病理性不孕

一、牛卵巢功能不全

【诊断要点】

卵巢功能不全是指有发情表现而不排卵或排卵延迟或有排卵而无发情表现的一种疾病，临床包括卵巢功能减退、组织萎缩、卵泡萎缩、交替发育等引起的各种异常表现。

发病原因主要有以下三点。

① 饲养管理不当：舍饲缺乏运动、光照不足；饲料营养不全价、饲料品质低劣导致母牛营养不良且消瘦；精料饲喂过多，母牛过肥；驱虫管理不到位，消耗气血等。

② 内分泌失调、酶活性降低：黄体生成素释放不足，影响卵泡成熟和排卵，促乳素分泌过高，抑制卵泡生长发育；前列腺素不足，影响卵泡排卵；参与排卵的酶活性下降，如胶原酶、水解酶。

③ 应激因素：热应激、运输应激、泌乳应激等引起肾上腺皮质分泌功能加强，间接干扰排卵机制，导致母牛不排卵或排卵延迟。

临床表现：母牛发情周期正常，发情明显或微弱、乏情，卵巢有成熟卵泡，但不排卵或延迟排卵。不排卵者，成熟卵泡发生退化或闭锁，发情症状随即消失；排卵延迟者，因多数卵子老化或变性，不受孕。卵巢静止时，不发情。卵巢萎缩时，长久不发情。

病理变化：卵泡区增厚，卵巢皮质和髓质内有结缔组织增生。有的子宫黏膜上皮破坏，白细胞浸润，子宫腺腔内蓄积白细胞。

【预防措施】

加强饲养管理，改善饲料品质，保证蛋白质、矿物质、维生素充足，保证足够的运动和光照时间。做好疾病预防，定期驱虫，科学防疫。

【治疗方案】

（1）加强管理 消除原发疾病如寄生虫病、传染病等；优化饲料营养，重视维生素、矿物质补充；增加运动量和光照时间；减少各种应激。

（2）激素疗法

① 卵巢静止、卵巢萎缩、卵泡交替发育、排卵延迟的母牛：肌内注射促性腺激素释放激素200～400微克，每天一次，连用2～3天；肌内注射促卵泡素100～200单位，每日或隔日一次，连用2～3次，至出现发情为止；肌内注射人绒毛膜促性腺激素1万～2万单位或孕马血清促性腺激素1000～2000单位。

② 隐性发情母牛：肌内注射苯甲酸雌二醇4～10毫克。

（3）公牛刺激疗法 利用公牛和母牛频繁接触，刺激不发情或发情紊乱的母牛，可加速母牛排卵。

（4）中药营养调理方案

① 补充营养：鸡蛋、红糖、维生素A、维生素D、维生素E、矿物质等。

② 中药处方：淫羊藿120克、阳起石120克、当归80克、香附100克、益母草120克、菟丝子100克。打粉一次灌服，连用3～5天。

二、牛持久黄体

【诊断要点】

持久黄体又叫永久黄体或黄体滞留，是指母牛在分娩后或性周期排卵后，妊娠黄体或发情周期黄体及其功能长期存在而不消失，抑制卵泡发育，表现母牛不发情、性周期停止。

具体发病原因如下。

① 脑垂体内分泌失调，如脑垂体分泌促卵泡激素不足而促黄体激素分泌过多，致使卵巢上黄体持续存在。

② 饲料品质差、饲料营养不全价，特别是缺乏矿物质和维生素。

③ 长期舍饲，缺乏运动，光照不足。

④ 母牛泌乳量过高或哺乳时间过长，气血消耗大，营养物质失衡，不能保持高水平的能量代谢，导致卵巢功能减退，黄体不能被吸收。

⑤ 母牛有子宫内膜炎、胎衣不下、子宫蓄脓、子宫积水、子宫有死胎、子宫肿瘤等，都会影响下丘脑-垂体-卵巢功能的紊乱，使黄体不消退。

临床表现为母牛发情周期停止，母牛长期不发情；个别牛虽有发情但不排卵，屡配不孕。母牛发情期间不发情，间隔 5～7 天进行直肠检查，连续 2～3 次，如有黄体一直稳定存在就是持久黄体。

剖检可见卵巢突起，黄体中心出现囊腔，较正常黄体大而圆；囊腔大小不一，内有液体，可自行消失，或被结缔组织填充或被吸收，完全黄体化，以后逐渐变为灰白色。

【预防措施】

① 做好围产期疾病的预防，尤其是胎衣不下、子宫疾病。

② 对母牛做好饲养管理，提高营养水平，增加运动，充足光照。

【治疗方案】

（1）消除病因　治疗子宫疾病，优化饲料营养，增加运动和光照。

（2）激素疗法

① 肌内注射氯前列烯醇 0.5～1 毫克。

② 肌内注射孕马血清促性腺激素 20～30 毫升，间隔 7 天再注射一次，剂量为 30～40 毫升。

③ 肌内注射雌二醇 4～10 毫克，促使子宫开张，用土霉素 2～4 克溶于 10%盐水中进行子宫灌注。

（3）手术疗法

① 摘除黄体：手伸进直肠，隔着肠壁抓住卵巢，食指和中指夹住卵巢韧带，拇指在黄体基部将黄体摘除，同时注入维生素 K 或止血敏，以防出血。

② 挤压黄体：手伸入直肠，隔着直肠壁用拇指、食指、中指握住卵巢，把卵巢放在食指和中指之间，而卵巢韧带即通过指间，在卵巢和黄体交界的凹陷处，用拇指挤压，至黄体有破碎感，压碎后在卵巢凹陷处按压5分钟，防止出血。

三、牛卵巢囊肿

【诊断要点】

卵巢囊肿是指卵巢上长期存在大于成熟并含液体的卵泡，但在预期排卵时间不排卵，持续增大，分为卵泡囊肿和黄体囊肿两种。卵泡囊肿由卵泡上皮变性、卵泡壁结缔组织增生变厚，卵泡液未被吸收或增多而形成。黄体囊肿是由未排卵的卵泡壁上皮黄体化而形成的。

卵巢囊肿的病因包括以下三种。

① 饲养管理失调：圈养牛缺乏运动；精料饲喂过多导致牛过肥；饲料中矿物质和维生素缺乏，蛋白质含量高能量不足；光照不足。

② 内分泌功能紊乱：垂体前叶功能失调，激素分泌紊乱，分泌促卵泡素（FSH）过多，而黄体生成素（LH）不足，卵泡过度增大，但无法正常排卵；大量使用雌激素如孕马血清促性腺激素，引起卵泡滞留，垂体前叶分泌黄体生成素不足，卵泡壁产生的前列腺素F受阻时，排卵受阻。

③ 生殖系统疾病：卵巢、输卵管、子宫等炎症，胎衣不下，流产等引发。

卵泡囊肿临床表现：患牛发情异常，性周期无规律，发情持续时间长，性欲旺盛，经常追爬其他牛，俗称慕雄狂。如卵泡上皮变性萎缩，则不再发情。如另一侧卵巢功能正常，则性周期可恢复。通常会在第一个囊肿消失后不久，又发生第二个囊肿，再度出现慕雄狂。患牛过度兴奋不安，食欲和产乳量均下降。病情严重持久时，母牛外貌雄性化，表现头毛粗糙、颈粗、声音粗化、阴蒂肿大，体表肥胖，毛质粗硬。病程太久的牛，出现食欲减退、消瘦、被毛粗乱、荐坐韧带松弛、尾椎骨隆突、臀部两侧凹陷、外阴水肿，母牛卧下时，阴道流出少量无牵缕黏液。病牛如两侧都发生囊肿时，卵泡上皮一旦变性、萎缩退化，母牛慕雄狂消失，发情周期停止，不再发情。

黄体囊肿临床表现：发情周期破坏，缺乏性欲，长期不发情；直肠检查，卵巢体积增大，壁厚而柔软。

卵泡囊肿病理表现：囊肿的囊壁平滑有光泽，壁薄透明，囊腔内充满透明或淡黄色水样液体，囊壁含2～3层近似正常或已退变的粒细胞。囊肿的外膜细胞和颗粒细胞层发生黄体化，表现分散的小斑块到稍厚的月牙状。外膜细胞在囊肿表面，肉眼可见，粒细胞层在囊肿基底、卵巢深部，均呈橙黄色。囊肿较大的因受压而囊壁变薄，仅有一层扁平细胞和透明变性的结缔组织间质。

黄体囊肿病理表现：囊肿早期，腔内液体为血性，逐步吸收，剩下透明或淡红色液体。囊壁初期被覆两层透明黄色上皮，有的囊壁完全黄体化，渐变为灰白色。

【预防措施】

① 重视精粗饲料比例，碳氮比例，充足矿物质、维生素。合理运动、光照充足。

② 对产后母牛做好繁殖监控，产后30天进行直肠检查，了解子宫、卵巢变化，如有异常，及时诊断治疗。

③ 对正常发情的母牛，及时准确配种，严格规范受精，提高受配率，缩短产犊间隔。母牛产后13～15天，肌内注射GnRH-a（促性腺激素释放激素激动剂）1000单位，可提高子宫卵巢功能、增强子宫收缩、促进恶露排出、预防子宫内膜炎，使LH浓度升高，孕激素分泌减少，具有提早排卵的作用。

④ 加强选育：患有卵巢囊肿病史的母牛产的犊牛应少留或不留，降低遗传因素的影响。

【西药方案】

(1) 卵泡囊肿

① 促性腺激素释放激素，注射剂量100微克，注射后9～10天注射前列腺素3毫克。

② 黄体生成素，肌内注射100～200单位，连用5～7天，一般注射3～6天囊肿黄体化，15～30天可恢复正常发情。

③ 人绒毛膜促性腺激素，50000～10000 单位，肌内注射或静脉注射。

④ 黄体生成素释放激素类似物，常用 LHRH-A3 肌内注射，用量 50～500 微克，连用 1～4 天；配合黄体酮 100 毫克，肌内注射，效果更好。

⑤ 孕激素 50～100 毫克，肌内注射，连用 14 天，总量 750～1000 毫克，治疗 10～20 天，70%的病牛会恢复正常。

⑥ 前列腺素，用量 5～10 毫克，肌内注射；配合地塞米松 10 毫克，一次静脉注射，隔日一次，连用 2～3 次。

⑦ 穿刺或挤破囊肿有一定作用，但一般不采用，容易导致出血或腹腔感染。

⑧ 加强并发病治疗，如子宫内膜炎，子宫灌注土霉素、氨苄西林、恩诺沙星等。

(2) 黄体囊肿

① 催产素 200 单位，肌内注射，每日两次，总量 400 单位。

② 垂体后叶激素 50 单位，肌内注射，隔日一次，共 2～3 次。

③ 前列腺素 5～10 毫克，肌内注射，或氯前列烯醇 0.5～1 毫克，必要时间隔 7 天再注射一次。

【中药方案】

处方一：三棱 30 克、莪术 30 克、香附 30 克、藿香 30 克、青皮 25 克、陈皮 25 克、桂枝 25 克、益智仁 25 克、肉桂 15 克、甘草 15 克。打粉开水冲调灌服。

处方二：益母草 400 克、丹参 200 克、当归 150 克。煎汤取汁，加红糖 250 克，一次灌服。

处方三：三棱 100 克、莪术 100 克、盐知母 60 克、盐黄柏 60 克、赤芍 60 克、白芍 60 克、柴胡 60 克、生牡蛎 60 克、丹皮 50 克、当归 50 克、红花 50 克、鳖甲 40 克、生地黄 40 克、青皮 40 克、生瓦楞子 150 克、车前子 80 克、蛇床子 80 克。水煎取汁一次灌服。

处方四：三棱 50 克、莪术 50 克、香附 50 克、藿香 50 克、陈皮 40 克、益母草 40 克、桔梗 40 克、肉桂 15 克、干姜 10 克。水煎取汁候温灌服。

四、牛子宫内膜炎

【诊断要点】

牛子宫内膜炎是子宫内膜的炎症，是母牛产后常见的疾病，发病率高达30%，占母牛不孕症的70%以上，根据病程长短可分为急性子宫内膜炎和慢性子宫内膜炎。

发病原因有以下两个方面。

① 微生物感染：大肠埃希菌、链球菌、葡萄球菌、棒状杆菌、变形杆菌、嗜血杆菌、结核分枝杆菌、布鲁氏菌、沙门菌、牛胎儿弧菌感染，牛鼻气管炎，牛病毒性腹泻等。

② 诱发因素：环境卫生不良，如牛体、圈舍、垫草等不卫生，消毒不彻底；助产、配种、子宫整复、胎衣剥离等消毒不严谨，操作不规范伤及生殖道黏膜；其他因素，各种应激、产后子宫迟缓、胎衣不下、恶露停滞等。

急性子宫内膜炎：常发于产后感染、胎衣不下及流产后，有全身症状。阴道流出黏液性或黏液脓性分泌物，应多考虑恶露滞留，如子宫迟缓、子宫颈闭锁、子宫颈分泌浓稠液堵塞所致。病理表现多为子宫弹力不足，子宫腔内蓄积乳白色、灰白色、蛋清样，子宫黏膜潮红、充血、肿胀、有出血点、黏膜面暗红、黏膜下轻度水肿，子宫黏膜混浊、无光泽，子宫阜周围肿胀、充血。急性化脓性子宫内膜炎，子宫内蓄有脓性、灰黄色粥样分泌物。

慢性子宫内膜炎：多是由急性转化而来，病牛卧下或发情时，阴道排出浑浊带有絮状物的黏液，类似鸡蛋清，阴道外部及阴门周围沾染炎性分泌物。如果是黏液脓性子宫内膜炎，分泌物主要为白色黏液脓性渗出物；如果是慢性化脓性子宫内膜炎，则食少、消瘦、性周期紊乱，排恶臭、浓稠的灰色脓性分泌物，有的病例在子宫壁发生小脓肿。隐性子宫内膜炎多无症状，性周期、发情、排卵正常，屡配不孕或妊娠后流产，发情时阴道排出的黏液较浑浊。病理表现子宫肥大、弹性较强，子宫腔内有大量灰白色、粥样分泌物，黏膜灰暗、轻度水肿。

【预防措施】

(1) 加强饲养管理，改善环境卫生

① 饲料营养科学合理，尤其是维生素A、维生素D、维生素E、钙磷、微量元素要满足需求。

② 圈舍定期清扫、消毒，保持清洁、干燥，夏季做好通风防暑，冬天做好保暖。

(2) 规范日常产科方面操作

① 人工授精、助产、胎衣剥离等要严格消毒，手臂、器械、母牛外阴等严格消毒。

② 操作手法要娴熟，操作要严谨规范，避免因操作不当引发子宫、产道黏膜损伤。

(3) 做好围产保健工作

① 临产前重视营养补充，产房严格消毒。

② 科学助产，做好消毒，避免暴力助产损伤产道。

③ 产后重视体能恢复，补充葡萄糖、葡萄糖酸钙，或者喂麸皮红糖水等。

④ 产后注射催产素、破伤风抗毒素、头孢噻呋或林可霉素等防感染，产后25小时可以考虑子宫灌注抗生素防感染。

⑤ 做好日常巡检观察，及早发现隐性子宫内膜炎，早治疗。

【西药方案】

治疗原则：促进炎性渗出物排出，消除感染，增强生殖器官功能，提高子宫自净能力。

(1) 子宫冲洗　用0.1%高锰酸钾溶液1000～2000毫升冲洗，或用0.2%雷佛奴尔溶液2000毫升冲洗。需反复多次冲洗，直至导出液清亮透明为止。

(2) 子宫灌注

① 抗菌：土霉素2～5克；或青霉素400万单位，链霉素200万单位；或氨苄西林5～10克，洗必泰1～2克。任选一组溶于10%盐水中，一次子宫灌注，2天一次，连用数次。

② 肌内注射雌二醇或催产素或氯前列烯醇。

(3) 注射灌注结合疗法 雌二醇或氯前列烯醇钠注射，林可霉素、大观霉素子宫灌注。以上药物使用后 2 小时，肌内注射催产素。

(4) 肌内注射保守疗法

① 头孢噻呋或头孢喹肟或林可大观霉素或青霉素链霉素等抗感染。

② 鱼腥草清热解毒。

③ 地塞米松抗炎。

④ 氟尼辛葡甲胺退烧。

⑤ 雌二醇或催产素或氯前列烯醇。

(5) 全身输液疗法

① 头孢噻呋抗感染。

② 地塞米松、氯化钙抗炎。

③ 维生素 C、维生素 B 辅助营养。

④ 5%葡萄糖生理盐水输液载体。

⑤ 发热配合安乃近、氟尼辛葡甲胺等。

⑥ 重症可配合樟脑磺酸钠、碳酸氢钠。

【中药方案】

处方一：当归 10 克、川芎 10 克、黄芩 10 克、赤芍 5 克、白术 5 克、白芍 5 克。煎汤取汁过滤，待冲洗子宫后灌注。

处方二：酒当归 30 克、川芎 15 克、酒白芍 20 克、熟地黄 30 克、吴茱萸 20 克、茯苓 30 克、丹皮 20 克、元胡 15 克、陈皮 25 克、制香附 30 克、白术 30 克、砂仁 15 克。血虚有寒加肉桂 15 克、炮姜 15 克、熟艾 15 克；血虚有热加炙黄芩 30 克、白薇 25 克。

处方三：党参 40 克、黄芪 50 克、当归 50 克、川芎 30 克、桃仁 30 克、红花 20 克、炮姜 20 克、炙甘草 20 克、益母草 100 克、白芍 30 克、柴胡 30 克、三棱 25 克。一次 300～500 克，打粉开水冲调灌服。

处方四：益母草 120 克、当归 75 克、川芎 30 克、桃仁 30 克、炮姜 15 克、炙甘草 15 克。一次 500 克，打粉开水冲调灌服。

五、牛子宫颈炎

【诊断要点】

子宫颈炎多是由于分娩、配种或人工授精时子宫颈受到创伤或感染所致。

主要病因是机械刺激或损伤，长期慢性刺激是子宫颈炎的主因；另外，阴道炎、子宫内膜炎蔓延也可导致，滴虫病等也可导致。

急性子宫颈炎，阴道检查出现子宫颈肿胀、松软如面团状，子宫颈外口开张，可深入1～2指。黏膜有不同程度充血，周围有絮状黏性或脓性渗出物附着。

慢性子宫颈炎，多是急性转化而来，阴道检查子宫颈变粗变硬，肿胀潮红不明显，黏膜皱襞蓄积脓性或腐败性分泌物，有时子宫颈管溃疡、糜烂、脓肿等，有时子宫颈管不同程度粘连。

【预防措施】

① 平时做好消毒，尤其涉及人工授精、助产等，更要严格消毒。

② 规范手术操作，避免损伤子宫、子宫颈、阴道黏膜组织。

【西药方案】

(1) 急性子宫颈炎 用0.1%～0.2%雷佛奴尔溶液冲洗干净渗出物。子宫颈注入青霉素、林可霉素、氨苄西林、土霉素、头孢噻呋等抗菌药配合甲硝唑等。

(2) 慢性子宫颈炎 用0.05%新洁尔灭或1%醋酸或0.1%高锰酸钾冲洗。局部涂擦碘甘油或3%龙胆紫或抗生素。子宫颈糜烂的病例，可用5%～10%硝酸银腐蚀患部，然后塞入土霉素胶囊，配合甲硝唑会更好。

(3) 全身给药

① 肌内注射：林可霉素、大观霉素，或氨苄西林、庆大霉素，或头孢喹肟等。

② 输液：氨苄西林、庆大霉素、甲硝唑；或氧氟沙星或恩诺沙星、甲硝唑；或克林霉素、氧氟沙星；或青霉素、链霉素、甲硝唑或替硝唑。

【中药方案】

处方一：党参 40 克、丹皮 40 克、当归 40 克、桔梗 40 克、白术 50 克、茯苓 30 克、薏苡仁 30 克、陈皮 30 克、山药 30 克、红花 30 克、泽泻 30 克、桃仁 30 克、赤芍 30 克、没药 30 克、甘草 30 克、鱼腥草 30 克、败酱草 30 克、元胡 30 克、川楝子 30 克、香附子 30 克。打粉开水冲调，灌服。

处方二：当归 60 克、川芎 60 克、益母草 60 克、木香 60 克、香附 60 克、川续断 50 克、红花 20 克、甘草 40 克、莪术 120 克。打粉开水冲调灌服。

处方三：当归 60 克、川芎 60 克、赤芍 60 克、益母草 60 克、川续断 60 克、木香 60 克、红花 20 克、甘草 30 克、艾叶 30 克、炮姜 30 克、柴胡 40 克、蒲公英 40 克、茯苓 40 克。打粉开水冲调灌服。

六、牛子宫蓄脓

【诊断要点】

牛子宫蓄脓是指母牛子宫内蓄积脓液并伴有持久黄体和不发情。

发病原因：能够引起子宫内膜炎的因素；妊娠期间可导致胎儿死亡的感染；化脓性放线菌和毛滴虫感染是子宫蓄脓的主要感染因素。

临床表现多为不发情、持久黄体、子宫积液，多数病例会间歇或频繁从生殖道排出浆液性脓性分泌物。直肠检查发现子宫壁变厚、迟缓或变薄；病例剖检子宫内有黏稠脓汁及缺少胎膜。

【预防措施】

加强饲养管理，重视环境卫生，定期消毒，保持圈舍干燥通风。配种、接产时消毒和操作规范，避免生殖道外源性感染。重视母牛妊娠期管理，加强营养，减少应激，防止流产、死胎。

【西药方案】

① 肌内注射雌二醇或氯前列烯醇钠，子宫灌注林可霉素、甲硝唑，或土霉素，或氨苄青霉素、庆大霉素，或青链霉素，间隔 2 小时注射催产素。

② 用 0.2%高锰酸钾或雷佛奴尔进行子宫冲洗，然后灌注林可霉素、甲硝唑，或土霉素，或氨苄青霉素、庆大霉素，或青链霉素。

③ 全身给药：肌内注射林可霉素、大观霉素，或头孢噻呋、恩诺沙星，或土霉素等。

【中药方案】

处方一：党参40克、丹皮40克、当归40克、桔梗40克、白术50克、茯苓30克、薏苡仁30克、陈皮30克、山药30克、红花30克、泽泻30克、桃仁30克、赤芍30克、没药30克、甘草30克、鱼腥草30克、败酱草30克、元胡30克、川楝子30克、香附子30克。打粉开水冲调，灌服。

处方二：当归60克、川芎60克、益母草60克、木香60克、香附60克、川续断50克、红花20克、甘草40克、莪术120克。打粉开水冲调灌服。

处方三：当归60克、川芎60克、赤芍60克、益母草60克、川续断60克、木香60克、红花20克、甘草30克、艾叶30克、炮姜30克、柴胡40克、蒲公英40克、茯苓40克。打粉开水冲调灌服。

【说明】牛闭锁性子宫蓄脓，外观症状不明显，需要配合B超检查。病程超过2个月或有大量蓄脓的病牛，再妊娠的可能性较小。部分病牛治疗后可能再复发，建议淘汰处理。

七、牛卵巢炎

【诊断要点】

卵巢炎是牛免疫力下降，病原体侵入子宫或输卵管以后，蔓延至卵巢所致，轻则引起卵巢周围炎症或卵巢粘连，重则形成输卵管或卵巢脓肿。

发病原因：子宫、输卵管、腹膜、卵巢周围组织器官炎症蔓延所致感染；强力按摩卵巢、挤压黄体、卵巢囊肿穿刺引发感染；结核分枝杆菌通过血液循环侵入卵巢感染。

急性病症：牛精神萎靡、发热、食欲下降；直肠检查，患侧卵巢体积急剧增大、圆形，表面光滑有弹性，摸不到卵泡和黄体；卵巢脓肿严重时，触诊有波动感、疼痛感。

慢性病症：急性转化而来，表现卵巢结缔组织增生；直肠检查摸不到卵泡和黄体，卵巢体积增大，质地变硬，局部有硬化结节，表面高低不平；触诊痛觉不明显或无感觉；病久可能会发生卵巢萎缩，卵巢与周围组织粘连，卵巢不能移动，硬度更坚实。

两侧性卵巢炎母牛表现不发情，一侧性卵巢炎有可能表现发情。

【预防措施】

加强饲养管理，提高母牛营养水平，提高母牛免疫力，降低各种感染。增加母牛运动量和光照时间，合理补充矿物质微量元素和维生素，尤其是鱼肝油。

【西药方案】

① 抗感染：青霉素配链霉素或磺胺间甲氧嘧啶或头孢喹肟或林可大观霉素等。

② 补充营养：氯化钙或葡萄糖酸钙等；维生素 A、维生素 D、维生素 E、维生素 C 等；葡萄糖或布他磷等。

【中药方案】

处方一：当归 50 克，白术 50 克，茯苓 50 克，炙黄芪 75 克，葶苈子 40 克，桂枝 40 克，肉桂 40 克，升麻 40 克，柴胡 40 克，益母草 100 克，制附子 30 克。水煎候温灌服。

处方二：党参 30 克，山药 30 克，元胡 30 克，当归 30 克，菟丝子 30 克，补骨脂 30 克，吴茱萸 30 克，栀子 30 克，升麻 25 克，竹叶 25 克，甘草 15 克，熟地黄 20 克，益母草 60 克，淫羊藿 40 克。水煎候温灌服。

处方三：党参 30 克，山药 30 克，元胡 30 克，当归 30 克，菟丝子 30 克，黄柏 30 克，金银花 30 克，熟地黄 20 克，桃仁 20 克，没药 20 克，益母草 60 克，淫羊藿 40 克，升麻 25 克，乳香 25 克，甘草 15 克。煎汤取汁候温灌服。

八、牛输卵管炎

【诊断要点】

输卵管炎是盆腔生殖器官炎症中最多发的疾病，输卵管是卵子、精子、受精卵的通道，输卵管炎症会导致输卵管收缩障碍、输卵管狭窄、输卵管阻塞等，导致精子和卵子通过受阻，引发不孕。

发病原因：子宫炎、子宫瘤、卵巢炎、腹膜炎等蔓延或病菌直接侵入有关；错误地按摩子宫、卵巢和挤压黄体也容易引发；部分传染病全身感染引发，如结核分枝杆菌等。

急性表现：精神沉郁、食欲减退、发热，心跳加快，性周期延长；直肠检查，触诊输卵管肿胀，有痛感。

慢性表现：性周期消失，长期不孕；直肠检查，触诊输卵管变粗硬，可感知坚实的结节，偶有形成鸡蛋大的囊肿，触诊有波动感；有时卵巢、输卵管与周围组织发生粘连，卵巢活动受限，剖检有时可见黏膜结缔组织增生、皱襞粘连、输卵管狭窄或闭锁。

【预防措施】

加强管理，预防各种生殖器官感染。提高免疫力，重视微量元素、钙磷、鱼肝油补充。

【西药方案】

① 抗感染：青霉素、链霉素、甲硝唑；或头孢喹肟、甲硝唑；或恩诺沙星、头孢噻呋、甲硝唑；或青霉素、磺胺间甲氧嘧啶、甲硝唑等。

② 抗炎：地塞米松、氯化钙、维生素 C 等。

③ 促渗出物排出：雌二醇、氯前列烯醇钠等。

④ 子宫灌注：青霉素 400 万单位，链霉素 200 万单位，透明质酸油 500 国际单位，溶于 500 毫升生理盐水，一次子宫灌注。

【中药方案】

处方一：当归 50 克，白术 50 克，茯苓 50 克，炙黄芪 75 克，葶苈子 40 克，桂枝 40 克，肉桂 40 克，升麻 40 克，柴胡 40 克，益母草 100 克，制附子 30 克。水煎候温灌服。

处方二：党参 30 克，山药 30 克，元胡 30 克，当归 30 克，菟丝子 30 克，补骨脂 30 克，吴茱萸 30 克，栀子 30 克，升麻 25 克，竹叶 25 克，甘草 15 克，熟地黄 20 克，益母草 60 克，淫羊藿 40 克。水煎候温灌服。

处方三：党参 30 克，山药 30 克，元胡 30 克，当归 30 克，菟丝子 30 克，黄柏 30 克，金银花 30 克，熟地黄 20 克，桃仁 20 克，没药 20

克，益母草 60 克，淫羊藿 40 克，升麻 25 克，乳香 25 克，甘草 15 克。煎汤取汁候温灌服。

九、牛排卵障碍

【诊断要点】

牛排卵障碍包括不排卵和排卵延迟。卵子未排出，不能受精；卵子排出太迟，卵子已经老化或精子失去受精能力；排卵障碍是牛不孕症的重要原因。

发病原因：内分泌紊乱，如促性腺激素分泌异常、促乳素水平高、前列腺素不足、雌激素与雄激素含量异常；某些酶的活性降低，如卵泡液中的蛋白水解酶、淀粉酶、胶原酶、透明质酸酶、纤维素溶解酶等；其他因素，如应激、遗传、疾病、管理、泌乳与哺乳异常。

不排卵临床表现：病牛发情周期正常且症状明显，卵泡也能发育到最大体积，但不排卵，随后卵泡退化或闭锁，随即发情症状消失；有时卵泡不退化，卵泡壁黄体化，18 天左右退化，母牛正常时间内返情；直肠检查卵巢圆形而光滑，有波动感。

排卵延迟临床表现：母牛发情正常，发情结束 12 小时内不排卵，有的虽然排卵，但卵子老化或变性，不能受精，屡配不孕。发情持续期延长 3～5 天或更长时间。病牛有的发情明显，有的发情微弱。直肠检查有的卵泡发育成熟，波动明显，不排卵；有的卵巢不规则，有许多大小不等的结节，但不排卵。

【预防措施】

① 加强饲养管理，保持均衡营养、适量运动、充足光照，保持气血充足且周流。

② 配种前检查卵泡发育情况，适时配种，并在配种或输精前注射促排 3 号或戈那瑞林，间隔 24 小时再配一次。

【激素疗法】

① 注射促黄体素释放激素，配合维生素 A、维生素 D、维生素 E。

② 注射戈那瑞林（促性腺激素释放激素），配合维生素 A、维生素 D、维生素 E。

【中药疗法】

处方一：香附 60 克，红花 30 克，桃仁 30 克，赤芍 30 克，黄柏 30 克，黄芩 30 克，当归 30 克，生地黄 25 克，菟丝子 25 克，阳起石 25 克，补骨脂 25 克，枸杞子 25 克，川芎 25 克，益母草 80 克。发情持续时间长的重用香附、益母草、去黄柏、黄芩；膘情差加白术 30 克、黄芪 25 克、生地黄改为熟地黄；有泄泻者加肉桂 20 克；配后出血腹痛者，加丹参、艾叶。煎汤取汁一次灌服。

处方二：菟丝子 25 克、枸杞子 15 克、覆盆子 15 克、蛇床子 15 克、茺蔚子 15 克、淫羊藿 15 克、制香附 15 克、炙黄芪 45 克、当归 20 克、山药 20 克、制何首乌 20 克。发情前加牡丹皮 15 克、山茱萸 15 克、女贞子 15 克、生地黄 20 克；发情结束加仙茅 15 克、紫石英 15 克、巴戟天 20 克、肉苁蓉 20 克；子宫发育不良者加紫河车 15 克、鹿角胶 15 克、杜仲 15 克、熟地黄 25 克。煎汤取汁候温，一次灌服。

第二节 牛妊娠与分娩期疾病防治

一、妊娠母牛流产

【诊断要点】

妊娠母牛流产多是指营养失调、饲养管理不当、外力损伤、疾病、毒物或药物等因素导致的母牛妊娠终止。流产连续发生三次以上，称为习惯性流产。

牛流产发生在妊娠初期，多数胚胎会被液化吸收，一般很难发现母牛排出胎儿组织；流产发生在妊娠中后期，母牛会排出死胎或生命力较弱、发育不全的活胎儿；如果胎儿在子宫内死亡未排出或导致各种病理演化，如干尸化或木乃伊化、胎儿浸溶、气肿胎等。

发病原因有以下六个方面。

① 营养失调：日粮不足、营养不全面、饲料配方不合理、饲料品质低劣、饲料霉变变质等。

② 饲喂不当：过多饲喂糟渣饲料、过多饲喂青储饲料、优质干草

不足、饲喂不规律、饲喂量任意调整、更换饲料没有过渡期、饲喂冰冻饲料或饮水等。

③ 管理不当：比如野外放牧剧烈驱赶、圈舍设施因素导致跌倒或其他损伤、母牛运动不足、母牛光照不足、圈舍脏乱污浊、圈舍通风不良、牛相互打斗顶伤、打针治病或产检粗暴保定、母牛时刻处于应激状态等。

④ 疾病影响：尤其是严重的全身性疾病和生殖系统疾病，比如布鲁氏菌病、结核病、巴贝斯虫病、钩端螺旋体病、病毒性腹泻、衣原体病、沙门菌病、子宫炎、阴道炎、子宫粘连等。

⑤ 胎膜、胎盘、胚胎发育异常：无绒毛、绒毛发育不全、胚胎过多、胎水过多、精子或卵子缺陷、卵子衰老等。

⑥ 用药失误：如错用催产药、错用催情药、错用地塞米松等激素药、错用利尿剂、大剂量使用泻剂、大剂量使用全身麻醉药物、错用兴奋子宫的药物等。

牛流产具体临床表现如下。

① 隐性流产：多发于胚胎尚未成形的妊娠早期，死亡的胚胎容易被分解吸收，子宫内不留任何痕迹，也有的死亡胚胎随着母牛再次发情或排尿等反射性排出，一般很难察觉。此时母牛无可见的临床症状，只是配种后过一段时间又出现发情表现，妊娠状态消失。

② 产出不足月的活胎：与正常分娩类似，但分娩的前期征兆和分娩过程不明显，多是产出胎儿 1～3 天才有类似分娩表现。

③ 产出死亡的胎儿：妊娠的中后期，产死胎前会有一定的临产预兆，产道也有类似正产分娩的变化，直肠检查无胎动，母牛妊娠脉搏不明显，多在几天内连同胎衣一同排出。

④ 死胎滞留：胎儿死亡后没有排出，而是在子宫内发生干尸化（也有人称为木乃伊化）、浸溶、腐败、气肿等变化，此类流产对母牛伤害最大，往往影响以后妊娠。

【预防措施】

① 保证母牛营养：饲料营养要全价，尤其是蛋白质、矿物质、维生素等不能缺乏；饲料品质要好，尤其是不能发霉变质；饲喂制度要合

理且稳定，不能突然换料或改变饲喂方式。

② 加强饲养管理：提供舒适的圈舍环境，定期消毒清扫；不能给母牛造成剧烈应激，如剧烈驱赶、彼此争斗、地面湿滑、暴力产检等。

③ 加强疾病预防：打疫苗、做好驱虫、做好消毒、禁止外人随便进场等，定期有针对性地保健，如添加脱霉剂、益生菌、钙磷十八补等。

④ 慎重使用药物：治病用药一定要仔细检查药物使用禁忌；妊娠期禁用的药物坚决不用；妊娠期慎用又不得不用时，要注意用药剂量。

【先兆流产保胎方案】

先兆流产是指产道未开、胎儿存活、母牛略有异常的表现，应镇静安胎。

1. 西药方案

① 孕激素（孕酮），牛一次肌内注射，50～100 毫克，可连续注射 3～5 天。

② 硫酸阿托品，牛一次皮下注射，30 毫克，可连续注射 2～3 天。

2. 中药方案

处方一：炒白术 30 克、当归 30 克、砂仁 20 克、川芎 20 克、白芍 20 克、熟地黄 20 克、炒阿胶 25 克、党参 20 克、陈皮 25 克、苏叶 25 克、黄芩 25 克、甘草 10 克、生姜 15 克（为引）。打粉开水冲调，一次灌服，连用 3～5 天。

处方二：人参 30 克、黄芪 25 克、当归 25 克、川续断 20 克、黄芩 20 克、白术 25 克、甘草 20 克、川芎 20 克、芍药 20 克、熟地黄 30 克、砂仁 20 克、陈皮 20 克、五味子 20 克、红糖 300 克。打粉开水冲调，一次灌服，连用 3～5 天。

处方三：党参 35 克、黄芪 50 克、白术 60 克、当归 30 克、白芍 35 克、熟地黄 30 克、续断 30 克、寄生 40 克、阿胶 30 克、杜仲 60 克、砂仁 30 克、黄芩 30 克、菟丝子 30 克、补骨脂 30 克、艾叶 40 克。水煎候温，一次灌服，连用 2～3 天。

处方四：当归 45 克、川芎 5 克、菟丝子 30 克、炒白芍 9 克、枳壳 12

克、炙甘草9克、焦杜仲15克、续断30克、补骨脂24克、生姜15克。打粉冲调灌服，三天一剂，连用3～5剂，主要用于预防习惯性流产。

【不可避免性流产方案】

不可避免性流产是指母牛产道已开或胎儿已经无生命体征，母牛明显有异常分娩特征，应尽早促使胎儿排出。促排原则：促进子宫颈开张、子宫收缩、活血祛瘀。

1. 西药方案

① 雌二醇，一次肌内注射10毫克，每天1～2次；或氯前列烯醇钠，一次肌内注射，每天1次，直至胎儿排出为止。

② 催产素，一次肌内注射80国际单位。可重复使用，必须在子宫颈充分开张后使用。

③ 石蜡油，产道润滑度不够时，可产道灌注液体石蜡油500毫升。

2. 中药方案

处方一：桃仁25克、红花20克、当归60克、川芎20克、白芍20克、熟地黄30克、益母草45克、炙甘草15克、党参30克、牛膝25克。打粉开水冲调，一次灌服。

处方二：益母草150克、当归尾30克、红花30克、三棱30克、莪术30克。水煎取汁，配白酒250毫升，一次灌服。

处方三：人参50克、当归50克、丹参50克、川芎50克、益母草50克、赤石脂60克、红花30克、炒芥穗30克。打粉开水冲调，一次灌服，每天早晚各1剂。

处方四：益母草120克、当归75克、川芎30克、桃仁30克、炮姜15克、炙甘草15克。打粉开水冲调，一次灌服。

二、母牛子宫捻转

【诊断要点】

牛子宫捻转是整个子宫的一侧子宫角或子宫角的一部分绕其纵轴扭转。多发生在母牛妊娠末期或临产前1～5天。发病率在10%以内。

本病发生的根源是牛妊娠时子宫小弯背侧由狭长的子宫阔韧带吊

悬，固定住子宫颈、子宫体、子宫角基部的两侧，子宫大弯则位于腹底部，靠瘤胃、腹壁及其他内脏支撑。在妊娠后期，子宫角大弯向前延伸扩展，子宫大弯及子宫整个前部处于游离状态，可左右大幅度移动，从而容易导致子宫体、子宫颈、阴道前部发生扭转。

本病容易因母牛急剧起卧转动身体、下陡坡、剧烈撞击而发生；另外肚胀、腹痛导致母牛不安起卧时、剧烈胎动或阵缩时、运动不足时、子宫阔韧带弛缓时、牛爬跨时、意外滑倒时、惊吓狂跑时等都可能诱发本病。

妊娠期发生扭转时，无特殊症状，一般体温正常，精神无异常，母牛可能稍不安，轻度腹痛，偶尔后肢踢腹，食欲减退或不食。

临产前或分娩时发生子宫捻转，母牛表现不安、频繁摇尾巴、踏步踢腹、食欲废绝，母牛到预产期有阵缩或努责，但不见胎膜、胎水、胎儿排出。

直肠检查时，手伸入直肠深处，转向一侧可摸到子宫皱襞，扭转一侧子宫阔韧带紧张，而另一侧子宫阔韧带则松弛，位于紧张阔韧带内的子宫中动脉不波动或波动紧张如敲击一样。

子宫颈前方发生扭转时，阴道变化不明显，需直肠检查来进一步确诊；子宫颈后方发生扭转时，阴道变化明显，具体表现：阴道壁紧张，阴道腔越向前越狭窄，前端阴道壁呈螺旋状皱褶，离子宫颈越近阴道部管腔越小。高度扭转的母牛表现阴唇肿胀，肿胀状态如椭圆形，扭转的方向与阴唇肿大的方向相反。

【预防措施】

① 加强饲养管理，妊娠后期避免非正常运动刺激，圈舍地面平整，可适当多铺垫草使牛舒适趴卧。

② 加强母牛营养、适量自由运动，保持子宫、肌肉等活性强度。

③ 做好产前观察或检查，发现异常及时诊断、纠正。临产母牛突然不吃，腹部膨大，应进行阴道与直肠检查，核实子宫是否正常。

【治疗方案】

1. 分娩中轻微扭转矫正方案

可以产道或直肠内矫正。

(1) 产道内矫正 母牛前低后高站立，使扭转状态处于充分展现状态。母牛尾椎硬膜外腔麻醉，防止母牛过分努责或不安。母牛产道灌注大量润滑油，如石蜡油，以便于操作，降低产道意外损伤。具体操作：术者伸手进入产道，握住胎儿前置部位，努力向扭转的对侧翻转，同时助手在相应的腹部同频进行压迫助力。

(2) 直肠内矫正 母牛前低后高站立，使扭转状态处于充分展现状态。母牛尾椎硬膜外腔麻醉，防止母牛过分努责或不安。术者手臂涂抹润滑油，如石蜡油，以便于操作，降低直肠意外损伤。具体操作：采用术者手伸入直肠，手尽可能伸到扭转方向的子宫一侧下面托举子宫向对侧进行翻转，同时两个助手用木板在乳区前侧向扭转反方向抬举，或者单个助手用肩膀顶住扭转侧腹下用力向上抬举，另外的助手在对侧肷窝从上向下施加压力。

2. 母牛侧卧翻转法矫正

适用于妊娠期或者较重的子宫扭转。

矫正的原理：利用惯性原理，如同“车子突然极速启动，人会由于惯性突然向后仰”的原理，侧卧翻转法就是利用子宫量的惯性，突然翻转母牛时子宫有惯性不动，而母牛的身体发生相对移动达到矫正的目的。

具体操作：牛子宫向左侧扭转，牛身体左侧卧地，向左侧方向急速翻转牛体；牛子宫向右侧扭转，牛身体右侧卧地，向右侧方向急速翻转牛体。一次矫正不好，可以重复几次翻转。选取宽阔平整的地面，铺上垫草或软垫，便于操作，防止母牛背部或皮肤损伤。母牛卧下四肢屈曲腹下，两根扁绳对侧固定四肢，使母牛呈圆筒状，便于翻滚；或者前肢与后肢两两捆绑，中间用一根木棍支撑绑定，便于前后肢同步用力翻转，防止前后不同步用力，出现母牛扭伤问题。也可以用木板反向压擀。

3. 剖宫产开放矫正开放取胎

适用于反复保守翻转矫正无效或子宫与内脏粘连的病例。

对于扭转严重的母牛，其子宫可能高度充血，为防止子宫壁切开后大量出血，应在腹壁切开后进行矫正。对于无法矫正的病例要做好预防大出血的准备，做好止血工作，大血管可做结扎止血。切开子宫取出胎儿后，要注意检查严重扭转处有无损伤或破裂，如有损伤或破裂要一并进行缝合处理。

剖宫产后，需做好护理，主要是防感染和止血工作。

① 止血可用药：止血敏、维生素 K、催产素等。

② 腹腔给药：青霉素配合链霉素等。

③ 注射：头孢噻呋、甲硝唑、恩诺沙星等，或者氨苄西林、甲硝唑、庆大霉素等。

④ 根据恢复情况，可适当使用营养支持疗法：如钙制剂、葡萄糖、维生素 C 等。

三、妊娠母牛水肿

【诊断要点】

妊娠母牛水肿多发生于妊娠末期，表现为母牛腹下、后肢发生水肿。妊娠末期轻度水肿属于正常生理现象；妊娠末期出现严重大范围水肿，就是病理现象。

发病原因：与妊娠末期激素作用和乳静脉血压升高有密切关系，如雌激素和孕激素血液含量变化等，与母牛妊娠末期体内钾、钠、镁等含量异常变化也有一定关系。

临床表现：水肿多在产前 30 天出现，并呈现逐渐加重的趋势，分娩后 15 天左右会逐步消失。水肿起初发生在腹下和乳房部位，逐步向前胸、外阴部，甚至腿部蔓延。水肿多表现扁平发展，左右对称，触感如面团，指压留痕，皮温略低，被毛稀疏或无毛覆盖部位皮肤明显紧张且有水肿光泽。

最典型的是乳房水肿：表现四个乳区或半侧乳区或单个乳区水肿，具体取决于水肿发展程度。乳房皮肤充血、扩张、膨胀，皮肤增厚，触诊坚实，有的乳房皮肤有条状裂纹出现。乳头短粗，乳房下垂，挤乳困难，乳房有的出现硬块，产乳量下降。

多数病牛无全身症状，个别重度水肿会导致采食量下降、后肢叉开、行走拘谨。

病理表现为腹部皮下和乳房间质严重水肿，皮下组织出现淡黄色、带有光泽的液体，乳房淋巴结水肿，肌纤维间、乳房实质、淋巴结中出现间隙。

【预防措施】

① 加强饲养管理，保持圈舍卫生、干燥、通风；母牛具备足够的活动空间、具备足够的光照条件。

② 加强营养调理，严格控制后期精料饲喂量，防止出现低镁血症，重视维生素的补充，不过量饲喂盐类添加剂，饲喂充足的优质干草。

③ 合理饮水，保持瘤胃菌群和胃肠消化功能，保持母牛气血平衡，适当添加脱霉剂，降低母牛体内毒素蓄积。

【治疗方案】

1. 轻症无须药物治疗

轻症多对母牛健康无任何影响，产后多能很快自然消失。

减少精料和多汁饲料饲喂量，适当限制饮水，增加运动量，产后增加挤乳量或犊牛吮乳量。

2. 重症药物调理措施

① 促进水肿部位血液循环：用20%鱼石脂软膏或樟脑软膏或松节油或醋酸或碘软膏等，涂布水肿的腹下或乳区，每天一次，连用数天。或用樟脑粉10克、姜酊200毫升、薄荷油10毫升、冰片2克、高度白酒1000毫升，充分混合，用棉球或纱布蘸取药液反复涂擦患病部位，每次10分钟，每天3次。或用20%硫酸镁水溶液每天冲洗水肿部位，冲洗过程中配合一定力度的按摩，促进局部血液循环，每天一次，连用数天。

② 强心、降低血管通透性、降低渗出：静脉输液5%氯化钙500毫升，静脉输液或肌内注射樟脑磺酸钠10～20毫升，静脉输液维生素C 40毫升。

③ 利尿、降低血管渗透压：呋塞米500毫克，一次肌内注射，每

天一次，或氯氢噻嗪 250 毫克，一次肌内注射，每天一次。

④ 激素疗法：保泰松 1 份，异丙氨基比林 2 份，混合取 25～30 毫升，一次肌内注射；或氯地孕酮 1 克，一次灌服，连用三天；或三氯甲噻嗪 200 毫克、地塞米松 5 毫克，一次内服，适用于产后水肿。

⑤ 穿刺减压疗法：在水肿最低部位，避开皮下静脉，用静脉注射针头在皮肤上穿刺 3～4 个针眼，或做 2 个较小切口，便于皮下积液排出。

四、母牛阴道脱出

【诊断要点】

母牛阴道脱出是由于阴道壁松弛形成皱襞套叠，在腹压或努责的作用下部分或整个阴道壁翻转突出阴门外，因此分为部分脱出和全部脱出。

母牛阴道脱出多发生于妊娠末期，部分发生在产后数天，其他时间偶有发生。发生在妊娠末期的阴道脱出，多数在产后会自行恢复，有的牛会连续几胎发生，形成习惯性脱出。

母牛阴道脱出的原因如下。

(1) 阴道组织松弛是根本原因

① 饲料品质差，营养不全，导致母牛消瘦或肥胖，中医称之为气血不足或中气不足。

② 妊娠后期雌激素分泌增加或产后卵巢囊肿引发激素异常或饲料霉菌毒素激素类作用等，导致母牛全身组织松弛，特别是母牛的会阴和阴道周围的组织均出现明显松弛。

(2) 腹压增高和异常努责是诱发因素

① 妊娠末期胎儿生长发育迅速，母牛子宫扩张，腹压增大，特别是圈舍设计不平整时更易发生，如地方狭小母牛进出趴卧过于拘谨、吃草或趴卧长期前高后低。

② 生产前后发生瘫痪，久卧不起，严重便秘或腹泻，瘤胃臌气，阴道受到产检或炎症刺激等，均可导致腹压增高或异常努责，诱发阴道脱出。

母牛阴道脱出临床表现如下。

① 部分脱出表现：多发生在产前，只有部分阴道皱襞形成皱褶，夹于阴门内或略突出于阴门外，趴卧时显露明显，起立之后回缩不见，但如果不及时调理，可能由于炎症或腹压持续增大而发展为阴道全部脱出。

② 全部脱出表现：在阴门外形成较大的囊状腔体，严重的会附带部分子宫壁或膀胱体；产前发生的还可能出现部分胎儿前置部位；严重的会并发前庭外翻，膀胱尿道口外翻，有尿液从尿道口溢出，在脱出部位顶部凹陷处可见子宫颈套叠其中，外口覆有子宫颈黏液塞。

③ 其他临床表现：部分脱出一般无明显的全身表现，但严重的脱出会表现拱背不安、频做排尿排粪状，对胎儿一般影响不大。如果持续得不到改善，随着腹压增大和持续努责，会导致脱出部位淤血坏死、直肠脱出、排尿困难等，此时也会导致胎儿死亡或流产。

母牛阴道脱出病理变化比较单一，主要集中在脱出部位，初期充血渗出，中期水肿淤血，后期干裂、出血、坏死。如果圈舍脏污、护理不及时，会加速感染恶化进程。

【预防措施】

① 科学饲喂：保证饲料营养全价，保证饲料品质优良，避免饲喂霉变的饲料，散户尤其要重视母牛妊娠后期的核心营养补充如钙磷、微量元素、鱼肝油等。妊娠后期可以少喂多餐，可以考虑饲喂体积小营养价值高的草料。

② 做好日常管理：圈舍保持宽敞、干净卫生、干燥通风，增加运动场运动或放牧运动，保持气血通畅，强化肌肉力量。始终保持母牛平稳站立或趴卧，甚至可有意保持其前低后高的采食站立姿势。

③ 加强保健：对于体质弱的牛或发生过脱出的母牛，可以定期饲喂钙磷十八补、补中益气散和脱霉剂等进行保健预防。

【治疗方案】

1. 饲养管理优化

① 调整饲喂，饲喂优质饲草，保证营养全价，饲喂营养浓度高、

易消化的食物，可以由每日两顿改为每日三顿，降低饱腹引起的腹压升高。

② 合理运动，保持前低后高的采食状态。

2. 轻症治疗方案

① 饲喂补中益气散，改善中气不足引发的中气下陷问题。

② 穴位封闭：可采取阴门上 1 点、左右两侧各 3～4 点，分点注射酒精或酒精配庆大霉素，每点注射 5 毫升。

3. 重症治疗方案

① 饲喂补中益气散，改善中气不足引发的中气下陷问题。

② 对脱出部分进行冲洗、消毒、针刺消肿，严重坏死的需要部分切除，并进行复位，注意复位时用手臂检查阴道是否完全舒展。

③ 手术缝合固定法：阴门圆枕缝合或纽扣缝合，髂骨孔纽扣固定术。

④ 手术操作烦琐的病例可以配合抗感染疗法：肌内注射头孢噻呋或头孢喹肟。输液氨苄西林、甲硝唑、庆大霉素、维生素 C、氯化钙等。

五、母牛子宫出血

【诊断要点】

子宫出血多表现两种情况：发情期出血和妊娠期出血。

发情期出血多是由于激素失调，如雌激素迅速下降、孕激素分泌不足，或者磷酸盐或氯化钠摄入不足等，引发子宫黏膜出血，多是子宫肉阜毛细血管出血。这种情况出血量或多或少，一般属于正常生理反应。

妊娠期出血多是由于母牛腹部受到外力冲击，以及传染病、寄生虫等因素影响，伤及子宫黏膜和绒毛膜血管而引起。

发情期出血多出现在配种 1～3 天之间，或排卵 24 小时后，可看到阴道流出鲜红色或暗红色的血液，血量多少因牛而定，全身症状不明显，对胎儿一般无影响。

妊娠期出血阴道检查可见血凝块，多数是由子宫出血导致。出血量少，多数停留在子宫不外流，分娩前随子宫颈黏液一起排出；出血量较多时，母牛会间断性外排，阴门有血迹污染，母牛表现不安、贫血，严重的可能会流产。

【预防措施】

① 注重母牛营养供给，特别是维生素、矿物质微量元素等。

② 加强饲养管理，避免因顶撞、暴力阴道或直肠检查等意外引发创伤性出血。

③ 做好消毒、防疫、保健，减少传染病或寄生虫病感染发病间接引发的子宫出血。

【西药方案】

1. 发情期子宫出血

① 属于生理现象，一般不需要治疗。

② 出血过多不放心，可肌内注射止血敏、维生素 K、维生素 C、头孢喹肟等止血抗菌。输液可配合氯化钙或葡萄糖酸钙或硼葡萄糖酸钙等。

2. 妊娠期子宫出血

① 保持安静，减少各种非必要刺激。

② 肌内注射 0.1%肾上腺素 5～10 毫升或止血敏或维生素 K 等。

③ 体质差表现贫血的，可以采取输液营养疗法。

止血：止血敏或维生素 K、维生素 C、氯化钙等。

抗菌：头孢喹肟或氨苄西林配庆大霉素或青链霉素或土霉素或恩诺沙星等。

补铁：右旋糖酐铁、维生素 B_{12} 等。

补能量：5%或 10%或 25%葡萄糖、复方生理盐水等。

防流产：肌内注射孕激素。

【中药方案】

处方一：当归 40 克、赤芍 50 克、生地黄 30 克、墨旱莲 30 克、女贞子 30 克、益母草 50 克、白花蛇舌草 40 克、仙鹤草 40 克、菟丝子 30

克、杜仲30克、续断30克、桃仁20克、红花20克、甘草20克。每天一剂，连用三天，发情前饲喂，适用于发情期出血的预防和缓解。

处方二：黄芪40克、党参30克、白术30克、龙眼肉30克、当归45克、茯神25克、远志20克、酸枣仁20克、木香15克、炙甘草15克、大枣30克、生姜20克。打粉开水冲调，一次灌服，每天一剂，连用3～5天，适用于妊娠期出血的预防和治疗。

处方三：黄芪50克、党参40克、当归40克、茯苓30克、白术30克、枣仁30克、阿胶30克、仙鹤草30克、棕榈炭30克、焦地榆30克、炙甘草10克。打粉开水冲调，一次灌服，连用4～5天。

处方四：炒黄柏40克、连翘30克、地骨皮30克、侧柏叶炭30克、地榆炭30克、五灵脂20克、延胡索20克、泽泻20克、甘草10克。打粉开水冲调，一次灌服，连用3～5天。

六、妊娠牛截瘫

【诊断要点】

妊娠牛截瘫多发生于母牛妊娠末期，妊娠牛没有局部明显损伤，也没有明显的全身症状，仅表现后肢不能正常站立。本病多见于草料不足的冬季，另外多发生于年老体弱的母牛。

发病原因：饲草营养缺乏或不足导致，如吃不饱、营养单一、钙磷矿物质缺乏、维生素缺乏等，是妊娠牛截瘫的主要原因。妊娠牛妊娠末期疾病继发或并发而来，如营养不良、胎水过多、子宫扭转、创伤性胃炎、风湿、酮血症等。

临床表现：运动障碍，多发于产前30天左右，后肢率先出现症状，站立无力，两后肢交替负重，喜卧；行走时后躯摇摆，步态不稳；卧下后起立困难；症状逐渐加重，直至瘫痪不起。一般轻症无全身症状，心跳快而弱，后躯无明显局部异常，针刺痛感反应正常，不及时治疗，长久卧地会发生褥疮、肌肉萎缩，甚至有阴道脱出、子宫扭转等问题。

【预防措施】

① 圈舍优化：干净卫生、干燥通风，有充足运动场地，有充足的光照，设施完善避免意外跌倒或扭伤等。

② 优质营养：优化母牛饲料配方，重视钙磷、微量元素、维生素等补充；提高饲料品质，杜绝饲喂劣质饲料原料，如发霉的饲草、营养不全的糟渣、酸度过大的青贮饲料等。

【西药方案】

1. 补营养

① 补钙：静脉注射5%氯化钙200～300毫升或10%葡萄糖酸钙300～500毫升。

② 补能量：10%葡萄糖溶液。

③ 补充维生素：静脉注射维生素C、维生素B_1、维生素B_{12}；肌内注射维生素D 10～15毫升或维生素A、维生素D 10毫升或维生素A、维生素D、维生素E。

④ 口服钙磷镁口服液。

2. 兴奋神经肌肉

士的宁5～7天增减疗法：士的宁皮下注射，1～4天按起始量0.02克，每天递增0.01克，5～7天从最高量每天递减0.01克。

3. 激素与镇痛疗法

氢化可的松抗炎。萘普生或氟尼辛葡甲胺肌内注射，或水杨酸钠输液，解热镇痛抗风湿。

4. 物理康复疗法

① 针灸或电针疗法：百会、肾俞、大胯、小胯、大转、汗沟、八字等穴位。

② 其他疗法：酒精火疗；配合吊带辅助站立，保持肌肉力量训练。

【中药方案】

处方一：当归50克、白芍35克、熟地黄50克、续断35克、补骨脂35克、川芎30克、杜仲30克、枳实20克、青皮20克、红花15克。打粉开水冲调，一次灌服，连用3～5天。

处方二：当归50克、牛膝50克、川芎60克、益母草60克、黄芪

250克、肉桂45克、车前子45克、红花45克。打粉开水冲调一次灌服，连用3～5天。

处方三：当归80克、黄芪80克、川芎60克、熟地黄60克、白芍60克、煅龙骨60克、独活60克、酒知母50克、酒黄柏50克、苍术50克、杜仲炭30克、甘草30克。打粉开水冲调，一次灌服，连用3～5天。

七、母牛子宫颈狭窄

【诊断要点】

母牛子宫颈狭窄是指母牛分娩时子宫颈开张不大，胎儿不能顺利通过，分娩出现难产。一般分为子宫颈扩张不全和子宫颈不能扩张。

子宫颈扩张不全主要发生于早产的牛，主要是牛的子宫颈较长，肌肉较为紧实；在分娩过程中子宫颈浆液性浸润和松弛需要较长时间。牛在分娩时发生阵缩过早、雌激素分泌不足时，子宫颈没有来得及充分软化就会导致子宫颈扩张不全。另外，子宫扭转、阵缩微弱、胎水过多等会导致子宫肌肉收缩无力，也会影响子宫颈在缺乏足够压力下扩张不全。

子宫颈不能扩张多是子宫颈发生器质性病变导致，如子宫颈损伤形成瘢痕收缩受阻、慢性子宫颈炎结缔组织增生、子宫颈肿瘤、子宫颈先天性发育不充分等。

子宫颈狭窄的临床表现：母牛临产具备分娩全部表现，如阵缩、努责正常，但不见胎膜、胎水排出，此时要及时做产道或直肠检查予以确认。子宫颈扩张不全，产道检查会发现子宫颈开张不大，仅可通过几个手指或拳头，子宫颈组织柔软但松弛度不够，没有其他异常情况。子宫颈不能扩张，产道或直肠检查时发现子宫颈粗细不均、软硬不均，努责强烈时容易发生阴道脱出。

子宫颈狭窄主要有原发性子宫颈狭窄和继发性子宫颈狭窄，继发性子宫颈狭窄可由子宫弛缓、子宫捻转、产道复旧硬化、胎儿干尸化等引发。

【预防措施】

① 后备母牛不要过早配种，必须性成熟和体成熟达标再配种。

② 母牛妊娠过程中要营养充足、日常活动要充分。

③ 在日常人工授精或助产时操作要规范，避免暴力操作引发子宫颈损伤，严重损伤会形成瘢痕或炎性增生，诱发子宫颈开张异常。

【治疗方案】

1. 明确延时助产

母牛努责、阵缩均正常，产道检查子宫颈轻微扩张不全，胎儿活着、胎膜未破时，没有其他异常，可以延迟助产，让母牛可以先自行努责生产。如果实在无法自己生产再考虑及时助产。

2. 助产具体操作步骤

① 助产时先将手臂和阴门进行消毒润滑。

② 手指并拢呈圆锥状插入子宫颈，缓慢张开手指强行扩张，然后将手深入子宫探摸胎儿位置状态。

胎儿头部和前肢前置时，理顺头部、引出前肢，用产科绳绑住前肢系部，同时将头部矫正与两前肢一致。用产科绳绑住前肢系部，产道适当灌注润滑油，如食用油、石蜡油等，缓慢牵拉胎儿，可以利用胎儿的支撑扩大产道，从而拉出胎儿。

如犊牛臀部前置时，需引出后肢，用产科绳绑住后肢系部，产道适当灌注润滑油，如食用油、石蜡油等，缓慢牵拉胎儿，可以利用胎儿的支撑扩大产道，从而拉出胎儿。

如果母牛子宫颈开张较大时，胎儿前置部位已经深入产道，同样产道灌注适量润滑油，可以缓慢拉出胎儿。

③ 药物辅助子宫颈开张或松弛，如肌内注射雌二醇，同时在子宫颈口涂抹5%或10%可卡因溶液或颠茄酊，有利于子宫颈开张。

④ 子宫颈病理性变化导致的狭窄，如阴道或子宫颈瘢痕或硬结、子宫颈闭锁、子宫颈肿瘤等，很难通过产道正常分娩，需要及时采取剖宫产。严重的病理性子宫颈不开张的牛，剖宫产之后需要评估泌乳期结束后是否具备继续饲养的价值，考虑是否淘汰。

3. 助产后的护理

(1) 加强管理 保证营养的供给，提高母牛泌乳能力。

(2) 抗感染 助产会导致不同程度损伤或产道外源性污染，必须抗感染护理。

① 抗菌：林可霉素、甲硝唑、氟尼辛葡甲胺，或头孢噻呋、恩诺沙星、鱼腥草，或青霉素、链霉素、安乃近等。

② 营养支持：0.9%生理盐水、10%葡萄糖、5%氯化钙、维生素C、复合维生素B等。

③ 产后麸皮红糖水：麸皮2斤、红糖500克、盐50克、益母草300克、乳酸钙50克等，加水10千克自由饮水。

八、母牛阴道与阴门狭窄

【诊断要点】

1. 母牛阴道狭窄的原因

① 母牛在配种、难产助产、阴道检查等情况下，导致阴道壁损伤或感染性炎症；进而导致阴道瘢痕性收缩或扩张不足，或者导致溃疡愈合性收缩，或导致黏膜结缔组织粘连。

② 分娩过程延滞或手术助产持续刺激产道，进而导致阴道组织发炎，甚至严重水肿，从而导致产道弹力下降、空间缩小，引发阴道狭窄。

③ 其他生理或病理因素，如阴道肿瘤等。

2. 母牛阴门狭窄的原因

① 过早配种，体成熟不达标的初产母牛，阴门发育不充分导致狭窄。

② 母牛分娩过程中激素分泌失调或母牛先天性气血津液不足或母牛运动不足等，导致骨盆韧带松弛不充分、阴门软组织浆液浸润不足，进而导致阴门松软度不够，没有达到充分分娩该有的组织伸张度，导致阴门狭窄。

③ 母牛配种、产检、上次分娩暴力助产等，导致母牛阴门损伤、阴门炎、阴门病变等，致使阴门组织形成瘢痕性收缩或结缔组织增生，最终导致阴门狭窄。

3. 母牛阴道狭窄的临床表现

母牛分娩时，努责与阵缩正常，但持久不见胎儿前置部位从阴门中露出，通过产道检查，在狭窄的部位可触摸到生产受阻的胎儿。

4. 母牛阴门狭窄的临床表现

母牛分娩时，阴门只能通过 3～4 指，或者勉强能伸入并拢的手，触摸阴唇感觉组织发硬或不够松软或扩张度不够。母牛努责和阵缩时，胎儿前置部位或部分胎膜囊从阴门中突出来，但是体积较大的部位顶在会阴壁上无法通过阴门，甚至努责时会阴部突出很大，有的牵连肛门突出。停止努责或站立时，外阴又恢复原样。部分母牛阴门瘢痕性收缩引发狭窄，当努责过于剧烈时，会阴有可能发生撕裂。

【预防措施】

① 母牛不要过早配种，必须体成熟达标再配种。

② 重视妊娠母牛管理，尤其是提供充足的营养，同时确保母牛有足够的运动空间。

【治疗方案】

1. 阴道狭窄的治疗方案

① 母牛轻度阴道狭窄，胎儿不大，阴道黏膜未明显水肿，病变部位较小且在阴道后端时，可向阴道灌注适量的液状石蜡油 500～1000 毫升，缓慢牵引胎儿前置部位，试着顺利拉出胎儿。

② 母牛阴道狭窄无法拉出胎儿时，可考虑用隐刃刀切开狭窄的阴道壁，或切开阴道的粘连部，也可考虑用刀划破初产牛肥厚的处女膜上部，尽可能使阴道腔充分扩大，而后涂抹润滑剂，强行拉出胎儿。

③ 母牛如果有阴道肿瘤，如果肿瘤很小，可把肿瘤压向一侧，产道润滑后，试着拉出胎儿。如果肿瘤较大，已经无法拉出胎儿，应立即手术切除肿瘤，然后再润滑产道，拉出胎儿。

④ 如果母牛产道狭窄严重，保守处理根本无法拉出胎儿，为了母犊平安，应尽快启动剖宫产手术。因为如果此时强行牵拉对犊牛、对母牛产道都会有巨大损伤，甚至母牛和犊牛都有生命危险。

2. 阴门狭窄的治疗方案

① 阴门狭窄不严重，胎儿个头也不太大时，考虑强行拉出胎儿。在阴门内涂抹石蜡油润滑，术者按压阴门上部，并用手撑住阴门上缘，减轻阴门阻力。

② 胎儿头部前置：阴道涂抹润滑油后，4～5 个人牵拉犊牛前肢，1～2 个人撑住阴门上部并用力下压胎儿头部，使头部通过阴门后，胎儿基本就可以正常产出了。

③ 胎儿过大，阴门太窄，不可避免会被撑开撕裂。为避免胎儿窒息，也避免阴门不可预测撕裂，此时要果断做阴门会阴中线或会阴中线旁切口，切口长度和深度根据现场情况灵活掌握。顺利拉出胎儿后，对皮肤和阴道黏膜的切口进行消毒、整形、缝合，黏膜肌层与皮肤双层缝合。

④ 分娩过程中，如果导致阴门自然撕裂，在缝合前要对创面进行修整，去除不利于愈合的组织，整修出新的创面再缝合，有利于后续愈合。

九、母牛子宫破裂

【诊断要点】

母牛子宫破裂从病理角度可分为子宫浅层破裂、子宫全层破裂、子宫穿孔，本病多发于母牛分娩、母牛子宫炎治疗、胎衣不下剥离和母牛子宫脱出时。

1. 发病原因

① 难产强行拉扯：母牛分娩由于胎势、胎向、胎位、畸形等引起难产时，母牛强烈努责和阵缩，再加上助产者暴力拉扯都可能导致子宫破裂，尤其是产道狭窄、产道干燥、胎儿过大时，强力拉拽最易导致子宫破裂。

② 器械处置损伤：母牛难产时通常会采取一定器械助产矫正，器械进出损伤或手部操作鲁莽，胎衣剥离及导管冲洗子宫操作不熟练等，均可导致子宫破裂。

③ 错用催产素：催产素必须在母牛子宫颈充分开张时才可使用，当母牛子宫捻转、子宫颈未开张、胎儿异常未解除时，使用催产素可导致子宫破裂。

2. 临床表现与病理变化

① 母牛子宫完全破裂时，分娩努责突然停止，有时从子宫流出血液，裂口大时，血液会流进牛腹腔。当出现大出血时，母牛会出现急性贫血和休克。腹腔因受到子宫内容物污染，很快导致弥漫性腹膜炎。在贫血和感染双重作用下，有的牛会迅速死亡。

② 母牛子宫破裂口在子宫背侧时，肠管或大网膜有可能被腹压挤进子宫内。子宫破裂口较小时，如果局部感染不严重，临床症状则较轻，有时随着子宫复位收缩，裂口边缘形成密接状态，部分可自行愈合。如果因插管导致子宫穿孔，灌注液流入腹腔，而虹吸时无液体导出，则表明的症状较严重。

③ 母牛子宫破裂治愈也会引发后遗症，如慢性子宫内膜炎、子宫周围炎、子宫周围粘连、子宫及周边脓肿等，发生不孕的可能性较大。

④ 母牛子宫浅层不完全破裂不容易快速确诊，有时阴门会流出鲜血，有时阴道或子宫内有血凝块蓄积，通过触诊可发现破裂部位。母牛完全破裂或穿孔时，通过腹腔穿刺可进一步确诊。

母牛子宫破裂诊断必须与脐带断裂、胎儿截胎助产区分开。

【预防措施】

① 母牛发生难产时，须耐心检查，根据难产原因合理助产，避免粗暴助产。

② 母牛器械助产、剥离胎衣、子宫灌注时，应谨慎操作，避免违规操作或器械损伤导致子宫破裂或穿孔。

③ 母牛发生难产时，不要盲目使用催产素，应确定胎儿顺产、子宫颈开张充分后再使用催产素。

【治疗方案】

子宫破裂必须立即治疗，如发生在分娩过程中，应尽快取出胎儿和胎衣，禁止子宫冲洗。

1. 子宫浅层不完全破裂治疗方案

① 子宫投药：土霉素或青链霉素或氨苄西林或头孢喹肟或碘仿磺胺放入子宫内。

② 止血：肌内注射止血敏或维生素 K；肌内注射催产素；用浸泡明矾溶液或 0.1%肾上腺素的灭菌纱布填塞局部止血。

③ 严重的可以考虑输液抗感染、止血、补充营养：头孢噻呋、恩诺沙星、甲硝唑；止血敏；维生素 C、维生素 B_{12}、葡萄糖生理盐水等。

2. 子宫完全破裂治疗方案

(1) 裂口较小且在子宫背部

① 止血：肌内注射止血敏或维生素 K。

② 促进子宫收缩：肌内注射催产素。

③ 抗菌消炎：土霉素或青链霉素或氨苄西林或头孢喹肟或碘仿磺胺放入子宫内。输液头孢喹肟、恩诺沙星、甲硝唑等。

④ 补充营养：维生素 C、维生素 B_{12}、葡萄糖生理盐水等。

(2) 裂口较大

① 止血：肌内注射止血敏或维生素 K，用浸以明矾溶液或 0.1%肾上腺素的消毒纱布填塞破裂口。

② 裂口缝合：有条件的可以进行子宫内缝合；不具备子宫内部缝合条件的，尽快剖腹缝合破裂子宫。

③ 术后护理：皮肤创口防雨淋，防感染。腹腔注射青霉素、链霉素、地塞米松等；输液头孢喹肟、恩诺沙星、甲硝唑等抗感染。

补充维生素 C、维生素 B_{12}、葡萄糖生理盐水等。

第三节 母牛产后疾病诊断要点与防治方案

一、母牛产褥热

【诊断要点】

产褥热是指母牛分娩后到生殖器官和功能恢复正常的过程中，细菌侵入母牛生殖系统而引发的感染与发热病症，也叫产后热。临床多以发热、低血钙、全身虚弱、循环虚脱、意识障碍等为特征。

1. 母牛产褥热发生的原因

① 损伤性感染：如难产助产、截胎、剖宫产、子宫脱复位、胎衣不下剥离等处理不当导致局部损伤，损伤部位发生感染而致病。

② 消毒不严格感染：母牛生产圈舍消毒卫生不好、母牛产前产后外阴乳房消毒不彻底、助产过程中器械和手臂消毒不规范等，都为母牛产褥热发病埋下隐患。

③ 母牛抵抗力低下：如母牛妊娠期营养不良、生产中消耗体能、产道损伤黏膜免疫屏障下降、失血、产后胃肠功能差等都会导致母牛此阶段气血不足、免疫力低下，容易诱发本病。

2. 产褥热的临床表现

① 多数产后 3 天内发病，表现食欲废绝、寒战、体温 40℃ 左右、脉快、排恶臭呈红褐色的恶露、呼吸急促、结膜充血、鼻镜干燥等败血症状。

② 严重的会导致腹膜炎，表现患牛弓背、活动拘谨、呆立不动；有的发生腹泻，病情进一步恶化，全身虚弱无力；有的局部器官严重病变，如子宫蓄脓、子宫残存物腐化；子宫颈、阴门周围组织发热、肿胀，甚至形成肿块或化脓。

③ 重症后期由于营养不良，脏腑衰竭，个别牛如果得不到及时治疗会出现低温症的可能，低温症的危害比体温高更大，多预后不良。

产褥热病理表现多为不同程度的子宫炎、阴道炎、子宫蓄脓、腹膜炎，严重的引发全身的炎症和败血症。

【预防措施】

① 做好围产期保健：充足营养，补充维生素、矿物质微量元素等，尤其是维生素 A、维生素 D、维生素 E、硒、铁、钙、磷等。

② 做好环境卫生消毒：保持圈舍、母牛身体、乳房、外阴周围等部位卫生，规范进行清扫和消毒工作。

③ 做好助产工作：要保证无菌操作，规范操作，防止人为带菌和

人为暴力损伤母牛生殖器官。

④ 做好产后护理：保持母牛所处环境干净舒适，做好创伤部位的清洁消毒；重视产后体能恢复和饲喂管理，如产后补充体能饮用麸皮红糖水、饲喂营养易消化的饲草等；重视产后抗菌消炎，如输液或肌内注射头孢噻呋、恩诺沙星、鱼腥草、氟尼辛葡甲胺等。

【治疗方案】

1. 测量体温

体温高的可以考虑物理降温或用退烧药；体温低的要注意保温，同时补充能量、注射樟脑磺酸钠等。

2. 局部清理与促排

对于严重的子宫炎、腹膜炎可以采取局部清洗或穿刺，促进渗出液排出，可考虑用清宫、腹腔注射给药等。对于子宫蓄积物的排出，可注射催产素等。

3. 具体用药方案

（1）体温调控

① 发热：酒精擦拭体表物理降温，或注射安乃近、安痛定、氨基比林、氟尼辛葡甲胺、柴胡等。

② 低温：注意环境保暖，同时肌注樟脑磺酸钠，输液葡萄糖、维生素 C、维生素 B_1、维生素 B_{12}、布他磷或能量合剂等

（2）抗感染

① 局部用药：子宫炎考虑子宫冲洗和子宫灌注，腹膜炎考虑腹腔穿刺放液和腹腔注射抗菌药，乳腺炎考虑乳房灌注和乳房封闭注射抗菌药。

② 全身抗感染：头孢噻呋、恩诺沙星、甲硝唑等，或青霉素、链霉素、甲硝唑等，或氨苄西林、庆大霉素、甲硝唑等，或青霉素、磺胺间甲氧嘧啶、甲硝唑等，或土霉素、磺胺间甲氧嘧啶、甲硝唑等。

（3）抗炎 氢化可的松或地塞米松。

（4）补液补营养 维生素 C、维生素 B_1、维生素 B_{12} 等，葡萄糖，葡萄糖酸钙或氯化钙，生理盐水等。

（5）重症纠酸、强心、利尿 碳酸氢钠、樟脑磺酸钠、呋塞米等。

（6）预后不良提醒 母牛一旦出现脓毒症休克、肾功能障碍、酸中毒、心力衰竭、脑水肿、严重腹膜炎时，常会导致母牛死亡，因此要早发现早治疗。

二、母牛子宫内翻或脱出

【诊断要点】

子宫内翻是指子宫角前端翻入子宫腔或阴道内，子宫脱出是指子宫翻出于阴门之外。本病多发于分娩后 24 小时内，发病率不高，但发病就会导致不良后果，如急性子宫内膜炎、整复性损伤。严重的可能子宫坏死或破裂，影响下次妊娠或不得不淘汰处理。

子宫内翻或脱出的原因主要有以下 5 种。

① 妊娠牛衰弱而产：孕牛体质衰弱、运动不足、营养不良、胎儿过大、胎水过多、妊娠多胎等，导致子宫壁平滑肌过度扩张而弛缓，产后母牛努责不止，很容易发生子宫内翻或脱出。

② 难产助产失当：母牛难产、产道干燥、子宫紧包裹着胎儿，很多兽医经验不足，强行快速拉出胎儿，子宫未及时自主恢复，子宫内压瞬间降低，努责腹压较大，易发生子宫内翻或脱出。

③ 产后努责不止：生产助产中，产道和子宫受到过度刺激引发炎性反应，母牛产后努责不止，如果此时母牛瘫痪或卧地不起，努责和卧地加压，容易导致子宫内翻或脱出。

④ 胎衣剥离或胎衣不下引发：母牛产后暴力拉扯胎衣或者胎衣不下下坠感，给母牛生殖道形成刺激，条件反射地引发母牛强烈努责，易导致子宫内翻或脱出。

⑤ 脐带牵扯引发：有的胎儿脐带强韧，胎儿产出脐带未断开，重力牵拉可能会导致子宫内翻。

子宫内翻具体表现：母牛表现轻度不安，站立拱背，举尾努责，频排粪排尿，多数无全身症状，个别会食欲减退，反刍减少。阴道检查可在阴道或子宫中触到呈圆形瘤状物的内翻子宫部位，母牛卧下可看到翻入阴道内的部分子宫角。直肠检查可发现套叠的子宫角增粗变大，子宫阔韧带异常紧张。

子宫完全脱出的表现：子宫全部外翻于阴门之外，脱出的部位附着未排出的部分残存胎衣、黏膜表面布满蘑菇状圆形的子宫阜，有的呈红色、有的呈紫色，甚至有出血现象。子宫脱出初期一般无全身症状，子宫黏膜呈红色，时间久了会变成暗红色或紫色。最终会由于血液循环障碍，脱出部分会淤血、水肿、黏膜变厚呈肉冻状。脱出部分如果不及时护理会沾染土、粪尿、草屑等。暴露太久会引发感染或坏死，引发全身症状。

【预防措施】

① 重视母牛妊娠期健康，不适合妊娠的母牛要及时淘汰或调理好体质再配种；加强日常管理，合理运动，充足光照。小母牛不过早配种，体成熟之后再配种，体重达成年 70%～80%再考虑配种。

② 助产时必须找有经验的兽医或饲养员进行，做好消毒，规范操作，杜绝暴力助产。

③ 产后做好护理，避免出现产后瘫痪、生殖器官感染、胎衣不下等问题，相关疾病做到早预防，发病后科学规范处置。

【治疗方案】

1. 子宫内翻治疗方案

① 术者修剪指甲、手臂消毒后，戴上手套，涂抹润滑油，深入阴道，摸到内翻的子宫部位，轻轻向前推送，必要时手指并拢伸入内翻部的凹陷内，左右摆动向前推进，多数可复原。

② 复原后向子宫腔内注射 10%盐水 1000～2000 毫升或 0.1%高锰酸钾 1000～2000 毫升，通过水的重力促进子宫复原，随后用虹吸法导出灌注液体。

③ 最后先子宫内灌注抗生素防感染，如土霉素、氨苄西林、青链霉素、头孢噻呋等。

④ 操作结束后，用高锰酸钾水溶液对外阴及周围皮肤做清洗，并及时擦干。

2. 子宫脱出治疗方案

① 降低母牛努责：普鲁卡因或利多卡因荐尾硬膜麻醉或后海穴麻醉。

② 脱出子宫清洗消毒：生理盐水或高锰酸钾水溶液冲洗。

③ 整复方法：两个助手用消毒塑料布托起子宫，母牛前低后高保定，术者从阴门部位由近及远逐步向阴门推送，整复后向子宫内投放菌药。

④ 护理措施：整复完毕，最好牵遛母牛，或让母牛自由活动。抗感染 3～5 天。防止脱垂，可在阴门上左右侧取 7 点注射酒精和庆大霉素；饲喂补中益气散。

说明：脱出子宫如果出现水肿坏死、子宫体积变大、子宫壁变脆，不易整复，整复过程容易导致子宫破裂，危及生命；如果坏死严重无法整复，建议子宫切除或淘汰。

三、母牛胎衣不下

【诊断要点】

胎衣不下又叫胎衣滞留，通常认为母牛产后超过 12 小时不能自行排出胎衣而部分或全部滞留于子宫内的现象。全部未排出的叫完全胎衣不下，部分悬垂于阴门之外叫部分胎衣不下。牛正常排出胎衣的时间参考标准：奶牛一般不超过 12 小时，水牛 4～5 小时，黄牛 3～5 小时。奶牛发生胎衣不下的概率远高于水牛和黄牛。

母牛胎衣不下的原因主要有以下 4 个方面。

① 营养问题：母牛饲料单一、品质差，矿物质、维生素缺乏，霉菌毒素超标。精料过多，母牛肥胖，全身张力不够或气血淤滞。

② 管理问题：圈舍活动空间小，母牛运动量不足；圈舍封闭，母牛光照时间不足。

③ 母牛子宫弛缓、收缩无力：母牛胎盘属于上皮绒毛膜与结缔组织绒毛膜混合型，当子宫肌收缩力较强时，宫腔变小，绒毛膜皱褶增大，血液循环减慢，供血减少，腺窝的紧张度下降，加之胎儿胎盘血液循环停止，绒毛的膨胀压力降低，故胎儿与母体胎盘失去联系，胎衣排出。反之，当子宫收缩力减弱时，胎儿胎盘与母体胎盘就会更紧密地与子宫内膜相连，致使胎盘部分或全部不能与子宫内膜分离而发生滞留。造成子宫弛缓的原因主要有胎儿过大、胎水过多、多胎、流产、母牛体

质衰弱等。

④ 子宫炎症引发粘连：如子宫炎、布鲁氏菌病等。

完全胎衣不下临床表现为整个胎衣滞留子宫，外观仅有少量胎膜悬垂于阴门之外，却不见更多胎衣，阴道检查才能发现胎衣未排出。母牛并无太明显的全身症状，只有个别牛表现拱腰举尾、不安或轻微努责。

部分胎衣不下临床表现为大部分胎衣悬垂于阴门之外，仅有部分粘连滞留于子宫内。悬垂的胎衣，初期为粉红色，随后黏附粪尿、土、草渣等变得脏污，高温季节很快发生腐败，变成熟腊肉样外观，发出难闻的腐臭味。阴道检查子宫颈开张，阴道积有褐色、稀薄、腐臭的分泌物。

母牛胎衣受牵拉或重力作用大部分脱落排出，少部分断离滞留子宫内，外观无异样，通常误认为胎衣已经都排出来了，只有仔细进行阴道检查才可发现。多数是经过 3～4 天后，阴道内才会排出腐败、灰红色、熟肉样的胎衣块，才知道部分胎衣尚未排出。

大多数胎衣不下的牛都没有明显的异常表现，通常食欲、精神状态、体温等都比较正常，只是少数病牛由于胎衣腐败、恶露积滞、细菌感染、毒素吸收等，引发败血症，而表现体温高、精神萎靡、食欲减退或不食、体质虚弱、泌乳能力下降等。

【预防措施】

① 圈养的母牛要有充足的运动场，产前增加运动时间，以增加全身肌肉与韧带张力，最好在产前 15 天开始增加运动时间，产前 7 天每日自由运动不低于 2 小时。

② 妊娠母牛要重视营养补充，特别要重视钙磷、微量元素、维生素补充；喂预混料的要选择优质预混料，不喂预混料的平时要重视钙磷十八补、维生素 ADE 粉的添加；产前 30 天一次肌内注射亚硒酸钠 10 毫克、维生素 E 5000 单位；产前 7 天一次肌内注射维生素 A 和维生素 D 10 毫升，每天一次，直至分娩；产后静脉注射 10%葡萄糖酸钙 500 毫升。

③ 产后 12 小时内，肌内注射催产素 100 国际单位，头孢噻呋、鱼腥草等预防产后细菌感染。

④ 母牛产后恢复体能，饮用温的“益母麸皮红糖水”：益母草粉300克、麸皮1千克、红糖500克、盐50克、乳酸钙50克，加水10千克，自由饮用。

【治疗方案】

1. 积极治疗方案

(1) 促进子宫收缩 肌内注射或皮下注射催产素50～100单位，2小时后可重复注射一次。

(2) 促进胎儿胎盘与母体子宫内壁分离 向子宫内灌注10%高渗盐水2000～3000毫升，既可促进胎盘绒毛脱水收缩，又具有一定的防腐败作用。

(3) 预防子宫感染 肌内注射雌二醇松弛子宫颈口，然后子宫内投放土霉素2～5克或氨苄西林10克或青霉素800万单位配链霉素400万单位。

(4) 全身疗法

① 补充营养：10%葡萄糖酸钙1000毫升，25%葡萄糖500毫升，维生素C 50毫升。

② 抗炎：氢化可的松125～150毫克肌内注射。

③ 强心：樟脑磺酸钠20毫升肌内注射或输液。

④ 兴奋子宫：静脉注射10%氯化钠500毫升。

⑤ 防感染：静脉注射头孢噻呋、甲硝唑或氨苄西林等。

2. 顺其自然疗法

① 肌注催产素，每天1～2次。

② 肌内注射头孢噻呋、鱼腥草，每天1～2次，或青链霉素1～2次。

③ 只要母牛没有异常，就只采取抗感染和促进子宫收缩，使胎衣顺其自然脱落。

3. 胎衣手术剥离

此法不建议过早采用。建议以上措施实施后，三天仍未排出胎衣时再考虑。

手术剥离基本原则：

① 严格手臂消毒、外阴消毒，避免外源性人为污染。

② 易剥则剥，不可生拉硬扯强剥，剥离时一定务求剥离干净，否则不如不剥。

③ 剥离顺序要由近及远，逐圈逐个子宫阜剥离，严禁抓住胎盘往下揪，破坏性太大。

④ 胎盘剥离后，向子宫内投放抗菌药防感染，土霉素 3～5 克或氨苄西林 8～10 克或青霉素 800～1000 单位配链霉素 400～500 单位。

四、母牛阴道和阴门损伤

【诊断要点】

阴道和阴门损伤主要是难产助产、暴力配种、圈舍意外外力等导致的，但难产助产是主要因素。

母牛阴道和阴门损伤的具体原因分析如下。

(1) 母牛难产助产

① 初产母牛分娩时，由于阴道较小或松弛不够，当胎儿头、肩胛、骨盆等较大部位通过产道或阴门时，就容易引起损伤或破裂。

② 胎儿过大，胎势、胎向、胎位异常，产道干燥，不经矫正，不经产道润滑，暴力强行拉出胎儿时，就容易引起产道或阴门损伤。

③ 胎儿肢体和鼻端卡位异常，母牛努责阵缩剧烈，助产不及时，可造成阴道损伤，甚至穿透伤，个别严重的可能会导致直肠、肛门、会阴不同程度损伤。

(2) 助产器械或手臂损伤

① 助产器械操作不当会损伤阴道或阴门，截胎术拉出断裂的骨端保护不到位会损伤产道或阴门。

② 助产者的手臂或手指损伤产道，手臂润滑不够，反复摩擦产道引发损伤，手指指甲修剪不到位划伤产道。

(3) 暴力配种或圈舍意外伤

① 强悍的公牛本交小型、老龄、体弱的母牛，有可能损伤产道；人工授精操作不当，输精管或手臂可能损伤产道。

② 圈舍管理不当，突出的尖锐物体可能损伤阴门或产道，如突出

的木棍、铁丝、护栏设施可能划破阴门或阴道。

母牛阴道和阴门损伤临床表现如下。

① 由于损伤部位疼痛与炎症刺激，母牛常有努责、拱背、举尾等症状。

② 阴门损伤多发生于阴门上角，阴门上角结缔组织少，外张幅度有限。阴道损伤可见阴道有血液或血凝块流出，阴道检查可见损伤部位。

③ 阴道穿透性破裂症状各不相同，阴道后部上壁穿透破裂时，阴道周围的脂肪组织可能嵌入并暴露于阴门之外；阴道下壁穿透破裂时，常有膀胱嵌入脱出；阴道侧壁穿透破裂时，易伤及大血管，引发大出血；阴道前部穿透破裂时，腹腔内的肠管和大网膜可能嵌入阴道或脱出阴门。病牛一旦发生穿透性破裂，很快会导致急性腹膜炎和全身症状。

④ 损伤部位如果不能及时治疗，初期表现黏膜充血、出血、肿胀，随之感染而出现化脓、溃疡、坏死性阴道炎、腹膜炎、腹腔脏器浆膜炎，甚至粘连。

【预防措施】

① 小母牛不要过早配种，必须达到体成熟再配种。

② 杜绝暴力助产，必须检查胎儿姿态，姿态异常要及时矫正，产道干燥要及时润滑，使用器械要规范操作。

③ 公牛配种或人工授精要严谨，做好体弱母牛的保护，防止公牛暴力配种损伤产道。

【治疗方案】

1. 浅表损伤

清洗创面，用生理盐水或 0.2%高锰酸钾溶液冲洗，撒布青霉素 400 万单位、链霉素 200 万单位，损伤严重的可以每天冲洗处理一次，或肌内注射头孢喹肟、鱼腥草，或者林可霉素、氟尼辛葡甲胺等。

2. 深部创伤或穿透破裂

尽快处理创伤，采取清创、止血、缝合、抗感染疗法。

(1) 清创 深部创伤用生理盐水或 0.2%高锰酸钾溶液冲洗。阴道破裂禁止大量液体冲洗，可以用纱布蘸取少量液体擦拭，尤其是前部破裂禁止一切冲洗，避免液体流入腹腔引发更严重的后果。

（2）止血 肌内注射止血敏或维生素K；大的血管损伤出血，应及时结扎止血或用浸泡过2%明矾水的纱布进行填塞止血。

（3）缝合 对破裂口须进行两道连续缝合。

（4）抗感染

① 损伤部位或缝合后的部位可以涂布青霉素400万单位、链霉素200万单位，或者涂布红霉素等药膏。

② 穿透破裂的病例应该腹腔注射抗生素，防止腹膜炎发生，可以用青霉素800万单位、链霉素400万单位混合腹腔注射。

③ 为了防止感染扩散，可以考虑全身输液或肌内注射抗菌药：如青霉素、磺胺间甲氧嘧啶、甲硝唑分别输液，氨苄西林、庆大霉素、甲硝唑分别输液，头孢噻呋、恩诺沙星、甲硝唑分别输液。

（5）补充营养

① 对于采食量下降、饮水不足的可以营养支持。

② 重点补充葡萄糖、生理盐水、维生素C、维生素A、维生素B_1等。

③ 反刍无力的可以配合促反刍的药物如新斯的明、比赛可灵、10%盐水等。

五、母牛乳腺炎

【诊断要点】

母牛乳腺炎是指乳腺叶间结缔组织或乳腺体发炎，或者两者同时发炎，是泌乳母牛常发疾病，乳腺炎不仅影响母牛健康，也会影响乳的品质。

1. 牛乳腺炎发病原因

（1）常感染的病原 链球菌、葡萄球菌、化脓棒状杆菌、大肠埃希菌、铜绿假单胞菌、支原体、真菌、疱疹病毒、牛痘病毒、口蹄疫病毒、结节病病毒等。

（2）感染的途径

① 病原微生物经乳管口侵入，特别是圈舍卫生条件差、垫草更换

不及时、挤乳消毒不彻底时，病菌最容易通过乳管感染。

② 病原微生物经母牛损伤的皮肤、消化道、生殖道入侵机体，经血液循环到达乳房，如挤乳损伤，乳房受到创伤、冲撞、挤压、咬伤，发生子宫内膜炎、创伤性网胃炎等。

2. 牛乳腺炎兽医临床表现

临床整体表现为乳房患区潮红、肿胀、增温、疼痛、乳汁变性、体温升高。

① 浆液性乳腺炎：乳房肿大、体积增大，皮肤紧张、发红，触诊乳房增温、有硬结、质地坚硬，疼痛剧烈，乳量减少，乳汁稀薄、含有絮状物、黄白色或血清样，患侧乳房淋巴结肿大。

② 卡他性乳腺炎：乳管乳池卡他，挤乳时先挤出的乳汁含絮片，随后挤出的乳汁不含絮片；乳腺腺泡卡他，患区红肿热痛炎症反应，乳汁稀薄如水，含絮状物和乳凝块，母牛出现体温升高、心跳加快、精神萎靡等症状，挤乳后乳房不变小。

③ 纤维素性乳腺炎：体温升高，精神沉郁，食欲减退或废绝，跛行；患病乳区肿大、坚硬、增温、疼痛，乳房淋巴结肿大；乳量急剧降低或无乳，只能挤出少量黄色乳清、脓汁、血液等；压迫乳池明显感触到有纤维素样乳凝块。

④ 化脓性乳腺炎：患病乳区红肿热痛明显，乳量下降，乳汁浑浊、含有大量絮状物、呈淡红色，伴有明显体温升高、食欲减退症状。

⑤ 出血性乳腺炎：乳房皮肤有红色或紫色斑点；乳汁如水，呈淡红色或红色，含有絮状物和血凝块；患牛体温升高、呼吸心跳加快，呈明显的败血症表现。

⑥ 坏疽性乳腺炎：患病乳区出现紫红斑，乳房肿硬，有的出现气肿；挤乳会排出淡红色或红褐色油膏样物，有恶臭；伴有食欲不振、反刍停止、高热、腹泻等症状。

⑦ 乳房脓肿：乳房中有米粒至足球大小的脓肿，个别奶牛脓肿充满乳区，内部破溃可挤出黏性脓汁，皮肤破溃可流出大量脓汁；乳房淋巴结肿大，伴有高热、食欲废绝等症状。

⑧ 阴性乳腺炎：多数无症状，无肉眼可见的病理变化，通过采样实验室诊断确诊。

【预防措施】

① 加强饲养管理：保持牛舍、地面清洁干燥，定期对牛舍、运动场、用具、运输工具、水源等消毒。

② 加强牛体和乳房清洁消毒：定期对牛体脏污进行清洁，尤其是牛后躯和乳房要保持干净卫生；挤乳时要注意卫生清洁，挤乳后要对乳头进行浸浴消毒，干乳期可以乳房灌注长效青霉素乳油。

③ 正确使用挤奶器：防止意外损伤引发感染；发病牛隔离治疗，严禁对患有乳腺炎的奶牛使用挤奶器。

④ 适时淘汰：久治不愈或反复发生乳腺炎的牛要考虑淘汰处理。

⑤ 隐性筛查：定期检测乳品，及时筛查隐性乳腺炎病牛，泌乳期一个月一次，干乳前 10 天一次，对阳性牛及时治疗。

【治疗方案】

1. 治疗的总原则

杀灭病原微生物，减轻或消除乳房临床症状，全身给药和局部给药相结合，中西药结合。

2. 冷敷与热敷疗法

炎症初期进行冷敷，抑制炎性渗出；炎症中后期可以考虑热敷，改善微循环，促进吸收，消散炎症。一般每天进行两次。

说明：化脓性乳腺炎、乳房脓肿、坏疽性乳腺炎的初期不能进行冷敷，出血性乳腺炎中后期不能热敷。

3. 乳房内灌注药物疗法

先挤净患病乳区内的乳汁和炎性渗出物，用消毒液进行乳区和乳头消毒。

取 100 毫升注射用水加入青霉素 80 万～400 万单位、链霉素 40 万～200 万单位溶解。将乳导管顺着乳头乳管插入乳房，然后慢慢注入药液。

4. 乳房封闭疗法

(1) 会阴封闭疗法 部位在阴唇下联合，即坐骨弓上方正中的凹陷处。局部消毒，左拇指按压凹陷处，右手持封闭针向患侧刺入 2 厘米，注入 0.25%普鲁卡因溶液 10～20 毫升、青霉素 400 万单位。

(2) 乳房基部封闭疗法 封闭前 1/4 乳区，可在乳房间沟侧方，延腹壁向前、向对侧膝关节方向刺入 8～10 厘米。封闭后 1/4 乳区，可在距乳房中线与乳房基部后缘相距 2 厘米处刺入，沿腹壁向前，对着同侧腕关节刺入 8～10 厘米。每个乳区注入 0.25%普鲁卡因溶液 100～200 毫升、青霉素 400～800 单位。

5. 全身给药疗法

处方一：青霉素 1600 万单位，生理盐水 1000 毫升，静脉输液；磺胺间甲氧嘧啶钠，生理盐水 1000 毫升；地塞米松；鱼腥草。每日 1～2 次，连用 3～5 天。

处方二：头孢噻呋，恩诺沙星，地塞米松，鱼腥草。每日 1～2 次，连用 3～5 天。

处方三：红霉素，地塞米松，鱼腥草。每日 1～2 次，连用 3～5 天。

处方四：氨苄西林，庆大霉素，地塞米松，鱼腥草。每日 1～2 次，连用 3～5 天。

6. 中药方案

处方一：当归 40 克、柴胡 30 克、连翘 50 克、金银花 40 克、黄芩 40 克、漏芦 40 克、王不留行 50 克、赤芍 40 克、炮甲 30 克。打粉开水冲调，一次灌服，连用 3～5 天。

处方二：金银花 50 克、连翘 80 克、蒲公英 40 克、紫花地丁 50 克、栀子 50 克、生地黄 50 克、赤芍 40 克、当归 40 克、皂角刺 40 克、木通 30 克、石膏 40 克、山楂 50 克、陈皮 40 克、砂仁 30 克。打粉开水冲调，一次灌服，连用 3～5 天。

处方三：川芎 40 克、当归 30 克、瓜蒌 60 克、通草 40 克、赤芍 20 克、王不留行 30 克、连翘 40 克、桔梗 30 克、甘草 20 克、蒲公英 60 克。打粉开水冲调，一次灌服，连用 3～5 天。

处方四：蒲公英 150 克、赤芍 120 克、生甘草 80 克。打粉开水冲调，一次灌服，连用 3～5 天。

处方五：蒲公英 50 克、金银花 50 克、连翘 50 克、木芙蓉 30 克、浙贝母 30 克、丝瓜络 30 克、通草 25 克、黄柏 40 克、皂角刺 30 克、昆布 30 克、海藻 30 克、七叶一枝花 30 克。打粉开水冲调，一次灌服，连用 3～5 天。

处方六：紫花地丁 100 克、蒲公英 100 克、夏枯草 100 克、鱼腥草 200 克、大蓟根 150 克、芙蓉根 100 克。打粉开水冲调，一次灌服，连用 3～5 天。

处方七：大瓜蒌 80 克、蒲公英 120 克、金银花 120 克、连翘 60 克、酒当归 60 克、川芎 60 克、桃仁 25 克、甘草 30 克、炒侧柏叶 40 克。打粉开水冲调，一次灌服，连用 3～5 天。

六、牛乳池狭窄

【诊断要点】

牛的乳池狭窄多发生在一个乳池，特征就是乳头乳池狭窄，甚至完全闭锁，或者乳腺乳池与乳头乳池交界形成间隔或肉芽肿，发生乳池腔狭小。

1. 乳池狭窄的主要原因

① 长期拉长乳头扯捋式挤乳，很容易导致乳头黏膜受损伤引发慢性炎症，慢慢会形成肉芽肿或瘢痕，导致乳头乳池狭窄。

② 乳头挫伤或者乳头黏膜肿瘤，如乳头状瘤、纤维瘤等形成占位挤压式乳池狭窄。

2. 牛乳头狭窄的临床表现

整个乳头乳池狭窄时，乳头会变硬，如果仅是乳头黏膜增厚，在挤压乳头时会感觉到乳头内有一条似索状物。乳池腔缩小，不容易摸到，挤乳时出乳非常困难，乳汁多呈线状排出。

乳池部分狭窄时，多是由于挤乳方法不正确，致使乳头基部黏膜环状皱襞受到扯伤，在损伤部位发生肉芽肿，形成环状或半环状或乳头状组织增生，将乳池分为乳腺乳池和乳头乳池两部分。有时增生的肉芽较大，形成一个完整的间隔，在乳头基部触摸时，可发现乳池内一个不能移动的厚而坚实的部分。当乳导管插入乳头时，可遇到狭窄处增生物或乳头基部间隔的阻止。

乳头乳池完全闭锁是干乳期发炎所致，一般不易察觉，常在产犊后挤不出乳来，插入导管探查时，可发现间隔增生物。

【预防措施】

注意挤乳时手法要得当，挤完乳后要消毒防感染。平时加强管理，重视乳腺炎的预防。

【治疗方案】

1. 轻度乳池狭窄

① 挤乳操作要轻，减少对乳头的刺激。

② 每天乳头消毒，同时在乳头上涂抹 20%鱼石脂软膏或碘化钾软膏或红霉素软膏。

2. 整个乳池狭窄

① 由于结缔组织大量增生，形成器质性占位，药物基本没有效果。

② 可以借助乳导管挤乳，但随着挤乳量减少，挤乳很麻烦，只能放弃狭窄严重的乳区，让其逐步自行干乳。

3. 乳池中有间隔

① 可以考虑用乳导管和套管针穿通，暂时可以挤乳。

② 也可以考虑冠状刀穿通，并切割增生组织，但术后容易复发。

七、牛乳头炎

【诊断要点】

乳头炎是泌乳牛常发的疾病，可以引起乳头狭窄。

1. 乳头炎的形成原因

① 挤乳手法不规范，动作粗暴，致使乳头皮肤受到擦伤或捋伤，严重的导致乳管黏膜受损。

② 经常使用乳导管刺激乳管黏膜，引发乳头发炎，特别是不正确或粗暴插入乳导管时，更容易发生深层损伤性炎症。

③ 挤奶机使用不当导致损伤。

④ 挤乳前后乳房消毒不严格，挤乳后乳头药浴不规范或没有定期药浴。

2. 乳头炎临床表现

乳头炎性肿胀，发红，疼痛，局部温度增高。病程时间长时，乳头会出现干燥、龟裂、有渗出液体流出，严重的会导致蜂窝织炎。出现挤乳困难，牛明显抗拒，每次挤乳无法挤干净，严重的会诱发乳腺炎。慢性乳头炎临床表现不明显，但会引起结缔组织增生，使乳头乳池狭窄或乳管狭窄。

【预防措施】

① 重视圈舍环境卫生和牛体表卫生，特别是保持乳房清洁；定期圈舍消毒。

② 规范挤乳，正确使用器具，挤乳前后做好清洁工作，挤乳后做好乳头浸泡消毒。

【治疗方案】

① 乳头部涂抹20%鱼石脂软膏或碘化钾软膏或红霉素软膏等。

② 乳头注入160万单位青霉素，乳头基部注入0.25%～0.5%普鲁卡因溶液5～10毫升、青霉素80万～160万单位。

八、牛乳房冻伤

【诊断要点】

在北方寒冷的冬季，日照短，风大低温，奶牛的乳房无背毛、皮肤薄，与空气接触面积大，易发生冻伤。特别是奶牛的乳头更易发生冻伤。农户饲养奶牛如果保温不善，长期在寒冷潮湿环境中饲养，就容易发生冻伤。

主要症状与病理变化如下。

① 冻伤后数小时，皮肤变红，挤乳时疼痛。1～2天后，乳头皮肤出现一层亮膜，包住整个乳头并阻塞乳头管；到5～8天薄膜破裂，皮肤出血；薄膜脱落处形成肉芽组织，有些病灶形成上皮。

② 轻度冻伤时以形成上皮告终，重度冻伤时乳头发生坏疽。乳头

尖端冻伤时常发生乳头管狭窄或闭锁。

③ 表皮冻伤表现皮肤及皮下组织充血、水肿、发热、疼痛等，一般在护理得当情况下，10 天左右便可恢复正常。

④ 表层冻伤除表皮冻伤的症状外，有的皮肤上呈现浅褐色，其上还可看到大小不等的水疱，以后水疱中黄红色液体逐渐变干，以致表皮脱落。如果护理不善造成水疱擦破可引起感染，部分患畜冻伤处可出现局部麻痹。

⑤ 深层冻伤的冻伤部位深达皮下组织或肌肉，皮肤呈紫色或紫褐色，局部感觉消失。如果发生感染，被冻伤组织就会出现渐进性湿性坏死，也有少数患畜出现干性坏死。坏死组织常沿其边界线与肉芽组织分离，脱落后露出愈合缓慢的肉芽组织。

【预防措施】

① 饲养管理：应做好圈舍的增温、保温工作，在气温较低的天气及时将牛牵进舍内，并做到经常检查，看是否有洞，以防冷风袭入。牛舍内应保持干燥卫生，经常打扫粪便，垫好柴草或干土。在寒冷大风天气尽量减少室外活动，如有必要也应选择背风朝阳的地方。

② 乳房护理：加强对乳房的护理，可加强按摩和涂敷防冻药膏等。泌乳母牛应避免乳头与水接触，挤乳后用干燥毛巾将乳头擦干，然后涂一层凡士林油或其他防冻药膏。

【治疗方案】

1. 轻微的冻伤

可用 0.1％乳酸依沙吖啶溶液（羊毛脂、凡士林）洗净患部，然后涂上复方磺胺软膏，加强护理，必要时加戴乳头保护套。若冻伤严重，应用抗菌疗法，防止坏死引起感染，并按冻伤程度积极对症治疗。

2. 表皮冻伤

① 患部可用 60 度白酒或浓度为 10％～20％的樟脑酒精外擦或用温水温敷。温敷水温从 20℃开始，并逐渐加温至 38～42℃。当患部组织温度恢复正常后，立即擦干，裹以棉絮保温。

② 患部可用花椒壳 250 克，掺上食盐 100 克，炒热后敷伤部，并

同时内服温生姜汤。

③ 患部可擦樟脑乳香膏，其配方为：樟脑、肉桂、冰片各 10 克，乳香、没药各 50 克。分别将以上药物研碎，拌匀，再调入适量凡士林膏即成。选用淡盐水清洗患部，再涂药膏，每日涂 1 次，一般 3～5 日可愈。

3. 表层严重冻伤

如患部仅为小水疱，可按表皮冻伤治疗；如患部为大水疱或破溃，则需将大水疱挑破，用淡盐水清洗后，再用红花生姜冻伤液擦洗。其药液配方为：红花、红辣椒各 200 克，当归、生姜各 250 克，樟脑 30 克，60％乙醇 6000 毫升。配制时将红花、当归、辣椒、生姜研为细末，混匀放入容器，加入 60％乙醇 5000 毫升，浸泡 7 天以上，去渣过滤备用。另取樟脑 30 克溶于 60％乙醇 1000 毫升中，再与上述浸泡液混合，搅拌均匀过滤即成，每日涂患部 2～3 次。

4. 深层冻伤

① 切除坏死组织，创面用烧酒或 10％～20％樟脑酒精外擦按摩或涂当归紫草冻伤膏。

② 防止感染，可在外涂的药膏中加入抗菌类软膏如红霉素软膏；如并发全身感染，可对患部组织按创伤感染治疗。

③ 同时肌内注射抗菌类药物，静脉注射葡萄糖和钙剂，并给患畜饲喂含有丰富维生素、矿物质、蛋白质的饲料，同时做好畜舍的保温工作，控制全身感染。

5. 土方治疗冻伤验方

① 胡萝卜烧软，取其皮外贴患部，或用胡萝卜煎汤趁热外洗患部。

② 辣椒秆、麦苗煎水洗冻伤部位。

③ 辣椒秆、茄子秸各 250 克，混合煎水，取药液放在容器内，早晚加热擦洗冻伤部位。

④ 甘油和酒精等份混合擦患处。

⑤ 樟脑、酒精、0.25％碘酊等分混合擦患处。

⑥ 凡士林 200 克、香油 10 克、鱼石脂 20 克、樟脑 2 克，混合调成膏，取适量涂擦在冻伤部位直至痊愈。

九、牛乳房外伤

【诊断要点】

乳房外伤比较常见，一般多发生在泌乳期乳房较大的母牛。

1. 发病原因

① 放牧时，个别母牛用角尖端顶触和撞击其他牛的乳房。

② 乳房较大并过于下垂的母牛，在起卧时被自己的后蹄踏伤。

③ 母牛卧地时，乳房暴露在外，偶尔可被邻近牛的后蹄踏伤。

④ 地面上存在尖锐的物体（牛床或运动场上有针、钉、破碎玻璃片等），牛卧下时就可损伤乳房。

2. 主要症状与病理变化

① 乳房皮肤及皮下的浅部创伤，有少量出血，之后覆一层干痂，在受伤后数天，痂皮下可能化脓，如不给予治疗，细菌感染会侵入深部组织，引起乳腺炎，甚至形成乳房脓肿。

② 乳房深部创伤未损伤乳腺实质时，没有乳汁流出。深部创伤损伤乳腺实质时，除局部划伤炎症外，乳汁由创口流出。乳头乳池上的穿透创可见乳汁不断流出，虽不易引起乳腺炎，但伤口不易愈合，易形成瘘管。

③ 乳头外伤，由于牛起卧时，自己的后蹄踏伤乳头，一般多为横裂创，严重时可踩掉部分乳头，流乳不止。

④ 乳房外伤感染引起化脓性乳腺炎，全身体温升高，乳房间质水肿，疼痛，乳汁变质，出现化脓性栓塞和絮状物等。

【防治方案】

1. 小的皮肤及皮下浅创

把创伤周围的毛剪掉，用0.1%高锰酸钾冲洗，待干后，涂擦2%～3%龙胆紫溶液。

2. 较大的皮肤及皮下浅创

对新鲜创，创部严格消毒后，做几个皮肤结节缝合，闭合皮肤创缘，5～7天后拆线。

3. 深部创伤未损伤乳腺

如为新鲜创，须进行缝合。缝合前，全身麻醉或高位尾椎硬膜外腔麻醉。创部四周剪毛，严格消毒后，将创缘和创面均切除2～3毫米深，并进行修整，结扎出血的血管断端，用结节缝合法，使创面完全接触闭合，在伤口向下端留一引流口，以便排出渗出液。

4. 深部创伤损伤乳腺实质

除上述准备工作外，应在术前皮下注射1%阿托品5～8毫升，减少泌乳量，在修整的创面上，应将可见的输乳管与其周围组织一起结扎，然后用结节缝合法闭合创缘，在其下端留一引流口。如伤口不能一期愈合，则拆除1～2个结节缝合，定期用消毒药液冲洗，创伤内填塞魏氏油膏纱布条，促使创面净化和肉芽组织生长。

5. 乳头外伤

仅乳头皮肤创伤须缝合时，按外科常规处理，用结节缝合法闭合创缘。

6. 创腔蓄积分泌物过多

必要时可向下扩创引流。如创伤损坏了大血管，要迅速止血，否则会很快因大失血而死。

第十三章

牛内科疾病诊断要点与防治方案

第一节　牛呼吸系统疾病诊断要点与防治方案

一、牛胸膜炎

【诊断要点】

牛胸膜炎是胸膜发生以纤维素沉着和胸腔积聚大量炎性渗出物为特征的一种炎性疾病。临床上以胸部疼痛、体温升高和胸部听诊出现摩擦音或拍水音为特征。根据病程可分为急性和慢性；按病变的蔓延程度，可分为局限性和弥漫性；按渗出物的多少，可分为干性和湿性；按渗出物的性质，可分为浆液性、浆液纤维素性、出血性、化脓性、化脓腐败性等。

原发性胸膜炎少见，主要是胸膜腔内感染病原微生物，常见的有链球菌、巴氏杆菌、克雷伯菌等；受凉、剧烈运动、长途运输、外科手术、胸壁挫伤、穿透创、胸部食管穿孔以及肋骨骨折等均可引起本病。

继发性胸膜炎较常见，常继发或伴发于传染病经过中，如巴氏杆菌病、结核病、鼻疽、流感、链球菌感染等，还见于卡他性肺炎、大叶性肺炎、坏疽性肺炎、创伤性网胃心包炎等。

全身症状病初期，精神沉郁，食欲降低或废绝，体温升高，呈弛张热或不定型热；呼吸急促，多呈断续性呼吸和腹式呼吸，间或有弱痛咳，脉搏加快；站立时两肘外展，不愿活动，有的胸腹部及四肢皮下水肿。慢性病例，食欲降低，消瘦，间歇性发热，呼吸困难，运动乏力，反复咳嗽。

胸壁触诊或叩诊，初期病牛常因疼痛而抗拒，并激发咳嗽。渗出期可于肩端水平线上下，发现水平浊音，并随体位而变动。叩诊液面上方呈鼓音。

胸部听诊，随呼吸运动出现胸膜摩擦音，随着渗出液增多，摩擦音消失，出现拍水音。胸腔积液时，两心音均减弱。

胸腔穿刺，当胸腔内积聚大量渗出液时，可流出大量黄色或红黄色液体，含大量纤维素，放置易于凝固。穿刺液有腐败臭味或脓汁时，病情恶化，为化脓腐败性胸膜炎。

急性胸膜炎，胸膜明显充血、水肿和增厚，粗糙而干燥；胸膜面上附着一层黄白色的渗出物；在渗出期，胸膜腔有大量浑浊液体，其中有纤维素碎片和干酪样凝块。渗出物色污秽并有恶臭。慢性胸膜炎，胸膜肥厚，壁层和脏层及与肺脏表面发生粘连。

【预防措施】

加强饲养管理，搞好环境卫生，定期消毒，保持通风，给予平衡日粮，增强机体的抵抗力。减少粗暴驱赶，防止胸部创伤，及时治疗原发病。

【治疗原则】

(1) 加强护理 圈舍应通风良好、温暖。给予易消化富含营养的草料，适当限制饮水。

(2) 抗菌 用青霉素或土霉素胸腔内注射，配合全身给药，中西结合。

(3) 制止渗出

① 促进炎症产物吸收应用地塞米松、钙制剂、水杨酸钠制剂等。

② 可在动物胸壁涂擦10%樟脑酒精或松节油搽剂（松节油10份、氨搽剂100份）。

③ 强心、利尿剂是常采用的药物。

(4) 穿刺治疗

① 渗出液积聚过多而呼吸窘迫时，可胸腔穿刺排液，使病情暂时改善。

② 化脓性胸膜炎，在穿刺排出积液后，可用0.1%雷佛奴尔溶液、2%～4%硼酸溶液反复冲洗胸腔，然后直接注入抗生素。

（5）预后判断

① 急性胸膜炎如能及时合理治疗，有望治愈。

② 慢性胸膜炎造成大片粘连或化脓性胸膜炎，多预后不良，建议放弃治疗。

【西药方案】

1. 局部给药

穿刺排出积液。用0.1%雷佛奴尔溶液，1000毫升冲洗胸腔。冲洗后，注入青霉素钠400万～800万单位、0.25%普鲁卡因溶液200～300毫升。胸壁涂擦松节油500毫升，改善局部循环，促进吸收。

2. 全身给药

（1）肌内注射 多西环素、氟苯尼考，或替米考星，或泰乐菌素、卡那霉素，或泰拉霉素，或林可大观霉素，或复方磺胺间甲氧嘧啶钠等。

（2）输液

① 抗菌：头孢噻呋、马波沙星或恩诺沙星、40%乌洛托品40毫升等。

② 抗炎抗渗出：5%氯化钙150毫升、地塞米松、维生素C等。

③ 强心利尿补能量：樟脑磺酸钠、25%葡萄糖溶液1000毫升、呋塞米。

④ 化痰、清肺热：氨溴索，双黄连或板蓝根等。

【中药方案】

处方一：当归30克、白芍30克、桔梗20克、贝母25克、麦冬20克、百合25克、黄芩20克、天花粉25克、滑石30克、木通25克。热盛加金银花、连翘、栀子，喘重加杏仁、葶苈子、枇杷叶，痰多加前胡、半夏、橙皮。打粉开水冲调，一次灌服。

处方二：白花蛇舌草60克、鱼腥草50克、穿心莲50克、虎杖30克、当归30克、生地黄30克、黄芩30克、白茅根30克、赤芍30克、川芎30克、桃仁30克、甘草15克。打粉开水冲调，早晚各一次灌服。

处方三：苇茎45克、生薏苡仁45克、冬瓜仁30克、桃仁25克、桔梗25克、黄芩25克、甘草20克。热毒重加金银花和鱼腥草各45克，血痰多加白茅根30克、白及45克、茜草45克、侧柏叶45克，湿咳加百部、前胡、浙贝母各30克，粪干加大黄100克。打粉开水冲调，一次灌服。

二、牛异物性肺炎

【诊断要点】

异物性肺炎又称吸入性肺炎或坏疽性肺炎，是误咽食物、呕吐物或药物，腐败细菌侵入肺脏所致的一种异物性炎症，临床上以发病急、咳嗽、发热、惊恐、呼吸高度困难及两鼻孔流出腐败性、极恶臭的鼻液为特征。

本病多因吸入或误咽异物，如小块饲料、黏液、脓液、唾液、反刍物及其他异物进入呼吸道所致。当咽部麻痹，如破伤风、铅中毒等和某些意识错乱的脑病（脑膜脑炎、肝昏迷等），致使吞咽动作障碍，发生误咽而引起本病；投药失宜，药液误咽也能发生；患严重呼吸困难疾病如甘薯黑斑病中毒、肺间质气肿等时，强迫灌药不当也可发生。难产时胎儿吸入胎水、犊牛产后吃奶呛奶也可导致。

发病快、咳嗽、不安、惊恐，尤其胎儿吸入胎水时更明显，突然发病。呼吸急速而艰难，腹式呼吸，长声，带痛性咳嗽。病久会导致体温升高，伴寒战、出汗，肺部听诊有湿啰音，叩诊肺区下部呈浊音。

发生肺坏疽时，主要症状是呼出气带腐败臭味，还有张口喘息，高热不退，两鼻孔流出恶臭、污秽的鼻液，呈褐灰色、带红或淡绿色，在咳嗽或低头时常大量流出。

胸部叩诊，病初叩诊呈半浊音或浊音，已成空洞的肺，叩诊呈鼓音；若空洞周围被致密组织所包围，其中有空气，叩诊呈金属音。胸部听诊，病初期有水泡音，有空洞时，可听到空瓮性呼吸音和大水泡音，有时可听到拍水音或沸腾音。

X线检查，可见组织炎性阴影和透明的肺空洞。镜检鼻液，可见肺组织崩解产生的弹力纤维。病理变化表现类似支气管肺炎和化脓性肺炎。

【预防措施】

加强牛的饲养管理与环境卫生，增强机体的抵抗力。预防感冒的发生，减少不良因素的刺激。助产时尽早进行，按规程操作，防止吸入羊水导致异物性肺炎的发生。

【西药方案】（抗菌消炎，尽可能促进异物排出）

（1）促进异物排出 排出异物、药液误入气管时，立即使患牛处于前低后高的位置，将头放低，注射兴奋呼吸药物，皮下注射尼可刹米注射液 5～10 毫升，或 20%樟脑磺酸钠 10～20 毫升，皮下注射，或 1%毛果芸香碱注射液 20 毫升，肌内注射，每隔 2～4 小时一次。

（2）止咳平喘 应用氯化铵 10～20 克，一次内服；或氨溴索静脉输液。

（3）抑菌消炎

① 用青霉素钠 320 万～1200 万国际单位、链霉素 300 万～600 万国际单位溶解肌内注射，每日 2～3 次，连用数天。

② 用乳糖酸红霉素 300 万～500 万国际单位溶于 5%葡萄糖注射液 1000 毫升中，一次静脉注射，每日 2 次，连用 5～7 日。

③ 10%磺胺嘧啶钠注射液 100～400 毫升，加入 500～1000 毫升生理盐水中，静脉注射，每日 2 次，连用 5～7 日。

④ 头孢噻呋 2.5 克，一次肌内注射或静脉注射，每天一次，连用 3～5 天。

⑤ 使用广谱抗生素，如四环素、卡那霉素、恩诺沙星、马波沙星、林可大观霉素、磺胺间甲氧嘧啶钠和庆大霉素等。

（4）气管局部给药 青霉素 80 万～160 万单位、丁胺卡那霉素 100 万～200 万单位、0.25%普鲁卡因 50～200 毫升，一次缓慢气管内注射，每天 1～2 次。

【中药方案】

处方一：芦根 250 克、薏苡仁 60 克、桃仁 45 克、冬瓜子 45 克、桔梗 60 克、鱼腥草 60 克。水煎取汁，一次灌服。

处方二：金银花 50 克、连翘 30 克、桔梗 40 克、牛蒡子 30 克、薄荷40克、花粉40克、板蓝根40克、山栀子30克、桑白皮30克、马兜铃30克、葶苈子50克、芦根30克、贝母30克、杏仁30克、黄芩30克。煎汤取汁，加蜂蜜100克，灌服，每天一剂。

处方三：鲜芦根40克、鱼腥草40克、金银花40克、连翘40克、野菊花40克、败酱草40克、蒲公英40克、紫花地丁40克、冬瓜子40克、皂角40克、桃仁30克、枳壳30克、黄芪30克、甘草15克。水煎取汁，一次灌服。

处方四：贝母40克、桔梗60克、玄参100克、百合100克、熟地黄100克、生地黄100克、甘草30克、麦冬80克、白芍80克、当归80克。水煎取汁，一次灌服。

处方五：百合250克、蜂蜜500克。百合煎汤取汁与蜂蜜混合一次灌服。

【说明】

治疗确保病牛在3天内抑制病情发展，如超过1周治疗效果不佳，即应淘汰处理。

三、牛化脓性肺炎

【诊断要点】

牛化脓性肺炎是由化脓性细菌引起的肺坏死性炎性疾病，又称肺脓肿。根据病程可分为急性与慢性。本病多发于成年牛，而青年牛较少发病，以呼吸道症状为主，病死率高。

病因多见于乳腺炎、创伤性网胃膈炎、肝脓肿等疾病发病中，病原菌转移到肺脏；从口腔、鼻腔吸入含菌的分泌物、坏死组织或异物等，也可继发于大叶性肺炎、支气管肺炎；继发于金黄色葡萄球菌引起的脓毒血症；由胸壁感染、膈下脓肿或肝脓肿直接蔓延累及肺部。

初期，发高热，精神沉郁，渐进性消瘦。运动时出现明显的呼吸困难、咳嗽、支气管呼吸音增强，胸部听诊常听到口哨音、捻发音及嗡嗡音。肺部叩诊，呈浊音。排出大量脓性鼻液，鼻液中混杂着肺组织。病重者，同慢性肺炎，在静止时可见明显呼吸困难，听诊有干性啰音。有的化脓灶靠近血管，伴随咳嗽，可见从鼻腔和口腔咯血。一些病牛发生坏死性支气管肺炎和胸膜肺炎，出现口臭，几天内死亡。

主要病变是支气管肺炎。化脓灶分为突出在肺表面和存在于实质内两部分，周围被结缔组织包围，内部含脓液。表现肺脏实变，渗出物充满气管和支气管。

【预防措施】

加强饲养管理、消毒、通风，保持干净卫生。预防各种肺部感染，防止病情恶化而诱发本病。

【西药方案】（消炎、清肺化脓）

① 抗菌：头孢噻呋、恩诺沙星肌内注射或输液；或多西环素配氟苯尼考肌内注射；或泰乐菌素配卡那霉素肌内注射；或青霉素、磺胺间甲氧嘧啶肌内注射或输液；或氟苯尼考、替米考星肌内注射；或头孢噻呋、马波沙星输液，泰拉霉素或氟苯尼考或加米霉素或泰地罗新肌内注射；还可以选择乌洛托品、土霉素、青霉素、链霉素、氨苄西林、阿莫西林、磺胺嘧啶等。

② 抗炎抗过敏：地塞米松或氢化可的松肌内注射或输液；或异丙嗪肌内注射；或氯化钙输液。

③ 化痰：氨溴索输液或氯化铵口服。

④ 清热解毒：双黄连或鱼腥草或板蓝根。

【中药方案】

处方一：生白及 50 克、炒白果 50 克、金银花 50 克、连翘 50 克、白矾 50 克、白芷 50 克、甘草 30 克、黄芩 40 克、栀子 40 克、贝母 40 克、沙参 40 克、百合 40 克、紫菀 40 克。水煎取汁或打粉开水冲调，一次灌服，每天一剂。

处方二：虎杖 90 克、紫菀 120 克、百部 120 克、射干 70 克、白前 120 克、半夏 35 克、黄芪 110 克、党参 90 克、甘草 70 克、桔梗 90 克、荆芥 90 克、干姜 10 克。打粉开水冲调，一剂分两天灌服。

处方三：麻黄 100 克、甘草 100 克、穿心莲 100 克、山豆根 100 克、蒲公英 100 克、板蓝根 100 克、石膏 100 克、连翘 70 克、黄芩 50 克、黄连 30 克。打粉开水冲调，一剂分两天灌服。

处方四：金银花 50 克、连翘 100 克、板蓝根 150 克、陈皮 100 克、紫菀75克、黄芪75克、葶苈子100克、玄参150克、黄柏75克、麻黄100克、甘草50克。打粉开水冲调，一剂分两天灌服。

【说明】

通常治疗方案均需持续10日以上，治疗效果有限。慢性肺炎难以治愈。

四、牛大叶性肺炎

【诊断要点】

牛大叶性肺炎又称牛纤维素性肺炎，是整个肺叶发生的急性炎症过程。临床上以稽留热、铁锈色鼻液、肺部的广泛浊音区和病理的定型经过为特征。

多因受寒感冒、饲养管理不当、理化因素的刺激等降低免疫力，特别是肺组织的抵抗力，内、外病原性微生物大量繁殖，引起本病。亦可继发于传染病，如牛传染性胸膜肺炎、炭疽、犊牛副伤寒等。

全身症状严重，体温升高，呈现稽留热，体温在40℃以上，持续6～9日，以后渐退至常温。精神沉郁，食欲不振，结膜发绀，呼吸困难，消瘦。病初，流出清水样鼻液；肝变初期，流铁锈色或黄红色鼻液；后期流少量脓性鼻液。

胸部叩诊：充血期，呈鼓音或浊鼓音；肝变期，为大片浊音区；溶解期，重新变为鼓音或浊鼓音。肺脏健侧或健区叩诊音高亢。

肺部听诊：充血期，相继出现肺泡呼吸音增强、干啰音、捻发音、肺泡音减弱和湿啰音；肝变期，肺泡音消失，出现支气管呼吸音；溶解期，支气管呼吸音消失，再次出现啰音、捻发音。其健康部位肺组织的肺泡音增强。

大叶性肺炎一般只侵害单侧肺，有时侵害两侧。多见于左肺上叶、中叶和下叶。典型的病变组织呈红色、黄色和灰白色相间的似花岗石样外观，质地似肝，取病变部位小块放入水中，很快下沉。

【预防措施】

加强饲养管理，保持圈舍干燥、温暖，通风要良好。避免淋雨受寒、过度劳役等诱发因素。供给全价日粮，减少应激因素，增强机体的抗病能力，及时免疫接种，做好疫病的预防工作。

【西药方案】

治疗原则：加强护理，控制感染，制止渗出和促进炎性渗出物吸收。

（1）加强护理 病牛置于通风良好、清洁卫生的环境，供给优质草料和清洁饮水。

（2）抗菌消炎

① 青霉素1000万～2000万国际单位，0.9%盐水1000毫升，地塞米松50毫克，静脉注射，每日2次，连用5日。

② 10%磺胺嘧啶钠溶液200～300毫升，40%乌洛托品溶液60毫升，5%葡萄糖溶液500毫升，一次静脉注射，每日1次。

③ 头孢噻呋2.5克、马波沙星肌内注射或输液，每天一次。

④ 30%替米考星0.033毫升/千克，皮下注射，2.5%硫酸头孢喹肟3毫克/千克，肌内注射，每天一次，连用5～7天。

⑤ 慢性病例可以考虑泰拉霉素2.5毫克/千克、加米霉素等。

⑥ 临床上抗感染主要应用的抗生素为青霉素、链霉素、红霉素、头孢菌素、四环素类、马波沙星、恩诺沙星、环丙沙星、氧氟沙星、泰拉霉素、泰地罗新、氟苯尼考、替米考星等。最好在治疗前取鼻分泌物做细菌药敏试验，选择最敏感药物。

（3）止咳化痰

① 频繁咳嗽，痰液黏稠可用氯化铵30克内服或静脉输液氨溴索。

② 剧烈咳嗽，无痰干咳可用复方甘草合剂100～150毫升口服。

（4）控制炎性渗出

① 糖皮质激素类药物，可静脉注射氢化可的松或地塞米松。

② 10%葡萄糖酸钙300～500毫升或5%氯化钙150～200毫升，静脉输液。

（5）补糖、保心 5%葡萄糖1000毫升或25%葡萄糖500毫升，10%樟脑磺酸钠20毫升，静脉注射，每日1次，连用3日。

（6）对症纠酸 结膜发绀、静脉血酱油色时，静脉注射5%碳酸氢钠 500～1000 毫升。

(7) 气管或胸腔封闭疗法 青霉素 480 万国际单位，链霉素 200 单位，1%～3%盐酸普鲁卡因 15～20 毫升，地塞米松 25 毫克，注射用水 15 毫升，气管注入，每日 1 次，连用 3 日。

(8) 对症疗法

① 体温过高，可用解热镇痛药，如安乃近、复方氨基比林、安痛定注射液、氟尼辛葡甲胺等。

② 食欲不振，加强胃肠蠕动和健胃，给予复合维生素 B、健胃散等药物。

③ 有过敏者，肌内注射 10%异丙嗪溶液 4 毫升。

【中药方案】

处方一：石膏 400 克、水牛角 120 克、桔梗 80 克、淡竹叶 120 克、甘草 60 克、生地黄 90 克、丹皮 100 克、黄芩 60 克，栀子 60、杏仁 60 克、玄参 80 克、知母 60 克、连翘 90 克、苦参 60 克。水煎，一剂分两次灌服，每天一剂。

处方二：百合 120 克、桔梗 80 克、麦冬 100 克、白芍 80 克、生地黄 90 克、炙甘草 60 克、熟地黄 90 克、玄参 80 克、当归 60 克、黄芩 60 克、川贝母 60 克、知母 60 克。打粉开水冲调，一剂分两次灌服，每天一剂。

【说明】

患牛一旦继发肺脓肿、脓胸，甚至败血症等，多预后不良，建议考虑淘汰。

五、牛支气管肺炎

【诊断要点】

支气管肺炎又称小叶性肺炎或卡他性肺炎，是指细支气管和肺泡内充满炎性渗出物和脱落上皮样细胞的炎症。临床上以呼吸加快、弛张热型、听诊有捻发音、叩诊有局灶性浊音为特征，本病多发生于犊牛和老牛，以晚秋、冬季和早春发病率较高。

原发性因素，多因饲养管理不当，受寒感冒或吸入刺激性气体，使支气管黏膜防卫功能减弱，内、外源非特异性细菌大量繁殖，先引发支气管炎，而后继发本病。

继发性因素，多见于流感、巴氏杆菌病、肺线虫病等传染病和寄生虫病及邻近器官炎症的经过中，这些因素作用机体，呼吸道内细菌大量繁殖，引起支气管炎，然后炎症沿支气管黏膜向下蔓延至细支气管和肺泡，引起肺组织炎症。

全身症状较重。精神沉郁，食欲减退或废绝，结膜潮红或发绀。体温升高达 39.5～41℃，弛张热型。脉搏加快，呼吸快，达 40～60 次/分，混合性呼吸困难。病初，干性痛性弱咳，以后转为湿咳，有痰液，流黏液性鼻液，日渐消瘦，被毛粗乱无光。

胸部听诊，病灶部肺泡呼吸音减弱或消失，可听诊捻发音、支气管呼吸音、干啰音或湿啰音。胸部叩诊，可听到小片浊音区，常分布于肺脏的肩前叩诊区。

肺部炎症呈小叶性特点。在肺实质内，特别在肺脏前下部，散在一孤立的、大小不一的肺炎病灶。患病肺组织坚实，可沉入水中。新病变区，呈红色或灰红色，旧病变区呈灰黄或灰白色。压挤时流出血性或浆液性液体，肺间质组织扩张，呈胶冻状。

【预防措施】

加强耐寒锻炼，提高机体抗病能力，防止感冒、过劳，避免机械和化学因素刺激，保护呼吸道的防御功能，建立预防性检查制度，及时治疗原发病。注意牛舍卫生，保持温暖、干燥、清洁，防止贼风侵袭，禁喂发霉草料和干燥的细粉状饲料。

【西药方案】

治疗原则：加强护理，抑菌消炎，祛痰止咳，制止渗出及促进渗出物的吸收与排出。

（1）局部给药抑菌、消炎

① 促炎性渗出物排出：可用松节油、克辽林、薄荷脑、麝香草酚等进行蒸气吸入。

② 气管内给药：青霉素 400 万国际单位或链霉素 200 万单位溶于 1%普鲁卡因溶液 15～20 毫升内，地塞米松 25 毫克，缓慢注入气管中，

每日 1 次，连用 3～6 次；或向气管内注入 5%薄荷脑石蜡油 10～15 毫升，每日 1 次或隔日，连用 4 次。

（2）全身给药抗菌

① 10%磺胺嘧啶钠溶液 200～300 毫升，肌内注射或静脉注射。青霉素 800 万～1600 万国际单位，肌内注射或静脉注射，每日 2 次，连用 2～3 天。

② 青霉素与链霉素、庆大霉素、红霉素等联合应用。

③ 头孢噻呋 2.5 克、恩诺沙星或马波沙星分别肌内注射或输液。

④ 林可大观霉素、多西环素配氟苯尼考、泰乐菌素配卡那霉素、氟苯尼考配替米考星等肌内注射。

⑤ 重症感染可配合 40%乌洛托品 40～60 毫升，辅助抗菌杀菌。

（3）抗炎性渗出 5%氯化钙溶液 200 毫升或 10%葡萄糖酸钙液 300 毫升，静脉注射。重症可配合地塞米松或氢化可的松肌内注射或输液。

（4）对症治疗

① 痰液黏稠不易咳出：应用溶解性祛痰剂，氯化铵 10～20 克，复方甘草合剂 150 毫升，分别内服，每日 1 次；或远志酊 10～20 克，内服，每日 1～2 次；或氨溴索输液。

② 频发痛咳而分泌物不多：可选用镇痛止咳剂，复方樟脑酊 30～50 毫升，内服，每日 2～3 次；或磷酸可待因 0.2～2 克，内服，每日 1～2 次。

③ 呼吸困难：氨茶碱 1～2 克肌内注射，每日 2 次；或 5%麻黄碱溶液 4～10 毫升皮下注射。

④ 强心改善血液循环：用樟脑磺酸钠、丹参注射液、强尔心、洋地黄等。

⑤ 防止肺水肿、毒血症及代谢性酸中毒：10%葡萄糖 500 毫升、10%维生素 C 30 毫升、5%盐酸普鲁卡因 10 毫升混合后静脉注射；呋塞米利尿，肌内注射或输液；5%碳酸氢钠 300～500 毫升，静脉输液。

【中药方案】

处方一：紫苏 30 克、麻黄 15 克、荆芥 15 克、防风 15 克、桔梗 30

克、杏仁20克、白前20克、陈皮45克、百部20克、当归15克、甘草15克。研末，加杏仁水40毫升，远志酊30毫升，温水适量，一次灌服。

处方二：麻黄15克、杏仁30克、石膏10克、生甘草30克、知母30克、黄芩50克、金银花40克、连翘30克、玄参40克、麦冬40克、桔梗30克。共研细末，开水冲调，候温灌服。

处方三：麻黄15克、杏仁8克、生石膏90克、金银花30克、连翘30克、黄芩25克、知母25克、玄参25克、生地黄25克、麦冬25克、天花粉25克、桔梗20克。打粉开水冲调，蜂蜜300克为引，一次灌服。

处方四：金银花40克、连翘45克、牛蒡子60克、杏仁30克、前胡45克、桔梗60克、薄荷40克。打粉开水冲调，一次灌服。

处方五：款冬花、知母、浙贝母、桔梗、桑白皮、地骨皮、黄芩、金银花各30克，杏仁20克，马兜铃、枇杷叶、陈皮各24克，甘草12克。打粉开水冲调，一次灌服。

处方六：党参、阿胶各60克，黄芪70克，五味子50克，乌梅30克，桑白皮、款冬花、桔梗、炙甘草各40克。适用于慢性支气管炎，打粉开水冲调，一次灌服。

【说明】

妊娠母畜禁用地塞米松；早期治疗预后良好；后期继发化脓性肺炎，预后不良。

六、牛肺气肿

【诊断要点】

牛肺气肿是由于肺泡充满过量气体而过度扩张，使肺的体积膨胀，伴有肺泡壁破裂。常见的有肺泡性肺气肿及间质性肺气肿。肺气肿是牛最为常见的一种临床病理变化，临床以呼吸困难、呼气长而用力为特征，分急性和慢性两种。

饲料突然改变，大量采食青草、芜菁、甘蓝、紫花苜蓿和油菜后；或饲喂含色氨酸高的饲料，在瘤胃内转变为吲哚乙酸，脱羧基形成3-甲基吲哚，吸收入血引起本病。圈舍空气污浊，吸入的空气常含有潜在性刺激物质，如毒气、烟气；饲料发霉、变质，含尘土过多，其所含的烟曲霉、饲料毒素等，都可引起本病。病毒和细菌性疾病继发，如大肠埃希菌性乳腺炎、牛流行热，金属异物所致的创伤性网胃炎引起肺脓肿等。

急性肺气肿，突然发作，病牛精神沉郁，食欲下降甚至废绝，流泪，鼻液呈浆性或脓性，站立不安，不愿卧地，可视黏膜发绀，体温多数升高至40.5℃，从口内流出白色泡沫状物，心搏增至100～160次/分，心律不齐，心音模糊。

典型症状，呼吸困难，呼吸次数增至40～80次/分，少数达100次/分以上，气喘，腹部起伏明显，鼻孔开张，举头伸颈，张口吐舌，舌呈暗紫色，胸部叩诊呈过清音，肺部听诊有摩擦音和啰音，背部、胸颈部、肩部皮下触诊呈捻发音。

病理剖检，肺体积增大、膨胀，边缘钝圆、表面突起呈大小不等的膨胀物，颜色发白，触之柔软，肺间质增宽，水肿。切开肺脏，切面可压出泡沫状的气体。

【预防措施】

加强饲养管理，牛舍内保持通风、清洁，防止尘埃飞扬。严禁饲喂霉败饲料。饲喂干草时，草捆不要在牛棚内打开，要在饲喂前于牛棚外散开，防止干草内的尘土及微生物在牛棚内散布，或尘埃较多，应将干草弄湿。

【西药方案】

治疗原则：消除原发病，对症治疗，尚无特效疗法。

① 输氧：当严重缺氧并危及生命时，应输氧，输氧速度应控制在5～6升/分为宜，持续3小时，初输氧时，速度先慢，一般为3～4升/分，后逐渐加速。

② 利尿：肺气肿时常伴有肺水肿，为减轻肺水肿，若机体体液状态良好，呋塞米按每千克体重0.5～1.0毫克，一次肌内注射，每日1～2次。

③ 解除支气管痉挛，缓解呼吸困难：阿托品，按每千克体重0.05毫克，一次肌内注射，每日2次；或者用氨茶碱肌内注射。

④ 抗菌：青霉素配链霉素；或青霉素、磺胺嘧啶钠或磺胺间甲氧嘧啶钠，肌内注射或输液；或头孢噻呋、恩诺沙星或马波沙星，肌内注射或输液；或多西环素配氟苯尼考、大观霉素配林可霉素、泰乐菌素配卡那霉素、氟苯尼考配替米考星等肌内注射。慢性的也可以配合泰拉霉素、加米霉素、泰地罗新等。

⑤ 抗炎：地塞米松 10～20 毫克，一次肌内注射或静脉注射，每日 1 次，连用 3 日。另外亦可以考虑氢化可的松、异丙嗪等。

【中药方案】

处方一：鲜薤白 500 克、白酒 250 毫升。鲜薤白捣烂加白酒混匀，一次灌服。

处方二：葶菜 80 克、鱼腥草 60 克、苏子 60 克、蓖麻根 30 克、虎杖 30 克、厚朴 30 克、莱菔子 30 克、桔梗 20 克、大枣 20 枚。打粉开水冲调，一次灌服。

【说明】

治疗继发性肺气肿，应先治疗原发病，随原发病的痊愈，肺气肿通常将自行消退，但是本病发病急，病情重，死亡快，即使不死，严重的也难以完全治愈，多预后不良。

七、牛急性呼吸窘迫综合征

【诊断要点】

牛急性呼吸窘迫综合征是严重感染、创伤、休克等内外侵袭后，肺出现以肺泡毛细血管损伤为主的临床综合征，属于急性肺损伤的严重阶段或类型。临床上以呼吸频率和窘迫、低氧血症、X 线检查呈弥漫性肺泡浸润为特征。一般见于牛群中的个别牛。

本病确切的病因尚不清楚。见于多种非感染性病理变化中，如牛急性肺水肿和气肿、增生性肺炎、弥散性肺水肿、后腔静脉血栓形成、吸入一氧化氮及急性呼吸困难等其他原因，都能引起本征。其他因素，色氨酸代谢物，如 3-甲基吲哚；紫苏酮吸收入血引起肺毒性；发霉甘薯的毒性物质，如 4-薯醇和有关的代谢产物引起的肺毒性。一般认为，细菌性产物导致迟发性过敏反应为本病的原因。

超急性呼吸窘迫，表现低热（39.4～40℃），有时增高（40.5～41℃），呼吸用力，张口呼吸，呼吸和心跳频率加快。呼吸困难严重，但听诊肺部常无杂音。表现肺水肿和皮下气肿，听诊整个胸部呼吸音普遍降低。病理剖检，增生性肺炎，肺弥散性变重、坚实和湿润。

【预防措施】

应使病牛远离任何氮气源，将靠近青贮塔斜槽或粪池的患牛牵离。

【西药方案】

① 利尿：如牛体液状态允许，按每千克体重 0.5～1.0 毫克肌内注射呋塞米，每日 1～2 次。

② 松弛气管平滑肌痉挛：阿托品，按每千克体重 0.048 毫克，每日 2 次。

③ 抗炎：地塞米松，10～20 毫克，每日 1 次，连用 3 日。

④ 防继发感染：广谱抗生素，如青链霉素，青霉素配磺胺嘧啶钠，多西环素配氟苯尼考，头孢噻呋配恩诺沙星，泰乐菌素配卡那霉素，氟苯尼考配替米考星，大观霉素配氟苯尼考等，连用 5～7 日，预防细菌感染。

⑤ 强心、平喘：樟脑磺酸钠输液或肌内注射；氨茶碱肌内注射。

【中药方案】

处方一：桑白皮 25 克、炒苦杏仁 20 克、莱菔子 30 克、葶苈子 30 克、紫苏子 20 克、党参 30 克、炒白术 20 克、关木通 20 克、大黄 30 克、郁金 25 克、黄芩 25 克、栀子 25 克。牛一次 500 克，煎汤取汁，一次灌服。

处方二：洋金花 200 克、麻黄 100 克、苦杏仁 150 克、石膏 400 克、明矾 150 克。牛一次 200～300 克，煎汤取汁，一次灌服。

【说明】

本病发病急，病情重，死亡快，必须尽快急救。发病期急救期禁止灌服药物。

八、牛肺充血和肺水肿

【诊断要点】

牛肺充血是肺毛细血管过度充满血液使肺中血量增加。分主动性和被动性两种，前者是因流入肺脏和流出肺脏的血量同时增多，使毛细血管过度充盈；而后者是因流出肺脏的血量减少，流入肺脏的血量正常或增多，引起肺淤血性充血。肺水肿是因毛细血管内液体渗出而漏入肺间质与肺泡所引起，为肺充血的必然结果。

牛肺充血及肺水肿是许多疾病常见的一种最终结果。临床上以呼吸困难、黏膜发绀和泡沫样鼻液为特征。根据发病原因分原发性（主动性）和继发性（被动性）。

原发性（主动性）充血主要损害在肺脏，多见于肺炎初期；汽车或火车的长途运输；日（热）射病；吸入烟雾、刺激性气体及毒气；农药中毒，如有机磷、有机氟中毒；再生草热所致的急性过敏反应等。

继发性（被动性）充血主要损害其他器官。主要见于充血性心力衰竭的疾病，如心扩张、心肌炎、心肌变性及二尖瓣膜狭窄和闭锁不全，因肺内血流出受阻而造成肺淤血。也见于病牛长期躺卧，造成局部血液停滞而引起所谓的沉积性充血。

原发性和继发性肺充血的病因均可成为肺水肿的病因。

肺充血和肺水肿共同症状：常迅速发生呼吸困难，可视黏膜鲜红或发绀，颈静脉怒张。病牛由兴奋不安转为沉郁。咳嗽短浅、声弱而呈湿性。鼻液初呈浆液性，后期增多，常见两鼻孔流出黄色或淡红色、带血色的泡沫样鼻液。严重者呼吸困难，头直伸，张口吐舌，鼻孔张大，喘息，腹部运动明显。有的两前肢叉开，肘头外展，头下垂。心率达100次/分以上，心音初增强而后减弱。

肺部叩诊，充血时无异常，水肿时呈浊音或半浊音。肺部听诊，充血时有粗糙的水泡杂音，无啰音；水肿时，肺泡音减弱，能听到小水泡音和捻发音。

肺充血时，肺脏体积增大，色呈暗红色、质地稍硬，切面流出大量血液。肺水肿时，肺脏体积增大、较重，表面湿润，呈蓝紫色，失去弹性，按有压痕，气管、支气管和肺泡常积聚大量淡红色、泡沫状液体，切面流出大量淡红色浆液。

【预防措施】

加强饲养管理，注意牛舍通风，避免刺激性气体的吸入。夏季做好防暑降温工作，防止热应激。防止奶牛误食、误饮有机磷等杀虫剂。躺卧不起的病牛，应加强护理，每日应人工翻动躯体1～2次，以防止沉积性肺淤血的发生。

【西药方案】

治疗原则：降低肺内压，缓解呼吸困难，减少渗出，以防水肿加重。

① 利尿：呋塞米，按每千克体重0.5～1.0毫克，一次肌内注射，每日2次。

② 缓解平滑肌痉挛：阿托品每千克体重0.048毫克，肌内注射，每日2次；或氨茶碱肌内注射。

③ 抗炎：5%氯化钙200～250毫升，一次静脉注射。氢化可的松0.2～0.5克，一次静脉注射，或用地塞米松也可以。

④ 解热镇痛：阿司匹林15～30克，甲氯灭酸钠，按每千克体重1.0毫克，一次内服，每日2次；或氟尼辛葡甲胺、安乃近等肌内注射。

⑤ 放血疗法：体质好的牛，为快速降压，必要时放血1000～3000毫升。体质差的慎用。

【中药方案】

处方一：炙麻黄80克、生杭芍60克、细辛30克、干姜60克、桂枝60克、五味子60克、清半夏60克、生石膏100克、甘草50克。水煎取汁或打粉开水冲调，一次灌服，适用于肺水肿。

处方二：葶苈子50克、大枣50枚、酒大黄60克、厚朴30克、枳实45克、苏子50克、莱菔子50克、瓜蒌100克、木通50克、黄芪100克、白术50克。水煎取汁或打粉开水冲调，一次灌服，适用于肺水肿。

处方三：柴胡50克、枳实50克、陈皮50克、半夏50克、黄芩50克、桂枝75克、葶苈子75克、茯苓75克、赤芍75克、甘遂15克、生姜15片、大枣50枚。水煎取汁或打粉开水冲调，一次灌服，适用于肺水肿。

处方四：人参50克、紫菀50克、黄芪100克、白果50克、桑白皮50克、法半夏50克、款冬花50克、苏子50克、五味子50克、麻黄30克、杏仁50克、甘草25克。水煎取汁或打粉开水冲调，一次灌服，适用于肺水肿。

处方五：芦根300克、桃仁45克、薏苡仁150克、冬瓜子150克。水煎取汁或打粉开水冲调，一次灌服，适用于肺淤血。

处方六：桃仁50克、红花50克、当归50克、赤芍50克、柴胡50克、枳壳50克、桔梗50克、川芎50克、浙贝母50克、三七30克、花蕊石50克、仙鹤草150克、降香50克。水煎取汁或打粉开水冲调，一次灌服，适用于肺淤血。

【说明】

本病发病急，病情重，死亡快，须尽快急救。严重呼吸困难的谨慎灌服给药。

九、牛支气管炎

【诊断要点】

牛支气管炎是支气管黏膜表层或深层的炎症。临床上以咳嗽、流鼻液、不定型热为特征。根据病因可分为原发性和继发性两种。原发性支气管炎，多因受寒感冒，或吸入刺激性气体，使支气管黏膜防卫功能减弱，内外源非特异性细菌大量繁殖，如肺炎双球菌、巴氏杆菌、链球菌等而引发。继发性支气管炎，多见于传染病，如流感、传染性喉气管炎、巴氏杆菌病等；寄生虫病，如肺线虫病等和邻近器官炎症的经过中。

急性支气管炎，主要表现咳嗽、气喘、流蛋清样鼻液，触诊咽喉、气管敏感。咳嗽干、短，咳嗽声高亢。胸部听诊，肺泡呼吸音增强，全身症状轻微，体温正常或稍升高0.5～1.0℃。

慢性支气管炎，主要表现为长期的咳嗽，有时咳出少量的痰液，呼吸困难，不定型热，流浆液性鼻液。胸部听诊，可闻湿啰音，病长时日渐消瘦，被毛粗乱无光，全身症状加重。

病理变化表现为支气管黏膜潮红呈斑点状、条纹状，局部或弥漫性分布。病初黏膜肿胀，稍干，后期有浆液、黏性或脓性渗出物。

【预防措施】

加强护理，寒冷天气应保暖，供给营养丰富、容易消化的草料。改善环境卫生，避免烟雾、粉尘和刺激性气体对呼吸道的影响。

【西药方案】

治疗原则：消除病因，祛痰镇咳，抑菌消炎，必要时用抗过敏药。

(1) 抗菌

① 青霉素 800 万～1600 万国际单位，链霉素 400 万国际单位，注射用水适量，一次肌内注射，每日 2 次。10%磺胺嘧啶 200～300 毫升，静脉注射，每日 1～2 次，或四环素 1～2 克溶于生理盐水，静脉注射，每日 1～2 次。

② 头孢噻呋、恩诺沙星或马波沙星，肌内注射或输液。

③ 多西环素配氟苯尼考、大观霉素配林可霉素、泰乐菌素配卡那霉素、氟苯尼考配替米考星等肌内注射。慢性的也可以配合泰拉霉素、加米霉素、泰地罗新等。

(2) 抗炎 地塞米松或氢化可的松，孕畜禁用地塞米松。

(3) 止咳化痰 氯化铵 10～20 克，人工盐 30～50 克，复方樟脑酊 30～50 毫升，内服。或氨溴索输液。

(4) 清热解毒 板蓝根注射液或双黄连注射液或鱼腥草注射液，肌内注射或输液。

(5) 气管局部封闭给药 青霉素 400 万单位，链霉素 200 万单位，1%普鲁卡因溶液 20 毫升，地塞米松 25 毫克，混合后气管内注射，每天一次。

(6) 气喘重的需平喘或抗过敏 抗过敏选异丙嗪；平喘可以选择氨茶碱或阿托品。

【中药方案】

处方一：紫苏 30 克、麻黄 15 克、荆芥 15 克、防风 15 克、桔梗 30 克、杏仁 20 克、白前 20 克、陈皮 45 克、百部 20 克、当归 15 克、甘草 15 克。研末，加杏仁水 40 毫升，远志酊 30 毫升，温水适量，一次灌服，多用于风寒证。

处方二：款冬花、知母、浙贝母、桔梗、桑白皮、地骨皮、黄芩、金银花各 30 克，杏仁 20 克，马兜铃、枇杷叶、陈皮各 24 克，甘草 12 克。打粉开水冲调，一次灌服，多用于风热证。

处方三：党参、阿胶各60克，黄芪70克，五味子50克，乌梅30克，桑白皮、款冬花、桔梗、炙甘草各40克。适用于慢性支气管炎，打粉开水冲调，一次灌服。

【说明】

急性支气管炎经过及时合理的治疗，多预后良好；慢性支气管炎，病程长，治愈慢，应减少劳役，以养为主，如继发肺气肿等，预后慎重。

十、牛鼻旁窦炎

【诊断要点】

牛鼻旁窦炎是指颌窦和额窦黏膜的炎症，多取慢性经过，临床上以流鼻液、咳嗽、呼吸困难、额部增温为特征。根据病因分为急性和慢性。根据部位分为一侧性和两侧性，牛散发，一侧性居多。

急性鼻旁窦炎常在粗暴去角之后发生。由于器械的污染和技术问题，犊牛和成年牛施行去角术时引发细菌感染，多为化脓放线菌、多杀性巴氏杆菌、大肠埃希菌和一些厌氧菌等。慢性鼻旁窦炎在牛去角后数月至数年发生，或者根本与去角术无关，因为本病也偶发于去角良好的牛、无角牛或带角牛。常见的感染细菌是化脓性放线菌、多杀性巴氏杆菌和厌氧菌等混合感染。其他常并发或继发于鼻卡他，草料残渣、麦芒等异物进入窦腔，以及面部挫伤、骨折、鼻咽黏膜炎、上臼齿齿槽骨膜炎、龋齿、骨软化症、恶性卡他热等疾病。

牛一侧或两侧鼻孔持续流浆液性、黏液性，以至脓性、腐臭鼻液，低头或强力呼吸、咳嗽及头部剧烈活动时鼻液量增多，后期由于鼻腔黏膜肥厚和鼻窦蓄脓，出现吸气性呼吸困难和鼻狭窄音。

触诊额窦或颌窦痛感过敏，增温。窦壁骨骼膨隆，指压有颤动感。叩诊患部疼痛，发浊音，穿刺可抽出脓性分泌物。全身症状多不明显。

病理剖检表现窦腔扩大，在骨与黏膜之间出现黄色胶样浸润的渗出物，有可见溃疡、肿瘤。排泄口闭塞，致使分泌物发生蓄积并浓缩，骨质受破坏而变薄。

【预防措施】

加强饲养管理，保证舍内外的环境、饲料清洁，减少外来的刺激。

重视疫病的防疫工作，注意定期消毒、驱虫和杀蚊蝇等，并及时治疗原发病。

【西药方案】

① 抗菌：当脓汁不多时，应用抗生素类药物，配合20%硫酸镁溶液100毫升，静脉注射或肌内注射，每日1次，4～5次为一个疗程，可选择抗生素，如青霉素配链霉素、青霉素配磺胺嘧啶钠、头孢噻呋配恩诺沙星、大观霉素配林可霉素、泰乐菌素配卡那霉素等，一般广谱都有效。

② 抗炎：地塞米松或氢化可的松肌内注射或输液。

【中药方案】

处方一：辛夷60克、酒知母30克、酒黄柏30克、沙参20克、木香10克、郁金15克、明矾10克。共研细末，开水冲调，候温灌服，连用5～7副，有良好效果。

处方二：苍耳子30克、菊花25克、薄荷15克、苏叶30克、栀子20克、黄芩15克、辛夷25克、白芷15克。共研细末，开水冲调，候温一次灌服。

【圆锯术疗法】

药物治疗无效，骨折碎片落进窦内，脓汁潴留，或肉芽组织过度增生时选用。

用连接胶管的注射器吸出窦腔内潴留的脓汁，彻底清除坏死组织和异物，用0.2%高锰酸钾溶液进行洗涤。如脓汁黏稠，可用2%～4%碳酸氢钠液冲洗，然后向窦腔注入松碘油膏（松馏油5毫升、碘仿3克、蓖麻油100毫升）20～30毫升，或0.25%普鲁卡因青霉素溶液。

术后头几天应每日或隔日换药一次。手术疗法并用辛夷散，效果更佳。

【说明】

手术治疗需要长期对伤口处理、施用抗生素和护理。额窦内是液体，预后良好，而脓性肉芽肿或实体组织预后要慎重。

十一、牛鼻炎

【诊断要点】

牛鼻炎是鼻黏膜的炎症。临床特征是鼻腔黏膜充血、肿胀、流鼻液、打喷嚏和呼吸困难等。按病因分为原发性和继发性；按炎症的性质，可分为卡他性、滤泡性和纤维素性；按病程分为急性和慢性。临床上的原发性以急性鼻卡他为多见。多发生在秋季、冬季、春初。

原发性鼻炎主要是由寒冷作用、吸入刺激性气体和化学药物及机械刺激等引起，如畜舍通风不良，吸入氨、硫化氢及农药、化肥等有刺激性的气体或吸入大量煤烟等、机械性刺激（如尘埃、饲料碎片、霉菌孢子、草茎、麦芒、昆虫等侵入鼻腔，粗暴地使用胃管、鼻咽喉镜等）。

继发性鼻炎伴发或继发于流感、出血性败血症、传染性鼻气管炎、牛恶性卡他热等传染病，以及咽炎、喉炎、支气管炎、肺炎和鼻旁窦炎等疾病的经过中。

牛急性鼻炎病初鼻黏膜潮红、肿胀，敏感性增强，打喷嚏，摇头和擦鼻，随后由一侧或两侧鼻孔流出鼻液。鼻液由浆液性变为黏液性和黏液脓性，最后逐渐减少、变干，呈干痂状附于鼻孔周围。呼出气体温度高，鼻道狭窄，出现狭窄音（鼻塞音），体温、呼吸、脉搏正常。有的颌下淋巴结肿胀。

牛慢性鼻炎以长期、不定时定量地流出黏液和脓性鼻液为主要特征。鼻黏膜肿胀、肥厚，凹凸不平，呈灰白色或蓝红色，严重者常见糜烂、溃疡及瘢痕，鼻孔周围皮肤色素缺损。有的成为鼻溢液，在运动或低头时，可突然地流出大量鼻液。

【预防措施】

加强饲养管理，保证舍内外的环境、饲料清洁，减少外来的刺激。重视疫病的防疫工作，注意定期消毒、驱虫和杀蚊蝇等，并及时治疗原发病。

【西药方案】

（1）加强护理 首先除去致病因素，置于温暖通风良好的畜舍。局部处理对症治疗。轻症可不治而愈，重症常采用对症疗法。

（2）鼻腔冲洗、局部用药

① 可用温生理盐水、1％小苏打溶液、2％～3％硼酸溶液、1％磺胺溶液、1％明矾溶液、0.1％鞣酸溶液或0.1％高锰酸钾溶液，冲洗鼻

腔，1～2次/日。清除鼻液，消炎收敛。

② 冲洗后涂以金霉素或青霉素或磺胺软膏，或注入青霉素溶液(将80万～160万国际单位青霉素溶于5毫升蒸馏水中)，或0.1%蛋白银溶液。

③ 鼻黏膜高度肿胀时，可涂布血管收缩剂，如滴鼻净，或滴入3%麻黄碱、0.1%肾上腺素。最好用0.25%盐酸普鲁卡因30毫升，稀释青霉素160万国际单位，再加0.1%肾上腺素4毫升，滴入鼻腔。或2%松节油或2%克辽林液蒸气吸入，每日2～3次，每次15～20分钟，效果良好。或10%丁卡因1毫升、0.1%肾上腺素1毫升、青霉素160万单位，蒸馏水10～20毫升滴鼻。

④ 慢性鼻炎，涂擦1%氯化锌液或硝酸银液。口服或肌内注射地塞米松，每日一次。

(3) 手术疗法 鼻甲骨坏死时，可施行圆锯术，冲洗鼻腔并取出坏死组织。

(4) 全身疗法

① 对体温高的、全身症状明显的，要及时应用退烧药和抗生素进行治疗。如肌内注射或静脉注射青霉素、链霉素、安乃近或氟尼辛葡甲胺等，肌内注射或静脉注射青霉素、磺胺嘧啶钠、复方氨基比林等，肌内注射或静脉注射头孢噻呋、恩诺沙星、安痛定等。另外其他的抗生素如大观霉素配林可霉素，泰乐菌素配卡那霉素，多西环素配氟苯尼考，氨苄西林配庆大霉素等也是可以的。

② 对变态反应性鼻炎的病牛，应离开原有环境约1周，并用抗组胺制剂治疗，如苯海拉明、异丙嗪等。

【中药方案】

处方一：辛夷60克、酒知母30克、酒黄柏30克、沙参20克、木香10克、郁金15克、明矾10克。共研细末，开水冲调，候温灌服，连用5～7副，有良好效果。

处方二：苍耳子30克、菊花25克、薄荷15克、苏叶30克、栀子20克、黄芩15克、辛夷25克、白芷15克。共研细末，开水冲调，候温一次灌服。

【说明】

治疗首先应确定病因。急性鼻卡他，经1～2周，鼻液减少，可完全治愈，经过良好。慢性鼻炎，可经过数周或数月，除去病因，适当治疗，也可恢复健康。

十二、牛鼻出血

【诊断要点】

牛鼻出血是某种原因使鼻腔及与鼻腔沟通的邻近组织器官血管破裂的症状。临床上以鼻腔内流出血液为特征。鼻出血多不是一种独立疾病。

原发性鼻出血：常见于鼻黏膜遭受机械性的损伤，如粗暴地检查鼻腔和插胃管。鼻及其周围组织的挫伤、鞭打，牛只相互角斗，异物进入鼻腔，昆虫的刺螯及寄生虫的寄生等，可引起鼻炎与溃疡。鼻腔内新生物的溃烂，过度使役或在强烈日光照射下劳役，使血管极度怒张破裂。

继发性鼻出血：某些传染病、中毒性疾病或某些血液疾病，如炭疽、恶性卡他热、牛传染性鼻气管炎、结核病、蕨中毒、黄曲霉毒素中毒、慢性铜中毒、钙缺乏、维生素C和维生素K缺乏症、出血性紫斑等，由于血管通透性或血液性质发生改变，从而引起鼻出血。鼻腔邻近组织器官血管损伤破裂，血液通过鼻道而流出，如喉、肺、脑或胃的血管破裂，鼻骨骨折、鼻旁窦炎等。

因机械损伤、肿瘤而致的多呈单侧性鼻出血，若大量的毛细血管破裂则呈滴状、线状或涌泉状出血，较大的血管及较小的动脉破裂则呈喷射状出血。

贫血性出血，血液较稀薄，动脉性出血，血液呈鲜红色，因炎症而出的血液内可有脓汁、黏液和气泡。

轻度的出血，仅见少量血液从一侧鼻孔滴出，一般是短暂的，并自然停止。严重的出血，出血时间长、出血量较大、症状较重。病牛呈现不安和惊慌，可视黏膜苍白，心跳加快，脉快而弱，站立不稳等症状。严重者出现脱水或休克。

原发性出血通常为单侧性，血液中不含气泡，多为鼻黏膜的局部损伤。凡出血而有全身性疾病可能时，除检查两鼻道和鼻旁窦外，还应了解病史和全身情况，才能确诊原发病。

【预防措施】

加强管理，避免打架、敲击头部等外力机械损伤。重视营养补充，预防营养缺乏性出血。做好驱虫、消毒、防疫，降低继发性出血的发生概率。炎热季节不要过度使役，使牛置于阴凉之地，保证饮水。

【西药方案】

(1) 轻度出血 当鼻腔及其附属腔血管破裂而引起出血时，患牛放置在阴凉安静的地方，尽量抬高头部，并用15℃的水浇鼻和额部，并用生理盐水冲洗鼻腔，然后用1%～2%鞣酸溶液、1%明矾溶液或0.1%肾上腺素液浸湿纱布条填塞鼻孔，或0.1%肾上腺素10毫升，一次皮下注射，促进止血。

(2) 严重出血 应进行全身止血疗法，输液、输血，防止休克。

① 静脉输入止血药物：25%葡萄糖500毫升、樟脑磺酸钠30毫升、5%氯化钙300毫升，混合一次静脉输液；或5%葡萄糖500毫升、止血敏50毫升，一次静脉注射；或5%氯化钙300～500毫升、安络血10～20毫升，一次静脉注射。

② 大失血补充血容量：0.9%生理盐水500～2000毫升、右旋糖酐250～1000毫升，一次静脉注射。或取其相同血源牛血1000～2000毫升，一次静脉注射。

(3) 预防感染 青霉素配链霉素，或氨苄西林，或磺胺嘧啶钠，或头孢噻呋钠肌内注射或静脉注射。

【中药方案】

处方一：桑叶75克、菊花30克、杏仁60克、桔梗60克、芦根60克、茜草炭60、丹皮60克、栀子炭60克、侧柏叶60克、连翘50克、薄荷25克、藕节90克、白茅根300克、甘草25克。打粉开水冲调，一次灌服，适用于肺热性出血。

处方二：熟地黄240克、山茱萸120克、山药120克、泽泻90克、丹皮90克、茯苓90克、藕节90克、知母60克、黄柏60克、阿胶60克、仙鹤草60克、何首乌60克、桑葚子60克、墨旱莲30克、白及30克、黄精50克，生地黄120克。打粉开水冲调，一次灌服，适用于肝肾阴虚出血。

处方三：白术90克、茯苓90克、当归90克、黄芪120克、龙眼肉120克、炒酸枣仁120克、党参60克、木香60克、远志60克、仙鹤草60克、何首乌60克、桑葚子60克、白及30克、炙甘草30克、生姜50克、大枣10枚。打粉开水冲调，一次灌服，适用于脾不统血出血。

【说明】

① 先确定出血的原因及部位，再进行治疗，原发性鼻出血预后良好，继发性鼻出血，预后因原发病而定。

② 止血药治疗时，一般一次基本治愈，但有的病例因出血量大，有的二次出血，就得重复用药，要注意强心、补液防止休克或死亡。

③ 严禁鼻腔导管给药。填塞止血时，要用消毒线固定纱布牵引固定在鼻孔外，便于取出，防止深部吸入发生意外。

十三、牛喉水肿

【诊断要点】

牛喉水肿是指喉黏膜和黏膜下组织，尤其是杓状会厌襞和声门的水肿，可分为炎性和淤积性两种类型。临床上以突发吸气性高度呼吸困难，伴有明显的哨音和喘鸣音为特征。

炎性喉水肿多继发于炭疽、气肿疽、巴氏杆菌病、荨麻疹、血斑病、血清病及药物过敏等，或起因于吸入强烈刺激性气体、粉尘，呼吸道感染及喉部黏膜损伤。

淤积性喉水肿多见于心性水肿，如心脏疾病、创伤性心包炎，偶见于肾性水肿、中毒性喉水肿、机械性因素，如颈静脉受笼头或缰绳的压迫、贫血症以及饲料、细菌或霉菌中毒。

炎性喉水肿：发生极为迅速，可在数小时内窒息死亡。水肿主要存在于会厌软骨基部，杓状会厌襞与喉囊侧副韧带区，致使喉头显著狭窄，吸气性呼吸困难，吸气时肋间凹陷，出现哨笛声，并伴发咳嗽。动物出汗，眼球突出，目光惊惧，黏膜发绀，静脉怒张，脉搏加速。动脉压下降，最终可因窒息、衰竭而死亡。

淤积性喉水肿：发展较缓慢，无窒息危险，但具有喉水肿的基本症状。

【预防措施】

加强饲养管理，减少外伤或外力致病。重视原发病预防。

【西药方案】

① 紧急手术：有窒息症状，立刻施行气管切开，放置气管插管。

② 炎性喉水肿：一般可施行冷敷，或以10%樟脑酒精涂擦喉部，内服小块冰及泻剂。肌内注射或静脉注射青霉素、氨苄西林、头孢噻呋、恩诺沙星、土霉素等。

③ 过敏性喉水肿：0.1%肾上腺素5～15毫升，静脉或皮下注射；或地塞米松，每日5～20毫克，肌内注射；或氢化可的松注射液，一次100～600毫克溶于生理盐水中输液。

④ 中毒性喉水肿：应先放血500～2000毫升，然后再静脉注射葡萄糖氯化钠注射液500～2000毫升、5%氯化钙溶液300～500毫升。

⑤ 局部封闭：青霉素160万～400万单位、0.25%普鲁卡因40毫升、地塞米松10～20毫克。喉头周围分4～5点注射。

⑥ 对症治疗：退热用安乃近、安痛定、氟尼辛葡甲胺等；利尿用呋塞米等；强心用丹参注射液或樟脑磺酸钠静脉注射。

【中药方案】

处方一：牛蒡子25克、大黄25克、元明粉35克、连翘20克、黄芩20克、山栀子20克、贝母15克、薄荷15克、板蓝根35克、天花粉35克、山豆根25克、麦冬25克。打粉开水冲调，4个鸡蛋清为饮，一次灌服。

处方二：知母25克、黄檗25克、黄药子25克、黄连18克、白药子25克、郁金25克、黄芩31克、栀子25克、连翘25克、大黄31克、贝母25克、甘草22克、秦艽25克、蜂蜜100克、8个鸡蛋清。打粉开水冲调，一次灌服。

处方三：夏枯草90克、灵丹草90克、黄芩60克、桔梗60克、甘草30克。打粉开水冲调，一次灌服。

【说明】

治疗出现窒息，尽快给氧或切开气管进行急救。多数轻微症状预后良好。

第二节 牛消化系统疾病诊断要点与防治方案

一、牛口炎

【诊断要点】

牛口炎是口腔黏膜及其深层组织的炎症。临床上以流涎、咀嚼障碍和口腔检查异常等为特征。按病因可分为原发性、继发性等。

原发性口炎：多因采食粗硬饲料，如大麦芒、枯梗蒿秆，直接刺破口腔黏膜；口服刺激性药物，如高浓度碘化物、酒石酸锑钾等对黏膜的腐蚀；机械性损伤，如粗暴投药或使用开口器等引发。

继发性口炎：较为多见，如放线菌病、口蹄疫、牛瘟、牛传染性鼻气管炎、病毒性腹泻等疾病过程中发生。

典型症状就是流涎。唾液由口内流出，呈牵缕状。口腔检查，感觉敏感、疼痛，口温增高，黏膜潮红、肿胀，口内有不洁臭味，黏膜初干燥，后湿润。单纯性口炎，仅见口腔局部变化，缺乏全身症状，伴有采食与咀嚼障碍。

急性病理表现，口腔黏膜呈斑纹状或弥漫性充血、发红、肿胀，上腭、下腭、颊部、舌、齿龈等发生损伤，呈鲜红色或暗红色的溃烂面。慢性病理表现，口腔黏膜肥厚，苍白。

【预防措施】

注意饲料的加工调制，对粗饲草可进行柔化、蒸煮、碱化、粉碎处理。诊治疾病应细心，操作要仔细，使用开口器、投药等应慎重，严禁粗暴操作。

【西药方案】

① 卡他性口炎、水疱性口炎：用醋水或1%食盐或明矾、2%～3%硼酸、0.1%高锰酸钾、0.1%氯化苯甲羟胺溶液、0.1%黄色素溶液等收敛药或消毒药冲洗口腔，同时用维生素B和维生素C注射。

② 溃疡性口炎和真菌性口炎：用硝酸银棒或5%硝酸银溶液腐蚀，然后再以生理盐水充分洗涤。用2%硫酸铜溶液、2%硼酸钠甘油混悬

液、1%磺胺甘油混悬液、2%～3%氯化锌溶液、复方甘油溶液等，涂于患部也都有效。溃疡性口炎有严重恶臭者，用0.3%高锰酸钾溶液冲洗或口腔溃疡面涂2%～3%碘甘油或1%龙胆紫溶液。

③ 继发性口炎：除了要积极控制口炎，更要重点控制原发病。

【中药方案】

处方一：硼砂25克、元明粉25克、朱砂3克、冰片2.5克。研末，涂布患部表面。

处方二：盐酸小檗碱4克、明矾15克、冰片2克。混合装入布袋，口噙，每天一换。

处方三：青黛9克、黄连6克、黄柏9克、薄荷3克、桔梗6克、儿茶6克。装入布袋，口噙，每天换一次。

处方四：大黄24克、知母18克、朴硝60克、黄柏60克、栀子18克、黄芩20克、连翘15克、花粉18克、薄荷12克。打粉开水冲调，每天一次。

处方五：当归30克、黄连24克、丹皮30克、生地黄30克、升麻18克、石膏60克、大黄30克、芒硝30克。适用于胃热引发的口炎，打粉开水冲调，每天一次。

处方六：知母24克、黄柏24克、熟地黄24克、山萸肉18克、山药30克、茯苓24克、泽泻18克、丹皮18克。打粉开水冲调，每天一剂。

处方七：蜂蜜300克、冰片5克、白矾面8克、生绿豆面60克、小米面60克、增效联磺片4克、小苏打20克。装入布袋，口噙，每天换一次。

【说明】

治疗清洗口腔时，应注意药物浓度，以防造成继发性炎症。继发性口炎重点在于控制原发病。

二、牛咽炎

【诊断要点】

牛咽炎是咽黏膜、软腭、扁桃体及其深层组织炎症的总称。临床上以流涎、吞咽困难和咽部肿痛等为特征。按病因可分为原发性和继发性。

原发性咽炎常见于机械性、温热性和化学性刺激，如粗硬的饲料和异物、霉败的饲料和饲草，喂饮的热食和饮水及胃管的直接刺激和损伤。

继发性咽炎常见于流感、血斑病、炭疽、口蹄疫、恶性卡他热、巴氏杆菌病、结核病和狂犬病等传染性疾病，以及鼻炎、喉炎、口炎、唾液腺炎等普通病经过中。

临床表现吞咽困难，头颈伸展，呆然凝立，精神沉郁，远离饲槽；流涎，混有食糜和唾液；常咳嗽，初干咳，后湿咳；咽部触诊，疼痛呻吟、躲闪和抗拒；常伴有体温升高、呼吸急促等全身症状。

卡他性咽炎，急性的咽黏膜充血、肿胀，有点状或条纹状充血斑或红斑。慢性的黏膜苍白、肥厚，形成皱襞，被覆黏液。格鲁布性咽炎，黏膜表层形成一种灰白色的膜样物。蜂窝织炎性咽炎，咽部黏膜下呈弥漫性、化脓性炎症，还有咽部淋巴结肿胀、化脓，声门水肿等。

【预防措施】

做好平时的饲养管理工作，注意饲料的质量和调制。搞好圈舍卫生，防止受寒、过劳，增强防御功能。对于咽部邻近器官炎症应及时治疗，防止炎症扩散。

【西药方案】

(1) 发病初期措施

① 咽喉部先冷敷，每日 3～4 次。

② 用 20%硫酸镁溶液湿敷，或局部涂擦樟脑酒精溶液、鱼石脂软膏、碘甘油等。

③ 洗涤咽腔，可用 0.1%高锰酸钾溶液、3%明矾溶液、2%硼酸溶液等，然后涂布碘甘油（1∶30）或鞣酸甘油（1∶30）等。2%～3%食盐水或碳酸氢钠溶液喷雾或蒸气吸入。

④ 封闭疗法：0.25%盐酸普鲁卡因溶液 20～50 毫升，稀释青霉素 160 万～240 万国际单位，分左右两点注入咽的周围，每日 1 次，连用 2 日。

(2) 严重的咽炎配合全身用药

① 可肌内注射或静脉注射磺胺嘧啶钠、青霉素、链霉素或卡那霉素、氨苄西林、头孢噻呋、恩诺沙星、土霉素等。

② 10%磺胺嘧啶钠 200～300 毫升，40%乌洛托品 20～60 毫升，葡萄糖氯化钠注射液 500～1000 毫升，静脉注射，每日 1 次，连用 2 日。

③ 10%水杨酸钠 50～200 毫升，40%乌洛托品 20～60 毫升，10%氯化钙 50～150 毫升，混合静脉注射，每日 1 次，连用 3 日。青霉素肌内注射或静脉注射。

④ 盐酸普鲁卡因 0.5～1 克，青霉素钠盐 800 万～1600 万国际单位，氢化可的松 0.3 克，5%～10%葡萄糖 1000 毫升，混合静脉注射。

⑤ 青霉素 800 万～1600 万单位，丁胺卡那 100 万单位，肌内注射或静脉注射。

(3) 痰多配合化痰药 氯化铵 50～100 克口服；氨溴索静脉输液。

【中药方案】

处方一：青黛 50 克、冰片 5 克、胆矾 25 克、黄柏 50 克、儿茶 50 克。研末装进布袋，口噙，每天换一次。

处方二：天花粉 200 克、白芷 100 克、苍术 40 克、大黄 100 克、姜黄 100 克、厚朴 40 克、陈皮 40 克、甘草 40 克、天南星 40 克。打粉醋调，咽喉部外敷。

处方三：金银花 80 克、蒲公英 80 克、野菊花 80 克、连翘 80 克、紫花地丁 80 克。打粉开水冲调，一次灌服。

处方四：板蓝根 40 克、山豆根 50 克、芦根 60 克、桔梗 40 克、黄连 40 克、黄芩 40 克、黄柏 40 克、射干 25 克、金银花 45 克、连翘 45 克、玄参 35 克、牛蒡子 35 克、重楼 35 克、马勃 20 克、甘草 15 克、石膏 60 克、花粉 35 克、大黄 30 克。打粉开水冲调，一天分两次灌服。

处方五：生地黄 45 克、麦冬 45 克、玄参 45 克、白芍 35 克、青果 35 克、浙贝母 30 克、牡丹皮 30 克、射干 30 克、木蝴蝶 15 克、甘草 15 克。打粉开水冲调，一次灌服。

处方六：蜂蜜 250 克、冰片 4 克、枯矾 10 克、小苏打 15 克、青黛

10 克。调成膏剂装布袋，口噙，每天一换。

【说明】

胃管投药时，避免损伤咽黏膜，以防本病的发生。多数预后良好。

三、牛前胃弛缓

【诊断要点】

牛前胃弛缓是由于前胃神经调节功能紊乱，前胃壁肌肉兴奋性降低和收缩力减弱，致使前胃内容物排出延迟所引起的一种消化功能障碍性疾病。临床上以前胃运动和消化功能障碍为主要症状。根据紊乱的性质和病程分为急性和慢性两种，体弱牛常发。

原发性前胃弛缓：常发生于饲养管理不良，如饲料突然改变；饲料搭配不当，如饲料中某种成分的不足或过多；饲料调制不当，饲料和饮水品质不良；过度劳累引起盐、水的大量丧失、代谢物的蓄积、反刍时间的不足等。

继发性前胃弛缓：常继发于皱胃和肠的疾病，如创伤性网胃炎；某些传染病和寄生虫病，肝、肺、心脏的疾病等经过中。

急性前胃弛缓：食欲减退，鼻镜干燥，异食，吃粗料而拒食精料；精神沉郁，对外反应迟钝；反刍次数减少至完全停止；瘤胃蠕动减弱或停止，触诊瘤胃呈黏硬感。全身反应不明显，呼吸、脉率和体温正常。瘤胃内容物检查，纤毛虫活性降低，瘤胃液 pH 5.5 以下。

慢性前胃弛缓：食欲时好时坏，瘤胃运动时有时无，反复胀气，先便秘后腹泻。全身无力，体重渐减，衰弱，肌肉震颤，起立困难，有的长时间卧地不起。

瘤胃和瓣胃胀满，皱胃下垂或弛缓。有的继发皱胃阻塞，容积增大 3 倍，内容物干燥，呈粉状。瓣胃叶间内容物干涸，形如胶合板状，瘤胃和瓣胃露出的黏膜潮红，具有出血斑，瓣叶组织坏死、溃疡和穿孔。有的病例有局限性或弥漫性腹膜炎及全身败血症等病变。

【预防措施】

做到合理饲养管理与日粮供应，应根据牛生理阶段而及时调整日粮结构，严禁为追求产乳量和产肉量而过度增加精料。日粮供应中，要注意精粗比、碳氮比及矿物质、维生素的饲喂。防止或减少营养代谢病发生。

【西药方案】

病初绝食1～2天，而后饲喂优质干草或放牧。

(1) 促进瘤胃蠕动 氨甲酰胆碱1～2毫克，或新斯的明10～20毫克，或0.2%硝酸士的宁5～10毫升，皮下注射。还可用促反刍液，即10%盐水300～500毫升，5%氯化钙100～250毫升，樟脑磺酸钠10～30毫升，混合静脉注射。

(2) 制酵健胃

① 口服稀盐酸15～30毫升，75%酒精100毫升，常水500毫升，每日1～2次。

② 鱼石脂15～20克，酒精50毫升，常水1升。

③ 大蒜250克，食盐50～100克，捣成蒜泥，加常水适量，内服，具有消炎、健胃、防腐、止酵的效果。

④ 单服醋250～1000毫升，配合槟榔50～100克。

⑤ 松节油30毫升，常水500毫升，一次灌服。

⑥ 番木鳖酊10～30毫升、陈皮酊30～100毫升、龙胆酊50～100毫升、碳酸氢钠50～100克。

(3) 缓泻 硫酸钠（硫酸镁）300～800克，温水稀释成5%～8%溶液，一次内服。或液体石蜡1000毫升，内服。或清油1000毫升，醋500毫升，混合灌服。

(4) 辅助用药

① 补液：5%葡萄糖氯化钠溶液2000毫升或10%葡萄糖溶液1000毫升。

② 纠酸：5%碳酸氢钠500毫升。

③ 强心：10%樟脑磺酸钠20毫升。

④ 补维生素：复合维生素B 20毫升肌内注射（谨慎输液）；25%维生素C 30毫升。

⑤ 补钙：5%氯化钙100～200毫升或葡萄糖酸钙200～300毫升。

⑥ 抗过敏：2%盐酸苯海拉明注射液10毫升，肌内注射。或肌内

注射盐酸异丙嗪 250～500 毫克，不愈的隔 24 小时再注射一次。

⑦ 防感染：青霉素或氨苄西林或庆大霉素或头孢噻呋或恩诺沙星等。

(5) 外科手术

① 伴发瓣胃阻塞，采取洗胃疗法。

② 施行瘤胃切开术，取出其内容物，冲洗瘤胃或将胃管通过瘤胃插入网瓣口，灌注 1%食盐水（38～40℃）24～40 升，冲洗瓣胃，可提高疗效。

【中药方案】

处方一：党参 30 克、白术 30 克、陈皮 30 克、茯苓 30 克、木香 30 克、麦芽 60 克、山楂 60 克、建曲 60 克、生姜 60 克、苍术 30 克、半夏 25 克、豆蔻 45 克、砂仁 30 克。打粉开水冲调，一次灌服，用于虚寒证。

处方二：党参 30 克、茯苓 30 克、山楂 60 克、龙胆草 45 克、白术 30 克、木香 30 克、建曲 60 克、茵陈 45 克、陈皮 30 克、麦芽 60 克、佩兰 30 克。打粉开水冲调，一次灌服，用于湿热证。

处方三：茯苓 30 克、砂仁 20 克、炒白术 15 克、党参 15 克、炒苍术 15 克、黄芪 15 克、青皮 12 克、木香 12 克、厚朴 12 克、甘草 10 克。打粉开水冲调，一次灌服，用于虚寒证。

处方四：木香 60 克、党参 45 克、炒白术 45 克、茯苓 45 克、砂仁 30 克、陈皮 30 克、制半夏 30 克、生姜 20 克、大枣 20 克、甘草 45 克。打粉开水冲调，一次灌服，用于虚寒证。

处方五：苍术 45 克、厚朴 45 克、陈皮 45 克、炒白术 45 克、茯苓 45 克、泽泻 30 克、猪苓 30 克、肉桂 15 克、甘草 20 克。打粉开水冲调，一次灌服，用于脾虚湿重证。

处方六：茯苓 60 克、苍术 60 克、黄芪 60 克、白术 60 克、党参 60 克、陈皮 45 克、厚朴 45 克、甘草 20 克，姜枣适量。打粉开水冲调，一次灌服，用于脾虚湿重证。

处方七：猪苓 45 克、茯苓 45 克、滑石 30 克、黄芩 30 克、大腹皮 15 克、白豆蔻 15 克、通草 15 克。打粉开水冲调，一次灌服，用于湿热证。

处方八：薏苡仁 45 克、茯苓 45 克、滑石 40 克、白术 40 克、山楂 50 克、神曲 50 克、麦芽 50 克、半夏 25 克、杏仁 25 克、厚朴 25 克、通草 20 克、白豆蔻 20 克、淡竹叶 20 克。打粉开水冲调，一次灌服，用于湿热证。

【说明】

继发性前胃弛缓，应首先治疗原发性病。心脏功能不全，或伴发腹膜炎病牛，特别是妊娠母牛，禁用拟胆碱类药物，防止虚脱和流产。

四、牛瘤胃臌气

【诊断要点】

牛瘤胃臌气是因前胃神经反应性降低，收缩力减弱，采食易发酵的饲料，在瘤胃内菌群作用下，异常发酵，产生大量气体，致使瘤胃的体积增大，消化功能紊乱的疾病。

临床上以左侧肷窝隆起，呼吸困难，瘤胃叩诊呈鼓声为特征。根据病因可分为原发性、继发性。按臌气性质分为气体性臌气和泡沫性臌气。

原发性瘤胃臌气病因：采食大量易发酵的饲料如紫云英、三叶草、青草、萝卜叶、白菜叶、马铃薯叶、青饲料等；采食堆积发热的青草、青贮玉米秸、冰冻发霉的饲草；配方不合理、饲养管理不善，如精料过多、粗料不足、饲料单一等。

继发性瘤胃臌气：见于前胃弛缓、食道梗塞、瓣胃阻塞和创伤性网胃炎等疾病过程中。

泡沫性臌气病因：饲料中含有的细胞质蛋白是引起泡沫性臌胀的原因。瘤胃 pH 降低，会生成大量稳定性泡沫，与食物混在一起，不易被破坏。由于泡沫不能通过嗳气排出，同时又不能随内容物通过消化道排出和吸收，故导致瘤胃的急剧扩张和膨胀。

气体性臌气病因：与氢氰酸配糖体有关，因它有麻痹瘤胃运动神经的作用；也可能与脱氢黄体酮化合物有关，因它可抑制瘤胃平滑肌的运动。

急性臌气：采食后不久发病，病牛左肷部显著隆起，触压腹壁紧张而有弹性，叩诊呈鼓音，听诊瘤胃初期蠕动频繁，呈捻发音、金属音，以后完全停止。随着病情发展，低头弓背，四肢缩于腹下，呆立，踢腹，食欲废绝，眼结膜充血，眼球突出，呻吟。体温正常，呼吸困难，呼吸次数增加，心动亢进，心音高亢，全身出汗。如不及时救治，窒息死亡。

慢性臌气：有瘤胃弛缓症状。常呈周期性臌气，瘤胃弛缓时好时坏，臌气时胀时消，食欲时有时无。严重病例，臌气持续不消，渐进性消瘦，被毛粗糙，排粪不正常，瘤胃壁过度扩张，充满大量气体及含有泡沫的内容物，但死后数小时，瘤胃内容物无泡沫，有的瘤胃或膈肌破裂。瘤胃腹囊黏膜有出血斑，甚至黏膜下淤血，浆膜下出血。头颈部淋巴结、心外膜充血和出血、肺脏充血，颈部气管充血和出血。肝脏和脾脏呈贫血状等。

【预防措施】

注意饲料保管与调制，防止饲料霉变。豆饼、大豆用温水浸泡后再喂。谷物饲料不宜粉碎过细。不要骤然变换饲料，尤其舍饲转为放牧时，应先喂些干草或粗饲料。易发酵的牧草，特别是豆科植物，应割后饲喂。适当限制在牧草幼嫩茂盛的牧地和霜露浸湿的牧地上的放牧时间，或在放牧前适当给予抗泡沫作用的表面活性药物，如聚氧化丙烯等。

【西药方案】

1. 气体性臌气

① 瘤胃穿刺术方法：在左侧肷部突出部剪毛，皮肤用10%碘酊消毒，术部先用小刀切开皮肤，左手按压皮肤，使之紧贴瘤胃壁，右手将套管针在脊突与穿刺点的腹壁呈60度角通过切口刺入到瘤胃一定深度，拔出针栓，压紧套管与创孔间隙使气体排出。必要时，通过套管可向瘤胃内灌服止酵剂，如松节油、鱼石脂。

② 胃管放气法：用开口器固定口腔，选取3厘米口径的硬质胶管，经口腔插入瘤胃中，术者将胃管前、后、左、右、上、下移动，助手用

手压迫左侧腹壁，促使胃内气体排出。为加速内容物排出，可经胃管向瘤胃内加入清水 1000～1500 毫升，随即将其从瘤胃内导出，再灌水、再导出，这样反复多次洗胃，起到治疗作用。

除此以外，还有拉舌压腹法、瘤胃切开术、口噙木棍法、直肠肥皂水灌肠排气法等。

2. 泡沫性臌气

① 消除泡沫。二甲硅油 5～10 克，配成 2%～5%酒精或煤油溶液，灌服。

② 用花生油、亚麻仁油、大豆油等 60～120 毫升制成 2%乳剂，灌服，每日 2 次。

③ 鱼石脂 20～25 克，松节油 50～60 毫升，酒精 100～150 毫升，混合灌服。

④ 二甲硅油 5～10 克，酒精 100～200 毫升，混合，灌服。

⑤ 硫酸镁泻下法：硫酸镁 800 克加水 3000 毫升，一次灌服，谨慎使用。

3. 臌气消除后药物辅助

① 兴奋瘤胃促蠕动：新斯的明 10～20 毫升，皮下注射；或酒石酸锑钾 6 克口服；或毛果芸香碱 20～50 毫克，皮下注射；或 0.2%硝酸士的宁 8～10 毫升，皮下注射；或 10%氯化钠溶液 300～500 毫升；或比赛可灵皮下注射。

② 补液补养：补维生素用维生素 C、维生素 B 族；补钙用 5%氯化钙 200～300 毫升；强心用 10%樟脑磺酸钠 10～20 毫升；纠酸用 5%碳酸氢钠 300～500 毫升；补能量用 25%葡萄糖 500 毫升；补液用葡萄糖生理盐水 2000～3000 毫升。

【中药方案】

处方一：木香 60 克、厚朴 60 克、枳壳 60 克、陈皮 80 克、青皮 80 克、莱菔子 100 克、醋香附 70 克、川楝子 40 克、牵牛子 60 克。打粉开水冲调，首次服用可配合猪油 500 克或植物油 500 克，适用于气滞郁结型。

处方二：党参 60 克、茯苓 60 克、白术 60 克、炙甘草 80 克、木香 80 克、砂仁 100 克、莱菔子 70 克、青皮 80 克、陈皮 80 克、山楂 40 克、麦芽 40 克、神曲 40 克。打粉开水冲调，一次灌服，适用于脾胃虚弱型。

处方三：大黄 240 克、芒硝 500 克、槟榔 120 克、枳壳 90 克、莱菔子 80 克、陈皮 80 克、青皮 80 克、牵牛子 60 克、大戟 40 克、甘遂 40 克、芫花 40 克、山楂 100 克、麦芽 100 克、神曲 100 克。打粉开水冲调，分两次服用，每天一剂，妊娠牛慎用，适用于水湿困脾型。

处方四：白萝卜 2500 克、大蒜 50 克，打碎榨汁，加糖 150 克、醋 500 毫升，一次灌服。

处方五：莱菔子 90 克、芒硝 120 克、大黄 45 克、滑石 60 克，打粉加醋 500 毫升、食用油 500 毫升共调，一次灌服。

处方六：芒硝 500 克、大黄 120 克、枳实 45 克、厚朴 30 克、三棱 30 克、莪术 30 克、生甘草 30 克、大戟 15 克、芫花 15 克、甘遂 15 克，打粉开水冲调加清油 1000 毫升，一次灌服。适用于水湿困脾型。

处方七：大黄 120 克、木香 30 克、枳实 30 克、莱菔子 30 克、当归 30 克、青皮 30 克、牵牛子 15 克、大戟 15 克、甘遂 15 克、芫花 15 克、甘草 30 克，打粉开水冲调，加植物油 500 毫升一次灌服。

处方八：党参 45 克、茯苓 45 克、白术 45 克、木香 30 克、砂仁 30 克、陈皮 30 克、莱菔子 30 克、甘草 30 克。打粉开水冲调，一次灌服，适用于脾胃气虚型。

处方九：芒硝 250 克、大黄 120 克、槟榔 60 克、枳壳 45 克、莱菔子 40 克、山楂 30 克、神曲 30 克、麦芽 30 克、甘草 21 克，打粉开水冲调，加植物油 500 毫升，一次灌服。

处方十：炒莱菔子 120 克、小茴香 60 克、枳壳 45 克、木香 45 克、陈皮 30 克、槟榔 30 克，打粉开水冲调，加独头蒜泥 100 克，一次灌服。

处方十一：丁香 60 克、青皮 30 克、藿香 30 克、陈皮 30 克、槟榔 30 克、木香 20 克，打粉开水冲调，加麻油或植物油 250 毫升，一次灌服，适用于气滞郁结型。

处方十二：药用烟叶 300 克，牵牛子 15 克，打粉开水冲调，加醋 500 毫升，一次灌服。

【说明】

本病发生快，病情急，死亡快，必须早确诊，早治疗。诊断关键是分清楚是泡沫性臌胀还是非泡沫性臌胀，有针对性用药可提高治疗效果。

五、牛瘤胃积食

【诊断要点】

牛瘤胃积食亦称急性瘤胃扩张，是因前胃收缩力减弱，采食大量难消化的饲草或容易膨胀的饲料，致使瘤胃充满而不能运化，胃壁扩张，容积增大，内容物停滞，引起瘤胃运动和消化障碍的疾病。临床上以腹围增大，触诊瘤胃坚实、似捏粉样为特征。

原发性瘤胃积食病因：采食过多的精料、饼糟饲料，而粗饲料摄入过少；或偷食了过多的豆饼或精料。

继发性瘤胃积食病因：当干旱季节或饥饿时，动物气血不足，采食过多品质低劣的粗饲料；或过肥，妊娠后期，高产牛全身张力降低、瘤胃功能减弱；其他突发传染病引发全身功能障碍而诱发；还可继发于皱胃积食、创伤性网胃炎、瓣胃阻塞、前胃弛缓等。

急性病例特点：食欲、反刍停止，弓腰、四肢缩于腹下，精神不安，后肢频频移动，时有后肢踢腹，空嚼磨牙，呻吟。病初排粪次数增加，粪便呈灰褐色、黏稠状、恶臭，似粥样，有的含有未消化的饲料。部分病例排粪迟滞，粪干少、色暗，呈叠饼状甚至球状。眼结膜充血、发绀。舌苔黏滑、口腔有酸臭味。腹围增大，左侧肷部充盈、隆起，触诊瘤胃内容物充满、质地坚实，呈捏粉样。听诊瘤胃蠕动音微弱，初频繁后停止，叩诊呈浊音。直肠检查于骨盆腔入口处触摸到增大后移的瘤胃，通常体温正常。

重症病例特点：呼吸急速、脉率加快，病程延长，全身症状加剧，表现站立不稳，步态蹒跚，肌肉震颤，眼窝下陷，心律不齐，心音微弱，全身衰竭，卧地不起。

病理变化特点：瘤胃极度扩张，含有气体和大量内容物，黏膜脱落、潮红，有散在的出血斑点。瓣胃叶片坏死，各实质器官淤血。

【预防措施】

加强饲养管理。日粮的供应要按牛不同生理时期的营养需要来提供，精料供给应适宜。要重视干草的供应，在饲喂粗饲料如豆秸、麦秸和甘薯秧时，要控制进食量，适当加工，铡短后再喂，并配合其他饲料，严防单一。加强饲料保管，防止偷食。

【西药方案】

加强护理，绝食1～2天，充足清洁饮水，但采食容易遇水膨胀的饲料要控制饮水量。

1. 轻症保守疗法

① 瘤胃按摩：在牛的左肷部按摩瘤胃，每次20～30分钟，每天4～5次。

② 泻药促进胃内容物的排空：硫酸镁500～1000克、苏打粉100～120克，加6000毫升常水，一次灌服；或硫酸镁500克、液体石蜡油1000毫升、鱼石脂20克，加6000毫升水一次灌服。

③ 强化瘤胃收缩功能：常用5%氯化钙300～500毫升，10%氯化钠溶液500毫升，10%樟脑磺酸钠10～20毫升，一次静脉注射；或0.1%新斯的明，10～20毫升；或比赛可灵，每千克体重，0.05～0.1毫克。

④ 补液解除酸中毒：常用5%葡萄糖生理盐水2000毫升，25%葡萄糖注射液500毫升，5%碳酸氢钠注射液500毫升，一次静脉注射，每日1～2次。

⑤ 补充维生素：25%维生素C注射液50毫升；复合维生素注射液20毫升。

⑥ 防感染：青霉素链霉素，或头孢噻呋，或氨苄西林，或庆大霉素等肌内注射或静脉注射。

2. 重症急症洗胃或手术疗法

① 洗胃疗法：因大量采食精饲料而发生的积食，可经胃导管向胃内大量投入生理盐水或苏打水，并将其导出，再灌入，再导出，反复洗

胃，疗效良好。

② 手术疗法：其他方法无效的，应进行瘤胃切开，掏出过量胃内容物。

【中药方案】

处方一：大黄200克、枳实100克、厚朴80克、槟榔80克、莱菔子120克、青皮80克、芒硝600克、番泻叶150克、山楂150克、麦芽150克、神曲100克。打粉开水冲调，一剂分两次灌服，每天一剂，每次服用时加猪油500克或植物油500毫升。

处方二：大黄60克、枳实60克、厚朴90克、槟榔60克、茯苓60克、白术45克、青皮45克、麦芽60克、山楂120克、甘草30克、木香30克、香附45克。打粉开水冲调，一次灌服。

处方三：党参60克、白术60克、白茯苓50克、神曲60克、麦芽45克、山楂45克、枳壳45克、苍术45克、陈皮60克、甘草30克。打粉开始冲调，加白萝卜汁300毫升，一次灌服，适用于脾虚积食症。

处方四：醋大戟30克、醋芫花20克、煨甘遂25克、滑石粉200克、大黄60克、千金子40克、牵牛子40克、香附子60克、肉桂20克、甘草20克。打粉开水冲调，一次灌服，适用于过食精料者。

处方五：苍术100克、山楂100克、厚朴50克、陈皮40克、槟榔40克、枳壳40克、青皮40克、木香40克、茯苓40克、神曲80克、木通30克、甘草15克。胃热型再配芒硝、黄芩、黄连、石膏；虚寒型再配砂仁、草果、牛膝、补骨脂等；大便稀溏带血或色黑再配黄芩、地榆、黄连。打粉开水冲调，一次灌服。

【说明】手术疗法宜在急性和早期应用。过晚进行，因病程延长，机体中毒，抵抗力降低而术后效果不好。

六、牛创伤性网胃炎

【诊断要点】

创伤性网胃炎是因金属异物混杂在草料内，被误食落入网胃，刺损胃壁，引起网胃功能障碍和器质性变化的疾病。临床上以突然不食、腹痛、瘤胃弛缓与反复胀气为特征。

原发性病因：主要是饲料中混有金属尖锐异物，如铁丝、铁钉、针头等，加上牛采食快，咀嚼不细，采食量大等。

继发性病因：营养不良、矿物质不足或不平衡、维生素 A 和维生素 D 缺乏，以及妊娠后期、瘤胃臌气等腹压增大促发。

显著特征：食欲紊乱，腹痛，泌乳量显著下降。

全身特征：因损伤和感染的程度，表现不尽一致。有的体温、心跳和呼吸均正常，有的精神沉郁，体温在穿孔后 1～3 日时可升高 1℃以上，以后可维持正常。有的寒战，呼吸浅表，心率可达 100 次/分。瘤胃蠕动微弱，可持续呈现中等程度的臌气，粪量减少，干燥，呈褐色乃至暗黑色，有时可发现潜血。

网胃疼痛反应特征：有的呈现不安，不愿起卧，随后食欲废绝，反刍停止。有的病情时好时坏反复无常。有的伸颈，低头，拱背站立，四肢聚于腹下，肘外展，肘肌震颤等。有的采食、咀嚼及吞咽等动作迟缓。有的立多卧少，不愿行走，步态缓慢，小心谨慎，下坡时常发出呻吟，卧下时极其小心。

本病继发病：常继发或伴发顽固性的前胃弛缓、腹膜炎、心包炎和肝脓肿等。

网胃前壁与膈肌局部粘连，或前后壁有瘢痕或瘘管。网胃内有金属异物如钢针、铁钉等。有的网胃壁包埋金属异物，周围结缔组织增生，形成干酪腔或脓腔。严重的发生弥漫性腹膜炎，腹腔有大量纤维素渗出物，使部分或全部脏器互相粘连，膈、脾、肝、肺等脏器上可见数目不等的脓肿。

【预防措施】

严防异物混入饲料，不要把饲料乱堆乱放，更不能将草料堆放在铁丝、杂物的附近。在饲料加工中，防止金属异物混入，常用电磁筛、磁性板，将饲料经筛板处理后再喂。

【药物保守疗法】

病牛站立在前高后低的牛床上，持续数日。及时向网胃投入磁棒，吸附异物并及时取出。

取铁后，检测已无铁后配合抗生素、健胃剂、葡萄糖生理盐水进行恢复性治疗。

抗菌：肌内注射或静脉注射氨苄西林、甲硝唑、庆大霉素，或头孢噻呋、恩诺沙星等。

腹腔局部封闭：生理盐水500～1000毫升、5%普鲁卡因20～50毫升、青霉素400万～800万单位、链霉素200万～400万单位。

健胃：口服或拌料健胃药，如健胃散、山楂酵母粉、加酶益生菌、大黄苏打片等。

营养支持：(体质虚弱的需要营养支持)复方生理盐水1000～2000毫升，25%葡萄糖注射液500～1000毫升，10%樟脑磺酸钠10～20毫升，10%维生素C 20～40毫升，复合维生素B 25～50毫升，10%葡萄糖酸钙200～500毫升，10%氯化钠300～500毫升。

【手术开放疗法】

当药物保守治疗无效时，尽早确诊后及时手术取出异物才是根治疗法。常用瘤胃切开术，通过网胃取出金属异物。配合抗生素、健胃剂、葡萄糖生理盐水进行恢复性治疗。

手术切开腹壁，如发现腹腔严重腹膜炎，表现腹腔恶臭、积液浑浊、纤维素化，或者心包与膈肌刺穿粘连，基本失去进一步治疗价值，建议淘汰。

七、牛胃肠炎

【诊断要点】

牛胃肠炎是胃肠表层黏膜及其深层组织的重度炎症。病理学上以蠕动障碍、分泌异常、消化障碍为特征，临床上以重度的腹泻、明显的脱水和自体中毒等为特征。

原发性因素：饲料品质不良，饲料单一，饲喂无规律，毒物和化学药品的刺激，或营养不良、长途运输等不良因素，降低畜体抵抗力，致使胃肠道常在菌，如大肠埃希菌、沙门菌、梭菌等大量繁殖引发本病。

继发性因素：多见于某些传染病、内科疾病，如牛副结核病、肠型炭疽、病毒性肠炎、肠变位、尿毒症、休克、脓毒病，以及砷、汞等农药中毒的经过中。

其他因素：滥用抗生素使胃肠道菌群失调、受凉受寒、霉菌毒素、寄生虫等。

病初多呈现消化不良症状，随后病情和症状加重。多数体温升高达40℃以上，脉搏快而弱。精神沉郁，食欲、反刍停止。可视黏膜先潮红后发绀、黄染。有口臭、舌苔，呕吐，饮欲增加。腹泻是主要症状，频频排出水样恶臭粪便，混有血液、黏液、脓液及脱落的黏膜。重症的牛表现肛门松弛、排便失禁、频频努责和里急后重。少数伴有腹痛症状。严重脱水，眼球下陷。病末期，皮温降低，可视黏膜高度发绀，衰弱，卧地不起，抽搐，昏迷等。

病理变化表现为胃肠道内容物恶臭，混有黏液、脓汁或血液，黏膜肿胀、充血或出血。重症的肠黏膜坏死，形成麸皮状覆盖物，剥脱后出现浅表溃疡面，还有集合淋巴、孤立淋巴小结及肠系膜淋巴结肿胀，有的肠壁增生肥厚。

【预防措施】

关键是建立合理的饲养管理制度。不喂霉败、冰冻、腐烂变质，以及混有泥沙、尘土的饲料。精粗饲料要合理搭配、调制，不易消化的饲料应铡短碾碎。饲喂和饮水应定时、定量，少给勤添，防止饥饱不均。畜舍应保持清洁、干燥，通风良好。

【西药方案】

（1）抗感染

① 犊牛内服：土霉素、庆大霉素、链霉素、盐酸小檗碱、诺氟沙星、磺胺脒、磺胺甲噁唑等。

② 穴位给药：环丙沙星、恩诺沙星、庆大霉素、盐酸小檗碱等药物后海穴注射。

③ 静脉给药：氨苄西林、甲硝唑、庆大霉素静脉分别滴注；或环丙沙星、头孢噻呋静脉分别滴注；或恩诺沙星、庆大霉素静脉分别滴注；也可使用其他抗生素，如氟苯尼考、多西环素、丁胺卡那、林可大观、痢菌净等。

（2）抗炎 地塞米松或氢化可的松等。

(3) 补液、解毒和强心

① 补液：（输液速度不宜过快，应根据脱水严重程度而定具体用量）常用药物有5%葡萄糖注射液、生理盐水、复方氯化钠注射液、低分子右旋糖酐、10%葡萄糖注射液、5%葡萄糖生理盐水等。重症补液时适当添加氯化钾溶液，补充钾离子，如5%葡萄糖生理盐水4000毫升、25%葡萄糖注射液1000毫升、10%氯化钾20～50毫升等。

② 纠正酸中毒：静脉注射5%碳酸氢钠，重症胃肠炎可按每千克体重输1～5毫升，分2次，间隔2～3小时。

③ 强心：给予安钠咖、樟脑磺酸钠、丹参注射液、生脉注射液等。

(4) 对症治疗 在腐败发酵内容物及炎性渗出物基本排尽后，可适当应用收敛止泻药物，鞣酸蛋白、次硝酸铋均为15～20克，0.1%高锰酸钾溶液2000～2500毫升，内服，或活性炭、白陶土、蒙脱石、山莨菪碱、阿托品等。

(5) 瓣胃给药 庆大霉素1.6克或土霉素5克或氨苄西林5克，加0.9%生理盐水或灭菌水溶解后瓣胃注射。

(6) 清肠制酵疗法（在胃肠炎初期使用，清肠制酵纠酸，多配合口服或肌内注射抗生素使用） 硫酸镁250克、鱼石脂15克（加酒精50毫升溶解）、鞣酸蛋白20克、碳酸氢钠50克，常水3000毫升，混合一次灌服。

【中药方案】

处方一：郁金30克、白芍30克、黄连30克、大黄30克、黄芩30克、黄柏30克、栀子25克、茯苓25克、木香25克。有脓血者，去白芍加青芍、槐花米、侧柏叶；腹泻不止者，去大黄，加诃子、石榴皮；初便秘后腹泻者，加大大黄用量，再加入芒硝、槟榔；口干舌燥者，加玄参、石斛、麦冬；腹痛重者，加元胡、姜黄等。打粉开水冲调，一次灌服。

处方二：白头翁72克、黄柏36克、黄连36克、秦皮36克、黄芩40克、枳壳45克、白芍40克、黄芩45克。打粉开水冲调，一次灌服。

处方三：黄连60克、木香40克、苍术120克。打粉开水冲调，一次灌服。

处方四：雄黄 20 克、藿香 30 克、白头翁 30 克、滑石 20 克、诃子 30 克、马齿苋 30 克、马尾连 30 克、黄柏 20 克。打粉开水冲调，一次灌服。

处方五：白头翁 60 克、黄连 30 克、黄柏 40 克、马齿苋 60 克、乌梅 30 克、诃子 20 克、木香 40 克、苍术 120 克、苦参 20 克。打粉开水冲调，一次灌服。

处方六：蒲公英 40 克、金银花 20 克、黄连 20 克、黄柏 40 克、黄芩 40 克、大青叶 40 克、苍术 20 克、石膏 40 克、车前草 20 克、黄芪 20 克、白术 40 克、木香 20 克、甘草 20 克。打粉开水冲调，一次灌服。

处方七：白头翁 40 克、黄连 10 克、黄柏 20 克、秦皮 20 克、厚朴 10 克、山药 40 克、诃子 20 克、山楂炭 60 克、地锦草 40 克、辣蓼 20 克、马齿苋 40 克、穿心莲 40 克、金樱子 40 克、石榴皮 20 克、地榆 60 克、苍术 20 克、赤石脂 40 克。打粉开水冲调，一次灌服。

处方八：板蓝根 70 克、金银花 30 克、黄芩 50 克、黄柏 50 克、白头翁 70 克、穿心莲 50 克、黄芪 50 克、白术 30 克、苍术 50 克、木香 15 克、甘草 25 克。打粉开水冲调，一次灌服。

处方九：虎杖 50 克、穿心莲 150 克、地榆 50 克、石榴皮 80 克、石膏 100 克、黄柏 50 克、甘草 25 克、肉桂 10 克。打粉开水冲调，一次灌服。

【说明】

科学的输液量应根据红细胞比容而定，计算公式：输液量＝正常血容量－(正常血容量×正常红细胞比容/病牛的红细胞比容)。正常牛血容量一般按体重的 8％～10％来计算，正常红细胞比容以 28％～31％为标准。

纠正酸中毒，可静脉注射 5％碳酸氢钠，剂量可根据测定病牛的二氧化碳结合力来计算。现实临床多根据脱水程度来估算剂量。

八、牛结肠炎

【诊断要点】

牛结肠炎是在炎症状态下，结肠对水分和电解质的吸收作用降低，导致腹泻的一种肠道疾病。临床上以非特异病原引起的腹泻为特征。

发病原因：饲养管理不当等因素使得牛自身免疫力降低，导致结肠黏膜病变、炎症等。感染性因素，如继发于其他疾病的急性炎症，肠道寄生虫引起的慢性炎症。毒素因素，如饲料中的有害植物、化学药品等中毒性因素引起。

发病初期，食欲变化不大，腹泻较轻，随后加剧。有的间歇性腹痛或阵发性腹痛，表现起卧不安，排出恶臭稀软粪便，频频努责，里急后重。体温升高 0.3～0.5℃。发病后期，腹泻加重，出现脱水、酸中毒、电解质失调，食欲减退，有的心力衰竭。

病理变化表现，盲肠及大结肠的病变明显，浆膜呈蓝紫色，肠内积满恶臭泡沫状内容物，黏膜充血、水肿，并有散在点状出血和坏死，结肠淋巴结充血、水肿，胃、十二指肠和空肠无明显的变化。

【预防措施】

加强饲养管理，防止有害植物、化学药品等中毒。改善肠道功能，增强体质，提高抗病力。

【治疗方案】

抗感染、抗炎、止泻、对症治疗。具体方案：参考牛胃肠炎。

【说明】

① 慢性病例，可应用益生菌调理，如乳酸菌制剂，口服，每日 1～3 次。

② 用清瘟解毒燥湿的中药效果不好时，可以考虑脾虚泄泻，可用理中散、藿香正气散、四逆汤、补中益气散、健脾散等。

九、牛瘤胃酸中毒

【诊断要点】

牛瘤胃酸中毒是因采食大量含碳水化合物的精料，经瘤胃微生物发酵产生大量的乳酸，蓄积瘤胃而引起的乳酸中毒。临床上以消化紊乱、脱水、瘫痪和休克为特征。通常分为最急性型、急性型、亚急性型和轻微型等。

原发性因素：饲喂过量的谷物类饲料，如玉米、高粱、大麦、燕麦、小麦；饲喂过量各种块根类饲料，如甜菜、马铃薯、萝卜；饲喂过量糟粕类饲料，如啤酒糟、糖糟等，造成精料饲喂过多，精粗料比例失调。以上饲料在瘤胃内大量异常发酵引起本病。

继发性因素：饲喂的青贮饲料酸度过大，因瘤胃内的细菌、微生物群落数量减少和纤毛虫活性降低，引起严重的消化紊乱，使胃内容物异常发酵，导致酸中毒。

其他病因：临产母牛抵抗力差，消化功能弱，粗饲料摄食少，以及寒冷、气候突变、分娩等，都可影响瘤胃的张力，造成瘤胃弛缓，引起瘤胃内环境的改变。

最急性型：精神高度沉郁，极度虚弱，侧卧而不能站立，瞳孔散大，双目失明。体温降低（36.5～38.0℃），重度脱水。腹部显著膨胀，瘤胃停滞，内容物稀软或水样，瘤胃液 pH＜5.0。循环衰竭，心率 110～130 次/分，微血管再充盈时间显著延长（超过 5 秒，以至 10 秒）。不愿走动，步态不稳，呼吸急促、气喘，张口吐舌，吐泡沫，鸣叫，甩头蹬腿。通常起病后的短时间内（3～5 小时）突然死于内毒素休克。

急性型：食欲废绝，精神沉郁，瞳孔轻度散大，反应迟钝。体温多正常，脉率为 65～130 次/分，呼吸频率为 20～60 次/分。消化道症状明显，不反刍，瘤胃膨满不运动，冲击式触诊有震荡音，瘤胃液 pH 为 5.0～6.0，排稀软酸臭的粪便，有的排粪停止。多呈中等程度的脱水，眼窝凹陷，血液黏滞，尿少色浓或无尿。全身症状加剧，体温正常或低下，脉搏细弱，微血管再充盈时间延长（3～5 秒）。后期有明显的神经症状，步态蹒跚或卧地不起，头颈侧屈（似生产瘫痪）或角弓反张，昏睡乃至昏迷。若不救治，多在 24 小时左右死亡。瘤胃和网胃中充满酸臭的稀软内容物，黏膜呈玉米糊状，易脱落，露出暗色斑块，底部出血。皱胃内容物呈水样，黏膜潮红。内脏静脉淤血、出血和水肿。肝脏肿大，实质脆弱。心内、外膜出血。

亚急性型：食欲减退或废绝，瞳孔正常，精神委顿，能行走而无共济失调。轻度脱水，全身症状明显，体温正常，结膜潮红，脉率加快（80 次/分左右），微血管再充盈时间轻度延长（2～3 秒）。瘤胃中等充满，收缩无力，触诊感生面团样或细软内容物，瘤胃液 pH 5.5～6.5

之间。常继发或伴发蹄叶炎和瘤胃炎而病情恶化，病程 24～96 小时不等。瘤胃壁与网胃壁坏死，黏膜脱落，溃疡呈袋状，边缘红色，被侵害的瘤胃区增厚 3～4 倍，呈暗红色隆起，表面浆液渗出，切面呈胶冻状。脑及脑膜充血。淋巴结和其他实质器官均有不同程度的淤血、出血和水肿。

轻微型：呈消化不良体征，表现食欲减退，反刍无力或停止，瘤胃运动减弱，稍显膨满，触诊内容物呈捏粉样硬度，瘤胃液 pH 6.5～7.0 之间。脱水体征不明显，全身症状轻微。数日间腹泻，粪便呈灰黄稀软或水样，混有黏液。多能自愈。

【预防措施】

加强饲养管理，遵守正常的饲养管理制度。不要突然变更饲料或变更饲养制度。要合理安排饲料，更换饲料要逐渐进行。分群饲喂，按不同生理阶段随时调整日粮水平。

合理供应精料，严禁突然增加精料量，保证充足干草。为防止瘤胃 pH 降低，使瘤胃适应较高精料日粮，日粮中可添加缓冲物质如碳酸氢钠、氢氧化钙、氧化镁等。碳酸氢钠添加量按总干物质 1.5%，按混合料 1.5%～2.5%。氧化镁添加量按干物质 0.8%。

【西药方案】

1. 补碱补液、缓解机体酸中毒和循环衰竭

① 生理盐水 1000 毫升，10%樟脑磺酸钠 10～20 毫升，地塞米松 30 毫克。

② 林格氏液 2000～3000 毫升。

③ 5%碳酸氢钠注射液 750～1500 毫升，先超速输注 30 分钟，以后平速输注，对危重病例有抢救性治疗功效。

2. 尽快排出瘤胃内的酸性物质，防止继续产酸

(1) 胃管瘤胃冲洗　作为首要的急救措施，尤其适用于急性病例，早期应用，效果显著。

方法：用 25～30 毫米的粗胃管，插入胃中应用 1%食盐水、2%碳酸氢钠水或 1∶5 石灰水上清液等反复冲洗瘤胃，直至瘤胃内容物无酸臭味而呈中性或弱碱性为止。

(2) 灌服制酸药和缓冲剂 多用于轻症及亚急性病例。氢氧化镁或氧化镁或碳酸氢钠 300～500 克或碳酸盐缓冲合剂（干燥碳酸钠 150 克，碳酸氢钠 250 克，氯化钠 100 克，氯化钾 40 克，常水 5～10 升），一次灌服。

或缓泻石蜡油 1000～1500 毫升、大黄苏打片 300～500 克；同时兴奋瘤胃，10％氯化钠 500 毫升、比赛可灵、复合维生素 B 等。

(3) 瘤胃切开术 洗胃困难者，可行瘤胃切开术，但危重病例疗效不佳。

3. 恢复胃功能

① 恢复瘤胃菌群：投服健康牛胃液 5～8 升或投喂优质加酶益生菌，适量干草。

② 防止继发感染：广谱抗菌，庆大霉素 200 万国际单位、氨苄西林或头孢噻呋等。

③ 强心解毒：10％樟脑磺酸钠 10～20 毫升，25％维生素 C 20 毫升，10％葡萄糖 1000 毫升，静脉注射。

④ 增强植物性神经功能，促进糖代谢：应用 10％维生素 B 20 毫升，肌内注射。

4. 对症治疗

① 不能站立走动的病牛，应补钙，10％葡萄糖酸钙 400～500 毫升或 5％氯化钙 200～300 毫升，静脉注射。

② 为消除过敏反应，防止伴发瘤胃炎、蹄叶炎，应用抗组胺药物，扑敏宁 400～500 毫克，静脉注射，或肌内注射盐酸异丙嗪或苯海拉明。

③ 为防休克，应用地塞米松 60～100 毫克，静脉或肌内注射。

④ 有神经症状，可用安溴 100 毫升静脉注射，甘露醇 500～1000 毫升。

⑤ 心跳在 100 次/分的，可加 10％氯化钾 20～50 毫升。

【中药方案】

处方一：醋香附 30 克、炒莱菔子 30 克、大腹皮 30 克、木香 30

克、酒大黄35克、郁李仁35克、牵牛子35克、白芍25克、枳实25克、滑石25克、当归25克、厚朴20克、木通20克、青皮20克、五灵脂20克、藿香15克、乌药15克，水煎取汁，加植物油300毫升，一次灌服。

处方二：大黄60克、枳实60克、厚朴90克、槟榔60克、茯苓60克、白术45克、青皮45克、麦芽60克、山楂120克、甘草30克、木香30克、香附45克，打粉开水冲调，一次灌服。

处方三：焦三仙各400克、莱菔子100克、鸡内金60克、苍术60克、川楝子80克、焦槟榔60克、大黄200克、芒硝400克、青皮120克、陈皮120克、厚朴60克、枳壳60克、连翘60克、醋香附60克、甘草40克，打粉开水冲调，一剂分两次服用，每天一剂。

处方四：厚朴35克、枳壳35克、苍术35克、神曲60克、麦芽60克、山楂60克、槟榔45克、三棱40克、莪术40克、莱菔子60克、陈皮30克、大黄50克、甘草30克、硫酸镁250克，打粉开水冲调，一次灌服。

处方五：藿香40克、大腹皮35克、紫苏20克、茯苓30克、白芷20克、陈皮30克、白术35克、厚朴40克、半夏30克、桔梗25克、山楂30克、麦芽30克、神曲30克、甘草20克，打粉开水冲调，一次灌服。

处方六：苍术80克、白术50克、陈皮60克、厚朴40克、焦山楂50克、炒神曲60克、炒麦芽40克、炮干姜30克、薏苡仁40克、甘草30克、大黄苏打片200片，打粉，牛每千克体重0.5～1克，开水冲调灌服。

【说明】

治疗时以纠正酸中毒为主，但应准确计算补碱的量，宁少勿多，以防碱中毒。

十、牛皱胃变位

【诊断要点】

牛皱胃变位主要是牛在分娩前后，皱胃从正常位置向其左侧、右侧或前方移位所引起的消化障碍，并导致慢性营养失调的疾病。根据病程可分为急性型和亚急性型。本病常见于成年奶牛，急性型发生在分娩后

3～6 周，亚急性型发病时间不定。皱胃左方变位的多见。

皱胃左方变位是皱胃由腹中线偏右的正常位置经瘤胃腹囊与腹腔底壁间隙移位并嵌留于腹腔左侧壁与瘤胃之间。几乎只发生于奶牛，尤其多发于 4～6 岁奶牛。常见于泌乳早期的头 1 个月内。

皱胃右方变位是皱胃在右侧腹腔范围内各类型位置改变的统称。皱胃右方变位，主要包括皱胃后方变位、皱胃前方变位、皱胃右方扭转、瓣胃皱胃扭转等 4 种类型。呈现亚急性扩张、积液、膨胀、腹痛、碱中毒和脱水等幽门梗阻综合征。主要是皱胃扩张和皱胃扭转，最多发生于成年奶牛，常见于产犊后 3～6 周内。

变位病因之皱胃弛缓的引发因素：母牛分娩期努责，奶牛高产，胎衣不下、蜂窝织炎、脓毒性乳腺炎或子宫炎等所致的毒血症，前胃弛缓，皱胃溃疡，创伤性网胃腹膜炎及代谢紊乱如生产瘫痪、肝硬化、脂肪肝、酮病等。优质谷类饲料，如玉米和玉米青贮及代谢性碱中毒，可成为皱胃弛缓的病因。饲养不当，如饲料突变、饲料霉变；管理不当，如运动不足、环境突变，可促发皱胃弛缓。

变位病因之皱胃机械性转移引发因素：直接原因是妊娠后期胎儿逐渐增大和沉重，并逐渐将瘤胃向上抬高及向前抬移，皱胃趁机向左方移走。当母牛分娩时，由于腹腔压力骤然释去，于是瘤胃恢复原位而下沉，致使皱胃被压到瘤胃左方，置于左腹壁与瘤胃之间。由于皱胃弛缓会产生大量气体，相当多的气体很容易进一步跑到左腹腔的上方。分娩为最普通的促发因素，分娩导致腹腔空位重新分配，本病有 64％的病例是在分娩后发生的。剧烈运动、汽车运输和侧卧翻转等，以及对弛缓的感受性的个体差异也会引发。

皱胃弛缓同样是右方变位的重要因素，但不存在妊娠和分娩所造成的机械性病因。皱胃弛缓是谷物高精料饲养、冬季舍饲期运动缺乏和分娩应激等因素共同作用的结果。

在皱胃弛缓或扩张的基础上，因跳跃、起卧、滚转、分娩等使体位或腹压发生剧烈的改变，造成固定皱胃位置的网膜破裂，皱胃发生左方变位或右方变位，导致幽门口和瓣胃皱胃孔或网胃瓣胃孔的完全或不完全闭锁，发生皱胃内容物排出延迟或梗阻，进一步积液、积气和膨胀，甚而胃壁出血、坏死以至破裂，出现更为严重的脱水、低氯血症、低钾血症、代谢性碱中毒，直至循环衰竭而于短时间内死亡。

皱胃左方变位多在分娩后数日或1～2周之内表现症状，具有分娩或流产后显现消化不良、轻度腹痛、酮病综合征的病史，经前胃弛缓或酮病常规治疗无效或复发。大多数病牛，体温、脉搏、呼吸基本正常。反刍减少或停止。食欲减退并偏食，不愿吃精料或干草。瘤胃蠕动减弱至停止。排粪迟滞或腹泻，有的腹泻与便秘相交替。粪便呈油泥状、糊样，潜血检查多为阳性。左肋弓部后上方局限性膨隆，左侧肷窝凹陷，触之感有振水音。在9～12肋间、肩关节水平线上下，用听叩诊结合寻找钢管音，确定钢管音的区域。在固定的区域内长时间听诊，获取丁零声。在钢管音区的直下部进行试验性穿刺，取得皱胃液，pH小于4。直肠检查、超声诊断、腹腔内窥镜检查及开腹探查可作为辅助验证诊断。通常取亚急性和慢性经过，有的可自行复位，但容易再发。病程迁延数周，如不治疗，最终多死于恶病质或皱胃穿孔所致的腹膜炎。少数急性病牛，全身症状明显，如不施行手术整复，常于1周内死于急腹症。

皱胃右方变位具有消化不良、轻度腹痛、酮病综合征的病史，经前胃弛缓或酮病常规治疗无效或复发。急性病例，突发腹痛，后肢踢腹，背弯曲；排黑色软便，混有血液，可转为剧烈腹泻；食欲废绝，但饮欲旺盛；瘤胃蠕动沉衰或停止；脱水，眼球下陷。亚急性病例，缺乏明显的症状，食欲废绝为本病的特征；伴发轻度的腹围膨大，无剧烈腹痛；瘤胃蠕动沉衰，但仍保持着微弱蠕动；粪便呈黑色泥状；体况日渐恶化；视诊右侧肷窝凹陷，右腹部肋弓中部显著膨胀；叩、听诊结合有范围广大（从第9肋骨至肋弓后腹中部）的钢管音区及冲击式触诊感振水音；钢管音区下方试验性穿刺，可获得皱胃液，多为淡红色至咖啡色，pH小于4；直肠检查可摸到积气积液、膨大紧张的皱胃后壁；可用腹腔镜视诊，但要施行剖腹术才能得到较确切的诊断。急性型，通常于发病后48～96小时因急剧的休克和脱水而死亡。亚急性型，经过10～14天，当引起皱胃破裂时，可迅速死亡。通常取亚急性或慢性经过，病情多较稳定。

血液理化检查，呈现低钾血症、低氯血症、代谢性碱中毒等变化。皱胃壁呈暗红色、紫色，水肿，大网膜也水肿，常见撕裂。皱胃黏膜有溃疡，皱胃浆膜与网膜、腹壁或瘤胃发生粘连，甚至穿孔。

【预防措施】

在满足动物各种营养需要量的基础上，应合理搭配日粮、谷物饲料、青贮饲料和优质干草。对患乳腺炎、子宫内膜炎、酮病等疾病的牛应及时治疗。应选育后躯宽大，腹部紧凑的母牛作为核心母牛群。

【西药方案】

(1) 保守疗法 采用健胃剂辅以消导剂，增强胃肠运动，消除皱胃弛缓，促进皱胃气、液排空。对单纯性皱胃左方变位早期病牛治愈率高。

① 增强皱胃蠕动：硫酸新斯的明 10 毫克，皮下注射，每日 2 次。可配合 10%复合维生素 B 20 毫升，肌内注射，每日 2 次。

② 强心补液，调节电解质平衡：生理盐水 500 毫升、10%樟脑磺酸钠 10～20 毫升、25%维生素 C 20 毫升，静脉注射，每日 1 次，连用 3 日；10%葡萄糖 1500 毫升、10%氯化钾 100 毫升、10%氯化钙 100～150 毫升，静脉注射；复方氯化钠注射液 1500～2500 毫升，静脉注射，每日 1 次，连用 3 日。

(2) 滚转疗法 运用巧妙时，可以痊愈，治愈率可达 70%。

首先让动物绝食 1 日以上，限制饮水，使瘤胃容积变小。选择有一定倾斜度的坡地，最好是在草地或较松软平整的地方进行。使牛右侧横卧 1 分钟（背脊朝高面、蹄向低面），然后转成仰卧（背部着地，四蹄朝天）1 分钟，随后以背部为轴心，先向左滚转 45°，回到正中，再向右滚转 45°，再回到正中。如此来回地向左右两侧摆动若干次，每次回到正中位置时静止 2～3 分钟，此时皱胃常悬浮于腹中线并回到正常位置，仰卧时间越长，皱胃内排出的气体和液体越多。将牛转为左侧横卧，使瘤胃与腹壁接触，然后马上使牛站立，以防左方变位复发；也可以采取左右来回摆动 3～5 分钟后，突然一次以迅猛有力的动作摆向右侧，使病牛呈右横卧姿势，至此完成一次翻滚动作，直至复位为止。如尚未复位，可重复进行。

(3) 手术疗法 目前是治疗皱胃变位的常用方法，治愈率高。手术切口有左腹切口、右腹切口、左右腹同时切口。

① 皱胃左方变位手术：整复固定法有四条手术路径，左髂部切口、右髂部切口、两侧髂部同时切口及腹正中旁线切口。这四种路径，各有利弊。左髂部切口法，可充分显露皱胃的变位部分，但复位和固定困难。右髂部切口法，皱胃固定方便，但皱胃复位较难，变位部粘连时将无法复位。两侧髂部同时开口法，皱胃复位和固定较容易，但手术损伤大。腹正中旁线切口法，需要实施全身麻醉和仰卧保定，并且术后容易污染，形成切口疝。

② 皱胃右方变位手术：整复固定多采用右髂部切口法。

【中药方案】

处方一：黄芪 250 克、白术 100 克、升麻 20 克、代赭石 100 克、沙参 30 克、甘草 20 克、陈皮 60 克、川楝子 30 克、当归 60 克、柴胡 30 克、枳实 100 克、沉香 15 克，水煎取汁，一次灌服，代赭石先煎 30 分钟再加其他药，沉香独包出锅前 5 分钟下锅。

处方二：党参 90 克、黄芪 90 克、当归 90 克、白术 90 克、百合 90 克、石斛 90 克、柴胡 30 克、升麻 30 克、茯苓 30 克、半夏 30 克、陈皮 30 克、砂仁 30 克、浙贝母 30 克、白芍 30 克、神曲 60 克、鸡内金 60 克、酸枣仁 60 克、丹参 60 克、乌药 20 克、川楝子 40 克、槟榔 45 克、蒲公英 120 克、甘草 20 克，水煎取汁，分 2～3 次灌服，每天一剂。

处方三：党参 120 克、炒白术 120 克、茯苓 120 克、炙甘草 60 克，打粉开水冲调，一次灌服。

处方四：炙黄芪 100 克、党参 80 克、炒白术 80 克、炙甘草 40 克、当归 40 克、陈皮 25 克、柴胡 25 克、升麻 25 克，打粉开水冲调，一次灌服。

处方五：槟榔 50 克、山楂 120 克、苍术 60 克、陈皮 60 克、厚朴 40 克、甘草 30 克，打粉开水冲调，一次灌服。

【说明】

左方变位注意与腹痛症状的牛普通病鉴别，右方变位注意与以血便腹泻为主的牛普通病如砷中毒、霉菌中毒、皱胃左方变位、皱胃溃疡等鉴别。越早手术，治愈率就越高。

十一、牛皱胃溃疡

【诊断要点】

皱胃溃疡是因皱胃黏膜局部缺损、坏死或自体消化而形成，包括黏膜浅表的糜烂和黏膜下深层组织的溃疡。临床上以厌食、消化不良、腹痛和黑粪为特征。根据病因可分为原发性和继发性两类。常见于肉牛、奶牛，尤其是犊牛阶段。8～14 周龄的肥育犊牛，发病率可高达 95%，肉牛屠宰检出率为 44%。

原发性因素：主要包括饲养管理不当如饲料突变、饲料品质不良、精料过多，饲喂方法失宜，突然变更饲养方法，管理使役不当，牛舍卫生不良，长途运输，异常刺激及中毒与感染等。

继发性因素一般见于前胃病、皱胃变位、皱胃炎、黏膜病、口蹄疫、恶性卡他热、血矛线虫病、水疱病、传染性鼻气管炎等某些普通病、传染病和寄生虫病的经过中。

致病因素使得皱胃组织受到刺激，可引起黏膜充血、缺损、糜烂和溃疡，这是由于神经体液调节紊乱及化学因素的影响，胃液大量分泌，胃酸增多，保护性黏液相对减少，胃蛋白酶在酸性胃液中呈现自体消化作用，致使胃黏膜组织形成溃疡。病变发生会引起皱胃疼痛、消化障碍、腹泻、出血性贫血，乃至皱胃穿孔，发生急性弥漫性腹膜炎和脓毒症休克。

轻度出血性皱胃溃疡，多数病牛无明显症状，仅见间歇性排少量黑色粪便。病长时，患牛出现贫血。

严重出血性皱胃溃疡，突然不食，轻微腹痛，衰弱、消瘦，体表发冷，黏膜苍白，粪便少而色黑呈柏油状，偶有腹泻，黑粪可持续 4～6 日，心搏过速，为 90～100 次/分。少数严重病例，在 24 小时内死亡。

穿孔伴急性局限性腹膜炎，产后不久的母牛常见，特征是不规则的发热、厌食和间歇性腹泻。触诊右肋弓后疼痛，触摸到膨大的皱胃，可听到液体的震荡音。病牛不断饮水，频频磨牙，呈中度脱水。

穿孔伴急性弥漫性腹膜炎突发急性弥漫性腹膜炎症状，病牛衰弱、休克，常于几小时内死亡。

多在幽门区及胃底部的黏膜皱襞上见有散在的大小、数量不等，形态、位置不一的糜烂斑点，并可见界限分明、边缘整齐的圆形或不规则的溃疡。严重的溃疡，伴有胃出血，流入大肠，甚至逆流入瓣胃，胃内有血凝块。有的伴发胃穿孔，邻近器官形成广泛粘连，具有穿孔性腹膜炎的变化。有的溃疡愈合后，遗留不明显的瘢痕或呈星芒状瘢痕。

临床确诊较为困难，特别是亚临床病例。当发生穿孔性溃疡时，采取腹腔液，检测酸碱度（胃液 pH 2～4），结合临床症状进行分析和论证，必要时可以剖腹检查，有利于确诊。

【预防措施】

注意饲料调理，改善饲养，合理运动。加强防疫卫生工作，防止应激，增进牛群健康。

【西药方案】

（1）改善饲养，加强护理　停喂粗硬饲料，给予富含维生素 A 和蛋白质的易消化饲料，如青干草、大麦、胡萝卜等。注意环境卫生，保持安静，避免刺激和兴奋。

（2）镇静安神　增强中枢神经系统保护作用，减轻疼痛刺激。

① 成牛，安溴注射液 100 毫升，静脉注射。

② 30%安乃近溶液 20～30 毫升，皮下注射，每日 1 次，连用 3～5 次；或氯丙嗪肌内注射。

（3）中和胃酸，防止胃黏膜侵蚀

① 成牛，碳酸氢钠、硅酸镁、氧化镁 50～100 克，口服。

② 犊牛，次硝酸铋 3～5 克，每天 3 次，于饲喂前半小时内服，或于皱胃区直接注入，提高疗效。

③ 必要时清理胃肠，宜用适量植物油或液体石蜡 500～2000 毫升或硫酸镁 250 克，内服，减轻刺激。

（4）防止出血，促进溃疡愈合

① 止血敏 10～20 毫升，静脉注射，每日 1 次，连用 2～3 次。

② 氯化钙或葡萄糖酸钙及维生素 C 静脉注射。

③ 还可给予维生素 K。

(5) 抗感染

① 口服磺胺二甲嘧啶 40 克或磺胺脒 200 片或阿莫西林粉 3～5 克。

② 注射氨苄西林、庆大霉素、甲硝唑等。

③ 其他抗生素，如恩诺沙星、青链霉素、头孢噻呋等。

④ 板蓝根注射液肌内注射或静脉注射。

(6) 抗溃疡 西咪替丁或奥美拉唑注射或口服，鞣酸蛋白 20 克。

(7) 缓解胀气 鱼石脂 15 克、酒精 50 毫升溶解灌服。

(8) 补充营养 10%葡萄糖注射液 1000 毫升、维生素 C、复合维生素 B 等。

【中药方案】

处方一：炒当归 60 克、五灵脂 60 克、蒲黄 60 克、香附 60 克、白及 60 克、赤芍 80 克、甘草 40 克，打粉开水冲调，一次灌服。适用于急性胃溃疡。

处方二：黄芪 60 克、五灵脂 60 克、炒当归 60 克、香附 60 克、白术 45 克、赤芍 80 克、甘草 40 克，体虚加党参，贫血加熟地黄、何首乌，食欲不佳加厚朴、苦参、山楂、神曲、麦芽等，打粉开水冲调，一次灌服。适用于慢性胃溃疡。

处方三：太子参 40 克、黄芪 40 克、白花蛇舌草 30 克、白及 30 克、乌贼骨 80 克、木香 30 克、元胡 40 克、茜草 40 克、地榆 40 克、甘草 12 克，打粉开水冲调，一次灌服。

处方四：白及 200 克、乌贼骨 150 克、浙贝母 100 克，实热重加黄连、吴茱萸，虚寒重加白术、干姜，痰湿重加苍术、厚朴，气虚加党参、黄芪，血虚加当归、白芍，积滞加三仙、莱菔子。打粉开水冲调，一次灌服。

处方五：炒蒲黄 60 克、五灵脂 60 克、白及 60 克、元胡 60 克、地榆炭 60 克、白芍 60 克、大黄 60 克、栀子 50 克、木香 45 克、槐米 60 克、甘草 20 克，食欲不佳加鸡内金 45 克、炒麦芽 60 克、神曲 60 克，胃胀满加砂仁 45 克、青皮 50 克、莱菔子 60 克，热盛者加金银花 50 克、黄芩 40 克，眼球下陷加天花粉 40 克、生地黄 45 克、麦冬 45 克，打粉开水冲调，一次灌服。

【说明】

急性出血性溃疡应及时输血和输液，进行急救。当胃穿孔伴发腹膜炎时，腹痛明显，应及时采取手术疗法进行挽救。重症需要淘汰。

十二、牛腹膜炎

【诊断要点】

牛腹膜炎是因病原微生物的侵害，或者腹腔脏器炎症蔓延及外伤、穿孔、脓肿、脓毒败血症等引起腹膜浆液性乃至纤维素性的炎症。临床上以腹痛、腹腔积炎性渗出液为特征。依炎症范围可分为局灶性、弥漫性。

原发性因素：主要由腹腔或骨盆腔内器官破裂而引起，如分娩时强行整复胎位，或粗暴地牵引胎儿，或摘除胎衣等操作中子宫内容物流入腹腔。腹腔手术时，器具消毒不彻底，炎症的扩散、细菌的感染等都可引起本病。

继发性因素：常发生于创伤性网胃炎、子宫炎、膀胱炎等疾病过程中。寄生虫病和传染病也可引起本病的发生。

弥漫性腹膜炎：病牛精神委顿，食欲减退或消失，体温升高可达40℃以上，脉搏快而弱。病初肠蠕动音增强，腹泻，不久蠕动音停止，出现顽固性便秘或肠胀气。病牛常回头望腹，呻吟，不愿行动或急转。站立时四肢常收于腹下，谨慎而缓慢地卧下。胸式呼吸，浅表频数，多呈喘息状。病初腹肌紧缩，触诊腹壁有疼痛感。中、后期腹肌紧张度逐渐消失，腹围膨大。叩诊两侧腹壁下部呈水平浊音，随体位而改变。触诊腹壁呈拍水音。

局灶性腹膜炎：在12小时以内突然发生食欲废绝，泌乳量显著减少，而后症状迅速好转。炎症部位触诊出现轻微的疼痛，一般无全身症状变化。

病理变化为腹膜充血、潮红、粗糙，腹腔中有大量浑浊的渗出液，混有纤维素絮片，腹膜与各脏器相互粘连或愈合。胃肠破裂或穿孔所致腹膜炎，腹腔内有食糜或粪便。

根据病史和症状即常有腹痛，触诊腹壁敏感，腹泻与便秘交替出现，叩诊呈水平浊音，触诊呈拍水音，可做出诊断。必要时可做腹腔穿刺液检查。

【预防措施】

平时避免各种不良因素的刺激和影响，防止腹腔及骨盆腔脏器的破裂和穿孔。导尿、直肠检查、灌肠都须谨慎，去势、腹腔穿刺、腹壁手术、母牛分娩、胎盘剥离、子宫整复、难产手术及子宫内膜炎的治疗等均应依照操作规程进行，防止腹腔感染。

【治疗方案】

1. 全身治疗抗感染

① 普鲁卡因青霉素 300 万～1600 万国际单位，配合链霉素 5～10 克，肌内注射每天 1～2 次，连用 5～7 日。

② 20%磺胺嘧啶钠注射液 100～250 毫升，用 5%葡萄糖生理盐水溶液 500～1000 毫升稀释后，每天分两次静脉注射，连注 4～6 日。

③ 使用氨苄西林、庆大霉素、甲硝唑；或头孢噻呋、恩诺沙星；或大观霉素、林可霉素；或土霉素、氟苯尼考等。

④ 庆大霉素 100 万～200 万单位、5%氯化钙 120 毫升、40%乌洛托品 40～60 毫升。

2. 抗炎

① 1%地塞米松 3 毫升或氢化可的松 200～500 毫克。

② 10%维生素 C 20～40 毫升、5%氯化钙 100～300 毫升或葡萄糖酸钙 200～500 毫升等。

3. 利尿促积液排出

① 氢氯噻嗪，每次 250～300 毫克，每天口服 2～3 次。

② 利尿酸，每次 250～500 毫克，用葡萄糖溶液稀释后缓慢静脉注射。

③ 呋塞米，200～500 毫克，静脉注射或肌内注射。

4. 腹腔注射局部治疗

为了加快腹腔内渗出液的排出，消毒后用腹腔穿刺术来排出腹腔内液体。在排液后，将普鲁卡因青霉素 400 万国际单位、链霉素 200 万国际单位、0.25%盐酸普鲁卡因 300 毫升、地塞米松 25 毫克溶于生理盐水 500～1000 毫升注入腹腔。

【说明】

如发生弥漫性腹膜炎，发生广泛粘连，多预后不良，应及时淘汰。

十三、牛肠变位

【诊断要点】

牛肠变位是指肠管自然位置发生变化，肠腔发生机械性闭塞和肠管局部发生循环障碍的急剧性腹痛的总称。以病程短急、病势危重、腹痛剧烈为特征。肠变位有 4 种形式。

牛肠套叠是指一部分肠道及其附属的肠系膜直接进入或套入紧邻的远端肠管，导致远端肠管闭塞及肠系膜循环障碍，主要发生于十二指肠、回肠与盲肠交界处。

牛肠扭转是肠（空肠和盲肠）游离端位置发生异常改变，肠管呈纵轴扭转或折转。

牛肠嵌顿是肠管及其附属的肠系膜坠入腹腔天然孔（脐环、腹股沟环等）或病理孔（肌、肠系膜、大网膜破裂口等）中。

牛肠绞窄是肠管被腹腔某些韧带绞窄，或与肠系膜或大网膜粘连。

原发性肠变位：主要是饲养不当，胃肠功能紊乱所致。各部肠管失去正常充盈度，肠管蠕动功能增强或强弱不一，以及病畜体位剧变，可导致本病发生。

继发性肠变位多发生于其他腹痛病的经过中。当肠管发生痉挛性收缩时，各段肠管的蠕动有强有弱，蠕动强的肠段容易发生变位。当肠管积粪或积气时，腹内压增高，肠管互相挤压而使位置发生改变，腹痛时动物急起急卧，反复滚转，易发生肠变位。

临床共同表现：突然出现不安和腹痛症状，如踢腹，摇尾，反复起卧，后肢不断交替踏地，站立不稳，塌腰，回头望腹。精神高度沉郁，可视黏膜发绀或苍白，心率加快。中度脱水，眼球内陷，皮肤的弹性降低。瘤胃蠕动弱而次数减少，排粪减少至停止，粪便带黑色血液，无肠蠕动音。触诊腹部呈拍水声。腹腔穿刺抽出带有血液的腹水。直肠检查，直肠内空虚，腹内压增高，直检的手臂常粘有松馏油状的粪便或含有浓稠的黏液物质，有的混有血液。

临床独特表现：十二指肠套叠可在右下腹部第 3、4 腰椎横突下方触及紧张的肠系膜和圆柱状肿胀的肠管。小肠扭转可在右肾下方触及紧张的索状物，有的可直接触到有坚实感的肠扭转段，牵引时有疼痛反应。扭转部的前段肠管中含大量气体和液体而膨大，后段肠管细软和空虚。小肠嵌顿常在脐疝囊和腹股沟管口下阴囊及腹壁疝囊中摸到肿胀而坚实感的肠段。除某些距肛门较远的腹壁疝外，通常能发现膜腔内存在一种蒂状肿胀，但蒂的基部不呈索状。肠套叠病理解剖可见一段肠管套入临近的肠管，随时间延长套叠处肠管呈暗红、发紫，水肿。肠的捻转部位因淤血变暗红色，肠管内出血，内容物呈血样。

根据突然发病，饮食欲废绝；出现中度以上腹痛，应用一般止痛剂无效；排便停止，排出带有血液的胶冻样黏液；腹腔穿刺抽出带有血液的腹水；直肠检查等，可做出诊断。

【预防措施】

改善饲养管理，合理运动，定期驱虫，日粮中补充维生素、矿物质及微量元素、电解质，以防止胃肠功能紊乱。在其他腹痛病的过程中应加强护理，切忌剧烈翻滚，急起急卧，并及时准确地做出诊断、治疗。

【治疗方案】

1. 整复肠管，尽早手术

① 肠套叠：剖腹切开双层大网膜后手伸入腹腔找到病肠轻轻引出。早期病例，用手指轻轻分离内、外间的粘连，应用逆行挤压的方法把内鞘挤出，稍停片刻，肠壁转变为桃红色，肠系膜动脉恢复搏动，即可将肠管纳回腹腔。病肠内出血且凝固而发生堵塞，或坏死、粘连牢固分离困难，或病牛已衰竭严重，或病肠有溃疡、息肉、肿瘤等，宜进行肠管切除术去除病肠和相应的肠系膜，再将肠管做断端吻合，纳回腹腔，常规缝合腹壁。

② 肠扭转：左手伸入腹腔把病肠与肠系膜一起引出腹腔。扭转不

足 200°或病程短的，病变轻微，应仔细分离粘连部，逆向整复扭转部即可。360°以上的肠扭转大多需进行切除，其标准与肠套叠相同。

③ 肠嵌顿：其处理和肠扭转相同，解除后闭合疝孔。

2. 术后处理和护理

① 不需禁食，饮水不限，适当运动，术后一般 24～48 小时有粪便排出。

② 抗感染：腹腔局部给药，将普鲁卡因青霉素 800 万国际单位、链霉素 400 万国际单位、0.25%盐酸普鲁卡因 300 毫升，溶于生理盐水 500～1000 毫升注入腹腔。全身给药，青霉素配合链霉素肌内注射或输液；或青霉素、磺胺间甲氧嘧啶钠肌内注射或输液；或氨苄西林、庆大霉素或丁胺卡那、替硝唑输液；或头孢噻呋、恩诺沙星肌内注射或输液。

③ 纠正脱水、电解质紊乱和酸碱失衡：肠变位后体液丢失十分严重，在任何情况下补液都是必需的措施。电解质紊乱和酸碱失衡的纠正比较复杂，一般早期病例采用补钾、补氯和酸化液纠正代谢性碱中毒。对中后期病例，因兼有血液中乳酸和丙酮酸的增加，所以一般先纠正酸中毒，并促使钾离子向细胞内转移，可补 5%碳酸氢钠溶液。

【说明】

肠变位治疗时，在肠变位解除前不要补糖，尤其是高糖。在肠变位解除后随着摄食的开始，可获得钾的来源，此时应补入氯化钠，以补充钠离子和氯离子。

十四、牛盲肠扩张与扭转

【诊断要点】

牛盲肠扩张与扭转是因盲肠蠕动不足或减弱，盲肠内容物排出减少或停滞，引起盲肠的异常扩张、膨胀、变位或扭转等的腹痛疾病，发病率低，但复发率高。

一般认为与日粮中精料比例过大，使盲肠内挥发性脂肪酸的浓度过高有关。挥发性脂肪酸随瘤胃内容物进入盲肠，或由未消化的淀粉在盲肠内发酵产生。高浓度的挥发性脂肪酸可使盲肠发生弛缓，导致盲肠积气、扩张，进而发生扭转。

盲肠扩张常无明显的临床异常。一旦发生扭转，常见急性腹痛。表现不时踢腹，两后肢频频下蹲，呻吟不止，不愿走动，强行驱赶，行走小心，卧下不愿站立。排粪次数和量减少，粪便发暗呈糊状或稀便，后期排粪停止。右肷窝部叩诊呈鼓音，鼓音区直径为15～20厘米，鼓音区中心位于肷部的中部。有时叩出两个紧接的鼓音区，第2个鼓音区为充气的结肠。在鼓音区，同时听叩诊呈钢管音，尤其鼓音区中心。

病理变化盲肠膨胀，肠腔积气，扭转部肠段呈暗红、紫红或黑色，伴发大片坏死，显示污灰色的湿性坏疽灶，肠内容物呈血样，密布出血斑。腹腔内积聚腹水。

根据右侧部叩诊呈鼓音，听叩诊有钢管音及直肠检查可触及扩张及扭转的盲肠，可做出诊断。

【预防措施】

科学饲养管理，合理搭配饲料，根据泌乳量给予适量的精粗料配比。适当运动，发生乳腺炎、子宫炎、前胃弛缓时及时治疗。

【对症保守疗法】

① 对仍能排粪、全身状态改变不大、不伴有盲肠扭转的病例，可采用保守疗法，全身抗菌疗法和液体疗法。

② 输液量依据脱水和休克程度而定，液体选用林格氏液等电解质平衡液，同时静脉注射新斯的明，纠正盲肠弛缓，增强肠管运动功能。

③ 清肠缓泻：经胃管投服液状石蜡或硫酸钠。

④ 用药参考方案：10%葡萄糖注射液1000毫升；10%维生素C 20毫升；10%樟脑磺酸钠10～20毫升；庆大霉素100万单位；10%氯化钠注射液300毫升；30%安乃近30毫升；胃管投服石蜡油500～1500毫升，或硫酸钠500克（加水至3%～5%溶液）。

⑤ 直肠整复：手臂消毒，通过直肠进行盲肠放气。通过直肠检查确定盲肠扭转的部位和方向。将手指并拢，对肠壁波动，向扭转相反的方向轻轻摆动盲肠扭转端肠壁，使之恢复原位。

【手术疗法】

① 对有盲肠扭转的病例，直肠保守恢复无效时，应尽早手术。

② 病牛站立或左侧卧保定，右侧肷部切开（髋结节与左后肋骨连

接中点处，切口 15 厘米)，彻底清除盲肠内容物，这有利于整复盲肠。当盲肠发生变性或坏死时，应施行盲肠切除术。

③ 处理完病变用盐水冲洗创面，连续缝合和内翻缝合肠壁。肠壁伤口可涂布青霉素甘油。整复缝合好的盲肠，最后腹膜、肌肉连续缝合，皮肤结节缝合。

④ 腹腔封闭给药青霉素 400 万～800 万单位、链霉素 200 万～400 万单位，生理盐水 500 毫升溶解腹腔注射或肌内注射或静脉注射，也可以用其他抗生素肌内注射或输液。

⑤ 体质虚弱的采取营养支持：葡萄糖注射液、维生素、钙制剂等。

【说明】

治疗时要注意护理，另外主要是消除术后盲肠弛缓、扩张。

十五、牛结肠臌胀

【诊断要点】

牛结肠臌胀是因结肠的蠕动不足或减弱，引起肠内容物停滞，气体积蓄在结肠起始部而发生膨胀的腹痛性疾病。

病牛食欲突然停止或废绝，排粪剧减，有的腹泻或便秘。肷部前上方到右季肋骨上方的狭小部位（第 11～13 肋骨）中听到不十分清楚的钢管音。直检时结肠呈轻度或难以感觉到的臌胀。结肠整体上呈弛缓和柔软的状态，非病理性胀。结肠壁过度扩张，充满大量气体及含有泡沫的内容物，结肠壁黏膜有淤血，出血。

根据肷部前上方到右季肋骨上方的狭小部位中听到不十分清楚的钢管音，直检时结肠呈轻度或难以感觉到的臌胀，可做出诊断。

【防治方案】

参考盲肠扩张与扭转。

十六、牛结肠梗阻

【诊断要点】

结肠梗阻是由局部炎症所致的粘连或占位性块状物引起的腹痛性疾病，多呈散发。

发病原因：右肷窝部腹腔注射可能引发脓毒性或非感染性腹膜炎，导致部分或完全性结肠梗阻。以同样的方法注射葡萄糖溶液也能引发明显的腹膜炎和结肠梗阻。任何形式的腹腔注射若刺破十二指肠或近端结肠会引起内容物漏出，将出现局灶性脓毒性腹膜炎和类似的梗阻症状。右侧剖腹术有时亦能引起类似的炎症反应和脓肿。腹腔内出现占位性块状物时，如脂肪坏死也可导致结肠梗阻。

病牛轻度厌食，粪便松软、量少。完全性结肠梗阻时有腹部膨胀。右腹出现的鼓音，叩诊区与结肠或盲肠臌胀一致。直检腹腔可触摸到臌胀的近端结肠、盲肠有粘连。发生局灶性脓毒性腹膜炎时，呈现发热。直检右上腹触摸到坏死的脂肪硬块。梗阻部肠段肠壁淤血、出血、水肿，并继发炎症，坏死。

根据病史，临床症状如腹部膨胀，粪软量少，叩诊时，右部前上方到右季肋上方的狭小部位有不很清楚的“砰、砰”阳性区域，可做出诊断。

【预防措施】

科学地搭配饲料，提供全价日粮，给予充足水分，加强运动，并及时消除或治疗原发病。

【对症治疗】

① 抗感染抗炎：青霉素、链霉素、地塞米松，肌内注射或静脉注射，也可以配合腹腔注射；或青霉素、磺胺间甲氧嘧啶钠、地塞米松，肌内注射或静脉注射；或氨苄西林、庆大霉素、甲硝唑、地塞米松，静脉注射；或头孢噻呋、恩诺沙星、地塞米松，肌内注射或静脉注射。

② 止痛：安乃近或安痛定或氟尼辛葡甲胺，肌内注射；或安溴，静脉注射。

【手术疗法】

经数天保守治疗后仍未好转，考虑右侧剖腹探查术。主要是清除粘连或截断坏死肠段。

【说明】

理论上如发生结肠与腹膜的粘连，可手术分离，发生局部坏死可以截断切除。要考虑实用性和可能性，大多数病例预后不良，建议考虑淘汰处理。

十七、牛皱胃阻塞

【诊断要点】

牛皱胃阻塞是因迷走神经调节功能紊乱，皱胃内容物滞积、胃壁扩张、体积增大、形成阻塞的疾病。临床上以消化功能极度障碍、瘤胃积液、自体中毒和脱水为特征。

原发性因素：摄入粗硬的纤维性饲料、砂石和缺水等。

继发性因素：由腹侧迷走神经受损导致的幽门排空障碍；由腹内粘连、幽门肿块或粘连和淋巴肉瘤导致的血管或神经损伤；创伤性网胃腹膜炎和穿孔性皱胃溃疡导致的腹膜炎。

一般症状：发病较慢，食欲减弱或不食，粪便少、干硬、恶臭。体温正常或后期降低，心跳增速达 100 次/分以上，精神沉郁，眼窝凹陷，衰弱，喜卧。有的排出黑色稀便。前胃弛缓，内容物充盈干涸，后期瘤胃积液，触诊瘤胃有排水音，腹围增大。

皱胃检查，在右侧腹底部 1/4 处，深部触诊和叩诊，可诱发病牛疼痛、呻吟。

手伸入直肠有黏着感，粪少呈黏稠状，恶臭，或内含团块黏液和坏死黏膜，可触到膨大的皱胃后壁，肠内容物减少，空虚。

皱胃极度扩张，体积显著增大甚至超过正常的 2 倍，积聚干燥的内容物。局部胃壁菲薄，易撕裂，皱胃黏膜炎性浸润、坏死、脱落。有的幽门区和胃底部，有散在出血斑点或溃疡。

根据右腹部皱胃区局限性膨隆，在肷部结合叩诊肋骨弓进行听诊，呈现类似叩击钢管的铿锵音及皱胃穿刺液 pH 小于 4，可做出诊断。

【预防措施】

加强饲养管理，应注意粗饲料和精饲料的配比，饲草不能切得过短，精料不能碾得过细，麸糠、豆饼也不能搭配过多，以免影响消化功能。清除饲料中的异物，防止发生创伤性网胃炎，增强体质，保证牛群健康。

【西药方案】

① 洗胃：用胃导管反复冲洗，导出瘤胃内容物。

② 补液、补糖、抗菌、纠酸、促反刍：10%葡萄糖注射液，2000 毫升；复方生理盐水 150 毫升；庆大霉素 50 万～150 万单位或 10%磺胺嘧啶钠 150 毫升或其他抗菌药；5%碳酸氢钠注射液 500 毫升；10%樟脑磺酸钠 10～20 毫升；10%氯化钠 500 毫升、5%氯化钙 200 毫升；维生素 C、维生素 B_1 等；30%安乃近 30 毫升肌内注射；氢化可的松 125 毫克，肌内注射或静脉注射。

③ 瓣胃给药：链霉素 500 万单位、生理盐水 100～200 毫升，瓣胃注射。

【中药方案】

处方一：当归 120 克、大黄 60 克、川楝子 80 克、赤芍 80 克、白芍 80 克、丹皮 80 克、桃仁 80 克、金银花 80 克、蒲公英 80 克、川厚朴 80 克、元胡 80 克、莱菔子 120 克、枳实 120 克、郁李仁 120 克，水煎取汁灌服，每天一剂。

处方二：榆白皮 150 克、大黄 120 克、油当归 100 克、神曲 150 克、莱菔子 150 克、枳壳 60 克、三棱 40 克、莪术 40 克、麦冬 40 克、桃仁 30 克、玄参 30 克、火麻仁 50 克，煎汤取汁，一次灌服。

处方三：油当归 120 克、赤芍 90 克、炒白术 45 克、郁李仁 45 克、焦三仙各 30 克、茯苓 30 克、厚朴 30 克、枳实 30 克、木香 30 克、牵牛子 30 克、大黄 30 克、千金子 30 克、番泻叶 30 克、杏仁 30 克、桔梗 30 克，水煎取汁，一次灌服。

处方四：当归 40 克、升麻 30 克、生地黄 50 克、熟地黄 50 克、桃仁 30 克、槟榔 30 克、大黄 60 克、麻仁 80 克、黄花 20 克、炙甘草 30 克、硫酸钠 500 毫升，水煎取汁，加入石蜡油 500～1000 毫升，一次灌服。

处方五：当归 100 克、滑石 200 克、槟榔 60 克、肉苁蓉 60 克、丹皮 60 克、枳壳 60 克、厚朴 60 克、香附 60 克、青皮 60 克、陈皮 60 克、桃仁 60 克、蒲公英 70 克、金银花 70 克、党参 50 克、黄芪 50 克、生姜 30 克、甘草 30 克，水煎取汁，后加滑石粉，一次灌服。

处方六：大戟 60 克、甘遂 40 克、牵牛子 80 克、大黄 80 克、千金子 100 克、滑石 60 克、油当归 100 克、甘草 60 克、蜂蜜 400 克、石蜡油 1000 毫升，皱胃炎加桃仁、赤芍、蒲公英、郁金、元胡等，虚寒加黄芪、肉桂、附子、良姜，体弱津失加生地黄、玄参。煎汤取汁，一次灌服。

处方七：大黄 30 克、枳实 30 克、商陆 30 克、芒硝 20 克、玄参 20 克、麦冬 20 克、秦艽 20 克、元胡 20 克、生地黄 25 克、香附 10 克、香油 100 毫升。煎汤取汁再加香油，皱胃注射。

【皱胃切开术】

切开部位在腹中线与右侧腹下静脉之间，从乳房基部起向前 12～15 厘米，与腹中线平行切开 20 厘米，切开皱胃后，移出皱胃内容物。

【瘤胃切开术】

切开瘤胃后，用胶皮管通过网胃、瓣胃，进入皱胃，直接用大量消毒液反复冲洗皱胃，或将石蜡油打进皱胃，持续几天即可恢复。操作难度较大，一般不采用。

十八、牛瓣胃阻塞

【诊断要点】

牛瓣胃阻塞又称百叶干，主要是因前胃弛缓、瓣胃收缩力减弱、内容物充盈而干涸，导致严重的消化不良疾病。临床上以导致瓣胃扩张、坚硬、疼痛，内容物滞积、干涸为特征。

原发性因素：常见于饲喂粉末的精料而干草不足；饲喂大量坚韧而富含粗纤维的饲料，如秸秆、稻草等；长期饲喂麸糠、糟渣饲料或带有泥沙的饲草。

继发性因素：可见于前胃弛缓、瘤胃积食、瓣胃和网胃粘连、皱胃扭转或变位、皱胃阻塞及某些急性热性病和血孢子虫病的过程中。

病初呈前胃弛缓症状，触诊瘤胃内容物坚硬，有的轻度胀。瓣胃蠕动音减弱或消失，瓣胃浊音区扩大，在右侧第 7～9 肋间肩关节水平线上用手突然冲击触诊或叩诊时，有疼痛反应。直肠检查肛门括约肌痉挛性收缩，直肠内空虚，有黏液和少量暗褐色粪便。

全身症状：病初体温、呼吸、脉搏均无明显变化，但精神萎靡，食欲减退，口腔干燥，皮肤弹力降低，鼻镜干燥至龟裂。排粪减少，粪便干硬，形如算盘珠状，表面附有黏液，粪便色黑，有时似胶冻状泥炭样粪便，后期排粪停止。后期因败血症而体温升高，呼吸、脉搏亦加快，衰弱，全身症状恶化而死亡。

病理变化：瓣胃内容物充满，容积增大。瓣叶间内容物干涸，形同纸板，可捻成粉末。瓣叶上皮脱落变薄，有溃疡、坏死灶或穿孔。

【预防措施】

尽量防止导致前胃弛缓的各种不良因素。饲草不宜过短，适当减少坚韧的粗纤维饲草，应加喂富含维生素的饲料，加强运动，饮水充足，增进消化功能。

【西药方案】

① 常用油类或盐类泻剂，如硫酸镁、液体石蜡等通便：硫酸镁 500 克、石蜡油 1000 毫升、常水 2000～3000 毫升，氨苄西林 5～8 克，普鲁卡因 2 克，一次瓣胃注射；或硫酸钠 800 克、石蜡油 1000 毫升、常水 3000～5000 毫升，一次灌服；或 10%硫酸钠 2000～3000 毫升、石蜡油 500 毫升、普鲁卡因 2 克、土霉素 3～5 克，一次瓣胃注射。

② 恢复瓣胃功能：静脉输注 10%氯化钠溶液 400 毫升，或 0.1%新斯的明 20 毫升肌内注射，或比赛可灵皮下注射；10%樟脑磺酸钠 10～20 毫升，静脉注射；5%氯化钙 100～200 毫升，输液；5%葡萄糖生理盐水 5000 毫升，输液。促胃肠蠕动药物宜在无明显腹痛时使用。当完全阻塞时，药物治疗无效。

【瓣胃冲洗术】

通过切开瘤胃和皱胃两个途径冲洗，治愈率高，但操作有一定难度。

【中药方案】

处方一：滑石 60 克、牵牛子 30 克、大黄 100 克、肉桂 15 克、甘遂 25 克、大戟 25 克、续随子 30 克、白芷 10 克、地榆皮 60 克、甘草 25 克、芒硝 200 克、玄参 40 克、麦冬 40 克、生地黄 40 克，打粉冲调加热猪油 500 克，一次灌服。

处方二：藜芦 60 克、常山 60 克、牵牛子 60 克、当归 100 克、川芎 60 克、滑石 90 克，水煎取汁加麻油 1000 毫升、蜂蜜 250 克，一次灌服。

处方三：桃仁 60 克、杏仁 60 克、柏子仁 60 克、麻仁 60 克、郁李仁 60 克、红花 45 克、当归 60 克、生地黄 60 克、生白芍 60 克、蜂蜜 120 克、甘草 15 克，打粉开水冲调加蜂蜜，一次灌服。

处方四：当归 200 克、大戟 30 克、甘遂 20 克、陈皮 50 克、大黄 150 克、枳实 60 克、厚朴 60 克、麻仁 250 克、麦冬 80 克、生地黄 60 克、甘草 60 克、硫酸钠 250 克，打粉开水冲调，一次灌服。用药前先用猪板油 1000 毫升、2 千克白萝卜浆混合灌服，然后再灌药。

处方五：生地黄 100 克、麦冬 60 克、玄参 60 克、大黄 100 克、芒硝 400 克、川朴 60 克、枳壳 60 克、瓜蒌 60 克，打粉开水冲调，加植物油 500 毫升，一次灌服。

处方六：大戟 40 克、甘遂 30 克、牵牛子 40 克、滑石 60 克、大黄 80 克、续随子 40 克、肉桂 30 克、槟榔 40 克、三棱 30 克、青皮 30 克、当归 30 克、甘草 20 克，打粉开水冲调，加猪油 500 克、蜂蜜 150 克、芒硝 400 克，候温灌服。

十九、牛毛球症

【诊断要点】

牛毛球症是指食了过多不易消化的毛发、植物纤维成球状物质和未消化饲料黏结在一起形成的毛团状物质所致的机体消化紊乱性疾病。临床上以消化功能障碍，日渐消瘦，精神沉郁及犊牛胃中有毛球为特征。毛球分粗毛球和平滑毛球。毛球所含的成分有磷酸钙、碳酸钙、无机盐、有机质等。

胎儿摄入羊水中浮游的脱落被毛可引起本病，犊牛咽入自己或同居牛被毛可引起本病。营养缺乏或在粗饲料的饲养管理下易发本病。毛球在瘤胃或网胃中伴随胃的运动，反复刺激，引起炎症，并导致消化障碍。

临床表现：食欲不振，被毛粗乱，腹泻，行走无力，呼吸困难，呕吐，排出粗毛球。

病理变化：瘤胃和网胃内有粗毛球或平滑毛球。粗毛球毛发逆立，平滑毛球为卵圆形，表面硬，从外部几乎看不出毛发。胃壁变薄，胃黏膜充血。

【预防措施】

定期进行皮肤消毒。防止因皮肤病而引起掉毛。保持畜舍通风、干燥、清洁。保证全价饲料，供给足够的养分。做好日常管理工作，避免异食癖的发生。

【治疗方案】

① 通过洗胃和瘤胃切开手术除去毛球。

② 治疗时，应及时查明病因，及时进行洗胃和瘤胃手术，并及时消除诱发因素。

二十、牛肠便秘

【诊断要点】

肠便秘是由于肠管运动和分泌功能减退，粪便积滞于某部肠管所引起的疾病。发生部位大多数在结肠。一般见于成年牛，老年牛发病较多。

传统耕牛常由于长期采食大量的粗纤维饲料，如甘薯藤、豆秸、花生秸、麦秸和硬稻草等所致。劳役过度、饮水不足和冬季缺乏运动，都能促发本病。本病也可继发于瓣胃阻塞、腹膜炎、牙齿疾病和某些肠道寄生虫病如莫尼茨绦虫、犊牛蛔虫等。

奶牛和肉用牛，主要由于长期采食大量糟渣饲料或育肥期超量采食，肠道负担过重，肠蠕动异常而发病。新生犊牛，可因分娩前的胎粪积滞，以致在出生后发生肠便秘。其他如腹部肿瘤、某些腺体肿大和肝脏疾病等也可继发本病。

病初表现：食欲减退和反刍减少。时常努责，呈排粪姿势，但无粪便排出或仅排出一些胶冻样团块。食后瘤胃轻度胀气，鼻镜干燥，口腔干臭，有时表现不安，体温不增高。大多病牛，在排出软化的粪便后恢复。少数病例，病后期，眼球下陷，皮肤弹力降低，卧地不起，皮温不整，心力衰竭，心律不齐，脉搏加快，呼吸浅表，死于中毒和虚脱。

直肠检查：便秘一般多发生于结肠，在右腹侧可能触到大量坚硬粪块。便秘在小肠如十二指肠便秘，虽摸不到便秘部位，但瘤胃液增多、皱胃膨大。肛门紧缩，直肠内空虚，黏膜干而黏。

病理变化：粪便聚集处肠段肠壁淤血、出血、水肿，并继发炎症、坏死。

根据病史，临床症状，如饮食欲突然消失，不同程度腹痛，排粪停止而代之以胶冻状黏液排出，机体进行性脱水及直肠检查，可做出诊断。

【预防措施】

注意精粗饲料搭配。舍外圈养或放牧牛自由饮水、自由运动、防止牛偷吃大量稻谷。

【西药方案】

(1) 通便泻下

① 硫酸钠或硫酸镁 500～1000 克，石蜡油 500 毫升，加常水配制成 8%溶液一次灌服。

② 10%硫酸钠或肥皂水 15000～30000 毫升，进行深部灌肠。

③ 对顽固性便秘，可试用瓣胃注射硫酸镁 300～500 克、液状石蜡 1000～1500 毫升、常水 3000 毫升。

④ 对新生犊牛便秘，由直肠内注入 60～90 毫升液状石蜡或 30 毫升甘油。

⑤ 如有必要在几小时后再注入一次。

(2) 兴奋胃肠 0.1%新斯的明 16 毫升，皮下注射，2 小时一次；或静脉注射 10%氯化钠 400 毫升；或比赛可灵皮下注射。

(3) 补充体能、补液 5%葡萄糖生理盐水 3000 毫升；复方氯化钠 2000 毫升；10%樟脑磺酸钠 10～20 毫升；25%维生素 C 20 毫升、复合维生素 B 等。

【中药方案】

处方一：大黄 90 克、麻仁 50 克、枳实 50 克、厚朴 30 克、醋香附 60 克、木香 30 克、木通 25 克、连翘 25 克、栀子 30 克、当归 30 克，共煎 0.5～1 小时，再加芒硝 250 克、乳香 20 克、没药 20 克、神曲 90 克，候温灌服。

处方二：大黄 60 克、枳实 30 克、厚朴 30 克、木香 30 克、槟榔 30 克、山楂 60 克、神曲 60 克、芒硝 120 克，打粉开水冲调，一次灌服。

处方三：大黄 90 克、芒硝 240 克、枳壳 30 克、厚朴 30 克、黑丑 15 克、白丑 15 克、槟榔 15 克、木通 30 克、油当归 30 克、郁李仁 30 克，打粉开水冲调，一次灌服，多用于前结。

处方四：续随子 30 克、郁李仁 30 克、油当归 30 克、大黄 30 克、芒硝 250 克、木通 24 克、牵牛子 30 克、滑石 30 克、枳壳 24 克、槟榔 15 克，打粉开水冲调灌服，用于后结。

处方五：炙千金子 50 克、蜣螂 40 克、蝼蛄 40 克、香油 500 毫升，打粉开水冲调加入香油，一次灌服。

处方六：蜣螂 20 克、蝼蛄 20 克、槟榔 100 克、细辛 15 克、五灵脂 30 克，打粉开水冲调加植物油 500 毫升，一次灌服。

【手术疗法】

可在右侧第三腰椎横突下 5 厘米处垂直切开长 20 厘米切口，分层切开腹壁，暴露腹腔肠管。沿膨胀的肠管由前向后，沿萎陷的肠管由后向前找到便秘部，实施隔肠按压或侧切取粪，肠壁已坏死的，应切除，施行断端吻合术。

治疗时，若应用泻剂或中药 2～3 次效果不理想，应及时进行手术治疗。

二十一、牛结肠闭锁

【诊断要点】

牛结肠闭锁是一种散发的先天性缺陷，可引起胃肠道完全闭锁。通常在出生后 1～3 天内发病。荷兰牛发病率最高。

发病原因尚不明确，遗传性因素及妊娠早期触摸胚胎导致的损伤可能是诱发因素。

犊牛出生后出现腹部臌胀、排粪消失，肛门括约肌和直肠无异常。病初排出一点黏液性粪便，以后停止排粪。

犊牛出生时外观正常，通常能饮初乳，但在 24～72 小时内出现绝食，腹部胀，精神沉郁，并脱水。个别犊牛在 5～7 天内仍外观健康，体温正常，心率加快，右下腹冲击触诊有击水音，可能出现腹痛。

【防治方案】

① 唯一的治疗方法是外科手术。将结肠旋袢近端与闭锁远侧的降结肠吻合，以绕过闭锁肠段。术前犊牛应补充液体、电解质、葡萄糖、血浆或全血及抗生素。

② 禁止以软管或探子通过直肠用力试探结肠的开放程度。

二十二、牛瘤胃角化不全

【诊断要点】

牛瘤胃角化不全是瘤胃黏膜多层扁平上皮样细胞发生变性，有的角化细胞核消失，有的仍然有核残留，形成鳞状角化堆积，瘤胃黏膜乳头硬化、增大，呈黑褐色，乃至连接成块的一种非传染性疾病。本病通常不表现明显的临床症状，间或发生消化不良现象，多见于肉牛。

发病原因：一般认为是谷物饲料搭配不当，碾磨过细，精饲料过多，粗饲料不足，甚至不喂饲草。当谷物饲料饲喂量过多而又碾磨过细时，其中大量可消化的碳水化合物在瘤胃内迅速酵解，形成多量挥发性脂肪酸（VFA），并因醋酸含量减少，丙酸和丁酸含量增高，瘤胃 pH 降至 6.0 以下，致使瘤胃黏膜受到损害而角化不全。维生素 A 缺乏，青绿饲料不足或缺乏，瘤胃黏膜易受损伤，上皮角化不全，使瘤胃乳头上角化的鳞状上皮样细胞堆积，导致本病发生和发展。

主要症状：一般临床症状不明显。有的病初瘤胃消化功能减退，乳脂率降低。病牛喜食干草、秸秆等粗料。异嗜，经常舔食自体或同群牛体，呈现前胃弛缓、瘤胃臌气的症状。伴发肝脓肿的病牛，体质消瘦，被毛粗刚，黄疸，热型不定，腹泻，呈黄色水样。

病理变化：瘤胃黏膜上有泥状食糜附着，呈不规则斑状。瘤胃黏膜有角化不全的乳头区，其中乳头变硬，呈褐黑色，并黏结成块状，坚韧似皮革结构。无乳头区的黏膜，特别是前背盲囊，常有多发性上皮角化不全病灶。

【预防措施】

① 饲料日粮搭配一定量的完整谷粒。肥育期肉牛的饲料日粮中精料不宜过多。特别是在冬春季节，对犊牛、肥育期肉牛应饲喂富含维生

素 A 和胡萝卜素的青贮和块根饲料。

② 增进消化功能，防止发生异嗜，保证牛群健康。

【治疗方案】

① 加强饲养管理：控制日粮精饲料水平，给予干草、青草或作物秸秆。

② 改善瘤胃内环境：给予适量碳酸氢钠 50～100 克，内服，以调节瘤胃内酸碱度，使其 pH 恢复到 6.35 以上，促进瘤胃内容物运化。

③ 对症治疗：维生素 A，按每千克体重口服 100～200 国际单位；或应用强脾健胃剂，增强胃肠消化功能，如健胃散、平胃散、曲麦散、健脾散、山楂酵母粉等。

二十三、牛淀粉样变性

【诊断要点】

牛淀粉样变性是全身内脏器官、组织及其血管周围广泛发生的淀粉样蛋白浸润，引起内脏器官功能异常的一种综合征。本病多为慢性病程，临床上以消瘦、生产性能下降、肝功能异常和蛋白尿等为特征。

发病原因：最常见的病因为继发于长期化脓性炎症，如慢性乳腺炎、子宫炎和肝脏疾病等，还有许多未知的原因。

主要症状：食欲不振，排泥样乃至水样腹泻便，不含血液，接着颌下部、胸垂部至胸前、下腹部呈现水肿，越来越明显。体温、脉搏和呼吸均正常。按胃肠炎治疗无效，腹泻不止。病牛陷入脱水状态，消瘦。

病理变化集中于肾脏和胃肠道，肾脏比正常肿大 2～3 倍，呈黄褐色至橘黄色，整个肾脏表面呈广泛的砂粒或米粒大的斑点，呈水滴状。肠道呈柔软的水肿状态。

根据特征性的临床症状，如尿中有大量的蛋白质，血清蛋白变化及直肠触摸到肿大的肾脏，肝穿刺发现淀粉样蛋白沉积等，可做出诊断。

【防治方案】

本病多偶发，防治主要是控制原发病如慢性化脓性炎症，消除病原体的刺激，促进机体逐渐康复。本病多为慢性经过，病程长，一旦发病，没有治疗价值，直接淘汰。

二十四、牛肝炎

【诊断要点】

牛肝炎是肝实质细胞由于多种原因陷入功能障碍而引起的肝病，按病程可分为急性、慢性两类。

1. 牛急性肝炎病因

① 中毒因素：包括长期饲喂霉败饲料、蕨类、天芥菜、杂三叶等有毒植物，以及砷、磷、硫酸铜、甲酚等有毒化学性物质。

② 传染因素：见于传染性胸膜肺炎、出血性败血病、流行性感冒、牛恶性卡他热、肝片吸虫病、巴贝斯虫病、血吸虫病、血孢子虫病，以及其他一些细菌感染等病程中。

③ 其他因素：见于胃肠炎、大叶性肺炎、坏疽性肺炎、心力衰竭，以及饲料中含大量不饱和脂肪酸、氨基酸（甲硫氨酸、胱氨酸）缺乏，缺乏维生素 E 和硒等病程中。

2. 牛慢性肝炎病因

① 外因：同急性肝炎的病因，特别是有毒植物、重金属（磷、铅等）、肝功能障碍性药物（某些抗生素、镇痛剂、麻醉剂、利尿剂、激素）等是本病的重要病因。

② 内因：重症急性疾患及长期的慢性疾患，常给肝脏实质及间质带来肝功能障碍，特别是各种代谢、营养、内分泌障碍和缺乏症，如酮血病、妊娠毒血症、蛋氨酸或胆碱缺乏、甲状腺功能亢进症、肾上腺皮质功能障碍、妊娠后期蛋白缺乏症、过敏性疾病、慢性循环障碍、慢性贫血等。

3. 急性肝炎症状与病变

① 普遍表现：病初食欲不振，倦怠，过敏，弓背，行走迟缓，步伐蹒跚，呼吸急促，心音混浊，消瘦，衰弱，多见腹壁紧张，触诊或叩诊肝区有疼痛反应等。重症，病后 2～4 天出现黄疸，瘤胃蠕动减弱，粪便恶臭，腹泻和便秘反复出现，表现兴奋、痉挛、知觉迟钝、站立不稳及昏睡等，在日光照射时皮肤白色部位有发疹、溃疡和坏疽等炎性变化。慢性病例，表现出血、血液凝固时间延长。重症病例有明显的出血

倾向及弥散性血管内凝血（DIC）现象。

② 病理剖检：初期，肝肿大呈土黄色或黄褐色，表面和切面有大小不等、形状不一的出血病灶；中、后期，肝表面有大小不等的灰黄色或灰白色小点或斑块。严重的，肝体积缩小，呈灰黄色或红黄相间。

③ 病程和预后：中毒性良性肝炎，早发现可在5～10日内治愈，但如发病前有过肝功能障碍，转成慢性肝炎，出现神经症状，高氨血症或尿中氨基酸显示出阳性，表明预后不良。

4. 慢性肝炎症状与病变

① 缺乏固有的症状，一般无临床症状的较多。通常有消瘦、一般不愿吃精饲料、食欲不振、低热及瘤胃蠕动减弱等症状，持续一段时间后还可见轻度的黄疸、肝中度肿大和压痛等现象。常并发脂肪肝。

② 病理剖检可呈现肝硬化病变。

5. 诊断

根据病牛消化不良，黄疸，肝区叩诊和触诊变化，容易兴奋或昏迷，结合血液和尿液的实验室检查结果，可以做出诊断。

【预防措施】

加强饲养管理，防止霉败饲料、有毒植物及化学毒物的中毒。加强防疫卫生，防止感染，增强肝脏功能，保证机体健康。

【治疗方案】

1. 急性肝炎

治疗原则：排除病因，加强护理，保肝利胆，清肠止酵，促进消化功能。

① 排除病因：停喂发霉变质、含有毒物的饲料，及时治疗原发病。

② 加强护理与食饵疗法：使病牛保持安静，避免刺激和兴奋。饲喂富含维生素、易消化的碳水化合物饲料，给予优质青干草、胡萝卜。当昏睡、昏迷时，禁喂蛋白质，待病情好转后再给予适量的含蛋氨酸少的植物性蛋白质饲料。

③ 保肝利胆：应用糖、维生素类及氨基酸制剂是十分重要的。大量的5%～20%糖液（葡萄糖、木糖醇）及氨基酸制剂混入电解质溶

液，静脉滴注，可促进肝细胞功能和再生。还应补充维生素 B 族（硫胺素、泛酸）、维生素 A、维生素 D、维生素 E 和维生素 K，及时应用利胆剂，利胆剂对黄疸和高 GTP、ATP 活性的病牛有良好的疗效。

通常用 25%葡萄糖注射液静脉注射，每日 2 次，或 5%葡萄糖生理盐水注射液，维生素 B_1 注射液，维生素 C 注射液，静脉注射，每日 2 次。配合中药如肝胆颗粒、茵栀解毒颗粒、龙胆泻肝散等。

④ 清肠止酵：硫酸钠或硫酸镁 300 克、鱼石脂 20 克、酒精 50 毫升、常水适量，内服。

⑤ 黄疸明显的：苯巴比妥或天冬氨酸钾镁，加入 5%葡萄糖注射液，缓慢静脉注射。

2. 慢性肝炎

治疗原则：消除病因，遵循急性肝炎治疗原则。

① 防止肝硬化：除去病因后应给肝细胞补充营养，可应用氨基酸制剂（蛋氨酸、赖氨酸等），维生素 B 族等混入大量的葡萄糖溶液中，静脉注射，还要实施抗炎和抑制间质增生，可用肾上腺糖皮质激素及甘草甜素制剂。

② 防止脂肪肝或并发病的出现：食饵疗法尤为重要。为了恢复功能、改善脂肪代谢，可用利胆制剂、泛酸制剂（添加到饲料或注射）。营养负荷量大的牛，可以考虑逐步添加各种营养物质（氨基酸类、维生素 E、硒等）。

【说明】

治疗时，应注意除去肝脏有害物质。防止肝脂肪化，应用泛酸及其制剂，并应用促进脂肪代谢的制剂如氯化胆碱等。防止高氨血症，应给予谷氨酰胺或精氨酸、鸟氨酸等减少氨的产生，或应用乳糖、果糖、葡萄糖醛酸内酯和葡萄糖醛酸酰胺等解毒剂。

二十五、牛肝硬化

【诊断要点】

肝硬化又称肝纤维化、慢性间质性肝炎，是致病因素作用引起的慢性进行性、弥漫性肝细胞变性、坏死、再生，诱发广泛纤维组织增生、形成假小叶及结节增生的一种慢性肝脏疾病。临床上少见。

原发性肝硬化病因：急性肝炎的病因长期作用可引起本病。长期饲喂含有酒精的酒糟及饲料中缺乏蛋白质与维生素，引起肝营养不良，可逐渐发展为肝硬化。

继发性肝硬化病因：通常见于慢性肝炎、慢性阻塞性黄疸、慢性心源性肝淤血、钩端螺旋体病、犊牛副伤寒、肝片吸虫病、血吸虫病等疾病过程中。

主要症状：初期，多表现为食欲不振，消化不良，便秘与腹泻交替发生。伴发前胃弛缓，周期性膨胀，逐渐消瘦、衰弱，厌倦，发热，出现轻度黄疸，发生腹水，腹围明显膨大，严重的出现肝昏迷。腹部叩诊，初期肝脏浊音区扩大，后期浊音区缩小。一般为慢性经过，初期如能有效治疗，尚可恢复健康，后期难以治愈。

病理剖检：初期，肝肿大、坚硬、表面光滑，呈黄色或黄绿色。中、后期，肝体积缩小、坚硬、表面凹凸不平，色彩斑驳，有灰红色、淡黄色、深黄色、绿色等色彩，切面有许多圆形或近圆形的岛屿状结节，结节周围有较多淡灰色的结缔组织包围，还有胃肠淤血，水肿，脾脏肿大、硬度增加，腹腔内有大量腹水。

根据病史，结合病情发展，呈现的顽固性消化不良、黄疸、肝脾肿大、腹水及神经障碍等，可做出诊断。

【预防措施】

注意平时饲养，无论舍饲与放牧，都应防止有毒植物中毒，避免饲喂发霉和腐败饲料。在受到传染性、侵袭性因素侵害时应及时治疗，防止本病的发生。

【治疗方案】

治疗原则：消除病因，加强护理，给予富含维生素、易消化的碳水化合物饲料。

① 保护肝脏、增强解毒功能：静脉注射25%葡萄糖注射液，同时应用酵母片、维生素A、维生素B_1、维生素B_2及维生素C和维生素K，或配合硫酸钠或人工盐内服，清理胃肠，促进胆汁分泌，可提高疗效。

② 抗脂化、抗纤维化、利水、抗炎：病早期，应用胆碱、甲硫

氨酸、胱氨酸等抗脂性药物，还可应用抗纤维化药物，如秋水仙碱。

③ 强心利水：发生腹水时，可应用强心利尿剂，同时可施行腹腔穿刺，排出腹水。

④ 抗炎促细胞活化：消除病因，配合应用类固醇制剂地塞米松、转化生长因子（TGF）、肿瘤坏死因子（TNF）、肝细胞生长因子（HGF）和小柴胡汤，利于病情恢复。

【说明】

临床治疗价值不大，一旦确定是患肝硬化，建议应及时淘汰。

二十六、牛肝癌

【诊断要点】

牛肝癌是指发生在肝脏的恶性肿瘤，具有起病隐匿、潜伏期长、高度恶性、进展快、侵袭性强、易转移、预后差等特点。临床上较少。

原发性肝癌病因：引发肝脏及胆管的肿瘤有肝细胞癌、肝细胞肿瘤、胆管癌、胆管乳头状瘤等，包括胆囊在内，肝外胆管腺瘤，多发生于青年牛。

转移性肝癌病因：其他的脏器癌转移来的，牛较多见。最罕见的有白血病及淋巴肉瘤的转移病灶。

主要症状与病变：表现为食欲不振、消瘦、贫血等症状。触诊右侧季肋部会有腹痛、压痛，而后有的表现腹水、黄疸及水肿等。病理剖检可见肝呈黄褐色，有出血和坏死。

根据临床症状怀疑为肝癌时，用B型超声切面显像法能判定肝癌病变的大小和数目。放射性核素扫描和CT扫描对巨块型和结节型肝癌诊断的准确性可达80%以上。

【防治方案】

① 根据肝肿瘤的种类、位置及大小，可以选择外科疗法及抗肿瘤药物，常用环磷酰胺、长春新碱及促肾上腺皮质激素等。兽医临床确诊为肝肿瘤，多淘汰。

② 预防应避免辐射，其他同肝硬化。

二十七、肥胖奶牛综合征

【诊断要点】

肥胖奶牛综合征，又称奶牛妊娠毒血症或奶牛脂肪肝病，是指干乳期过度肥胖的母牛产犊后能量出现负平衡，动员体脂导致肝脏脂肪蓄积和脂肪变性的围产期代谢性疾病。临床上以食欲废绝、胃肠蠕动停止、部分个体黄疸、进行性衰弱、神经症状、卧地不起及继发酮病为特征。发病率为25%左右。病死率高达50%～80%。

发病原因：饲养管理是主要因素，涉及干乳期母牛的日粮不平衡，饲料单一，精料量比例过大，缺乏优质牧草，未分群饲养，运动不足，使母牛在妊娠后期和产犊时过于肥胖。促发因素包括妊娠后期子宫容积增大；饲料短缺，抗脂添加剂不足；难产，产道损伤，生产瘫痪及迷走神经性消化不良等。

主要症状：急性者体况肥胖，常在分娩后即表现症状。精神沉郁，食欲废绝，瘤胃蠕动弱。可视黏膜发绀、黄染，步态强拘。产后少乳或无乳。常伴有腹泻，粪便为黄色，恶臭。有的目光凝视，头高举，头颈肌肉震颤，常2～3日内死亡，或卧地不起。亚急性者多在分娩后3天发病。精神沉郁，反应迟钝，食欲降低或废绝，产乳量剧减。粪便干而少，尿酮为阳性，病牛体温、脉搏、呼吸一般都正常，但逐渐消瘦。伴发症多病程较长，常伴发乳腺炎、胎衣不下、乳房肿胀、子宫复旧不全、子宫内膜炎等，后期病牛卧地不起，呻吟磨牙，昏迷而死亡。

病理变化：皮下脂肪丰润，可视黏膜黄染。网膜、肾脏周围脂肪沉着。肝高度肿大呈淡黄色，质地脆软。切面外翻，似油状，小块肝浮于水面。肾肿大、质脆，呈灰黄色。心脏冠状脂肪丰润，心肌质软，色呈熟肉样。

根据高精料、高泌乳、肥胖、产后食欲废绝、胃肠蠕动停止、部分个体黄疸、进行性衰弱、神经症状、卧地不起及继发酮病等易做出诊断。

【预防措施】

① 干乳期严格执行科学的饲喂制度。

② 妊娠最后 3 个月，为防止母牛肥胖，应给予优质干草，日粮营养水平要保证满足母牛本身和胎儿生长的需要。

③ 妊娠后期和临产前后不应随意变动饲料，避免长途运输、暴风雪侵袭等强烈的刺激，预防应激诱发本病。

④ 分娩前后注意日常健康和食欲的观察。定期检查血糖、游离脂肪酸或β-羟丁酸，有异常立即治疗。

⑤ 分娩和泌乳期的常发病应及时治疗，保持良好食欲，维持高产乳牛高能量的摄取，必要时可以酌情投服丙二醇、丙酸钠等药物。

【治疗方案】

治疗原则：解毒、保肝和补糖，对症治疗。

(1) 营养优化 供应优质干草，给予含钴和碘的食盐或矿物质添加剂，应适当运动。

(2) 解毒、保肝和补糖 50%右旋糖酐，第 1 次量 1500 毫升，而后 500 毫升，每日 2～3 次，静脉注射。50%葡萄糖溶液 500～1000 毫升，静脉注射。丙酸钠 114～228 克，或丙二醇 171～342 克，每日 2 次，投服，连用 10 日。尼克酰胺（烟酸）每日 1.2～1.5 克，或氯化钴或硫酸钴每日 0.5 克，投服，连用 3～5 日。

(3) 对症治疗

① 防继发感染：可用广谱抗生素，如金霉素或四环素，200 万～250 万国际单位，一次静脉注射，每日 2 次。氨苄西林、头孢噻呋、头孢喹肟等也可以。

② 防止氮质血症：5%碳酸氢钠，500～1000 毫升，一次静脉注射。

③ 促进瘤胃运动，可采用促反刍液：10%氯化钠 500 毫升、5%氯化钙 200～300 毫升、10%樟脑磺酸钠 10～20 毫升。

【说明】

确诊应及时采取治疗措施。由于本病与酮病十分相似，按酮病治疗，有一定效果，但是常复发。该病病程长，治疗期长，短期难以治愈。需要加强饲养管理，改善饮食，必要时可停乳调养。

二十八、牛肝脓肿

【诊断要点】

牛肝脓肿又称化脓性肝炎，是感染化脓菌所致的一种肝病。多发于育肥牛或饲喂高比例精料的育成牛。致病菌大多为化脓棒状杆菌、坏死杆菌和大肠埃希菌。育肥期肉牛发生本病与季节无关。

发病原因：尖锐异物经腹壁或网胃直接刺入肝脏，感染化脓菌。高精料供给过多或粗饲料不足，诱发慢性瘤胃炎、瘤胃溃疡，以致瘤胃内常在菌（棒状杆菌、葡萄球菌、链球菌等）进入门静脉血液循环中，而在肝脏形成脓肿。继发因素，如化脓性脐静脉炎、肺坏疽、结核病、化脓性腮腺炎、化脓性子宫内膜炎或乳腺炎等疾病的病原菌可经血液、淋巴、胆管等途径转移至肝形成单发或多发性脓肿。

主要症状：单一性肝脓肿，如脓肿不大，不转移，多无临床症状。多发性肝脓肿，呈慢性经过，食欲时好时坏，虚弱，逐渐消瘦，贫血，消化不良及衰竭。病重时，食欲废绝，排粪减少，便秘或腹泻，黏膜苍白，黄疸不明显。个别病牛在右侧最后肋弓下触诊肝明显肿大，甚至在右侧上 1/3 最后两个肋间叩诊，有疼痛反应，后期病例，黄疸指数升高。继发或伴发呼吸困难、咳嗽和胸痛，表明肺部感染；如肝脓肿破裂，腹腔穿刺液浑浊、腐败或含絮状物，体温升高，不愿移动或运动困难，腹壁紧张，表明存在腹膜炎。

病理变化：病初肝脏表面散发大小不一的化脓灶，呈淡黄、黄绿或污灰色，中央有奶油状黏稠物，病程长的，脓灶变成脓肿，呈液状或干酪样，甚至钙化。有的可见支气管肺炎病灶；瘤胃和瓣胃黏膜脱落，甚至坏死；皱胃和十二指肠多有不同程度的炎症，甚至糜烂、溃疡。

原发性单一性肝脓肿，生前一般不出现症状，大多是因其他疾病死亡后或屠宰后被发现。转移性肝脓肿，可根据临床症状、肝区触诊疼痛、中性粒细胞增多和核左移做出初步诊断，结合超声检查可以确定脓肿的大小、数目和部位，即可确诊。

【预防措施】

采取改善饲养方法，适当调整日粮精料比例，供给充足粗饲料，并且干草或秸秆样的粗饲料不宜切得过短、磨得过碎。改善环境，保持牛体清洁，牛舍排污良好。

【治疗方案】

① 抗感染：应用抗生素，如头孢噻呋、青链霉素、氨苄西林、磺胺间甲氧嘧啶、恩诺沙星、多西环素、土霉素、金霉素、磺胺二甲嘧啶等控制感染。

② 营养支持：配合补糖、补维生素、强肝剂等辅助疗法。

③ 兽医临床治疗价值不大，一旦确诊应及时淘汰。

第三节　牛心血管系统疾病诊断要点与防治方案

一、牛贫血

【诊断要点】

牛贫血是指单位容积的血液中红细胞比容、红细胞数和血红蛋白浓度低于正常值的病理特征。临床上以黏膜苍白、心率加快、肌肉无力及各器官组织缺氧的各种症状为特征，按其病因可分为以下 4 大类。

1. 出血性贫血

急性出血：见于血管受损伤，内脏出血，肝、脾破裂，某些中毒病（草木中毒、蕨类植物中毒）等。外伤或外科手术损伤血管，尤其是动脉，或肝、脾、鼻腔、喉及肺等器官损伤或破裂，或皱胃大面积溃疡，分娩时损伤产道等引起急性大出血。急性出血起病急剧，可视黏膜骤然苍白，体温低下，四肢发凉，脉搏细弱，出冷汗，瞳孔散大，反射迟钝，陷于低血容量性休克而迅速死亡。

慢性出血：见于胃肠寄生虫病（圆线虫病、血矛线虫病）、胃肠溃疡、血友病等。鼻、肺、肾、膀胱、子宫内膜、胃肠及出血性素质等长期反复地失血，或胃肠器官功能减弱，影响对铁的吸收，导致造血原料缺乏。寄生虫病，如血矛线虫病、血吸虫病、球虫病及蜱、蝇的重度侵袭，或中毒病如草木樨中毒、蕨中毒等，均可引起长期慢性出血。慢性出血初期症状不明显，呈渐进性消瘦及衰弱。可视黏膜逐渐变得苍白，后期胸腹部、下颌间隙及四肢末端水肿，体腔积液，最终因衰竭而死亡。

出血性贫血的血液稀薄，皮下水肿或体腔积液。心腔和血管内积有大量稀薄血液。所有实质器官具有脂肪变性。骨髓再生反应明显。

2. 溶血性贫血

见于传染病、寄生虫病、中毒病及抗原抗体反应中，红细胞遭受溶血性细菌、钩端螺旋体、血液原虫及有毒物质的破坏，引起溶血。

红细胞内在缺陷是红细胞膜结构异常，磷酸戊糖途径和谷胱甘肽代谢中酶的缺乏，参与红细胞糖酵解酶缺乏及球蛋白构造和合成的缺陷所致的溶血性贫血，常与遗传有关。

红细胞外因是由免疫性反应（血型不合的输血、新生畜溶血性贫血）及创伤、感染、物理、化学及生物性因素所致的溶血性贫血和脾功能亢进等。

急性骤然起病，严重的出现背部疼痛，四肢酸痛，寒战，高热，狂躁，恶心，呕吐，腹痛，腹泻等胃肠道症状。溶血严重的发病 12 小时后，出现黄疸。慢性主要表现起病缓慢，皮肤苍白，气短。长期持续溶血，可并发胆石症和肝功能损害。

溶血性贫血皮肤和可视黏膜苍白、黄染，组织黄染，膀胱内有血红蛋白尿，肝、脾肿大等。骨髓再生反应明显。

3. 营养性贫血

由于造血原料供应不足所引起的贫血。引起血红素合成障碍的，有铁缺乏、铜缺乏、维生素 B 缺乏、铅中毒（抑制血红素合成过程）和锌中毒（造成铜缺乏）。引起核酸合成障碍的，有维生素 B_{12} 缺乏、钴缺乏、叶酸缺乏和烟酸缺乏。引起珠蛋白合成障碍的，有饥饿、蛋白质不足、赖氨酸不足。

缺铁性贫血：长期单纯哺乳以致铁供给不足，慢性消化紊乱以致铁吸收不良，导致体内可用来制造血红蛋白的贮存铁被用尽而发生。缺铁性贫血主要见于犊牛。起病徐缓，可视黏膜逐渐苍白，体温不高，病程较长。缺铁性贫血，血液稀薄，肌肉淡红色或苍白，皮下组织水肿。骨髓涂片铁染色，细胞外铁消失，几乎不见含铁的幼红细胞，骨髓内见不到含铁血黄素沉着。

缺铜性贫血：分为原发性和继发性两种。前者因长期饲喂低铜土壤生长的饲草，后者因饲料中干扰铜吸收利用的物质如钼、硫等含量太多，可与铜形成一种难溶解的铜硫钼酸盐复合物，降低铜的利用，但其发病机制涉及铜蓝蛋白和运铁蛋白。当铜缺乏时，血浆铜蓝蛋白减少，铁的运输和利用受阻，会导致贫血和含铁血黄素沉积。缺铜性贫血 1 岁内犊牛患病严重，除贫血体征外，还表现腹泻，消瘦，被毛褪色，皮肤角化不全，共济失调（突然跌倒），骨和关节肿大，生长发育受阻和繁殖障碍等。缺铜性贫血，血液稀薄，骨端肿大，关节肿胀，骨质疏松，大脑白质有液化灶，有的心肌变性乃至纤维化，肝、脾和肾中常含有铁血黄素沉着。

缺维生素 B_6 性贫血：其发生与维生素 B_6 即吡哆醇参与原卟啉合成障碍有关。当维生素 B_6 缺乏时，原叶啉生成减少，血红素合成不足，发生贫血。

缺维生素 B_{12}（缺钴）性贫血：其发病环节在于核酸合成障碍。维生素 B_{12} 和叶酸是影响红细胞成熟过程的重要因素。当维生素 B_{12} 或叶酸缺乏时，幼红细胞内脱氧核糖核酸的合成受阻，引起核分裂成熟过程障碍，发生巨幼红细胞性贫血，即大细胞正色素性贫血。缺钴性贫血多见于缺钴地区，起病徐缓，食欲减少，异嗜污物和垫草，消化紊乱顽固不愈，逐渐瘦弱，可视黏膜日益苍白，体温一般不高，病程可达数月或数年，最终陷于恶病质。缺钴性贫血，肝、脾、淋巴结有髓外造血灶，红细胞有明显的含铁血黄素沉着。

4. 再生障碍性贫血

造血器官（主要是骨髓）受到放射性损伤及植物中毒（如蕨类植物）、淋巴细胞白血病、磺胺酰胺过敏而发生。在损伤骨髓造血的因素中，药物、化学、物理因素和病毒感染较为常见。细胞毒类药物特别是烷化剂，是强烈的骨髓抑制性药物，达到足够剂量即可损害骨髓造血功能。其他因素，如某些慢性贫血中，某些恶性肿瘤等可引起再生障碍性贫血。这些病因造成骨髓萎缩，造血功能衰退，导致血液中各种血细胞减少，血小板减少甚至完全消失，破坏了凝血作用。同时血管壁通透性和血细胞脆性增加，使机体各组织器官发生出血性素质。当骨髓萎缩及造血功能衰退时，白细胞减少，淋巴组织萎缩，机体免疫力降低，易发感染。

再生障碍性贫血一般起病缓慢，可视黏膜苍白有增无减，全身症状越来越重，而且伴有出血综合征，常发生难以控制的感染，预后不良。

贫血一般为进行性的，主要是骨髓造血功能衰竭。出血由血小板生成减少所致，亦与毛细血管脆性、通透性增加有关。可见皮肤、鼻、消化道、阴道及内脏器官的出血，但一般无肝、脾、淋巴结肿大及骨髓外造血现象。局部感染常反复发生，有的出现周身感染和败血症。由于中性粒细胞及单核细胞减少，机体防御功能下降，体温升高，皮肤发生局部坏死等症状。

急性型贫血骨髓穿刺液稀薄，油滴增多，涂片中有核细胞显著减少。慢性型贫血骨髓增生减少，油滴较多。红髓脂肪变性，急性的几乎全变成脂肪髓，慢性的脂肪组织中可见造血灶。骨髓细胞检查，细胞缺乏，仅可见淋巴细胞、网状内皮细胞及浆细胞。

5. 贫血的共同症状

可视黏膜苍白、缺氧引起全身状态的改变。轻度贫血，可视黏膜稍淡，精神沉郁，食欲不定，活动持久性差。中度贫血，可视黏膜苍白，食欲减退，倦怠无力，不耐劳役或运动。重度贫血，可视黏膜苍白如纸，出现水肿，呼吸、脉搏显著加快，心脏听诊有收缩期杂音，稍微运动，引起严重的呼吸困难或心跳急速，甚至昏迷。

【预防措施】

加强饲养管理，均衡日粮营养，避免缺乏维生素和微量元素。防止采食有毒植物和有害物质，保证饲料品质，防止外伤发生。

【治疗方案】

1. 出血性贫血

治疗原则：应止血，增加血管容量，抢救休克，补充造血物质。

(1) 应立即止血，避免血液大量丧失

① 局部止血：外部出血时，应进行结扎或压迫止血。更好的方法是电热烧烙止血。

② 全身止血：内出血时，选用5%安络血注射液，或止血敏、4%维生素K注射液、10%氯化钙注射液，肌内注射或静脉注射。

③ 输血：少量输血能加强血液凝固，反射性地引起血管的痉挛性收缩，减少出血。

(2) 增加血管充盈度

① 输血：大量输血不仅有止血作用，还可补充血液量，促进造血功能，提高血压。

② 补液：应用右旋糖酐和高渗葡萄糖溶液可补充血液量。

(3) 补充造血物质

① 平时应加强饲养管理，日粮应给予高蛋白、多种维生素和含铁的饲料，给予良好的青草或干草及豆类和麦麸等。

② 必要时，定期补铁，配合稀盐酸及维生素C，可促进铁的吸收，或配合铜、砷制剂刺激骨髓造血功能。

2. 溶血性贫血

治疗原则：消除原发病，给予易消化的营养丰富的饲料，输血并补充造血物质。配合肾上腺皮质激素疗法。

其他治疗方法：参照出血性贫血。

3. 营养性贫血

① 应补给所缺造血物质，促进其吸收和利用。

② 缺铁性贫血常用硫酸亚铁，配合人工盐，制成散剂，混入饲料中喂给，或制成丸剂投给。为促进铁的吸收，可同时用稀盐酸加水灌服。

③ 缺铜性贫血非但不缺铁，反而有大量含铁血黄素沉积。因此，只需补铜切莫加铁，否则会造成血色病。通常应用硫酸铜口服或静脉注射。

④ 缺钴性贫血可直接补钴或应用维生素 B_{12}，通常采用硫酸钴

内服。

4. 再生障碍性贫血

① 应加强饲养，消除病因，提升造血功能，补充血液量。

② 一般处理为给予足够的营养和适当的休息。尽量避免不必要的肌内注射和静脉穿刺。如白细胞数低于正常值较大，应予以短期隔离，以防感染。

③ 提升造血功能给予造血物质，同时可采用早期脾切除术。

④ 输血参照出血性贫血。对原发病应及早进行治疗，避免慢性化、感染及进行性出血。慎重选用药物，禁止滥用可引起再生障碍性贫血的药物。感染时可选用广谱抗生素。

二、牛红细胞膜带Ⅲ缺乏症

【诊断要点】

红细胞膜带Ⅲ缺乏症又称遗传性球形红细胞增多症、先天性溶血性黄疸，是红细胞膜有先天缺陷的一种溶血性贫血。临床上以初期贫血、黄疸、肝脾肿大及血液中球形红细胞和网织红细胞增多为特征。

红细胞膜结构异常是由不同的膜支架异常所引起。膜的收缩蛋白缺乏，是由于编码红细胞膜蛋白的基因发生无义突变，致使红细胞膜蛋白泳带中黏合膜蛋白完全缺失，引起阴离子跨膜运转障碍。由于红细胞膜蛋白泳带Ⅲ缺乏，细胞膜对蛋白水解酶极为敏感，膜收缩蛋白可被降解为小肽，从红细胞膜上丢失，使膜表面积减少而变为球形。球形红细胞的直径虽然小于6微米，但由于细胞膜变形性和柔韧性减退而被阻留在脾索内，不能通过内皮细胞间空隙进入脾窦。大量红细胞在脾索内滞留过程中，ATP及葡萄糖进一步消耗，代谢缺陷加剧，最终破坏而溶解。

主要症状：新生犊牛表现出不同程度的贫血、黄疸。有的发生高热、恶心、呕吐、休克等溶血现象。有白细胞、血小板减少，骨髓有核细胞减少等现象。

病理变化肝脏和脾脏肿大明显。

【预防措施】

日常注意预防和防止感染。患牛不可留作种用。

【治疗方案】

① 脾切除，红细胞膜的缺陷和球形红细胞增多症依然存在，但红细胞的寿命接近正常，血管内溶血得以缓解或完全停止，贫血体征以及网织红细胞极度增多等骨髓再生反应可随之减少或消失。目前为止，脾切除是消除贫血和溶血的最有效疗法。

② 必要时可输血。

三、牛先天性红细胞生成性卟啉病

【诊断要点】

先天性红细胞生成性卟啉病过去曾被称作紫质病，又称红齿病、骨血色病、血卟啉尿病，是因控制卟啉代谢和血红素合成的酶类先天性缺陷所致的一组遗传性卟啉代谢病。

病理学特征包括卟啉代谢途径阻滞，血红素合成障碍，过量卟啉代谢副产物在骨骼、牙齿、皮肤等组织内沉积。临床上以贫血、光敏性皮炎、腹痛、卟啉齿、卟啉尿或神经症状为特征。

1. 发病原因

大多数牛的卟啉病属常染色体隐性遗传，杂合子个体在临床上表现正常。虽然在遗传的方式上没有严格的性连锁，但母牛的发病率比公牛高。原卟啉病属常染色体显性遗传。

卟啉是一种正常色素，发生本病时，这种色素在血液、尿和粪中的浓度高于正常。这种代谢性缺陷是在吡咯族转化为卟啉Ⅲ时，由于酶（尿卟啉原Ⅰ合成酶和尿卟啉原Ⅲ辅合成酶）功能不全引起血红素合成异常，产生了过多的卟啉Ⅰ使组织充满颜色和光敏物质。

牛发生感光过敏是由于卟啉在组织中的含量高，使皮肤对光过敏。

2. 主要症状

① 贫血：随积蓄的卟啉造成红细胞膜障碍和随着血红素合成低下而发生。

② 尿着色：随被排泄卟啉量，呈红褐色、淡红色、红酒色，紫外线照射呈红色荧光。

③ 牙齿着色：呈现红褐色、淡桃色，紫外线照射呈红色荧光。

④ 骨着色：骨呈淡红色、棕色或紫红色，紫外线照射呈红色荧光。

⑤ 光过敏性皮炎：日光直射的白毛部和无色部分发生皮炎症状。

3. 病理变化

重症，骨髓和软组织呈红褐色变色，特别是牙齿、骨。

【预防措施】

预防措施是在育种计划中剔除隐性基因携带者。在发生本病的品种中，用作人工授精的公牛要定期检查其尿和粪便，观察粪卟啉是否过量。

【治疗方案】

① 感光过敏，进行非特异性疗法（抗过敏药物），病牛应进行舍饲，避免日光照射。

② 本病一旦确诊，难以根治，患牛后代不可留作种用。

四、牛粒细胞病综合征

【诊断要点】

牛粒细胞病综合征是因粒细胞特别是中性粒细胞杀菌作用先天性缺陷所致发的一种遗传性吞噬细胞功能紊乱疾病。

粒细胞病综合征与周期性中性粒细胞减少症、色素缺乏易感性增高综合征、补体缺陷病及颤毛无活动性综合征等，同属非特异性免疫性防卫系统缺陷病类。其免疫病理学特征是细胞免疫和体液免疫功能均正常，中性粒细胞急剧增多，吞噬功能相对完好，唯独细胞内杀菌反应明显低下。临床上以易患各种细菌性感染，尤其化脓菌感染为特征。

1. 发病原因

数量充足的吞噬细胞和完好无缺的吞噬作用，为机体进行正常的非特异性防御所必需。吞噬作用主要由中性粒细胞、嗜酸性粒细胞和单核细胞等血液循环细胞所实施，分为游走（趋化）、调理、吞噬和细胞内杀菌反应等四个阶段。每一阶段都可因先天性缺陷或获得性损害而导致疾病的发生，造成暴发性甚至威胁生命的各种感染，特别是化脓菌感染。

牛粒细胞病综合征已确定是中性粒细胞杀菌作用的先天性缺陷，属遗传性非特异防御功能缺陷病。牛粒细胞病综合征的杀菌缺陷环节在于中性粒细胞内葡萄糖的代谢障碍，吞噬细菌后不显示呼吸突进，超氧化物、过氧化氢和羟基根生成减少，以致氧依赖性抗菌系统的抑菌和杀菌能力不足，表现为对硝基蓝四唑的还原作用减弱和己糖单磷酸途径活性低下。

2. 主要症状

本病在一定的品系内呈家族性发生。发病不定，有的生后 1 月龄，有的 1 岁以上。主要表现沉郁，厌食，消瘦，发热，体表淋巴结和脾肿大等全身症状；支气管肺炎等呼吸道感染；口、舌、齿龈以至胃肠的坏死性溃疡和肉芽肿性炎症；严重的齿周炎常波及上下锁骨而引起骨髓炎。病程 1～3 个月，绝大多数死亡。

3. 病理变化

皮肤、口、舌以至瘤胃和小肠黏膜有广泛的坏死性溃疡，并伴有肉芽肿性病变，病灶周围的胃肠壁显著增厚。

【预防措施】

无较好预防措施，不可留患该病的牛的后代作为种畜。

【治疗方案】

① 本病是致死性遗传病，抗生素很少奏效。磺胺类对病程较长的病牛可能有一定疗效。

② 兽医临床一旦确诊的牛，难以根治，其后代不可留作种用。

五、牛低蛋白血症

【诊断要点】

牛低蛋白血症是指血浆总蛋白质，特别是血浆白蛋白的减少。它不是一个独立的疾病，而是各种原因所致负氮平衡的结果。临床上以营养不良、水肿为特征。

根据血清蛋白分化相分为蛋白不足型（营养不足型和非选择性漏出型）和肾病型（选择性漏出型）两种。

1. 发病原因

血浆蛋白合成所需的氨基酸缺乏，或血浆蛋白在体内或体外漏出等原因。

(1) 蛋白不足型低蛋白血症 各类蛋白浓度大体上同样减少，各蛋白比无明显变化。当饲料营养不足或饲料消化吸收障碍及血浆蛋白漏出时，导致该类型发生。

(2) 肾病型低蛋白血症 当血浆蛋白从肾脏漏到体外时，因各蛋白减少程度有所不同，称为选择性漏出型。白蛋白明显减少，γ-球蛋白也减少，β-球蛋白的变动不稳定，α-球蛋白有增加的倾向，其幅度较小。电泳条带几乎都是α-球蛋白（α2-球蛋白为主）和白蛋白，并偏向阴极（β-球蛋白一侧）。

(3) 根本的发病机制

① 蛋白摄入不足或吸收不良：各种原因引起的食欲不振及厌食，如严重的心、肺、肝、肾疾患，胃肠道淤血，消化道梗阻，慢性胰腺炎，肝胆疾患等所致的吸收不良综合征。

② 蛋白质合成障碍：肝损害使肝脏蛋白合成能力降低，血浆蛋白质合成减少。

③ 长期大量蛋白质丢失：多见于慢性传染病，如结核病、副结核病、布鲁氏菌病等；寄生虫病，如钩虫病、血孢子虫病等。患肾病综合征、肾炎、肾病等。消化道溃疡、消化道恶性肿瘤、肠炎等，均从尿、消化道及渗出液中丢失大量蛋白质。

④ 蛋白质分解加速：长期发热、恶性肿瘤、皮质醇增多症、甲状腺功能亢进等，使蛋白质分解超过合成而导致。

2. 主要症状和病理变化

(1) 主要症状

① 除有原发病的表现外，主要症状是营养不良。

② 突出症状：表现消瘦、贫血、水肿，严重的出现胸腔积液、腹水，呈恶病质状态。

③ 其他症状：表现食欲减退，腹泻，无力，不愿活动，反应渐趋迟钝。

（2）病理变化

① 血液稀薄，腹部和乳房的皮下浆液渗出液呈清亮的、淡黄色液体，有的胸腹腔内积液。

② 有的消瘦。

③ 有的呈肾炎或肾病、肝病及传染病和寄生虫病等相应的病理变化。

根据蛋白摄入少，或排出过多，表现消瘦、贫血、水肿、胸腔积液、腹水等临床症状，可做出诊断。

【防治方案】

1. 预防措施

① 加强平时饲养管理，给予充足的蛋白质日粮，提供必需氨基酸。

② 防止各种原发病的发生。

2. 治疗方案

（1）治疗原发病 若原发病无禁忌，可给予高能量和高蛋白质日粮。

（2）促进蛋白质合成 应用中药，如当归、黄芪，煎剂，每日一剂。

（3）对症治疗

① 消化功能差者，可给予健胃剂，同时补充足够的维生素。

② 病情严重者，可输入血浆或白蛋白。

③ 为减少尿中蛋白质丢失，可应用贝那普利、雷米普利等，该类药能降低肾小球内压力、减少灌注及滤过，并能改善肾小球滤过膜选择通透性而减少尿蛋白。

④ 为恢复体内铁、锌、铜等微量元素及活性维生素 D 等，应通过饮食及药物补充进行治疗。

【说明】

治疗一定要查明引起低蛋白血症的原因，采取相应的治疗措施，才能收到良好的效果。

六、牛心内膜炎

【诊断要点】

牛心内膜炎是指心内膜及其瓣膜的炎症，临床上以血液循环障碍、发热和心内器质性杂音为特征。

1. 发病原因

① 原发性因素：多由细菌感染引起，如化脓性放线菌、链球菌、葡萄球菌和革兰氏阴性菌。

② 继发性因素：多继发于创伤性网胃炎、慢性肺炎、关节炎、乳腺炎、子宫内膜炎和血栓性静脉炎，或心肌炎、心包炎等。这些炎性灶细菌通过血液途径，附着在心内膜及瓣膜表面，增殖后形成菜花状的肿瘤，造成瓣膜闭锁不全及瓣口部狭窄，引起循环障碍。由瓣膜病灶脱离的细菌及微小栓子随血液向全身扩散可引发二次化脓性病变。

③ 其他因素：新陈代谢异常、维生素缺乏、感冒、过劳等，是本病的诱因。

2. 主要症状

① 一般症状：表现食欲不振，消瘦，发热，频脉，心音强盛，肺泡呼吸音和支气管呼吸音粗粝，伴有呼吸急迫，肩、四肢的关节肿大及关节炎，行走异常等。

② 胸部听诊：通常可听到心内杂音，尤其在左侧第3肋间的三尖瓣区域即肺动脉瓣区域，通常第一心音后可观察到阳性颈静脉搏动。

③ 严重的淤血性心力衰竭：表现颈静脉怒张，冷性水肿，心音微弱，存在胸部水平浊音界等类似心包炎的症状。

3. 病理变化

心脏在肺动脉瓣、房室瓣和大动脉瓣上可见细菌增生性疣状物。有的心房、心室扩张。左右肺动脉主干及分支形成血栓，因微小栓子脱离流出导致化脓性肺炎。肾脏血液微小栓子闭塞肾动脉而引起贫血性梗死。脾脏肿大，横切面膨隆，白髓明显。其他皮下组织及全身各部形成脓肿，心力衰竭时皮下水肿，胸腔积液及腹水明显增多。

根据病史和血液循环障碍、心动过速、发热和心内器质性杂音等临床症状，可做出诊断。

【预防措施】

加强饲养管理，防止各类疾病的发生。

【治疗方案】

(1) 本病缺乏有效的治疗方法 对所有化脓性疾病应适当治疗，避免菌血症，尤其在围产期免疫功能下降时。

(2) 抗生素疗法

① 应根据药物敏感性和最小抑菌浓度（MIC）选择最佳药物，应长期应用。

② 抗感染：化脓性放线菌或链球菌是常见的病原菌，青霉素、氨苄西林或头孢噻呋是首选药物。青霉素，按每千克体重3万～4万国际单位；或氨苄西林，按每千克体重10～20毫克，每日2次，最少连用3周；利福平，每千克体重5.0毫克，口服，每日2次，谨慎口服用药。

(3) 利尿 当静脉扩张、腹下水肿或肺水肿时，除抗生素治疗外，应谨慎使用呋塞米，通常每千克体重0.5毫克，每日2～3次。过量呋塞米会导致电解质减少（K^+、Ca^{2+}）和脱水。

【说明】

① 治疗最少持续3周，如食欲和产乳量增加，同时发热消退是好转的征兆。

② 利福平是独特的广谱抗生素，应与其他药物配合使用，以防单用使细菌产生耐药性，与青霉素或药敏筛选的抗生素合用可提高治愈率。

③ 当发生充血性心力衰竭时，应限制食盐的摄入量。许多存活牛由于瓣膜损伤仍遗留轻微或明显的心杂音，只要感染的其他症状消失，不会出现心力衰竭。

④ 当发生静脉扩张、腹侧水肿和其他右心衰竭症状时，其预后应慎重。

七、牛心肌炎

【诊断要点】

牛心肌炎是以伴发心肌兴奋性增强和心肌收缩功能减弱为特征的心肌局灶性和弥漫性炎症。在分类上以病因学及病理形态学所见为依据。犊牛和成年牛均可发生。

1. 发病原因

① 通常继发或并发于细菌性的慢性感染或败血症。成牛，可见于乳腺炎、子宫炎及肺炎等慢性化脓性疾病，如睡眠嗜血杆菌感染的急性败血性疾病等；犊牛，可见于革兰氏阳性杆菌引起的败血病、睡眠嗜血杆菌感染、化脓性放线菌引起的慢性感染或者脐静脉炎等。

② 细菌性心内膜炎或创伤性心包炎也常引起本病。

③ 金黄色葡萄球菌感染、C 型梭状芽孢杆菌感染等细菌性疾病，口蹄疫等病毒性疾病，弓形虫病及孢子虫病等寄生虫性疾病，均可成为本病的病因。

2. 主要症状

① 因心肌炎与感染性败血性疾病同时发生，症状主要是原发性疾病所具有的症状。单独辨认心肌炎的特征较难。心肌炎的症状因心肌损害部位和大小及其病程而有差异，通常表现为发热、心悸、亢进及频脉等一些常见的症状。

② 有的病例，心搏数增加多为窦性频脉，也有的是持续性的房性或者室性不整脉。

③ 听诊心脏，因心搏缺损及左右房室瓣的反流可听到心内杂音。有的出现颈静脉怒张、搏动、冷性水肿等淤血性心力衰竭的症状。

④ 心肌炎更加恶化原发性疾病，会发生猝死。

3. 病理变化

心内、外膜可见出血点或斑，但肉眼无法见到心脏其他变化，如心肌梭形伸展或者灶状褪色、点状或者斑状出血及具有化脓灶或纤维化等现象。

根据病史、心动过速、心律异常、心脏增大、心力衰竭等临床症状，可做出诊断。

【预防措施】

加强饲养管理，防止各类疾病的发生。

【治疗方案】

① 心肌炎多数与感染性、败血性疾病同时发生，治疗的关键是治疗原发性疾病。在早期迅速准确地控制原发病的感染或败血症，就能快速治愈心肌炎及恢复心脏的功能。

② 心肌炎广泛地波及心脏各处，或者已形成了化脓灶，就很难恢复心脏功能，疗效差。

③ 治疗时，强心药的使用应慎重，治疗原发病是关键。

八、牛心房纤颤

【诊断要点】

牛心房纤颤是发生于心房内的冲动频率较房性心动过速更快的心律失常。当心房异位起搏点的频率达较高频率且不规则时，称为心房颤动。有阵发性和慢性持续型两种类型。

发病原因：通常有消化器官疾病、血浆电解质的异常、代谢性碱中毒等。低钙血症、低钾血症、低盐血症是本病的诱因，但应用钙剂治疗乳热后也发本病。心房肌肉局部性的纤维化，炎症、脓肿的浸润，微小的血管变化，心脏神经的异常等也可致病。

主要症状：表现食欲下降，乳量减少；颈静脉怒张及冷性水肿（下颌、胸垂、下腹），脉率通常达 90～140 次/分（连续性心房颤动），明显频脉，属绝对的不整脉，脉搏间隔完全不一致，脉搏无规律；脉压不固定，无法测准；心跳数多于脉搏数，脉搏间隔延长，疑似迟脉。

无特征性病理剖检变化。有其固有的症状，如心肌炎、右心室扩大。

根据电解质紊乱、心肌损害等病史，颈静脉怒张，冷性水肿（下颌、胸垂、下腹），听诊心跳绝对不整及脉压不整，明显频脉等特征，可以做出诊断。

【预防措施】

加强饲养管理，均衡日粮，防止营养代谢病发生。

【治疗方案】

（1）在治疗乳热和其他消化器官疾病的过程中发病时，通常不进行治疗，可自然痊愈。

（2）如出现颈静脉怒张等淤血性心力衰竭症状、脉率超过 110 次/分时应治疗。

① 改善酸碱平衡：补充血浆电解质。

② 治疗频脉：强心剂用洋地黄配糖体，钙系统受体阻断药用地尔硫卓（扩冠药）；受体阻断剂用普萘洛尔、奎尼丁。治疗时应用洋地黄及奎尼丁药物要慎重，会诱发心室颤动，造成死亡危险。

（3）兽医临床严重的多会放弃治疗。

九、牛肺心病

【诊断要点】

牛肺心病是以肺功能障碍为基础的右心功能障碍的总称，可被定义为由肺的结构及功能障碍而产生的右心室肥大，不包括先天性心病或左心障碍的情况。典型病例是肉牛胸腔积液或牛高山病。

发病原因：慢性支气管炎、慢性肺炎、慢性肺线虫感染、肺气肿及肺纤维化等慢性闭塞性疾病，以及肺动脉炎、支气管动脉炎等疾病引起。其他因素，高海拔，采食某些植物（黄芪属和棘豆属）可促进或加重本病。

主要症状：淤血性心力衰竭，呼吸困难，心动过速，腹侧水肿及静脉扩张和搏动等。不愿运动，行动迟缓。安静时心率维持在 70～80 次/分，轻微运动会出现频脉达到 120 次/分。伴发症状，慢性呼吸器官疾病常消瘦，尤其胸部消瘦明显。病重呈胸式呼吸困难，可视黏膜发绀，末期出现胸前部水肿。可见颈静脉怒张、收缩期逆流性心内杂音等，多死亡。

病理变化：主要表现原发病如肺炎、支气管炎等，以及动脉硬化和动脉炎的病变。

根据病牛胸下水肿，腹水，颈静脉怒张，肝肿大，肺动脉压升高等，可做出诊断。

【预防措施】

加强饲养管理，保持畜舍安静，加强通风、换气等。

【治疗方案】

治疗原则：核心是治疗原发性、慢性难治的呼吸器官疾病。

如果不存在原发病，决定长期治疗，病牛应隔离饲养，保持安静及加强通风、换气，改善低氧血症，能有效地改善肺高血压，直到完全恢复为止。

药物疗法主要针对原发性疾病。

① 抗生素疗法：发热（40℃以上）时应实施全身抗菌治疗，必要时进行药敏试验。

② 药物吸入疗法：在安静期，食欲及精神等一般状态正常，只是表现长久的连续咳嗽和异常的肺泡呼吸音，最好采用吸入疗法。

③ 输液疗法：在急性恶化期，可用10%高浓度食盐水，给予利尿剂及升压剂，呋塞米，按每千克体重0.5～1.0毫克，肌内注射，每日2次。

④ 吸氧疗法：虽然有效果，但是在现场难实施。

【说明】

消除原发病，减少心肺压力是治疗本病的关键。由于呼吸功能障碍和肺高血压是慢性的，发生肺动脉硬化，引起不可逆性的肺血管病变，难以治愈。确诊后建议淘汰。

十、牛扩张性心肌病

【诊断要点】

牛扩张性心肌病是心肌收缩能力减弱、心腔增大、心壁变薄、心肌变性、间质纤维化所致的充血性心力衰竭的一种原发性和继发性心脏病，被称为慢性心力衰竭。本病与人的遗传性突发性淤血心肌病是同样的疾病，又称为遗传性心肌病。多发于2～4岁的青年牛。

主要症状：心力衰竭体征主要表现食欲不振，不耐运动，呼吸困难，频脉，心动过速，心音微弱，颈静脉和乳静脉扩张和搏动，腹侧冷性水肿（下颌、胸垂、下腹、乳房等）。心动过速是持续性的，但心律不齐、杂音和心音强度变化不定。常有肩端外展，肘头外转的异常站立姿势，胸部叩诊有水平浊音界（胸腔积液），直检时有腹水、腹泻等。

病理变化：左、右心室呈圆形、明显扩张，心耳明显扩大，心肌褪色，心肌壁变薄。胸腔积液和腹水均明显增多，肠系膜水肿，皱胃黏膜明显水肿。肝脏淤血、肿大（肉豆蔻肝），肝静脉及门静脉扩张。

据其遗传特征，表现呼吸困难、频脉、心动过速、心音微弱、颈静脉和乳静脉扩张和搏动、腹侧冷性水肿（下颌、胸垂、下腹、乳房等）、心动过速等临床症状，可做出诊断。

【防治方案】

① 无有效预防和根治方法。

② 当妊娠末期时，用胸腹腔穿刺法除去胸腔积液、腹水，并给予强心苷如地高辛，按每千克体重0.86微克静脉注射，同时口服50～100毫克氯化钾，有一定效果，可延长寿命。

③ 当肺水肿时，用呋塞米按每千克体重0.5～1.0毫克，肌内注射，每日2次。长远来看本病多预后不良，应淘汰，无治疗价值。

十一、牛心力衰竭

【诊断要点】

牛心力衰竭是指心肌收缩力降低，使心脏中血液不能全部排出而引起全身血液循环障碍，是各种心脏疾病中常有的一种症状。按病程可分为急性和慢性。

1. 发病原因

① 急性心力衰竭：由于使役过度、夏季长途运输等而引起，尤其是老年体弱的耕牛，过肥、营养不良的发育牛最易发生。心脏突然受刺激或一时负担过重，如静脉注射速度过快，静脉输液量过大，特别是注射钙剂、锑剂和色素制剂等剧性药物，也是本病常见原因。年老体弱、

营养不良的动物，常有心肌营养不良的现象，可导致本病的发生。许多急性传染病如牛的传染性胸膜肺炎、口蹄疫，某些中毒性疾病，日射病和热射病等都可发生。

② 慢性心力衰竭：多发于心肌炎、创伤性心包炎，以及引起血液循环障碍的某些慢性疾病，如慢性肾炎和慢性肺泡气肿等经过中。

2. 症状

① 急性心力衰竭症状：常在劳役或运输中突然发生。病牛惊恐不安或精神高度沉郁，头耳下垂，眼无神或半闭；步行无力，身体摇晃甚至眩晕，稍给刺激或运动，心率加快，可达100次/分以上，脉搏细弱，脉律不齐，逐渐变为不感脉；心搏动增强，振动整个心壁；心脏听诊时，第一心音低沉、混浊，第二心音或增强或减弱；胸壁可听到广泛的湿啰音，两侧鼻孔流出大量无色含细小泡沫的鼻液；可视黏膜高度淤血，呈蓝紫色，静脉高度怒张。

② 慢性心力衰竭症状：发展缓慢，由于病的轻重不同，其临床表现也有差异。轻度的心力衰竭仅呈现不耐使役，易于疲劳，心跳和脉搏稍微加快，其他症状常不明显。中等程度的心力衰竭，病牛则出现呼吸困难，结膜发绀，全身无力，心律不齐，反刍、嗳气减少和消化障碍等现象。随着病情的加重，触诊呈捏粉样，无痛无热。严重的心力衰竭，可出现胸腔和心包腔积水，呼吸困难和发绀更加严重。脉搏增数，脉性微弱，常出现心律不齐和心内杂音，心脏叩诊，浊音区扩大。呈现静脉怒张，常于胸前、肉垂、腹下和四肢末端发生水肿。

病理变化因各内脏淤血而出现各相应器官的淤血症状。

根据发病原因，结合静脉怒张、脉搏增数、呼吸困难、垂皮和腹下水肿，以及心率加快、第一心音增强、第二心音减弱等临床症状，可做出诊断。

【预防措施】

加强饲养管理，防止可引起心力衰竭的各种疾病发生。

【治疗方案】

治疗原则：除去病因，加强护理，减轻心脏负担，维护心脏功能，适时强心补液，增强心脏收缩力，增加心脏输血量。

① 加强饲养管理：病牛应完全休息，避免惊扰，保持绝对安静。牛舍通风良好，地面平坦，防止跌倒，给予柔软易消化的饲料。严重时可灌米汤、面汤等。

② 减轻心脏负担和呼吸困难：根据病牛的体质、病情，酌情适当放血。一次放血1000～2000毫升，随后缓慢静脉注射20%～25%葡萄糖溶液500～1000毫升，其中加维生素B_1 0.5克，每日2次，连续数天，以改善心肌营养和功能。

③ 维护心脏功能，适时强心补液：常用10%樟脑磺酸钠15～20毫升，注射；或洋地黄制剂，如洋地黄粉2～5克或酊剂20～50毫升内服。

④ 对症治疗：消除水肿，可用利尿剂，如呋塞米等。减轻血管衰竭，除输血、输液等措施外，可采用肾上腺素或肾上腺皮质激素进行治疗，适当应用强心剂。

【说明】

洋地黄有蓄积作用，持续用药易中毒。用药1周后停药8～10天，再继续用药。

十二、牛后腔静脉血栓症

【诊断要点】

牛后腔静脉血栓症是由脓毒性病灶诱发形成后腔静脉脓毒性血栓，造成牛临床上呈现多种症状的一种综合征，该病散发于小母牛和成年牛，犊牛罕见，但常见于育成牛。

1. 发病原因

本病多起源于肝脓肿，常导致局部静脉炎、慢性化脓性肺炎及大面积的肺脓肿，或肺动脉损伤、动脉内膜炎、动脉炎及血栓栓塞形成而导致的肺动脉瘤形成。感染的病原菌通常为葡萄球菌，化脓菌和腐败梭菌等。

2. 主要症状

① 猝死综合征：该征是成年奶牛最急性死亡的常见原因之一。死

亡前一般都表现健康，常见病牛咯血，临床上无任何呼吸道症状而突然死亡，多数是个别偶发患牛突然死亡。

② 急性呼吸窘迫综合征：常发于咯血前。急性病例表现肺水肿和肺气肿的特征，长达数天或数月的呼吸窘迫，低热，呼吸用力，呼吸和心跳频率加快。胸部听诊，一般呈现呼吸音降低，可听到广泛的口哨音及喘息音区，有的可听到啰音。在放牧条件下，对症治疗患牛，5～10天后可逐渐恢复，随后常出现咯血、鼻出血、贫血和慢性肺炎的综合征。

③ 咯血、鼻出血、慢性肺炎、贫血综合征：该征是后腔静脉血栓形成的最常见临床综合征。病牛心跳加快，呼吸加速，听诊有啰音、爆裂音或喘息音，持续或反复发热（39.5～41.5℃），出现心脏杂音或心内膜炎。有的后肢、腹部、乳房出现广泛性水肿和腹水。

预后应谨慎，一旦动物咯血，必然死亡。常在1～2周内死亡，个别持续40日左右。

3. 病理变化

肝脏一处或多处脓肿。有的可见明显的肝门脓肿灶破溃口，在静脉内膜衬托下呈边缘粗糙的喷火口状，脓肿的残余物位于喷火口左侧。在肺动脉内可见大量脓性栓子。肺呈现大泡性气肿、肺水肿、肺梗死和肺动脉血栓。肺呈现栓塞性化脓性肺炎，肺内出血，常集结成球状，有大面积的红色区可吸出血液。

根据肝脓肿的病史，结合牛群中散发猝死综合征，急性呼吸窘迫综合征，咯血、鼻出血、慢性肺炎、贫血综合征，可做出诊断。

【预防措施】

① 加强饲养管理，合理搭配日粮。高酸性饲料，必须用缓冲剂中和，饲喂高能量饲料前，先饲喂干草或者全价混合饲料。泌乳日粮不用于1～2岁或育种小母牛。

② 当牛场中出现一头以上后腔静脉血栓症病例时，要立即检查营养成分和标准，需要改变饲养程序。

【治疗方案】

目前无有效疗法，妥善处理脓性病灶。

1. 抗菌消炎

① 应用土霉素、头孢菌素或青霉素控制脓毒性血栓栓子。

② 贵重牛，可长期应用青霉素；或阿司匹林等非类固醇抗炎药，每450千克体重口服15～30毫克，每日2次；或氟尼辛葡甲胺，每450千克体重口服或注射250～500毫克，抵抗可能出现的内毒素血症。

2. 对症治疗

① 利尿：呋塞米，成年牛200～250毫克，肌内注射，每日2次，防治肺水肿。

② 抑制分泌：阿托品，每450千克体重，皮下注射2.2毫克，每日2次，减少分泌。

【说明】

确诊后治疗，全身用抗生素治疗4～5日后，如果症状有所改善，应长时间使用抗生素如青霉素，以便使脓毒性血栓栓子被灭活。对伴有典型肺炎、鼻出血、咯血和贫血症状的后腔静脉血栓形成的患畜，很少存活，多无治疗价值。

十三、牛创伤性心包炎

【诊断要点】

牛创伤性心包炎是牛心包受到机械性损伤，主要是由网胃的细长金属异物刺伤引起的，是牛创伤性网胃炎的一种主要并发病。

1. 发病原因

牛误食金属异物，如果食入尖锐的细长金属异物（针、钢丝等），因网胃收缩，使尖锐异物刺入头侧方向的黏膜，金属异物通过膈到达心外膜，引起心包炎。金属异物或刺入的经路会伴有细菌感染而引起心包腔和周围组织的感染，而发生化脓性、纤维素性或者浆液纤维素性炎症。

2. 主要症状

① 前驱症状：最初呈现创伤性网胃炎症状，如食欲减少、弓背、剑状软骨处压痛等。

② 典型病例：出现双峰性症状，即在创伤性网胃膈炎之后症状暂

时得到改善，而后再恶化，呈现淤血性心力衰竭的症状。有些病例因金属异物直接刺入心肌而急性死亡。

③ 普通症状：食欲不振或废绝，精神沉郁，体重减轻，体温多升高。胸部、腹侧和剑状软骨区域的压、叩、触诊及背部把握试验，可见明显疼痛反应。不愿行走、转弯，站立时肘头外展，前高后低，喜走软路、上坡路等，姿势和行走异常。

④ 循环系统症状：病初或随病程发展，心率增至100～140次/分。胸部听诊，病初心音增强、有力。随心包积液两侧心音逐渐减弱，最终听取困难。心音的浊音界也随心包积液而扩大。有的可听到心外杂音，特征性心包摩擦音在病初期或心包积液少时可听到。在心包积液和气体等贮留时，可听到拍水音，但时有时无，经常出现。当淤血性心力衰竭发生时，颈静脉怒张和搏动明显，在下颌、胸垂、胸部和下腹出现明显的冷性水肿。

⑤ 呼吸系统症状：当肺水肿和心搏出量减少时，出现明显的呼吸急促、呼吸困难等。

3. 病理变化

剖检可见心包腔显著增大，炎症性质有化脓性、纤维素性或浆液纤维素性，呈现典型的"绒毛心"，即心外膜上附着线毯状的几厘米厚的纤维素蛋白，常与心包粘连。有的可见心包损伤感染灶或金属异物。有的网胃与膈及心外膜之间粘连，形成瘘管。

根据心包摩擦音与拍水音等创伤性心包炎的一系列典型临床症状，可做出诊断。

【预防措施】

加强饲养管理，防止采食金属异物，应清除饲养环境（牛舍内及牧地）中的异物，尤其是细长的金属异物。定期给牛体检探测，可强磁取铁或经口投入吸铁器。

【治疗方案】

① 全身应用抗生素治疗或心包穿刺引流（导液）等，只能暂时改善病情。

② 采用心包切开术或心包开窗术等，但是治愈的极少。确诊后建议及时淘汰。

十四、牛先天性心脏病

【诊断要点】

牛先天性心脏病是由胚胎发育异常、染色体畸变或基因突变所致的一种原发性或遗传性心脏病，又称先天性心脏缺陷或先天性心脏异常。主要包括室间隔缺损、法洛四联症、房间隔缺损、动脉导管未闭等。发生率为0.2%～21.4%。

发病原因：遗传因素如特定的种公牛，妊娠期病毒感染及妊娠期辐射、化学物质刺激等。

主要表现：多表现循环、呼吸系统症状。法洛四联症和肺动脉完全闭锁，大血管转换症和右心室双出口等，可见重度发绀，呼吸困难，不耐运动，易疲劳。单纯的室间隔缺损，因缺损部小，不表现出临床症状，可见正常分娩。成牛表现心跳加状，呼吸急迫，心杂音，脉搏沉衰，肺泡音异常，发绀。犊牛表现发育不良或停滞，体质虚弱，不爱运动，有稍微的运动时，出现呼吸困难，黏膜发绀，不耐运动。病牛通常在初生期或幼年期起病显症而死亡。少数取良性经过，自行康复或终身存留而不显临床异常。有的生存11年以上。

根据先天性缺陷导致心杂音、发育不全、发绀、呼吸急迫、不耐运动等，可做出初步诊断。

【预防措施】

无较好的预防措施，加强育种工作，减少该病的发生。

【治疗方案】

本病不适合外科手术，但小的室间隔缺损时，可正常分娩，泌乳量可达平均水平以上，故可继续饲育。因寿命短，应早确诊，不留作种用，以减轻饲养负担，治疗意义不大。

十五、牛颈静脉炎

【诊断要点】

牛颈静脉炎是颈静脉内皮、结缔组织，甚至平滑肌束的炎症，临床上常有颈静脉周围炎、血栓性颈静脉炎和化脓性坏死性颈静脉炎，以静脉炎部位肿胀为特征。

发病原因：长期的机械性损伤或创伤直接引起颈静脉管受损，病原菌随之入侵导致炎症、化脓或坏死，如反复注射、采血，食管切开术，术部、器械和手指消毒不严，最易引起颈静脉炎。静脉注射强烈刺激性化学药品，如氯化钙、高渗盐水等漏于血管外引起本病。

主要症状：患牛颈静脉沟出现肿胀、增温和敏感等，患部不让触摸，头部向患侧倾斜，牛采食和饮水不自然。若刺激性药物漏入皮下，大多在第二天发生皮下水肿，水肿由颈部后移，在胸前两肢之间形成肿块。通常体温升高，精神沉郁，食欲和反刍减少。有时患部出现脓肿，自行破溃，由创口流出带血的脓汁，有的创口久而不愈形成瘘管。

病理变化：颈静脉周围结缔组织增生、变硬，有的呈现化脓性、坏死性炎症。

根据病史，结合静脉肿胀、触诊疼痛、局部水肿，以及患区蜂窝织炎、脓肿和坏死组织脱落等临床症状，可做出诊断。

【预防措施】

加强饲养管理，防止外伤发生。提高治疗水平，防止医源性损伤。

【治疗方案】

① 当强烈刺激性化学药液漏出血管时，应立即停止注射，向肿胀部皮下注射生理盐水 40 毫升，外用 20%硫酸钠溶液热敷。

② 若氯化钙漏入皮下，可向肿胀部皮下注射 20%硫酸镁溶液 30 毫升，并在局部配合热敷。

③ 如漏液过多，可立即将局部皮肤切开，用蒸馏水冲洗，并挤出漏入液。

④ 非化脓性炎症，在 1～3 天内可进行冷敷，以制止炎症的发展，以后可改用热敷，或涂布复方醋酸铅散或涂擦刺激性软膏（鱼石脂软膏等），以促进炎症的消散。

⑤ 局部化脓时，可切开扩创，按一般外科处理。血栓性或坏死性

颈静脉炎，采用颈静脉切开术，将其向心端和离心端分别结扎后，予以切除。

⑥ 本病兽医临床无治疗意义，一旦发病严重，建议淘汰。

十六、牛肺动脉血栓栓塞症

【诊断要点】

牛肺动脉血栓栓塞症是指由于体循环特别是下肢深静脉及盆腔静脉脱落的血栓堵塞肺动脉及其分支，引起肺循环障碍的临床和病理生理综合征。

发病原因：肝脏通往心脏的血管里生成血栓，血栓剥离脱落或其中一部分断裂随血流通过心脏最后阻塞于肺动脉。被血栓阻塞的肺动脉内壁，由于发生炎症而使血管壁逐渐脆弱。血栓不断增加堵塞程度，则阻塞部前方压力增高而形成肺动脉瘤，最后导致破裂。血液流入肺组织后，接着进入气管，表现咯血、失血，引起呼吸困难而死亡。后腔静脉血栓，大多数继发于肝脓肿或者膈后部的脓肿。

主要症状：鼻出血、咯血和咳嗽等呼吸器官症状及贫血和发热等症状。病初，表现食欲不振、体温升高，但在发病前数日，病牛就已出现了咳嗽和呼吸急促或者呼吸困难等呼吸器官症状。按照肺炎进行治疗后，虽然体温暂时下降，但呼吸器官症状依然如故，用各种抗生素治疗毫无反应。不久便出现鼻出血症状，这是因为肺小动脉瘤破溃出血。当出现剧烈呼吸困难的症状时，病牛会突然死亡。

病理变化肝脏因淤血而肿大。

根据鼻出血、咯血和咳嗽等呼吸器官及贫血和发热等临床症状，可做出诊断。

【防治方案】

① 治疗措施：目前无有效的治疗方法。当发现上述咯血症状时，为时已晚，特别是已经出现高度贫血的牛，一经确诊应立即淘汰作为肉用。

② 预防措施：加强饲养管理，防止血栓形成。

第四节 牛泌尿系统疾病诊断要点与防治方案

一、牛肾炎

【诊断要点】

牛肾炎是肾小球、肾小管或肾间质组织发生炎症的统称，病变主要是肾小球炎症伴有肾小管上皮轻微的变性。临床上以血中白蛋白减少，蛋白尿，四肢、胸前和腹下的水肿为特征。可分为肾小球肾炎、间质性肾炎、化脓性肾炎。

1. 发病原因

① 多继发或并发于某些传染性疾病，如口蹄疫、炭疽、出血性败血症等，因沉着于肾小球的病原体及其毒素、分解产物、抗体复合物及侵害肾小球基底膜的特异性抗体共同作用而引起本病。

② 常继发于乳腺炎、慢性心内膜炎、子宫内膜炎、肺炎、肝脓肿、胸膜炎和腹膜炎等，由于病原菌通过血行性感染或炎性渗出物及其他蛋白腐败分解产物对肾脏的持续刺激，诱发本病。

③ 还继发于肾盂肾炎、膀胱炎、尿道炎、尿道闭塞，因细菌（放线菌、葡萄球菌、链球菌或大肠埃希菌及真菌等）的上行感染而引起本病。

④ 寒冷刺激、中毒和药物，使得机体及肾脏的防御功能降低，可诱发本病。

2. 主要症状

① 共同特征：进行性消瘦，食欲减退，触诊肾区或排尿时呈现背弯姿势或疼痛症状。

② 全身症状：轻症，不明显。重症，精神沉郁，食欲减退至废绝，腹泻，疲倦无力，行动缓慢，发热，四肢、胸腹下水肿，心音微弱，颈静脉怒张，呼吸急促，呼吸次数增加。

③ 泌尿系统症状：直肠检查，肾肿大，左肾明显，疼痛、敏感性

增强。无尿或少尿，尿液色深，密度增大，浑浊。肾衰时呈高氮质血症，症状恶化。

3. 病理变化

① 急性肾炎：肾脏体积轻度肿大、充血，质地柔软，被膜紧张，容易剥离，表面和切面皮质部有散在的针尖状红点。

② 慢性肾炎：肾脏体积增大，色苍白，晚期肾缩小和纤维化。有的肾脏形成囊肿，囊腔内积聚大量淡黄色液体。

根据多发生于某些传染病或链球菌感染之后或中毒的病史，少尿或无尿、肾区敏感、主动脉第二心音增强、水肿等临床特征，结合尿液检查，如尿蛋白、血尿、尿沉渣中有大量肾上皮样细胞和各种管型，可做出诊断。

【预防措施】

① 加强饲养管理，日粮要平衡，饲料品质要好，做好防寒保暖、防暑降温等工作。

② 加强兽医防疫工作，减少牛常见的传染病发生，增强牛体质，提高抗病力。

【西药方案】

1. 控制感染

① 常用青霉素，按每千克体重 2 万～3 万国际单位，一次肌内注射，每日 2～3 次，连续 1 周。配合注射特异血清、磺胺制剂和广谱抗生素如环丙沙星、恩诺沙星，可提高疗效。

② 氨苄西林、头孢噻呋、庆大霉素、丁胺卡那、乌洛托品等均可。

③ 同时配合鱼腥草或金钱草或三金片，效果更好。

2. 抗炎、抑制免疫反应

① 多用肾上腺皮质激素抗炎和抗过敏。

② 选用氢化可的松注射液，肌内注射或静脉注射 200～500 毫克，每日 1 次；或地塞米松，肌内注射或静脉注射 10～20 毫克，每日 1 次。

3. 消肿利尿

① 呋塞米按每千克体重 0.5～1.0 毫克，肌内注射，每日 1～2 次。

② 或双氢克尿噻 0.5～2 克，加水内服，每日 1 次，连用 3～5 日。

4. 对症治疗

① 伴发心力衰竭及肾性水肿者，用洋地黄叶末 2～8 克，一次灌服。

② 为改善心脏冠状动脉及肾血液循环，给予 10%氯化钙溶液 200～250 毫升、40%葡萄糖溶液 300～500 毫升，一次静脉注射。

③ 对于肾性氮质血症患牛，先放血 1000～3000 毫升，再用 10%葡萄糖溶液 1000～3000 毫升，一次静脉注射。

【中药方案】

处方一：金银花 30 克、黄柏 25 克、车前子 25 克、连翘 30 克、猪苓 25 克、丹皮 20 克、山栀子 30 克、泽泻 25 克、仙茅根 150 克，打粉开水冲调，一次灌服。

处方二：黄柏 40 克、车前子 30 克、马鞭草 30 克、葫芦壳 30 克、白茅根 30 克、野苦荞根 30 克、石韦 30 克、兰花根 30 克、木通 25 克、土三七 20 克、乳香 15 克、没药 15 克、茯苓 20 克、苍术 20 克、白术 20 克、枣皮 20 克、补骨脂 20 克、杜仲 30 克、甘草 15 克，水煎取汁后加三七粉 10 克，一次灌服。

处方三：木通 30 克、瞿麦 30 克、车前子 45 克、萹蓄 30 克、甘草梢 25 克、灯心草 10 克、金银花 30 克、栀子 25 克、滑石 10 克、大黄 15 克，打粉开水冲调，一次灌服。

处方四：蒲公英 150 克、金银花 100 克、滑石 80 克、甘草梢 40 克、丹参 40 克、香附 30 克、柴胡 80 克、黄芩 100 克、小蓟 80 克、白茅根 60 克、大黄 70 克，打粉开水冲调，一次灌服。

【说明】

牛易患本病，治疗要及时，防止其转成慢性炎症不易治愈，丧失其经济价值。

二、牛肾病综合征

【诊断要点】

牛肾病综合征主要是指肾小球发生弥漫性变性的一种非炎性肾脏疾

病，又称肾病，临床上以蛋白尿、低蛋白血症、水肿、无血尿和高脂血症为特征。一般分为肾脏自身病变为起因的一次性肾病综合征和全身性疾病引起肾脏病变的二次性肾病综合征两类，牛一般都为二次性肾病综合征。

1. 发病原因

病因复杂多样，发病机制尚不统一。

① 淀粉样肾病：病牛的肾小球和肾小管周围发生淀粉样变性，致病。

② 药物因素：如水银、砒霜、铅等中毒，过量使用磺胺药剂和驱虫剂，致病。

③ 一些慢性病如慢性化脓性疾病、慢性乳腺炎、创伤性网胃炎、创伤性心包炎、慢性肺炎、肝硬化、肝脓肿等经过中可引起本病。

2. 主要症状

① 轻症病例：仅表现原发病固有症状，尿量无明显变化。

② 重症病例：表现食欲减退或废绝，周期性腹泻，逐渐消瘦，可视黏膜苍白，尿量减少，后期衰竭，在额、胸垂、下腹部、四肢下部等处出现水肿。易发胸腔积液、腹水、脑水肿。

3. 病理变化

① 类脂性肾病，即肾脏脂肪变性。见于牛妊娠期，表现肾肿大，被膜易剥离，质地软，皮质增厚呈污灰色。

② 淀粉样肾病，重者肾肿大，质地坚硬呈肾硬变，肾表面光滑，切面有散在的灰白色的条纹，皮质和髓质界限模糊。

根据尿液检查，尿液中含有大量蛋白质、肾上皮样细胞、透明管型和颗粒管型，但无红细胞和红细胞管型，结合病史、中毒或缺氧等临床症状等，可做出诊断。

【预防措施】

加强饲养管理，减少其他疾病的发生，才能有效控制本病。

【西药方案】

1. 消除病因

先查明病因，然后用抗生素或磺胺类药物治疗感染，采取相应的解毒措施，消除中毒。

2. 改善饲养

应适当给予蛋白性饲料，以补充机体丧失的蛋白质。

3. 利尿消肿

① 呋塞米，按每千克体重0.25～0.5毫克，静脉注射或口服，每日1～2次，连用3～5日。

② 双氢克尿噻，0.5～2克，口服，每日1～2次，连用3～4日，同时应补充钾盐。

4. 对症治疗

① 防止水肿，应适当限制饮水和饲喂食盐。

② 调整胃肠道功能，可投予缓泻剂，以清理胃肠，或给予健胃剂，以增强消化功能。

③ 为抑制免疫反应，可用环磷酰胺、氮芥、硫唑嘌呤、替哌等。

④ 激素冲击疗法，可以用强的松、地塞米松等肌内注射。

⑤ 强心补养：樟脑磺酸钠、维生素C、10%葡萄糖注射液等。

【中药方案】

处方一：附子45克、肉桂45克、泽泻45克、山茱萸肉40克、茯苓40克、丹皮40克、黄芩40克、栀子40克、山药35克、熟地黄60克、苇茎30克、桃仁30克、冬瓜仁30克、甘草10克，水煎取汁，一次灌服。

处方二：肉桂40克、胡芦巴40克、焦山楂40克、泽泻40克、猪苓30克、茯苓30克、白术30克、薤白24克、藿香24克、陈皮24克、桂枝24克、槟榔20克、甘草20克、当归40克、黄芪40克、五味子30克、芡实30克，水煎取汁，一次灌服。

处方三：制附子25克、补骨脂60克、泽泻40克、肉桂30克、豆蔻30克、白术30克、茯苓30克、猪苓30克、桂枝20克，打粉开水冲调，一次灌服。

处方四：黄芪60克、党参60克、熟附片40克、干姜40克、肉桂40克、吴茱萸30克、麦冬30克、炒白术30克、泽泻30克，水煎取汁，一次灌服。

三、牛肾功能不全

【诊断要点】

牛肾功能不全是指由于各种致病因素所引起的肾实质损坏，是一种危重的综合征，又称肾功能衰竭。按病程分为急性和慢性。

急性肾功能衰竭：简称急性肾衰，是肾缺血、肾中毒引起肾小管变性坏死所表现的一种综合征。临床上以少尿、无尿、氮质血症、水和电解质代谢失调、血钾含量升高为特征。按病因分为肾前性、肾性和肾后性肾功能衰竭等。

慢性肾功能衰竭：简称慢性肾衰，是多种肾脏疾病晚期严重的综合征，临床上以各种代谢紊乱，危及生命为特征。

1. 急性肾衰病因

① 肾前性因素：严重的脱水、失血、创伤、烧伤、休克，以及胆红素、血红蛋白、肌红蛋白的释放过多，电解质平衡失调等。

② 肾性病因：由肾脏本身急性病变引起。免疫性肾损伤主要有急性肾小球肾炎、重症肾盂肾炎等。毒物性肾损伤，如汞、铅等毒物、细菌毒素及有毒代谢产物和组织分解产物等。药源性肾损伤，如磺胺类药物、青霉素类药物及头孢菌素、链霉素、卡那霉素、庆大霉素、新霉素等抗生素损害。

③ 肾后性病因：尿路急性阻塞，两侧输尿管结石，血凝块阻塞，尿酸盐或磺胺结晶等阻塞尿道及前列腺肥大压迫尿道等。

2. 慢性肾衰病因

① 主要是由急性肾衰演变而来，或因尿道结石所致。

② 肾缺血：严重脱水或失血性休克等，使肾血流量突然下降，肾近曲小管变性或坏死，对钠的重吸收减少，远曲小管尿钠浓度增高，刺激球旁细胞释放肾素，经肾素血管紧张素系统使入肾小球小动脉收缩，肾小球滤过率下降，导致少尿或无尿。

③ 肾中毒：各种外源性毒物、药物及内源性有毒物质，直接作用于近曲小管，使肾小管上皮样细胞变性、坏死，坏死组织及管型可使肾小管阻塞，肾小球滤液被动反流。

④ 弥散性血管内凝血：创伤、感染、中毒等组织或内皮细胞损伤，凝血活酶增加，血小板、红细胞破坏后释放出磷酸酯，可加速血管内凝血，产生肾小球血管内凝血。在各种肾脏疾病时出现肾微血管和肾小动脉血栓和纤维素沉积。

3. 主要症状和病理变化

① 突出症状：表现少尿或无尿，皮下水肿，血压升高，肺水肿，充血性心力衰竭，甚至脑水肿等。

② 其他症状：表现烦躁不安，呼吸急促，心律失常、心动徐缓，反射减退或消失等。

③ 严重症状：表现衰弱无力，精神高度沉郁，呈嗜睡状态，呼吸困难，全身肌肉痉挛，顽固腹泻，严重的呼出气和皮肤有尿臭味，呈现尿毒症而死亡。

4. 尿液检查

少尿期，尿呈酸性，尿密度小，尿钠浓度偏高，发现蛋白质、红细胞、白细胞及各种管型；多尿期，尿密度仍偏小，尿中红细胞及各种管型消退，白细胞仍增多。

5. 血液检查

白细胞总数增多，中性粒细胞比例增高，血红蛋白减少。血清非蛋白氮、肌酐、尿素、钾含量均增高。血清钠、氯浓度下降，以及二氧化碳结合力降低。

【预防措施】

加强护理，减少日粮蛋白含量，纠正水与电解质平衡紊乱，给予肾毒性小的药物。

【西药方案】

1. 抑菌消炎，制止过敏反应

① 抗感染，多种抗生素协同应用，如青霉素、链霉素并用，或氨苄西林、庆大霉素并用，或头孢噻呋、恩诺沙星并用，剂量要大，效果较好。

② 抗炎抗过敏，可应用肾上腺糖皮质激素，如地塞米松、氢化可的松等。

2. 利尿

① 噻嗪类（氯噻嗪、双氢克尿噻、环噻嗪、苯并噻嗪等），易吸收，显效快，利尿作用强烈而持久，毒性低。双氢克尿噻 0.5～1 克，或氯噻嗪 5～10 克，加水适量内服，每日 1 次，连用 3～5 日停药。

② 呋塞米、利尿酸等。呋塞米，按每千克体重 0.5～1.0 毫克，肌内注射或静脉注射，5～15 分钟后发挥作用。

③ 螺内酯、三氨蝶呤、阿米洛利等，仅对醛固酮增高所致的水、钠潴留有效。

3. 纠正高血钾

① 高渗葡萄糖溶液与胰岛素：一般按葡萄糖 3 克，胰岛素 1 单位配合，输液。

② 钾离子对抗剂：10%氯化钙溶液 100 毫升，静脉慢注，或 10%葡萄糖酸钙溶液 100～150 毫升，缓慢静脉注射，或 11.2%乳酸钠液 200～300 毫升，静脉注射。

4. 纠正酸中毒

每 4～6 小时测定血浆二氧化碳结合力，计算补碱量。5%碳酸氢钠 500 毫升，输液。

5. 解除水中毒

甘露醇或山梨醇，按每千克体重 1～2 克，配成 20%～25%溶液，快速静脉注射。

6. 缓解尿毒症

腹膜透析疗法，配合其他治疗措施。

7. 对症治疗

① 为防止休克，应及时补液和输血。

② 为解痉镇静，25%硫酸镁 50～100 毫升，静脉注射；或溴化钠 10～50 克，内服。

③ 为减少蛋白质分解，应大量补充葡萄糖。

④ 出现心律失常，静脉注射10%葡萄糖酸钙溶液或10%氯化钙溶液。

⑤ 低钙血症，口服活性维生素D。

⑥ 高磷血症，氢氧化铝，按每50千克体重1克剂量口服。

【中药方案】

处方一：附子45克、肉桂45克、泽泻45克、山茱萸肉40克、茯苓40克、丹皮40克、黄芩40克、栀子40克、山药35克、熟地黄60克、苇茎30克、桃仁30克、冬瓜仁30克、甘草10克，水煎取汁，一次灌服。

处方二：肉桂40克、胡芦巴40克、焦山楂40克、泽泻40克、猪苓30克、茯苓30克、白术30克、薤白24克、藿香24克、陈皮24克、桂枝24克、槟榔20克、甘草20克、当归40克、黄芪40克、五味子30克、芡实30克，水煎取汁，一次灌服。

处方三：制附子25克、补骨脂60克、泽泻40克、肉桂30克、豆蔻30克、白术30克、茯苓30克、猪苓30克、桂枝20克，打粉开水冲调，一次灌服。

处方四：黄芪60克、党参60克、熟附片40克、干姜40克、肉桂40克、吴茱萸30克、麦冬30克、炒白术30克、泽泻30克，水煎取汁，一次灌服。

【说明】

治疗应注意机体酸碱平衡、水盐代谢是否紊乱。纠正酸中毒时，碳酸氢钠从细胞外移动到细胞内会产生低钙血症，引起四肢麻痹，应多加注意。给予碳酸氢钠时，与氯化钾溶液混合应用，预防低钾血症。呋塞米是肾衰时唯一的排盐性利尿剂，但易引起电解质紊乱，如低血钾、低血钠和低血氯，应给予重视。

四、牛膀胱炎

【诊断要点】

牛膀胱炎是由细菌感染而引起的膀胱黏膜的炎症。临床上以排尿疼痛，尿频，尿中有血、炎性细胞及细菌为特征。一般尿路上行感染较多，母牛易在分娩后发生。

发病原因：本病由细菌感染所致，细菌包括肾棒状杆菌、大肠埃希菌、葡萄球菌、变形杆菌、铜绿假单胞菌、链球菌等。生殖道感染可导致，母牛阴道感染，如阴道炎、子宫内膜炎，公牛尿道炎、前列腺炎。消毒不严或不当而感染，导尿时导尿管消毒不严、粗暴操作，配种和难产助产时损伤尿道口，可由尿道炎引起膀炎。促发因素，膀胱壁的淤血、充血，尿潴留、尿结石，创伤，膀胱上皮乳头状瘤等。脐带感染，犊牛常因脐带残段、脐尿管感染灶的存在或纤维性粘连引起膀胱排空障碍而发生本病。

急性膀胱炎：痛性尿频、尿淋。病牛常做排尿姿势，排尿次数增加而排出尿液少。严重的，精神沉郁，体温升高，食欲减退或废绝，排干粪。腹痛，病牛极度不安，摇尾，踢腹，易惊，但该症状并不常见。临床检查，直肠检查膀胱敏感，膀胱如棒球或拳大、壁厚、坚实。触诊输尿管正常。急性膀胱炎，黏膜充血、出血、肿胀及水肿，尿中含有浑浊的黏液。

慢性膀胱炎：症状与急性一样。一般排尿时无疼痛，排尿困难，尿量少。直肠检查感知明显的膀胱壁肥厚。黏膜表面粗糙且散布颗粒。尿中混有血液或血块。

根据疼痛性频尿、排尿姿势异常等临床特征，结合尿液检查有大量的膀胱上皮样细胞和磷酸铵镁结晶，可做出诊断。

【预防措施】

严格按照操作规程和无菌原则执行，减少经生殖道感染的机会。对患生殖道和泌尿器官疾病的病牛，应及时治疗，防止继发感染。

【西药方案】

1. 加强饲养管理

给予优质干草、青绿饲料，供给适当的盐和水，以补充水的消耗。

2. 抗菌、消炎

① 根据药敏试验用药治疗，至少持续 7 天。选择青霉素或氨苄西林进行初始治疗。其他抗生素可用卡那霉素、四环素、呋喃吡啶钠、头孢噻呋、磺胺间甲氧嘧啶钠、氧氟沙星等，还可应用尿路消毒药，口服

呋喃妥因4克，或40%乌洛托品50～100毫升，静脉注射。

② 可配合中药鱼腥草肌内注射或输液。

③ 抗炎可用氢化可的松或地塞米松，肌内注射或输液。

3. 冲洗膀胱

选用刺激性小的消毒液或收敛剂冲洗，如0.1%高锰酸钾、0.1%硝酸银溶液、0.5%碳酸氢钠溶液、0.1%雷佛奴尔溶液、0.1%～1.0%氨苯磺胺溶液、2%硼酸溶液等。

4. 对症治疗

① 当膀胱积尿而排出困难时选择导尿：插导尿管于膀胱内排出尿液。

② 药物治疗：50%葡萄糖溶液500毫升，静脉注射。呋塞米5～10毫升，肌内注射。

③ 直肠内膀胱穿刺术：上述方法无效时，抽出膀胱内尿液后注入生理盐水300毫升，再抽出被稀释的余尿，最后注入青霉素、链霉素或磺胺嘧啶溶液。

【中药方案】

处方一：大腹皮30克、茯苓皮30克、猪苓40克、泽泻40克、木通30克、车前子30克，水煎取汁，一次灌服。

处方二：滑石粉30克、茵陈30克、知母35克、泽泻35克、猪苓35克、黄柏30克、灯芯40克、车前子30克，打粉开水冲调，一次灌服。

处方三：黄柏30克、半夏25克、甘草25克、黄连25克、砂仁25克、莲须40克、茯苓40克、益智仁40克，打粉开水冲调，一次灌服。

处方四：知母100克、黄柏100克、茵陈100克、丁香30克、栀子50克、滑石50克、木通40克、川楝子40克、甘草25克、车前子40克、瞿麦50克、石膏50克，打粉开水冲调，一次灌服。

处方五：车前草500克、海金沙500克、黄柏100克、黄芩100克、牛膝50克、甘草20克，打粉开水冲调，一次灌服。

处方六：黄柏50克、知母50克、茯苓45克、猪苓45克、泽泻45克、白术35克、滑石40克、茵陈30克、木通15克、肉桂15克、甘草 15 克，打粉开水冲调，一次灌服。

处方七：山药 60 克、熟地黄 60 克、山茱萸 60 克、茯苓 30 克、泽泻 30 克、丹皮 30 克、牛膝 30 克、车前子 30 克、肉桂 12 克、附子 12 克，打粉开水冲调，一次灌服。

处方八：木通 30 克、瞿麦 30 克、萹蓄 30 克、车前子 45 克、滑石 10 克、甘草梢 25 克、栀子 25 克、大黄 15 克、灯芯草 10 克，打粉开水冲调，一次灌服。

【手术疗法】

因尿道或膀胱结石使膀胱积尿者，或犊牛患膀胱炎，应手术取出结石，或腹部手术，切除犊牛膀胱的病变或粘连，游离膀胱。

【说明】

膀胱冲洗前，可供给充足的饮水，增加尿量。如为膀胱上皮乳头状瘤引起，目前无特效方法。急性，治疗应持续 1～2 周，症状消退后继续治 3 天，治疗结束后经过 2 周再检查。慢性，治疗需要数周，难以完全治愈，多因肾功能障碍，预后不良。

五、牛膀胱麻痹

【诊断要点】

牛膀胱麻痹是膀胱失去排尿能力而使尿液积滞的疾病，多是暂时性的不全麻痹。

发病原因：常由荐部或后腰部的脊髓疾病（炎症、创伤、出血、肿瘤）所引起。有时是脑部疾病如脑膜脑炎、脑挫伤和震荡，以及中暑、电击、生产瘫痪等影响大脑皮层对脊髓排尿中枢的控制，致使膀胱的感受性，特别是排尿的自主性丧失，引起本病。重度膀胱炎或膀胱邻近器官炎症波及膀胱肌肉层，造成膀胱肌源性收缩力降低，致使膀胱充满而不能排尿。

主要症状和病理变化：当膀胱胀满时，病牛呈现不安，常做排尿姿势，但无尿排出，或尿液呈线状或滴状排出。直肠检查，膀胱显著充满而无任何疼痛表现，手按压膀胱尿液喷射而出，停止压迫，尿随之停止，插入导尿管，尿液流出缓慢。当膀胱括约肌麻痹时，呈现尿淋即尿液不自主地呈滴状或线状排出，膀胱常空虚，导尿管探诊，容易插入。

尿液检查无管型。

根据病史，特征性临床症状如不随意排尿、膀胱尿液充满等，结合直肠触压膀胱及导尿管探诊，可做出诊断。

【预防措施】

正确合理饲养，定时排尿引导或观察，防止腰荐部脊髓损伤。

【西药方案】

① 除去病因，积极治疗原发病。

② 促进膀胱收缩：0.2%硝酸士的宁注射液，7～15毫升，每日或隔日1次，皮下注射，或行百会穴注射，每日1次。

③ 防止感染、冲洗膀胱。使用尿道消毒剂、磺胺类药和抗生素，亦可用消毒液和收敛剂冲洗膀胱，加2%～3%硼酸水、0.5%明矾或鞣酸溶液，0.1%高锰酸钾溶液等，一日冲洗2次。膀胱过度充满尿液时，行导尿后再冲洗。也可以配合肌内注射或输液抗生素防感染，如青霉素、氨苄西林、头孢噻呋等。

④ 尿道阻塞所引起的，采用坐骨部尿道切开术。

【中药方案】

处方一：熟地黄60克、山药60克、朴硝60克、红茶末60克、黄芪30克、肉桂30克、车前子30克、茯苓15克、木通15克、泽泻15克、竹叶30克、灯心草30克，打粉开水冲调，一次灌服。

处方二：当归25克、陈皮25克、白术25克、枸杞子25克、五味子25克、泽泻25克、猪苓25克、黄芪30克、党参30克、茯苓30克、柴胡30克、车前子30克、升麻20克、炙甘草20克、覆盆子20克、菟丝子35克、桂枝15克，打粉开水冲调，一次灌服。

处方三：肉桂15克、制附子15克、熟地黄30克、山药30克、茯苓30克、黄芪30克、党参30克、山萸肉25克、泽泻25克、丹皮25克、当归25克、柴胡25克、甘草25克、陈皮25克、白术25克、升麻15克，打粉开水冲调，一次灌服。

【说明】

治疗要先明确引起膀胱麻痹的病因，再采取相应的治疗措施。

六、牛膀胱破裂

【诊断要点】

牛膀胱破裂是膀胱壁裂伤或全层破裂，尿和血漏于腹腔内的一种疾病。可分为先天性和后天性两种，临床上主要是后天性膀胱破裂。

发病原因：主要见于引起尿道阻塞的疾病。常由尿结石或尿砂石堵塞膀胱颈或尿道，尿道水肿和坏死，尿道黏膜瘢痕增生，龟头损伤或坏死而发病。少数发生于膀胱麻痹、膀胱炎、膀胱肿瘤等。

主要表现尿闭、腹膜炎、尿毒症和休克的综合征。尿道阻塞后，在膀胱破裂前，病牛不断翘尾，体前倾，后腿伸直，轻度努责，呈排尿姿势但无尿，或排出少量混有血液的尿。膀胱破裂后，下腹部腹围迅速增大，在腹下部用力冲击，可有明显的拍水音。腹腔穿刺可有大量的尿液排出，一般呈棕黄色、透明、有尿味。直肠检查，膀胱空虚，或不易发现膀胱，经数小时复查时，膀胱仍然空虚，有时可隐约摸到破裂口，同时腹腔肠管游离而呈浮动状。随病程延长，腹膜炎和尿毒症的症状逐渐增重。病牛精神沉郁，眼结膜高度充血，体温升高，心跳加快，呼吸节律和深度呈周期性增加，肌肉震颤，食欲反刍停止，胃肠道弛缓，瘤胃呈现不同程度的臌气，便秘。病牛出现脱水，血液浓缩，白细胞增多。

【防治方案】

① 积极治疗引起膀胱破裂的一些原发病。

② 早修补膀胱破裂口：患直肠膀胱瘘的病牛，先修补膀胱破裂口，再修补直肠破裂口。

③ 抗菌消炎：防止腹膜炎和尿毒症，常采用抗生素，如青霉素 400 万～800 万国际单位、氢化可的松 250～300 毫克和 0.25%普鲁卡因溶液 100～200 毫升，混合后，分别以 1/2 量从两侧肷窝注入腹腔，每日 1 次，连续 3～5 日，有一定效果；或青霉素 400 万～800 万国际单位、链霉素 2～4 克，加入 0.25%普鲁卡因溶液 100～200 毫升，混合后注入腹腔，有一定效果。其他抗生素亦可以，如氨苄西林、头孢噻呋、头孢喹肟、氧氟沙星等。

【说明】

临床出现弥漫性腹膜炎或尿毒症，淘汰处理，通常预后不良，1～3天内死亡。

七、牛尿石症

【诊断要点】

牛尿石症是指尿液中析出的无机盐结晶，在肾盂、膀胱和尿道内凝结成大小、数量不等的结石，致使输尿管、膀胱或尿道等处发生阻塞的一种疾病。临床上以排尿困难、尿闭，甚至膀胱破裂和尿毒症等为特征。

本病多发于去势育肥牛或放牧牛，但奶牛少见。发病有季节性，在青草少的冬春季节发病率高达10%～70%，但母牛发病率较低。临床上可分为轻型和重型。

发病原因：病因复杂，尿结石形成机制尚不太清楚。高精料日粮，高磷日粮，或日粮中钙、磷比例失衡，维生素D含量过高，牧草中含有大量二氧化硅或草酸盐，导致尿液钙浓度增加，肾小管上皮样细胞黏蛋白分泌增多，易形成结石核心基质。维生素A缺乏和雌激素过多，可使尿道黏膜鳞状化生，产生固状核，使尿道狭窄及上皮样细胞过度脱落，有助于结石形成。水摄入量减少。干旱或严寒使水源冻结，尿液严重浓缩，促使结石形成。早期去势，公犊牛4月龄去势，可妨碍尿道发育，导致尿道狭窄，结石排出困难。

轻型尿结石：一般不见排尿困难，但频频排尿。尿道口周围牛毛附着有微细的灰白色颗粒状结石。有时呈现一时性血尿和蛋白尿。直肠检查，膀胱空虚，可触摸到大型或沙粒状结石。

重型尿结石：发病后即出现频尿或无尿。当结石闭塞时，食欲大减，眼结膜潮红，呼吸急促，出大汗。突发间歇性或持续性腹痛症状，病牛表现频繁拱腰、举尾和努责等排尿姿势，尿液淋漓或无尿排出。当尿闭时，腹部触诊敏感，四肢叉开站立。直肠检查，触摸到膀胱高度膨胀，尿道增粗和阴茎不断抽动等，公牛阴茎S状弯曲部肿胀。当尿道阻塞时，膀胱内积尿，起卧腹痛。导尿管送入困难，导不出尿液。当膀胱破裂时，症状见膀胱破裂章节介绍。

病理变化，在肾盂、输尿管、膀胱和尿道内发现结石，其大小不一，数量不等，有的附着黏膜上。阻塞部位黏膜有损伤、炎症、出血，乃至溃疡。

【预防措施】

① 加强饲养管理，给予足够的优质粗饲料，加强日光浴，适当增加运动，给予充足的饮水，特别是在发病较多的寒冷季节应该增加温水的供给。

② 饮水或日粮中添加0.4%～0.5%氯化钠（食盐）以提高饮水量，降低尿液溶质的沉积或蓄积。当精料过饲时，增加一些钙剂，使钙磷比维持在（1.5～2）∶1。

③ 肉牛育肥期间，可内服氯化铵（每日 6～10 克）和维生素 A、复合维生素 B 制剂，减少发病。将公犊牛去势时间延迟到 4 月龄以后。

【西药方案】

（1）冲洗尿道或膀胱 导尿管插入尿道或膀胱，注入消毒药，反复冲洗，适用于粉末状或沙粒状结石。

（2）尿道肌肉松弛剂 当尿道结石时，用 2.5%盐酸氯丙嗪注射液，肌内注射，10～20 毫升，或阿托品也可以。

（3）对症治疗

① 应用氯化铵溶解结石，有一定效果。轻型，每日 10～20 克，连用 3～7 日。

② 应用维生素 A 和维生素 D，前者 10 万～25 万国际单位，后者 2 万～4 万国际单位；或维生素 AD 合剂 5～10 毫升，肌内注射，连用 4～14 天，避免单用时的毒副作用，疗效更好。

③ 同时亦可以使用适当利尿药，如呋塞米。

（4）抗感染 如青霉素链霉素、氨苄西林、头孢噻呋、呋喃妥因、磺胺间甲氧嘧啶钠、头孢喹肟、乌洛托品等，可以配合鱼腥草等。

【中药方案】

处方一：金钱草 45 克、海金沙 45 克、鸡内金 25 克、牵牛子 25 克、木通 30 克、厚朴 25 克、滑石 60 克、千金子 30 克，打粉开水冲调，一次灌服。

处方二：滑石 45 克、桂心 100 克、白术 90 克、木通 15 克、厚朴 30 克、续随子 75 克、豆蔻 20 克、黄芩 90 克、黑丑 120 克，打粉开水冲调，一次灌服。

处方三：芒硝 150 克、冬葵子 30 克、滑石 50 克、木通 30 克、茯苓 30 克、海金沙 35 克，打粉开水冲调，一次灌服。

处方四：金钱草 25 克、海金沙 30 克、滑石 60 克、木通 20 克、车前子 20 克、金银花 20 克、连翘 20 克、黄连 20 克、黄柏 20 克、甘草 10 克、竹叶 30 克、灯心草 30 克，打粉开水冲调，一次灌服。

处方五：柴胡 25 克、当归 25 克、牛膝 25 克、桃仁 20 克、赤芍 20 克、红花 20 克、王不留行 30 克、生地黄 30 克、金钱草 30 克、白花蛇舌草 30 克、党参 30 克、海金沙 30 克、萹蓄 35 克、瞿麦 35 克，打粉开水冲调，一次灌服。

处方六：萹蓄 20 克、瞿麦 20 克、滑石 20 克、车前子 60 克、甘草 30 克、木通 30 克、栀子 30 克、猪苓 30 克、茯苓 30 克、泽泻 30 克、白术 30 克、桂枝 30 克、金银花 15 克、连翘 15 克、大黄 15 克、黄连 15 克、黄芩 15 克、黄柏 10 克、红花 5 克、党参 5 克、黄芪 5 克、杜仲 5 克、木香 5 克、大枣 10 克，打粉开水冲调，一次灌服。

处方七：石韦 60 克、冬葵子 60 克、瞿麦 60 克、滑石 60 克、车前子 75 克、金钱草 75 克、海金沙 60 克、鸡内金 60 克、芍药 60 克、甘草 30 克，打粉开水冲调，一次灌服。

【手术疗法】

当尿道结石或膀胱结石，上述方法无效时，为防止膀胱或尿道破裂，可及早施行手术疗法，将结石取出。

【说明】

应用氯化铵溶解结石时，一旦症状有所减轻即宜停药，切忌剂量过大，以避免出现毒副作用。尤其已患肾病或肾炎的病牛，更应注意。

八、牛麻痹性肌红蛋白尿病

【诊断要点】

牛麻痹性肌红蛋白尿病是运动或劳役后发生的一种代谢病，临床上以排红尿和行走困难为特征。

发病原因：充分休养的营养良好牛，在放牧或劳役后2～8天内突然发病。硒和维生素E的缺乏，是本病的主要原因，可造成营养性疾病。急剧的放牧运动和环境变化，是促发本病的诱因。

轻症：精神不振，食欲减退，动作缓慢，表现出强拘步样，背弯姿势。体温、脉搏无明显变化，但都伴随呼吸急促，排红尿。

重症：主要表现突发行走困难、起立困难等症状。精神沉郁，食欲减退或废绝。有的有可视黏膜黄染、心悸亢进、脉数增加、发汗等现象。瘤胃蠕动停止，多腹泻。触诊肩部、臀部、大腿部和背部的肌肉肿胀或硬固。

病理变化，患牛骨骼肌（臀部、大腿部、腰背部等）的褐色性变化明显，切面脆弱、水肿。

【预防措施】

放牧的牛，放牧前加入含硒固形盐或提供加入维生素E的酵母混合饲料。预定入牧的牛1个月前左右在牛舍周边进行放牧训练，观察对野外环境的反应。入牧后2周监视放牧，早发现异常牛，及时防治。

【治疗方案】

① 改善饲养管理：休闲时防止营养过剩，避免剧烈运动，舍饲保温，防止褥疮。

② 硒和维生素E的供给：硒和维生素E合剂2～3毫升，或维生素E注射剂，每日200～300毫克，肌内注射，必要时连用2～3日。

③ 对症治疗：5%葡萄糖和电解质，或混合5%碳酸氢钠溶液300～400毫升，静脉注射，配合复合维生素B、维生素C等。

【说明】

治疗时让病牛安静休息，及时采取综合治疗措施，效果良好，但要注意检查心功能，一旦心肌受损，预后应慎重。

九、牛地方性血红蛋白尿病

【诊断要点】

牛地方性血红蛋白尿病是指膀胱黏膜出血的一种疾病，以膀胱黏膜有肿瘤性病变（主要是血管肿瘤）的形成为主要特征。很多国家有报道，因为放牧的牛发生，故被称为地方性血红蛋白尿病。

发病原因：牛在蕨类草场长时间放牧，可发生伴发膀胱黏膜组织化生的进行性非传染性膀胱炎，未接触蕨的草场牛也有散发的病例。虽然已确定蕨中几种毒性因子，但其确切病因仍不清楚。

病初期，突然排血尿，颜色渐深，食欲、乳量、体温及心跳等几乎无异常现象。病中期，持续血尿造成贫血、泌乳量减少、消瘦、食欲减退等现象。病末期，病情恶化，有血便，高度贫血，心力衰竭，食欲废绝，衰弱，甚至死亡。病理剖检可见贫血、膀胱肿瘤和血尿。

根据长期放牧或采食过多的蕨类植物，结合突然排血尿、贫血、血便等临床症状，可做出诊断。

【防治方案】

① 本病是不可治疗的疾病，以往只是对症疗法。

② 初期及轻症时，应改善饲养管理，转移到安全舒适的环境，可有效地控制该病发生。应用止血剂后，继续出血，应当考虑切除出血部位等外科处置。有贫血现象应及时输血。

③ 将牛从草场移走是最好的预防措施，也可改良蕨类的荒废牧草，杀死蕨类等有害野草。难以除去蕨类植物的牧场避开其繁茂时间或区域放牧。

④ 由于本病生前难以确诊，对症治疗有一定效果，但是不能根治，易复发。有条件的剖腹探查，明确病性，及时手术，否则应直接淘汰不予治疗。

十、牛产后血红蛋白尿病

【诊断要点】

产后血红蛋白尿病是多发生于分娩后2～4周的一种营养代谢病。临床上以急性血管内溶血、血红蛋白尿、贫血、黄疸、低磷酸盐血症为特征。该病为世界性地方病，多呈散发。多发于3～6胎的高产奶牛。死亡率较高，可达50%～80%，但肉牛和3岁以内奶牛极少发生。

发病原因：地区性严重缺磷或日粮中磷供应不足可造成低磷血症，红细胞由于缺磷，糖无氧糖酵解受阻，致使红细胞膜变脆，发生溶血。

日粮中十字花科植物如油菜、甜菜、甘蓝及萝卜等喂量过大，而这些植物含磷较低，并含有溶血因子，如硫氰酸盐、硝酸盐和皂角苷等，可引起血红蛋白尿。

轻型：多在分娩后 1～4 周内骤然发病。病牛排出呈淡红、暗红至赤褐色、咖啡色的泡沫状红尿。排尿频繁，尿量减少。随着病情发展，脉搏增数，心律不齐，呼吸急促，可视黏膜发绀、淡染或黄染。呈前胃弛缓症状，消瘦、虚弱。数天内尿色可恢复正常，但需 3 周以上才能完全康复。

重型：表现可视黏膜苍白，乳房、股内侧和腋窝等处也淡染、苍白。脉率达 80～100 次/分，脉细弱如金丝拉扯时有断续，颈静脉怒张，心搏动亢进，心音增强，伴发贫血性杂音。呼吸浅表、快速，步样不稳、踉跄，泌乳量明显减少，乳房、四肢末端发凉，乳头、耳尖、尾梢及趾端发生坏死。体温降低至 36℃以下。粪便先干硬、量少，而后排泄恶臭的稀粪。病情发展迅速，3～5 日后高度虚弱，躺卧不起。常因贫血性缺氧，2～5 日内死亡。

病理变化：血液稀薄，凝固性降低，血清呈樱红色。全身性黄染，皮下水肿，心包积液，胸腔积液、腹水增多。肝脏肿大，边缘钝圆，脂肪浸润、变性、坏死，胆囊膨大。肾脏轻度肿大，膀胱内有红褐色血红蛋白尿（但无红细胞存在）。脾脏色暗，轻度乃至中等肿大。淋巴结肿大明显，呈褐色。

根据磷供应不足的病因，临床特征如急性血管内溶血、血红蛋白尿、贫血、黄疸、低磷酸盐血症等，可做出诊断。

【预防措施】

加强饲养管理，合理调整饲料配方，日粮营养标准应按母牛需要量供应，给予全价饲料，适当补充含磷丰富的饲料，如豆饼、花生、麦麸、骨粉等，不宜过度挤乳。对缺磷的土壤要多施磷肥。适当控制十字花科饲料的喂量，并要与其他饲料配合饲喂。在冬季，每日适当补加骨粉 50 克或麦麸 500～1000 克。

【治疗方案】

1. 补磷

① 补磷酸二氢钠 100～150 克，或磷酸钠 250～400 克，或磷酸钾

10～50 克，每日 1 次。

② 20%磷酸二氢钠溶液，一次静脉注射 300～500 毫升。

③ 3%次磷酸钙溶液，1000 毫升，配合 10%葡萄糖溶液，静脉注射。

④ 骨粉 120～250 克，混于饲料中喂给，每日 1～2 次，连用 3～5 日。

2. 输血

严重贫血（红细胞比容值在 10%以下）时，应考虑输血，输血量每次以 300～1000 毫升为宜，总量可达 5 升。

3. 输液

① 为了扩充血容量并供给能源，应用复方氯化钠注射液与 5%葡萄糖注射液（1∶2）混合后，一次静脉注射，3000～4000 毫升。

② 为了预防肾功能不全，配合盐酸多巴胺（每分钟 2～5 微克，静脉注射）更有效。

4. 补充造血剂

① 静脉输入大剂量维生素 C，右旋糖酐铁，每头 0.4～1 克，肌内注射。

② 补血药，如牲血素、维生素 B_{12} 等，有助于疾病的恢复。

【说明】

治疗应先确定病因才能提高疗效。否则延误治疗时机，加重病情，预后不良。

第五节　牛神经系统疾病诊断要点与防治方案

一、牛日（热）射病

【诊断要点】

牛日（热）射病是牛头部持续受到强烈的日光照射，或牛所处的外界环境气温高，湿度大，产热多，散热少，体内积热而引起的中枢神经系统功能紊乱的疾病。前者为日射病，后者为热射病。临床上日（热）射病统称为中暑。本病在夏季多发，病情发展急剧，体温显著升高，循环障碍，甚至迅速死亡。

日射病：牛在强烈阳光下长期使役、驱赶，或在无车篷的货车上长途运输，强烈日光直射头部，引起脑膜及脑的血管扩张、充血，从而导致血管运动中枢、呼吸中枢的功能紊乱和热调节的失调而发病。牛过胖、饱食后立即使役、饮水不足等，极易促发本病。一般突然发生。病初，精神倦怠，反应迟钝，可视黏膜潮红，出汗。病重时，病牛目光恐惧，眼球突出，可视黏膜发绀，走路摇晃，兴奋不安，肌肉痉挛，或突然死亡，或瘫痪和麻痹，反射消失，全身颤抖死亡。

热射病：牛在闷热、潮湿的季节使役、驱赶或运输，无防暑措施，通风不良，加上体质不良，散热困难，使体温异常升高所致。因引起神经麻痹，水和盐类平衡紊乱，最终导致心力衰竭、酸中毒、麻痹和窒息死亡。一般反应迟钝，呼吸急促，每分钟达75次以上，节律失调，张口伸舌，口流泡沫状唾液，体温升高。心悸亢进，心跳快达每分钟100次以上，继而出现心音分裂或混浊，心音低沉，脉细弱，静脉萎陷。病初，短暂兴奋，烦躁不安。有的迅速转为高度抑制，皮肤、角膜、肛门等反射消失，而腱反射增强，瞳孔初散大后缩小。有的倒地假死，肌肉震颤，意识消失，抽搐，昏迷。最后体温下降，窒息和心脏停搏而死亡。

病理变化的共同特征：脑及脑膜高度充血、淤血，并有出血点。脑脊液增多，脑组织水肿。肺充血、水肿，体积增大，切面隆起，流出大量血样泡沫，气管内有血样的泡沫。血液呈暗红色且凝固不良。心肌、心内膜有出血性变化。

根据发病季节、病史及体温急剧升高、心肺功能障碍和倒地昏迷等特征，容易确诊。

【预防措施】

平时应制定合理的饲养管理制度，经常锻炼牛的耐热能力。在炎热季节中做好防暑工作，注意补给食盐，给予充足饮水。牛舍保持通风凉爽，防止潮湿、闷热和拥挤。随时注意牛群健康状态，发现中暑现象时，应立即检查和进行必要的防治。

【西药方案】

1. 消除病因，加强护理

立即将患病牛移至阴凉、通风处，尽早处置。避免日光照射，保持安静，多饮凉水。

2. 降温措施

常用物理降温，如身体泼冷水、头部敷冰袋、直肠灌冷水、口服清凉剂等。同时用25%尼可刹米注射液10～20毫升，一次皮下注射；或用10%樟脑磺酸钠注射液10～20毫升，皮下注射，每日2次。

3. 对症疗法

① 为防止肺水肿，一般先放血500～2000毫升，随后静脉注射生理盐水或复方氯化钠注射液2000～2500毫升、10%樟脑磺酸钠注射液10～20毫升，间隔2～3小时，再输入1次。必要时，地塞米松，肌内注射。

② 为降低颅内压，治疗脑水肿，应用甘露醇或山梨醇，500～1000毫升，静脉注射，经6～12小时再注射1次，或配合呋塞米肌内注射或静脉注射。

③ 为了纠正酸中毒，用5%碳酸氢钠溶液500～800毫升，静脉注射；或用洛克氏液（氯化钠8.5克、氯化钙0.2克、氯化钾0.2克、碳酸氢钠0.2克、葡萄糖1克、蒸馏水1000毫升）1500～2500毫升，静脉注射。

本病病情急剧、病程短、死亡快，必须立即采取以上的治疗措施。

【中药方案】

处方一：茯神40克、香薷40克、玄参35克、朱砂10克、薄荷30克、黄芩30克、雄黄15克、连翘35克，打粉开水冲调，加猪胆一个，一次灌服。

处方二：香薷30克、藿香30克、青蒿30克、陈皮25克、知母30克、石膏90克、滑石60克、炙杏仁30克，打粉开水冲调或煎汤取汁，一次灌服。

二、牛大脑皮质坏死症

【诊断要点】

牛大脑皮质坏死症是一种非传染性的神经系统疾病，临床上以视力丧失、食欲减退、平衡失调等神经症状为特征。表现卧地，强直性、间歇性的痉挛等，短期内死亡。多发于育肥牛或 6 月龄至 2 岁的育成牛，特别是 6～9 月龄，也偶见于放牧牛。

发病原因：一般认为由于瘤胃内微生物的作用，易合成维生素 B 族。牛体内很少缺乏维生素 B 族，但是以精饲料为主体的快速育肥方式，在粗纤维明显减少的饲养管理条件下，瘤胃内微生物群的种类和数量发生了变化，维生素 B 族的合成明显降低，甚至完全不能合成。维生素 B 族作为碳水化合物的必需辅酶，一旦缺乏，中间代谢产物丙酮酸就会增加，同时大脑皮质形成坏死病灶，出现神经症状。

病初，突然发病，腹泻、精神沉郁、食欲减退。体温、脉搏和呼吸均正常。随病情发展，表现步态强拘，不愿运动，强迫运动呈现无目的地徘徊，共济失调。严重时表现失明，肌肉、眼睑、耳朵及鼻翼震颤，对外界刺激过敏，角弓反张，强直运动，失神，不能起立，横卧等神经症状。大多呈急性经过，常未来得及治疗，于 12～48 小时内死亡。

病理变化，脑膜血管充盈，大脑回明显肿大、变黄，大脑皮质中有软化病灶，大脑剖面变色，有层状坏死部，波长 365 纳米紫外线照射病变部，发生荧光现象。

根据病史，临床特征如视力丧失、食欲减退、平衡失调等神经症状，结合血糖、血中丙酮酸及乳酸量增加，可做出诊断。

【防治方案】

① 加强饲养管理：增喂富含维生素 B 族的饲料，如青贮、谷物饲料及麸皮等。

② 补维生素 B_1：轻症按每千克体重 2～4 毫克，重症按每千克体重 4～8 毫克，按半量静脉注射，每日 2 次，4～6 小时后症状明显好转。

③ 抗炎：配合肌内注射地塞米松，按每千克体重 0.1～0.2 毫克，

效果更好。

④ 说明：兽医临床连续两次注射维生素 B_1 未好转时，无治疗价值，应予以淘汰。

三、牛脑膜炎

【诊断要点】

牛脑膜炎是硬脑膜、蛛网膜和软脑膜发生的炎症，伴有严重脑功能障碍的疾病。临床上以高热、脑膜刺激症状、一般脑症状和局部脑症状为特征。根据病因分为原发性和继发性。管理好的牧场该病呈散发，而管理差的牧场犊牛会呈流行发生，成年牛多为散发。

原发性脑膜炎：多认为是由感染或中毒所致。其中病毒感染是主要的病因，如牛恶性卡他热病毒；其次是细菌感染，如葡萄球菌、链球菌、肺炎球菌、巴氏杆菌、化脓杆菌、坏死杆菌、变形杆菌等，而革兰氏阴性菌如大肠埃希菌、克雷伯菌和沙门菌是感染新生犊牛的主要微生物；中毒因素，主要见于食盐中毒、铅中毒及各种原因引起的严重自体中毒。

继发性脑膜炎：多见于脑部及邻近器官炎症的蔓延，如颅骨外伤、角坏死、额窦炎、中耳炎、脊髓炎等。成年牛可见于乳腺、子宫的急性感染，慢性创伤性网胃腹膜炎，脓肿，引起细菌败血性扩散而致。霉菌性乳腺炎和霉菌性瘤胃炎继发栓塞性败血症可引起脑膜炎。部分寄生虫病，如脑棘球蚴病、普通圆线虫病等也可引起本病。

新生犊牛当仅发脑膜炎时，表现高热、抑郁、低头、癫痫、失明等典型症状，还有眼睑半闭，步态僵硬，头部强直、伸展等症状。当脑膜炎与其他器官感染如眼色素层炎、脓毒性关节炎和脐静脉炎并发时，很难区分脑膜炎特异症状。当发生严重的败血症时，犊牛迅速衰竭而休克，掩盖了脑膜炎症状。

成年牛通常表现高热、精神高度沉郁，步态僵硬和“头痛”现象，但癫痫症状较犊牛少见，失明，但瞳孔功能正常。

病理变化，硬脑膜充血、出血，内膜混浊，有纤维素或者脓汁附着，硬脑膜常呈肉样外观。有的脑脊髓液略增加，脑膜仅轻度充血，软脑膜肿胀，呈点状或线状出血。

【预防措施】

平时加强饲养管理，注意防疫卫生，防止传染性与中毒性因素的侵害。当同槽同圈的牛相继发病时，应隔离观察和治疗，防止传播，保证牛只的健康。

【西药方案】

(1) 加强护理 将病牛置于宽敞、通风、安静的舍中，多铺褥草，防止造成损伤。

(2) 降低颅内压

① 颈静脉放血 1000～3000 毫升，随后静脉注射等量的 5%葡萄糖生理盐水，加入 25%～40%乌洛托品溶液 100 毫升。

② 配合选用脱水剂 25%山梨醇或 20%甘露醇等快速静脉注射，效果更好。

③ 也可配合呋塞米输液或肌内注射。

(3) 抗菌消炎 应选择能透过血脑屏障的抗菌药物，如磺胺类、青霉素类和头孢菌素类。

① 磺胺嘧啶钠每千克体重 0.07～0.1 克，静脉或深部肌内注射，每日 2 次。

② 阿莫西林，每千克体重 10～40 毫克，口服、静脉或肌内注射，每日 1 次。

③ 青霉素，按每千克体重 4.0 万国际单位，肌内或静脉注射，每日 2 次。

④ 头孢唑林钠，按每千克体重 10～25 毫克，肌内或静脉注射，每日 2 次。

⑤ 地塞米松或氢化可的松抗炎，静脉或肌内注射。

(4) 对症治疗

① 对狂躁不安的，可用溴化钠、水合氯醛、氯丙嗪等镇静剂。

② 心功能不全的，可用安钠咖、樟脑磺酸钠等强心剂。

(5) 补养 10%葡萄糖注射液 1000 毫升；维生素 C、维生素 B_1 输液。

(6) 怀疑病毒因素，可配抗病毒药 利巴韦林或干扰素；黄芪多糖、板蓝根等。

【中药方案】

处方一：朱砂 10 克、茯神 45 克、黄连 30 克、栀子 45 克、远志 35 克、郁金 40 克、黄芩 45 克，水煎取汁，加蛋清 100 毫升、蜂蜜 120 毫升，一次灌服。

处方二：天麻 45 克、川芎 30 克、蝉蜕 30 克、黄芩 40 克、夏枯草 40 克、钩藤 40 克、僵蚕 45 克、石膏 100 克、防风 45 克、天竺黄 30 克、白芍 45 克、甘草 30 克，打粉开水冲调或水煎取汁，一次灌服。

【说明】

兽医临床出现明显的神经症状，综合治疗无效的，多预后不良，应及时淘汰。

四、牛遗传性先天性脑水肿

【诊断要点】

牛遗传性先天性脑水肿又称遗传性脑内水肿综合征，是以颅骨变形、脑发育缺陷和中脑导水管狭窄等所致阻塞性脑室积水为基本病理特征的一组遗传性疾病。临床上主要分为颅骨或脑畸形的脑水肿和软骨发育不良、颅骨变形的脑水肿。公母牛均有发病。绝大多数为基因的纯合子个体（常染色体隐性遗传），个别的为基因的杂合子个体（常染色体显性遗传）。

脑脊液来自脑室系统各处脑室膜的脉络丛。脑脊液的形成、流通和回收过程协调进行，使脑室系统得以保持相对稳定的充盈度和静水压。当先天畸形或发育缺陷一旦累及脑室系统时，不论是室管膜脉络丛异常增多，或导水管、孔过细过窄，还是蛛网膜绒毛结构和功能不全，都会导致脑室积水即脑内水肿，包括阻塞性脑水肿或贯通性脑水肿。遗传性先天性脑水肿，根本病因在于常染色体隐性突变基因（多数）或显性突变基因（少数）导致的累及脑室系统的颅骨，抑或脑髓先天发育缺陷，该病有侧脑室、第三脑室或第四脑室扩张、增大，邻近脑髓受压变薄等基本病理变化，伴有颅骨或脑髓先天发育缺陷所固有的各种结构改变和功能障碍。

主要表现意识障碍（嗜睡、昏睡）、运动障碍（痉挛性轻瘫、共济失调）、视觉障碍（失明、斜视、眼球震颤）、颅骨变形等。

颅骨或脑畸形的脑水肿：常染色体隐性遗传类型，胎内起病，一出生即显症。颅骨脑水肿临床表现体格弱小，不能站立，前额膨隆，颅骨拱起，牙齿发育不良，眶上孔部分闭合；脑畸形脑水肿临床表现失明，不能站立，持续大声叫或不能发声，但前额不膨隆。

软骨发育不良、颅骨变形的脑水肿：个别常染色体显性遗传，大多为常染色体隐性遗传类型。临床主要表现流产和难产的居多。活产犊牛前额极大，颜面很短，伴有腭裂、颈厚、肢短等软骨发育不良的各种体征。

颅骨或脑畸形的脑水肿病理变化：前者表现为小脑发育不全、中脑畸形、中脑导水管狭窄和骨骼肌肌病。后者表现为侧脑室积水，大脑实质明显变薄，伴有视神经缩窄、视网膜剥脱、白内障、玻璃体凝固和进行性肌营养不良。

软骨发育不良、颅骨变形的脑水肿病理变化：死胎和新生病犊常有全身水肿体征。

根据遗传特性，结合脑水肿综合征、胎儿发育不良、失明等，可做出诊断。

【防治方案】

无根治办法。兽医临床一旦确诊，立即淘汰，后代不能留作种用。

五、牛脊髓炎

【诊断要点】

牛脊髓炎是脊髓实质发生炎症、软化和变性所引起的疾病。依病的经过有急性和慢性，大多呈急性经过。

发病原因：外伤性脊髓炎，因脊髓遭受打伤、挫伤和震荡，直接损伤了脊髓膜和脊髓所致；传染性脊髓炎，常出现在传染性脑脊髓炎、结核病等经过中。

病初，不安，肌肉震颤，痉挛，步样紧张，脊柱僵硬，轻摸知觉过敏或疼痛。之后，发炎部位的后方，知觉消失，运动麻痹，呈现截瘫，其肌肉迅速萎缩变性。病牛意识无障碍，因褥疮感染发生毒血症时，则体温升高，全身症状增重。

临床症状与发病部位和炎症过程有关。背角损伤时，相应部位的感觉过敏；腹角损伤时，一定部位呈运动麻痹；颈部脊髓发炎时，呼吸高度困难，易窒息死亡；荐髓发炎时，尿淋，排便失禁；腰髓发炎时，发生尿闭和便秘。

病理变化眼观常不明显，有的在脊髓白质与灰质中有不同的炎性病灶；有的脊髓深部组织受损，即横断性脊髓炎；有的呈现弥漫性脊髓炎；有的在脊髓的前部或后部散在大小不等的炎性病灶，形成散布性脊髓炎。

根据病牛感觉和运动功能障碍，肌肉萎缩及排粪排尿障碍等临床特征，可做出诊断。

【防治方案】

① 加强护理：对卧地不起的病牛，要多铺垫草并勤翻牛体，防止褥疮。喂给柔软易消化的饲料。

② 消炎：发炎部位初期要冷敷，后热敷，或涂抹樟脑酒精。应用青霉素、磺胺嘧啶和乌洛托品等治疗。

③ 恢复神经功能：皮下注射盐酸士的宁注射液 10～20 毫升，每日 1 次，3 天为一疗程。

④ 对感染原因不明的脊髓炎：在急性期可应用大剂量的肾上腺皮质激素或乌洛托品，10～14 天为一疗程。

【说明】

明确是外伤性脊髓炎还是传染性脊髓炎。外伤性脊髓炎，除实施上述的治疗措施外，要注重减少外界刺激，保持安静。传染性脊髓炎，多预后不良，应及时淘汰。

六、牛癫痫

【诊断要点】

癫痫是一种神经功能性疾病，以定期发作性痉挛和意识障碍为特征。发作间歇期，病牛完全健康。根据病原的不同分为原发性癫痫和继发性癫痫。根据症状的轻重有大癫痫和小癫痫之别。

原发性癫痫极为少见，一般认为是大脑皮层和皮层下中枢的兴奋性增强，使兴奋和抑制过程遭到破坏所致。惊吓、刺激、打击、摔倒等是诱因。

继发性癫痫见于脑肿瘤、脑炎和脑膜炎、先天性中枢神经系统疾病及神经损伤、新陈代谢病等过程中。

主要症状是发作性痉挛和意识丧失，在发作的间歇期，患牛与健康时一样。癫痫发作前几分钟，病牛运动、感觉和精神紊乱，病牛摇头、伸颈、步态不稳。

大癫痫发作时，多呈全身性痉挛，病牛突然倒地，全身肌肉强直，头向后仰，四肢外伸，牙关紧闭，黏膜苍白，继而变成蓝紫色，瞳孔扩大，眼球旋转，瞬膜突出，磨牙，口吐泡沫，持续约 30 秒即变为阵挛，经一定时间而停止。停止后多恢复常态。

小癫痫即症状性癫痫，临床上较常见，仅有局部肌肉轻度痉挛和一时性意识丧失。

【西药方案】

① 病牛不宜长途驱赶和持续劳役，避免任何异常刺激，缰绳不宜拴得太短，以免发作时突然倒地被勒死，防止损伤，给予易消化的饲料。

② 应用镇静剂，减轻脑细胞对任何异常刺激的反应，如溴化钠、巴比妥钠、巴比妥及水合氯醛、利眠灵等镇静解痉药物。安溴注射液，50～100 毫升，静脉注射，每日 1 次，5～7 日为一疗程。

【中药方案】

处方一：当归 75 克、茯神 75 克、石菖蒲 75 克、钩藤 75 克、陈皮 75 克、三仙 75 克、党参 100 克、白术 100 克、川芎 50 克、远志 50 克、南星 50 克、甘草 40 克，打粉开水冲调，加鱼肝油 250 毫升，一次灌服。

处方二：党参 60 克、黄芪 60 克、槟榔 60 克、山楂 60 克、神曲 60 克、白术 45 克、茯苓 45 克、丹参 45 克、酸枣仁 45 克、远志 45 克、钩藤 45 克、甘草 30 克、石菖蒲 75 克，打粉开水冲调，一次灌服。

处方三：羌活 50 克、防风 50 克、白芷 50 克、当归 50 克、酸枣仁

50 克、柏子仁 50 克、益智仁 50 克、钩藤 50 克、黄芩 40 克、半夏 40 克、茯神 40 克、麦冬 30 克，打粉开水冲调，加鱼肝油 250 毫升、地巴唑 2 克，一次灌服。

处方四：菖蒲 30 克、钩藤 30 克、天麻 15 克、全蝎 15 克、陈皮 15 克、半夏 15 克、远志 20 克、朱砂 9 克、茯苓 20 克、甘草 20 克、贝母 20 克，打粉开水冲调，一次灌服。

【说明】

应明确是原发性癫痫还是继发性癫痫，多不易治愈。原发性癫痫多与遗传有关，除实施上述的治疗措施外，要注重减少外界对其刺激，保持安静更为重要。继发性癫痫，多预后不良，应及时考虑淘汰。

第十四章

牛外科疾病诊断要点与处方

一、牛风湿病

【诊断要点】

牛风湿病是一种常反复发作的急性或慢性非化脓性炎症，以胶原纤维发生纤维素样变性为特征。病变主要累及全身结缔组织，骨骼肌、心肌、关节囊和蹄是最常见的发病部位，其中骨骼肌和关节囊的发病部位常有对称性和游走性，并且疼痛和功能障碍随运动而减轻。按病程的长短分为急性和慢性，按患病部位分为肌肉、关节和心脏的风湿病。

本病在我国各地均有发生，但以东北、华北、西北等地发病率较高。以水牛、奶牛多发，黄牛比较少见。发病季节以冬春为主。

1. 发病原因

① 风湿病是一种变态反应性疾病，并与溶血性链球菌感染有关。已知溶血性链球菌感染后所引起的病理过程有两种。一种表现为化脓性感染，另一种表现为延期性非化脓性并发病，即变态反应性疾病，风湿病属于后一种类型。

② 异种抗原（细菌蛋白质、异种血清）及某些半抗原性物质也有可能引起风湿性疾病。

③ 潮湿、寒冷与风湿发病有关，如夜卧于寒湿之地或露宿于风雪之中。

④ 空气流动较大的地方易发病，如受贼风特别是穿堂风的侵袭。

⑤ 大汗后受冷雨浇淋及管理不当等都是诱因。

⑥ 过劳等因素起着一定的作用。

⑦ 病毒感染与风湿病也存在一定的关系。

⑧ 机体免疫力低下或内分泌失调也可能引起风湿。

2. 主要症状与病理变化

(1) 肌肉风湿病　主要发生于活动性较大的肌群，如颈部、肩臂、背腰、臀股等部的肌肉。患病肌肉疼痛，出现步态强拘不灵，运动不协调，常跛行，特征是随运动量的增加和时间的延长而有减轻或消失的趋势。风湿性肌炎的患病肌群有游走性和间歇性。

急性时疼痛、肿胀、全身症状均明显，慢性时疼痛症状、全身症状不明显，但肌群僵硬，表面凹凸不平。病牛运步强拘不灵活，主要是站立起步、运步的最初几步更明显。重症的肌肉僵硬、萎缩，肌肉中常有结节性肿胀。

(2) 关节风湿病　多发于活动性较大的关节，如肩、肘、膝、跗、股等关节，有时对称关节同时发病，并有游走性。

急性，呈关节滑膜炎的症状。患病关节外形肿大，触压温热、疼痛、肿胀。站立时患肢屈曲，运步时跛行，并且随运动量的增加而减轻或消失。如数肢同时发病，则长期卧地，全身症状与肌肉风湿相同。

慢性，呈慢性关节炎的症状，关节滑膜及周围组织增生、肥厚，关节肿大，轮廓不清。运动时关节强拘不灵活，运动时可听到噼啪音。

(3) 心脏风湿病　临床症状与心内膜炎和心肌炎相似。

【西药方案】

治疗原则：消除病因、加强护理、祛风除湿、解热镇痛、消除炎症。

(1) 应用解热、镇痛及抗风湿药

① 以水杨酸类药物的抗风湿作用最强，包括水杨酸、水杨酸钠及阿司匹林等。

② 应用大剂量的水杨酸制剂对急性肌肉风湿病疗效较好，而对慢性风湿病疗效较差。牛，口服，10～60 克/次；或 10～30 克/次，静脉注射，1 次/日，连用 5～7 次。

③ 也可将水杨酸钠、乌洛托品、樟脑磺酸钠、葡萄糖酸钙等联合应用。

④ 可配合安乃近、氟尼辛葡甲胺、萘普生等解热镇痛药。

（2）应用皮质激素类药物 这类药物有显著的消炎和抗变态反应的作用。临床上常用的有氢化可的松注射液、地塞米松注射液、醋酸泼尼松（强的松）、氢化泼尼松（强的松龙）注射液等，它们都能明显地改善风湿性关节炎的症状，但容易复发。

（3）应用抗生素控制链球菌感染 风湿病急性发作期，无论是否证实机体有链球菌感染，均需使用抗生素，可选择青链霉素、氨苄西林、头孢噻呋、林可霉素、磺胺间甲氧嘧啶等。

（4）应用碳酸氢钠、水杨酸钠和自家血液疗法

① 静脉注射5%碳酸氢钠溶液200毫升，10%水杨酸钠溶液200毫升，1次/日。

② 自家血液，注射量为第1天80毫升，第3天100毫升，第5天120毫升，第7天140毫升。7天为一疗程，每疗程之间间隔一周，可连用两个疗程。该方法对急性肌肉风湿病疗效显著，对慢性风湿病可获得一定的好转。

（5）应用物理疗法（物理疗法对慢性风湿病有较好的治疗效果）

① 局部温热疗法：将酒精加热至40℃左右，或将麸皮与醋按4∶3的比例混合炒热装于布袋内进行患部热敷，每日1～2次，连用6～7天，或者局部酒精加醋火疗。

② 电疗法：中波透热疗法、中波透热水杨酸离子透入疗法、短波透热疗法、超短波电场疗法、周林频谱疗法及多源频谱疗法等，对慢性风湿病均有较好的治疗效果。

③ 急性蹄风湿的初期，应以止痛和抑制炎性渗出为目的，可以使用冷蹄浴或用醋调制的冷泥敷蹄等局部冷疗法。

（6）局部涂擦刺激剂 局部可应用水杨酸甲酯软膏（处方：水杨酸甲酯15克、松节油5毫升、薄荷脑7克、白色凡士林15克），水杨酸甲酯莨菪油擦剂（处方：水杨酸甲酯25克、樟脑油25毫升、莨菪油25毫升），亦可局部涂擦樟脑酒精及氨擦剂等。

【中药方案】

处方一：独活30克、熟地黄15克、当归15克、党参15克、桂心

20克、桑寄生45克、防风15克、茯苓15克、杜仲20克、甘草10克、秦艽15克、炒白芍15克、川芎15克、牛膝20克、细辛5克，打粉开水冲调，白酒200毫升为引，一次灌服。

处方二：当归30克、熟地黄60克、茜草30克、川芎30克、牛膝60克、白芍60克、木瓜30克，打粉开水冲调，一次灌服。

处方三：苍术55克、杜仲50克、追地风50克、白芍50克、独活50克、细辛50克、甘草45克、元胡40克、千年健40克、红花40克、没药40克、乌药35克、防风35克、川芎35克、槟榔35克、乳香35克、牛膝30克、木瓜30克、肉桂30克、当归30克，打粉开水冲调，一次灌服。

处方四：草乌30克、川乌30克、乳香30克、没药30克、当归30克、川芎30克、独活30克、羌活30克、桑寄生30克、杜仲30克、牛膝30克、川续断30克、天南星24克、陈皮24克、地龙15克、附片15克、川厚朴15克、甘草12克、细辛6克、肉桂6克，发热肉桂、细辛可少用，虚寒者肉桂、细辛可加倍，食欲差加焦三仙，打粉开水冲调，白酒150毫升为引，一次灌服。

处方五：黄芪60克、藁本50克、当归40克、白芍40克、牛膝40克、木瓜40克、续断40克、巴戟天40克、补骨脂40克、木通40克、泽泻40克、威灵仙40克、桂枝35克、薄荷30克、桑枝100克，打粉开水冲调，白酒200毫升为引，一次灌服。

处方六：巴戟天45克、肉苁蓉45克、补骨脂45克、胡芦巴45克、小茴香30克、肉豆蔻30克、陈皮30克、青皮30克、防风30克、当归30克、杜仲30克、怀牛膝30克、肉桂20克、木通20克、槟榔15克，打粉开水冲调，一次灌服。

处方七：当归45克、柏子仁45克、川芎24克、红花24克、威灵仙24克、白芷24克、防已30克、秦艽30克、乌梢蛇30克、川续断30克、牛膝30克、防风30克、木瓜30克、杜仲30克、桑寄生30克、独活30克、巴戟天30克、补骨脂30克、麻黄15克、细辛15克、附片15克、全蝎15克，打粉开水冲调，一次灌服。

二、牛跛行

【诊断要点】

首先要明确跛行不是一种疾病，而是四肢功能障碍的一种临床现象。当牛的某肢体出现运动障碍时，就会出现一步中的前半步和后半步不相等，这就是跛行。

跛行原因：四肢及其附近器官的疼痛性疾病，如四肢的关节、骨、骨膜、肌肉、腱和腱鞘、滑膜囊、皮肤和皮下组织、蹄等急性或慢性疾病的经过中。四肢的机械性障碍，如关节畸形、腱的短缩和断裂、肌肉断裂和骨的异常愈合等。神经麻痹，如四肢外周神经麻痹。继发于某些疾病，如传染病（口蹄疫、链球菌感染、气肿疽），寄生虫病，内科病（如佝偻病、骨软化症、风湿病等），产科病（产前截瘫等）。

支跛：运步时患肢在着地负重瞬间表现疼痛，而提举伸扬不困难。患肢负重时间短，后方短步，硬地运动踏行明显，圆周运动时内圈跛行明显。

悬跛：运步时患肢提举和伸扬表现困难，而着地负重时无疼痛表现。患肢提举和伸扬困难，前方短步，软地运动和圆周运动时外圈跛行明显。

混合跛行：运步时提举伸扬和着地负重均出现困难。常见于上部关节疾病、骨折或肢的上下均有病时。

【防治措施】

① 主要是防止原发病的发生。

② 临床上遇到跛行病例，首先应该分清是症候性跛行，还是运动器官本身的疾病，否则只着眼运动器官，而忽略对疾病本质的认识，会贻误治疗时机。

③ 对运动器官本身的疾病，也应分清是全身性因素引起的四肢疾病、还是单纯的局部病灶引起的功能障碍，这对跛行诊治有很大益处，因为有些疾病，如骨质疏松症引起的跛行在四肢上不是只局限于一个部位，治疗上也不应只治疗局部，而应从全身疗法上着手。

④ 在局部病变上也应分清是疼痛性疾病，还是机械障碍，因为有

的疾病引起跛行并不都有痛点，这对考虑治疗措施上也很有益处。

三、牛骨折

【诊断要点】

由于外力的作用，使骨的完整性或连续性遭受机械破坏时称为骨折。骨折的同时常伴有周围软组织不同程度的损伤，一般以血肿为主。各种动物均可发生骨折，牛的骨折常见于四肢长骨和骨盆。

1. 发病原因

① 直接暴力：在暴力直接打击的部位可以发生骨折，称直接性骨折，如打击、跌倒、踢踏、角撞等。骨折的周围组织常有较严重的损伤，大都有创口存在。

② 间接暴力：暴力通过传导作用、杠杆作用或旋转作用而使远处发生骨折，称为间接骨折，如跳跃、滑倒、急转弯、扭伤等。

③ 肌肉拉力：肌肉突然强烈收缩，可将肌肉附着处的骨骼撕裂。

④ 病理性骨折：如患有骨髓炎、骨疽、佝偻病、骨软化症，衰老、妊娠后期或高产奶牛泌乳期，营养神经性骨萎缩，慢性氟中毒等，以及某些遗传性疾病如牛卟啉症、四肢骨关节畸形或发育不良等，这些处于病理状态下的骨，疏松脆弱，应力抵抗降低，有时遭受不大的外力，也可引起骨折。

2. 特异症状

① 肢体变形：骨折两断端因受伤时的外力、肌肉牵拉力和肢体重力的影响等，造成骨折段的移位。常见的有成角移位、侧方移位、旋转移位、纵轴移位等。骨折后的患肢呈弯曲、缩短、延长等异常姿势。诊断时可把健肢放在相同位置，仔细观察和测量肢体有关段的长度并两侧对比。

② 异常活动：正常情况下，肢体完整而不活动的部位，在骨折后负重或做被动运动时，出现屈曲、旋转等异常活动，但肋骨、椎骨、蹄骨、干骺端等部位的骨折，异常活动不明显或缺乏。

③ 骨摩擦音：骨折两断端互相触碰，可听到骨摩擦音，或有骨摩

擦感。在不全骨折、骨折部肌肉丰厚、局部肿胀严重或断端间嵌入软组织时，通常听不到。骨骺分离时的骨摩擦音是一种柔软的捻发音。

3. 其他症状

① 疼痛：骨折后骨折处均有疼痛，而在自动或被动运动时疼痛更剧。病牛不安，避让，全身发抖。骨裂时，用手指压迫骨折部，呈现线状压痛。

② 出血和肿胀：骨折时骨膜、骨髓和周围软组织血管破裂出血。开放性骨折时，血液可经创口向外流出。闭合性骨折时，血液可蓄积在骨折周围，形成血肿，同时骨折部周围的软组织亦因受暴力损伤而发生水肿，因此患部肿胀更显著。浅部骨折，如胫骨、尺骨、桡骨等骨折血肿易显露，深部骨折如骨盆骨折，血肿常不显露。

③ 功能障碍：由于骨折后肢体失去杠杆和支撑作用，以及剧烈疼痛而引起不同程度的功能障碍，如四肢长骨的完全骨折，站立时患肢悬垂，运动时呈三肢跃跳前进。不全骨折时，患肢常用蹄尖着地以减负，运动时呈中度跛行。

4. 全身症状

轻度骨折一般全身症状不明显。严重的骨折伴有内出血、肢体肿胀或者内脏损伤时，可并发急性大失血和休克等一系列综合征。闭合性骨折于损伤2～3天后，因组织破坏后分解产物和血肿的吸收，可引起轻度体温上升。骨折部若继发细菌感染时，体温升高，局部疼痛加剧，食欲减退。

【预防措施】

保证日粮有足够的钙、磷，并保持合理的比例，促进骨骼的正常发育。避免暴力伤害。

【治疗方案】

治疗原则：正确整复，合理固定，促进愈合，恢复功能。

规范处置方案：骨折发生后，于原地进行急救，不让病牛走动，其目的是保护伤部，防止创口污染和一系列并发病，预防休克。采用简单有效的方法，进行一般外固定和对症处理。治疗核心主要是复位固定和恢复功能。

1. 闭合性复位

应用非手术方法使骨折复位。复位前将病畜倒卧保定，施行全身麻醉或局部或传导麻醉，消除疼痛，解除肌肉痉挛。将病肢伸直或放置适当位置，助手将骨折的远侧端进行适当牵引，术者用手托压、挤按，即可使轻度移位的骨折恢复正常。

若骨折部肌肉强大，断端发生重叠、复位困难时，可在骨折段远、近两端的稍远处，各系一绳，沿着肢体纵轴适当进行牵引和抗牵引，然后取骨折远侧端凑合近侧端，同时根据不同的情况，采用旋转、屈曲、托压、挤按、摇晃等手法，以矫正成角，旋转侧方移位，力争尽量达到基本矫正。

复位是否正确，要根据肢体外形，抚摸骨折轮廓，特别是与健肢对比，检查两蹄尖的方向、两肢的长短，并测量附近几个突起间的距离是否相等，可以初步判定。有条件最好用 X 线检查，确定是否达到解剖学的复位。

2. 开放性复位（手术复位）

骨折段复位后，可以用对牛体组织无异常反应的金属内固定，将骨折段连起来，而达到解剖学复位的要求。

3. 固定复位部位

已复位的骨折必须持续地固定在良好的位置，直至骨折愈合为止。

外固定：常用的有石膏绷带、石膏夹板绷带、水胶绷带、夹板绷带和竹帘绷带等。

内固定：施行手术显露骨折段，在手术创口中使之复位，然后分别根据适应证，采用对畜体组织无异物反应的不锈钢制成的接骨板、螺丝钉、钢丝、髓内钉等内固定物固定骨折段。在内固定后，还必须进行外固定，直至骨折愈合为止。

4. 药物疗法

① 消炎、镇痛和防止感染：消炎可以肌内注射氟尼辛葡甲胺、安

痛定、安乃近等。抗感染用青链霉素、氨苄西林、头孢噻呋、林可大观霉素、磺胺间甲氧嘧啶、磺胺嘧啶等。

② 防止破伤风的发生：预防注射破伤风抗毒素。

③ 加速骨痂形成：定期静脉注射氯化钙溶液、硼葡萄糖酸钙或葡萄糖酸钙溶液，同时在饲料中增加钙剂和鱼肝油。

5. 恢复功能

① 骨折复位固定后，将病牛在四柱栏内或室内限制活动，保证断端对位，这对骨形成有促进作用。

② 经常用草把摩擦患肢和人工伸屈患肢关节，促进血液循环和消肿，以防止肌肉萎缩，关节僵硬。

【说明】

① 开放性骨折容易诊断，但闭合性骨折和不完全骨折需要借助 X 线检查、骨折传导音的检查等方法进行诊断。

② 由于牛的品种、年龄、营养状况不同，发生骨折的部位、性质、损伤程度不一，以及治疗条件、技术水平不同，骨折后愈合时间的长短及愈合后病肢功能恢复的程度有较大差异。

③ 兽医临床除了有价值的种牛或贵重的牛，可尽力进行治疗外，对于一般牛，若预计治疗后不能恢复生产性能，或治疗费用要超过该牛的经济价值时，就应该尽早淘汰。

四、牛脊椎骨折

【诊断要点】

牛脊椎骨折是指脊椎骨组织连续发生断离的一种外科疾病。脊椎骨折呈急性经过，一般为非进行性的，成年牛、犊牛和育成牛均可发生。

1. 发病原因

① 外伤是成年牛最常见的原因，由于体重不同的牛之间爬跨，或被爬跨牛在光滑的地面滑倒，或发情、卵巢囊肿牛被爬跨，可造成胸腰部脊椎骨折，荐椎和尾椎的椎骨骨折；或移位、跌倒在倾斜槽或颈枷内，陷于系栏或开放式牛舍的分隔栏下时，可因强烈挣扎而引起脊椎骨

折或胸腰椎骨折。

② 难产时因不正确助产能引起荐椎、尾椎的伤害和骨折，保定尾时过度用力、操作粗暴使尾椎骨折。

③ 营养因素：在犊牛、育成牛或小母牛，发生多头脊椎骨折，或多头长骨和脊椎骨折时应考虑营养因素，如代谢性骨病（维生素 D 或钙缺乏）可造成椎骨压迫性骨折。

2. 主要症状与病理变化

① 一般症状骨折处肿胀、疼痛、活动异常，触诊骨片移位和有骨摩擦音，还有食欲不振，心率及呼吸数增加。

② 胸腰椎骨折：呈后肢轻瘫和共济失调。严重移位的胸腰椎骨折，并伴有脊髓压迫或撕裂的，有下位运动神经元症状，尾侧皮肤感觉消失。

③ 颈椎骨折：患牛侧卧，惊恐，难以躺卧。颈椎、前胸椎的骨折，可导致四肢轻瘫。

④ 尾椎骨折：骨折部位有明显的肿胀，触诊病区或移动尾巴时有明显的痛感。爬跨引起的可见压碎的尾根，患牛尾部活动力降低，会阴有不同程度的感觉缺乏。

⑤ 荐椎骨折：出现坐骨神经功能损伤，膀胱弛缓，尾不全麻痹，会阴感觉缺失，直肠、肛门、外阴的痛觉减退，肛门弛缓及直肠积气。

【预防措施】

加强饲养管理，合理分群，保证日粮营养平衡。防止地面过滑引起牛跌倒，注意发情和爬跨牛的管理，拴系合理，减少牛的自我损伤等。

【治疗方案】

治疗原则：消除病因，对症治疗。

1. 消除病因

查明引起发病的因素，及时消除，纠正日粮，防止疾病继续发生。

2. 对症治疗

(1) 抗感染

① 二甲基亚砜，每千克体重 1 克，5%葡萄糖做 1∶1 稀释，缓慢静脉注射。

② 青链霉素、林可大观霉素、头孢噻呋、头孢喹肟、氨苄西林、磺胺间甲氧嘧啶钠等输液或肌内注射。

（2）抗炎 配合皮质类固醇，如地塞米松、氢化可的松、醋酸泼尼松等。

（3）补维生素 维生素C、维生素B_1等。

【说明】

通常脊椎骨折的患牛均预后不良，但青年动物的非移位性骨折容易康复。荐尾椎损伤或移位并发尾根压碎也可手术修复，若修复及时，神经损伤小，恢复快。价值极高的犊牛可考虑用矫形外科。当多数牛发病时，应评价和纠正不符合营养标准的饲料。

五、牛关节扭伤和挫伤

【诊断要点】

牛关节扭伤和挫伤是比较常见的疾病。其中关节扭伤较为多发，有时二者亦可以同时发生。关节扭伤多发生于球关节和髋关节，其次是跗关节和膝关节。关节挫伤多见于球关节、肩关节、腕关节和膝关节。

1. 发病原因

① 关节扭伤：多由间接暴力的作用使关节过度伸展、屈曲或扭转，引起关节韧带和关节囊的纤维发生不全或完全断裂，严重的还可损伤关节软骨和骨端，如滑倒、跌倒、跳跃、急转弯或某肢体嵌在洞穴而急速拔出和姿势不正都易发扭伤。

② 关节挫伤：多因直接暴力而引起皮下软组织损伤，严重的亦可损伤关节软骨和骨端，如打击、碰撞、踢踏、角斗等都可发生关节挫伤。

2. 主要症状与病理变化

① 患部疼痛剧烈，病牛不肯运动，做运动检查时，凡能使韧带受到牵拉运动的都可使关节扭伤的疼痛加重。关节挫伤时不论向任何方向移动（屈曲、伸展、外转、内转）几乎都有疼痛。此为两者不同之处。

② 由于关节周围软组织和关节内的出血和渗出，患部出现不同程

度的温热和肿胀。关节扭伤的肿胀以韧带损伤部最明显，但也能波及关节周围。关节挫伤时整个关节都肿胀。

③ 由于疼痛的程度不同，运动时呈跛行。站立时，患肢不能负重，呈现悬垂或屈曲，以蹄尖着地。

【防治方案】

治疗原则：制止出血和炎症，促进吸收，镇痛消炎，预防组织增生，恢复关节功能。

(1) 止血和抗渗出 伤后12天内，为制止关节腔内继续出血和渗出，应进行包扎压迫绷带和冷疗，冷疗可用冷水浴或冷敷。症状严重的，可注入加速凝血剂使病牛安静。

(2) 促进吸收

① 急性炎症渗出减轻后，应及时采用温热疗法，促进吸收，如用温水浴或干热疗法促进溢血和渗出液的吸收。

② 关节内出血不能及时吸收，可做关节穿刺排出，同时通过穿刺向关节腔内注入0.25%普鲁卡因青霉素溶液或使用碘离子透入疗法、超短波和短波疗法、石蜡疗法、酒精鱼石脂绷带等。

(3) 镇痛

① 向疼痛较重的患部注射盐酸普鲁卡因酒精溶液（处方：普鲁卡因2克、25%酒精80毫升、蒸馏水20毫升，灭菌）10～15毫升。

② 向患关节内注射2.0%盐酸普鲁卡因溶液10～20毫升。

③ 涂擦弱刺激剂，如10%樟脑酒精、碘酊樟脑酒精合剂（处方：5%碘酊20毫升、10%樟脑酒精80毫升）。

④ 注射醋酸氢化可的松。

(4) 辅助康复 在用药的同时适当牵遛运动，加速促进炎性渗出物的吸收。韧带、关节囊损伤严重或怀疑有软骨、骨损伤时，应根据情况包扎石膏绷带。

(5) 抗菌消炎 对转为慢性经过的病例，患部可涂擦鱼石脂软膏或碘樟脑醚合剂（处方：碘20克、95%酒精100毫升、乙醚60毫升、精制樟脑20克、薄荷脑3克、蓖麻油25毫升），每天涂擦5～10分钟，同时进行按摩，连用3～5天。必要时可在损伤部位周围分点注射青霉素配地塞米松，抗炎防感染。

(6) 装蹄疗法 如肢势不良、蹄形不正时，在药物疗法的同时进行合理削蹄或装蹄。在药物疗法的同时，可配合新针疗法或用氦氖激光照射、二氧化碳激光扩焦照射。

【说明】

凡发生关节扭伤，常引起关节周围的结缔组织增生，关节的运动范围变窄，多数不能完全恢复功能。

六、牛关节创伤

【诊断要点】

牛关节创伤是关节囊、关节韧带和关节部软组织的开放性损伤。根据关节腔是否与外界相通，分为关节穿透创和关节非穿透创。前者不仅关节囊破裂，严重时关节软骨和骨也遭受损伤，常易并发感染而化脓；后者仅破裂关节部的皮肤，而关节囊完整无损伤。本病主要发生在后肢球关节和前肢的腕关节，其他关节少见。

1. 发病原因

过去农耕时代常见于犁、耙直接作用所引起的刺创和切创。现代养殖主要是外界钝性物体冲击、踢踏和长期摩擦所导致。

2. 主要症状与病理变化

① 关节非穿透创：轻者关节皮肤破裂或缺损，出血，疼痛，轻度肿胀。重者皮肤伤口下方形成创囊，内含挫灭坏死组织和异物，容易引起感染。有时甚至关节囊的纤维层遭到损伤，同时损伤腱、腱鞘或黏液囊，并流出黏液。非穿透创病初一般跛行不明显，腱和腱鞘损伤时，跛行显著。

② 新鲜关节穿透创：主要症状是疼痛、出血和裂开。在较大的关节穿透创时，创口流出淡黄色透明的滑液，常混有血液，特别是在病牛运动或肢位改变、关节屈曲时滑液流出较多。单纯的小刺伤，由于创口闭锁，血液蓄积在关节内不能排出，可见关节肿大，同时在关节周围有肿胀、温热、疼痛，运动时出现跛行。

③ 关节穿透创感染化脓：在关节周围发生弥漫性肿胀，有热痛。创口内流出混有滑液的脓性分泌物。运动时呈现高度跛行，站立时患肢不能负重，呈屈曲或悬垂状态。同时伴有体温升高、精神沉郁、食欲减少或废绝等全身症状。

【防治方案】

1. 治疗原则

防治感染，增强抗病力，及时合理地处理伤口，力争在关节腔未出现感染之前闭合关节囊的伤口。

2. 具体处置方案

① 关节非穿透创可按软组织创伤治疗处理。

② 关节穿透创治疗时，若关节内无异物污染，创口和创面经无菌操作彻底清理后，要严密缝合关节囊和皮肤，再按手术创口处理。

③ 若关节腔被污，首先在伤口的对侧用0.5%盐酸普鲁卡因青霉素溶液或雷佛奴尔溶液，注入关节，冲洗关节腔，然后用稀碘酊棉球塞住关节囊的创口，再向关节腔注射1%～2%盐酸普鲁卡因青霉素溶液或磺胺乳剂10～15毫升，皮肤创面撒布少量磺胺粉或青霉素粉，用绷带包扎，同时用石膏带外固定加以制动和保护。

④ 感染性化脓性关节穿透创，充分切开引流，除去异物和坏死组织碎片。用青霉素溶液、雷佛奴尔溶液或5%磺胺酒精溶液冲洗关节腔和创口，用魏氏流膏纱布条引流，再用凡士林纱布覆盖创口，外面用有窗石膏绷带固定。

⑤ 局部理疗：为改善局部的新陈代谢，促进伤口早期愈合，可应用温热疗法，如温敷、石蜡疗法、紫外线疗法、红外线疗法和超短波疗法，以及激光疗法，用低功率氦氖激光或二氧化碳激光扩焦局部照射等。

⑥ 全身疗法：为了控制感染，从病初开始尽早地使用抗生素疗法、磺胺疗法、普鲁卡因封闭疗法（腰封闭）、碳酸氢钠疗法、自家血液和输血疗法及钙疗法。肌内注射或输液青霉素、氨苄西林、头孢噻呋、磺胺间甲氧嘧啶等。在关节腔未发生感染之前，为了闭合关节囊伤口，可在伤口一般处置后，用自家血凝块填塞闭合伤口，效果较好。

七、牛关节炎

【诊断要点】

牛关节炎是指关节囊和关节腔各组织的炎症，多发生于球关节、趾关节、膝关节和腕关节。根据病性和病程可分为急性浆液性关节炎、慢性浆液性关节炎和化脓性关节炎。

发病原因：机械性损伤见于关节外伤、挫伤、扭伤等。过敏性和风湿病性关节炎。存在感染性关节局部化脓灶或全身性疾病（败血症、脓毒症、幼畜化脓性脐带炎）时，细菌经血液进入关节。关节邻近的骨髓炎、关节穿透创或消毒不严的关节穿刺，亦可造成关节感染。继发于某些传染病如结核病、流感、布鲁氏菌病等。

急性浆液性关节炎：关节肿胀、触诊有热痛、波动，运动时出现明显的疼痛反应。牛站立时，患肢屈曲，不能负重，呈悬垂或蹄尖着地。运动时呈轻度或中度跛行。关节穿刺时，关节滑液比较浑浊，呈微黄色或黄绿色，容易凝结。

慢性浆液性关节炎（关节积水）：关节明显肿大，触诊有明显的波动，无热，无痛。关节穿刺时，关节滑液稀薄，无色或微黄色，不易凝结。运动时呈轻度跛行。

化脓性关节炎：病牛站立时患肢屈曲，不能负重，以蹄尖着地，运动时呈现混合跛行。关节肿大，触诊有温热和波动。关节穿刺时，关节滑液混有脓汁。同时出现体温升高，脉搏增数，食欲减退，精神萎靡等全身症状。由于脓毒症转移而引起的化脓性关节炎，临床特征是多数关节同时发病，局部和全身症状更加明显。

【治疗方案】

治疗原则：制止渗出，促进炎性渗出物吸收，排出积液，消炎镇痛。

1. 急性浆液性关节炎

① 初期可应用冷敷和环状封闭。

② 急性炎症缓和后，可应用热敷或涂擦各种刺激性软膏和擦剂，如鱼石脂软膏、雄黄软膏和碘酊等。

③ 当渗出物过多不易吸收时，可进行关节穿刺，放出滑液，然后注入普鲁卡因青霉素溶液（1%～2%普鲁卡因10～20毫升，青霉素80万～160万国际单位），或普鲁卡因青霉素可的松溶液（氢化可的松70～240毫克，1%普鲁卡因溶液10～20毫升，青霉素80万～160万国际单位）。隔天1次，3～4次为一疗程。

2. 慢性浆液性关节炎（关节积水）

关节周围涂擦各种强烈刺激性软膏或采用烧烙疗法。关节积水严重时，最好进行关节穿刺，放出渗出液，并向关节内注射普鲁卡因青霉素溶液或可的松制剂，然后用压迫绷带包扎。

3. 化脓性关节炎

① 初期应立即采用抗生素和磺胺类药物治疗。

② 非开放性化脓性关节炎可进行关节穿刺，用注射器抽尽脓汁，然后用0.5%普鲁卡因青霉素溶液或高锰酸钾溶液或生理盐水冲洗直至流出溶液变透明为止，再向关节腔内注射1%～2%普鲁卡因青霉素溶液15～20毫升。每天1次，连用3～4次。

③ 若关节内脓汁过于黏稠而不易抽出，则切开排脓，按关节穿透创处理。若关节穿透创感染化脓，则按化脓性关节穿透创处置。

八、牛骨关节病

【诊断要点】

牛四肢关节慢性非渗出性关节骨组织系统的退行性变性疾病，称骨关节病，又称变形性关节病。缺乏病理解剖的炎症变化，表现为明显的变性、破坏与反应性修复的慢性病理过程。役牛多有发生。常发于肩关节、腕关节、膝关节、跗关节及系关节，特别多发于跗关节。跗关节骨关节病常发生在缺乏活动性的关节，发病部位多在该关节的内前侧。

1. 发病原因

钙磷代谢失调，骨软化症，维生素缺乏，肢势不正（内弧肢势、外弧肢势、外向肢势），肢体内侧负重偏大，关节发育不良（关节狭小与负重需要不适应）等是发病的主要内因。削蹄、装蹄失宜，使关节的动力平衡受到破坏，均容易引起骨关节病。

2. 主要症状

早期症状：骨关节病是逐渐发生发展而形成的，早期症状不明显，不易确诊，只有在关节功能出现障碍时，临床上可呈现跛行，无明显的局部变化。

后期症状：当骨质增殖形成骨赘时，骨赘多在韧带附着处，关节变形，跛行明显，以混合跛行为主，其特点是随运动减轻。有时虽患关节明显变形，但跛行不甚明显。患病过久，患肢肌肉萎缩，关节不粘连。

3. 病理变化

① 初期关节软骨慢性变性，关节软骨失去光泽，弹性减退，软骨表面凹凸不平、粗糙、纤维解离，在软骨上发生大小不等的缺损，关节骨面暴露。

② 在失去软骨的关节骨面，由于相互摩擦和冲击压迫，使骨组织受到损伤，松质骨的骨小梁有的遭到轻微的破坏，在骨的边缘由于骨膜受刺激发生骨质增生。

③ 在骨组织系统变性破坏的基础上，引起反应性修复，骨组织发生增生，增生的骨质一般比较疏松，最终出现关节变形。关节面的密质骨增厚，致密硬化。

④ 关节滑液常为浑浊，有时含有少量絮状物。

【预防措施】

加强饲养管理、注意补给维生素 C 和钙盐。不饲喂霉败饲料，预防骨软化症。提高使役技术，改善使用方法，调整使役等。普及护蹄知识，提高削蹄、装蹄质量。对不正肢势、不正蹄形病例，做好矫形装蹄。定期检查护蹄、饲养管理和使役情况，发现问题及时排除。

【治疗方案】

（1）治疗原则　早期发现与早期治疗，消除跛行，恢复功能。

（2）早期治疗　以镇痛和温热疗法为主，或用封闭疗法。温热疗法用透热疗法、短波疗法等调节代谢，促进修复。

(3) 晚期治疗 以消除跛行、恢复功能为主。

① 为使已形成骨赘、能微动的患关节发生粘连，消除跛行，可应用强刺激疗法，诱发患部骨关节出现急性炎症，以达到关节粘连而消除跛行。

② 涂擦10%鱼石脂软膏或5%碘化汞软膏或10%重铬酸钾软膏，包扎绷带，观察疗效。或用1∶12的升汞酒精溶液涂于患部，每天一次，用至皮肤结痂为止，休息7天可再用药，连用3次，分注2～3点，诱发急性炎症。

③ 用穿刺烧烙疗法促进关节粘连，局部剃毛、消毒。麻醉后，于中央跗骨与第三跗骨之间骨赘明显处向深部穿刺烧烙2～3点（患跗关节骨关节病时），用碘仿火棉胶封闭烧烙孔，包扎无菌绷带。

④ 需要配合进行削蹄、装蹄疗法。胫前肌腱内支切断术可消除跛行，效果较好。

【说明】

早期发现的预后谨慎，少数不良，慢性经过至晚期并长期存在跛行者，预后不良，应予以淘汰。

九、牛关节脱臼

【诊断要点】

脱臼又称脱位，是关节头与关节窝错开，而不能自行复原。关节脱臼多发于髋关节、球关节、肩关节和髌骨，其他关节少发。按关节脱臼的方向分为前方脱臼、后方脱臼、侧方脱臼和上方脱臼。按关节脱臼的程度可分为半脱臼和完全脱臼。

发病原因：主要由于暴力的直接作用和间接作用，前者如跌倒、打击、冲撞和踢踏，后者如跳跃、关节过度屈曲、伸展、外转、内收。幼牛的关节发育不全和患全身性疾病时，在一般暴力作用下，关节就可发生脱臼。

关节变形：脱臼的关节，外观变形，呈隆突或凹陷，但是关节被厚层肌肉覆盖，或周围组织严重肿胀时关节变形表现不明显。

患肢畸形：关节脱臼后，由于患肢的轴线发生变化，表现为患肢短缩或伸长。一般在半脱臼时，患肢比健肢长，全脱臼时，患肢比健肢短。同时在脱臼部以下的肢轴，其方向发生变化，病肢出现内收、外展、内旋、外旋、屈、伸等异常姿势。

异常固定：关节脱臼后，未撕裂的肌肉、韧带，可将脱臼后的肢体固定在特殊位置。

功能障碍：运步困难，呈现高度的混合跛行。

【治疗方案】

治疗原则：整复、固定、功能锻炼。

1. 整复（复位）

① 复位是使关节的骨端回到正常的位置，整复越早越好，当炎症出现后会影响复位。

② 整复应当在麻醉状态下实施，以减少阻力。

③ 牛在整复时，常采用绳子将患肢拉开反常固定的患关节，然后按照正常解剖位置使脱位的关节骨端复位。

④ 当复位时会有一种声响，此后，患关节恢复正常形态。

⑤ 在实施整复时，一只手应当按在被整复的关节处，可以较好地掌握关节骨的位置和用力的方向。

⑥ 整复后应当拍 X 射线片检查。对于一般整复措施无效的病例，可以进行手术治疗。为了达到整复的效果，整复后应当让牛安静 1～2 周。

2. 防止复发，复位固定

① 整复后，下肢关节可用石膏或者夹板绷带固定，经过 3～4 周后去掉绷带，牵遛运动让病牛恢复。在固定期间用热疗法效果更好。

② 由于上肢关节不便用绷带固定，可以采用 5%的灭菌盐水或者自家血向脱臼关节的皮下做数点注射（总量不超过 20 毫升），引发周围组织炎症性肿胀，因组织紧张而起到生物绷带的作用。

③ 若治疗时未出现合并损伤而且整复及时，固定的好坏决定预后的效果。如果并发关节囊、腱、韧带的损伤或者有骨片夹在骨间并且并发骨折时，很难得到令人满意的整复效果。病理性脱臼时，整复后仍可能再次发生关节的脱臼。

十、牛膝关节浆液性滑膜炎

【诊断要点】

牛膝关节浆液性滑膜炎是以膝关节的关节囊滑膜层的病理变化为主的渗出性炎症，其特点是不并发膝关节软骨损害。此病牛经常发生，并且多数是股胫和股膝两个关节同时发病，临床常发生浆液性和浆液纤维素性滑膜炎。

发病原因：损伤，如关节的捩伤、挫伤和关节脱臼都能并发滑膜炎；使役，管理不当，在不平道路、半山区、山区或低湿地带挽拽重车，肢势不正、装蹄不良及关节软弱等也容易发生；某些传染病（关节结核）的并发病；急性风湿病也能引起膝关节滑膜炎。

急性浆液性或浆液纤维素性滑膜炎：患部热痛、肿胀、波动、关节变形。肿胀部在膝直韧带之间的滑膜盲囊最明显。如为纤维素性，肿胀较轻，但有捻发音。病牛站立时屈曲患肢或仅以蹄尖着地。运动时，表现混合跛行。

慢性浆液性滑膜炎：患关节肿胀、波动，但是痛感不明显。肿胀在韧带间隙的关节憩室突起部位最明显。病牛跛行不明显，快步运动或疲劳后则出现跛行。倘若关节腔积水过多，运动时出现跛行，日久患肢的股部和臀部的肌肉逐渐萎缩。

病理变化：滑膜及绒毛充血、肿胀，纤维素性浆液渗出物大量浸润，以后关节腔内存有透明或微浑浊的浆液性渗出物，有时浆液中含有纤维素片。重度外伤性滑膜炎滑膜破损较重，滑液（渗出物）有血红色。一般病例关节软骨无明显变化。

【治疗方案】

(1) 治疗原则 制止渗出，促进吸收、排出积液、恢复功能。

(2) 急性浆液性滑膜炎 病牛安静，镇痛，促进炎症转化，可使用2%利多卡因溶液关节腔注射，或0.5%利多卡因青霉素关节内注入。制止渗出，病初可用冷疗法，包扎压迫绷带或石膏绷带，适当制动。促进渗出物吸收，可应用温热疗法。

(3) 慢性浆液性滑膜炎 用鱼石脂软膏或碘樟脑醚涂擦并结合温

敷，或应用理疗，如碘离子透入疗法、透热疗法等；还可用低功率氦氖激光照射患关节或二氧化碳激光扩焦照射患部。关节积液过多，穿刺抽液，同时向关节腔注入盐酸利多卡因青霉素溶液包扎压迫绷带。

十一、牛髋关节脱位

【诊断要点】

牛髋关节脱位是由于牛的髋臼较浅，股骨头呈球状，其颈粗大，从髋臼中脱出，并根据股骨头从髋臼脱出后移位的方向，可分为前上方脱位、后方脱位、内方脱位和外上方脱位，以前上方脱位多见。髋关节脱位常为一侧性的，但两侧性脱位也有。常发生于2～5岁的牛，但更小的牛也有报道，包括一日龄的小母牛。

发病原因：髋关节的各种慢性炎症过程，动物长期舍饲并缺乏定期运动。滑倒或跳跃倒地，两后腿向外叉开，急剧回转，泥泞地或冰雪路面使役，不麻醉去势或保定时后肢不合理转位，发情牛互相爬跨，后肢共济失调或母牛爬卧综合征等，都可引起髋关节脱位，膝盖骨上方脱位也可并发髋股关节脱位，这是由于膝盖骨脱位后肢扭转的关系。

全身症状，髋关节脱位呈突发的重度混合跛行，患肢不能伫立负重，运动时又不能向前伸展，而是拖拽前进。

前上方脱位：这是最常见的脱位，股骨头移位于前上方，动物伫立时患肢短缩，股骨几乎呈直立，同时病肢外展，蹄尖向外，跟骨结节则向内转，两侧大转子不对称，明显向前和向外凸出。牛发生髋关节脱位后，常常躺卧不愿起立，运步时患肢拖拽前进，或三脚跳行，被动运动时，有时可听到股骨头和髂骨的摩擦音。

后方脱位：股骨头移位于坐骨外侧下方，伫立时病肢向侧方叉开，并比健侧肢长，患肢臀部皮肤特别紧张，股二头肌前方出现一沟，转子处也有一凹陷。运步时呈三脚跳，病肢只能以蹄尖沿地拖拽前进，并呈显著外展，迅速向后提举患肢时，可听到移位骨的摩擦音。

内方脱位：股骨头移位于耻骨上支下方或移位于闭孔内，移位于耻骨上支下方时，患肢呈现短缩，髋股关节上方出现凹陷，膝关节部皮肤形成皱襞。运步时很难以病肢负重，拖拽患肢前进并向外划弧。被动运动较外展容易，但内收则受到限制。

外上方脱位：股骨头移位于髋臼上方，伫立时患肢显著短缩，并且呈内收和伸展状态，同时患肢的背侧面转向外方，跗关节可比对侧高数厘米，关节部变形，转子的轮廓可变得很明显。运步时病肢拖拽前进并向外划大圈，转出的转子在运步时可前后运动，以手掌放在凸出部可感觉到它的移动。

髋关节不全脱位：可突发重度混合跛行，但患肢仍可负重，髋关节常不变形或很轻微。伴发股骨骨折或髋臼骨折时，症状更为复杂，局部出现明显肿胀，骨摩擦音也更明显。

【治疗方案】

治疗原则：正确整复，妥善固定。

1. 保守整复

① 侧卧，全身麻醉，患肢稍外转，对脊柱约 120°的方向进行强牵引。术者手抵大转子用力强压试行整复，可取得成功。如整复不成，放置下去，常形成假关节。

② 外上方脱位整复时，助手握住患肢，同前方拉直，同时术者用手从前向后推压股骨头，如股骨头复位，可听到复位声。

③ 后方脱位时，助手双手紧握患肢的跖部和飞节上方，将患肢向侧方轻轻移动，突然用力向躯干推腿，同时再向外方旋转可整复。

④ 内方脱位整复时，患肢在上侧卧保定，患肢球节部系一软绳并由助手用力牵引，用一圆木杠置于患肢的股内部，由二人用力向上抬，与此同时牵引患肢，术者两手用力向下压大腿部，如感觉到或听到一种股骨头复位的声音，即整复。

2. 手术整复

无法保守整复，理论上可手术整复，但对牛长期效果不佳，建议淘汰。

【说明】

髋关节脱位整复后，让病牛侧卧一天，等待局部炎症反应出现时可借以固定；或向患关节涂 1∶5 的碘化汞软膏，以加速炎症反应；或在髋关节周围分点注射盐水，也可以达到诱发炎症反应的目的。复位后数日内禁止病牛卧倒，应吊起保定，预防再发。

十二、牛膝盖骨脱位

【诊断要点】

膝盖骨脱位多发生于牛。有外伤性脱位与病理性脱位。外伤性脱位比较多见，习惯性脱位是病理性脱位中的一种。根据膝盖骨的变位方向有上方脱位、外方脱位及内方脱位，而牛以上方脱位和习惯性脱位为多见。

发病原因：营养状态不良，突然向后踢，或由卧位起立时后肢向后方强伸、跌跤、在泥泞路上的剧烈使役、跳跃、撞击、竖立时，由于股四头肌的异常收缩，常能引起膝盖骨上方脱位。膝盖内直韧带或膝盖内侧韧带剧烈伸展和撕裂，慢性膝关节炎，营养不良性病态均能引起膝盖骨外方脱位。膝盖滑车形成不全，可能与遗传有关，或损伤外侧韧带时，则可能发生内方脱位。

上方脱位：运动中在滑车面滑动的膝盖骨，由于上述原因被固定于滑车的近位端，相对较短的膝内直韧带，转位稽留于内侧滑车上，不能复位，称为膝盖骨上方脱位，又称膝盖骨垂直脱位。突然发生，站立时大腿、小腿强直，呈向后伸直姿势，膝关节、跗关节完全伸直而不能屈曲。运动时以蹄尖着地拖拽前进，同时患肢高度外展，或患肢不能着地以三肢跳跃。被动活动患肢不能屈曲。触诊膝盖骨上方移位，被异常固定于股骨内侧滑车嵴的顶端，内直韧带高度紧张。两后肢膝盖骨上方脱位同时发生时，病牛完全不能运动。

习惯性脱位：反复发作，病牛在运动中毫无任何原因突发上方脱位，继续前行，可自然复位，症状立即消失。如此反复发作。复发间隔时间不定，有的仅间隔几步，有的时间长些。

外方脱位：因外力作用引起膝内直韧带受牵张或断裂，膝盖骨向外方脱位。站立时膝、关节屈曲，患肢向前伸，以蹄尖轻轻着地。运动时除髋关节能负重外，其他关节均高度屈曲，表现支跛。跛行状态很类似股四头肌麻痹症状。触诊膝盖骨外方变位，其正常原位出现凹陷，同时膝直韧带向外上方倾斜。

习惯性外方脱位：牛多呈直飞肢势，屈膝关节，膝盖下方移动，越过外滑车嵴转位于外侧，固定瞬间，患肢伸展困难、步幅短缩，在出现强拘步样数步之后，膝盖骨复位，步样恢复正常。

内方脱位：因股膝外侧韧带断裂，膝盖骨固定于膝关节的内上侧，膝直韧带向内上方倾斜。

【治疗方案】

1. 一时性脱位

① 药物松肌复位法：病牛注射肌松剂后强迫使其急速侧身后退或直向后退，脱位的膝盖骨可自然复位。这是比较简易而又行之有效的方法，但应耐心地反复做如上动作。

② 牵引整复法：如确实不能整复再用牵引整复法，即用长绳系于患肢的系部，从腹下部向前，由对侧颈基部向上向前，从颈部上方紧拉该绳，可将患肢向前上方牵引，使膝关节屈曲，同时术者以手用力向下推压脱位的膝盖骨，促进复位。

③ 直韧带切断术：上述复位方法无效时，可进行手术疗法。

牛膝盖骨上方脱位内直韧带切断术：将病牛柱栏保定或侧卧保定（患肢在下），术部剃毛消毒，适当使用镇静剂，先确定胫骨结节，可摸到软骨样棒状内直韧带，周围局麻。在胫骨结节稍上方内直韧带与中直韧带之间沟内，皮下纵切口 6～7 厘米，切开皮下组织、浅筋膜，韧带周围钝性剥离并加以整理，将球头弯刃刀插入，由内向外切断韧带，创内撒布抗生素或磺胺类药物，缝合筋膜和皮肤，包扎绷带。

2. 习惯性脱位

① 韧带固着强化法：可沿弛缓的韧带皮下注入 90℃液体石蜡适量，扩大瘢痕组织的形成，加强韧带的固着。亦可使用皮肤烧烙法。

② 削蹄疗法：即切削患肢的外侧蹄负面，踵壁多切削，蹄尖壁少切削，使蹄负面造成内高外低的倾斜状态。患肢在运动时可表现内向捻转步样，对外侧蹄负面倾斜度的切削应分数次逐渐调整，直至功能障碍消失。

③ 内侧增高法：如患肢蹄壁较低，无法切削时，可装内侧支高尾

蹄铁，也可以根据病情需要在切削外侧负面的同时装着内侧支高尾蹄铁，总之以能造成捻转步样为目的，借以治疗习惯性脱位。

【说明】

脱位整复后，膝关节部位涂强刺激剂或者软膏，增进炎症过程，以防脱位再发。

十三、牛肌肉断裂

【诊断要点】

肌肉断裂指肌肉的完整性被破坏，可分为自发性或损伤性断裂、部分断裂和完全断裂。在前肢常见于冈上肌、冈下肌、肩胛下肌、肱二头肌和肱三头肌。后肢常见于胫骨前肌、腓骨第三肌。肌肉断裂常发生于肌肉与骨的固着点，肌纤维与腱质的移行部，以及肌腹长而腱短的肌腹上。

发病原因：由于外界直接或间接暴力作用，如冲击、跌倒、跳跃、滑倒、踢踏等引起肌肉过度紧张，而发生肌肉完全或部分断裂。在患肌肉某些疾病（如肌炎）时，常易继发肌肉断裂。

病初患部肿胀，触诊凹陷，疼痛，运动时呈现跛行。

冈上肌断裂：冈上肌的作用是伸展肩关节。该肌断裂后，病牛运动时呈现高度悬跛，站立时肩关节稍向下沉。

冈下肌断裂：冈下肌的作用是固定肩关节。该肌断裂后，病牛运动时呈现高度支跛，肩关节显著外偏。

肩胛下肌断裂：肩胛下肌的作用为内收肩关节。该肌断裂后，病牛运动时呈现明显的支跛，在患肢负重的瞬间，肩关节向外展开，站立时肩关节也向外展开。

肱二头肌断裂：肱二头肌的作用主要是屈曲肘关节，尚能伸肩关节。该肌断裂后，病牛站立时肩关节和各个指关节均呈屈曲姿势，患肢常呈悬垂状态。运动时拖拽前进，呈现高度的混合跛行。

肱三头肌断裂：肱三头肌的作用是伸展肘关节。病牛运动时，患肢的所有关节均屈曲，拖拽前进；站立时患肢不能着地负重，同时肩关节显著开张，肘关节下沉。

胫骨前肌与腓骨第三肌断裂（二者总称为前屈肌）：胫骨前肌的作用是屈曲关节，而腓骨第三肌只是起机械配合作用。病牛站立时关节高度伸直，跗关节与跖部接近形成一条直线，向后提起，可达水平，跟腱弛缓，运动时呈现明显的悬跛。

【治疗方案】

① 应使病牛安静休息，停止使役，加强饲养管理和护理工作。

② 病初急性症状显著时，可用冷敷或封闭疗法，随着炎症缓和后可用温热疗法、石蜡疗法、局部涂擦消炎软膏，并可适当地进行轻度按摩。

③ 根据病情，在患肢用石膏绷带、夹板绷带固定某些关节和局部，持续一定时间，可以加速愈合。必要时可应用红外线和离子透入疗法。

【说明】

支撑作用的肌肉断裂时，跛行比较明显。提伸肢的肌肉断裂时，跛行较轻或不明显。根据部位尽可能进行固定（石膏绷带及其他固定绷带），有利于促进肌肉的再生修复。禁忌在痊愈后立即进行重度使役。

十四、牛肌炎

【诊断要点】

肌炎是指肌纤维变性、坏死，肌纤维间的结缔组织、肌束膜和肌外膜也发生相应的病理变化。

发病原因：损伤，如挫伤、跌倒、滑落等，轻者发生肌纤维断裂、溢血和炎性渗出，重者发生血肿和肌肉断裂等无菌性肌炎。此外，也有风湿性肌炎。感染，如葡萄球菌感染、链球菌感染、大肠埃希菌感染及周围组织炎症蔓延与转移后（如关节炎、化脓灶、脓肿、蜂窝织炎等），可发生化脓性肌炎。牛还可因化脓棒状杆菌引起背肌的化脓性肌炎，还有放线菌、旋毛虫也能引起该病。护蹄（装蹄）不良可促进本病的发生。

急性肌炎：突然发病，患部指压有肿胀、增温、疼痛。无论症状轻重都有跛行，一般多为悬跛，少数是支跛。

慢性肌炎：多来自急性肌炎，或致病因素反复刺激而引起。患部脱毛，皮肤肥厚，缺乏热、痛和弹性，肌肉肥厚、变硬。患肢功能障碍。

化脓性肌炎：患部一般在深部肌肉，有明显的热、痛、肿胀、功能障碍。随着脓肿的形成，局部出现软化、波动。深在病灶虽无明显波动，但可见到弥散性肿胀。穿刺检查，有时流出灰褐色脓汁。自然破溃时，易形成窦道。

病理变化：患病肌纤维变性、萎缩，逐渐由结缔组织取代。

【治疗方案】

治疗原则：除去病因，消炎镇痛，防治感染，恢复功能。

急性肌炎：病初先冷敷后温敷，控制炎症发展。用青霉素盐酸普鲁卡因封闭，涂刺激剂和软膏。镇痛，注射安替比林合剂、2%盐酸普鲁卡因、维生素 B_1 等，也可以使用氟尼辛葡甲胺、萘普生、安乃近、安痛定、水杨酸制剂及类皮质激素等。

慢性肌炎：应用按摩、涂强刺激剂、石蜡疗法、超短波和红外线疗法，适当运动。

化脓性肌炎：前期应用抗生素或磺胺疗法，形成脓肿后，适时切开，根据病情采用全身疗法。

十五、牛腱炎

【诊断要点】

腱炎多发生于屈腱，伸腱较少。牛多发于后肢。

发病原因：过去农忙季节长期劳役，速度快，转弯急，屈腱因受到过度的紧张和牵引而发病。外伤的直接作用，如打击和踢踏等引起。

急性腱炎在掌骨的掌侧出现肿胀，触诊患部有热痛反应。站立时球节屈曲，仅以蹄尖着地，运步时呈现支跛。

慢性腱炎在掌骨的掌侧出现坚固平坦的肥厚，触诊患部无热痛反应，运步时跛行不甚明显。严重时，增殖的纤维组织和瘢痕组织使腱失去弹性而伴发短缩，呈现腱性突球。

【治疗方案】

治疗原则：减少渗出，促进吸收和出血凝固，防止腱束的继续断裂，恢复功能。

① 急性腱炎：初期，用2%醋酸铅溶液或盐水调制的黄泥冷敷，每2～3小时浇注1次2%醋酸铅液或冷盐水。若患部有创伤，可用2%石炭酸溶液或2%硼酸溶液冷敷，或用0.25%盐酸普鲁卡因溶液做环状封闭。急性炎症缓和后，可用饱和硫酸镁溶液热敷，也可应用鱼石脂、酒精绷带，或用四三一合剂、樟脑软膏涂擦。

② 慢性腱炎：可用石蜡疗法；或醋酸可的松2～3毫升，加等量0.5%普鲁卡因溶液注入患部皮下，每4～6天一次，3～4次为一疗程；或涂擦强烈刺激性软膏，如碘化汞软膏（红色碘化汞1份、凡士林5份）；或在患部进行点状或线状烧烙疗法。

③ 腱挛缩时可进行切腱术。

④ 对化脓性腱炎，应按照外科感染疗法治疗。

十六、牛腱鞘炎

【诊断要点】

腱鞘炎常发于指（趾）部腱鞘、跗部腱鞘和腕部腱鞘。临床上以无菌性炎症较多，而化脓性炎症较少。腱鞘炎分急性、慢性、化脓性和症候性四种类型。

发病原因：机械性损伤，如挫伤、打击、压迫、刺创。腱的过度牵引，保定不当，挽驮重载在不平或泥泞的道路上疾驰等。感染，如脓毒症、传染病（腺疫、流感、布鲁氏菌病、结核病、鼻疽）并发，周围组织炎症（蜂窝织炎、脓肿、化脓性黏液囊炎、化脓性关节炎）蔓延。寄生虫侵袭，如盘尾丝虫病等。

1. 急性腱鞘炎

① 急性浆液性腱鞘炎：较多发，腱鞘内充满浆液性渗出物，有的在皮下肿胀达鸡蛋大乃至苹果大，有的呈索状肿胀，温热疼痛，有波动。有时腱鞘周围出现水肿，患部皮肤肥厚。有时与腱鞘粘连，患肢功能障碍。

② 急性浆液纤维素性腱鞘炎：渗出物中有纤维素凝块，因此患部除有波动外，在触诊和被动活动患肢时，可听到捻发音，患部的温热疼痛和功能障碍都比浆液性严重。有的病例渗出液或纤维素过多，不易迅

速吸收，转为慢性经过，常发展为腱鞘积水。

③ 急性纤维素性腱鞘炎：较少见，多为亚急性与慢性经过。局部肿胀较小，而热痛严重，触诊腱鞘壁肥厚，有捻发音。

2. 慢性腱鞘炎

① 慢性浆液性腱鞘炎：滑膜腔膨大充满渗出液，有明显波动，温热疼痛不明显，跛行较轻，仅在使役后出现跛行。

② 慢性浆液纤维素性腱鞘炎：腱鞘各层粘连，腱鞘外结缔组织增生肥厚，严重者并发骨化性骨膜炎。患部仅有局限的波动，有明显的热痛，运动时跛行。

③ 慢性纤维素性腱鞘炎：因腱鞘肥厚、硬固而失去活动性，轻度肿胀，温热，疼痛，并有跛行。在触诊或被动活动患肢时，表现明显的捻发音。病久常引起肢势与蹄形的改变。

3. 化脓性腱鞘炎

滑膜感染初期为浆液性炎症，患部充血和敏感，如有创伤，流出黏稠含有纤维素的滑液。经 2～3 天后，则变为化脓性腱鞘炎，病牛体温升高、疼痛、跛行剧烈。如不及时控制感染，可蔓延到腱鞘纤维层，引起蜂窝织炎，出现严重的全身症状。表现严重的跛行并有剧痛，进而引起周围组织的弥散性蜂窝织炎，甚至继发败血症。有的病例引起腱鞘壁的部分坏死和皮下组织形成多发性脓肿，最终破溃。病后常遗留下腱和腱鞘的粘连或腱鞘骨化。

4. 症候性腱鞘炎

由结核分枝杆菌引起的牛的结核性腱鞘炎，类似纤维素性炎，肿胀逐渐增大，周围呈弥散肿胀，硬而疼痛。

【治疗方案】

治疗原则：制止渗出、促进吸收、消除积液、防治感染和粘连。

① 急性炎症初期：在病初 1～2 天内应用冷疗，如 2%醋酸铅溶液冷敷，硫酸镁或硫酸钠饱和溶液冷敷。同时包扎压迫绷带，以减少炎性渗出，病牛应当安静休息。

② 急性炎症缓和后：可应用温热疗法，如酒精温敷，复方醋酸铅

散用醋调温敷等。如腱鞘腔内渗出液过多不易吸收时，可做穿刺，同时注入1%盐酸普鲁卡因青霉素10～50毫升，注后慢慢运动10～15分钟，同时配合热敷2～3天。如未痊愈，可间隔三日后，再穿刺1～2次，在穿刺后要包扎压迫绷带。

③ 亚急性或慢性腱鞘炎：可应用鱼石脂、鱼石脂酒精外敷，涂擦水银软膏、樟脑水银软膏；亦可采用热浴、热泥疗法、透热疗法、石蜡疗法、碘离子透入疗法；还可以应用醋酸氢化可的松50～200毫克加青霉素80万～160万国际单位，注入腱鞘，每3～5天注射一次，连用2～4次。如腱鞘腔内纤维素凝块过多而不易分解吸收时，可手术切开排除，切开部位应在下方。注意防止局部感染。对慢性病牛应进行适当运动。

④ 化脓性腱鞘炎：初期可行穿刺排脓，然后使用盐酸普鲁卡因青霉素溶液冲洗，伤口用0.1%呋喃西林溶液湿敷。根据病情可以手术切开，充分排脓，手术创口可用青霉素、磺胺类制剂、2%氯亚明溶液、1∶500过氧化氢利凡诺溶液冲洗消毒。对腐败性腱鞘炎，应使用氧化剂。

十七、牛腱断裂和跟腱断裂

【诊断要点】

腱断裂是指前肢或后肢指（趾）屈肌腱的不全或完全断裂。跟腱断裂是指小腿骨远端止于跟结节上肌腱的断裂。

发病原因：常因犁、耙、刀、铲、锹等锐利物体所致的切割损伤而引起。腱的疾病，使腱的弹性消失、腱部的坏疽和化脓均可继发腱断裂。滑倒、跌倒和公牛交配时跟腱极力收缩，亦可发生跟腱断裂。

屈腱断裂：病牛站立时患肢不能负重，运步时呈支跛，触诊局部有热痛反应，断裂处可摸到缺损部。如浅层腱断裂，负重时球关节显著下沉，蹄尖稍向上翘；浅、深层腱断裂，负重时蹄踵着地，蹄尖明显上翘；浅、深层系韧带全断裂，负重时所有指关节发生背曲，球关节着地。

跟腱断裂：站立时患肢腱关节显著屈曲，飞节下沉，触诊跟腱骨头附近，跟腱显著弛缓，断裂处凹陷或有疼痛性肿胀。被动屈曲关节时，不见抵抗，伸展时有疼痛反应，运动时呈现高度支跛。

【治疗方案】

治疗原则：使病牛安静，缝合断端，固定制动，防止感染，促进愈合。

① 不全断裂时，采用石膏绷带或夹板绷带固定，尚有治愈的希望。

② 全断裂时，首先进行创伤的外科处理，再根据具体情况采用皮外腱缝合或创内腱缝合法，或二者同时应用，最后装着有窗石膏绷带或夹板绷带固定。

③ 治疗腱断裂关键在于固定。只有在充分固定的基础上，促进腱的断端紧密结合，才能有利于腱的再生，否则预后多为不良。

十八、牛腕前皮下黏液囊炎

【诊断要点】

腕前皮下黏液囊炎俗名“膝瘤”或“冠膝”。主要发生于奶牛，耕牛少见。多为一侧性，有时为两侧性。根据病情可分为急性浆液性炎、慢性浆液性和浆液性纤维素性炎、化脓性炎等。

发病原因：若地面坚硬而粗糙，牛床不平，钉头外露，垫草不足或不给垫草，当牛起卧时腕关节前面不免反复遭受挫伤。使役牛，在不平的硬地上发生猝跌，亦可导致腕前皮下黏液囊炎。某些传染病（结核病、布鲁氏菌病）可并发或继发腕前皮下黏液囊炎。

急性浆液性炎：腕关节前下方呈局限性圆形肿胀，触诊湿热，有痛感、波动和捻发音，运动时有轻度跛行。

慢性浆液性和浆液性纤维素性炎：因渗出液增多，局部呈现巨大的圆形肿胀，由于皮肤结缔组织增生，皮肤增厚，脱毛，角化，触诊肿胀部坚硬，无热痛反应，肿胀过大时可出现轻度跛行。

化脓性炎：腕关节前出现弥漫性肿胀，触诊湿热，有痛感和波动。运动时跛行明显。穿刺有脓液排出。皮肤有破口时，可形成持久性的瘘管。

【预防措施】

注意地面、牛床的平整，铺垫干燥而柔软的垫草。加强饲养管理工作。对布鲁氏菌病应定期检查。

【治疗方案】

治疗原则：消除病因，制止炎症。

① 急性浆液性炎：初期应用冷敷。必要时穿刺抽出渗出物，再注入普鲁卡因青霉素可的松混合液，最后装压迫绷带。待急性炎症缓和时，可用温敷法、按摩法和压迫绷带。

② 慢性浆液性炎：使用各种刺激性的软膏和擦剂，如碘软膏、樟脑软膏、雄黄软膏、鱼石脂软膏等。

③ 化脓性炎：化脓成熟时应早期切开排脓，并用锐匙刮除囊壁内层组织，用防腐消毒液冲洗囊腔，以后按化脓创治疗。

【说明】

早期应以穿刺注药包扎为主，晚期以切开排液或插入引流管引流为主，早期疗效较好。该病不能在肿胀前方全切开，否则预后不良。

十九、牛闭孔神经麻痹

【诊断要点】

闭孔神经麻痹或损伤又称产犊瘫痪，是产犊后引起的单侧或双侧后肢不能内收，并且闭孔神经和坐骨神经的 L6 腰神经根受损所致的一种神经功能障碍性疾病。多发于分娩后，闭孔神经是运动神经，由 5～7 腰神经组成，沿髂骨体内面和骨盆伸延，经闭孔的外侧部穿出后，即分布于大腿内侧的肌肉，如闭孔内肌、内收肌、耻骨肌和股薄肌。

发病原因：常因分娩时胎儿过大，或难产助产时强力牵引，压迫或损伤闭孔神经和坐骨神经的 L6 腰神经根所致。闭孔神经支配后肢外展肌，第六腰脊神经支配半膜肌、半腱肌。耻骨骨折或肿物压迫，动物滑倒时叉开后肢，或后肢强力挣扎等引起神经损伤。闭孔神经麻痹是产犊后引起单侧或双侧后肢不能内收，与闭孔神经功能障碍有关。双侧闭孔神经损伤不会产生持久性躺卧和内收肌完全失效，但可引起患牛在光滑的场地滑倒和外展。牛在光滑的地面或冰上劈开腿，后肢的内收肌发生撕裂时也出现类似现象。

产犊瘫痪是坐骨神经的第六腰脊神经和闭孔神经同时损伤。损伤为单侧或双侧。

① 单侧症状：在人工辅助下能站立和负重，病后肢不能内收，球节突出，以球节和趾背侧着地站立，后两种症状与坐骨神经损伤密切相关。

② 双侧症状：不能站立，常呈蛙式腹部着地，后肢屈曲面外展，严重患牛后肢劈叉并向外展与身体长轴垂直。

并发病：常伴随内收肌病、髋关节脱位、股骨头或胫骨折、股骨骨折等，使病情复杂化。

病理变化：受压迫或损伤的闭孔神经、坐骨神经发生出血、水肿和炎症等变化。

【预防措施】

加强饲养管理，日粮搭配合理，营养平衡。防止地面过滑引起牛后肢劈叉、跌倒，避免损伤后肢，助产和保定要严格遵守操作规程，减少难产和代谢病的发生。

【治疗方案】

① 难产后发生本病时，应立即治疗，效果较好，否则肌肉损伤会使病情复杂化。

② 早期肌内注射地塞米松（20～40 毫克）和非类固醇抗炎药（按每千克体重 1 克，用 5%葡萄糖作 1∶1 稀释，静脉注射，数天）。配合肌内注射维生素 B_1、维生素 E 或硒。

③ 依据奶牛的大小，可在跖部相距 60～75 厘米处拴住后肢。做脚绊时，用软绳连到跖部的尼龙绳或绳套上。脚绊安置应注意防止外伤或阻碍跖部的血液循环，患牛应放置在较好地面的厩舍或临时搭建的围栏中，并防止过度走动。当牛试图起立时，最好尝试通过一两个人的提尾帮助病牛站立。若患牛能站立，即使很短时间，母牛也应挤出奶。

④ 对人工辅助仍不能站立的患牛应考虑用吊带、行走器或髋部吊带，帮助站立。若患牛能自行站立，应迅速拿走吊带，只要牛感到舒适，尽可能让其站立。在使用人工吊带或其他器具时，许多患牛害怕或不让使用，应间隔 8～12 小时后再继续试用 2～3 次。

⑤ 患牛重新站立至少需要 10～14 天或更长，此后母牛才能使用挤

乳设备。

⑥ 除实施上述的治疗措施外，应及时治疗原发病如代谢病、传染病。要注重护理，站立时应经常按摩后肢促进血液循环。应经常让躺卧牛置换体位，并保持较好的褥垫条件。对躺卧牛，每天要仔细检查以判定是否有并发病，以便判定预后。

二十、牛股神经麻痹

【诊断要点】

股神经麻痹多发生于难产的犊牛，由于其强制性牵引伤害股四头肌伸张，引起神经的损伤。股神经为混合神经，由3～6腰神经组成，它的运动纤维分布于股四头肌、髂腰肌、缝匠肌和股薄肌等，而感觉支分布在股、胫、跖部的内侧皮肤。

1. 发病原因

① 股神经过度被牵引：后肢向后滑走，后肢剧烈地向后踢和挣扎，保定时不合理和粗暴操作，跳跃障碍物等都易使股神经剧伸，神经纤维受到损伤，引起麻痹。

② 外伤和压迫股神经：直接受到外力打击，骨折碎片的损伤，血肿、脓肿或新生物的压迫，难产时损伤了神经根或压迫大腿部肌肉或血管等，均可引起神经麻痹。

③ 继发于其他疾病，如肌红蛋白尿病、产乳热等。

2. 主要症状

当股神经麻痹时，伸展膝关节的股四头肌，向前提腹的髂腰肌，内收后肢的缝匠肌和股薄肌，弛缓无力，约1周后萎缩。当两侧股神经同时麻痹时，很难站立，也不能运动。当伫立时，因股四头肌弛缓，膝盖骨不能固定，患肢以蹄尖轻轻着地，膝关节以下各关节呈半屈曲状态，膝关节明显降低。不能负重，股四头肌紧张度减少，膝盖骨脱位。当运动时，患肢向前提举缓慢，并且向外画弧，在其落地负重时，膝关节和跗关节突然屈曲，股、胫、跖内侧皮肤的感觉消失。

病理剖检，受压迫或损伤的股神经发生出血、水肿和炎症等变化。

【预防措施】

加强饲养管理，合理搭配日粮，保证营养平衡。防止牛后肢劈叉、跌倒，减少后肢受外界损伤，助产和保定要严格遵守操作规程，减少难产和代谢病的发生。

【治疗方案】

① 消除病因：查明病因，及时消除。同时应将牛保定在六柱栏内，犊牛放在铺有松软褥草的舍内。

② 抗菌抗炎调节神经：当股神经麻痹后，应立即应用地塞米松、非类固醇抗炎药，或静脉注射二甲基亚砜。同时使用直流电或感应电刺激神经，促进股四头肌被动地收缩。肌内注射神经营养药，如维生素 B_1 等。

③ 对症治疗：由血肿、脓肿或新生物引起的，应手术切开或切除这些压迫的原发病，采取相应的治疗措施。由媾疫、肌红蛋白尿病等引起的，应治疗原发病。

二十一、牛蹄叉腐烂

【诊断要点】

蹄叉腐烂是蹄叉真皮的慢性化脓性炎症，并伴发蹄叉角质腐败分解的一种蹄病。本病常发生于后肢，前肢发病较少，一肢或多肢发病。本病与牛年龄无关，是发病率最高的蹄病。

发病原因：圈舍和运动场不洁，肢蹄长期处于污泥、粪尿中，蹄叉角质长期受到浸泡，或放牧中因碎石子等所致的趾间外伤，均可引起本病。削蹄技术不佳，不按时清洁蹄底，或装蹄不及时，造成蹄角质过长，或装蹄时过削，蹄踵过高，使蹄叉开张功能减弱，蹄部血液循环不良等，均可导致本病。遗传因素，如蹄质和蹄形不好的牛易患病。感染病原菌，主要有厌氧性菌、葡萄球菌、链球菌、化脓性细菌和真菌等。

病初，有轻度跛行，蹄叉中沟和侧沟出现角质腐烂、脆弱，趾间的皮肤腐败、放出难闻的臭气，但无功能障碍，只是蹄叉角质的腐败分解，未伤及真皮。

症状加重后，腐败向坚硬的蹄壁内侧渗入，化脓向蹄冠部及系关节部发展，病牛出现跛行，加压有疼痛反应。

【预防措施】

加强饲养管理，发现蹄叉间异物及时清理。每日向牛床撒两次生石灰，有一定预防效果。

【治疗方案】

① 除去趾间变性组织，先除去患部的污物，刮除腐烂物质。

② 清洗消毒，应用3%过氧化氢溶液清洗患部，再用酒精棉球擦干，撒布高锰酸钾粉或注入少量5%碘酊。初期2～3天换药1次，以后根据病情可3～5天换药1次。

③ 抗生素疗法，重症病例，在局部处置的同时，应用青霉素、土霉素、头孢喹肟、头孢噻呋、磺胺间甲氧嘧啶钠等抗生素肌内注射或静脉注射。

二十二、牛蹄底溃疡

【诊断要点】

蹄底溃疡是指牛蹄的底球结合部发生角质缺失、真皮裸露，进而发生肉芽组织增生，甚至引起蹄深部组织感染的一种常见蹄病。

发病原因：长期站立在水泥地面，或牛床狭小而地面粗糙，或用炉灰渣铺牛舍运动场和路面，都易引起本病。忽略削蹄，或削蹄不合理，特别易发病部位的角质，削得不够或过多，都易引起本病。不良的肢势和蹄形，如X形肢势、直腿、小蹄、卷蹄、大外侧趾、延蹄和芜蹄等均易发本病。牛舍和运动场过于潮湿，精料过多，易引起本病。

一般症状：患牛喜卧，站立时患肢外展，内侧趾负重。有的趾尖负重，使蹄底球结合部架空。有的站立时患肢颤动。蹄冠和系部有时肿胀。运步笨拙，有轻度跛行，在硬地上行走时跛行加重。两侧肢患病时，两肢交互负重。

蹄底检查：早期病例，蹄底球结合部的角质为红色或黄色。压诊时角质发软，有疼痛反应。病情发展时角质出现缺损，暴露真皮，或已长出菜花样或莲蓬样肉芽组织。角质出现缺损后，因粪尿和污泥等异物进入角质引起感染，球部和蹄冠部出现炎性肿胀，并在角质下形成潜道和化脓性蹄皮炎，或并发深部组织的化脓性炎症，或在蹄冠部形成蜂窝织炎和脓肿。有时引起远端指（趾）骨骨髓炎，致使指（趾）深屈肌腱抵趾处发生断裂。

【预防措施】

注意潜在性蹄叶炎的存在，通过对牛群伫立姿势、步样、蹄形、饲料、牛的安逸性及蹄病变等的定期观察来查明发生状况。消除牛蹄部环境的不利因素，避免牛蹄持续、不卫生的湿润状态。科学修蹄、蹄浴。泌乳初期饲料和饲喂方法等要谨慎处理，避开所有风险。

【治疗方案】

① 除去蹄底坏死组织：在清蹄后，首先暴露有病的组织，削除坏死的角质和真皮，切除过剩的肉芽组织。

② 止血麻醉：手术过程中防止过多出血，以免血液妨碍手术进行真皮小叶分离而形成新腔道，应该事先装上止血带。为了避免手术时的疼痛，可神经传导麻醉。

③ 包扎。

④ 抗感染疗法：当全身感染时，全身应用抗生素，如青霉素、头孢噻呋、头孢喹肟等。

⑤ 其他处置：两指（趾）尖用金属丝固定于一起，侧指（趾）下粘一木块，以其负重减轻患部负担。

二十三、牛蹄叶炎

【诊断要点】

牛蹄叶炎是蹄真皮与角小叶的弥漫性、亚急性、非化脓性的渗出性炎症。通常可侵害几个指（趾），呈现局部和全身性症状。临床上以疼痛、蹄变形和不同程度的跛行为特征。

发病原因：营养因素是最主要的原因。饲料中精料过多，粗饲料不足或缺乏，奶牛分娩时后肢水肿，使蹄真皮的抵抗力降低，加上持续不合理的负重是本病发生的原因。瘤胃酸中毒、霉败饲料中毒、胎衣不下、乳房水肿、乳腺炎及酮病等，皆可促使本病的发生。

1. 急性蹄叶炎

① 早期症状表现：肌肉震颤，出汗，严重的病指（趾）做划桨状运动，走动时弓背呈僵硬状，常后肢伸向腹下，前肢直立。站立时做横向活动，或卧下时做四肢伸直，起立困难。喜走软地，勉强负重及腕关节跪地。约2/3病例后肢患病，尤其外侧趾。

② 局部变化：蹄冠和蹄球上皮肤，偶然肿胀和敏感，蹄底开始时正常，几天后有黄色蜡样脱色、变软，靠近壁的远轴侧沟可能出血。少数病例蹄壳发热。蹄壁压迫可能敏感，球节上动脉搏动增强，前肢的固有静脉可异常扩张，还有的球节和系部有环形肿胀。

③ 全身症状：症状明显的表现精神不振，食欲下降，体温升高，心跳加快等。

2. 慢性蹄叶炎

① 全身症状轻微，重型病例弓背，全身僵直，步态强拘，消瘦。

② 特征性症状：患蹄出现特征性的异常形状，患指（趾）前缘弯曲，趾尖翘起，蹄轮向后下方延伸且彼此分离。蹄踵高而蹄冠部倾斜度变小，角质蹄壁浑圆而蹄底角质突出，蹄壁延长，系部和球节下沉。

3. 病理变化

可见系部和球节下沉，指（趾）静脉持久性扩张。生角质物质消失及蹄小叶广泛性纤维化。蹄冠皮肤发红，蹄底角质变软、发黄并呈蜡样，或发生血染，或角质异常生长，呈芜蹄。

【预防措施】

① 加强围产期前后奶牛的饲养，制订围产期精料供应计划。

② 饲料要稳定，避免日粮的突然改变，特别在日粮中增加含蛋白质和碳水化合物饲料时，要逐渐进行，使瘤胃内环境有一个适应阶段，减少消化道疾病的发生。加强饲料保管，严禁饲喂发霉、变质的饲料。

③ 保持瘤胃内环境相对稳定，运动场内设置食盐槽，牛可自由采食食盐或碘化盐，促进唾液分泌，改善瘤胃 pH。

④ 定期用4%硫酸铜溶液喷洒浴蹄，定期进行全群奶牛修蹄。及时治疗子宫炎、乳腺炎和胎衣不下等原发病，防止继发性蹄叶炎的发生。

【治疗方案】

① 消除病因，加强护理改变日粮结构，减少精料，把牛置于清洁、干燥软地上饲喂。

② 消除瘤胃酸中毒、酮病、乳腺炎和子宫内膜炎等诱发因素。

③ 抗过敏疗法：病初可用抗组胺药，如内服盐酸苯海拉明 0.5～1 克；或配合地塞米松肌内注射；或静脉注射 10%氯化钙 250 毫升、20%维生素 C 溶液 20 毫升，再单独静脉注射 5%碳酸氢钠 500～1000 毫升。

④ 对症治疗：减轻蹄部疼痛，可用 1%普鲁卡因 20 毫升神经封闭。促使炎症渗出物吸收，可使用温蹄浴。促使毒物排出，可静脉放血或蹄头放血 1 升，然后补液。慢性病例，保护蹄底角质，多削蹄壁角质和蹄尖角质，维持蹄形。

【说明】

发生蹄叶炎需及时治疗，在临床综合征出现 4 小时之内，容易治愈，发病 24 小时后可引起永久损害，36 小时后治疗只能治标不能治本，故治疗越早越好。

二十四、牛蹄底刺伤

【诊断要点】

牛蹄底刺伤是由锋锐物体直接刺到蹄底真皮或蹄的深部组织，致伤的同时将微生物和脏物带入，引起感染，并常引起化脓。本病易并发破伤风、蹄骨骨折等。

发病原因：蹄底角质过度磨灭、蹄底角质软而薄、蹄底过平而缺少弧度、慢性蹄叶炎和变形蹄等易发，并且重型牛、育肥牛和妊娠牛，由于体重大，更易发生刺伤。直接引起刺伤的原因是尖锐物体，如钉、铁片、钢丝、玻璃片、木茬和作物茬等直接刺伤。同时微生物和脏物可随致伤物体进入真皮或蹄深部组织，引起化脓坏死，进入的微生物常为化脓棒状杆菌和坏死杆菌。

全身症状：牛表现不自然，如蹄负重时间缩短、抖蹄等。躺卧时可看到突然屈曲，食欲可由于疼痛而减退，泌乳量可下降。当发生化脓性炎症时，病变得更为明显和严重。

刺伤蹄底和蹄球结合部表现：感染后脓汁先向球部蔓延，使球部角质从真皮剥离，特别在轴侧部更为明显。脓汁和渗出物可将蹄底角质和真皮分离，但经过治疗，化脓性过程被控制，以后又从真皮长出新的角质，形成新的蹄底角质。由于旧的蹄底角质没有脱落，形成了双蹄底，以后削蹄时，会遇到双底现象。

刺伤蹄球部的表现：在1～3天内，患侧球部出现肿胀，蹄冠浅层的表皮开始坏死。由于渗出物沿真皮向角质下蔓延，出现明显的疼痛反应，可见患蹄抖动，运步时腿经常抬得很高，肢外展或向前伸出很远，避免用患指（趾）负重。

并发表现：蹄底和蹄球结合部刺伤或蹄球部刺伤时，可能并发腱和腱鞘的损伤、舟状骨滑膜囊的损伤，甚至可损伤到蹄关节，也可继发球部关节后脓肿。

【治疗方案】

1. 刺入物滞留处置方案

① 刺入的物体仍存留在刺入孔内时，不要急于将异物拔除。

② 将患蹄做机械性清洁，除去附着的粪土泥沙，再用浓碘酊消毒，然后再拔出异物。

③ 注意异物刺入的方向和深度。如果刺入部位不明确，可进行压诊、叩诊，切削患部的蹄底或跨叉以利确诊。

2. 刺入孔处置方案

① 将刺入孔用蹄刀扩成倒漏斗状，新鲜刺伤时注入5%碘酊或碘仿醚。

② 已化脓时，扩开刺入孔即可见脓性渗出物或脓汁从其中流出，这时应尽可能扩大创孔，使脓性渗出物或脓汁充分排出，去除可见的失去生活力的组织，扩开角质下的潜道。

③ 当蹄球部刺伤时，尽可能保护球部软角质，不要过分地削切，因为切除这里的软角质后，生长很慢，易形成肉芽增殖。

3. 深部组织坏死处置方案

① 应手术去除坏死组织，特别是有碎骨片时，必须取出，否则很

难愈合。

② 骨、腱、韧带、关节、滑膜囊等有并发病时，应采取相应手术和对应治疗措施。

【说明】

治疗的关键就是找到刺入孔，围绕刺入孔彻底清理，防感染促愈合。并发全身症状，应同时施行抗菌疗法，如青霉素、链霉素、头孢噻呋、头孢喹肟、氨苄西林、林可大观霉素、土霉素、磺胺间甲氧嘧啶钠等。有深部创伤的，应同时注射破伤风抗毒素。

二十五、牛蹄底磨损

【诊断要点】

牛蹄底磨损是由于牛蹄壳角质层比较薄，蹄底角质长期受到粗糙不平或坚硬的地面摩擦所致。

发病原因：春耕季节，耕牛长期在水田劳役，蹄壳浸泡于水中，角质层膨胀而变软，易发生蹄底磨损。舍饲奶牛或肉牛，由于体型大，蹄形和肢势不正，削蹄失宜，长期站立在粗糙不平的水泥地上，常可造成某一侧蹄底磨损。

轻度蹄底磨损，一般不见跛行，仅在高低不平的硬地行走时跛行才明显。重度蹄底磨损，蹄真皮层磨损，表现为疼痛不安，跛行。触诊蹄底温热，变软而薄，蹄底染有血样渗出物，可见暗蓝色血斑，甚至蹄底可见出血和角质层破碎的网状小裂隙的穿孔。

全身症状，不愿站立或卧地不起，若感染化脓，可造成蹄壳脱落。

【治疗方案】

① 除去病因，轻度蹄底磨损时停止使役即可自愈。

② 局部用温热消毒液清洗蹄壳，蹄壳破损处可用止血粉、磺胺粉、碘仿、硫酸铜、水杨酸粉合剂、青霉素、头孢噻呋等撒布，并包扎蹄绷带保护。

二十六、牛蹄变形

【诊断要点】

牛蹄变形是各种不良因素的作用，致使蹄角质异常生长，蹄外形发生改变而不同于正常牛的蹄形。临床上，变形蹄的形状各异，其分类不尽相同。可分为过长蹄和变形蹄两类。

1. 发病原因

① 胎次与产乳量：胎次的增加，蹄变形明显增加。产乳量高的牛蹄变形可能性大。

② 营养条件：日粮中精料喂量过大，粗饲料不足，精粗比例不当；钙磷不足，比例不当，都可以促使蹄变形发生。

③ 其他因素：遗传因素，饲养管理不当，不定期修蹄等。

2. 过长蹄具体表现

① 延蹄：蹄角质明显延长，是单纯延伸的过长蹄。蹄角度低，指轴后方波折，前后肢的肢势良好，蹄不卷、不翻。

② 长嘴蹄：蹄尖伸长向上翻，也称嘴状蹄，严重者蹄尖交叉。蹄尖显著交叉时，也称剪状蹄或交叉蹄。蹄尖向后方上翻严重者，可称为角笛蹄。

③ 长刀蹄：蹄纵径长，蹄前壁凹弯，尖端上翘，由于枯角质蓄积，蹄底膨隆长刀状。蹄角度小，蹄轴后方波折明显，蹄踵负重大，过度磨灭。前后部可发生。

④ 拖鞋蹄：蹄前壁向反轴侧壁倾斜显著，呈现缓缓的不正形扩张，为横径大的过长蹄。蹄底浅而广，呈广蹄和平蹄形状，蹄角度小，指轴后方波折明显。常诱发白线裂和白线腐烂。前后蹄都可发生，呈前踏肢势。

3. 变形蹄具体表现

① 低蹄：蹄前壁角度小于45°，指轴后方波折明显，蹄尖和蹄踵的蹄壁长度比为（3～4）∶1。

② 高蹄：蹄前壁角度大于55°，指轴前方波折，蹄尖和蹄踵的蹄壁长度比为5∶4。

③ 平蹄：蹄前壁向反轴侧壁先天性倾斜，蹄底无穹隆度，与负面同高。

④ 丰蹄：由平蹄发展而来。蹄底膨隆突出于负面。蹄壁上的蹄轮

明显，蹄冠下的蹄壁出现凹陷带，蹄质较脆，易发生白线裂。

⑤ 狭窄蹄：分蹄冠、蹄底和蹄踵狭窄。蹄角质发育不良，全身性营养障碍，地面干燥可引起狭窄蹄的发生。

⑥ 山羊蹄：伴有起系的小型蹄。蹄尖与蹄踵的蹄壁同长。蹄骨、关节和腱先天性异常，或继发后天性异常，山地牛多发生。

⑦ 竹马蹄：蹄踵的蹄壁比蹄尖长，发生原因同山羊蹄。

⑧ 弯蹄：内、外指（趾）发育失去平衡，与肢势不良有直接关系。重度广踏，外向肢势易发生。外蹄负重少，磨灭也少。蹄大，反轴侧蹄壁凹弯。蹄可见发育不良，蹄轮细，蹄角度多低，外侧指轴内方波折。

【预防措施】

① 加强牛蹄卫生保健，采取综合方法预防。

② 制定合理的日粮结构，满足奶牛营养需要。泌乳高峰牛，尽量缩短能量、钙和磷的负平衡程度和持续时间，日粮中注意维生素、矿物质供给量。

③ 加强圈舍卫生，改善环境条件防止牛蹄被粪、尿、污物浸渍，保持蹄干净、干燥。每年夏季和秋季多雨季节，以疏通排水渠道，保持圈舍干燥清洁，运动场低洼处用细沙填平，粪便及时清扫。

④ 药浴牛蹄，保持牛蹄卫生。坚持每天清刷牛蹄，冬天用毛刷干刷，除去泥土、粪渍；夏天湿刷，用清水冲洗一次。坚持浴蹄，常用4%硫酸铜溶液喷洒蹄部，每4～5天喷洒一次，长期坚持。

⑤ 保持蹄形正常，定期修蹄每年应对全群牛只蹄形进行普查，建立定期修蹄制度。凡变形者，一律修正；每年1～2次修蹄，为防止蹄部感染，修蹄不宜于雨季进行。

⑥ 加强选育，调整配种方案为剔除有害基因对奶牛蹄肢的影响，应加强个体选择，母牛发生蹄变形的犊牛均不能列为核心群。

【治疗方案】

① 最实用的方法是修蹄疗法。

② 修蹄原则：长短适宜、修平、去边、外低内高、修内圆，并检查蹄根、蹄叉内部，发生炎症应及时对症治疗。

③ 该病无药物治疗，临床上需根据不同类型的变形蹄做相应的修

整，轻者经 1～2 次可以完全矫正，严重时只能减轻症状和部分修复，无法使其形态恢复正常。

二十七、牛腐蹄病

【诊断要点】

牛腐蹄病是指（趾）间隙皮肤和邻近软组织的急性和慢性坏死性或化脓性炎症。临床上主要以蹄叉的角质腐败化脓，从蹄叉沟流出恶臭、红黄色或黑色黏稠分泌物为特征。

发病原因：厩舍不洁，地床排水不良，潮湿，肢蹄长期处于污泥粪尿中，蹄叉角质长期受到浸泡，运动不足，护蹄不良，不按时清洁蹄底，装蹄不及时，造成蹄角质过长。蹄叉过削，蹄踵过高，均会使蹄叉开张功能减弱，蹄部血液循环不良，使得坏死杆菌、铜绿假单胞菌、放线菌和链球菌等从指间隙侵入，在此厌氧环境中大量繁殖，引发本病。

急性腐蹄病：体温升高，食欲减退。一肢或数肢突然出现跛行，卧地不起。病变部位呈现明显的急性蜂窝织炎。蹄间和蹄冠皮肤充血、红肿，有的坏死或表在性溃疡，有恶臭分泌物，有的蹄间有不良肉芽组织增生。蹄底角质部呈黑色，叩击时有痛感，蹄叉中沟和侧沟出现角质腐烂，排出恶臭、污秽不洁液体。蹄间和蹄冠皮肤充血、红肿，有的坏死或形成表在性溃疡，蹄间有不良肉芽组织增生，蹄底角质部呈黑色。

慢性腐蹄病：病程长，角质脱落，蹄底深部组织感染形成化脓灶，并形成窦道。坏死组织与健康组织界限明显，真皮乳头露出，出现红色颗粒性肉芽，触之易出血，跛行加剧，疼痛异常。蹄冠有不正常蹄轮，蹄匣变形，严重时可侵及腱、趾间韧带、冠关节或蹄关节。坏死组织与健康组织界限明显，真皮乳头露出，出现红色颗粒性肉芽组织。

【预防措施】

保持畜舍干燥和清洁，及时清理粪便和剩草、剩料，避免牛在泥泞地方。注意消灭牛舍及运动场的蚊蝇等害虫。加强护蹄，必要时可涂擦蹄油。定期修剪和清洗牛蹄。保证营养全价，减少本病发生。

【治疗方案】

（1）除去蹄部坏死组织，清洗消毒 削去腐烂的角质，除去蹄底部附着的污物，用1%高锰酸钾溶液或3%氢氧化钠溶液清洗患部。

（2）药物治疗 在清洗患部后，用酒精棉球擦干，注入少量5%～10%碘酊。或向蹄叉中填塞松馏油、松硫合剂或松鱼合剂，或撒布高锰酸钾粉。或用浸透10%福尔马林溶液的纱布填塞。

（3）对症治疗

① 保护蹄部清洁，防止感染，可装以麻丝垫的连尾蹄铁。有窦道者，可手术扩创，冲洗污物和腐败物后，再用5%来苏尔溶液或3%硫酸铜溶液进行温蹄浴，然后塞上有0.1%雷佛奴尔溶液的纱布条，将带条两端留在洞外，然后缠纱布绷带，外涂松节油。

② 有赘生肉芽者，可用硝酸银棒或10%硫酸铜溶液腐蚀后，用生理盐水清洗，涂10%碘酊或填塞松馏油纱布，然后缠以绷带。

③ 急性病牛，静脉或肌内注射抗生素如青霉素、链霉素、磺胺间甲氧嘧啶钠、头孢噻呋、头孢喹肟、林可大观霉素等。

二十八、牛指（趾）间皮肤增殖

【诊断要点】

牛指（趾）间皮肤增殖又称指（趾）间赘生、指（趾）间增生，是指（趾）间皮肤（表皮和真皮）组织的慢性增殖性疾病。在不发生继发感染的情况下，增殖组织不发生破溃，无肉芽组织外露，称为指（趾）间皮肤增殖。如发生继发感染，指（趾）间皮肤增殖物表皮破坏，下层组织裸露，此称之为指（趾）间肉芽肿。本病常呈慢性过程。荷斯坦奶牛发生较普遍。

发病原因主要包括以下四个方面。

① 遗传因素：根据对增殖物组织学检查，发现真皮和表皮都同时增厚；没有皮肤慢性炎症的变化倾向；皮肤之间可见到脂肪与结缔组织仍然正常，具有正常指（趾）间皮肤的结构；组织进行变化到一定程度就停止。

② 蹄变形因素：变形蹄与本病有关，特别是开蹄。蹄的两指（趾）

向外过度开张，引起了指（趾）间皮肤过度紧张和伸展，促使本病发生。

③ 环境因素：环境卫生不良、圈舍潮湿、运动场泥泞、粪便不及时清除，是本病发生的重要条件。

④ 营养因素：日粮中营养不足，特别是微量元素锌、镁、铝的缺乏或比例失调，与本病发生有关。

初期指（趾）间隙背侧穹隆部皮肤发红、肿胀，有一小的舌状突起，此时无跛行。随着病程发展，增生物不断增大，继而能完全填满趾间隙，其压迫蹄部，使两指（趾）分开，呈现跛行。

后期指（趾）间增生物由于受压迫坏死，或受外力损伤，表面破溃并感染，可见破溃面上有渗出物流出，恶臭，或形成干痂覆盖。有时可形成一种疣样的乳头状增生物。唯有真皮暴露，在两指（趾）的压力和其他物体的作用下，疼痛异常。泌乳牛泌乳量下降。

【预防措施】

加强管理，保持局部干燥，牛床、运动场应及时清扫，保持卫生，减少蹄部感染机会。坚持用硫酸铜溶液浴蹄，定期修蹄，防止蹄变形发生。

【治疗方案】

1. 局部用药

先用消毒药，如1%福尔马林、0.1%高锰酸钾，或2%来苏尔、肥皂水等彻底清洗病蹄的趾间皮肤，再用收敛与消毒药如硫酸铜、硫黄粉及偶氮染料等包扎。48小时后换药，注意保持牛蹄和牛栏干燥，约数周即可恢复。

2. 手术疗法

① 患牛侧卧或在修蹄架站立保定，注射化学保定剂或电针麻醉，配合局部浸润麻醉。

② 局部常规消毒后，用绷带做圈套套住蹄的末端，以便使两指（趾）分开，使趾间隙变大，用钳夹住赘生物。沿增殖物周围将其彻底切除，术中如不碰破大血管，则出血不多，压迫止血后，局部应用抗生

素或防腐剂，创缘可不缝合。

③ 切口应穿过皮肤及结缔组织，但避开靠近冠关节的脂肪组织。最后在两指（趾）蹄尖处钻洞，用金属丝将指（趾）一起固定并用绷带包扎，外装防水蹄套。

3. 液氮冷冻法

① 先将长 40～60 厘米、宽 2～3 毫米、厚 0.5～1 厘米的铁板条放入液氮罐内，冷冻 3～5 分钟。将牛蹄保定，用消毒药清洗干净，术者迅速从液氮罐中提出铁板放置蹄赘生部，停留 1～1.5 分钟，反复数次，直至蹄赘生物部表面呈灰白色，触摸患部硬凉为止。

② 2 天后重复冷冻 1 次，10～15 天脱落而痊愈。

二十九、牛指（趾）间皮炎

【诊断要点】

未扩延到深层组织的指（趾）间皮肤的炎症，称为指（趾）间皮炎。发生于各种牛，奶牛多发。

发病原因：主要是牛舍潮湿不洁、粪尿积聚、卫生情况差。

与球部相邻的皮肤肿胀，随着病情的发展，球部出现角质分离（通常在两后肢），跛行明显，在角质和真皮之间，很快进入泥土、粪便和褥草等异物，接着可出现增生反应。

多数病例可在蹄球与蹄底间看到明显的 V 形黑色带，即趾（指）间皮炎引起的蹄球角质腐烂的早期症状，本病常常发展成慢性坏死性蹄皮炎（蹄糜烂）和局限性蹄皮炎（蹄底溃疡）。

病变局限在表皮，表皮增厚和稍充血，指（趾）间隙有一些渗出物，有时形成痂皮。

【治疗方案】

首先保持蹄的干燥和清洁。局部应用防腐和收敛剂，2 次/日，连用 3 日。用硫酸铜溶液喷蹄。

三十、牛蹄裂

【诊断要点】

蹄裂是蹄壁角质部分裂开的总称。根据裂开的位置可分为蹄尖裂、蹄侧裂、蹄踵裂，根据裂开的深度可分为浅层裂和深层裂，根据裂开的长度可分为蹄冠裂、负缘裂、全裂，根据裂开的方向可分为纵裂和横裂。

发病原因：倾蹄、低蹄、窄蹄、举踵蹄等不良蹄形；肢势不正，蹄的各部位对体重的负担不均；蹄角质干燥、脆弱及发育不全等。

浅层裂，一般没有跛行；深层裂时，裂缘的开闭运动，致使该部的真皮发生损伤，并且容易发生感染，局部还可能看到出血，临床上表现为跛行。

角质裂，都能重新长到一起，蹄裂如发生感染时，局部温度可能增高，从裂口流出带有血液的脓汁。水平全裂，可能发生脱蹄，即蹄壳完全从断裂处脱下。

有的牛在热性病后，蹄角质从蹄冠处分离，蹄冠处可看到出血，以后从蹄冠处长出新的角质，插入到老角质层下，老角质便逐渐向下退，最后新蹄壳完全代替旧蹄壳。

【治疗方案】

① 避免裂隙部分的负重，可行造沟法：在裂缝上端或两端造沟，切断裂缝与健康角质的联系，以防裂缝延长。沟深度 5～7 毫米，长 15～20 毫米，深达裂缝消失为止，以减轻地面对蹄角质病变部的压力，避免裂隙的开张及延长。主要适用于浅层裂或深层的不全裂。

② 薄削法用于蹄冠部的角质纵裂：在无菌的条件下，将蹄冠部角质薄削至生发层。患部中心涂鱼肝油软膏，每天一次，包扎绷带。促进瘢痕角质的形成，经过一定时间，逐渐生长蹄角质。

③ 用医用高分子黏合剂黏合裂隙：在黏合前先削蹄整形或进行特殊处理，再清洗和整理裂口，并进行彻底消毒，最后用医用高分子黏合剂黏合。

④ 锔子固定：防止裂缝继续活动和加深，可用金属锔子合裂缝。此法可单独应用，也可以配合其他方法应用。

【说明】

兽医临床要使已裂开的角质愈合很困难，主要目的是防止继发病和裂缝不继续扩大，应努力消除角质裂缘的继续裂开。

三十一、牛蹄糜烂

【诊断要点】

牛蹄糜烂是蹄底和球负面糜烂，又称慢性坏死性蹄皮炎。

发病原因：过长蹄，芜蹄，牛舍和运动场潮湿、不洁；指（趾）间皮炎与发生在球部的糜烂有直接关系；结节状杆菌也是引起糜烂的微生物。

轻症，只在底部、球部、轴侧沟有小的深色坑。进行性病例，坑融合到一起，有时形成沟状，坑内呈黑色，外观很破碎，最后，在糜烂的深部暴露出真皮。糜烂可发展成潜道，偶尔在球部发展成严重的糜烂，长出恶性肉芽，呈现剧烈跛行。

【预防措施】

① 加强管理，注意环境卫生：及时处理粪便，及时清除运动场内石块、异物，减少蹄部外伤和细菌感染。

② 定期修蹄，保护蹄形，防止变形蹄发生。用4%硫酸铜浴蹄，5～7天一次，长期坚持，以抑制蹄部化脓性微生物的繁殖、侵入，促进蹄角质硬度增加。

③ 已发病牛只，积极采取对症治疗，加强护理，促进尽早痊愈。

【治疗方案】

① 单纯性蹄糜烂，先将患蹄清理干净，修理平整，去除糜烂角质，直到将黑色腐臭脓汁放出。用10%硫酸铜溶液彻底洗净创口，创内涂10%碘酊，填塞松馏油棉球，或放入硫酸铜粉、高锰酸钾粉，装蹄绷带。

② 深部组织感染化脓，可用磺胺间甲氧嘧啶或抗生素，如青霉素、头孢噻呋、土霉素等治疗。关节发炎者，可应用巴布剂、酒精鱼石脂绷带包扎。

三十二、牛白线病

【诊断要点】

牛白线病是连接蹄底和蹄壁的软角质分离，常由一些尖锐的异物刺伤所致，刺伤后导致真皮感染而形成脓肿。壁小叶比底小叶受感染更明显，也更容易。结果可在蹄冠处形成脓肿，并破溃形成窦道。通常远轴侧白线易遭损伤，公牛蹄尖部白线更多发病。

发病原因：正常情况下，蹄远轴侧白线常承受的张力最大，特别是在硬地上运步时，更加重对白线的牵张。变形蹄，如卷蹄、延蹄、芜蹄，白线处易遭受刺伤，引起发病。牛舍和运动场潮湿、角质变软，易发病。

单后肢外侧趾发病，白线分离后异物易进入，将裂开的间隙堵塞，使白线扩开，并易引起感染。感染向蹄冠深部蔓延，引起蹄冠部脓肿、深部组织的化脓性过程。

两后肢同时发病，跛行不明显，因病变小，容易被忽略，必须仔细检查，可发现较深处的泥沙和渗出物混合的污物，一旦深部组织化脓感染，跛行剧烈，可见蹄发热，球部肿胀，常在蹄冠部出现窦道。

【治疗方案】

① 扩大裂口，清除碎屑杂物，排尽深部脓汁，然后灌注碘酊并用麻丝浸松馏油填塞。

② 蹄冠有窦道开口时，打通、冲洗、包扎。

③ 深部感染时，采取相应措施，扩大伤口并进行治疗。全身应用抗生素进行治疗，如青链霉素、头孢噻呋、头孢喹肟、磺胺间甲氧嘧啶钠、土霉素、林可大观霉素等。

三十三、牛创伤

【诊断要点】

创伤是由于锐性外力或者强烈的钝性外力作用于机体，使机体某部位组织或器官的皮肤或黏膜以至深部组织发生开放性的损伤。临床上主要表现为出血、疼痛、伤口裂开和功能障碍等。

① 刺创：由尖锐细长的物体刺入组织引起的损伤，创口小，创道狭而长。深部组织常伴发内出血或形成血肿。致伤物体折断和遗留于创道内，极易引起化脓而形成化脓性窦道，或引起厌气性感染。

② 切创：由锐利的物体（如刀尖、铁片、玻璃片等）切割组织发生的损伤。创缘和创面常较平整，并有大量出血，组织受挫灭较轻微，

疼痛时间较短，创口裂开明显。经适当的外科处理和缝合后，一般都能迅速愈合。

③ 砍创：由斧头、柴刀、马刀、铲子等砍切组织发生的损伤。由于致伤物体重而力量大，故伤口裂开大。组织挫灭严重，出血量少，疼痛剧烈且持续时间长，一般愈合比较慢。

④ 挫创：由钝性外力的作用（如打击、冲撞、挤压、堕跌等）所发生的组织伤。缘不平整，创内常存有明显的被血液浸润的破碎组织和血凝块，出血量少，创伤多被尘土、砂石、被毛、粪便等污染，极易感染化脓，故愈合甚慢。

⑤ 压创：由车轮碾压或重物挤压所致的组织损伤。创缘不平整，受损伤的面积很大且很深。创内存有大量的挫灭组织和压碎组织碎片。有的可见到皮肤缺损和粉碎性骨折。一般出血少，疼痛不显著，创伤污染严重，极易感染化脓。

⑥ 裂创：由钩、钉等物的钝性牵引，使组织发生机械性牵张而断裂的损伤。创缘不平整，呈锯齿状，创内深浅不一，创面和创底凹凸不平，并且有创囊，创口裂开很大，有的皮肤呈瓣状撕裂，有的伴发肌肉和腱的断裂。裂部易发生坏死，出血较少，有剧烈疼痛，并持续较长时间。

⑦ 咬创：由动物牙齿撕咬、啃咬所致的组织损伤。创面常覆有致伤动物唾液，并被口腔细菌污染，常发生化脓或继发蜂窝织炎。

⑧ 火器创：由子弹、地雷、弹片等所致的组织损伤。组织损伤范围远较其他创伤大。不仅是创道组织发生损伤而且创道周围或邻近的组织也遭受不同程度的损害，由于创道内存有挫灭组织并被污染，故极易引起化脓感染，甚至成为久不愈合的窦道。

【治疗方案】

基本原则：创伤治疗的方法很多，必须根据创伤的性质和种类、组织损伤的程度、感染的有无、损伤部位的经过时间、愈合过程及患牛的全身状况，采取适当的治疗方法。

① 新鲜污染创：及时止血，清洁创围，清洗创腔，清创手术，用药、创口缝合，包扎。

② 化脓创：制止感染的蔓延，除去创内坏死组织和异物，加速炎性净化和脓汁排出，防止全身性感染。方法如下：清洁创围，冲洗创腔，外科处理，用药，引流，全身疗法。

③ 肉芽创：保护肉芽组织不受继发性损伤和继发感染，促进肉芽组织生长，以及加速上皮新生和防止肉芽的赘生等。具体方法如下：清洁创围，清洁创面，用药，缝合与植皮，赘生肉芽组织的处理。

【说明】

治疗一般是先抗休克，待休克好转后再行清创术，但对大出血、胸壁穿透创及肠脱出，则应在积极抗休克的同时进行手术治疗。

三十四、牛挫伤

【诊断要点】

挫伤是由于各种钝性外力的作用，引起皮肤或黏膜的非开放性损伤，主要是受各种钝性外力所致。

主要症状：出血、肿胀、疼痛和功能障碍等。触诊敏感，增温，有坚实感，伴发血肿时，可有弹性的感觉，创围常潜有弥漫性水肿，并以肿胀的下部明显。若挫伤发生于四肢，可出现明显的跛行或运动功能障碍。

【治疗方案】

治疗原则：制止出血，消炎镇痛，促进肿胀的吸收和消散及防止感染等。

① 冷疗和热疗：有热痛时实施冷却疗法，使动物安定，消除急性炎症，缓解疼痛，热痛肿胀特别重时给予冰袋冷敷。2～3 天后可改用温热疗法、中波超短波疗法、红外线疗法等促进吸收、消肿以恢复功能。

② 刺激疗法：炎症慢性化时可进行刺激疗法。涂氨擦剂（氨和蓖麻油比例为 1∶4）和樟脑酒精或 5%鱼石脂软膏、复方醋酸铅散，引起一过性充血，促进炎性产物吸收，对促进肿胀的消退有良好的效果。或用中药山栀子粉加淀粉或面粉，以黄酒调成糊状外敷。

三十五、牛血肿

【诊断要点】

血肿是由各种外力的作用，引起皮下组织中的血管破裂，流出血液将其周围皮肤挤开，形成充满血液的肿胀。

发病原因：肌内注射刺破血管。强烈的巨压可引起血肿。所有可以引起局部血管破裂的因素都可以引起血肿。血肿常见于软组织非开放性损伤，但骨折、刺创、火器创也可形成血肿。根据损伤和血管不同，可分为静脉性血肿、动脉性血肿和混合性血肿。

伤后立即出现局限性肿胀，并迅速增大。病初界限不明显，以后逐渐呈局限性圆形，有波动感或弹性。经 4～5 天后触诊肿胀，周围呈坚实感，并有捻发音，中央有明显的波动感，局部增温，穿刺可抽出血液。

当较大的动脉发生断裂时，血液可沿筋膜下或肌间浸润，形成界限不清的弥漫性血肿，严重者可见淋巴结肿大和体温升高等全身症状。

较小的血肿由于血液凝固而缩小，血凝块在蛋白分解酶的作用下软化、溶解和被组织吸收，最后由于周围肉芽组织的新生，使血肿腔被结缔组织所填充。

较大的血肿其周围可形成较厚的结缔组织囊壁，其中央仍存有未凝固的血液，时间较久可变为褐色甚至无色。血肿继发感染时，可转变为脓肿。

【治疗方案】

治疗原则：制止溢血、防止感染和排除积血。

① 患部剪毛清洗后，涂擦5%碘酊，以防感染。制止溢血，可使用冷敷、装置压迫绷带或注射止血药剂。

② 小的血肿经一定时间可以自行消散，无需过多处置。大的血肿可在发病后 5～7 天穿刺以排出积血或手术切开取出血凝块和挫灭组织。

③ 如有继发性出血，可行结扎止血，清洁创腔后，创口进行缝合或开放疗法。对于已经感染的血肿，应迅速切开，然后进行开放疗法。

【说明】

治疗大的血肿时，发生时间短，可暂不急于手术，待血肿形成较大或 10～14 天后手术，如果过早手术，术后出血较多。

三十六、牛淋巴外渗

【诊断要点】

淋巴外渗是由于钝性外力的作用，使皮下或肌间淋巴管发生破裂，大量淋巴液积聚于局部组织内的一种非开放性损伤。

发病原因：钝性外力在动物体上强行挤压，致使皮肤或筋膜与其下部组织发生分离，使淋巴管发生断裂。局部发生化脓性感染灶可引起淋巴外渗。

一般伤后 3～7 天出现肿胀，并逐渐增大，有明显的界线。触诊有明显的波动感，皮肤不紧张，热痛不明显。穿刺液呈橙黄色透明，或混有少量血液。时间久者，由于析出纤维素和囊壁结缔组织增生，触诊时有明显的坚实感。

【防治方案】

治疗原则：制止淋巴外渗和防止感染。

① 早期保守疗法：首先使患牛安静，以利于淋巴管断端闭塞。早期可装置压迫绷带，使淋巴栓塞牢固地固着和机化，并防止淋巴液继续渗出。

② 较轻的淋巴液外渗可用穿刺疗法：先穿刺抽出淋巴液，然后注入酒精福尔马林溶液（95%酒精 100 毫升、福尔马林 1 毫升，10%碘酊 5～9 滴，混合使用）。注入液囊内停留 10 分钟，再将注入液抽出，装上压迫绷带，一次未治愈可进行第二次注入，直至痊愈。

③ 较重的淋巴外渗可用切开疗法：先切开排出淋巴液和纤维素后，再用酒精福尔马林溶液冲洗和将浸有此液的纱布块填塞于腔内，并做假缝合。当淋巴管端完全闭塞后，可按新鲜创伤治疗原则处理。一般 2～3 周即可治愈。

【说明】

治疗时慎用冷敷和加速循环疗法，因为长时间的冷敷会导致皮肤循环受阻而发生坏死，温热、刺激剂和按摩疗法会加速局部血液循环，均可促进淋巴液流出和破坏已形成的淋巴栓塞，都不宜使用。

三十七、牛脓肿

【诊断要点】

脓肿是组织或器官内的化脓性感染局限化，形成一种具有完整囊腔壁并充满脓液的蓄脓腔，而在炎症发生过程中形成的脓液蓄积于生理解剖腔内时称为蓄脓，如胸腔蓄脓、关节腔蓄脓、额窦腔蓄脓等。脓肿与蓄脓还是有一定区别的。牛常发的脓肿主要有急性脓肿、慢性脓肿、浅在性脓肿和深部脓肿之分。

1. 发病原因

① 病菌感染：兽医临床常引起脓肿的致病菌主要是葡萄球菌，其次是化脓性链球菌、大肠埃希菌、铜绿假单胞菌和腐败菌。

② 给药失误：静脉外误注或漏注各种刺激性的化学药品，如水合氯醛、氯化钙、高渗盐等，或局部注射药量过大，或冰冻药物回温不规范等都可导致。

③ 消毒不规范：注射时不遵守无菌操作规程而引起注射部位脓肿。

④ 由于血液或淋巴液将致病菌由原发病灶转移至某一新的组织或器官内所形成的转移性脓肿，如牛结核分枝杆菌、放线杆菌的感染等。

2. 急性脓肿

当脓肿发生于皮肤或皮下组织时，主要表现为热、痛、肿，形成肿突物。初期硬固，渐次成熟，软化面有波动，内含大量浓厚的呈乳脂样的脓液。当脓肿外壁软化，皮肤很薄时，能自行破裂，流出脓液。随液排净后，肉芽增生，可通过第二期愈合而治愈。在一般情况下，小块脓肿无全身症状反应，但是大的深部脓肿或多发性脓肿，会有体温升高、白细胞增多、继发各脏器的功能失调等全身反应。

3. 慢性脓肿

多由结核分枝杆菌、放线菌、葡萄球菌等病原体感染所引起，临床特点是脓肿形成时间长，缺乏炎症过程的基本症状，脓肿腔壁较脆弱，腔内表面有肉芽，含半透明的脓液。由霉菌引起的慢性脓肿，临床特征为形成一层厚的纤维质的脓腔壁，腔内含有浓厚的并混有细菌的黄白色液，并形成长期不愈的瘘管。

4. 浅在性脓肿和深部脓肿

发生于皮肤和皮下结缔组织或波及皮下组织深部的脓肿均属浅在性脓肿。浅在性脓肿一般发生缓慢，局部缺乏急性炎症的主要症状，虽有明显的肿胀和波动感，但缺乏温热和疼痛反应或非常轻微。发生于筋膜下、肌间、骨膜下等的脓肿为深部脓肿，深部脓肿常发生于深部肌内注射药剂污染，或传染病、脓毒败血病的转移，也继发于手术后感染，如公牛去势等。

【治疗方案】

治疗原则：病初期，可行普鲁卡因、地塞米松配青霉素封闭，以促进炎症的消散和防止扩散。出现明显肿胀时，应用热敷或涂擦刺激剂，如鱼石脂软膏、碘酊、醋酸等，以促进脓肿的早日软化成熟。当脓肿成熟后，无法自行吸收，应及时切开排脓或进行脓肿摘除术。

（1）消炎、止痛及促进炎症产物消散吸收 当局部肿胀正处于急性炎性细胞浸润阶段时，可局部涂擦樟脑软膏，或用冷疗法，如复方醋酸铅溶液冷敷，鱼石脂酒精、栀子酒精冷敷，以抑制炎症渗出，具有止痛的作用。当炎性渗出停止后，用温热疗法、短波透热疗法、超短波疗法改善局部血液循环，以促进炎症产物的消散吸收。

（2）促进脓肿的成熟 当局部炎症产物已无自行消散吸收的可能时，局部可用鱼石脂软膏、鱼石脂樟脑软膏、碘酊、超短波疗法、温热疗法等以促进脓肿的成熟，待局部完全成熟出现明显的波动时，应立即进行手术治疗。

（3）手术疗法

① 脓汁抽出法：适用于关节部脓肿膜形成良好的小脓肿。其方法是利用注射器将肿腔内的脓汁抽出，然后用生理盐水或高锰酸钾水溶液或双氧水反复冲洗脓腔，排净腔中的液体，最后灌注混有青霉素和地塞米松的溶液。

② 脓肿切开法：脓肿成熟出现波动后立即切开。切口应选择波动最明显且容易排出的部位。

按手术常规对局部进行剪毛消毒后再根据情况做局部或全身麻醉。切开前为了防止脓肿内压力过大而导致脓汁向外喷射，可先用粗针头将脓汁放出一部分，切开时一定要防止外科刀损伤对侧的脓肿膜，切口要有一定的长度并做纵向切口，以保证在治疗过程中脓汁能顺利地排出。

深部脓肿切开时除进行确实麻醉外，最好进行分层切开，并对出血的血管进行仔细结扎或钳压止血，以防引起脓肿的致病菌进入血液而发生转移性脓肿。脓肿切开后，排尽脓汁，如果一个切口不能彻底排空脓汁时亦可根据情况做必要的辅助切口。

对浅在性脓肿可用防腐液或生理盐水反复清洗脓腔。最后用脱脂纱布轻轻吸出残留在腔内的液体。切开后的脓肿创口可按化脓创进行外科处理。

③ 脓肿摘除法：常用于治疗脓肿膜完整的浅在性小脓肿，此时需注意勿刺破脓肿膜，预防新鲜手术创被脓汁污染。

【说明】

脓肿切开以后，切忌用力挤压脓肿壁，或用棉纱等用力擦拭脓肿里的肉芽组织，这样就有可能损伤脓肿腔内的肉芽性防卫面而使感染扩大。

三十八、牛蜂窝织炎

【诊断要点】

蜂窝织炎是疏松结缔组织发生的急性弥漫性化脓性感染。其特点是常发生在皮下、筋膜下、肌间隙，或深部疏松结缔组织；病变不易局限，扩散迅速，与正常组织无明显界限，并伴有明显的全身症状。引起蜂窝织炎的致病菌主要是溶血性链球菌，其次为金黄色葡萄球菌，亦可为大肠埃希菌及厌氧菌等。

发病原因：多由皮肤或黏膜的微小创的原发病灶感染引起，也可因邻近组织的化脓性感染扩散或通过血液循环和淋巴道的转移，也可继发于某些传染病或刺激性强的化学制剂误注或漏入皮下疏松结缔组织内而发病。

弥漫性蜂窝织炎：多由链球菌感染所致，初呈明显的热、痛、肿胀等症状。病程发展迅速，可广泛地蔓延到病灶周围。个别出现腐败菌感染，症状迅速恶化，组织坏死，皮肤破裂，并流出腐败性恶臭分泌液体。严重者引起败血症。慢性病例，呈现弥漫性肿胀，皮下结缔组织继续增生。肿胀可随时间的推移而逐渐减退，局部皮肤硬化而失去弹性，被毛焦粗，呈现象皮病样肥厚而长时间不消退。

局限性蜂窝织炎：多由葡萄球菌感染所致，又分为表在性蜂窝织炎和深在性蜂窝织炎。表在性蜂窝织炎，临床特征是局部出现热、痛、肿胀。病初期肿胀硬固紧张，随化脓而渐变软，出现波动，与周围健康组织分界不明显，以后患部皮肤变薄，被毛脱落、破溃后向外流出脓液。若皮肤厚而抵抗力强，或病灶在背、颈时，脓汁出现下沉状态。深在性蜂窝织炎，患部热痛反应剧烈，功能障碍明显。患部呈坚实性炎性浸润。

【治疗方案】

治疗原则：减少炎性渗出，抑制感染扩散，减轻组织内压，改善全身状况，增强机体抗病能力。要采取局部和全身疗法并举的原则。

(1) 局部药物疗法（控制炎症发展，促进炎症产物消散吸收）

① 病初24～48小时以内，当炎症继续扩散，组织尚未出现化脓性溶解时，为了减少炎性渗出可用冷敷，涂以醋调制的醋酸铅散或冰袋冷敷，当炎性渗出已基本平息时，为了促进炎症产物的消散吸收可用红花油等温敷。

② 局部治疗也常用50%硫酸镁湿敷，也可用碘酊、醋酸、20%鱼石脂软膏或雄黄散外敷，有条件的地方可做超短波治疗。

(2) 手术处置

① 蜂窝织炎一旦形成化脓性坏死，应早期做广泛切开，切除坏死组织并尽快引流。

② 手术切开时应根据情况做局部或全身麻醉。

③ 表在性蜂窝织炎充分切开皮肤、筋膜、腱膜及肌肉组织等，为了保证渗出液的顺利排出，切口必须有足够的长度和深度，做好纱布引流，必要时应造对口引流。

④ 四肢应做多处切口，最好是纵切或斜切。

⑤ 伤口止血后可用中性盐类高渗溶液作为引流液，以利于组织内渗出液外流，亦可用2%过氧化氢溶液冲洗和湿敷创面。

⑥ 如经上述治疗后体温暂时下降复而升高，肿胀加剧，全身症状恶化，则说明可能有新的病灶形成，或存有脓窦及异物，或引流纱布干固堵塞因而影响排脓，或引流不当所致。此时应迅速扩大创口，消除脓窦，摘除异物，更换引流纱布，保证渗出液或脓汁能顺利排出。待局部肿胀明显消退，体温恢复正常，局部创口可按化脓创处理。

(3) 全身疗法 早期应用抗感染疗法及盐酸普鲁卡因、地塞米松封闭疗法。对病牛要加强饲养管理，特别是多给些富有维生素的饲料。

【说明】

根据蜂窝织炎的患病部位、深浅、严重的程度、全身症状等采取相应的综合治疗方法。必须以全身和局部治疗并重，增强机体抵抗力，解除中毒，预防败血症，尽早使炎症局限化。后期为减轻组织内压和防止化脓性溶解与坏死，将患部切开，使炎性渗出物畅通排出。

三十九、牛结膜炎

【诊断要点】

结膜炎是指眼结膜受外界刺激和感染而引起的炎症，是最常见的一种眼病。有卡他性、化脓性、滤泡性、伪膜性及水泡性结膜炎等类型。

1. 发病原因

① 机械性因素：如结膜外伤、各种异物落入结膜囊内或粘在结膜面上。

② 化学性因素：如各种化学药品或农药溅入眼中，以及药物中毒，如碘中毒。

③ 温热因素：如烫伤、烧伤等。

④ 光学性因素：眼睛未加保护，受夏季日光的长期直射、紫外线或 X 射线照射等。

⑤ 传染性因素：多种微生物经常附着在结膜囊内，一旦免疫力下降，就会乘虚而入；如牛传染性鼻气管炎可引起新生犊牛发生结膜炎。

⑥ 免疫介导性因素：如过敏反应、嗜酸细胞性结膜炎等。

⑦ 继发性因素：继发于邻近组织的疾病，如上颌窦炎、泪囊炎、角膜炎等。继发于重度的消化器官疾病及多种传染病，如流行性感冒、牛恶性卡他热、牛瘟、牛炭疽等。三叉神经麻痹也可引起结膜炎。

2. 卡他性结膜炎

临床上最常见，表现为结膜潮红、肿胀、充血，流浆液、黏液或黏液脓性分泌物，卡他性结膜炎可分为急性和慢性。

急性表现：轻时结膜及穹窿部稍肿胀，呈鲜红色，分泌物较少，初似水，进而则变为黏液性；重度时，眼睑肿胀、带热痛、羞明、充血明显，甚至见出血斑，炎症可波及球结膜，有时角膜面也见轻微的混浊。若炎症侵及结膜下，则结膜高度肿胀，疼痛剧烈。

慢性表现：常由急性转来，症状常不明显，羞明很轻或见不到。充血轻微，结膜呈暗红色、黄红色或黄色，久病的结膜变厚呈丝绒状，有少量分泌物。

3. 化脓性结膜炎

一般都较重，常由眼内流出大量纯脓性分泌物，上、下眼睑常被粘在一起，化脓性结膜炎常波及角膜而形成溃疡，并且常带有传染性。

【预防措施】

保持厩舍和运动场的清洁卫生，注意通风换气与光线，防止风尘的侵袭，严禁在舍里调制饲料和刷拭牛体，笼头不合适应加以调整。眼睛受到意外刺激时，可及时用0.9%生理盐水冲洗。

【治疗方案】

治疗原则：清除病因，减少刺激，抗菌、消炎，促使炎症消散。

急性卡他性结膜炎：充血显著时，初期冷敷；分泌物变为黏液时，则改为温敷，再用0.5%～1%硝酸银溶液点眼（每日1～2次），但用过本品后10分钟，要用生理盐水冲洗，避免过剩的硝酸银分解刺激，并且可预防银沉着。现在常用青霉素、链霉素、地塞米松、利巴韦林混合点眼，也可用氧氟沙星配地塞米松、阿昔洛韦等。若分泌物已见减少或趋于吸收过程时，可用收敛药，其中以0.5%～2%硫酸锌溶液（每日2～3次）较好。此外，还可用2%～5%蛋白银溶液、0.5%～1%明矾溶液或2%黄降汞眼膏。

慢性结膜炎：以刺激温敷为主。局部可用较浓的硫酸锌或硝酸银溶液。或用硫酸铜溶液轻擦上、下眼睑，擦后立即用硼酸水冲洗，然后再进行温敷。也可用2%黄降汞膏涂于结膜囊内。也可以青霉素、地塞米松、普鲁卡因点眼。

病毒性结膜炎：可用5%乙酰磺胺钠眼膏，或青霉素地塞米松，或氧氟沙星地塞米松等涂布眼内，配合利巴韦林或阿昔洛韦等。

【说明】

某些病例可能与机体的全身营养或维生素缺乏有关，应改善营养并给予维生素。中医认为肝开窍于目，眼睛红肿热痛，可以配合清热解毒、清肝明目的中药，如银翘散、明目蒺藜丸、肝胆颗粒、茵栀解毒颗粒、明目上清丸等。

四十、牛角膜炎

【诊断要点】

角膜炎可分为外伤性、表层性、深层性（实质性）及化脓性角膜炎数种。

发病原因：角膜炎多由于外伤或异物误入眼中而引起；角膜暴露、细菌感染、营养不良、邻近组织病变的蔓延等均可诱发本病；继发于某些疾病或是某些疾病的症候，流感，牛恶性卡他热、传染性角结膜炎等。

各种角膜炎共同症状：羞明、流泪、疼痛、眼睑闭合、角膜混浊、角膜缺损或溃疡。

表层性角膜炎：角膜表层的损伤，侧面视诊可见角膜表层上皮脱落及瘢痕，角膜表面粗糙，无镜状光泽，呈灰白色混浊。

深层性角膜炎：角膜表面不粗糙，仍有镜状光泽，角膜的深部有点状、棒状、云雾状，灰白色、乳白色、黄红色或绿色混浊。

化脓性角膜炎：初期角膜周围充血、羞明流泪、疼痛剧烈，继之出现数目不定的小米粒大至豌豆大，黄色局限性混浊，外周有灰白色晕圈。表面破溃流出脓汁而形成溃疡面，向内破溃形成眼前房蓄脓。

慢性角膜炎：角膜上仅留有白色、灰白色的点状、线状、云雾状的色相，有不同程度的视力障碍。

【预防措施】

加强饲养管理，饲料中应补充维生素 A。防止机械性损伤，如各种外力如牛只顶撞、棍棒打击及尖锐异物铁丝、麦芒所引起结膜外伤，尘土及寄生于眼部的斯氏吸吮线虫和大口吸吮线虫的刺激。避免或减少化学药品的刺激，如圈舍中的氨气、石灰粉、刺激性消毒药等。对一些症候性的角膜炎，治疗原发病，如牛恶性卡他热、牛肺疫、牛瘟、传染性角膜炎等。

【治疗方案】

(1) 清洗抗菌消炎 用生理盐水、2%～3%硼酸液，2%明矾溶液、0.1%新洁尔灭液洗眼，消炎止痛可用醋酸可的松眼药水滴眼，每4～6小时一次，0.5%金霉素或0.5%土霉毒素眼膏滴眼或青霉素或氧氟沙星等均可，分泌物减少时可用0.5%～2%硫酸锌滴眼，每日3次。

(2) 促进角膜混浊的吸收 可向患眼吹入等份的甘汞和乳糖或白糖，40%葡萄糖溶液或自家血点眼，也可用自家血眼睑皮下注射，1%～2%黄降汞眼膏涂于眼内。每日静脉注射5%碘化钾溶液20～40毫升，连用一周；或每日内服碘化钾5～10克，连服6～7天。疼痛剧烈时，可用10%颠茄软膏或5%狄奥宁软膏涂于患眼内。

(3) 外科手术疗法

① 当角膜穿孔时，应严密消毒，防止感染，对于直径2～3毫米的膜破裂，可用眼科无损伤缝针和可吸收缝线进行缝合，对新发的虹膜脱出病例，可将虹膜还纳展平。

② 虹膜脱出久的病例，可用灭菌的虹膜剪剪去脱出部，再用第三覆盖物固定予以保护。

③ 溃疡较深或后弹力膜膨出时，可用附近的球结膜做成结膜瓣，覆盖固定在溃疡处。这时移植物既可起生物绷带的作用，又有完整的血液供应。经验证明，虹膜一旦脱出，即使治愈，也严重影响视力。若不能控制感染就应进行眼球摘除术。

四十一、牛静脉血栓及静脉炎

【诊断要点】

静脉损伤及其周围组织炎症的扩散和病原菌感染，导致血栓性静脉炎。静脉中发生血栓可引起静脉血流局部阻塞，引起阻塞部位的病理变化。

发病原因主要包括以下4个方面。

① 药物刺激：颈静脉采血、放血、注射等不按照无菌操作规程，反复多次刺激或损伤颈静脉及其周围组织，引起静脉炎并导致血栓形成。更严重的是将刺激性药物（如氯化钙、水合氯醛等）漏至颈静脉

外，从而导致无菌性颈静脉周围炎而继发颈静脉炎。

② 病原微生物感染：常见于犊牛因脐带消毒不严而发生的脐静脉炎。

③ 外伤性：牛颈枷、铁链反复对颈静脉的机械性损伤；牛顶撞引起的静脉外伤；产前乳房水肿、腹腔重量过大或躺卧干硬地等造成的单侧性压迫，都可引起乳静脉的血栓形成。

④ 特殊生理期：成年母牛由于干乳，可引起干乳期自发性的乳静脉血栓形成。

颈静脉血栓表现：单纯的血栓，在静脉管内可触摸到柔软或坚实的血凝块，颈静脉沟血管周围结缔组织呈现炎性水肿而轮廓消失，随病时延长，血栓坚实，局部增温，触摸患部敏感、疼痛，颈部活动性降低，患牛常将头颈扭向病侧以减轻疼痛。压迫颈下部静脉，患部不太充盈。随病程延长转成慢性，水肿和疼痛减轻，组织增生发硬，沿颈静脉径路触摸呈硬固的条索状。

颈静脉炎表现：通常由血管周围结缔组织即颈静脉壁的外面开始，最后在静脉腔内形成血栓。当发生血栓性静脉炎时，颈静脉沟内出现炎性水肿、局部增温、疼痛，触诊硬结处有抵抗力，上部颈静脉显著怒张，下部压迫缺乏弹性，具空虚感。

颈静脉周围炎表现：颈静脉沟出现不同程度的急性炎症现象，患部肿胀、热、痛明显。随着病程的发展，至后期在颈静脉沟中可出现质地稍硬、高低不平的增生性肿胀。当发生化脓性静脉炎时，患部呈弥漫性、热性肿胀，不易触及静脉，压迫静脉下端时，患部及外周端不能隆起，全身症状重剧，鼻、口腔和眼结膜淤血，头活动受限、头部水肿，患部一处或多处脓肿。因患部发痒而摩擦，可引起突然破裂出血，常因未及时发现死亡。

尾静脉血栓性静脉炎可引起尾巴脱落。当患乳静脉血栓性静脉炎时，可引起严重的乳房及静脉水肿和同侧下腹壁疼痛。

脐静脉炎表现：犊牛体温高，脐部肿胀，触诊脐部可摸到脐管增大，呈索状。病犊精神沉郁、厌食，发育受阻，常常继发腹膜炎、脓毒性关节炎和泌尿道感染。

【预防措施】

关键是加强兽医消毒措施，防止病原菌的侵入与感染。静脉注射时，严格遵守无菌操作。提高兽医操作技术水平，防止和减少机械性或化学药物对静脉的刺激。加强脐带消毒，防止新生犊牛脐感染。

【治疗方案】

① 护理与病情判断：病牛应停止使役，以防炎症扩散和血栓碎裂，并根据不同病因和病程选择合适的治疗方法。

② 对急性病例处理思路：冷敷局部以减少血栓形成。在注射刺激性药物失误而漏至静脉外时，应立即停止注射，并向局部隆起处注入生理盐水，同时用20%硫酸钠热敷，也可在隆起周围用盐酸普鲁卡因封闭。若隆起过大，可考虑在其下缘切口，以排出漏出的药物。如是氯化钙漏出，可局部注射10%～20%硫酸钠，以使形成无刺激性的硫酸钙，局部涂擦樟脑软膏、鱼石脂软膏或碘化钾软膏等。

③ 对无菌性血栓性静脉炎处理思路：可应用局部湿热疗法，也可应用消炎消肿散、复方酸铅散等外敷，不宜涂刺微性强的软膏。

④ 化脓性血栓性静脉炎处理思路：为防止继发心内膜炎的发生，可用抗菌、消炎药物治疗。当血管周围结缔组织已感染化脓，应切开排脓。对化脓性静脉炎，应双重结扎，早期切除。

四十二、牛食道梗塞

【诊断要点】

食道梗塞是食管被食团或异物所阻塞的一种上消化道疾病。临床上以突然发病，咽下障碍、流涎和食糜反流为特征。按其阻塞程度，可分为完全梗塞和不完全梗塞；按其阻塞部位，可分为咽部、颈部和胸部等食道梗塞。

原发性病因：饲喂大块的块根饲料或坚硬饲料如胡萝卜、马铃薯、甘薯、青玉米秸、棉籽饼、整根玉米等是最常见的原因。加上因饥饿贪食、咀嚼不细、唾液分泌不足或在采食过程中受到惊吓而误咽更易造成本病。

继发性病因：营养不良或缺乏矿物质，使得牛易发生食毛或吞食异物，这些物质到达瘤胃后，易形成毛球或异物的团块，在反刍时进入食管引起梗塞。饲料中的金属异物、玻璃片、木片等有时会阻塞食管。

主要症状：采食中突然发病，停食，摇头伸颈，骚动不安，不断地做吞咽动作，口鼻流涎。颈部食道梗塞，左侧颈静脉沟处隆起，触诊有阻塞物；胸部食道梗塞，颈部食管膨胀，触诊有波动感，低头或平压食管有大量食糜从口腔流出，膨大部消失，但不久复发。食管探诊时，胃管插到阻塞处，有抵抗感，推进困难。完全顽固梗塞时，很快发生瘤胃气，时间长会引起食管黏膜淤血坏死，甚至引起穿孔。

病理变化表现为食管壁出现组织炎性、坏死，甚至穿孔等严重病变。

【预防措施】

加强饲养管理，搞好饲料的加工调制，块根类饲料应切碎再喂，豆饼应泡开，精料应与粗饲料拌匀。保管好饲料，防止牛偷食。

【治疗方案】

治疗原则：润滑管腔，缓解痉挛，清除阻塞物，对症治疗。

① 润滑管腔，缓解痉挛：肌内注射2%静松灵3～5毫升，或用水合氯醛等镇痛解痉药灌肠，并以1%～2%普鲁卡因溶液混以适量石蜡油或植物油灌入食管。

② 清除阻塞物，疏通食管：常用压入法，即胃管推送，但要防止食管破裂，另外体外挤压法、口腔取出法等也可以尝试。

③ 手术食管切开法：上述方法不成功时，采用食管切开术，取出异物，再防感染消炎。

【说明】

治疗时若瘤胃臌气严重，先行瘤胃穿刺放气，然后进行系统治疗。

四十三、牛食管炎

【诊断要点】

食管炎是食管黏膜及其深层组织的各类型炎性疾病。

原发性病因：包括机械性刺激，如粗硬的饲草、尖锐的异物、粗暴的胃管探诊；温热性刺激，如滚烫的饲料；化学性刺激，如氨水、盐酸、酒石酸锑钾等。

继发性病因：见于食管狭窄或扩张、咽炎和胃炎，以及痘疮、口蹄疫、坏死杆菌病、牛瘟、牛黏膜病、牛恶性卡他热、牛传染性鼻气管炎等疾病经过中。

主要症状：轻度流涎，下咽困难，头颈不断伸屈，精神极度紧张，前蹄刨地，痛感明显。触摸或探诊食管，可发现某一段或全段敏感，并诱发呕吐动作，从口鼻逆出混有黏液、血块及假膜的唾液和食糜。前段食管穿孔的，常继发蜂窝织炎，颈沟部肿胀，触诊捻发音，最终形成食管瘘或后遗食管狭窄和扩张；后段食管穿孔的，多继发坏死性纵隔炎、胸膜炎以至脓毒败血症。

病理变化：主要表现食管壁有炎性渗出、出血、淤血斑点。

【预防措施】

加强饲养管理，防止采食异物或刺激性物质。

【治疗方案】

① 减少刺激：控制粗硬饲草饲喂，或补充营养液替代采食。

② 局部处理：用消毒、收敛药或黏浆剂，如鱼石脂软膏、碘酊等外部皮肤涂抹，内部涂抹柠檬酸胶囊、胶体铋等。

③ 全身用抗感染抗炎疗法：抗感染用青链霉素、氨苄西林、磺胺间甲氧嘧啶、头孢噻呋、头孢喹肟、恩诺沙星等。抗炎用地塞米松、氢化可的松等，轻症慎用。

④ 促进黏膜修复：补充维生素 A、维生素 C 等。

【说明】

颈部食管发生穿孔应施行手术修补；胸部食管坏死穿孔无有效疗法，只能淘汰。

四十四、牛食管损伤

【诊断要点】

食管损伤在临床上最常见的是食管创伤，牛常发生。根据皮肤的完整性，食管创伤可分为开放性和闭合性两类。

发病原因：通常是咬伤、角顶伤等造成。这种情况在牛很少见。尖锐异物误咽入食管，造成食管损伤。粗暴地操作胃镜、插胃导管，也易损伤食管黏膜。

开放性食管损伤：锐性异物伤及颈部皮肤的同时伤及食管，往往是贯通伤。患牛在采食或饮水时，常会漏到皮肤外。

闭合性食管损伤：误咽异物造成，颈部皮肤完整，但患牛采食时，食糜和水可通过食管的创口溢出食管，在皮下积聚，溢出食管的食物在结缔组织内可导致感染，出现感染症状。

食管黏膜层损伤：症状较轻，间或出现颈部僵硬、吞咽困难，由于食管黏膜的再生能力较强，所以较轻的损伤在临床上不易被察觉。

【治疗方案】

（1）闭合性食管非贯通创 病牛饲以流食，并给予含碳酸氢钠饮水，如异物存在，需手术或食管镜取出异物。

（2）外伤性食管开放创伤

① 新鲜创：严格消毒后，可行食管修补术，闭合创口，但要防止缝合过紧致食管狭窄。皮肤创口按常规缝合。

② 陈旧创：特别是唾液及食物漏出而污染创口时，用防腐药物彻底清创、关闭食管，做创部引流，如食管感染严重，待感染消退后再做缝合。皮肤创口做假缝合并引流。

③ 闭合性食管贯通创：处理基本同陈旧创，注意彻底清除异物、做好消毒。

④ 胸部食管贯通创：视其机体情况和动物经济价值，考虑是否有必要进行开胸术。

【说明】

治疗时无论食管缝合与否，最好留置胃导管，胃导管可固定于头部，并保留5～7天，可经胃导管饲喂维持一定体能。

四十五、牛脐疝

【诊断要点】

脐疝是指腹腔脏器经扩大的脐孔脱出至皮下而起的疾病，一般多为先天性的，脱出的脏器主要为肠管和系膜，也有因后天脐炎导致脐孔闭合不全引起的。

发病原因之遗传性因素：主要是近亲交配导致脐孔发育不全，没有闭锁或腹壁发育缺陷等。

发病原因之后天性因素：牛舍阴暗潮湿，产后羊水、粪尿未及时清理，地面污染较严重，有利于细菌的繁殖，增加了犊牛脐带感染的机会。断脐技术不良，不是过长就是过短，由犊牛自行扯断，或留脐带过长或太短，都易导致脐孔破损，使腹腔脏器脱出至皮下，形成脐疝。牛间相互吸吮脐带也是引起感染的原因。腹压突然增大，如牛在争斗、便秘、咳嗽时，都会使腹内压突然增大。在脐孔尚未完全闭锁之前，小肠和肠系膜易挤入脐孔形成脐疝。

犊牛的先天性脐疝，多数在出生后数月逐渐消失，少数病例越来越大。脐疝部呈现显著局限性半球形肿胀，质地较软，也有的质地紧张。一般初期为轻症，无红、热、痛等炎症反应。

多数疝内容物在发病初期可还纳回到腹腔，清楚地摸出疝轮。听诊时可听到肠蠕动音，随着病程的延长，犊牛脐疝一般由拳头大小可发展至排球大小，甚至更大。

嵌闭性脐疝，不多见，一旦发生就有显著的全身症状，病牛极度不安，出现不同程度的疝痛，食欲废绝，如不及时进行手术常会死亡。

外伤性脐疝，受伤后局部突然出现一个局限性扁平柔软的肿胀，触诊有疼痛，常为可复性，多半可摸出疝轮。伴发淋巴管断裂及淋巴液流出，进而导致水肿。

严重的脐疝病理变化明显，通常脱出的网膜常与疝轮粘连，或肠壁与疝囊粘连，也有疝囊与皮肤粘连等。

【预防措施】

① 难产助产或接产时注意保护胎儿的脐部，防止过短断脐，并及时碘酊消毒。

② 注意牛舍的环境卫生，保持垫草的清洁，定期更换，减少造成脐部感染因素。

③ 勤于观察，防止犊牛之间相互吸吮脐带，最好做到单栏饲养。

【治疗方案】

1. 保守疗法

① 适用于疝轮较小的可复性疝。

② 可用疝带（皮带或复带）、强刺激药剂（如重铬酸钾软膏涂抹、碘酊分点注射）等促使局部炎性增殖闭合疝口，但强刺激剂常能扩展炎症至囊壁及位于其中的肠管，引起粘连性腹膜炎。

③ 在疝孔周围用95%酒精或10%浓碘酊，分点注射，每点注射4～5毫升，然后装压迫绷带，使疝孔周边组织增生而闭合疝孔。

④ 采用皮外缝合法，将疝囊清洗、消毒，提起疝囊，还纳内容物，捏成皱襞，在其基部用18号丝线做几针水平纽扣缝合，用碘酊消毒。但此法效果不确实。

⑤ 皮外疝轮缝合法：犊牛仰卧保定，术部做常规外科消毒、浸润麻醉。先将皮肤和疝内容物一起还纳入腹腔，用左手堵住疝孔，右手将皮肤慢慢从疝孔拉出后（注意不能拉出疝内容物）。持缝合针从皮肤外用结节缝合将轮闭合（注意不能刺伤疝内容物），一般只需缝2～3针，为防意外，也可在缝线两边适当做减张缝合。多用于发现早、疝轮小的犊牛。

2. 开放手术疗法

① 病牛术前绝食12小时，降低腹内压便于手术。将犊牛侧卧保定。2%盐酸普鲁卡因在疝囊基部做菱形浸润麻醉。疝囊剃毛消毒，可用碘酊配酒精。

② 切开疝囊：疝囊小的，切口靠近疝孔，在疝囊底部平行腹中线做直线形切开；疝囊大的，切口在疝囊底部做梭形切口。如果是可复性疝，用皱襞法切开疝囊，并向周围分离腹膜至脐孔处；如果是粘连性疝，通过触诊应于未粘连处做一小孔，伸入手指探查范围大小并行剥离。

③ 还纳内容物：可复性疝，将腹膜提起还纳肠管，向一个方向扭转至疝孔处，用贯穿结扎法结扎，在结扎线下剪去多余腹膜或保留。粘连性疝，应仔细剥离，避免损伤肠管，涂油剂抗生素，还纳回腹腔。嵌闭性疝肠管难以还纳，应首先做肠管活力检查，肠管有活力可剪开疝孔还纳回腹腔，若无活力则做肠断端吻合术，然后剪开孔还纳肠管。

④ 闭合疝孔：可去除疝孔内缘陈旧组织，然后用粗丝线做几针垂直纽扣缝合，也可用荷包缝合法缝合。用生理盐水冲洗，撒布青霉素或

氨苄西林粉。

⑤ 闭合腹壁切口：剪去多余皮肤，用粗丝线做结节缝合，消毒，包扎，装固定带。

⑥ 做好术后护理，防止感染，促进愈合。

四十六、牛直肠脱出

【诊断要点】

牛直肠脱出俗称脱肛，是直肠末端一部分黏膜或直肠后部全层肠壁脱出肛门，而不能自行缩回的一种疾病。多发生于犊牛，成年牛时有发生。

发病原因：长期饲喂在一个阴暗潮湿的圈舍内，不经常刷洗、通风，饲养密度较大；饲喂不全价的劣质饲料，缺乏多种维生素及矿物质。临床用药不正确，如驱虫药、缓泻药过量等。继发于一些疾病，如长期腹泻、便秘等。

一般多为直肠末端脱出。当卧地或排粪时，直肠黏膜部分脱出于肛门外，起立或行走后可自行缩回，脱出部不大，呈柔软圆形，可有轻度水肿，呈鲜红色。

严重病例，直肠脱出，呈圆筒状，由肛门垂下。脱出的肠段充血、水肿，脱出部会逐渐增大、水肿加重，常被粪、尿、泥土、垫草等所污染，表面污秽不洁，干燥龟裂，而且变硬，其颜色呈暗红或紫黑色。病牛排粪时，痛苦不安，拱背，后肢频频移动，不断努责。大多数病牛，体温、食欲没有明显的变化，病情严重时，食欲减退。

病理变化表现初期脱出的肠管鲜红，稍久一点脱出的肠黏膜淤血、溃烂、出血，甚至坏死、穿孔。

【预防措施】

加强饲养管理，增加营养，增强牛体质，减少发病率，这是防止本病发生和提高治疗效果的重要措施。消除诱发因素，积极治疗牛便秘、腹泻、咳嗽及阴道脱出等。

【治疗方案】

(1) 轻度脱出且时间短病例　可用生理盐水，或2%明矾水、

0.1%高锰酸钾溶液等洗净患部，并用湿毛巾或纱布块温敷，轻轻压揉促使消肿。当病牛没有努责时，将脱出部送入肛门。肛门周围做袋口缝合，并在肛门周围酒精封闭，经4～5天如不再努责即可拆线。

(2) 脱出时间长导致直肠黏膜水肿严重病例 先用0.1%高锰酸钾溶液等洗干净。用针刺，放出水肿液。若黏膜坏死，可用手或手术刀仔细清除坏死组织，直至有少量出血，显出新鲜组织为止，用0.1%高锰酸钾溶液彻底清洗。细心整复，将肛门做袋口缝合，同时酒精注射封闭。

(3) 肛门松弛反复脱出多次病例

① 在袋口缝合的同时，采用酒精注射疗法。

② 用温盐水灌肠，以便排出直肠内的宿便，避免整复时受到阻碍和污染术部。

③ 清理黏膜表面脏物。腐烂、水肿的黏膜要捏碎摘除，但不能破坏直肠的浆膜层。

④ 用0.1%高锰酸钾溶液冲洗干净，涂以收敛药物，如明矾粉，而后送入肛门。

⑤ 肛门周围封闭注射，距肛门1～2厘米。酒精浓度75%为宜，每点注射10毫升。

⑥ 注射方法：术者一手指伸入直肠内，以便把握进针的方向，先将16号的消毒针头刺入6厘米，边退针边注入75%的酒精10毫升。每点均须左右斜插针头、行环状封闭式。总之，把酒精均匀地分在直肠壁与肉之间的肛门周围缝内，通过酒精刺激引发炎性水肿达到治疗直肠脱出的目的。

(4) 脱出部坏死严重病例

① 脱出部位坏死裂口大甚至穿孔时，可做直肠手术切除术。

② 病牛采取侧卧保定，在脱出的直肠周围用2%的盐酸普鲁卡因浸润麻醉。

③ 脱出的直肠及周围用1%的来苏尔或0.1%的新洁尔灭或双氧水或高锰酸钾等消毒。

④ 手术切除：在靠近肛门处，用消毒过的两根针头交叉穿过脱出

的肠管将其固定，在固定针的外侧 2 厘米处，切除坏死直肠部分，充分止血。

⑤ 对肠管断端进行缝合：先将两层浆膜肌层进行单纯连续螺旋式缝合，最后把内外两层黏膜层也做连续螺旋式缝合，用 0.1%新洁尔灭或 0.1%高锰酸钾溶液冲洗，取下直肠的固定针头，涂以碘甘油或植物油后还纳于肛门内。

(5) 防止再脱出 对肛门周围进行荷包缝合，肛门应留一小指宽以便排粪。缝合方法是最好用类似人类头发的松紧皮筋样的可伸缩线做肛门固定，同时肛门周围注射酒精或青霉素。

(6) 术后抗感染与对症治疗 0.9%生理盐水 500～1000 毫升，氨苄西林 5～10 克，一次输液，1 次/日；或青霉素钠 320 万～800 万国际单位，生理盐水 10～30 毫升稀释，肌内注射。

【说明】

要早发现、早整复或手术，都有治愈的希望。发现迟、治疗晚，患牛出现全身感染，倒地不起，一旦败血有死亡的危险。整复或手术时对脱出的肠管应清洗消毒干净，彻底除去烂和坏死的黏膜，甚至切除坏死肠段，这是整复或手术成功的关键。

四十七、牛直肠损伤

【诊断要点】

直肠损伤包括两类，一类是直肠黏膜和肌层的损伤，但浆膜完整，称直肠不全破裂，另一类为直肠壁各层完全破损，称直肠全破裂或直肠穿孔。根据直肠破裂的部位，又分为腹膜内直肠破裂和腹膜外直肠破裂两种。当腹膜内直肠破裂时，肠内容物流入腹腔，常造成病牛死亡。腹膜外直肠破裂时，则粪便污染直肠周围蜂窝组织，牛主要是直肠黏膜和肌层的损伤。

发病原因主要有以下 3 个方面。

① 机械性损伤：直肠检查不按常规，操作粗暴，或检查时牛突然骚动、强烈努责而被手指戳破。还见于测体温时体温计破裂，粗暴地插入灌肠器，以及直肠内膀胱穿刺不当划破直肠，引起机械性的完全或不完全破裂。

② 意外事件损伤：火器创，如枪弹、弹片等所致的损伤。

③ 病理性损伤：如骨盆骨折、病理性分娩、肛门附近发生创伤而并发直肠损伤等。

如果仅仅是黏膜破损，出血较少。如黏膜、肌层同时破损，特别是破损面积较大时，出血较多，排出大量带血的粪便，病牛表现不安。

直肠后无浆膜区的腹膜外直肠破损，病牛表现排粪次数增加，频频努责，直检可见局部水肿，表面粗糙，但早期全身症状不明显，易引起直肠周围蜂窝织炎及脓肿。

直肠前部损伤，直检可触知破损处粗糙，局部炎性水肿，并且常形成创囊，内蓄积粪团和血块，由于大量粪便的蓄积，病牛不安，排粪小心。如仅黏膜和肌层的破损而浆膜仍保持完整性时，若能及时诊断和治疗，预后良好。如若粪团将浆膜撑破，而造成直肠完全破裂时，肠内容物进入腹腔，病牛立即出现不安和不同程度的疼痛症状，全身出汗，呼吸急促，肌肉震颤，腹壁紧张而敏感，呈频繁排粪姿势，直检时可清楚地摸到破裂口。病牛常出现弥漫性腹膜炎和败血症症状而陷于重度休克，预后多为不良，常于一两日内死亡。

直肠起始部破裂，小肠肠管可经创口进入直肠，甚至可经肛门脱出。

【治疗方案】

1. 治疗原则

① 使病牛安静，及时保护破裂口，严防肠内容物漏进腹腔，然后根据病情及时处理。

② 对仅仅损伤直肠黏膜和出血不多的病例，可不予以治疗，如损伤直肠黏膜和肌层且创口较大，出血较多，则需用增强血液凝固性药物止血，并在轻微压力下向直肠注入收敛剂。

③ 当直肠内有积粪，应及时仔细地掏出积粪，以减少对损伤部的刺激和压迫，并给柔软的饲料和适量盐类泻剂。当直肠周围发生蜂窝织炎或脓肿时，可在肛门侧方肿胀的低位处，切开排脓。

2. 保守疗法

适用于无浆区的损伤和前部有浆膜区较小范围的损伤，目的在于保护局部创面，防止造成破裂孔，方法是在直肠破损处创面的创囊内，填塞浸有抗生素的脱脂棉，借以保护局部创面，防止粪便蓄积而将浆膜撑破，为了提高治疗效果，要及时地将直肠内的粪便掏出，并给予少量柔软的饲料和适量的盐类泻剂，以使粪便稀软而减少刺激。

3. 手术疗法

凡直肠全破裂的病例均应及早进行手术治疗，提高疗效。

【说明】

治疗要注意饲养管理，加强营养，以增强抗病能力，并配合必要的对症疗法或全身抗生素的应用。治疗中每天检查创口的变化情况，并根据病情的发展而采取相应的治疗措施。直肠完全破裂，污染腹腔，并引发腹膜炎，如不是价值很大的牛，建议淘汰处理，治愈率不高，治疗护理成本很高。

四十八、牛腹壁疝

【诊断要点】

腹壁疝是由外伤引起的腹肌或腹腱膜的破裂，腹腔脏器经破裂口脱出于皮下，本病多发生于成年牛，但有时也偶见于犊牛。

1. 发病原因

最常见的原因是牛角的顶撞、跌倒等。当受到钝性力量、角斗、跌在地桩上，受到打击。或者因双胎妊娠使腹部肌肉的拉力变弱，腹部皮下化脓灶，使肌纤维分解等原因导致发病。

2. 临床表现

① 受伤部局部腹壁出现隆起，忽大忽小，受伤后 7～10 天炎症发展至高潮，界限不清，肿胀部位虽无热和痛感，但呈水肿状态。只要尚未形成嵌闭，很少出现全身症状，食欲、消化等均正常。

② 检查时最好用针刺肿胀部位检查内容物，或用听诊方法区别疝囊内脏器的种类。如疝内容物为脱出的小肠，在疝环的下方会有很大疝囊，用手压迫囊，由于腹压太大肠管不太容易回纳腹腔，但听诊时可听到肠蠕动音，手托疝囊底部活动时，可听到流水音，如将牛侧卧并挤压

疝囊，可还纳、肿胀可消失，并摸到疝环。

③ 当发生嵌闭性疝时，表现腹痛，卧地打滚，疝的肿胀变硬而有弹性，皮肤紧张，挤压有剧痛，脱出的肠管就算侧卧保定也不能回纳于腹腔，疝环也不清楚。如时间过久，可转变为绞窄性疝，腹痛更剧烈，全身情况恶化，伴发全身中毒症状，疝囊穿刺可以抽出血样的恶臭液体，说明嵌塞组织已经坏死了。

【治疗方案】

① 预防措施：加强饲养管理，加强运动，减少暴饮暴食，去角，避免打斗发生。

② 非手术疗法：对新发生的可复性疝，疝环较小，发生的部位比较靠上，局部肿胀不大，可用非手术疗法，常用绷带压迫法。将疝内容物回纳腹腔后，用一块厚棉垫，覆盖于患部，然后用绷带进行压迫固定。经常检查压迫绷带，保持其在正确的位置上，经 2～3 周，如已愈合即可解除压迫绷带。

③ 手术疗法：保定、局麻、切开、还纳，如有局部坏死需切除、缝合，术后消毒防感染。对新发生的可复性疝，一般应争取早日动手术。若腹肌破口较大，早期手术有困难，可在急性炎症消退后进行手术。对嵌闭性疝或绞窄性疝，须施行紧急手术，以防止疝内容物坏死。

第十五章

牛营养代谢性疾病诊断要点与处方

一、牛酮病

【诊断要点】

酮病又称酮血病、酮尿病、醋酮血病等，是体内物质代谢和能量代谢障碍，尤指碳水化合物及脂肪代谢紊乱，使体内酮体浓度增高的一种代谢性疾病。临床上以顽固性消化紊乱、呼出带酮味的气体、泌乳量降低、脱水和一定的神经症状为特征。根据临床症状可分为消化型、神经型、生产瘫痪型等类型。

原发性酮病发生原因：主要是精、粗饲料比例不当，精料特别是蛋白质和脂肪含量多的饲料供给过多，而粗饲料特别是碳水化合物饲料供给不足。微量元素（钴）、胆碱与烟酸等缺乏，也是发生原因。

继发性酮病发生原因：患前胃弛缓、瘤胃臌气、创伤性网胃炎、皱胃移位、胃肠卡他、子宫炎、乳腺炎及其他产后疾病，常引起母牛食欲减退，导致机体干物质摄入减少而发病。

消化型症状：病初，精神沉郁、反应迟钝，常拒食、偏食，食欲减退或废绝，泌乳量、体重均明显下降，消瘦。粪便少而干硬，有的排稀软粪便。体温、脉搏、呼吸正常。重症病例，尿量减少，呈淡黄色水样，易形成泡沫，有特异的丙酮气味。

神经型症状：有的兴奋，突然发作，目光怒视，横冲直撞，四肢叉开，站立不稳，颈部强直，兴奋不安，乱跑，吼叫，震颤，神经症状发作持续1～2小时，有的复发。有的不愿走动，沉郁，呆立，低头耷耳，眼睑闭合，似睡样。

生产瘫痪型症状：偶发，多发于分娩后数天。先兴奋后抑制，步态不稳，四肢无力，继而发生四肢瘫痪，呈昏迷状态，头颈呈S状向一侧弯曲，类似产后瘫痪。

病理变化：肝肿大、质脆弱，呈轻度脂肪肝。胸腺、淋巴组织、胰腺等退行性变性。

临床型酮病发生于围产期，低血糖、高血酮并伴有食欲骤减，产乳量急剧下降或神经症状等，依据这些症状可做出诊断。亚临床酮病应用实验室快筛，有助于及早诊断。

【预防措施】

① 加强饲养管理，供应平衡日粮。日粮按照饲养标准的要求合理搭配，保证围产期干物质摄入是一个关键的措施。

② 保持每天有一定的运动时间，减少产后子宫弛缓、胎衣不下的发生。围产期定期对牛群进行健康检查，尤其乳酮检查，如有异常，应及时增减饲料或进行防治。

【西药方案】

(1) 改善饲养管理 停喂富含脂肪的精料，增加碳水化合物饲料，如优质干草。

(2) 葡萄糖疗法

① 50%葡萄糖 500～1000 毫升，静脉注射，每日 3～4 次。

② 丙酸钠 110～250 克，分两次加水投服。

③ 丙二醇或甘油 500 克，加水投服，每日 2 次，连服 2 日后剂量减半。

④ 静脉注射葡萄糖注射液，同时适当地应用小剂量的胰岛素，促进葡萄糖的利用。

(3) 激素疗法 1%地塞米松 4 毫升，另外也可用其他糖皮质激素类药物，如促肾上腺皮质激素、氢化可的松、强的松龙、地塞米松等。

(4) 对症疗法

① 解除酸中毒，5%碳酸氢钠 500～1000 毫升，一次静脉注射。

② 神经型病牛，10%葡萄糖酸钙溶液 300～500 毫升，静脉注射，水合氯醛 15～25 克，分 2 次内服，连用 3～5 日，亦可用安溴、氯丙嗪(2.5%氯丙嗪 12 毫升肌内注射) 等。

③ 增强前胃消化功能，促进食欲，用人工盐 200～250 克，一次灌服，维生素 B_1 20 毫升，一次肌内注射，或者复合 B 族维生素肌内注射。

④ 促进胃肠蠕动亦可用 10％氯化钠、新斯的明、比赛可灵、四胃动力等。

⑤ 兴奋心肺功能，可用 10％樟脑磺酸钠 10～20 毫升输液。

⑥ 消化型的还可以一次口服 0.1％高锰酸钾 500 毫升，每天 3 次。

⑦ 可以辅助能量合剂输液，如三磷酸腺苷二钠、辅酶 A 等。

⑧ 改善代谢，提高抗病力，可配 10％维生素 C 80～100 毫升。

⑨ 防止继发感染，可配合抗生素治疗。

【中药方案】

处方一：当归、川芎、砂仁、赤芍、熟地黄、神曲、麦芽、益母草、广木香等各 35 克，磨碎，开水冲调，灌服，每日或隔日 1 次，连服 3～5 次，可增食，促进治愈。

处方二：当归 80 克、川芎 70 克、桃仁 15 克、红花 15 克、黑姜 10 克、炙甘草 20 克、益母草 100 克，打粉开水冲调，候温加 100 克酵母，一次灌服。

处方三：大黄 100 克、丹参 50 克、葛根 30 克、萆薢 30 克、生地黄 25 克、黄连 20 克、木通 20 克、甘草 20 克、神曲 45 克、山楂 45 克、太子参 45 克、白术 30 克、砂仁 30 克、枳壳 30 克、小茴香 30 克、厚朴 30 克，打粉开水冲调，一次灌服。

处方四：党参 60 克、当归 60 克、赤芍 60 克、熟地黄 60 克、砂仁 60 克、苍术 80 克、茯苓 50 克、木香 50 克、白术 50 克、甘草 50 克、神曲 100 克、川芎 40 克。消化不良砂仁加量 80～100 克、加肉桂 50 克；胃肠蠕动迟缓加厚朴 60 克、枳壳 50 克；虚寒证加党参至 80～100 克、黄芪 60 克、黑附片 50 克；乳量不足、食而不增膘加炒茴香 50 克、炒枳壳 100 克；产后恶露加益母草 100 克；体温高去党参、白术、砂仁，加黄芪 60 克、金银花 60 克、鱼腥草 100 克；神经症状加石菖蒲、酸枣仁、茯神各 40 克，远志 30 克。打粉开水冲调，一次灌服。

【说明】

高糖和激素是治疗本病的关键。继发性酮病单纯高糖和激素用药的疗效不明显，必须积极治疗原发病。加强饲养管理是预防本病的根本措施。

二、牛糖尿病

【诊断要点】

糖尿病是由于胰腺分泌功能紊乱所致的胰岛 B 细胞分泌胰岛素不足，以糖代谢功能异常为基础的蛋白质、脂肪，以及电解质和水等代谢障碍的一种代谢性疾病，临床上以高血糖、糖尿、烦渴和消瘦等为特征。分为原发性和继发性糖尿病两种类型，前者占多数，后者占少数。

发病原因：原发性糖尿病（或胰性或真性的糖尿病）是胰岛素绝对量不足所引起的，继发性糖尿病（或肾上腺性和甲状腺性的糖尿病）是胰岛素相对量不足所引起的。

牛糖尿病见于肥胖、病毒性感染、妊娠胎次过多、偏饲、分泌功能紊乱及促糖尿病制剂应用等，也可由胰岛素拮抗物质如血清白蛋白、α 球蛋白、β 球蛋白、β 脂蛋白和游离脂肪酸等阻碍胰岛素的生理作用而引起。

主要症状如下。

① 早期症状：在母牛发病初期多不明显，但多呈肥胖状。

② 最突出症状：多食，烦渴，进行性消瘦即体重急剧减轻，频频排尿即多尿等。

③ 全身症状：精神不振，全身乏力，体温、脉搏接近正常。脱水症状明显，表现皮肤干燥、无弹性，被毛粗硬、无光泽，肌肉松弛。腹部膨大，全身肌肉发出持续性震颤。瘤胃蠕动功能增强，但次数不整，粪干而硬、量少。

④ 伴发症：重型病例多伴发酮病，在呼出气和排泄尿液中散发丙酮气味。

病理变化：无特异性病理变化。

【治疗方案】

(1) 食饲疗法 限制饲喂富含碳水化合物饲料量，可饲喂足够量蛋白饲料。

(2) 对症治疗

① 在治疗前应做糖耐量试验（包括胰岛素耐量试验：正规胰岛素

按每千克体重 0.1～0.5 单位，静脉注射），了解牛机体血糖含量变化情况，再决定应用胰岛素的种类和肌内注射剂量。

② 胰岛素分为速效性胰岛素（5～8 小时，正规胰岛素）、长效性胰岛素（30～36 小时，精蛋白锌胰岛素）和特慢胰岛素（即长效的胰岛素锌悬液），以及中效性胰岛素（22～26 小时）、慢性胰岛素和中性精蛋白锌胰岛素等。

【说明】

患重型糖尿病、继发性或伴发酮病、代谢性酸中毒等后，常无治疗价值。

三、牛脂肪坏死症

【诊断要点】

脂肪坏死症又称脂肪过多症、腹脂肪坏死或脂肪瘤，是指牛腹腔内沉积脂肪的脏器，如结肠圆盘、腹膜、大网膜、肠系膜、直肠及肾脏周围等，由于代谢障碍使其脂肪变性、坏死，并形成硬块而压迫脏器的一种慢性代谢性疾病。临床上以食欲减退、消化紊乱、排粪困难为特征。多见于 4～9 岁的乳肉兼用牛及肉用牛。本病与遗传因素有关。常散发，也有群发，发病率达 67%，20%～40%会死亡或被淘汰。

1. 发病原因

真正的病因目前尚不清楚。过多饲喂精料，尤其是含脂类和碳水化合物比例较大的精料，加上运动量不足，肥育过快，体脂肪过度沉积是本病的诱因。

2. 主要症状

① 病牛多无临床症状，常于直肠检查妊娠时，发现腹腔有坏死的脂肪硬块。当坏死脂肪硬块压迫结肠圆盘、回肠、直肠周围时，才导致消化功能障碍。

② 急性病牛表现：食欲迅速废绝、血便和腹痛等。

③ 慢性病牛表现：长期食欲不振，反刍减弱、停止，体温、脉搏和呼吸正常，可视黏膜苍白或黄染。多有剧烈腹痛，腹部蜷缩，频频努

责呈排粪姿势，粪便量少呈球状，有的腹泻呈恶臭软便，混杂黏液、血液。随病势发展，病牛消瘦，被毛逆立、褪色、无光泽，尾根脱毛。起立困难，四肢乏力，步态踉跄。直肠检查时可触摸到硬块，直肠狭窄。

④ 当坏死脂肪硬块压迫骨盆腔内卵巢、输卵管和子宫时，有生殖功能障碍症状，直肠检查时可触摸到相应器官上的硬块。

3. 病理变化

① 肿瘤型：腹腔脏器发生较多，如结肠袢、回肠和直肠周围，其余在胰脏和肾周围脂肪组织。脂肪坏死块以指头大至小儿头大，坚硬，形状不整，呈灰白色或黄褐色。刀切时有抵抗感，切面粗糙，其中含有钙化和结晶物质。

② 弥漫型：主要见于皮下和肌肉脂肪组织之间，可分布于全身各处，如大网膜、心和肾等。脂肪组织变硬，呈黄色，由结缔组织覆盖的呈黄白色，含颗粒至针状结晶物质。

【预防措施】

加强饲养管理，合理供应日粮，分群饲养，防止牛肥胖。对干乳期牛及妊娠的青年牛，要控制精饲料饲喂量，保证有充足的优质干草。

【治疗方案】

(1) 药物治疗

① 消散肿块极为困难。

② 精氨酸制剂，按每千克体重 400 毫克，肌内注射，每周 1 次，连续使用 5～9 个月。

③ 促甲状腺释放激素 1.0 毫克，一次皮下注射，每月 2 次，连续 3 个月。

(2) 手术摘除 直肠检查确诊部位后实施手术摘除较为有效。

【说明】

兽医临床一旦确诊为本病，同时硬块较大或分布较广，应尽早淘汰。

四、牛佝偻病

【诊断要点】

佝偻病是指犊牛在生长过程中，由于矿物质钙、磷和维生素 D 缺乏所致的成骨细胞钙化不全所致的一种骨发育不良的代谢病，临床上以消化紊乱、异嗜、跛行和骨骼变形为主要特征。

先天性佝偻病病因：妊娠母畜维生素D或钙、磷供给不足，影响胎儿骨组织的正常发育。

后天性佝偻病发病原因：母乳中维生素D不足，代乳品中未添加足够的维生素D，导致钙、磷吸收障碍；犊牛断乳后饲喂的日粮中维生素D缺乏、钙磷含量不足或比例失衡；不合理饲养，缺乏运动，阳光照射不足，故圈养的犊牛发病率较高；患胃肠疾病、肝胆疾病，长期腹泻，影响钙、磷和维生素D的吸收、利用，慢性肝、肾疾病或肾功能衰竭，可影响维生素D活化；日粮中蛋白（或脂肪）性饲料过多，代谢过程中形成大量酸类，与钙形成不溶性钙盐大量排出体外，导致缺钙；甲状旁腺功能代偿性亢进，甲状旁腺激素大量分泌，磷经肾脏排泄增加，引起低磷血症。

主要症状：精神沉郁，喜卧，异嗜，常有消化不良症状。有时出现痉挛。站立时，四肢频频交替负重。运步时，步样强拘。骨骼、关节和牙齿发生变形。肋骨和肋软骨结合部呈串珠状肿胀。四肢关节肿胀，骨端增粗，骨骼弯曲，呈O形或X形姿势。肋骨扁平，胸廓狭窄，胸骨呈舟状突起而形成鸡胸状。牙齿发育不良，排列不整，易形成波状齿。生长发育延迟，营养不良，贫血，被毛粗乱、无光泽，换毛迟等。

X射线检查：骨质密度降低，骨端变宽和不规则，出现虫蚀样或毛刺状。

生化检验：血清碱性磷酸酶升高，血清钙或磷浓度降低等。

病理变化剖检可见骨端、关节肿大，变形，质地柔软，骨钙化不全。

【预防措施】

① 对妊娠和分娩母牛，要保证足够的青草和充足的阳光照射。给予鱼肝油或维生素D制剂，以增加乳汁中维生素D的含量。

② 扩大犊牛的活动范围，并经常让其晒太阳。犊牛断乳后要多喂青干草和多汁鲜嫩的青草，补充饲料中要有豆科及禾本科籽实，并添加骨粉、含硒生长素、多种维生素。

【治疗方案】

治疗原则：补充钙、磷和维生素 D，促进钙磷吸收，加强运动，恢复功能。

（1）补充维生素 D

① 浓缩维生素 AD（浓缩鱼肝油），犊牛 2～4 毫升，肌内注射。

② 维生素 D_2，犊牛 80 万～100 万国际单位，皮下或肌内注射，每日 1 次，连用 10～15 日。

③ 维生素 D_3 5000～10000 国际单位，每日 1 次，连用 1 个月；或 8 万～20 万国际单位，2～3 日一次，连用 2～3 周。

④ 维丁胶性钙，肌内注射。

（2）补充磷

① 补充含磷多的饲料，如麦麸、油饼和青草等。

② 磷制剂，犊牛，磷 0.02～0.05 克，溶于 15 毫升鱼肝油中，一次内服；或 20%磷酸氢二钠 300～500 毫升静脉注射，每日 1 次，连用 3～5 天。

（3）补充钙

① 轻症：维生素 D，40 万～80 万国际单位，肌内注射，1 次/周，同时内服钙剂，碳酸钙 5～20 克，或乳酸钙 5～10 克，或磷酸钙 2～5 克，每日 1 次；或内服维丁钙片，或维丁胶性钙注射液 5～10 毫升，皮下或肌内注射。

② 重症：维生素 D，采用突击剂量，400 万国际单位，分 2～3 点肌内注射，1 次/周，连用 2～3 周，同时用 10%氯化钙溶液 5～10 毫升，或葡萄糖酸钙溶液 10～20 毫升，静脉注射。成年牛，可同时补充 20%磷酸二氢钠 300～500 毫升，或 3%磷酸钙静脉注射。

（4）辅助矫正 四肢弯曲严重的犊牛，可装固定的夹板绷带，辅助负重，以利矫正。

【兽医临床简易方案】

① 犊牛口服方案：鱼粉 20～100 克，拌料每天饲喂。鱼肝油 8～15 毫升，口服每天一次。口服兽药厂家生产的瘫软灵等制剂，或者钙片和

鱼肝油。

② 犊牛注射方案：10%葡萄糖酸钙溶液 100～200 毫升，静脉注射。维丁胶性钙 2.5 万～10 万单位，肌内注射。

五、牛骨软化症

【诊断要点】

骨软化症是成年牛钙磷代谢障碍所引起的一种骨营养不良性疾病。主要是由于骨组织脱钙而引起骨骼疏松、软化、易碎和变形。临床上以消化障碍、异嗜、跛行和骨骼变形等为主要症状。主要发生于妊娠和高产奶牛。在 3、4、5 月多发生，尤应引起注意。

1. 发病原因

饲料中磷供应不足是主要原因。钙磷比例不当也能造成本病，在干旱季节，饲草钙含量增加，磷含量减少，山地或高地生长的植物含磷量低于低湿地区的植物。饲喂缺乏钙、磷的饲料，如萝卜、马铃薯、甘薯等，更易发本病。妊娠、泌乳和运动不足、光照过短、维生素 D 不足等，可促发本病。

2. 主要症状

① 临床异常表现：呈现消化紊乱，异嗜，运动障碍，站立时肘头外展，四肢频繁交替负重，拱背或塌腰，经常卧地，不愿起立，运步不灵活，呈现跛行。

② 骨骼肿胀变形，骨质软化：尾椎骨变形、移位、变软、椎体萎缩，甚至最后几个椎体消失，骨盆变形，肋骨与肋软骨结合部肿胀，倒卧时易引起骨折。

③ 继发病和并发病：冬季爬窝病、分娩前后不能起立、慢性胃肠病、胎衣不下和跛行，甚至引起繁殖障碍、难产和流产。

3. 病理变化

血清钙含量多无明显变化，多数病牛血清磷含量显著降低。正常牛血清磷水平是 1.62～2.26 毫摩尔每升（每 100 毫升 5～7 毫克）。骨软化症牛，可降至 0.90～1.39 毫摩尔每升（每 100 毫升 2.8～4.3 毫克）。

血清碱性磷酸酶水平升高。长骨骨髓腔扩张，骨皮质薄软而脆，骨变形，骨端膨大，肋骨、肱骨易发生骨折。

【预防措施】

保证日粮有足够的钙、磷，并保持合理的比例。对犊牛、育成牛、妊娠牛、泌乳牛，要经常给予足够的青绿饲料和青干草，适当晒太阳和运动。

【西药方案】

治疗原则：补充钙、磷，促进钙磷吸收，加强运动，恢复功能。

(1) 补充钙磷

① 饲料中添加碳酸钙、石粉、磷酸钙、乳酸钙等，每日30～50克，连服数日；或每日补喂骨粉250克，待症状消失后改为骨粉150克。

② 10%氯化钙200～300毫升，或20%葡萄糖酸钙500毫升，配合20%磷酸二氢钠溶液300～500毫升，或3%次磷酸钙溶液1000毫升，静脉注射，每日1次，连续5～7日。

(2) 补充维生素D制剂 维生素AD注射液15000～20000国际单位，或维丁胶性钙20毫升，肌内注射，隔日1次，连续3～5日。

(3) 适当运动和增强日光照射 不能起立的牛，应厚铺垫草，勤翻牛体，以免发生褥疮。

【中药方案】

处方：煅牡蛎20克、小苏打10克、炒黄豆10克、煅骨头30克、苍术7克、炒食盐15克、炒茴香3克，打粉，每头牛每天100～150克，连喂15～30天。

【兽医临床简易方案】

① 注射方案：20%磷酸二氢钠注射液400毫升，静脉输液。维丁胶性钙注射液10万单位，肌内注射。20%葡萄糖酸钙500毫升或10%葡萄糖1000毫升，静脉输液。

② 口服方案：人工盐300克，骨粉250克，分别拌料饲喂，每天一次，连用一周。

【说明】

临床早期检查方法：用手握住尾尖处，找到最末一节尾骨，用手触摸，正常牛坚实、饱满。骨软化症牛此处首先脱钙，表现骨被吸收，变得柔软、空虚。由于病的程度不同，尾椎骨在不同程度上被吸收，吸收的顺序是由倒数第一节尾椎开始，然后是倒数第二节、第三节。

六、母牛卧地不起综合征

【诊断要点】

母牛卧地不起综合征是泌乳牛临近分娩或分娩后发生的一种以卧地不起为特征的临床综合征。病牛在 2 次钙剂治疗后 24 小时仍不能站立，常发于产后 2～3 天的高产母牛。

1. 发病原因

① 代谢性致病因子：血钙过少是主要病因。常因产后乳热症补钙不及时、钙剂量不足等，致使躺卧期延长。还见于其他代谢疾病（如低镁血症、低磷血症、低钾血症等）经过中。

② 分娩时管理和处置不当：难产时发生产伤性麻痹，胎儿过大、产道开张不全、助产粗鲁、过分牵引胎儿等，引起坐骨、闭孔或胫骨的神经损伤，或髋骨脱位等发生产后麻痹。

③ 其他病因：饲料中维生素 E 和硒缺乏。乳腺炎、子宫炎、心肌炎、创伤性心包炎或腹膜炎等所致的败血症。消化道梗阻，如幽门或十二指肠梗阻。分娩时骨挫伤，以及中枢神经系统损伤，如脑炎、脑水肿或内出血等，都会引起。

2. 主要症状

① 特征性症状为持续卧地不起，病牛后躯肌肉麻痹、松弛和乏力，站立困难，甚至站不起来，多躺卧。病初，企图站立，而后呈犬坐姿势或蛙腿姿势。人为帮助病牛站立也无力负重，勉强站立的常见球节呈突状屈曲姿势，多被迫侧卧。

② 无明显全身症状。病牛精神敏感，但食欲、呼吸和心跳多正常，体温正常或略有升高。耳根、角基部冷凉，皮温不均。瞳孔反射、感觉等多无异常。瘤胃蠕动功能稍有减弱，粪便正常或稀软。

③ 并发病和继发病：躺卧较久的病牛，伴发或继发其他疾病，如

乳腺炎、子宫炎、阴门撕裂、子宫破裂、肺炎、跗关节和肘关节的突出部位及髋结节发生褥疮性溃疡，最终死于心力衰竭或败血症。

3. 病理变化

主要变化是股部内侧肌肉出血和变性，圆韧带撕裂，髋关节周围出血，股薄肌、耻骨肌和内收肌局部缺血性坏死。闭孔神经、坐骨神经、腓神经、桡神经出血和水肿。心肌扩大，质地松软，呈灶性心肌炎，肝脂肪浸润。

根据临床用药钙疗无效，或治疗后精神状态好转，但依然爬不起来，以及病牛没有精神，沉郁与昏迷等临床症状，可以做出初步诊断。

【预防措施】

(1) 加强干乳期管理 特别是妊娠后期的饲养管理，预防生产瘫痪，尽早发现和治疗，可以大大降低本病的发病率。

(2) 具体措施

① 对妊娠母牛从分娩前 1～9 周起，将其饲养在宽敞的产房待产，绝对不要拴系在拥挤的牛舍内。助产要按规程操作，操作要仔细，不要用力牵引，减少组织损伤。

② 干乳时定期监控，适当调配日粮，预防分娩牛肥胖所致的难产发生。

③ 从分娩前 2～8 天开始，肌内注射维生素 D 按每千克体重 500～1000 国际单位，连用 2～3 日。

④ 从分娩前 3～5 天开始，用 10%葡萄糖酸钙注射液 500 毫升，20%葡萄糖注射液 1000 毫升，混合一次静脉注射，每日 1 次，连用到分娩为止。

【治疗方案】

1. 加强护理

加强护理是治愈本病的前提，必须全面呵护。

① 卧地 24 小时或 24 小时以上的母牛，必须为其提供柔软的垫料，如垫土或厚垫草。不管牛处于何地，都要给牛提供饲料和饮水。

② 当牛卧于松软垫料或田地上时，给牛不停地翻身，避免同一侧（或同一姿势）卧地 3 小时以上。避免局部血液循环障碍，出现淤血或褥疮。

③ 摔伤或闭孔神经性麻痹的病牛，后肢会持续地向外伸展，可用脚绊或软绳将后肢系住，使两后肢间隔 50 厘米，防止牛的两后肢持续性外展，减少肌肉继续损伤，有时牛会立即站立。

2. 药物调理

(1) 补钙

① 患乳热症时，一次静脉注射钙 8～12 克即 20%葡萄糖酸钙溶液 500～1000 毫升。

② 为防止复发，给牛在 24 小时内静脉注射硼葡萄糖酸钙 2～3 次。若病牛症状无明显改善，可隔 8～12 小时后再注射 1 次。

③ 必要时结合乳房送风疗法。

(2) 补磷、镁、钾

① 钙制剂治疗无效的病牛，可改用磷制剂、镁制剂和钾制剂等治疗。

② 用 20%磷酸二氢钠溶液 200～500 毫升，复方生理盐水 1000 毫升，混合一次静脉注射。

③ 25%硫酸镁注射液 100～200 毫升，一次静脉注射。

④ 10%氯化钾 100～150 毫升，5%葡萄糖注射液 1000～1500 毫升，混合一次静脉注射，每日 1 次，共注 1～2 次。

(3) 补维生素和兴奋神经　对于神经损伤，肌肉剧烈伸展的患牛，可用维生素 B_1 和维生素 B_{12} 或士的宁在腰椎神经丛穴位注射。或用醋或酒精涂布于患牛腰椎部。

(4) 辅助疗法　在药物治疗同时，采取各种有效的辅助措施使病牛吊起，强迫站立。

① 辅助站立：举升器系于牛坐骨结节处，利用前尾端装载器或滑轮木架将牛抬起，这样有利于诊断和治疗。用举升器将牛抬起时，后肢可以负重，能保持站立，并能缓慢向前行走，但是可引起肌肉损伤。

② 充气式橡胶袋：这种气垫有利于促进患肢的血液循环。但充气后牛被抬起，并经常挣扎站立，随后跌落于气袋的一边，如无护理，可造成病牛损伤。

③ 充水袋：将卧地牛抬置于有滴水装置的水箱中，然后在箱内充满温水。在水的协助下会站立，每天可按同一姿势站立 7 小时。此种装置系统称为水箱提举，但是转送和提举牛所花的费用较高，使其普及受到了限制。

【说明】

首次补充钙制剂应足量，这是治疗本病的关键。谨慎使用举升器与各种吊索和充气袋。在没有辅助的情况下如果牛不能站立，没有必要使牛保持站立的姿势。反复使用举升器还会造成大面积肌肉损伤，应当谨慎使用。

七、牛生产瘫痪

【诊断要点】

生产瘫痪又称分娩牛低钙血症、乳热症，是在分娩前后突然发生的一种急性低钙血症，临床上以精神沉郁、四肢瘫痪、卧地不起、知觉丧失、体温下降及血钙浓度低为特征。多发于 3～6 胎的高产奶牛。

发病原因：一般公认，分娩前后血钙浓度剧烈降低是本病直接原因。血钙浓度降低常是几种因素共同作用的结果。

① 分娩前后大量血钙进入初乳且牛动用钙的能力降低，这是血钙浓度急降的重要原因。

② 在妊娠后期，因胎儿发育的消耗和骨骼吸收能力减弱，骨骼中贮存的钙量大为减少，难以动用体内骨钙以补偿产后钙大量丧失，使牛处于钙的负平衡状态。

③ 分娩应激、雌激素水平增高、产后腹压下降和肠道吸收的钙量减少，是本病的诱因。

④ 饲料钙、磷比例不当，维生素 D 缺乏，低镁日粮、精料过多等。

⑤ 强迫运动、长途运输、突然停食、喂富含草酸植物或青绿禾谷类植物，可诱发。

典型症状：多发生在产后 12～72 小时。

① 前驱症状：病初食欲、反刍停止，母牛不安，体温、呼吸均正常，心跳略增加。有的病牛短暂性兴奋和抽搐，四肢肌肉震颤，站立不稳，摇头，伸舌和磨牙。行走时，步态踉跄，后肢僵硬，左右摇晃，易于摔倒。

② 瘫痪症状：倒地起立困难或不能站立，精神高度抑制，体温略下降，心跳加快，四肢屈曲于腹下。头转向胸侧。强行拉直，松手后又弯向原状。

③ 昏迷状态：病情继续发展表现意识抑制和知觉消失，闭目昏睡，瞳孔放大，眼睑反射微弱或消失。体温降低到 35～36℃ 或更低，心跳明显增加达每分钟 100 次以上。

非典型症状：病情较轻，瘫痪症状不显著。病牛精神沉郁，对外界反应迟钝，但不昏睡。食欲不振，瘤胃蠕动减弱，体温正常或稍低，病牛不能站立，卧地时，头颈姿势不自然，呈轻度 S 状弯曲。

病理变化：缺乏特征性病变。有的肝、肾、心等发生脂肪浸润。

根据分娩前后数日内突然发生轻瘫、四肢麻痹、昏迷、体温下降等特征性临床症状，以及钙治疗迅速好转，可做出诊断。血钙含量每 100 毫升低于 6 毫克，即可确定诊断。

【预防措施】

① 关键是加强围产期的饲养管理。

② 在干乳期要饲喂低钙日粮，尤其是产前最后 2 周，分娩后可口服补充钙剂。产后第一次初乳不要挤净，可挤出 1/3～1/2。产后多给牛饮一些温红糖麸皮盐水。

③ 应在产前 5 日用维生素 D 每日 100 万国际单位，或产前 3～7 日用维生素 D 每日 100 万～200 万国际单位，肌内注射。产前控制精料量，每天混合精料不超过 3～4 千克，保证充足的干草。产前 1 个月，最迟产前 2 周开始，母牛日摄钙量限制在 100 克内，每 100 千克体重不超过 6～8 克。钙磷比例保持合理配比。

【防治方案】

1. 钙剂疗法

① 治愈率一般为 80%左右。一般认为补充 8～12 克钙量比较合适。

② 牛常用 20%～30%硼葡萄糖酸钙 400～600 毫升，或 10%葡萄糖酸钙 800～1500 毫升，或 5%葡萄糖氯化钙 800～1500 毫升，静脉注射。

③ 补钙后的反应如下。

良好反应：几分钟后角膜反射和皮肤知觉恢复，脉搏减慢并且增强，精神好转，排干硬粪便，4 小时内即可站起。

不理想的情况：48 小时前曾应用过钙剂治疗而复发者，中年牛曾多次发生过生产瘫痪者，老年母牛，病程已较长者，侧卧牛对钙剂治疗反应不如俯卧牛敏感。

④ 重复实施补钙剂，最多不得超过 3 次，仍然无效或复发者，改用乳房送风疗法。

2. 乳房送风疗法

① 将患牛乳房洗净，用酒精棉球消毒，将消毒过的乳导管插于乳头内，外接乳房送风器（内置消毒棉或纱布），或先注射青霉素后接乳房送风器。

② 一般先打下部乳区（后乳房），再打上部乳区（前乳房），以乳房皮肤紧张、乳基部边缘轮廓清楚、用手轻叩乳房呈鼓音为度。

③ 最后用宽纱布轻轻扎住乳头，过 1～2 小时解除。

大多数病例，打入空气后半小时即可痊愈，治疗越早，效果越好。也可在乳房送风后，再用钙剂治疗，可防止复发。

3. 牛乳疗法

操作同乳房送风疗法。只是应用健康牛新鲜乳 3000～4000 毫升，分别注入患牛乳房，直至乳汁流出为止。

4. 对症疗法

① 当伴发低镁血症、低磷酸盐血症时，用 40%～50%葡萄糖 500 毫升、15%磷酸二氢钠 400 毫升、15%硫酸镁 200 毫升，静脉注射。

② 当伴发低钾血症时，用 5%氯化钾配 5%葡萄糖氯化钠注射液，缓慢静脉注射。

③ 当心力衰竭时，强心。可用 10%樟脑磺酸钠 10～20 毫升，也可配合丹参注射液。

④ 当瘤胃臌气时，胃管或穿刺放气，再灌服或注入制酵剂，如鱼石脂 15～20 克、酒精 80 毫升。

5. 加强护理，防止继发病

专人护理，厚垫褥草，使其俯卧，以便排出嗳气，防止发生吸入性肺炎，每隔数小时改变其姿势，每日翻身3～4次。

【说明】

补钙应注意确定患牛的最适剂量至关重要。

① 应边注射边监听心脏，特别是在注射最后1/3剂量时。通常注射一定量时，心跳次数开始下降，由每分钟100～120次降低到每分钟70～90次，其后心跳逐渐上升到原来的频率，此时表明剂量最合适，应立即停止注射。

② 原来心率变化不大的，补钙中发现心率明显加快，跳动有力但节律不齐，应停止。静脉补钙，奏效快，但是剂量过大或速度过快，可使心率加快，心律失常，甚至造成死亡。

八、牛青草搐搦

【诊断要点】

青草搐搦又称为泌乳搐搦或麦类牧草中毒，是反刍动物的一种高度致死性疾病。泌乳牛的发病率最高。临床上以强直性和阵发性肌肉痉挛、惊厥、呼吸困难和急性死亡为特征。常发于早春放牧后的前2周内，也见于晚秋季节。

1. 发病原因

① 本病发生与血镁浓度降低有直接关系，与牧草中镁含量低或存在干扰镁吸收的因素有关。

② 牧草中镁含量低：当牧草中镁含量低于0.2%（干物质）时，会引发本病。含镁低的土壤，包括花岗岩、片麻岩、红砂岩及红色黏土发育的红黄土壤，质地粗的河流冲积发育的酸性土壤，温暖湿润的轻质土壤和含钠量高的盐碱土壤。土壤pH太低或太高都影响植物对镁的吸收能力。牧草因大量施用钾肥和氮肥，诱发缺镁危险性最高。

③ 饲料中镁吸收不良：胃肠道疾病，如腹泻、胆道疾病均可影响机体对镁的吸收。

④ 肾小管对镁重吸收降低：甲状旁腺功能减退或甲状腺功能亢进，都可使肾小管对镁的重吸收降低，造成血浆镁浓度降低，可促使本病的发生。

⑤ 其他诱因：在寒冷、潮湿、风沙、阳光少等恶劣气候条件下，易诱发本病。

2. 主要症状

① 最急性型：常无明显的临床表现而突然死亡。

② 急性型：病牛突然停食，兴奋不安，耳朵扇动，甩头，哞叫，奔跑，肌肉抽搐，行走时摇晃似醉，最终跌倒。四肢强直，继而呈现阵发性搐搦。惊厥时竖耳、牙关紧闭、口吐白沫、眼球震颤、瞳孔散大、瞬膜外露。病牛体温升高，呼吸急促、脉搏增快、心悸、心音增强，甚至在1米外可听到亢进的心音。通常于30～60分钟内来不及治疗而死亡。

③ 亚急性型：病牛食欲减退或废绝，常保持站立姿势，频频眨眼，对响声敏感。行走时步样强拘或高跨步，肌肉震颤，后肢和尾轻度僵直。当受到强烈刺激时，可引起惊厥。病程3～5天。

④ 慢性型：病牛呆滞，反应迟钝，食欲减退，瘤胃蠕动减弱，泌乳牛的奶产量处于低水平。经数周后，病牛出现步态踉跟，上唇、腹部及四肢肌肉震颤，感觉过敏，后期感觉消失，瘫痪。

3. 病理变化

剖检无特征性变化。皮下、肌肉、心内外膜、胸膜、腹膜及肠黏膜下出血，肝脂肪变性及坏死，肾脂肪变性，骨骼肌和心肌变性。

【预防措施】

① 关键是加强饲养管理，供应平衡日粮，使日粮干物质中镁含量不少于0.2%。

② 加强草地管理，防止牧草镁含量缺乏，限制使用钾肥的数量，可使用含镁的肥料，如用含钙的菱镁矿粉、镁石灰石，以及撒布氧化镁等，也可用2%硫酸镁溶液喷洒草地。

③ 在缺镁地区或常发病地区，应补饲镁盐，常用氧化镁、硫酸镁，每日50～60克。

【治疗方案】

及时补充镁和钙制剂是治疗本病的关键，同时对症治疗。

(1) 首选药物是镁制剂和钙制剂 25%硫酸镁100～200毫升，每日3次，连日或隔日皮下注射，配合葡萄糖酸钙200毫升；或3.3%乳酸镁，15%葡萄糖酸钙，静脉注射。

(2) 对症治疗

① 缓解惊厥：肌内注射镇静剂，如氯丙嗪、安溴等。

② 保护肝脏：输注10%或25%葡萄糖注射液、维生素C注射液等。

③ 体温升高：用抗生素和退烧药，如头孢噻呋或青链霉素、氟尼辛葡甲胺等。

(3) 发病牛群群防 要实施一次25%硫酸镁100～150毫升的皮下分点注射。对于同群的其他未出现临床症状的牛，应尽快补给氧化镁或硫酸镁，每日50～100克，持续1～2周。

九、牛硒缺乏症

【诊断要点】

硒缺乏症又称为白肌病，是以硒缺乏造成的骨骼肌、心肌及肝脏变质性病变为基本特征的一种营养代谢病。临床上以营养性肌萎缩、生长缓慢、成年母牛繁殖性能障碍等为特征，属于世界性地方病之一。成年牛发生较少，主要发生于1岁以内的犊牛，尤其是1～3月龄犊牛多发。

1. 发病原因

① 低硒环境（土壤）是本病的根本致病原因，低硒饲料则是本病的直接病因。土壤硒含量一般介于0.1～2.0毫克/千克之间，植物性饲料的适宜含硒量为0.1毫克/千克。当土壤含硒量低于0.5毫克/千克，植物性饲料含硒量低于0.05毫克/千克时，可引起发病。

② 土壤中硫化物含量过多，摄取饲草含硫酸盐量过大，会降低牛对饲料中硒的吸收、利用率，导致本病发生。

③ 突然使其过度运动、长途运输和天气骤变等应激作用，都成为本病诱因。

④ 饲料中维生素 E、其他抗氧化物质含量低，不饱和脂肪酸含量高是本病发生的重要因素。

2. 主要症状

发病多见于缺硒地区，冬末和春季及幼龄牛多发。

① 最急性，表现突然发病，心搏动亢进，共济失调、站立不稳，卧地不起。

② 急性，表现精神沉郁，运步缓慢，步态强拘，站立困难，全身麻痹，咳嗽，四肢肌肉震颤，颈、肩和臀部肌肉发硬、肿胀，全身出汗。吸吮或采食困难，常磨牙。严重的横卧地上，四肢侧伸，头抬不起来。

③ 慢性，腹泻，消瘦，被毛粗刚、无光泽，脊柱弯曲，全身乏力，喜卧而不愿站立。成年母牛繁殖性能降低。

3. 病理变化

① 渗出性素质：心包腔及胸膜腔、腹膜腔积液。

② 骨骼肌变性、坏死及出血：肌肉色淡，在四肢、臀背部活动较为剧烈的肌群，可见黄白色、灰白色斑块、斑点，或条纹状变性、坏死，其间夹杂出血性病灶。

③ 心肌病变：表现为心肌弛缓，心容积增大，呈球形，于心内、外膜及心肌切面上见有黄白、灰白色斑点、斑块，或条纹状坏死灶，其间夹杂出血。

④ 胃肠道平滑肌变性、坏死。

⑤ 肝脏营养不良、变性及坏死。肝脏表面、切面有灰、黄褐色斑块状坏死灶或出血。

⑥ 淋巴器官：胸腺、脾脏发育受阻及重度变性、坏死。

【预防措施】

① 加强饲养管理，合理搭配饲料。

② 在低硒地带饲养的牛或饲用由低硒地区运入的饲粮、饲料时，必须普遍补硒。

③ 补硒的办法：直接投服硒制剂，将适量硒添加于饲粮、饲料、饮水中喂饮；对饲用植物进行植株叶面喷洒，以提高植株及籽实的含硒

量；低硒土壤中施用硒肥。

【治疗方案】

1. 妊娠母牛

① 在分娩前1～2个月，应用亚硒酸钠（按每千克体重0.1～0.2毫克）和维生素E（口服500～1000毫克）混合后添加到饲料中饲喂。

② 在妊娠母牛分娩前2周至1个月时，皮下注射亚硒酸钠注射液（硒含量100毫克）和维生素E注射液（1000～1500毫克）。

2. 刚出生犊牛

① 应用亚硒酸钠溶液（3～5毫克）和维生素E（50～150毫克）混合皮下注射，间隔2周后再注射1次，可起到预防效果。

② 0.1%亚硒酸钠溶液，成年牛15～20毫升，犊牛5毫升，肌内注射，可根据病情，间隔1～3天重复注射1～3次。配合补给适量维生素E，疗效更好。

【说明】

兽医临床治疗补硒一天只能补充一次，须严格控制剂量。

十、牛锌缺乏症

【诊断要点】

锌缺乏症是因饲料中锌含量绝对或相对不足引起的一种微量元素缺乏症，临床上以生长发育受阻、皮肤皲裂、皮屑增多、蹄壳变形、骨骼发育异常和繁殖功能障碍及创伤愈合延迟等为特征。

发病原因包括原发性因素和继发性因素。

① 原发性因素：由于牛长期、大量采食锌缺乏地带（锌含量小于30～100毫克/千克）生长的牧草而引起。牧草锌含量低于10毫克/千克和谷类作物中锌含量低于5毫克/千克，可发生本病。

② 继发性因素：饲料中钙盐和植酸盐含量过多时，与锌结合形成难溶的复合物。饲料中磷、镁、铁、锰及维生素C等含量过多和不饱和脂肪酸缺乏，患慢性消化器官疾病如慢性胃肠炎时，均可妨碍锌的吸收而引起本病。

犊牛表现：食欲减退、废绝，生长缓慢。在鼻镜、耳根、阴户、肛门、尾根、跗关节、膝皱襞等处皮肤最易发生角化不全、干燥、肥厚、弹性减退等。在阴囊、四肢部位呈现类似皮炎的症状，皮肤瘙痒，脱毛，粗糙，蹄周及趾间皮肤皲裂。骨骼发育异常，后肢弯曲，关节肿大，僵硬，四肢无力，步样强拘等。

成年牛表现：皮肤角化不全，脱毛，尤以鼻镜、尾尖、耳部、颈部损伤最为明显。运步僵硬，蹄冠、关节、肘部、膝关节及腕部肿胀，患处掉毛。牙周出血，牙龈溃疡，创伤愈合延迟。母牛表现性周期紊乱、发情延迟、不发情或发情后屡配不孕、胎儿畸形、早产、死胎等。公牛表现为性功能减退，睾丸、附睾、前列腺和垂体发育受阻，精子生成障碍，精液量和精子数减少，性功能降低。

病理变化：病牛口腔、网胃和皱胃黏膜肥厚，网胃和皱胃角化功能亢进，胆囊充满胆汁、膨大。特征性病变呈现表皮上表现突出的黑棘皮病。

【预防措施】

① 严格落实牛营养需要中锌含量的规定；保证日粮锌水平达到牛各生理阶段所需的标准，适当限制钙水平，使钙锌比例保持在100∶1。

② 在缺锌地区，牛可自由舔食含锌食盐。每吨饲料中加硫酸锌或碳酸锌180～200克。将饲料中钙的含量严格控制在0.5%～0.6%。

【治疗方案】

① 饲料添加锌盐，每吨饲料加碳酸锌180～200克，相当于每千克饲料加锌100毫克。

② 犊牛，硫酸锌100毫克/千克，口服或肌内注射，连用3～4周。补锌后，食欲迅速恢复，1～2周内体重增加，3～5周内皮肤症状消失。

【说明】

治疗时应注意防止锌中毒，补锌量每千克饲料500～1000毫克。

十一、牛碘缺乏症

【诊断要点】

碘缺乏症又称甲状腺肿，是因摄入碘量不足所致的一种地方性甲状腺肿。临床上以新生犊牛死亡、脱毛、生长发育缓慢，以及成年牛繁殖功能障碍、甲状腺肿大和增生为特征。本病遍布世界。通常成年牛中发生较少，犊牛因对碘缺乏敏感而易发病，并引起大量死亡。

原发性碘缺乏症：由土壤、饲料和饮水中碘含量过少以致牛摄取量不足所致，当土壤中碘含量低于0.2～2.5毫克/千克，饮水中低于5毫克/千克，饲料中低于0.3毫克/千克时，即可引起牛碘缺乏症。饲草、饲料中的碘含量取决于土壤、水源、施肥情况、天气和季节等诸多因素，如雨季降水量过多，土壤中富含钙质而又缺少腐殖质的地方，大量使用石灰石的草地，易发生本病。

继发性碘缺乏症：由牛对碘需要量的增加和致甲状腺肿的物质存在所致，前者主要因犊牛生长发育、母牛妊娠及泌乳量过高时，需要大量的碘，后者因长期饲喂含致甲状腺肿的草料，如白三叶草、卷心菜、油菜籽、亚麻仁及其副产品、豌豆、黄芜菁和大豆等含有碘的拮抗剂，如硫氰酸盐、葡萄糖异硫氰酸盐、糖苷花生廿四烯苷及含氰糖苷等，使牛发病。使用治疗甲状腺功能亢进的药物如硫脲，以及摄取过多的钙制剂，阻碍对碘的吸收。氟化合物、钴、锰等会影响甲状腺功能。泌乳是造成碘缺乏的重要因素。

成牛表现：母牛甲状腺肿大，皮肤干燥，被毛脆弱。妊娠母牛，发病后胎儿早死、流产，妊娠期延长。青年母牛性器官成熟延缓，性周期不规律，受胎率降低，产后胎衣不下。公牛性欲减退，精子品质低劣，精液量减少。

犊牛表现：新生犊牛水肿，产后虚弱、无力，骨骼发育不全，四肢骨弯曲变形而站立困难，严重的以腕关节着地。有的生后不能站起，被毛生长发育不良，毛稀或无毛，皮肤呈厚纸浆状病变。先天性甲状腺肿大犊牛，俗称大脖子病犊牛，呼吸困难，窒息死亡。少数幸存的犊牛，多因生长发育停滞成为侏儒牛。

病理变化：甲状腺明显肿大，脱毛和黏液性水肿。病牛甲状腺碘含量明显减少，鲜重为0.03克以下，而正常犊牛平均甲状腺碘含量鲜重为6.5克。胎儿体重增加不明显。肉眼可见甲状腺肿。

【预防措施】

日粮碘含量要满足各阶段牛的需求。奶牛泌乳期为0.5毫克/千克。干乳期妊娠母牛应少于0.5毫克/千克。成年公牛、青年牛和育成犊牛为 0.25 毫克/千克。肉用种公牛、肉用妊娠干乳牛和泌乳牛，饲料中碘含量应保持在 0.05～0.1 毫克/千克。

【治疗方案】

① 每千克盐中掺碘化钾 200 毫克，或 40%结合碘的油剂 2 毫升，一次肌内注射。

② 犊牛，浓碘溶液，每日经口投服数滴，连用 1 周。

③ 妊娠母牛，按食盐 10 千克与碘化钾 1 克的比例，添加在饲料中饲喂；或每日补碘酊 2～5 滴或在饮水中添加 1%碘化钾溶液 1 毫升，任其饮用。

【说明】

犊牛的碘最低中毒量为每千克体重 50 毫克，过量易引起中毒，应慎重。

十二、牛钴缺乏症

【诊断要点】

钴缺乏症是因日粮中钴含量不足或缺乏，以及瘤胃内微生物利用摄入的钴合成维生素 B_{12} 受到阻碍所致的慢性代谢性疾病。

临床上以厌食、异嗜、生长缓慢、贫血、消瘦和脂肪肝为特征。曾称为海岸病、消瘦症、丛林病（灌木病）、废食病等。成年公牛、母牛和犊牛都有发病，泌乳量高的牛易患本病，但犊牛病重，冬季至春季发病率高。

1. 发病原因

① 饲料中钴缺乏：长期在每千克土壤钴含量低于 0.25 毫克的牧场上放牧，或长期饲喂钴含量每千克 0.04～0.07 毫克（干物质）的饲草，会发生本病。

② 维生素 B_{12} 合成受阻或疾病代谢紊乱：维生素 B_{12} 含元素钴，反刍动物胃、肠道中的微生物能合成维生素 B_{12}，但必须与胃肠黏膜分泌的黏蛋白结合后才能被肠壁吸收。凡阻碍牛瘤胃内发酵过程中合成维生素 B_{12} 的因子或疾病，皆可导致钴缺乏症。

2. 主要症状

① 最突出的症状：食欲逐渐减退，渐进性消瘦、衰弱，贫血。

② 一般症状：可视黏膜淡染或苍白，皮肤变薄，肌肉乏力、松弛，被毛无光泽，换毛延迟，体表有鳞屑，流泪，食欲减退，异嗜，消瘦，贫血和腹下水肿等。

③ 犊牛表现：生长发育缓慢，体重减轻，饮水、食欲废绝，反刍、瘤胃蠕动减弱至停止，便秘或腹泻。因急剧衰竭和重度贫血而多数死亡。

④ 成年牛表现：泌乳量下降，性周期延迟或久不发情、不孕。流产或产弱犊、死胎。

3. 病理变化

尸体极度消瘦，皮下脂肪消失，体躯肌肉褪色，肝脂肪变性，脾脏中含铁血黄素沉积，各个消化器官壁变薄，脏器萎缩、减轻，贫血，大脑皮质坏死。骨髓红细胞生成组织发育不全。

【预防措施】

① 当牧草含钴不足或含铁过高时，应向土壤中施钴肥，一般按每公顷每年施用 400～600 克，或定期向牧草喷洒稀硫酸钴溶液。

② 在缺钴地区，可把钴盐加到食盐内，作为舔剂放在牧场内，让动物自由舔食，或把钴盐随同食盐和钙粉等添加剂拌入饲料内服，每日 0.3～2 毫克。

【治疗方案】

① 轻症，氯化钴，每日 5～35 毫克口服，开始大剂量，逐渐减至小剂量，持续 2～3 个月。维生素 B_{12} 制剂，按 0.17%～0.33%混入饲料饲喂。

② 重症，维生素 B_{12} 和右旋糖酐铁合剂 4～6 毫升，每 3 日肌内注射 1 次；或维生素 B_{12} 注射液 1～2 毫克，一次肌内注射，每日或隔日 1 次。

③ 长效方案，氧化钴和铁制成的丸剂，置于瘤胃内消化、吸收，既方便实用，又维持长效作用。

【说明】

治疗时，补钴不应过量，以防止钴中毒。日粮钴浓度的最大限度被确定为每千克干物质 10 毫克。

十三、牛铜缺乏症

【诊断要点】

铜缺乏症是指牛体内微量元素铜缺乏或不足的一种营养代谢病，曾称为晃腰病、摔倒病、泥炭泻和消瘦病等，临床上以贫血、拉稀、被毛褪色、皮肤角化不全、共济失调、骨和关节肿大、生长受阻和繁殖障碍为特征。

1. 发病原因

原发性铜缺乏症，是饲料中含铜量不足所致。继发性铜缺乏症，饲料中虽然含有足够的铜，但因不能被机体吸收利用而发病，如饲料中钼含量过高。

2. 主要表现

① 猝倒症：一种特异行为，貌似健康的牛在运动中出现共济失调，后肢突然不能控制，发生仰头、哞叫和跌倒或呈犬坐姿势。有些牛跌倒后，侧卧而做无力挣扎持续数分钟，伴有划水动作，并试图起立。大多数立即死亡。

② 泥炭痢和泻痢症：牛放牧后不久，有的牛在 8～10 天内就排出水样、黄绿色到黑色的粪便，呈现持续性腹泻。食欲虽好但严重衰竭。

③ 犊牛憔悴症：最早症状是登梯步，最常侵害后肢，随即发生进行性消瘦，发育不良，常发生骨折特别是四肢骨骨折。

④ 被毛刚直、褪色：红色或黑色牛被毛常褪色变成铁锈样红色或灰色，特别在眼周围，毛粗糙、刚直、逆立。

3. 病理变化

原发性、继发性的铜缺乏症，尸体消瘦，贫血，大多数病例在肝、脾和肾有大量含铁血黄素沉积，犊牛腕、跗关节囊纤维增生，骨骼疏松。表现猝倒症时，心脏柔软、色淡，有的皱胃和肠黏膜充血，肝、脾肿大等。

【预防措施】

1. 首先应了解病区的土壤、水源和饲料含铜量

① 每千克饲料含铜低于 5 毫克的缺铜地区（正常应大于 10 毫克）和饲料中铜比例过小可诱发继发性铜缺乏症，应给牛群补充铜。

② 常用的含铜药物有氨基乙酸铜、甘氨酸铜等，成年牛铜剂量为 125 毫克，犊牛铜剂量为 60 毫克，预防作用可持续 3～4 个月。

2. 常用补铜办法

让牛群自由舔食含硫酸铜的食盐或定期拌入饲料饲喂（每千克饲料

10毫克)；或在缺铜的土壤施铜肥（硫酸铜），定期肌内或皮下注射含铜的无菌蜡和油的混合制剂。

【治疗方案】

① 一般选用硫酸铜，口服4克，每周或隔周1次，效果显著。

② 含硫酸铜2%的矿物质合剂或食盐舔剂可提供充分的铜，以满足牛体需要。

③ 治疗要注意铜制剂的剂量和浓度，防止铜中毒。每千克日粮中含铜量最大限度应控制在40毫克。

十四、牛锰缺乏症

【诊断要点】

锰缺乏症是由于日粮中锰含量过少所致的一种矿物质营养代谢病。临床上以成年牛不孕，犊牛骨骼变形、生长发育缓慢为特征。多呈地区性流行。

1. 发病原因

① 原发性缺乏：主要是采食锰含量过少的饲草。当土壤中锰含量在3毫克/千克以下，牧草中锰含量在50毫克/千克以下时，长期饲喂含锰少的玉米、大麦和大豆易引起锰缺乏。

② 继发性缺乏：主要是饲料中锰的吸收率和利用率降低。当饲草中钙、磷、铁和钴等含量过多，会妨碍锰的吸收及利用，诱发锰缺乏。

2. 主要症状

表现为生长发育缓慢，四肢骨骼和关节畸形，繁殖性能降低。

① 犊牛表现：食欲减退至废绝，被毛干燥，体质虚弱，消瘦，肱骨的重量、长度及抗断性能等均降低，关节肿大，站立姿势异常，站立困难，跛行。有的犊牛天生肢腿弯曲。

② 成年牛表现：母牛性周期延迟、不发情或弱发情，卵巢萎缩，排卵停滞，受胎率降低或不妊娠。胎儿吸收、死胎。公牛睾丸萎缩，性欲减退，精液质量不良。

【预防措施】

加强饲养管理，给予全价合理日粮。母牛每千克日粮锰含量是10～

15 毫克，足以维持犊牛的正常生长，但要满足繁殖和泌乳的需要，每千克日粮锰应不低于 40 毫克为宜。

【治疗方案】

① 有效方法是补充硫酸锰。

② 母牛，每日补饲锰含量 2 克的添加剂，或自由舔食含锰盐砖。青年牛，连续投服硫酸锰每日 4 克。

【说明】

治疗投服锰盐剂量不要过大，因为锰能干扰牛对钴和锌的利用。若补饲量大，会导致犊牛生长缓慢和血红蛋白含量减少。

十五、牛铁缺乏症

【诊断要点】

铁缺乏症是指饲料中缺乏铁，铁摄入不足或丢失过多所引起的一种微量元素缺乏症，临床上以贫血、疲劳、活力下降为特征。犊牛多发。

1. 发病原因

① 原发性铁缺乏：常发生于生后不久的犊牛，饲喂含铁少的牛乳及其制品的舍饲犊牛，易发本病。

② 继发性铁缺乏：常发生于大量吸血性内外寄生虫感染，因失血而铁损耗大；用高铜饲料喂牛，而未补充铁，铜干扰铁的吸收；用棉籽饼或尿素作蛋白质补充物，又未补充铁，可引起本病。

2. 主要症状

犊牛精神不振，头低耳耷，被毛粗乱，缺乏光泽，生长缓慢。疲劳，稍事运动即喘息不止，心动急速，可视黏膜苍白，血液稀薄、色淡，血凝缓慢。

3. 病理变化

常表现为小细胞低色素性贫血，血红蛋白浓度下降至 20～40 克/升，红细胞数下降。出现未成熟的有核红细胞和网状红细胞。犊牛皮肤黏膜苍白。肌肉和皮下结缔组织水肿，有的肺水肿。肌肉色淡，臀肌和心肌尤甚。心脏扩大，心包积液，心室壁薄。血液稀薄，色淡。肝脏肿大，呈淡黄色，脾稍肿大。

【预防措施】

① 必须立足于给犊牛本身补铁。给母牛补充铁，无论在妊娠期间还是分娩以后，都收效甚微，因为给母牛补铁既不能增加犊牛体内铁贮备，也不能使乳中铁明显增多。

② 改善饲养管理，让犊牛有机会接触垫草或泥土，也可有效地防止缺铁性贫血，或者出生3天时肌内注射补铁针，如右旋糖酐铁。

【治疗方案】

（1）犊牛

① 每天给予1.8%硫酸亚铁4毫升，或给予300毫克正磷酸铁，或右旋糖酐铁，连续7天；或口服葡聚糖铁或乳糖铁，生后12小时给予，每周一次，可防止贫血；或所饮的乳中适当增加硫酸亚铁。

② 在5.0千克食盐内加氧化铁1.2千克，加硫酸铁0.5千克，以及其他适量的舔料制成舔砖，使犊牛共同自由舔食，达到补铁之效。

（2）成牛 每天用2～4克硫酸亚铁口服，连用2周，疗效明显。

【说明】

补铁剂量不要过大，防止发生铁中毒。牛每千克日粮含铁量不应大于1000毫克（干物质）。

十六、牛维生素A缺乏症

【诊断要点】

维生素A缺乏症是维生素A长期摄入不足或吸收障碍所引起的一种慢性营养缺乏病。

临床上以夜盲、干眼症、角膜角化、生长缓慢、繁殖功能障碍及脑和脊髓受压为特征。犊牛和妊娠、泌乳母牛多见，有时成群发病。

1. 发病原因

① 原发性维生素A不足或缺乏：主要是含胡萝卜素的青料供给不足或饲料中的维生素A缺乏所致。

② 继发性维生素A不足或缺乏：常见于慢性肝脏疾病和慢性肠道疾病。

2. 主要症状

① 病初呈夜盲症，在月光或微光下看不见障碍物。以后角膜干燥，羞明流泪。皮肤干燥，被毛粗乱。运动障碍，步态不稳。

② 体重减轻，营养不良，生长缓慢。母牛易发生流产，常产出死胎，产后常有胎衣不下现象。

3. 病理变化

多为黏膜发育不良，一般无其他特异性病理变化。

【预防措施】

关键在于改善营养，妊娠牛应多喂青绿饲料、优质干草及胡萝卜等。适当运动，多晒太阳。青饲料要及时收割，迅速干燥，以保持青绿色。谷物饲料贮藏时间不宜过长，配合饲料要及时喂用，不要存放太久。

【治疗方案】

① 立即更换饲料，多喂青草、优质干草、胡萝卜及黄玉米等富含维生素 A 的饲料。必要时，可在饲料内添加适量的鱼肝油。

② 鱼肝油 20～60 毫升，内服；或维生素 A 注射液 5 万～7 万国际单位，肌内注射。

十七、牛维生素 K 缺乏症

【诊断要点】

维生素 K 缺乏症是以维生素 K 依赖性凝血因子合成障碍为病理生理学基础，以出血性素质为主要临床表现的一种营养代谢病和血液病。在通常饲养条件下，牛不易发生。

1. 发病原因

① 当长期投服大量水杨酸盐和抗生素药物时，导致维生素 K 含量减少，引发本病。

② 当发生肝脏和胃肠道疾病时，由于胆汁产生和排泄到肠腔内减少，使维生素 K 吸收功能降低，可促发本病。

③ 当发生草木樨中毒时，由于双香豆素化合物与维生素 K 呈拮抗作用，致维生素 K 缺乏或减少。

2. 临床表现

全身皮下易出血，形成血肿，贫血，奶牛泌乳性能降低，多数病牛死亡。

3. 病理变化

血液凝固性降低，即血液凝固不全和凝血时间延长，血管通透性增强，皮下、组织和胃肠道出血、贫血、水肿和各种功能紊乱等。

【预防措施】

① 不饲喂腐败变质牧草，也要切忌直接投服大量抗生素药物等。

② 在加强饲养管理的基础上，保持牛机体抵抗力，减少消化道疾病的发生，是预防本病发生的关键。

【治疗方案】

① 肌内注射维生素 K_1 或维生素 K_3 或维生素 K，每千克体重 3 毫克。

② 还可应用输血、补液（以生理盐水和等渗葡萄糖注射液等为主）及其他对症疗法。

第十六章

牛中毒性疾病诊断要点与处方

一、牛砷中毒

【诊断要点】

砷中毒是由无机砷化物和有机砷化物所引起的中毒性疾病。急性中毒，临床上以呕吐、腹泻、腹痛等为特征；慢性中毒，临床上以消化障碍、咳嗽、呼吸困难和消瘦等为特征。

发病原因主要有以下几个方面。

① 砷化物可分为无机砷化物和有机砷化物两大类。无机砷化物，如三氧化二砷（砒霜）、砷酸钠、亚砷酸钠等为剧毒类，而砷酸铅等为强毒类。有机砷化物，如甲基砷酸锌（稻脚青）、甲基砷酸钙（稻宁）、甲基砷酸铁铵（田安）、新砷凡纳明（914）、乙酰亚砷酸铜（巴黎绿）等。

② 无机砷比有机砷毒性强，三价砷毒性大于五价砷，其中以亚砷酸钠和三氧化二砷的毒性最强。三氧化二砷中毒量为每千克体重牛 33～55 毫克。亚砷酸钠中毒量为每千克体重牛 7.5 毫克。

③ 无机砷化物常用作灭鼠药、除莠剂和杀虫剂，被牛误食而中毒。喷于皮肤而灭虱时，亦可经皮肤吸收引起中毒。

④ 有些矿石中含有大量的砷，在冶炼时砷化物污染周围的植物和饮水，可引起牛中毒。

急性、亚急性砷中毒：多属无机砷中毒，主要是消化道症状。表现严重腹泻，粪呈水样，内含血液，还有衰弱，精神沉郁，脉搏微弱，腹痛，脱水，视力障碍，共济失调，呈再生障碍性贫血等症状。急性病例 3～4 小时内死亡，亚急性病例可拖延 2～7 日。

慢性砷中毒：表现食欲和反刍减退，生长发育停止，渐进性消瘦，被毛粗乱、易脱落。可视黏膜潮红，眼睑水肿，鼻唇及口腔黏膜红肿、溃疡，长期不愈。妊娠牛流产或死胎，腹泻和便秘交替出现，甚至排血样粪便。

病理变化：急性中毒主要见于胃肠道，胃、小肠、盲肠黏膜充血、出血、水肿和糜烂，甚至穿孔，腹腔内有蒜臭样气味，肝、肾、心脏等呈脂肪变性，脾增大、充血；慢性中毒除胃肠炎病变外，尚见有喉及支气管黏膜的炎症及全身水肿等变化。

健康动物每千克肝脏和肾脏的砷含量小于 1 毫克（湿重），超过 3 毫克即可确定为砷中毒。

【预防措施】

① 严格遵守毒物保管制度，防止含砷农药污染饲料或饮水。严格控制砷制剂的治疗量，外用时注意防止被食。

② 喷洒含砷农药的农作物或牧草，在一定期间内（30～45 天）禁止饲用，如要饲用，应在碱水中充分浸泡后，再行饲喂。

【治疗方案】

（1）洗胃急救处理 食入毒物不久，可用 0.1％高锰酸钾溶液或 1％～2％氧化镁溶液，反复洗胃。

（2）药物解毒

① 特效解毒剂：二巯基丙醇，首次按每千克体重 0.005 克，以后用半量，溶于 10～20 毫升灭菌蒸馏水中，一次肌内注射，第一天每 4 小时 1 次，以后每日 3 次，直到症状消失停药；或特效解毒药二巯基丙磺酸钠，按每千克体重 0.004 克，用法同二巯基丙醇。

② 一般解毒剂：硫酸亚铁与氧化镁混合液（即硫酸亚铁 20 克，溶于 500 毫升蒸馏水或凉开水中为甲液；再取氧化镁 30 克，溶于 500 毫升蒸馏水或凉开水中为乙液，临用时把甲、乙两液混合成乳剂），一次内服 250～1000 毫升，1 次/4 小时。为了排除体内的砷，最好在肌内注射二巯基丙醇的同时，静脉注射 10％～20％硫代硫酸钠溶液 200～400 毫升，促进砷排出。

（3）对症治疗 强心、补液、缓解呼吸困难、镇静、利尿、调整胃肠功能。

强心、补液：5%葡萄糖氯化钠注射液 2000～3000 毫升，10%樟脑磺酸钠 10～20 毫升，静脉注射，每日 2～4 次，直到脱离危险期。为恢复神经功能，可肌内注射维生素 B_1 和维生素 C 溶液。

【中药方案】

防风 150 克、绿豆 500 克、甘草 60 克、清瘟败毒散 250 克，水煎取汁灌服。

【说明】

临床治疗禁用碱性或酸性药液，因碳酸氢钠溶液、稀盐酸等能促进砷的吸收。

二、牛铅中毒

【诊断要点】

铅中毒是指摄入过量的铅而引起的中毒性疾病，临床上以神经功能紊乱、共济失调和贫血为特征。

发病原因：铅为蓄积性毒物，小剂量持续地进入机体能逐渐积累而产生毒害作用。采食含铅油漆和废弃的蓄电池等毒物，可导致中毒。牧草贫乏、磷缺乏、矿物质不足等，可促使牛咬嚼含铅的异物，成为本病诱因。某些工厂和炼铅厂附近的植物，喷洒或撒布砷酸铅的植物，因蓄积一定量的铅，被牛采食而引起中毒。

主要症状如下。

① 神经症状：神经异常是该病的主要症状。早期表现流涎，磨牙，肌肉震颤，舌翻滚和感觉过敏，呈现典型的大脑皮质坏死症，如失明，前冲行为，癫痫，体位异常，面部痉挛，低头，嘶叫，泡沫状流涎或攻击行为，急性死亡病例可能无先兆症状。

② 胃肠炎症状：表现瘤胃停滞，臌气，腹泻、便秘或腹痛。

病理变化：脑脊液增多，脑软膜充血、出血，脑回变平、水肿，脑实质毛细血管充血，血管周围扩张。外周神经节段性脱髓鞘、肿胀、断裂或溶解。肾脏肿大，脆性增加，呈黄褐色。肝脏脂肪变性。有的在骨端发现致密的铅线。

【预防措施】

防止牛接触含铅的油漆、涂料。在工业环境铅污染区应改善设备，加大治理污染的力度，减少工业生产向环境中排放铅是预防环境铅污染的根本措施。

【治疗方案】

(1) 消除病因 及时停止供应有毒饲料、饮水等，减少毒物继续摄入。

(2) 排出毒物 当摄入毒物不久，可洗胃，或内服泻剂，如硫酸镁等排出毒物。

(3) 应用解毒剂

① 乙二胺四乙酸二钠钙（即依地酸钙钠），牛 3～6 克，静脉注射或皮下注射，每日分 2 次，必要时 2 日后再注射。因该制剂溶解度低，应在 5%葡萄糖溶液或生理盐水中配成 0.25%～0.5%溶液，静脉注射为宜。配合应用维生素 B_1，每日每千克体重 2～4 毫克，皮下注射，可缓解临床症状，减少铅沉积，效果更好。

② 还可应用 D-青霉胺口服（3～4 毫克/千克，一日四次，5～7 天一个疗程）、二巯基丙醇等进行解毒和排毒。

三、牛铜中毒

【诊断要点】

铜中毒是牛摄入过量的铜而发生的一种中毒性疾病，临床上以腹泻、贫血、黄疸、肾衰、血尿和休克等为特征。根据病程可分为急性和慢性两种。以绵羊最为敏感，其次为牛。中毒致死剂量，犊牛为每千克体重 20～110 毫克，成年奶牛为每千克体重 220～880 毫克。日粮中影响牛生长的铜最大耐受量为每千克体重 100 毫克。

1. 发病原因

① 急性铜中毒：采食喷洒含铜杀菌药的植物，或投服含铜驱虫剂，或饲喂过量的含铜饲料添加剂，均可引发本病。

② 慢性铜中毒：多由于所在地区土壤中含铜量过高，或由于铜矿厂、炼铜厂“三废”处理不当，污染了周边土地、水源等，当牛群采食了上述土地上生长的牧草和饮用了铜污染的饮水，形成铜的蓄积而致病。

③ 继发性铜中毒：即肝源性铜中毒，是指铜在肝中慢性蓄积到一定程度突然释放而致病。

2. 主要症状

① 急性铜中毒：主要症状是严重胃肠炎伴发腹痛，剧烈腹泻，粪便中混有黏液，呈绿色或蓝色。血红蛋白尿，未死于胃肠炎的 3 日后发生溶血和血红蛋白尿。其他表现精神沉郁，厌食，体温低，心跳快，脱水，可视黏膜淡染或黄染，肾衰，多因虚脱、休克而死亡。

② 慢性铜中毒：在出现溶血前临床症状不明显，发生溶血后病情发展急。突然发病，食欲剧减乃至废绝，但饮欲大增，瘤胃蠕动停止。可视黏膜苍白或黄染，精神萎靡不振。排出的粪便变黑，排血红蛋白尿。衰弱，不能起立。重症多在症状出现后 1～2 日内死亡，常死于贫血、肝功能不全或尿毒症，耐过的也会因肾衰而死，死亡率较高。

3. 病理变化

急性铜中毒，可造成皱胃变性、溃疡，消化道食糜呈蓝绿色。24 小时以上耐过牛有黄疸。严重溶血。肾肿大呈乌黑色或黄金色，尿呈葡萄酒色。脾肿大，呈浓黑褐色，软化，易碎。肝脏肿大、黄色，脆弱。

【预防措施】

① 杜绝人为因素中毒：严防喷洒硫酸铜等农药污染饲草。补饲铜饲料添加剂时，必须与饲料混合充分、均匀，控制饲喂量。

② 干扰铜吸收利用：在高铜草地放牧的牛，可在精料中添加钼、锌及硫元素，预防铜中毒。可用细石膏粉 63.5 千克、钼酸钠 0.5 千克和食用盐 86 千克，制成含钼的舔剂，任牛群舔食。

【治疗方案】

治疗原则：停止铜供给，尽快排出毒物，应用解毒剂。

(1) 尽快排出毒物 误食铜盐的病牛，尽早应用 0.1%亚铁氰化钾溶液洗胃，投予牛奶、鸡蛋清、豆浆或活性炭等保护剂，而后投给盐类泻剂，以减少铜的吸收并加速排出。

(2) 应用解毒剂

① 急性中毒，应用硫钼酸钠，按每千克体重 0.5 毫克的剂量，稀

释成100毫升溶液，缓慢静脉注射，3小时后，根据病情可追加等剂量的硫钼酸钠。

② 应用钼酸铵250～2500毫克或硫代硫酸钠1.5～5克，口服，每日1次，连用3日，配合二巯基丙醇注射液，每千克体重2.5～5毫克，一次肌内注射。

③ 依地酸钙钠3～6克，生理盐水稀释为0.25%～0.5%溶液，一次静脉注射。

【说明】

治疗牛亚临床铜中毒或用硫钼酸钠抢救已脱险的牛，在日粮中每天补充钼酸铵100毫克，硫代硫酸钠1克，或加入0.2%硫元素，拌匀饲喂数周。直至粪便中铜排泄量下降至正常排泄量时，停止用药，否则可产生铜缺乏症。

四、牛闹羊花中毒

【诊断要点】

闹羊花中毒是因牛采食闹羊花的枝叶所致的一种中毒性疾病，具有明显的季节性和群发性。我国多在4～6月份发病，立夏和小满之间为发病高峰期。发病率可达15%～72%不等，病死率为3%左右。

发病原因：主要是采食闹羊花的嫩叶、老茎、叶、皮、根等所致。在春夏之交闹羊花萌发嫩叶时，青草较少，嫩叶的不良气味又比较小，放牧时常因饥饿误食闹羊花而致病。常因割青草时混有闹羊花而采食致病。

主要症状：采食后4～5小时发病。首先呈泡沫状流涎，呕吐，精神稍差，四肢叉开，步态不稳，形同醉酒状，乱冲乱撞。严重者，四肢麻痹，呈喷射性呕吐，腹痛及腹泻。脉弱而不整，心律不齐，心率减慢(30～35次/分钟)，血压下降，呼吸急促，倒地不起，昏迷，体温下降，最后因呼吸麻痹而死亡。

病理变化：可视黏膜发绀，并有点状出血。胃肠胀气，黏膜充血、出血。淋巴结有点状出血。肝脏和心脏有炎性病灶。肾脏皮质部和髓质部均有出血点。脑及脑膜充血、淤血。

【预防措施】

不到闹羊花生长地区放牧，或在每天放牧前灌服活性炭 5～10 克，保护率达 95%以上，或在闹羊花周围布设阻挡牛进入的栅栏。可以根据当地实际情况挖除该植物，但会破坏草地植被。

【西药方案】

① 硫酸阿托品 10～20 毫克，配合 10%樟脑磺酸钠 15～20 毫升，皮下注射，每日 2 次，效果良好。同时灌服活性炭 10 克，或针灸山根、鼻俞（过梁）、耳尖、三台、苏气、后丹田、百会、尾根、尾节及尾尖等穴位，可提高疗效。

② 250～300 千克牛，冰片 50 克。用法：将总量 1/3 冰片加水 25 倍溶解灌服，剩余 2/3 冰片加水 60 倍溶解后涂擦背部及全身。

【中药方案】

荆芥 60 克、防风 60 克、枳壳 60 克、羌活 60 克、独活 60 克、柴胡 60 克、前胡 60 克、川芎 60 克、桔梗 60 克、茯苓 60 克、甘草 15 克、生姜 3 片，煎水加少许薄荷灌服。

【说明】

治疗时配合输液、解毒等措施，可提高疗效，如生理盐水、葡萄糖、维生素等。

五、牛霉烂草木樨中毒

【诊断要点】

霉烂草木樨中毒是牛食入发霉的草木樨干草所致的一种中毒性疾病。临床上以组织广泛出血、外伤后严重失血为特征。多发生于反刍动物，尤以牛为多见。犊牛较为敏感，随年龄增长敏感性降低，老母牛和泌乳牛不敏感。

发病原因：草木樨又叫铁扫把、辟汗草、野苜蓿、黄花草木樨、败毒草、真东刹里、黄香草木樨、香马料木樨等，是重要的豆科牧草和绿肥作物。当草木樨发霉变质时，其双香豆素含量迅速增加。当反刍动物摄入每千克日粮含双香豆素 10 毫克，或干草中双香豆素含量达 0.026%时，即可引起中毒。

主要症状：一般发病较慢，常在饲喂草木樨2～3周后发病。通常在关节周围、胸部、腹部、臀部等处皮下组织和肌肉中发生弥漫性出血或形成血肿。有时出现鼻出血，粪便呈煤焦油色。采食发霉草木樨母牛所生犊牛，无异常表现，但过几个小时出现横卧、昏睡、呼吸困难、贫血、血便及从下颌到胸部发现肿胀，而后猝死。

病理变化：体内各组织和器官呈现广泛性出血，常在皮下组织、心包、心肌、肝、肺、肾、胃肠道等处出现大小不等的出血灶。胸、腹腔内出血。肾皮质部可见明显出血灶。胃肠道呈出血性卡他性炎症。

【预防措施】

妥善保存草木樨，在调制和贮存草木樨干草时要注意防止受潮与雨淋，避免发霉。霉败时不应饲喂，但少量掺入正常草木樨（1∶3）饲喂是安全的。

【治疗方案】

① 立即停喂草木樨。

② 应用维生素K制剂，按每千克体重1.1～3.3毫克肌内注射，注射每日2～3次。

③ 当维生素K治疗的功效缓慢时，为立即控制出血，应输入全血或血浆、纤维蛋白原。

【说明】

① 一般情况下，大量注射维生素K_3在数小时内可矫正病情，但双香豆素引起的凝血酶原过低症，使用人工合成维生素K的疗效不理想。

② 必须应用天然维生素K_1或维生素K_2，一次静脉注射2000毫克，在24小时内使凝血酶原时间恢复至接近正常。

六、牛玉米秆中毒

【诊断要点】

玉米秆中毒是牛在干旱和早霜发育不良的或未成熟的玉米地放牧而发生的中毒性疾病。国外报道从秋到冬一直都发生。发病率可达50%，死亡率达100%。国内尚未见类似报道。

发病原因：病因不明，曾被怀疑过硝酸盐中毒、氢氰酸中毒，但都被否认了。饲料霉菌和病原细菌也没分离出来。

主要症状：在玉米地放牧7～10日后发病。主要表现精神沉郁，步样踉跄，起立困难，耳、胸、腹部震颤。可视黏膜充血，视力消失。体温、心跳和呼吸均无异常变化。胃肠蠕动减弱或消失。末期，全身间歇性痉挛，陷入虚脱，在24小时内（大多5～6小时）死亡。

病理变化：剖检可见皮下组织、心内外膜、膀胱黏膜、胸腺等点状出血。肝脏肿大和变性，囊状坏死。胆囊水肿。肾脏肿大、实质变性和出血。除大肠末端的黏膜线状出血之外，其他肠段黏膜轻度充血。

根据临床症状，结合在放牧地存在发育不良的或未成熟的玉米，可做出诊断。

【预防措施】

禁止牛采食干旱、早霜地里未收获的玉米秆，可有效地预防本病。

【治疗方案】

① 尚无有效的药物。

② 常用5%～20%葡萄糖溶液配合维生素C、维生素B_1等静脉注射，有一时的效果，但会复发。

③ 用20%硫代硫酸钠溶液每千克体重20～40毫升，静脉注射，有一些效果，但也可复发。

七、牛洋葱中毒

【诊断要点】

洋葱中毒是因采食洋葱或其他葱属植物引起的一种中毒，临床上以贫血、排红尿为特征，一般呈群发。

发病原因：牛对葱属植物有嗜好性，当采食了大量洋葱，或在林地采食了大量野蒜而发病。

主要症状：采食葱类连续5～6日以上，可发病。一般症状，表现精神沉郁，食欲减退，心跳加快，呼吸数增加，体温正常，呆立不动，步态不稳，起立困难。突出症状，表现呼气、嗳气、尿和粪便发出葱臭，可视黏膜贫血，黄染，排暗红褐色尿。轻症的，更换饲料会自然治愈，严重时会死亡。

病理变化：全身性贫血和黄疸，全身性各脏器有葱臭，血液呈现暗红色。胃和肠内发出强的葱臭。脾肿大，肝肿大。膀胱内潴留暗红色尿。

【预防措施】

关键在加强饲养管理，严禁牛摄入葱属植物，给予复合维生素并注射铁制剂。

【治疗方案】

① 加强饲养管理：立即停止饲喂或供应葱属植物，或不在野生葱的牧场放牧。

② 输血、输液：严重贫血病例，实施输血。为预防肾功能障碍，应静脉注射5%葡萄糖和林格氏液500～1000毫升，还可用盐酸多巴胺，每千克体重2～5微克，静脉注射。

③ 抗氧化：为抑制红细胞氧化，给予维生素E制剂（每千克体重2～10国际单位，肌内注射）和25%维生素C制剂（每头2～5克，肌内注射或皮下注射）。

④ 补充造血物质：为促进贫血的改善，给予硫酸亚铁，每头0.4～1克，或者右旋糖酐铁；注射维生素B_{12}制剂，每千克体重4～20微克，皮下或肌内注射。

⑤ 对症治疗：强心、保肝、止血、抗过敏，如给予樟脑磺酸钠、地塞米松、止血敏等。

八、牛双香豆素中毒

【诊断要点】

双香豆素又称双羟基香豆素、败坏翘摇素、紫苜蓿酚，是某些植物（如草木樨等）中含有的一种致出血素，可降低血液中凝血酶原的生成，从而使血管通透性增加，凝血作用受阻而出血不止的一种中毒性疾病，临床上以血凝不良和全身各器官组织广泛性出血为特征。

发病原因：食入双香豆素衍生物的灭鼠剂或发霉的草木樨饲草及弥散性肝细胞性疾病都可引起散发性或地方性血凝病。

主要症状：中毒一般发生较缓慢，通常在采食2～3周后发病。通常活动幅度大和卧地受压力大的部位，如关节、胸部、臀部等，表现瘀斑、积血、血肿（尤其是受压点），注射部位或昆虫叮咬部位长时间出血。多呈现出血性贫血，表现黏膜苍白，心跳加快，呼吸加快，脉搏增数，心音增强，步态不稳，衰弱无力，还有鼻出血、黑粪、血尿等。

剖检可见体内各组织和器官呈现广泛性出血，常在皮下组织、心包、心肌、肝、肺、肾和胃肠等处出现大小不等的出血灶。

【预防措施】

应弃掉已变质的饲料，剩下的可疑饲料在检测安全后方可食用。灭鼠剂应严加管理以防误食。维生素 K 广泛存在于绿色植物中，如菠菜、苜蓿、白菜等，可在饲喂中适当加入这些青绿饲草预防本病发生。

【治疗方案】

① 应立即停止饲喂发霉的草木樨干草，或可能被鼠药污染的饲草。

② 纠正凝血酶原不足。一般大量口服维生素 K_3 每千克体重 5 毫克，连用 5～7 日；或口服维生素 K_1 每千克体重 1 毫克，每日 2～3 次，连用 5 日。若将维生素 K_3 和维生素 K_1 同时使用，效果更好。

③ 严重贫血时，输入健康牛全血 2～6 升。

九、牛亚硝酸盐中毒

【诊断要点】

亚硝酸盐中毒是牛摄入大量含有亚硝酸盐的植物或水，引起高铁血红蛋白血症的一种中毒病，临床上以皮肤、黏膜发绀，呼吸困难，窒息死亡为特征。

发病原因：最常见的是饲喂经堆放或受潮的青菜而引起本病。过多食入富含硝酸盐的燕麦干草及一些幼嫩玉米秸、甜菜叶、小麦秸、藜和未成熟的大麦等，经瘤胃微生物作用还原成亚硝酸盐而引起本病。饮用施有硝酸盐化肥的水，或误食硝酸铵、硝酸钠等化肥引起本病。

主要症状：急性中毒，病程较短，甚至不出现临床症状即死亡。频尿是本病的早期症状。典型症状是缺氧综合征，初期呼吸增数，而后呼吸困难，鼻镜、口唇和其他可视黏膜呈蓝紫色，脉搏快而弱。一般症状表现为精神沉郁、流涎、腹痛、腹泻和呕吐，体温正常或低于常温，肌肉震颤，无力，步态不稳；严重时，倒地、痉挛，常于 12～24 小时内死亡。亚致死剂量中毒，造成发育不良、不孕、流产、甲状腺功能不足和维生素A缺乏等。

病理表现：皮肤呈灰紫色，血液呈棕色酱油样，不易凝固。肺气肿、水肿，全身血管扩张，气管黏膜出血，实质器官也呈棕色。肝、脾脏呈淤血性肿大，胆囊膨大，肾脏充血、出血，心包膜充血。皱胃黏膜，出血性胃肠炎。

【预防措施】

改善青绿饲料的堆放和蒸煮过程。接近收割的青饲料不能再施用硝酸盐等化肥农药。对可疑饲料、饮水，实行简易化验。

【治疗方案】

① 特效解毒剂是美蓝（亚甲蓝），制成1%～2%溶液，每千克体重1毫升，静脉注射。

② 美蓝酒精溶液（美蓝2克、酒精10毫升、生理盐水90毫升），每千克体重1毫升，静脉注射。

③ 甲苯胺蓝，还原变性血红蛋白的速度比美蓝快，疗效比美蓝更好。制成5%溶液，静脉注射，或肌内注射、腹腔注射。

④ 大剂量维生素C，静脉注射，疗效确实，但奏效速度不及美蓝。

⑤ 同时强心、补糖、补液，如静脉注射或腹腔注射樟脑磺酸钠、5%葡萄糖生理盐水等。

十、牛尿素中毒

【诊断要点】

尿素中毒是牛过量采食尿素或尿素饲喂不当而引起的一种中毒性疾病，临床上以神经过度兴奋、呼吸困难和消化功能障碍为特征。

1. 发病原因

① 0.5千克尿素相当于1.3～1.4千克粗蛋白质，尿素作为廉价的蛋白质代用饲料，常作为反刍动物的饲料添加剂。尿素若饲喂量过大，牛超过每头每天100克；饲喂方法不当，如尿素溶解于水中，以及未经过适应阶段突然大量饲喂，或在喷洒尿素等化肥的草场上放牧等，都可引发尿素中毒。

② 非蛋白氮化合物，特别是铵盐，如硝酸铵、硫酸铵、氢氧化铵等含氮量较高的中性速效化肥，由于保管不当，被牛误食，也可发生尿素中毒。

③ 由于饲料中碳水化合物含量不足，日粮中豆科饲料比例过大，肝功能紊乱，瘤胃液 pH＞8，饥饿或间断性饲喂尿素类添加剂等，可诱发尿素中毒。

2. 主要症状

① 急性病例，摄取尿素后 20～60 分钟发病。表现沉郁、不安、横卧等症状后，发生全身寒战，强直性抽搐等中枢神经症状。

② 全身症状明显：表现高热，食欲不振，心悸亢进，呼吸急促，全身出汗，流涎，反刍停止，瘤胃蠕动停止、膨胀，甚至肛门松弛，瞳孔散大，无法起立。有时出现肺水肿，眼球震颤，眼球突出等症状。病期延长者，后肢不全麻痹，卧地不起，四肢发僵，发生褥疮。重症在发病 2～4 小时内死亡。

3. 病理变化

口鼻常附有泡沫，瘤胃内容物有氨臭味，消化道黏膜充血、出血。肺水肿，全身静脉扩张，血液黏稠，左心室扩张，心内、外膜有出血，有的胸腔、心包积液。硬脑膜、侧脑室及脉络丛充血。肝、肾变性和淤血。胃黏膜发黑，皱胃及肠道有出血点。

【预防措施】

① 关键在牛群饲用尿素饲料时必须正确控制尿素量及与其他饲料的配合比例。尿素的添加量以不超过日粮干物质总量 1%或精料干物质 2%～3%为宜。

② 饲喂方法要得当：宜由小剂量逐渐过渡到大剂量，不要间断。不要单独饲喂尿素等饲料添加剂，应与富含糖类的饲料混饲，但严禁饲喂富含蛋白质的大豆或豆饼等精料。在饲喂时不宜用水溶解，甚至在饲喂尿素等饲料添加剂后 0.5 小时内不要饮水。在与其他饲料混饲时，一定要调拌均匀。

③ 必须严格按照饲料保管制度，加强对尿素和铵盐类化肥的保管，

安全使用，防止被牛偷食或误食。

④ 断乳前的犊牛，因瘤胃微生物尚未完全建立，不应饲喂尿素。

【治疗方案】

（1）制止尿素分解，促进毒物排出

① 灌服稀醋酸或食醋，降低瘤胃 pH，阻止尿素继续分解，避免氨被吸收。常用稀醋酸溶液 1～3 升，加适量的常水，一次灌服。若混加适量糖蜜，疗效更好。

② 必要时，给予盐类泻剂，促进瘤胃内容物的排出，减少毒物的吸收。

（2）应用解毒剂 5%硫代硫酸钠注射液 100～200 毫升，一次静脉注射，或谷氨酸溶液静脉注射，进行解毒。同时给予葡萄糖酸钙溶液、高渗葡萄糖溶液等，可提高疗效。

（3）对症疗法

① 强心：应用樟脑磺酸钠注射液 10～20 毫升，一次皮下或肌内注射。

② 镇静：三溴合剂（溴化钾、溴化钠、溴化铵各 3%水溶液）200～300 毫升，灌服。

③ 解痉：水合氯醛 10～25 克，加水适量灌肠或内服，以抑制痉挛。

④ 对瘤胃臌气病牛，瘤胃穿刺术放气。

⑤ 对继发上部呼吸道、肺感染病牛，应用抗生素治疗，如氨苄西林、头孢噻呋、恩诺沙星等。

【说明】

病情急剧，救治不及时，多致死亡。无特效解毒剂，主要采取综合治疗措施。

十一、牛蕨中毒

【诊断要点】

蕨中毒是牛采食大量蕨类植物所致，以骨髓损害和再生障碍性贫血为主要特征的一种中毒性疾病。曾称为出血病、血汗病和再生障碍性贫血等。急性中毒多发，慢性中毒主要表现为地方性血尿病。发病率及死亡率均很高。放牧开始快的1周至1个月，慢的3～4个月即可发病，8～10月份发病最多。

1. 发病原因

放牧饲养或收割山野草混入蕨类植物饲喂牛群，尤其经过冬春的枯草期，放牧于有大量鲜嫩蕨类植物的草场，牛群在短时间采食大量的蕨类植物，发生急性蕨中毒。长期连续采食少量蕨类植物，发生慢性蕨中毒。

2. 急性病例主要症状

① 出现临床症状前，多有较长的潜伏期，一般2～8周。

② 起初，精神沉郁，食欲下降。粪便稀软，呈渐进性消瘦。可视黏膜苍白或黄染，或有出血斑点。喜卧，常掉队或离群站立。妊娠牛会流产，泌乳牛可排出带血的乳汁。

③ 体温升高时病情急剧恶化，体温可突然升至40.5～43℃，前胃蠕动微弱或消失，粪便干燥，呈暗褐红色或黑色。

④ 病牛腹痛，呈不自然伏卧，回顾腹部或后肢踢腹，阵发性努责。严重者仅排出少量红黄色黏液或血凝块的粪便，努责加剧，甚者直肠外翻，无法遏制。

3. 慢性病例主要症状

① 典型症状是血尿。

② 突出症状：内脏及体表各部位极易发生出血，不易停止，甚至出现血肿。有的出现鼻、口、眼、耳等出血，有血汗。有的齿龈、口唇黏膜出现出血斑点，被毛稀疏的会阴、股内侧和四肢系部也有出血斑点。

③ 其他症状：呼吸数每分钟达60次以上，伴有明显的湿啰音，脉搏细弱、频数，每分钟达80次以上。外部无出血，但常见高热。病重牛出现心功能不全，如心音混浊、分裂、贫血性杂音、弱脉和频脉等，呼吸无力，最终导致全身衰弱，卧地不起，死亡。

4. 病程及预后

病程长短不一，病初高热腹痛及出血严重者病程较短，多在1周左右死亡，最短在出现症状后2日死亡，长者可达数周至数月。有的可能有反复，每次复发后病情加重，也可转为慢性病例。

5. 病理变化

剖检以各种组织出血为特征。皮下、肌肉、脂肪、实质器官、全身的黏膜有明显的出血。肝、肾、肺有淤血梗死的坏死区。消化道黏膜出血、坏死和脱落。有的膀胱有肿瘤和出血，肿瘤为豌豆大小灰白色。全身各处组织及脂肪组织呈胶冻样水肿。

【预防措施】

① 舍饲牛群应严禁摄入混有蕨类植物的饲草。

② 放牧牛群，应事先应用较为理想的化学除蕨剂黄草灵喷洒蕨叶面，能较快地使蕨株枯死成为无蕨类植物生长的牧草场，再进行放牧较为安全。

③ 在有蕨类植物的草场放牧，要注意控制采食总量不宜超过体重的20%。必要时定期检验牛群血常规变化，早期发现，及时采取相应的措施。

④ 放牧时要尽早发现病牛，将牛转移到无蕨牧场。对舍饲牛应迅速清除饲料中的蕨，给予易消化的饲料，控制其运动量，避免被雨淋，并将病牛移到温暖舍内，避免受凉。

【治疗方案】

(1) 轻症 转移到无蕨类植物草场放牧后，可康复。

(2) 重症 厩舍饲养，加强管理，禁止运动，注意保温，防止应激，以防出血。尚无特效解毒药，应采取综合疗法。

① 输血疗法：第一次输入4.5升加有抗凝剂的血液，第二次减半，同时静脉注射1%硫酸鱼精蛋白（肝素拮抗剂）10毫升，这种制剂能中和释放出肝素的抗凝血作用；或一次输入健康牛全血1000～5000毫升，同时输入富含血小板血浆，1次/周，早期病例，效果良好。

② 应用骨髓刺激剂：如果骨髓尚可恢复再生能力，应用鲨肝醇1克、橄榄油10毫升，溶解后一次皮下注射，每日1次，连续5天为一疗程。

③ 对症疗法：酌情采用抗生素、维生素、止血剂、强心剂、利尿剂及胃肠调理剂等，进行对症治疗。

十二、牛光过敏症

【诊断要点】

光过敏症是指当光敏物质进入皮肤，在舍外被日光曝晒（紫外光照射）激发炎症反应或产生释放能量的光化学反应，造成皮肤伤害的一种光过敏反应性疾病。光过敏症主要发生于浅色或无色素沉着的皮肤区域，临床上以皮肤红斑、瘙痒、发炎、坏死和脱落为特征。

1. 发病原因

① 光敏物质吸收到体内：食入含光敏物质的饲料，如荞麦、小连翘、各种油菜和三叶草等，或注射含有光敏物质药物，如吩噻嗪、四环素类、吖啶黄和美蓝等。

② 光敏物质在体内产生：遗传造成体内缺乏某种酶，产生过剩的光敏物质的卟啉沉积于皮肤所致。

③ 光敏物质向体外排泄发生障碍：平时在消化道内饲料中叶绿素被分解，而光敏物质将叶绿素变为叶绿胆紫素，被吸收入血，然后沉积于皮肤。

2. 主要症状

① 主要症状是皮肤症状，包括皮肤水肿、红斑、水疱和坏死，随后很快出现结痂。

② 皮肤病变仅限于白毛部位，黑毛部位与其界限非常明显。发病 1～2 天后，白毛部位皮肤发红、肿胀，局部有热感，触之疼痛。肿胀隆起高于正常皮肤，病变处大多发黏，多见于背部的白毛部位，其次是腹部和乳房。

③ 轻症病例，表皮呈小片状逐渐脱落而恢复。重症病例，皮肤变得红黑，逐渐变硬呈板状裂纹而脱落，有的局部出血，不久恢复。

④ 其他症状，发热、精神沉郁、食欲不振、呼吸急促、腹泻或便秘、黄疸、黏膜发绀、肝脏叩诊区扩大和叩诊时疼痛、腹痛、蹄叶炎。

3. 病理变化

肝功能障碍引起的黄疸，出血，肝脏肿大，胆管壁肥厚，胆囊膨隆。

【预防措施】

① 在平时饲养中不要给予含致病因素的饲料，避免到多发地区放牧。

② 发病后将牛移到舍内或其他放牧地。

③ 放牧前应驱除肝寄生虫。注射荧光色素或给予吩噻嗪后，至少也要在舍内饲喂3天。

④ 将放牧地安排在阴凉的地方是预防本病的最好方法。

【治疗方案】

(1) 原发性光过敏

① 将牛转移到阴凉处，或消除周围环境中致病的植物或化学物质。

② 如果继发皮炎应进行全身抗生素治疗。坏死皮肤应清创、消毒。

(2) 肝源性光过敏 应采取特异性和支持疗法。及时治疗肝胆疾病，使患牛避开阳光或致病因子。

(3) 药物疗法

① 20%硫代硫酸钠50～100毫升，静脉注射，或按每千克体重0.5～1.0克灌服。

② 盐酸苯海拉明10～20毫升或泼尼松龙10毫升或地塞米松等，皮下或肌内注射。

③ 葡萄糖和复方氯化钠溶液3000～5000毫升，配合保肝剂和维生素K_3，必要时可反复应用。

【说明】

多数有严重肝或肝胆疾病，预后不良。红细胞生成性卟啉病的病畜应淘汰。

十三、牛氟乙酰胺中毒

【诊断要点】

氟乙酰胺中毒是牛食入被氟乙酰胺污染的饲料、饮水，误食灭鼠毒饵及死鼠等引起的一种急性中毒病，临床上以突然起病、痉挛、鸣叫、迅速死亡为特征。根据病程可分为突然发病型和潜伏发病型。

1. 发病原因

① 氟乙酰胺无味、无臭，易溶于水，化学性质稳定，该药残留期长，被植物吸收后两个月不消失，对人畜的毒性远远大于对鼠的毒性，故易引起人畜中毒。

② 氟乙酰胺生产过程中，污染了环境、饲料和饮水。用氟乙酰胺做成毒饵，在灭鼠时随处散放，看管不严，被牛误食引起中毒。

2. 主要症状

① 氟乙酰胺进入机体，蓄积到中毒水平，需要经历几个过程，食入毒物后的潜伏期为 0.5～2 小时，一旦出现症状，即迅速发展。

② 突然发病型：无明显的前驱症状，经 9～18 小时，突然跌倒，剧烈抽搐、惊厥或角弓反张，迅速死亡。有的暂时恢复，但心搏快，节律不齐，卧地战栗，随即复发，最终死亡。

③ 潜伏发病型：中毒 5～7 天后，表现食欲降低，不反刍，单独倚墙而立或卧地。有的逐渐康复，有的在轻度劳役或外因刺激下突然发作，呈惊恐、狂躁、尖叫，在抽搐中猝死于心力衰竭和呼吸抑制。

3. 病理表现

胃肠道黏膜充血、出血，胃黏膜脱落，心肌变性、心内外膜出血变化明显，脑组织出血、淤血变化严重。

【预防措施】

① 严禁饲喂有机氟化合物喷洒的植物及被污染的饲料。

② 施过有机氟化合物的农作物，必须经 60 日以上的残毒排出时间，方能作饲料用，否则易发生中毒。

③ 当防治农林蚜虫和草原鼠害时，严禁牛饮用被污染的水源，而作为灭鼠的诱饵严防被牛误食。

【治疗方案】

(1) 立即脱离现场 更换可疑的饲料和饮水。

(2) 误食初期洗胃排毒 先用 1∶5000 高锰酸钾溶液或石灰水洗

胃，然后服用蛋清或氢氧化铝胶，以保护胃黏膜，最后用硫酸钠导泻。

(3) 药物解毒

① 解氟灵（50%乙酰胺），每日每千克体重0.1～0.3克，以0.5%普鲁卡因溶液稀释，分2～4次肌内注射，首次用量要达到每日用药量的1/2，连续用药3～7日。本品与半胱氨酸合用效果更好。效果可靠，及早用药。

② 乙二醇乙酸酯（醋精）100毫升溶于500毫升水中饮服或灌服；或95%乙醇和5%醋酸各按每千克体重2毫升，内服。

(4) 对症治疗

① 镇静、解痉：应用水合氯醛或硫酸镁、葡萄糖酸钙或高浓度葡萄糖溶液，静脉注射。

② 消除呼吸抑制和脑水肿：应用尼可刹米，静脉注射20%甘露醇溶液或25%山梨醇溶液或呋塞米。

③ 维护心脏功能：用25%～50%葡萄糖、10%樟脑磺酸钠、维生素C、维生素B_1等，静脉注射。

【说明】

病牛心脏受损，静脉注射应十分缓慢，若量大、速输，常加快死亡。

十四、牛氢氰酸中毒

【诊断要点】

氢氰酸中毒是牛食入含有氰苷配糖体的植物引起的一种急性中毒病，临床上以呼吸困难、震颤、痉挛和突发死亡等为特征。

1. 发病原因

① 采食或饲喂含有氰苷配糖体的植物或青饲料，如南瓜藤、蔷薇科植物、海刀豆、狗爪豆、木薯皮及其嫩叶、亚麻叶、亚麻籽及亚麻籽饼，尤其是与饲养关系密切的苏丹草、白三叶草、高粱苗、玉米苗及其再生苗等。

② 在自然状态下，富含氰苷配糖体的植物，当其遭受霜冻或生长受阻等因素作用，使植物细胞损伤后，易于被酯解酶降解，释放游离的氢氰酸。当牛摄入的这些植物或饲料在瘤胃内受微生物群作用时，会释

放氢氰酸，使其毒性增强，诱发中毒。

2. 主要症状

① 在采食或饲喂上述的植物或青饲料后很快发病。病牛先兴奋，后沉郁。流有大量带白色泡沫状涎水，呻吟、磨牙。有不同程度瘤胃臌气。全身衰弱，体温下降，心搏减弱，脉小，呼吸浅表。

② 突出症状表现可视黏膜呈鲜红色，瞳孔散大，视力减退。眼球颤动，肌肉震颤（从头颈开始波及全身），反射功能减弱或消失，后肢麻痹不能负重。卧地不起，伴发角弓反张过程中，迅速窒息死亡。

3. 病理变化

急性死亡，血液呈鲜红色，血凝时间延长，肌肉色暗。气管和支气管内蓄积大量泡沫状液体和血液，肺充血、出血。皱胃黏膜充血，小肠有明显出血斑。心内、外膜出血，体腔和心包内有浆液性渗出液。瘤胃内充满气体和内容物，释放氢氰酸气味。

【预防措施】

① 严禁牛群在产生氰苷配糖体类的植物性牧草，尤其是处于萌发新嫩叶芽时期及收割后高粱、玉米等再生苗生长地区放牧。

② 对产生氰苷配糖体类的青嫩牧草或饲料，宜经过流水浸渍或漂洗加工后再用作饲草和饲料，尤其是亚麻籽饼，必须经过煮沸加工后再作为精料，饲喂牛群较安全。

【治疗方案】

① 首选亚硝酸钠和硫代硫酸钠。亚硝酸钠，牛，3 克，配成 1%～3%溶液，一次静脉注射。随后用硫代硫酸钠，牛 10～20 克，配成 5%～10%溶液，一次静脉注射。

② 若中毒症状未见好转，1 小时后可重复注射半量或全量硫代硫酸钠。

③ 配合应用美蓝、维生素 C、硫胺素和维生素 B_{12} 等制剂，有助于提高疗效。

【说明】

本病发生快，病程短，死亡快，必须尽快应用特效解毒剂。由于亚硝酸钠容易引起高铁血红蛋白血症，剂量不可过大，并且不宜重复给药。

十五、牛棉籽饼中毒

【诊断要点】

棉籽饼中毒是指长期饲喂大量的棉籽饼，有毒的棉酚在体内特别是在肝中蓄积引起的一种慢性中毒疾病。临床上以胃肠炎、肝炎、神经症状，以及呼吸困难、衰弱、脱水和酸中毒为特征。

1. 发病原因

① 加工处理方式：由于提油时所用的溶剂和方法不同，棉籽饼中棉酚含量不同。

② 牛发育阶段：犊牛阶段因其瘤胃发育不全，故对棉酚有一定的易感性。

③ 牛品种：品种不同，对棉酚的反应各异。

④ 日粮水平：日粮平衡，牛采食全价饲料其易感性降低。用不平衡日粮喂牛，特别是饲料中维生素 A 不足或缺乏，蛋白质水平过低，都可能使易感性增高。

2. 主要症状

① 成年牛急性棉籽饼中毒实质是瘤胃积食，慢性中毒实质是维生素 A 缺乏症。

② 成年牛急性中毒：食欲不振，产乳量剧减，体温正常，有的兴奋不安，运动失调，全身肌肉颤抖，黏膜发绀，心音减弱。脉率达 100 次/分，前胃弛缓，肠蠕动减弱，便秘，排出带黏液粪便，后腹泻，脱水，酸中毒。急性者，经 2～3 日，死亡率达 30%左右。

③ 成年牛慢性中毒：呈维生素 A 缺乏症状，但不明显，仅见消瘦、夜盲症、尿石症。有的常继发呼吸道炎症及慢性增生性肝炎和黄疸，妊娠母牛流产，尿呈红色。

④ 犊牛中毒：食欲下降，腹泻，呈佝偻病症状，也有黄疸、夜盲症和尿石症等。

3. 病理变化

瘤胃内充满大量食物，瓣胃干涸。胸腔积液，腹水，肺充血、肿大。心肌松弛。肠道黏膜出血。肝、肾、脾质脆，变性和坏死。

【预防措施】

① 关键在供应平衡日粮：在长期饲喂棉籽饼时，要注意日粮配合，饲料应多样化，要防止单纯化，要有丰富的蛋白质、维生素和矿物质饲料，特别是维生素 A、钙的供应。

② 掌握科学的饲养技术：哺乳期犊牛和妊娠后期母牛，对过食棉籽饼敏感性高，最好是不喂。对成年牛，要严格掌握饲喂量，不宜太多。

③ 间歇饲喂法：防止产生蓄积中毒，可采取饲喂一段时间和停喂相结合的方法。通常喂量按日粮精料计，以 5%～15%为宜。

【治疗方案】

① 25%葡萄糖注射液 500～1000 毫升，10%樟脑磺酸钠 20 毫升，静脉注射。

② 硫酸镁 500～1000 克，加水一次灌服。0.1%高锰酸钾溶液 1000～2000 毫升，一次灌服。

③ 饲料添加或肌内注射维生素 A 制剂。

④ 无特效疗法，主要是对症治疗。

十六、牛草酸盐中毒

【诊断要点】

草酸盐中毒是由于采食过量的草酸盐所引起的中毒性疾病。草酸盐可刺激胃肠引起胃肠炎，但主要是降低血钙浓度并引起肾脏损害。

1. 发病原因

植物性草酸盐是牛草酸盐中毒的主要来源。植物中的可溶性草酸盐，主要存于植物细胞液中。有两种不同的类型：一种是酸性草酸钾，主要存于浆草属植物中；另一种为草酸钠，主要存于藜属植物中。一些真菌包括某些曲霉和青霉，都能产生草酸盐，引起家畜的肾病。

2. 主要症状

轻度到中等程度的疝痛。病牛不安，时常起卧，精神沉郁，肌肉无力，头下垂，步态不稳。呼吸急促、困难，口内有血染的泡沫或液体。心跳急速，瘤胃运动减弱，瞳孔扩大。有些病例痉挛，间或发生臌胀和频尿。

急性中毒表现：血钙浓度中等程度或严重下降，呈现高磷血症、高钠血症和高钾血症。血清谷草转氨酶、谷丙转氨酶、乳酸脱氢酶和血液尿素氮亦都增高。急性中毒后 2 小时，血浆 pH 增多。后期，血液中二氧化碳增多，氧气减少。急性中毒后 9～11 小时，可死亡。

3. 病理变化

常见腹水和胸腔积液，浆膜上特别是瘤胃和其他前胃的前部，有弥漫性出血，瘤胃壁前下部水肿，瘤胃黏膜有严重出血。胃肠道的淋巴结增大、水肿。口和食管中可能有血染的泡沫充满。呼吸道中度充血，支气管中充满血样泡沫。肾脏色淡、水肿。

【预防措施】

关键是对饥饿的牛不要给予大量的有毒植物或者在有毒植物的地区放牧，给予足够的食盐，饲喂适宜的牧草。在无法避免采食有毒植物时，可给予磷酸二氢钙（25%）和食盐（75%）的合剂。

【治疗方案】

① 25%葡萄糖酸钙 300～500 毫升，静脉注射。

② 葡萄糖氯化钠注射液，静脉注射，防止尿路阻塞。

【说明】

无特效解毒剂，多采用对症治疗措施，但重症多无效。

十七、牛有机磷农药中毒

【诊断要点】

有机磷农药中毒是误食了喷洒过有机磷农药的青草和在消灭体表寄生虫、驱赶蚊蝇时，喷射药物过多或浓度过高所致，临床上以腹泻、流涎、肌肉僵硬为特征。

1. 发病原因

没有按规定保管农药和在使用农药过程中没有按照要求操作使饮水被污染等，有机磷驱虫药使用不当而发生中毒，以及人为投毒。

2. 主要症状

① 突然发病，一般体温不高。流涎、流泪、鼻孔和口角有白色或粉红色泡沫。食欲废绝，瘤胃蠕动减退，反刍停止。不断回顾腹部、肠音亢进、腹泻。大便失禁，排出恶臭、呈深绿色或黑色混有血丝的粪便。瞳孔缩小，视力减弱或消失。

② 病牛黏膜发绀，呼吸困难，鼻孔流出泡沫状液体，湿性咳嗽，两肺可听到湿性音，心律不齐，第一心音弱，严重者出现心搏骤停。

③ 肌肉震颤，以三角肌、斜方肌和股二头肌最为明显，严重者全身肌肉发生痉挛。病牛狂躁不安，后沉郁。步态不稳，共济失调，有时会突然倒地，呈现昏迷状态。

④ 急性中毒，发病数小时，因肺充血、肺水肿、呼吸道阻塞造成缺氧及窒息而死亡。

3. 病理变化

口腔及鼻孔内均有大量粉红色的泡沫。瘤胃、网胃及瓣胃黏膜易脱落。皱胃、十二指肠、小肠呈弥漫性充血、出血，肠腔内积满泡沫状液体。肺淤血水肿，左心耳、右心耳、心外膜、心内膜点状出血，脑组织水分明显增加。

【预防措施】

① 健全规范农药的保管使用制度。

② 用农药处理过的种子和配好的溶液，不得随便乱放。配制及喷洒农药的器具要妥善保管。喷洒农药最好在早晚无风时进行。喷洒过农药的地方在一个月内禁止放牧或割草。

③ 不滥用农药来杀灭牛外寄生虫。使用敌百虫驱虫时用量要适当。

【治疗方案】

立即将病牛与毒物脱离开，紧急使用阿托品与解磷定进行综合治疗。

具体用药方案如下。

① 阿托品，大剂量使用即一般用量的 2 倍，0.06～0.2 克，皮下注射或静脉注射，每隔 1～2 小时用一次，可使症状明显减轻。配合解磷定或氯解磷定 5～10 克，配成 2%～5%水溶液，静脉注射，每隔 4～5

小时用药一次。或用双复磷，比氯解磷定效果更好，剂量为每千克体重10～20毫克。

② 对有严重脱水的病牛，应当静脉补液，如葡萄糖生理盐水等；对心功能差的病牛，应使用强心药，如樟脑磺酸钠、丹参等。

③ 经口中毒的病牛，可早期洗胃。体表接触中毒的病牛，可进行体表刷洗。

【说明】

应用阿托品要注意中毒表现：瞳孔放大，流涎减少，口腔干燥，视力恢复，症状显著减轻或消失，此时应停止应用。

十八、牛钼中毒

【诊断要点】

钼中毒又名腹泻病，俗称红皮白毛病，是由于牛摄入含钼高的饲料所致的一种中毒性疾病，临床以被毛褪色、皮肤发红、顽固性腹泻及进行性消瘦为特征。牛易感性高，犊牛最为敏感。

1. 发病原因

① 当每千克饲料含钼10毫克，日摄入量120～250毫克时，可引起牛中毒。

② 当饲料中硫酸盐含量高、铜含量低时，每千克牧草钼含量为1.0毫克时，也能发生钼中毒。

③ 混合肥料、铝合金厂、合金钢厂等排出含钼烟尘和废气对空气和土壤造成污染，致使土壤中钼含量增多，常导致地方性钼中毒。

2. 主要症状

① 采食高钼饲料10天后开始腹泻，粪稀呈水样，被毛无光，干燥而竖立，肋骨外露，消瘦，贫血，行走无力，卧地不起。

② 犊牛表现：运动异常，关节僵硬，步态拘谨，起立困难，蹄叶炎。腹泻后15～30天时，皮肤发红，从头开始，逐渐波及躯干至全身，发红的皮肤水肿，指压褪色。腹泻45～60天，黑色被毛变白，最先出现于眼周围毛色变白，像戴眼镜一样。

③ 母牛表现：常不发情，流产，尾椎吸收，尾尖变软至脱落，骨质疏松。

3. 病理变化

无特异性病变。全身各器官都有高度营养不良的病变，脂肪组织呈胶冻状。肠管无炎症变化，心肌变薄，右心房肌壁更为显著等。

【预防措施】

查明本地区土壤、饲料钼含量，采取相应的防治措施。在饲料中增加铜化合物，使铜含量增加到每千克饲料 5 毫克，可达到控制中毒的发生。

【治疗方案】

① 硫酸铜 2～3 克，一次口服，连用 3～5 天。甘氨酸铜或乙二胺四乙酸（EDTA）铜钙合剂，120～240 毫克，皮下或肌内注射，连用 1 周。

② 辅助配合保肝药物，如葡萄糖、维生素 C 等。

十九、牛麦角中毒

【诊断要点】

麦角中毒是指牛大量食入麦角菌寄生的麦类和禾本科植物引起的一种中毒性疾病，临床上以中枢神经系统紊乱、跛行和肢端坏死为特征。

1. 发病原因

牛采食混有麦角的谷物和糠麸，或误食麦角菌寄生的禾本科植物，可引起本病。临床上为促进子宫收缩使用麦角生物碱类药物过量时，可引起本病。

2. 主要症状

① 急性中毒表现：较为少见。表现过度兴奋、肌肉运动不协调、震颤、失明及致死性惊厥等症状。有的妊娠母牛，可在不同时期发生流产。

② 慢性中毒表现：比较多见。病初，腹泻，跛行，四肢下端关节僵直，四肢发冷和失去知觉，后期出现干性坏疽。有的病牛，在蹄和口周围出现环状坏死性损伤，表面类似口蹄疫。严重病例，长期腹泻，被迫横卧地上，病变皮肤干燥，局部萎缩变黑紫色，常呈无痛性反应。具

有特殊的跛行和四肢坏死病变。

3. 病理变化

主要的肉眼病变是末梢坏疽。口腔、咽、瘤胃、皱胃和肠黏膜充血、出血，甚至有溃疡和坏死。

【预防措施】

在有麦角菌感染的地区或牧场，收获的谷物、麦类饲草料，在饲喂前必须严格检查。发现麦角时不要饲喂牛，要立即清除掉，既不能转移外地，也不能磨碎外卖。

【治疗方案】

① 用0.1%～0.5%高锰酸钾溶液或1%鞣酸溶液灌服或洗胃，必要时内服硫酸钠或硫酸镁等盐类泻剂，并大量饮水，排出瘤胃内有毒的草料。

② 对病牛皮肤干性坏死病灶，可用0.5%高锰酸钾溶液洗涤，然后涂擦磺胺软膏或碘酊等，以防止继发性感染。

【说明】

缺乏特效疗法，应采取对症疗法。

二十、牛霉烂甘薯中毒

【诊断要点】

霉烂甘薯中毒也称为甘薯黑斑病中毒、牛气喘病，是由于牛吃进了一定量的霉烂甘薯引起的一种中毒性疾病。临床上以急性肺水肿和间质性肺泡气肿、气喘和皮下气肿为特征。

1. 发病原因

本病常发生于甘薯收获后经过一段时间的贮藏而发生霉烂的季节，在大量种植甘薯的地区，因贮藏不当而霉变，霉变甘薯饲喂牛后常呈地区性和群发性的特点。

2. 一般症状

① 突然发病，精神沉郁，低头耷耳。体温多正常。鼻黏膜潮红，流出稀的或脓性的鼻漏，流泪，眼结膜充血或呈淡黄色。流涎，肘肌及臀肌呈间歇性战栗。

② 食欲减少或废绝，反刍停止，磨牙。粪便量少，色黑而干硬，呈算盘珠状。便秘，也有腹泻。触诊瘤胃，具硬感，蠕动微弱或停止，肠蠕动减弱。

③ 病初心跳快，心音增强，心音混浊，心音区扩大。随病情加剧，心音微弱，心率增至100～160次/分，节律不齐，心音模糊不清，常因呼吸急促而心音被其掩盖，难以听清。

④ 病重，站立不安，不愿卧地，运步时步态踉跄，摇摆不稳，可视黏膜发绀，体温下降，倒地死亡。

3. 特征症状

① 病初气喘，呼吸次数增至每分钟40～80次，少数达100次以上，呼吸音粗而强烈，如拉风箱。吸气困难，鼻孔在吸气时扩大，呼气时鼻翼向后上方显著抽缩。肺部听诊支气管呼吸音粗粝，有湿性啰音。

② 临死前呼吸高度困难，头颈伸直，张口吐舌，口流大量白沫，突然倒地挣扎，窒息死亡。胸部叩诊，可呈鼓音。在背部两侧皮下出现气肿，触诊呈捻发音，气肿可蔓延到胸侧颈部、肩前和头部。

4. 病理变化

① 肺脏显著膨胀、充血、水肿，肺膜下充满大小不等的气泡，肺小叶间质充气、增宽，肺表面因气泡而隆突。切面流出大量混有泡沫的黄色或血色水样液。

② 胸腔纵隔气肿，形成大小不等的气泡，胸、背、肩、颈部的皮下组织及肌膜中，有大小不等的气泡集聚。

③ 心冠状沟脂肪，心耳、纵沟上有出血斑，心脏扩张，心肌质地较软。胃肠道黏膜弥漫性充血或出血或坏死，其中以皱胃、小肠和盲肠的损伤严重。肝肿大，呈现实质变性，切面似槟榔状，胆囊肿大，胆汁稀薄。脾、肾、膀胱等有不同程度的充血与出血。

【预防措施】

① 加强饲养管理，防止甘薯遭受黑斑病菌感染，加强甘薯的收获和贮藏工作，防止霉烂。

② 严禁饲喂霉烂甘薯。随时检查，及时将霉烂甘薯挑出、丢弃，

严禁饲喂。在饲喂甘薯粉渣、甘薯酒糟时，应慎重。

【治疗方案】

1. 加速毒物的排出

① 洗胃，对食入毒物不久的患牛，用胃管灌服大量的清洁温水或0.5%～1%高锰酸钾溶液。按摩瘤胃，使液体在胃内混合，然后将其从瘤胃中通过胃导管抽出，如此反复多次，排出毒物。

② 投服泻剂，硫酸镁500～1000克、人工盐200克，配成10%溶液，一次灌服。

2. 改善呼吸困难

① 静脉放血1000～3000毫升，然后用5%葡萄糖生理盐水3000～5000毫升、维生素C_5克、10%樟脑磺酸钠20毫升、25%葡萄糖1000～2000毫升，缓慢地静脉注射。

② 必要时，输氧。

3. 解毒、保肝，防止酸中毒

① 用0.1%～0.5%高锰酸钾溶液1000～1500毫升，一次投服，每4小时给药一次。

② 5%～20%硫代硫酸钠注射液200～300毫升，一次静脉注射。

③ 5%碳酸氢钠注射液500～1000毫升，一次静脉注射。

【说明】

治疗缺乏特效疗法，应采取综合治疗措施。

二十一、牛夹竹桃中毒

【诊断要点】

夹竹桃中毒是牛采食含有夹竹桃叶片的饲草导致中毒，临床上以心律不齐、出血性肠炎为特征。

发病原因：一般牛不会自动采食，主要因夹竹桃叶片混于杂草中，误喂给牛而发病。

主要症状：突然食欲不振或废绝，反刍停止，体温正常。鼻镜湿润但不成珠，瘤胃蠕动减弱到停止。病初，粪便稀薄随后腹泻，带有黏液和血液，后期完全排黏液及血液，呈凝胶状，具有腥臭味。腹痛，后肢踢腹，拱背，起卧不宁。心脏听诊，初期心搏动缓慢，随着心搏动减慢而出现心音减弱及混浊。有时出现二联脉或三联脉。呼吸困难，常表现为呼吸加深，胸部听诊，肺区上部的肺泡音粗粝。

病理剖检：各组织器官以出血为主要特征，心外膜和心内膜有出血，尤其左心室更为明显，严重者呈血肿。肠管有出血点至出血斑，小肠最轻，结肠中等，直肠最为严重。肝脏淤血，胆囊增大，胆汁颜色较深，肺脏有出血点。

【预防措施】

不要在夹竹桃灌木区放牧和收割青草，因为这些地方常有夹竹桃的枯叶混在草料中。

【治疗方案】

应采取调节心脏功能、解毒、肠道消炎、止血及镇痛、输氧等综合疗法。

① 补钾：用10%氯化钾溶液100毫升、5%葡萄糖溶液1000～2000毫升或复方氯化钠溶液2000毫升，静脉注射。

② 肠道消炎：内服磺胺脒或肌内注射盐酸小檗碱、氨苄西林、庆大霉素、恩诺沙星等。

③ 止血：用安络血、止血敏、维生素 K_3 等。

④ 输氧：条件许可，可进行输氧，其效果较佳。

【说明】

治疗缺乏特效疗法，应针对心肌炎和胃肠炎采取综合措施。

二十二、牛栎树叶中毒

【诊断要点】

栎树叶中毒又称青冈树叶中毒、水肿病或阴肾癀，是因牛过食栎树的幼嫩枝叶及其果实而中毒，临床上以消化功能障碍、体表下垂部水肿及体腔积液为特征。放山牛常发。

发病原因：栎树叶及橡果中的有毒成分是一种水溶性没食子酸中的多羟基酚。春季新发的幼芽、嫩枝、嫩叶中鞣酸含量最高。当人为或因自然灾害、饲料不足时，牛放牧于山坡因饥饿或过多采食栎树叶后发生中毒。

主要症状：病牛消化紊乱，食欲异常，采食减少，喜吃干草而拒食青草，磨牙，腹痛。便秘，粪干混有黏液，呈串珠样。排尿次数频繁，色如清水，随病情加剧，尿量减少至无尿。病重，体表下部如会阴、阴唇、胸前、脐下等处出现水肿，腹水，腹围增大而下垂，食欲、饮水欲废绝，体温无变化，妊娠牛流产、子宫炎。

病理变化：皮下、体腔积液，消化道广泛性出血、溃疡。肝、肾实质器官变性，心包积液。

【预防措施】

平时应准备好充足的饲料。在有栎树地区，春季尽量不放牧，不让牛吃到栎树幼枝及果实。在饲料中加入氢氧化钙，添加量为日粮的1%～5%，能起到预防、解毒作用。

【治疗方案】

① 无特效药物治疗，多数死亡。

② 轻度中毒，采用盐类泻剂、胃肠保护剂、强心药、利尿药和输液等。常用硫酸镁500克，加水适量灌服。配合5%葡萄糖生理盐水1500～2000毫升、25%葡萄糖注射液500毫升、10%樟脑磺酸钠20毫升、40%乌洛托品50毫升，一次静脉注射，每日2次。

二十三、牛非蛋白氮中毒

【诊断要点】

非蛋白氮中毒是在饲喂非蛋白氮化合物时，由于饲喂量过大或饲喂方法不当，致使瘤胃内氨释放过多、血氨过高而发生中毒。本病主要呈急性经过，临床上以呼吸困难、强直性痉挛为特征。

1. 发病原因

非蛋白氮化合物特别是铵盐，如硫酸铵、磷酸氢二铵等含氮量较高的中性速效化肥，由于保管不善，被牛误食而引起中毒。

2. 主要症状

① 病初期，在采食过后20～60分钟，不安，肌肉震颤，呻吟，步态踉跄，共济失调而摔倒在地不能起立。

② 病中期，发生于采食过后 2～3 小时，食欲废绝，反刍、嗳气停止，瘤胃蠕动减弱，伴发臌气。出现全身强直性痉挛症状，如牙关紧闭、反射功能亢进和角弓反张等。呼吸急促（伸舌呼吸），心搏动加快，心跳加快，心音混浊不清，节律不齐，体温升高，知觉丧失。

③ 病后期，呈现高度呼吸困难，流涎呈大量泡沫状，肛门松弛，排便失禁，尿淋，胸背部出汗，皮温不稳，瞳孔散大，多窒息死亡。

3. 病理变化

全身静脉怒张。瘤胃内容物散发氨臭气味。脑膜和脉络丛充血。有的胸腔充血、水肿，肝、脾肿大，肺为无气肺。肾脏淤血、混浊肿胀。

【防治方案】

① 首选药物：稀醋酸，以抑制瘤胃内脲酶活性，同时又可中和尿素等分解产物氨。用 5%醋酸溶液 1～3 升，口服。若混加糖蜜和水适量，疗效更好。

② 辅助解毒剂：硫代硫酸钠溶液，静脉注射。

③ 对症疗法：强心、兴奋呼吸中枢及镇静，可用樟脑磺酸钠、25%硼葡萄糖酸钙注射液、肌苷注射液和复合维生素 B、维生素 C 制剂等。当瘤胃臌气时，可行瘤胃穿刺术放气。

【说明】

本病病程极短，通常在发生中毒后 1～2 小时内死亡，其死亡率高达 80%以上，故对本病宜尽早发现、确诊，并尽快果断采取急救措施。病牛经过 6～7 小时后，若体温恢复正常，其他症状有所减轻，可治愈。

二十四、牛酒糟中毒

【诊断要点】

酒糟中毒是指长期或大量采食酿酒副产品酒糟后引起的中毒，临床上以兴奋、共济失调、胃肠炎、呼吸困难和皮肤湿疹为特征。

1. 发病原因

饲料单一，长期饲喂过量酒糟；或日粮配合不均，过度增加酒糟喂量；或因饲料保管不严，于牛棚内乱堆乱放，牛从圈舍内跑出后，偷吃过量酒糟；酒糟保管不好，雨水的浸渍和日光的照射会使酒糟发霉变质，饲喂牛而致病。

2. 主要症状

急性初期：牛兴奋不安，呼吸急促，心跳加快，共济失调。食欲废绝，眼窝凹陷，脉搏微细，步态不稳，四肢无力。回头顾腹，部分腹泻、排出恶臭黏性粪便。继而卧地不起，头、颈、躯体平贴于地，转为抑制状态，眼睑闭合，全身不动。

慢性表现：顽固性的前胃弛缓，食欲不振、瘤胃蠕动微弱，有的腹泻、脱水。伴发或继发母牛流产、产后瘫痪、蹄叶炎，甚至屡配不孕。

3. 病理剖检

可见胃肠黏膜充血、出血，直肠黏膜出血、水肿，肠系膜淋巴结充血，肺充血和水肿，肝、肾肿胀和变性，心、脑出血。

【预防措施】

① 关键在于饲喂新鲜的酒糟。酒糟不能贮放过久，贮存时应摊开，防止霉败变质。

② 日粮要平衡，严格控制酒糟喂量，每天喂量以5～10千克为宜，并应保证有足够的优质干草的进食量。随时检查酒糟的质量，轻微酸败，可加入石灰水、碳酸氢钠中和后再喂，已经发生严重霉败的酒糟应坚决废弃，严禁饲喂。

③ 为防止酸性物质对钙的吸收影响，饲料中应补充磷酸三钙、碳酸氢钙等物质。

【治疗方案】

治疗原则：补充体液，缓解脱水，补碱缓解酸中毒。

① 纠酸：碳酸氢钠100～150克，加水适量，一次灌服；或用1%碳酸氢钠溶液冲洗口腔或灌肠。

② 补液：5%葡萄糖生理盐水1500～3000毫升、25%葡萄糖溶液500毫升、5%碳酸氢钠溶液500～1000毫升，一次静脉注射。当脱水缓解时，可用10%葡萄糖酸钙溶液500～1000毫升、20%葡萄糖溶液500毫升，一次静脉注射。

③ 有神经症状降颅内压：甘露醇或山梨醇注射液 300～500 毫升，一次静脉注射，起降低颅内压、镇静作用。

④ 辅助恢复：应视机体表现给予抗生素、强心药、维生素等治疗，如氨苄西林、樟脑磺酸钠、维生素 C、维生素 B_1 等。

二十五、牛淀粉渣中毒

【诊断要点】

淀粉渣中毒是用淀粉渣喂牛，经过一段时间后，由于其所含亚硫酸钠的蓄积作用，引起中毒。

1. 发病原因

淀粉渣未经必要的去毒处理，给牛喂量过大，喂时过长，或变质，引起中毒。另外，日粮不平衡，钙、维生素不足或缺乏，粗饲料进食量不足，促进本病发生。

2. 主要症状

轻度中毒：精神沉郁，采食量减少，只吃些新的青绿饲料。反刍不规则，呈现周期性前胃消化紊乱。

重度中毒：食欲废绝，瘤胃蠕动微弱无力，异嗜。便秘，粪干呈深黑色。拉稀，排出大量棕褐色、稀粥样粪便。全身无力，步态强拘，运步时后躯摇摆，跛行。拱背，尾椎变软，缩小。卧地不起，如发生于分娩牛，多出现产后瘫痪。

3. 病理剖检

皱胃出血，黏膜固有层有大量蛋白质样物质沉积。肝肿大，质脆，实质淀粉样变、脂变与萎缩。肺气肿。脾被膜增厚、水肿。肾脂肪呈胶冻状。

【预防措施】

严格控制淀粉渣喂量，淀粉渣应经去毒处理后再喂。日粮中补喂钙及胡萝卜素，加强饲料调制。

【治疗方案】

① 换料：对病牛立即停喂淀粉渣，并给予优质的青绿饲料、块根类及干草。增加进食量，促使自然康复。

② 纠正低钙血症：用3%～5%氯化钙或20%葡萄糖酸钙500毫升，一次静脉注射，每日1～2次。

③ 解毒、保肝，防止脱水：用25%葡萄糖注射液500毫升、5%葡萄糖生理盐水1500～2500毫升，静脉注射。

④ 维持心脏、神经及消化系统的功能：用维生素B_1 0.1～0.5克，一次皮下注射。

⑤ 防止继发感染和胃肠炎：四环素250万～300万单位，庆大霉素每千克体重5～15毫克，静脉或肌内注射；或者其他抗生素，如青链霉素、氨苄西林、庆大霉素、林可大观霉素、盐酸小檗碱、氟苯尼考、头孢噻呋、头孢喹肟、恩诺沙星等。

⑥ 中和瘤胃酸度，防止瘤胃pH下降：可用氢氧化钙、碳酸氢钠等灌服。

【说明】

本病无特效疗法，必须采用综合防治措施。

二十六、牛蛇毒中毒

【诊断要点】

我国毒蛇有40多种，毒蛇一年中4～10月间活动频繁，在此期间发生放牧牛被咬中毒的较多，尤其是6～9月间最多见。其余时间蛇通常处于冬眠状态，但是蛇在刚出洞和进入冬眠前这两个时间咬伤牛，中毒表现更严重。

牛被蛇咬后的中毒表现跟毒蛇种类、注毒量、个体差异等都有关系，根据临床表现可分为神经毒类中毒、血液循环毒类中毒、混合毒类中毒等。

神经毒类中毒：金环蛇、银环蛇、海蛇等蛇毒属于此类。被咬伤的牛局部反应不明显，主要是对神经损害，表现共济失调、四肢无力、麻痹、战栗、流涎、大便失禁、呼吸困难、瞳孔散大、对光反应消失、吞咽困难、血压下降、脉搏不整、抽搐、昏迷、呼吸麻痹而死。神经毒有一定潜伏期，容易被忽视，一旦发作就比较严重，很难控制。

血液循环毒类中毒：尖吻蝮、竹叶青蛇、蝰蛇等蛇毒属于此类。主要对循环系统造成损害，局部病变明显。局部表现肿胀、疼痛、发硬、灼热、持续蔓延、皮下出血，有的发生水疱、血疱、组织溃烂坏死，伤口不易愈合。全身表现为皮肤及黏膜出血、尿血、便血，严重的战栗、血压下降、脉细数、呼吸困难，潜伏期短、局部症状明显，容易早发现。

混合毒类中毒：蝮蛇、眼镜蛇、眼镜王蛇等蛇毒属于此类。此类蛇毒含神经毒和血液循环毒，临床上全身和局部症状都很明显，发病急剧，多死于呼吸麻痹和循环衰竭。

病理变化主要是以神经系统症状、出血、溶血为主的全身症状。

【治疗方案】

1. 局部治疗

目的是尽快排毒，阻止和减缓蛇毒的吸收，以减轻中毒的程度。

① 结扎：在肢体咬伤处的上端，用绳子或布带等进行结扎，松紧确保阻止淋巴和静脉的回流，以不妨碍动脉血流为宜。结扎 15～20 分钟放松 1～2 分钟，病牛注射抗蛇毒血清或应用有效蛇药 30 分钟，可去除结扎。

② 冲洗伤口：结扎后用清水、冷开水、食盐水、肥皂水、过氧化氢、0.02%高锰酸钾冲洗伤口。

③ 扩创排毒：冲洗后，用干净的小刀划破两个毒牙间的皮肤，使毒液外流，如果伤口内有毒牙应取出，同时可以用吸引器、拔火罐对准伤口吸取毒液。

④ 封闭疗法（早期封闭疗法对血液循环毒类毒蛇咬伤疗效好）：在 50～200 毫升 0.25%～0.5%普鲁卡因溶液中，加地塞米松 5 毫克或氢化可的松 50～100 毫克。在伤口周围和患肢肿胀部位上 4 厘米处做深部封闭注射。

血液循环毒类中毒局部肿胀迅速，易发生坏死，可用 10%～15%二乙胺四乙酸二钠 4 毫升，加到 0.25%的普鲁卡因溶液 80～100 毫升中，对伤口和瘀血斑做浸润封闭及肢体上方 1～2 厘米处封闭注射。

对血液循环毒类中毒的局部可用 5%依地酸钠 100～200 毫升冲洗伤口，以防止或减轻局部组织坏死，也可用中草药，如半边莲、鬼针草、鱼腥草、芙蓉花及叶捣烂，加盐少许捣烂外敷。

目前研发表明胰蛋白酶局部注射，有助于治疗各种蛇毒。

2. 全身疗法

(1) 上海蛇药

① 首次量小牛 10 片，大牛 30～40 片。以后改为 4 小时 5 片，3～5 天一个疗程。

② 注射剂 1 号液和 2 号液同时使用，1 号液第一天 4 小时一次，以后每天 3 次，每次 2～4 毫升；也可加在 500 毫升 10%葡萄糖溶液中输液。2 号液每 4～6 小时注射一次，也可加在 500 毫升 10%葡萄糖溶液中输液，每次 2～4 毫升，3～5 天一个疗程。

③ 也可以用 1 号液 2～6 毫升在肿胀上缘做环状封闭，或加在 0.25%普鲁卡因溶液中进行封闭注射。

(2) 其他蛇药 广东蛇药、南通蛇药、福建蛇伤解毒片、群生蛇药、云南蛇药等。

3. 特异抗毒素

① 蝮蛇抗毒素 10 毫升溶于 20 毫升生理盐水静脉注射，严重的可用到 10～20 毫升。

② 五步蛇抗毒素 20 毫升溶于 40 毫升生理盐水中静脉注射。

4. 中药疗法

七叶一枝花、半边莲、八角莲、杠板归、山梗菜、万年青、马兜铃、白花蛇舌草、水蜈蚣、两面针、苦参、鬼针草、鱼腥草、紫背天葵等对蛇伤有一定作用。

5. 对症治疗

① 强心肺：樟脑磺酸钠、尼可刹米等。

② 脱水补液：5%葡萄糖注射液等。

③ 便秘：石蜡油、植物油、肥皂水灌肠等。

④ 出血：地塞米松 5～10 毫克或氢化可的松 200～300 毫克、维生素 C1～2 克、10%葡萄糖 500～1000 毫升、止血敏等。

⑤ 防感染：青霉素、氨苄西林、头孢噻肟等。

⑥ 止痛封闭：普鲁卡因 0.5 克加入 500 毫升 5%葡萄糖静脉注射。

第十七章

犊牛常见病诊断要点与防治方案

一、新生犊牛窒息

【诊断要点】

新生犊牛窒息也称假死，是指新生犊牛呼吸停止，心脏跳动微弱或停止的状态，不及时救治常引起死亡。

轻度窒息：产出犊牛四肢无力，全身软弱，可视黏膜发绀，舌脱出口，无力回收，口腔鼻孔充满液体，张口呼吸，听诊心音较弱，肺部有湿啰音，喉头有呼呼喘鸣音。

重度窒息：犊牛出生几乎没有生命活动迹象，全身松软、不动、反射消失，黏膜淤血，无呼吸，听诊心音有微弱心跳。

【急救措施】

① 抬起后腿，口鼻向下，拍打胸部，另一方面排出呼吸道内的黏液，另一方面刺激诱发呼吸。迅速擦去口鼻中的黏液，可以借助犊牛专用吸痰器。用布片用力摩擦胸部皮肤或麦秸刺激鼻腔黏膜，诱导呼吸；或用氨水棉放在鼻孔上刺激鼻黏膜。

② 人工呼吸。

方法一：有节奏地按压胸腹部，使胸腔交替扩张和缩小，人为地吸进空气，呼出二氧化碳，诱发呼吸。

方法二：使窒息犊牛仰卧，术者握住两前肢的球节使两前肢张开并交叉，一助手以拇指放于最后肋骨下方，其余四指紧抱胸壁随同两前肢的开合使胸部张合，另一助手配合胸壁开张，牵引犊牛舌头，胸腔开张时将舌头拉出口外，缩小胸腔时经舌头送回。

方法三：用口或胶管经一侧鼻孔吹入空气，另一侧鼻孔用手捂上，吹入压力不可过大，以防稚嫩的肺泡受损，吹入气体后再用手压胸部将气排出，反复吹气压胸到自动呼吸为止。

注意：犊牛开始有呼吸动作时，也不能立即停止，应继续做人工呼吸到呼吸稳定为止。

【药物治疗】

① 皮下或肌内注射盐酸洛贝林 5～10 毫克，或 25%尼可刹米 1.5 毫升，或肾上腺素或樟脑磺酸钠。有条件的可以给犊牛吸氧。

② 窒息缓解后正常护理，吹干被毛，移入温暖的圈舍，休息后饲喂初乳；也可静脉注射 10%葡萄糖 300～500 毫升，加入 3%双氧水 30～40 毫升。防止继发感染可肌内注射青霉素或头孢喹肟或多西环素等。

【说明】

如果犊牛吸入羊水较多时，所有的人工呼吸都必须排出呼吸道中的黏液和羊水之后进行，否则效果很差。

二、新生犊牛孱弱

【诊断要点】

① 足月产出的犊牛软弱无力，产出后不能马上站立，或站立不久，走路不稳，吮乳无力或不吃乳，体型小，体重轻。呼吸和脉搏低于正常，体温也低于正常。

② 母牛妊娠期间核心营养不足；母牛早产或近亲繁殖；母牛多为初产牛，多伴胎衣滞留、母性不强、泌乳不足等。

③ 犊牛多数鼻镜有红斑、瞬膜有出血点、不会吮乳、四肢常见水肿、站立弓背、步样强拘。关节有热感性肿胀，关节液呈红褐色或暗红色。呼吸困难、用力呼吸。重者会发热，腹部触诊有痛感，有腹膜炎症状。

【预防措施】

① 加强母牛管理，做好疫苗、驱虫、核心营养的补充等，尤其是钙、磷、维生素 A、维生素 D、维生素 E、微量元素的补充。母牛要有适当的活动场地，有适当的运动量，有充足的日照时间等。

② 观察母牛临产状态，计算好预产期，保证正常分娩，减少因子宫扭转、胎位不正、生产无力等引发犊牛缺氧、吸羊水，助产过程中要科学合理，避免暴力助产。

③ 母牛产后做好乳房、后躯消毒。

【治疗方案】

① 犊牛出生后，及时烘干被毛，注意保温，尽可能在 1 小时内吃上初乳。

② 补充营养：10%葡萄糖酸钙 10 毫升；25%葡萄糖 200 毫升；10%葡萄糖 500 毫升；维生素 C4～8 毫升；1%三磷酸腺苷 4 毫升或布他磷；辅酶 A100 单位。

③ 改善心肺功能：丹参注射液；黄芪注射液；樟脑磺酸钠等。

发热的防感染：氨苄西林或头孢喹肟或青链霉素。

高免血清 200～500 毫升：有条件的可用 2～4 周以前产过孱弱犊牛的母牛血制备的血清，静脉输液。

母牛全血：可以采取母牛血 200～300 毫升，输液，采血抗凝选择柠檬酸钠，土办法抗凝临时可以用氯化钙，但氯化钙时效较短。

三、新生犊牛便秘

【诊断要点】

犊牛出生后数小时内排出胎粪，超过 24 小时不能排出胎粪的视为犊牛便秘，就需要适当的润肠通便治疗。胎粪是胎儿胃肠道分泌的黏液、脱落的上皮细胞、胆汁、吞食的羊水等经消化作用后残余的废物在肠道内形成的。多由犊牛先天孱弱、母牛初乳不足或品质差、犊牛肠道弛缓伴蠕动无力等因素导致。

犊牛便秘多表现 24 小时未排出胎粪，精神不振，吃乳量减少，肠音弱，拱背不安，摇尾努责，甚至踢腹；严重的卧地打滚，剧烈腹痛，继发肠胀气。

临床可以直肠探查或腹部触诊检查，食指涂石蜡油，缓缓深入肛门，尽量深探。如能摸到硬粪并有努责，多为直肠深部或结肠末端便秘；如摸不到硬粪，可把犊牛横卧保定，术者一手伸到腹下，一手于腹上，两手相对挤压，探索硬粪，发现硬块且压之即痛，便是便秘块。

【预防措施】

重视临产母牛的营养补充，保证光照和适宜的运动量。产后避免着凉，及时充足地吃上初乳，初乳具有缓泻作用。

【治疗方案】

(1) 灌肠方案

① 温肥皂水进行浅部灌肠，排出近端粪块，再继续深部插入橡胶管，可深入30～40厘米，粪便软化后自然排出，如未排出，2～3小时可再灌一次。也可灌开塞露20毫升或石蜡油200～300毫升或植物油300毫升。

② 灌服石蜡油100～250毫升或人工盐50～80克，同时服酚酞0.1～0.2克。

③ 必要时可以灌药或灌注后半小时，皮下注射新斯的明1～3毫升，一般不轻易用，如果胎粪太硬难以排出，注射新斯的明可能引发肠道破裂。

(2) 严重衰弱的犊牛要进行补液强心肺 10%葡萄糖注射液；林格氏液；樟脑磺酸钠或尼可刹米等；维生素C、维生素B_1；葡萄糖酸钙注射液。

(3) 防感染 庆大霉素或恩诺沙星，一日肌内注射2次。

(4) 中药方案 大黄20克、栀子20克、郁金20克、桃仁20克、枳实20克、厚朴15克、生地黄20克，水煎，口服两次。

【说明】

如果灌药、灌肠、营养支持无法排出，考虑手术处理。

四、犊牛脐炎

【诊断要点】

新生犊牛脐带正常情况，3～6天即可干燥、脱落，形成瘢痕。断脐之后消毒不好、粪尿污染、犊牛互吮等导致微生物感染而形成脐炎。

临床表现脐周围流液、化脓、肿胀，触诊有痛感，犊牛弓腰不愿走动，形成瘘孔，流出带有臭味的浓稠脓汁，严重的肿胀可波及周围腹部，脐带中央可摸到手指粗硬索状物。脐部化脓坏死时，形成坏死性脐炎，犊牛表现精神沉郁、食欲减退、体温升高，呼吸心跳加快等全身症状。

最严重的就是炎症转移，化脓菌和毒素沿静脉管深部转移，侵害内脏引发败血症，甚至由于脐带部位封闭创感染破伤风杆菌，病情进一步恶化。

【预防措施】

① 犊牛产后如无明显出血不要结扎脐带，自然牵断，可促进其迅速干燥、坏死、脱落。产后犊牛脐带要在5%碘酊中浸泡1～2分钟，进行充分消毒。

② 圈舍保持清洁、干燥，不要让脐带断端接触泥水、粪尿。夏季注意防苍蝇带菌污染。

【治疗方案】

1. 初期轻症（脐带周围肿胀发炎）

① 局部涂抹：剃毛，清洗之后，涂布5%碘酊或碘甘油或10%鱼石脂软膏。

② 局部封闭：脐孔周围皮下分4～5点注射青霉素、地塞米松、普鲁卡因。

2. 中后期重症（形成化脓积液脓包或瘘管）

① 切开脓包排脓，用3%双氧水或0.2%高锰酸钾或0.1%新洁尔灭等消毒液反复彻底清洗干净。放入青霉素粉或碘仿磺胺或高锰酸钾粉，为防止再次积脓可以做引流条。

② 如发现脐带过长要去除一部分，如发现有局部组织坏死或腐烂，要去除坏死组织。

③ 出现全身症状要考虑全身给药，肌内注射或输液。

抗菌：头孢喹肟或氨苄西林或磺胺间甲氧嘧啶或恩诺沙星等。

退热抗炎：氟尼辛葡甲胺、地塞米松。

补养补液：葡萄糖注射液、生理盐水、维生素C等。

五、犊牛脐出血

【诊断要点】

正常情况断脐后，脐动脉强力收缩自行封闭，犊牛脐动脉可缩至脐孔内膀胱尖两旁。脐静脉也因肺脏呼吸开始，右心室的血液通过肺动脉进入肺脏，脐静脉压下降而闭锁，因此正常断脐后不会出血。

脐断端出血多为静脉出血。

【预防措施】

提高母牛健康水平，母牛健康胎儿发育正常，一般会减少犊牛脐出血发生概率。增强母牛护理，正常产期正常顺产一般很少发生。

【治疗方案】

1. 结扎止血

① 脐带长的，紧贴脐孔用碘酊浸泡消毒的细绳线结扎就可以了。

② 脐带断端过短无法直接结扎的，可以采取缝合结扎脐孔。

③ 出血流速快的要立即缝合或结扎止血，防止因为失血过多引发休克而死。

2. 药物止血、防感染

① 止血：维生素 K_3 或止血敏。

② 抗菌：青霉素或头孢喹肟或恩诺沙星或林可霉素等。

③ 断端也可以配合云南白药涂布止血。

六、犊牛脐尿管瘘

【诊断要点】

脐尿管瘘就是新生犊牛从脐带断端或脐孔中流尿或滴尿。

妊娠时期，胎儿膀胱通过脐尿管、脐带与体外尿囊相通，犊牛生后如果脐尿管封闭不全或断端被犊牛舔舐或脐带发炎导致脐尿管收缩不全形成尿囊，脐孔中心会出现一小孔，尿液从瘘孔中流出。

【预防措施】

① 提高母牛健康水平，母牛健康胎儿发育正常，一般会减少犊牛脐尿管瘘发生概率。

② 增强母牛护理，正常产期正常顺产一般很少发生。

【治疗方案】

1. 结扎法

① 脐带残端尚有，可紧靠脐孔结扎，然后涂碘酊、紫药水、高锰酸钾水溶液等消毒。

② 脐带残端已脱落，将脐孔周围充分消毒，然后用荷包缝合或集束缝合结扎脐尿管，用弯针较深地刺入腹壁，但不穿透腹壁，以免伤及腹膜和腹腔器官，缝合时助手最好用止血钳将脐孔夹住提起更便于术者缝合结扎。术后局部用碘酊或碘伏或紫药水或双氧水或高锰酸钾水溶液消毒，加强护理保持病灶干燥、避免雨淋或粪尿污染。

2. 抗感染疗法（若引发全身症状或防止感染需抗菌治疗）

常用药物：青霉素或林可霉素或头孢噻肟或磺胺间甲氧嘧啶或土霉素或氨苄西林等。

七、新生犊牛血凝异常出血性疾病

【诊断要点】

本病成因没有明确。患病犊牛的血浆凝固因子，特别是纤维蛋白原、凝血酶原、凝血因子 V 含量特别低，这些凝血因子在肝脏形成不全是主要原因。

临床表现可视黏膜贫血，有点状或斑状出血，精神沉郁，心动过速，有时会便血或尿血，不久因贫血而死。剖检多见黏膜下、皮下、肌肉、胸腔明显出血。

【预防措施】

加强母牛管理，特别是保证母牛营养全面。保证母牛肝功能正常，尤其是要保证饲料品质，禁止饲喂霉变饲料，有条件的可以添加脱霉剂。

【西药方案】

① 输血疗法：采集母牛血 250～300 毫升，一次输血，必要时间隔 24 小时再输一次。

② 止血：维生素 K_3 每千克体重 0.5 毫克，每天一次；或止血敏一次量 0.25～0.5 克，每天一次。

③ 保肝：葡萄糖注射液、维生素 C、维生素 B_1 等。

④ 灌肠：严重的便血可以考虑 0.05％高锰酸钾水溶液 2000～3000 毫升灌肠，注意水温与体温一致，每日两次。

⑤ 抗菌：恩诺沙星、庆大霉素、氨苄西林等肌内注射；口服磺胺

脒或复方磺胺甲噁唑等。

⑥ 怀疑与球虫混感：可以配合地克珠利口服或注射磺胺间甲氧嘧啶。

⑦ 修复肠黏膜：口服鱼肝油。

【中药方案】

处方一：白头翁 30 克、地榆炭 30 克、焦山楂 30 克、黄柏炒炭 25 克、生地黄 20 克、泽泻 20 克、秦皮 24 克、黄连 15 克、甘草 15 克，水煎一次灌服。适用于湿热便血。

处方二：黄连 12 克、黄芩 15 克、黄柏 15 克、荆芥炭 15 克、栀子炭 15 克、生地黄炭 15 克、蒲黄炭 15 克、炒槐米 15 克、郁金 15 克、苦参 15 克、地榆炭 30 克、白头翁 30 克、滑石 30 克、焦山楂 60 克、秦皮 20 克、白芍 20 克、甘草 15 克，煎汤一次灌服，适用于实热血痢。

处方三：知母 30 克、黄柏 25 克、栀子 25 克、地榆 25 克、槐花 20 克、蒲黄 25 克、侧柏叶 20 克、棕榈 25 克、杜仲 25 克、血余炭 15 克，煎汤一次灌服。

【说明】

要与球虫病做好鉴别。

八、犊牛先天性外表畸形病

【诊断要点】

畸形一般分为非致死性畸形和致死性畸形，后者基本不做治疗，因为治或不治基本都是致死率很高。

1. 常见致死性畸形

① 软骨形成不全：四肢短小、头部缩短、多为流产或产后即死。

② 全身性强直：关节两端骨头结合不正常，造成关节强直弯曲，多出生后短时间内死亡，可能与草料含硒超标或锰缺乏有关。

③ 脑积水：也叫脑水肿，表现脑室内潴留大量液体，大脑实质萎缩，颅面不对称，肌肉震颤，目盲，多为死胎或产后即死，遗传因素居多，另外赤羽病、黏膜病、蓝舌病也可导致。

④ 胎儿木乃伊化或干性坏死：多是遗传因素、病毒病、脐带捻转、

中毒等因素导致。

⑤ 先天性无毛。

⑥ 小脑发育不全，生后不能站立，运动失调。

⑦ 妊娠延长，发育迟缓。

⑧ 反射性裂体：就是身体发育异常不完整，内脏或其他器官露在体外等现象。

2. 非致死性畸形

① 锁肛：就是先天性无肛门，可以手术处置，一般预后良好。

② 先天无尾：尾巴生下来就没有发育。

③ 其他畸形：骨骼异常、缺耳、独眼等。

【预防措施】

重视母牛营养，减少应激，规范用药，做好疾病防控。不喂霉变饲料，减少环境污染等。

【治疗方案】

致死性畸形直接淘汰；非致死性畸形不影响生理活动的无须治疗，锁肛可以手术矫正。

九、犊牛变形红细胞增加症

【诊断要点】

病因与胎儿红细胞造血异常有关。

临床表现犊牛出生就呼吸急促，呼吸频率达 70～150 次 1 分，精神不振，哺乳力弱，体温正常，瞳孔反光迟钝，症状恶化多衰弱致死，不死的发育不良或停滞。

常与异物性肺炎相混淆，异物性肺炎多表现体温高、呼吸啰音。

【预防措施】

① 重视母牛营养，减少应激，规范用药，做好常规疾病防控。

② 不喂霉变饲料，减少环境化学污染，合理运动等。

【治疗方案】

(1) 输血疗法 犊牛输母牛全血 1000 毫升，可反复输血。

(2) 吸氧疗法 有条件的可以给犊牛间断性吸氧，有助于康复。

(3) 药物疗法

① 改善心肺功能：樟脑磺酸钠或尼可刹米，丹参注射液，黄芪注射液。

② 平喘：氨茶碱、麻黄碱等。

③ 营养支持：葡萄糖酸钙、能量合剂、维生素 C、维生素 B_1、维生素 B_{12}、右旋糖酐铁等。

十、犊牛细菌性腹泻

犊牛一月龄以内的细菌性腹泻主要是大肠埃希菌和沙门菌。

【大肠埃希菌型腹泻】

大肠埃希菌型腹泻多发于 10 日龄以内的犊牛，临床可分急性、亚急性、慢性三种。

① 急性型：多见于出生数小时的犊牛，精神委顿，食欲减退或废绝，体温 40～41℃，突然排出淡黄色或白色、水样、恶臭稀便，四肢无力、衰竭、卧地不起，常 24 小时死亡。

② 亚急性型：出生后精神食欲不佳，次日排浅黄色粥样或灰白水样稀粪，常混有凝乳块、气泡、血丝，腹痛踢腹，呼吸心跳加快，初期体温高，濒死期体温低。后期大便失禁、无力、卧地不起、昏迷虚脱而死。

③ 慢性型：常由亚急性转变而来，持续腹泻不止，逐渐消瘦，呻吟，眼球凹陷，四肢冰凉，皮肤弹性下降。

按病理变化分败血型、肠毒血型、肠炎型。

① 败血型：发热腹痛，几小时死亡

② 肠毒血型：少见，突然死亡。

③ 肠炎型：体温 40℃，喜卧不食，粪便黄色粥样，后呈灰白水样，混有乳凝块、血丝、泡沫，有酸败味，腹痛失禁。

剖检多表现为消瘦、黏膜苍白、眼球凹陷、胃肠黏膜充血出血，重者黏膜脱落；肠系膜淋巴结肿大；心内膜出血；肝肾苍白，包膜下有出血点；慢性有关节炎、肺炎；皱胃有乳凝块；肠空虚有气，有黏液甚至带血的黏性分泌物。

【沙门菌型腹泻】

最早1～2日龄可发病，表现卧地不起，不吃乳，迅速衰竭，3～4天死亡。多数发生于出生后10～30天，体温40～41℃，呼吸心跳加快，病后1～2日排灰黄色稀便，混有黏液和血丝，少数表现支气管炎、肺炎，发病后5～7天死亡，死亡率50%，久病者可能出现腕和跗关节肿大。

急性病例表现出血性胃肠炎。心壁、腹膜、胃、小肠、膀胱黏膜有点状出血水肿；肠系膜淋巴结肿大、出血充血，为正常的1～2倍，呈樱桃红或暗红色；肠与真胃黏膜发炎，回肠可见纤维素性伪膜；肝脾可见粟粒大、灰黄色小坏死灶；小肠黏膜出血充血，覆有纤维素蛋白膜，肠集合淋巴滤泡肿大、隆起，呈灰白色，严重时甚至出现坏死。

慢性病例表现肝、肾、肺等脏器炎性变化，久病者肺胸粘连，纤维素性心包炎。

【预防措施】

① 牛场定期消毒，提高母牛营养健康状态。改善棚舍环境，减少各种应激，尤其避免受寒着凉。

② 犊牛生下之后要及时吃足初乳，可以口服土霉素或恩诺沙星或盐酸小檗碱或磺胺脒片等预防。犊牛产后注意补钙、补鱼肝油、补铁等提高抗病力。

【西药方案】

(1) 抗菌

① 清肠疗法：4克高锰酸钾，配成0.1%～0.5%高锰酸钾水溶液，一日灌服2～3次。

② 口服疗法：呋喃西林每次0.1～0.2克或磺胺脒片10～20片或盐酸小檗碱或氟哌酸或新霉素或痢特灵或链霉素等。

③ 肌内注射疗法：痢菌净或恩诺沙星或盐酸小檗碱或庆大霉素或氨苄西林或头孢噻呋或氟苯尼考等。

④ 静脉输液：氨苄西林、庆大霉素、甲硝唑；或头孢噻呋、恩诺

沙星。

(2) 改善消化功能 酵母片、大黄苏打片、乳酶生、胃蛋白酶、乳酸菌素片等。

(3) 毒素吸附 活性炭、白陶土、次碳酸铋、蒙脱石、鞣酸蛋白等。

(4) 抗炎 地塞米松、氢化可的松等。

(5) 补充维生素 鱼肝油、维生素C、维生素B等。

(6) 补液防脱水

① 补液量计算如下。

轻度脱水：失水占体重5%以内，补液量为每千克体重30～50毫升。

中度脱水：失水占体重5%～10%之间，补液量为每千克体重50～100毫升。

重度脱水：失水占体重10%以上，补液量为每千克体重100～120毫升。

安全起见，补液先按总补液量的1/2进行补液，根据情况再做出具体调整。

② 补液常用液体如下。

5%或10%葡萄糖注射液，起到补水和补能量作用。

0.9%生理盐水或复方氯化钠注射液，主要是补钠和补水。

1.4%碳酸氢钠和5%碳酸氢钠，纠正酸中毒。

氯化钾，主要是补钾，需稀释成0.15%～0.3%溶液缓慢输液。

(7) 强心 樟脑磺酸钠、丹参注射液等。

【中药方案】

处方一：葛根15克、黄芩15克、黄连15克、白头翁15克、马齿苋15克、秦皮6克、甘草6克、木香5克、白芍6克。适用于湿热肠炎。

处方二：党参8克、白术10克、茯苓6克、鸡内金6克、黄芩6克、甘草5克。适用于脾虚泄泻。

处方三：山楂6克、神曲6克、半夏6克、茯苓10克、陈皮10

克、连翘10克、莱菔子6克、白术6克、藿香6克、滑石10克、车前子10克。适用于伤食泄泻。

处方四：黄芩20克、黄连20克、黄柏20克、穿心莲5克、炒槐米30克、焦山楂60克、地榆炭30克、白芍20克、陈皮25克。适用于湿热肠炎。

处方五：炮附子15克、党参15克、炒白术15克、干姜15克、甘草15克。适用于久泻不止，清稀如注的寒湿泄泻。

十一、犊牛隐孢子虫病

【诊断要点】

经消化道感染，病畜和带虫者是传染源，犊牛采食虫卵污染的食物，在抵抗力下降时发病。隐孢子虫破坏肠黏膜的保护力，容易诱发病毒、细菌合并感染。

4～21日龄的犊牛容易患病，潜伏期2～5天，卵囊进入消化道内2～3天出现症状。临床主要症状是腹泻和组织脱水，病理表现肠黏膜发炎，肠内容物有纤维素蛋白凝块和黏液块，肠绒毛萎缩坏死，病变处有寄生原虫。

【预防措施】

① 消灭环境中卵囊，搞好环境卫生，定期消毒，保护肠道黏膜，保持圈舍干燥通风。

② 发现病犊隔离治疗，并对污染物彻底清扫消毒。

【西药方案】

① 驱虫：地克珠利；妥曲珠利；磺胺二甲氧嘧啶；磺胺氯吡嗪钠；磺胺喹噁啉钠。

② 止血：止血敏或维生素K等。

③ 抗菌：盐酸小檗碱、恩诺沙星、土霉素、新霉素、链霉素、庆大霉素、多黏菌素E等。

④ 修复肠黏膜、改善肠道：鱼肝油、维生素C等。

【中药方案】

处方一：苦参40克、仙鹤草30克、钩藤30克。

处方二：青蒿60克、仙鹤草10克、何首乌10克、白头翁6克、肉桂 6 克。

处方三：青蒿 30 克、常山 30 克、白头翁 20 克、黄芪 20 克。

十二、犊牛消化不良腹泻

【诊断要点】

消化不良腹泻是非感染性腹泻，比如人工哺乳的乳的质量、温度、喂给量的变化，犊牛胃肠功能先天虚弱，受环境各种应激导致胃肠功能紊乱等。

消化不良腹泻具有明显的个体发病特点，不会传染，不具有群发特点，但如果治疗不及时也会脱水、自体中毒，甚至诱发病原菌感染等加重病情或导致死亡。消化不良腹泻通常是感染性腹泻的诱因和前奏。

犊牛临床表现精神不振、喜卧、食欲减退或废绝，体温一般正常，初期排黄色粥样稀便，之后排黄色水样稀便或暗绿色粥样糊样稀便。粪便酸臭，有不消化乳凝块或饲料，有气泡。肠音高，有金属音、呼噜气泡音、流水音等。腹痛或腹胀，严重的打滚哞叫，呼吸心跳加快。持续腹泻会脱水，皮肤弹性下降、发干，被毛粗乱无光，眼球凹陷。

严重的会发生自体中毒，犊牛表现神经后仰，粪稀薄如水，排粪频繁，甚至失禁，粪中有黏液和血丝，心音混浊，呼吸心跳明显加快。

病理剖检表现消瘦，皮肤干燥，尾和肛门污染，胃肠卡他、黏膜潮红，脾肿大、附有黏液，中毒性消化不良时浆膜有出血点，肝肿大、质脆，心肌柔软、心内外膜出血，肠系膜淋巴结肿大。

【预防措施】

① 加强圈舍环境卫生，做好消毒工作，增强母牛和犊牛体质。

② 犊牛出生后尽早吃上充足的初乳，同时口服土霉素或磺胺脒预防肠炎。

【西药方案】

(1) 饥饿疗法 犊牛禁食 12～24 小时，不给犊牛喂乳或饲料。只给加温至 40℃的水，如氯化钠 5 克、33%盐酸 1 毫升、温水 1000 毫升混合液，或 0.9%生理盐水 1000 毫升、5 毫升醋混合液，或氯化钠 3.5 克、氯化钾 1.5 克、碳酸氢钠 2.5 克、葡萄糖 20 克、温水 1000 毫升配制的补液盐溶液。

（2）缓泻疗法

① 清除肠内酸度大、异常的分解产物，减轻对胃肠的刺激，减轻自体中毒的程度。

② 常选用人工盐或石蜡油等，缓泻后要注意补液。

（3）改善胃肠功能、助消化 胃蛋白酶、多酶片、酵母片、大黄苏打片、健胃消食片等。

（4）涩肠止泻 久泻不止，腹泻中后期使用明矾、鞣酸蛋白、矽炭银、蒙脱石散、活性炭、白陶土、次碳酸铋等。

（5）脱水输液 10％葡萄糖注射液 250 毫升，0.9％生理盐水 500 毫升，5％碳酸氢钠 50～80 毫升。具体用量根据脱水程度和体重计算。

（6）补充维生素、强心 维生素 C、维生素 B_1 等，樟脑磺酸钠。

（7）消胀 对发酵型消化不良引发的臌气胀肚适用。口服消气灵（二甲基硅油等），或 0.1％高锰酸钾 100～200 毫升早晚各一次灌服，或 2％鱼石脂 200～300 毫升。

【中药方案】

处方一：猪苓 35 克、茯苓 35 克、泽泻 16 克、炒白术 35 克、桂枝 25 克。适用于寒泻。

处方二：桂心 16 克、青皮 16 克、白术 18 克、厚朴 18 克、益智仁 13 克、干姜 13 克、当归 16 克、陈皮 18 克、砂仁 13 克、炙甘草 10 克、五味子 10 克、肉豆蔻 16 克。适用于寒泻。

处方三：郁金 32 克、诃子 25 克、黄芩 13 克、大黄 45 克、黄连 16 克、栀子 16 克、白芍 16 克，适用于病初湿热证。

处方四：黄芪 65 克、党参 65 克、当归 33 克、陈皮 25 克、白术 33 克、升麻 22 克、柴胡 22 克、炙甘草 16 克。适用于脾虚泄泻。

处方五：大曲 65 克、麦芽 33 克、山楂 33 克、厚朴 25 克、枳壳 25 克、陈皮 25 克、青皮 25 克、苍术 25 克、甘草 16 克，适用于伤食泄泻。

处方六：山楂 65 克、大曲 33 克、半夏 33 克、茯苓 33 克、陈皮 25 克、连翘 25 克、莱菔子 25 克，适用于伤食泄泻。

十三、犊牛白肌病

【诊断要点】

犊牛白肌病是幼犊的一种以骨骼肌、心肌纤维及肝组织等发生变性、坏死为特征的疾病。病变部位肌肉色淡，甚至苍白，故称白肌病。主要是机体硒营养缺乏导致。

临床表现运动功能障碍，站立不稳、步态拘谨、肌肉震颤、心力衰竭等。有的发现结膜炎、角膜混浊、角膜软化，有的出现消化功能紊乱，排尿次数增多等。

【预防措施】

① 饲喂母牛营养要全价，适当添加钙磷十八补等添加剂或亚硒酸钠维生素 E 预混剂。

② 高发区域，犊牛产后 3 日龄可肌内注射亚硒酸钠维生素 E。

【治疗方案】

肌内注射 0.1%亚硒酸钠。口服或肌注维生素 E 300～500 毫克。

十四、犊牛高钾血症

【诊断要点】

多发生于一周龄左右的犊牛，因发生急性腹泻，卧地不起，脱水，心动徐缓，心律不齐。一般与代谢性酸中毒同时发生。

【治疗方案】

① **补液：** 葡萄糖酸钙，5%碳酸氢钠，葡萄糖注射液、胰岛素等。

② **利尿：** 呋塞米等。

十五、犊牛尿石症

【诊断要点】

犊牛尿石症是尿道炎、尿道结石、尿道阻塞所致的少尿或无尿等泌尿系统疾病。

发病原因：饲料中维生素 A 长期缺乏；大量长期饲喂土豆、甜菜等块根饲料和含硅酸盐较高的酒糟；长期饮水不足，尿液浓缩及尿液长期呈碱性时会使矿物质沉积；肾及尿路感染时，尿中的细菌和炎性产物、脱落的上皮都可称为盐类晶体沉积的核心；长期不规范用药，损伤肾功能，代谢异常。

临床表现：排尿障碍、肾性腹痛、血尿。结石于肾区，表现肾区疼痛、步态拘谨、有血尿；结石于输尿管，剧烈疼痛不安，双侧阻塞则尿闭，单侧阻塞尚可排尿；结石于膀胱和尿道，排尿明显疼痛和排尿障碍，频频做排尿动作，但尿量少或无尿。公牛尿道结石，不完全阻塞时，尿液滴状断续流出；尿道阻塞时，直肠检查发现膀胱胀满，按压又无尿排出，如尿闭引起的努责、腹痛、不安突然消失，病牛安静，说明膀胱破裂，尿液进入腹腔，继发腹膜炎。

【预防措施】

① 按营养标准饲喂犊牛和成年牛，注意钙磷量和钙磷比例。犊牛饲料里适当提高维生素 A 饲喂量，可以添加鱼肝油补充。日常充足饮水，保持水清洁、新鲜。

② 科学规范使用兽药，避免对肝、肾造成损伤。对泌尿系统的疾病，要早发现早治疗。

【西药方案】

① 利尿：呋塞米。

② 尿路感染控制：乌洛托品、三金片、青霉素、头孢喹肟、呋喃妥因等。

③ 镇痛：安痛定。

④ 松弛平滑肌：阿托品。

⑤ 对因化解：草酸盐尿结石可用硫酸镁缓解，磷酸盐尿结石可以用稀盐酸缓解。

⑥ 膀胱穿刺：严重的尿闭为防止膀胱破裂，可进行膀胱穿刺。

十六、犊牛水中毒

【诊断要点】

犊牛水中毒又叫犊牛血红蛋白尿，犊牛在缺水的状态下，突然饮入大量的水，会发生水中毒，主要表现就是尿血。该病主要发生在农村拴养和圈养的犊牛，平时只靠吃奶补充水分，犊牛长期缺水，遇到水大量饮用，尤其是饮入大量的冷水，很快出现尿血。另外就是容易发生在刚断乳的犊牛，大量饮入冷水而发病。

犊牛由于食管沟的作用，饮入的水，很快直接进入小肠，迅速吸收入血，导致血浆渗透压突然改变，红细胞破裂，发生血红蛋白尿，犊牛大量饮水一般 15 分钟就可以发生血红蛋白尿。

病犊轻症临床表现精神欠佳、腹痛、站卧姿势正常、反刍正常、瘤胃蠕动 2 分钟 2～5 次、粪便粥样、体温呼吸正常；重症拒食、喘息、战栗，很快出现血色尿，颜色深浅不一，粉红、红色、褐色等。

【预防措施】

① 及时补水：犊牛生后 15～30 天，每次喂奶后，要适当给予温开水，满月后可以自由饮水。基本原则就是少量少次到少量多次，逐步过渡到自由饮水。

② 诱导饮水：开始犊牛饮水可在水里加少量的食盐或小苏打，有利于饮水和平衡渗透压。

【治疗方案】

(1) 轻症 犊牛突然饮水量不大，控制饮水，不需要过多治疗。

(2) 重症 呼吸困难、不食、体温低至 36.5～37.5℃，出血、尿血。

① 止血：止血敏或维生素 K_3。

② 补电解质：少量慢速输入 10%氯化钠，同时补充营养维生素 B_{12}、维生素 C、葡萄糖酸钙等。

③ 强心、利尿：樟脑磺酸钠、呋塞米等。

④ 输血：可以输入 200～300 毫升母牛血。

【说明】

特别严重的可能系统治疗也无法有效控制。要积极治疗，但也要有心理准备。

十七、犊牛红尿症

【诊断要点】

犊牛红尿症泛指尿液变红，主要包括血尿、血红蛋白尿、肌红蛋白尿、药物性红尿等。

① 血尿：尿液中含有大量红细胞。血尿按来源可分肾性血尿和肾后血尿，血尿按性质分出血素质病血尿、中毒性血尿、炎症性血尿、结石性血尿、外伤性血尿、寄生虫性血尿等。

② 血红蛋白尿：尿液中含有大量非结合性血红蛋白。

传染性：流行性、有传染性、体温高，如发生钩端螺旋体病、梭菌感染、病毒病、血液原虫感染等。

重度免疫性：不传染、体温不高，如输血血型不配溶血、新生犊牛乳源性血红蛋白尿等。

理化性：如蛇毒中毒、野洋葱中毒、栎树嫩芽中毒、铜铅中毒、美蓝中毒、水中毒等。

③ 肌红蛋白尿：肌红蛋白流入血液，代谢过程中随尿排出。硒和维生素 E 缺乏可导致，外伤引发肌炎或麻痹性肌红蛋白尿。

④ 药物性红尿：主要和药物颜色有关系，如利福平等。

【预防措施】

① 加强营养，提高动物免疫力，减少应激。科学喂养，避免摄入易中毒的有害物质。

② 控制好感染性疾病，减轻尿路感染程度。

【西药方案】

① 消除诱因，治疗原发病。

② 止血：安络血或止血敏或维生素 K_3；仙鹤草素；肾上腺素；氯化钙配葡萄糖；维生素 C。

③ 防感染：头孢喹肟、恩诺沙星、氨苄西林、乌洛托品、呋喃妥因等。

④ 利尿：呋塞米。

⑤ 尿毒症调理：5％碳酸氢钠、5％葡萄糖注射液。

⑥ 补铁补血：右旋糖酐铁、维生素 B_{12} 等。

⑦ 强心补能量：樟脑磺酸钠、三磷酸腺苷、葡萄糖。

⑧ 补钾补磷：口服磷酸二氢钾 5～6 克。

【中药方案】

处方一：秦艽 150 克、瞿麦 150 克、车前子 150 克、蒲黄炭 100 克、栀子 100 克、地榆 100 克、血余炭 100 克、三七 80 克、竹叶 80 克、泽泻 80 克、甘草 50 克，犊牛一次 80～200 克。

处方二：知母 30 克、黄柏 25 克、栀子 25 克、地榆 25 克、槐花 20 克、蒲黄 25 克、侧柏叶 20 克、棕榈 25 克、杜仲 25 克、血余炭 15 克。犊牛一次 80～120 克。

十八、犊牛异食癖

【诊断要点】

犊牛异食癖多是由于饥饿、寄生虫消耗、饲料缺乏矿物质和维生素等。

多表现食毛症、啃土、喝尿、喝脏水、舔墙、吃异物等。多数犊牛会表现皮瘦毛焦、食欲不良、厌食、腹泻，甚至反复胀肚等消化问题。

【预防措施】

充足营养，定期驱虫；注意环境卫生，清除杂物。

【治疗方案】

① 驱虫：体内外驱虫，可以用多拉菌素、伊维菌素、阿维菌素、吡喹酮、阿苯达唑等。

② 改善胃肠功能：益生菌、大黄苏打片、健胃消食片等。

③ 补充营养：鱼肝油、钙磷、微量元素等。

【说明】

以上方案没有改善，持续厌食，消化不良，肚胀等，要看是否存在异物引发消化问题，如毛球、绳头、塑料袋等，可以考虑瘤胃探查术。

十九、犊牛佝偻病

【诊断要点】

犊牛佝偻病多是由于犊牛缺乏维生素 D、钙磷不足或代谢紊乱、微量元素缺乏等引发的骨营养不良性疾病。

具体缺乏原因如下。

① 钙磷不足或比例失当：饲料钙磷不足、钙磷比例失当、犊牛消化吸收障碍、消耗性疾病存在等，另外微量元素不足也会影响骨成型发育。

② 维生素 D 供给不足：维生素 D 促进钙磷吸收利用。

③ 条件性致病：缺乏运动、光照不足、氧代谢紊乱、水盐代谢紊乱、脂肪代谢异常等均可引发佝偻病，另外还有品种和遗传因素。

临床表现早期食欲减退，消化不良，精神不佳，异食癖，不愿走动，发育迟缓，消瘦，下颌骨增厚变软，肋骨与肋软骨处肥厚，尾椎变软，出牙延迟，齿形不规则，齿质钙化不足，低头拱背。前肢腕关节屈曲，向前外侧突出；后肢跗关节内收，呈八字叉开站立；四肢颤抖、交叉站立。运动步态僵硬，关节肿大，严重卧地不起。

【预防措施】

犊牛圈舍要宽敞、通风好、阳光足；营养要全面，尤其是钙、磷、微量元素、维生素等。

【治疗方案】

① 口服鱼肝油，或肌内注射维生素 A、维生素 D、维生素 E，或维丁胶性钙。

② 口服钙片或骨粉或鱼粉或磷酸氢钙，或在饲料中添加钙磷制剂和微量元素。

③ 补钙磷也可以通过输液，葡萄糖酸钙、氯化钙、磷酸二氢钠等。

第十八章

兽医临床诊疗用药技巧

一、牛临床用药配伍禁忌

兽药配伍禁忌三大方面见表 18-1。

表 18-1　兽药配伍禁忌分类

分类	具体说明	注意事项
物理性配伍禁忌	某些药物相互混合在一起时，由于物理性质的改变而产生沉淀析出、分离、液化、潮解、吸附等变化 本质是药物化学结构未变，但存在状态发生改变 举例：活性炭与抗生素混用，活性炭吸附抗生素后，使抗生素由可吸收利用状态变成不可吸收利用状态	属于体外配伍禁忌范畴，分开或错开使用就可以解决，联合用药不等于要混合用药
化学性配伍禁忌	某些药物混合在一起时，能发生中和、分解、沉淀、生成毒物等化学变化 本质是药物化学结构发生彻底改变 举例：稀盐酸与碳酸氢钠混用，生成氯化钠、水、二氧化碳，原来的药物已经不存在了，变成新的物质	属于体外配伍禁忌的范畴，分开或错开使用就可以解决，联合用药不等于要混合用药
机制性配伍禁忌	某些药物同时给药时，由于各自作用机制而引发的拮抗或竞争 本质是药物本身不存在物理或化学的配伍禁忌，只是用在机体上的作用机制和作用效应的冲突 举例：新斯的明与阿托品，前者兴奋平滑肌，后者抑制平滑肌，显然效应结果发生冲突；广谱抗生素与益生菌，前者杀菌或抑菌，后者优化胃肠菌群，同时使用显然不合理	属于体内作用机制和效应配伍禁忌范畴，不能同时使用，或错开时间使用

传统兽药配伍禁忌参考见表 18-2。

表 18-2　传统兽药配伍禁忌参考

类别	药物	禁忌配伍的药物	配伍变化
抗生素	青霉素	酸性药物，如盐酸氯丙嗪、四环素类抗生素注射液等	沉淀、分解失效
		碱性药物，如磺胺类药、碳酸氢钠注射液等	沉淀、分解失效
		高浓度乙醇、重金属盐等	破坏失效
		氧化剂，如高锰酸钾等	破坏失效

续表

类别	药物	禁忌配伍的药物	配伍变化
抗生素	青霉素	快效抑菌剂，如四环素、甲砜霉素等	疗效降低
	红霉素	碱性药物，如磺胺类药、碳酸氢钠注射液等	沉淀、析出游离碱
		氯化钠、氯化钙	浑浊、沉淀
		林可霉素	机制拮抗作用
	链霉素	较强的酸和碱	破坏失效
		氧化剂、还原剂	破坏失效
		利尿酸	肾毒性增强
		多黏菌素 E	骨骼肌松弛
	多黏菌素 E	骨骼肌松弛药	毒性增大
		先锋霉素Ⅰ	毒性增大
		链霉素	骨骼肌松弛
	四环素类药	碱性溶液，如碳酸氢钠溶液	分解失效
		生物碱沉淀剂	沉淀失效
		阳离子(一价、二价、三价等离子)	形成络合物不溶且难吸收
	氯霉素	铁制剂、叶酸、维生素 B_{12}	抑制红细胞生成
		青霉素类抗生素	疗效降低
	先锋霉素Ⅱ	强效利尿剂	肾毒性增强
	磺胺类药	酸性药物	结晶析出
		普鲁卡因	疗效降低或无效
		氯化铵	肾毒性增大
	喹诺酮类药	酰胺醇类、呋喃类药物	疗效降低
		金属阳离子	形成不溶性难吸收的络合物
		强酸或强碱溶液	析出沉淀
消毒防腐药	漂白粉	酸类	分解释放出氯
	乙醇	氯化剂、无机盐等	氧化、沉淀
	硼酸	碱性物质	生成硼酸盐
		鞣酸	疗效降低
	碘及其制剂	氨水、铵盐类	生成爆炸性碘化氮
		重金属盐	沉淀
		生物碱类药物	析出生物碱沉淀
		淀粉	呈蓝色
		甲紫	疗效降低
		挥发油	分解、失效
	阳离子表面活性剂	阴离子，如肥皂类、合成洗涤剂等	作用相互拮抗
		高锰酸钾、碘化物	沉淀

续表

类别	药物	禁忌配伍的药物	配伍变化
消毒防腐药	高锰酸钾	氨及其制剂	沉淀
		乙醇	失效
		鞣酸、药用炭、甘油	研磨可能会爆炸
	过氧化氢溶液	碘及其制剂	分解失效
		碱类	
		药用炭	
		高锰酸钾	
	氨溶液	酸及酸性盐	中和失效
		碘溶液，如碘酊	生成爆炸性碘化氮
	过氧乙酸	碱类，如氢氧化钠、氨溶液	中和失效
抗蠕虫药	左旋咪唑	碱类药物	分解失效
	敌百虫	碱类，新斯的明、肌松药	毒性增强
	硫双二氯酚	乙醇、稀碱液、四氯化碳	
抗球虫药	氨丙啉	维生素 B_1	疗效降低
	二甲硫胺	维生素 B_1	
	莫能菌素	泰妙菌素、竹桃霉素	抑制动物生长，甚至中毒死亡
中枢兴奋药	咖啡因	盐酸四环素、盐酸土霉素、鞣酸、碘化物	析出沉淀
	尼可刹米	碱类	水解、浑浊
	山梗菜碱	碱类	沉淀
镇静药	氯丙嗪	碳酸氢钠、巴比妥类钠盐	析出沉淀
		氧化剂	变红色
	溴化钠	酸类、氧化剂	游离出溴
		生物碱类	析出沉淀
	巴比妥钠	酸类	析出沉淀
		氯化铵	析出氨、游离出巴比妥酸
镇痛药	吗啡	碱类	析出沉淀
		巴比妥类	毒性增强
	哌替啶	碱类	析出沉淀
解热镇痛药	阿司匹林	碱类药物，如碳酸氢钠、氨茶碱、碳酸钠等	分解失效
	水杨酸钠	铁等金属离子制剂	氧化、变色
	安乃近	氯丙嗪	动物体温剧降
	氨基比林	氧化剂	氧化失效
麻醉药与化学保定药	水合氯醛	碱性溶液	分解失效
	戊巴比妥钠	酸性药液	沉淀
	苯巴比妥钠	酸性药液	
	普鲁卡因	磺胺药	疗效降低或失效
		氧化剂	氧化失效

续表

类别	药物	禁忌配伍的药物	配伍变化
麻醉药与化学保定药	琥珀胆碱	水合氯醛、氯丙嗪、普鲁卡因、氨基糖苷类抗生素	肌松过度
	盐酸二甲苯胺噻唑	碱性药液	沉淀
植物神经类药物	硝酸毛果芸香碱	碱性物质、鞣质、碘、阳离子表面活性剂	沉淀或分解失效
	硫酸阿托品	碱性药物、鞣质、碘、碘化物、硼砂	分解或沉淀
	肾上腺素、去甲肾上腺素	碱类、氧化物、碘酊	易氧化变棕色、失效
		三氯化铁	失效
		洋地黄制剂	心律不齐
强心药	毒毛旋花子苷 K	碱性药液，如碳酸氢钠、氨茶碱	分解失效
	洋地黄毒苷	钙盐	增强洋地黄毒性
		钾盐	对抗洋地黄作用
		酸性或碱性药物	分解失效
		鞣酸、重金属盐	沉淀
止血药	安络血	脑垂体后叶素、青霉素 G、盐酸氯丙嗪	变色、分解失效
		抗组胺药、抗胆碱药	止血作用减弱
	止血敏	磺胺嘧啶钠、盐酸氯丙嗪	浑浊、沉淀
	维生素 K_3	还原剂、碱性药液	分解失效
		巴比妥类药物	加速维生素 K_3 代谢
抗凝血药	肝素钠	酸性药液	分解失效
		碳酸氢钠、乳酸钠	加速肝素钠抗凝血
	柠檬酸钠	钙制剂，如氯化钙、葡萄糖酸钙	作用减弱
抗贫血药	硫酸亚铁	四环素类药	妨碍吸收
		氧化剂	氧化变质
祛痰药	氯化铵	碳酸氢钠、碳酸钠等碱性药物	分解
		磺胺类药物	增强磺胺肾毒性
	碘化钾	酸类或酸性盐	变色游离出碘
平喘药	氨茶碱	酸性药液，如维生素 C、四环素盐酸盐、盐酸氯丙嗪	中和反应、析出茶碱沉淀
	麻黄碱	肾上腺素、去甲肾上腺素	增强毒性
健胃与助消化药	胃蛋白酶	强酸、碱、重金属盐、鞣酸溶液	沉淀
	乳酶生	酊剂、抗菌剂、鞣酸蛋白、铋制剂	疗效降低
	干酵母	磺胺类药	
	稀盐酸	有机酸盐，如水杨酸钠	沉淀
	人工盐	酸性药液	中和、疗效降低
	胰酶	酸性药物如稀盐酸	失效或疗效降低
	碳酸氢钠	酸及酸性盐	中和失效
		鞣酸及其含有物	分解
		生物碱、镁盐、钙盐	沉淀
		次硝酸铋	疗效减弱

续表

类别	药物	禁忌配伍的药物	配伍变化
泻药	硫酸钠	钙盐、钡盐、铅盐	沉淀
	硫酸镁	中枢抑制药	增强中枢抑制
利尿药	呋喃苯胺酸（速尿、呋塞米）	氨基糖苷类抗生素，如链霉素、庆大霉素等	增强耳毒性
		头孢噻啶	增强肾毒性
		骨骼肌松弛剂	骨骼肌松弛加重
脱水药	甘露醇	生理盐水、高渗盐	疗效降低
	山梨醇	生理盐水、高渗盐	
糖皮质激素药	盐酸可的松、强的松、氢化可的松、强的松龙	苯巴比妥钠、苯妥英钠	代谢加快
		强效利尿药	排钾增多
		水杨酸钠	消除加快
		降血糖药	疗效降低
生殖系统药	黄体生成素	抗胆碱药、抗肾上腺素药	疗效减低
		抗惊厥、麻醉药、安定药	
	绒毛膜促性腺激素	不宜与其他药物混合注射	沉淀、水解失效
维生素与钙制剂	维生素 B_1	生物碱、碱性溶液	沉淀
		氧化剂、还原剂	分解失效
		氨苄西林、头孢菌素、氯霉素、多黏菌素	破坏失效
	维生素 B_2	碱性药液	破坏失效
		氨苄西林、头孢菌素、氯霉素、多黏菌素、四环素、金霉素、土霉素、红霉素、新霉素、链霉素、卡那霉素、林可霉素等	破坏灭活
	维生素 C	氧化剂	破坏失效
		碱性药液，如氨茶碱	氧化失效
		钙制剂溶液	沉淀
		氨苄西林、头孢菌素、四环素、土霉素、多西环素、红霉素、新霉素、链霉素、卡那霉素、林可霉素等	破坏灭活
	氯化钙	碳酸氢钠、碳酸钠等	沉淀
	葡萄糖酸钙	碳酸氢钠、碳酸钠等	
		水杨酸盐、苯甲酸盐等	
解毒药	碘解磷定	碱性药液	水解为氰化物
	亚甲蓝	强碱性药液、氧化剂、还原剂、碘化物	破坏失效
	亚硝酸钠	酸类	分解成亚硝酸
		碘化物	游离出碘
		氧化物、金属盐	被还原
	硫代硫酸钠	酸类	分解沉淀
		氧化剂，如亚硝酸盐	分解失效
	依地酸钙钠	铁制剂，如硫酸亚铁	干扰作用

续表

<table>
<tr><th colspan="3">备注说明</th></tr>
<tr><td rowspan="11">药物特征归纳分类</td><td>氧化剂</td><td>漂白粉、双氧水、过氧乙酸、高锰酸钾等</td></tr>
<tr><td>还原剂</td><td>碘化物、硫代硫酸钠、维生素 C 等</td></tr>
<tr><td>重金属盐</td><td>汞盐、银盐、铁盐、锌盐、铜盐等</td></tr>
<tr><td>酸类药物</td><td>稀盐酸、硼酸、鞣酸、醋酸、乳酸等</td></tr>
<tr><td>碱性药物</td><td>氢氧化钠、碳酸氢钠、氨水等</td></tr>
<tr><td>生物碱类药物</td><td>阿托品、氨茶碱、安钠咖、肾上腺素、毛果芸香碱、普鲁卡因等</td></tr>
<tr><td>有机酸盐类</td><td>水杨酸钠、醋酸钾等</td></tr>
<tr><td>生物碱沉淀剂</td><td>氢氧化钾、碘、鞣酸、重金属等</td></tr>
<tr><td>药液显酸性的药物</td><td>氯化钙、葡萄糖、硫酸镁、氯化铵、盐酸、肾上腺素、硫酸阿托品、水合氯醛、盐酸氯丙嗪、盐酸金霉素、盐酸土霉素、盐酸四环素、盐酸普鲁卡因、葡萄糖氯化钠注射液、葡萄糖酸钙注射液等</td></tr>
<tr><td>药液显碱性的药物</td><td>安钠咖、碳酸氢钠、氨茶碱、乳酸钠、磺胺嘧啶钠、乌洛托品等</td></tr>
</table>

二、常见农药及毒物中毒急救

常见农药及毒物中毒急救见表 18-3。

表 18-3　常见农药及毒物中毒急救方法

<table>
<tr><th colspan="2" rowspan="2">中毒分类</th><th colspan="3">洗胃溶液</th><th rowspan="2">导泻剂</th><th rowspan="2">急救用药</th><th rowspan="2">注意事项</th></tr>
<tr><th>清水或温水</th><th>稀释的高锰酸钾</th><th>低浓度碳酸氢钠</th></tr>
<tr><td rowspan="4">有机磷类中毒</td><td>马拉硫磷中毒、倍硫磷中毒、二溴磷中毒、甲基吡啶磷中毒</td><td>可用</td><td>高锰酸钾会增加毒性，禁用</td><td>最好</td><td>硫酸钠溶于水灌服</td><td>碘解磷定或氯解磷定，配合阿托品</td><td>及时足量使用碘解磷定或氯解磷定</td></tr>
<tr><td>二嗪农中毒</td><td>可用</td><td>禁用</td><td>最好</td><td>同上</td><td>阿托品</td><td>禁用碘解磷定或氯解磷定</td></tr>
<tr><td>敌敌畏中毒</td><td>可用</td><td>可用</td><td>可用</td><td>同上</td><td>阿托品，碘解磷定效果差</td><td>—</td></tr>
<tr><td>敌百虫中毒</td><td>最好</td><td>可用</td><td>禁用</td><td>同上</td><td>碘解磷定效果差</td><td>禁用碱性药物，会增加毒性</td></tr>
</table>

续表

中毒分类		洗胃溶液			导泻剂	急救用药	注意事项
		清水或温水	稀释的高锰酸钾	低浓度碳酸氢钠			
有机氯类中毒	狄氏剂中毒、艾氏剂中毒、毒杀芬中毒	可用	不用	最好	同上	注意给氧，输液氨茶碱；给予维生素 B_1，维生素 B_2，维生素C	抢救中禁用肾上腺素
有机氮类中毒	杀虫脒中毒	最好	可用	可用	硫酸钠溶于水灌服	亚甲蓝加葡萄糖注射液后输液	—
有机氟类中毒	氟乙酰胺中毒、氟乙酸钠中毒等	最好	氟乙酰胺可用；氟乙酸钠改为氯化钙	不用	硫酸钠溶于水灌服	用乙酰胺静脉注射或肌内注射	
氨基甲酸酯类中毒	呋喃丹中毒、西维因中毒、速灭威中毒	最好	不用	可用	硫酸钠溶于水灌服	阿托品或东莨菪碱注射	禁用碘解磷定及氯解磷定
无机砷类中毒	砒霜中毒等	可用	用药用炭混悬液	可用	慎用	二巯丙磺钠静脉注射或肌内注射；或二巯基丙醇肌内注射	二巯基丙醇应深部肌内注射，禁止静脉给药
氰化物中毒	氰化钾中毒、氰化钠中毒	最好	可用	不用	不用	用亚硝酸钠静脉注射，或用硫代硫酸钠静脉注射或肌内注射	
灭鼠药中毒	磷化锌中毒	硫酸铜或高锰酸钾反复清洗			硫酸钠溶于水灌服	内服硫酸铜溶液、液体石蜡油	禁用碘解磷定、氯解磷定、硫酸镁
	安妥中毒	最好	可用	禁用	不用	对症治疗，葡萄糖酸钙加硫代硫酸钠	
	敌鼠钠中毒	最好	可用	禁用	硫酸钠溶于水灌服	维生素K肌内注射或静脉注射	除维生素K外，其他止血剂无效

续表

中毒分类		洗胃溶液			导泻剂	急救用药	注意事项
		清水或温水	稀释的高锰酸钾	低浓度碳酸氢钠			
除虫菊酯类中毒	溴氰菊酯中毒、杀灭菊酯中毒	最好	禁用	最好	不用	无特效药，发生抽搐可用地西泮和苯巴比妥	用低温水洗胃，反复洗胃直至进出颜色一致，并无气味
巴比妥类中毒		最好	可用	不用	硫酸钠加活性炭	保证呼吸畅通，用碳酸氢钠注射液	
食盐中毒		最好	可用	不用	硫酸钠	抗休克	
亚硝酸盐中毒		最好	可用	不用	硫酸钠	亚甲蓝静脉注射，配合维生素 C	
对乙酰氨基酚中毒		最好	可用	不用	硫酸钠	乙酰半胱氨酸内服或肌内注射	
左旋咪唑中毒		最好	可用	不用		阿托品肌内注射	
右旋糖酐铁中毒		不用	不用	不用	不用	肌内注射去铁敏	

三、动物临床用药量粗略换算参考方法

各种畜禽与人用药剂量换算比例（以成年为准）见表 18-4。

表 18-4 畜禽用药剂量换算比例

动物种类	成人	牛	马	猪	羊	犬	猫	鸡
比例	1	5～10	5～10	2	2	0.25～1	0.25	1/6

不同畜禽用药剂量比例参考见表 18-5。

表 18-5 畜禽用药剂量比例

动物种类	马	牛	驴	猪	羊	鸡	犬	猫
体重或年龄	400 千克	300 千克	200 千克	50 千克	50 千克	>1 岁	>1 岁	>1 岁
比例	1	1～1.5	1/3～1/2	1/8～1/5	1/6～1/5	1/40～1/20	1/16～1/10	1/32～1/16

动物不同年龄用药参考比例见表 18-6。

表 18-6　动物不同年龄用药比例

动物种类	猪					
年龄	1岁半以上	>9～18个月	>4～9个月	>2～4个月	1～2个月	—
比例	1	1/2	1/4	1/8	1/16	—
动物种类	羊					
年龄	2岁以上	>1～2岁	>6～12个月	>3～6个月	1～3个月	—
比例	1	1/2	1/4	1/8	1/16	—
动物种类	牛					
年龄	>3～10岁	>10～15岁	>15～20岁	>1～3岁	>4～12个月	1～4个月
比例	1	3/4	1/2	1/4	1/8	1/16
动物种类	马					
年龄	>3～15岁	>15～20岁	20～25岁	>1～3岁	>6～12个月	2～6个月
比例	1	3/4	1/2	1/4	1/12	1/24
动物种类	犬					
年龄	6个月以上	>3～6个月	1～3个月	<1个月	—	—
比例	1	1/2	1/4	1/16～1/18	—	—

不同给药途径的剂量参考比例见表 18-7。

表 18-7　不同给药途径的剂量比例

途径	内服	皮下注射	肌内注射	静脉注射	气管注射	直肠灌注
比例	1	1/3～1/2	1/3～1/2	1/4～1/3	1/4～1/3	1.5～2

四、牛临床输液糖或盐载体选择参考

动物输液给药的 6 大基本原则如下。

① 输液配伍应避繁就简，严格控制加药种类，多种药物联用尽量采用小包装溶液分类输液，联合用药不等于混合用药。

② 两种以上药物配伍时，注意配伍禁忌，配制后要观察药液变化，如出现变色、沉淀、浑浊就必须分开输液。

③ 配制粉剂时，应先取少量药液进行充分溶解，然后再混入输液载体中进行输液。

④ 药液药剂坚持现配现用，尤其是高温潮湿或环境恶劣的更要注意。

⑤ 中药提取注射液成分复杂，容易与钠离子等络合形成微粒，故中药多选择 5%～10%葡萄糖注射液稀释后输液。

⑥ 兽药配伍后安全性不明确的，应小范围使用，确认安全后在全

群使用。

常用药物临床载体选择见表18-8。

表18-8 常用药物输液载体选择参考

药物名称	可配伍选择的输液载体
阿霉素	5%葡萄糖注射液、林格氏液及乳酸盐、0.9%生理盐水
阿糖胞苷	5%葡萄糖注射液、葡萄糖氯化钠注射液、生理盐水、5%葡萄糖林格氏液和乳酸盐、林格氏液及乳酸盐
阿莫西林/克拉维酸钾	生理盐水
阿魏酸钠	葡萄糖注射液、生理盐水、葡萄糖氯化钠注射液
盐酸阿奇霉素	灭菌水溶解(1克10毫升)后,加入生理盐水或5%葡萄糖溶液
奥扎格雷钠	生理盐水、5%葡萄糖注射液
奥美拉唑	生理盐水、5%葡萄糖注射液
ATP	生理盐水、5%~10%葡萄糖注射液、林格氏液、乳酸林格氏液、注射用水、5%葡萄糖林格氏液及乳酸盐
氨茶碱	5%葡萄糖注射液、葡萄糖氯化钠注射液
安定	只能用生理盐水稀释,500毫升加药少于40毫克
苯唑青霉素	氨基酸和葡萄糖注射液、5%~10%葡萄糖注射液、林格氏液及乳酸盐、生理盐水
胞二磷胆碱	生理盐水、5%~10%葡萄糖注射液、林格氏液、乳酸林格氏液、注射用水、5%葡萄糖林格氏液及乳酸盐
苯海拉明	5%葡萄糖林格氏液、右旋糖酐、5%葡萄糖林格氏液及乳酸盐、葡萄糖氯化钠注射液、林格氏液及乳酸盐、生理盐水
川芎嗪	葡萄糖注射液、生理盐水、低分子右旋糖酐
催产素	右旋糖酐、5%~10%葡萄糖注射液、果糖注射液、水解蛋白、林格氏液、生理盐水
重酒石酸去甲肾上腺素	葡萄糖氯化钠注射液、5%葡萄糖注射液、林格氏液及乳酸盐、生理盐水、氨基酸、葡萄糖氯化钠注射液
催产素	右旋糖酐、5%~10%葡萄糖注射液、水解蛋白、林格氏液、生理盐水
促皮质激素	葡萄糖氯化钠注射液、5%葡萄糖注射液、林格氏液及乳酸盐、生理盐水
长春新碱	生理盐水、注射用水、5%葡萄糖注射液
地塞米松磷酸盐	生理盐水、5%葡萄糖注射液
多巴酚丁胺	生理盐水、5%葡萄糖注射液
多巴胺	5%葡萄糖林格氏液及乳酸盐、葡萄糖氯化钠注射液、5%葡萄糖注射液、林格氏液及乳酸盐、生理盐水
二丁酰环磷腺苷钙	5%葡萄糖注射液
氟罗沙星	5%葡萄糖注射液

续表

药物名称	可配伍选择的输液载体
氟康唑	20%葡萄糖注射液、林格氏液、5%碳酸氢钠注射液、生理盐水、氯化钾葡萄糖注射液
芬太尼	与多数输液载体可配伍
氟尿嘧啶	5%葡萄糖注射液、氨基酸注射液、全静脉营养液、葡萄糖林格氏液及乳酸盐
复合辅酶	葡萄糖注射液
复方氨基酸	脂肪乳
辅酶 A	生理盐水、5%～10%葡萄糖注射液、林格氏液、乳酸林格氏液、注射用水、5%葡萄糖林格氏液及乳酸盐
甘露醇	单独输液
肝素钠	右旋糖酐、葡萄糖注射液、脂肪乳、果糖、水解蛋白、生理盐水、林格氏液
环磷酰胺	生理盐水、林格氏液、5%～10%葡萄糖注射液、葡萄糖氯化钠注射液、右旋糖酐、复方氨基酸
还原型谷胱甘肽	先用灭菌注射用水稀释，再加入生理盐水或5%葡萄糖注射液输液
间羟胺	5%～10%葡萄糖注射液、葡萄糖氯化钠注射液、果糖注射液、林格氏液、5%葡萄糖林格氏液及乳酸盐
金纳多	葡萄糖氯化钠注射液、低分子右旋糖酐
肌苷	生理盐水、林格氏液、5%～10%葡萄糖注射液、葡萄糖氯化钠注射液、右旋糖酐、复方氨基酸
甲磺酸培氟沙星	5%葡萄糖溶液
甲基强的松龙	5%葡萄糖溶液
甲氨蝶呤	氨基酸注射液、5%葡萄糖注射液、碳酸氢钠注射液
甲氧氯普胺	葡萄糖氯化钠注射液、生理盐水、林格氏液及其乳酸盐
吉西他滨	生理盐水
克林霉素磷酸酯	生理盐水、5%葡萄糖注射液
氯化钾	右旋糖酐、葡萄糖林格氏液及乳酸盐、林格氏液、水解蛋白、林格氏液及乳酸盐、10%葡萄糖注射液、脂肪乳剂
氯洁霉素	5%葡萄糖林格氏液、葡萄糖氯化钠注射液、5%～10%葡萄糖注射液、林格氏液及乳酸盐、生理盐水
利福霉素	5%葡萄糖注射液
利尿酸钠	5%葡萄糖注射液、葡萄糖氯化钠注射液、林格氏液及乳酸盐、生理盐水、注射用水
硫酸阿托品	与多数输液可配伍
硫酸阿米卡星	5%葡萄糖注射液、生理盐水、葡萄糖氯化钠注射液、葡萄糖林格氏液及乳酸盐
硫酸西索米星	5%葡萄糖注射液、生理盐水；不可静脉注射，只可输液或肌内注射
硫酸依替米星	生理盐水、5%葡萄糖注射液
氨苄西林钠	生理盐水、葡萄糖氯化钠注射液、5%～10%葡萄糖注射液

续表

药物名称	可配伍选择的输液载体
林可霉素	葡萄糖氯化钠注射液、生理盐水、5%～10%葡萄糖注射液
硫酸镁	生理盐水、5%葡萄糖注射液、5%葡萄糖林格氏液、全静脉营养液
多黏菌素 E	用注射用水 2 毫升溶解后，加入 5%葡萄糖注射液中缓慢滴注
硫喷妥钠	右旋糖酐、生理盐水、5%葡萄糖注射液、注射用水、多元电解质注射液
硫辛酸	生理盐水
链霉素	生理盐水、灭菌注射用水
盐酸氨溴索	葡萄糖注射液、葡萄糖氯化钠注射液、林格氏液
邻唑西林钠	1 克药物用 6 毫升灭菌水溶解，再溶于 5%葡萄糖注射液或生理盐水或葡萄糖氯化钠注射液中
氯丙嗪	右旋糖酐、5%葡萄糖注射液、5%葡萄糖林格氏液及乳酸盐、生理盐水、5%～10%葡萄糖注射液、水解蛋白、林格氏液及乳酸盐、葡萄糖氯化钠注射液
氯化琥珀胆碱	右旋糖酐、5%～10%葡萄糖注射液、5%葡萄注射糖林格氏液及乳酸盐、生理盐水、水解蛋白、林格氏液及乳酸盐、葡萄糖氯化钠注射液、乳酸钠注射液
门冬氨酸洛美沙星	先用灭菌水溶解，再稀释于生理盐水或 5%葡萄糖注射液
美洛西林	生理盐水、葡萄糖注射液、注射用水、乳酸钠林格氏液
脑蛋白水解物	生理盐水、5%葡萄糖注射液
奈替米星	生理盐水、5%葡萄糖注射液
尿激酶	生理盐水、5%葡萄糖注射液
能量合剂	5%葡萄糖林格氏液及乳酸盐、生理盐水、5%～10%葡萄糖注射液、林格氏液及乳酸盐、注射用水
脑苷肌肽	生理盐水、5%葡萄糖注射液
葡甲胺环腺苷酸	5%葡萄糖注射液
马来酸氯苯那敏	多数输液载体可用
哌拉西林钠	生理盐水、10%葡萄糖注射液、乳酸钠林格氏液
哌拉西林钠他唑巴坦钠	生理盐水或灭菌水稀释，再将稀释液加入 5%葡萄糖注射液或生理盐水中
葡萄糖酸钙	葡萄糖注射液、生理盐水、葡萄糖氯化钠注射液、乳酸林格氏液、林格氏液、氨基酸注射液、5%葡萄糖林格氏液及乳酸盐
泮托拉唑钠	生理盐水
青霉素钾	生理盐水
青霉素钠	生理盐水
硫酸庆大霉素	生理盐水、5%葡萄糖注射液
前列地尔	生理盐水、5%葡萄糖注射液
氢溴酸东莨菪碱	生理盐水、林格氏液及乳酸盐、5%葡萄糖林格氏液
乳糖酸阿奇霉素、硫酸阿奇霉素	注射用水溶解后，再注入生理盐水或 5%葡萄糖注射液中

续表

药物名称	可配伍选择的输液载体
乳酸钠	5%～10%葡萄糖注射液、生理盐水、右旋糖酐、水解蛋白、林格氏液及乳酸盐
乳糖酸红霉素	先用注射用水稀释溶解，再与生理盐水配伍。与葡萄糖注射液配伍酸碱度应至5.5左右
乳糖酸左氧氟沙星	5%葡萄糖注射液
柔红霉素	5%葡萄糖注射液、林格氏液及乳酸盐、生理盐水
呋塞米	5%～10%葡萄糖注射液、林格氏液及乳酸盐、生理盐水、水解蛋白、葡萄糖氯化钠注射液、乳酸钠、葡萄糖林格氏液及乳酸盐
肾上腺素	右旋糖酐、5%葡萄糖林格氏液及乳酸盐、葡萄糖氯化钠注射液、5%～10%葡萄糖注射液、林格氏液及乳酸盐、生理盐水
水解蛋白	脂肪乳剂
顺氯氨铂	葡萄糖氯化钠注射液、甘露醇、生理盐水
头孢西丁	5%葡萄糖林格氏液及乳酸盐、葡萄糖氯化钠注射液、5%葡萄糖注射液、林格氏液及乳酸盐、生理盐水
头孢拉定	5%～10%葡萄糖注射液、葡萄糖氯化钠注射液、生理盐水
头孢匹胺	注射用水、生理盐水、葡萄糖注射液、电解质注射液、氨基酸注射液
头孢哌酮	灭菌注射用水、5%葡萄糖注射液、生理盐水、葡萄糖氯化钠注射液
头孢他啶	生理盐水、5%葡萄糖注射液、乳酸钠注射液
头孢曲松钠	先用灭菌水溶解，再用5%葡萄糖注射液或生理盐水稀释
头孢唑肟	注射用水、生理盐水、5%葡萄糖注射液、10%葡萄糖注射液、电解质注射液、氨基酸注射液
头孢硫脒	注射用水、生理盐水
头孢呋辛钠	氯化钾注射液、生理盐水、5%葡萄糖注射液、肝素等
头孢替唑钠	生理盐水、5%葡萄糖注射液
头孢地嗪钠	先用灭菌水溶解，再混入生理盐水或林格氏液
头孢噻肟钠	灭菌注射用水、5%葡萄糖注射液、生理盐水、葡萄糖氯化钠注射液
头孢唑林钠	生理盐水、5%～10%葡萄糖注射液、林格氏液、乳酸林格氏液、注射用水、5%葡萄糖林格氏液及乳酸盐
头孢哌酮舒巴坦钠	先用灭菌水稀释再混入5%葡萄糖注射液、生理盐水、乳酸林格氏液、2%利多卡因、葡萄糖氯化钠注射液、50%葡萄糖注射液等混合输液
碳酸氢钠	生理盐水、脂肪乳、乳酸钠注射液
妥布霉素	葡萄糖氯化钠注射液、5%～10%葡萄糖注射液、林格氏液及乳酸盐、生理盐水、20%甘露醇
万古霉素	右旋糖酐、葡萄糖氯化钠注射液、5%～10%葡萄糖注射液、林格氏液及乳酸盐、生理盐水、乳酸钠、注射用水
乌司他丁	5%葡萄糖注射液、生理盐水

续表

药物名称	可配伍选择的输液载体
西咪替丁	氨基酸、电解质注射液、5%葡萄糖林格氏液及乳酸盐、葡萄糖氯化钠注射液、5%～10%葡萄糖注射液、林格氏液及乳酸盐、生理盐水、甘露醇、碳酸氢钠
硝普钠	5%葡萄糖注射液
硝酸甘油	5%～10%葡萄糖注射液、生理盐水
乙酰唑胺	右旋糖酐、5%～10%葡萄糖注射液、林格氏液及乳酸盐、生理盐水、乳酸钠
乙酰谷酰胺	生理盐水、5%～10%葡萄糖注射液、林格氏液、乳酸林格氏液、注射用水、5%葡萄糖林格氏液及乳酸盐
异丙肾上腺素	右旋糖酐、5%～10%葡萄糖注射液、葡萄糖氯化钠注射液、林格氏液及乳酸盐、生理盐水、水解蛋白、乳酸钠、氨基酸
异搏定	5%葡萄糖、5%葡萄糖林格氏液及乳酸盐、葡萄糖氯化钠注射液、林格氏液及乳酸盐、生理盐水、乳酸钠
异环磷酰胺	生理盐水、林格氏液
氧氟沙星	5%葡萄糖注射液
盐酸异丙嗪	5%～10%葡萄糖注射液、果糖注射液、葡萄糖氯化钠注射液、林格氏液及乳酸盐、生理盐水、乳酸钠注射液、水解蛋白、5%葡萄糖林格氏液及乳酸盐
杜冷丁	右旋糖酐、葡萄糖氯化钠注射液、果糖注射液、5%～10%葡萄糖注射液、水解蛋白、林格氏液及乳酸盐、生理盐水、乳酸钠、5%葡萄糖林格氏液及乳酸盐
盐酸苯海拉明	葡萄糖氯化钠注射液、林格氏液及乳酸盐、生理盐水、乳酸钠、5%葡萄糖林格氏液及乳酸盐、右旋糖酐
盐酸多巴酚丁胺	5%葡萄糖注射液、生理盐水、乳酸钠
盐酸肾上腺素	右旋糖酐、5%葡萄糖林格氏液及乳酸盐、葡萄糖氯化钠注射液、5%～10%葡萄糖注射液、林格氏液及乳酸盐、果糖注射液、生理盐水
异帕米星	生理盐水、5%葡萄糖注射液、复方氯化钠、果糖、复方氨基酸、木糖醇、乳酸钠复合注射液
依替米星	生理盐水、5%葡萄糖注射液

五、牛病治疗基本用药原则

牛病的正确认知与治疗原则见表18-9。

表18-9　牛病认知与治疗原则

牛病治疗原则	正确认知与把握	举例说明
个体与群体	个体：单个发病，对大群基本无影响 群体：多是传染病、寄生虫、饲料营养、中毒等因素引发的问题	个体：牛肠套叠 群体：牛口蹄疫暴发

续表

牛病治疗原则	正确认知与把握	举例说明
急性与慢性	急性：突然发病、发病初期 慢性：病程较长，发病的中后期	急性：犊牛突发病毒性腹泻 慢性：脾胃虚弱导致持续腹泻
对因与对症	对因：直接的致病因素 对症：由病因引发的并发病	对因：病毒性感冒的病毒 对症：发热、流鼻涕、食欲差、咳嗽、痰多等
中药与西药	西药：通常指化学工业的产物 中药：通常指中药为原料的加工产物	西药：肠炎用庆大霉素 中药：湿热肠炎用白头翁口服液
输液与打针喂药	打针喂药：多是针对轻症或发病初期 输液：多针对重症、极度衰弱、不吃不喝、脱水等表现的动物	打针喂药：肌内注射或口服庆大霉素治疗肠炎 输液：输庆大霉素、氨苄西林、甲硝唑、葡萄糖、氯化钠、维生素等治疗肠炎脱水
局部与全身	局部：病灶仅局限于某一个部位 全身：病情已经影响全身代谢功能	局部：子宫炎初期吃喝正常 全身：子宫炎加重引发高热不食，甚至败血症和腹膜炎
淘汰与治疗	淘汰：无法治愈或治好成本太高 治疗：病情不重或经济价值大	淘汰：严重的腹膜炎 治疗：感冒、一般性感染等
单一与混合	单一：只有一种病原或病因引发疾病 混合：多种病因或病原引发疾病	单一：支原体呼吸道疾病 混合：支原体、巴氏杆菌、病毒混合感染

六、体温测量与疾病诊断方向

病牛体温测量与疾病诊断方向见表18-10。

表18-10　体温变化特点与疾病诊断方向

体温变化		基本特点	疾病诊断方向
体温低		体温低于正常体温下限	长期腹泻、各种原因导致的贫血、慢性消耗性疾病、久病瘫痪不食、休克、心肺衰竭、重病濒死期等
体温高	微热	高于正常体温0.5～1℃	多为局限性炎症和轻微病征，如感冒、口炎、胃肠卡他等
	中等热	高于正常体温1～2℃	消化道、呼吸道的一般性炎症，以及某些亚急性、慢性传染病等，如胃肠炎、支气管炎、咽喉炎、结核病等
	高热	高于正常体温2～3℃	急性传染病、广泛性炎症等，如牛肺疫、流感、大叶性肺炎、小叶性肺炎、腹膜炎、重度子宫内膜炎等

续表

体温变化		基本特点	疾病诊断方向
体温高	极高热	高于正常体温 3℃以上	某些严重的急性传染病，如炭疽、脓毒败血症、日射病、热射病等
	稽留热	持续高热，且每天温差在 1℃以内	多见炭疽、牛肺疫、流感、大叶性肺炎等
	弛张热	体温升高超过正常值，且每天温差在1℃以上	多见败血症、小叶性肺炎、化脓性疾病等
	间歇热	有热期和无热期交替出现	多见慢性结核病、锥虫病、巴贝斯虫病等

1. 牛的正常体温在 37.5～39.5℃之间，体温测量通常是肛门测量，体温计 2/3 插入肛门，持续 3～5 分钟，取出读数

2. 体温突然升高，要警惕传染病、血虫病的可能，另外严重感染的内科病也会高热，如胸膜炎、腹膜炎、子宫内膜炎等，高温热射病或日射病也会导致高热

3. 动物体温低多是营养不良、初生受冻失温、脏器衰竭、重病或濒死期，发热有时更凶险

七、牛胃管插入食管和气管的鉴别点

牛胃管插入食管和气管的鉴别方法见表 18-11。

表 18-11 牛胃管插入食管和气管的鉴别方法

鉴别方法	插入食管	插入气管
手感和观察反应	胃管推到咽喉时稍有抵抗感，易引发吞咽动作，随吞咽动作胃管进入食管，推送胃管稍有阻力	无吞咽动作，插入胃管不受阻，有时引发咳嗽
观察食管变化	胃管前端在食管沟呈明显的波浪式蠕动下移	无
向胃管内充气反应	随气流进入，颈沟部可见明显波动，同时挤压橡胶球将气排空，不再鼓起，进气停止而有一种回声	无
胃管另一端放耳边听诊	听到不规则的“咕噜”声或水泡音，无气流冲击耳边	随呼吸动作听到有节奏的呼出气流音，冲击耳边
胃管另一端浸入水盆	水内无气泡或仅有极少量气泡	随呼吸动作，水内出现大量气泡
触摸颈沟部	手触摸颈沟部可感觉到有一坚硬的索状物	无
鼻嗅胃管另一端气味	有胃内酸臭味	无

八、动物脱水补液28字方针

动物脱水补液28字方针及其含义见表18-12。

表18-12　动物脱水补液原则

具体原则	正确理解
先盐后糖	动物脱水本质是水和电解质代谢紊乱，优先恢复水和电解质是重点
先快后慢	动物脱水严重，应该快速补充一部分液体，恢复基本的代谢，再慢慢补液，防止进一步给心肺造成压力
先晶后胶	晶体主要指是电解质类的，可溶于水解离的，流动性好，有利于微循环快速改善，心肺压力更小；胶体血浆等，流动性差，不利于快速改善微循环，还容易给心脏造成压力，有的还是高渗液体，会加重脱水状态
见尿补钾	钾对心脏有兴奋作用，也容易由于代谢不畅蓄积中毒，见尿说明代谢顺畅，补钾更加安全
惊跳补钙	惊跳就是肌肉神经反射的表现，一般钙具有神经肌肉传导作用，补钙可以缓解缺钙导致的痉挛反射
宁少勿多	动物脱水根据程度计算补液量，但是一次补过头也会导致心肾负担，可以先补一半，间隔一段时间再补另一半，也可以放慢速度，不宜一次补太多，控制量
宁酸勿碱	动物中毒脱水多伴随酸中毒，适当纠酸是可以的，但是严格控制碳酸氢钠等的用量

九、动物不同程度脱水表现的临床特征

动物不同程度脱水的症状见表18-13。

表18-13　动物不同程度脱水的症状

特征观察点	轻度(5%以内)	中度(5%～10%)	重度(10%以上)
精神状态	精神不振，喜卧	精神萎靡不安	嗜睡、昏迷、口渴烦躁
眼窝	稍凹陷，不明显	明显凹陷	严重凹陷，眼球也下陷
皮肤弹性	变化不明显，皮肤舒展，揪起皮肤能恢复	皮肤表面粗糙，揪起皮肤过一会才能恢复	皮肤表面粗糙发干，揪起皮肤不易恢复
可视黏膜	略显干燥	干燥	明显干燥
鼻镜	有均匀水珠	无水珠，明显干燥或干燥无水	干燥严重，部分会出现裂纹
眼	一般	无水	角膜干燥无光，结膜发绀
末梢循环	变化不大	脉速，四肢稍凉	四肢厥冷，脉速而弱，皮肤有皱褶，有休克征兆
尿量	稍减	明显减少	少尿或无尿
代谢性酸中毒	无	中度	重度

十、牛输液给药的正确认知

1. 补液量计算

轻度脱水：失水占体重5%以内，补液量为每千克体重30～60毫升。

中度脱水：失水占体重5%～10%之间，补液量为每千克体重60～100毫升。

重度脱水：失水占体重10%以上，补液量为每千克体重100～120毫升。

2. 补液常用液体

① 5%或10%葡萄糖注射液，起到补水和补能量作用。

② 0.9%生理盐水或复方氯化钠注射液，主要是补钠和补水，含氯较多。复方氯化钠还有钾、钙补充。

③ 1.4%碳酸氢钠和5%碳酸氢钠，纠正酸中毒，前者为等渗，后者为高渗，在脱水补液时最好选择1.4%等渗或者5%高渗加5%葡萄糖注射液2倍稀释。

④ 氯化钾，主要是补钾，需稀释成0.15%～0.3%溶液缓慢输液。

⑤ 乳酸钠注射液，在大量长期补液时，因氯化钠液中氯离子过多，应适当配合乳酸钠使用，1.87%为等渗液，但是碱中毒、严重酸中毒和休克时不宜使用。

3. 常用混合溶液

① 2∶3∶1含钠液：每100毫升溶液中33毫升0.9%生理盐水、50毫升5%葡萄糖注射液、17毫升1.4%碳酸氢钠溶液。

② 1∶2含钠液：每100毫升溶液中33毫升0.9%生理盐水、66毫升5%或10%葡萄糖注射液。

③ 1∶1含钠液：每100毫升溶液中50毫升0.9%生理盐水、50毫升5%或10%葡萄糖注射液。

④ 2∶1含钠液：每100毫升溶液中66毫升0.9%生理盐水、33毫升5%或10%葡萄糖注射液。

4. 常规补液方法

(1) 轻度脱水 用0.9%生理盐水，或5%或10%葡萄糖注射液均可，安全剂量控制在30毫升/千克。

(2) 中度脱水 先用1/2总补液量的1∶1含钠液（其中可配伍其他治疗药物）快速补液，余下1/2可用5%或10%葡萄糖注射液缓慢输液，安全剂量控制在60毫升/千克。

(3) 重度脱水 （补液安全剂量控制在100毫升/千克，分三个阶段补充）

第一阶段：常用2∶3∶1含钠液20毫升/每千克，快速补液；

第二阶段：常用1∶2含钠液，补液量为余量的1/2；

第三阶段：常用10%葡萄糖注射液缓慢滴注，缺钾时可用复方氯化钠或单独补氯化钾。如果动物兴奋不安，第三次补液可以在第一次补液后4～6小时进行，可以减轻动物心脏负担。

5. 犊牛可参考的补液思路

(1) 轻度脱水

① 口服补液盐，1000毫升水加入氯化钠3.5克、碳酸氢钠2.5克、氯化钾1.5克、葡萄糖20克，其中碳酸氢钠可换成柠檬酸钠2.94克，葡萄糖可换成蔗糖40克，自由饮用。

② 用小米汤加盐，500毫升米汤加盐1.75克，或者500毫升米汤加盐1.8克，加白糖10克，灌服或自由饮用，用量500～1500毫升。

(2) 中度脱水

① 可以继续用补液盐治疗，如眼睑出现水肿应停药，如有食欲可以1∶1乳与白开水混合作为补水方法之一，如果眼睑水肿也要停止在乳中添加白开水。

② 自饮和灌服都比较麻烦时，可以输液补液。通常是5%葡萄糖与0.9%氯化钠注射液1∶1混合进行。

(3) 重度脱水（重度脱水需要立即静脉补液）

① 等渗液补充：0.9%氯化钠注射液与1.4%碳酸氢钠注射液的比例为2∶1；也可以直接单输0.9%氯化钠注射液。

② 2/3 张液：0.9%生理盐水、10%葡萄糖注射液、1.4%碳酸氢钠注射液的比例为 4∶3∶2，或者 0.9%氯化钠、10%葡萄糖注射液、5%碳酸氢钠的比例为 10∶10∶1。

6. 犊牛脱水补液总量计算举例

例如：一头 40 千克的犊牛中度脱水，需要补液的总量如何计算？

第一步，明确每千克体重补液量：中度脱水补液量为 60～100 毫升/千克，为确保安全，剂量按 60 毫升/千克计算。

第二步，补液总量计算：60 毫升/千克×40 千克＝2400 毫升

第三步，首次补液量：为了观察脱水补充效果，首次补充量为总补液量的一半，即 1200 毫升，间隔 2 小时再补充另一半。

第十九章

牛常用西药基本分类与汇总

一、牛常用的消毒药汇总

牛常用的消毒药及其作用、用法用量见表19-1。

表19-1 牛常用消毒药

分类	药物名称	作用	用法用量
酚类	苯酚(石炭酸)	通过使蛋白质变性来杀菌,对细菌、霉菌有效,对芽孢和病毒无效	2%~5%苯酚用于房屋、圈舍、场地消毒,3%~5%苯酚用于用具、器械消毒。主要用于圈舍、器具消毒
	甲酚皂溶液(50%甲酚、来苏尔)	杀菌力是苯酚2倍,对细菌、病毒、寄生虫卵均有杀灭作用,但对芽孢无效	3%~5%甲酚皂溶液用于圈舍器具消毒,5%~10%甲酚皂溶液用于排泄物消毒,1%~2%甲酚皂溶液用于手臂消毒,0.1%~0.2%甲酚皂溶液用于冲洗创伤和黏膜。主要用于圈舍、场地、用具、排泄物、手臂等消毒
	复合酚	对细菌、霉菌、病毒及多种虫卵有杀灭作用,对蚊虫、鼠害也有一定抑制作用	0.35%~1%复合酚用于喷洒消毒,1.6%~2%复合酚用于浸泡消毒,水温不低于8℃,污染重者可适当加量。主要用于圈舍、笼具、场地、运输工具、排泄物消毒
	复方煤焦油溶液	对细菌、霉菌、病毒及多种虫卵有杀灭作用,对蚊虫、鼠害也有一定抑制作用	1%~1.5%复方煤焦油溶液用于畜禽舍、地面喷洒消毒,1.5%~2%复方煤焦油溶液用于器具浸泡、车辆浸洗、种蛋消毒。主要用于圈舍、笼具、场地、运输工具、排泄物消毒
	氯甲酚溶液	杀菌力是非卤化酚20倍,对细菌、霉菌、病毒及多种虫卵有杀灭作用	200~400倍稀释液用于日常喷洒消毒,60~100倍稀释液用于暴发疾病紧急消毒。主要用于圈舍、笼具、场地、运输工具、排泄物等喷洒消毒

续表

分类	药物名称	作用	用法用量
酸类	硼酸	具有抑菌作用，无杀菌作用，对真菌作用极弱。主要用于口腔黏膜、眼结膜等冲洗消毒	2%～4%硼酸冲洗眼、口腔黏膜，3%～5%硼酸冲洗新鲜未化脓的创口，硼酸磺胺粉(1∶1)治疗创伤，硼酸甘油(30∶100)治疗口鼻黏膜炎症，5%硼酸软膏治疗皮肤创伤、溃疡、压疮
	乳酸	对细菌具有杀灭和抑制作用，对流感病毒有杀灭作用，整体杀菌力不强	熏蒸或喷雾空气消毒：100立方米6～12毫升，加水24～48毫升，稀释为20%溶液，消毒30～60分钟。仓库或孵化室熏蒸消毒：100立方米10毫升，加水10～12毫升，稀释为33%～50%溶液，加热，密闭门窗，作用30～60分钟
	醋酸	对细菌、芽孢、真菌、病毒均有作用，杀菌抑菌作用同乳酸，但弱于乳酸	空气消毒：稀醋酸熏蒸100立方米用200～250毫升，食用醋熏蒸100立方米用300～500毫升。口腔冲洗：配成2%～3%的醋酸溶液。多用于空气消毒和口腔冲洗
	水杨酸(柳酸)	杀菌作用弱，对霉菌有良好的杀灭和抑制作用	5%～10%乙醇溶液，可治疗霉菌性皮肤病；5%～20%溶液能溶解角质，促进坏死组织脱落；5%酒精溶液可治疗蹄叉腐烂
	苯甲酸	有抑制霉菌的作用，主要治疗霉菌性皮肤病或黏膜病	1%苯甲酸在酸性环境下即具有抑菌作用，pH值低于5时杀菌效力强
	十一烯酸	主要具有抗霉菌作用	5%～10%乙醇溶液或20%软膏治疗霉菌性皮肤感染
	过氧乙酸(过醋酸)	对细菌、芽孢、真菌、病毒具有杀灭作用，常用于器具、物品、畜禽、手臂消毒等	器具、手臂浸泡消毒：0.04%～0.2%过氧乙酸。空气消毒：每立方米用20%过氧乙酸1～3毫升，稀释成4%～5%溶液后，加热熏蒸。喷雾消毒：5%过氧乙酸每立方米2～5毫升。喷洒消毒：0.5%过氧乙酸用于物品与墙壁表面消毒。带畜禽消毒：0.3%过氧乙酸，每立方米30毫升。饮水消毒：每升水加20%过氧乙酸1毫升，30分钟饮完
	柠檬酸苹果酸粉	对病毒、细菌均有作用，主要用于厩舍、空气、饮水消毒等	病毒杀灭：1克兑水1～3升。细菌杀灭：1克兑水1～2升。饮水消毒：1克兑水5～10升。通常设备器具消毒：1克兑水1～2升

续表

分类	药物名称	作用	用法用量
碱类	火碱(氢氧化钠、苛性钠、烧碱)	对细菌、芽孢、病毒、虫卵均有杀灭作用	2%热溶液用于畜禽舍、饲槽、运输车辆消毒,3%~5%火碱用于炭疽消毒,5%火碱用于腐蚀皮肤赘生物、新生角质等。常用于环境消毒、污染畜禽场消毒、空舍消毒、消毒池或脚踏池消毒
	氢氧化钾(苛性钾)	理化性质同氢氧化钠	用法用量同氢氧化钠
	生石灰(氧化钙)	消毒作用与氢氧根和钙离子有关,对多数细菌、病毒有效,对芽孢、结核分枝杆菌无效	加水配成10%~20%的石灰乳,可涂刷墙壁、地面、畜栏消毒;每千克氧化钙加水350毫升,生成消石灰粉末,可撒布阴湿地面,粪池周围及污水沟等处消毒
	炉甘石	具有收敛、保护作用,治疗皮肤瘙痒、皮炎湿疹、目赤肿痛等	炉甘石混悬液:炉甘石15毫克、氧化锌5~10毫克、甘油5毫克,加蒸馏水至100毫升,涂抹患处;也可配合制霉菌素片治疗湿疹和奶癣,3片制霉菌素研粉加入炉甘石混悬液涂抹患处
	碳酸钠(苏打)	常用于器械煮沸消毒、清洁皮肤、去除痂皮,对常规细菌、真菌、部分病毒有一定作用	0.5%~2%溶液清洁皮肤或去除痂皮,1%溶液用于器械煮沸消毒
醇类	乙醇(酒精)	对细菌杀毒作用较好,但对芽孢无效	75%酒精杀菌效力最强;酒精有刺激性,局部涂抹还具有改善循环、消肿止痛作用
醛类	甲醛(40%甲醛溶液又名福尔马林)	对细菌、芽孢、病毒、真菌均有杀灭作用	5%甲醛乙醇溶液可术部消毒;10%~20%溶液可治疗蹄叉腐烂;4%~8%溶液可做喷雾,浸泡、熏蒸消毒;高锰酸钾21克配福尔马林42毫升,熏蒸消毒
	聚甲醛(多聚甲醛)	对细菌、真菌、病毒均有作用,多用于熏蒸消毒	加热至80~100℃时,可释放甲醛起到杀菌作用,通常用量为每立方米3~5克,消毒需求高的可增加用量至10克
	复合甲醛溶液(甲醛、乙二醛、苯扎氯铵)	对细菌、真菌、病毒均有作用,多用于厩舍、器具消毒	1:(200~400)稀释用于厩舍、物品、运输工具消毒,1:(100~200)稀释用于发病紧急消毒
	戊二醛	对细菌作用迅速,对芽孢、霉菌、病毒也有一定作用	常用2%碱性溶液(加0.3%碳酸氢钠)主要用于厩舍和器具消毒,常与双长链及铵盐阳离子表面活性剂合用增强消毒效果
	戊二醛苯扎溴铵	对细菌、芽孢、霉菌、病毒有杀灭作用	喷洒消毒每平方米9毫升,1∶100倍稀释。主要用于厩舍、器具消毒

续表

分类	药物名称	作用	用法用量
醛类	戊二醛癸甲溴铵	对细菌、芽孢、病毒、真菌等可杀灭	日常喷洒消毒：1∶(2000～4000)稀释。疫情紧急消毒：1∶(500～1000)稀释。器械设备浸泡消毒：1∶(1500～3000)稀释。主要用于养殖场、公共场所、设备设施、器械、种蛋等消毒
	复方戊二醛溶液	对细菌、芽孢、病毒、真菌均可抑杀，但对亲水性病毒无效，对结核分枝杆菌和真菌作用弱，对芽孢只有抑制作用	动物厩舍喷洒消毒：每平方米9毫升，1∶100稀释。涂刷消毒：无孔材料1∶100，有孔材料1∶200稀释。主要用于厩舍、养殖器具、环境等消毒
氧化剂	过氧化氢溶液（双氧水）	3%过氧化氢具有消毒、防腐、除臭的功能，主要用于清理创面、窦道、瘘管	1%～3%溶液清洗化脓创面，0.3%～1%溶液冲洗口腔黏膜
	高锰酸钾	具有抗菌除臭作用，对细菌、芽孢、病毒都有杀灭作用，主要用于圈舍、器具、黏膜等消毒	0.1%高锰酸钾可用于饮水消毒；也可辅助治疗肠炎，牛5～10克，配成0.1%～0.5%的溶液灌服；2%～5%溶液用于器具浸泡消毒。常用福尔马林配合熏蒸消毒
	过硫酸氢钾复合粉	用于圈舍、空气、饮水消毒	浸泡喷雾消毒可以用1∶200稀释；饮水消毒可用1∶1000稀释；常规预防消毒可用1∶400稀释
卤素类	碘（碘酊、碘甘油）	溶于乙醇和甘油；对细菌、芽孢、霉菌、病毒有杀灭作用；碘对黏膜和皮肤有刺激性，可促进局部炎性产物吸收而消肿	5%碘酊用于术部或注射部位消毒；10%浓碘酊主要作为皮肤刺激药，消肿止痛；1%碘甘油可用于痘病局部涂擦；5%碘甘油治疗黏膜各种炎症；复合碘溶液用于各种黏膜炎症或向关节腔、瘘管灌注
	聚维酮碘	对病毒、细菌、芽孢、真菌有作用，主要用于环境、术部、皮肤、黏膜消毒	5%溶液可用于皮肤消毒；0.5%～1%可用于乳头浸泡消毒；0.1%可用于黏膜、创面冲洗消毒
	碘伏（碘附）	对病毒、细菌、真菌、芽孢、原虫均有效，主要用于畜禽舍、饲槽、饮水、皮肤、器械消毒	5%碘伏溶液喷洒消毒圈舍，每立方米用原液3～9毫升；5%～10%碘伏溶液洗刷或浸泡消毒室内用具、器械、种蛋等；每升水加原液15～20毫升，饮水1～2天，防止畜禽肠道传染病
	复合碘溶液	对细菌、霉菌、病毒等有作用，主要用于圈舍、运输工具、器具、污物消毒	设备孵化室用0.45%溶液消毒；圈舍地面用0.45%溶液喷洒或喷雾消毒；饮水器可用0.5%溶液定期消毒；饮水消毒原液3毫升加10千克水；消毒池用3%溶液消毒；运输工具、器械用1%溶液喷洒消毒

续表

分类	药物名称	作用	用法用量
卤素类	漂白粉	对细菌、芽孢、病毒、真菌等均有作用，主要用于圈舍、饮水、器具、车辆、排泄物等消毒	饮水消毒每一吨水加入6～20克；喷洒消毒可用1%～3%溶液对饲槽、水槽、器具消毒；撒布消毒直接用干粉与粪便1∶5均匀混合消毒
	氯胺-T（氯亚明）	对细菌、芽孢、病毒、真菌等有作用，主要用于饮水、黏膜、皮肤创伤、排泄物消毒	每吨水加入2～4克饮水消毒；0.2%～0.3%氯胺-T用于黏膜消毒；0.5%～2%氯胺-T用于皮肤或创伤消毒；3%氯胺-T用于排泄物消毒
	二氯异氰尿酸钠	对细菌、芽孢、病毒、真菌均有效，主要用于饮水、圈舍、车辆、器具消毒	饮水消毒每吨水加入0.5克；圈舍、器具消毒每升水有效氯50～100毫克，即本品80～170毫克
	三氯异氰尿酸钠	对病毒、细菌、真菌、虫卵有效，主要用于圈舍环境、饮水、饲槽等消毒	饮水消毒每吨水加入4～6克；喷洒消毒，每升水加入200～400毫克
	次氯酸钠	对病毒、细菌、真菌等有作用，主要用于圈舍、环境、器具消毒	0.01%～0.02%溶液用于器具浸泡消毒；0.3%水溶液用于圈舍喷雾消毒；1%溶液每立方米200毫升用于圈舍、环境消毒
	二氧化氯	对芽孢、真菌、病毒、细菌均有作用；主要用于圈舍、饮水、环境、排泄物、车辆、种蛋等消毒	空气消毒：每立方米10毫升，1∶250稀释。饮水消毒：100千克水加入5毫升。排泄物、粪便除臭消毒：100千克水加入5毫升。肠炎辅助治疗1∶(500～1000)浓度混饮
	复方次氯酸钙粉	对病毒、细菌、芽孢有效，主要用于圈舍、环境、器具等消毒	配制方法：先把A包溶于10千克水中，完全溶解后再加入B包。喷雾消毒1∶(15～20)稀释，每立方米150～200毫升；洗涤器具1∶30稀释
染料类	甲紫（龙胆紫、紫药水）	对革兰氏阳性菌、霉菌有作用	1%～3%溶液常用于日常消毒，2%～10%软膏也经常使用。主要用于皮肤、黏膜创伤与溃疡、烧伤等
	利凡诺（雷佛奴尔、乳酸依沙吖啶）	碱性染料，对革兰氏阳性菌和少数阴性菌作用强大	0.1%～0.3%水溶液冲洗或湿敷感染疮，1%软膏用于小面积化脓创
	亚甲蓝（美蓝）	对鱼类寄生虫常用，动物亚硝酸盐中毒解毒药	鱼塘遍洒，每立方米水1～4克；牛多用于解亚硝酸盐中毒

续表

分类	药物名称	作用	用法用量
表面活性剂	新洁尔灭(苯扎溴铵)	对细菌作用好,对病毒作用弱,对结核分枝杆菌、炭疽芽孢、霉菌效果不好;主要用于术前手臂皮肤、黏膜、器械、用具、种蛋等消毒	0.1%溶液用于手臂、手指、器械等浸泡消毒5～30分钟;0.1%溶液蛋壳消毒,水温40～43℃,浸泡3分钟;0.15%～2%溶液用于圈舍喷雾消毒;0.01%～0.05%溶液用于黏膜和深部感染创口冲洗
	洗必泰(氯已定)	对细菌、真菌有作用;主要用于术前消毒,创伤冲洗,烧伤感染,器具、圈舍、手术室消毒	0.02%溶液,术前泡手,3分钟达到消毒目的;0.05%溶液用于创伤冲洗;0.05%乙醇溶液用于术前皮肤消毒;0.1%溶液浸泡器械消毒,加入0.1%亚硝酸钠,浸泡10分钟以上;0.5%溶液喷雾或涂擦无菌室、手术室、圈舍、用具等
	葡萄糖酸氯已定溶液	对细菌、真菌都有作用;主要用于术前消毒、创伤清洗,奶牛场使用比较多	多用于奶牛挤奶后乳头浸蘸消毒,连用3～4天,下次挤奶前彻底清洗乳头和乳房
	消毒净	对细菌、真菌有作用;主要用于术前消毒、皮肤、黏膜、器械、圈舍消毒	0.05%溶液可冲洗黏膜;0.1%溶液用于手指和皮肤消毒,也可浸泡器械消毒,如金属器械可加入0.5%亚硝酸钠
	度米芬(消毒宁)	对细菌、真菌有作用,对芽孢、抗酸杆菌、病毒效果不好,碱性溶液中效果增强;主要用于口腔辅助治疗和皮肤消毒	0.02%～1%溶液用于皮肤、黏膜消毒及局部感染湿敷;0.05%溶液加入0.5%亚硝酸钠用于器械、设备消毒
	创必龙	对葡萄球菌、链球菌、白色念珠菌、皮肤癣菌有抑制作用	0.1%乳剂或0.1%油膏用于防治烧伤后感染、术后创口感染、白色念珠菌感染
	菌毒清(辛氨乙甘酸溶液)	对化脓杆菌、肠道杆菌、真菌作用良好,对芽孢、结核分枝杆菌作用差;主要用于圈舍、食槽、饮水器、器具、种蛋等消毒	1∶500稀释,每立方米0.5～1.5升,可用于圈舍或带动物消毒;1∶500稀释可用于设备、器具浸泡消毒,浸泡10分钟;1∶(1000～1500)稀释可进行饮水消毒
	癸甲溴铵	对细菌、真菌、病毒有效;主要用于厩舍、器具、饮水、环境消毒	每升水中加入0.5毫升,完全浸湿需要消毒的物件,可用于圈舍、车辆、器具常规消毒;每100升水加入10毫升,可用于饮水消毒;每15升水加入10毫升可用于毛巾、挤奶器、奶罐消毒
	月苄三甲氯铵	对细菌、病毒均有杀灭作用;主要用于圈舍和器具消毒	1∶300稀释用于圈舍消毒;1∶1000稀释用于器具消毒

续表

分类	药物名称	作用	用法用量
其他消毒剂	松馏油	对细菌有一定作用；主要用于治疗蹄病	外用药，根据情况适量涂抹
	氧化锌	具有收敛和抗菌作用；常用于皮炎、湿疹、溃疡等治疗	氧化锌软膏患部涂抹使用
	硫柳汞	对细菌、真菌有抑制作用；可用于皮肤、黏膜消毒	使用浓度 0.05%～0.2%
	鱼石脂（依克度）	具有消毒防腐作用；用于皮炎、疖肿、痤疮等	外用多为 10%鱼石脂软膏涂抹患处；消胀内服 10～30 克，加倍量乙醇溶解，再加水配成 3%～5%溶液灌服
	乙型丙内酯	对细菌、芽孢、真菌、病毒、立克次体等有杀灭作用；液体用于血制品、移植组织消毒；气体用于室内空气、表面消毒，也可用于器械消毒	血制品与移植组织灭菌，可用 0.25%浓度作用 30 分钟；喷雾消毒室内空气，每立方米 2～5 克，作用 2 小时；医疗器械灭菌，密闭容器进行，13～15 毫克/升，作用 1 小时
	环氧乙烷	对细菌、真菌、芽孢、病毒、立克次体、虫卵均有杀灭作用；主要用于精密仪器、医疗器械、生物制品、饲料、谷物消毒，也可用于圈舍消毒	杀灭一般细菌每立方米 300～400 克，作用 8 小时；杀灭芽孢和霉菌，每立方米 700～950 克，作用 24 小时

二、牛常用抗生素汇总

牛常用青霉素类抗生素汇总见表 19-2。

表 19-2　牛常用青霉素类抗生素

作用机制	抑制细菌细胞壁的合成，使细菌细胞壁缺损而失去屏障保护作用，引起菌体膨胀变形，最后破裂溶解死亡	
药物名称	抗菌范围	用法用量
青霉素 G（青霉素钠、青霉素钾、普鲁卡因青霉素、苄星盐）	不耐酸，不耐酶；对 G^+（革兰氏阳性菌）、部分 G^-（革兰氏阴性菌）球菌、螺旋体、梭状芽孢杆菌、放线菌等有作用；对 G-杆菌很弱，对结核分枝杆菌、立克次体、支原体、病毒、真菌等无效	青霉素钾钠肌内注射一次量，每千克体重牛 1 万～2 万单位，犊牛 2 万～3 万单位；乳房灌注：牛挤乳后，每个乳室 10 万～40 万单位，每天 2～3 次
氯唑西林（邻氯青霉素）	耐酸，耐青霉素酶的半合成青霉素；作用范围同青霉素 G，但对耐青霉素的金黄色葡萄球菌有很强的杀灭作用	内服，牛每千克体重 10～20 毫克，每天 3 次；肌内注射，一次量牛每千克体重 5～10 毫克，每天 3 次；乳管内注入注射用氯唑西林钠，一次量，奶牛每个乳室 200 毫克，每天一次；干奶期奶牛乳管注入苄星氯唑西林乳房注入剂，每个乳室 0.5 克

作用机制	抑制细菌细胞壁的合成，使细菌细胞壁缺损而失去屏障保护作用，引起菌体膨胀变形，最后破裂溶解死亡	
药物名称	抗菌范围	用法用量
苯唑西林	耐酸耐酶，除对金黄色葡萄球菌有效外，对其他菌的作用不如青霉素，粪肠球菌对本品耐药	肌内注射一次量，每千克体重牛10～15毫克，每天2～3次，连用2～3天
氨苄西林	耐酸不耐酶，对革兰氏阳性菌作用接近青霉素或略弱，对革兰氏阴性菌作用与氯霉素相似或略强，但不如多黏菌素与氨基糖苷类药，对铜绿假单胞菌、耐药金黄色葡萄球菌无效	内服，一次量，每千克体重牛4～15毫克；静脉或肌内注射，牛每千克体重10～20毫克；氨苄西林氯唑西林钠每千克体重牛20毫克；每天2～3次
阿莫西林（羟氨苄西林）	抗菌谱和氨苄西林相似，对胃酸稳定，与青霉素、氨苄西林交叉耐药	内服，一次量，牛每千克体重5～10毫克；肌内注射或输液，牛每千克体重5～10毫克；复方阿莫西林乳房注入剂，泌乳期奶牛，挤乳后每乳室3克；每天两次
哌拉西林钠	对革兰氏阳性菌近似氨苄西林，对革兰氏阴性菌作用较强，对铜绿假单胞菌、大肠埃希菌、变形杆菌优于阿莫西林和氨苄西林	肌内注射，牛每千克体重50毫克，每天三次
卡比西林（羧苄青霉素）	抗菌谱与氨苄西林接近，但作用较弱，对铜绿假单胞菌、变形杆菌作用较强，与青霉素交叉过敏反应	肌内注射或静脉注射，一次量，牛每千克体重33毫克，每天2～3次
海他西林（缩酮氨苄西林）	进入体内水解为氨苄西林发挥抗菌作用，抗菌范围同氨苄西林	多是与氨苄西林组成复方使用；用量参考氨苄西林
美西林	主要作用于革兰氏阴性菌，对大肠埃希菌活性较氨苄西林强10倍以上；对铜绿假单胞菌、变形杆菌、革兰氏阳性菌无效	静脉或肌内注射一日量，牛2.5～5克

牛常用头孢类抗生素汇总见表19-3。

表19-3　牛常用头孢类抗生素

作用机制		抑制细菌细胞壁的合成，使细菌细胞壁缺损而失去屏障保护作用，引起菌体膨胀变形，最后破裂溶解死亡	
代次	药物名称	抗菌范围	用法用量
一代	头孢噻吩（噻孢霉素、头孢菌素Ⅰ）	对G^+菌、钩端螺旋体作用较强，对G^-菌作用较弱	静脉或肌内注射每千克体重20～40毫克

续表

作用机制		抑制细菌细胞壁的合成，使细菌细胞壁缺损而失去屏障保护作用，引起菌体膨胀变形，最后破裂溶解死亡	
代次	药物名称	抗菌范围	用法用量
一代	头孢氨苄（先锋霉素Ⅳ）	对 G^+ 菌作用好，对 G^- 菌作用略差，对肠球菌作用弱	内服每千克体重牛 22 毫克，限于哺乳犊牛；注射每千克体重 10 毫克；乳管注入一次量，每个乳室 200 毫克，每天 2～3 次
	头孢羟氨苄	对 G^+ 菌作用好，对 G^- 菌作用略差，对肠球菌作用弱	内服每千克体重 20 毫克，仅限于哺乳犊牛
	头孢唑啉（先锋霉素Ⅴ）	对 G^+ 菌作用好，对 G^- 菌作用略差，对肠球菌作用弱；对链球菌、大肠埃希菌、肺炎杆菌、痢疾杆菌作用较强	注射每千克体重 15～30 毫克
	头孢拉定（先锋霉素Ⅵ）	主要对 G^+ 菌作用强，对 G^- 菌作用弱	注射，牛每千克体重 20～40 毫克
	头孢噻啶（先锋霉素Ⅱ）	对 G^+ 菌、钩端螺旋体作用较强，对 G^- 菌作用较弱	注射，牛每千克体重 20～30 毫克
二代	头孢孟多	对 G^- 菌作用优于第一代，对 G^+ 菌作用优于第三代	注射，牛每千克体重 20～25 毫克
	头孢呋辛	对 G^- 菌作用优于第一代，对 G^+ 菌作用优于第三代	注射，牛每千克体重 10～25 毫克
三代	头孢噻肟	对 G^- 菌作用强大，对 G^+ 菌作用接近第二代	注射，牛每千克体重 20～30 毫克
	头孢哌酮钠	对 G^- 菌作用强大，对 G^+ 菌作用接近第一代	注射，牛每千克体重 20 毫克
	头孢噻呋	动物专用第三代头孢药物；对 G^+ 菌作用接近第一代或略弱，对 G^- 菌作用较强	注射，牛每千克体重 2.2～4.4 毫克；干乳期奶牛乳房注入，每个乳池 0.5 克
	头孢三嗪（头孢曲松）	对 G^- 菌作用强大，对 G^+ 菌作用接近第二代	注射，牛每千克体重 25 毫克
	头孢他啶	对 G^- 菌作用强大，对 G^+ 菌作用接近或不及第二代；对铜绿假单胞菌作用较强	注射，牛每千克体重 10～25 毫克

续表

作用机制		抑制细菌细胞壁的合成，使细菌细胞壁缺损而失去屏障保护作用，引起菌体膨胀变形，最后破裂溶解死亡	
代次	药物名称	抗菌范围	用法用量
四代	头孢吡肟	对 G^- 菌和 G^+ 菌作用均很好	注射，牛每千克体重 8～15 毫克
	头孢喹肟	动物专用第四代头孢；对 G^- 菌和 G^+ 作用均很好	注射，牛每千克体重 2～3 毫克；乳管注入，每个乳室一支(8 克∶75 毫克)；子宫内灌注，一次一支(25 克∶0.9 克)
五代	头孢洛林	动物临床很少使用	剂量可参考人牛 1∶10 比例粗略测算，均为成年体重参考
	头孢托罗		
	头孢吡普		

牛常用β-内酰胺酶抑制剂汇总见表 19-4。

表 19-4　牛常用β-内酰胺酶抑制剂

作用机制	通过与细菌产生的β-内酰胺酶结合而抑制酶活性，从而保护青霉素、头孢等不被酶水解失效
药物名称	临床配伍
克拉维酸	克拉维酸钾常与氨苄西林或阿莫西林 1∶2 或 1∶4 配伍增效
舒巴坦钠	舒巴坦钠常与氨苄西林或阿莫西林 1∶2 配伍增效
他唑巴坦	他唑巴坦常与哌拉西林钠 1∶8 配伍增效，与第三代头孢等合用前景比较好

牛常用大环内酯类抗生素汇总见表 19-5。

表 19-5　牛常用大环内酯类抗生素

作用机制	药物作用在细菌 50s 核糖体亚基，通过阻断转肽作用和 mRNA 位移而抑制细菌蛋白合成	
药物名称	抗菌范围	用法用量
红霉素	接近青霉素，对革兰氏阳性菌、梭菌作用突出，对流感嗜血杆菌、脑膜炎球菌、布鲁氏菌、巴氏杆菌等阴性菌也有作用；对螺旋体、支原体、立克次体、衣原体作用也较好	内服，每千克体重 10～20 毫克，适用于哺乳犊牛
乳糖酸红霉素	同红霉素	静脉注射，牛每千克体重 1～5 毫克。先用灭菌水溶解，后用 5%葡萄糖注射液稀释，不可用生理盐水稀释
硫氰酸红霉素	同红霉素	多为可溶性粉，牛很少使用，哺乳犊牛用量可参考红霉素；肌内注射 3～5 毫克/千克

续表

作用机制	药物作用在细菌50s核糖体亚基，通过阻断转肽作用和mRNA位移而抑制细菌蛋白合成	
药物名称	抗菌范围	用法用量
吉他霉素（北里霉素）	抗菌谱接近红霉素，对革兰氏阳性菌作用弱于红霉素，对支原体作用接近泰乐菌素，对立克次体、螺旋体也有效	口服，犊牛一次量每千克体重20～30克，适用于哺乳犊牛
酒石酸吉他霉素	同吉他霉素	同吉他霉素
泰乐菌素	抗菌谱和红霉素接近，对支原体作用较强	肌内注射，牛，一次量，每千克体重2～10毫克
酒石酸泰乐菌素	同泰乐菌素	肌内注射，牛，一次量，每千克体重5～13毫克
磷酸泰乐菌素	同泰乐菌素	肌内注射，牛，一次量，每千克体重5～13毫克
磷酸替米考星	与泰乐菌素类似；对胸膜肺炎放线菌、巴氏杆菌、支原体作用比泰乐菌素强	皮下注射，牛每千克体重10毫克，每点不超过15毫升
泰万菌素	与泰乐菌素类似	多是可溶性粉，牛很少使用
泰拉霉素	与泰乐菌素类似，对胸膜肺炎放线菌、巴氏杆菌、支原体作用比泰乐菌素强	皮下注射，牛一次量，每千克体重2.5毫克，药效持续5天左右，每点注射不超过7.5毫升
加米霉素	与泰拉霉素相似，主要对曼氏杆菌、巴氏杆菌、胸膜肺炎放线菌、支原体、肺炎链球菌等作用明显	皮下注射，牛每千克体重6毫克，每点注射不超过10毫升，半衰期4天
泰地罗新	对革兰氏阳性菌和阴性菌都有作用，整体优于氟苯尼考、泰乐菌素、替米考星、泰拉霉素	皮下注射，牛，一次量每千克体重4毫克，半衰期4～7天
克拉霉素	抗菌谱接近红霉素，但活性是红霉素的两倍	内服，每千克体重7.5毫克，适用于哺乳犊牛
阿奇霉素	接近红霉素，但对革兰氏阳性菌比红霉素强，对部分阴性菌比红霉素也强，抗菌活性是泰乐菌素4倍	静脉注射，每千克体重牛10毫克；每天一次

牛常用林可胺类抗生素汇总见表19-6。

表19-6 牛常用林可胺类抗生素

作用机制	主要作用于细菌核糖体的50s亚基，通过抑制肽链的延长而影响蛋白质的合成，起到抑菌作用	
药物名称	抗菌范围	用法用量
林可霉素（洁霉素）	主要对革兰氏阳性菌、支原体、钩端螺旋体、放线菌有作用，最大的特点就是对厌氧菌作用良好	静脉注射或肌内注射，每千克体重10毫克

续表

作用机制	主要作用于细菌核糖体的50s亚基，通过抑制肽链的延长而影响蛋白质的合成，起到抑菌作用	
药物名称	抗菌范围	用法用量
克林霉素（盐酸氯洁霉素）	抗菌谱同林可霉素，但抗菌活性是林可霉素的4～8倍	注射一次量，每千克体重5～10毫克，每天1～2次
吡利霉素	接近林可霉素，主要用于治疗葡萄球菌、链球菌等引起的牛乳腺炎	乳管注入，每乳室50毫克，每天一次，连用两天

牛常用氨基糖苷类抗生素汇总见表19-7。

表19-7 牛常用氨基糖苷类抗生素

作用机制	主要是作用于细菌核糖体，抑制蛋白质正常合成，使细菌细胞膜通透性增强，导致细胞内钾离子、腺嘌呤、核苷酸等重要物质外泄，引起死亡，属于静止期杀菌剂	
药物名称	抗菌范围	用法用量
硫酸链霉素	对结核分枝杆菌和多种革兰氏阴性菌有抗菌作用，对革兰氏阳性菌作用差	内服，犊牛一次量1克，每天2～3次；注射，一次量，牛每千克体重10～15毫克，每天两次
硫酸卡那霉素	对结核分枝杆菌、金黄色葡萄球菌、多数革兰氏阴性菌有作用，对支原体也有一定作用	肌内注射，一次量，牛每千克体重10～15毫克，一日两次，连用2～3天
硫酸庆大霉素	对多数革兰氏阴性菌和金黄色葡萄球菌有作用	内服，一次量，犊牛每千克体重5毫克；注射，一次量，牛每千克体重2～4毫克，一日两次
硫酸新霉素	对多数革兰氏阴性菌和金黄色葡萄球菌有作用	内服，一次量，牛每千克体重10～20毫克，一日2次
硫酸阿米卡星（硫酸丁胺卡那）	作用与卡那霉素接近或略强，有些作用不如庆大霉素	注射，一次量，牛每千克体重5～10毫克，犊牛20～25毫克，一日两次；子宫灌注，一次量，2克溶于200升生理盐水中一次灌注，每天一次
盐酸大观霉素	对多数革兰氏阴性菌、肺炎球菌、表皮葡萄球菌、支原体等有一定的作用	内服，犊牛每千克体重10～40毫克；肌内注射每千克体重20～25毫克，一日两次
安普霉素（阿普拉霉素）	对多数革兰氏阴性菌有作用，对某些链球菌、密螺旋体、支原体等有较强的抗菌活性	内服，每千克体重20～40毫克；肌内注射每千克体重20毫克，每天一次
庆大小诺霉素	抗菌活性同庆大霉素，小诺霉素对氨基糖苷乙酰转移酶稳定，降低耐药性	肌内注射，一次量，每千克体重1～2毫克，每天两次

续表

作用机制	主要是作用于细菌核糖体，抑制蛋白质正常合成，使细菌细胞膜通透性增强，导致细胞内钾离子、腺嘌呤、核苷酸等重要物质外泄，引起死亡，属于静止期杀菌剂	
药物名称	抗菌范围	用法用量
妥布霉素	为广谱氨基糖苷类药；对革兰氏阴性菌，尤其是铜绿假单胞菌高效，对金黄色葡萄球菌作用与庆大霉素接近	肌内注射，一次量，每千克体重 1～1.5 毫克，一日两次

牛常用多黏菌素类抗生素汇总见表 19-8。

表 19-8　牛常用多黏菌素类抗生素

作用机制	药物名称	抗菌范围	用法用量
主要是抑制细菌细胞壁合成，也能损伤细胞膜，使细胞内物质外流，属慢效杀菌剂	杆菌肽	对革兰氏阳性菌有抗菌活性，对金黄色葡萄球菌、链球菌属作用强大，对螺旋体、放线菌属也有作用	主要内服治疗肠道细菌感染或局部外用；杆菌肽锌主要用于促生长、预防肠炎，混饲，犊牛每吨饲料 3 月龄以下 10～100 克，3～6 月龄 4～40 克(以杆菌肽计)
主要作用于细菌细胞膜，使膜的通透性增加，导致细胞内重要物质外漏而杀菌	硫酸黏菌素(硫酸多黏菌素 E)	窄谱抗菌，对多数革兰氏阴性菌作用良好，而对变形杆菌、布鲁氏菌、沙雷氏菌、革兰氏阳性菌等耐药	内服，一次量，每千克体重，犊牛 1.5 万～5 万单位；肌内注射 2～4 毫克
同硫酸多黏菌素 E	硫酸多黏菌素 B	主要用于铜绿假单胞菌等革兰氏阴性菌等	肌内注射，一日量，每千克体重牛 0.5 万单位，分两次注射；乳管注入：每一乳室牛 5～10 毫克；子宫腔注入：牛 10 毫克；内服 0.5 万～1 万单位/千克
抑制细菌细胞壁合成	恩拉霉素	主要对革兰氏阳性菌有作用，临床用于畜禽促生长，牛用的不多，增重效果一般	犊牛内服，每吨饲料添加 22 克

牛常用四环素类抗生素汇总见表 19-9。

表 19-9　牛常用四环素类抗生素

作用机制	主要与核糖体 30S 亚基特异结合，阻止氨基酰-tRNA 联结，抑制肽链延长和蛋白质合成，同时改变细菌细胞膜通透性，导致重要物质外漏而抑菌	
药物名称	抗菌范围	用法用量
土霉素	广谱抗菌，对革兰氏阳性菌、革兰氏阴性菌、支原体、衣原体、立克次体、螺旋体、附红体等有效，对革兰氏阳性菌的作用比对阴性菌的作用强	内服，一次量，犊牛每千克体重 10～25 毫克；肌内注射，一次量，每千克体重 10～20 毫克；静脉注射，一次量，每千克体重 5～10 毫克

续表

作用机制	主要与核糖体 30S 亚基特异结合，阻止氨基酰-tRNA 联结，抑制肽链延长和蛋白质合成，同时改变细菌细胞膜通透性，导致重要物质外漏而抑菌	
药物名称	抗菌范围	用法用量
盐酸四环素	同土霉素，抗菌作用比土霉素略强	内服，一次量，犊牛每千克体重 10～25 毫克；静脉注射，一次量，每千克体重，牛 5～10 毫克
盐酸金霉素	与四环素相似，对葡萄球菌作用突出，对支原体、衣原体、立克次体等有效	牛每千克体重 11 毫克，成年牛每天 350 毫克
盐酸多西环素	抗菌谱接近土霉素，作用强于土霉素、四环素、金霉素等	内服，犊牛每千克体重 3～5 毫克；静脉注射每千克体重 1～2 毫克；肌内注射每千克体重 5～10 毫克；子宫灌注每次 2 克
米诺环素（美满霉素）	抗菌谱与多西环素相似；对多数革兰氏阳性菌、阴性菌、厌氧菌、支原体、衣原体、螺旋体作用很强	内服，每千克体重 4 毫克；静脉注射每千克体重 3～5 毫克

牛常用酰胺醇类抗生素汇总见表 19-10。

表 19-10　牛常用酰胺醇类抗生素

作用机制	主要作用于细菌 70s 核糖体的 50s 亚基，抑制肽链的形成，从而阻止蛋白质的合成，起到抑菌的作用	
药物名称	抗菌范围	用法用量
氯霉素	广谱抗菌，对革兰氏阴性菌的作用比对革兰氏阳性菌的作用强，但对铜绿假单胞菌、结核分枝杆菌等无效	内服，一次量，犊牛每千克体重 50 毫克；注射，牛每千克体重 40～50 毫克，但注射液已经很少用了
甲砜霉素	与氯霉素接近，抗菌作用比氯霉素稍强	内服，一次量，犊牛每千克体重 5～10 毫克
氟苯尼考	抗菌范围和活性略优于氯霉素和甲砜霉素，对革兰氏阴性菌、阳性菌、支原体都有作用	内服，一次量，犊牛每千克体重 20～30 毫克；注射，一次量，每千克体重牛 20 毫克

牛常用截短侧耳素类抗生素汇总见表 19-11。

表 19-11　牛常用截短侧耳素类抗生素

作用机制	与细菌核糖体 50s 亚基结合而抑制细菌蛋白质合成，从而抑菌	
药物名称	抗菌范围	用法用量
延胡索酸泰妙菌素	与大环内酯类相似，对支原体、革兰氏阳性菌、猪胸膜肺炎放线菌、密螺旋体、胞内劳森菌等有抑制作用	粉剂为主，猪禽应用广泛；混饲，猪一吨料添加 40～100 克；饮水一升水加入猪 45～60 毫克，禽 125～250 毫克

续表

作用机制	与细菌核糖体 50s 亚基结合而抑制细菌蛋白质合成，从而抑菌	
药物名称	抗菌范围	用法用量
沃尼妙林	接近泰妙菌素，整体比泰妙菌素强	粉剂为主，猪禽应用广泛；混饲，猪一吨料添加 25～75 克；内服每千克体重猪 2～4 毫克

牛常用喹诺酮类抗生素汇总见表 19-12。

表 19-12　牛常用喹诺酮类抗生素

作用机制	主要是通过抑制细菌 DNA 合成酶之一的回旋酶，从而造成细菌染色体不可逆损害，从而选择性杀菌	
药物名称	抗菌范围	用法用量
氟甲喹	主要对革兰氏阴性菌有效，对支原体也有一定作用，抗菌作用略高于噁喹酸	内服，犊牛每千克体重 1.5～3 毫克
环丙沙星（环丙氟哌酸）	主要对支原体、革兰氏阴性菌作用好，对革兰氏阳性菌也有作用	内服，犊牛每千克体重 2.5～5 毫克；静脉或肌内注射，每千克体重 2.5～5 毫克
二氟沙星	主要对革兰氏阴性菌、革兰氏阳性菌、支原体、厌氧菌等有作用，对多数肠球菌和铜绿假单胞菌耐药	内服，犊牛一次量每千克体重 5～10 毫克；肌内注射每千克体重 5 毫克
恩诺沙星	对革兰氏阴性菌、阳性菌、支原体有效，抗菌活性优于诺氟沙星	内服，犊牛每千克体重 2.5～5 毫克；静脉或肌内注射每千克体重 2.5～5 毫克
沙拉沙星	对革兰氏阴性菌、阳性菌、支原体作用优于诺氟沙星	内服，犊牛每千克体重 5～10 毫克；肌内注射每千克体重 2.5～5 毫克
达氟沙星（达诺沙星、单诺沙星）	抗菌作用接近恩诺沙星	内服，犊牛每千克体重 2.5～5 毫克；肌内注射每千克体重 1.25～2.5 毫克
马波沙星（麻波沙星）	作用接近恩诺沙星	内服，犊牛每千克体重 2～5 毫克；静脉或肌内注射每千克体重 2 毫克
奥比沙星	作用接近恩诺沙星，但对厌氧菌作用弱于恩诺沙星	内服，犊牛每千克体重 2.5～7.5 毫克
普多沙星	对革兰氏阳性菌和厌氧菌抗菌活性强	内服，犊牛每千克体重 3 毫克
诺氟沙星（氟哌酸）	对革兰氏阴性菌、支原体作用较强，对革兰氏阳性菌也有作用	内服，犊牛每千克体重 10 毫克；肌内注射每千克体重 8 毫克
氧氟沙星（氟嗪酸）	对革兰氏阴性菌、阳性菌、支原体、某些厌氧菌等有作用	内服，犊牛每千克体重 2～3 毫克；静脉或肌内注射每千克体重 2 毫克

牛常用磺胺类抗生素汇总见表 19-13。

表 19-13 牛常用磺胺类抗生素

作用机制	阻止细菌叶酸代谢而抑制其繁殖	
药物名称	抗菌范围	用法用量
磺胺嘧啶(SD)	广谱抑菌,对革兰氏阴性菌、阳性菌、某些放线菌、衣原体、球虫、阿米巴原虫、弓形虫等有作用	内服,一次量,犊牛每千克体重首次 0.14～0.2 克,维持量减半;静脉或肌内注射每千克体重 50～100 毫克;复方制剂肌内注射,一次量,每千克体重 20～30 毫克,每天 2 次
磺胺二甲嘧啶(SM_2)	抗菌较磺胺嘧啶弱,对球虫、弓形虫也有抑制作用	内服,一次量,犊牛每千克体重首次 0.14～0.2 克,维持量减半;静脉或肌内注射每千克体重 50～100 毫克
磺胺噻唑(ST)	近似磺胺嘧啶,抗菌作用略强于磺胺嘧啶	内服,一次量,犊牛每千克体重首次 0.14～0.2 克,维持量减半;静脉或肌内注射每千克体重 50～100 毫克
磺胺甲噁唑(SMZ、新诺明)	抗菌谱近似磺胺嘧啶,但抗菌作用略强,常与甲氧苄啶合用增效	内服,每千克体重犊牛,首次量 50～100 毫克,维持量减半;复方磺胺甲噁唑,犊牛内服每千克体重 20～25 毫克
磺胺对甲氧嘧啶(SMD、磺胺-5 甲氧嘧啶)	对革兰氏阴性菌、阳性菌、球虫、弓形虫等都有作用,但比磺胺间甲氧嘧啶弱	内服,一次量,犊牛每千克体重首次 50～100 毫克,维持量减半;复方磺胺对甲氧嘧啶,内服,每千克体重 20～25 毫克;静脉或肌内注射每千克体重 15～20 毫克,每天 1～2 次
磺胺间甲氧嘧啶钠(SMM、磺胺-6 甲氧嘧啶)	抗菌作用最强的磺胺类药之一,对革兰氏阳性菌、阴性菌、球虫、弓形虫等有效,与甲氧苄啶合用疗效增强	内服,一次量,犊牛每千克体重首次 50～100 毫克,维持量减半;静脉或肌内注射每千克体重 50 毫克,每天 1～2 次
磺胺氯哒嗪钠	抗菌谱接近磺胺间甲氧嘧啶,但作用稍弱,侧重大肠埃希菌、巴氏杆菌	内服,一次量,犊牛每千克体重首次 50～100 毫克,维持量减半
磺胺多辛(周效磺胺、磺胺邻二甲氧嘧啶)	抗菌谱接近磺胺嘧啶,抗菌活性但稍弱	内服,一次量,犊牛每千克体重首次 50～100 毫克,维持量减半
磺胺二甲氧嘧啶(SMD、磺胺间二甲氧嘧啶)	抗菌范围和活性接近磺胺嘧啶	内服,一次量,犊牛每千克体重首次 100 毫克,维持量减半

续表

作用机制	阻止细菌叶酸代谢而抑制其繁殖	
药物名称	抗菌范围	用法用量
磺胺甲氧嗪（SMP、磺胺甲氧哒嗪）	同磺胺嘧啶，但活性弱于磺胺嘧啶	内服，一次量，犊牛每千克体重首次50毫克，维持量减半；静脉或肌内注射每千克体重50～70毫克，每天1～2次
磺胺脒（SG）	主要用于各种敏感菌引起的肠炎、菌痢	内服，一次量，犊牛每千克体重100～200毫克
琥磺噻唑（SST）	主要用于各种敏感菌引起的肠炎、菌痢，作用比磺胺脒强	内服，一次量，犊牛每千克体重100～200毫克
酞磺噻唑（PST）	主要用于各种敏感菌引起的肠炎、菌痢，比琥磺噻唑强2～4倍	内服，一次量，犊牛每千克体重100～200毫克
酞磺醋酰（PSA）	主要用于各种敏感菌引起的肠炎、菌痢，疗效不如酞磺噻唑	内服，一次量，犊牛每千克体重100～200毫克
磺胺醋酰钠	抗菌作用弱，多用于结膜炎、角膜炎及其他眼部感染	磺胺醋酰钠滴眼液15%滴眼
磺胺嘧啶银	对致病菌、真菌包括铜绿假单胞菌等有效	直接撒布创面或2%混悬液湿敷
甲磺灭脓（SML）	对革兰氏阳性菌、阴性菌有效，对铜绿假单胞菌作用较强，迅速渗入创面，烧伤和大面积创面常用	甲磺灭脓10%软膏常用，创面适量涂抹
甲氧苄啶（TMP、三甲氧苄啶）	同磺胺嘧啶，主要与其他抗生素合用协同增效	通常本品与其他抗菌药1∶5组合
二甲氧苄啶（DVD）	同磺胺嘧啶，主要与其他抗生素合用协同增效	通常本品与其他抗菌药1∶5组合

牛常用其他类抗生素汇总见表19-14。

表19-14　牛常用其他类抗生素

药物名称	抗菌范围	用法用量	注意事项
痢菌净（乙酰甲喹）	主要对革兰氏阴性菌、密螺旋体作用好	内服一次量，每千克体重牛5～10毫克；肌内注射一次量，每千克体重2～5毫克	主要用于治疗肠炎
甲硝唑（甲硝哒唑、灭滴灵）	广谱抗厌氧菌、抗原虫，对多数厌氧菌纲、滴虫、阿米巴原虫有作用，对球虫也有一定抑制作用	内服，一次量，每千克体重牛60毫克；静脉注射，一次量，每千克体重75毫克，一天一次	妊娠早期慎用，静脉注射宜慢
地美硝唑	主要侧重组织滴虫、密螺旋体、厌氧菌等	内服，一次量，牛每千克体重60～100毫克	有一定毒性反应，注意剂量准确

续表

药物名称	抗菌范围	用法用量	注意事项
卡巴氧	对革兰氏阴性菌作用强于革兰氏阳性菌	常用于促生长，每吨饲料添加10～25克	猪用得多，牛谨慎使用
喹乙醇	对革兰氏阴性菌、革兰氏阳性菌、密螺旋体有作用	常用于促生长，每吨饲料添加50～100克	猪用得多，牛谨慎使用
呋喃妥因	对革兰氏阴性菌、阳性菌、真菌、原虫都有一定作用	内服，一次量，牛每千克体重6～7.5毫克，一日2～3次	与丙磺舒合用增效；尿液酸性时，活性高
呋喃唑酮（痢特灵）	对革兰氏阴性菌、阳性菌、真菌、原虫都有一定作用	内服，一次量，犊牛每千克体重10～12毫克，每天1～2次	内服吸收少，肠道浓度高
盐酸小檗碱	对革兰氏阴性菌、阳性菌、流感病毒、阿米巴原虫、钩端螺旋体、部分真菌有抑制作用	内服，一次量，牛3～5克；肌内注射一次量，牛0.15～0.4克	内服吸收少，主要治疗肠炎；静脉注射可引起血管扩张、血压下降，谨慎使用
乌洛托品	释放甲醛杀菌或抑菌	内服，一次量，牛15～30克；静脉注射牛15～30克	宜加服氯化铵，使尿液酸化；与钙镁制酸剂、碳酸酐酶抑制剂、柠檬酸盐、碳酸氢钠、噻唑类利尿剂等碱性药物禁止同用，降低疗效；与磺胺类同用增加尿结晶风险；常与氯化钙、水杨酸钠同用
牛至油	对革兰氏阴性菌、阳性菌都有一定作用	内服，犊牛口服可预防肠炎，每次10～20毫升	猪禽使用较多，牛用得较少

牛常用抗真菌药物汇总见表19-15。

表19-15　牛常用抗真菌药物

药物名称	抗菌范围	用法用量	注意事项
灰黄霉素	内服抗浅表真菌感染，对各种皮肤真菌均有较强作用	内服，一次量，每千克体重，牛10毫克，犊牛10～20毫克，每天一次	外用不易透过皮肤，以内服为主，妊娠动物禁用
制霉菌素	广谱抗真菌，但对念珠菌作用最强	气雾用药：每立方米50万单位；内服用药：一次量，牛250万～500万单位；子宫灌注：牛150万～200万单位；乳管灌注：牛每乳室10万单位	内服不易吸收，主要用于消化道真菌感染

续表

药物名称	抗菌范围	用法用量	注意事项
两性霉素B(芦山霉素)	广谱抗真菌,对全身深部真菌均有强大的作用	静脉给药一次量,每千克体重0.38毫克,连用4～10天,每天一次	内服吸收率低;使用时先用灭菌水稀释,再用5%葡萄糖溶液稀释至0.1%浓度缓慢注射
克霉唑(三苯甲咪唑、抗真菌1号)	广谱抗真菌,对皮肤浅表真菌与灰黄霉素相当,对深部真菌不如两性霉素B好	内服一次量牛5～10克,犊牛1.1～1.5克,每天两次	内服易吸收;对严重的深部真菌感染宜与两性霉素B合用
酮康唑	广谱抗真菌,对浅表和深部的真菌感染均有效	内服一次量牛每千克体重3～6毫克,每天一次,连用1～6个月;皮肤真菌也可外用涂擦	酸性条件下内服易吸收;肝功能不全慎用,妊娠期禁用
咪康唑	广谱抗真菌,具有潜在抗革兰氏阳性菌作用,常与氢化可的松、庆大霉素合用治疗耳炎	外用,复方咪康唑滴耳液,治疗外耳道炎	滴耳前要摇匀
伊曲康唑	广谱抗真菌	内服,每千克体重,猫0.5毫升,牛很少使用	内服溶液多为1%;也有外用膏剂,适量涂抹
氟康唑	广谱抗真菌,体外抗菌不如酮康唑,体内抗菌活性要好一点	兽医临床主要是外用治疗耳部或皮肤真菌感染	复方氟康唑:氟康唑、硫酸新霉素、曲安奈德组方
托萘酯	具有杀真菌作用,对于表皮癣菌、小孢子菌、毛癣菌有效,对念珠菌无效	局部外用涂抹,一天2次	剂型为1%乳膏
水杨酸	中等程度抑菌溶解角质,促进表皮生长,常与其他抗真菌药合用	外用治疗表皮皮肤真菌病	重复涂抹有刺激,皮肤破损处禁用
水杨酰苯胺	抗真菌作用较强,对小孢子菌、某些毛癣菌有效	5%软膏外用涂抹	与十一烯酸配合可增强药效
十一烯酸	抗真菌作用,对小孢子菌有效	外用局部涂抹2%～15%软膏,或十一烯酸锌2%～10%软膏	主要用于皮肤真菌

三、牛常用抗病毒西药汇总

牛常用抗病毒西药汇总见表19-16。

表 19-16 牛常用抗病毒西药

药物名称	抗病毒特点	用法用量	注意事项
阿糖腺苷	主要用于疱疹病毒、母牛乳头病毒、痘病毒等	有3%眼膏；有注射用单磷酸阿糖腺苷	不适合静脉给药
阿昔洛韦（无环鸟苷）	主要用于疱疹病毒、巨细胞病毒等	0.1%滴眼液；3%眼膏；注射阿昔洛韦冻干粉；静脉注射或肌内注射每千克体重5～10毫克	禽、猫目前用得较多
利巴韦林	对痘病毒、流感病毒、牛鼻气管炎病毒、水疱性口炎病毒、轮状病毒、呼吸道合胞病毒等有效	静脉注射或肌内注射每千克体重5～10毫克	早期使用有一定作用
金刚烷胺	对甲型流感、正黏病毒、副黏病毒、披盖病毒等有效	口服，每千克体重1～2毫克（推算量）	主要针对流感
病毒灵（吗啉胍）	对流感病毒、副流感病毒、呼吸合胞病毒、腺病毒等有效	1～2毫克/千克	因疗效不确切，目前用得较少
干扰素	主要用于预防和治疗病毒感染和免疫系统疾病，具有种属特异性	白细胞干扰素α和纤维母细胞干扰素β为Ⅰ干扰素与抗病毒作用有关；免疫细胞干扰素γ为Ⅱ干扰素与免疫调节有关	干扰素是病毒进入机体诱导宿主细胞产生一类具有多种生物活性的糖蛋白；口服不吸收，主要是肌内和皮下注射
聚肌苷酸-聚胞苷酸	主要用于疱疹病毒、病毒性肝炎、流感等	每头牛一次10～50毫克（推算量）	抗病毒与免疫调节
黄芪多糖	主要用于预防或辅助治疗病毒性疾病	50～100毫升（50千克10毫升）	提高免疫力

四、牛常用驱虫药汇总

牛常用抗蠕虫类药之驱线虫类药物汇总见表19-17。

表 19-17 牛常用驱线虫类药物

分类	药物名称	驱虫范围	用法用量
苯并咪唑类	噻苯达唑	多种胃肠道线虫，对成虫效果好，对未成熟的虫体也有作用	内服一次量，每千克体重牛50～100毫克
	阿苯达唑	对多种线虫有作用，对某些吸虫和绦虫也有效果，对成虫与幼虫均有效	内服一次量，每千克体重，牛10～15毫克
	芬苯达唑	对多种线虫有作用，对某些吸虫和绦虫也有效果，对成虫与幼虫均有效	内服一次量，每千克体重牛5～7.5毫克

续表

分类	药物名称	驱虫范围	用法用量
苯并咪唑类	奥芬达唑	芬苯达唑衍生物，驱虫活性更强；对多种线虫有作用，对某些吸虫和绦虫也有效果，对成虫与幼虫均有效	内服一次量，每千克体重牛5毫克
	氧苯达唑	仅对胃肠道线虫有效	内服一次量，每千克体重牛10～15毫克
	甲苯达唑	不仅对胃肠道线虫有效，对绦虫也有一定作用	内服一次量，每千克体重牛8.8毫克
	氟苯达唑	不仅对胃肠道线虫有效，对绦虫也有一定作用	内服一次量，每千克体重牛10毫克
	非班太尔	主要对胃肠道线虫有作用，常与吡喹酮同用	内服一次量，每千克体重牛10毫克
	硫苯尿酯	主要对胃肠道线虫有作用，成虫、幼虫均有作用	内服一次量，每千克体重牛50～100毫克
咪唑并噻唑类	左旋咪唑	主要针对胃肠道线虫和肺线虫	内服、肌内注射、皮下注射，一次量，每千克体重牛7.5毫克
四氢嘧啶类	酒石酸噻嘧啶	主要针对胃肠道线虫	内服一次量，每千克体重牛25毫克
有机磷类	精致敌百虫	不仅对消化道线虫有效，对姜片虫、血吸虫、体表寄生虫也有效	内服一次量，每千克体重牛20～40毫克
	哈乐松	牛羊专用的有机磷驱虫药，主要驱皱胃、小肠中的寄生线虫，对大肠寄生虫作用弱	内服，一次量，每千克体重，牛44毫克
	蝇毒磷	本品是常用的杀虫药和驱虫药，主要用于各种线虫	内服一次量，牛每千克体重15毫克；混饲一日量，每千克体重牛2毫克，连用6天
	萘肽磷	主要驱皱胃、小肠中的寄生线虫，对大肠寄生虫作用弱	内服，一次量，每千克体重，牛50毫克
抗生素类	伊维菌素	对体内线虫和体外节肢动物均有良好驱杀作用	内服，每千克体重0.2～0.3毫克；皮下注射，每千克体重0.2毫克；背部浇泼，每千克体重0.5毫克
	阿维菌素	对体内线虫和体外节肢动物均有良好驱杀作用	内服，每千克体重0.2～0.3毫克；皮下注射，每千克体重0.2毫克；背部浇泼，每千克体重0.5毫克
	多拉菌素	对体内线虫和体外节肢动物均有良好驱杀作用	皮下注射，每千克体重0.2毫克；背部浇泼，每千克体重0.5毫克

续表

分类	药物名称	驱虫范围	用法用量
抗生素类	美贝霉素肟	对体内线虫和体外节肢动物均有良好驱杀作用	内服一次量，每千克体重0.5～1毫克
	莫西菌素	对体内线虫和体外节肢动物均有良好驱杀作用	内服，每千克体重0.4毫克；皮下注射，每千克体重0.2毫克；背部浇泼，每千克体重0.5毫克
	越霉素A	主要对线虫有用，尤其对蛔虫、毛首线虫高效	混饲猪禽每吨饲料5～10克，牛很少用
	潮霉素B	主要对线虫有用	混饲每吨饲料猪10～13克，禽8～12克，牛很少用
其他类	哌嗪	主要驱蛔虫，对食道口线虫、尖尾线虫也有一定作用	内服一次量，每千克体重牛0.2～0.25克
	柠檬酸乙胺嗪	主要对网尾线虫、原圆线虫、后圆线虫、丝虫等有作用	内服一次量，每千克体重牛20毫克
	硫胂铵钠	主要对丝虫作用好	静脉注射，一次量犬每千克体重2.2毫克，牛很少用

牛常用抗蠕虫类药之驱绦虫类药物汇总见表19-18。

表19-18　牛常用驱绦虫类药物

分类	药物名称	驱虫范围	用法用量
驱绦虫类药物	氢溴酸槟榔碱	抗绦虫	内服一次量，每千克体重2毫克
	丁萘脒	抗绦虫	内服一次量，每千克体重25～50毫克
	氯硝柳胺	抗绦虫	内服一次量，每千克体重50毫克
	硫双二氯酚	对绦虫、吸虫均有效	内服一次量，每千克体重40～60毫克
	吡喹酮	抗绦虫、血吸虫	内服一次量，每千克体重10～35毫克
	伊喹酮	抗绦虫、血吸虫	内服一次量，犬猫每千克体重分别5.5毫克、2.75毫克

牛常用抗蠕虫类药之驱吸虫类药物汇总见表19-19。

表19-19　牛常用驱吸虫类药物

分类	药物名称	驱虫范围	用法用量
驱吸虫类药物	硝氯酚	传统抗牛羊肝片吸虫药物	内服一次量，每千克体重，黄牛3～7毫克，水牛1～3毫克；皮下或肌内注射一次量，每千克体重0.6～1毫克
	碘醚柳胺	传统抗牛羊肝片吸虫药物	内服一次量，每千克体重，牛7～12毫克

续表

分类	药物名称	驱虫范围	用法用量
驱吸虫类药物	氯氰碘柳胺钠	对肝片吸虫、胃肠道线虫、节肢动物幼虫等有作用	内服一次量，每千克体重，牛5毫克；皮下注射一次量，每千克体重2.5毫克
	硝碘酚腈	传统抗牛羊肝片吸虫药物	皮下注射，一次量，每千克体重，牛10毫克
	溴酚磷	抗肝片吸虫	内服一次量，每千克体重，牛12毫克
	三氯苯达唑	抗肝片吸虫	内服一次量，每千克体重，牛12毫克
	双酰胺氧醚	对肝片吸虫童虫有作用	内服一次量，每千克体重，牛100毫克
驱血吸虫类药物	硝硫氰酯	主要用于片形吸虫和血吸虫	内服一次量，每千克体重，牛30～40毫克
	六氯对二甲苯	主要用于片形吸虫和血吸虫	血吸虫内服，每千克体重，黄牛0.12克，水牛0.09克，连用10天；片形吸虫，内服一次量每千克体重0.2克
	次没食子酸锑钾	抗血吸虫	内服，每千克体重0.045克，连用5天

牛常用抗原虫类药之抗球虫类药物汇总见表19-20。

表 19-20 牛常用抗球虫类药物

分类	药物名称	驱虫范围	用法用量
聚醚类离子载体类抗生素	莫能菌素钠	对球虫各个状态都有作用；对产气荚膜梭菌也有作用，可预防坏死性肠炎；对肉牛有促生长作用	混饲，每吨饲料肉牛5～30克
	盐霉素钠	抗球虫，对革兰氏阳性菌有抑制作用	混饲，每吨饲料25～75克
	拉沙洛菌素钠	抗球虫	混饲，每吨饲料犊牛32.5克
	马杜霉素铵	抗球虫	每吨饲料肉鸡5克
	赛杜霉素钠	抗球虫	每吨饲料肉鸡25克
	海南霉素钠	抗球虫	每吨饲料肉鸡5～7.5克
三嗪类抗球虫药	妥曲珠利	抗球虫	犊牛一次内服每千克体重10～20毫克，两天一次
	地克珠利	抗球虫	犊牛每千克体重1～2毫克
二硝基类抗球虫药	二硝托胺	抗球虫	混饲，每吨饲料肉鸡125克
	尼卡巴嗪	抗球虫	混饲，每吨饲料肉鸡125克

续表

分类	药物名称	驱虫范围	用法用量
磺胺类抗球虫药	磺胺喹噁啉	抗菌、抗球虫	犊牛球虫可0.1%饲料浓度添加，连用7～9天
	磺胺二甲嘧啶	抗菌、抗球虫	犊牛每45千克5克，连用5天
	磺胺氯吡嗪钠	抗菌抗球虫，暴发球虫好用	犊牛每千克体重36毫克
其他类抗球虫药	氯羟吡啶	抗球虫	混饲每吨饲料禽125克，兔200克
	盐酸氨丙啉	抗球虫	犊牛预防时每天5毫克/千克；治疗10毫克/千克
	乙氧酰胺苯甲酯	抗球虫	禽每吨饲料4～8克
	盐酸氯苯胍	抗球虫	禽、兔一次内服10～15毫克/千克
	氢溴酸常山酮	抗球虫	混饲禽每吨饲料3克

牛常用抗原虫类药之抗锥虫类药物汇总见表19-21。

表19-21　牛常用抗锥虫类药物

药物名称	驱虫范围	用法用量	注意事项
注射用喹嘧胺	传统抗锥虫药	肌内注射或皮下注射，一次量，每千克体重4～5毫克	严禁静脉注射，用前灭菌水稀释为10%混悬液
盐酸氯化氮氨菲啶（沙莫林）	长效抗锥虫药	肌内注射一次量，每千克体重，牛1毫克	刺激性大，有一定不良反应，临用前灭菌水稀释成2%溶液
萘磺苯酰脲	抗锥虫，对牛泰勒虫病、无形体也有一定作用	静脉注射，一次量，每千克体重牛12毫克，治疗时用药两次间隔七天	现配现用，临用前配成10%灭菌水溶液

牛常用抗原虫类药之抗梨形虫类药物汇总见表19-22。

表19-22　牛常用抗梨形虫类药物

药物名称	驱虫范围	用法用量	注意事项
三氮脒	对梨形虫、锥虫、无形体均有治疗作用，预防效果差	肌内注射一次量，每千克体重牛3～5毫克	临用前配成5%～7%灭菌溶液；毒性大注意剂量；谨慎静脉给药

续表

药物名称	驱虫范围	用法用量	注意事项
二丙酸双脒苯脲	对梨形虫、无形体有效	皮下或肌内注射，每千克体重牛1～2毫克，间隔14天再用一次	禁止静脉注射，反应强烈容易致死
盐酸吖啶黄	对梨形虫、革兰氏阳性菌有效	静脉注射一次量，每千克体重牛3～4毫克，极量牛不超过2克	预防可以每月注射一次；治疗间隔24～48小时再给药一次
青蒿琥酯	疟疾药，对梨形虫有效	内服牛每千克体重5毫克，首次加倍，1日两次，连用2～4天	胎毒性，孕畜慎用

牛常用抗原虫类药之抗滴虫类药物汇总见表19-23。

表19-23　牛常用抗滴虫类药物

药物名称	驱虫范围	用法用量
甲硝唑	抗滴虫、贾弟鞭毛虫、厌氧菌等	内服，一次量，每千克体重牛60毫克；静脉注射牛一次量，每千克体重75毫克
地美硝唑	抗滴虫、密螺旋体、厌氧菌等	内服或肌内注射，一次量，每千克体重牛60～100毫克，一天一次，连用5天

牛常用杀虫剂类药物汇总见表19-24。

表19-24　牛常用杀虫剂类药物

分类	药物名称	驱虫范围	用法用量
有机磷类化合物	精制敌百虫	蜱虫、虱子、疥螨、蚊、蝇、蟑螂、跳蚤等	体表喷洒：1%～3%溶液；环境喷洒：0.1%～0.5%溶液；药浴：0.2%～0.5%溶液；牛皮蝇蚴局部涂擦：2%溶液；牛背线喷雾：0.25%～1%溶液，每头不超过3.8升
	敌敌畏	蜱虫、虱子、疥螨、蚊、蝇、蟑螂、跳蚤等	环境喷洒：0.1%～0.5%溶液，100平方米1升；体表喷雾：1%溶液，每头牛每天用量不能超过60毫升
	辛硫磷	蜱虫、虱子、疥螨、蚊、蝇、蟑螂、跳蚤等	辛硫磷乳油，药浴配成0.05%乳液；体表环境喷洒配成0.1%乳液
	巴胺磷	蜱虫、虱子、疥螨、蚊、蝇、蟑螂、跳蚤等	巴胺磷溶液，药浴喷淋：每吨水加入500毫升(200克)
	马拉硫磷	蜱虫、虱子、疥螨、蚊、蝇、蟑螂、跳蚤等	药浴喷淋：配成0.2%～0.3%水溶液；体表喷洒：配成0.5%溶液；环境喷洒：稀释成0.2%～0.5%溶液，每平方米2克

续表

分类	药物名称	驱虫范围	用法用量
有机磷类化合物	倍硫磷	蜱虫、虱子、疥螨、蚊、蝇、蟑螂、跳蚤等	背部浇泼：每千克体重牛 5～10 毫克，混于石蜡油中制成 1%～2%溶液应用；环境体表喷洒：稀释成 0.25%溶液
	皮蝇磷	蜱虫、虱子、疥螨、蚊、蝇、蟑螂、跳蚤等	喷洒喷淋：加水稀释成 0.25%～0.5%溶液
	二嗪农	蜱虫、虱子、疥螨、蚊、蝇、蟑螂、跳蚤等	喷淋每升水加入 600 毫克；药浴每吨水初次浸泡加 625 克，补药液添加 1500 克
	甲基吡啶磷	虱子、蚊、蝇、蟑螂、跳蚤等	撒布于成蝇、蟑螂聚集处，每平方米 2 克；喷洒灭蚊蝇用水配成 10%混悬液，每平方米 50 毫升；涂抹用 10%甲基吡啶磷 100 克加水 80 毫升调成糊涂抹物体表面，每 2 平方米涂一个点(13 厘米×10 厘米)
有机氯化合物	三氯杀虫酯	蜱虫、虱子、疥螨、蚊、蝇、蟑螂、跳蚤等	喷雾：加水稀释成 1%浓度，按 0.4 毫升/米^2 喷雾；喷洒：稀释成 1%乳剂喷洒家畜体表
	杀虫脒(氯苯甲脒)	畜禽各种螨病	喷洒药浴：加水稀释至 0.1%～0.2%溶液
拟除虫菊酯类化合物	溴氰菊酯	主要用于防治家畜外寄生虫、环境及仓库中的昆虫	药浴与喷淋：每吨水加入溴氰菊酯 5～15 克预防，50 克治疗，必要时间隔一周可重复一次
	二氯苯醚菊酯	主要用于防治家畜外寄生虫、环境及仓库中的昆虫	喷淋或喷雾：稀释成 0.125%～0.5%溶液灭螨虫，0.1%溶液杀灭虱子、蚊蝇；药浴除螨配成 0.02%乳液
	氟胺氰菊酯	主要用于蜂螨	喷雾加水 2000～5000 倍稀释
	氰戊菊酯	主要用于防治家畜外寄生虫、环境及仓库中的昆虫	药浴或喷淋：每升水 40～80 毫克；喷雾：稀释为 0.2%浓度圈舍每平方米 3～5 毫升，需密闭空间
其他杀虫剂	非泼罗尼	猫狗体表寄生虫常用	喷雾：每千克体重犬、猫 3～6 毫升；滴剂外用：猫 0.5 毫升，狗 10 千克以内 0.67 毫升、10～20 千克 1.34 毫升、20～40 千克 2.68 毫升、40 千克以上 5.36 毫升
	升华硫	螨虫，真菌，蜂、蚕多用	硫黄软膏外用；药浴 2%硫黄、1%石灰配成灭疥螨浴剂，每周一次；喷洒灭蜂螨，10 框群用药 3 克
	环丙氨嗪	控制圈舍蝇幼虫繁殖生长	每吨饲料 5 克连用 4～6 周，鸡用得多

续表

分类	药物名称	驱虫范围	用法用量
其他杀虫剂	双甲脒(特敌克)	体表、环境寄生虫	药浴、喷淋、涂擦:家畜配成0.025%~0.05%溶液

五、牛常用作用于内脏系统的药物汇总

牛心血管系统常用药汇总见表19-25。

表19-25 牛心血管系统常用药

分类	药物名称	用法用量	适应证
强心药	洋地黄(毛地黄叶)	内服,马每千克体重全效量0.033~0.066克,维持量为全效量十分之一	慢性心功能不全、阵发性室上心动过速、心房纤颤、心房扑动等
	地高辛(狄戈辛)	内服,每千克体重全效量0.06~0.08毫克;静脉注射葡萄糖稀释,全效量,每千克体重0.01毫克	慢性心功能不全、阵发性室上心动过速、心房纤颤、心房扑动等
	洋地黄毒苷(狄吉妥辛)	肌内注射全效量,每千克体重0.037毫克;静脉注射全效量0.006~0.012毫克	慢性心功能不全等
	毒毛旋花子苷K(毒毛苷)	静脉注射一次量,牛1.25~3.75毫克,用葡萄糖或生理盐水稀释10~20倍使用,必要时2~4小时再注射一次	急性心功能不全或慢性心功能不全等
	去乙酰毛花苷	静脉注射,一次量,牛1.6~3.2毫克;临用前用10%稀释20倍后缓慢注射,4~6小时后可酌情减半注射	急性心功能不全,对房颤、室上性心动过速作用明显
止血药	维生素K_3	肌内注射,一次量,牛0.1~0.3克	主要治疗胃肠炎、肝炎、阻塞性黄疸导致的维生素K_3缺乏和低凝血酶原症,以及霉烂变质草木樨、水杨酸钠中毒导致的低凝血酶原症
	安络血	内服,一次量,牛25~50克,每天2~3次;肌内注射,一次量,牛25~100克,每天2~3次	用于各种出血疾病
	凝血酸	静脉注射一次量,牛2~5克	多用于术前预防性止血
	酚磺乙胺(止血敏)	静脉注射或肌内注射,一次量牛1.25~2.5克	用于各种出血,可与维生素K配伍使用

续表

分类	药物名称	用法用量	适应证
止血药	肾上腺素色腙	肌内注射，一次量，牛 25～100 毫克	用于各种出血，目前使用较少
	硫酸鱼精蛋白	静脉注射与肝素量相当，1 毫克鱼精蛋白中和 100 单位肝素钠	多用于肝素过量引起的出血
抗凝血药	柠檬酸钠	注射用柠檬酸钠 100 毫升全血加 0.4 克，临用前用 10 毫升生理盐水稀释；柠檬酸钠注射液，100 毫升全血加入 10 毫升	采血抗凝血
	肝素钠	体内抗凝：静脉注射或肌内注射，每千克体重牛 100～130 单位；体外抗凝：500 毫升血液加肝素钠 2000～3000 单位	体外采血抗凝血；体内防血栓抗凝血
抗贫血药物	硫酸亚铁	内服一次量，牛 2～10 克	补铁
	柠檬酸铁铵	内服一次量牛 5～10 克	补铁
	富马酸亚铁	内服一次量，牛 2～5 克	补铁
	右旋糖酐铁	深部肌内注射，一次量，犊牛 200～600 毫克	补铁
	葡聚糖铁钴注射液	深部肌内注射仔猪 2 毫升，犊牛适量 4～6 毫升	补铁、钴
	维生素 B_{12}（含钴 4.5%）	肌内注射，一次量，牛 1～2 毫克	B_{12} 缺乏性贫血、神经损害性疾病、巨幼细胞贫血、神经炎、神经萎缩等
	叶酸	混饲，每千克饲料 10～20 毫克；内服，一次量，每千克体重 0.2～0.4 毫克	用于营养不良、妊娠叶酸缺乏导致的幼红细胞性贫血

牛消化系统常用药汇总见表 19-26。

表 19-26　牛消化系统常用药

分类	药物名称	用法用量	适应证
苦味健胃药	龙胆	龙胆末：内服一次量，牛 15～45 克；龙胆酊：内服一次量，牛 50～100 毫升；复方龙胆酊：内服一次量 50～100 毫升	动物食欲不振、消化不良、某些热性病的恢复期

续表

分类	药物名称	用法用量	适应证
苦味健胃药	大黄	大黄末：内服一次量，健胃20～40克，通便100～150克；大黄流浸膏：内服一次量，健胃20～40毫升，通便犊牛10～30毫升；复方大黄酊：内服一次量，牛健胃30～100毫升	健胃、泻下；用于食欲不振、消化不良
	马钱子（番木鳖）	马钱子末：内服，一次量，牛1.5～6克；马钱子流浸膏：内服一次量，牛1～3毫升；马钱子酊：内服一次量，牛10～30毫升	作为健胃和中枢兴奋药；用于治疗食欲不振、消化不良、前胃弛缓、瘤胃积食等，促进胃肠功能活动
芳香健胃药	肉桂（桂皮）	肉桂：内服一次量，牛15～30克；肉桂酊：牛一次量，30～100毫升	治疗风寒感冒、消化不良、肠胃臌气、产后虚弱、四肢厥冷等
	小茴香	小茴香：内服，一次量，牛15～60克；小茴香酊：内服一次量，牛40～60毫升	治疗消化不良、积食、肠胃臌气等
	干姜	干姜：内服一次量，牛15～30克；姜流浸膏：内服一次量，牛5～10毫升；姜酊：内服一次量，牛40～60毫升	用于机体虚弱、消化不良、食欲不振、胃肠胀气
盐类健胃药	氯化钠	健胃内服，牛一次量20～50克	用于食欲不振，消化不良，早期便秘
	碳酸氢钠（小苏打）	内服，一次量，牛30～100克	用于健胃、胃肠卡他、酸血症、碱化尿液
	人工盐	内服，健胃一次量，牛50～150克；缓泻一次量，牛200～400克	用于消化不良、胃肠弛缓、慢性胃肠卡他、早期大肠便秘（配方：硫酸钠44%、碳酸氢钠36%、氯化钠18%、硫酸钾2%）
助消化药	稀盐酸（10%盐酸）	内服一次量牛15～30毫升，使用前用水稀释成0.2%溶液	用于胃酸不足或缺乏引起的消化不良、食欲不振、胃内异常发酵、胃扩张、碱中毒等
	乳酸	内服一次量牛5～15毫升	用于幼畜消化不良，1%阴道冲洗可抗滴虫
	稀醋酸	内服一次量，牛，10～40毫升	用于幼畜消化不良，反刍动物瘤胃臌气、前胃弛缓、急性胃扩张等
	干酵母	内服一次量，马、牛30～100克，猪、羊5～10克	用于食欲不振、消化不良、维生素B族缺乏症引起的神经炎、酮血症等

续表

分类	药物名称	用法用量	适应证
助消化药	乳酶生	内服一次量，驹、犊 10～30 克，猪、羊 2～4 克，犬 0.3～0.5 克，禽 0.5～1 克	用于防治消化不良、肠内臌气、幼畜腹泻
	胰酶	内服一次量猪 0.5～1 克；犬 0.2～0.5 克；牛用得不多，犊牛可参照猪用量	用于胰功能障碍或胰液分泌不足引起的消化不良
	胃蛋白酶	内服一次量，牛、马 4000～8000 单位，猪、羊 800～1600 单位，驹、犊 1600～4000 单位，犬 80～800 单位，猫 80～240 单位	用于胃液分泌不足或幼畜胃蛋白酶缺乏引发的消化不良
抗酸及抗消化道溃疡药	碳酸氢钠（小苏打）	内服一次量，猪 2～5 克，羊 5～15 克，牛 30～100 克，马 15～60 克，犬、猫 0.3～2 克，每天两次	用于胃酸过多、纠正酸中毒、碱化尿液
	氢氧化铝	内服，一次量，猪、羊 3～5 克，马、牛 15～30 克，犬、猫 0.5～2 克	用于胃酸过多、胃、十二指肠溃疡等
	硫糖铝（双蔗糖氢氧化铝）	内服，一次量，犬 250～1000 毫克，猫 200～400 毫克	用于胃、十二指肠溃疡，急性胃黏膜损伤或出血，亦可用于酸引发的食管溃疡
	氧化镁	内服一次量，猪、羊 2～5 克，牛、马 10～25 克，犬 0.25～1 克	适用于胃酸过多症
	西咪替丁	混饲，鸡，每吨饲料 100 克	抗胃酸，对化学腐蚀性胃炎有预防和保护作用；对溃疡和消化道出血有作用
	法莫替丁（愈疡宁）	混饲，鸡，每吨饲料 10 克	抗胃酸，对化学腐蚀性胃炎有预防和保护作用；对溃疡和消化道出血有作用
	雷尼替丁（呋喃硝胺）	混饲，鸡，每吨饲料 50 克	抗胃酸，对化学腐蚀性胃炎有预防和保护作用；对溃疡和消化道出血有作用
	溴丙胺太林（普鲁本辛）	内服一次量，小犬 5～7.5 毫克，中犬 15 毫克，大犬 30 毫克，猫 5～7.5 毫克，每天三次	适用于胃酸过多症，胃及十二指肠溃疡的治疗
	奥美拉唑	犬每千克体重 0.7 毫克，或一次量，体重 5 千克以下 5 毫克，5～20 千克 10 毫克，20 千克以上 20 毫克；猫 3～6 毫克；马每千克体重 4 毫克	用于胃溃疡、胃酸过多、急性胃黏膜出血

续表

分类	药物名称	用法用量	适应证
催吐药与止吐药	硫酸铜	内服,一次量,猪0.8克,犬0.1～0.5克,猫0.05～0.1毫克,配成1%溶液	催吐,主要用于猪、犬、猫催吐
	阿扑吗啡(去水吗啡)	内服一次量,每千克体重犬4毫克;静脉注射,每千克体重,犬0.05毫克;皮下注射:一次量,猪每头10～20毫克,犬每千克体重0.04～0.1毫克	催吐,常用于驱除胃内毒物和异物,猫不用
	苯海拉明(苯那君)	内服一次量,猪0.08～0.12毫克;每千克体重,犬、猫2～4毫克;肌内注射一次量,每千克体重,猪、犬、猫2～4毫克	预防猫犬晕动病;运输前30分钟给药
	茶苯海明(晕海宁)	内服一次量,每千克体重4～8毫克,每天2～3次	用于晕动性恶心、呕吐
	氯丙嗪(冬眠灵)	内服一次量,每千克体重,猪、羊、牛、马3毫克;肌内注射一次量,每千克体重犬、猫1.1～6.6毫克;静脉注射一次量,每千克体重,犬、猫0.501毫克	用于镇静、止吐、肠痉挛等
	甲氧氯普胺(胃复安)	肌内注射一次量,犊牛每千克体重0.1毫克,每天一次;内服或肌内注射,一次量,犬、猫每千克体重0.2～0.5毫克,每天2～3次	治疗胃炎、减少呕吐;治疗瘤胃弛缓和食管倒流;对猫、犬晕动病无效
	爱茂尔(溴米那普鲁卡因)	可参考人的剂量粗略换算	主要用于神经性呕吐和妊娠呕吐,亦可用于晕车、胃肠痉挛呕吐
瘤胃兴奋药(反刍兴奋药)	氯化氨甲酰甲胆碱(比赛可灵)	皮下注射,一次量,每100千克体重5～10毫克	用于反刍动物前胃弛缓、瘤胃积食、膀胱积尿、胎衣不下、子宫蓄脓等
	甲酰胆碱(氯化碳酰胆碱)	皮下注射,一次量,牛1～2毫克	用于反刍动物前胃弛缓、瘤胃积食、膀胱积尿、胎衣不下、子宫蓄脓等
	甲硫酸新斯的明	肌内或皮下注射,一次量,牛4～20毫克	用于胃肠弛缓、轻度便秘、子宫收缩无力、子宫蓄脓、胎衣不下、重症肌无力、尿潴留等
	酒石酸锑钾	内服一次量牛4～6克,用前加水稀释至3%～5%的溶液	用于瘤胃弛缓、反刍无力等
	10%氯化钠溶液	静脉注射,一次量,每千克体重1毫升	用于前胃弛缓、瘤胃积食、胃扩张、便秘疝等

续表

分类	药物名称	用法用量	适应证
瘤胃兴奋药(反刍兴奋药)	氢溴酸槟榔碱	皮下注射,一次量,牛 30～60 毫克;滴眼也可以	用于产后便秘、胃肠弛缓、子宫弛缓、胎衣不下等,虹膜炎点眼;也可驱绦虫
	毛果芸香碱(匹罗卡品)	皮下注射,一次量牛 50～150 毫克;兴奋反刍常规用量 40～60 毫克	用于前胃弛缓、瘤胃积食、轻度便秘等
	吡啶斯的明	用量接近新斯的明的四倍	用于胃肠弛缓、轻度便秘、子宫收缩无力、子宫蓄脓、胎衣不下、重症肌无力、尿潴留等
	加兰他敏	皮下或肌内注射,一次量,牛 20～40 毫克	用于胃肠弛缓、轻度便秘、子宫收缩无力、子宫蓄脓、胎衣不下、重症肌无力、尿潴留等
制酵药	鱼石脂	内服一次量马、牛 10～30 克,猪、羊 1～5 克;用前先用 2 倍酒精稀释,再加水稀释成 3%～5%的溶液灌服	用于胃肠道制酵,治疗瘤胃臌气、前胃弛缓、胃肠扩张、大肠便秘等
	芳香氨酯	内服一次量,马、牛 30～60 毫升,猪、羊 3～8 毫升,犬 0.6～4 毫升	用于消化不良、瘤胃臌气、急性肠胀气
	甲醛溶液	内服一次量,牛 8～25 毫升,羊 1～3 毫升;内服前用水稀释成 1%溶液后灌服	胃肠防腐制酵药,治疗瘤胃臌气、急性胃扩张
消沫药	松节油	内服一次量牛 20～60 毫升,猪、羊 3～10 毫升;临用前加 3～4 倍食用油稀释灌服	用于治疗反刍动物泡沫性臌胀、瘤胃积食,马属动物的肠胃臌气、胃肠弛缓等
	二甲硅油	内服一次量,牛 3～5 克,羊 1～2 克;用时配成 2%～5%的乙醇或煤油溶液灌服,灌前可先注入少量温水	用于治疗反刍动物瘤胃臌气,特别是泡沫性臌气等
泻药	硫酸钠	内服,一次量,马 100～300 克,牛 200～500 克,羊 20～50 克,猪 10～25 克,犬 5～10 克	小剂量可健胃,用于消化不良;大剂量用于大肠便秘,排出肠内毒素、毒物,或驱虫辅助用药
	硫酸镁	内服,一次量,马 200～500 克,牛 300～800 克,羊 50～100 克,猪 25～50 克,犬 10～20 克,猫 2～5 克	小剂量可健胃,用于消化不良;大剂量用于大肠便秘,排出肠内毒素、毒物,或驱虫辅助用药
	蓖麻油	内服一次量,马 250～400 毫升,牛 300～600 毫升,驹、犊 30～80 毫升,猪、羊 50～150 毫升,犬 10～30 毫升,猫 4～10 毫升,兔 5～10 毫升	多用于小家畜小肠便秘,对大肠致泻作用小;对牛效果不确实

续表

分类	药物名称	用法用量	适应证
泻药	酚酞	犬一次量0.2～0.5克，其他动物用得不多	犬通便常用
	液体石蜡油	内服一次量，马、牛500～1500毫升，驹、犊60～120毫升，羊100～300毫升，猪50～100毫升，犬10～30毫升，猫5～10毫升	用于小肠阻塞、瘤胃积食与便秘、预防猫毛球
	甘油(丙三醇)	甘油灌肠：一次量，猪、羊5～30毫升，驹、犊50～100毫升，犬2～10毫升，用前配成50%水溶液	用于中小动物和幼畜的便秘
止泻药	鞣酸	内服一次量，马、牛10～20克，羊2～5克，猪1～2克，犬0.2～2克	用于非细菌性的腹泻和肠炎的止泻，细菌性的需配合抗生素；铅、银、铜、士的宁、洋地黄等口食中毒时，可以用1%～2%鞣酸溶液洗胃或灌服，结合解毒后用泻药排除
	鞣酸蛋白	内服一次量，马、牛10～20克，猪、羊2～5克，犬0.2～2克	单独用于非细菌性腹泻和急性肠炎(鞣酸与蛋白各50%配制而成)
	碱式硝酸铋	内服，一次量，马、牛15～30克，猪、羊、犊、驹2～4克，犬0.3～2克	用于胃肠炎和腹泻症
	碱式碳酸铋	内服，一次量，马、牛15～30克，猪、羊、犊、驹2～4克，犬0.3～2克	用于胃肠炎和腹泻症
	颠茄酊	内服，一次量，马10～30毫升，牛20～40毫升，羊2～5毫升，猪1～3毫升，犬0.2～1毫升	缓解动物胃肠平滑肌痉挛和止泻
	复方樟脑酊	内服，一次量，马、牛20～50毫升，羊、猪5～10毫升，犬3～5毫升	用于治疗腹泻、腹痛、咳嗽等(配方：樟脑、阿片酊、八角茴香油)
	盐酸地芬诺酯片	内服一次量，每千克体重，犬0.1～0.2毫克，猫50～100微克；复方盐酸地芬诺酯(地芬诺酯2.5毫克，硫酸阿托品0.025毫克)，犬1片	主要用于猫、犬急慢性腹泻对症治疗，宜配合抗生素同时使用治疗细菌腹泻
	药用炭	内服一次量，马20～150克，牛20～200克，羊5～50克，猪3～10克，犬0.3～2克；使用时加水制成混悬液灌服	主要用于治疗腹泻、肠炎、胃肠胀气、排出毒物等
	白陶土、高岭土	内服一次量，马、牛50～150克，羊、猪10～30克，犬1～5克	主要用于幼畜腹泻病

牛呼吸系统常用药汇总见表19-27。

表 19-27 牛呼吸系统常用药

分类	药物名称	用法用量	适应证
祛痰镇咳药	氯化铵	内服一次量，马8～15克，牛10～25克，羊2～5克，猪1～2克，猫、犬0.2～1克，一日2～3次	用于祛痰，适用于支气管炎初期，特别对黏膜干燥、痰稠不易咳出的咳嗽；用于利尿，可用于心性水肿或肝性水肿
	碳酸铵	内服一次量，马10～25克，牛10～30克，猪、羊2～3克，犬0.2～1克，一日2～3次	同氯化铵
	碘化钾	内服一次量，马、牛5～10克，羊、猪1～3克，犬0.2～1克，猫0.1～0.2克，鸡0.05～0.1克。一日2～3次	内服用于治疗痰液黏稠不易咳出的亚急性支气管炎后期和慢性支气管炎；静脉注射可治疗放线菌病；也用于配制碘酊或碘溶液
	盐酸溴己新（必嗽平）	混饮，每升水，鸡2.5～5毫克；内服，一次量，每千克体重，马0.1～0.25毫克，牛、猪0.2～0.5毫克，犬1.6～2.5毫克，猫1毫克，鸡0.45～1毫克；肌内注射	用于慢性支气管炎的黏稠痰液不易咳出症
	乙酰半胱氨酸（痰易净）	混饮，鸡每升水50～75毫克；喷雾，用10%～20%溶液喷雾吸入，中等动物一次2～5毫升，一般2～3天或连续7天；气管滴入，以5%溶液滴入气管，一次量，马、牛3～5毫升，每日2～4次	用于痰液黏稠引起的呼吸困难，咳嗽困难
	氨溴索（溴环己胺醇）	混饲，每吨料，鸡5～10克；混饮，每升水，鸡2.5～5毫克；内服一次量，每千克体重猪、鸡0.5～2毫克；肌内注射一次量，每千克体重猪、牛、羊等0.5～1.5毫克	用于急慢性呼吸道疾病引起的咳痰困难及动物手术后排痰困难
	磷酸可待因	内服或皮下注射，一次量，马、牛0.2～2克，猪、羊0.1～0.5克，犬15～60毫克，狐狸15～50毫克；皮下注射，犬、猫每千克体重2～3毫克，每天3～4次	镇咳，用于剧烈频繁干咳，痰多者宜配合祛痰药；镇痛，用于中等程度疼痛
	柠檬酸喷托维林（咳必清）	内服，一次量，马、牛0.5～1克，猪、羊0.05～0.1克，犬25毫克，猫5～10毫克，一日2～3次；复方咳必清糖浆内服，一次量，猪、羊20～30毫升，牛、马100～150毫升	各种原因导致的干咳
	二氧丙嗪（克咳敏）	混饮，每升水，鸡2.5～5克；内服一次量，猪、羊5～10毫克，鸡0.5毫克，犬1～10毫克	适用于慢性支气管炎等引起的咳嗽、过敏性哮喘的病畜禽

续表

分类	药物名称	用法用量	适应证
平喘药	氨茶碱	混饮，每一升水，鸡100～120毫克；内服，一次量，猪、羊0.2～0.4克，牛、马1～2克，每千克体重犬、猫10～15毫克，马5～10毫克，每天三次；静脉注射或肌内注射，一次量，猪、羊0.25～0.5克，牛、马1～2克，犬0.05～0.1克	治疗各类型支气管哮喘和肉鸡腹水症
	盐酸麻黄碱	皮下注射，一次量，猪、羊20～50毫克，马、牛50～300毫克，犬10～30毫克；内服一次量，马、牛50～500毫克，猪20～50毫克，羊20～100毫克，一日两次	用于预防支气管哮喘发作及轻度哮喘；预防椎管麻痹或硬膜外麻醉引起的低血压
	盐酸异丙肾上腺素	内服，一次量，牛、马50～100毫克，猪、羊20～30毫克，一日2～3次；静脉注射，一次量，马、牛1～4毫克；猪羊0.2～0.4毫克，一日2～3次；用适量等渗葡萄糖溶液稀释	治疗支气管哮喘；治疗心源性或感染性休克；治疗完全性房室传导阻滞，心搏骤停等
	二羟丙茶碱(喘定)	同氨茶碱	支气管哮喘、喘息性支气管炎，以及心源性肺水肿所致的气喘

牛中枢神经系统常用药汇总见表19-28。

表19-28　牛中枢神经系统常用药

分类	药物名称	用法用量	适应证
中枢神经兴奋药	咖啡因(咖啡碱)	咖啡因内服，一次量，马、牛2～5克，猪、羊0.3～1克；安钠咖内服，一次量，马、牛2～8克，羊、猪1～2克，犬0.2～0.5克；安钠咖静脉或皮下或肌内注射，一次量，马、牛2～5克，猪、羊0.5～2克，犬0.1～0.3克，猫0.03～0.1克	用于加速麻醉药苏醒过程，解救中枢抑制药和毒物的中毒，多种疾病引发的呼吸和循环衰竭；咖啡因和溴化物合用，可调节大脑皮层活动，恢复大脑皮层抑制和兴奋的平衡
	尼可刹米(可拉明)	皮下、肌内或静脉注射，一次量，马、牛2.5～5克，羊、猪0.25～1克，犬0.125～0.5克	用于解救药物中毒或疾病所致的中枢性呼吸抑制或加速麻醉动物的苏醒
	盐酸洛贝林(山梗菜碱)	皮下注射，一次量，马、牛0.1～0.15克，猪、羊6～20毫克，犬1～10毫克；静脉注射，马、牛50～100毫克	适用于幼畜，用于解救中枢性呼吸衰竭、新生畜窒息、巴比妥类等中枢抑制药中毒

续表

分类	药物名称	用法用量	适应证
中枢神经兴奋药	盐酸多沙普仑	输液，一次量，每千克体重，马0.5～1毫克，5分钟内注完；驹0.02～0.05毫克，1分钟内注完，每1～2小时一次，直至动物苏醒	用于马、犬、猫麻醉中或麻醉后兴奋呼吸活动及加速苏醒，恢复反射；难产或剖宫产新生犬、猫兴奋呼吸；巴比妥类和吸入麻醉药引起的呼吸中枢抑制的专用兴奋药
	硝酸士的宁（番木鳖碱）	皮下或肌内注射，一次量，马、牛15～30毫克，猪、羊2～4毫克，犬0.5～0.8毫克，猫0.1～0.3克	用于治疗神经麻痹性疾病，特别是脊髓性不全麻痹，如后躯萎缩、括约肌不全松弛、阴茎脱垂、四肢无力
	戊四氮（可拉佐、卡地阿唑）	皮下、肌内或静脉注射，一次量，猪、羊0.05～0.3克，马、牛0.5～1.5克，犬0.02～0.1克；重症可间隔15～30分钟用药一次，直至呼吸好转	主要用于麻醉药和巴比妥类药物中毒引起的呼吸抑制和急性循环障碍
	回苏灵	肌内注射或静脉注射，一次量，猪、羊8～16毫克，牛、马40～80毫克；静脉注射用葡萄糖注射液稀释后缓滴	用于严重疾病和中枢抑制药中毒引起的呼吸抑制或中枢性呼吸衰竭
	美解眠（贝美格）	缓慢静脉注射或用5%葡萄糖注射液稀释输液，一次量，每千克体重家畜15～20毫克	对巴比妥类及中枢抑制药中毒有解救作用
	印防己毒素（苦味毒）	肌内注射或静脉注射，一次量，马、牛60毫克，犬1～3毫克	用于解救巴比妥类药物中毒所致的呼吸抑制
	丙咪嗪	内服，一次量，犬5～15毫克，猫2.5～5毫克；静脉注射，马一次量，每千克体重0.55毫克	主要用于犬、猫尿失禁和猝倒；马的嗜睡症、射精管功能障碍
催眠、安定、镇静、抗惊厥药	盐酸氯丙嗪	内服，一次量，每千克体重，家畜3毫克；肌内注射，一次量，每千克体重，马、牛0.5～1毫克，羊、猪1～2毫克，犬、猫1～3毫克，虎4毫克，熊2.5毫克，骆驼1.5～2.5毫克，野牛2.5毫克，恒河猴、豺2毫克；静脉注射，一次量，每千克体重，家畜0.5～1毫克	镇静，麻醉前给药，解除平滑肌痉挛，镇痛，降温，抗休克，母猪无乳症辅助治疗
	马来酸乙酰丙嗪	肌内或静脉注射，一次量，每千克体重，马0.05～0.1毫克，牛、羊、猪0.5～1毫克，犬、猫0.05～0.1毫克	镇静，麻醉前给药，解除平滑肌痉挛，镇痛，降温，抗休克，母猪无乳症辅助治疗

续表

分类	药物名称	用法用量	适应证
催眠、安定、镇静、抗惊厥药	水合氯醛	内服一次量，镇静，马、牛 10～25 克，羊、猪 2～4 克，犬 0.3～1 克；催眠，马 30～60 克，牛 15～30 克，黑熊 85 克，每千克体重鹿 55 毫克；灌肠一次量，催眠，马 30～50 克，牛 20～30 克，猪、羊 5～10 克；用时配成 1%～3%浓度并加 1%～5%黏浆剂投服或灌肠	常做镇静催眠药，用于麻醉前动物保定、高热引起的兴奋不安。抗惊厥、麻醉或基础麻醉可用，牛、羊敏感，目前一般不用
	地西泮（安定）	内服，一次量，犬 5～10 毫克，猫 2～5 毫克，水貂 0.5 毫克；肌内或静脉注射，一次量，每千克体重，马 0.1～0.15 毫克，牛、羊、猪 0.5～1 毫克，犬、猫 0.6～1.2 毫克，水貂 0.5～1 毫克	用于镇静、保定、癫痫发作，基础麻醉和术前给药，如治疗癫痫、破伤风、士的宁中毒，防动物攻击，猪、牛麻醉前给药
	氟哌啶	氟哌啶-芬太尼，静脉注射，一次量，每千克体重犬 0.037～0.08 毫升；氟哌啶，肌内注射一次量，每千克体重犬 0.11～0.15 毫升，家兔 0.22 毫升，灵长类每千克体重 0.03～0.22 毫克	主要用于顽固性止吐、镇静、降温、抗创伤性休克
	氟哌啶醇	肌内注射，每千克体重，犬 1～2 毫克；静脉注射每千克体重犬 1 毫克；用 25%葡萄糖注射液稀释后缓慢静脉注射	用于与镇痛药合用产生神经安定镇痛效应，以进行某些外科手术或止呕
	氟苯哌丁酮	肌内注射，一次量，每千克体重，马 0.4～0.8 毫克，猪 1～2.5 毫克	用于猪镇静、安定、化学保定，曾做马的保定剂
	溴化钠	内服，一次量，马 10～50 克，牛 15～60 克，羊 5～15 克，猪 5～10 克，犬 0.5～2 克，家禽 0.1～0.5 克	主要用于缓解脑炎引起的兴奋症状，马属动物腹痛可用安溴合剂，马长途运输镇静等
	溴化钾	同溴化钠	同溴化钠
	溴化钙	静脉注射，一次量，马、牛 2.5～5 克，猪、羊 0.5～1.5 克	同溴化钠，还可治疗皮肤、黏膜过敏
	巴比妥	肌内注射，一次量，猪 0.3～0.5 克，犬 0.05～0.1 克	主要用于镇静和催眠；与氨基比林、安乃近配合使用，可增强其镇痛效果

续表

分类	药物名称	用法用量	适应证
催眠、安定、镇静、抗惊厥药	苯巴比妥（鲁米那）	内服，一次量，每千克体重，犬、猫6～12克，每天2次；肌内注射一次量，猪、羊0.25～1克，每千克体重，马、牛10～15毫克，犬、猫6～12克	主要用于缓解脑炎、破伤风、高热引起的中枢兴奋和惊厥；解救中枢兴奋药中毒；实验动物麻醉等
	异戊巴比妥钠（阿米妥钠）	内服，镇静，一次量，每千克体重，猪、犬5～10毫克；粉针静脉注射，用前稀释成3%～6%溶液，用于镇静、抗惊厥，一次量，每千克体重，猪、犬、猫、兔2.5～10毫克	主要用于小动物全身麻醉和家畜基础麻醉，对抗中枢兴奋药物中毒、破伤风、脑炎引起的惊厥
	司可巴比妥（速可眠）	内服，镇静、基础麻醉，一次量，犬、猫0.03～0.2克	可用于镇静、催眠、基础麻醉
	羟哌氯丙嗪（奋乃静）	内服，一次量，每千克体重，犬、猫0.88毫克，每天两次；静脉或肌内注射，一次量，每千克体重，犬、猫0.5毫克	临床仅用于犬、猫镇静和镇痛
	安宁（甲丙氨酯、眠尔通）	内服，一次量，猪、羊0.3～0.5克，犬0.1～0.4克；肌内注射，抗惊厥，猪、羊0.5～1克	常用作猪、羊、小动物的镇静剂，减轻破伤风、士的宁中毒的肌肉紧张和惊厥
	硫酸镁	肌内或静脉注射，一次量，猪、羊2.5～7.5克，马、牛10～25克，犬1～2克	用于缓解破伤风、士的宁中毒、膈肌痉挛等
	苯妥英钠（大仑丁）	内服，一次量，牛1～2克，犬0.05～0.1克；静脉注射，一次量，每千克体重，犬5～10毫克	主要用于预防和维持治疗癫痫病；发病先用苯巴比妥钠控制，再用本品
	去氧苯巴比妥（扑痫酮）	内服一次量，每千克体重，犬55毫克，每天一次	适用于不能用苯巴比妥和苯妥英钠控制的癫痫大发作
	三甲双酮	内服，一次量，猪、羊0.5～1克，犬0.3～1克	一般用于其他药物控制癫痫病发作疗效不佳时
	咪达唑仑	静脉注射，一次量，每千克体重，马0.011～0.044毫克；静脉注射或肌内注射，一次量，每千克体重，犬、猪0.2～0.4毫克	主要用于全身麻醉前给药
	地托咪定	肌内注射或静脉注射，每千克体重，马0.02～0.04毫克；舌下凝胶，每千克体重，马0.04毫克	目前主要用于马镇静

续表

分类	药物名称	用法用量	适应证
催眠、安定、镇静、抗惊厥药	阿扎哌隆	猪混群镇静：肌内注射每千克体重2.2毫克；麻醉前给药，肌内注射，每千克体重，208毫克；镇静肌内注射，每千克体重1～10毫克	主要用于猪混群镇静或母性差母猪镇静；或作为全身麻醉或剖腹术局部麻醉术前用药，马安定也有使用
	氯氮卓	犬辅助治癫痫，与苯巴比妥合用，内服，每千克体重1～2毫克，每隔12小时一次；辅助治疗恐惧症或恐怖症，内服，每千克体重0.2～1毫克，间隔12～24小时一次；猫抗焦虑或强迫性行为，内服，每千克体重，0.2～0.5毫克，间隔12～24小时一次	主要用于犬、猫辅助抗惊厥、抗焦虑、镇静催眠、行为异常等
镇痛药	哌替啶（杜冷丁）	皮下或肌内注射，镇痛，一次量，每千克体重，猪3～5毫克，马1毫克，犬10毫克，猫3毫克；麻醉前给药，一次量，每千克体重，猪1～2毫克，犬2.5～6.5毫克，猫2～5毫克，兔2.5毫克	临床主要用于镇痛，各种创伤、手术后疼痛、痉挛性疼痛；麻醉前给药，消除兴奋，减少麻醉药用量
	戊唑星（镇痛新）	肌内注射，一次量，每千克体重，马0.3毫克，犬0.5～1毫克；静脉注射，一次量，每千克体重，马0.3毫克	适用于各种原因引起的剧痛，也作麻醉辅助剂
	盐酸美沙酮（盐酸美散痛）	镇痛，皮下或肌内注射，一次量，每千克体重，马0.2～0.4毫克；与巴比妥联合麻醉，皮下注射，一次量，每千克体重，马1.1毫克	用于腹痛、创伤性疼痛、术后镇痛，以及犬、猫麻醉前给药
	延胡索乙素（四氢巴马汀）	内服一次量，犬100～150毫克；皮下注射一次量，猪、羊100～200毫克，马、牛400～500毫克，犬60～100毫克，猫20～30毫克	对慢性持续性钝痛效果好，对创伤和手术后疼痛较差
	盐酸埃托啡（盐酸乙烯啡）	粉针肌内注射，一次量，每100千克体重马属动物0.2毫克，熊科动物1.1毫克，鹿科动物2.2毫克，羚羊科动物0.2毫克	广泛用于化学保定
	吗啡	皮下或肌内注射，一次量，每千克体重，镇痛，马0.1～0.2毫克，犬0.5～1毫克；麻醉前给药，犬0.5～2毫克	主要用于剧痛和犬麻醉前给药，各种疼痛都有效，价格贵，易成瘾

续表

分类	药物名称	用法用量	适应证
镇痛药	芬太尼	皮下、肌内或静脉注射，一次量，每千克体重，犬、猫 0.02～0.04 毫克	用于犬的小手术、牙科手术、眼科手术或用时短暂的手术，也可作为犬保定药；猫可用于安定镇痛，还可与全身麻醉药和局部麻醉药合用，减少麻醉药用量
	丁丙诺啡	犬止痛，皮下或肌内注射，每千克体重 0.005～0.02 毫克，6～12 小时一次；猫止痛，肌内注射、静脉注射或口含化，每千克体重 0.005～0.01 毫克，内服喷入口腔，每千克体重 0.005～0.03 毫克	用于马属动物安定镇痛，作为止痛剂用于小动物
	布托啡诺	犬镇咳，皮下注射，每千克体重 0.055～0.11 毫克，12 小时一次；犬止痛，注射，每千克体重 0.1～1 毫克，1～3 小时一次；麻醉前给药，静脉注射每千克体重 0.05 毫克；氯氨铂治疗前 30 分钟注射止吐，肌内注射每千克体重 0.4 毫克；猫止痛，注射，每千克体重 0.1～1 毫升，每 1～3 小时一次；猫麻醉前给药，肌内注射每千克体重 0.2～0.4 毫克；马镇咳，肌内注射每千克体重 0.05～0.5 毫克，每天 2～3 次；马止痛，静脉注射，每千克体重 0.1 毫克；马麻醉前给药，静脉注射，每千克体重 0.01～0.04 毫克	用于犬呼吸道感染引起的慢性非渗出性咳嗽；用作猫、犬麻醉前给药、止痛药；多只用于小动物轻度或中度疼痛
	可待因	犬止咳，每千克体重 1～2 毫克，每 6～12 小时一次；犬轻微或中度止痛，每千克体重 0.5～2 毫克，每 6～12 小时一次；犬止泻，每千克体重 0.25～0.5 毫克，每 6～8 小时一次；猫止痛，每千克体重 0.5～2 毫克	内服可止痛、止咳、止泻

续表

分类	药物名称	用法用量	适应证
镇痛药	美托嘧啶	犬镇静或镇痛，肌内注射，每千克体重0.01～0.04毫克；猫镇静或镇痛，肌内注射，每千克体重0.04～0.08毫克；大型猫科动物保定，肌内注射咪达唑仑0.1毫克/千克，美托嘧啶0.05～0.07毫克/千克	适用于12周以上的犬，并且不需要肌松的小型外科手术或不需要插管的小型牙科手术
	喷他佐辛	犬镇痛，肌内或皮下注射，每千克体重1～6毫克；马静脉注射，每千克体重0.4～0.9毫克；猪镇痛，肌内注射，每千克体重2毫克	用于马疝痛的对症治疗，犬骨折、外伤、脊柱疾病术后康复疼痛缓解，猫、猪镇静
	可乐定	犬诊断生长激素过少症，静脉注射，每千克体重0.011毫克；猫顽固性腹泻辅助止泻，皮下注射或内服，每千克体重0.005～0.01毫克	可作为诊断剂判断犬是否缺乏生长激素；顽固肠炎辅助治疗，辅助治疗中度疼痛或用于术中的硬膜外麻醉
全身麻醉药之吸入麻醉药	乙醚（麻醉乙醚）	犬麻醉前每千克体重皮下注射盐酸吗啡5～10毫克，硫酸阿托品0.1毫克，然后用麻醉口罩吸入乙醚，直至出现麻醉指征为止	主要用于小动物全身麻醉
	氟烷（三氟乙烷、福来生）	大动物先用硫喷妥钠做静脉诱导麻醉，在开始麻醉1小时内按每100千克体重牛25～30毫升、马35～40毫升维持麻醉；小动物先肌内注射阿托品，再用本品维持麻醉，浓度2%～5%按吸入气体的体积计算	主要用于动物全身麻醉
	甲氧氟烷（甲氧氟氯乙烷）	用于马，按每千克体重，先静脉注射马来酸乙酰丙嗪（1%溶液）0.033毫克，10分钟后再静脉注射丙烯硫喷妥钠（5%溶液）5.5～6.5毫克，然后闭合式吸入甲氧氟烷，4～5分钟产生镇痛和肌松；犬、猫先肌内注射或静脉注射马来酸乙酰丙嗪每千克体重0.11毫克，然后再吸入甲氧氟烷，诱导浓度为3%，维持浓度为0.5%	主要用于大动物维持麻醉药，小动物、实验动物、笼鸟的麻醉药
	环丙烷	密闭式吸入麻醉；诱导麻醉浓度20%～25%，维持麻醉浓度15%～20%	用于马、牛、猪等麻醉

续表

分类	药物名称	用法用量	适应证
全身麻醉药之非吸入麻醉药	水合氯醛	静脉注射麻醉用,生理盐水配成5%～10%溶液,每千克体重,一次量,鸡0.013～0.039克,猪0.15～0.17克,牛、马0.08～0.12克,犬、猫0.08～0.1克,兔0.05～0.075克,水牛0.13～0.18克,鹿0.1克,骆驼0.1～0.11克;水合氯醛粉配成1%～5%浓度加黏稠剂,灌肠或内服,镇静,一次量鸡0.005～0.01克,猪、羊2～4克,马、牛10～15克,犬0.3～1克,催眠,一次量,猪、羊5～10克,牛20～30克,马30～50克,麻醉,配成10%溶液加黏浆剂内服,每千克体重,犬、猫0.25克,兔0.5克	用于镇静、催眠、麻醉,浅麻醉配合局麻药或与硫酸镁、氯丙嗪、杜冷丁配合做混合麻醉;中毒后,可用安钠咖、樟脑磺酸钠、尼可刹米等解救,但不能用肾上腺素
	戊巴比妥钠	静脉注射麻醉:每千克体重,猪、羊20～25毫克,牛、马15～20毫克,犬、猫、兔30～35毫克;镇静、基础麻醉,每千克体重,猪、羊、马、牛5～15毫克	主要用于中小动物全麻及家畜基础麻醉;还可用于对抗中枢神经兴奋药中毒、破伤风、脑炎等引起的惊厥症状
	硫喷妥钠(戊硫巴比妥钠)	静脉注射,每千克体重,马、牛猪、羊10～15毫克,犊牛15～20毫克,仔猪25毫克,犬、猫20～25毫克 ,兔25～50毫克,大鼠50～100毫克,鸟类50毫克	用于全麻、基础麻醉,拮抗破伤风、脑炎、中枢兴奋药中毒所致的惊厥等
	硫萨利妥钠(丙烯硫喷妥钠)	静脉注射,诱导麻醉,每千克体重,马、牛6～7毫克;麻醉,每千克体重,猪、羊、犬、猫10～20毫克(用生理盐水配成4%溶液),兔30毫克(用生理盐水配成1%溶液)	多用于马、牛采用吸入性麻醉药前的诱导麻醉,对小动物也可单独作为全身麻醉药
	氯醛糖	静脉注射,每千克体重,犬、猫40～100毫克,兔等小动物50毫克;用时用注射用水配成1%～2%溶液	主要用于实验动物麻醉
	氯胺酮(开他敏)	静脉注射,麻醉,每千克体重,马、牛2～3毫克,猪、羊2～4毫克;肌内注射,一次量,每千克体重,猪、羊10～15毫克,犬10～20毫克,猫20～30毫克,灵长动物5～10毫克,熊8～10毫克,鹿10毫克,水貂6～14毫克	主要用于多种动物化学保定、基础麻醉、麻醉;常用于不需要肌松的麻醉、短时间手术及诊治的处置

续表

分类	药物名称	用法用量	适应证
全身麻醉药之非吸入麻醉药	塞拉嗪(盐酸二甲苯胺噻嗪、隆朋、速眠新2号、鹿眠灵)	肌内注射,每千克体重,马1～2毫克,牛0.1～0.3毫克,羊0.1～0.2克,犬、猫1～2毫克,鹿0.1～0.3毫克;静脉注射,一次量,每千克体重,羊0.01～0.1毫克,牛0.03～0.1毫克,马0.5～1.1毫克,犬、猫0.5～1毫克	主要用于马、牛、野生动物化学保定,大剂量或配合局麻药用于去角、锯茸、去势、腹腔手术等
	塞拉唑(盐酸二甲苯胺噻唑、静松灵)	肌内注射,一次量,每千克体重,羊1～3毫克,马骡0.5～1.2毫克,黄牛0.2～0.6毫克,水牛0.4～1毫克,驴1～3毫克,马鹿2～5毫克,梅花鹿1～3毫克;静脉注射,一次量,每千克体重,马骡0.3～0.8毫克	主要用于化学保定、控制烈性动物;单独或配合其他药物,可替代全麻药物进行外科手术

牛用外周神经系统常用药汇总见表19-29。

表19-29　牛用外周神经系统常用药

分类	药物名称	用法用量	适应证
拟胆碱药	甲酰胆碱(氯化碳酰胆碱、氯化铵甲酰胆碱)	皮下注射,一次量,猪、羊0.25～0.5毫克,马、牛1～5毫克,犬0.025～0.1毫克	胃肠弛缓、便秘、子宫弛缓、子宫蓄脓等
	氢溴酸槟榔碱	皮下注射,一次量,猪、羊10～40克,马20～50毫克,牛30～60毫克	用于胃肠弛缓、子宫弛缓、胎衣不下等;点眼治疗虹膜炎,另外具有驱绦虫作用
	毛果芸香碱(匹罗卡品)	皮下注射,一次量,猪、羊5～50毫克,马、牛50～150毫克,犬3～20毫克;牛兴奋反刍40～60毫克	用于治疗不完全阻塞的便秘、胃肠弛缓、虹膜炎、青光眼
	氯化氨甲酰甲胆碱(比赛可灵)	皮下注射,一次量,每千克体重,马、牛0.05～0.1毫克,犬、猫0.25～0.5毫克	胃肠弛缓、便秘、子宫弛缓、子宫蓄脓等
	新斯的明	内服,一次量,猪、犬0.3毫克;皮下或肌内注射一次量,猪、羊2～5毫克,牛4～20毫克,马4～10毫克,犬0.25～1毫克	用于马肠道弛缓、便秘,牛前胃弛缓,子宫复原不全,胎盘滞留,尿潴留,竞争性骨骼肌松弛,阿托品中毒
	吡啶斯的明	内服,一次量,每千克体重,猪、犬1.2毫克	用于马肠道弛缓、便秘,牛前胃弛缓,子宫复原不全,胎盘滞留,尿潴留,竞争性骨骼肌松弛,阿托品中毒

续表

分类	药物名称	用法用量	适应证
拟胆碱药	加兰他敏	皮下或肌内注射，一次量，猪、羊10～15毫克，马、牛20～40毫克	用于马肠道弛缓、便秘，牛前胃弛缓，子宫复原不全，胎盘滞留，尿潴留，竞争性骨骼肌松弛，阿托品中毒
抗胆碱药	琥珀胆碱（司可林）	静脉注射，一次量，每千克体重，猪2毫克，马0.1～0.15毫克，牛、羊0.016～0.02毫克，犬0.06～0.15毫克，猴1～2毫克；肌内注射，一次量，每千克体重，猪、羊、马、牛同静脉注射量，马鹿0.08～0.12毫克，水鹿0.04～0.06毫克	用作肌松性保定药，用作麻醉辅助剂
	三碘季铵酚（弛肌碘）	静脉注射，一次量，每千克体重，猪2毫克，犊牛、羔羊0.4毫克，马0.5～1毫克，犬、猫0.25～0.5毫克；肌内注射，一次量，每千克体重，鹿0.5～0.6毫克	用于化学保定，也可配合全麻药使肌肉松弛
	阿托品	内服，一次量，犬、猫0.02～0.04毫克；皮下、肌内或静脉注射，一次量，每千克体重，麻醉前给药马、牛、猪、羊、犬、猫0.02～0.05毫克；解毒有机磷，马、牛、猪、羊0.5～1毫克，犬、猫0.1～0.15毫克，禽0.1～0.2毫克	用于缓解胃肠平滑肌痉挛，麻醉前给药减少呼吸道分泌，改善缓慢型心律失常，感染脓毒症休克，解救有机磷中毒，局部用药治疗虹膜睫状体炎及散瞳检查眼底
	东莨菪碱	皮下注射，一次量，猪、羊0.2～0.5毫克；马、牛1～3毫克；犬0.1～0.3毫克	用途类似阿托品
	山莨菪碱（654～1、654～2）	肌内注射或静脉注射为阿托品的5～10倍	主要用于感染性休克、脓毒症休克、内脏平滑肌痉挛、解有机磷中毒
	颠茄酊	内服，一次量，猪、羊2～5毫升，马、牛10～40毫升，犬0.1～1毫升	主要用于缓解胃肠平滑肌痉挛，或治疗胃酸分泌过多
拟肾上腺素药	肾上腺素	皮下或肌内注射，一次量，猪、羊0.2～1毫克，马、牛2～5毫克，犬0.1～0.5毫克，猫0.1～0.2毫克（犬、猫稀释10倍后注射）；静脉急救用生理盐水或葡萄糖注射液稀释10倍	用于麻醉、中毒引起的心脏骤停；抢救过敏性休克；治疗支气管哮喘；治疗荨麻疹、血清反应；与局麻药合用延长麻醉时间；局部止血可将0.1%肾上腺素5～100倍稀释，用浸润纱布压迫止血或滴入鼻腔治疗鼻衄

续表

分类	药物名称	用法用量	适应证
拟肾上腺素药	去甲肾上腺素	静脉注射，一次量8～12毫克，猪、羊2～4毫克，临用前稀释成每毫升4～8微克的药液	主要用于升压和抗休克
	异丙肾上腺素（喘息定、治喘灵）	皮下或肌内注射，一次量，犬、猫0.1～0.2毫克，6小时一次；静脉注射，一次量，猪、羊0.2～0.4毫克，马、牛1～4毫克，混入5%葡萄糖溶液500毫升中缓慢滴注；犬、猫0.5～1毫克，混入5%葡萄糖注射液250毫升滴注	用于感染性休克、心源性休克，也用于心输出血量不足、中心静脉压高的休克症治疗；溺水、麻醉等引起的心搏骤停复苏，过敏性支气管炎喘息症
	麻黄碱	内服，母鸡醒抱50毫克，猪20～50毫克，羊20～100毫克，马、牛50～500毫克，犬10～30毫克，猫2～5毫克；皮下注射，一次量猪、羊20～50毫克，马、牛50～300毫克，犬10～30毫克	主要用于支气管痉挛和荨麻疹等过敏反应；1%～2%麻黄碱软膏或溶液外用可治疗鼻炎、减轻充血肿胀等
	重酒石酸间羟胺（阿拉明）	肌内注射或静脉注射，一次量，马、牛50～100毫克；犬2～10毫克；输液用500毫升5%葡萄糖或生理盐水稀释	作为升压药，可用于多种休克，如心源性、感染性、麻醉药引起的低血压
	盐酸苯肾上腺素（新福林、去氧肾上腺素）	静脉注射，一次量，每千克体重，犬、猫0.15毫克，缓慢滴入；将5～10毫克溶于100毫升5%葡萄糖中静脉注射	用于感染性、中毒性、过敏性休克，室上心动过速，麻醉引起的低血压，另外点眼扩瞳

兽用局部麻醉药汇总见表19-30。

表19-30　兽用局部麻醉药

药物名称	用法用量	适应证
盐酸普鲁卡因（盐酸奴佛卡因）	浸润麻醉：0.25%～0.5%注入皮下、黏膜下、深部组织，100毫升加入0.1%肾上腺素1毫升；传导麻醉：2%～5%小动物每个注射点2～5毫升，大动物每个注射点10～20毫升；硬膜外麻醉：2%～5%每个点猪、羊10～20毫升，马、牛20～30毫升；封闭疗法，用0.25%～0.5%溶液50～100毫升注于患部周围	用作浸润、传导、椎管内麻醉；常配肾上腺素，延长麻醉时间，减少术部出血；也用于烧伤镇痛、马疝痛、犬瘙痒症、部分过敏反应

续表

药物名称	用法用量	适应证
盐酸氯普鲁卡因(盐酸纳塞卡因)	表面麻醉:1%～2%溶液;局部浸润麻醉:用0.5%～1%溶液;传导麻醉:1%～3%溶液;硬膜外麻醉:1%～5%溶液	用于各种手术的局部麻醉
盐酸丁卡因(盐酸地卡因)	表面麻醉:0.5%～1%溶液用于眼科,1%～2%溶液用于鼻、喉头喷雾或气管插管,0.1%～0.5%溶液用于泌尿道黏膜麻醉;硬膜外麻醉:0.2%～0.3%溶液,最大剂量每千克体重不超过1～2毫克	主要用于表面麻醉和硬膜外麻醉
盐酸利多卡因(盐酸赛罗卡因)	表面麻醉:2%～5%溶液;浸润麻醉:0.25%～0.5%溶液;传导麻醉:2%溶液,每个点注射,马、牛8～12毫升,羊3～4毫升;硬膜外麻醉:2%溶液,马、牛8～12毫升,犬、猫每千克体重0.22毫升	用于表面麻醉、传导麻醉、浸润麻醉、硬膜外麻醉等
盐酸美索卡因	浸润麻醉:0.125%～1%生理盐水溶液;传导麻醉1%～2%,马、牛每点7～10毫升,羊3～4毫升	用于浸润麻醉、传导麻醉、硬膜外麻醉
盐酸卡波卡因(盐酸甲哌卡因)	表面麻醉:1%～2%溶液;浸润麻醉:0.25%～0.5%溶液;传导麻醉1%～1.5%溶液;硬膜外麻醉1.5%～2%溶液	适用于腹部手术和四肢手术
布比卡因	浸润麻醉:0.125%～0.25%溶液;传导、硬膜外麻醉:0.25%～0.5%溶液;蛛网膜下腔麻醉0.5%～0.75%溶液	用于浸润麻醉,局部伤口止痛;传导麻醉;硬膜外麻醉;蛛网膜下腔麻醉

牛用利尿脱水药汇总见表19-31。

表19-31 牛用利尿脱水药

分类	药物名称	用法用量	适应证
利尿药	氢氯噻嗪(双氢克尿噻)	内服,一次量,猪、羊0.05～0.2克,牛、马0.5～2克,每千克体重犬、猫2～4毫克;肌内注射,一次量,猪、羊50～75毫克,牛125～250毫克,马50～150毫克,犬10～25毫克,猫5～15毫克	主要用于心、肾、肝等疾病继发性水肿;还可促进毒物通过肾脏排泄
	呋塞米(速尿、呋喃苯胺酸)	内服一次量,每千克体重,牛、羊、马、猪2毫克,犬、猫1～3毫克,每天2～3次;静脉注射或肌内注射每千克体重,一次量,猪、羊、牛、马0.5～1毫克,犬2～5毫克,猫1～2毫克	适用于各种利尿药无效时的严重水肿;长期大量用药易引起体液和电解质紊乱,如低钾、低氯、脱水,应补充钾盐

续表

分类	药物名称	用法用量	适应证
利尿药	利尿酸（依他尼酸）	内服一次量，每千克体重，猪、牛、羊、马0.5～1毫克，犬5毫克，猫2～3毫克；输液一次量，每千克体重，猪、牛、羊、马0.5～1毫克，以5%葡萄糖或生理盐水稀释后输液	用于充血性心力衰竭、急性肺水肿、肾性水肿、脑水肿、其他水肿等
	安体舒通（螺内酯）	内服一次量，每千克体重，猪、羊、马、牛、羊、犬、猫0.5～1.5毫克	用于治疗跟醛固酮升高有关的水肿，如慢性充血性心力衰竭、慢性肾炎引起的水肿
	氨苯蝶啶（三氨蝶啶）	内服一次量，每千克体重猪、牛、羊、马0.5～3毫克；犬、猫2～4毫克	适用于肝性水肿、恶性水肿、腹水等
脱水药	甘露醇	静脉注射，20%甘露醇，一次量，猪、羊100～250毫升，牛、马1000～2000毫升，每千克体重，犬、猫5～10毫升	治疗脑水肿的首选药，广泛用于手术后无尿症和急性少尿症，增加尿量；预防急性肾功能衰竭和加速某些毒素排出
	山梨醇	静脉注射，25%山梨醇，一次量，猪、羊100～250毫升，牛、马1000～2000毫升，每天2～3次	同甘露醇

牛用生殖系统的药物汇总见表19-32。

表19-32　牛用作用于生殖系统的药物

分类	药物名称	用法用量	适应证
子宫收缩药	垂体后叶素（脑垂体后叶素）	皮下或肌内注射，一次量，猪、羊10～50单位，牛、马50～100单位，犬2～10单位，猫2～5单位	治疗量可引起子宫节律性收缩加强，用于催产；加大剂量用于产后子宫出血止血，加速胎衣和死胎排出，促进子宫复原
	催产素（缩宫素）	静脉、肌内、皮下注射：子宫收缩期用，一次量，猪、羊30～50单位，马、牛50～100单位，犬2～50单位，猫2.5～5单位；催乳：猪、羊5～20单位，马、牛10～20单位，犬2～10单位	用于催产、产后子宫出血止血、胎衣不下、排出死胎、子宫复原、催乳等
	麦角新碱	静脉或肌内注射，一次量，猪、羊0.5～1毫克，牛、马5～15毫克，犬0.2～0.5毫克，猫0.07～0.2毫克	用于产后子宫复原、胎衣不下、产后出血等

续表

分类	药物名称	用法用量	适应证
前列腺素类	地诺前列素(PGF2α)	同期发情：马肌内注射每千克体重0.022毫克或一次量肌内注射1～2毫升，牛25毫克，一次肌内注射或分两次间隔10～12天；子宫蓄脓：一次肌内注射，牛25毫克，犬、猫每千克体重0.1～0.2毫克，一天一次，连用5天；诱导流产：牛一次肌内注射25毫克，犬每千克体重0.25～0.5毫克，间隔12小时肌内注射一次，猫分两次肌内注射，每千克体重0.5～1毫克；诱导猪分娩，肌内注射一次量10毫克	临床用于调节动物发情周期、诱导流产和分娩，治疗母马因交配导致的持续子宫内膜炎
	氯前列醇钠	肌内注射，诱导同期发情，牛一次量0.4～0.6毫克，11天后再注射一次；山羊一次量0.05～0.1毫克；绵羊一次量0.1毫克；猪一次量0.2毫克；诱导母猪分娩，预产期前三天一次量0.05～0.2毫克；子宫内膜炎，牛一次量0.5毫克	用于诱导母畜同期发情，治疗母牛持久黄体、黄体囊肿、卵泡囊肿等；也可用于妊娠猪、羊同期分娩，以及治疗产后子宫复原不全、胎衣不下、子宫内膜炎、子宫蓄脓等
	氨基丁三醇前列腺素F2α	肌内注射诱导牛同期发情，一次量25毫克；诱导猪分娩，预产期前三天，肌内注射一次量10毫克	用于调节反刍动物发情周期、促进母猪分娩、诱导流产
雌激素	雌二醇	肌内注射，一次量，猪3～10毫克，羊1～3毫克，牛5～20毫克，马10～20毫克，犬0.2～2毫克，猫0.2～0.5毫克	用于牛胎盘滞留、子宫内膜炎、子宫蓄脓；配合催产素用于子宫无力；小剂量用于发情不明显的动物催情
孕激素	黄体酮(孕酮)	肌内注射，一次量，猪、羊15～25毫克，犬、猫2～5毫克，牛、马50～100毫克，必要时间隔5～10天可重复注射一次	临床用于治疗习惯性流产和先兆性流产，还可促进子宫颈口关闭，并分泌黏稠液阻止精子通过；还能刺激乳腺腺泡发育，与雌激素配伍可促进乳房发育，也能抑制母畜发情和排卵
	甲地孕酮(去氢甲孕酮)	犬：发情控制，内服每千克体重2.2毫克，每天一次；预防发情，阴道增生，发情前7天使用；假妊娠及严重溢乳，内服每千克体重0.5毫克	可用于犬的发情期延迟和减少假妊娠；特殊情况也用于猫

续表

分类	药物名称	用法用量	适应证
孕激素	烯丙孕素内服溶液（四烯雌酮）	内服一次量，猪15～20毫克，连用18天；马每千克体重0.044毫克，连用15天	主要用于调节猪、马发情周期，促进同期发情及维持妊娠等
雄激素及同化激素	睾酮	内服，一次量，猪300毫克，犬10毫克，猫5毫克，每天一次；肌内注射一次量，猪、羊100毫克，马、牛100～300毫克，犬、猫20～50毫克，2～3天注射一次	临床用于公畜睾丸功能减退，能治疗虚弱性疾病和加速骨折和创伤的愈合，可治疗再生障碍性贫血和其他原因引起的贫血
	苯丙酸诺龙	肌内注射一次量，马、牛0.2～0.4克，猪、羊0.05～0.1毫克，10～14天注射一次，重症3～4天注射一次	临床可以促生长，治疗某些再生障碍性贫血，动物严重创伤和高强度体力劳役后使用，可以消除分解代谢产物
促性腺激素	卵泡刺激素（促卵泡素、FSH）	静脉注射、肌内注射或皮下注射，一次量，猪、羊5～25毫克，马、牛10～50毫克，犬5～15毫克；临用前用5～15毫升生理盐水溶解	主要用于母畜发情，防止卵泡发育停止
	黄体生成素（促黄体激素、LH）	静脉注射或皮下注射，一次量，猪5毫克，羊2.5毫克，牛、马25毫克，犬1毫克；临用前用5毫升灭菌生理盐水溶解，可在1～4周内重复注射	主要用于促进排卵，治疗卵巢囊肿、早期胚胎死亡、早期习惯性流产
	孕马血清促性腺激素（马促性腺激素、PMSG）	皮下或静脉注射，一次量，猪、羊200～1000单位，牛、马1000～2000单位，犬25～200单位，猫50～100单位，每天或隔天一次	主要用于不发情或发情不明显的母畜，促进发情、排卵、妊娠，提高妊娠率；还可以促进熟卵泡排卵，导致母畜超数排卵，可用于胚胎移植，增加产仔数；提高公畜性欲
	人绒毛膜促性腺激素（hCG）	肌内注射，一次量，猪500～1000单位，羊400～800单位，牛、马2500～10000单位，犬100～500单位，猫100～200单位	用于诱导排卵提高受胎率，与孕激素配合可增强同期发情的排卵率，也可治疗母畜排卵障碍、卵巢囊肿、习惯性流产，治疗公畜性功能减退
	促性腺激素释放激素（黄体生成素释放激素、GnRH）	静脉或肌内注射，一次量，牛25～100微克	用于母畜排卵迟滞、卵巢卵泡囊肿、卵巢静止、持久性黄体等

续表

分类	药物名称	用法用量	适应证
促性腺激素	促黄体素释放激素A2	肌内注射一次量，牛，排卵迟滞12.5～25微克，卵巢静止25微克，每天一次，连用1～3天，总剂量不超过75微克；持久黄体或卵巢囊肿，25微克，每天一次，可连续注射1～4天，总剂量不超过100微克；早期妊娠诊断，配种后5～8日，12.5～25微克，35天未返情判为妊娠	同促性腺激素释放激素
	促黄体素释放激素A3	肌内注射，一次量，奶牛25微克	同促性腺激素释放激素
	戈那瑞林(GnRH)	生理盐水稀释后肌内注射，卵巢功能停止牛多采取产后50天“079方案”当天肌内注射戈那瑞林100～200微克，第7天注射氯前列醇钠0.5毫克，第9天注射戈那瑞林100～200微克，经18～20小时输精	用于卵巢静止，诱导母牛同期发情等

牛用解热镇痛抗炎和糖皮质激素类药物汇总见表19-33。

表19-33 牛用解热镇痛抗炎和糖皮质激素类药物

分类	药物名称	用法用量	适应证
解热镇痛抗炎药	美洛昔康	内服每千克体重，犬0.1毫克，首次加倍；皮下注射，每千克体重，犬首次量0.2毫克，维持量0.1毫克，每天一次	用于缓解和治疗类风湿性关节炎、疼痛性骨关节炎及各种犬、猫急慢性骨关节炎，并对犬、猫的术前、术后止痛效果好，以及其他各种疼痛有作用
	吡罗昔康	内服一次量，每千克体重犬、猫0.3毫克，每天一次或隔天一次；兔0.1～0.2毫克，用于消除骨折肿胀，8小时给药一次	治疗关节炎的镇痛消肿作用与吲哚美辛、阿司匹林、萘普生相似；用于缓解关节炎、软组织疼痛和肿胀对症治疗；另外能增强机体免疫系统功能，用于肿瘤辅助治疗
	水杨酸钠	内服一次量，马10～50克，牛15～75克，猪、羊2～5克，犬0.1～2克；静脉注射一次量，马10～30克，猪、羊2～5克，犬0.1～0.5克；复方水杨酸钠，马、牛100～200毫升，猪、羊20～50毫升	主要用于动物风湿病，也用于关节痛、肌肉痛

续表

分类	药物名称	用法用量	适应证
解热镇痛抗炎药	阿司匹林（乙酰水杨酸）	内服，一次量，马、牛 15～30 克，猪、羊 1～2 克，犬 0.2～1 克	主要用于发热、风湿病、神经痛、肌肉痛、关节痛、痛风症等
	卡巴匹林钙	混饲，一次量，每千克饲料 0.5～1 克，混饮每升水 0.25～0.5 克；内服一次量，每千克体重鸡 40～80 毫克	用于鸡、猪等的发热、疼痛及多种感染的对症治疗
	吲哚美辛（消炎痛）	内服一次量，每千克体重，马、牛 1 毫克，猪、羊 2 毫克	用于治疗风湿关节炎、神经痛、腱鞘炎、肌肉损伤等
	苄达明（炎痛静、消炎灵）	内服一次量，每千克体重，马、牛 1 毫克，猪、羊 2 毫克；外用可用软膏涂抹	主要用于术后、外伤、风湿关节炎等炎性疼痛；与抗生素合用可治疗牛支气管炎和乳腺炎
	双氯芬酸钠（双氯灭痛）	内服，每千克体重，猪 0.6 毫克；肌内注射一次量，每千克体重猪 0.05 毫升	主要用于各种关节炎肿痛和炎症，急性的轻、中度疼痛及各种原因引起的发热
	布洛芬	内服一次量，每千克体重，马驹、肉鸡 25 毫克，犬 10 毫克；肌内注射一次量，每千克体重，牛 5 毫克，肉鸡 25 毫克；静脉注射一次量，每千克体重，马驹 10 毫克	用于风湿及类风湿关节炎、痛风，还可用于内毒素引起的发热的辅助治疗；牛胚胎移植前注射可提高妊娠率
	酮洛芬	内服一次量，每千克体重，猴 3 毫克，大象 1～2 毫克，犬、猫 0.5～1 毫克，鹌鹑 16 毫克，每天一次；肌内注射每千克体重，马、牛 2.2 毫克，猪、羊 3 毫克，骆驼 2 毫克，兔 1 毫克，犬、猫 2 毫克，家禽 1.5～2 毫克，鹌鹑 6 毫克；静脉注射每千克体重，一次量，大象 1～2 毫克，马驹、驴 2.2 毫克，牛、羊 3 毫克，骆驼 2 毫克，犬、猫 2 毫克	用于风湿病、关节炎、强直性脊椎炎、痛风，还可用于马的慢性蹄叶炎、跛足、手术后镇痛
	卡洛芬	内服，每千克体重，犬 2.3～4.4 毫克，兔 2 毫克，禽 2 毫克；静脉注射一次量，每千克体重，马、羊 0.7～4 毫克；皮下注射，每千克体重，牛 1.4 毫克，羊 0.5 毫克，犬、猫 1～2 毫克，鸡 1 毫克	用于风湿及类风湿关节炎、骨关节炎、肌肉痛、滑膜炎、跛足、乳腺炎；去势、断尾等手术或外伤引起的急性疼痛
	芬布芬	内服一次量，每千克体重，猪、犬 40 毫克	用于风湿病、关节炎、痛风治疗及术后疼痛、外伤性疼痛等的止痛

续表

分类	药物名称	用法用量	适应证
解热镇痛抗炎药	萘普生（消痛灵）	内服一次量，每千克体重，马 5～10 毫克，犬 2～5 毫克；静脉注射，每千克体重，马 5 毫克	用于肌炎、软组织炎症疼痛所致的跛行、关节炎
	甲灭酸（扑湿痛）	内服，一次量，牛、马 1.25～2.5 克，猪、羊 0.5 克，犬 0.1～0.25 克，首次加倍，每天 3～4 次	用于风湿关节炎、神经痛、其他炎性疼痛及慢性疼痛
	甲氯灭酸（甲氯芬那酸、抗炎酸）	内服一次量，马、牛 1.25～2.5 克，猪、羊 0.5 克，犬 0.1～0.25 克，每天 2～4 次；禽每千克体重 1～2.2 毫克，每天一次	用于治疗风湿病，犬及马等的骨骼肌急性、慢性炎症及有关疾病，马的蹄叶炎等
	氯灭酸（抗风湿灵）	内服一次量，马、牛 1～4 克，羊、猪 0.4～0.8 克，犬 0.05～0.4 克，每天 2～3 次	主要用于风湿导致的关节肿痛疾病
	氟灭酸	内服一次量，马、牛 1～2 克，猪、羊 0.4 克，犬 0.05～0.2 克，每天 2～3 次	主要就是解热抗炎
	托芬那酸	皮下或肌内注射，每千克体重，犬、猫 4 毫克，猫仅能皮下注射，必要时 48 小时重复给药	主要用于犬骨骼关节、肌肉骨骼系统的炎症和疼痛及猫发热综合征等
	氟尼辛葡甲胺	内服一次量，每千克体重，犬、猫 2 毫克；肌内注射或静脉注射，一次量，每千克体重，猪、牛 2 毫克，犬、猫 1～2 毫克，每天 1～2 次，连用不超过 5 天	用于马内脏绞痛、筋骨痛、蹄叶炎、关节炎、发热、内毒素休克、各种疼痛，以及乳腺炎、子宫炎、腹泻、无乳等辅助治疗
	对乙酰氨基酚	内服一次量，马、牛 10～20 克，羊 1～4 克，猪 1～2 克，犬 0.1～1 克；肌内注射一次量，马 5～10 克，羊 0.5～2 克，猪 0.5～1 克，犬 0.1～0.5 克	主要用于中小动物解热镇痛，用于发热疾病、肌肉疼、关节痛、风湿病等
	安乃近	内服一次量，马、牛 4～12 克，猪、羊 2～5 克，犬 0.5～1 克；肌内注射一次量，马、牛 3～10 克，羊 1～2 克，猪 1～3 克，犬 0.3～0.6 克	临床常用于马、牛、羊、猪等动物发热疾病、肌肉疼、疝痛、肠痉挛、肠臌气、风湿病等
	氨基比林（匹拉米洞）	内服一次量，马、牛 8～20 克，猪、羊 2～5 克，犬 0.13～0.4 克；皮下或肌内注射复方氨基比林，一次量，马、牛 20～50 毫升，猪、羊 5～10 毫升；安痛定一次量，马、牛 20～50 毫升，猪、羊 5～10 毫升	主要用于马、牛、犬等动物发热疾病、关节痛、肌肉疼、抗风湿，以及马、骡疝痛等

续表

分类	药物名称	用法用量	适应证
解热镇痛抗炎药	保泰松	内服一次量，每千克体重，马、牛4～8毫克，猪、羊4～8毫克，犬1～5毫克，每天1～3次，最高日量马4克、犬0.8克	主要用于风湿病、关节炎、腱鞘炎、黏液囊炎、痛风等，也可用于马的僵痛症
	替泊沙林	内服一次量，每千克体重，犬首次量20毫克，维持量10毫克，每天一次	用于肌肉、骨关节炎引起的疼痛和炎症，也用于过敏症的辅助治疗
	维他昔布	内服每千克体重，犬2毫克，每天一次	用于犬外科手术引起的急慢性疼痛和炎症
	非罗考昔	内服每千克体重，犬5毫克，每天一次	用于治疗犬骨关节炎及临床手术等引起的急慢性疼痛和炎症
	罗本考昔	空腹内服，每千克体重，犬、猫2毫克；皮下注射，每千克体重犬、猫2毫克，术前30分钟给药	用于治疗犬骨关节炎及临床手术引起的急性、慢性疼痛和炎症；也用于整形外科和软组织外科引起的疼痛和炎症
糖皮质激素类药	氢化可的松	静脉注射或滴注：一次量，马、牛200～500毫克，羊、猪20～80毫克，犬5～20毫克，猫1～5毫克，每天一次，稀释用生理盐水或葡萄糖水；肌内注射，一次量，马、牛250～750毫克，羊12.5～25毫克，猪50～100毫克，犬25～100毫克	局部治疗眼科炎症、皮炎、乳腺炎、关节炎、腱鞘炎；静脉注射治疗中毒性疾病和危急疾病
	醋酸可的松（皮质素）	内服一日量，犬、猫2～4毫克，3～4次服用；肌内注射一次量，马、牛250～750毫克，羊12.5～25毫克，猪50～100毫克，犬25～100毫克；局部腔囊注射，一次量，马、牛50～250毫克	主要用于炎性、过敏性疾病、牛酮血症、羊妊娠毒血症等
	醋酸泼尼松（强的松）	内服一次量，马、牛100～300毫克；羊、猪10～20毫克；每千克体重，犬、猫0.5～2毫克	主要用于各种急性严重细菌感染、严重过敏、支气管哮喘、风湿性关节炎
	氢化泼尼松（强的松龙、泼尼松龙）	内服一日量，犬，7～14千克，2～5毫克，14千克以上，5～15毫克；静脉注射，一次量，猪、羊10～20毫克，马、牛50～150毫克；乳室注入，一次10～20毫克；乳管、关节腔，一次量，马、牛20～80毫克	作用同醋酸泼尼松

续表

分类	药物名称	用法用量	适应证
糖皮质激素类药	地塞米松	内服一次量，马、牛 50～20 毫克，犬、猫 0.5～2 毫克；注射，一日量，马 2.5～5 毫克，牛 5～20 毫克，羊、猪 4～12 毫克，犬、猫 0.125～1 毫克；关节腔注射，一次量，马、牛 2～10 毫克；乳管内注射，一次量，每乳室 10 毫克	目前有取代氢化泼尼松的趋势，用于炎症、过敏、牛酮血病、羊妊娠毒血症
	倍他米松	内服一次量，犬、猫 0.25～1 毫克；肌内注射一次量，每千克体重，各种家畜，0.02～0.05 毫克	作用同地塞米松
	曲安西龙（去炎松、氟羟氢化泼尼松）	内服一次量，犬 0.125～1 毫克，猫 0.125～0.25 毫克；肌内注射或皮下注射，一次量，马 12～20 毫克，牛 2.5～10 毫克，每千克体重，犬、猫 0.1～0.2 毫克；关节或滑膜腔注射，一次量，马、牛 6～18 毫克，犬、猫 1～3 毫克	作用方向同氢化可的松等同类药物
	醋酸氟轻松（肤轻松）	外用，适量	用于各种皮肤病，如湿疹、皮肤瘙痒症、过敏性皮炎等
	促肾上腺皮质激素（促皮质素）	肌内注射，一次量，马 100～400 单位，牛 30～200 单位，羊、猪 20～40 单位，犬 5～10 单位；静脉注射减半，溶于 5%葡萄糖溶液滴注	主要用于产期使用糖皮质激素药停药后，促进肾上腺皮质功能恢复

牛用体液补充和电解质平衡调节类药物汇总见表 19-34。

表 19-34　牛用体液补充和电解质平衡调节类药物

分类	药物名称	用法用量	适应证
水和电解质补充平衡药物	氯化钠	静脉注射，一次量，马、牛 1000～3000 毫升，猪、羊 250～500 毫升，犬 100～500 毫升，猫 40～50 毫升；水肿病例慎用	用于调节体内水和电解质平衡，高渗兴奋胃肠蠕动；小剂量内服健胃；大剂量内服导泻，但不如硫酸钠或硫酸镁或人工盐
	氯化钾	静脉注射，一次量，马、牛 2～5 克，猪、羊 0.5～1 克，使用时用 5%葡萄糖注射液稀释成 0.3%以下的溶液	主要用于低钾血症和强心苷中毒
	口服补液盐	一包兑水 4 千克，自由饮水	用于纠正腹泻、热应激等引起的电解质紊乱

续表

分类	药物名称	用法用量	适应证
酸碱平衡药	碳酸氢钠（小苏打）	内服一次量，马 15～60 克，牛 30～100 克，猪 2～5 克，羊 5～10 克，犬 0.5～2 克；静脉注射，一次量，马、牛 15～30 克，猪、羊 2～6 克，犬 0.5～1.5 克	用于严重酸中毒、胃肠卡他；碱化尿液，降低磺胺类药物代谢对肾脏损害；家禽肾肿、尿酸盐沉积、痛风等常用（0.05%～0.1%饮水）
	乳酸钠	静脉注射，一次量，马、牛 200～400 毫升，猪、羊 40～60 毫升，用时稀释 5 倍	临床用于代谢性酸中毒，特别是高血钾症等引起的心律失常并伴有酸血症的病畜
能量补充药	葡萄糖	静脉注射，一次量，马、牛 50～250 克，猪、羊 10～50 克，犬 5～25 克；5%葡萄糖氯化钠注射液静脉注射，一次量，马、牛 1000～3000 毫升，猪、羊 250～500 毫升，犬 100～500 毫升	用于脱水补液，绝食补充营养，仔猪低血糖、牛酮血症、各种中毒救治的辅助治疗
血容量补充药	右旋糖酐 40	静脉注射，一次量，马、牛 500～1000 毫升，猪、羊 250～500 毫升；每千克体重犬 20 毫升、猫 10 毫升	主要用于补充和维持血容量，治疗失血、创伤、烧伤、脓毒症休克
	右旋糖酐 70	静脉注射，一次量，马、牛 500～1000 毫升，猪、羊 250～500 毫升，骆驼 1000～2000 毫升，犬、猫每千克体重 20 毫升	主要用于补充和维持血容量；治疗大失血、失血性休克，以及预防术后血栓和血栓性静脉炎

牛常用维生素类药物汇总见表 19-35。

表 19-35　牛常用维生素类药物

分类	药物名称	用法用量	适应证
脂溶性维生素	维生素 A	维生素 AD 油，内服一次量，猪、羊 10～15 毫升，马、牛 20～60 毫升，犬 5～10 毫升，禽 1～2 毫升；维生素 AD 注射液，肌内注射，一次量，猪、羊、犊、驹 2～4 毫升，马、牛 5～10 毫升，羔羊、仔猪 0.5～1 毫升	用于维生素 A 缺乏症，增强抗感染能力，用于体弱、妊娠、泌乳动物，用于皮肤、黏膜炎症、烧伤等促进愈合
	维生素 D	维生素 D_2 胶性钙，肌内注射或皮下，一次量，猪、羊 2～4 毫升，马、牛 5～20 毫升，犬 0.5～1 毫升；维生素 D_3，肌内注射，一次量，每千克体重，家畜 1500～3000 单位	用于防治维生素缺乏症，如佝偻病、骨软化症等

续表

分类	药物名称	用法用量	适应证
脂溶性维生素	维生素 E（生育酚）	亚硒酸钠维生素 E，肌内注射，一次量，仔猪、羔羊 1～2 毫升，驹、犊 5～8 毫升；维生素 E，肌内注射或皮下注射，一次量，羔羊、仔猪 0.1～0.5 克，驹、犊 0.5～1.5 克，犬 0.03～0.1 克，隔天一次	用于预防维生素 E 缺乏引发的营养不良、猪肝变性坏死、鸡脑软化、渗出性素质、不育症；常配合维生素 A、维生素 D、维生素 B 族用于畜禽生长不良、营养不足等综合性缺乏
	维生素 K_3	混饲，每吨饲料，雏鸡 0.4 克，产蛋鸡和种鸡 2 克；肌内注射一次量，猪、羊 0.03～0.05 克，牛、马 0.1～0.3 克，犬 0.01～0.03 克，猫 0.001～0.005 克，每天 2～3 次	主要用于维生素 K_3 缺乏所致的出血
水溶性维生素	维生素 B_1（硫胺素）	维生素 B_1 片，内服一次量，马、牛 100～500 毫克，猪、羊 25～50 毫克，犬 10～50 毫克，猫 5～30 毫克；维生素 B_1 肌内注射或皮下注射，一次量，猪、羊 25～50 毫克，马、牛 100～500 毫克，犬 10～25 毫克，猫 5～15 毫克	主要用于维生素 B_1 缺乏症和神经炎、心肌炎、牛酮血症辅助治疗
	维生素 B_2（核黄素）	维生素 B_2，内服或肌内注射或皮下注射，一次量，猪、羊 20～30 毫克，马、牛 100～150 毫克，犬 10～20 毫克，猫 5～10 毫克	主要用于维生素 B_2 缺乏症和神经炎辅助治疗
	烟酰胺与烟酸（维生素 PP）	内服一次量，每千克体重，家畜 3～5 毫克；肌内注射，一次量，每千克体重，家畜 0.2～0.6 毫克，幼畜不得超过 0.3 毫克	主要用于防治烟酰胺或烟酸缺乏症
	维生素 B_6	内服或肌内注射或静脉注射或皮下注射，一次量，猪、羊 0.5～1 克，马、牛 3～5 克，犬 0.02～0.08 克	主要用于维生素 B_6 缺乏症的治疗，也可用于大量和长期服用异烟肼等而引起的神经炎和胃肠道反应
	维生素 B_{12}	肌内注射一次量，猪、羊 0.3～0.4 毫克，马、牛 1～2 毫克，犬、猫 0.1 毫克	主要用于维生素 B_{12} 缺乏症的治疗，也可用于大量和长期服用异烟肼等而引起的神经炎和胃肠道反应
	泛酸（遍多酸）	混饲，每吨饲料添加，猪 10～13 克，禽 6～15 克	用于防治泛酸缺乏症
	复合维生素 B	肌内注射，一次量，猪、羊 2～4 毫升，马、牛 10～20 毫升，犬、猫、兔 0.5～1 毫升	用于营养不良、食欲减退、神经炎、糙皮病，以及 B 族维生素缺乏引起的各种疾病辅助治疗

续表

分类	药物名称	用法用量	适应证
水溶性维生素	叶酸	内服，一次量，犬、猫 2.5～5 毫克	防治叶酸缺乏引发的贫血症
	维生素 C	内服一次量，马 1～3 克，猪 0.2～0.5 克，犬 0.1～0.5 克；静脉或肌内注射，一次量，马 1～3 克，牛 2～4 克，羊、猪 0.2～0.5 克，犬 0.02～0.1 克	抗应激，促进伤口愈合，发热、感染、中毒、过敏、贫血等辅助治疗

牛常用钙磷与微量元素类药物汇总见表 19-36。

表 19-36　牛常用钙磷与微量元素类药物

分类	药物名称	用法用量	适应证
钙磷制剂	氯化钙	氯化钙注射液静脉注射，一次量，马、牛 5～15 克，羊、猪 1～5 克，犬 0.1～1 克；氯化钙葡萄糖注射液，静脉注射，一次量，马、牛 100～300 毫升，猪、羊 20～100 毫升，犬 5～10 毫升	用于低钙血症，如心力衰竭、肠绞痛；用于慢性缺钙，如骨软化症、佝偻病、产后瘫痪；用于毛细血管通透性增加导致的过敏性疾病，如荨麻疹、血管神经性水肿、瘙痒皮肤病；硫酸镁中毒解毒
	葡萄糖酸钙	静脉注射一次量，马、牛 20～60 毫克，猪、羊 5～15 毫克，犬 0.5～2 克	补钙，适应证同氯化钙；钙含量低于氯化钙
	碳酸钙	内服一次量，马、牛 30～120 克，猪、羊 3～10 克，犬 0.5～2 克，一日 2～3 次	补钙，预防佝偻病、软骨病、产后瘫痪、家禽软壳蛋等
	乳酸钙	内服一次量，马、牛 10～30 克，猪、羊 0.5～2 克，犬 0.2～0.5 克	内服补钙，防治缺钙性疾病
	碳酸氢钙	内服一次量，马、牛 12 克，猪、羊 2 克，犬、猫 0.6 克	用于钙磷代谢障碍的疾病，如佝偻病、骨软化症；也可用于急性低血磷和慢性缺磷症
	磷酸二氢钠	输液 10%～20%磷酸二氢钠成年牛 300～600 毫升	磷补充剂，用于磷缺乏症
	骨粉	混饲，0.1%～1%；治疗骨软化症，马、牛每天 250 克，5～7 天一个疗程，症状减轻后，减量至 50～100 克持续半个月	钙磷补充剂，预防骨软化症，补充妊娠动物、泌乳动物、幼畜、蛋禽的钙磷需要
	复方布他磷	静脉、皮下或肌内注射，一次量，马、牛 10～25 毫升，羊 2.5～8 毫升，猪 2.5～10 毫升，犬 1～2.5 毫升，猫 0.5～5 毫升，驹、犊、羔羊、仔猪相应减半	矿物质补充药，用于动物急慢性代谢紊乱性疾病

续表

分类	药物名称	用法用量	适应证
微量元素	亚硒酸钠	亚硒酸钠注射液，肌内注射，一次量，仔猪、羔羊1～2毫克，马、牛30～50毫克，犊、驹5～8毫克；亚硒酸钠维生素E注射液，肌内注射，一次量，驹、犊5～8毫升，仔猪、羔羊1～2毫升；禽饮水，治疗1毫升加100毫升水，预防加1000毫升水	补充硒元素，预防各种硒缺乏症
	氯化钴	内服，一次量，治疗，羊0.1克，羔羊0.05克，牛0.5克，犊牛0.2克；预防，羊5毫克，羔羊2.5毫克，牛25毫克，犊牛10毫克	用于预防恶性贫血、肝脂肪变性，也可促进食欲、促进增重
	硫酸铜	内服，一日量，牛2克、犊牛1克，羊每千克体重20毫克；促生长，猪每吨料600～800克，禽20～30克	用于预防铜缺乏症引起的贫血和铁吸收受阻，表现如生长障碍、骨畸形、毛色变浅、产蛋下降等，对莫尼茨绦虫和捻转胃虫也有一定驱虫作用
	硫酸锌	内服一日量，禽0.05～0.1克，猪、羊0.2～0.5克，牛0.05～0.1克，驹0.2～0.5克	用于锌缺乏症引起的生长缓慢、精子产生及运动活力降低、乳房四肢皲裂、猪上皮细胞角化变厚、伤口骨折愈合不良、家禽皮炎和羽毛缺损；也用于收敛和抗菌，结膜炎常用
	硫酸锰	混饲，每吨饲料，以元素计，育成鸡、产蛋鸡40～85克，雏鸡、种母鸡、肉鸡72～110克；猪2～20克；奶牛12克，羊20～40克，肉牛20～40克；家畜最高限量150克	主要用于防治锰缺乏症引起的骨形成和代谢障碍，如腿弯曲、跛行、关节肿大等；母畜发情障碍、公畜性欲降低、不易妊娠等；鸡产蛋率下降、蛋壳变薄、孵化率低

牛常用解毒类药物汇总见表19-37。

表19-37　牛常用解毒类药物

分类	药物名称	用法用量	适应证
有机磷中毒解毒药	碘解磷定（派姆）	静脉注射，一次量，每千克体重，家畜15～30毫克；注射速度宜缓慢	用于有机磷中毒，轻症单用本品或阿托品就可以；中重度中毒，必须合并应用阿托品
	氯解磷定	可静脉注射可肌内注射，用量同碘解磷定	同碘解磷定

续表

分类	药物名称	用法用量	适应证
有机磷中毒解毒药	双解磷	通常配成5%溶液肌内注射或静脉注射，首次用量，猪、羊0.4～0.8克，马、牛3～6克，以后每两小时重复用药一次，用量减半	同碘解磷定
	双复磷	同双解磷	同双解磷，对中枢神经有毒性症状有作用
	阿托品	注射，一次量，每千克体重，马、牛、羊、猪0.5～1毫克，犬、猫0.1～0.15毫克，禽0.1～0.2毫克	与胆碱酯酶复活剂合用解有机磷中毒；对肠型毒蕈中毒、乌头中毒也有效
有机氟中毒解毒药	乙酰胺（解氟灵）	静脉注射或肌内注射，一次量，每千克体重，家畜50～100毫克，每天两次	用于氟乙酰胺中毒解毒
亚硝酸盐中毒解毒药	美蓝（亚甲蓝、甲烯蓝）	静脉注射，一次量，每千克体重，亚硝酸盐中毒解毒1～2毫克，氰化物中毒解毒2.5～10毫克	主要用于亚硝酸盐中毒解毒；也可用于氰化物中毒解毒；还可用于苯胺、乙酰苯胺、氨基比林、磺胺类药引起的高铁血红蛋白症
氰化物中毒解毒药	亚硝酸钠	静脉注射，一次量，猪、羊0.1～0.2克，牛、马2克	主要用于氰化物解毒
	硫代硫酸钠（大苏打、次亚硫酸钠）	静脉注射或肌内注射，一次量，猪、羊1～3克，马、牛5～10克，猫、犬1～2克	主要用于氰化物中毒解毒
金属与类金属中毒解毒药	二巯基丙醇	肌内注射，每千克体重，一次量，家畜2.5～5毫克	主要用于汞、砷、锑的中毒，也可用于铋、锌、铜等中毒，对铅中毒疗效差
	二巯丙磺钠	静脉或肌内注射，每千克体重，一次量，猪羊7～10毫克；牛马5～8毫克	主要用于汞、砷、铬、铋、铜等中毒解毒
	二巯基丁二酸钠	静脉注射，每千克体重，一次量，家畜20毫克；临用前用灭菌生理盐水稀释成5%～10%溶液，急性中毒每天4次，连用3天，慢性中毒，每天一次，用5～7天	主要用于锑、汞、铅、砷等中毒解毒
	依地酸钙钠	静脉注射，一次量，马、牛3～6克，猪、羊1～2克，每天2次，连用4天；皮下注射，每千克体重，犬、猫25毫克	主要用于治疗铅中毒；对钴、铜、铬、镉、锰、镭、钚、铀、钍等中毒均有一定解毒作用，对锶中毒无效
	青霉胺	内服，一次量，每千克体重，家畜5～10毫克，每天4次，5～7天一个疗程，停药2天继续用下一个疗程，一般1～3个疗程	主要用于铜、汞、铅、锑、砷等中毒解毒

续表

分类	药物名称	用法用量	适应证
金属与类金属中毒解毒药	去铁胺	肌内注射，一次量，每千克体重，起始量20毫克，维持量10毫克，日总量不超过120毫克；静脉注射剂量同肌内注射，速度保持每小时每千克体重15毫克	主要用于急性铁中毒的解毒
其他中毒解毒药	乙酰半胱氨酸	灌服或输液，首次量140毫克/千克，后续70毫克/千克，每4小时一次	主要是对乙酰氨基酚的解毒药，也有祛痰作用

牛常用抗过敏和抗休克类药物汇总见表19-38。

表19-38　牛常用抗过敏和抗休克类药物

分类	药物名称	用法用量	适应证
抗过敏药	马来酸氯苯那敏	内服，一次量，马、牛80～100毫克，猪、羊10～20毫克，犬2～4毫克，猫1～2毫克；肌内注射，一次量，马、牛60～100毫克，猪、羊10～20毫克	过敏性疾病，如荨麻疹、过敏性皮炎、血清病等
	苯海拉明（苯那君）	内服一次量，牛0.6～1.2克，马0.2～1克，猪、羊0.08～0.12克，犬0.03～0.06克；肌内注射一次量，马、牛0.1～0.5克；猪、羊0.04～0.06克；每千克体重，犬0.5～1毫克	适用于皮肤黏膜的过敏性疾病，如荨麻疹、血清病、湿疹、皮肤瘙痒症、小动物运输止吐、蹄叶炎、过敏腹泻等；过敏性支气管痉挛效果较差，常与氨茶碱、麻黄碱、维生素C等合用
	扑敏宁（去敏灵、吡苄明、曲吡那敏）	内服，一次量，每千克体重，大动物1～2毫克，犬、猫、兔1毫克，每天2～3次；肌内注射一次量，每千克体重，猪、羊、牛、马1毫克	用于过敏性鼻炎、过敏性皮炎、湿疹、哮喘等
	异丙嗪（非那根）	内服一次量，牛、马0.25～1克，猪、羊0.1～0.5克，犬0.05～0.1毫克；肌内注射，一次量，马、牛250～500毫克，羊、猪50～100毫克，犬25～100毫克	抗过敏
	克敏嗪（去氯羟嗪、克喘嗪）	内服一次量，牛、马0.5～1克，猪、羊50～100毫克，犬25～50毫克，每天2～3次	抗过敏为主，还可用于支气管哮喘、血管神经性水肿等
	息斯敏（氯雷他定）	内服一次量，犬5～10毫克，每天一次	主要用于过敏性鼻炎、过敏性结膜炎和其他过敏性反应症状

续表

分类	药物名称	用法用量	适应证
抗休克药	多巴胺(3-羟酪胺)	输液，一次量，每千克体重，犬2毫克，治疗心肌衰竭3～10微克/分，治疗急性少尿性肾衰1～1.5微克/分。加入500毫升生理盐水或5%葡萄糖溶液中缓慢滴注	临床在血容量补充的基础上，可用于各种休克，包括中毒性、心源性、出血性、中枢性休克；尤其适用于伴有肾功能不全、心输出量降低的休克治疗
	多巴酚丁胺(杜丁胺)	输液，每千克体重，犬5～20微克/分，剂量超过20微克/分时会心动过速；每千克体重猫5～15微克/分	多用于犬、猫扩张型心肌病治疗
其他抗休克药	拟肾上腺素类药：异丙肾上腺素、去甲肾上腺素、去氧肾上腺素、间羟胺等(具体参考拟肾上腺素类的介绍) 糖皮质激素类药：强的松、强的松龙、地塞米松等最为常用(前面糖皮质激素类药物已经介绍)		
其他抗过敏的药物	钙制剂：氯化钙、葡萄糖酸钙等 维生素C也有一定的抗过敏作用 具体参照前面介绍		

第二十章

牛病鉴别诊断要点总结

一、牛各类内科普通疾病诊断要点

以流涎为主的牛普通病见表 20-1。

表 20-1 以流涎为主的牛普通病

牛病名称	主要病因	特征症状	特征病变
牛口炎	各种物理、化学、生物、体内毒素等因素	口腔检查，敏感，疼痛，口温增高，有不洁臭味，食欲下降	口腔黏膜呈斑纹状和弥漫性充血、发红、肿胀，甚至水疱、破溃等
牛咽炎	受寒、受热和感冒是主要引发因素，继发感染是发展状态	吞咽困难，头颈伸展，触诊咽部疼痛，体温升高	喉部黏膜充血、肿胀、有红斑，被覆黏液、伪膜，严重的咽喉部突出，呼吸粗粝，呼吸困难
牛食道梗塞	食入块状饲料，饥饿，受惊及食管疾病继发等	停食，咽下障碍，瘤胃臌胀，胸外食管可触摸到阻塞物，口流白沫，饮乳会从鼻孔反流	食管壁组织发炎、肿胀、坏死，甚至穿孔
牛闹羊花中毒	春夏采食闹羊花的叶、茎、皮、根等	呕吐，腹痛，共济失调，脉搏弱而不整，心律不齐，心率慢，呼吸急促，昏迷	可视黏膜、淋巴结、肾脏均点状出血，胃肠胀气，脑及脑膜充血，淤血
牛尿素中毒	饲料中尿素添加量过大，混合不均或误食等	全身寒战，强制性抽搐等中枢神经症状，伴有呼吸困难，惊厥，流涎等症状	瘤胃内有氨臭味，胃黏膜发黑，皱胃及肠道有充血、出血，心内膜和心外膜有出血
牛草木樨中毒	采食了含双香豆素的霉败饲料	血凝不良和全身器官组织广泛性出血	体内呈现广泛性出血，心肌颗粒变性、坏死，肝细胞颗粒变性和脂肪变性
牛锌缺乏症	饲喂缺锌牧草，或饲料中存在干扰吸收利用物质过多	生长发育受阻、皮肤皲裂、皮屑多、蹄变形、骨骼发育异常和愈合延迟	口、网胃和皱胃黏膜肥厚，胃角化不全，表皮呈棘皮症变化

以腹痛症状为主的牛普通病见表 20-2。

表 20-2　以腹痛症状为主的牛普通病

牛病名称	主要病因	特征症状	特征病变
牛瘤胃臌气	采食大量易发酵或膨胀的饲料、其他病继发	左肷部显著膨突，叩诊鼓音，有弹性，腹痛，呼吸困难，反刍停止	瘤胃过度扩张，充满大量气体或泡沫及食入内容物
牛瘤胃积食	采食过多精饲料或采食大量难消化的粗饲料	腹围增大，左侧突出，腹痛，呼吸困难，瘤胃内容物触诊坚实如捏粉样	瘤胃极度扩张，充满大量内容物
牛创伤性网胃炎	误食尖锐金属异物，腹压异常升高加重病情	前胃弛缓，腹痛，网胃区触诊敏感，粪干少色暗	网胃前后壁有创伤瘢痕或穿孔或金属异物刺着，感染期有化脓腔，多继发腹膜炎
牛皱胃左方变位	皱胃弛缓多是诱发因素，常与妊娠或分娩有关	轻度腹痛，排少量糊状油腻粪便，左腹部局限性膨突，触诊有震荡音，听诊呈流水音，听叩配合可听钢管音	皱胃积存大量液体食糜，皱胃浆膜可能会与腹膜、网膜粘连，严重的会溃疡穿孔
牛皱胃阻塞	摄入过于粗硬的饲料、沙土石，饮水缺乏	粪少而干硬，有的排出黑色稀便，常伴有前胃弛缓、瘤胃积液、皱胃区触痛	皱胃极度扩张，体积变大，真胃黏膜炎性浸润、充血、坏死，严重的有出血斑或溃疡或穿孔
牛瓣胃阻塞	摄入大量坚韧粗饲料，缺水	前胃弛缓，瓣胃内容物坚硬，瓣胃叩诊痛感明显，粪便干、少、色黑，如算盘珠或驴粪球样	瓣胃内容物充满，干涸，容积增大；瓣胃叶上皮脱落、溃疡、坏死，严重的会穿孔
牛瘤胃酸中毒	摄入过多富含碳水化合物的精饲料	极度沉郁，全身症状危重，脱水重；排水样或稀软粪便，冲击瘤胃稀软积液或黏硬感	瘤胃内容物酸臭味重，充满气体或精细内容物，胃黏膜有瘀血斑或出血
牛肠变位	饲养管理失当，或环境剧烈应激	腹痛剧烈，粪便量骤降，粪便呈黑色，可视黏膜发绀或苍白	变位部位前段肠管积液、积气、积粪，变位段肠管出血、淤血、坏死、粘连，内容物多呈血样
牛盲肠扩张与扭转	日粮精料占比过大，环境应激过大	急性腹痛、排粪少、粪色暗呈糊状，右侧肷部叩诊鼓音，听诊钢管音	盲肠膨胀、积气，扭转部肠段暗红、发紫，肠内容物形成血色，密布出血斑点
牛结肠梗阻	脓毒性、非感染性腹膜炎，术后感染，脂肪硬块器质性阻滞等	腹部膨胀，粪便量不多，右肷部前上方到右季肋上方狭小部位叩诊呈混浊钢管音	阻塞部位肠段淤血、出血、水肿、并继发炎症、坏死、穿孔或破裂
牛结肠闭锁	遗传因素或者妊娠早期胚胎损伤诱发	排粪停止，腹部膨胀，右下腹冲击触诊有荡水音，腹痛	病理变化不明显

续表

牛病名称	主要病因	特征症状	特征病变
牛肠便秘	饲喂大量粗纤维饲料，运动不足，饮水缺乏	频做排粪姿势，排少量干黑粪便，肛门干燥紧缩	粪便积聚的肠段黏膜充血、出血、水肿
牛腹膜炎	腹腔或盆腔内脏破裂，或手术康复不利，细菌感染引发的炎症	腹痛，触诊腹部疼痛敏感；腹泻或便秘；叩诊有水平浊音；冲击触诊有拍水音	腹腔积有浑浊的液体，含纤维素絮片，腹膜与腹部脏器粘连
牛草酸盐中毒	采食过量草酸盐	痉挛、疝痛、臌胀、尿频、呼吸困难、瘫痪	胃肠道淋巴结肿大，支气管充满血样泡沫，肾和血管检出草酸盐结晶
牛夹竹桃中毒	采食含有夹竹桃的饲草	心律不齐，体温低，腹痛，拉稀，呼吸困难	心包膜变厚，心内外膜出血，左心室明显，肠管出血

以腹泻为主的牛普通病见表 20-3。

表 20-3　以腹泻为主的牛普通病

牛病名称	主要病因	特征症状	特征病变
牛胃肠炎	饲喂不当、饲料品质低劣、其他疾病继发	排水样或粥样粪便，脱水迅速，体温初期偏高，后期病情会加重	胃肠内容物恶臭，混有黏液、脓液、血液、脱落坏死肠黏膜
牛脏器淀粉样变性	多继发于化脓性的感染	排水泥样或水样稀便，下颌、胸垂、胸前、下腹等水肿	肾肿大，色呈黄褐色或橘黄色，肾表面呈广泛砂粒或米粒大斑点，有淀粉样蛋白沉积
牛脂肪坏死症	精料过量，催肥过快，激素紊乱，脂肪沉积过度	食欲下降，逐渐消瘦，腹痛，直检可摸到乳房硬块	腹腔脏器多见肿瘤型脂肪坏死块病变；皮下与肌肉多见弥漫型脂肪坏死块病变
牛瘤胃角化不全	精料过细、比例过大，粗饲料不足，维生素 A 缺乏	大多无症状，个别表现消化不良、前胃弛缓、瘤胃臌气	瘤胃黏膜乳头增大，呈皮革状；瘤胃乳头颜色呈黑褐色并黏结
牛肝脓肿	精料比例太大，或微生物感染	部分无症状，多为消瘦、贫血、肝区触诊疼痛	肝区散发不同大小的化脓灶
牛皱胃溃疡	饲养管理不当，饲料品质差，饲喂方式不当	腹痛，黏膜苍白，松馏油样软便，脉搏快且弱，心音亢进，贫血性杂音	可见幽门、胃底部黏膜褶皱上有糜烂、溃疡斑点，皱胃内有血液或血凝块
牛皱胃右方变位	皱胃弛缓为诱发因素	腹痛，右腹部增大，粪呈黑色，触诊腹部有荡水音，叩诊可听钢管音	皱胃壁水肿、淤血，皱胃积有红色液体，大网膜水肿糜烂

续表

牛病名称	主要病因	特征症状	特征病变
牛霉菌毒素中毒	采食或饲喂过多的霉败饲料	慢性瘤胃积食和前胃弛缓的症状，间歇性腹泻，多混有黏液、血液，脱水	胃肠黏膜充血、肿胀、出血，肝脏充血肿大
牛砷中毒	误食含砷老鼠药、杀虫剂、被砷污染的饲料或饮水	水泻、粪便带血、共济失调、严重脱水	胃肠黏膜出血、充血、水肿、糜烂，严重的穿孔，肠内容物水样，有蒜臭气味
牛毛球症	日粮营养不全价，异食癖，体表寄生虫感染	呕吐、消化不良、排出粗毛球	瘤胃和网胃有粗毛球或平滑毛球
牛有机磷农药中毒	误食有机磷农药	腹泻、流涎、腹痛，多汗、尿失禁、呼吸困难、眼球震颤、瞳孔变小、肌肉痉挛、可视黏膜苍白	小肠、皱胃弥漫性充血、出血，肺淤血、水肿，心内膜点状出血
牛钼中毒	饲料中钼含量过高	皮肤发红、被毛褪色、顽固腹泻、贫血、消瘦	脂肪组织胶冻样，心肌变薄，神经元变性、脱髓鞘
牛瘤胃酸中毒	谷物性饲料添加过多，或偷食大量精饲料	全身症状明显，脱水显著，循环障碍，腹泻肚胀，自体中毒	瘤胃和网胃内容物酸臭量大，肝肿大，质脆，心内外膜出血
牛结肠炎	饲料中有毒有害物质超标，自身免疫力低下	阵发性腹痛，粪便恶臭稀软，努责，里急后重	结肠和盲肠浆膜呈蓝紫色，黏膜充血、水肿

以黄疸、不发热为主的牛普通病见表 20-4。

表 20-4　以黄疸、不发热为主的牛普通病

牛病名称	主要病因	特征症状	特征病变
牛肝炎	各类中毒、传染病	肝区叩诊浊音区扩大、触诊敏感，消化不良、兴奋或昏迷	肝脏肿大或变性缩小，坚硬，表面光滑或凹凸不平
牛肝硬化	各类中毒、传染病，尤其是慢性肝炎	消瘦、贫血、腹水、水肿，慢性消化不良	肝脏肿大或变性缩小，坚硬，表面光滑或凹凸不平
牛肝癌	各类中毒、传染病、慢性肝炎、辐射诱发	消瘦、贫血、腹水、水肿，慢性消化不良	肝色调多样，肝出血、坏死
牛脂肪肝	精料过量，泌乳过量，肥胖等	产后母牛多发，表现前胃弛缓特征	肝肿大淡黄色，质脆软，切面外翻，如油状

以鼻出血为主的牛普通病见表 20-5。

表 20-5　以鼻出血为主的牛普通病

牛病名称	主要病因	特征症状	特征病变
牛蕨中毒	长期少量或短期大量采食蕨类植物	高热，呼吸困难，全身出血，尿血，心力衰竭	皮下、肌肉、各器官、全身黏膜出血明显
牛后腔静脉血栓	多诱发于肺脓肿	个体发病，呼吸窘迫，咯血，鼻出血，贫血，猝死	后腔静脉有血栓，肺动脉阻塞，肺出血
牛化脓性肺炎	肺部感染化脓	渐进消瘦，呼吸困难，高热，咳嗽，流脓性带血鼻液	病变为支气管肺炎、肺脓肿
牛鼻旁窦炎	细菌感染或外伤诱发感染	单侧流脓性鼻液，或鼻出血，鼻窦部敏感，眼球突出	窦腔病理性扩大，黄色胶样浸润渗出，偶见溃疡或肿瘤
牛鼻炎	细菌感染、其他病继发	呼吸困难，打喷嚏，流鼻液，鼻黏膜充血、肿胀	鼻黏膜充血、肿胀、溃疡、坏死

以喘、不发热为主的牛普通病见表 20-6。

表 20-6　以喘、不发热为主的牛普通病

牛病名称	主要病因	特征症状	特征病变
牛酒糟中毒	采食发酵酸败或存贮过久的酒糟	骨质疏松，皮炎，血尿，黄疸，腹泻，腹痛	肝硬化，肺充血水肿，胃肠黏膜充血水肿
牛棉籽饼中毒	采食过量未脱毒的棉籽饼	呼吸困难，共济失调，腹泻，心力衰竭，全身水肿，维生素 A 缺乏	心肌和肝脏变性、坏死
牛霉甘薯中毒	误食大量霉烂甘薯	气喘、皮下气肿，急性肺水肿，间质性肺泡气肿	肺充血、水肿、膨隆，肺间质充气、变厚，肺脏膨大
牛急性肺水肿、气肿	秋季转场青草茂盛的草场易诱发	胸部叩诊过清音，肺部听诊有啰音或捻发音，皮下气肿	肺水肿，肺间质气肿
牛肺心病	高海拔区多发，动脉炎、慢性闭塞性肺病诱发	淤血性心力衰竭，慢性闭塞性肺病	可见原发病的病理变化
牛膈肌疝	先天缺陷或后天损伤	胸部听诊网胃拍水音，瘤胃内容物极度充满，瘤胃臌气反反复复	膈肌破裂或疝孔，偶有与网胃等粘连，或创伤性网胃炎等
牛膈肌病	遗传因素	消瘦、消化不良、厌食、回归性臌胀等	膈肌为主，全身骨骼肌进行性或非强直性营养不良

续表

牛病名称	主要病因	特征症状	特征病变
牛喉头水肿	炎性、过敏、心性、肾性、中毒等因素	哨笛声伴发咳嗽，吸气性呼吸困难，吸气时肋间凹陷	会厌软骨基部、勺状会厌韧带与喉囊侧副韧带区发生水肿

以咳嗽、喘、发热为主的牛普通病见表20-7。

表20-7　以咳嗽、喘、发热为主的牛普通病

牛病名称	主要病因	特征症状	特征病变
牛急性呼吸窘迫综合征	多因素叠加导致	低热、呼吸加快、呼吸困难、肺部呼吸音减弱、无杂音	肺弥漫性水肿、肺增生性炎症
牛支气管肺炎	支气管炎扩散蔓延，传染病继发	弛张热、咳嗽、肺部叩诊散在浊音、听诊捻发音或啰音	肺脏前下部有大小不一的灰黄色或红色炎性病灶
牛气管炎	感冒、过劳、受寒、应激等	不定型热，咳嗽、流鼻涕，肺部听诊干或湿啰音	支气管黏膜潮红，呈斑点、条纹、弥漫、局限性特点
牛肺充血、肺水肿	过劳、烟尘吸入、刺激性气体、急性感染	发热，呼吸困难，鼻孔流泡沫性红色鼻液	肺肿大暗红或蓝紫色，切面流大量血液或淡红的浆液
牛日射病和热射病	高温天气，圈舍降温不当，阳光长久直射	发热，心跳加快，呼吸浅表，重症休克，或兴奋或沉郁	脑部组织高度充血、淤血、水肿；肺充血、水肿

以高热、全身重度功能障碍为主的牛普通病见表20-8。

表20-8　以高热、全身重度功能障碍为主的牛普通病

牛病名称	主要病因	特征症状	特征病变
牛胸膜肺炎	细菌感染或传染病继发	高热，呼吸浅表频数，腹式呼吸，听诊胸部有摩擦音，叩诊水平浊音	胸腔积聚大量渗出液，胸膜充血、增厚、粗糙干燥，严重的脏器粘连
牛异物性肺炎	异物误入气管，如灌药、羊水、饲草等	突然发病，呼吸急迫、困难，腹式呼吸，弛张热，肺部听诊湿啰音	支气管肺炎或化脓性肺炎病理变化
牛大叶性肺炎	感染性因素和非感染性因素	高热稽留，鼻液铁锈色	肺切面存在充血期、肝变期、溶解吸收期交织的花色的大理石外观

续表

牛病名称	主要病因	特征症状	特征病变
母牛产褥热	母牛难产、助产、子宫炎、体质弱等诱发本病	高热，排出恶臭恶露，阴门黏附污秽不洁的分泌物	表现阴道炎、子宫炎、子宫蓄脓等病理变化，严重的可诱发腹膜炎病变

以无热、贫血为主的牛普通病见表 20-9。

表 20-9 以无热、贫血为主的牛普通病

牛病名称	主要病因	特征症状	特征病变
牛双香豆素中毒	吃发霉草木樨，误食含双香豆素成分鼠药	鼻出血、粪黑、尿血等全身多处出血，出血性贫血特征	体内脏器与组织广泛性出血
犊牛异形红细胞病	遗传或其他不明原因	呼吸困难，心跳加快，贫血，拉稀等	病理变化不明显
新生犊牛免疫性溶血性贫血	吃初乳致敏	吃初乳后发病，黄疸、贫血、呼吸困难、血红蛋白尿	肺水肿，脾肿大，肝肿大，脾颜色变黑
牛先天性红细胞生成性卟啉病	遗传因素	溶血性贫血，卟啉斑齿，卟啉色素尿，光敏性皮炎	骨髓及软组织呈红褐色，牙齿和骨尤为突出
牛红细胞膜带Ⅲ缺乏症	红细胞膜蛋白Ⅲ缺乏	犊牛多发，贫血和黄疸是主要表现	肝脾肿大，血涂片球形红细胞、网织红细胞增高
牛贫血 出血性	血管破裂损伤，内脏破裂，中毒，寄生虫感染，血液病	黏膜苍白，心跳呼吸加快，肌无力，水肿	正细胞正色素性贫血
牛贫血 溶血性	传染病，寄生虫感染，中毒，免疫反应	黏膜黄染、苍白，血红蛋白尿，体温正常或发热	肝脾肿大，组织黄染，正细胞正色素性贫血
牛贫血 营养性	造血原料不足，如蛋白、铁、铜、钴等	黏膜苍白，体温不高，因缺乏物质不同略有差异	小细胞低色素性或大细胞正色素性贫血
牛贫血 再生障碍性	药物、理化、病毒感染	黏膜苍白，病情逐渐加重，易出血和感染	正细胞正色素性贫血，全红细胞减少

以皮肤增厚、褪色脱毛为主的普通病见表 20-10。

表 20-10 以皮肤增厚、褪色脱毛为主的普通病

牛病名称	主要病因	特征症状	特征病变
牛粒细胞病综合征	中性粒细胞杀菌力先天缺陷	遗传发生，消瘦、厌食、沉郁、发热、肉芽肿性炎症	口舌、瘤胃、小肠黏膜、皮肤等有坏死性溃疡，同时有肉芽肿性病变

续表

牛病名称	主要病因	特征症状	特征病变
牛铜缺乏症	饲料缺铜元素或吸收转化障碍	消瘦、毛褪色干硬，腹泻如泥炭，犊牛憔悴，甚至猝倒	贫血，肝、脾、肾沉积大量含铁血黄素

以皮下水肿且无热无痛为主的牛普通病见表20-11。

表20-11　以皮下水肿且无热无痛为主的牛普通病

牛病名称	主要病因	特征症状	特征病变
牛栎树叶中毒	采食栎树嫩叶及果实	粪便干硬发黑，肌肉震颤，体表下垂部水肿、体腔积液	消化道出血溃疡，其他脏器出血，皮下体腔积液
牛心力衰竭	营养不良，劳役过度，其他疾病并发	有气无力，心律不齐，消化紊乱，呼吸困难，胸前、腹下、四肢末端水肿	静脉怒张，可视黏膜发绀
牛肾功能不全	中毒、病原感染、大失血、重度脱水	呼吸困难，腹泻，呼气尿臭味，血压高，皮下水肿，少尿或无尿	肾肿大或萎缩，充血或苍白，散在出血点
母牛妊娠水肿	激素紊乱，水液失调，其他不明原因	多数全身反应不明显，局限在腹下、乳房部位，触诊如面团，挤压留痕	腹部、乳房皮下水肿
牛低蛋白血症	蛋白摄入不足，流失过快	水肿、消瘦、贫血	胸腹腔有渗出液

以心脏异常为主的牛普通病见表20-12。

表20-12　以心脏异常为主的牛普通病

牛病名称	主要病因	特征症状	特征病变
牛心内膜炎	原发或继发病毒、细菌感染	发热、心内器质性杂音、血液循环障碍	肺动脉、房室、大动脉瓣有疣状增生物
牛先天性心脏病	遗传	发育不全，心杂音，发绀，呼吸困难，动则加剧	肺动脉闭锁、血管右室起始症、室间隔缺损
牛创伤性心包炎	金属异物网胃穿刺	网胃区域触诊敏感，呼吸急促，静脉怒张，胸垂水肿，肘部外展，下坡加剧，站立难卧	心包增大，心外膜附着炎性纤维素化渗出物，个别可见金属异物

续表

牛病名称	主要病因	特征症状	特征病变
犊牛营养缺乏心肌病	缺维生素 E、硒，腹泻	白肌病心动过速，高钾心动弛缓，腹泻	白肌病心肌有黄白相间的坏死条纹，高血钾病变不明显
牛心肌炎	病毒细菌感染，炎症蔓延	发热、心动过速、循环障碍，症状多样	心肌变性、坏死、纤维化等
牛扩张性心肌病	病因不明，有遗传、有后天继发	淤血性心力衰竭的所有症状	胸腔积液、腹水，肝肿大，肺动脉瓣、房室瓣有疣状增生
牛心房纤颤	电解质紊乱、心肌损害	心跳不整、脉压不稳、频脉	特征性病变不多，可见原发病病变

以尿频、尿痛伴努责为主的牛普通病见表 20-13。

表 20-13　以尿频、尿痛伴努责为主的牛普通病

牛病名称	主要病因	特征症状	特征病变
牛结石	饲料配方不当，饲养管理失宜，饮水摄入不足，运动不足	拱腰、举尾、努责、腹痛、无尿或尿淋、膀胱胀满	尿道、膀胱、输尿管、肾盂等均可见结石
牛尿道炎	理化因素刺激，病菌感染等	不安、抗拒、躲避检查，尿频，尿呈断断续续流出	尿道水肿增粗，尿道口发红
牛膀胱破裂	多源于尿道堵塞，积压性破裂	有排尿姿势无尿排出，尿闭，腹膜炎，尿毒症，休克	膀胱破裂，腹腔积聚尿液
牛膀胱麻痹	脑病，荐部及后腰部脊髓损伤导致	直检膀胱尿液充满或无尿，触压无痛，导尿缓流	膀胱满尿或无尿，脊髓、脑、周边器官有病变
牛膀胱炎	理化因素刺激，病菌感染	尿频且尿量少，直检输尿管正常，膀胱触压敏感	膀胱壁增厚，膀胱黏膜出血、充血、肿胀
牛肾炎	传染病继发、其他炎症蔓延	肾区压痛，排尿弓背	肾肿大或变性萎缩，充血或苍白，表面散在出血点

以血尿为主要特征的牛普通病见表 20-14。

表 20-14　以血尿为主要特征的牛普通病

牛病名称	主要病因	特征症状	特征病变
牛先天性红细胞生成性卟啉病	遗传	光敏皮炎，溶血性贫血，卟啉斑齿，卟啉色素尿	骨骼、牙齿呈红褐色
牛麻痹性肌红蛋白尿	长时间休养，营养良好，过度劳役或运动	行走困难，后躯肌肉触诊僵硬，排红色尿	患病骨骼肌呈褐色，肌纤维膨化、坏死
牛铜中毒	一次摄入过量的铜元素或少量长期蓄积	血红蛋白尿如同葡萄酒色，休克、腹泻、脱水、黄疸等	肾肿大黄金色，肝、脾肿大浓黑褐色，肝脏易碎
牛洋葱中毒	采食大量葱属植物	可视黏膜苍白黄染，红尿，呼气、粪尿葱臭味	贫血，黄疸，脏器葱臭味，肝脾肿大
犊牛水中毒	高温季节，犊牛大量饮水	呼吸困难，循环障碍，饮水后不久出现血尿	膀胱积有红褐色血红蛋白尿
牛地方性血红蛋白尿	长期采食蕨类植物	贫血，突然排血尿	膀胱肿瘤
母牛产后血红蛋白尿	过度泌乳，采食低磷饲料、十字花科植物	分娩不久发病，血尿、贫血、衰弱、黄疸	全身黄染，皮下水肿，胸腔积液、腹水增多，膀胱内有红褐色尿

以泡沫尿为主的牛普通病见表 20-15。

表 20-15　以泡沫尿为主的牛普通病

牛病名称	主要病因	特征症状	特征病变
牛淀粉样变性	慢性感染，免疫反应	体重减轻，腹侧水肿，腹泻，生产性能下降	肝、肾有淀粉样蛋白沉积，低蛋白血症，尿蛋白阳性
牛肾病综合征	理化因素、中毒、感染	逐渐消瘦，周期性腹泻，水肿，体腔积液	脂性肾病和淀粉样肾病，低蛋白血症，尿蛋白阳性

以转圈、兴奋、抽搐、痉挛、麻痹为主的牛普通病见表 20-16。

表 20-16　以转圈、兴奋、抽搐、痉挛、麻痹为主的牛普通病

牛病名称	主要病因	特征症状	特征病变
牛铅中毒	大量摄入或少量长期摄入蓄积	流涎、肌颤、舌翻滚、感觉过敏，瘤胃弛缓，腹泻或便秘或腹痛	脑回水肿，骨软膜充血，骨骺端发现致密的铅线

续表

牛病名称	主要病因	特征症状	特征病变
牛玉米秆中毒	病因不明，采食干旱、早霜地未收获的玉米秆偶发	视力消失，踉跄，胃肠蠕动停滞，间歇痉挛	特征性病变不多，心、肝、肾、肠可见变性出血
牛牧草抽搐症	雨多草茂的春秋放牧可见，镁摄入减少	发病突然，兴奋，运动失调，敏感，抽搐	基本无特征病变
牛脊髓炎	脊髓打伤、挫伤、扭伤、摔伤等	肌肉震颤，痉挛，脊柱僵硬，知觉过敏疼痛；随后知觉消失、麻痹、截瘫	受伤部位炎性病灶
牛癫痫	惊吓、紧张、刺激，其他病继发	步态不稳，精神错乱，肌肉痉挛，意识丧失	病理变化不明显
牛大脑皮质坏死	主要是维生素 B_1 缺乏	痉挛，失明，抽搐，共济失调	大脑皮质软化灶，剖面层状坏死
牛脑膜炎	细菌、病毒感染，中毒，寄生虫感染等	兴奋或沉郁，狂躁，共济失调，眼斜、嘴歪、角弓反张等	脑脊液增多，脑膜出血、充血，附着炎性渗出物

以牛站立或运动姿势异常为主的牛普通病见表 20-17。

表 20-17　以牛站立或运动姿势异常为主的牛普通病

牛病名称	主要病因	特征症状	特征病变
牛股神经麻痹	股神经过度牵拉、外伤、压迫	站立时，膝关节以下半屈曲状或难以站立；运动时患肢向外画弧	损伤骨神经出血、水肿、炎性变化
牛先天脑水肿	隐性遗传	同族发病，脑水肿综合征，早产、羊水过多、胎儿发育不良、失明	颅骨或脑畸形性脑水肿，软骨发育不良
牛闭孔神经损伤	外伤、压迫、过度牵拉	后肢球节和趾背侧着地站立或无法站立，多为蛙式卧地，后肢屈曲外展	损伤闭孔神经和坐骨神经，发生出血、水肿、炎性表现

以伴发消瘦为主的牛普通病见表 20-18。

表 20-18　以伴发消瘦为主的牛普通病

牛病名称	主要病因	特征症状	特征病变
牛酮病	饲料营养失调	消瘦、脱水、神经障碍、泌乳减少、腹泻、呼出烂苹果的酮味	肝肾心等脂肪变性
牛糖尿病	胰岛素分泌异常减少	消瘦、昏迷、频尿、多食、烦渴	胰腺可能有点病变，其他无异常

以跛行为主的牛普通病见表 20-19。

表 20-19 以跛行为主的牛普通病

牛病名称	主要病因	特征症状	特征病变
牛麦角中毒	采食麦角菌寄生的麦类或禾本科植物	跛行，运动失调，腹泻，流产；蹄、尾、耳尖等局部坏疽	口腔、咽部、胃肠等黏膜出血、充血、溃疡、坏死等
牛淀粉渣中毒	淀粉渣采食过量	跛行，瘫痪，消化功能紊乱	肝脏肿大，肺气肿，皱胃出血，黏膜下蛋白质样物沉积
牛骨软化症	钙磷代谢异常，缺磷为主或钙磷比例不当	异食癖、跛行，骨骼变形，消化障碍，重则瘫痪，成年牛多发	长骨变形，骨端膨大，肋骨、肱骨易骨折
牛佝偻病	维生素 D 缺乏，钙摄入不足	异嗜，跛行，骨骼和关节变形，消化紊乱，犊牛高发	骨关节肿大、变性、质软、骨钙化不全

以卧地不起为主的牛普通病见表 20-20。

表 20-20 以卧地不起为主的牛普通病

牛病名称	主要病因	特征症状	特征病变
牛脊椎骨折	外伤，难产，营养缺乏	骨折处肿胀、疼痛，活动异常，触诊有移位、骨摩擦音，感觉反应迟钝或消失	骨折处软组织受损、肿胀、出血、炎症等，个别可见骨碎片
牛生产瘫痪	产后消耗或营养不足导致血钙降低	分娩后突然瘫痪，四肢麻痹，昏迷，体温低或正常	无特征性病变
母牛卧地不起综合征	肌肉神经损伤、营养代谢异常、过度衰竭等	无法站立，有的补钙有效，有的无效，精神整体还可以	神经和肌肉可能有出血、水肿；圆韧带撕裂等

以严重阻碍生长为主的牛普通病见表 20-21。

表 20-21 以严重阻碍生长为主的牛普通病

牛病名称	主要病因	特征症状	特征病变
牛硒缺乏	放牧土壤缺硒或饲草缺硒	犊牛营养性肌萎缩，生长缓慢，成年母牛繁殖障碍	肌肉变性，色淡，像煮熟肉样，具体表现为黄白点、条纹、片状不一
牛锰缺乏	摄入不足或利用率低	犊牛骨骼变形、发育慢，母牛发情延迟、不妊娠	肝脓肿，胆囊空虚

续表

牛病名称	主要病因	特征症状	特征病变
牛碘缺乏	日粮碘含量不足，甲状腺囊肿	甲状腺肿，妊娠期延长，胎儿弱小，死胎、脱毛、被毛发育不全	甲状腺黏液性水肿，甲状腺上皮细胞增生，体积肥大
牛钴缺乏	日粮中钴含量不足，体内维生素 B_{12} 合成障碍	消瘦、贫血、体质弱、生长发育不良	脂肪肝、脾沉积血铁黄素，肌肉色淡，大脑皮质坏死
牛鬣狗病	病因不明，推测与维生素A、维生素D、维生素E过量有关	后躯细垮，步态异常；腰部到尾根背线下降，体型似鬣狗	四肢大腿骨和胫骨长径短缩，骨端部扁平化

新生犊牛7天内常发的普通病见表20-22。

表20-22 新生犊牛7天内常发的普通病

牛病名称	主要病因	特征症状	特征病变
犊牛先天性脑水肿	隐性遗传	同族发病，脑水肿，胎儿发育不良、失明	软骨发育不良和颅骨变形的脑水肿；颅骨和脑畸形的脑水肿
犊牛脐带炎	脐带消毒不彻底，环境卫生差	脐部肿胀、疼痛，初期质地坚硬，后期可能化脓	脐带断端干燥不良、污红色，脐孔周围肉芽肿或脓肿
新生犊牛窒息	难产分娩期长，胎儿产出受阻缺氧，早产，母畜虚弱，羊水阻塞等	假死，心跳微弱，呼吸停止，反射消失，休克，卧地不动	发绀窒息和苍白窒息

以突然死亡为主的牛普通病见表20-23。

表20-23 以突然死亡为主的牛普通病

牛病名称	主要病因	特征症状	特征病变
氢氰酸中毒	误食含氰苷植物	呼吸困难、神经症状、黏膜鲜红	各脏器充血出血，血液鲜红，瘤胃苦杏仁味
牛氟乙酰胺中毒	饲料饮水被含有氟乙酰胺的物质污染	发病突然，肌肉震颤，倒地抽搐，死亡很快	脑出血，心肌变性，心内外膜出血，胃肠充血出血
牛亚硝酸盐中毒	饲料亚硝酸盐超标	血液褐色，黏膜发绀，呼吸困难，抽搐	器官充血出血，棕色酱油样血液
牛肠套叠	消化紊乱，饥饿，剧烈腹泻，寄生虫，应激等	突然腹痛，粪少便血，直肠检查可触摸肉样坚实的香肠样物	套叠部位坚实，青紫，水肿，充血出血，严重的坏死

二、牛各类外科病诊断要点

以跛行为主的牛外科疾病见表20-24。

表20-24　以跛行为主的牛外科疾病

牛病名称	主要病因	特征症状	特征病变
牛蹄底刺伤	尖锐物刺入蹄底、蹄叉等	患肢突然跛行，如果刺伤部位在蹄踵，运步时蹄尖先着地，同时球节下沉不充分	蹄部组织会发生发炎化脓
牛白线病	白线切削过多，路面磨损太重，环境不良，其他损伤	白线浅裂一般无异常表现，白线开裂至肉壁下缘，往往诱发蹄真皮炎而跛行	蹄冠脓肿，化脓蹄关节炎，远籽骨滑膜囊炎，甚至腱鞘炎等
牛腐蹄病	环境恶劣，管理不当，修蹄不及时不规范	跛行，趾间溃烂，化脓	蹄间和蹄冠皮肤红肿、充血，严重的坏死、溃疡、肉芽增生等
牛蹄叶炎	矿物质缺乏，精饲料过量，酸中毒	跛行突然，姿势异常，拱背，走路拘谨，蹄变形	蹄底角质变软、蜡样发黄，角质异常增生
牛蹄糜烂	蹄过长不修剪，芫蹄，牛舍潮湿，地面泥泞，趾或指间皮炎	跛行，轻症球部和轴侧沟有污坑出现，严重的深度糜烂至真皮层	糜烂深入可发生潜道，个别球部重度糜烂，甚至出现恶性肉芽
牛趾间皮炎	环境卫生恶劣	跛行，球部周围皮肤红肿，球部和蹄底间有黑色带呈V形	表皮增厚充血，趾或指间有渗出液，个别形成痂皮
牛蹄底溃疡	环境恶劣，管理不当，修蹄不及时不规范	跛行，蹄尖触地，四肢交替负重，蹄底球结合部红肿	蹄底球结合部红肿、蹄皮化脓，严重的蹄冠蜂窝织炎
牛蹄叉糜烂	环境恶劣，管理不当，修蹄不及时不规范	跛行，蹄叉角质糜烂，触压有痛感	蹄叉中沟与侧沟角质糜烂，变得异常脆弱
牛腱断裂或跟腱断裂	利器损伤，腱病发作	跛行，跟腱弛缓，触诊痛感，可感知损伤部位	断裂处疼痛红肿
牛腱鞘炎	过度牵拉，外力损伤	跛行，触诊热痛，站立患肢屈曲、蹄尖触地	腱鞘肿胀、钙化、内积蓄滑液
牛腕前黏液囊炎	舍饲圈养，坚硬地面	跛行轻微，触诊疼痛、坚硬或有波动感，肿胀部位在腕关节前略下方	结缔组织增生，患部肿胀
牛腱炎	劳役过度，外力损伤	跛行，站立蹄尖着地，疼痛肿胀	掌骨掌侧肿胀，组织增生呈腱性球突
牛肌炎	感染、外伤、护蹄不良	跛行，患部热痛、红肿	肌纤维萎缩变性，结缔组织取代

续表

牛病名称	主要病因	特征症状	特征病变
牛肌肉断裂	外力损伤或拉伤	跛行，患部触诊凹陷、肿胀、疼痛	肌肉断裂、发炎肿胀，严重的淤血肿胀
牛膝关节浆液性滑膜炎	外伤，使役失当，装蹄不当，肢势不正，传染病并发病	关节肿痛，患肢屈曲，不愿负重；跛行	关节肿胀，滑液增多，滑膜充血
牛骨关节病	维生素D缺乏，钙磷缺乏或代谢失调，修蹄或装蹄失当	跛行，关节变形，随动减轻	关节软骨退行性变性，表面粗糙不光滑、凹凸不平、纤维解离等
牛关节炎	感染、外力损伤	跛行，关节肿痛	关节处明显肿胀
牛关节创伤	利器刺伤、切伤，钝性撕裂	跛行，伤处疼痛、裂开、出血，关节活动有滑液流出	伤处热痛、弥漫性肿胀
牛关节扭伤和挫伤	自身跌扭损伤、外力冲击	跛行，患肢不敢负重，肿痛	患部红肿
牛骨折	外力损伤，自身扭跌损伤	骨变形，活动异常，疼痛，出血，可听到骨摩擦音，功能障碍	骨折处出血、水肿、血肿
牛风湿病	圈舍潮湿、受风寒、过敏及其他不明原因	跛行，随动减轻或消失；发病突然，患肢僵硬、疼痛、严重的肿胀	组织增生，肌肉萎缩并失去弹性，局部肿胀

以局部肿胀、疼痛、功能障碍为主的牛外科病见表20-25。

表20-25 以局部肿胀、疼痛、功能障碍为主的牛外科病

牛病名称	主要病因	特征症状	特征病变
牛疝	遗传、脐部愈合不良、外力损伤	局部凸起柔软组织，改变体位或用力挤压可消失，可触摸到疝孔，如脐疝、腹壁疝、阴囊疝等	可见疝内肠管或大网膜，疝孔、疝囊等，严重的发生粘连或坏死
牛蜂窝织炎	小创伤感染，化学物质刺激，其他传染病继发	多发于皮下、筋膜下、肌肉间隙、疏松结缔组织；病变易扩散，病变界限不清晰，易引发全身症状	慢性炎症局部皮肤呈象皮样肥厚；严重病变组织坏死、腐败恶臭渗出，甚至表现败血症
牛挫伤	钝性外力是主因	患部红肿热痛明显，重者会有局部积蓄渗出液	炎症表现，重症局部坏死
牛淋巴外渗	钝性外力是主因，其次是淋巴循环障碍	肿胀，界限清晰，触诊波动感，皮肤松弛，无热痛，穿刺液黄色透明，偶有少量血液	纤维素化、囊壁增生

续表

牛病名称	主要病因	特征症状	特征病变
牛血肿	钝性外力是主因	局部肿胀，界限清晰，周围坚实，中间波动感，局部增温，穿刺液为血液或血凝块	囊壁结缔组织增生
牛脓肿	湿热毒、感染、误注或渗漏刺激性化学物质	皮下及皮下结缔组织水肿，呈红肿热痛，后期波动感，穿刺抽出脓汁	局部炎性化脓表现

以颈部肿胀凸起为主的牛外科病见表20-26。

表20-26　以颈部肿胀凸起为主的牛外科病

牛病名称	主要病因	特征症状	特征病变
牛食管损伤	外伤、异物、诊疗不当	食物和水经食管创溢出食管，皮下积聚。如皮肤也有损伤，可溢出皮肤	食管及食管周边损伤
牛食管炎	机械刺激感染或传染病继发感染	吞咽苦难，流涎，头颈屈曲，精神紧张，触诊敏感	食管壁出血淤血，伴有炎性渗出
牛食道梗塞	块茎食物或异物导致	采食过程中突然发病，口鼻流涎，停食不安，摇头伸颈，做吞咽动作	食管壁炎症反应、坏死，不及时处理可能引发穿孔
牛静脉血栓与静脉炎	感染与炎性扩散	静脉触摸呈条索状，敏感疼痛；颈部活动受限，组织增生发硬	静脉炎性变化，周边组织增生

以流泪羞明为主的牛外科病见表20-27。

表20-27　以流泪羞明为主的牛外科病

牛病名称	主要病因	特征症状	特征病变
牛角膜炎	外伤、感染、异物刺激	羞明、流泪、疼痛、眼睑闭合	角膜缺损、混浊、溃疡
牛结膜炎	感染、外伤、外界刺激	结膜充血红肿，羞明流泪	结膜炎症反应，白细胞浸润
牛眼部肿瘤	个体因素，炎性增生或癌变	眼睑或眼球膨突，视力障碍	炎症反应、增生、癌变

三、牛各类产科病诊断要点

以引起不育为主的牛产科病见表20-28。

表 20-28 以引起不育为主的牛产科病

牛病名称	主要病因	特征症状	特征病变
牛排卵障碍	遗传、应激、疾病、饲养管理、哺乳异常等引发的激素分泌紊乱	发情基本正常，发情症状个别不明显，直检卵泡成熟但不排卵	卵巢有液体囊腔或大小不一的结节
牛输卵管炎症	细菌感染或操作损伤	发热，性周期变长，直检疼痛，久配不孕	输卵管炎性肿胀，变粗硬，有结节或粘连
牛卵巢炎症	细菌感染或操作损伤	卵巢体积增大，感知不到卵泡或黄体，触诊个别有痛感，发情可能异常或不发情	卵巢肿大，表面光滑，柔软；或质地变硬，高低不平，有粘连
牛持久黄体	营养失衡，泌乳太过，应激，疾病等内分泌失调	发情周期停止，或长期不发情	卵巢表面有排卵凸起，黄体大而圆，结缔组织填充或完全黄体化
牛卵巢囊肿	饲养管理失当，应激，疾病，内分泌紊乱	发情亢奋，慕雄狂；或性欲缺乏，长久不发情	囊壁光滑，薄而透明，腔内积满液体
牛卵巢功能不全	饲养管理失当，应激，疾病，内分泌紊乱	发情周期正常，发情明显；或发情微弱，不发情；不排卵或排卵延迟，难受孕；卵巢萎缩、卵巢静止，不发情	卵巢结缔组织增生，皮质小血管堵塞，个别子宫黏膜上皮损伤
牛子宫蓄脓	难产、流产、胎衣滞留等感染，环境污染与应激等	不发情，子宫积液，阴门时常排出脓性分泌物	子宫壁肿厚，弛缓，久病变薄；卵巢存在持久黄体
牛子宫颈炎	机械损伤、炎症蔓延	子宫颈肿胀、松软、外口开张；子宫颈粗硬，严重的子宫颈管溃疡、糜烂、脓肿	黏膜充血，渗出物脓性或絮状黏性，个别发生子宫颈部分或完全粘连
牛子宫内膜炎	难产、流产、胎衣滞留等感染，环境污染	阴门排异常分泌物，发情周期不规律，屡配不孕；轻症无全身症状，重症有明显的全身症状	子宫炎性表现，弹性降低，积有灰白或灰黄脓性分泌物

以引发乳腺疾病为主的牛产科疾病见表20-29。

表20-29 以引发乳腺疾病为主的牛产科疾病

牛病名称		主要病因	特征症状	特征病变
牛乳腺炎	浆液性	卫生条件差，挤乳操作消毒不规范，饲养管理不当，其他疾病继发感染	乳房增温，有硬结、疼痛；乳房肿大，充血，水肿	炎症反应，乳汁稀薄，黄白色，带絮状物，泌乳减少
	卡他性		乳头乳房增大，乳房基部波动感；乳房触诊局灶性硬实	红肿热痛轻微，乳汁稀薄如水，含絮状物或乳凝块，挤乳后乳房基本正常，泌乳量减少
	纤维素性		乳房肿大充血，乳房坚实增温，疼痛	乳房纤维素性炎症反应；乳汁淡黄，含絮状物和乳凝块，泌乳急剧减少
	出血性		乳房肿大，皮肤红或有紫斑，热痛显著	乳房严重炎症反应，出血，淤血；乳汁稀薄水样，淡红或红色，含絮状物
	化脓性		乳房肿大，乳头肥大	化脓炎症反应；乳汁白色浆液，黄色黏液，含蓄状脓块，泌乳急剧减少或无乳
	坏疽性		乳房肿大，破溃，坏死，皮肤紫红或黑紫	坏疽性炎症反应；乳房肿硬，叩诊鼓音，触诊捻发音；乳汁红色或褐色油膏状，恶臭，泌乳急剧减少
牛乳房外伤		外力损伤	乳房局部创伤，出血，结痂，严重的创口流出乳汁	穿透创，瘘管，乳房红肿热痛
牛乳房冻伤		北方气温低，保暖不到位	乳房红肿热痛，或麻痹无知觉，呈红、紫、褐等颜色，严重的皮肤坏死脱落	皮肤出血，肉芽肿，乳管狭窄或闭锁，严重的湿性坏死
牛乳头炎		挤乳不当，挤乳器操作失当，乳导管使用不当，挤乳后乳头消毒不规范	乳头热痛，肿胀，发红	乳头红肿热痛炎症反应；容易继发蜂窝织炎，乳腺炎，乳头狭窄
牛乳池狭窄		挤乳失当，乳头挫伤、乳池肿瘤	乳头变硬，挤乳困难，乳汁线状排出或挤不出乳，乳导管探查受阻	乳池有肉芽肿，乳头黏膜增生，乳池腔狭窄

以子宫阴道器质性变化为主的牛产科病见表20-30。

表 20-30 以子宫阴道器质性变化为主的牛产科病

牛病名称	主要病因	特征症状	特征病变
牛胎衣不下	气血营养，子宫弛缓，子宫胎盘炎，运动不足等	牛产后12小时后胎衣未脱落；有的完全未排出，有的部分排出悬垂阴门之外	主要是胎盘与子宫阜粘连紧密
牛阴道脱出	饲养管理不当或体质衰弱导致阴道弛缓，叠加腹压增高而导致脱出	多无全身症状；可见阴门外如球状物部分脱出，站立复位；完全脱出多站立无法复位，甚至淤血坏死	脱出部分黏膜充血、水肿、淤血，严重的干裂、出血、糜烂、坏死
牛子宫内翻或脱出	饲养管理不当，营养不良，难产助产不当，胎衣剥离不当，努责腹压高等	腹痛，努责，常排粪尿，全身症状不明显；子宫脱出表现子宫全脱于阴门外；子宫内翻时，直检子宫角增大增粗	脱出子宫黏膜红色或暗红或紫色，淤血水肿，黏膜变厚、如肉冻样

四、牛各类传染病诊断要点

以口腔丘疹、水疱、溃疡、糜烂为主症的牛传染病见表20-31。

表 20-31 以口腔丘疹、水疱、溃疡、糜烂为主症的牛传染病

牛病名称	流行特点	典型症状	典型病变
牛恶性卡他热（病毒）	无季节性，发病率低，死亡率高，散发；病牛与绵羊密接有诱发关系	稽留热，结膜炎，角膜炎，口腔黏膜溃疡，流涎，体表淋巴结肿大，重症可能有神经症状	头眼型：角膜炎、结膜炎；消化道型：消化道黏膜出血溃疡；脑膜充血，浆液性浸润
牛病毒性腹泻黏膜病（病毒）	无明显季节性，但冬春多发；各年龄均可感染，6～18月龄多发；发病率低，病死率高	水样腹泻，内含黏液、血液、纤维素絮状物；流涎，眼鼻有分泌物，呼气恶臭，病牛常见跛行，妊娠牛流产	消化道黏膜出血、充血、糜烂、溃疡；食管黏膜呈形状与大小不等的直线糜烂；部分发生明显蹄叶炎、趾间皮肤糜烂坏死
牛瘟（病毒）	各种年龄与性别均易感，12月至次年4月多发，发病率接近100%，病死率高达90%	尸体脱水、消瘦、污秽、恶臭；发热3天左右口腔黏膜潮红，并迅速产生灰黄粟粒大凸起，似撒麸皮样，融合成灰黄假膜，假膜脱落露出糜烂坏死灶，边缘不整，底部深红烂斑，也叫地图样烂斑；高热之后腹泻严重，里急后重，粪如浓汤带血，恶臭严重，并含黏膜和坏死组织	剖检消化道黏膜严重坏死性炎症，口腔、皱胃、肠道、上呼吸道黏膜坏死、糜烂、充血、出血；小肠黏膜潮红，水肿，出血；大肠出血或糜烂，灰黄假膜覆盖，呈斑马条纹状；淋巴结肿大
牛口蹄疫（病毒）	季节性不太明显，但春秋冬季多发；呈流行性和大流行特点，有一定周期性	患牛口角流涎增多，常挂满嘴边，闭口，发热，部分重症精神沉郁，部分出现跛行	鼻咽、口腔黏膜，乳头皮肤，趾间、蹄冠皮肤形成水疱；死亡病例剖检心肌炎，呈虎斑样变性条纹；出血性胃肠炎等

续表

牛病名称	流行特点	典型症状	典型病变
牛水疱性口炎(病毒)	马、牛、猪等家畜易感,羊、狗、兔易感性差,节肢动物活动的温热季节多发,冬季几乎不发病	流涎,泌乳牛产乳减少,乳腺炎	舌、齿龈、口腔黏膜、鼻端、乳头、蹄部出现水疱或糜烂
牛丘疹性口炎(病毒)	6月龄内的犊牛最易感	牛流涎,口与口唇周围发生红色丘疹性结节,个别结节形成脓疱和溃疡;结节形成痂皮后脱落自愈,无全身症状,病程30天左右	口和口周围形成结节丘疹,丘疹周围充血,丘疹呈轮状,有的溃疡,有的中心缺损,个别出现水疱和脓疱
牛茨城病(病毒)	发病季节与库蠓活动关系紧密,一岁以下的牛不发病	结膜充血水肿,口泡沫样流涎;有20%~30%病牛咽喉麻痹,吞咽困难	结膜充血水肿,部分牛口腔和鼻腔黏膜不经水疱病变而直接发生糜烂或溃疡

以咳喘、发热为主症的牛传染病见表20-32。

表20-32 以咳喘、发热为主症的牛传染病

牛病名称	流行特点	典型症状	典型病变
牛支原体肺炎(支原体)	内源性感染为主,各种牛都可感染,但犊牛多发;多由其他疾病或应激诱发	咳嗽、喘气、发热等为主,临床与巴氏杆菌、地方流行性肺炎很难鉴别	病变组织与健康组织界限清晰;病变部位多干酪样坏死,有包囊,心叶和间叶多病变;混合感染会严重蔓延扩大病灶
犊牛地方流行性肺炎(曼氏杆菌)	地方性流行,内源性感染,多发于断乳不久的犊牛或幼龄牛	咳嗽、喘气、发热等为主,临床上与巴氏杆菌很难鉴别	纤维素性支气管肺炎,胸腔积液,胸腔浆膜有纤维素覆盖;心叶与间叶肉样变,支气管有脓性或泡沫样黏液
牛肺炎型巴氏杆菌病(巴氏杆菌)	散发或地方性流行,各年龄各季节均可发病,多为内源性感染;多是由于应激或其他疾病诱发	咳嗽、喘气、发热等为主,临床上与地方流行性肺炎很难鉴别	纤维素性,大叶性,胸膜肺炎表现

续表

牛病名称	流行特点	典型症状	典型病变
牛传染性鼻气管炎(病毒)	各年龄、品种均可发病,20～60日龄最易感,寒冷季节多发;传染源多为隐性感染牛;病死率较高	鼻镜充血、发炎,俗称“红鼻子”;病牛外阴常肿胀,频频摇尾;4～6月犊牛常伴发神经症状;妊娠4～7月母牛常发生流产	鼻咽、气管黏膜坏死、糜烂、溃疡;常伴发结膜炎、角膜炎、生殖道黏膜溃疡坏死
牛呼吸道合胞体病毒感染(病毒)	各季节均可发病,夏季和冬季多发,常与其他病原混感	发热39.5～41.5℃,咳喘,流鼻液,泡沫型涎液,流泪,偶发过敏性呼吸急促;夏季高温时症状加重;病程可达15～30天,多预后良好	气管、支气管黏膜充血,间质性肺气肿,气管内充满黏稠黏液,肺有肝变,胸腔淋巴结肿大,混感其他病菌病变加重
牛副流行性感冒(病毒)	各季节均可发病,夏季和冬季多发,常与其他病原混感	发热39.5～41.5℃,咳喘,流鼻液,泡沫型涎液,流泪,偶发过敏性呼吸急促;夏季高温时症状加重;病程可达15～30天,多预后良好;常伴发乳腺炎	肺灰色或暗红色,切面有灰色或红色肝变区,肺门和纵隔淋巴结肿大,心内外膜有出血点,胃肠黏膜有出血斑
牛流行热(病毒)	传播快,发病率高,大群发病,但病死率低;蚊蠓繁殖季节高发;一过性高热,病程3天左右,3～5岁牛多发	体温高达39.5～42.5℃,流泪,结膜充血,眼睑水肿;反刍停止;呼吸急促,流鼻液,严重病例张口呼吸;口流浆液泡沫样涎,有口炎;四肢关节肿疼,病牛呆立不愿走动,跛行	肺充血水肿,间质性肺气肿;病变集中于肺尖叶、心叶、膈叶前缘,肺膨胀,间质增宽,可见胶冻样水肿并有气泡
牛腺病毒感染(病毒)	发病无季节性,隐性感染为主,抵抗力下降时发病,常与其他疾病混合感染发病	发病时具有呼吸道症状和消化道腹泻症状;研究认为腺病毒与犊牛多发关节炎和衰竭综合征有关	病变集中在呼吸道、消化道、关节等部位
牛鼻病毒病(病毒)	只感染牛,接触或飞沫经呼吸道传播	食欲不振,发热,咳嗽、流浆液性鼻液,伴有呼吸急促症状	鼻甲骨和气管上皮炎症;支气管周围细胞浸润;偶有间质性肺炎

以皮下和肌肉炎性水肿为主症的牛传染病见表20-33。

表 20-33 以皮下和肌肉炎性水肿为主症的牛传染病

牛病名称	流行特点	典型症状	典型病变
牛恶性水肿病（腐败梭菌）	散发，多由创伤引起，病变集中在创口周围	伤口周围气性炎性水肿，快速弥散扩展，触诊捻发音；后期败血引发呼吸困难，痛苦，甚至死亡	创伤部有炎性渗出，肝肾海绵状，切面有泡沫
牛气肿疽（气肿疽梭菌）	地方性流行，多发黄牛，表现急性、发热的传染病	多发于肌肉丰满部分，表现炎性气性肿胀，触诊捻发音，常伴跛行	肿胀部位切开，流出酸臭带气泡液体；肌肉灰白或暗红，内含气泡

以贫血、黄疸为主症的牛传染病见表 20-34。

表 20-34 以贫血、黄疸为主症的牛传染病

牛病名称	流行特点	典型症状	典型病变
牛嗜血支原体病（附红体）	本病对牛易感，对羊、鹿无致病性，夏秋多雨季节多发，吸血昆虫是传播媒介	多为隐性经过，应激条件会引发发热、贫血、黄疸症状，一般预后良好	肝肾、腹腔脂肪黄疸，腹水，胆肿大，肝发炎，肺水肿；皮下、浆膜、各脏器点状出血，个别死后血凝不良
牛无浆体病（无浆体）	随年龄增长，易感性增强；蜱是传播媒介；常与巴贝斯虫混感；炎热高温季节多发	发热、贫血、黄疸是主症；另外急性型伴发脱水、全身衰竭、神经症状，母牛流产，病死率较高	黏膜苍白贫血，皮下组织胶冻样浸润、黄疸；肝轻度肿胀，表面有黄褐色斑点；胆、脾肿大，切面如泥；心内外膜有出血点；肾脏黄褐色
牛肾盂肾炎与膀胱炎（棒状杆菌）	成年母牛多发，寒冷冬季多发	血尿，尿频，病牛排尿困难	肾肿大，肾被膜粘连不易剥离，肾表面有灰白斑点，肾盂扩张并内含结石或脓汁；膀胱黏膜水肿出血
牛钩端螺旋体病（钩端螺旋体）	气温高、水源充沛地区多发；每年 7～10 月流行高峰期；幼牛发病率高；本病多通过水和湿土感染	成年牛血红蛋白尿、贫血、流产、黄疸；犊牛急性败血症、发热	慢性病例病变局限于肾脏，肾皮质有小白点；急性病例皮下黏膜和脏器斑点状出血、黄疸
牛细菌性血红蛋白尿症（溶血性梭菌）	成年牛多发，放牧牛多见，肝片吸虫对本病有诱发因素	高热 40～41.5℃，拱背站立，腹痛明显；呼吸困难、贫血、黄疸、血红蛋白尿，病程 1～2 天	肝脏出现大块贫血性梗死区

以败血症为主症的牛细菌传染病见表 20-35。

表 20-35　以败血症为主症的牛细菌传染病

牛病名称	流行特点	典型症状	典型病变
牛产气荚膜梭菌肠毒血症(产气荚膜梭菌)	各种年龄均可感染，突然发病、猝死，应激因素是主要诱发因素	多数体温正常，急性发病，极度衰竭，腹痛，肌肉震颤，血便，口流泡沫样液体，24 小时内死亡	肝脏褪色并有充血斑；心肌、脾脏有出血点；空肠、十二指肠出血性肠炎，呈血肠外观
成年牛沙门菌病(沙门菌)	1～3 岁牛多发	高热、呼吸困难；腹泻、粪中带纤维素片和血液，脱水迅速；部分病牛腹痛；病程长的牛可能出现关节炎；妊娠母牛大部分会流产	脾肿大，肝坏死或脂肪变性；大肠黏膜局灶性坏死，小肠和大肠出血性炎症
牛炭疽(炭疽杆菌)	季节性不明显，但夏季吸血昆虫多、洪水泛滥、多雨条件多发；多呈地区性流行	高热突然，发病急死亡快；体表出现炭疽痈；临死时天然孔出血，血液凝固不全，呈煤焦油色样	浆膜、肌间、皮下咽喉、肾周结缔组织黄色胶冻样浸润，有出血点；脾明显肿大，质脆易碎，软化如泥
牛肺炎链球菌病(肺炎链球菌)	21 天以内的犊牛多发，成年牛发病逐年增多；属于内源性感染	发热，呼吸困难，有神经症状，结膜发绀，鼻镜潮红，流脓性鼻液；有的病例咳嗽，胸部听诊啰音	黏膜、浆膜败血症表现；脾如橡皮，常称橡皮脾；肾出血坏死，有小脓疱
牛大肠埃希菌败血症(败血型大肠埃希菌)	2 周内的犊牛高发，发病与初乳不足、断脐消毒不规范、饲养环境卫生与管理差等诱因有关	发热，脐带炎，拉稀，脱水，关节肿，眼色素层发炎，伴有神经症状；慢性表现衰弱、消瘦、关节疼痛、躺卧等	突然发病死亡，肉眼症状不明显；病程长的会出现胸腹腔、心包腔积有纤维素性渗出液；脾脏点状出血；部分脑膜充血
牛败血性巴氏杆菌病(多杀性巴氏杆菌)	各年龄与季节均可发病，散发或地方流行；机体免疫力低下可诱发本病；多为内源性感染	发热 41～42℃，突然发病死亡，腹泻，粪便呈水样或粥样，粪中带血或黏液，腹痛，体温下降而死亡；病程 12～24 小时	黏膜、浆膜、皮下、肌肉有出血点；脾有出血点，但不肿胀；胸腔积有大量渗出液

以神经症状为主症的牛传染病见表 20-36。

表 20-36　以神经症状为主症的牛传染病

牛病名称	流行特点	典型症状	典型病变
牛李氏杆菌病(李氏杆菌)	牛、羊多发，不同品种、年龄、性别均可感染；小于 18 月龄的牛较少发生；散发为主，冬春多发	脑炎症状为主，部分导致败血症或流产；通常表现歪脖、共济失调、转圈，有的流涎、咽喉麻痹、舌麻痹、耳郭下垂；最后瘫痪、昏睡而死	脑干和延髓组织有小胶质细胞和嗜中性粒细胞增生的小结节，中心部位化脓灶

续表

牛病名称	流行特点	典型症状	典型病变
牛玻纳病（病毒）	传染源为带毒动物；水平或垂直传播；病毒侵入嗅球的神经上皮	意识障碍，渐进性失调，无法入睡；皮温降低，步态不稳，心音细弱，多用前肢站立或移动；发病2天后，肩部肌肉震颤，眼球震荡斜视，昏迷，脑、脊髓、姿态反射异常	化脓性脑炎表现
牛昏睡嗜血杆菌病（嗜血杆菌）	6～24月龄的牛易感，经呼吸道感染，1～3月份多发	初期呼吸道症状显著，咳嗽、流涎、浆液或脓性鼻漏；后期共济失调、昏睡、麻痹、痉挛、角弓反张，伴有跛行，腱鞘与关节肿胀；常短期死亡	咽喉黏膜有假膜或溃疡；肺和胸膜粘着纤维素渗出物；内脏败血表现；脑膜充血出血、坏死，脑实质有出血坏死灶，脑切面有出血灶和坏死软化灶
牛破伤风（破伤风梭菌）	无季节性，散发，深部外创感染导致	木马状：双耳竖立，鼻孔开大，瞬膜外露，牙关紧闭，头颈伸直，流涎，腹部绷紧，尾根翘起，四肢僵硬强直	除了可能有外创感染存在外，并无特殊病理变化
牛海绵状脑病（朊病毒）	潜伏期2.5～8年，发病牛龄3～11岁，集中在4～6岁，病死率高达100%，采食被含痒病样因子的肉骨粉污染的饲料是主因	行为异常，过敏，恐惧等神经症状	牛大脑灰质神经基质的海绵状病变和大脑神经元细胞空泡病变；空泡神经元病变主要分布于脑干和延髓
牛狂犬病（病毒）	散发，病牛有被其他动物咬伤史，春夏多发，病死率100%	体温40℃，间歇性兴奋，冲撞人或物，磨牙，跳牛槽，流涎，性欲亢进；接着出现麻痹，伸颈，臌气，吞咽麻痹，倒地不起，衰竭而死	脑和脑膜水肿，充血，出血；脑部神经细胞质内出现内基氏小体
牛伪狂犬病（病毒）	牛多因接触猪而感染，牛不会传染牛；多发3～7月，经消化道和皮肤创伤传播	头颈肌肉痉挛，后腿、肩颈、头部等皮肤剧痒，不停地舔舐患部导致发红，疯狂地摩擦患部而擦伤	病理变化不明显，除皮肤外伤外，无其他明显病变，只是有脑部充血、脑脊液增多等
牛散发性脑脊髓炎（衣原体）	各品种、性别、年龄均可发病，3岁内的牛易感；散发，发病率低，传播缓慢	体温40～41℃，无意识，眼鼻有分泌物；轻度腹泻；消瘦，关节水肿并有压痛；角弓反张，共济失调，麻痹，死亡率50%左右	胸腔积液、腹水增多；纤维素性腹膜炎、胸膜炎、心包炎、脾肿大等

以繁殖障碍为主症的牛传染病见表 20-37。

表 20-37 以繁殖障碍为主症的牛传染病

牛病名称	流行特点	典型症状	典型病变
牛赤羽病（病毒）	区域性发病，热带、温带地区 8～9 月份高发；妊娠牛易感，胎儿常受到感染	母牛分娩异常，感染初期表现流产、早产、死胎；感染中期表现产出肢体异常的胎儿；感染后期表现产出脑异常的胎儿；新生犊牛畸形是重要原因之一	胎儿关节弯曲、颈椎弯曲、大脑缺损、大脑发育不全、脑室积液、脑内出现囊泡状空腔、躯干肌肉萎缩变白；脊髓腹角运动性中枢形成神经细胞消失或减少
牛爱野病毒感染（病毒）	散发，库蠓媒介传播，8～9 月多发，感染牛多无症状而耐过，妊娠后期母牛流产是主要表现；亚洲地区发病广泛	病牛早产 10～30 天，产出死胎、畸形胎儿、木乃伊等；偶有存活胎儿，体型异常，无法站立，无法吮乳	胎儿无脑、颅腔积液、大脑皮质与髓质出现空洞；小脑发育不全也常出现
牛柯克斯体病（贝氏柯克斯体）	散发，全年可感染，个别区域偶有流行性，病死率低，动物多预后良好，动物常处于带菌状态；屠宰、分娩集中时节感染会增加或暴发	发病突然，发热、无力、疼痛表现；偶尔出现不育或流产；个别病例表现关节肿、乳腺炎、支气管肺炎、结膜炎等	表现立克次体血症，全身组织和器官受影响；血管表现内皮细胞肿胀、有血栓；肺小支气管肺泡内有由纤维素、大单核细胞、淋巴细胞组成的渗出液；重者呈大叶性肺炎表现
牛中山病（病毒）	8～9 月多发，异常分娩多在 1～2 月；库蠓传播，胎儿可经胎盘或脑内接种感染	产出畸形犊牛，表现行走困难或无法站立、身体虚弱、很难独立吮乳；伴有神经症状，如角弓反张、四肢划水、阵发转圈运动	脑室扩张积液，大小脑发育不全或缺损，脊髓形成空洞等神经组织器官病变
牛细小病毒病（病毒）	感染率高，但多是隐性感染；各种年龄均可感染	犊牛表现呼吸道症状，进而消化道功能异常；母牛中前期感染可能会出现流产、死胎等症状	犊牛鼻腔、气管黏膜充血；小肠弥漫性出血充血、水肿，肠腔积有部分黏液，肠系膜血管充血，浆膜血管渗出；母牛胎儿流产、胎盘水肿、绒毛坏死等
牛地方性流产（衣原体）	交配、呼吸道、消化道、吸血昆虫均可感染；流产集中在妊娠后期 8 个月或 9 个月	高热，高热之后流产，初产母牛流产可达一半以上；公牛则表现睾丸炎、附睾炎、精囊炎等	母牛胎衣水肿；胎儿肝、脾、淋巴结肿大，皮下胶冻样水肿，胸腔积液、腹水，气管、舌、胸腺、淋巴结等常有出血斑点，各器官可见肉芽肿样损伤，各器官网状内皮组织增生等

续表

牛病名称	流行特点	典型症状	典型病变
牛布鲁氏菌病（细菌）	易感动物较多，越靠近性成熟感染率越高；公母牛均可感染；母牛感染流产多发于妊娠中后期6～8个月	母牛流产，多产死胎，流产后伴发胎衣不下和子宫炎；公牛表现睾丸炎和附睾炎等	公牛睾丸和附睾化脓或炎性坏死；母牛胎衣水肿和子宫炎性表现；流产胎儿皮下胶冻样水肿，胸腔积液、腹水，肝、脾与淋巴结肿大

以乳头或乳房丘疹、水疱、化脓、结痂等为主症的牛传染病见表20-38。

表20-38　以乳头或乳房丘疹、水疱、化脓、结痂等为主症的牛传染病

牛病名称	流行特点	典型症状	典型病变
牛乳房脓疱病（葡萄球菌）	各个季节都可发生	发热，食欲下降，乳房肿大发紫，触诊疼痛	乳房和乳头有结节状化脓性皮炎，结节囊内有液体，后期变黄，含少量黄白脓汁，脓肿破溃后，病灶呈覆盖痂皮的溃烂面；有脓疱，无丘疹
牛乳头炎（病毒）	初产母牛多发，传染源为病牛和带病犊牛，吸血昆虫是传播媒介，非人兽共患	乳头皮肤肿胀，继而皮肤变软、脱落，形成溃疡，疼痛，然后结痂，15～20天痊愈。不发生痘疹过程	乳头发炎肿胀，有水疱，破溃后形成溃疡、痂皮；面、颈、背、会阴等皮肤可见中心红、扁硬隆起物，先红后紫、脱毛
伪牛痘（病毒）	泌乳与哺乳犊牛易感，容易复发，病程长，可延续几个月，接触传播；可感染人，俗称挤奶员结节	挤乳疼痛，病牛拒绝挤乳，甚至踢蹬挤乳员，完成挤乳较困难；基本有全身症状	乳头和乳房红色丘疹，直径可达1～3厘米，呈马蹄形，后呈水疱，最后覆盖痂皮，15～20天痊愈
牛痘（病毒）	患病牛和刚接种牛痘苗的人传播；器具、节肢动物均可传播；呼吸道也可以传播；人兽共患	全身症状不明显，仅表现挤乳疼痛；病毒侵入乳腺可能会导致乳腺炎	初期：乳头、乳房出现红色丘疹；中期：1～2天出现豌豆大水疱，痘疱有凹窝，内含透明或脓性液体；后期：结痂，2周左右痂皮脱落而痊愈

以水样、粥样拉稀为主症的牛传染病见表20-39。

表 20-39　以水样、粥样拉稀为主症的牛传染病

牛病名称	流行特点	典型症状	典型病变
犊牛大肠埃希菌病(细菌)	产后 15 天内的犊牛易感	体温不高,粪便初期灰白粥样,中后期水样,粪中带有泡沫和血凝块,有酸臭味	皱胃、小肠、直肠黏膜充血、出血等卡他性炎症;肝、肾偶有出血
牛空肠弯曲菌病(细菌)	冬季多发,具有群发性,传播快,各年龄均可感染	粪便为水样棕色稀便,恶臭,常带血	胃肠黏膜表现水肿、充血、出血等卡他性胃肠炎
牛副结核(分枝杆菌)	犊牛 4~6 月龄易感染,潜伏期长,多数在成年期发病	消瘦,下颌水肿,顽固性间歇性腹泻	病变集中在空肠、回肠、结肠前段;肠壁比正常厚 5~30 倍,表现为硬且弯曲的皱褶
犊牛沙门菌(沙门菌)	具有流行性,传播快,30~40 日龄犊牛易感	粪便呈黄色粥样、恶臭、混有黏液血液;有时伴发肺部感染;急性病例几天内会死于败血症;慢性病例可能会出现神经症状和关节肿	急性病例:可视黏膜与被膜出血,脾肿大且有时带有出血点;慢性病例:肝、肾偶发坏死,肺脏局灶性实变,关节有损、腱鞘和关节腔积有胶样液体
牛凸隆病(病毒)	人兽共患,世界流行	新生犊牛腹泻、肺炎表现	回肠、盲肠、结肠、空肠后段等黏膜绒毛萎缩,绒毛与肠腺上皮细胞坏死
牛冠状病毒感染(病毒)	四季均可发病,各年龄均可感染	粪便水样或带血样;奶牛泌乳量减少,甚至停止;个别有肺部炎症	病变多在小肠,小肠黏膜弥漫性或条状出血、肠壁薄近半透明、肠绒毛萎缩、肠内容物灰黄色
牛轮状病毒感染(病毒)	7 天内的犊牛易感	粪便呈黄白或绿色水泻,常带有黏液、血液;腹泻持续会导致脱水明显	肠系膜淋巴结肿大,小肠黏膜出血呈条状或弥漫性,肠壁薄近似透明,肠绒毛萎缩,内容物灰黄或灰黑粥样
牛细小病毒病(病毒)	各种年龄的牛均可感染,口、空气传播,胎盘可传染	犊牛初期有呼吸道症状,咳嗽发热;继而为消化道功能障碍,剧烈腹泻,粪呈浅灰色含黏液;繁殖母牛流产、胎儿死亡	犊牛:鼻、气管黏膜充血;小肠弥漫性充血、出血,黏膜水肿,肠内容物含浅色黏液,浆膜血管渗出,肠系膜血管严重充血;流产母牛:胎盘、胎儿水肿,胎盘子叶坏死
牛肠病毒病(病毒)	各日龄均可感染,主要感染牛	临床症状不明显,病牛常有轻度腹泻、呼吸道症状、乳腺炎等	常在繁殖障碍的牛精液、子宫分泌物或流产胎盘中分离该病毒

以角膜炎或结膜炎为主症的牛传染病见表20-40。

表20-40 以角膜炎或结膜炎为主症的牛传染病

牛病名称	流行特点	典型症状	典型病变
牛恶性卡他热（病毒）	四季可发，发病率低，主要以散发为主，但病死率高；与绵羊接触史是感染主因	病牛高热稽留，结膜炎，角膜炎，口腔溃疡，流涎，体表淋巴结肿大，个别有神经症状	角膜炎、结膜炎，消化道黏膜出血性炎症，泌尿器官黏膜炎性变化，肝、脾肿大，心内外膜点状出血，脑膜充血并有浆液性浸润
牛传染性角膜结膜炎	夏季湿热天气高发，传播快，预后良好	全身症状不明显，羞明流泪，眼睑肿痛，结膜与瞬膜红肿，角膜凸起形成角膜翳	仅表现角膜结膜炎症状

以皮肤增厚、肉芽肿或结节为主症的牛传染病见表20-41。

表20-41 以皮肤增厚、肉芽肿或结节为主症的牛传染病

牛病名称	流行特点	典型症状	典型病变
牛结节病（病毒）	蚊子和刺蝇机械传播，各种年龄均可发病	发热，皮肤出现1～3厘米不等的大量结节，体表淋巴结肿大，四肢末端肿大	皮肤结节肿大，破溃、坏死等
牛放线菌病（放线杆菌）	低湿放牧牛多发，多呈个体散发，2～5岁牛易患病	常见上下颌骨出现界限清晰的坚硬、慢性肉芽肿；严重病变会导致呼吸困难、咀嚼吞咽障碍；肿块一旦化脓破溃，流脓形成瘘管，短期难以愈合	肉芽肿多局限头颈部，肉芽中心多有化脓灶，侵入骨组织会导致骨组织蜂窝状病变
牛白血病（病毒）	散发，偶有地方流行，4～8岁成年牛多发，可水平和垂直传播，乳汁不具有传染犊牛能力	成年牛多表现不妊娠，眼球突出，胸前水肿，出汗，瘤胃臌气，心悸，呼吸急促，水样或血样腹泻，排尿困难或尿频导致频繁努责；犊牛发热，淋巴结肿大；胸腺型多为胸腺瘤性肿大；皮肤型多以真皮肉瘤为特征	体表淋巴结肿大明显，尤其是腹股沟淋巴结和髂下淋巴结肿大，具有独特性
牛乳头状瘤病（病毒）	各年龄和性别均可感染，接触病变部位、吸血昆虫或器具可传播，未成年牛发病比例高，潜伏期3～4月	皮肤和黏膜出现各种大小不一、形状各异的瘤体；面、颈、肩、下唇，尤其是眼、耳多发病变，严重的其他部位也有生长；母牛乳头、阴门、阴道时有发生；公牛包皮、阴茎、龟头时有发生	病变主要是皮肤和黏膜上皮瘤变增生；多采取烧烙、切除等措施；容易结扎的亦可采取结扎断血疗法，使其停止血液供应后切除或自然脱落

续表

牛病名称	流行特点	典型症状	典型病变
牛皮肤真菌病（疣状毛癣菌）	四季可发病，秋末春初多发，青年牛多见	皮肤剧痒，触痛；头部、颈部、肛门周围多出现病变，重者遍布全身；痂癣为主	初期小结节，慢慢形成隆起圆斑，呈灰白石棉状痂块，痂块小者如铜钱，又叫钱癣
牛嗜皮菌病（刚果嗜皮菌）	热带区域，炎热多雨季节，营养和发育不良的易感染；接触与昆虫传播	被毛似油漆刷子，犊牛从鼻镜开始出现丘疹，蔓延头部波及全身；成年牛从背部开始波及全身	发病由皮肤起丘疹开始，分泌渗出物，被毛黏附一起如同油漆刷子状；被毛和皮肤碎屑黏附形成痂块，高出皮肤呈圆形或大小不等的灰色或黄褐色痂皮；慢慢痂皮自然脱落
牛趾乳头状瘤（螺旋菌）	后肢趾间皮肤高发，牛舍潮湿、运动场泥泞常发	蹄部变形，初期感染部位出现草莓状红色丘疹，甚至表皮糜烂溃疡，伴有疼痛恶臭，病变处形成菜花样肉芽组织，表皮如乳头状外观	病变表皮切片呈乳头状，表皮明显增厚

五、牛各类寄生虫病诊断要点

以流产为主症的寄生虫病见表20-42。

表20-42　以流产为主症的寄生虫病

牛病名称	流行特点	典型症状	典型病变
牛新孢子虫病（原虫）	犬是终末宿主，感染主要途径为胎盘感染	犊牛瘫痪，母牛流产，同一母牛反复流产等，尤其是一群或多群牛发生类似症状要考虑是否感染此病	母牛病理变化不明显，流产胎儿脏器肌肉会有病变，最典型的是非化脓性脑炎、心肌炎、肝细胞浸润或局部坏死
牛弓形虫病（原虫）	四季均可发病，猫是终末宿主，口、黏膜、伤口均可感染，胎盘可感染	发病突然，食欲废绝，停止反刍，流涎，流泪，结膜炎，稽留热，脉数，咳喘，腹式呼吸；体躯下部水肿，四肢内侧及腹下有紫红色斑块	淋巴结肿大出血，肝表同心圆结节，浅部表面中心凹陷液化
牛毛滴虫病（原虫）	多发于自然交配牛群的配种季节；经生殖道传播；病牛精液或不洁输精器可传播	母牛感染可导致阴道黏膜炎症，出现红肿小疹块，7～15天阴道会排出灰白色絮状分泌物，尿频；母牛妊娠后50～90天多数会发生流产	母牛病理变化不明显，表现慢性子宫炎和子宫蓄脓；妊娠后胎儿死亡但不腐败，胎衣包裹完整

以排混有黏液血便为主症的牛寄生虫病见表 20-43。

表 20-43　以排混有黏液血便为主症的牛寄生虫病

牛病名称	流行特点	典型症状	典型病变
牛球虫病（原虫）	春夏秋季多发，尤其是潮湿闷热的环境更容易发生；2 岁以内的牛多发，严重的可以造成死亡	可视黏膜苍白贫血，肛门松弛外翻，肛门及后肢可见血粪污染的痕迹；初期粪中带血并混有纤维素性假膜、恶臭；后期排血水或混有血液的黑粪	肠道出血是典型病变，尤其是直肠有出血和溃疡，呈条索状或点状的出血点或灰白坏死点；直肠有恶臭褐色内容物，伴有纤维素假膜和黏膜碎片
牛日本分体吸虫病（日本血吸虫病）	各种年龄和品种均可发生；湖北钉螺为中间宿主；长江流域有流行	病牛腹泻，粪中含血液、黏液，表现里急后重，粪便腥臭，慢性病例腹水严重	肝、脾肿大，肝脏出现沙粒状灰白色虫卵结节
牛东毕吸虫病（吸虫）	中间宿主为椎实螺科淡水螺，多个省份有报道	贫血、水肿、消瘦、发育不良、排带血和黏膜的腥臭稀粪	消瘦贫血，腹腔积液，肠系膜淋巴结肿大；肝表面凹凸不平，散有黄白虫卵结节，肝萎缩质硬；小肠肥厚，黏膜出血或坏死；肠系膜静脉和肝门静脉含大量虫体
牛毛圆线虫病（线虫）	各年龄均可感染，犊牛危害大，大量感染捻转血矛线虫可造成死亡	病牛消瘦，精神沉郁，贫血，下颌间隙及头部发生水肿；发病后期排带血的粪便	皱胃黏膜水肿，可见类似虫咬痕迹或针尖到粟粒大小的结节，虫体大量寄生在皱胃和小肠中
牛仰口线虫病（线虫）	各年龄均可感染，对犊牛危害大，严重的可以导致死亡	贫血，消瘦，下颌水肿，粪中带血，顽固腹泻；犊牛发育迟缓，有的牛后躯痿弱或渐进性麻痹	病死牛消瘦贫血，水肿，皮下浆液性浸润；血液稀薄色淡如水样，凝固不良；空肠和十二指肠有大量虫体；肠黏膜发炎出血，内容物血红色或褐色
牛食道口线虫病（线虫）	各年龄均可感染，犊牛危害大，死亡率低	重度感染表现顽固腹泻，暗绿色粪便，粪中含黏液及血液；犊牛可能会导致消瘦、脱水、衰竭而死	肠壁中形成结节，结节在肠浆膜面破溃可引发腹膜炎；结节在黏膜面破溃，可引发溃疡性或化脓性结肠炎
牛夏伯特线虫病（线虫）	各种年龄均可感染，犊牛危害大，但很少死亡	消瘦，黏膜苍白贫血，粪便多为带黏液和血液稀便；犊牛发育缓慢，食欲减退，被毛干枯，下颌水肿	虫体多吸附于肠壁上，黏膜表现发炎肿胀、苍白、溃疡等病变

续表

牛病名称	流行特点	典型症状	典型病变
牛毛首线虫病（线虫）	各种年龄均可感染，犊牛危害大，但很少死亡	感染严重时，病牛食欲下降，消瘦贫血，腹泻，死前会排出带黏液的水样血便	病变集中在结肠与盲肠段；虫体头部深入肠黏膜，极易引入或继发各种感染，引发盲肠与结肠慢性卡他性炎症，严重的发生出血性炎症，甚至坏死、水肿、溃疡等病变

以贫血、发热、黄疸为主症的牛寄生虫病见表 20-44。

表 20-44 以贫血、发热、黄疸为主症的牛寄生虫病

牛病名称	流行特点	典型症状	典型病变
牛巴贝斯虫病（原虫）	地区性发病，微小牛蜱是中间宿主；1～7月龄牛多发；每年5、7、9月份高发	发热至41℃，稽留热表现。贫血、黄疸、血红蛋白尿；潜伏期4～10天	主要病变在脾脏，脾破裂、髓质色暗、脾细胞突出；胃肠多为卡他性炎症
牛双芽巴贝斯虫病（原虫）	南方多发，微小牛蜱为中间宿主，每年7～9月份高发，各年龄均可发病，2岁以下为主，放牧发病多，圈养发病不多	稽留热，体温高达40～42℃，潜伏期8～15天，贫血、黄疸、血红蛋白尿	尸僵明显，血液稀薄如水，贫血黄疸；脾肿大明显，可达正常3倍；肝肾肿大；膀胱积有血红蛋白尿
牛伊氏锥虫病（原虫）	夏季昆虫繁殖季节高发，虻和厩螫蝇是传播媒介	急症体温升高，贫血黄疸，心跳加快；慢性皮肤皲裂、脱毛、结膜有出血点或斑；体表淋巴结肿胀，耳、尾等部位发生干性坏死	病牛皮下水肿、胶冻样变性，体表淋巴结充血肿大、血液稀薄、凝血不良、胸腔积液、腹水、骨骼肌混浊肿胀如煮肉样；脾肿大为正常3倍；瓣胃、真胃黏膜有出血斑点
牛瑟氏泰勒虫病（原虫）	地区性流行，长角血蜱、青海血蜱是传播媒介，季节性明显，放牧多发，6～7月份和9月份是高发月份	发病时间长，可达10天甚至数十天；症状比较缓和，病死率低，饲养管理不当、过度使役、长途运输等应激条件可使病情恶化	尸体消瘦，黏膜苍白黄染，皮下组织和浆膜黄染，有出血点，血液稀薄，凝血不良；肝、脾肿大，心脏肥大，心肌呈土黄色，心冠脂肪胶冻样浸润，肠系膜淋巴结出血，皱胃和小肠有出血点

续表

牛病名称	流行特点	典型症状	典型病变
牛环形泰勒虫病(原虫)	6～8月份多发,传播媒介是残缘璃眼蜱和小亚璃眼蜱;多发于1～3岁舍饲牛	稽留热,体温达40～42℃,肩前和腹股沟淋巴结肿大,触诊疼痛;眼睑、尾根有溢血斑点,血液稀薄	机体广泛性出血、淋巴结肿大;真胃黏膜溃疡,肝肿大质脆、色泽灰暗,肾肿大质软、有粟粒大小的暗红色病灶

以形成结节、皮肤增厚为主症的牛寄生虫病见表20-45。

表20-45 以形成结节、皮肤增厚为主症的牛寄生虫病

牛病名称	流行特点	典型症状	典型病变
牛皮蝇病(体表寄生虫)	南方多发,夏、秋季节多发	肩部或背部皮肤出现圆心瘤状凸起,由小变大,中间带孔	小孔炎性变化,流出脓性或炎性渗出液或血液,用手挤压可以挤出虫体
牛贝诺孢子病(原虫)	地区流行,夏、秋、冬季发病,虻是传播媒介,猫是终末宿主	发病初期,巩膜上有针尖大小、白色沙粒状的结节性包囊;发病中后期,皮肤厚硬、龟裂,四肢明显如象皮样	全身皮下与皮下结缔组织、鼻黏膜等出现大量细小白色结节
牛蠕形螨病(体表寄生虫)	季节性发病,发病不多,接触感染	头、颈、肩、臀是主要发病区域,出现针尖至核桃大小的白色囊瘤,黄豆大小的常见,囊内含有粉状物质或脓状液体	结节内多为干酪物

以皮肤脱毛、巨痒为主症的牛寄生虫病见表20-46。

表20-46 以皮肤脱毛、巨痒为主症的牛寄生虫病

牛病名称	流行特点	典型症状	典型病变
牛虱病(体表寄生虫)	接触传播,四季可发,环境管理差的多发	痒但不剧烈,皮肤很少增厚,不结痂,脱毛也不明显	无明显病理变化
牛螨病(体表寄生虫)	接触传播,四季可发,环境管理差的多发	脱毛、啃咬,皮痒剧烈,皮肤增厚有结痂	无明显病理变化

以糊状或水样腹泻为主症的牛寄生虫病见表20-47。

表 20-47　以糊状或水样腹泻为主症的牛寄生虫病

牛病名称	流行特点	典型症状	典型病变
犊牛弓首蛔虫病(线虫)	150 天以内犊牛多发,可垂直和水平传播	粪便呈灰白色糊样稀便,有时排血便,粪便有特殊腥臭味;个别会出现蛔虫梗阻	肠道可检出虫体,幼虫移行肝肺有损伤
牛隐孢子虫病(原虫)	30 日龄以内的犊牛易感	拉稀腹泻,粪中带有部分纤维素,偶有带血	肠黏膜损伤
牛前后盘吸虫病(吸虫)	各种年龄均可发生,多雨夏季多发,成虫危害轻,童虫移行危害大	严重的表现消瘦贫血、下颌水肿、体温升高、食欲减退;最后衰竭卧地不起而死亡	消瘦,黏膜苍白,血液稀薄,全身水肿,瘤胃、网胃、食管沟可见大量虫体;皱胃黏膜水肿、出血点;肠腔粪便腥臭味,脾肿胀或萎缩,胆囊胀满、胆内和胆管有童虫,心肌扩张、心包积液、心内膜出血,肾周围及肾盂脂肪胶冻样浸润、肾实质萎缩
牛莫尼茨绦虫病(绦虫)	南方感染高峰 4～6 月,北方 5～8 月	犊牛精神不振,消瘦离群,粪便稀软腹泻;粪中含孕节和黏液;偶伴有神经症状,如震颤、共济失调	肌肉色淡,胸腔积液,腹水,小肠肠壁出血受损,小肠内可检出绦虫体,偶见引发肠梗阻或肠扭转

参考文献

[1] 胡元亮. 兽医处方手册［M］. 北京：中国农业出版社，2022.

[2] 朱化彬. 牛繁殖技能手册［M］. 北京：中国农业出版社，2018.

[3] 李宏全. 门诊兽医手册［M］. 北京：中国农业出版社，2020.

[4] 郭爱珍. 牛病图鉴［M］. 北京：中国农业科学技术出版社，2021.

[5] 王春璈. 奶牛临床疾病学［M］. 北京：中国农业科学技术出版社，2007.

[6] 中国兽药典委员会. 中华人民共和国兽药典［M］. 北京：中国农业出版社，2006.

[7] 胡功政. 新全兽药手册［M］. 郑州：河南科学技术出版社，2022.

[8] 左之才. 中国乡村兽医手册［M］. 北京：化学工业出版社，2021.

[9] 钟秀会. 中兽医手册［M］. 北京：中国农业出版社，2021.

[10] 雍康. 牛常见病防治技术图解［M］. 北京：中国农业出版社，2017.

[11] 张仲秋. 默克兽医手册［M］. 北京：中国农业出版社，2018.

[12] 林范泽. 兽医全攻略牛病［M］. 北京：中国农业出版社，2009.

[13] 中国农业科学院兰州研究所. 兽医手册［M］. 兰州：甘肃人民出版社，1999.